中国陆地表层研究回顾与展望

总主编　宋长青　冷疏影

土壤学若干前沿领域研究进展

宋长青 等著

商务印书馆

2016年·北京

图书在版编目（CIP）数据

土壤学若干前沿领域研究进展/宋长青等著.—北京：商务印书馆，2016
（中国陆地表层研究回顾与展望）
ISBN 978-7-100-12403-4

Ⅰ.①土… Ⅱ.①宋… Ⅲ.①土壤学 Ⅳ.①S15

中国版本图书馆 CIP 数据核字（2016）第 166519 号

所有权利保留。
未经许可，不得以任何方式使用。

土壤学若干前沿领域研究进展

宋长青　等著

商 务 印 书 馆 出 版
（北京王府井大街 36 号 邮政编码 100710）
商 务 印 书 馆 发 行
北京新华印刷有限公司印刷
ISBN 978-7-100-12403-4

2016 年 8 月第 1 版　　　开本 880×1240　1/16
2016 年 8 月北京第 1 次印刷　印张 45 1/4

定价：428.00 元

《土壤学若干前沿领域研究进展》编辑委员会

主　任　宋长青

副主任　高锡章

成　员　王　力　王玉军　史志华　李永涛　杨金玲

　　　　吴龙华　吴东辉　何　艳　邹建文　冷疏影

　　　　张丽梅　张金波　张　斌　岳现录　郑袁明

　　　　赵玉国　施积炎　姚槐应　贾仲君　徐仁扣

　　　　彭新华　褚海燕　裴　韬　谭文峰　颜晓元

内 容 简 介

本书采用文献计量学分析结合定性分析的研究方法，力求客观、准确地评述土壤学若干前沿领域的研究进展，针对现代成土过程与土壤资源演变，土壤信息数字化表征与土壤资源管理，土壤结构与功能，土壤水文过程与溶质运移，土壤侵蚀产沙与流域景观异质性，土壤侵蚀过程与动力机制，土壤界面化学过程与效应，土壤矿物—有机质—微生物交互作用的耦合过程，土壤生物组成与群落构建，土壤微生物群落及其时空演变特征，根际土壤—植物—微生物相互作用，土壤肥力与土壤养分循环，土壤元素循环的生物驱动机制，土壤碳、氮、磷循环及其环境效应，土壤重金属污染与修复，土壤有机污染与修复，纳米颗粒、抗生素及抗性基因等新兴污染物风险评估，土壤退化与功能恢复，城市土壤特征与功能 19 个前沿领域，从历史的演进、取得的成就、发展的动力、中外土壤学研究的特点、科学基金的支持以及未来研究展望等方面加以系统分析，为促进和提升土壤学研究探索科学途径。

本书可供从事土壤学、生态学、地理学和环境科学研究的科研人员参阅。

总　　序

　　陆地表层是由水、土、气、生等自然要素及人文要素共同组成的复杂综合体。作为宏观科学重要研究领域，陆地表层已成为地球科学研究的核心方向，并受到学术界和全社会的广泛关注。随着社会、经济的不断发展，人类活动方式日趋多样、活动强度日趋加大、活动范围日趋扩展，使得陆地表层环境承受的压力越来越大。过度的农业开发造成不同程度的生态退化，大规模的工业生产带来类型多样的环境污染，快速城市化给社会公共服务提出严峻挑战，进而产生一系列城市社会问题。一方面，广泛的社会需求为陆地表层研究注入了不竭的动力；另一方面，在当今地球系统科学蓬勃发展之际，以自然和人文构成的陆地表层系统研究已经成为新世纪备受关注的学科。

　　过去几十年，陆地表层研究取得了长足进步，中国科学家在该领域做出了大量为国际学术界所关注的卓越成就。长期以来，国家自然科学基金对该领域发展给予了高度重视和稳定的经费支持，为引领陆地表层研究方向、推动国际合作做出了重要贡献。然而，如何全面精细刻画学科领域的研究进展？如何评价中国陆地表层研究的特色与贡献？如何理解学科发展的动力源泉？如何评价资助机构的引领作用？如何认识学科发展面临的挑战和机遇？均为评价学科发展的普遍难题。为了更有针对性地支持这一领域的研究，充分发挥科学基金的资助效率，客观、准确把握这些问题的内在本质，是国家自然科学基金制定发展战略和资助战略的关键。"中国陆地表层研究回顾与展望"丛书给出我们的一些理解、探索问题的方法和重要的结论。

　　"丛书"以阐述学科发展历程和研究进展为目的，全面发掘了影响学科发展的多重要素。首先，关注陆地表层研究的人才培养状况，对国内外代表性教育机构的组织架构、课程设置和教授专业背景等进行对比分析，从而为理解学科交叉研究的水平和发展趋势奠定了基础。其次，将国际合作作为重要分析背景，探讨主要国家在国际合作体系中的地位和作用，从而使我们清楚地了解到，各国在陆地表层研究中的角色转换以及我国在该领域不同研究方向中所处的国际地位及优势。

　　"丛书"以文献计量分析为重要手段，分层次、分领域探讨了学科发展历程和取得的成就。文章发表是科学研究成果最直接的表达方式，文献计量分析是全面回溯科学研究成果最有效的手段。全书采用国内外英文文献、国内中文文献和国家自然科学基金项目申请与资助信息作为基础分析数据，再现了过去 30 年国内外陆地表层研究不同发展阶段的特点、研究进展和发展动力。在学科和领域分析过程中，将陆地表层相关主体学科划分为自然地理学、人文地理学、地理信息科学、环境地理学、土壤地理学、土壤物理学、土壤化学、土壤生物学等二级学科进行分析；并在此基础上划分 9 个战略问题和 28 个领域分别进行文献计量分析和质性分析，详细阐述了发展态势、发展过程、主要进展、发展动力、机遇与挑战。同时,"丛书"提炼文献成果的资助机构信息,客观评价了国家自然科学基金在陆地表层研究过程中的积极作用与贡献。

陆地表层是一个复杂巨系统,作为地球科学重要的研究方向,长期以来得到国家自然科学基金多种项目类型的支持。一大批优秀科研人员潜心研究,勇于探索,积极开展国际合作,在国内外学术舞台展示了中国在该领域的研究成就。从文献检索结果发现,30年来,国家自然科学基金资助的成果大幅度增长,在国际学术界受到科学基金资助的具有影响力研究成果的绝对数量和相对数量都呈逐年增加态势。

全面、客观地评价学科发展是国家自然科学基金的重要工作之一。它既是对以往资助工作成效的总结,也是筹划未来资助工作的基础。在科学基金管理过程中,应该不断创新和完善科学发展的评价方法,为实现科学基金的卓越管理探索新的途径,切实推进我国基础研究和学科的发展与进步。

"中国陆地表层研究回顾与展望"丛书总主编
国家自然科学基金委员会地球科学部副主任

2015 年 11 月 19 日

序　言

陆地表层是由水、土、气、生等自然要素及人文要素共同组成的复杂综合体。作为宏观科学重要的研究领域，陆地表层已成为地球科学研究的核心对象。土壤不仅是某种物质或某种独立的历史自然体，而且是具有特殊结构和功能的地球系统的一个圈层，从陆地表层的观点出发，土壤不仅是研究土壤物质的本身，而是朝向研究土壤与地球圈层的关系及人类生存环境的"土壤圈"方向转变，它是陆地表层地球科学研究的核心，也是现代土壤学发展的新动向。随着社会、经济与人类活动的不断发展及影响，土壤学与陆地表层系统研究均已成为新世纪备受关注的重要学科。

我国的陆地表层研究，包括土壤学的系统研究，长期以来一直得到国家自然科学基金委员会的高度重视和稳定的经费支持，并为引领其研究方向、推动国际合作做出了重要贡献。

当前，为了更有针对性地支持这一领域的研究，充分发挥自然科学基金的资助效率，并客观、准确地把握这些问题的内在本质，编制出版了"中国陆地表层研究回顾与展望"丛书，具有重要时代意义。

"丛书"再现了过去 30 年国内外陆地表层研究不同发展阶段的特点、研究进展和发展动力，将陆地表层相关主体学科划分为自然地理学、人文地理学、地理信息科学、环境地理学、土壤地理学、土壤物理学、土壤化学、土壤生物学等二级学科进行分析；并在此基础上划分 9 个战略问题和 28 个领域，以文献计量分析为重要手段，分层次、分领域探讨了学科发展历程和取得的成就，客观评价了国家自然科学基金在陆地表层领域发展过程中的积极作用与贡献。

土壤学作为陆地表层研究中的重要学科，随着时代的发展，被赋予了新的内涵。首先，我国土壤科学事业的发展是与国际土壤科学的研究相互交流与呼应的，从当今国际与我国土壤学的发展趋势看，研究的内容与内涵已从单一到综合、从现象到本质、从学科到领域、从顶天到立地、从上天到下地、从基础到实际、从研究到产学研开发、从传统到现代、从开放到交流，最后从国内走向与国际相结合。其次，从土壤学当前学科的发展特点看，时间与空间特性的跨度更大，数量与质量（定量与定性）的显著度更明显，宏观与微观的结合更加延伸，学科的交叉与结合更突出，资源与环境的管理、规划及修复更统一，科学研发面临的农业与环境、民生健康与安全的任务更加紧迫。因此，在这种新形势下，今后应充分结合我国土壤学研究的实际与国情，瞄准土壤科学研究的国际前沿，贯彻习近平总书记与中央对科技界提出的五项任务：一是着力推动科技创新与经济社会发展紧密结合，让市场真正成为配置创新资源的力量，让企业真正成为技术创新的主体；二是着力增强自主创新能力，关键是要大幅提高自主创新能力，努力掌握关键核心技术；三是着力完善人才发展机制，最大限度地支持和帮助科技人员创新创业，努力形成有利于创新人才成长的育人环境；四是着力营造良好政策环境，加大资本市场对科技型企业的支持力度；五是着力扩大科技开放合作，要深化国际交流合作，充分利用全球创新资源，在更高起点上推进自主创新，并同国际科技界携手努力为应对全球共同挑战做出应有贡献。最终使我国土壤科学研究水平有一个大的提升和跨越。

该书选择当今土壤学的19个前沿领域对其发展动态进行探索，编写方法先进，框架结构科学，论证分析准确，不仅能够为国家科学基金的卓越管理探索新的途径，更将在促进和提升我国土壤科学研究发展上发挥典范与引领作用。同时，这也是一本值得向大家推荐的供从事土壤学、生态学、地理学和环境科学研究的科研人员的重要参考书。作为多年从事土壤学研究的科技工作者，在此，我愿向该书编写人员的辛勤劳动与书籍出版表示祝贺！祝愿你们今后在切实推进我国基础研究以及学科的发展与进步上不断取得新成就！

土壤科学的发展历史已有180余年，我国近代土壤科学，在吸收国际土壤科学研究经验的基础上，伴随着自然科学和社会发展，通过对土壤圈及其物质循环与土壤资源、土壤环境及质量与土壤生态农业的深入研究，已在理论与实践上取得重大成就，今后在"土壤科学战略发展研究"的指导与推动下，我国土壤科学研究必将对人类生存与自然环境的改善做出新的更大的贡献。

赵其国

2016年3月10日

前　言

　　土壤在人类文明历史演进中的作用正如母亲养育孩子，给予了人类无私的奉献、呵护和教诲。在人类社会发展初期，土壤以其类型丰富的特质为人类基本物质供给提供了多种必需生活物品的选择。土壤长期而无私的供给，带来了不同区域人类早期的富足，滋养和哺育了农耕文明并载入人类发展史册，构成了当今社会文明得以蓬勃发展的基础。进入工业化时代，现代技术激发了机械动力的迅速发展，拓展了人类在更广阔空间内的流动性和可达性，使人类得以在更广域的空间获取更多的土壤产品：来自以土壤为基础的物质供给。虽然，这一时期土壤产品不是工业文明的主要标志，但由土壤养育的环境逐渐成为人类的精神需求，基于土壤并植根于土壤的文化成为当今人类的精神财富。进入后工业化时代，伴随着经济的快速发展，不合理的人类活动造成了多种形式的土壤退化和功能衰减，同时造成水、大气和生态环境的严重损伤。土壤以其顽强的自我恢复能力承担着人类活动带来的直接压力，调节着其他环境要素带来的恶性胁迫。土壤正在并将持续为创造地球文明发挥着不可替代的作用。由于土壤在人类文明进程中的重要作用，以土壤为核心研究对象的土壤学成为科学之林中最悠久的学科之一。

　　作为一门具有悠久历史的学科，土壤学经历了从传统土壤学到现代土壤学的成功蜕变，成长为当今自然科学体系中的重要组成部分。一方面，土壤学经历了几个世纪的发展、创新、再发展的循序提升，成功地完成了理论、方法、技术体系的构建、应用和更迭，并在科学不同的发展阶段发挥了与时代相随、相伴、相助的作用；另一方面，土壤学本身是更贴近人类生产、生活的科学，其不同阶段的发展、跨越与社会的发展紧密相连。在人类社会发展的进程中，土壤成为社会发展的重要物质基础和社会稳定的基本保障。土壤学在人类历史发展的长河中一直备受科学界和社会各界的关注。当今，社会环境纷繁复杂、自然系统失稳多变，土壤成为人—地复杂巨系统中的核心要素之一，是传递人类活动胁迫自然与自然系统反馈的重要载体和介质。随着科学进入系统思维时代，作为构建自然科学、社会科学和人文科学的纽带，土壤学已成为地球系统科学中的"焦点"学科，学科方向不断拓展，形成了关注土壤、水文、生态、环境等于一体的综合学科。由于土壤学在科学发展过程和解决社会经济问题中的重要性，采用全新的研究方法，全面、客观地回顾和总结国内外土壤科学取得的成就、发展动力、存在问题和未来挑战已经成为全面提升土壤学研究水平的关键。

　　本书全面、系统地论述了土壤学各分支学科近年发展迅速的研究领域的动态。希望通过领域筛选全面刻画土壤学发展的整体面貌，把握土壤学发展的主体潮流。基于这种思路，本书凝练了19个土壤学前沿领域：现代成土过程与土壤资源演变，土壤信息数字化表征与土壤资源管理，土壤结构与功能，土壤水文过程与溶质运移，土壤侵蚀产沙与流域景观异质性，土壤侵蚀过程与动力机制，土壤界面化学过程与效应，土壤矿物—有机质—微生物交互作用的耦合过程，土壤生物组成与群落构建，土壤微生物群落及其时空演变特征，根际土壤—植物—微生物相互作用，土壤肥力与土壤养分循环，土壤元素循环的生物驱动机制，土壤碳、氮、磷循环及其环境效应，土壤重金属污染与修复，土壤有机污染与修复，纳米颗粒、抗生素及抗性基因等新兴污染物风险评估，土壤退化与功能恢复，城市土壤特征与功能。针对19个前沿领域从历史的演进、取得的成就、发展的动力、中外对比、科学基金的支持以及未来研究展望等方面加以系统分析。

本书以文献计量学等定量分析为主并结合定性分析等多种研究方法，力求客观、准确地评述土壤学若干前沿领域的动态、成就和走向。写作过程中作者利用美国科学信息研究所（Institute for Scientific Information，ISI）创建的网络版引文索引数据库（Web of Science），对被科学引文索引（Science Citation Index，SCI）和社会科学引文索引（Social Science Citation Index，SSCI）收录的中外学者论文的关键词进行多种数学统计分析，从文献计量学的角度阐述了近15年国际土壤学的主流方向和研究进展，明晰了中国科学家这一时期关注的国际热点并探索未来的发展方向。利用中国科学引文数据库（Chinese Sciences Citation Database，CSCD），分析了中国科学家近15年发表的中文论文关键词，深入阐述了这一时期中国科学家关注的土壤学问题以及做出的富有中国区域特色的研究工作。利用国家自然科学基金委员会（National Natural Science Foundation of China，NSFC）近15年申请和资助项目数据，分析了科学基金对我国土壤学发展的作用与贡献以及在科学基金支持下中国土壤学所展现的国际影响。本书在写作过程中以数据分析为基础，力求客观、准确地表达中国土壤学若干前沿领域的研究特色、国际贡献和地位以及未来的发展前景。

本书共分19章，各章撰写人分别为：第1章：杨金玲、赵玉国；第2章：赵玉国；第3章：彭新华；第4章：王力；第5章：史志华；第6章：史志华、宋长青；第7章：徐仁扣；第8章：谭文峰；第9章：吴东辉、贾仲君；第10章：褚海燕；第11章：姚槐应、宋长青；第12章：邹建文；第13章：张丽梅、贾仲君；第14章：颜晓元、张金波；第15章：吴龙华、施积炎；第16章：何艳、李永涛；第17章：王玉军；第18章：张斌、岳现录；第19章：姚槐应。全书结构设计和统稿工作由宋长青完成。英文文献数据分析工作由裴韬完成，中文文献数据分析和基金项目分析工作由高锡章完成。冷疏影参与全书构思与部分章节的审议工作，郑袁明负责会议研讨的组织工作。此外，参与本项工作研讨、写作和资料整理的人员还有：张文翔、郭忠录、逯亚峰、刘小茜、钱凤魁、王永君、方临川、宋辞、舒华、李婷、张加、朱敏、冯佳胤、叶琦、王玲、张含玉、黄萱、陈洪松、樊军、马东豪、王云强、佘冬立等。以上参编人员来源：中国科学院南京土壤研究所、中国科学院水利部水土保持研究所、华中农业大学、中国科学院东北地理与农业生态研究所、中国科学院城市环境研究所、南京农业大学、中国科学院生态环境研究中心、南京师范大学、浙江大学、华南农业大学、中国农业科学研究院农业资源与农业区划研究所、中国科学院地理科学与资源研究所、中国科学院亚热带农业生态研究所、中国科学院地球环境研究所、河海大学以及国家自然科学基金委员会。

本书在讨论与编写过程中得到了中国科学院地理科学与资源研究所资源与环境信息系统国家重点实验室、华中农业大学资源与环境学院、中国科学院南京土壤研究所、中国科学院城市环境研究所以及中国科学院水利部水土保持研究所的大力支持，在此向给予我们大力支持的单位以及沈仁芳、朱永官、刘国彬、黄巧云、傅伯杰等表示衷心的感谢！同时感谢中国土壤学会给予的热情鼓励和无私帮助！

本项工作由一批活跃在国际土壤学界的青年科学家完成，作为主编，我为他们高度的工作热情、忘我的工作精神、精湛的学术造诣所深深打动，在此向他们表示崇高的敬意。书中难免存在不足之处，敬请读者批评指正。

宋长青

2016 年 2 月

目 录

总序
序言
前言

导读 ··· 1

第1章 现代成土过程与土壤资源演变 ·· 5
  1.1 概述 ··· 5
  1.2 国际"现代成土过程与土壤资源演变"研究主要进展 ······························· 7
  1.3 中国"现代成土过程与土壤资源演变"研究特点及学术贡献 ····················· 15
  1.4 NSFC和中国"现代成土过程与土壤资源演变"研究 ······························ 27
  1.5 研究展望 ··· 31
  1.6 小结 ··· 32

第2章 土壤信息数字化表征与土壤资源管理 ·· 40
  2.1 概述 ··· 40
  2.2 国际"土壤信息数字化表征与土壤资源管理"研究主要进展 ····················· 42
  2.3 中国"土壤信息数字化表征与土壤资源管理"研究特点及学术贡献 ············ 52
  2.4 NSFC和中国"土壤信息数字化表征与土壤资源管理"研究 ······················ 63
  2.5 研究展望 ··· 66
  2.6 小结 ··· 69

第3章 土壤结构与功能 ·· 75
  3.1 概述 ··· 75
  3.2 国际"土壤结构与功能"研究主要进展 ··· 77
  3.3 中国"土壤结构与功能"研究特点及学术贡献 ······································ 86
  3.4 NSFC和中国"土壤结构与功能"研究 ·· 97
  3.5 研究展望 ··· 102
  3.6 小结 ··· 103

第4章　土壤水文过程与溶质运移 ... 109
4.1　概述 ... 109
4.2　国际"土壤水文过程与溶质运移"研究主要进展 ... 112
4.3　中国"土壤水文过程与溶质运移"研究特点及学术贡献 ... 124
4.4　NSFC和中国"土壤水文过程与溶质运移"研究 ... 140
4.5　研究展望 ... 145
4.6　小结 ... 147

第5章　土壤侵蚀产沙与流域景观异质性 ... 159
5.1　概述 ... 159
5.2　国际"土壤侵蚀产沙与流域景观异质性"研究主要进展 ... 161
5.3　中国"土壤侵蚀产沙与流域景观异质性"研究特点及学术贡献 ... 169
5.4　NSFC和中国"土壤侵蚀产沙与流域景观异质性"研究 ... 180
5.5　研究展望 ... 184
5.6　小结 ... 186

第6章　土壤侵蚀过程与动力机制 ... 192
6.1　概述 ... 192
6.2　国际"土壤侵蚀过程与动力机制"研究主要进展 ... 194
6.3　中国"土壤侵蚀过程与动力机制"研究特点及学术贡献 ... 202
6.4　NSFC和中国"土壤侵蚀过程与动力机制"研究 ... 214
6.5　研究展望 ... 218
6.6　小结 ... 220

第7章　土壤界面化学过程与效应 ... 226
7.1　概述 ... 226
7.2　国际"土壤界面化学过程与效应"研究主要进展 ... 229
7.3　中国"土壤界面化学过程与效应"研究特点及学术贡献 ... 237
7.4　NSFC和中国"土壤界面化学过程与效应"研究 ... 247
7.5　研究展望 ... 250
7.6　小结 ... 252

第8章　土壤矿物—有机质—微生物交互作用的耦合过程 ... 259
8.1　概述 ... 259
8.2　国际"土壤矿物—有机质—微生物交互作用的耦合过程"研究主要进展 ... 261
8.3　中国"土壤矿物—有机质—微生物交互作用的耦合过程"研究特点及学术贡献 ... 268
8.4　NSFC和中国"土壤矿物—有机质—微生物交互作用的耦合过程"研究 ... 279

8.5 研究展望 ……………………………………………………………………… 284

8.6 小结 …………………………………………………………………………… 285

第 9 章 土壤生物组成与群落构建 ………………………………………………… 291

9.1 概述 …………………………………………………………………………… 291

9.2 国际"土壤生物组成与群落构建"研究主要进展 ………………………… 294

9.3 中国"土壤生物组成与群落构建"研究特点及学术贡献 ………………… 305

9.4 NSFC 和中国"土壤生物组成与群落构建"研究 ………………………… 318

9.5 研究展望 ……………………………………………………………………… 323

9.6 小结 …………………………………………………………………………… 325

第 10 章 土壤微生物群落及其时空演变特征 …………………………………… 332

10.1 概述 ………………………………………………………………………… 332

10.2 国际"土壤微生物群落及其时空演变特征"研究主要进展 …………… 334

10.3 中国"土壤微生物群落及其时空演变特征"研究特点及学术贡献 …… 344

10.4 NSFC 和中国"土壤微生物群落及其时空演变特征"研究 …………… 354

10.5 研究展望 …………………………………………………………………… 358

10.6 小结 ………………………………………………………………………… 360

第 11 章 根际土壤—植物—微生物相互作用 …………………………………… 368

11.1 概述 ………………………………………………………………………… 368

11.2 国际"根际土壤—植物—微生物相互作用"研究主要进展 …………… 370

11.3 中国"根际土壤—植物—微生物相互作用"研究特点及学术贡献 …… 379

11.4 NSFC 和中国"根际土壤—植物—微生物相互作用"研究 …………… 388

11.5 研究展望 …………………………………………………………………… 391

11.6 小结 ………………………………………………………………………… 392

第 12 章 土壤肥力与土壤养分循环 ……………………………………………… 398

12.1 概述 ………………………………………………………………………… 398

12.2 国际"土壤肥力与土壤养分循环"研究主要进展 ……………………… 400

12.3 中国"土壤肥力与土壤养分循环"研究特点及学术贡献 ……………… 410

12.4 NSFC 和中国"土壤肥力与土壤养分循环"研究 ……………………… 420

12.5 研究展望 …………………………………………………………………… 425

12.6 小结 ………………………………………………………………………… 426

第 13 章 土壤元素循环的生物驱动机制 ………………………………………… 432

13.1 概述 ………………………………………………………………………… 432

- 13.2 国际"土壤元素循环的生物驱动机制"研究主要进展 ... 435
- 13.3 中国"土壤元素循环的生物驱动机制"研究特点及学术贡献 ... 447
- 13.4 NSFC 和中国"土壤元素循环的生物驱动机制"研究 ... 459
- 13.5 研究展望 ... 464
- 13.6 小结 ... 466

第 14 章 土壤碳、氮、磷循环及其环境效应 ... 474
- 14.1 概述 ... 474
- 14.2 国际"土壤碳、氮、磷循环及其环境效应"研究主要进展 ... 476
- 14.3 中国"土壤碳、氮、磷循环及其环境效应"研究特点及学术贡献 ... 484
- 14.4 NSFC 和中国"土壤碳、氮、磷循环及其环境效应"研究 ... 495
- 14.5 研究展望 ... 499
- 14.6 小结 ... 501

第 15 章 土壤重金属污染与修复 ... 508
- 15.1 概述 ... 508
- 15.2 国际"土壤重金属污染与修复"研究主要进展 ... 511
- 15.3 中国"土壤重金属污染与修复"研究特点及学术贡献 ... 522
- 15.4 NSFC 和中国"土壤重金属污染与修复"研究 ... 533
- 15.5 研究展望 ... 536
- 15.6 小结 ... 538

第 16 章 土壤有机污染与修复 ... 551
- 16.1 概述 ... 551
- 16.2 国际"土壤有机污染与修复"研究主要进展 ... 553
- 16.3 中国"土壤有机污染与修复"研究特点及学术贡献 ... 563
- 16.4 NSFC 和中国"土壤有机污染与修复"研究 ... 575
- 16.5 研究展望 ... 579
- 16.6 小结 ... 581

第 17 章 纳米颗粒、抗生素及抗性基因等新兴污染物风险评估 ... 589
- 17.1 概述 ... 589
- 17.2 国际"新兴污染物"研究主要进展 ... 591
- 17.3 中国"新兴污染物"研究特点及学术贡献 ... 602
- 17.4 NSFC 和中国"新兴污染物"研究 ... 614
- 17.5 研究展望 ... 618
- 17.6 小结 ... 619

第 18 章　土壤退化与功能恢复 ·· 628
　18.1　概述 ··· 628
　18.2　国际"土壤退化与功能恢复"研究主要进展 ·· 630
　18.3　中国"土壤退化与功能恢复"研究特点及学术贡献 ······································ 642
　18.4　NSFC 和中国"土壤退化与功能恢复"研究 ··· 656
　18.5　研究展望 ·· 662
　18.6　小结 ·· 664

第 19 章　城市土壤特征与功能 ·· 676
　19.1　概述 ··· 676
　19.2　国际"城市土壤特征与功能"研究主要进展 ·· 677
　19.3　中国"城市土壤特征与功能"研究特点及学术贡献 ······································ 686
　19.4　NSFC 和中国"城市土壤特征与功能"研究 ··· 695
　19.5　研究展望 ·· 698
　19.6　小结 ·· 699

的 sediment，watershed，runoff，phosphorus 等关键词聚集在一起，反映了土壤侵蚀与物质迁移方向的研究，而 surface runoff，soil loss，DEM，sediment transport，model 等聚集在一起则可以理解为土壤侵蚀过程模拟的研究。

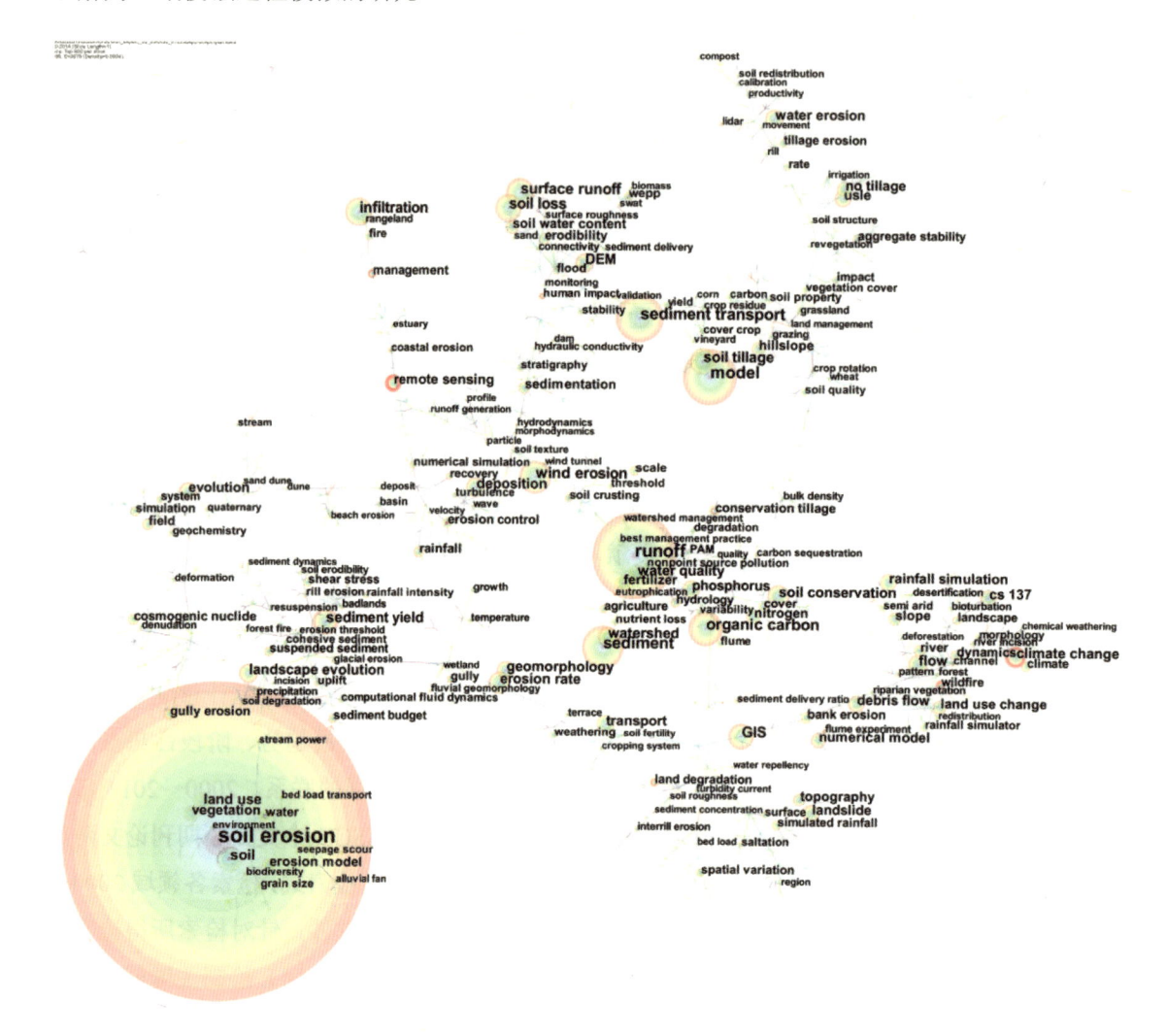

图 0-1 关键词共现关系图

为明确不同时段引领学科发展的前沿研究内容，本书选取了 2000~2014 年 TOP200 高被引论文进行分析，探讨高被引论文不同时段 TOP20 高频关键词变化，剖析学科发展的前沿科学问题与关注焦点。TOP20 高频关键词提取方法如下：利用 Web of Science 数据库检索 2000~2014 年 SCI/SSCI 论文，考虑到引用与发文时间的关系，首先计算每年发文量百分比，按此比例将 TOP200 的论文数量分配到每年，得到具体年份的 TOP 论文数（例如，如果 2000 年的发文量占 2000~2014 年总发文量的 5%，则 2000 年的 TOP 论文数为 10 篇）；然后从 Web of Science 数据库检索出每年的高被引论文（剔除其中的综述论文和非本领域论文），组合得到近 15 年 TOP200 论文；再以 3 年为一个时段，即 2000~2002 年、2003~2005 年、2006~2008 年、2009~2011

年和2012～2014年，提取相应时段内高被引论文的所有关键词后统计词频。鉴于不同时段选取文章数量不同，其词频情况不能真实反映研究热点问题随时间的变化情况，因此需要对各时段词频进行校正。其思路是，以2012～2014年发表论文数为基数，将此阶段的论文数分别除以2000～2002年、2003～2005年、2006～2008年和2009～2011年的论文数，作为对应各时段的校正系数；最后，将该时段TOP论文关键词出现的频次乘以对应的校正系数，得到校正后词频数，即可得到2000～2014年各时段高被引论文关键词组合特征（即每一章的表1）。

2000～2014年中国作者发表SCI/SSCI论文篇数及其被引情况可反映近15年中国在不同前沿领域的国际地位。针对Web of Science数据库，根据2000～2014年SCI/SSCI论文中第一或通讯作者标注的国家或地区，统计不同国家和地区发表SCI/SSCI论文总量，由高到低排序得到近15年发表SCI/SSCI论文总量排名TOP20的国家和地区及其各时段（2000～2002年、2003～2005年、2006～2008年、2009～2011年和2012～2014年）发表的论文篇数。在不同国家和地区SCI/SSCI论文的篇均被引次数排序过程中，为消除发文量小但因少数论文被引用次数高而导致排名异常的国家或地区，仅考虑发文量位于前50位的国家或地区。若中国的篇均被引次数排名低于前20位，则把中国放在最后一行，并在括号内注明具体名次。与针对学科统计TOP200论文的思路不同，在针对国家和地区的统计中，高被引论文是指以15年发文量或各时段发文量为基数引用位于前5%的论文。根据高被引论文的篇数排名可得到TOP20的国家和地区（即每一章的表2）。

为分析不同时段国际和国内热点关键词的差异，根据Web of Science数据库所检索出的2000～2014年SCI/SSCI论文中第一或通讯作者标注的国家和地区，区分中国作者和全球作者。对论文关键词进行统计分析，分别遴选出近15年被中国作者和全球作者使用总频次排名前15的关键词。以各时段（2000～2002年、2003～2005年、2006～2008年、2009～2011年和2012～2014年）关键词的使用频次作为分子，该时段内全球发表文章总数作为分母，分别计算中国作者或全球作者使用该关键词的词频百分比，并绘制各领域全球和中国作者发表SCI/SSCI文章高频关键词对比图（即每一章的图2）。图中采用双坐标，分别代表全球和中国作者关键词的比例。其中，左侧部分为全球作者SCI/SSCI论文高频关键词时序变化，右侧为中国作者SCI/SSCI论文高频关键词时序变化。图中圆圈大小代表该时段内词频占该时段内全球作者发表文章总数的百分比（为方便阅读，中国作者高频关键词时序图进行了放大处理），并在各时段词频百分比最小的关键词下面增加数字标注，圆圈中心的数字是该关键词在该子时段内的词频数。同一关键词使用相同颜色，关键词按各统计时段比例的总和由高到低依次向下排列。关键词词频百分比既可说明每三年间隔关键词使用的变化情况，同时也可说明中国作者对该关键词的贡献和变化趋势。

提取2000～2002年、2003～2005年、2006～2008年、2009～2011年和2012～2014年各时段NSFC资助项目的关键词，并统计词频，遴选排名TOP20关键词绘制NSFC资助项目关键词频次变化时序图（即每一章的图5），明确NSFC在不同领域资助方向的演化。借助Web of Science和CNKI数据库，对近15年本领域SCI/SSCI论文和CSCD论文进行了检索，同时在其中查找

NSFC 资助项目信息，可得到各前沿领域受基金资助项目的相关数据。在此基础上，分别统计中国学者每年发表 SCI/SSCI 论文和 CSCD 论文数量，并计算 NSFC 资助占比（即每一章的图 6）。为了解获 NSFC 资助的研究成果的学术影响，每年选取 TOP100 高被引论文（剔除非本领域论文），以 3 年为一个时段，即 2000~2002 年、2003~2005 年、2006~2008 年、2009~2011 年和 2012~2014 年，统计各时段中国学者发文数量，挑选出获 NSFC 资助的论文，并计算其所占比例（即每一章的图 7）。

第1章 现代成土过程与土壤资源演变

土壤是地球表层生物赖以生存的基础，土壤的发生、形成和演变对农业生产、人类活动、应对环境变化等具有重要的意义。虽然土壤发生是在地质历史时期就已存在的长期过程，但是在现代环境条件下，全球气候变暖、酸沉降严重、大气颗粒物增加、人为活动加剧等，土壤的发生和形成过程亦会产生变化，从而影响土壤资源的演变。因此，土壤发生与成土过程的研究在土壤学中一直具有重要地位。

1.1 概　　述

本节以现代成土过程与土壤资源演变研究的缘起为切入点，阐述了现代成土过程的内涵；以科学问题的深化和研究方法的创新为线索，探讨了现代成土过程与土壤资源演变研究的演进阶段。

1.1.1 问题的缘起

土壤发生与形成的研究起步较早。1883 年，俄国土壤发生学派的创始人道库恰耶夫提出了五大成土因素学说，最早分析了土壤与外界环境的发生学联系，特别是对黑钙土的发生演化给出了精辟的论述。美国学者 Jenny（1941）所著的 *Factors of Soil Formation–A System of Quantitative Pedology* 在道库恰耶夫学说的基础上发展了一系列土壤形成的函数，该书被奉为发生学的经典之作而历久不衰。随着工业革命的发展，人类社会进入了飞速发展时期，随之环境也发生了翻天覆地的变化。工业生产中废热、废气、废水、废渣的排放，农业生产中化肥和农药的施用，以及温室气体的排放与城市建设等人类活动，已经对土壤的形成过程和演变产生了巨大的影响。Yaalon 等（1966：272～277）提出了"人为土壤的变质作用"，俄罗斯 Герасимова 等（2003）出版了《人为发生土壤》专著。中国土壤学家在世界上首次提出了人为土壤发生过程的概念并以诊断层和诊断特性为基础对人为土进行了系统分类（张甘霖，1990：54～54；Gong et al.，1999：193～204；Zhang et al.，2003b：12～19）。近几十年来，随着人类活动对土壤的作用越来越大，导致的环境问题日趋严重，现代环境条件下的成土过程及土壤资源演变开始受到重视。

1.1.2 问题的内涵及演进

成土过程是在地质风化过程的产物——成土母质的基础上，气候、生物等因素的作用下发生的一系列物质转化、迁移过程，集中反映的是岩石—母质—土壤的地球化学全过程（龚子同等，2007）。处于任何发展阶段的土壤均会受到物质输入、损失、迁移和转化的影响，对这些过程的研究主要是揭示土壤形成的机理、速率、影响因素及其演变趋势。Jenny 提出了土壤成土五大因素：气候、母质、地形、生物和时间，此后人为活动成为自然因素之外的第六大因素，而且其对现代土壤的发生和演变起着主导作用。随着学科之间的交叉、新的研究方法和手段的运用以及认识水平的提高，现代土壤发生过程逐渐从关注单纯的自然因素作用扩展到人为因素的影响研究，从静态发展演变到动态研究，从实验室走向田间，从表观现象发展到机理探索，从定性深化到定量。

现代成土过程与土壤资源演变研究的深入主要可以分为以下 3 个阶段。

第一阶段：成土过程的静态研究。 土壤发生和形成是一个长期而缓慢的过程，短时间内很难观察到土壤本身的变化，早期的研究多是根据土壤野外调查及室内分析的静态方法来推测土壤过去可能的发生过程。在过去将近一个世纪以来，土壤学家应用物理学、化学、生物学和生物化学等学科的基本原理，将土壤形成因素与土壤形态和性质联系起来，研究各种土壤的发生过程。如根据原位发育土壤中出现黏淀层，说明土壤中存在黏粒的迁移和淀积过程（龚子同等，2007）。但静态研究方法也有它的局限性，静态的指标只是对土壤过去发生过程的一种推测，并且由于土壤绝对年龄一直是土壤学研究中难以解决的问题，因而关于土壤发生和演变的机理与速率问题一直未得到很好的解决。但是这种静态的研究方法奠定了土壤发生和成土过程研究的基础。

第二阶段：成土过程的动态—定量研究。 采用实验室模拟加温、加压、高酸度或高碱度等控制条件下，加快矿物的风化和土壤演变的进程，可以观察单一矿物的分解和次生矿物的形成（Malmström and Banwart，1997：2779～2799；Fu et al.，2009：125～135）以及了解某些特征土层的形成（Hellmann，1995：595～611）。但是实验室模拟环境与野外实际差异较大，只适合理论研究，由此获得的实验结果往往与野外实地情况很难相符。如实验室测定的矿物风化速率至少比田间测定的大几个数量级（Swobada-Colberg and Drever，1993：51～69；Jin et al.，2010：3669～3691）。尽管运用实验室模拟结果解释自然体系时会产生较大的误差，但是这在短时间内观察到土壤的发生过程，能够了解土壤发生过程的机理和速率，因此实验室模拟研究在一定程度上推进了土壤发生和形成的定量化研究。

时间序列研究应用土壤发育的相对年龄，研究土壤中元素的迁移与变化，将土壤剖面对比与速率联系起来，在定量化研究土壤发生过程中能够起到重要的作用（Lichter，1998：255～282；Chen et al.，2011：1807～1820）。时间序列研究针对的是较长时间尺度（百年—千年—百万年尺度）的土壤发生和演变。

排水采集器法在 20 世纪 70 年代开始应用于元素的盈缺与风化之间的关系研究（Upchurch et al.，1973：266～281），我国采用排水采集器的方法定量化地研究元素的动态变化和迁移速率始于 20 世纪 80 年代。经过了近 10 年的系统观测，开展了红壤水、热动态规律、物质迁移和平衡的长期定位观察，应用化学元素迁移的概念模型法，建立了土壤中硅的迁移模型参数，从定量的角度对红壤的现代成土过程及发育年龄做了初步研究（赵其国，1992：341～351）。排水采集器的方法亦推进了受人为活动影响非常强烈的水耕人为土速率和迁移模型的建立（张甘霖和龚子同，1996：254～262）。

第三阶段：成土过程的元素地球化学方法研究。长期以来，土壤发生学研究仅将土壤作为研究的客体，Likens 和 Bormann（1995）首次对美国东北部新英格兰地区新罕布什尔州内的 Hubbard Brook 流域进行了 30 年（1964～1994 年）的系统观测，对该流域生态系统水文、水化学、元素输入输出收支、矿物风化速率、养分循环等方面进行定量研究，把流域元素地球化学的方法引入到土壤发生学的研究中。20 世纪末，欧洲设立 17 个综合流域观测点（Forsius et al., 2005：73～83），进行了系统的元素循环研究。进入 21 世纪以来，我国也陆续开展了通过流域地球化学的方法研究现代土壤的发生和演变过程研究（Zhang et al., 2003a: 23～30；翟大兴等，2011：169～181；杨金玲等，2013：253～259），采用地球化学元素循环的方法研究土壤发生与成土过程已成为未来发展的趋势（张甘霖等，2012）。

近 20 年来，随着质谱测定技术的进步，各种稳定性同位素以及非传统同位素研究取得了重要进展（黄方，2011：365～382）。与土壤发生过程相关的同位素，目前比较成熟的是硅同位素，其对土壤的发生和演变具有重要的指示意义（Ziegler et al., 2005：4597～4610）。同位素技术的发展将对土壤成土过程和演变的机理研究有新的突破。

1.2 国际"现代成土过程与土壤资源演变"研究主要进展

近 15 年来，随着现代成土过程与土壤资源演变研究的不断深入，逐渐形成了一些核心领域和研究热点，通过文献计量分析发现，其核心研究领域主要包括成土过程定量化、城市化及土壤物理退化、酸沉降与土壤风化和酸化、硅酸盐风化与气候变化、重金属污染及土壤质量退化等方面。现代成土过程研究正在向着定量化、机理探索、系统综合作用与模拟等方向发展。

1.2.1 近 15 年国际该领域研究的核心方向与研究热点

运用 Web of Science 数据库，依据本研究领域核心关键词制定了英文检索式，即："soil*" and ("*weathering*" or "pedog*" or "soil formation" or "*soil genesis" or "soil evolution" or "anthropogenic process" or "temporal sequence" or "chronosequence" or "soil diversity" or "catena" or "toposequence" or (("dry and wet deposition" or "wet deposition" or "dry deposition") and ("migration" or "concentration" or "accumulation" or "profile")) or "soil acidification" or "desilicification" or "resilicification" or "loess deposition" or "soil geochemistry" or "geochemical cycle" or "element migration" or "element accumulation" or "heavy metal concentration" or "element concentration " or "heavy metal accumulation" or "urbanization" or "soil sealing" or "soil compaction" or "soil hardening" or "soil degradation" or "soil eutrophication" or "soil impoverishment" or "permafrost degradation" or "secondary salinization" or "desalinization"），检索到近 15 年本研究领域共发表国际英文文献 16 074 篇。划分了 2000~2002 年、2003~2005 年、2006~2008 年、2009~2011 年和 2012~2014 年 5 个时间段，各时间段发表的论文数量分别占总发表论文数量的百分比为 12.6%、15.5%、19.9%、23.7%和 28.2%，呈逐年上升趋势。图 1-1 为 2000~2014 年现代成土过程与土壤资源演变领域 SCI 期刊论文关键词共现关系图，图中聚成了 5 个相对独立的研究聚类圈，在一定程度上反映了近 15 年国际现代成土过程与土壤资源演变研究的核心领域，主要包括成土过程定量化、城市化及土壤物理退化、酸沉降与土壤风化和酸化、硅酸盐风化与气候变化、重金属污染及土壤质量退化 5 个方面。

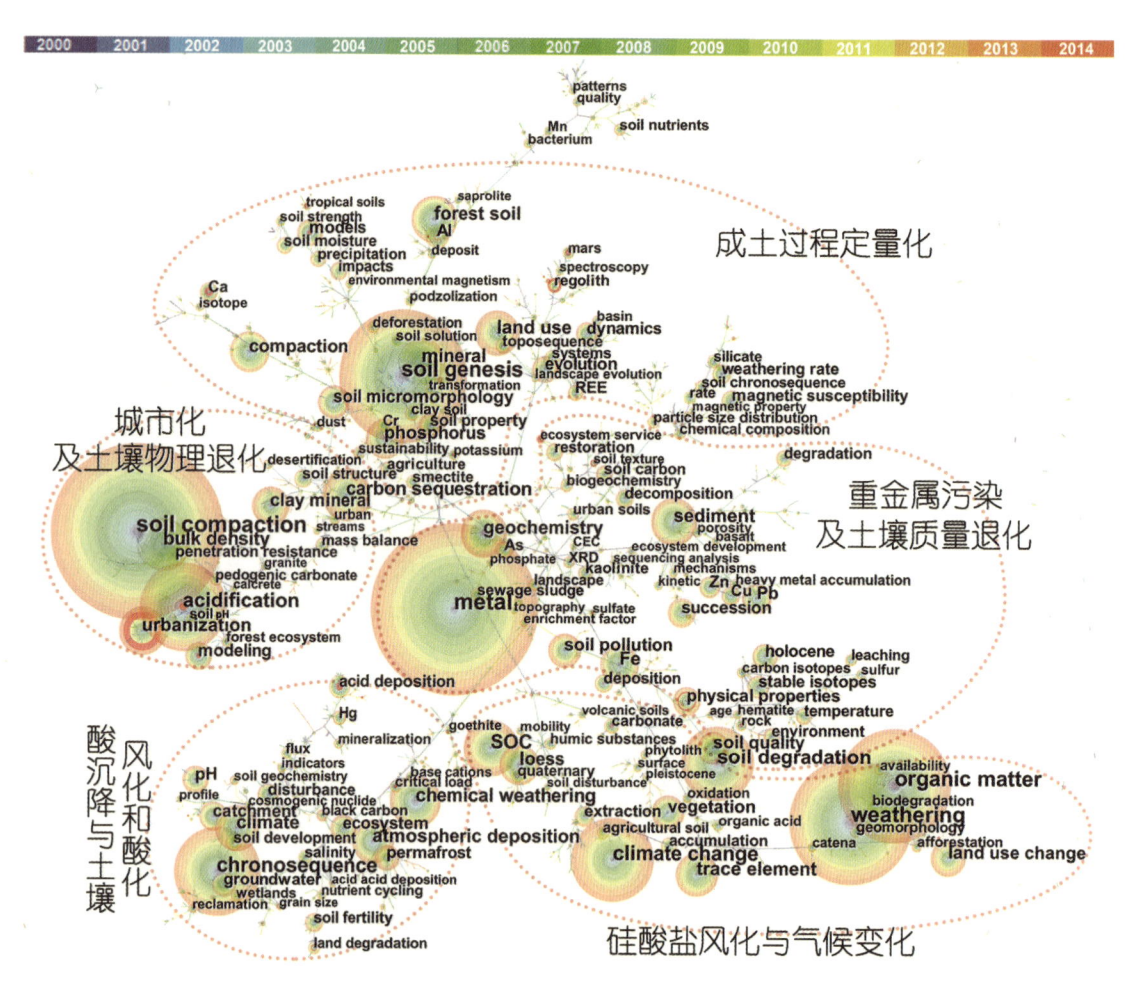

图 1-1 2000~2014 年"现代成土过程与土壤资源演变"领域 SCI 期刊论文关键词共现关系

（1）成土过程定量化

从文献关键词共现关系图聚类圈中出现频次最高的土壤发生（soil genesis）及其周围频次较高的矿物（mineral）、黏土（clay soil）、灰化作用（pedzolization）、地形序列（toposequence）、土壤微形态（soil micromorphology）、土壤特性（soil property）、动力学（dynamics）、土壤溶液（soil solution）、演变（evolution）、模型（models）、风化速率（weathering rate）和土壤

时间序列（soil chronosequence）等关键词，说明近 15 年来该领域的研究者对风化和成土过程研究的同时，注重对成土产物和产物特性的研究，并试图对成土过程采用微观与宏观结合的方法进行机理的探索和速率的定量化研究。

（2）城市化及土壤物理退化

聚类圈中心词为土壤压实（soil compaction），与之最靠近的是容重（bulk density）和穿透阻力（penetration resistance），还有土壤结构（soil structure）和黏土矿物（clay mineral），中心词的附近出现城市化（urbanization），这些关键词表明，近 15 年来**城市化已经带来城市土壤严重的物理退化，尤其是土壤的压实退化**。研究者从土壤的容重、穿透性和结构对城市土壤的物理退化进行了分析研究。

（3）酸沉降与土壤风化和酸化

自 20 世纪以来，酸沉降日益严重，由此带来的土壤问题也日益明显。因此，在酸沉降（acid depositions）背景下土壤的酸碱度（pH）、矿物的化学风化（chemical weathering）、盐基离子（base cation）的流失通量（flux）成为研究的重点。与之相关的生态系统（ecosystem）变化、酸临界负荷（critical load）和土壤地球化学（soil geochemistry）也成为研究的热点，在这些方面的研究主要采用流域（catchment）观测与序列（chronosequence）的研究方法。由此可见，在现代环境条件下，**大气酸沉降带来的土壤风化与酸化及其相关的生态环境问题成为近年来的研究重点**。

（4）硅酸盐风化与气候变化

该聚类圈中关键词最大的 4 个圈层依次是风化（weathering）、有机质（organic matter）、气候变化（climate change）和有机碳（SOC），这 4 个主要关键词周边的关键词有土地利用变化（land use change）、植被（vegetation）、土链（catena）、碳酸盐（carbonate）、有机酸（organic acid）、农业土壤（agricultural soil）等，说明气候、土地利用和植被变化带来的土壤有机质和**大气 CO_2 变化及其与硅酸盐风化的相互影响是近年来的研究重点**。

（5）重金属污染及土壤质量退化

本聚类圈中最大的圈层是金属元素（metal），其次是土壤退化（soil degradation），与土壤退化相重合的圈层是土壤质量（soil quality），这 3 个最主要的关键词已经体现了**重金属污染引起的土壤质量退化是近年来土壤资源演变的研究重点**。此外，土壤污染（soil pollution）和各种重金属元素铁（Fe）、砷（As）、锌（Zn）、铜（Cu）、铅（Pb）、重金属富集（heavy metal accumulation）也进一步体现了重金属在土壤质量演变研究中所占的重要位置。这里的关键词城市土壤（urban soils）和沉积物（sediment）说明近年来土壤重金属研究主要集中在城市土壤和沉积物中。另外，从关键词地球化学（geochemistry）、生物地球化学（biogeochemistry）、连续提取（sequencing analysis）、矿物鉴定（XRD）和动力学（kinetic）中可以看出，重金属主要采用连续提取和地球化学的手段进行研究，这体现了**土壤重金属研究不仅注重总量研究，而且注重重金属元素的化学行为和生物有效性**。

SCI期刊论文关键词共现关系图反映了近15年现代成土过程与土壤资源演变研究的核心领域（图1-1），而不同时段TOP20高频关键词可反映其研究热点（表1-1）。从表1-1中2000～2014年各时段TOP20关键词组合特征可知，2000～2014年，前10位高频关键词为风化（weathering）、土壤发生（soil genesis）、同位素（isotopes）、地球化学（geochemistry）、土壤压实（soil compaction）、大气沉降（deposition）、重金属（heavy metal）、土壤矿物（soil minerals）、土壤酸化（soil acidification）和土壤有机质（organic matter），表明这些领域是近15年研究的热点。不同时段高频关键词组合特征能反映研究热点随时间的变化情况，风化（weathering）在各时段均占有突出地位，说明持续受到关注。对以3年为时间段的热点问题变化情况分析如下。

（1）2000～2002年

由表1-1可知，本时段研究重点集中在大气沉降（deposition）对土壤矿物（soil minerals）风化（weathering）、土壤形成（soil formation）、土壤发生（soil genesis）和酸化（acidification）研究，研究手段主要采用地球化学（geochemistry）、宇宙成因核素（cosmogenic nuclides）和时间序列（chronosequence）；另外，该时段还通过对土壤团聚体（soil aggregate）和土壤质地（soil texture）等来研究土壤的物理退化（soil degradation），尤其是土壤压实（soil compaction）。该时段还注重气候变化（climate change）条件下土壤有机碳（SOC）变化和重金属污染问题。以上出现的高频关键词表明，**采用宇宙成因核素的手段研究土壤矿物风化速率和地球化学方法研究大气沉降背景下成土与酸化速率是该时段研究的热点**。

（2）2003～2005年

该时段开始出现沉积物（sediment）、黄土（loess）、磁化率（magnetic susceptibility）、耕作（tillage）、结皮（soil crusts）、土壤特性（soil properties）、同位素（isotopes）等关键词，同时关键词中金属元素（metal）、土壤压实（soil compaction）和物理特性（physical properties）上升到更重要的位置，这说明**土壤压实带来的土壤物理特性变化以及土壤重金属污染带来的化学退化成为本时段研究的主要热点，同时注重耕作措施对土壤发生和演变的影响**。

（3）2006～2008年

该时段风化（weathering）、沉降（deposition）、土壤压实（soil compaction）、同位素（isotopes）、土壤发生（soil genesis）和地球化学（geochemistry）等关键词仍然处于前列。新出现的关键词有土壤盐分（salinity）、入渗（infiltration）、免耕（no-tillage）、人类影响（human impact）、城市土壤（urban soils）和固碳（carbon sequestration）。这些关键词说明该时段除了继续高度关注风化和成土过程以外，**开始注重人类活动如免耕和城市化等对土壤发生与演变的影响**。

（4）2009～2011年

在该时段，气候变化（climate change）、有机质（organic matter）和有机碳（SOC）、土壤酸化（acidification）、人类影响（human impact）、土壤退化（soil degradation）均上升到更重要的位置。这说明**气候变化条件下，人类活动带来的土壤有机碳变化和土壤退化成为全球变化中的研究热点**。

表 1-1 2000~2014 年 "现代成土过程与土壤资源演变" 领域不同时段 TOP20 高频关键词组合特征

2000~2014 年 关键词	词频	2000~2002 年 (25 篇/校正系数 2.32) 关键词	词频	2003~2005 年 (30 篇/校正系数 1.93) 关键词	词频	2006~2008 年 (40 篇/校正系数 1.45) 关键词	词频	2009~2011 年 (47 篇/校正系数 1.23) 关键词	词频	2012~2014 年 (58 篇/校正系数 1.00) 关键词	词频
weathering	70	weathering	26 (11)	weathering	14 (7)	weathering	20 (14)	weathering	22 (18)	weathering	20
soil genesis	23	soil aggregate	14 (6)	metal	12 (6)	deposition	9 (6)	climate change	9 (7)	isotopes	11
isotopes	22	geochemistry	12 (5)	soil compaction	12 (6)	soil compaction	9 (6)	soil genesis	7 (6)	geochemistry	7
geochemistry	18	soil genesis	12 (5)	soil genesis	8 (4)	salinity	7 (5)	organic matter	7 (6)	soil minerals	7
soil compaction	18	deposition	9 (4)	physical properties	8 (4)	isotopes	6 (4)	salinity	6 (5)	soil pollution	6
deposition	17	cosmogenic nuclides	7 (3)	deposition	6 (3)	soil genesis	6 (4)	acidification	5 (4)	soil genesis	4
metal	16	semiarid	7 (3)	geochemistry	6 (3)	physical properties	6 (4)	deposition	5 (4)	sediment	4
soil minerals	15	soil texture	7 (3)	isotopes	6 (3)	geochemistry	4 (3)	human impact	5 (4)	acidification	4
acidification	14	chronosequence	5 (2)	sediment	6 (3)	metal	4 (3)	isotopes	5 (4)	soil formation	4
organic matter	13	metal	5 (2)	tillage	5 (2)	infiltration	4 (3)	regolith	5 (4)	critical zone	3
soil formation	11	land degradation	5 (2)	catchment	5 (2)	soil formation	4 (3)	soil minerals	5 (4)	metal	3
physical properties	11	silica	5 (2)	soil minerals	5 (2)	organic matter	4 (3)	SOC	4 (3)	loess	3
climate change	10	SOC	5 (2)	land degradation	5 (2)	carbon sequestration	3 (2)	soil degradation	4 (3)	regolith	3
salinity	10	acidification	5 (2)	loess	5 (2)	climate change	3 (2)	catchment	4 (3)	SOC	3
SOC	8	soil formation	5 (2)	magnetic susceptibility	5 (2)	human impact	3 (2)	physical properties	4 (3)	soil compaction	3
soil pollution	8	soil minerals	5 (2)	acidification	4 (2)	loess	3 (2)	chronosequence	2 (2)	soil structure	3
catchment	7	organic matter	5 (2)	soil pollution	4 (2)	magnetic susceptibility	3 (2)	soil formation	2 (2)	catchment	2
loess	7	climate change	2 (1)	soil crusts	4 (2)	no-tillage	3 (2)	metal	2 (2)	chronosequence	2
regolith	7	soil compaction	2 (1)	soil properties	4 (2)	acidification	3 (2)	soil compaction	2 (2)	soil quality	2
sediment	7	soil degradation	2 (1)	catena	4 (2)	urban soils	3 (2)	magnetic susceptibility	2 (2)	organic matter	2

注：括号中的数字为校正前关键词出现频次。

（5）2012~2014年

虽然土壤矿物（soil minerals）、风化（weathering）、土壤发生（soil genesis）和酸化（acidification）依然是主要的热点内容，但是同位素（isotopes）和地球化学（geochemistry）出现的频次非常高，处于突出的位置，而且关键带（critical zone）的出现，说明土壤发生与成土过程的研究已经拓展到整个关键带的研究领域中，**更注重土壤在整个生态系统的交互作用中的发生和演变过程，更注重采用同位素和地球化学的手段来研究土壤的成土与演变**。土壤质量（soil quality）首次出现，土壤污染（soil pollution）再次出现，并且频次较高，说明土壤污染和质量评价也受到一定的关注。

根据校正后高频关键词分布情况可知，现代成土过程与土壤资源演变的主要研究内容：现代大气沉降背景下的矿物风化和成土速率以及酸化一直是近15年来的研究重点，在各时期均占重要地位。但值得注意的是，人为活动如城市化和耕作管理等对成土过程的影响以及由此带来的物理、化学与重金属污染等的土壤质量演变研究的热度逐渐增强。研究方法虽然均以地球化学和时间序列为主，但是新兴的同位素研究方法逐渐成为主要的研究手段。

1.2.2 近15年国际该领域研究取得的主要学术成就

图1-1表明，近15年来，国际上现代成土过程与土壤资源演变研究的核心领域主要为成土过程定量化、城市化及土壤物理退化、酸沉降与土壤风化和酸化、硅酸盐风化与气候变化、重金属污染及土壤质量退化5个方面。高频关键词组合特征反映的热点问题主要包括气候变化、酸沉降、城市化等现代人为活动及其带来的环境变化对成土过程和土壤资源演变的影响（表1-1）。针对以上5个核心领域及热点问题展开了大量研究，取得的主要成就包括：**成土过程定量化、城市土壤演变及其生态环境效应、酸沉降与土壤酸化速率估算、现代环境条件下的硅酸盐风化及其与环境的交互作用4个主要方面**。

（1）成土过程定量化

成土过程研究长期以来多以定性为主导，近年来，随着研究方法和手段的提高，越来越多的研究从土壤发生学的角度，在测定土壤基本特性的同时，采用微形态、实验室模拟、地形序列、流域观测、动力学以及模型的手段，对成土过程进行半定量和定量化的研究（Chen et al.，2011：1807~1820；Turner et al.，2012：50~62；Yang et al.，2013：30~37）。利用水稻土时间序列明确了在人为活动的影响下，不同土壤组分和特性具有不同的迁移过程和速率。硅（Si）、铝（Al）和钾（K）元素含量在千年尺度上仅有小的变化，但是土壤有机碳、磁化率、钙（Ca）、钠（Na）和镁（Mg）经过50年人为水耕活动就会呈现出突变，而700年的利用，碳酸钙能够从土体中完全淋失（Chen et al.，2011：1807~1820）。对于特定环境下特征土层的形成时间也有了突破性的研究结果，如在新西兰南岛时间序列研究发现，形成一个漂白层需要2 000年，而铁磐层的形成需要4 000年（Turner et al.，2012：50~62）。成土过程中元素的流失速率也更加明确，Eger等（2011：185~196）根据物质平衡方法估算了在6 500年内，全磷的平均损失速率为 110 g/m²/ky，75%的全磷、62%的钾、52%的钙和 54%的钠从土体中流失。

风化是成土的基础，风化速率的估算也从实验室走向田间，获取了与野外实际更相符的风化速率。在美国东南部通过岩相观测、元素平衡和锶（Sr）同位素方法获得的长石风化速率比实验的溶解速率低 3～4 个数量级（White et al.，2001：847～869），并表明矿物的反应速率随着时间明显下降。利用流域长期观测和水化学的方法初步获得了特定环境条件下矿物的当前风化和成土速率（Van der Weijden and Fernando，2003：122～145；Huang et al.，2013a：11～20）。

硅迁移是土壤发生过程中一个最主要的方面。由于缺乏定量的数据，现代环境条件下土壤的脱硅与复硅一直存在争议。近年来，利用植物硅循环和水体硅的流失，已经初步获得了部分地区的土壤脱硅和复硅速率（Sommer et al.，2006：310～329），而且热带地区强发育土壤的脱硅速率反而小于亚北极区气候发育弱的土壤（Anderson et al.，2000：1173～1189；Sommer et al.，2006：310～329）。Lugolobi 等（2010：1294～1308）在夏威夷利用锗/硅（Ge/Si）比率分馏情况，说明了在波多黎各 Rio Icacos 流域石英闪长岩风化形成的土壤中目前存在富硅现象。

目前地表环境硅循环中硅稳定同位素的研究才处于起步阶段，但研究已经发现不同风化程度土壤、不同黏粒和氧化物含量对土壤硅同位素分馏均有影响（Ziegler et al.，2005：4597～4610），随着土壤年龄的增加，土壤的 $\delta^{30}Si$ 值也呈线性下降，硅的损失呈指数增加（Ziegler et al.，2005：4597～4610；Bern et al.，2010：4876～4889）。在不受植被影响的情况下，土壤的 $\delta^{30}Si$ 值与化学转变指标和化学风化指标负相关，与风化指标正相关（Von Strandmann et al.，2012：11～23）。因此，硅同位素值在土壤发生和演变中的作用已经初步显现出来。

（2）城市土壤演变及其生态环境效应

从全世界来看，越来越多的人生活在城市中。城市化带来了城市土壤的物理、化学和生物学特性的强烈改变。因此，城市土壤研究受到越来越多的关注。位于城市和城郊的土壤，被各种强烈的人为活动所干扰，自然成土过程被改变（张甘霖等，2003：539～546；Pickett and Cadenasso，2009：23～44），人类活动主导了城市土壤的成土过程。

成土基质。城市土壤的特性和形成主要被城市建筑、工业污染、化石燃料燃烧、废弃物输入、肥料和人为填充物所影响。大量的人为物质（砖块、炉渣、垃圾、粉煤灰、电池、塑料、金属等）进入到土壤中，改变了土壤的组分（Schleuss et al.，2000：353～357），使得其基质比自然土壤更加复杂，而且具有高度的空间异质性。这也带来城市土壤的粗骨化和土壤团聚体的减少（Chen et al.，2014：329～336）。自然成土母质往往比例较低，对土壤特性的影响不明显。

成土过程。虽然城市土壤的自然成土过程仍然同时存在，如有机质的积累、表层碳酸盐的淋失和下层的富集以及黏粒的迁移等（Puskás and Farsang，2009：269～281），但人类活动特别是物理扰动是城市土壤形成的主要驱动力。原来的土壤经常被掩埋、翻转、移走和压实。因此，土壤层次具有典型的人为特征，某些正常的土壤层次可能不存在或者重复出现，甚至倒置，一些层次完全由人为物质组成（Nehls et al.，2013：575～584）。

物理退化及其环境效应。压实是城市土壤最严重的物理退化。当土壤被压实时，容重增加，颗粒结构紧密,孔隙度降低,通气性和通透性减小,土壤的水、热、气状况就发生变化(Yang and Zhang, 2015: 30~46)。由此带来一系列的生态环境问题:减少入渗量和地下水的回灌;增加地表径流和城市洪涝(Yang and Zhang, 2011: 751~761);加大径流水的污染负荷(Barałkiewicz et al., 2014: 6789~6803);加剧城市热岛效应(Cheon et al., 2014: 5215~5230);阻碍氧气和二氧化碳的扩散(Horn et al., 2007: 259~267);影响土壤温度和土壤微生物活动和养分转化(Bielińska et al., 2013: 52~56);限制植物根系的生长从而降低其寿命(Gaertig et al., 2002: 15~25)。

化学污染、分布、来源及其危害。由于各种人为活动和外源物质的加入,城市土壤的化学特性也与自然土壤有着明显的差异。碳酸钙的含量较高,土壤一般pH较区域自然土壤高,偏碱性,从城市中心到城郊农田,土壤pH呈现逐渐降低的梯度变化(Zhao et al., 2007: 74~81)。城市土壤最重要的化学特点是污染物的含量比周边农田土壤和森林土壤高(Wichmann et al., 2007: 121~127),土壤中镉(Cd)、铜(Cu)、铅(Pb)、锑(Sb)和锌(Zn)的含量依次为:非城市土壤<城郊土壤<城市土壤(Nannoni et al., 2014: 9~17),另外,还有各种铂族元素(Wichmann et al., 2007: 121~127)和有机污染物(Khillare et al., 2014: 2907~2923)。这些污染物质不仅通过接触和呼吸危害人类健康,而且可以通过食物链非直接地危害人类健康(Ding and Hu, 2014: 399~408)。

（3）酸沉降与土壤酸化速率估算

大气污染和酸沉降已是全球性的问题,不仅在大气污染较重的城市区域,即使在远离工业和人为活动的地方也不能幸免(Huang et al., 2012: 347~354)。降雨中高含量的氮和硫转化会产生大量的H^+(Forsius et al., 2005: 73~83)。

土壤在缓解酸沉降对生态系统的破坏中起着重要作用,持续的酸沉降不可避免地引起土壤酸化。但野外明显可观测到的土壤化学特性改变,如pH、酸中和容量(ANC)等的变化,一般需要几十年,甚至几百年(Blake et al., 1999: 401~412),使酸化过程不易监测。实验室模拟酸雨在短时间内观测到酸雨对土壤的作用程度,由此获得了土壤的酸化速率(Wen et al., 2013: 843~853),但是这些速率偏离实际太远。流域质子平衡根据野外多年观测估算土壤酸化速率(Fujii et al., 2011: 311~323),大大提高了土壤酸化速率的精度,比实验室模拟研究推进了一大步。但是,土壤中消耗H^+的过程包括土壤中(原生和次生)矿物风化反应消耗与土壤胶体上吸附的阳离子交换消耗,利用流域观测难以区分。笼统地将两个过程消耗的H^+完全归于土壤的酸化依然会高估酸化速率(Frey et al., 2004: 217~223)。

风化与酸化过程相耦合,准确估算矿物风化过程对H^+的消耗量对于土壤酸化速率的准确估算至关重要。Yang 等(2013: 30~37)探索了一种利用硅与盐基离子化学计量关系以及硅与H^+风化消耗的计量关系来估算土壤酸化速率的方法。据此估算研究区域矿物风化消耗了酸沉降输入H^+的46%,如果这个过程不与阳离子交换进行区分,土壤的酸化速率会被高估一倍。这为今后准确估算酸沉降带来土壤酸化速率提供了一种行之有效的方法。

（4）现代环境条件下的硅酸盐风化及其与环境的交互作用

形成 1cm 土壤需要多长时间？这是土壤学家一直致力于回答的基本土壤学问题。由于风化是一个复杂的过程，不同的研究者获得的风化速率差异非常大（Swobada-Colberg and Drever，1993：51～69）。这不仅受实验方法和手段的影响（White et al.，2001：847～869），而且受研究区域中气候、地形、母质、土壤发育时间和人为因素的影响（Benedetti et al.，2003：1～17；Rad et al.，2011：123～126；Fortner et al.，2012：941～955）。在全球环境变化条件下矿物风化速率会发生强烈变化（Guicharnaud and Paton，2006：279～283）。

硅酸盐风化与土壤酸化。 酸沉降促进矿物风化，矿物风化对酸沉降具有缓冲作用，因此准确的矿物风化速率是估算土壤酸缓冲容量和酸临界负荷的重要依据。已经探索的矿物风化速率模型 PROFILE 和 MAGIC 等均用以估算酸临界负荷。在瑞士近 200 个点的研究表明，该区域最小的临界负荷为 0.2 keq/ha/yr，而最大的临界负荷为 6.2 keq/ha/yr（Eggenberger and Kurz，2000：243～257）。可见，受土壤性质和风化的影响，酸临界负荷具有较大的差异。

硅酸盐风化与强烈的农业活动。 化肥施用和耕作扰动也会影响土壤的风化速率。通过不同土地利用的流域观测和模型估算表明，农业利用比森林利用明显加速水的酸化和矿物风化（Holmqvist et al.，2003：149～163）。硅的径流输出是硅酸盐风化速率的重要指标。Carey 和 Fulweiler（2012）研究表明，由于耕作扰动，农业土地利用会增加硅的风化输出。但在欧洲 Scheldt River 盆地的研究表明，森林转变为农地 250 年以后，全硅风化输出已经降低 2～3 个数量级（Struyf et al.，2010：525～544）。因此，农业活动对硅酸盐风化速率的影响研究还需要进一步的探索。

硅酸盐风化与水土流失。 矿物风化促进了土壤的形成，持续的生态系统应当有一个土壤形成和侵蚀的平衡（Sauer，2015：577～591），所以，确定允许土壤流失量时应以母岩的风化速率和土壤形成速率为参照依据。近年来的研究表明，土壤覆盖层和深度对硅酸盐的风化也起了非常重要的作用。如果土层很薄，富易风化矿物，成土速率较高；相比较而言，如果土层很厚，化学风化速率就会较低。增加水—岩的接触时间和面积，化学风化速率就会增加（Oliva et al.，2003：225～256）。

硅酸盐风化与二氧化碳的固定。 Golubev 等（2005：227～238）采用实验方法获得了水溶液中的二氧化碳对硅酸盐矿物中钙（Ca）和镁（Mg）的溶解动力。大气中二氧化碳浓度的增加会促进矿物的风化速率，风化亦消耗大气中的二氧化碳。Dessert 等（2003：257～273）估算玄武岩化学风化对二氧化碳的消耗量大约是 4.08×10^{12} mol/yr。因此，硅酸盐风化是地球的调温器。

1.3　中国"现代成土过程与土壤资源演变"研究特点及学术贡献

中国现代成土过程早期的经典著作有于天仁和陈志诚（1990）编写的《土壤发生中的化学过程》一书。龚子同等（2007）出版的《土壤发生与系统分类》是中国最新的土壤发生学方面的专著，该书既包括受人为活动影响非常小的偏远地区南极和青藏高原以及占国土面积 2/3 的干旱区，又包括水热充足和植被丰富的红色风化壳、粮食主产区东北黑土以及受人类活动影响非常强烈的城市土壤等。对于研究较少，但对土壤发生和形成仍具有重要意义的稀土元素也进行了全面的论述。这充分体现了中国长期以来在发生学领域所获得的主要成就。

1.3.1　近 15 年中国该领域研究的国际地位

过去 15 年，全球不同国家和地区对现代成土过程与土壤资源演变的研究取得了丰硕成果。表 1-2 显示了 2000～2014 年现代成土过程与土壤资源演变研究领域 SCI 论文数量、篇均被引次数以及高被引论文数量 TOP20 国家和地区。近 15 年 SCI 论文发表总量 TOP20 的国家和地区，共计发表论文 13 607 篇，占所有国家和地区发文总量的 84.7%。从不同的国家和地区来看，近 15 年 SCI 论文发文数量最多的是美国，共发表 3 491 篇；中国第 2 位，发表 1 466 篇，与排名第 1 位的美国还有较大差距；德国第 3 位，发表 966 篇。20 个国家和地区总体发表 SCI 论文情况随时间的变化表现为：与 2000～2002 年发文量相比，2003～2005 年、2006～2008 年、2009～2011 年和 2012～2014 年发文量分别是 2000～2002 年的 1.2 倍、1.6 倍、1.9 倍和 2.2 倍，说明国际上对于现代成土过程与土壤资源演变研究表现出快速增长的态势。由表 1-2 可看出，过去 15 年中，在现代成土过程与土壤资源演变研究领域，美国一直占据主导地位，其增长趋势比较稳定，2003～2005 年、2006～2008 年、2009～2011 年和 2012～2014 年发文量分别为 2000～2002 年的 1.3 倍、1.5 倍、1.4 倍和 1.5 倍，而中国在该领域的增长速度居世界之首，分别为 2000～2002 年的 2.0 倍、3.5 倍、5.9 倍和 11.2 倍。因此，中国从 2000～2002 年的第 9 位（占该领域世界 SCI 论文总数的 3.1%），提高到 2012～2014 年的第 2 位（占该领域世界 SCI 论文总数的 15.0%）。与美国的差距也逐渐缩小，从 2000～2002 年仅为美国总数的 11.7%，到 2012～2014 年的 88.7%，增长速度为美国的 4 倍。因此，**近 15 年来，中国在"现代成土过程与土壤资源演变"领域发表 SCI 论文数呈逐年大比例增加的趋势，在国际上的影响力快速上升。**

2000～2014 年 SCI 论文篇均被引数量居全球前 5 位的国家是英国、荷兰、新西兰、瑞典和美国，中国 SCI 论文篇均被引数量排到第 29 位（表 1-2），与欧美国家具有非常大的差距。从 15 年来高被引论文总数量来看，前 5 位分别是美国、英国、法国、德国和中国（表 1-2），虽然与欧美国家还有差距，但从发展趋势来看，2000～2002 年的高被引论文仅有 1 篇，此后呈逐年增加的趋势，到 2012～2014 年增加到 22 篇，已经超过了欧洲国家，仅次于美国，位居第 2（表 1-2）。所以，从 SCI 论文篇均被引数量和高被引论文数量来看，**中国在国际现代成土过程与土壤资源演变研究领域高质量的论文呈上升趋势，研究成果受到越来越多国际同行的关注；但是，也存在高比例的一般性论文。**

图 1-2 反映了 2000～2014 年现代成土过程与土壤资源演变领域 SCI 期刊全球及中国作者发表论文高频关键词对比及时序变化，国内外学者发表论文关键词总词频随着收录期刊及论文数量的明显增加，关键词词频总数不断增加。中国作者的前 15 位关键词词频在研究时段内也有明显增加。

第1章　现代成土过程与土壤资源演变　17

表 1-2　2000~2014 年"现代成土过程与土壤资源演变"领域发表 SCI 论文数及被引频次 TOP20 国家和地区

排序[①]	国家(地区)	SCI 论文数量（篇）						SCI 论文篇均被引次数（次/篇）						高被引 SCI 论文数量（篇）					
		2000~2014	2000~2002	2003~2005	2006~2008	2009~2011	2012~2014	国家(地区)	2000~2014	2000~2002	2003~2005	2006~2008	2009~2011	2012~2014	国家(地区)	2000~2014	2000~2002	2003~2005	2006~2008	2009~2011	2012~2014
	世界	16 074	2 023	2 492	3 206	3 817	4 536	世界	15.96	31.77	26.86	19.21	12.42	3.59	世界	803	101	124	160	190	226
1	美国	3 491	528	670	778	729	786	英国	24.24	34.09	37.07	27.99	22.30	5.57	美国	332	57	55	47	64	66
2	中国	1 466	62	127	214	366	697	荷兰	24.23	34.79	37.61	30.74	21.81	5.18	英国	66	5	12	11	21	20
3	德国	966	173	152	181	223	237	新西兰	23.99	31.60	40.30	24.40	19.20	6.18	法国	51	7	6	12	11	17
4	巴西	922	42	122	166	270	322	瑞典	23.96	38.10	32.49	30.77	14.18	7.02	德国	48	6	8	8	14	18
5	法国	764	120	105	156	196	187	美国	23.68	47.54	36.01	22.40	17.22	4.41	中国	37	1	1	13	11	22
6	英国	730	129	125	148	161	167	丹麦	23.09	77.63	32.32	15.88	12.78	4.47	加拿大	32	4	6	7	15	6
7	加拿大	682	117	128	127	163	147	挪威	22.04	32.95	30.11	21.83	18.53	6.70	西班牙	30	3	2	7	5	4
8	澳大利亚	561	90	78	123	114	156	法国	19.55	36.59	28.52	23.24	14.96	5.29	澳大利亚	23	2	2	6	6	9
9	西班牙	546	49	83	117	158	139	瑞士	19.00	42.00	27.14	23.71	16.12	5.59	新西兰	23	4	4	7	5	7
10	俄罗斯	515	104	99	98	120	94	比利时	18.96	27.16	36.20	17.43	17.19	5.83	意大利	21	3	2	4	5	5
11	意大利	431	46	49	88	82	166	德国	18.39	30.82	28.82	20.76	14.24	4.74	比利时	18	2	2	5	2	7
12	印度	419	40	64	77	107	131	奥地利	18.27	28.42	29.64	33.05	10.26	4.58	瑞士	16	0	2	4	4	3
13	日本	414	67	96	94	67	90	加拿大	17.42	27.95	23.63	22.59	13.51	3.52	新西兰	15	1	4	4	4	4
14	瑞士	293	32	36	65	77	83	西班牙	16.44	31.22	31.64	20.61	12.62	2.99	意大利	15	0	2	3	3	7
15	新西兰	280	48	54	54	47	77	澳大利亚	16.23	28.46	23.81	20.32	13.98	3.80	印度	14	0	2	8	3	4
16	比利时	252	31	49	53	48	71	芬兰	15.90	15.83	26.42	14.83	9.00	7.73	丹麦	9	4	1	0	0	1
17	瑞典	246	48	49	48	40	61	以色列	15.08	17.08	29.82	20.36	11.90	3.21	巴西	8	0	1	1	5	1
18	波兰	222	10	14	40	60	98	智利	13.89	32.75	15.00	28.17	8.44	1.62	捷克	6	1	0	2	0	3
19	土耳其	221	12	21	58	61	69	捷克	13.35	21.41	24.09	23.16	9.29	2.82	日本	5	1	1	2	1	1
20	捷克	186	17	33	31	48	57	中国 (29)[②]	10.41 (29)	22.10 (25)	20.00 (31)	21.94 (13)	12.01 (20)	3.23 (23)	波兰	5	0	0	2	0	3

注：①按 2000~2014 年 SCI 论文数量、篇均被引次数、高被引论文数量排序；②括号内数字是中国相关时段排名。

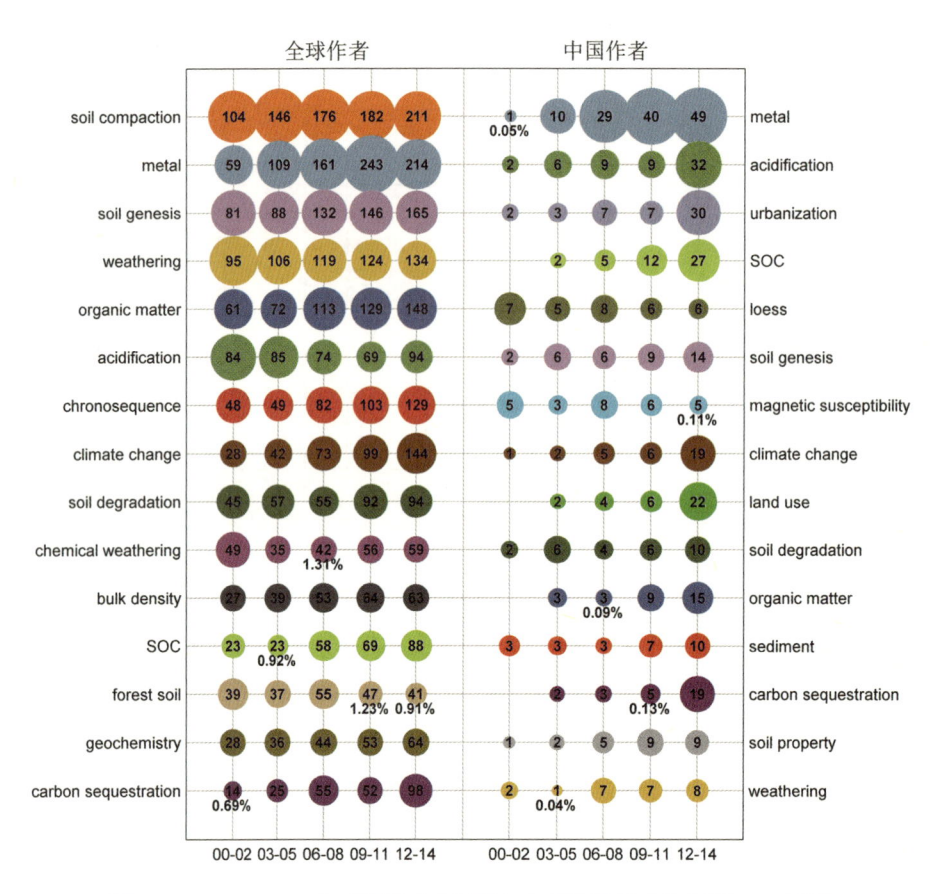

图 1-2 2000～2014 年"现代成土过程与土壤资源演变"领域 SCI 期刊
全球及中国作者发表论文高频关键词对比

论文关键词的词频在一定程度上反映了研究领域的热点。从图 1-2 可以看出，2000～2014 年中国与全球学者发表 SCI 文章总频次最高的前 15 位关键词中，均出现的关键词有：金属元素（metal）、土壤发生（soil genesis）、风化（weathering）、有机质（organic matter）、酸化（acidification）、气候变化（climate change）、土壤退化（soil degradation）、有机碳（SOC）、固碳（carbon sequestration），这反映了近 15 年来国内外现代成土过程与土壤资源演变的研究热点是重金属污染和酸化带来的土壤退化、矿物风化、土壤的发生演变以及土壤有机碳变化与全球气候变化。全球学者采用的热点关键词还有土壤压实（soil compaction）、时间序列（chronosequence）、化学风化（chemical weathering）、容重（bulk density）、森林土壤（forest soil）、地球化学（geochemistry），这说明国外学者的研究热点还包括土壤物理退化、土壤矿物的化学风化和采用地球化学以及序列的方法来研究土壤的发生与演变。我国学者发表 SCI 论文采用的高频关键词还有城市化（urbanization）、黄土（loess）、磁化率（magnetic susceptibility）、土地利用（land use）、沉积物（sediment）、土壤特性（soil property）。这说明**在全球性的热点问题，如土壤固碳、酸化以及重金属污染方面，中国学者与国际学者的关注点是一致的。除此之外，中国学者还非常关注城市化带来的土壤发生和演变、黄土运移和沉积以及土壤特性，这与我国的自然地理环境和发展国情密切相关。**我国具有大面积的黄土，历史和当代沙尘暴所带来的黄土对全国各地土壤的发生与演变具有重要的影响，因此，黄土不可避免地也就成为我国学者研究的重点。近年来，随着我国经济的快速发展，城市化速率非常高，由此带来土壤退化的负面效应，如城市洪涝、树木死亡等一系列问题，因此，**城市化带来的土壤发生和演变成为近 15 年来研究的重点**。此外，具有我国特色的水耕人为土（水稻土）的演变研究一直是我国学者研究的重点，由于水耕人为土的常年淹水利用带来铁的氧化还原以及迁移，由此促使磁化率发生变化。因此，**土壤磁化率可以指示土壤中铁的形态和迁移**。

同一个子时段内（图 1-2 纵向），词频高的关键词圆圈更大，说明学者在该时段内对这方面的关注更多。从图 1-2 中可以看出，15 年来国际上关注的重点比较一致，排在前 5 位的成为 15 年来一直关注的焦点。排在后面 10 位，关注度逐年增加的高频关键词是时间序列（chronosequence）、气候变化（climate change）和固碳（carbon sequestration）。与国际上不同的是，中国在 15 年内每个时段关注的重点具有一定的差异。从 2000~2002 年主要关注黄土（loess）和磁化率（magnetic susceptibility），到 2003~2005 年主要关注金属元素（metal）、土壤退化（soil degradation）、土壤发生（soil genesis）和酸化（acidification）等，此后关注最多的一直是重金属元素。而黄土（loess）的关注呈逐年下降的趋势，除了磁化率（magnetic susceptibility）和土壤退化（soil degradation）有些波动变化以外，其他高频关键词均呈逐年上升的趋势。高频关键词在 2012~2014 年迅猛增加的有酸化（acidification）、城市化（urbanization）、有机碳（SOC）、气候变化（climate change）、土地利用（land use）和固碳（carbon sequestration）。这进一步证明**我国学者近几年来非常注重全球气候变化、酸沉降以及城市化背景下土壤的发生和演变过程**。

1.3.2 近 15 年中国该领域研究特色及关注热点

利用现代成土过程与土壤资源演变相关的中文关键词制定中文检索式，即：SU='土壤' and （SU='风化' or SU='土壤发生'+'土壤形成' or SU='土壤演化'+'土壤发生学' or SU='成土过程' or SU='时间序列' or SU='土壤剖面' or SU='土壤多样性' or SU='土链' or （SU='湿沉降'+'干沉降' and SU='酸化'+'元素富集'） or SU='脱硅' or SU='复硅' or SU='黄土沉降' or SU='土壤地球化学' or SU='地球化学循环' or SU='元素迁移' or SU='元素富集' or SU='重金属富集' or SU='城市化' or SU='土壤封闭' or SU='土壤压实' or SU='土壤板结' or SU='土壤质量'-'侵蚀' or （SU='保护地'+'温室' and SU='土壤富营养化'+'土壤养分退化'） or SU='冻土退化' or SU='次生盐渍化' or SU='脱盐渍化'）。从 CNKI 中检索 2000~2014 年本领域的中文 CSCD 核心期刊文献数据源。图 1-3 为 2000~2014 年现代成土过程与土壤资源演变领域 CSCD 期刊论文关键词共现关系图，可大致分为 4 个相对独立的研究聚类圈，在一定程度上反映了近 15 年中国现代成土过程与土壤资源演变研究的主要问题及热点，主要包括**土壤发生与系统分类、农田土壤发生与演变、土壤重金属污染、土壤质量演变** 4 个方面。

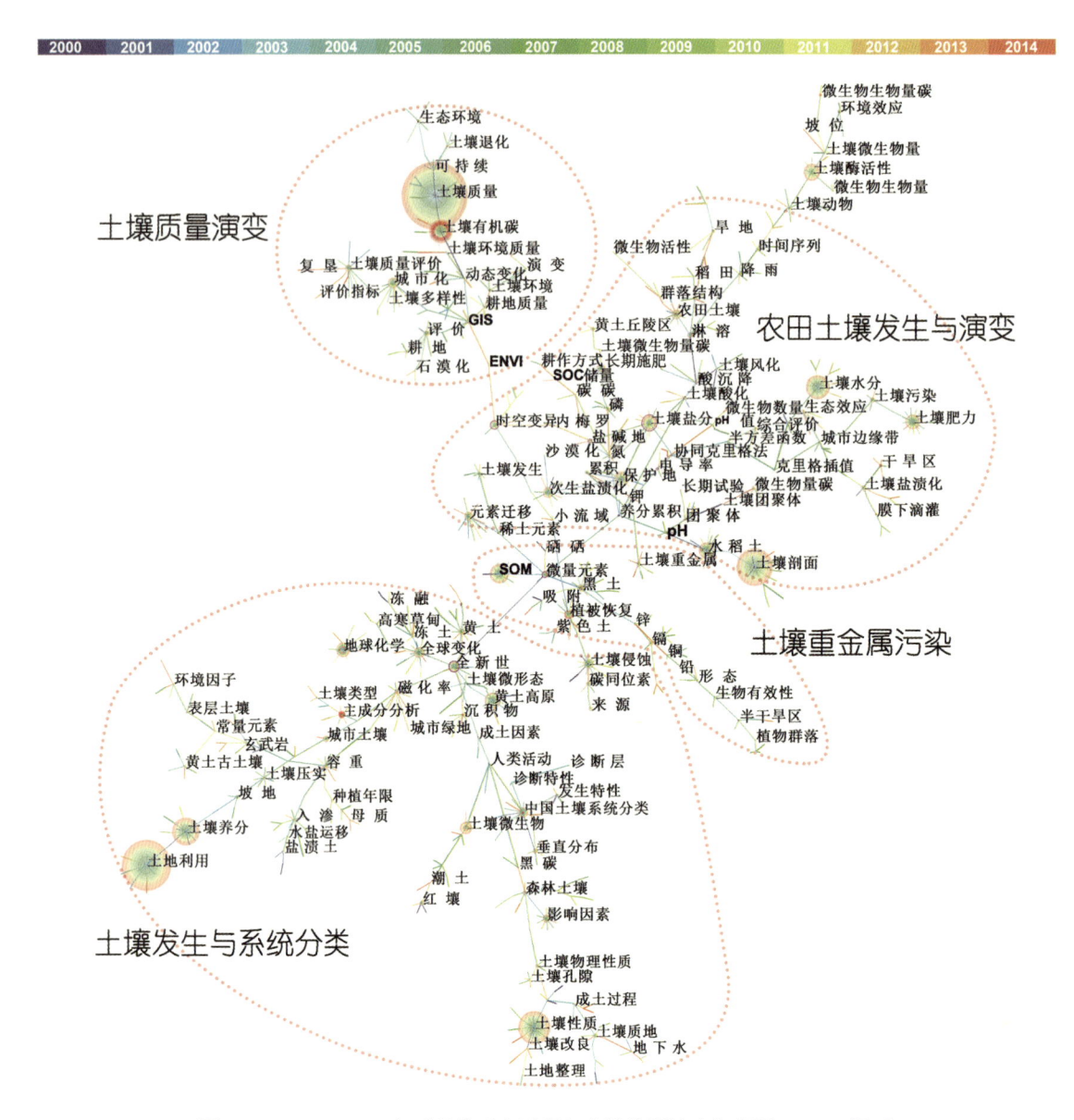

图 1-3　2000~2014 年"现代成土过程与土壤资源演变"领域 CSCD 期刊论文关键词共现关系

（1）土壤发生与系统分类

土壤发生与系统分类是文献关键词聚类图 1-3 中一个比较大的聚类圈，根据关键词的聚集程度，在其中又分为 6 个小的聚类圈。

中国土壤系统分类。主要的关键词有：成土因素、发生特性、诊断层、诊断特性、中国土壤系统分类、土壤类型等，说明**基于土壤发生学理论和定量化指标的中国土壤系统分类研究是近年来我国土壤学研究的热点之一**。

物理特性与成土过程。主要的关键词有：土壤物理特性、土壤孔隙、土壤质地、地下水、容重和成土过程等，反映了**土壤的物理特性对土壤发生演变和成土过程的影响是研究的热点之一**。

黄土成土过程。主要的关键词有：黄土、全新世、黄土高原、沉积物、土壤微形态、碳同位素、来源、黄土古土壤和土壤侵蚀。我国黄土面积较大，而全国各地的沉积物母质均离不开黄土的影响，因此，**对于黄土的来源、成土过程和水土流失一直是我国学者研究的重点之一**。

高寒土壤的成土过程。主要的关键词有：冻融、冻土、高寒草甸、全球变化和地球化学。这些关键词集中反映了我国有青藏高原等大面积的高寒土壤，**在全球气候变化条件下我国西北高寒土壤的成土过程成为新的研究热点之一**。

热带玄武岩土壤的成土过程。主要的关键词有：玄武岩、常量元素、表层土壤、环境因子等。我国幅员辽阔，横跨温带—亚热带—热带，海南玄武岩发育的土壤位于热带环境条件下，成为土壤发生和演变研究的天然实验室。因此，**我国热带地区的玄武岩成土过程研究成为近年来研究的热点之一**。

土地利用对成土过程的影响。土地利用是一个比较大的聚类圈，附近还有土壤养分和坡地。因此，**近年来不同土地利用以及土地利用变化对成土过程的影响也是研究的热点之一**。

（2）农田土壤发生与演变

该聚类圈主要体现了农田土壤的发生和演变过程（图 1-3）。根据关键词的聚集程度，在其中又分为 3 个小的聚类圈。

酸沉降下的土壤风化和酸化速率。主要的关键词有：酸沉降、土壤风化和土壤酸化。这说明在酸沉降严重的条件下，**土壤的风化和酸化速率估算是目前的研究热点之一**。

人为耕作管理对土壤发生和演变的影响。主要的关键词有：农田土壤、旱地、稻田、时间序列、降雨、淋溶、耕作方式、长期施肥、SOC 储量、磷、黄土丘陵区等。这些关键词集中体现了**耕作土壤，尤其是稻田，在长期的人为耕作和管理下，土壤的发生和演变过程是目前的研究热点之一**。

保护地土壤的发生和演变。集中的关键词有：保护地、长期试验、次生盐渍化、pH、电导率、养分积累、土壤发生、元素迁移、团聚体等。这说明随着我国蔬菜温室大棚的发展和长期耕种，高温、高肥和高强度利用已经改变了成土环境，因此，**保护地土壤的发生和演变成为新的研究热点**。

（3）土壤重金属污染

文献关键词共现关系图 1-3 聚类圈中出现的主要关键词有：土壤重金属、锌、镉、铜、铅、形态、生物有效性、吸附等。从这些关键词可以看出，**土壤重金属污染是土壤质量演变研究的热点问题之一**。

（4）土壤质量演变

从文献关键词共现关系图 1-3 聚类圈中可以看出，关于土壤质量的关键词有：土壤质量、可持续、土壤退化、生态环境、土壤有机碳、土壤环境质量、动态变化、耕地质量、土壤质量评价、城市化、土壤多样性、复垦、耕地、评价、评价指标等。从这些关键词的组合可以看出，**土壤质量演变和评价是该领域研究的热点之一**。

分析中国学者 SCI 论文关键词聚类图，可以看出中国学者在现代成土过程与土壤资源演变方面的研究已步入世界前沿领域。2000~2014 年中国学者 SCI 论文关键词共现关系图（图 1-4）可以大致分为 **4 个研究聚类圈**，分别为**土壤重金属污染及磁学特性、土壤有机碳变化、城市土壤演变及其环境效应、大气沉降背景下的成土过程与土壤资源演变**。

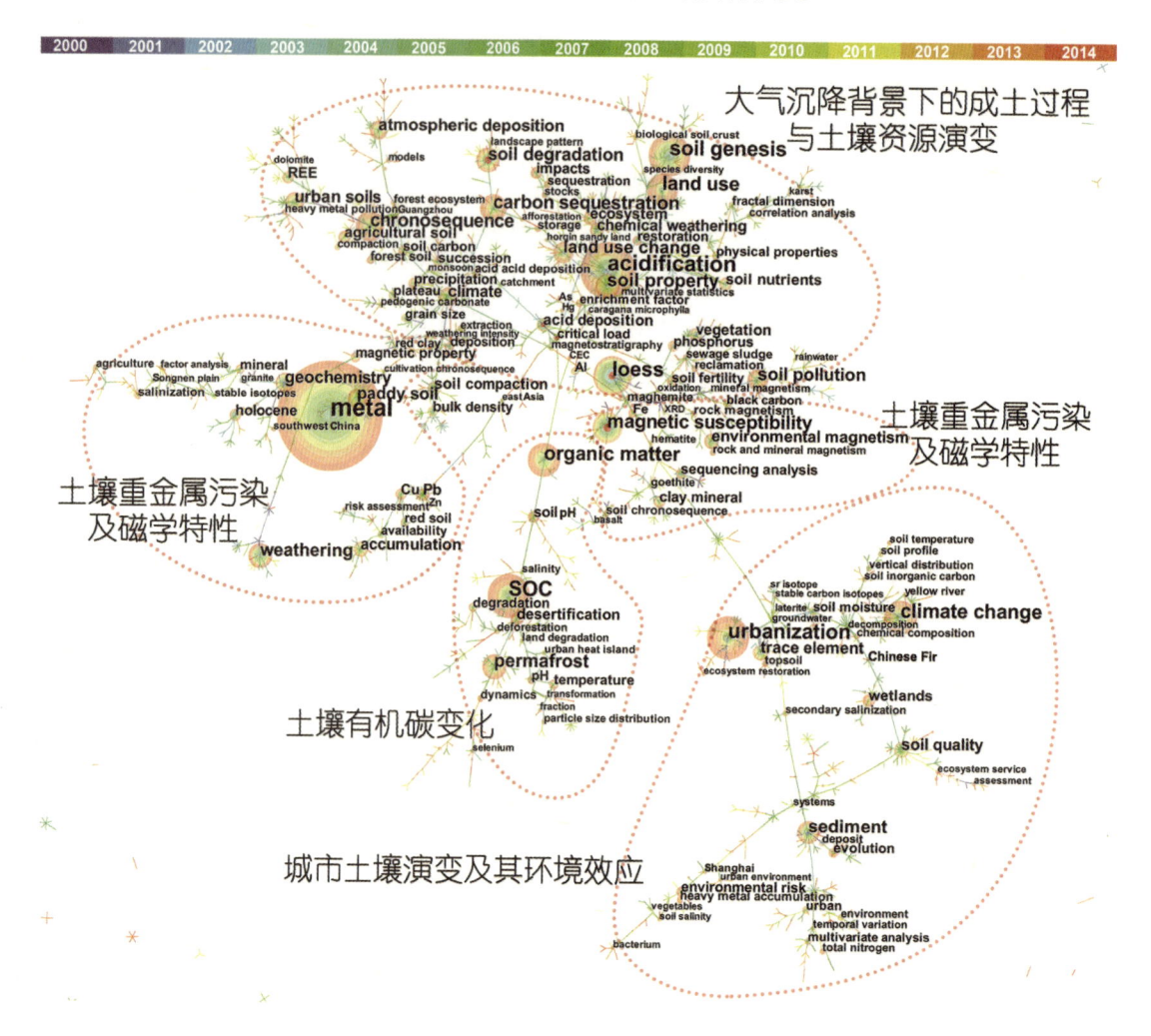

图 1-4 2000~2014 年"现代成土过程与土壤资源演变"领域中国作者
SCI 期刊论文关键词共现关系

根据图 1-4 聚类圈中出现的关键词，可以看出以下 4 个方面。①土壤重金属污染及其磁学特性聚类圈中出现的主要关键词有金属元素（metal）、地球化学（geochemistry）、铜（Cu）、铅（Pb）、锌（Zn）、环境风险（risk assessment）、富集（accumulation）、土壤污染（soil pollution）、磁化率（magnetic susceptibility）、环境磁学（environmental magnetism）等，说明现代工农业带来的**重金属污染以及重金属与磁学特性**成为目前的研究热点之一。另外，围绕磁化率的关键词还有铁（Fe）、赤铁矿（hematite）、磁赤铁矿（maghemite）、针铁矿（goethite）、氧化（oxidation）、矿物磁（mineral magnetism）、岩石磁（rock magnetism）、矿物鉴定（XRD）、黏土矿物（clay mineral）、土壤时间序列（soil chronosequence），这说明采用时间序列方法和磁学特性研究铁在氧化还原条件下的形态转化也是近年来研究的重点。②土壤有机碳变化聚类圈中出现的主要关键词有：有机碳（SOC）、有机质（organic matter）、动力学（dynamics）、温度（temperature）、永久冻土（desertification）、转化（transformation）等，这说明土壤有机碳变化及其影响因素等是目前研究的热点之一。③城市土壤演变及其环境效应是围绕着城市化（urbanization）开展了土壤质量（soil quality）变化、痕量元素（trace element）、化学组分（chemical composition）等土壤特性演变的研究，并对城市土壤的环境风险（environmental risk）、重金属富集（heavy metal accumulation）等进行多元分析（multivariate analysis）和生态服务（ecosystem service）评价（assessment）等。因此，城市化背景下，城市土壤特性改变及其环境风险评价成为目前的研究热点之一。④大气沉降背景下的成土过程与土壤资源的演变主要关键词有：降雨（precipitation）、酸沉降（acid deposition）、大气沉降（atmospheric deposition）、化学风化（chemical weathering）、酸化（acidification）、酸临界负荷（critical load）、土壤特性（soil property）等。这些关键词反映了酸沉降背景下，土壤风化和酸化研究是目前新的研究热点。这里的沉降与黄土（loess）和土壤发生（soil genesis）联系起来，还体现了黄土沉降对我国土壤形成和演变的影响。另外，还有时间序列（chronosequence）、流域（catchment）、提取（extraction）、稀土元素（REE）、模型（models）等，说明目前成土过程的研究主要还是采用时间序列和流域的方法结合痕量元素，并开始建立相关的模型。该圈层还有一类比较集中的关键词：土壤退化（soil degradation）、物理特性（physical properties）、土壤污染（soil pollution）等，体现了土壤的物理和化学退化研究是目前的研究热点之一。从研究的各圈层大小来看，城市土壤研究强度＞农业土壤＞森林土壤。

根据以上分析可以看出，在现代成土过程与土壤资源演变领域内，中文文献除了与目前环境条件密切相关的国际研究热点以外，更加注重我国国情和特色的研究领域。我国地域辽阔，自然资源丰富，土壤类型复杂，既有世界屋脊青藏高原、冰川冻土，又有水热资源丰富的热带土壤，还有我国特有的黄土高原。因此，黄土、冰川冻土、热带土壤的成土过程以及演变研究一直是中文文献的研究热点。我国人口众多，有限的土地需要养活日益增加的人口。因此，农业耕种土壤以及保护地的高强度利用带来了土壤特性的转变。我国水稻种植历史悠久，水稻特殊的水肥管理形成我国特色的水耕人为土。因此，人为土壤的成土过程和演变成为近年来中文文献新的研究热点。

从中国学者 SCI 论文关键词聚类图的分析可以看出，在现代成土过程与土壤资源演变领域内，中国学者的 SCI 论文更多地关注国际研究热点问题。具有全球性的问题，土壤重金属污染、有机碳变化、城市土壤的发生与演变以及酸沉降带来的土壤风化和酸化等是中国学者 SCI 论文重点研究的热点内容。另外，具有我国特色的黄土和沉积物也是中国学者 SCI 论文研究的热点之一。

1.3.3 近15年中国学者该领域研究取得的主要学术成就

图1-3表明近15年针对现代成土过程与土壤资源演变研究，中文文献关注的热点领域主要包括土壤发生与系统分类、农田土壤发生与演变、土壤重金属污染、土壤质量演变4个方面。中国学者关注的国际热点问题主要包括重金属及其磁学特性、土壤有机碳变化、城市土壤演变及其环境效应、大气沉降背景下的成土过程与土壤资源演变4个方面（图1-4）。针对现代成土过程与土壤资源演变研究的核心领域，我国学者开展了大量研究。近15年来，取得的主要成就包括：①探索了大气沉降背景下的成土速率与酸化速率；②明确了城市土壤的演变及其生态环境效应；③揭示了长期耕作利用下的成土过程与速率；④土壤资源演变。具体的科学成就如下。

（1）探索了大气沉降背景下的成土速率与酸化速率

大气沉降包括干沉降和湿沉降两部分。干沉降主要带来降尘，影响土壤的成土速率；湿沉降主要是降水和酸沉降，影响矿物的风化速率和土壤的酸化速率。

降尘带来的成土速率。 我国既是降尘的主要源区，也是降尘的主要接受区域。在不受城市影响的区域，我国大气降尘北方高于南方，西部向东部逐渐减少（王明仕等，2014：1933～1937）。黄土降尘影响到我国很多地区的成土母质（王秀丽等，2013：522～525）。位于我国最南端的海南岛的成土速率也受到降尘的影响。Li等（2013：24～30）利用时间序列和钕同位素估算了海南岛的降尘沉积速率，为14.9～12.4 mg/cm^2/ka。降尘量受城市人为活动的影响，从乡村到城郊城市再到城市工业区降尘量明显增加（李山泉等，2014：366～372），我国长江中游亚热带地区降尘的成土速率与该区域花岗岩的矿物风化成土速率类似。降尘到达地表以后，不同地形、地貌条件可改变大气降尘在地表的水平分布，高部位地表的大气沉降物质易被径流带至低洼处累积，造成低洼处输入量更大（王建中等，2006：125～130）。

降尘中重金属元素在土壤中的富集与迁移速率。 降尘吸附的元素在土壤中的累积，随着时间增长，累积量增加，容易向土体深层迁移。城市工业区降尘中的铜、锌、铅、铬、镍、镉等重金属元素含量非常高，在地表土壤中富集明显（倪刘建等，2007：637～642；依艳丽等，2010：1466～1470）。在城市工业区附近，几乎未受人为扰动的林地土壤中，由于降尘带来的重金属在土壤表层含量非常高，向下有迁移的趋势。锌和铅向下迁移的距离很小，铜和镉迁移稍快，铬向下淋溶迁移的深度没有明显的界线。在工业区附近的旱地和水田中，重金属在耕层土壤中被人为扰动混合，但在耕层界面以下仍然有明显的向下迁移（阮心玲等，2006：1020～1025）。Ruan等（2008：386～393）通过高密度采样的方法，建立了重金属元素在不同土地利用下的迁移模型。重金属的迁移形态和迁移方式获得了新的进展（章明奎，2005：192～197；章明奎等，2006：1501～1504），对流弥散和经验随机两大类模型也开始应用于土壤重金属的迁移（隋红建等，2006：197～200）。

酸沉降背景下的成土速率。 我国地域辽阔，南北温差非常大，东西水分差异大，岩性和土壤类型复杂，但是针对我国特定区域、岩石类型和土壤类型的风化速率研究并不多。段雷等（2000：

1~7）采用模拟淋溶实验、质量平衡法、PROFILE 模型、MAGIC 模型以及两种经验方法对中国十几种主要土壤类型的风化速率进行了研究，南方铁铝土由于经历了土壤的高强度风化，目前的风化速率普遍低于西北的干旱土。杨金玲等（2013：253~259）和 Huang 等（2013a：11~20）根据 3 年的野外流域观测，初步获得了亚热带花岗岩区域土壤的风化和形成速率，认为在目前的酸沉降和亚热带气候条件下，在花岗岩母质上如果没有地表物理侵蚀，经过 2.0 万~2.1 万年才能形成 1m 厚的土壤。不仅回答了土壤学基本的成土速率问题，而且为该区域水土流失研究中土壤允许流失量的标准制定提供了科学依据。

酸沉降背景下的酸化速率。酸沉降已经使得我国南方土壤严重酸化（潘根兴和冉伟，1994：243~252）。目前酸雨对土壤酸化研究多采用室内模拟酸雨淋洗的方法，以土壤酸、氮、盐基离子为土壤酸化指标对土壤酸化进行评价（张俊平等，2007：14~17）。自 2007 年以来，我国在皖南地区进行了酸沉降和土壤酸化速率的研究，根据野外实地观测的 H^+、盐基离子和硅等的循环通量及其风化计量关系，估算了土壤的酸化速率为实际 H^+ 循环量的一半。在国际上首次提出了准确估算土壤酸化速率的有效方法（Yang et al., 2013：30~37）。

（2）明确了城市土壤的演变及其生态环境效应

参与全球城市土壤工作组。1998 年在法国 Montpellier 第 16 届国际土壤学大会上正式成立了"城市、工业、交通和矿区土壤"工作组（Soils in Urban, Industrial, Traffic and Mining Areas, SUITMA），2007 年第三届 SUITMA 国际会议在中国南京由中国科学院南京土壤研究所组织召开，就城市土壤研究方面在国际上创造了一定的影响力。

城市土壤特性。我国早期在南京开展了城市土壤的系统研究（卢瑛等，2001a：47~51；张甘霖等，2007：925~933），从土壤形态、物理和化学属性等方面明确了城市土壤的特殊性。定量地评价了城市土壤的压实状况（杨金玲和张甘霖，2007：263~269）、磁化率特征（卢瑛等，2001b：26~28）、有机碳和黑炭含量（何跃和张甘霖，2006：177~182；王秋兵等，2009：252~257）、磷素含量（Zhang et al., 2005：72~77）、重金属含量（Lu et al., 2003：101~111），比较了这些属性的区域差异（Zhao et al., 2007：74~81）。发现了城市土壤组分特别是生源组分，如磷素的富集现象（Yuan et al., 2007：244~249），揭示了城市土壤黑炭含量特征及其与城市区域和人类活动的关系（何跃和张甘霖，2006：177~182），提出了用磁学指标评价城市土壤污染状况的方法和初步指标（卢瑛等，2001b：26~28；Hu et al., 2007：428~436）。

城市土壤质量演变。系统研究了城市土壤的质量退化现象，包括物理压实（杨金玲和张甘霖，2007：263~269）、养分状况极端化（Zhang et al., 2001：295~301）、重金属污染（Lu et al., 2003：101~111）和多环芳烃等有机污染（Tang et al., 2006：279~285）。结果表明，城市土壤的重金属污染以铜、铅和锌为主且重金属化学活性有所提高，有机污染物组成中以 4~6 环芳烃为主。此外，评价了城市土壤的环境质量状况并分析了研究区城市土壤的环境潜力。

城市土壤的生态环境效应。依据城市土壤的物理、化学性质特征探讨了城市土壤与城市生态和环境的关系（张甘霖等，2003：539~546；张甘霖等，2007：925~933）；依据城市土壤压实和地表封闭状况估计了其对城市土壤水分库容特别是瞬时滞洪库容的影响，并初步评价了城市地表状况变化对区域瞬时洪涝的效应（Yang and Zhang，2011：751～761）；依据城市土壤的元素富集特征评价了城市土壤对水环境质量的潜在影响（Zhang et al.，2005：72～77）；依据土壤污染物水平和形态特征评价了城市土壤污染对生物与人体健康的潜在危害（Hu et al.，2004：151～158；Lu et al.，2011：93～102）。

（3）揭示了长期耕作利用下的成土过程与速率

中国具有悠久的农业历史，在中国土壤系统分类土纲中设立了人为土纲，并建立了完整的人为土诊断层和诊断特性，在国际上产生重要影响（龚子同等，2007）。近15年来，我国该领域的学者在长期耕作施肥作用下的成土过程和速率研究中取得了一系列新的成果。

高强度农业利用带来的成土过程与机理。高强度农业利用改变土壤性质并影响作物的产量（陈林等，2014：501～508；张先凤等，2015：1514～1520）。近年来的研究不仅探明了长期施肥导致土壤养分的累积程度（关焱等，2004：131～137），而且对施肥带来的元素转化过程（马力等，2010：286～294）、土壤结构变化（冷延慧等，2008：2171～2177）、土壤酸化速率及其机理（徐仁扣和Coventry，2002：385～388；孟红旗等，2013：1109～1116）等，尤其是施肥、耕作和管理带来的土壤有机碳转化以及影响因素有了进一步的认识（周萍等，2011：954～961；王雪芬等，2012：954～961）；阐明了蔬菜护地利用带来的土壤退化问题，包括养分超积累、板结、酸化、盐渍化和重金属累积等的机制与驱动因子（张庆利等，2005：41～47；范庆锋等，2009：466～471）。

人为土的成土过程与速率。我国独具特色的水耕人为土，种植历史悠久，受人为管理影响强烈。水耕人为土的发生和演变取得了一些突破性的进展（Zhang et al.，2003b：12～19）。在我国南方的山地丘陵区水耕人为土序列研究表明，随着种稻年限的增加，高岭石逐渐减少，次生绿泥石和多水高岭石逐渐增加，强烈的脱钾主要发生在非黏土部分，而且脱钾速率和黏土部分的形成速率均高于自然土壤（Han et al.，2015：423～435），建立了丘陵区水耕人为土耕作层有机碳动态变化模型（韩光中等，2013：978～994）。水耕人为土中铁的形态和分布以及铁的磁性均受到植稻年限的影响。在较年轻的水耕人为土中（50～300年）表现为不完整反铁磁性矿物（针铁矿）的逐渐形成与累积，到较老的水耕人为土中（700～1000年）转化为顺磁性矿物（纤铁矿与水铁矿）的形成与累积（Chen et al.，2011：1807～1820；Han and Zhang，2013：435～444），明确了不同元素在水耕人为土中的迁移速率（Chen et al.，2011：1807～1820）。在植稻初期，人类活动改变了磷的迁移速率和轨迹，此后磷迅速减少，生物可利用性降低（Huang et al.，2013b：2078～2088）。

（4）土壤资源演变

我国人口众多，人均资源占有量少，自然资源利用不合理，尤其对土地资源的利用不合理，使我国区域生态环境遭受严重破坏，土壤资源的演变更多地趋向于退化问题（张桃林和王兴祥，2000：280～284）。我国的土壤退化主要表现为土壤侵蚀、土壤荒漠化、土壤污染、土壤酸化以及土壤贫瘠化、盐碱化和潜育化等。

世界上最严重的土壤退化区域之一的黄土高原有超过 60% 的面积遭受土壤退化，土壤每年以 2 000～2 500 t/km² 的速率流失（Shi and Shao，2000：9～20），而坡地的垦殖可能是黄土高原地区土壤退化的主要因素。我国土壤的酸化问题也十分严重。高强度的酸沉降、肥料施用和作物生长等加速了土壤的酸化过程（徐仁扣，2015：238～244）。南方红壤区约有 20 万 km² 的土壤因酸化问题而影响其生产潜力的发挥（张桃林，1999）。而新的研究结果更是显示，从 20 世纪 80 年代早期至今，我国耕地土壤的 pH 下降明显（$P<0.001$），几乎所有土壤类型表土层的 pH 都下降了 0.13～0.80 个单位（Guo et al.，2010：1008～1010）。

工农业的高速发展已使得我国土壤污染退化从局部蔓延到区域，从城市、城郊延伸到乡村，从单一污染扩展到复合污染，从有毒、有害污染发展至有毒、有害污染与氮、磷营养污染的交叉，形成点源与面源污染共存，生活污染、农业污染和工业污染叠加，各种新旧污染与二次污染相互复合或混合的态势（骆永明和滕应，2006：505～508）。过度垦殖以及土壤有机养分的低投入、高支出等现象会造成全国范围土壤肥力的持续下降，土壤贫瘠化比较普遍；而另一个极端是土壤高投入，造成养分过饱和化，引起养分流失，水体富营养化。

1.4 NSFC 和中国"现代成土过程与土壤资源演变"研究

NSFC 资助是我国现代成土过程与土壤资源演变研究资金的主要来源，NSFC 的投入推动了我国现代成土过程研究的发展，培养并促进了本领域优秀人才的成长。在 NSFC 的资助下，我国现代成土过程与土壤资源演变研究取得了一系列卓著的成就，使中国在该领域研究的活力和影响力不断增强，成果受到越来越多国际同行的关注。

1.4.1 近 15 年 NSFC 资助该领域研究的学术方向

根据近 15 年获 NSFC 资助项目高频关键词统计（图 1-5），NSFC 在现代成土过程与土壤资源演变领域的资助方向主要集中在土壤有机碳变化（关键词表现为：有机碳和碳循环）、基于时间序列的土壤发生演变过程（关键词表现为：土壤演化序列、元素迁移、土壤发生、成土过程、水稻土、土壤矿物、铁、磷、土壤属性、长期施肥和土壤磁性）、大气沉降下的土壤发生过程（关键词表现为：大气沉降、土壤发生、成土过程、土壤矿物、元素迁移和土壤质量）、长期施肥带来的土壤特性演变（关键词表现为：长期施肥、有机碳、土壤结构、团聚体、土壤质量、碳循环和磷）以及城市土壤的发生演变过程（关键词表现为：城市土壤、土壤属性、土壤磁性、物理特性和土壤退化）5 个方面。从图 1-5 可以看出，NSFC 对该领域的资助强度和范围逐年增大。以下是以 3 年为时间段的项目资助变化情况分析。

（1）2000～2002 年

NSFC 在 2000～2002 年对现代成土过程与土壤资源演变领域资助的项目有限，能够体现在

15年内关键词词频TOP20的只有"土壤结构"和"土壤矿物"。相关的资助项目有"长期定位施用化肥对潮土黏土矿物组成及释钾速率的影响"(基金批准号:40171049)和"不同灌溉方式对土壤结构的影响"(基金批准号:40210104181)。这体现了当时主要资助农业耕作管理对土壤性质影响的研究。

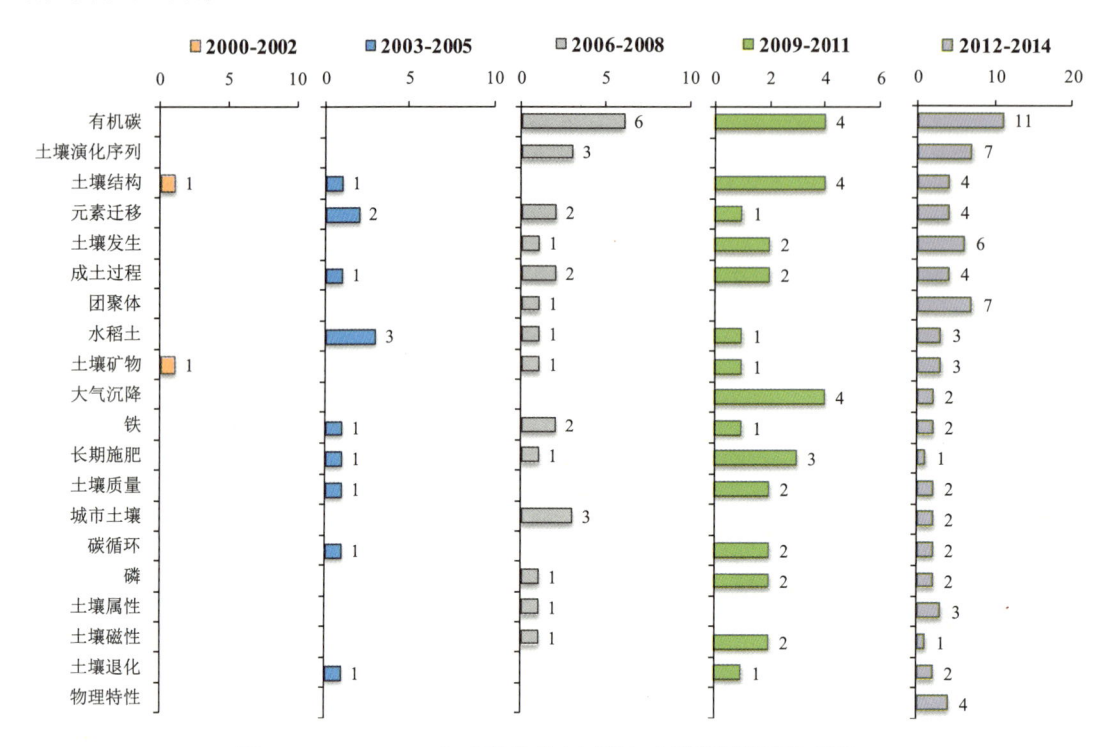

图1-5 2000～2014年"现代成土过程与土壤资源演变"领域NSFC资助项目关键词频次变化

(2) 2003～2005年

自2003年开始,NSFC对现代成土过程与土壤资源演变领域资助的项目明显增加,从高频关键词"水稻土"和"元素迁移"可以看出,受人为耕作管理历史悠久和强烈的水耕人为土[如"长江三角洲古今水稻土有机质来源、组成及化学结构特征对比研究"(基金批准号:40571088)]以及土壤演变过程中元素的迁移研究[如"不同水文地貌条件下湿地土壤铁迁移转化过程及其环境指征"(基金批准号:40501030)]成为资助的重点。此外,"土壤质量"和"土壤退化"等关键词体现了人为影响下的土壤质量退化研究也开始受到重视。

(3) 2006～2008年

NSFC资助强度进一步增加,重点有所变化。对土壤"有机碳"的转化与机理研究成为资助的重点,如"中国北方保护性耕作体系下土壤有机碳固持特征与机理研究"(基金批准号:40801108)。同时,采用"土壤演化序列"的方法进行土壤发生过程速率的研究也得到较强的资助[如"如基于时间序列的典型土壤发生过程速率研究"(基金批准号:40625001)]。除了传统的农业土壤以外,受人为活动干扰影响非常强烈的"城市土壤"得到了较强的资助,这说明 NSFC 对现代成土过程与土壤资源演变研究的资助范围有所扩大。

（4）2009～2011 年

继续上一时段对土壤"有机碳"动态变化的研究以外，重新加大"长期施肥"对"土壤结构"影响研究的资助，如"长期施肥下稻田土壤结构变化及其对养分供应的影响"（基金批准号：41101198）。处于国际研究热点的"大气沉降"对土壤形成速率的研究也成为 NSFC 支持的重点，如"海南岛玄武岩发育土壤的矿物和痕量元素特征与大气物源贡献"（基金批准号：41071142）。

（5）2012～2014 年

NSFC 对本研究领域的项目资助呈继续上升的趋势，资助的范围也进一步扩大，资助也更加精细。资助最强的仍然是"有机碳"储量和演变机制，如"杭州湾南岸水稻土时间序列土壤有机碳稳定机制研究"（基金批准号：41201233）；其次是"土壤演化序列"和"团聚体"，如"秸秆还田和根系及其分泌物对潮土有机质累积和团聚体形成的协同作用机制"（基金批准号：41471182）。从以上这两个基金的题目也可以看出，一个申请基金可能含有几个热点的关键词，也可以说申请者更注意研究热点关键词的应用。NSFC 也加强了新的研究方法与重要的研究客体相结合项目的资助。从图 1-5 可以看出，2012～2014 年资助的项目涵盖了高频关键词全部的前 20 位，说明 NSFC 既注重对具有我国特色的传统土壤发生学基础研究问题的资助，也注重对国际前沿的研究热点问题的资助。

1.4.2 近 15 年 NSFC 资助该领域研究的成果及影响

近 15 年 NSFC 围绕中国现代成土过程与土壤资源演变的传统研究领域以及新兴的热点问题给予了逐渐增强的支持。图 1-6 是 2000～2014 年现代成土过程与土壤资源演变领域论文发表及 NSFC 资助情况。

随着 NSFC 在该领域的资助强度逐年增大，中国学者的 CSCD 和 SCI 发文量以较快的速度增长。从 CSCD 论文发表来看，15 年来，NSFC 资助本研究领域 CSCD 论文数占总论文数的比重总体比较平稳，且数值较高（56.8%～72.4%）。具体表现呈缓慢上升（2000～2002 年 56.8%～69.9%）、平稳（2002～2007 年 69.9%～72.4%）和波动下降（2007～2014 年 72.4%降到 64.8%）3 个阶段（图 1-6）。与之相比，NSFC 资助本研究领域 SCI 论文数占总论文数的比重总体呈高速上升趋势。具体的，前 3 年（2000～2002 年）略有下降，这是由于该时期我国学者的论文还以发表 CSCD 为主，此时期的 CSCD 发文量和获 NSFC 资助占比处于上升阶段；此后，2002～2004 年 SCI 论文获 NSFC 资助占比呈爆发性上升，从 12.5%上升到 44.7%；接着，2004～2006 年，有小幅的下降，但是 2006～2009 年出现第二次爆发性上升的高潮，从 31.7%快速上升到 73.3%，在 2009 年已经超过了 NSFC 资助 CSCD 的发文占比；此后 5 年呈现波动上升的趋势，到 2014 年 NSFC 资助发表 SCI 论文占总发表 SCI 论文的比例达到最高，为 80.1%。可见，在过去的 15 年内，随着 NSFC 资助强度的加大，现代成土过程与土壤资源演变领域的发文数量，尤其是 SCI 论文的发表数量迅猛增加，使得该领域在国际上的影响不断增强。这表明 NSFC 的资助对推动我国现代成土过程与土壤资源演变领域国际成果的产出发挥了重要作用。

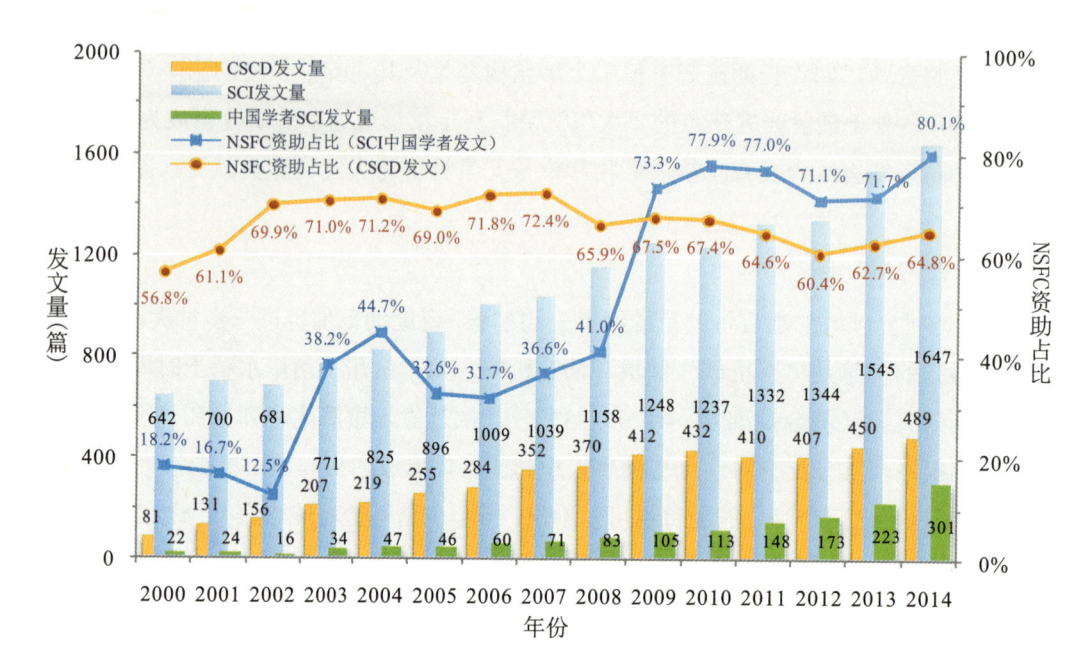

图 1-6 2000～2014 年"现代成土过程与土壤资源演变"领域论文发表与 NSFC 资助情况

图 1-7 2000～2014 年"现代成土过程与土壤资源演变"领域高被引 SCI 论文数与 NSFC 资助情况

SCI 论文发表数量及获基金资助情况反映了获 NSFC 资助取得的研究成果，而不同时段中国学者高被引论文获基金资助情况可反映 NSFC 资助研究成果的学术影响随时间的变化情况。由图 1-7 可知，过去 15 年 SCI 高被引 TOP100 论文从 2000～2002 年的 11 篇增加到 2012～2014

年的 47 篇，增加了 3 倍多。高被引 SCI 论文中获 NSFC 资助的数量也呈现增长的趋势，尤其是 2012~2014 年增长迅速，为前一时间段的 2 倍多。高被引论文获 NSFC 资助的比例在 2003~2005 年比 2000~2002 年略有下降，此后逐渐增加，2012~2014 年已超过 70%（图 1-7）。因此，NSFC 在我国现代成土过程与土壤资源演变领域资助的学术成果近年来开始在国际上产生较大影响，高水平成果的影响力开始凸显出来，这与基金的资助密切相关。NSFC 的资助对推动本学科走向国际前沿做出了巨大的贡献。

1.5 研究展望

成土过程受到自然（气候、母质、地形、生物、时间）和人为因素的共同作用，尤其是在现代成土环境下，人为活动及其产生的环境变化对成土过程的影响占了主导地位，使得成土过程更加复杂，土壤发生和演变的路径也可能发生变化或者逆转。因此，研究现代环境条件下的成土过程和土壤资源演变任重而道远，需要微观与宏观结合，采用先进的技术和手段，从机理探索到模型的建立，为土壤资源的可持续利用奠定基础。当前和今后一个时期土壤演变过程研究的重点包括以下 3 个方面。

1.5.1 成土过程与全球生物地球化学循环

风化和土壤形成过程与全球生物地球化学循环，特别是全球环境变化对风化以及土壤变化过程的速率影响，将成为现阶段研究的重点。目前，全球气候变暖、大气污染普遍、二氧化碳浓度升高、酸沉降增加、水土流失严重、农业利用中化肥施用过量，重要生源要素（碳、氮、磷和硫等）在生态系统中循环对土壤的影响以及土壤对生源要素循环的影响，需要采用新的研究手段，如同位素技术等，对土壤中重要生源要素的输入和输出进行标识，以明确元素的来源和去向，定量化环境对土壤的作用程度。其研究重点主要包括以下 5 点。

（1）元素迁移与成土过程：包括非传统同位素（硅、钙、镁等）对土壤发生过程的指示；流域观测硅和矿质元素迁移与矿物风化速率准确估算；风化计量关系探索；植物对风化和成土速率的影响。

（2）硅酸盐风化与碳循环：包括流域观测硅酸盐风化对大气二氧化碳的固定和碳同位素示踪矿物风化与二氧化碳之间的动态变化。

（3）不同环境条件下，大气沉降带来的成土速率以及营养元素和污染元素的富集与迁移。

（4）氮、硫循环与土壤酸化速率：包括氮和硫同位素示踪其在土壤中的形态变化和迁移；氮和硫循环通量对土壤风化与酸化速率的贡献；土壤的缓冲性能和酸敏感性等。

（5）从宏观尺度，将土壤发生和成土过程的研究放在"关键带"内，在水、土、气、生、岩共同作用下，进行成土过程的研究。

1.5.2 建立成土过程演变的定量化模型

自然条件下短时间内不易观测到成土过程的明显变化，采用模拟的方法进行机理和过程研究，对理解区域土壤分布和土体内物质的分配模式有重要的意义。利用相对尺度，定量化成土过程的速率和阈值，有利于成土过程演变定量化模型的建立。成土过程需要物理的、化学的和生物学的过程，建立定量化的模型将有助于我们更好地认识和理解土壤复杂的演变过程，提供一个可持续利用土壤资源的基础。其研究重点主要包括以下 3 点。

（1）采用室内模拟与野外长期定位研究相结合：室内模拟条件可控，可以理解成土过程的机理和动态变化，获得定量化的参数；长期施肥定位研究和流域观测，获得多年动态观测数据，二者结合模拟土壤的发生过程和演变趋势。

（2）成土过程的序列研究：包括时间序列和地形序列。利用相对的尺度，能够获得定量化的指标，从而建立模型。

（3）同位素的应用：利用岩石—土壤—大气—植物—水体以及土壤内部不同发生层的元素同位素分馏情况，理解元素迁移的机理，定量化土体中元素的迁移和转化速率，建立成土过程的定量化模型。

1.5.3 人为土壤发生过程

人为活动对土壤的影响强度远远超过自然因素，可以改变土壤发生的方向和轨迹。了解不同利用条件下土壤的演变过程及其对土壤质量与功能的影响，可以为土壤资源的可持续利用寻找管理线索。未来的土壤演变研究需要从传统的注重自然发生过程的研究向人为影响下的土壤变化研究转变。其研究重点主要包括以下 3 点。

（1）农业利用对土壤风化的影响：包括管理措施对风化速率的影响；肥料施用带来的碳、氮、磷和硫循环对风化速率的影响。

（2）农业利用下元素的迁移：不同农业利用下，土壤中碳、氮、磷、硫等的转化和迁移机制；大量元素和微量元素以及痕量元素的循环和在土体中的迁移；保护地利用带来的土壤性能演变。

（3）城市土壤的发生和演变：包括城市和城郊区域强烈人为扰动下元素的循环、在土壤中的迁移和转化、土壤的演变趋势及其环境效应。

1.6 小　　结

成土过程研究是一个传统的学科，但是全球环境变化和人为活动强烈条件下的现代成土过程与土壤资源演变具有新的契机和挑战。自 2000 年以来，国际上在该领域的主要研究热点有：成土过程定量化、城市化及土壤物理退化、酸沉降与土壤风化和酸化、硅酸盐风化与气候变化、重金属污染及土壤质量退化等，均与目前的环境变化密切相关。我国对土壤发生过程的研究一直注重本国特色，在人为土的成土过程与速率研究方面取得了显著的进展，同时注重国际研究的热点问题，探索了大气沉降背景下的成土速率与酸化速率，明确了城市土壤的演变及其生态环境效应，近年来在国际上也产生了一定的影响，推动了学科的发展。未来将采用传统方法与先进的实验和同位素方法，以动态和静态研究结合、微观和宏观结合的综合与定量化手段研究成土过程为主导，重点应该围绕变化中的自然条件和强烈的人为干扰下土壤性质与速率的演变，开展土壤发生过程模拟研究和模型的建立。

参考文献

Anderson, S. P., J. I. Drever, C. D. Frost, et al. 2000. Chemical weathering in the foreland of a retreating glacier. *Geochimica et Cosmochimica Acta*, Vol. 64.

Barałkiewicz, D., M. Chudzińska, B. Szpakowska, et al. 2014. Storm water contamination and its effect on the quality of urban surface waters. *Environmental Monitoring and Assessment*, Vol. 186.

Benedetti, M. F., A. Dia, J. Riotte, et al. 2003. Chemical weathering of basaltic lava flows undergoing extreme climatic conditions: the water geochemistry record. *Chemical Geology*, Vol. 20, No. 1-2.

Bern, C. R., M. A. Brzezinski, C. Beucher, et al. 2010. Weathering, dust, and biocycling effects on soil silicon isotope ratios. *Geochimica et Cosmochimica Acta*, Vol. 74.

Bielińska, E. J., K. Barbara, S. Danuta. 2013. Relationship between organic carbon content and the activity of selected enzymes in urban soils under different anthropogenic influence. *Journal of Geochemical Exploration*, Vol. 129.

Blake, L., K. W. T. Goulding, C. J. B. Mott, et al. 1999. Changes in soil chemistry accompanying acidification over more than 100 years under woodland and grass at Rothamsted Experimental Station, UK. *European Journal of Soil Science*, Vol. 50.

Carey, J. C., R. W. Fulweiler. 2012. Human activities directly alter watershed dissolved silica fluxes. *Biogeochemistry*, Vol. 111.

Chen, L. M., G. L. Zhang, R. E. William. 2011. Soil characteristic response times and pedogenic thresholds during the 1000-year evolution of a paddy soil chronosequence. *Soil Science Society of America Journal*, Vol. 75, No. 5.

Chen, Y., S. D. Day, A. F. Wick, et al. 2014. Influence of urban land development and subsequent soil rehabilitation on soil aggregates, carbon, and hydraulic conductivity. *Science of the Total Environment*, Vol. 494-495.

Cheon, J. Y., B. S. Ham, J. Y. Lee, et al. 2014. Soil temperatures in four metropolitan cities of Korea from 1960 to 2010: implications for climate change and urban heat. *Environmental Earth Sciences*, Vol. 71.

Dessert, C., B. Dupré, J. Gaillardet, et al. 2003. Basalt weathering laws and the impact of basalt weathering on the global carbon cycle. *Chemical Geology*, Vol. 202, No. 3-4.

Ding, Z., X. Hu. 2014. Ecological and human health risks from Metal(loid)s in peri-urban soil in Nanjing, China. *Environmental Geochemistry and Health*, Vol. 36.

Eger, A., P. C. Almond, L. M. Condron. 2011. Pedogenesis, soil mass balance, phosphorus dynamics and vegetation communities across a Holocene soil chronosequence in a super-humid climate, South Westland, New Zealand. *Geoderma*, Vol. 163, No. 3-4.

Eggenberger, U., D. Kurz. 2000. A soil acidification study using the PROFILE model on two contrasting regions in Switzerland. *Chemical Geology*, Vol. 170, No. 1-4.

Forsius, M., S. Kleemola, M. Starr. 2005. Proton budgets for a monitoring network of European forested catchments: impacts of nitrogen and sulphur deposition. *Ecological Indicators*, Vol. 5, No. 2.

Fortner, S. K., W. B. Lyons, A. E. Carey, et al. 2012. Silicate weathering and CO_2 consumption within agricultural landscapes, the Ohio-Tennessee River Basin, USA. *Biogeosciences*, Vol. 9, No. 3.

Frey, J., T. Frey, K. Pajuste. 2004. Input-output analysis of macroelements in ICP-IM catchment area, Estonia. *Landscape and Urban Planning*, Vol. 67.

Fujii, K., A. Hartono, S. Funakawa, et al. 2011. Acidification of tropical forest soils derived from serpentine and sedimentary rocks in East Kalimantan, Indonesia. *Geodema*, Vol. 160.

Fu, Q., P. Lu, H. Konishi, et al. 2009. Coupled alkali-feldspar dissolution and secondary mineral precipitation in batch systems: 1. new experiments at 200℃ and 300 bars. *Chemical Geology*, Vol. 258, No. 3-4.

Gaertig, T., H. Schack-Kirchner, E. E. Hildebrand, et al. 2002. The impact of soil aeration on oak decline in South-western Germany. *Forest Ecology and Management*, Vol. 159.

Golubev, S. V., O. S. Pokrovsky, J. Schott. 2005. Experimental determination of the effect of dissolved CO_2 on the dissolution kinetics of Mg and Ca silicates at 25℃. *Chemical Geology*, Vol. 217, No. 3-4.

Gong, Z. T., G. L. Zhang, G. B. Luo. 1999. Diversity of Anthrosols in China. *Pedosphere*, Vol. 9, No. 3.

Guicharnaud, R., G. I. Paton. 2006. An evaluation of acid deposition on cation leaching and weathering rates of an Andosol and a Cambisol. *Journal of Geochemical Exploration*, Vol. 88, No. 1-3.

Guo, J. H., X. J. Liu, Y. Zhang, et al. 2010. Significant acidification in major Chinese croplands. *Science*, Vol. 327.

Han, G. Z., G. L. Zhang. 2013. Changes in magnetic properties and their pedogenetic implications for paddy soil chronosequences from different parent materials in South China. *European Journal of Soil Science*, Vol. 64, No. 4.

Han, G. Z., G. L. Zhang, D. C. Li, et al. 2015. Pedogenetic evolution of clay minerals and agricultural implications in three paddy soil chronosequences of South China derived from different parent materials. *Journal of Soils and Sediments*, Vol. 15, No. 2.

Hellmann, R. 1995. The albite-water system: Part II. the time-evolution of the stoichiometry of dissolution as a function of pH at 100, 200 and 300°C. *Geochimica et Cosmochimica Acta*, Vol. 59, No. 9.

Holmqvist, J., A. F. Øgaard, I. Öborn, et al. 2003. Application of the PROFILE model to estimate potassium release from mineral weathering in Northern European agricultural soils. *European Journal of Agronomy*, Vol. 20, No. 1-2.

Horn, R., J. Vossbrink, S. Peth, et al. 2007. Impact of modern forest vehicles on soil physical properties. *Forest Ecology and Management*, Vol. 248.

Hu, X. F., H. X. Wu, X. Hu, et al. 2004. Impact of urbanization on Shanghai's soil environmental quality. *Pedosphere*,

Vol. 14, No. 2.

Hu, X. F., Y. Su, R. Ye, et al. 2007. Magnetic properties of the urban soils in Shanghai and their environmental implications. *Catena*, Vol. 70.

Huang, L. M., G. L. Zhang, J. L. Yang. 2013a. Weathering and soil formation rates based on geochemical mass balances in a small forested watershed under acid precipitation in subtropical China. *Catena*, Vol. 105.

Huang, L. M., G. L. Zhang, T. Aaron, et al. 2013b. Pedogenic transformation of phosphorus during paddy soil development on calcareous and acid parent materials. *Soil Science Society of America Journal*, Vol. 77, No. 6.

Huang, L. M., J. L. Yang, G. L. Zhang. 2012. Chemistry and source identification of wet precipitation in a rural watershed of subtropical China. *Chinese Journal of Geochemistry*, Vol. 31.

Jenny, H. 1941. *Factors of Soil Formation*. New York, London, McGraw-Hill Book Company.

Jin, L., R. Ravella, B. Ketchum, et al. 2010. Mineral weathering and elemental transport during hillslope evolution at the susquehanna/shale hills critical zone observatory. *Geochimica et Cosmochimica Acta*, Vol. 74, No. 13.

Khillare, P. S., A. Hasan, S. Sarkar. 2014. Accumulation and risks of polycyclic aromatic hydrocarbons and trace metals in tropical urban soils. *Environmental Monitoring and Assessment*, Vol. 186.

Lichter, J. 1998. Rates of weathering and chemical depletion in soils across a chronosequence of Lake Michigan sand dunes. *Geoderma*, Vol. 85, No. 4.

Likens, G. E., F. H. Bormann. 1995. *Biogeochemistry of a Forested Ecosystem*, Second ed. Springer-Verlag, New York.

Li, J. W., G. L. Zhang, Z. T. Gong. 2013. Nd isotope evidence for dust accretion to a soil chronosequence in Hainan Island. *Catena*, Vol. 101.

Lugolobi, F., A. C. Kurtz, L. A. Derry. 2010. Germanium-silicon fractionation in a tropical, granitic weathering environment. *Geochimica et Cosmochimica Acta*, Vol. 74.

Lu, Y., W. Yin, L. B. Huang, et al. 2011. Assessment of bioaccessibility and exposure risk of arsenic and lead in urban soils of Guangzhou City, China. *Environmental Geochemistry and Health*, Vol. 33, No. 2.

Lu, Y., Z. T. Gong, G. L. Zhang, et al. 2003. Concentrations and chemical speciations of Cu, Zn, Pb and Cr of urban soils in Nanjing, China. *Geoderma*, Vol. 115, No. 1-2.

Malmström, M., S. Banwart. 1997. Biotite dissolution at 25℃: the pH dependence of dissolution rate and stoichiometry. *Geochimica et Cosmochimica Acta*, Vol. 61, No. 4.

Nannoni, F., S. Rossi, G. Protano. 2014. Soil properties and metal accumulation by earthworms in the Siena urban area (Italy). *Applied Soil Ecology*, Vol. 77.

Nehls, T, S. Rokia, B. Mekiffer, et al. 2013. Contribution of bricks to urban soil properties. *Journal of Soils and Sediments*, Vol. 13.

Oliva, P., J. Viers, B. Dupré. 2003. Chemical weathering in granitic environments. *Chemical Geology*, Vol. 202.

Pickett, S. T. A., M. L. Cadenasso. 2009. Altered resources, disturbance, and heterogeneity: a framework for comparing urban and nonurban Soils. *Urban Ecosystems*, Vol. 12.

Puskás, I., A. Farsang. 2009. Diagnostic indicators for characterizing urban soils of Szeged, Hungary. *Geoderma*, Vol. 148.

Rad, S., O. Cerdan, K. Rivé, et al. 2011. Age of river basins in Guadeloupe impacting chemical weathering rates and land use. *Applied Geochemistry*, Vol. 26.

Ruan, X. L., G. L. Zhang, L. J. Ni, et al. 2008. Distribution and migration of heavy metals in soils: a high resolution sampling method. *Pedosphere*, Vol.18, No. 3.

Sauer, D. 2015. Pedological concepts to be considered in soil chronosequence studies. *Soil Research*, Vol. 53.

Schleuss, U., Siem, H. K., Blume, H. P. 2000. Soils of anthropogenic substrata in Northern-Germany. pp. 353-357. In: Burghardt, W., Dornauf, C. (eds.) *First International Conference on Soils of Urban, Industrial, Traffic and Mining Areas*. University of Essen, Germany, Essen.

Shi, H., M. Shao. 2000. Soil and water loss from the Loess Plateau in China. *Journal of Arid Environments*, Vol. 45.

Sommer, M., D. Kaczorek, Y. Kuzyakov, et al. 2006. Silicon pools and fluxes in soils and landscapes-a review. *Journal of Plant Nutrition and Soil Science*, Vol. 169.

Struyf, E., A. Smis, S. van Damme. 2010. Historical land use change has lowered terrestrial silica mobilization. *Nature Communications*, Vol. 1.

Swobada-Colberg, N. G., J. I. Drever. 1993. Mineral dissolution rates in plot-field and laboratory experiments. *Chemical Geology*, Vol. 105.

Tang, X. Y., L. Tang, Y. G. Zhu, et al. 2006. Assessment of the bioaccessibility of polycyclic aromatic hydrocarbons in soils from Bejing using an in vitro test. *Environmental Pollution*, Vol. 140.

Turner, B. L., L. M. Condron, A. Wells, et al. 2012. Soil nutrient dynamics during podzol development under lowland temperate rain forest in New Zealand. *Catena*, Vol. 97.

Upchurch, W. J., M. Y. Chowdhury, C. E. Marshall. 1973. Lysimeter and chemical investigations of pedological changes: Part I. Lysimeters and their drainage waters. *Soil Science*, Vol. 116.

Van der Weijden, C. H., A. L. P. Fernando. 2003. Hydrochemistry, weathering and weathering rates on Madeira Island. *Journal of Hydrology*, Vol. 283, No. 1-4.

Von Strandmann, P. A. E. P., S. Opfergelt, Y. J. Lai, et al. 2012. Lithium, magnesium and silicon isotope behaviour accompanying weathering in abasaltic soil and pore water profile in Iceland. *Earth and Planetary Science Letters*, Vol. 339-340.

Wen, X., C. Duan, D. Zhang. 2013. Effect of simulated acid rain on soil acidification and rare earth elements leaching loss in soils of rare earth mining area in southern Jiangxi Province of China. *Environmental Earth Sciences*, Vol. 69.

White, A. F., T. D. Bullen, M. S. Schulz, et al. 2001. Differential rates of feldspar weathering in granitic regoliths. *Geochimica et Cosmochimica Acta*, Vol. 65.

Wichmann, H., G. A. K. Anquandah, C. Schmidt, et al. 2007. Increase of platinum group element concentrations in soils and airborne dust in an urban area in Germany. *Science of the Total Environment*, Vol. 388.

Yaalon, D. H., B. Yaron. 1966. Framework for man-made soil changes an outling of Metapedogenesis. *Soil Science*, Vol. 102

Yang, J. L., G. L. Zhang. 2011. Water infiltration in urban soils and its effects on the quantity and quality of runoff.

Journal of Soils and Sediments, Vol. 11, No. 5.

Yang, J. L., G. L. Zhang. 2015. Formation, characteristics and eco-environmental implications of urban soils-a review. *Soil Science and Plant Nutrition*, Vol. 61.

Yang, J. L., G. L. Zhang, L. M. Huang. 2013. Estimating soil acidification rate at watershed scale based on the stoichiometric relations between silicon and base cations. *Chemical Geology*, Vol.337-338.

Yuan, D. G., G. L. Zhang, Z. T. Gong, et al. 2007. Variations of soil phosphorus accumulation in Nanjing, China as affected by urban development. *Journal of Plant Nutrition and Soil Science*, Vol. 107.

Zhang, G. L., J. L. Yang, Y. G. Zhao. 2003a. Nutrient discharge from a typical watershed in the hilly area of subtropical Chain. *Pedosphere*, Vol. 13, No. 1.

Zhang, G. L., W. Burghardt, Y. Lu, et al. 2001. Phosphorus-enriched soils of urban and suburban Nanjing and their effect on groundwater phosphorus. *Journal of Plant Nutrition and Soil Science*, Vol. 164.

Zhang, G. L., W. Burghardt, J. L. Yang. 2005. Chemical criteria to assess risk of phosphorus leaching from urban soils. *Pedosphere*, Vol. 15, No. 1.

Zhang, G. L., Z. T. Gong. 2003b. Pedogenic evolution of paddy soils in different soil landscapes, *Geoderma*, Vol. 115, No. 1-2.

Zhao, Y. G., G. L. Zhang, Z. Harald, et al. 2007. Establishing a spatial grouping base for soil quality parameters along an urban-rural gradient-a case study in Nanjing China. *Catena*, Vol. 69.

Ziegler, K., O. A. Chadwick, M. Brzezinski, et al. 2005. Natural variations of $\delta^{30}Si$ ratios during progressive basalt weathering, Hawaiian Islands. *Geochimica et Cosmochimica Acta*, Vol. 69, No. 19.

Герасимова, М. И., Строгонова, М. Н., Можарова, Н. В., Прокофьева, Т. В. 2003. *Антропогенные Почвы*. Издателстова *Ойкумена* Смоленск.

陈林、张佳宝、赵炳梓等："施氮和灌溉管理下作物产量和土壤生化性质"，《中国生态农业学报》，2014年第5期。

段雷、郝吉明、叶雪梅等："中国土壤风化速率研究"，《环境科学学报》，2000年增刊。

范庆锋、张玉龙、陈重等："保护地土壤酸度特征及酸化机制研究"，《土壤学报》，2009年第3期。

龚子同、张甘霖、陈志诚等：《土壤发生与系统分类》，科学出版社，2007年。

关焱、宇万太、李建东："长期施肥对土壤养分库的影响"，《生态学杂志》，2004年第6期。

韩光中、张甘霖、李德成："南方丘陵区三种母质水耕人为土有机碳的累积特征与影响因素分析"，《土壤》，2013年第6期。

何跃、张甘霖："城市土壤有机碳和黑碳的含量特征与来源分析"，《土壤学报》，2006年第2期。

黄方："高温下非传统稳定同位素分馏"，《岩石学报》，2011年第2期。

冷延慧、汪景宽、李双异："长期施肥对黑土团聚体分布和碳储量变化的影响"，《生态学杂志》，2008年第12期。

李山泉、李德成、张甘霖："南京不同功能区大气降尘速率及其影响因素分析"，《土壤》，2014年第46期。

卢瑛、龚子同、张甘霖："南京城市土壤的特性及其分类的初步研究"，《土壤》，2001a年第33期。

卢瑛、龚子同、张甘霖："城市土壤磁化率特征及其环境意义"，《华南农业大学学报》，2001b 年第 4 期。

骆永明、滕应："我国土壤污染退化状况及防治对策"，《土壤》，2006 年第 38 期。

马力、杨林章、颜廷梅等："长期施肥水稻土氮素剖面分布及温度对土壤氮素矿化特性的影响"，《土壤学报》，2010 年第 2 期。

孟红旗、刘景、徐明岗等："长期施肥下我国典型农田耕层土壤的 pH 演变"，《土壤学报》，2013 年第 6 期。

倪刘建、张甘霖、杨金玲等："钢铁工业区降尘对周边土壤的影响"，《土壤学报》，2007 年第 4 期。

潘根兴、冉伟："中国大气酸沉降与土壤酸化问题"，《热带亚热带土壤科学》，1994 年第 4 期。

阮心玲、张甘霖、赵玉国等："基于高密度采样的土壤重金属分布特征及迁移速率"，《环境科学》，2006 年第 5 期。

隋红建、吴璇、崔岩山："土壤重金属迁移模拟研究的现状与展望"，《农业工程学报》，2006 年第 6 期。

王建中、陈立、徐建明："黄土丘陵区不同地貌类型地球化学分布特征"，《干旱区资源与环境》，2006 年第 1 期。

王明仕、李晗、王明娅等："中国大气降尘地域性分布特征研究"，《生态环境学报》，2014 年第 12 期。

王秋兵、段迎秋、魏忠义等："沈阳市城市土壤有机碳空间变异特征研究"，《土壤通报》，2009 年第 2 期。

王秀丽、张凤荣、吴昊等："黄土降尘对北京山地土壤性质的影响"，《土壤通报》，2013 年第 3 期。

王雪芬、胡锋、彭新华："长期施肥对红壤不同有机碳库及其周转速率的影响"，《土壤学报》，2012 年第 5 期。

徐仁扣、D. R. Coventry："某些农业措施对土壤酸化的影响"，《农业环境保护》，2002 年第 5 期。

徐仁扣："土壤酸化及其调控研究进展"，《土壤》，2015 年第 2 期。

杨金玲、张甘霖："城市功能区、植被类型和利用年限对土壤压实的影响"，《土壤》，2007 年第 2 期。

杨金玲、张甘霖、黄来明："典型亚热带花岗岩地区森林流域岩石风化和土壤形成速率研究"，《土壤学报》，2013 年第 50 期。

依艳丽、王义、张大庚等："沈阳城市土壤—旱柳—降尘系统中铅、镉的分布迁移特征研究"，《土壤通报》，2010 年第 6 期。

于天仁、陈志诚：《土壤发生中的化学过程》，科学出版社，1990 年。

翟大兴、杨忠芳、柳青青等："鄱阳湖流域岩石化学风化特征及 CO_2 消耗量估算"，《地学前缘》，2011 年第 6 期。

张甘霖："诊断层和诊断指标与水稻土的分类"，《土壤》，1990 年第 3 期。

张甘霖、龚子同："地表水影响下的水耕人为土形成速率初步研究"，《土壤》，1996 年第 5 期。

张甘霖、史学正、黄标：《土壤地理研究回顾与展望》，科学出版社，2012 年。

张甘霖、赵玉国、杨金玲等："城市土壤环境问题及其研究进展"，《土壤学报》，2007 年第 5 期。

张甘霖、朱永官、傅伯杰："城市土壤质量演变及其生态环境效应"，《生态学报》，2003 年第 3 期。

张俊平、张新明、王长委等："模拟酸雨对果园土壤交换性阳离子迁移及其对土壤酸化的影响"，《水土保持学报》，2007 年第 21 期。

章明奎："污染土壤中重金属的优势流迁移"，《环境科学学报》，2005 年第 2 期。

章明奎、方利平、周翠："污染土壤重金属的生物有效性和移动性评价：四种方法比较"，《应用生态学报》，

2006年第8期。

张庆利、史学正、黄标等："南京城郊蔬菜基地土壤有效态铅、锌、铜和镉的空间分异及其驱动因子研究"，《土壤》，2005年第1期。

张桃林：《中国红壤退化机制与防治》，中国农业出版社，1999年。

张桃林、王兴祥："土壤退化研究的进展与趋向"，《自然资源学报》，2000年第15期。

张先凤、朱安宁、张佳宝："耕作管理对潮土团聚体形成及有机碳累积的长期效应"，《植物营养与肥料学报》，2015年第6期。

赵其国："我国红壤现代成土过程和发育年龄的初步研究"，《第四纪研究》，1992年第4期。

周萍、潘根兴、Alessandro Piccolo 等："南方典型水稻土长期试验下有机碳积累机制研究Ⅳ. 颗粒有机质热裂解—气相—质谱法分子结构初步表征"，《土壤学报》，2011年第1期。

第 2 章 土壤信息数字化表征与土壤资源管理

土壤是保障国家粮食安全、维护生态环境健康的重要自然资源，土壤信息是相关学科和国民经济领域进行农业与粮食安全、资源与生态环境保护、全球变化等相关研究与决策的重要依据。因此，开展土壤信息数字化表征的理论、技术与方法研究，对土壤信息进行高效、高精度的数字化表征，服务于土壤资源管理，具有重要意义。

2.1 概　　述

本节以土壤信息数字化表征与土壤资源管理问题的缘起为切入点，阐述了土壤信息数字化表征的内涵及其主要研究内容；并以科学问题的深化和研究方法的创新为线索，就土壤信息数字化表征与土壤资源管理研究的演进阶段及关注的科学问题变化进行简述。

2.1.1 问题的缘起

俄国土壤学家 В. В. докучаев 于 19 世纪末提出了土壤形成因素学说，美国土壤学家 Jenny（1941：415）完善了这一学说：S=（Cl，O，R，P，T…），土壤是因气候、生物、地形、母质、时间的不同而变化的，土壤的空间变异和分布是有其发生学上的规律性的。**土壤调查专家的核心目标就是对土壤空间变异的规律性进行认识与表达，以便适应不同的土壤特性采取相应的利用和改良调控**。土壤调查专家把对土壤空间变异规律的认识绘制成纸质的土壤图，供各行各业应用，第一幅世界土壤图是 В. В. докучаев 在 1900 年绘制的，这可以认为是土壤信息表征与土壤资源管理问题的缘起，纸质图件和服务于农业目的是问题起源初期的两个主要特征。

随着计算机和地理信息系统（GIS）技术的发展，传统的纸质档案在信息存储格式以及信息传递效率上不能有效满足计算机模型的数据和空间分析需求。为了使历年积累的大量土壤调查与环境数据得以有效地管理和利用，加拿大土壤调查委员会数据处理分会于 1972 年开始建立全国性土壤数据库计划（CanSIS），这是世界上第一个土壤信息系统研究计划，可以认为是土壤信息数字化表征的缘起。1975 年在新西兰的惠灵顿召开了第一次国际土壤信息系统会议并成立了相应的工作组，随后该工作组又被国际土壤学会接纳并列入第 5 组（土壤发生、分类及地理学组），土壤信息系统在土壤学科中的分支地位由此得到确认。此后，土壤信息的数字化表征开始进入迅速发展阶段。1990 年国际土壤科学联合会成立了计量土壤学（Pedometrics）专业委员会，2005 年成立了数字土壤制图（Digital Soil Mapping）工作组，2006 年提出了"全球土壤制图计划"（GlobalSoilMap.net）（Pedro et al.，2009：680～681），并于 2009 年 2 月在美国哥伦比亚大学正式启动"全球数字土壤制图网络"。该网络致力于获取高质量的土壤数据和信息，涉及土壤数据采集、制图结果验证、监测以及与其他学科的融合等。其目标是采用现代土壤地理学、遥感、地理信息系统、数据挖掘等理论和方法，完成全球土壤重要属性的高分辨率数字地图，推动土壤信息科学新理论、新方法和新技术的研究开发及其在获取高精度高分辨率数字土壤信息上的应用，促进数字土壤信息在气候与环境变化、粮食安全、土壤资源精细管理、环境污染监测、生物多样性保护等方面发挥重要作用。

2.1.2 问题的内涵及演进

土壤信息数字化表征与土壤资源管理是以土壤的时空变异和土壤利用与管理为研究对象，基于信息技术平台，力求以低成本、高效、高精度的方式获取和表达土壤信息，对土壤资源的数量、质量及其演化进行评价，以满足各领域的需求。土壤信息数字化表征与土壤资源管理研究是随着技术的进步（计算机技术、地理信息技术、全球定位技术和遥感技术等）、需求的拓展（农业、生态环境、全球变化、工程建设等）而不断进步的，其发展历程大体可以分为 3 个阶段。

第一阶段：纸质土壤资料的数字化建库。目的在于对土壤调查积累的大量数据和图件进行数字化整理，建立土壤数据库和土壤信息系统。初期的土壤信息系统以属性数据库为主，随着地理信息系统的出现，历史土壤图件被数字化，空间数据库和空间分析功能逐步被包括到土壤信息系统中。土壤数据库和信息系统建设工作起始于 20 世纪 70 年代 CanSIS 的建立，在 80～90 年代达到高峰期，其中代表性的有加拿大的 CanSIS、美国的 NASIS、欧洲的 EUSIS、国际土壤参比中心主持的全球 1∶100 万 SOTER（张甘霖等，2001：401～406）等。这些土壤信息系统都包含土壤属性、土壤环境和土壤空间数据，在土壤资源的信息化管理上发挥了巨大作用。这个阶段的特点是侧重于对土壤信息的数字化管理。

第二阶段：小尺度—单源数据—简单关系模型探索。20 世纪 90 年代，随着人类对农业和粮食问题、生态环境和全球变化问题的关注以及计算机模型运算能力的飞速提高，对土壤信息的需求呈现爆发式增长。由于历史数据的精度、内容以及时效性存在局限，而且全球范围内尚有相当多的国家和地区土壤调查与制图处于空白或刚起步状态，再加上传统土壤调查方式的时间、人力、财力成本高昂，因此，需要新的技术对土壤空间变异进行模拟与表达。

在计算机技术和 3S 技术推动下，土壤信息的数字化表征开始进入一个新的阶段：新数据生产阶段。一种方式是以地统计方法为代表的空间关系模型，始于 Burgess 和 Webster（1980：315～341）把地统计学引入土壤学领域；另一种是基于成土因子学说，建立土壤与环境变量之间的关系，实现土壤空间变异的模拟与制图表达方式。在该阶段，多种统计方法在全球各个区域得到探索和应用，代表性的有逆距离插值、克里格插值、线性回归模型（McBratney et al.，2000：293～327）、判别分析（Dobos et al.，2001：30～41）、决策树（Lagacherie and Holmes，1997：183～198）等。普遍的特点是所采用的预测因子相对单一，很少用到两种因子以上；侧重对土壤空间变异及模型方法的探索和认识，且多为小区域的方法探索研究，几乎没有大尺度的制图应用。在该阶段，土壤信息数字化表征及其在土壤资源管理上的前景，引起了广泛的关注和重视，推动了国际土壤科学联合会计量土壤学专业委员会和数字土壤制图工作组的成立。

第三阶段：多尺度—多源数据—复杂关系模型集成。经过十余年的探索研究，土壤信息的数字化表征研究进入爆发期。这个阶段的标志性进步：一是遥感技术及数据应用的迅速发展，可以获取利用的遥感数据越来越丰富；二是近地传感的兴起和在土壤学上的应用。目前，对于土壤空间变异以及土壤与环境要素之间的耦合关系有了更明确和深入的认知，多种空间预测模型的原理和适用性已为领域内研究人员所熟悉。学者们开始尝试探索不同尺度的土壤空间模拟与表征，同时，相对单一的预测因子已经不能满足精度需求，学者们充分利用遥感、近地传感等多源数据进行多尺度复杂地理空间、复杂关系模型的拟合与空间预测。国际土壤科学联合会于2006年发起，2009年正式启动了全球数字土壤制图网络计划，旨在建成全球90m栅格分辨率的、不同深度的关键土壤属性分布图（Pedro et al.，2009：680～681），这标志着土壤信息数字化表征已经从小尺度简单关系模型迈向多尺度复杂地理环境、多源数据融合的全新阶段。

2.2 国际"土壤信息数字化表征与土壤资源管理"研究主要进展

近15年来，随着土壤信息数字化表征与土壤资源管理研究的不断深入，逐渐形成了一些核心领域和研究热点，其核心研究领域主要包括土壤空间变异规律的预测与制图，土壤参数多源获取，土壤质量、退化与土壤资源管理等方面。下文通过文献计量分析方法对15年来国际上该领域的主要研究特点与进展进行论述。

2.2.1 近15年国际该领域研究的核心方向与研究热点

运用Web of Science核心数据库，依据本研究领域核心关键词制定了英文检索式，即："soil*" and ("pedodiversity" or "soil diversity" or "landscape sequence" or "catena" or "toposequence" or "sampling strategy" or "soil survey" or "soil database" or "soil information*" or "soil quality*" or "soil assessment" or "soil evaluation" or "soil suitability" or "soil degradation" or "spatial variab*" or "soil mapping" or "soil resource*" or "soil sensing" or "remote sensing" or "Spectroscopy" or ("uncertainty" and "mapping") or "pedo*transfe* function*" or "*kriging*" or "geostatistic*")，检索到近15年本研究领域共发表国际英文文献29 108篇。划分为2000～2002年、2003～2005年、2006～2008年、

2009~2011年和2012~2014年5个时段,各时段发表的论文数量占总发表论文数量的百分比分别为10.1%、13.9%、19.0%、25.0%和32.0%,呈逐年上升趋势。图2-1为2000~2014年土壤信息数字化表征与土壤资源管理领域SCI期刊论文关键词共现关系图。

从图2-1中可以发现,在过去**15**年中,国际上土壤信息数字化表征与土壤资源管理领域的鲜明特色是:依赖于**GIS**空间分析技术、**RS**数据源,利用现代统计方法,针对土壤空间异质性的模拟与表达开展了大量研究,并带动了土壤质量、土壤退化等土壤资源管理领域的研究工作。

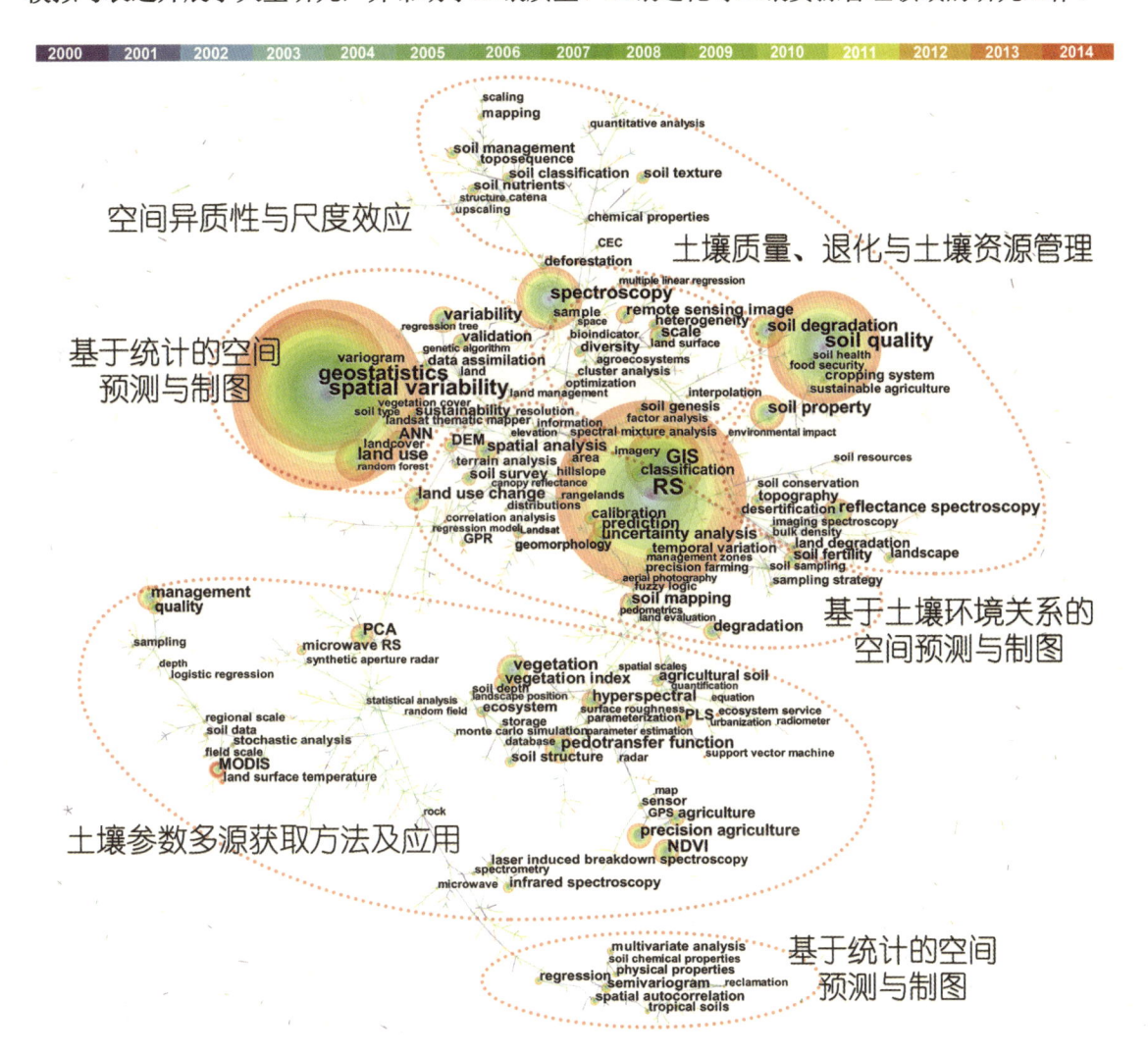

图 2-1 2000~2014年"土壤信息数字化表征与土壤资源管理"领域SCI期刊论文关键词共现关系

图2-1中的聚类结果可以划分为2个大类。一类属于土壤空间变异与信息表征方法内容,该方面内容可以划分为3个子类:**基于统计的空间预测与制图(以地统计学和空间自相关为代表);基于土壤环境关系的空间预测与制图;空间异质性与尺度效应**。另一类为土壤资源管理相关内容,该方面内容也可以划分为2个子类:**土壤参数多源获取方法及应用;土壤质量、退化与土壤资源管理**。下面分别予以说明。

(1) 基于统计的空间预测与制图

图 2-1 聚类圈中出现的地统计 (geostatistics)、空间异质性 (spatial variability)、半方差函数 (semivariogram)、空间自相关 (spatial autocorrelation) 等关键词，表明**大量研究基于土壤的空间自相关关系，利用地统计学方法进行了土壤化学性质 (chemical properties) 和物理性质 (physical propersities) 空间异质性的预测研究。**同时，人工神经网络 (ANN)、随机森林 (random forest)、回归树 (regression tree)、遗传算法 (genetic algorithm) 等关键词也出现在这个聚类圈中，反映了学者们尝试**探索了多种统计方法，以期更好地模拟与表达土壤空间变异规律。**

(2) 基于土壤环境关系的空间预测与制图

图 2-1 中该聚类圈出现的关键词有土壤调查 (soil survey)、土壤采样 (soil sampling)、采样策略 (sampling strategy)、土壤制图 (soil mapping)、预测 (prediction)、校验 (calibration)、不确定性分析 (uncertainty analysis)、计量土壤学 (pedometrics) 等，构成了**包含土壤调查与采样、土壤制图、精度评价和不确定性分析等内容的一个完整的数字土壤制图研究体系**，土壤地理学家不再单纯提供土壤图，还能定量评价所提供土壤图的精度和不确定性。而且，基于土壤发生学理论的数字制图中最为常用也最有效的环境因子是地形，聚类圈中出现的空间分析 (spatial analysis)、数字高程模型 (DEM)、地形分析 (terrain analysis)、地貌 (geomorphology) 等关键词代表了这个方面的研究。

(3) 空间异质性与尺度效应

不同土壤属性的空间变异规律与尺度密切相关，因此，**尺度效应是土壤空间变异和制图的热点之一。**图 2-1 中该聚类圈出现的代表性关键词如尺度 (scale)、异质性 (heterogeneity)、多样性 (diversity)、空间 (space) 等即属于这个研究内容。遥感影像 (remote sensing image)、光谱 (spectroscopy) 是土壤空间异质性和尺度效应等陆地表面 (land surface) 现象与过程研究中的常用数据源，而聚类分析 (cluster analysis)、多元线性回归 (multiple linear regression) 属于常用统计方法。

(4) 土壤参数多源获取方法及应用

这个聚类圈的内容相对较为分散，可以进一步细分为多个小的研究点：土壤转换函数 (pedotransfer function)、光谱计量学 (spectrometry)、传感器 (sensor)、微波遥感 (microwave RS)、高光谱 (hyperspectral) 等，其共同特征是利用遥感、近地传感、实验室光谱以及土壤属性之间的关系，**获得土壤参数**，并应用到碳储量模拟、精准农业 (precision agriculture)、农业土壤 (agricultural soil) 管理 (management) 等领域，因此，将本主题定义为土壤参数多源获取方法及应用。

除土壤转换函数外，其他研究点更多的是依赖遥感和近地传感数据源，如 MODIS、NDVI、微波遥感以及其他近地传感器等方式，获得土壤的温度、水分等数据应用到农业管理，以及通过植被指数 (vegetation index) 和土壤厚度 (soil-depth) 估算土壤碳储量。另外，计量光谱学研究中，基于红外光谱 (infrared spectroscopy)、激光诱导击穿光谱 (laser induced breakdown spectroscopy）的快速无损测定也成为一个研究热点。主成分分析（PCA）、随机分析（stochastic analysis）、蒙特卡罗模拟（monte carlo simulation）、逻辑回归（logistic regression）、随机场（random field）、支持向量机（support vector machine）等多种统计分析（statistical analysis）方法被广泛应用到相关研究的数据处理和模型拟合中。

（5）土壤质量、退化与土壤资源管理

从图2-1关键词相邻关系看，土壤质量、退化和土壤资源管理聚类圈紧靠光谱（spectroscopy）、遥感影像（remote sensing image）、反射光谱（reflectance spectroscopy）、遥感（RS）、地理信息系统（GIS）等关键词，这可以解读为15年以来，GIS、RS技术和数据源的发展有力地推动了土壤质量、退化和土壤资源管理主题研究。面对土壤资源（soil resources）这一核心对象，科学问题就是其状态、变化与驱动、效应。**土壤资源状态研究的核心是其赋存数量和质量**，土壤质量（soil quality）、土壤健康（soil health）、土壤属性（soil property）、土壤资源（soil resources）、土壤分类（sol classification）等关键词体现了土壤资源赋存状态研究点，其中，**土壤质量研究是15年来的研究热点**；在土壤资源的变化与驱动研究中，土壤退化（soil degradation）、土地退化（land degradation）、荒漠化（deforestation）、种植制度（cropping system）变化与土壤肥力（soil fertility）、土壤养分（soil nutrients）、化学性质（chemical properties）演变之间的关系受到关注，其中，**土壤退化是15年来的研究热点**；效应研究方面，国际上关注的热点主要集中在土壤资源与粮食安全（**food security**）、**可持续农业（sustainable agriculture）**和**环境影响（environmental impact）**之间的关系。效应研究还应该包含土壤有机碳库和全球变化这一热点，这在下文CSCD关键词检索结果中有清晰的体现。这里没有出现是因为进行关键词共现关系聚类时，由于土壤有机质、有机碳出现频次很高，多数研究都以其为研究对象，导致共现关系图结构不清，因此去掉了这两个关键词。

通过对土壤资源状态、变化与驱动、效应的研究，为土壤管理（soil management）和土壤保护（soil conservation）提供科学依据。

SCI期刊论文关键词共现关系反映了近15年土壤信息数字表征与土壤资源管理研究的核心领域，而不同时段TOP20高频关键词可反映其研究热点。表2-1显示了2000～2014年各时段TOP20关键词组合特征。2000～2014年，前10位高频关键词为地统计（geostatistics）、土壤质量（soil quality）、可见光近红外光谱（Vis-NIR spectroscopy）、土壤有机碳（SOC）、光谱（spectroscopy）、数字土壤制图（digital soil mapping）、遥感（RS）、空间变异性（spatial variability）、偏最小二乘回归（PLSR）、土壤有机质（SOM），表明这些关键词及其组合所代表的领域是近15年的研究热点。不同时段高频关键词组合特征能反映研究热点随时间的变化情况，对以3年为时间段的热点问题变化情况分析如下。

（1）2000～2002年

本时段的研究热点以土壤质量（soil quality）为最，目的是通过土壤质量评价与管理促进农业和土壤的可持续性（sustainability），并为决策支持（decision support systems）服务。在技术层面，本时段地理信息系统（GIS）技术的逐步普及促进了土壤质量的空间评价研究，同时，

表 2-1 2000~2014 年"土壤信息数字化表征与土壤资源管理"领域不同时段 TOP20 高频关键词组合特征

2000~2014 年	词频	2000~2002 年 (20 篇/校正系数 3.20) 关键词	词频	2003~2005 年 (29 篇/校正系数 2.21) 关键词	词频	2006~2008 年 (38 篇/校正系数 1.68) 关键词	词频	2009~2011 年 (49 篇/校正系数 1.31) 关键词	词频	2012~2014 年 (64 篇/校正系数 1.00) 关键词	词频
geostatistics	52	soil quality	29 (9)	geostatistics	22 (10)	Vis-NIR spectroscopy	18 (11)	geostatistics	14 (11)	geostatistics	18
soil quality	40	geostatistics	13 (4)	soil quality	18 (8)	geostatistics	15 (9)	spectroscopy	14 (11)	SOC	12
Vis-NIR spectroscopy	34	spatial variability	13 (4)	spatial variability	11 (5)	soil quality	12 (7)	Vis-NIR spectroscopy	13 (10)	soil quality	11
SOC	31	DEM	10 (3)	soil fertility	9 (4)	spectroscopy	12 (7)	digital soil mapping	13 (10)	Vis-NIR spectroscopy	10
spectroscopy	31	SOC	10 (3)	PCA	7 (3)	SOC	12 (7)	RS	10 (8)	digital soil mapping	10
digital soil mapping	28	soil prediction	10 (3)	SOC	7 (3)	digital soil mapping	10 (6)	SOC	8 (6)	spectroscopy	9
RS	24	sustainability	10 (3)	soil properties	7 (3)	RS	10 (6)	soil quality	7 (5)	spatial variability	8
spatial variability	24	decision support systems	6 (2)	Vis-NIR spectroscopy	7 (3)	PLSR	8 (5)	PLSR	7 (5)	soil database	6
PLSR	17	RS	6 (2)	RS	7 (3)	precision agriculture	8 (5)	uncertainty	5 (4)	PLSR	5
SOM	13	soil-landscape	6 (2)	digital soil mapping	4 (2)	spatial variability	7 (4)	ANN	5 (4)	RS	5
soil database	12	SOM	6 (2)	SOM	4 (2)	PCA	5 (3)	validation	4 (3)	legacy soil data	4
soil properties	9	spatial modeling	6 (2)	spectroscopy	4 (2)	soil properties	5 (3)	terrain analysis	4 (3)	minimum data set	4
soil survey	7	spectroscopy	6 (2)	temporal variation	4 (2)	SOM	5 (3)	spatial variability	4 (3)	soil salinity	4
PCA	7	topography	6 (2)	soil survey	4 (2)	ANN	3 (2)	SOM	4 (3)	data mining	3
uncertainty	7	correlation structure	3 (1)	PLSR	4 (2)	best linear unbiased predictor	3 (2)	soil survey	4 (3)	SOM	3
minimum data set	6	GIS	3 (1)	classification tree	2 (1)	hyperspectral	3 (2)	soil properties	4 (3)	uncertainty	3
data mining	6	minimum data set	3 (1)	data mining	2 (1)	proximal soil sensing	3 (2)	soil database	4 (3)	soil-landscape models	2
ANN	6	resolution	3 (1)	soil database	2 (1)	regression trees	3 (2)	GIS	4 (3)	soil survey	2
GIS	5	PCA	3 (1)	GIS	2 (1)	soil database	2 (1)	soil sampling	3 (2)	soil sampling	2
soil sampling	4	terrain analysis	3 (1)	minimum dataset	2 (1)	soil sensors	2 (1)	data mining	3 (2)	disaggregation	2

注:括号中的数字为校正前关键词出现频次。

面对众多可选的评价指标，在指标参数的可获得性、有效性方面，部分学者探讨了用于土壤质量评价的最小数据集（minimum data set）的构成，如较多的研究采用主成分分析方法（PCA）对指标库进行降维。

本时段的另一个热点是地统计（geostatistics）在土壤空间变异（spatial variability）研究上得到较多应用，通过对土壤属性（以 SOC 为主）的空间相关结构（correlation structure）进行模拟（spatial modeling），实现最优线性无偏估计。同时，基于土壤景观（soil-landscape）知识的土壤预测（soil prediction）制图也有了较多的报道，这个阶段用以表征土壤景观关系的环境因子中，地形（topography）是应用最为普遍的，通过在 GIS 平台下对数字高程模型（DEM）进行地形分析（terrain analysis）得以实现。遥感（RS）影像也成为重要的环境因子数据源，特别是在针对 SOC 的预测制图中，引入地表植被指数数据，能有效提高土壤有机物质的预测精度。

光谱（spectroscopy）计量也是本时段的一个研究热点，很多研究成功建立了土壤有机质（SOM）含量的光谱反演模型，在其他土壤属性反演上也有所探索。

（2）2003～2005 年

本时段，采用地统计方法研究土壤空间变异成为最热点领域。地统计学的空间扩展主要依赖土壤空间自相关关系，而非土壤景观关系，因而，土壤调查（soil survey）领域的学者们更侧重于利用数据挖掘（data mining）技术，如分类树（classification tree）等方法，建立数字土壤制图（digital soil mapping）体系中最为核心的部分——土壤环境知识库。

土壤质量研究较上个时段比例有所下降，依托于土壤数据库（soil database），土壤质量评价中的有效最小数据集、土壤肥力（soil fertility）质量及其随时间的演变（temporal variation）等研究点受到较多的关注。

可见光近红外光谱（Vis-NIR spectroscopy）用于土壤有机质和其他土壤属性（soil properties）的光谱预测建模研究中，偏最小二乘回归（PLSR）被普遍证明是有效的建模方法。

（3）2006～2008 年

光谱计量学是本时段的研究热点，可见光近红外光谱成为最高频关键词，高光谱（hyperspectral）也成为高频关键词，多种建模方法如偏最小二乘回归（PLSR）、人工神经网络（ANN）、主成分分析（PCA）都出现在高频词表中。

地统计方法能够根据现有数据给出空间变量最优线性无偏估计（best linear unbiased predictor），依然保持研究热度。回归树模型（regression trees）被较多地用于数字土壤制图中的土壤环境关系模拟。

近地传感（proximal soil sensing）、土壤传感器（soil sensors）进入到高频关键词表中，说明与精准农业（precision agriculture）有关的土壤参数获取技术及应用成为本时段的研究热点之一。土壤质量关键词词频在本时段继续保持下降趋势。

（4）2009～2011 年

本时段地统计学、光谱计量学研究继续保持热度，土壤质量相关研究依然是热点，但热度

继续保持下降趋势。 基于土壤环境关系的数字土壤制图研究有所加强，地形分析和知识挖掘都成为高频关键词。同时，土壤采样（soil sampling）、不确定性（uncertainty）评价和验证（validation）首次成为高频关键词，说明无论是地统计研究，还是基于知识的数字土壤制图研究，都更加重视土壤采样设计和对制图结果精度的评价，主流研究已经从简单利用既有样点进行空间预测，延伸为带有目的和规则的土壤调查采样设计研究，以期建立更为优化的空间关系模型或土壤环境关系模型，实现更低成本、更高精度的空间预测。

（5）2012~2014年

本时段地统计学、光谱计量学研究继续保持热度，土壤质量相关研究热度有所回升。 土壤景观模型（soil-landscape models）首次出现在高频关键词表中，说明基于土壤环境关系的数字土壤制图研究有所加强，在继续前面时段研究内容基础上，对历史土壤数据（legacy soil data）进行更新和历史土壤图图斑的细化（disaggregation）成为一个新的研究热点。另外，历史土壤数据也逐步成为地统计方法中回归克里格和协同克里格的重要因子层，能够有效提高空间预测精度。

总体而言，通过对本领域高引论文的高频关键词的分析可以发现，**在过去15年中，以地统计为代表的基于统计的空间预测、土壤质量评价、光谱计量、基于土壤环境关系的空间预测与数字制图是4个最为重要的研究热点**，空间预测与光谱计量属于土壤信息的数字化表征范畴，而土壤质量评价以及精准农业管理属于土壤资源管理范畴，这与前文利用全部文献关键词共现关系分析结果具有相当的一致性。

通过校正后的高频关键词频数变化情况（表2-1）可以发现，土壤质量评价研究热度整体呈现下降趋势，而基于知识的数字土壤制图呈现上升趋势，地统计和光谱计量一直保持较高的热度。高频关键词的时段演变还显示，**土壤空间变异模拟和制图研究领域正在逐步形成较为完整的体系**，研究热点从单纯的空间变异研究，逐步丰富和细化为土壤采样与调查、知识挖掘、历史数据利用与更新、不确定性评价和精度验证等多个子热点。

2.2.2 近15年国际该领域研究取得的主要学术成就

近15年国际土壤信息数字化表征与土壤资源管理研究的核心领域主要包括基于统计的空间预测与制图，基于土壤环境关系的空间预测与制图，空间异质性与尺度效应，土壤参数多源获取方法及应用，土壤质量、退化与土壤资源管理5个方面（图2-1）。高频关键词组合特征反映的热点问题主要包括土壤质量评价、空间异质性、地统计、数字土壤制图、光谱计量（表2-1）。围绕这些领域和热点问题研究所取得的主要成就可以总结为以下5点。

（1）土壤调查采样方案设计

土壤采样是土壤制图中的重要部分，它不仅决定数字土壤制图的精度，还直接决定制图的成本。传统的基于专家经验的、基于网格的、基于概率的布点采样方式曾被广泛应用，并暴露了其中的不足。借助于统计手段和空间分析技术的发展，过去15年中，土壤调查布点方案有了显著的进步，学者们采用多种方法力图以最少的野外调查工作量，获得最高的代表性和空间预测精度。

空间采样技术可以分为3类：经典概率采样、地统计学采样和目的性采样（Zhu et al., 2008：233~245）。常用的经典概率采样方法有：简单随机采样、系统随机采样、分层简单随机采样、二级随机采样、群组随机采样、分层群组随机采样等（De Gruijter et al., 2006）。其中，系统随机采样的应用最广泛，绝大多数研究使用了这种方法。该方法在样点数量较少时，容易导致代表性偏差，为了提高随机采样对空间分异的覆盖度，拉丁超立方方法被用来优化随机采样方案（Brungard, 2010：67~75）。该方法将环境属性空间进行多维划分，在每个多维空间子区中再进行随机布点，有效提高了采样方案的代表性。地统计学采样基于已知变量在空间上的变异规律（即变异函数），通过降低克里格方差，寻找出最优的采样方案，该方法适用于土壤空间变异规律已知的地区（Lesch, 2005：153~179; Brus and Heuvelink, 2007：86~95）。目的性采样是根据专家知识或者土壤—环境关系，对环境要素数据进行定量分析，有目的地设置采样点。例如，Hengl 等（2003：1403~1422）提出把采样点均匀地分布在属性、地理空间上；Zhu 等（2007：861~869）和 Yang 等（2013：1~23）基于模糊 c 均值聚类算法，对环境要素进行聚类，在每个聚类类别的典型位置上设置采样点，以此获得高的样点代表性，并根据代表性等级提出了土壤调查的优先度概念。

（2）土壤变异的空间推理

学者们基于不同的推理方法，实现了土壤空间变异的定量推理和表征。按照其原理的差异，可以分为基于土壤环境关系的、基于空间位置的和基于概率的 3 类空间推理方法。

基于土壤环境关系的空间推理是以土壤发生学为理论基础。土壤是气候、生物、地形、母质、时间等因素综合作用下的发生结果，因此，其在空间上的分布具有不同尺度上的规律性，相似的成土环境条件下，会分布有相似的土壤。通过对有限点的采样，建立环境因素与土壤类型和属性之间的关系模型，以实现更大尺度的空间推理与制图（Carre et al., 2007：67~96）。应用较早的是采用线性回归模型对土壤属性进行空间预测，其中最常采用的环境变量是地形和气候（McBratney et al., 2003：3~52）。在小尺度上，线性模型与地形变量的结合能够很好地对部分土壤属性实现空间预测；而大尺度上，与气候变量结合对部分土壤属性如土壤无机碳含量也具有相当好的拟合结果。但土壤的空间变异更多的呈现为非线性、多因素影响，如母质属于离散型变量，土壤类型属于离散型预测目标，这时线性模型就呈现出其局限性。因此，判别分析（Dobos et al., 2001：30~41）、决策树（McKenzie and Ryan, 1999：67~94）、模糊聚类（Zhu et al., 2010：166~174）、神经网络（Chang and Islam, 2000：534~544）等方法就被应用到土壤环境关系的拟合与空间预测上，实现对土壤属性和土壤类型的空间推理。代表性的如 Bui 和 Moran（2003：21~44）利用 CART 分类树模型制作了澳大利亚的土壤类型分布图。Zhu（2001：1463~1472）基于模糊逻辑方法和专家知识建立了土壤景观制图模型（SoLIM），利用土壤与环境的关系知识库，实现空间推理和预测制图，被美国农业部采纳作为土壤调查与制图的首选方法。

基于空间位置的空间推理方法根基于地理学第一定律的基本假设：空间上任何事物都与其他任何事物相关，但距离较近的事物之间比距离较远的事物之间更相关。其中最具代表性的是克里格插值方法，克里格主要是根据采样点与未采样点之间的相对位置，构建土壤属性的空间变异函数，据此来计算未采样点周围若干采样点对该点的"影响权重"，从而估算未采样点的属性值。随着研究的深入，学者们进一步引入其他空间属性（例如容易测得的土壤属性、环境变量等）实现空间扩展，如协同克里格和回归克里格（Odeh et al., 1994: 215~226），有效提高了预测制图的精度（Hengl et al., 2004: 75~93）。

基于概率的空间推理方法主要包括马尔科夫链（Markov chain）、贝叶斯（bayesian）概率等方法。马尔科夫链将土壤在空间上出现的现象视为马尔科夫链，通过对一定位置上的土壤进行采样和分析，再利用切普曼—柯尔莫哥洛夫（Chapman-Kolmogorov）方程，计算出土壤类别之间的转移概率，从而推算出未采样点上出现某类土壤的概率，达到制图目的（Li et al., 2004: 1479~1490; Li and Zhang, 2010: 21~32）。贝叶斯概率根据采样观测、专家知识、土壤资料等，计算出土壤属性或类型在未采样点上出现的概率及条件概率，结合已采集到的土壤信息，推算出未采样点上出现这些土壤属性或类型的概率（Lagacherie and Voltz, 2000: 187~208）。

（3）土壤空间模拟中的预测变量开发

在土壤空间模拟与制图中，McBratney 等（2003: 3~52）基于成土因素学说，提出了 scorpan 函数模型，把土壤描述为土壤、气候、生物、地形、母质、时间和空间的函数：S= f（s，c，o，r，p，a，n）。近 15 年来，国内外学者针对不同的目标属性和区域特点，在筛选和开发合适的预测变量方面取得了大量的进展。

气候和地形变量在土壤预测制图中已经被成功地普遍使用，用于土壤预测制图的气候因子包括温度与降水。与过去利用观测站点数据进行插值得到降雨和气温在空间上的分布所不同，随着遥感技术的不断发展，基于多种传感器生成的温度和土壤水分产品越来越多地被应用于土壤制图（McBratney et al., 2003: 3~52; Scull et al., 2003: 171~197）。Qin 等（2011: 32~43; 2012: 64~74）提出了一种基于典型坡位相似度的模糊坡位计算方法，并将提出的模糊坡位信息应用到土壤有机质预测制图中，结果表明，利用所提出的模糊坡位变量，结合极少量样点所得土壤有机质图精度，要优于利用常规地形因子结合多量样点所得土壤图精度。

母质母岩因子的使用受到较多的限制，大部分研究是将母岩作为离散型变量，在空间预测与制图中进行分层处理，这容易导致制图结果出现明显的不连续性。Lacoste 等（2011: 90~99）利用样点数据结合高程、地质、土地利用等数据来生成区域母质图，将离散型变量向连续型变量做了推进研究。

由于地形是土壤空间制图中最有效的环境变量，在起伏区应用效果较为理想，而在平原区应用受限。为了解决这个问题，Zhu 等（2010: 861~869）、Liu 等（2012: 44~52），提出了一种基于地表响应动态反馈来构建新的协同环境变量的方法,该方法采用具有较高时间分辨率的 MODIS 传感器捕捉地表对降雨的动态反馈，构建光谱—时间响应面，并采用二维离散小波分析获取响应面的结构特征,构建环境变量。该方法在多个案例区得到应用（Wang et al., 2012: 394~403; Zhao et al., 2014: 120~133），新开发的变量可有效地应用于土壤质地制图。

传统土壤图也被用来辅助土壤预测制图，一部分研究是将传统土壤图作为模型的输入参数用来制图（Brus et al., 2008：166~177；Kempen et al., 2009：311~326，2015：313~329）；另一部分研究是将历史土壤图中蕴含的土壤—环境关系知识提取出来，再进行历史土壤图的更新或制图（Qi and Zhu, 2003：771~795；Yang et al., 2010：1044~1053），两种方式都能显著提高土壤预测制图精度。

（4）制图精度与不确定性评价

区别于传统土壤图，数字土壤图的显著优点之一是提供制图结果的可信度，为土壤图的应用（如环境评价、决策制定等）提供更明确的依据。数字土壤图的验证结果直接关系到土壤制图的应用和未来发展（Carré, 2007：1~14）。Lagecherie（2007：3~24）认为，未来数字土壤制图的发展必须建立一套适用于任何数据结构、任何数字土壤产品的综合性制图验证程序。因此，部分学者在数字土壤图的精度和不确定性评价方面进行了探索。Dobos 等（2006）将数字土壤图的准确性（位置、属性、逻辑一致性、历程）量测列为数字土壤制图研究中的重要问题；Brus 等（2011：394~407）评比了制图验证所使用的土壤采样方法和准确度指标，并推荐了相应的指标来对土壤制图质量进行评价；Malone 等（2011：1032~1043）也提出了新的方法来量度数字土壤图的预测精度和不确定性。

（5）土壤近地传感与光谱计量

随着现代传感器技术的发展，顺应精准农业发展的需求，实时、快速获取土壤和环境参数的技术与方法在过去 15 年中迅速发展，也成为土壤信息数字化表征的核心研究内容之一。土壤近地传感器类型按照原理可分为电与电磁型（如电导率仪、频谱反射仪、时域反射仪）、光学与辐射型（如光谱仪、探地雷达、激光诱导光谱）、电化学型（如 pH 计、离子敏感晶体管传感器等）（史舟等，2011：1274~1281）。

电与电磁型传感器主要用于土壤盐分、土壤黏粒含量、黏土层埋深、土壤养分、土壤水分等土壤属性指标的测量。Myers 等（2010：233~243）将土壤表观和土壤剖面的电导率数据结合起来进行高分辨率 ECa 土壤数字制图。Besson 等（2010：275~282）利用 MUCEP（multicontinuous electrical profiling）测量土壤的电阻系数，来监测田间尺度上土壤水分的时空变化，该方法快速、实时、成本较低，能够实现田间尺度的土壤属性快速扫描成图。

光学与辐射型传感器目前利用的波段主要是可见光（Vis：380~780nm）、近红外（NIR：780~2 500nm）、中红外（MIR：2 500~25 000nm）及高能量射线（如 X 射线、γ 射线）。X 射线荧光光谱传感器和激光等离子体光谱（LIBS）传感器主要是应用在土壤重金属含量的测量上。Van Egmond 等（2010：323~332）利用土壤 γ 射线辐射对土壤耕层土壤物理化学特性进行了定量制图研究；可见光近红外、中红外波段已经成功地应用于土壤有机质和游离铁含量的替代分析（Rossel et al., 2008：149~159；Shi et al., 2015：679~687），在其他土壤属性如黏粒含量等的预测上也有所进展（Rossel and McBratney, 1998：19~39）。基于微波遥感的探地雷达可以通过检测土壤中电磁波的传播变化来研究土壤物理特征，如 Richard 等（2010：313~321）

利用雷达传感器估测苗床的土壤粗糙度和土壤水分含量。

电化学型传感器使用离子选择电极（ISEs）和离子敏感场效应晶体管（ISFETs）两种技术，可以提供关于土壤养分的浓度状况和 pH 等关键信息。该项技术在过去时段已经应用，在最近一段时间里实现了商品化，代表性仪器如 Veris 公司生产的 pH 仪可以进行土壤 pH 的田间快速测量与实时绘图。

2.3 中国"土壤信息数字化表征与土壤资源管理"研究特点及学术贡献

我国的土壤调查与制图工作开始于 20 世纪 30 年代。1937 年美国土壤学家 J. Thorp 出版了 1∶750 万《中国土壤图》，把美国的土壤分类体系及命名系统应用于我国土壤研究之中。中华人民共和国成立后，先后开展了多次土壤调查与制图工作，编绘和出版了纸质的土壤类型图、土壤肥力图、土壤改良图，并出版了土壤志。在此期间，土壤分类逐步从以地理发生分类为主，向定量化的系统分类方向发展。随着计算机技术的发展，土壤信息系统的建立工作始于 20 世纪 90 年代初期，中国科学院南京土壤研究所、沈阳应用生态研究所等（周慧珍，1991：355~371）进行了区域土壤信息系统的建立和应用研究。此后，土壤信息数字化表征研究迅速发展，出现了各种尺度的土壤信息系统，土壤空间变异和数字土壤制图研究成为土壤地理研究热点。土壤信息数字化表征的发展推动了土壤质量、土壤适宜性、土壤退化等多种评价与决策研究，土壤资源管理的范畴也从农业拓展到环境、生态、全球变化等多个国民经济领域。下文基于文献计量分析的结果对我国土壤信息数字化表征与土壤资源管理领域的发展、热点及主要学术贡献展开论述。

2.3.1 近 15 年中国该领域研究的国际地位

表 2-2 显示的是 2000~2014 年土壤信息数字化表征与土壤资源管理领域 SCI 论文数量、被引数量和高被引论文数量 TOP20 的国家和地区。近 15 年 SCI 论文发表总量 TOP20 国家和地区，共计发表论文 24 775 篇，占所有国家和地区发文总量的 85.1%。从不同的国家和地区来看，近 15 年 SCI 论文发文数量最多的国家是美国，共 6 605 篇；中国排第 2 位，发表 3 297 篇，与排名第 1 位的美国有较大差距，与排名第 3 位的德国（1 707 篇）已明显拉开距离。20 个国家和地区总体发表 SCI 论文情况随时间的变化表现为：与 2000~2002 年发文量相比，2003~2005 年、2006~2008 年、2009~2011 年和 2012~2014 年发文量分别是 2000~2002 年的 1.3 倍、1.8 倍、2.3 倍和 3.0 倍，表明国际上对于该领域研究呈现出非常快速增长的态势。**由表 2-2 可看出，过去 15 年中，美国在该领域一直占据主导地位，中国在该领域的活力不断增强，呈爆发式增长，从 2000~2002 年时段的第 12 位，到 2012~2014 年时段已经跃升为第 1 位。**

排除总发文数量在 500 篇以下的国家后，2000~2014 年 SCI 论文篇均被引数量居全球前 4 位

表 2-2 2000~2014 年 "土壤信息数字化表征与土壤资源管理" 领域发表 SCI 论文数及被引频次 TOP20 国家和地区

排序[①]	国家(地区)	SCI 论文数量（篇）						国家(地区)	SCI 论文篇均被引次数（次/篇）						国家(地区)	高被引 SCI 论文数量（篇）					
		2000~2014	2000~2002	2003~2005	2006~2008	2009~2011	2012~2014		2000~2014	2000~2002	2003~2005	2006~2008	2009~2011	2012~2014		2000~2014	2000~2002	2003~2005	2006~2008	2009~2011	2012~2014
	世界	29 108	2 950	4 047	5 531	7 263	9 317	世界	16.84	39.56	30.94	21.60	12.79	3.85	世界	1455	147	202	276	363	465
1	美国	6 605	1 006	1 268	1 398	1 426	1 507	美国	25.76	51.88	38.09	26.92	17.29	4.89	美国	627	80	86	104	123	108
2	中国	3 297	58	200	441	955	1 643	奥地利	24.08	28.09	29.29	43.62	22.46	7.51	德国	99	11	18	15	28	33
3	德国	1 707	233	249	329	431	465	新西兰	23.93	46.63	32.91	21.00	17.12	3.90	法国	82	7	6	32	14	30
4	巴西	1 566	71	145	275	457	618	荷兰	23.92	51.17	36.23	25.59	17.98	5.16	澳大利亚	81	11	15	11	20	34
5	法国	1 362	161	217	288	326	370	瑞士	23.78	46.50	47.17	28.13	22.20	7.25	英国	75	8	14	11	22	28
6	加拿大	1 195	155	213	222	273	332	澳大利亚	22.60	47.79	40.04	27.64	15.53	5.30	加拿大	62	6	10	10	13	11
7	西班牙	1 191	88	156	247	341	359	英国	22.21	37.12	34.45	22.81	19.38	6.48	西班牙	60	6	8	11	21	27
8	意大利	1 118	94	133	222	279	390	丹麦	21.97	33.76	49.20	19.10	15.00	4.49	中国	57	1	5	19	40	56
9	澳大利亚	1 099	155	159	187	266	332	瑞典	21.72	40.92	29.58	33.45	16.61	5.59	意大利	42	2	2	8	15	17
10	英国	1 071	162	191	233	212	273	肯尼亚	21.51	122.50	30.92	20.29	9.41	3.13	荷兰	42	11	6	8	6	15
11	印度	1 007	54	79	180	286	408	德国	19.66	35.81	34.36	22.97	15.84	4.90	瑞士	34	0	4	7	11	19
12	荷兰	612	102	93	116	119	182	法国	19.57	34.98	28.63	27.12	15.67	5.12	巴西	24	1	0	4	11	5
13	日本	499	58	91	112	108	130	比利时	19.14	35.47	30.81	24.10	15.19	3.88	比利时	23	1	3	6	4	4
14	比利时	417	53	62	109	72	121	西班牙	17.95	44.77	35.04	21.86	14.27	4.74	新西兰	17	4	3	2	3	3
15	瑞士	380	38	48	71	93	130	加拿大	17.83	36.21	28.34	22.30	12.56	3.86	丹麦	16	0	5	1	1	5
16	伊朗	377	1	15	37	131	193	芬兰	15.15	32.13	24.60	11.75	16.06	3.13	瑞典	15	1	1	4	4	6
17	俄罗斯	366	61	50	70	83	102	意大利	15.01	40.64	21.47	20.27	13.92	4.41	奥地利	13	0	6	5	9	7
18	土耳其	336	10	19	75	113	119	以色列	14.65	28.32	24.38	19.00	10.15	3.58	印度	12	0	4	3	2	12
19	波兰	299	12	41	48	66	132	爱尔兰	14.24	10.60	49.09	21.13	11.19	4.17	日本	9	1	3	1	0	3
20	瑞典	271	25	50	60	56	80	中国(33)[②]	9.33(33)	24.57(26)	23.32(26)	20.07(21)	11.21(23)	3.11(30)	韩国	9	2	0	3	1	5

注：① 按 2000~2014 年 SCI 论文数量、篇均被引次数、高被引论文数量排序；② 括号内数字是中国相关时段排名。

的国家是美国、荷兰、澳大利亚和英国。**高被引论文数量显示，美国以 627 篇的绝对优势占据第一梯队，德、法、澳、英等国属于第二梯队，数量都在 75～99 篇。中国在 SCI 论文篇均被引频次上表现较弱**，15 年总平均居全球第 33 位，近 3 个时段已经上升到 16～20 位；高被引论文数量 15 年间共计 57 篇，总体排名第 8 位，略低于第二梯队国家，但是**中国的高被引论文数量呈现快速增长趋势，特别是近两个时段，已经稳居全球第 2 名，与第 1 名美国的差距也在显著缩小**。

从 SCI 论文数量、被引数量和高被引论文数量的变化趋势来看（表 2-2），**中国在国际土壤信息数字化表征与土壤资源管理研究领域的活力呈现爆发式增长，SCI 论文总体数量很大，高质量论文显著增多**。

图 2-2 显示了 2000～2014 年土壤信息数字化表征与土壤资源管理领域 SCI 期刊中外高频关键词对比及时序变化，图中左侧为国际学者（含国内学者）贡献内容，右侧为国内学者贡献内容。图 2-2 至少可以为我们提供以下 3 个方面的启示。

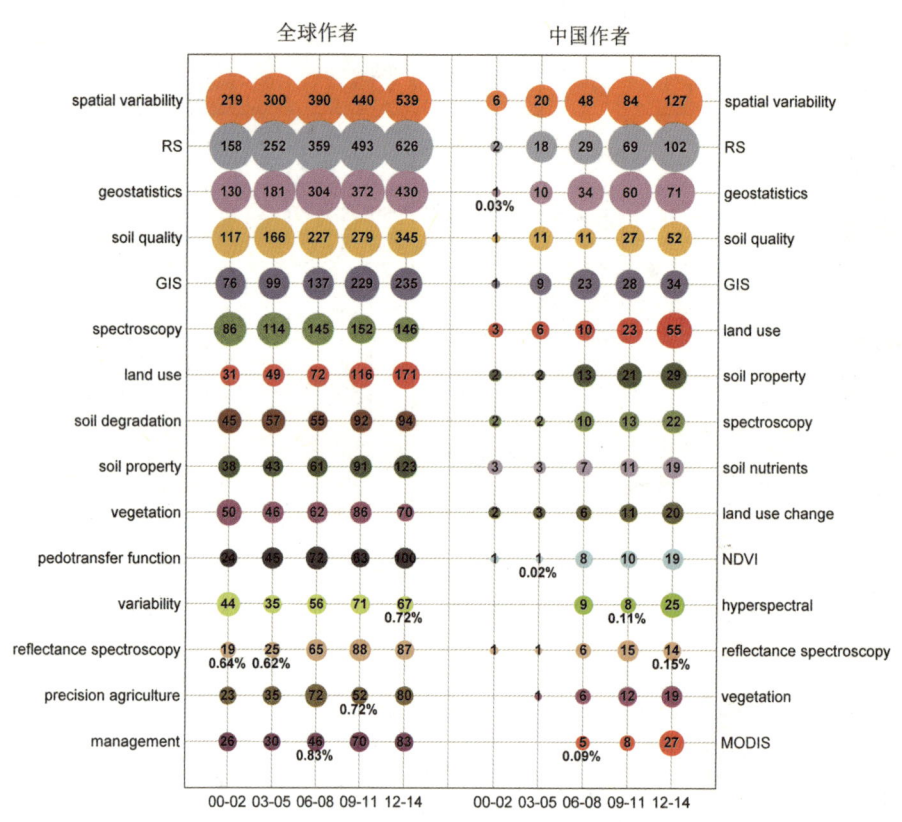

图 2-2　2000～2014 年"土壤信息数字化表征与土壤资源管理"领域 SCI 期刊全球及中国作者发表论文高频关键词对比

第一，从国内外学者发表论文关键词总词频来看（圆圈内数字），15 年来关键词词频总数不断增加，说明本领域 SCI 发文数量在不断增加，而国内学者发文数增长速度尤其显著。并且，在过去 15 年中，当一个研究内容成为国际热点时，国内该方面研究刚刚开始，要经过 3～6 年的时间，才成为国内研究热点。因此，从国内外学者 SCI 发文关键词数量角度看，**国内本领域**

整体呈现追踪国际热点的态势。

第二，圆圈的时段间相对大小比较，呈现出一个相对稳定的世界与一个飞速发展的中国。由于收录期刊数量也在不断增长，全球范围内总发文量是不断增加的，但是国外学者大部分高频关键词 5 个时段之间相对数量比较稳定，由于发达国家的研究队伍体量是相对稳定的，这说明他们的人均产出在增加。**中国作者在几乎全部高频关键词上的占比均迅速提高，这取决于近 15 年来国内研究队伍的扩张以及人均 SCI 产出的迅速增长。**同时，由于中国作者份额在大幅度提高，如果把中国学者的论文贡献从国际上扣除，那么实际上国外学者的论文关键词相对数量是呈现下降趋势的，如空间变异性（spatial variability）、地统计（geostatistics）、土壤质量（soil quality）等。

第三，中外研究主题的差异：中外作者前 5 位高频关键词顺序和内容都是相同的，分别是空间变异性（spatial variability）、遥感（RS）、地统计（geostatistics）、土壤质量（soil quality）和地理信息系统（GIS），说明国内外学者在本领域的主要研究热点基本一致。后 10 位关键词国外出现了土壤退化（soil degradation）、土壤转换函数（pedotransfer function）、精准农业（precision agriculture）、管理（management）等词汇，而这几个关键词国内作者都没有出现，取而代之的是土地利用变化（land use change）、高光谱（hyperspectral）、MODIS、NDVI、植被（vegetation）、土壤养分（soil nutrients）等关键词。说明**国外学者在土壤信息获取与数字化表达研究中，更注重土壤数据在土壤退化、精准农业和土壤管理方面的应用；而我国适逢经济和城市化的快速发展，对与土地利用变化相关的土壤信息表征研究更为关注。同时，粮食产量和粮食安全一直是我国土壤资源领域的基本关注要点**。因此，土壤养分出现在高频词中也合乎情理。

需要说明的是，前文表 2-1 中高被引论文关键词表中出现了有机质（organic matter）、有机碳（SOC），而此处没有出现，是因为进行关键词共现关系聚类时，由于有机质（organic matter）、有机碳（SOC）出现频次很高，而且多数研究都以其为研究对象，导致共现关系图结构不清，因此去掉了这两个关键词。

2.3.2 近 15 年中国该领域研究特色及关注热点

运用 CNKI 中文核心期刊数据库，依据本研究领域核心关键词制定了中文检索式，即：SU='土壤' and (SU='土壤多样性' or SU='土链' or SU='土壤类型' or SU='土壤制图' or SU='土壤调查' or SU='土壤采样' or SU='土壤数据库' or SU='土壤信息' or SU='土壤质量'-'侵蚀' or SU='土壤评价' or SU='土壤适宜性' or SU='土壤退化'-'侵蚀' or SU='土壤空间'-'侵蚀' or SU='土壤资源' or SU='kriging'+'地统计' or SU='遥感'-'侵蚀' or SU='光谱'-'侵蚀' or SU='不确定性'*'制图' or SU='土壤传递函数' or SU='土壤转换方程')，从 CNKI 中检索 2000～2014 年本领域的中文 CSCD 核心期刊文献数据源。

图 2-3 为 2000～2014 年土壤信息数字化表征与土壤资源管理领域 CSCD 期刊论文关键词共现关系，整体而言，**与 SCI 关键词共现聚类结果有很大的相似性，同时也兼具中国自己的特色研究。也是在 GIS、RS 迅速发展的背景下，土壤空间变异模拟成为最大研究热点，并带动耕地**

资源、土壤质量等领域的研究。图 2-3 可大致分为 6 个相对独立的研究聚类圈，对应 5 个主题，在一定程度上反映了近 15 年中国土壤信息数字化表征与土壤资源管理研究的主要内容，包括**土壤分类与土壤数据库、土壤空间变异与地统计、土壤参数遥感反演及应用、土壤质量与土壤退化、土壤资源与可持续发展** 5 个方面。其中，前三个主题均与土壤信息的生产与表征研究有关，后两个主题属于土壤资源管理范畴。从聚类圈中出现的关键词及其共现关系，我们尝试去分析国内土壤信息数字化表征与土壤资源管理研究的主要问题及热点。

（1）土壤分类与土壤数据库

图 2-3 聚类圈中出现的主要关键词有土壤分类、分类参比、发生分类、土壤数据库、元数据、SOTER、WebGIS、土壤类型、土壤制图、模糊 c 均值聚类、决策树、模型、SOC 储量、SOC 密度等。土壤分类是土壤资源管理的基础，也是土壤数据库建设的核心数据项，在 20 世纪末，中国土壤系统分类高级单元已经成熟建立，而国内土壤数据基本还是基于发生分类体系的，因此在 20 世纪末 21 世纪初的几年里，关于**新旧分类体系的参比是一个研究热点**。在过去 15 年里，地学领域建模处于高峰期，模型的发展以及土壤资源管理意识的提升，推动了对土壤数据的需求，在 GIS 技术的普及支持下，**土壤数据库的建设是当时国内的研究热点之一**，SOTER 数据库、WebGIS、元数据等属于这个领域。土壤数据库的建设，为土壤资源评价与管理方面的研究提供了支持，如耕地质量评价、SOC 储量和密度估算、粮食安全评估、适宜性评价等关键词零散分布在本聚类圈内的边缘区域。土壤制图、模糊 c 均值聚类、决策树等关键词出现在本聚类圈中，这几个词组合在一起代表的热点是基于知识的数字土壤制图研究方向。

（2）土壤空间变异与地统计

这部分内容由图 2-3 左下方和上方两个子圈共同构成，主要包括空间变异、地统计、空间分析、变异函数、空间自相关、时空变异、cokriging、kriging 插值等代表性关键词，**反映了国内 CSCD 论文中，以空间自相关关系为基础的地统计学是土壤空间变异表达方法的主流**。由于各种地统计学软件包或者 GIS 插件的出现，插值制图成为一件看起来简便的事情，几乎所有土壤学分支学科都在尝试用地统计学方法实现土壤属性的空间扩展。随着认识的深入，人们开始尝试引入协同变量以提高空间预测精度，环境因子和 cokriging 关键词的组合出现代表着这个小的研究分支。在这两个子圈的内部和外围边缘，也出现了**遗传算法、支持向量机、灰色关联分析、神经网络等较小词频关键词，代表着 CSCD 论文中对其他空间变异模拟方法的探索**。

（3）土壤参数遥感反演及应用

仔细观察图 2-3 中该部分内容出现的关键词，我们可以发现大量的遥感数据源集中出现在本聚类圈中，如 NDVI、TM、Landsat、被动微波遥感、Radarsat、后向散射系数、ETM、ASTER、MODIS、高光谱等。**利用这些遥感数据源，主要开展了不同反演方法、不同反演对象、不同目的应用 3 个方面的研究工作**。聚类圈内出现的主成分分析、偏最小二乘、神经网络、回归分析、聚类分析、决策树分类等关键词代表着反演方法和反演模型的研究；反演对象涵盖植被覆盖、土壤有机质、土壤含水量、土壤温度、土壤质地、土壤含盐量等各种土壤和环境参数；应用到精准农业

第 2 章 土壤信息数字化表征与土壤资源管理 57

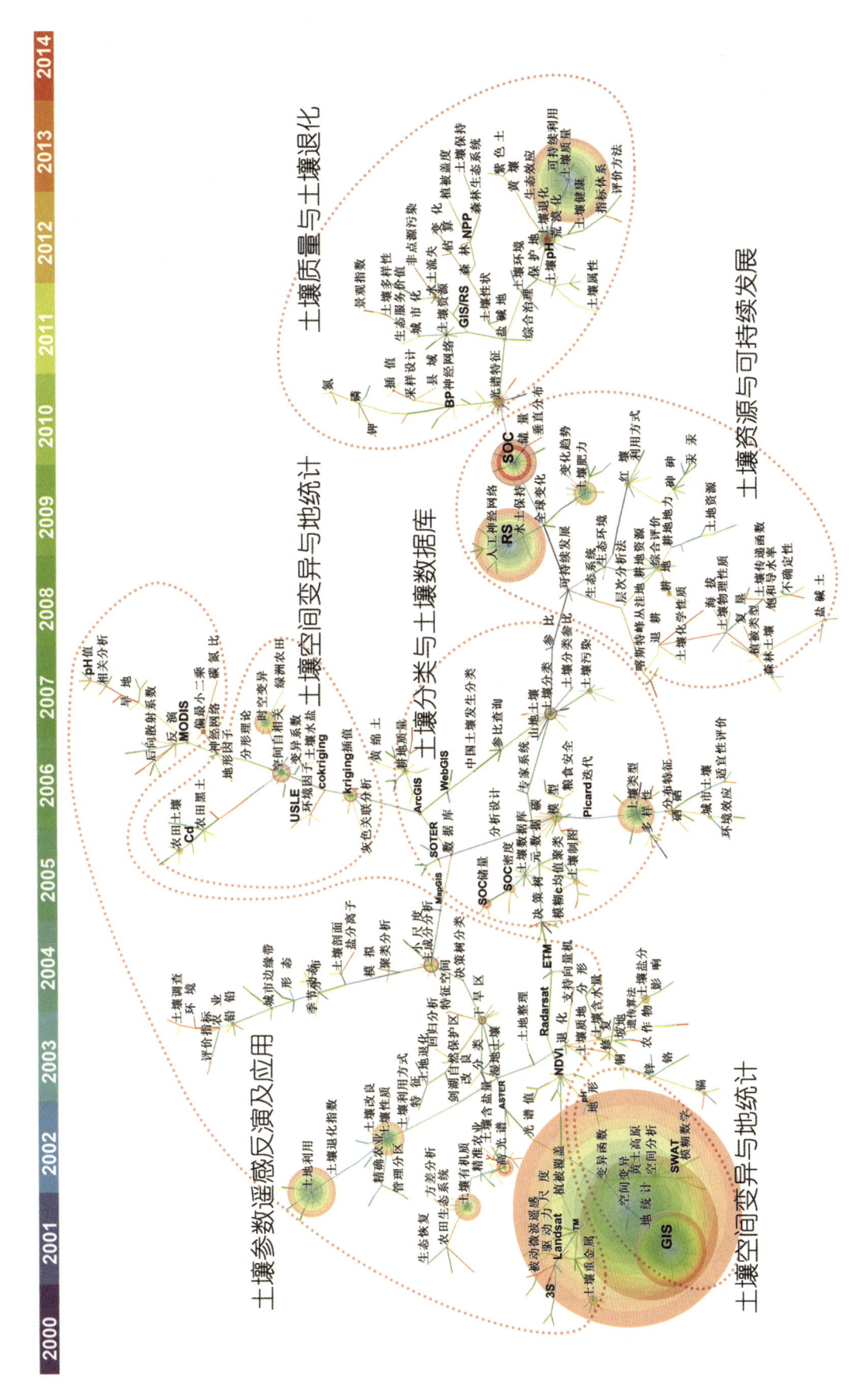

图 2-3 2000~2014 年 "土壤信息数字化表征与土壤资源管理" 领域 CSCD 期刊论文关键词共现关系

与管理分区、土壤退化、生态恢复、水盐动态模拟等多个领域。

（4）土壤质量与土壤退化

土壤质量是本领域 CSCD 论文的主要研究热点之一，这既受到国际上的影响，同时受到我国土壤学界第一个"973"项目的推动，**研究内容主要体现在指标体系构建和评价方法比较两个方面**。图 2-3 显示，**土壤退化领域研究继续关注盐渍化、荒漠化和水土流失等传统退化类型**；同时，针对我国快速的工业化、城市化进程以及农业种植结构变化所带来的土壤和环境效应，部分学者开展了大气沉降或温室栽培导致的土壤酸化研究、土壤侵蚀与农业面源污染研究、城市化对土壤多样性和生态功能的影响等多方面研究，土壤 pH、土壤保护地、非点源污染、城市化、生态服务价值等关键词代表着这些**新兴的土壤退化研究方向**。

（5）土壤资源与可持续发展

土壤信息数字化表征与土壤资源管理研究的终极目的是保护生态环境安全，维系土壤资源的永续利用。图 2-3 显示，15 年以来，在遥感技术和数据源的全面支持下，**国内土壤资源与可持续发展研究，主要围绕土壤资源的状态、利用及其生态环境效应 3 个方面开展了相关工作**。土壤资源的状态研究包括土壤资源数量和质量的评价，耕地资源、耕地地力、综合评价、土地资源、土壤肥力、土壤化学性质、土壤物理性质等关键词体现了这个研究点；土壤资源的利用研究相关关键词包括退耕、复垦、利用方式、土壤肥力与变化趋势等关键词；土壤是陆地生态系统圈层中最活跃的部分，在全球变化中也起着至关重要的作用，生态环境、生态系统、水土保持、全球变化、SOC 储量、可持续发展等关键词定义了土壤资源的赋存状态和利用方式对生态环境的影响以及在全球变化中的作用。土壤中储存着陆地生态系统最大的有机碳库，在全球变化背景下，不同利用方式、不同空间尺度、不同估算方法的土壤有机碳储量模拟成为本主题的最热研究点。

分析中国学者 SCI 论文关键词聚类图，可以看出中国学者在土壤信息数字化表征与土壤资源管理的国际研究中步入世界前沿的研究领域。2000~2014 年中国学者 SCI 论文关键词共现关系图（图 2-4）可以大致分为 4 个类别的研究聚类圈，分别为**空间变异与制图、土壤质量、多源土壤参数获取、土壤退化**。①空间变异与制图。国内学者在土壤空间变异与制图方面的研究以地统计（geostatistics）方法为主；同时关键词聚类结果显示，数字高程模型（DEM）、地形（topography）、空间分析（spatial analysis）在预测制图中也有较多应用，土壤分类（classification）和基于土壤环境关系的土壤制图（soil mapping）研究在全球也占据一定位置。②土壤质量。国内学者土壤质量方面的研究主要对象是农业土壤，华北平原（north China plain）、东北（northeast China）、水稻土（paddy soil）、红壤（red soil）等关键词围绕在土壤质量（soil quality）周围，这与土壤质量"973"项目的研究区域设置是一致的，主要研究内容是评价指标体系的建立，目的是服务于农业的可持续发展（sustainable development）；同时，部分研究也采用空间变异研究手段对土壤质量的空间异质性和空间预测进行了探索。③多源土壤参数获取。这部分内容由分散的 3 个小圈组成，包括对土壤水力学参数的土壤转换函数（pedotransfer function）研究、光谱计量学、微波遥感（microwave RS），主要是借助新技术对土壤属性的直接测定或者反演，对于部分难以直接测定或者反演的复杂土壤参数，利用其他易获得属性进行拟合建模而获得。④土壤退化。主要研究区域是我国的西北和西部区域，代表区域的关键词有黄土高原（the Loess Plateau）、绿洲（oasis）、科尔沁沙地（Horqin sandy land）、青藏高原（Tibetan Plateau）、西北（northwest China）等，说明干旱半干旱地区和极地等生态脆弱区的土壤性质（soil property）对气候变化与人类活动影响的响应研究受到国内学者的更多关注，并且也被国际同行所重视，从而成为本领域热点。

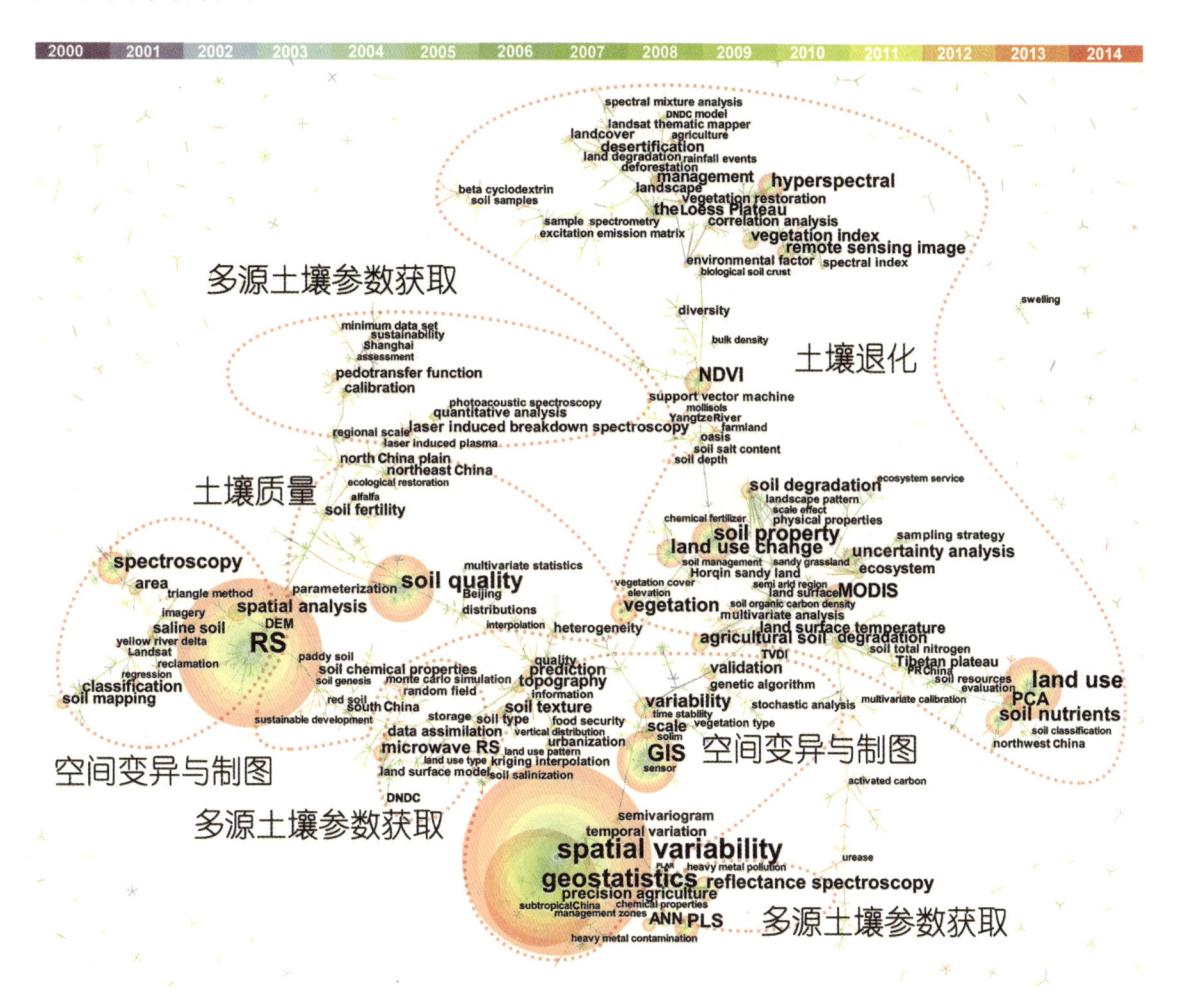

图 2-4 2000～2014 年"土壤信息数字化表征与土壤资源管理"领域中国作者 SCI 期刊论文关键词共现关系

就中国作者 CSCD 和 SCI 论文关键词共现关系总体分析，并与国际同行比较，可以发现国内学者在土壤信息数字化表征与土壤资源管理领域的研究热点呈现以下 3 个特点。**第一，与国际学者研究热点重叠度较高**，都是基于 GIS 和 RS，围绕土壤空间变异的模拟与表达、土壤质量、多源土壤参数获取、土壤退化与资源管理等开展了大量工作，并且地统计和其他统计手段都在其中发挥了重要作用。**第二，热点研究起步比国际同行要晚，但发展迅速，短时间内就能达到国际同步水平**。图 2-2 显示在 2000～2002 年时段，国际上很多研究主题已经成为热点时，国内的研究往往刚刚开始，但是经过 3~6 年，就完全与国际同步，到 **2012~2014 年**时段，国内学者研究已经在本领域占据非常重要的位置，表 2-2 显示，**我国学者 SCI 发文量占据全球第一，高被引论文数量全球第二。第三，我国特色研究热点明显**，包括从发生学分类转变到土壤系统分类、农业大国的农业土壤质量研究、经济高速发展下的土壤响应研究、生态脆弱区土壤退化与保护等内容都是极具中国特色、同时也对全球有学术贡献的国内研究热点所在。

2.3.3 近 15 年中国学者该领域研究取得的主要学术成就

图 2-3 显示近 15 年来针对土壤信息数字化表征与土壤资源管理研究，中文文献关注的热点领域主要包括土壤分类与土壤数据库、空间变异与地统计、土壤参数的遥感反演及应用、土壤质量与土壤退化、耕地资源与可持续发展 5 个方面。图 2-4 显示中国学者关注的国际热点问题主要包括空间变异与制图、土壤质量、多源土壤参数获取、土壤退化 4 个方面。围绕上述研究领域与热点，我国学者近 15 年来取得的主要成就包括：①定量土壤分类系统与土壤信息系统的建立；②土壤质量与土壤退化；③土壤碳储量估算与全球变化；④数字土壤制图。下面进行简要论述。

（1）定量土壤分类系统与土壤信息系统的建立

定量化的中国土壤系统分类的建立初衷之一正是适应土壤信息数字化表征和土壤资源管理的需求。建立在地带性学说基础上的土壤地理发生分类在应用中逐渐暴露出一些局限性，如缺乏统一的分类原则、定量不足、命名随意、同名异土或异名同土现象严重、国际同仁难于理解和接受等。因此，我国从 1984 年开始标准化、定量化的中国土壤系统分类研究（龚子同等，2007），在全国 20 余家科研院所、200 余名参与者的共同努力下，历经近 20 年的研究，陆续出版了中国土壤系统分类首次方案、修订方案，《中国土壤系统分类检索（第三版）》（中国科学院南京土壤研究所土壤系统分类课题组和中国土壤系统分类课题研究协作组，2001）的出版标志着该分类系统高级单元的成熟建立，这是我国土壤地理学乃至整个土壤学研究的里程碑事件（宋长青和张甘霖，2006：392）。该分类系统同时被翻译成英文和日文出版，成为世界三大主流土壤分类系统之一，国际土壤学会土壤分类委员会前主席 H. Eswaran 撰文称该方案可作为亚洲土壤分类的基础。中国土壤系统分类在人为土、干旱土、富铁土等土壤类型的定义和划分标准上，为世界土壤分类体系做出了重要贡献。由于我国的历史土壤数据都是以地理发生分类为基础的，在系统分类高级单元建立后，土壤地理学家完成了不同分类系统之间的参比研究，建立了中国土壤分类参比数据库（Shi et al., 2006：78~83；龚子同等，2002：1~5；杨国祥等，2007：1~6）。

近 15 年来土壤分类方面的研究主要围绕以土系为核心的基层分类单元和土系清单的建立工作。经过全国多个样区的探索性研究（张甘霖等，2004：170~175），结合全国土系调查，中国土壤系统分类研究群体（张甘霖等，2013：826~834）提出了中国土壤系统分类土族和土系划分标准，标志着我国在土壤基层分类领域进入定量化阶段。同时，全国主要土系清单也在建立过程中，东部 16 个省市已经完成，中西部的土系建立工作和相关研究正在开展中。

我国土壤信息系统相关研究和建立工作起步于20世纪90年代（周慧珍和Shield,1991：355～371），在最近15年中发展迅速。在近15年国际SCI文章关键词聚类图中几乎没有出现土壤信息系统，而在CSCD聚类图中土壤信息系统和土壤数据库却占有一席之地，说明我国在该方面的工作比欧美国家起步要晚。在此期间,我国先后建立了全国尺度和区域尺度的SOTER数据库，并进行了土壤质量、作物适宜性、土壤侵蚀等方面的评价研究（张甘霖等,2001：401～406；张学雷等,2001：377～380；赵玉国等,2003：219～224）。吴嘉平等（2013：593～599）建立了浙江省土壤信息系统；史学正等（2007：329～333）对二次土壤普查成果全国1：400万、1：100万、省级1：50万土壤图和土种志进行了数字化建库工作；张维理等（2014：3195～3213）完成了中国1：5万土壤图数字化和配准。同时，基于WebGIS技术构建土壤信息系统也进行了一定的探索（李卫江等,2006：59～63；杨国祥等,2007：1～6）。到目前为止，我国历次土壤调查所积累的大量资料的数字化建库工作,已经基本完成,并对相关领域的研究、规划起了重要的数据和知识支撑作用。

（2）土壤质量与土壤退化

受"973"项目"土壤质量演变规律与持续利用"的推动,2000年以后,我国土壤质量领域的文献急剧增加。众多学者从土壤质量的评价指标体系构建、评价方法、时空演变等角度进行了有意义的探索研究,获得了大量的研究成果。

土壤质量是表示从土壤生产潜力与环境管理的角度监测和评价土壤健康状况的性状、功能或条件,是指能够反映土壤实现其功能的程度、可测量的土壤或植物属性。土壤质量须借助土壤质量评价指标得以表征,针对我国红壤、水稻土、潮土和黑土四大类典型土壤类型,我国学者系统研究了土壤质量指标（soil quality indicator）的构成,提出了相应的指标体系（曹志洪等,2008）。最小数据集概念已广泛地应用于土壤质量评价中,李桂林等（2007：2715～2724）通过改进的主成分分析法和多元方差分析,建立了基于土地利用变化及利用年限的最小数据集,结果表明该方法具有较好的稳定性和可重复性。部分研究者提出了利用微生物生物量、酶学特征和土壤动物特征作为土壤质量评价的生物学指标（俞慎,1999：413～424；林英华等,2005：1213～1218）。

土壤质量的时空演变研究发现,中国四大区土壤肥力质量在1985～2005年发生了重大变化,呈现大面积酸化,平均下降幅度达到0.33～0.9个pH单位；除黑土区外，其他三大类土壤区有机质含量全面提升；土壤速效磷除太湖地区水稻土整体出现亏缺外，其他区域呈现增加趋势；土壤速效钾含量除潮土区整体略有增加外，其他区域均出现下降趋势（曹志洪等,2008）。

土壤退化评价研究主要体现在两个方面：一是盐渍化、荒漠化和水土流失等传统退化类型的评价，其中，多位学者利用遥感方法对土壤盐渍化进行空间制图与评价，为盐渍化的监测提供高精度数据支持（翁永玲和宫鹏,2006：369～375；丁建丽,2013：571～578）；二是针对我国快速的工业化、城市化进程，部分学者开展了土壤资源的数量退化、多样性变化等研究，呼吁保护土壤资源，维护国家粮食安全（龚子同等,2005：783～788；张学雷等,2014：1～6）。

（3）土壤碳储量估算与全球变化

随着全球变化研究成为热点，我国学者利用各种来源的土壤数据在土壤有机碳储量估算方面做了大量研究工作。所采用的估算方法主要基于土壤数据库或土壤图的土壤类型法和模型模拟法。

针对历史土壤资料图斑和采样点位分离的问题，Shi 等（2006：679～687）根据我国土壤调查和土壤分类的实际情况，提出了基于土壤学专业知识的 PKB（pedological professional knowledge based）方法，用于进行土壤剖面的属性值和数字化土壤图的链接，该链接以土种志记载的行政地名为基本依据，综合考虑了母质和土壤剖面的位置信息。该方法被国内外同行所接受，其他学者 Zhao 等（2006：1377～1386）、Yu 等（2007：680～691）、Xu 等（2013：67～76）均采用该方法进行了土壤有机碳的估算研究。

近年来，国内学者较多地采用国际上通用的 Century 和 DNDC 模型来估算我国的土壤有机碳动态变化和收支平衡估算。秦发侣等（2014：247～254）基于贝叶斯模型对 DNDC 模型进行了参数校正和不确定性评价研究，更多的模型研究则着眼于不同管理和耕作模式下的土壤有机碳收支平衡模拟，为土壤固碳和农业减排提供依据（许文强等，2010：3707～3716；夏文建等，2012：77～88；田展等，2015：793～799）。

有机碳储量估算的空间尺度方面，我国学者主要关注了中国国家尺度和不同地域尺度的土壤有机碳储量。其中，对国家尺度上的土壤有机碳库估算研究很多，中国国家尺度上有机碳估算研究所采用的土壤图比例尺主要为 1∶100 万、1∶400 万和 1∶1 000 万 3 种比例尺，土壤剖面数量介于 236～7 292 个（方精云等，1996；潘根兴，1999：330～332；王绍强等，2000：533～544；金峰等，2001：522～528；于东升等，2005：2279～2283；Xie et al.，2007：1989～2007），结果差异也较大，从 50Pg 到 180Pg 不等，主要是由于土壤剖面数量、采用的资料来源及土壤图比例尺不同等所引起。其中，于东升等（2005：2279～2283）利用全国 1∶100 万土壤数据库估算出我国土壤有机碳储量为 89.14Pg，土壤有机碳密度为 9.6kg/m^2，是上述研究中基础数据较为翔实的估算结果。

我国学者同时也对省级（区域）尺度的土壤有机碳做了大量的研究。如甘海华等（2003：1499～1502）对广东，姜小三等（2005：501～503）对江苏，门明新等（2005：469～474）对河北，吕成文等（2006：1014～1018）对海南，于建军等（2008：1058～1063）对河南，程先富等（2009：540～544）对安徽，Zhi 等（2015：12～24）对浙江等省级尺度上探讨了有机碳的储量和密度。

自然要素是影响土壤有机碳的主要因素。在我国，土地利用变化与农业管理措施等人为因素对土壤有机碳储量和变化的影响是研究热点之一（苏永中和赵哈林，2002：220～228；吴建国等，2004：593～599）。研究发现，植物残体等有机物质输入量主要受气候、土壤水分、土地利用方式和耕作管理措施等因素的影响，而分解速率的大小则主要取决于有机物质化学组成成分、土壤中的水分状况、温度状况和土壤本身的理化性状等因素。

（4）数字土壤制图

空间采样技术方面，Yang 等（2013：1~23）、杨琳等（2010：279~286）在 SoLIM 基础上，发展出多等级代表性采样方法，该方法基于模糊 c 均值聚类算法，对环境要素进行聚类，在每个聚类类别的典型位置上设置采样点，以此获得高的样点代表性，并根据代表性等级提出了土壤调查的优先度概念。区域验证结果表明，与随机采样和拉丁超立方采样结果相比，同等样点数量下，制图精度优于上述两种方法。

在土壤变异的空间推理研究方法方面，李新和程国栋（2000：260~265）、王政权（2000：945~950）等较早地把克里格插值方法引入国内，产生了广泛的影响（赵彦峰等，2011：856~862；Zhao et al.，2013：120~133）。我国学者在模糊聚类空间推理上做了有益的探索，朱阿兴等（2008）发展的基于模糊逻辑和土壤环境知识的土壤景观制图模型（SoLIM）为国内外所广泛采用。Sun 等（2012：24~34）提出了模糊 c 均值聚类中相关聚类参数的优选方法，为国内外学者所采用。赵量等（2007：961~967）、张淑杰等（2012：1318~1325）、刘东等（2013：12~20）基于模糊相似度理念，实现了对任意样点的空间推理制图，推动了缺失采样策略详细记录的历史土壤数据在土壤制图中的应用。同时，Liu 等（2013：1241~1253）利用样条函数，实现了小区域土壤属性的三维模拟制图。

在土壤空间模拟中的预测变量开发方面，Qin 等（2011：32~43）提出了一种基于典型坡位相似度的模糊坡位计算方法，并将提出的模糊坡位信息应用到土壤有机质预测制图中。结果表明，利用所提出的模糊坡位变量结合极少量样点所得土壤有机质图精度要优于利用常规地形因子结合多量样点所得土壤图精度。针对平缓区有效制图变量缺失这一瓶颈，Liu 等（2012：44~52）提出了一种基于地表响应动态反馈来构建新的协同环境变量的方法，该方法采用具有较高时间分辨率 MODIS 传感器捕捉地表对降雨的动态反馈，构建光谱—时间响应面，并采用二维离散小波分析能够获取响应面的结构特征，构建环境变量。多个案例区的应用结果表明（Wang et al.，2012：394~403；Zhao et al.，2014：120~133），新开发的环境变量可有效地提高土壤制图精度。

2.4 NSFC 和中国"土壤信息数字化表征与土壤资源管理"研究

NSFC 资助是我国土壤信息数字化表征与土壤资源管理研究资金的主要来源，NSFC 投入是推动中国该领域研究发展的力量源泉，促进了中国土壤研究优秀人才的成长。在 NSFC 引导下，中国在该领域研究的活力和影响力不断增强，成果受到越来越多国际同行的关注。

2.4.1 近 15 年 NSFC 资助该领域研究的学术方向

根据近 15 年获 NSFC 资助项目高频关键词统计（图 2-5），NSFC 在本研究领域的资助方向主要集中在土壤调查与制图方法（关键词表现为：土壤制图、土壤景观模型、不确定性评价、采样设计、土壤信息、地统计学)、土壤时空变异及尺度效应(关键词表现为:空间异质性、尺度效应、时空变异、地统计学、不确定性评价)、土壤属性光谱反演方法(关键词表现为:遥感、高光谱、光谱)、土壤质量演变规律与评价指标(关键词表现为:土壤质量、土壤评价)4个方面。从图2-5可以看出,土壤制图、空间异质性、遥感在各时段均占有突出地位,表明这些研究内容一直是NSFC重点资助的方向。以下是以3年为时间段的项目资助变化情况分析。

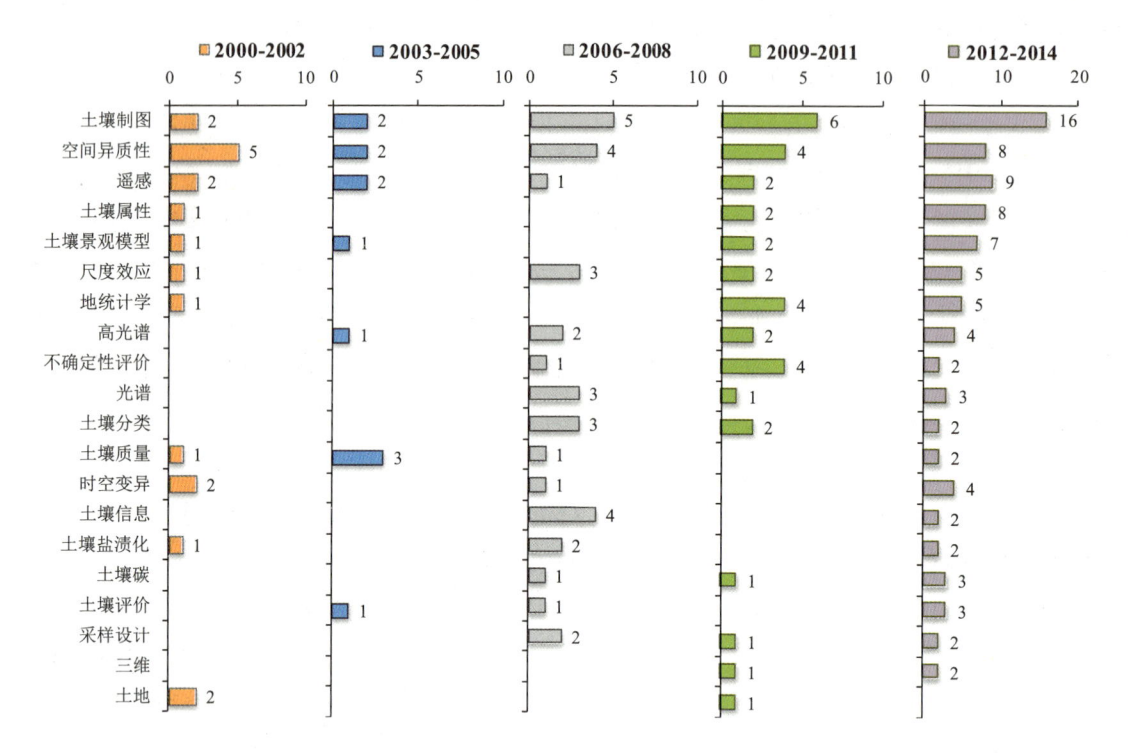

关键词	2000-2002	2003-2005	2006-2008	2009-2011	2012-2014
土壤制图	2	2	5	6	16
空间异质性	5	2	4	4	8
遥感	2	2	1	2	9
土壤属性	1			2	8
土壤景观模型	1	1		2	7
尺度效应	1		3	2	5
地统计学	1			4	5
高光谱		1	2		4
不确定性评价			1	4	2
光谱			3	1	3
土壤分类			3	2	2
土壤质量	1	3	1		2
时空变异	2				4
土壤信息			4		2
土壤盐渍化	1		2		2
土壤碳			1	1	3
土壤评价		1	1		2
采样设计			2	1	2
三维				1	2
土地	2			1	

图2-5 2000～2014年"土壤信息数字化表征与土壤资源管理"领域NSFC资助项目关键词频次变化

(1) 2000～2002年

本时段NSFC资助体量整体尚小,与本领域直接相关的受资助项目有13个,内容首先集中在土壤时空变异和尺度效应方向,关键词主要表现为空间异质性、时空变异、尺度效应;其次为土壤调查与制图方向,关键词主要表现为土壤制图、土壤景观模型。该时段受资助研究关注的土壤属性主要是土壤养分和土壤盐分。

(2) 2003～2005年

本时段内,与我国土壤学界第一个"973"项目研究内容同步,土壤质量研究成为NSFC最集中的资助方向,占据了本领域总计7个受资助项目中的3个;其余4个项目包括遥感光谱反演2个、土壤制图和空间异质性2个。

(3) 2006～2008年

本时段内该领域受资助项目数显著增加,达到17个,资助方向也涵盖了前文所述4个主流方向。首先,土壤时空变异与尺度效应受资助数量最多,研究对象包括土壤碳储量、土壤性质、区域水氮循环模拟等；其次为土壤调查与制图，研究对象以中国土壤系统分类类型为主，以土壤属性为次；再次为光谱反演，包括利用遥感影像对土壤盐分进行反演，也包括利用实验室光谱对土壤游离铁、有机质含量进行预测建模；最后，与上个时段相比，土壤质量研究受资助占比显著下降，仅有两项关于生物学指标的研究获得资助，这是一个很正常的现象，由于土壤质量"973"项目的实施，系统回答了土壤质量研究领域的基本概念和科学问题，短时间内难以有其他新的切入点。

（4）2009~2011年

本时段内该领域受资助项目数达到20个，土壤遥感研究8项资助，土壤空间预测和制图研究12项资助。在本时段，土壤空间预测与制图研究明显分为基于土壤环境关系和基于统计方法两种类别，两者受资助项数相当。前者研究内容涉及采样策略、知识挖掘、不确定性评价等；后者所采用的统计方法涉及经典地统计、贝叶斯最大熵地统计以及马尔科夫链等方法。土壤空间变异研究从二维拓展到三维尺度，并获得2项资助，分别是采用CT扫描刻画土壤三维孔隙分布特征以及借助电磁感应仪数据和三维地统计方法探索土壤盐分的三维空间预测制图。本阶段土壤属性的光谱反演研究主要体现在采用遥感数据反演土壤盐分、水分含量。

（5）2012~2014年

NSFC继续加大资助力度，本时段内该领域获36项资助。土壤空间预测与制图依然是最集中的资助方向，获得18项资助，其中基于土壤环境关系的预测制图占据优势。过去时段里统计学家和数学专家所专长的建模方法已经被大家熟练运用，寻找有效环境变量成为数字土壤制图的研究重心，也成为本时段基金的资助重点，如适于平缓区土壤质地制图的地表动态反馈协同变量开发、人类活动因子刻画、成土母质信息提取等，这些研究普遍采用了多源遥感数据提取衍生辅助变量，以提高预测制图精度；土壤时空变异和尺度效应依然受到较多关注，获得9项资助，关注对象涵盖土壤盐分、水分、养分、温室气体排放、有机碳、水文参数等；土壤光谱反演研究以实验室光谱和野外实测光谱建模反演为主，遥感反演占比下降，主要是遥感影像会受到地表植被覆盖、大气干扰、地表粗糙度影响以及波谱穿透能力限制，对土壤属性的直接反演精度难以有效提高；关键词中出现土壤质量和土壤评价的资助项目有3个，其中2个核心内容是数字土壤制图和光谱反演，仅有1项尝试从发生学的角度探讨土壤剖面质量的形成与表达。

2.4.2 近15年NSFC资助该领域研究的成果及影响

近15年围绕土壤信息数字化表征与土壤资源管理领域的基础研究方向以及新兴的热点问题，NSFC不断加强支持力度。图2-6是2000~2014年土壤信息数字化表征与土壤资源管理领域论文发表与NSFC资助情况。

从CSCD论文发表来看，过去15年来，NSFC资助本研究领域论文数占总论文数的比重一直处于较高状态，2000~2007年整体呈现缓慢上升趋势，2007年达到最高峰73.8%，此后稳定在65%左右。

图 2-6 2000～2014 年"土壤信息数字化表征与土壤资源管理"领域论文发表与 NSFC 资助情况

从图 2-6 可以看出，本领域中国学者发表 SCI 论文数量呈迅速增加趋势，获 NSFC 资助比例同时也迅速增长。从 2010 年开始，受 NSFC 资助 SCI 论文发表比例开始明显高于 CSCD 论文发表比例，并逐年上升，2014 年达到历史最高资助比例 75%。NSFC 资助的 CSCD 论文和 SCI 论文变化情况表明，NSFC 资助对于土壤信息数字化表征与土壤资源管理领域研究的贡献在不断提升，考虑到大多数国内学者倾向于把高质量的研究结果投稿到 SCI 期刊上，**说明 NSFC 在资助国内高水平成果产出及其国际化过程中发挥了重要作用。**

SCI 论文发表数量及获基金资助情况反映了获 NSFC 资助取得的研究成果，而不同时段中国学者高被引论文获基金资助情况可反映 NSFC 资助研究成果的学术影响随时间的变化情况。由图 2-7 可知，过去 15 年 SCI 论文 TOP100 中中国发文数呈快速增长趋势。由表 2-2 可知，15 年里中国作者发表 SCI 论文总量为 3 297 篇，占全球的 11.3%，近些年 TOP100 中中国作者发表的比例约为 12%，中国作者 TOP100 占比与 SCI 论文总量占比相当。图 2-7 显示，过去 15 年中，中国学者 TOP100 SCI 论文获 NSFC 资助的比例也呈迅速增长的趋势，2000～2002 年仅有 2 篇受到 NSFC 资助，资助率为 22.2%，到 2006～2008 年，资助率增长到 68%，此后平均维持在 60%以上，**这说明 NSFC 在资助本领域高影响力成果产出上起到了重要作用。**

2.5 研 究 展 望

经过几十年的发展，土壤信息数字化表征与土壤资源管理领域研究技术手段不断进步，研究热点不断扩展和深化，但面对土壤这一复杂的地理空间三维实体，其赋存状态受到诸多环境

图 2-7　2000～2014 年 "土壤信息数字化表征与土壤资源管理" 领域高被引 SCI 论文数与 NSFC 资助情况

要素和人为因素的影响,其当下的空间分异状态以及随时间的演变趋势,很多方面仍处于未知和定性了解层面。针对我国实际状况和本领域发展态势,以下 3 个方面应该是我们着力研究的重点方向。

2.5.1　土壤时空变异模拟与定量表达

这是土壤信息最重要的获取方式,目前依然有很多的问题值得深入研究。我们对于多目标土壤属性的空间耦合变异机制尚缺乏了解,一批次样点用于从类型到所有土壤属性的一揽子预测,这其中是否存在适用于多属性预测的最佳精度平衡采样方案值得研究;空间推理模型偏重于统计方法和黑箱模式,缺乏对土壤变异的过程机理和规律的理解与表达,导致土壤环境知识模型不知识、土壤环境知识库缺失,对土壤这一高度空间变异实体,尺度和精度密切关联,有效提高精度终究还是要依赖于对土壤环境变异关系的深刻认识和科学表达;有效环境变量的开发仍然是重点,由于遥感数据的发展,可以采用的环境变量日益丰富,但对部分区域、部分土壤属性,仍然缺乏有效变量,同时,地质历史过程和时间因素尚难以描述,这也制约了空间预测和制图精度的提高。精度和不确定性评价尚缺乏统一标准。综上所述,进一步的研究重点应该包含但不局限于以下 4 点。

(1) 土壤调查与采样方法:针对不同目的的最佳采样或补充调查采样的空间点位、数量研究;多目标属性联合采样策略制定方法研究;采样方案集成研究。

(2) 土壤空间异质性表达:针对不同尺度、不同维度、不同土壤属性的空间变异规律的认识与表达;区域优化制图模型构建方法;土壤—环境知识挖掘方法。

(3) 环境协同变量开发:地质、地貌过程动态变量开发;多源遥感数据、近地传感数据融合与有效变量提取；人为因素变量开发。

（4）土壤遥感与近地传感：利用遥感和近地传感技术，对更多土壤资源和土壤性状的定量反演、动态监测、实时传感。

2.5.2 土壤资源清单更新与信息集成

我国已经系统开展过两次土壤普查，分别在20世纪50年代和80年代。各行业部门开展的全国尺度的土壤调查有国土部、环保部、农业部等，省级、流域级以及随科研和开发专项开展的土壤调查更是数量庞大。然而，我国迄今尚没有全国统一的土壤信息集成平台，导致巨大的重复投入和低效数据价值。单纯就第二次土壤普查而言，也没有对全部的数据进行系统的整合、更新和集成，虽然中国科学院南京土壤研究所、中国农科院等相关机构进行了大量的数据整理工作，但其中依然存在分类系统的不一致、制图单元无法拼接、数据丢缺严重、数据缺乏更新等问题。尽快开展以下研究将对充分发挥历史土壤数据价值、节约土壤调查资源投入以及带动学科发展发挥重要作用。

（1）土壤数据标准化：分类系统的标准化；不同测定方法的数据转换等。

（2）土壤数据更新：采用数据挖掘技术对土壤图进行更新细化；对缺失区域进行基于知识模型的填充；属性数据的更新建模；土壤转换函数建模等。

（3）土壤信息集成：遥感与地理信息系统技术支持下的土壤信息数据集成及大数据管理。

2.5.3 土壤评价与知识发现

土壤信息数字化表征的根本目的是优化土壤资源管理，从而服务于各行业和领域的数据需求与知识需求。在过去15年中，土壤学科已经从主要服务于农业，走向农业、生态环境、全球变化多领域并重，同时，在工程建设和国防领域也开始发挥其价值。在新近兴起的地表关键带领域，土壤圈层是最为重要的圈层，放在全球、流域到根际等不同尺度，如果从系统的角度去看，土壤评价和土壤资源管理中所需要的圈层耦合机制、物质能量转运体系等方面仍有诸多不清，定性理解多于定量表达与拟合；考虑到人类活动要素的加入，过程和机制将更为复杂，土壤评价和土壤资源管理领域仍有很多值得深入研究的科学问题。以下3方面值得深入研究。

（1）土壤资源状态评价：土壤质量、数量评价，土壤资源与生态系统其他要素的耦合通量、容量研究。

（2）土壤资源变异与驱动：时空演变与情景分析、驱动与调控对策研究。

（3）土壤资源利用与调控：耕地资源与粮食安全、后备耕地资源开发、包含土壤质量和环境友好概念的土地利用调整与规划、其他国民经济发展和建设需求。

2.6 小　　结

在过去 15 年中，国际土壤信息数字化表征与土壤资源管理领域依赖于 GIS 空间分析技术、RS 数据源，利用现代统计方法，针对土壤空间变异和土壤信息的快速获取，开展了大量研究工作，取得了显著的进步，并相应带动了土壤质量、土壤退化等土壤资源管理领域的研究工作。

中国学者在本领域的热点研究起步比国际同行要晚，但发展迅速，短时间内就能达到国际同步水平，最近 3 年的研究热点与国际学者研究热点重叠度较高，并且已经在国际上占据非常重要的位置，中国学者 SCI 发文量占据全球第一，高被引论文数量全球第二。另外，中国特色研究热点明显，包括从发生学分类转变到土壤系统分类、农业大国的农业土壤质量研究、经济高速发展下的土壤响应研究、生态脆弱区土壤退化与保护等内容都是极具中国特色，这其中也有对全球有学术贡献的国内研究热点所在。

参考文献

Besson, A., I, Cousin, G. Richard, et al. 2010. *Changes in Field Soil Water Tracked by Electrical Resistivity*. Sydney, Australia.

Brungard, C. W., J. L. Boettinger. 2010. Application of conditioned latin hypercube sampling for DSM of arid rangelands in Utah, USA. *In Digital Soil Mapping, Progress in Soil Science 2*, Dordrecht: Springer.

Brus, D. J., G. B. M. Heuvelink. 2007. Optimization of sample patterns for universal kriging of environmental variables. *Geoderma*, Vol. 138.

Brus, D. J., P. Bogaert, G. B. M. Heuvelink. 2008. Bayesian maximum entropy prediction of soil categories using a traditional soil map as soft information. *European Journal of Soil Science*, Vol. 59, No. 4.

Brus, D. J., B. Kempen, G. B. M. Heuvelink. 2011. Sampling for validation of digital soil maps. *European Journal of Soil Science*, Vol. 62.

Bui, E. N., C. J. Moran, 2003. A strategy to fill gaps in soil survey over large spatial extents: an example from the murray-darling basin of Australia. *Geoderma*, Vol. 111.

Burgess, T. M., R. Webster. 1980. Optimal interpolation and isarithmic mapping of soil properties. 1. The semi-variogram and punctual kriging. *Journal of Soil Science*, Vol. 31, No. 2.

Carre, F., A. B. McBratney, et al. 2007. Digital soil assessments: beyond DSM. *Geoderma*, Vol. 142, No. 1.

Carre, F., A. B. MacBratney, B. Minasny. 2007. Estimation and potential improvement of the quality of legacy soil samples for digital soil mapping. *Geodema*, Vol. 141.

Chang, D. H., S. Islam. 2000. Estimation of soil physical properties using remote sensing and artificial neural network. *Remote Sensing of Environment*, Vol. 74, No. 3.

De Gruijter, J. J., D. J. Brus, M. F. P. Bierkens, et al. 2006. *Sampling for Natural Resource Monitoring*. Springer, New

York.

Dobos, E., M. Luca, N. Thierry, et al. 2001. A regional scale soil mapping approach using integrated AVHRR and DEM data. *International Journal of Applied Earth Observation and Geoinformation*, Vol. 3.

Dobos, E., F. Carre, T. Hengl, et al. 2006. *Digital Soil Mapping as the Support to Production of Functional Soil Maps*. Luxemburg: office for official publications of the European communities.

Hengl, T., D. G. Rossiter, A. Stein. 2003. Soil sampling strategies for spatial prediction by correlation with auxiliary maps. *Australian Journal of Soil Research*, Vol. 41.

Hengl, T., G. B. M. Heuvelink, A. Stein. 2004. A generic framework for spatial prediction of soil variables based on regression-kriging. *Geoderma*, Vol.120.

Jenny, H. 1941. Factors of soil formation: a system of quantitative pedology. *Soil Science*, Vol. 42, No. 5.

Kempen, B., D. J. Brus, G. B. M. Heuvelink, et al. 2009. Updating the 1:50,000 dutch soil map using legacy soil data: a multinomial logistic regression approach. *Geoderma*, Vol. 151, No. 3.

Kempen, B., D. J. Brus, F. D. Vries. 2015. Operationalizing digital soil mapping for nationwide updating of the 1:50,000 soil map of the Netherlands. *Geoderma*, Vol. 241-242.

Lagacherie, P., S. Holmes. 1997. Addressing geographical data errors in a classification tree soil unit prediction. *International Journal of Geographical Information Science*, Vol. 11.

Lagacherie, P., M. Voltz. 2000. Predicting soil properties over a region using sample information from a mapped reference area and digital elevation data: a conditional probability approach. *Geoderma*, Vol. 97.

Lagacherie, P., A. B. Mcbratnty. 2007. Spatial soil information systems and spatial soil inference systems: perspectives for digital soil mapping. In digital soil mapping, an introductory perspective. *Developments in Soil Science*, Vol. 31.

Lesch, S. M. 2005. Sensor-directed response surface sampling designs for characterizing spatial variation in soil properties. *Comput and Electronics in Agriculture*, Vol. 46.

Li, W., C. Zhang, J. E. Burt, et al. 2004. Two-dimensional markov chain simulation of soil type spatial distribution. *Soil Science Society of America Journal*, Vol. 68.

Li, W., C. Zhang. 2010. Simulating the spatial distribution of clay layer occurrence depth in alluvial soils with a markov chain geostatistical approach. *Environmentrics*, Vol. 21.

Liu, F., A. X. Geng, W. Zhu, et al. 2012. Soil texture mapping over low relief areas using land surface feedback dynamic patterns extracted from MODIS. *Geoderma*, Vol. 171.

Liu, F., G. L. Zhang, Y. J. Sun, et al. 2013. Mapping the three-dimensional distribution of soil organic matter across a subtropical hilly landscape. *Soil Science Society of America Journal*, Vol. 77, No. 4.

Lacoste, M., B. Lemercier, C. Walter. 2011. Regional mapping of soil parent material by machine learning based on point data. *Geomorphology*, Vol. 133, No. 1.

Malone, B. P., J. J. De Gruijter, A. B. Mcbratney, et al. 2011. Using additional criteria for measuring the quality of predictions and their uncertainties in a digital soil mapping framework. *Soil Science Society of America Journal* Vol. 75.

McBratney, A., I. Odeh, T. Bishop, et al. 2000. An overview of pedometric techniques in soil survey. *Geoderma*, Vol. 97, No. 3.

McBratney, A. B., S. M. L. Mendonca, B. Minasny. 2003. On digital soil mapping. *Geoderma*, Vol. 117.

McKenzie, N. J., P. J. Ryan. 1999. Spatial prediction of soil properties using environmental correlation. *Geoderma*, Vol. 89.

Myers, D. B., N. R. Kitchen, K. A. Sudduth, et al. 2010. Combining proximal and penetrating soil electrical conductivity sensors for high resolution digital soil mapping. *In Proximal Soil Sensing Springer*.

Odeh, I. O. A., A. B. McBratney, D. J. Chittleborough. 1994. Further result on prediction of soil properties from terrain attributes: heterotropic cokriging and regression kriging. *Geoderma*, Vol. 67.

Pedro, A. S, A. Sonya, et al. 2009. Digital soil map of the world. *Science*, Vol. 325.

Qi, F., A. X. Zhu. 2003. Knowledge discovery from soil maps using inductive learning. *International Journal of Geographical Information Science*, Vol. 17, No. 8.

Qin, C. Z., A. X. Zhu, T. Pei. 2011. An approach to computing topographic wetness index based on maximum downslope gradient. *Precision Agriculture*, Vol. 12, No. 1.

Qin, C. Z., A. X. Zhu, W. L. Qiu, et al. 2012. Mapping soil organic matter in small low-relief catchments using fuzzy slope position information. *Geoderma*, Vol.171-172, No. 2.

Richard, G., R. Rouveure, A. Chanzy, et al. 2010. *Using Proximal Sensors to Continuously Monitor Agricultural Soil Physical Conditions for Tillage Management*. Sydney, Australia.

Scull, P., J. Franklin, O. A. Chadwick, et al. 2003. Predictive soil mapping: a review. *Progress In Physical Geography*, Vol. 27.

Shi, X. Z., D. S. Yu, E. D. Warner, et al. 2006. Cross-reference system for translating between genetic soil classification of China and soil taxonomy. *Soil Science Society of America Journal*, Vol. 70, No. 1.

Shi, Z., W. Ji, R. A. Viscarra Rossel. 2015. Prediction of soil organic matter using a spatially constrained local partial least squares regression and the Chinese vis-NIR spectral library. *European Journal of Soil Science*, Vol. 66, No. 4.

Sun, X. L., Y. G. Zhao, H. L. Wang, et al. 2012. Sensitivity of digital soil maps based on FCM to the fuzzy exponent and number of clusters. *Geoderma*, Vol.171-172.

Egmond, F. M., E. H. Loonstra, et al. 2010. *Gamma Ray Sensor for Topsoil Mapping: The Mole*. Sydney, Australia.

Viscarra Rossel, R. A., A. B. McBratney. 1998. Laboratory evaluation of a proximal sensing technique for simultaneous measurement of soil clay and water content. *Geoderma*, Vol. 85, No. 1.

Viscarra Rossel, R. A., Y., Fouad, et al. 2008. Using a digital camera to measure soil organic carbon and iron contents. *Biosyst Eng*, Vol. 100.

Wang, D. C., G. L. Zhang, X. Z. Pan, et al. 2012. Mapping soil texture of a plain area using fuzzy-c-means clustering method based on land surface diurnal temperature difference. *Pedosphere*, Vol. 22, No. 3.

Xie, Z. B., J. G. Zhu, G. Liu, et al. 2007. Soil organic carbon stocks in China and changes from 1980s to 2000s. *Global Change Biology*, Vol. 19, No. 9.

Xu, S., Y. Zhao, X. Shi, et al. 2013. Map scale effects of soil databases on modeling organic carbon dynamics for paddy soils of China. *Catena*, Vol. 104, No. 2.

Yang, L., Y. Jiao, S. Fahmy, et al. 2011. Updating conventional soil maps through digital soil mapping. *Soil Science Society of America Journal*, Vol. 75, No. 3.

Yang, L., A. X. Zhu, F. Qi, et al. 2013. An integrative hierarchical stepwise sampling strategy and its application in digital soil mapping. *International Journal of Geographical Information Science*, Vol. 27, No. 1.

Yu, D. S., X. Z. Shi, H. J. Wang, et al. 2007. Regional patterns of soil organic carbon stocks in China. *Journal of Environmental Management*, Vol. 85, No. 3.

Zhao, Y., X. Shi, D. C. Weindorf, et al. 2006. Map scale effects on soil organic carbon stock estimation in north China. *Soil Science Society of America Journal*, Vol. 70, No. 4.

Zhao, M. S., D. G. Rossiter, D. C. Li, et al. 2014. Mapping soil organic matter in low-relief areas based on land surface diurnal temperature difference and a vegetation index. *Ecological Indicators*, Vol. 39, No. 4.

Zhi, J. J., C. W. Jing, S. P. Lin, et al. 2015. Estimates of soil organic carbon stocks in Zhejiang province of China based on 1∶50 000 soil database using the PKB method. *Pedosphere*, Vol. 25, No. 1.

Zhu, A. X., B. Hudson, J. Burt, et al. 2001. Soil mapping using GIS, expert knowledge, and fuzzy logic. *Soil Science Society of America Journal*, Vol. 65.

Zhu, A. X., F. Liu, B. Li, et ai. 2008. Differentiation of soil conditions over low relief areas using feedback dynamic patterns. *Soil Science Society of America Journal*, Vol. 74.

Zhu, A. X., L. Yang, B. L. Li, et al. 2008. *In Digital Soil Mapping with Limited Data.* Dordrecht: Springer. Purposive Sampling for Digital Soil Mapping for Areas with Limited Data.

Zhu, A. X., L. Yang, B. L. Li, et al. 2010. Construction of membership functions for predictive soil mapping under fuzzy logic, *Geoderma*, Vol. 155.

曹志洪：《中国土壤质量》，科学出版社，2008年。

陈志诚、龚子同、张甘霖等："不同尺度的中国土壤系统分类参比"，《土壤》，2004年第6期。

程先富、谢勇："基于GIS的安徽省土壤有机碳密度的空间分布特征"，《地理科学》，2009年第4期。

丁建丽、张喆、李鑫等："中亚土库曼斯坦绿洲土壤盐渍化动态演变评估"，《干旱区地理》，2013年第4期。

方精云、刘国华、徐篙龄：《中国陆地生态系统的碳循环及其全球意义》，中国环境科学出版社，1996年。

甘海华、吴顺辉、范秀丹："广东土壤有机碳储量及空间分布特征"，《广东土壤有机碳储量及空间分布特征》，2003年第9期。

龚子同、陈鸿昭、张甘霖等："中国土壤资源特点与粮食安全问题"，《生态环境》，2005年第5期。

龚子同、张甘霖、陈志诚等："以中国土壤系统分类为基础的土壤参比"，《土壤通报》，2002年第1期。

龚子同：《土壤发生与系统分类》，科学出版社，2007年。

龚子同：《中国土壤地理》，科学出版社，2014年。

姜小三、潘剑君、李学林："江苏表层土壤有机碳密度和储量估算和空间分布分析"，《土壤通报》，2005年第4期。

金峰、杨浩、蔡祖聪等："土壤有机碳密度及储量的统计研究"，《土壤学报》，2001年第4期。

李桂林、陈杰、孙志英等:"基于土壤特征和土地利用变化的土壤质量评价最小数据集确定",《生态学报》,2007年第7期。

李卫江、吴永兴、茅国芳:"基于WebGIS的基本农田土壤环境质量评价系统",《农业工程学报》,2006年第8期。

李新、程国栋:"空间内插方法比较",《地球科学进展》,2000年第3期。

林英华、杨学云、张夫道等:"长期施肥对黄土区农田土壤动物群落的影响",《中国农业科学》,2005年第6期。

吕成文、崔淑卿、赵来:"基于HNSOTOR的海南岛土壤有机碳储量及空间分布特征分析",《应用生态学报》,2006年第6期。

门明新、彭正萍、刘云慧等:"基于SOTOR的河北省土壤有机碳、氮密度的空间分布",《土壤通报》,2005年第4期。

潘根兴:"中国土壤有机碳和无机碳库量研究",《科技通报》,1999年第5期。

秦发侣、赵永存、史学正等:"基于贝叶斯推断的DNDC模型参数校正与不确定性评价研究",《土壤学报》,2014年第2期。

史学正、于东升、高鹏等:"中国土壤信息系统(SISChina)及其应用基础研究",《土壤》,2007年第3期。

史舟、郭燕、金希等:"土壤近地传感器研究进展",《土壤学报》,2011年第6期。

宋长青、张甘霖:"中国土壤系统分类研究取得重大进展",《自然科学进展》,2006年第4期。

苏永中、赵哈林:"土壤有机碳储量、影响因素及其环境效应的研究进展",《中国沙漠》,2002年第3期。

田展、牛逸龙、孙来祥等:"基于DNDC模型模拟气候变化影响下的中国水稻田温室气体排放",《应用生态学报》,2015年第3期。

王绍强、周成虎、李克让等:"中国土壤有机碳库及空间分布特征分析",《地理学报》,2000年第5期。

王政权、王庆成:"森林土壤物理性质的空间异质性研究",《生态学报》,2000年第6期。

翁永玲、宫鹏:"土壤盐渍化遥感应用研究进展",《地理科学》,2006年第3期。

吴嘉平、胡义镰、支俊俊等:"浙江省1∶5万大比例尺土壤数据库",《土壤学报》,2013年第1期。

吴建国、张小全、徐德应:"土地利用变化对土壤有机碳储量的影响",《应用生态学报》,2004年第4期。

夏文建、周卫、梁国庆等:"稻麦轮作农田氮素循环的DNDC模型分析",《植物营养与肥料学报》,2012年第1期。

许文强、陈曦、罗格平等:"基于CENTURY模型研究干旱区人工绿洲开发与管理模式变化对土壤碳动态的影响",《生态学报》,2010年第14期。

杨国祥、史学正、于东升等:"基于WebGIS的中国土壤参比查询系统研究",《土壤学报》,2007年第1期。

杨琳、朱阿兴、秦承志等:"基于典型点的目的性采样设计方法及其在土壤制图中的应用",《地理科学进展》,2010年第3期。

于东升、史学正、孙维侠等:"基于1∶100万土壤数据库的中国土壤有机碳密度及储量研究",《应用生态学报》,2005年第12期。

于建军、杨锋、吴克宁等:"河南省土壤有机碳储量及空间分布",《应用生态学报》,2008年第5期。

俞慎、李勇、王俊华:"土壤微生物生物量作为红壤质量生物指标的探讨",《土壤学报》,1999年第3期。

张甘霖、杜国华、龚子同："区域性土壤形成特征及其在土壤基层分类和土壤质量评价中的应用"，《山地学报》，2004 年第 3 期。

张甘霖、龚子同、骆国保等："国家土壤信息系统的结构、内容与应用"，《地理科学》，2001 年第 5 期。

张甘霖、王秋兵、张凤荣等："中国土壤系统分类土族和土系划分标准"，《土壤学报》，2013 年第 4 期。

张淑杰、朱阿兴、刘京等："整合已有土壤样点的数字土壤制图补样方案"，《地理科学进展》，2012 年第 10 期。

张维理、张认连、徐爱国等："中国：1∶5 万比例尺数字土壤的构建"，《中国农业科学》，2014 年第 16 期。

张学雷、张甘霖、龚子同："SOTER 数据库支持下的土壤质量综合评价：以海南岛为例"，《山地学报》，2001 年第 4 期。

张学雷："土壤多样性：土壤地理学研究的契机"，《土壤》，2014 年第 1 期。

赵量、赵玉国、李德成等："基于模糊集理论提取土壤—地形定量关系及制图应用"，《土壤学报》，2007 年第 6 期。

赵彦锋、化全县、陈杰："Kriging 插值和序贯高斯条件模拟的原理比较及在土壤空间变异研究中的案例分析"，《土壤学报》，2011 年第 4 期。

赵玉国、张甘霖、龚子同："SOTER 支持下海南岛土壤侵蚀模拟与影响因子分析"，《土壤通报》，2003 年第 3 期。

中国科学院南京土壤研究所土壤系统分类课题组、中国土壤系统分类课题研究协作组：《中国土壤系统分类检索（第三版）》，中国科学技术大学出版社，2001 年。

周慧珍、J. A. Shield："1∶100 万土壤—土地图数据库及土壤退化信息解译"，《土壤学报》，1991 年第 4 期。

朱阿兴、李宝林、裴韬等：《精细数字土壤普查模型与方法》，科学出版社，2008 年。

第 3 章 土壤结构与功能

土壤结构是土壤肥力的物质基础，反映土壤水分和养分储存及运输的能力。同时，土壤结构也是根系、土壤动物和微生物等土壤生物的活动场所。良好的土壤结构有利于水肥高效利用和作物生长，并提高土壤抗侵蚀能力。土壤结构阻碍微生物对有机质的分解，对有机碳具有物理保护作用，成为土壤固碳重要机制之一。因此，在保障粮食安全、防治土壤侵蚀、应对全球变化等方面，土壤结构发挥重要作用，其形成稳定机制与功能的研究日益受到重视。

3.1 概 述

本节以土壤结构的缘起与演进为脉络，阐述了土壤结构研究从肥力功能向土壤抗蚀性和土壤固碳等生态功能的拓展过程，研究方法从定性描述向定量刻画方向演进，研究内容体现了机理与功能相结合的特点，并分析了土壤结构与功能的演进阶段及关注的科学问题的变化。

3.1.1 问题的缘起

对土壤结构的认识源自于农业生产实践。春秋战国时期，我国就有关于土壤结构的描述。秦代《吕氏春秋·辨土篇》写道："坚者耕之，刚土柔种。"汉代《盐铁论·轻重》："大块之间无美苗"（林蒲田，1996）。作为科学概念，土壤结构最初来源于土壤可耕性，与作物出苗和生长密切相关（Warkentin, 2008: 239~272）。1932 年，Russell 在 *Soil Conditions and Plant Growth* 一书中首次提出了土壤结构（soil structure）的科学术语。随后，土壤结构在《土壤物理学》教材中作为单独一章进行阐述，突显其重要地位。农田土壤具有团粒结构，可耕性好，保水保肥和供水供肥性能强，容易获得高产。非团粒结构的土壤可以通过耕作、施肥和土壤改良等措施得到改善，使作物生长良好。因此，如何培育良好的土壤结构是保障"作物高产、资源高效"的重要途径。土壤结构研究缘起于它的肥力功能。

3.1.2 问题的内涵及演进

土壤结构是指不同大小和形状的颗粒、团聚体、孔隙的空间排列与组合（Dexter, 1988: 199~238）。该定义既包含了以团聚体和颗粒为固相和以孔隙为气相等内容，又体现了土壤结构的尺度特征。随着科学问题的深入和社会需求的变化，土壤结构与功能研究大致经历了以下 3 个阶段。

第一阶段：实践认知与定性描述（1960年以前）。在野外调查和剖面观测中，土壤结构辨识是判断土壤质量的重要一环。系统地总结归纳土壤结构知识始于1951年，当时美国农业部土壤调查局提出了一个较为完整的土壤结构形态分类制。根据土壤结构的形态、大小和特性，分为四大类：①板状（片状）；②柱状（棱柱状）；③块状（核块状）；④团粒状（粒状）。随后，Peerlkamp（1959：216～221）据土壤结构破碎容易程度、团粒大小和比例、孔隙、根系等提出土壤结构质量指数。这个方法简单，不需要特殊的仪器设备，容易被农民接受。在此基础上，Ball等（2007：329～337）发展了土壤结构目视评价方法（visual soil examination and assessment），对上述指标进行更为详细的描述，并加以评分分级。在国际土壤与耕作组织（ISTRO）的推动下，20世纪80年代成立了"土壤结构目视与评价"工作组。虽然土壤结构目视评价方法简单，但是难以揭示土壤结构形成稳定的内在机制与演变过程。

第二阶段：因子分析与概念模型的提出（1960～2000年）。团聚体是土壤结构的核心单元。土壤结构形成稳定机制的主要研究基于团聚体尺度而开展。Six等（2004：7～31）以及Bronick和Lal（2005：3～22）相继对过去几十年在土壤结构（团聚体）形成机制与概念模型发展方面做了一个很好的归纳总结。团聚体形成主要包括生物因素（土壤动物、根系、微生物和有机质等）与非生物因素（黏土矿物、三二氧化物和钙镁阳离子等），也受环境因素（干湿交替、冻融交替和耕作等）的影响，尤其生物因素对团聚体形成的影响得到广泛关注。在这个阶段中，几个概念模型的提出大大推动了这方面的研究。其中，Emerson（1959：235～244）提出的"黏团模型"，指出黏团是通过正负电荷的颗粒和有机胶体相互凝聚而形成的。黏团稳定性取决于黏土矿物、腐殖质和氧化物等。该模型主要针对"有机无机胶体"尺度，而对更大的团聚体难以解释清楚。为此，Tisdall和Oades（1982：141～163）提出了"多层次团聚体形成概念"（aggregate hierarchy concept），并指出不同粒级大小的团聚体由不同的胶结物所形成。原生颗粒（黏粒和粉粒）由持久性胶结物（persistent binding agents，主要以腐殖化有机物和多价阳离子聚合物为主）胶结形成微团聚体，然后这些稳定的微团聚体在暂时胶结物（temporary binding agents，以根系和菌丝为主）和瞬时胶结物（transient binding agents，根系和微生物活动分泌的多糖）的作用下形成大团聚体（>250μm）。该模型是理解"团聚体与有机质相互作用"的里程碑，得到大量数据的验证。但是，在富含铁铝氧化物的老成土和氧化土中，多级团聚现象并没有被发现（Oades and Waters，1991：815～828）。Six等（1998：1367～1377）发现耕作加快了大团聚的周转，释放新的微团聚体，同时促进了有机质分解。因此，部分微团聚体也来源于大团聚体破碎过程。类似于多层次团聚体形成概念，Dexter（1988：199～238）从孔隙角度提出"孔隙排他性原则"（porosity exclusion principle），认为大团聚体由多个小团聚体形成，在小团聚体之间形成脆弱面（failure plane）或者更大的孔隙，导致大团聚体中孔隙度比小团聚体的高，土壤强度更弱，即低一级的团聚体比高一级的团聚体更加致密。这些概念模型的相继提出为研究土壤结构形成稳定机制奠定了基础。

第三阶段：土壤结构形成稳定机理和功能相结合（2001～2014年）。进入21世纪以来，随着技术和方法的进一步发展，土壤结构与功能的研究得到快速发展，特别是围绕土壤结构的功能开展土壤结构形成稳定机理的研究。**在土壤结构抗蚀性功能上**，Le Bissonnais（1996：425～437）根据团聚体消散作用（slaking）、非均匀膨胀作用（differential swelling）和机械破碎（mechanical breakdown）等破碎机制，提出相应的快速湿润、慢速湿润和湿润震荡等测定方法，比较全面地阐述降雨条件下团聚体破碎过程。Legout 等（2005：225～237）验证了降雨条件下与 Le Bissonnais 方法所测定的团聚体粒级分布的一致性，并指出降雨过程中团聚体破碎机制首先由消散作用主导，然后为非均匀膨胀作用，最后是机械破碎。Le Bissonnais 方法大大推动了团聚体稳定性的研究，使团聚体稳定性与土壤侵蚀更加紧密地结合在一起（Shi et al.，2012：123～130）。该方法也广泛应用于揭示生物对团聚体形成稳定的作用机制（Chenu et al.，2000：1479～1486；Abiven et al.，2007：239～247）。**在土壤结构物理固碳功能上**，Six 等（1998：1367～1377）利用粒级和密度分选的方法，把土壤有机碳分为游离态颗粒有机物（fPOM）、闭蓄态颗粒有机物（oPOM）和粉黏粒结合有机碳。随后，大量的工作证实团聚体形成过程有利于有机碳累积，而团聚体破碎加速了有机碳矿化（Six et al.，2002：1981～1987）。有机碳周转与团聚体动态变化广泛应用于研究土壤固碳潜力及其对气候变化和人为活动（包括耕作管理、施肥制度和土地利用等）的响应（Six et al.，2014：A4～A9）。**在土壤结构肥力功能上**，随着 CT 和计算机图像分析技术的快速发展，土壤结构定量化得到突破。利用 CT 技术研究大孔隙与水分运动的关系（Luo et al.，2008：1058～1069；Zhang et al.，2015：53～65）、与通气性的关系（Katuwal et al.，2015：9～20），力图建立孔隙结构参数与透水通气性的定量关系。根系图像软件的出现（比如 RooTrack）也推动了土壤结构与根系生长的相互作用研究（Mairhofer et al.，2012：561～569；Mooney et al.，2012：1～22）。由于土壤结构的复杂性和图像分析技术的难度，这方面的研究还处于探索阶段，但是表现出迅猛发展的态势。

3.2 国际"土壤结构与功能"研究主要进展

近 15 年来，随着土壤结构与功能研究的不断深入，逐渐形成了一些核心研究领域和热点。通过文献计量分析发现，其核心研究领域主要包括土壤团聚体与有机质的相互作用、团聚体形成稳定机制与土壤固碳、土壤结构与土壤侵蚀、土壤结构与水肥调控、土壤结构退化与改良等方面。土壤结构研究趋向于机理与功能相结合、从土壤结构退化到改良、从定性到定量化等多维度方向发展。

3.2.1 近 15 年国际该领域研究的核心方向与研究热点

运用 Web of Science 数据库，根据本研究领域核心关键词制定了检索式："soil*" and (("soil structure" or "soil architecture" or "soil aggregat*" or "aggregat*" or "aggregate stability" or "aggregate stabilization" or "aggregate size distribution" or "structur* stability" or "mean weight diameter")) not (("soil structure interaction" or "earthquake" or "seismic*"))，检索到近 15 年本研究

领域共发表国际英文文献 12 003 篇。2000~2002 年、2003~2005 年、2006~2008 年、2009~2011 年和 2012~2014 年 5 个时段发表论文数量分别占这 15 年总论文数量的 12.0%、14.6%、19.6%、24.0% 和 29.8%，呈逐年上升趋势。图 3-1 为 2000~2014 年土壤结构与功能领域 SCI 期刊论文关键词共现关系图。图中土壤有机质（soil organic matter）、土壤结构（soil structure）、团聚体稳定性（aggregate stability）、团聚作用（aggregation）、土壤团聚体（soil aggregates）、耕作（tillage）和土壤有机碳（soil organic carbon）等关键词的频率排在前列。虽然检索式中没有任何有关有机质和有机碳的主题词，但是检索结果表明土壤结构（或团聚体）与有机质（或有机碳）的相互作用是该研究领域的主流。图 3-1 中聚成了 5 个研究方面，在一定程度上反映了近 15 年国际土壤结构与功能研究的核心领域，主要包括**土壤团聚体与有机质的相互作用、团聚体形成稳定机制与土壤固碳、土壤结构与土壤侵蚀、土壤结构与水肥调控、土壤结构退化与改良**。

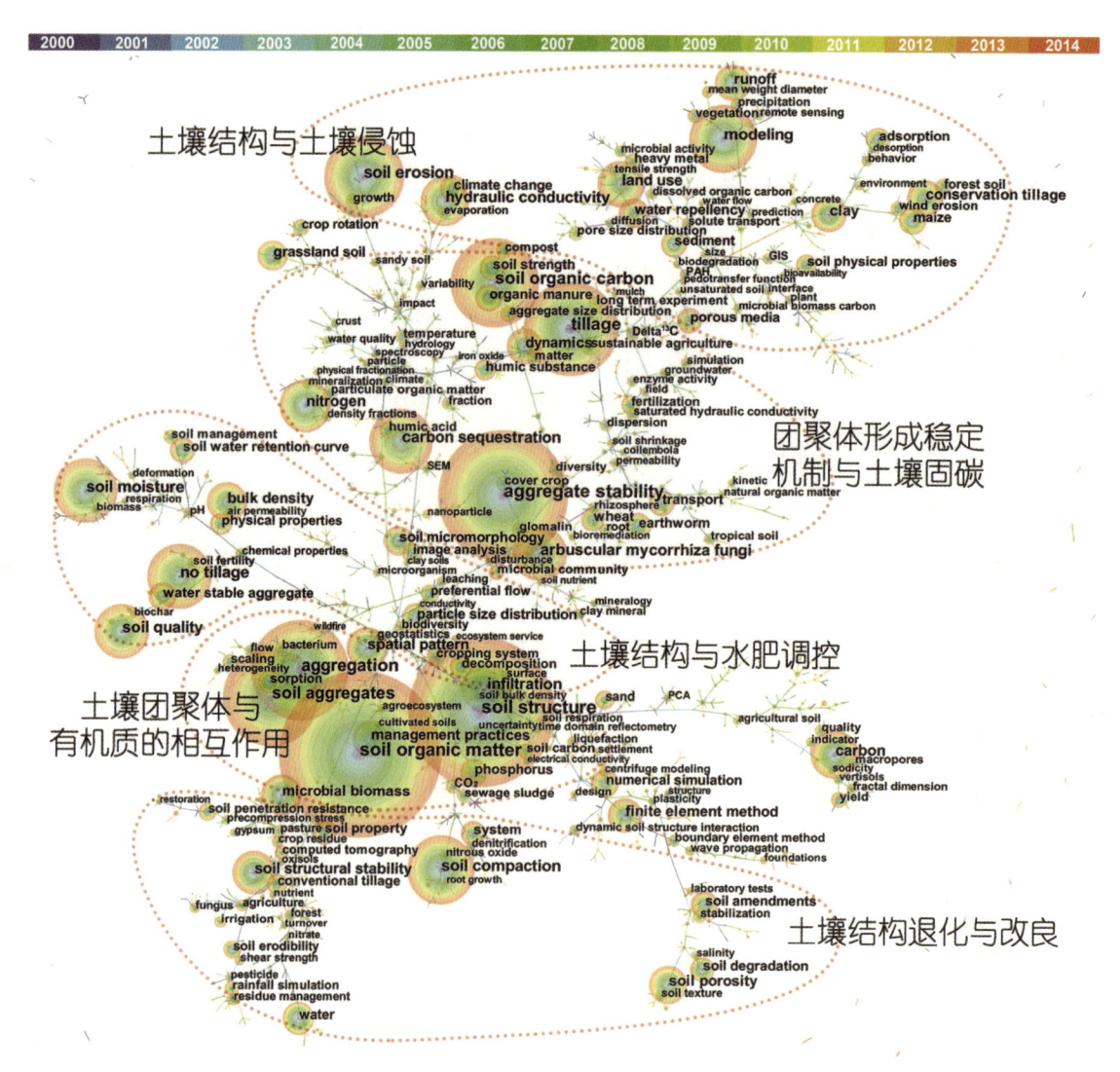

图 3-1　2000~2014 年"土壤结构与功能"领域 SCI 期刊论文关键词共现关系

(1) 土壤团聚体与有机质的相互作用

从图 3-1 中看出，土壤有机质（soil organic matter）在土壤结构及其功能研究领域中为出现频率最高的关键词。围绕土壤有机质，有土壤呼吸（soil respiration）、土壤碳（soil carbon）和二氧化碳（CO_2）等相关的关键词。同时，该聚类圈中出现频率很高的关键词还有土壤团聚体（soil aggregates）以及土壤有机质的团聚作用（aggregation）。土壤有机质与团聚体的相互作用主要集中在农业土壤，与之相关的关键词有管理措施（management practice）、农业生态系统（agroecosystem）和耕作土壤（cultivated soils）。这些关键词聚在一起反映许多学者致力于通过增加有机物的投入，改良土壤结构，以期获得更高的土壤生产力。

(2) 团聚体形成稳定机制与土壤固碳

该聚类圈中以团聚体稳定性（aggregate stability）、土壤有机碳（soil organic carbon）、固碳（carbon sequestration）和耕作（tillage）为高频关键词。以团聚体稳定性为核心，周围有蚯蚓（earthworm）、丛枝菌根真菌（arbuscular mycorrhiza fungi）、微生物群落（microbial community）及其主要分泌物球囊霉素（glomalin）等团聚体形成的关键生物机制，也有与之相关的根际（rhizosphere）、作物（cover crop）、小麦（wheat）、根（root）等因子。聚类圈中还有矿物（mineralogy）、黏土矿物（clay mineral）和铁氧化物（iron oxide）等团聚体形成的非生物机制。上述生物因素所形成的团聚体有利于有机碳在土壤中固定。在碳固定（carbon sequestration）周围出现了物理分级（physical fractionation）、密度分选（density fractions）、颗粒有机物（particulate organic matter）、分级（fraction）等与有机碳物理保护机制相关的关键词。基于长期试验（long term experiment），出现了有机肥（organic manure）、厩肥（compost）、秸秆覆盖（mulch）等关键词，这些既是土壤有机碳（soil organic carbon）主要来源，也是改善土壤结构、发展可持续农业（sustainable agriculture）的主要措施。这些关键词反映了**有机物对土壤团聚体形成稳定的贡献以及土壤结构对有机碳的物理保护机制，这两者相互作用共同提高土壤固碳能力**。

(3) 土壤结构与土壤侵蚀

在该聚类圈中，土地利用（land use）、土壤侵蚀（soil erosion）、保护性耕作（conservation tillage）、导水性（hydraulic conductivity）、径流（runoff）、斥水性（water repellency）和模型模拟（modeling）为高频关键词，表明土壤结构稳定性与土壤侵蚀的相互关系。聚类圈中出现土壤物理性质（soil physical properties）、多孔介质（porous media）、孔隙大小分布（pore size distribution）等与土壤结构密切相关的关键词，平均重量直径（mean weight diameter）作为土壤团聚体稳定性指标来评价土壤可蚀性。土壤斥水性是土壤结构抗消散（slaking）的一个重要指标，土壤剪切力（tensile strength）是表征土壤抗地表径流冲刷的能力。保护性耕作（conservation tillage）提高土壤抗侵蚀能力。基于降雨（precipitation）、植被（vegetation）、遥感（remote sensing）等，建立降雨—径流—侵蚀模型（modeling）等。这些关键词与土壤利用（land use）和气候变化（climate change）一起出现，**反映土壤结构稳定性与土壤侵蚀的研究越来越向人为活动和气候变化等驱动下的方向发展**。

（4）土壤结构与水肥调控

土壤结构是土壤肥力的物质基础。尽管这不是一个新的领域，但是近15年仍然是国际学者关注的重点。土壤物理性质（physical properties）、容重（bulk density）、土壤水分（soil moisture）、土壤水分特征曲线（soil water retention curve）、通气性（air permeability）、土壤质地（particle size distribution）、导水性（conductivity）等关键词的出现，反映土壤结构对土壤水、肥和气的综合调控能力。优先流（preferential flow）、入渗（infiltration）等关键词出现在土壤结构（soil structure）周围，表明大孔隙流是阐释土壤结构与水分运动关系的研究重点。借助 CT 和图像分析技术（image analysis），推动了土壤微形态（soil micromorphology）的发展，使土壤结构走向定量化。**土壤肥力（soil fertility）的频率远低于土壤质量（soil quality），表明研究角度发生了变化，土壤质量受到广泛关注。**免耕（no tillage）、土壤管理（soil management）、作物系统（cropping system）等关键词体现了加强土壤质量的管理。面对粮食安全和资源高效利用，**如何培育良好的土壤结构，提升土壤质量，提高水肥高效利用，仍是今后研究的重点。**

（5）土壤结构退化与改良

土壤结构退化类型表现为多元化，主要体现在传统耕作中大型机械所产生的土壤压实（soil compaction）、盐渍化（salinity）所导致的土壤退化（soil degradation）、侵蚀所引起的土壤结构板结（soil erodibility）等。土壤预压应力（precompression stress）、抗穿透阻力（soil penetration resistance）、剪切力（tensile strength）等关键词常用来描述土壤强度，反映土壤结构对土壤压实的响应过程。土壤压实（soil compaction）与作物根系生长（root growth）的关系也得到关注。土壤改良剂（soil amendments）、石膏（gypsum）、作物秸秆（crop residue）和秸秆管理（residue management）等关键词反映了一些改良土壤结构的措施。聚类圈中稳定作用（stabilization）和恢复（restoration）等关键词表明土壤结构改良过程。从词频来看，**土壤压实是土壤结构退化中主要的研究领域，许多学者致力于从土壤力学角度解决机械化耕作所导致的土壤结构退化问题。**

SCI 期刊论文关键词共现关系图反映了近 15 年土壤结构及其功能研究的核心领域（图 3-1），而不同时段 TOP20 高频关键词可以反映研究热点。表 3-1 列出了 2000～2014 年各时段 TOP20 关键词组合特征。由表 3-1 可知，前 20 位高频关键词可分为五大类：①与土壤结构形成稳定相关的关键词，比如团聚体稳定性（aggregate stability）、土壤结构（soil structure）、土壤团聚体（soil aggregates）和团聚作用（aggregation）等；②与有机质相关的关键词，有土壤有机碳（soil organic carbon）、土壤有机质（soil organic matter）、固碳（carbon sequestration）和颗粒有机物（particulate organic matter）等；③表征土壤结构功能的关键词，有固碳（carbon sequestration）、土壤质量（soil quality）、土壤侵蚀（soil erosion）和土壤物理性质（soil physical properties）等；④影响土壤结构形成稳定与功能的关键词，有耕作（tillage）、免耕（no tillage）、丛枝菌根真菌（arbuscular mycorrhizal fungi）、微生物量（microbial biomass）、土地利用（land use）和气候变化（climate change）等；⑤量化土壤结构的关键词，比如图像分析（image analysis）等。

表 3-1　2000～2014 年"土壤结构与功能"领域不同时段 TOP20 高频关键词组合特征

2000～2014 年 关键词	词频	2000～2002 年（24 篇/校正系数 2.48）关键词	词频	2003～2005 年（30 篇/校正系数 1.97）关键词	词频	2006～2008 年（39 篇/校正系数 1.51）关键词	词频	2009～2011 年（48 篇/校正系数 1.23）关键词	词频	2012～2014 年（59 篇/校正系数 1.00）关键词	词频
aggregate stability	36	aggregate stability	20 (8)	carbon sequestration	12 (6)	soil organic carbon	12 (8)	soil structure	12 (10)	aggregate stability	11
soil structure	29	aggregation	12 (5)	tillage	10 (5)	aggregate stability	11 (7)	AMF	9 (7)	carbon sequestration	10
soil organic carbon	28	carbon sequestration	12 (5)	aggregate stability	8 (4)	soil aggregates	11 (7)	aggregate stability	7 (6)	soil organic matter	10
carbon sequestration	26	soil quality	10 (4)	aggregation	8 (4)	tillage	11 (7)	carbon sequestration	7 (6)	aggregation	9
tillage	26	hyphae	7 (3)	land use	8 (4)	no tillage	9 (6)	microbial biomass	7 (6)	soil aggregates	9
soil organic matter	25	particulate organic matter	7 (3)	soil erosion	8 (4)	carbon sequestration	8 (5)	soil aggregates	7 (6)	soil organic carbon	9
soil aggregates	24	soil organic carbon	7 (3)	soil physical properties	8 (4)	soil bulk density	8 (5)	soil organic carbon	7 (6)	soil structure	8
aggregation	23	soil organic matter	7 (3)	image analysis	6 (3)	soil organic matter	8 (5)	biochar	6 (5)	soil erosion	6
AMF	18	soil structure	7 (3)	particulate organic matter	6 (3)	soil structure	8 (5)	tillage	6 (5)	tillage	6
no tillage	18	tillage	7 (3)	soil compaction	7 (3)	aggregation	6 (4)	climate change	5 (4)	biochar	5
soil quality	16	AMF	6 (3)	soil organic matter	5 (2)	AMF	6 (4)	no tillage	5 (4)	fertilization	5
soil erosion	15	dry-wet cycles	6 (3)	soil structure	5 (2)	soil quality	6 (4)	soil organic matter	5 (4)	soil quality	5
fertilization	13	no tillage	5 (2)	soil thin sections	5 (2)	fertilization	5 (3)	grassland	4 (3)	no tillage	4
microbial biomass	13	erodibility	5 (2)	AMF	5 (2)	straw management	5 (3)	X-ray computed tomography	4 (3)	particulate organic matter	4
particulate organic matter	12	fertilization	5 (2)	nitrogen	5 (2)	sustainable agriculture	5 (3)	bulk density	2 (2)	soil porosity	4
biochar	11	soil aggregates	5 (2)	manure	5 (2)	microbial biomass	5 (3)	C isotope	2 (2)	AMF	3
image analysis	10	soil erosion	5 (2)	no tillage	5 (2)	land use	3 (3)	fertilization	2 (2)	C isotope	3
soil physical properties	9	soil respiration	5 (2)	runoff	5 (2)	image analysis	3 (3)	image analysis	2 (2)	climate change	3
climate change	8	soil texture	5 (2)	soil organic carbon	5 (2)	soil erosion	3 (3)	particulate organic matter	2 (2)	image analysis	3
land use	8	nitrogen	5 (2)	soil shrinkage	5 (2)	soil physical properties	3 (3)	soil compaction	2 (2)	land use	3

注：括号中的数字为校正前关键词出现频次。AMF：arbuscular mycorrhizal fungi。

这些高频关键词表明其是近15年的研究热点。不同时段高频关键词组合特征反映研究热点随时间的变化趋势，为此，分别对每3年的高频关键词进行分析。从表3-1来看，团聚体稳定性（aggregate stability）在各个阶段一直位于前列，持续得到高度关注。但是它的相对词频随时间变化呈降低趋势，表明研究领域集中度下降，趋向分散化。另外，在各个时段，共现的关键词有8个：团聚体稳定性（aggregate stability）、土壤结构（soil structure）、土壤有机质（soil organic matter）、土壤有机碳（soil organic carbon）、碳固定（carbon sequestration）、丛枝菌根真菌（arbuscular mycorrhizal fungi）、免耕（no tillage）和耕作（tillage），为近15年各个时段土壤结构与功能的研究热点，表明土壤结构与有机碳的相互作用以及耕作影响下土壤结构演变规律等为相对稳定的研究热点。但是，词频顺序有一些变化。现对每3年为时间段的热点问题简单分析如下。

（1）2000～2002年

本时段除了土壤结构与有机碳的相互作用以及耕作影响下土壤结构演变规律等主要研究领域，还突出了团聚体稳定性（aggregate stability）、团聚作用（aggregation）、土壤团聚体（soil aggregates）、可蚀性（erodibility）和土壤侵蚀（soil erosion）等关键词，体现了土壤侵蚀机理在这个时段受到广大学者的高度关注。另外，影响土壤结构形成稳定机制，涉及菌丝（hyphae）、丛枝菌根真菌（arbuscular mycorrhizal fungi）、干湿交替（dry-wet cycles）和土壤质地（soil texture）等关键词，这些也是研究热点。这一阶段的关键词表明**土壤侵蚀和土壤团聚体形成稳定机制的关注度较高**。

（2）2003～2005年

与上一阶段相比，本时段新出现了土壤压实（soil compaction）、土壤收缩（soil shrinkage）、土壤切片（soil thin section）、图像分析（image analysis）等关键词，**表明土壤结构演变过程与定量化分析开始成为研究热点**。

（3）2006～2008年

与上两个时段相比，该时段显著特点是开始出现可持续农业（sustainable agriculture）、秸秆管理（straw management）、土壤容重（soil bulk density）和微生物量（microbial biomass）等研究热点，**反映土壤结构与功能成为可持续农业的热点问题**。

（4）2009～2011年

在本时段，新出现X射线CT（X-ray computed tomography）和碳同位素（C isotope）等关键词，加上图像分析（image analysis），表明这些技术在土壤结构与有机碳周转中的应用受到广泛关注。另外，是生物炭（biochar）和气候变化（climate change）成为新的研究热点。耕作（tillage）、免耕（no tillage）和施肥（fertilization）等对土壤结构的影响仍然是本时段的研究热点，这些表明**土壤结构与功能对人类活动和全球变化的响应成为热点问题**。

（5）2012～2014年

本阶段保持上一阶段的发展趋势，生物炭（biochar）和气候变化（climate change）仍然为研究热点，土壤固碳（carbon sequestration）和土壤有机质（soil organic matter）比前面4个阶段更加重要，词频跃为第 2 位和第 3 位。耕作（tillage）、免耕（no tillage）和施肥（fertilization）等对土壤结构的影响仍然是本时段的研究热点，这些表明**人类活动和全球变化对土壤结构与功能的研究热点持续升温**。

总之，根据近 15 年的热点关键词组合和词频顺序，土壤结构形成稳定机制（soil structure, soil aggregates, aggregation, aggregate stability）与土壤有机质（soil organic matter）的相互作用及其土壤固碳（soil organic carbon, carbon sequestration）一直是该领域的研究热点。土壤耕作（tillage, no tillage）和施肥（fertilization）等管理措施下土壤结构特征也是近 15 年持续关注的研究热点。土壤压实（soil compaction）、土壤切片（soil thin section）等研究呈现降温趋势，而 X 射线 CT（X-ray computed tomography）、碳同位素（C isotope）和生物炭（biochar）等研究热点呈现上升趋势。同时，人类活动（land use, tillage, no tillage, fertilization）和全球变化（climate change, carbon sequestration）对土壤结构与功能的影响受到越来越多的关注。

3.2.2　近 15 年国际该领域研究取得的主要学术成就

图 3-1 表明近 15 年土壤结构与功能的核心研究领域包括土壤团聚体与有机质的相互作用、团聚体形成稳定机制与土壤固碳、土壤结构与土壤侵蚀、土壤结构与水肥调控、土壤结构退化与改良 5 个方面。表 3-1 表明该领域的研究热点主要包括土壤有机质、耕作等对土壤结构形成稳定以及土壤结构对土壤侵蚀、固碳和入渗的反馈功能。针对上述核心研究领域和研究热点，不同国家的学者展开了大量研究，取得的主要学术成就包括以下 6 点。

（1）土壤结构形成和稳定机制

土壤结构形成是多因素的综合体现，既有根系、土壤动物、有机质等生物因素参与，也有耕作、干湿交替和冻融交替等非生物因素影响；既受土壤质地和铁铝氧化物等内部土壤性质的作用，也受温度和降水等外部环境因子的影响（Díaz-Zorita et al., 2002: 3~22; Six et al., 2004: 7~31; Bronick and Lal, 2005: 3~22）。由于生物因素的参与，土壤结构形成过程也伴随着土壤固碳。Tisdall 和 Oades（1982: 141~163）提出团聚体形成的多级学说，指出根系和真菌等主要形成大团聚体，而多糖、无定形的氧化物等胶结形成微团聚体。由于提取的困难，根系和微生物的分泌物对土壤结构的胶结作用研究目前主要局限于室内模拟阶段（Czarnes et al., 2000: 435~443）。通过添加人工合成的生物分泌物，Peng 等（2011a: 676~684）发现分泌物的团聚作用与分泌物的黏滞系数及表面张力等物理性质有关。相比其他生物因素，真菌对土壤结构的促进作用得到更加广泛而深入的研究。真菌除了分泌菌丝体外，通过物理缠绕作用提高土壤结构的稳定性；此外，真菌自身的斥水性质也间接地提高了土壤结构稳定性（Rillig and Mummey, 2006: 41~53）。根系对土壤结构的影响，既包括生长和穿插等过程中所产生的应力对根系之间土壤的压实作用，也包括根系死亡腐解后留下来的孔隙，以及根系吸水导致干湿交替，从而利于土壤结构形成。土壤动物（蚯蚓、线虫和白蚁等）活动所形成的生物孔隙改善土壤通气性和结构稳定性（Jouquet et al., 2006: 153~164; Blouin et al., 2013: 161~182）。总而言之，生物因素积极参与土壤结构的形成，但是表现出一定的尺度分异。细菌和真菌等微生物分泌物对小尺度微米级的土壤结构影响显著，而根系和土壤动物则影响更大尺度的土壤结构。除了上述生物因素外，氧化物也扮演无机胶结物的作用，形成不同稳定性的土壤结构。在老成土和氧化土中三二氧化物往往起主导黏结作用，此时有机胶体对团聚体形成的贡献大为减少（Barthès et al.，2008：14~25；Peng et al.，2015：89~98）。此外，黏土矿物对团聚体形成机制也发挥重要作用，Denef 和 Six（2005：469~479）发现以高岭土为主的土壤主要通过物理化学作用形成大团聚体，而以伊利石为主的土壤主要通过生物作用形成大团聚体。总体上来讲，近 15 年来土壤结构形成稳定机制的工作取得很大进展，主要基于团聚体尺度研究工作，考虑单个或几个生物因素和非生物的相互作用。但是，尚鲜有报道如何区分这些因素对团聚体形成的贡献，至今还没有提出成熟的团聚过程模型。

（2）土壤结构的物理固碳机制

土壤有机碳是一个连续的不同分解阶段的有机碳库组成，这些有机碳库包括已经分解完全的腐殖质、半分解有机残体和微生物及其排泄物。为了区分不同有机碳库在土壤结构中的功能，通过震荡或超声波分散土壤结构，再结合重液或者筛选方法进行分离，得到分布在团聚体之间和内部的有机碳，包括游离态颗粒有机物、闭蓄态颗粒有机物和矿物态有机碳等（Six et al.，1998：1367~1377）。物理分组能够解释不同有机碳库与土壤结构的相互作用。基于土壤有机碳物理分组的方法，许多学者研究了不同耕作措施和施肥制度下农田有机碳的组成与周转，同时也延伸到森林和草地等系统（Blanco-Canqui and Lal，2004：481~504）。Six 等（2000：2099~2103）通过 ^{13}C 示踪，发现免耕更有利于有机碳累积，而耕作加快了大团聚体的周转，减弱了土壤结构对有机碳的物理保护作用。Bravo-Garza 等（2010：953~959）通过 ^{14}C 标记的玉米秸秆示踪，发现新加入的秸秆主要参与了大团聚体的形成。Qiao 等（2015：163~174）基于长期定位试验，根据 ^{13}C 自然丰度，也发现新碳更容易积累在大团聚体中，周转速度也远快于微团聚体。但是，大团聚体比微团聚体对外界应力更加容易破碎。De Gryze 等（2006：693~707）利用稀土元素标记不同大小的团聚体，发现扰动显著加快大团聚体的周转速度和有机碳的矿化。大量的长期定位施肥试验表明，有机肥施用显著增加颗粒有机物，改善土壤结构（Kong et al.，2005：1078~1085；Abiven et al.，2009：1~12）。大量研究证明，有机质促进了团聚体形成稳定，而团聚体物理保护减缓了有机碳的分解，两者之间互为作用。在一些长期施肥定位试验中，无机肥虽然通过提高作物生物归还量实现有机碳的提升，但可能导致土壤结构板结（Blanco-Canqui et al.，2004：481~504；Zhou et al.，2013：23~30）。

（3）团聚体稳定性与土壤可蚀性

根据团聚体破碎外界应力，Le Bissonnais（1996：425~437）提出 3 种湿润破碎机制：快速湿润、慢速湿润和湿润震荡。快速湿润，模拟团聚体在湿润过程因孔隙中空气受压而爆破，又称消散作用（slaking）；慢速湿润，模拟团聚体因矿物非均匀膨胀破裂；湿润震荡是模拟团聚体因雨滴打击、耕作等外力机械破碎。这 3 种破碎机制反映了不同因素影响团聚体破碎过程。

此后，该方法广泛应用于研究团聚体稳定性机制与土壤可蚀性的相互关系（Bryan，2000：385～415；Legout et al.，2005：225～237；Shi et al.，2010：240～248）。有机碳能增强团聚体之间的黏结力和抗张强度，提高土壤斥水性（water repellency），从而提高团聚体稳定性（Czarnes et al.，2000：435～443）。在慢速湿润中，土壤膨胀性黏土矿物占主导作用。

（4）土壤结构与土壤肥力

土壤结构是土壤肥力的物质基础。土壤结构影响土壤强度、通气性、保水保肥和供水供肥的能力，最终影响作物生长。Dexter（2004：201～214）根据土壤水分特征曲线的拐点位置和斜率，提出土壤物理指数（S），并指出该指数比容重更好地反映作物根系生长状况。一般而言，作物根系吸水在田间持水量（–33 kPa）与作物凋萎系数（–1 500 kPa）之间的范围，根系生长所需的土壤强度应低于 2 MPa，通气性孔隙需占 10%以上（Letey et al.，1985：277～294）。为此，da Silva 等（1994：1775～1781）综合考虑不同土壤容重条件下土壤强度、土壤通气性、土壤有效水库容等，提出了作物生长的"最小限制水分范围"（least limiting water range）。"最小限制水分范围"的概念产生了积极的影响，被广泛地应用于评价土壤结构与作物生长的关系（Bengough et al.，2006：437～447；Olibone et al.，2010：485～493；Mishra et al.，2015：43～56）。

（5）土壤大孔隙与优先流

土壤大孔隙包括植物根孔、蚯蚓洞和裂隙等。水分在大孔隙中运动远远快于基质流，因而又称为优先流。优先流不遵守 Darcy 定律，可在短时间内把溶质和污染物带入更深的土层，甚至地下水。由于大孔隙的复杂性及其所导致优先流的环境效应，因而被广大学者关注（Jarvis，2007：523～546）。Watson 和 Luxmoore（1986：578～582）最先使用圆盘入渗仪研究森林土壤的大孔隙流现象，结果发现大孔隙虽然只占总孔隙的极小一部分（约 0.03%），却贡献了 73%～85%的水分入渗。但是，该方法假设设孔隙成管束状，脱离了实际。最近，随着图像技术的快速发展，CT 扫描技术被广泛应用于研究蚯蚓洞（Pagenkemper et al.，2015：79～88）、裂隙（Zhang et al.，2015：53～65）和作物根（Mooney et al.，2012：1～22）等三维结构特征及其形成机制。CT 扫描并结合惰性离子作为示踪剂研究大孔隙如何影响水分运动（Luo et al.，2008：1058～1069；Peth et al.，2008：897～907；Zhang et al.，2015：53～65）以及通气性等（Katuwal et al.，2015：9～20）。CT 技术定量化分析大孔隙的三维结构，进一步分析孔隙结构如何影响土壤导水和通气性得到快速发展。但是由于孔隙结构的复杂性，至今还没有建立孔隙三维结构参数与导水、通气的定量模型。

（6）土壤压实与耕作管理

土壤压实已经成为一个世界性的土壤退化问题，是土壤退化主要类型之一。随着现代化农业的发展，该问题日益突出。土壤压实导致土壤容重增加，孔隙度变小，显著降低土壤导水通气性，增加作物根系生长难度，最终导致产量下降，加剧水土流失（Horn，2004：1131～1137）。根据土壤结构对机械耕作压力的响应过程，Craig（1987）采用"应力—应变"（stress-strain）来描述并提出了土壤结构变化的临界值，此时的压力定义为土壤预压应力（soil precompression stress），即当压力超过临界值时，土壤结构就为塑性变形。基于该理论，Baumgartl 和 Köck（2004：57~65）提出了一个数学模型模拟"应力—应变"的关系和土壤预压应力的计算方法。随后，Peng 等（2004：125~137）根据该技术方法分析了土壤质地、容重和初始含水量对土壤预压应力的影响，并指出预压应力与初始含水量呈指数下降关系。Zhang 等（2005：864~871）进一步分析了往土壤中添加泥炭与土壤强度的关系，发现泥炭增加了土壤孔隙度，降低了土壤强度和剪切力，同时显著提高了土壤机械回复力，说明添加有机物有利于修复压实土壤。由于机械化耕作（又称为传统耕作）导致土壤压实，增加土壤容重和土壤强度，阻碍作物根系生长，而免耕和少耕更利于土壤保护、环境友好和农业可持续。因此，保护性耕作在欧美发达国家得到大力提倡（Soane et al.，2012：66~87）。近年来，利用 CT 技术开展土壤压实对作物根形态的研究引起广大学者的兴趣。比如，Tracy 等（2012：511~519）利用 CT 技术分析了土壤压实显著降低了西红柿的根表面积、根的体积和根总长度，但是增加了根直径。

3.3 中国"土壤结构与功能"研究特点及学术贡献

土壤结构是土壤肥力的基础。我国农民在长期的耕作过程中，对土壤结构认识具有丰富的经验。比如：太湖地区农民把水稻土分为"糯性"和"粳性"两种类型，糯性土壤结构好，易于调节水肥；而粳性土壤结构差，不易调节水肥。因此，土壤结构与功能研究一直得到我国学者的高度重视。本节分析了近 15 年我国该领域研究在国际上的地位，指出中国研究特色及关注的热点，总结了该领域所取得的学术成就。

3.3.1 近 15 年中国该领域研究的国际地位

过去 15 年，国际上土壤结构与功能领域的研究取得长足进展。通过比较不同国家和地区在该领域发表 SCI 论文情况，可以看出各国或地区该领域在世界上所处的地位和影响程度。表 3-2 显示了 2000~2014 年土壤结构与功能领域 SCI 论文数量、篇均被引次数和高被引论文数量 TOP20 国家和地区。2000~2014 年，全球在该领域发表 SCI 论文共计 12 003 篇，其中美国发表论文最多（2 514 篇），其次为中国（949 篇），排名 3~5 位分别为巴西（693 篇）、德国（675 篇）和法国（673 篇）。可见，美国在该领域占主导地位。中国论文数量仍与美国存在较大差距，但是差距逐年缩小。从 SCI 论文数量随时间变化趋势分析来看，与 2000~2002 年发表 SCI 论文量相比，TOP20 国家或地区在 2003~2005 年、2006~2008 年、2009~2011 年和 2012~2014 年发表 SCI 论文量分别增长了 0.2 倍、0.6 倍、1.0 倍和 1.5 倍。可见近 15 年，国际上对于土壤结构与功能的研究获得快速发展。其中增长最快的国家为中国，与 2000~2002 年 SCI 论文量相比，2003~2005 年、2006~2008 年、2009~2011 年和 2012~2014 年的 SCI 论文量分别增长了 2.2 倍、6.3 倍、11.8 倍和 24.7 倍。这表明我国在该领域非常活跃。虽然我国论文数在世界上排名第 2 位，但是 SCI 论文篇均被引频次和高被引 SCI 论文数量分别为第 34 位和第 11 位，表明我国

表 3-2　2000~2014 年"土壤结构与功能"领域发表 SCI 论文数及被引频次 TOP20 国家和地区

排序[①]	国家(地区)	SCI 论文数量(篇)					国家(地区)	SCI 论文篇均被引次数(次/篇)					国家(地区)	高被引 SCI 论文数量(篇)				
		2000~2014	2000~2002	2003~2005	2006~2008	2009~2011	2012~2014		2000~2014	2000~2002	2003~2005	2006~2008	2009~2011	2012~2014		2000~2014	2000~2002	2003~2005	2006~2008	2009~2011	2012~2014
	世界	12 003	1 437	1 755	2 353	2 885	3 573	世界	16.2	34.5	28.4	20.8	11.8	3.5	世界	600	71	87	117	144	179
1	美国	2 514	394	453	526	546	595	瑞士	25.5	40.4	51.6	36.5	23.1	5.6	美国	232	33	37	39	38	43
2	中国	949	19	61	138	243	488	美国	23.7	46.2	38.6	25.6	14.7	4.5	英国	47	4	8	12	11	16
3	巴西	693	33	94	115	217	234	丹麦	23.6	58.0	40.2	23.6	17.6	4.7	德国	46	4	6	12	13	17
4	德国	675	79	77	139	176	204	英国	22.5	36.4	33.7	30.2	17.9	4.8	法国	40	6	4	7	8	11
5	法国	673	103	111	154	139	166	比利时	21.7	35.9	37.5	27.9	14.4	2.8	澳大利亚	37	9	4	6	8	7
6	英国	579	89	116	101	125	148	荷兰	21.7	27.3	35.9	31.5	19.1	5.6	西班牙	26	2	5	3	9	9
7	澳大利亚	519	96	82	102	120	119	挪威	21.6	25.5	35.5	16.5	13.8	5.0	瑞士	23	0	4	6	8	5
8	西班牙	514	39	85	109	132	149	奥地利	21.0	34.7	21.4	54.6	8.3	2.8	加拿大	22	3	2	5	5	6
9	加拿大	434	94	80	66	90	104	德国	20.2	30.7	36.6	33.8	16.6	4.1	意大利	16	1	2	2	7	6
10	意大利	387	46	40	69	105	127	澳大利亚	20.2	42.5	27.6	21.7	13.3	4.2	荷兰	14	1	2	4	6	5
11	印度	333	23	40	73	83	114	法国	19.7	42.3	26.8	19.8	15.2	4.4	中国	13	1	0	4	8	22
12	日本	281	30	50	66	72	63	西班牙	17.8	37.0	36.5	20.7	13.6	4.3	丹麦	12	3	1	1	2	4
13	伊朗	217	8	6	25	65	113	新西兰	16.9	25.0	25.6	16.6	9.9	3.6	比利时	12	0	5	4	2	2
14	土耳其	213	6	34	50	51	72	瑞典	16.8	38.0	12.9	26.1	13.8	4.7	巴西	10	0	0	4	6	4
15	荷兰	175	32	24	34	41	44	南非	16.5	30.0	40.3	13.5	10.5	3.2	以色列	8	0	1	0	2	1
16	俄罗斯	174	23	21	57	36	37	加拿大	16.5	25.4	22.2	24.6	10.4	4.4	印度	5	0	0	1	2	4
17	瑞士	163	15	15	41	39	53	以色列	16.4	27.2	24.6	11.9	11.6	3.8	瑞典	5	2	0	1	1	3
18	比利时	143	14	32	33	35	29	芬兰	14.7	25.9	33.2	8.6	7.3	3.8	奥地利	5	1	0	2	0	0
19	希腊	138	11	16	24	33	54	意大利	13.6	28.8	25.4	15.2	13.5	3.9	日本	4	0	1	1	0	3
20	以色列	137	29	31	25	25	27	中国(34)[②]	8.6 (34)	26.6 (22)	16.2 (28)	18.5 (18)	10.6 (18)	3.1 (22)	新西兰	4	0	1	1	0	1

注：①按 2000~2014 年 SCI 论文数量、篇均被引次数、高被引论文数量排序；②括号内数字是中国相关时段排名。

在该领域 SCI 论文数量追赶速度较快，但是质量上与欧美国家还有较大差距。不过，在这 20 个国家中，中国篇均被引频次从 2000~2002 年的第 22 位和 2003~2005 年的第 28 位，上升到 2006~2008 年和 2009~2011 年的第 18 位以及 2012~2014 年的第 22 位。高被引 SCI 论文数量也从 2000~2002 年的 1 篇和 2003~2005 年的 0 篇，快速上升到 2006~2008 年的 4 篇、2009~2011 年的 8 篇和 2012~2014 年的 22 篇。从篇均被引次数和高被引 SCI 论文数量来看，中国近几年在文章质量上有明显提升。但是，篇均被引次数远落后于欧美国家，高被引 SCI 论文数占 SCI 论文总数的比例仍然很低，仅为 1.37%，低于 TOP20 国家或地区的平均水平（5.0%），与欧美国家的差距则更大（7.2%），说明我国提高论文质量的工作任重道远。总之，**中国在土壤结构与功能领域的研究得到迅速发展，影响力也快速上升，但是研究成果的质量与欧美国家还存在较大差距**。

图 3-2 比较了 2000~2014 年全球和中国在土壤结构与功能领域 SCI 论文中 TOP15 高频关键词及其时序变化，图左边部分为国际上 SCI 论文中高频关键词，图右边部分为中国发表 SCI 论文中的高频关键词，圆圈的大小反映关键词在该时段的频率与该时段 SCI 论文总数的比值。总体上来讲，这些高频关键词反映该领域的研究热点。如图 3-2 所示，在国际上 TOP15 高频关键词中，与土壤有机碳相关的关键词有土壤有机质（soil organic matter）、土壤有机碳（soil organic carbon）和固碳（carbon sequestration）等；与土壤结构相关的关键词有土壤结构（soil structure）、团聚体稳定性（aggregate stability）、团聚作用（aggregation）和土壤团聚体（soil aggregates）等；与驱动土壤结构变化相关的关键词有耕作（tillage）、土壤侵蚀（soil erosion）、土壤压实（soil compaction）和免耕（no tillage）等；与影响土壤结构形成相关的关键词有土壤水分（soil moisture）和丛枝菌根真菌（arbuscular mycorrhiza fungi）等；另外还有两个关键词是氮（nitrogen）和模型模拟（modeling）。因此，在土壤结构与功能领域，这些高频关键词反映国际上的研究热点为土壤结构形成稳定机制、团聚体与有机碳的相互作用、侵蚀和耕作下土壤结构演变过程等。从不同时序分析，土壤团聚体（soil aggregates）、土壤有机碳（soil organic carbon）、免耕（no tillage）和固碳（carbon sequestration）等关键词在近 15 年表现出增长趋势，反映气候变化和人类活动受到越来越多学者的关注。而土壤侵蚀（soil erosion）、土壤压实（soil compaction）、模型模拟（modeling）和氮（nitrogen）等关键词的频率呈降低趋势，反映土壤侵蚀和土壤压实等传统研究领域的研究热度在降温。位居前 5 位的高频关键词（soil organic matter，soil structure，aggregate stability，aggregation，tillage）和土壤结构形成稳定机制的关键词（soil moisture，arbuscular mycorrhiza fungi）在近 15 年处于一个比较稳定的阶段，体现出这些热点一直得到持续的广泛关注。图 3-2 右边 15 个高频关键词的频率在近 15 年来越来越高，这与我国学者 SCI 论文数快速增长有关（表 3-2）。但是，与国际上高频关键词相比较，中国高频关键词中新出现了土地利用（land use）、水稳定性团聚体（water stable aggregate）、黄土高原（Loess Plateau）、数值模拟（numerical simulation）和土壤性质（soil properties）等，相应地少了土壤压实（soil compaction）、模型模拟（modeling）、免耕（no tillage）、固碳（carbon sequestration）和氮（nitrogen）等关键词。**这体现我国更加关注土地利用，特别是黄土高原区，水稳定性团聚体和土壤性质的差异，而在土壤压实和免耕方面关注相对较少**。另外，前 5 个高频关键词的差异也反映出国际

上主要关注土壤有机质（soil organic matter）与团聚体（aggregate stability，aggregation）的相互作用以及耕作（tillage）对土壤结构（soil structure）的影响；而我国侧重关注土壤团聚体（soil aggregates）与有机碳的关系（soil organic carbon，soil organic matter）、团聚体稳定性（aggregate stability）与土壤侵蚀（soil erosion）等研究领域。可见，**我国学者结合自身国情，重点关注侵蚀区域土壤团聚体水稳性、土地利用方式和耕作下土壤团聚体形成稳定机制与有机碳固定等研究。**

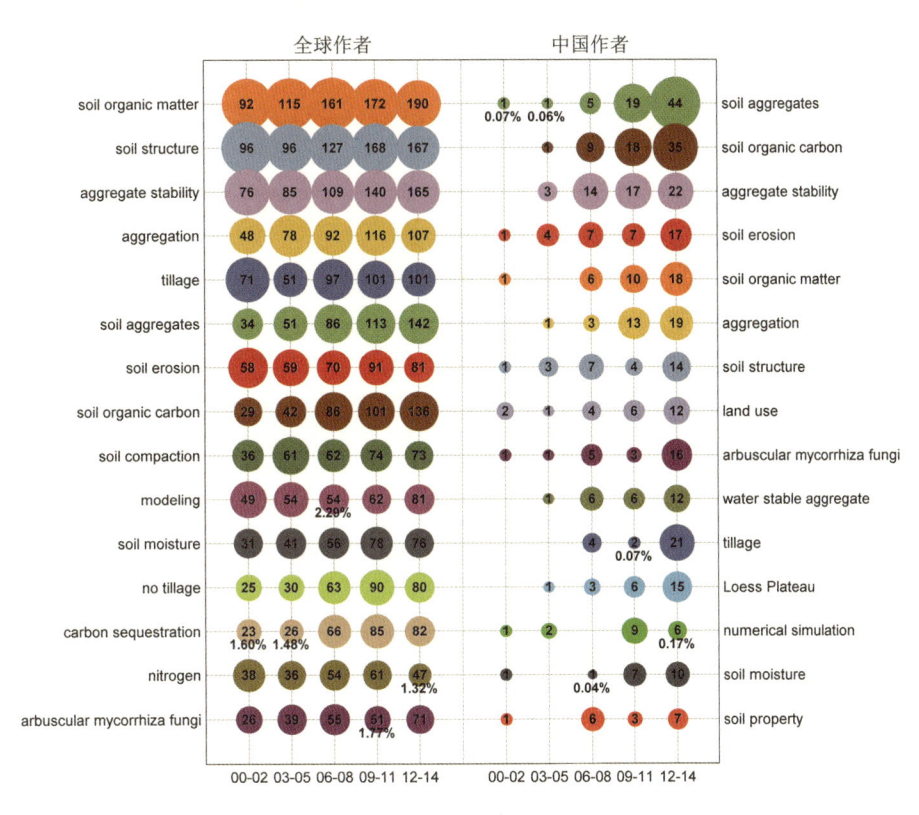

图 3-2　2000～2014 年"土壤结构与功能"领域 SCI 期刊全球及中国作者发表论文高频关键词对比

3.3.2　近 15 年中国该领域研究特色及关注热点

根据土壤结构与功能领域相关的中文关键词，制定中文检索式如下：SU='土壤' and (SU='土壤结构' or SU='团粒结构' or SU='土体结构' or SU='团聚体' or SU='结构系数' or SU='土壤微形态' or SU='平均重量直径' or SU='分形维数' or SU='分形理论' or SU='湿筛法' or SU='干筛法' or SU='土壤压实' or SU='土壤结构改良剂' or SU='聚丙烯酰胺' or SU='le bissonnais' or SU='CT')。从 CNKI 中检索得到 2000～2014 年本领域中文 CSCD 核心期刊发表论文总数为 2 908 篇。图 3-3 为 2000～2014 年土壤结构与功能领域 CSCD 核心期刊论文关键词共现关系，大致可分为 6 个相对独立的研究聚类圈，包括**团聚体形成的生物因素、典型农田土壤结构特征与有机碳库、农田管理与团聚体组成、秸秆还田与土壤理化性质、土壤物理性质与肥力、侵蚀区域土壤团聚体稳定性与水土保持** 6 个方面。其中：第 1 个聚类圈主要从团聚体形成的机理上进行研究；第 2～5

个聚类圈主要研究不同农田管理措施下土壤结构的肥力特征;第 6 个聚类圈主要从土壤可蚀性的角度研究我国不同侵蚀区域的团聚体稳定性。因此,我国的研究侧重农田土壤和侵蚀区域的土壤结构相关研究,从我国粮食安全和生态安全角度开展相关研究工作。

(1)团聚体形成的生物因素

从图 3-3 来看,该聚类圈中有水稳定性团聚体、土壤改良剂等,同时出现了土壤微生物、群落多样性、群落结构、多样性、丛枝菌根真菌、根际、根瘤菌等与生物相关的关键词,还出现了小麦、水稻和豆科植物等。这些关键词聚在一起,表明从土壤生物的角度探究农田土壤团聚体形成稳定机制是我国该领域的研究热点。

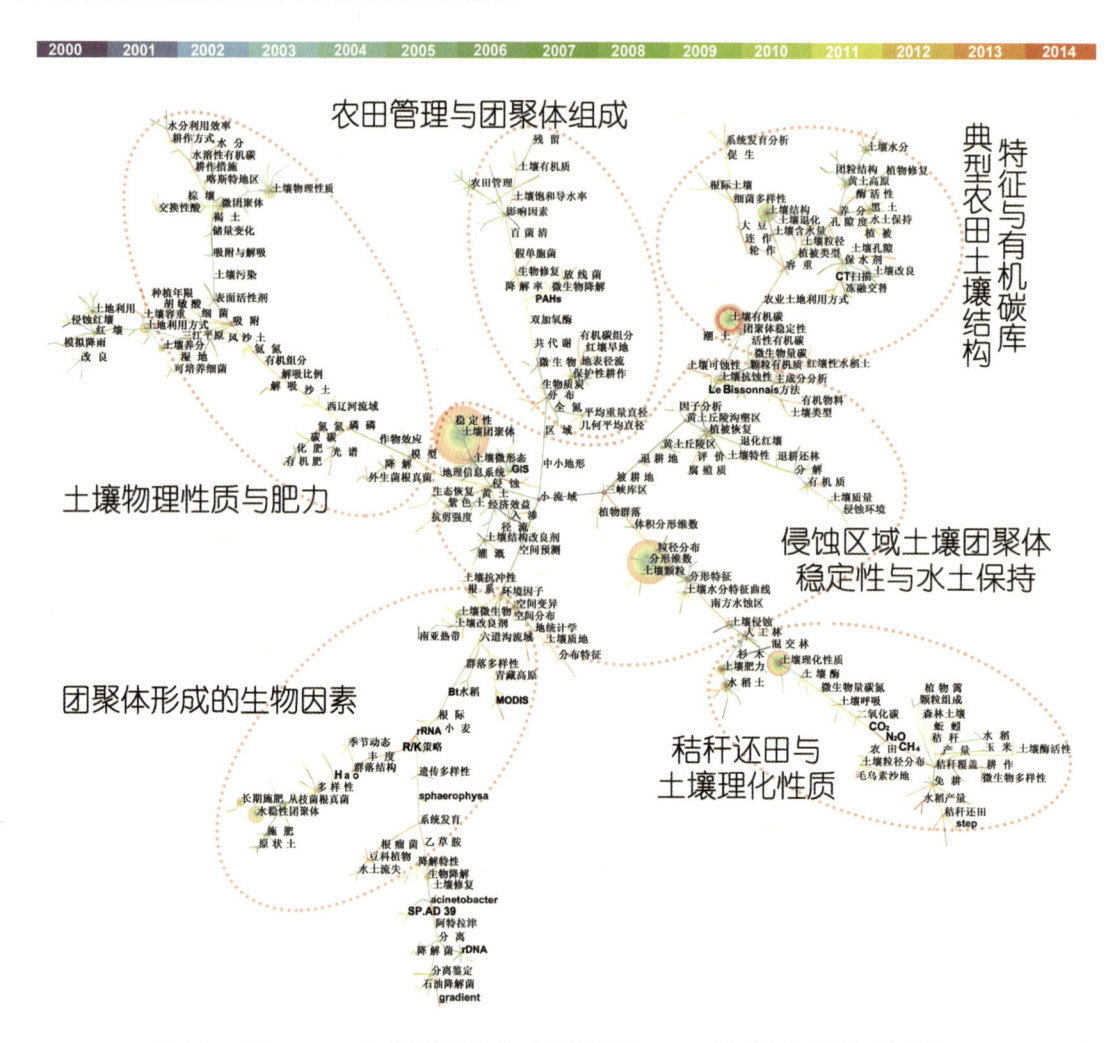

图 3-3 2000~2014 年"土壤结构与功能"领域 CSCD 期刊论文关键词共现关系

(2)典型农田土壤结构特征与有机碳库

该聚类圈中出现黑土、潮土、红壤性水稻土、黄土高原等我国主要农田土壤类型和区域,还出现农业土地利用方式、土壤类型等,也出现大豆、轮作、连作等种植制度相关的关键词。分析这些农田土壤结构特征,聚类圈中出现土壤结构、土壤孔隙、土壤粒径、容重、CT 扫描、团粒结构、团聚体稳定性等关键词,以及分析农田土壤有机碳、活性有机碳、颗粒有机质等。这些关键词体现了从土壤有机碳提升和土壤结构改良的角度出发,研究典型农田土壤质量和生产力是我国学者研究的热点领域。

(3) 农田管理与团聚体组成

该聚类圈出现了农田管理、土壤有机质、有机碳组分、生物炭和保护性耕作等关键词,这些关键词反映农田管理上通过耕作措施、有机质和生物炭的投入来改善土壤结构。同时,还出现了平均重量直径、几何平均直径,这两者常用于评价团聚体大小分布。但是,这个圈中也出现了生物修复和降解等与环境相关的关键词,这部分可能在团聚体尺度开展有关研究。

(4) 秸秆还田与土壤理化性质

该聚类圈中出现了秸秆覆盖、秸秆还田、秸秆等关键词,同时还出现水稻、玉米、农田、水稻土、水稻产量、产量、土壤肥力、土壤理化性质等与土壤生产力相关的关键词,出现了土壤呼吸、二氧化碳、CO_2、N_2O、CH_4 等温室气体相关的关键词,以及秸秆腐解过程中微生物量碳氮、土壤酶、土壤酶活性、微生物多样性、蚯蚓等关键词。秸秆还田有利于维持土壤质量,但是不合理的还田措施可能增加温室气体排放。因此,秸秆资源合理利用是我国农业面临的重要任务之一,也得到广大学者的高度关注。

(5) 土壤物理性质与肥力

该聚类圈出现了土地利用方式、种植年限、耕作措施、耕作方式、化肥、有机肥等关键词,同时出现了土壤物理性质、土壤容重、微团聚体等土壤物理肥力相关的关键词,还出现了水分利用效率、水分、土壤养分、碳、氮、磷、作物效应等水肥利用相关的关键词。可见,该聚类圈主要表明耕作土壤结构及其水肥调控功能为我国学者的重要研究领域之一。

(6) 侵蚀区域土壤团聚体稳定性与水土保持

该聚类圈出现了黄土丘陵沟壑区、黄土丘陵区、三峡库区、紫色土、黄土、南方水蚀区等我国典型侵蚀区域相关的关键词,同时出现了土壤可蚀性、土壤抗蚀性、土壤抗冲性、土壤侵蚀、抗剪强度等反映土壤可蚀性相关的关键词,还出现了 Le Bissonnais 方法、土壤团聚体、稳定性、土壤颗粒、粒径分布、分形维数、体积分形维数等反映土壤团聚体大小分布和稳定性的关键词。针对侵蚀区域开展生态恢复和水土保持措施,出现了退化红壤、坡耕地、退耕地等关键词,同时也出现了退耕还林、人工林、混交林、土壤结构改良剂、生态恢复等关键词。这些关键词聚在一起清楚地表明,典型侵蚀区域受到我国学者广泛关注,同时团聚体稳定性以及利用分形理论评价团聚体分布特征是该研究领域的热点。

总体来看,以我国典型农田土壤开展不同耕作措施、施肥制度下团聚体形成的生物机制、土壤结构特征及其水肥利用为主要研究方向,重点研究土壤结构的肥力功能。以秸秆还田和施肥对土壤结构变化、温室气体排放和土壤有机碳组成为主要研究领域,体现土壤结构的固碳功能。在典型侵蚀区域开展土壤结构稳定性和水土保持工作,体现土壤结构的生态功能。**这些研究充分反映我国土壤结构与功能领域主要从粮食生产、水土保持和全球变化这 3 个角度开展工作。**

2000～2014年中国学者在土壤结构与功能领域发表SCI论文的关键词共现关系如图3-4所示，可以划分为4个聚类圈：**土壤结构形成稳定机制、典型农田土壤结构特征及其固碳和肥力功能、侵蚀和压实驱动下土壤结构退化机制、团粒结构与有机质的相互作用**。从中发现中国学者在该领域主要研究方向以及与前述国际上主要研究方向（图3-1）的异同。

（1）土壤结构形成稳定机制

在该聚类圈中出现了丛枝菌根真菌（arbuscular mycorrhiza fungi）、真菌（fungus）、球囊霉素（glomalin, glomalin related soil protein）、多糖（polysaccharide）、酶活性（enzemy activity）、微生物量（microbial biomass）、细菌（bacterium）、植物（plant）、根（root）、有机物（natural organic matter）、生物炭（biochar）和可溶性有机碳（dissolved organic carbon）等与团聚体形成生物因素相关的关键词，同时也出现了黏粒（clay）、黏土矿物（clay mineral）、赤铁矿（hematite）、颗粒大小分布（particle size distribution）等与团聚体形成非生物因素相关的关键词，还出现了长期试验（long-term experiment）、施肥（fertilization）、管理措施（management practices）和土壤添加剂（soil amendments）等影响土壤团聚体形成的生物和非生物因素的关键词。这些关键词聚在一起，比较清楚地阐明了土壤结构形成稳定（soil structural stability, stabilization）的关键生物和非生物机制。

（2）典型农田土壤结构特征及其固碳和肥力功能

在该聚类圈中出现了黑土（black soil，Mollisol）、水稻土（paddy soils）、红壤（red soil）等我国典型农田土壤类型，出现了耕作（tillage, conservation tillage, conventional tillage, no tillage）和土地利用（land use）等关键词，反映了在我国典型农田土壤的不同耕作制度、土地利用方式下开展农田土壤结构（soil structure, water stable aggregate）的研究，利用CT扫描（computed tomography）、图像分析（image analysis）和分形理论（multifractal）进一步分析土壤结构特征。同时，聚类圈中也出现了土壤有机质（soil organic matter）和固碳（carbon sequestration）等关键词以及气候变化（climate change，CO_2）等相关的关键词，还出现了土壤质量（soil quality）、土壤肥力（soil fertility）、可持续农业（sustainable agriculture）、作物系统（cropping system）等土壤肥力和质量相关的关键词，也出现了水（water, water use efficiency）肥（nitrogen, total nitrogen, phosphous）高效利用相关的关键词。这些关键词聚在一起体现了典型农田土壤结构特征及其固碳和肥力功能受到我国学者的广泛关注。

（3）侵蚀和压实驱动下土壤结构退化机制

在该聚类圈中出现了径流（runoff）、模拟降雨（rainfall simulation）、细沟侵蚀（rill erosion）、细沟间侵蚀（interrill erosion）、泥沙（sediment）和运移（transport）等关键词，体现了土壤侵蚀（soil erosion）的驱动机制。同时，出现了团聚体稳定性（aggregate stability）、土壤可蚀性（soil erodibility）、颗粒分布（size distribution）、密度分布（density fractions）和斥水性（water repellency）等反映侵蚀过程及其驱动下团聚体稳定性机制的关键词。该聚类圈还出现了土壤压实（soil compaction）以及反映土壤结构强度（soil strength）和孔隙变化（pore size distribution，

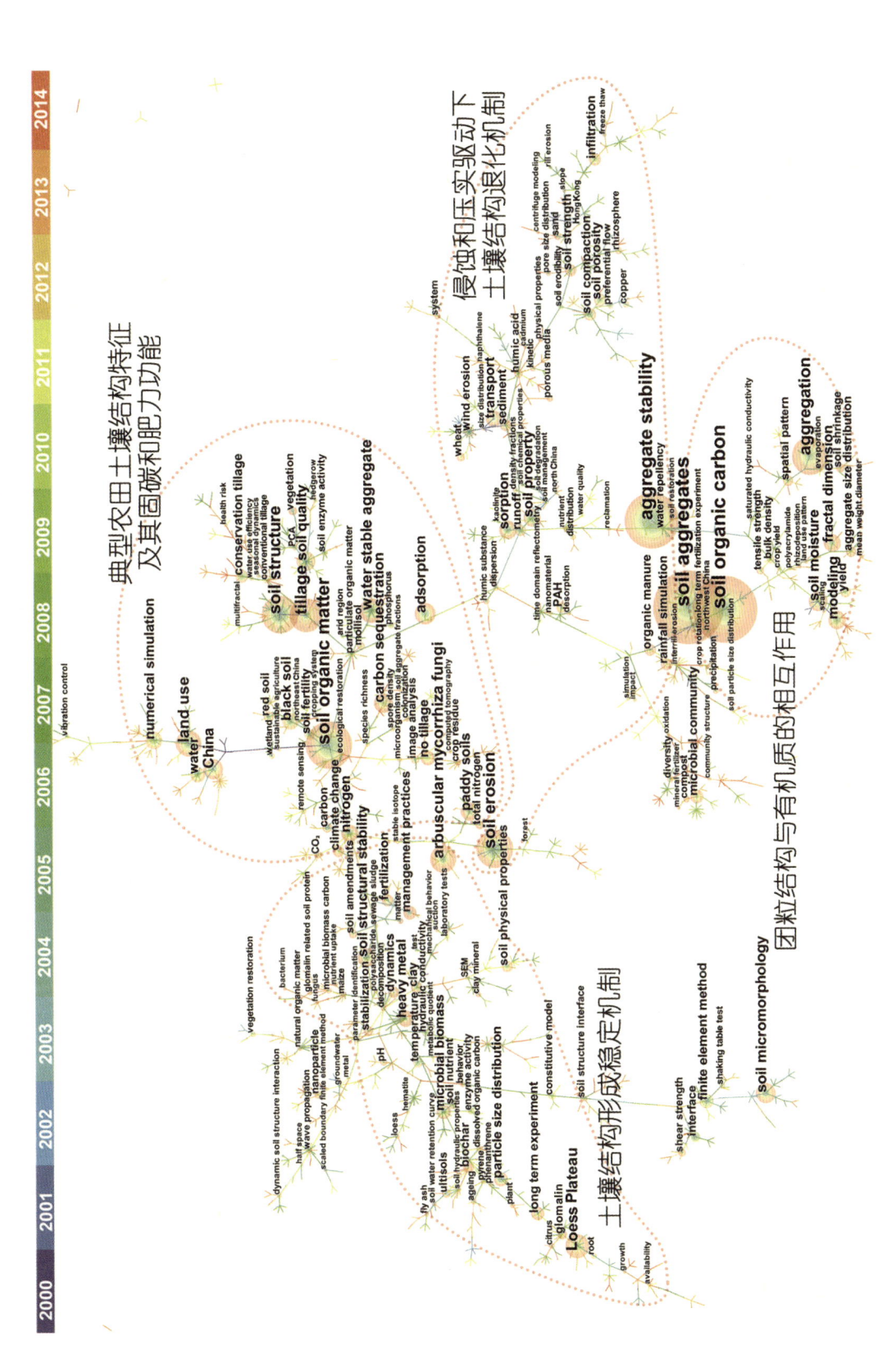

图 3-4　2000~2014 年"土壤结构与功能"领域中国作者 SCI 期刊论文关键词共现关系

soil porosity）的关键词。土壤结构影响优先流（preferential flow）和入渗（infiltration）等水分运动。此外，还出现了土壤退化（soil degradation）和土壤恢复（soil restoration）等关键词。该聚类圈体现了我国学者主要在土壤侵蚀和土壤压实驱动下，探讨土壤结构变化规律及其水分运动的影响。

（4）团粒结构与有机质的相互作用

该聚类圈中出现了以土壤团聚体（soil aggregates）、团聚过程（aggregation）和土壤有机碳（soil organic carbon）等较大的圈为关键词，同时出现了描述团聚体粒级分布（aggregate size distribution）的平均重量直径（mean weight diameter）和分形维数（fractal dimension）等关键词。该聚类圈中还出现了长期施肥试验（long term fertilization experiment）、作物轮作（crop rotation）、根际沉积（rhizodeposition）、土壤利用格局（land use pattern）、作物产量（crop yield，yield）等影响有机碳投入的关键词。这些关键词体现了有机物投入对团聚体形成及其反馈机制研究受到我国学者的广泛关注。

3.3.3　近15年中国学者该领域研究取得的主要学术成就

根据我国学者近15年发表CSCD核心期刊论文关键词共现关系（图3-3）和SCI论文关键词共现关系（图3-4）以及大量文献分析，总结出近15年中国学者在该领域研究取得的学术成就，主要体现在以下4个方面。

（1）我国典型土壤团聚体形成稳定机制

土壤团聚体的形成是一个非常复杂的过程，包括一系列的物理、化学及生物的作用。其形成主要依赖土壤中各种胶结物质的数量和性质。在土壤中起作用的胶结物质一般可以分为有机胶结物质和无机胶结物质。前者主要来源于有机质、微生物、土壤动物以及根系等；后者包括铁铝氧化物和碳酸钙等。

基于长期定位施肥试验，有机物料的施用能促进土壤团聚体的形成和稳定。这一结论在我国水稻土（李辉信等，2006：422~429；周萍等，2008：1063~1071）、红壤（黄欠如等，2007：608~613；徐江兵等，2007：675~682）、潮土（耿瑞霖等，2010：908~914）、褐土（孙天聪等，2005：1841~1848）、黑垆土（霍琳等，2008：545~550）、黑土（冷延慧等，2008：2171~2177）等得到广泛验证。基于植被恢复可增加外源有机碳投入，安韶山等（2008：66~70）报道在黄土高原随植被恢复年限的增加，水稳性团聚体的粒径分布更为均匀和稳定。郭曼等（2010：229~238）报道黄土高原植被恢复过程由草本、多年生灌草、半灌木、灌木、乔木方向演替，水稳性团聚体由小粒径向大粒径方向转变，土壤结构趋于稳定。生物炭对团聚体形成的影响也得到广泛关注。Peng等（2011b：159~166）和侯晓娜等（2015：705~712）分别报道添加1%水稻秸秆生物炭和5%花生壳生物炭没有提高红壤与砂姜黑土团聚体稳定性。但是，Sun和Lu（2014：26~33）报道添加6%秸秆或者6%污泥生物炭提高了砂姜黑土团聚体稳定性，而2%和4%比例均没有促进团聚作用。生物炭由于难以分解，团聚作用小，甚至其表面斥水性物质（比如：焦油）可能降低团聚体稳定性（Peng et al.，2011b：159～166；Sun and Lu，2014：26～33）。

菌根分泌物黏结和菌丝物理缠绕促进土壤大团聚体的形成（冯固等，2001：99～102）。Tang 等（2011：153～159）通过添加真菌和细菌抑制剂均显著降低团聚体稳定性，证实真菌和细菌活性参与了团聚体的形成。Wu 等（2008：122～128）报道真菌不但有利于大团聚体的形成，而且提高了土壤有效水库容，从而提高了干旱胁迫下橘树的生长。Peng 等（2011a：676～684）通过添加人工合成的有机质分解和生物活动等产生的分泌物，发现其团聚作用与黏滞系数和表面张力等有关。分泌物的团聚作用随着干湿交替次数增加越来越不明显，收缩性能强的土壤则降低得更快。

我国南方富含铁铝的红壤，有机质和铁铝氧化物对团聚体形成均有贡献。Zhang 和 Horn（2001：123～145）分析我国南方主要典型母质的红壤团聚体稳定性，发现红壤团聚体稳定性破碎机制主要以消散作用为主，团聚体稳定性与有机质的关系很弱，而与铁铝氧化物的关系很强。说明我国南方红壤团聚体以无机胶结物质为主。为了区分我国有机胶结物质（有机质）和无机胶结物质对红壤团聚体形成的贡献，Peng 等（2015：89～98）通过分别除去有机质、铁铝氧化物的方法，分析了除去前后团聚体粒级分布和土壤比表面积的变化，发现有机质主要胶结 250～2 000μm 团聚体，而<250μm 团聚体主要以铁铝氧化物胶结机制为主；并指出了有机无机复合体不是红壤团聚体的主体组成，团聚体或者以铁铝氧化物，或者以有机质为主导而形成的，在各粒级之间存在分异。氧化铝对黏土矿物及腐殖质的胶结作用可能强于氧化铁，更有助于大团聚体的形成及稳定。

（2）我国典型农田土壤结构特征与有机碳累积

土壤团聚体的形成和有机碳含量的提高是两个相互促进的过程。一方面，有机质是土壤团聚体形成的重要胶结剂；另一方面，团聚体对土壤有机质起到物理性保护作用，使之避免受到土壤微生物的降解。土壤的固碳功能伴随土壤团聚体形成、稳定及更新周转过程的始终。因此，团聚体的形成和周转模式是理解与研究有机碳动态变化的基础。

我国学者在不同典型农田土壤开展了土壤结构特征与有机碳累积的相互作用研究。基于长期定位试验，有机肥施用增加团聚体稳定性，同时团聚作用促进有机碳在土壤中累积，这一结论在我国典型农田土壤水稻土（Li et al.，2010：268～274；Zhang et al.，2012：457～470）、红壤（Yan et al.，2013：42～51；李辉信等，2006：422～429；徐江兵等，2007：675～682）、潮土（耿瑞霖等，2010：908～914）、棕壤（安婷婷等，2007：407～409）、黑土（梁爱珍等，2009：2801～2808）等得到广泛证实。在红壤长期定位试验地，红壤中有机碳绝大部分以矿物结合态有机碳为主，而闭蓄态颗粒有机物和游离态颗粒有机物含量较低（徐江兵等，2007：675～682；李辉信等，2006：422～429）。Zhou 等（2010：231～242）进一步报道，在太湖地区长期施用有机肥或者化肥的土壤颗粒有机物，与不施肥相比，含 O-alkyl-C 少，而 aromatic-C 和 alkyl-C 多，反映其更加稳定。

耿瑞霖等（2010：908～914）报道，在 18 年长期施肥的潮土，有机肥和无机肥均提高了土壤有机碳，且随团聚体粒级增大而有机碳增加。有机肥提高了团聚体稳定性，但是无机肥则没有。潮土有机碳以细颗粒态有机物为主，且有机肥施用显著增加了矿物态有机碳和颗粒有机物。这与南方红壤有机碳以矿物结合态碳为主不同（徐江兵等，2007：675～682；李辉信等，2006：422～429）。

安婷婷等（2007：407～409）报道，在 18 年长期施肥的棕壤，碳含量随着团聚体粒径的增加而增加，大团聚体有机碳含量比微团聚体碳含量增加 9～28g/kg。与不施肥处理相比，施有机肥增加了土壤中大团聚体的数量，促进了大团聚体的形成，并且显著增加了团聚体中有机碳的含量。长期施用有机肥有利于表层土壤有机碳的固定，且新固定的碳主要集中在大团聚体中（>250μm）。耕作引起棕壤中富碳大团聚体减少，贫碳的微团聚体增多。

长期单施化肥尽管能提高有机碳，但是在发育于第四纪红黏土的红壤和水稻土上并没有改善土壤结构，甚至导致土壤板结（Yan et al., 2013：42～51；黄欠如等，2007：608～613）。Zhou 等（2013：23～30）通过 CT 扫描和图像分析，与不施肥处理相比，单施化肥虽然提高了土壤有机碳，但是没有改善土壤孔隙数量、孔喉数量和孔隙节点数量等。

（3）团聚体水稳定性与土壤可蚀性

团聚体水稳定性是表征土壤可蚀性的重要指标。我国学者针对典型侵蚀区红壤（Shi et al., 2012：123～130；史志华等，2007：217～224）、黄土（曾全超等，2014：1093～1101）和黑土（姜义亮等，2013：7774～7781）等，开展了大量团聚体水稳定性与土壤侵蚀相关的研究工作，获得丰硕的学术成果。这方面学术成就在本书第 6 章"土壤侵蚀过程与动力机制"中有详细的论述，在这里不再赘述。

（4）土壤结构演变过程与模型模拟

土壤结构演变过程主要表现在：一是受土壤耕作压实的影响；二是随干湿交替而变化。土壤压实是土壤退化的主要类型之一。近年来，我国农业现代化进展加快，劳动力成本升高，机械化耕作越来越普及，土壤压实逐渐成为我国农业可持续发展的障碍因素。李汝莘等（2002：126～129）报道我国普遍使用的小四轮拖拉机对小麦苗床碾压，土壤容重超过作物的适应范围，并显著降低入渗。土壤压实除影响土壤水肥的有效供应外，还直接影响植物的根系形态，植物主根伸长受到抑制，侧根形成数量增加，根系变短变粗（Chen et al., 2014：61～70）。高爱民等（2007：101～105）报道苜蓿产量与土壤紧实度呈负相关，且在浅土层内相关程度更高。黑土区不同作物受土壤压实的影响规律不同，相同压实程度下，小麦减产最为显著，其次是玉米，而大豆对土壤机械压实具有一定的调节和适应性，减产不明显（张兴义等，2002：64～67）。土壤压实对保障粮食安全，提供水肥高效利用具有重要作用，但是我国针对机械化耕作对土壤压实的系统研究较少。

耕作方式是土壤结构变化的主要驱动力。周虎等（2007：1973～1979）报道免耕使表层土壤的容重显著增加，而旋耕与翻耕的表层土壤容重差异不显著，但旋耕使 10～20cm 的土壤容重明显增加。水稳性团聚体稳定性为免耕＞旋耕＞翻耕，说明旋耕和翻耕处理由于对土壤的强烈扰动，降低了耕作深度内土壤团聚体的团聚度和稳定性。梁爱珍等（2009：2801～2808）报道 5 年的免耕、秋翻和垄作处理对黑土大团聚体（＞250μm）的影响远大于微团聚体。

土壤结构随干湿交替发生变化。土壤结构在脱水过程产生裂隙。裂隙长度、宽度和面积是常用的参数，或者利用分形几何学和拓扑学的方法描述裂隙的分布特征与连接度（熊东红等，2013：102～108）。最近，Zhang 等（2015：53～65）利用 CT 扫描技术研究了稻田裂隙的三维结构特征，结果发现该技术能够很好地定量化描述裂隙的三维结构。相较于其他方法，CT 扫描技术能够精确计算裂隙的体积、表面积以及在土体中的空间分布等三维特征。如果裂隙与垂直方向土壤结构收缩一致，可用土壤收缩特征曲线来模拟。根据土壤收缩特征曲线的"S"形状并结合其收缩特征的参数，Peng 和 Horn（2005：584～592）提出了土壤收缩新模型、土壤收缩阶段和收缩类型的划分依据与方法，并指出了耕作压实不改变土壤收缩特征，在此工作基础上开发了土壤收缩模型模拟软件（Peng et al.，2009：681～694）。这些工作丰富了干湿交替驱动下土壤结构演变过程的研究。

3.4 NSFC 和中国"土壤结构与功能"研究

NSFC 是我国土壤结构与功能研究资金的主要来源，大大推动了土壤结构方面的研究，培养了一批土壤结构相关研究的优秀人才。在 NSFC 的资助下，中国土壤结构与功能领域的研究地位在国际上不断提升，研究成果受到越来越多国际同行的关注。

3.4.1 近 15 年 NSFC 资助该领域研究的学术方向

根据近 15 年 NSFC 资助土壤结构与功能领域项目高频关键词统计（图 3-5），TOP20 关键词的频率一共为 157 次。土壤团聚体、土壤结构和农田土壤位居前 3 位，占 43%。如果加上"长期施肥"，则达到 47%。可见，NSFC 在本研究领域的资助方向主要集中在农田土壤结构/团聚体。从其他高频关键词来看，土壤有机碳、土壤有机质、土壤微生物、土壤胶体、根系分泌物等阐释土壤结构形成机制的关键词较多，比例为 20%。围绕土壤侵蚀（6%）开展团聚体稳定性也是 NSFC 主要资助方向。针对量化土壤结构的关键词有分形理论、土壤孔隙、图像分析、土壤微形态等（13%），这也反映土壤结构定量化发展的趋势。土壤有机碳、土壤侵蚀、土壤质量、入渗、土壤水等反映土壤结构功能的资助方向。"模型模拟"也在各个时间段得到资助。以土壤结构、团聚体、大孔隙、优先流和孔隙结构等为关键词，对 NSFC 近 15 年的土壤学领域资助项目进行检索，结果为 67 项受到 NSFC 资助。以 3 年为一个时段对资助项目进行分析，具体如下。

（1）2000～2002 年

这个时段 NSFC 资助项目较少，仅为 4 项（包括国际合作与交流项目）。关键词主要集中在土壤结构、图像分析和优先流等，表明这段时间开始利用图像分析开展土壤结构的量化以及土壤结构对水分运动的影响等研究，其中包括"不同灌溉方式对土壤结构影响的图像分析"（基金批准号：40210104016）、"长江三峡库区优先流形成特性"（基金批准号：40210104019）、"稻田土壤水分优先流与土壤氮素迁移关系"（基金批准号：40210104119）等。

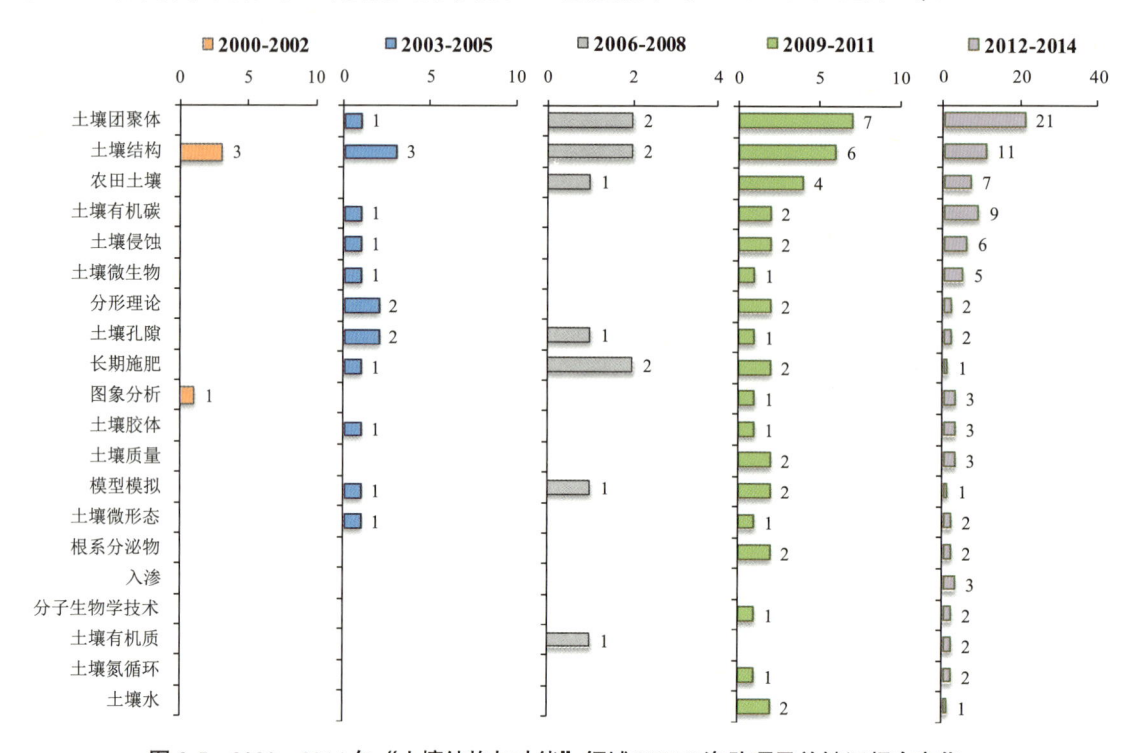

图 3-5　2000～2014 年"土壤结构与功能"领域 NSFC 资助项目关键词频次变化

（2）2003～2005 年

与上一阶段相比，在这个时段 NSFC 资助项目得到增长，一共为 12 项。这个时段 TOP20 关键词中有土壤结构、土壤团聚体、土壤孔隙、分形理论、土壤微形态、土壤有机碳、土壤微生物、土壤胶体、土壤侵蚀等，表现出研究内容丰富，土壤结构的量化、形成机制及其固碳、侵蚀的关系成为该时间段的研究热点。其中与土壤结构量化的项目有"基于三维土壤结构分析的孔隙网络模型研究"（基金批准号：40401027）、"宁南山区土壤团粒分形特征及其对植被恢复的响应"（基金批准号：40461006）、"古尔班通古特沙漠生物土壤结皮微结构研究"（基金批准号：40571085）等。与土壤结构形成稳定机制及其固碳有关的项目有"土壤胶体分形凝聚与土壤团粒结构体的形成"（基金批准号：40371061）、"铁、铝氧化物与黏土矿物交互作用及其对红壤理化性质的影响"（基金批准号：40471071）、"长期施肥条件下黑土团聚体对活性有机碳的保护作用"（基金批准号：40501038）、"红壤性水稻土有机质的物理稳定性机制及影响因素研究"（基金批准号：40371059）等。开展团聚体稳定性与土壤侵蚀的项目有"降雨条件下红壤表土团聚体破坏与坡面侵蚀过程响应"（基金批准号：40401034）和"降雨侵蚀过程中表土孔隙结构时空变异性研究"（基金批准号：40501040）等。

（3）2006~2008 年

这个时段 NSFC 资助项目为 8 项，关键词以土壤团聚体、土壤结构、长期施肥、农田土壤、土壤有机质为主，表明长期施肥农田土壤结构特征及其与有机质的相互作用为该时段的研究热点。与之相关的项目有"长期施肥对亚热带稻田土壤有机碳组成及其稳定性的影响"（基金批准号：40701083）、"土壤不同粒级团聚体中腐殖物质组成和结构特征研究"（基金批准号：40871107）等。这个时段开始研究微生物对团聚体形成的影响，比如"丛枝菌根真菌侵染影响土壤结构作用与机制研究"（基金批准号：40701085）。土壤结构的图像分析仍然得到重视，比如项目"基于偏微方程的数字图像处理在土壤孔隙研究中的应用"（基金批准号：40771094）。同时，分析土壤结构如何影响热传导是新的研究内容，比如项目"土壤孔隙空间形态结构对扩散和热传导的影响"（基金批准号：40671085）。

（4）2009~2011 年

从这个时段开始，土壤结构与功能领域受 NSFC 资助项目开始快速增长，资助项目上升为 19 项。TOP20 关键词在这一阶段也明显增多，研究内容更加深入，开始出现根系分泌物、同步辐射等。农田土壤结构特征及其与有机质的相互作用仍为该时段的研究热点，包括 4 项水稻土、4 项黑土等。比如："长期施肥下稻田土壤结构变化及其对养分供应的影响"（基金批准号：41101198）、"红壤性水稻土裂隙产生机制及其优势流"（基金批准号：41171180）、"黑土区保护性耕作下农田土壤孔隙结构及其表土水文效应研究"（基金批准号：41101207）、"大豆根系分泌物对黑土水稳性团聚体的影响"（基金批准号：40971152）等。这些项目也反映从施肥、耕作、根系分泌物、干湿交替等因素分析土壤结构形成稳定机制。土壤结构对有机碳的物理固定仍然是研究热点，但是土壤结构的肥力功能和抗蚀功能也得到重视。比如"施磷改善红壤结构的机理及其保水功效评价"（基金批准号：40901146）、"红壤团聚体稳定性及其在坡面侵蚀过程中的迁移与转化规律"（基金批准号：40930529）、"超声激励下土壤团聚体动态破碎过程研究"（基金批准号：41101201）等项目。这一时段三峡库区消落带土壤结构稳定性也是研究热点，比如"三峡消落带干湿交替条件下土壤微结构变化特征"（基金批准号：41171222）。这一时段还出现同步辐射技术分析土壤三维结构等新的研究方向，比如"基于同步辐射显微 CT 的土壤三维结构特征及其水力性质的 LBM 模拟"（基金批准号：41101200）。

（5）2012~2014 年

与上一阶段相比，土壤结构与功能领域受 NSFC 资助项目继续快速增长，上升为 43 项。关键词土壤团聚体、土壤结构、农田土壤、土壤有机碳位居前 4 位，农田土壤结构特征及其与有机质的相互作用仍为研究热点。但是，首先，研究内容更加广，除了土壤结构特征、团聚体形成机制与稳定性、分形维数、优先流、入渗、可蚀性等为传统研究热点外，还有土壤紧实度、土壤结构力学、壤中流、耕作压实等新内容；其次，土壤类型更加多样化，包括红壤（5 项）、黑土（3 项）、水稻土（3 项）、潮土（3 项）以及砂姜黑土、棕壤、紫色土、灰漠土、盐土等（各 1 项）；最后，研究区域从典型农田土壤（东北黑土区、南方红壤区、华北平原）延伸到喀斯特、高寒草原/草甸、草地、三峡库区、花岗岩区等。除了传统的施肥、耕作外，生物炭（3项）和秸秆还田（2项）对土壤结构形成稳定性在该时段成为研究热点。比如有关生物炭的项目有："连续多年施用生物炭对棕壤团聚体稳定性及土壤肥力的影响"（基金批准号：41201283）、"生物质炭对新疆灰漠土团聚体稳定性及土壤质量影响研究"（基金批准号：41261059）、"生物质炭输入对水稻土团聚体有机碳矿化的影响及其微生物学机制"（基金批准号：41401318）。外源碳输入和无机胶结物质对土壤结构形成稳定机制仍为该领域的核心研究内容（共17项），在这一阶段土壤结构物理破碎机制也是研究热点。比如："季节性冻融对黑土区机械耕作土壤结构的影响机制"（基金批准号：41271293）、"花岗岩风化物的湿胀干缩过程与崩岗发生机理研究"（基金批准号：41301297）、"水位脉动条件下三峡水库消落带土壤团聚体演变规律及其稳定特征"（基金批准号：41401243）、"不同结构土壤斥水性对坡面侵蚀过程的综合影响及其作用机理研究"（基金批准号：41401317）等。总体来说，土壤结构与功能资助项目更加全面，更加深入，更加与功能（肥力、固碳和抗蚀）紧密结合在一起。

3.4.2 近15年NSFC资助该领域研究的成果及影响

图3-6是2000～2014年土壤结构与功能领域CSCD及SCI论文发表、中国学者SCI论文及受NSFC资助的比例。过去15年来，CSCD论文发表从2000年的56篇到2014年的332篇，增长了4.9倍。SCI论文发表从2000年的464篇到2014年的1 340篇，增长了1.9倍。中国学者SCI论文发表从2000年的3篇到2014年的208篇，增长了68倍！在该领域，中国学者SCI

图3-6　2000～2014年"土壤结构与功能"领域论文发表与NSFC资助情况

论文占世界 SCI 论文的比例从 2000 年的不到 1%跃升到 2014 年的 16%。这些数据表明，过去 15 年中国学者 SCI 论文发表处于高速发展的阶段，更加注重在国际杂志上发表研究成果，逐渐在 *Soil Science Society of America Journal*，*European Journal of Soil Science*，*Geoderma*，*Soil & Tillage Research*，*CATENA* 等国际主流土壤学杂志上发表论文，表明我国对推动国际土壤结构与功能领域发展发挥越来越重要的作用。在推动我国土壤结构与功能领域的发展过程中，NSFC 扮演着重要角色。2000 年 51.8%的 CSCD 论文受 NSFC 资助，并且该比例一直呈现稳中有升的趋势，到 2014 年该比例上升为 65.7%。中国学者 SCI 论文受 NSFC 资助占比在 2008 年以前一直处于一个很低的水平，这可能与 NSFC 过去没有强调资助方等政策有关。自 2008 年该政策调整后，中国学者 SCI 论文受 NSFC 资助的比例得到快速增长。近 5 年，70%~80%的中国学者 SCI 论文得到 NSFC 资助。可见，NSFC 对推动我国土壤结构与功能领域研究发展的贡献不断提升，并起着举足轻重的作用。

图 3-7 反映了过去 15 年中国学者发表和 NSFC 资助的土壤结构与功能领域 TOP100 高被引 SCI 论文的比例。2006 年以前，中国学者在该领域发表了 82 篇 SCI 论文，进入 TOP100 的仅为 6 篇，其中 3 篇受 NSFC 资助，占 50%。2006~2008 年，有 11 篇论文进入了 TOP100。2009~2011 年，有 14 篇进入 TOP100。2012~2014 年，有 27 篇进入 TOP100，其中有 22 篇受 NSFC 资助，占 81.5%。这些数据说明，我国学者发表高影响力的文章还比较少，不过近几年这个局面有所改观，学术水平有显著提高。这种推动的力量主要源于 NSFC。

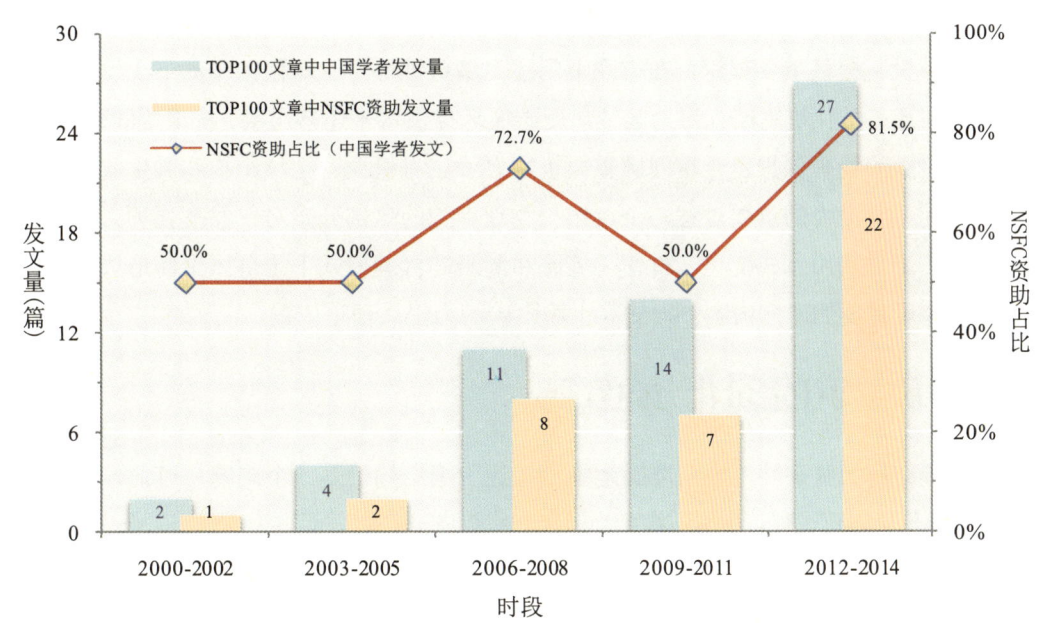

图 3-7 2000~2014 年"土壤结构与功能"领域高被引 SCI 论文数与 NSFC 资助情况

3.5 研 究 展 望

土壤结构与功能一直是土壤学、土壤侵蚀学和全球变化等领域的重要研究内容。我国土壤类型多样，种植制度和耕作方式多元化，这为开展全面阐释土壤结构的驱动因素提供了良好条件。团聚体是土壤结构的基本单元，但是，我们必须意识到，土壤结构与团聚体不能混为一谈，这是两个不同尺度，好比房屋与房间的关系。阐释土壤结构形成稳定机制、土壤可蚀性、土壤固碳等，一般从土壤结构的固相出发，以团聚体为主要尺度开展研究。相反，探讨土壤结构对水分运动、通气性、溶质迁移的影响，则往往在团聚体以上尺度比如土柱或更大尺度上开展，以土壤孔隙结构（气相）为研究对象。因此，要全面地阐述土壤结构与功能，需要综合多尺度、多角度（气相和固相）的研究。为此，对今后研究提以下3点展望。

3.5.1 土壤结构与功能的微观和宏观相结合

研究土壤结构，应以宏观的功能为导向，用微观机制来阐释其机理。从土壤结构肥力功能角度，土壤结构通过调节土壤强度、通气性和植物有效水库容等影响作物根系生长仍是重要研究内容，结合同位素示踪技术，深入揭示土壤结构影响水肥高效利用的机制，为土壤结构肥力质量评价提供理论依据。从土壤结构抗蚀功能来看，团聚体稳定性主要受消散作用的影响，但是其微观机制仍不清楚。颗粒胶结强度、入渗速度和"气压爆破"与土壤微结构的关系等为阐明团聚体消散机制提供重要理论，在宏观上阐述土壤可蚀性。土壤侵蚀驱动下土壤结构破碎后有机碳周转和迁移转化机制研究可为区域尺度碳循环提供水平迁移通量。从土壤固碳功能来看，团聚体对有机碳的物理保护是土壤固碳重要机制之一。有机质、土壤结构和微生物的协同是阐释土壤固碳速率及潜力的重要过程。土壤结构物理保护的这部分碳对气候变化和人类活动的响应非常敏感。土地利用方式变化、耕作、施肥和灌溉等管理模式下土壤团聚体形成稳定与有机碳周转仍是今后重要的研究内容，为提高土壤固碳潜力提供理论依据。

3.5.2 土壤结构往定量化方向发展

由于土壤结构的复杂性，全面准确地定量描述土壤结构仍是一个难题。目前，团聚体水稳定性指标在评价土壤可蚀性、土壤结构肥力等级和有机碳分布等方面被大为采用。令人遗憾的是这个方法至今仍没有在国际上统一。目前，用于测定团聚体稳定性的Yoder（1936：337～351）、Kemper和Rosenau（1986：425～442）、Elliott（1986：627～633）、Le Bissonnais（1996：425～437）等方法，在初始团聚体选择、筛子大小分布和破碎能量等方面均存在差异，导致不同方法所获得的结果难以比较。尽管如此，标准方法的建立需要大家努力制定。定量化描述土壤结构及其与功能的关系是重要研究内容。借助图像分析技术和数值计算，量化研究土壤孔隙结构与水分运动的关系、土壤结构与根系生长的互作关系等将促进相关模型的建立。

3.5.3 新技术、新方法和新模型的建立

近年来，团聚体形成的生物和非生物因素得到大量研究，但是对团聚体周转路径以及这些物质如何团聚仍不清楚。这也是至今还无法建立团聚体周转模型的主要原因。应用或者研发一些新技术和新方法，必将推动土壤结构与功能向新时期发展。采用同步辐射近边精细吸收谱（NEXAFS）与扫描透射 X 射线显微（STXM）技术，原位研究团聚体胶结物质（碳、铁等）的形态和空间分布，将更深入地阐述团聚体的形成过程。利用结构方程模型，定量地评价生物和非生物因素对团聚体形成稳定的贡献。这些研究将有利于建立团聚体周转模型。土壤中单相、两相甚至多相的水分运动和溶质迁移的模型（比如：HYDRUS）已经成熟，但是模型基于稳态的土壤结构，显然与野外田间土壤结构处于动态变化不符。由于土壤结构变化的复杂性，目前难以回答在干湿交替、耕作等外力作用下哪些孔隙在变，它们变多少，又如何影响水分运动等。利于 CT 技术和图像分析，并运用数值算法（比如：晶格玻尔兹曼法），或许在这个问题上会有所突破。

3.6 小　　结

土壤结构与功能研究在近 15 年得到飞跃式发展，这主要得益于新技术和新方法的出现以及社会需求的推动。Le Bissonnais（1996：425～437）所提出的团聚体稳定性测定方法大大推动了团聚体水稳定性与土壤可蚀性的相关研究。Six 等（1998：1367～1377）根据团聚体粒级及其有机碳在团聚体中的分布，提出粒级和密度相结合的土壤有机碳分组方法，促进了团聚体形成稳定与有机碳固定相结合的研究。CT 技术和图像分析技术的快速发展，也推动了土壤孔隙结构定量化及其与根系生长相互作用的研究。此外，土壤结构的功能研究范畴在扩展。由过去集中土壤结构的肥力功能，延伸到土壤结构的抗蚀功能和固碳功能等。在应对人类活动和全球变化方面，土壤结构的固碳功能等相关研究发展迅速。同时，从传统的农田土壤延伸到其他各个林地、草地等生态系统的土壤；从过去的土壤耕层向下拓展至整个土壤渗透区，甚至地球关键带。因此，土壤结构与功能横跨农学和地学范畴，研究内容更加丰富。今后，立足我国典型土壤，以功能为导向，相信土壤结构与功能研究领域将进入一个新的发展时期。

参考文献

Abiven, S., S. Menasseri, D. A. Angers, et al. 2007. Dynamics of aggregate stability and biological binding agents during decomposition of organic materials. *European Journal of Soil Science*, Vol. 58, No. 1.

Abiven, S., S. Menasseri, C. Chenu. 2009. The effects of organic inputs over time on soil aggregate stability-a literature analysis. *Soil Biology & Biochemistry*, Vol. 41, No. 1.

Ball, B. C., T. Batey, L. J. Munkholm, et al. 2007. Field assessment of soil structural quality-a development of the

Peerlkamp test. *Soil Use and Management*, Vol. 23, No. 4.

Barthès, B. G., E. Kouakoua, M. -C. Larre-Larrou, et al. 2008. Texture and sesquioxide effects on water-stable aggregates and organic matter in some tropical soils. *Geoderma*, Vol. 143, No. 1-2.

Baumgartl, T., B. Köck. 2004. Modeling volume change and mechanical properties with hydraulic models. *Soil Science Society of America Journal*, Vol. 68, No. 1.

Bengough, A. G., M. F. Bransby, J. Hans, et al. 2006. Root responses to soil physical conditions: growth dynamics from field to cell. *Journal of Experimental Botany*, Vol. 57, No. 2.

Blanco-Canqui, H., R. B. Ferguson, C. A. Shapiro, et al. 2014. Does inorganic nitrogen fertilization improve soil aggregation? Insights from two long-term tillage experiments. *Journal of Environmental Quality*, Vol. 43, No. 3.

Blanco-Canqui, H., R. Lal. 2004. Mechanisms of carbon sequestration in soil aggregates. *Critical Reviews in Plant Sciences*, Vol. 23, No. 6.

Blouin, M., M. E. Hodson, E. A. Delgado, et al. 2013. A review of earthworm impact on soil function and ecosystem services. *European Journal of Soil Science*, Vol. 64, No. 2.

Bravo-Garza, M. R., P. Voroney, R. B. Bryan. 2010. Particulate organic matter in water stable aggregates formed after the addition of ^{14}C-labeled maize residues and wetting and drying cycles in Vertisols. *Soil Biology & Biochemistry*, Vol. 42, No. 6.

Bronick, C. J., R. Lal. 2005. Soil structure and management: a review. *Geoderma*, Vol. 124, No. 1-2.

Bryan, R. B. 2000. Soil erodibility and processes of water erosion on hillslope. *Geomorphology*, Vol. 32, No. 3-4.

Chenu, C., Y. Le Bissonnais, D. Arrouays. 2000. Organic matter influence on clay wettability and soil aggregate stability. *Soil Science Society of America Journal*, Vol. 64, No. 4.

Chen, Y. L., P. Jairo, J. Clements, et al. 2014. Root architecture alteration of narrow-leafed lupin and wheat in response to soil compaction. *Field Crops Research*, Vol. 165.

Craig, R. F. 1987. *Soil Mechanics*, 4th ed. Van Nostrand Reinhold, England.

Czarnes, S., P. D. Hallett, A. G. Bengough, et al. 2000. Root- and microbial-derived mucilages affect soil structure and water transport. *European Journal of Soil Science*, Vol. 51, No. 3.

Da Silva, A. P., B. D. Kay, E. Perfect. 1994. Characterization of the least limiting water range of soils. *Soil Science Society of America Journal*, Vol. 58, No. 6.

De Gryze, S., J. Six, R. Merckx. 2006. Quantifying water-stable soil aggregate turnover and its implication for soil organic matter dynamics in a model study. *European Journal of Soil Science*, Vol. 57, No. 5.

Denef, K., J. Six. 2005. Clay mineralogy determines the importance of biological versus abiotic processes for macroaggregate formation and stabilization. *European Journal of Soil Science*, Vol. 56, No. 4.

Dexter, A. R. 1988. Advances in characterization of soil structure. *Soil & Tillage Research*, Vol. 11, No. 3-4.

Dexter, A. R. 2004. Soil physical quality: Part I. Theory, effects of soil texture, density, and organic matter, and effects on root growth. *Geoderma*, Vol. 120, No. 3-4.

Díaz-Zorita, M., E. Perfect, J. H. Grove. 2002. Disruptive methods for assessing soil structure. *Soil & Tillage Research*, Vol. 64, No. 1-2.

Emerson, W. W. 1959. The structure of soil crumbs. *Journal of Soil Science*, Vol. 10, No. 2.

Elliott, E. T. 1986. Aggregate structure and carbon, nitrogen, and phosphorus in native and cultivated soils. *Soil Science Society of America Journal*, Vol. 50, No. 3.

Horn, R. 2004.Time dependence of soil mechanical properties and pore functions for arable soils. *Soil Science Society of America Journal*, Vol. 68, No. 4.

Jarvis, N. J. 2007. A review of non-equilibrium water flow and solute transport in soil macropores: principles, controlling factors and consequences for water quality. *European Journal of Soil Science*, Vol. 58, No. 3.

Jouquet, P., J. Dauber, J. Lagerlof, et al. 2006. Soil invertebrates as ecosystem engineers: intended and accidental effects on soil and feedback loops. *Applied Soil Ecology*, Vol. 32, No. 2.

Katuwal, S., T. Norgaard, P. Moldrup, et al. 2015. Linking air and water transport in intact soils to macropore characteristics inferred from X-ray computed tomography. *Geoderma*, Vol. 237, No. 9-20.

Kemper, W. D., R. C. Rosenau. 1986. Aggregate stability and size distribution. In A. Klute (ed.) *Methods of soil analysis*. Part 1, 2nd. ASA and SSSA, Madison, WI.

Kong, A. Y. Y., J. Six, D. C. Bryant, et al. 2005. The relationship between carbon input, aggregation, and soil organic carbon stabilization in sustainable cropping systems. *Soil Science Society of America Journal*, Vol. 69, No. 4.

Le Bissonnais, Y. 1996. Aggregate stability and assessment of soil crustability and erodibility: I. Theory and methodology. *European Journal of Soil Science*, Vol. 47, No. 4.

Legout, C., S. Leguedois, Y. Le Bissonnais. 2005. Aggregate breakdown dynamics under rainfall compared with aggregate stability measurements. *European Journal of Soil Science*, Vol. 56, No. 2.

Letey, J. 1985. Relationship between soil physical properties and crop productions. *Advances in Soil Science*, Vol, 1.

Li, Z. P., M. Liu, X. C. Wu, et al. 2010. Effects of long-term chemical fertilization and organic amendments on dynamics of soil organic C and total N in paddy soil derived from barren land in subtropical China. *Soil & Tillage Research*, Vol. 106, No. 2.

Luo, L., H. Lin, P. Halleck. 2008. Quantifying soil structure and preferential flow in intact soil using X-ray computed tomography. *Soil Science Society of America Journal*, Vol. 72, No. 4.

Mairhofer, S., S. Zappala, S. R. Tracy, et al. 2012. RooTrak: automated recovery of three-dimensional plant root architecture in soil from X-ray microcomputed tomography images using visual tracking. *Plant Physiology*, Vol. 158, No. 2.

Mishra, A. K., P. Aggarwal, R. Bhattacharyya, et al. 2015. Least limiting water range for two conservation agriculture cropping systems in India. *Soil & Tillage Research*, Vol. 150.

Mooney, S. J., T. P. Pridmore, J. Helliwell, et al. 2012. Developing X-ray computed tomography to non-invasively image 3-D root systems architecture in soil. *Plant and Soil*, Vol. 352, No. 1-2.

Oades, J. M., A. G. Waters. 1991. Aggregate hierarchy in soils. *Australia Journal of Soil Research*, Vol. 29, No. 6.

Olibone, D., A. P. Encide-Olibone, C. A. Rosolem. 2010. Least limiting water range and crop yields as affected by crop rotations and tillage. *Soil Use and Management*, Vol. 26, No. 4.

Pagenkemper, S. K., M. Athmann, D. Uteau, et al. 2015. The effect of earthworm activity on soil bioporosity-investigated with X-ray computed tomography and endoscopy. *Soil & Tillage Research*, Vol. 146.

Peerlkamp, P. K. 1959. A visual method of soil structure evaluation. *Meded.v.d. Landbouwhogeschool en Opzoekingsstations van de Staat te Gent*, Vol. 24.

Peng, X., J. Dörner, Y. Zhao, et al. 2009. Shrinkage behaviour of transiently- and constantly-loaded soils and its consequences for soil moisture release. *European Journal of Soil Science*, Vol. 60, No. 4.

Peng, X., P. D. Hallett, B. Zhang, et al. 2011a. Physical response of rigid and non-rigid soils to analogues biological exudates. *European Journal of Soil Science*, Vol. 62, No. 5.

Peng, X., R. Horn. 2005. Modeling soil shrinkage curve across a wide range of soil types. *Soil Science Society of America Journal*, Vol. 69, No. 3.

Peng, X., R. Horn, B. Zhang, et al. 2004. Mechanisms of soil vulnerability to compaction of homogenized and recompacted Ultisols. *Soil & Tillage Research*, Vol. 76, No. 2.

Peng, X., X. Yan, H. Zhou, et al. 2015. Assessing the contributions of sesquioxides and soil organic matter to aggregation in an Ultisol from long-term fertilization. *Soil & Tillage Research*, Vol. 146.

Peng, X., L. L. Ye, C. H. Wang, et al. 2011b. Temperature- and duration-dependent rice straw-derived biochar: characteristics and its effects on soil properties of an Ultisol in southern China. *Soil & Tillage Research*, Vol. 112, No. 2.

Peth, S., R. Horn, F. Beckmann, et al. 2008. Three-dimensional quantification of intra-aggregate pore-space features using synchrotron-radiation-based microtomography. *Soil Science Society of America Journal*, Vol. 72, No. 4.

Qiao, Y. F., S. J. Miao, N. Li, et al. 2015. Crop species affect soil organic carbon turnover in soilprofile and among aggregate sizes in a Mollisol as estimated from natural ^{13}C abundance. *Plant and Soil*, Vol. 392.

Rillig, M. C., D. L. Mummey. 2006. Mycorrhizas and soil structure. *New Phytologist*, Vol. 171, No. 1.

Russell, E. J. 1932. *Soil Conditions and Plant Growth*, 7th edition. Longmans Green, London.

Shi, Z. H., N. F. Fang, F. Z. Wu, et al. 2012. Soil erosion processes and sediment sorting associated with transport mechanisms on steep slopes. *Journal of Hydrology*, Vol. 454-455.

Shi, Z. H., F. L. Yan, L. Li, et al. 2010. Interrill erosion from disturbed and undisturbed samples in relation to topsoil aggregate stability in red soils from subtropical China. *Catena*, Vol. 81, No. 3.

Six, J., H. Bossuyt, S. De Gryze, et al. 2004. A history of research on the link between (micro) aggregates, soil biota, and soil organic matter dynamics. *Soil & Tillage Research*, Vol. 79, No. 1.

Six, J., P. Callewaert, S. Lenders, et al. 2002. Measuring and understanding carbon storage in afforested soils by physical fractionation. *Soil Science Society of America Journal*, Vol. 66, No. 6.

Six, J., E. T. Elliot, K. Paustian. 2000. Soil macroaggregate turnover and microaggregate formation: a mechanism for C sequestration under no-tillage agriculture. *Soil Biology and Biochemistry*, Vol. 32, No. 14.

Six, J., E. T. Elliott, K. Paustian, et al. 1998. Aggregation and soil organic matter accumulation in cultivated and native grassland soils. *Soil Science Society of America Journal*, Vol. 62, No. 5.

Six, J., K. Paustian. 2014. Aggregate-associated soil organic matter as an ecosystem property and a measurement tool. *Soil Biology & Biochemistry*, Vol. 68.

Soane, D., B. C. Ball, J. Arvidsson, et al. 2012. No-till in northern, western and south-western Europe: a review of problems and opportunities for crop production and the environment. *Soil & Tillage Research*, Vol. 118.

Sun, F. F., S. G. Lu. 2014. Biochars improve aggregate stability, water retention, and pore-space properties of clayey soil. *Journal of Plant Nutrition and Soil Science*, Vol. 177, No. 1.

Tang, J., Y. H. Mo, J. Y. Zhang, et al. 2011. Influence of biological aggregating agents associated with microbial population on soil aggregate stability. *Applied Soil Ecology*, Vol. 47, No. 3.

Tisdall, J. M., J. M. Oades. 1982. Organic matter and water-stable aggregates in soils. *Journal of Soil Science*, Vol. 33, No. 2.

Tracy, S. R., C. R. Black, J. A. Roberts, et al. 2012. Quantifying the impact of soil compaction on root system architecture in tomato (*Solanum lycopersicum*) by X-ray micro-computed tomography. *Annals of Botany*, Vol. 110.

Warkentin, B. P. 2008. Soil structure: a history from tilth to habitat. *Advances in Agronomy*, Vol. 97.

Watson, K., R. Luxmoore. 1986. Estimating macroporosity in a forest watershed by use of a tension infiltrometer. *Soil Science Society of America Journal*, Vol. 50, No. 3.

Wu, Q. S., R. X. Xia, Y. N. Zou. 2008. Improved soil structure and citrus growth after inoculation with three arbuscular mycorrhizal fungi under drought stress. *European Journal of Soil Biology*, Vol. 44, No. 1.

Yan, X., H. Zhou, Q. H. Zhu, et al. 2013. Carbon sequestration efficiency in paddy soil and upland soil under long-term fertilization in southern China. *Soil & Tillage Research*, Vol. 130.

Yoder, R. E. 1936. A direct method of aggregate analysis of soils and a study of the physical nature of erosion losses. *Journal of America Society of Agronomy*, Vol. 28, No. 5.

Zhang, B., R. Horn. 2001. Mechanisms of aggregate stabilization in Ultisols from subtropical China. *Geoderma*, Vol. 99, No. 1-2.

Zhang, B., R. Horn, P. D. Hallett. 2005. Mechanical resilience of degraded soil amended with organic matter. *Soil Science Society of America Journal*, Vol. 69, No. 3.

Zhang, W. J., M. G. Xu, X. J. Wang, et al. 2012. Effects of organic amendments on soil carbon sequestration in paddy fields of subtropical China. *Journal of Soils and Sediments*, Vol. 12, No. 4.

Zhang, Z. B., X. Peng, H. Zhou, et al. 2015. Characterizing preferential flow in cracked paddy soils using computed tomography and breakthrough curve. *Soil & Tillage Research*, Vol. 146.

Zhou, H., X. Peng, E. Perfect, et al. 2013. Effects of organic and inorganic fertilization on soil aggregation in an Ultisol as characterized by synchrotron based X-ray micro-computed tomography. *Geoderma*, Vol. 195.

Zhou, P., G. X. Pan, R. Spaccini, et al. 2010. Molecular changes in particulate organic matter (POM) in a typical Chinese paddy soil under different long-term fertilizer treatments. *European Journal of Soil Science*, Vol. 61, No. 2.

安韶山、张扬、郑粉莉："黄土丘陵区土壤团聚体分形特征及其对植被恢复的响应",《中国水土保持科学》, 2008年第2期。

安婷婷、汪景宽、李双异："施肥对棕壤团聚体组成及团聚体中有机碳分布的影响",《沈阳农业大学学报》, 2007年第3期。

冯固、张玉凤、李晓林："丛枝菌根真菌的外生菌丝对土壤水稳性团聚体形成的影响",《水土保持学报》,

2001 年第 4 期。

高爱民、韩正晟、吴劲锋："割草机对苜蓿地土壤压实的试验研究"，《农业工程学报》，2007 年第 9 期。

耿瑞霖、郁红艳、丁维新等："有机无机肥长期施用对潮土团聚体及其有机碳含量的影响"，《土壤》，2010 年第 6 期。

郭曼、郑粉莉、安韶山等："植被自然恢复过程中土壤有机碳密度与微生物量碳动态变化"，《水土保持学报》，2010 年第 1 期。

侯晓娜、李慧、朱刘兵等："生物炭与秸秆添加对砂姜黑土团聚体组成和有机碳分布的影响"，《中国农业科学》，2015 年第 4 期。

黄欠如、胡锋、袁颖红等："长期施肥对红壤性水稻土团聚体特征的影响"，《土壤》，2007 年第 4 期。

霍琳、武天云、蔺海明等："长期施肥对黄土高原旱地黑垆土水稳性团聚体的影响"，《应用生态学报》，2008 年第 3 期。

姜义亮、郑粉莉、王彬等："东北黑土区片蚀和沟蚀对土壤团聚体流失的影响"，《生态学报》，2013 年第 24 期。

冷延慧、汪景宽、李双异："长期施肥对黑土团聚体分布和碳储量变化的影响"，《生态学杂志》，2008 年第 12 期。

李辉信、袁颖红、黄欠如等："不同施肥处理对红壤水稻土团聚体有机碳分布的影响"，《土壤学报》，2006 年第 3 期。

李汝莘、林成厚、高焕文等："小四轮拖拉机土壤压实的研究"，《农业机械学报》，2002 年第 1 期。

梁爱珍、杨学明、张晓平等："免耕对东北黑土水稳性团聚体中有机碳分配的短期效应"，《中国农业科学》，2009 年第 8 期。

林蒲田：《中国古代土壤分类和土地利用》，科学出版社，1996 年。

史志华、闫峰陵、李朝霞等："红壤表土团聚体破碎方式对坡面产流过程的影响"，《自然科学进展》，2007 年第 2 期。

孙天聪、李世清、邵明安："长期施肥对褐土有机碳和氮素在团聚体中分布的影响"，《中国农业科学》，2005 年第 9 期。

熊东红、杨丹、李佳佳等："元谋干热河谷区退化坡地土壤裂缝形态发育的影响因子"，《农业工程学报》，2013 年第 10 期。

徐江兵、李成亮、何园球等："不同施肥处理对旱地红壤团聚体中有机碳含量及其组分的影响"，《土壤学报》，2007 年第 4 期。

曾全超、董扬红、李鑫等："基于 Le Bissonnais 法对黄土高原森林植被带土壤团聚体及土壤可蚀性特征研究"，《中国生态农业学报》，2014 年第 9 期。

张兴义、隋跃宇、孟凯："农田黑土机械压实及其对作物产量的影响"，《农机化研究》，2002 年第 4 期。

周萍、宋国菡、潘根兴等："南方三种典型水稻土长期试验下有机碳积累机制研究：I 团聚体物理保护作用"，《土壤学报》，2008 年第 6 期。

周虎、吕贻忠、杨志臣等："保护性耕作对华北平原土壤团聚体的影响"，《中国农业科学》，2007 年第 9 期。

第4章 土壤水文过程与溶质运移

土壤水文过程是土壤系统过程的核心和纽带,不仅直接驱动土壤中溶质的运移过程,也影响水、土壤、气候、生物等自然资源的形成和演化。人类对自然资源的不合理开发和利用在很大程度上改变了水土过程及其环境要素的相互作用,从而引起水土流失、洪涝与干旱灾害、环境污染等一系列生态环境问题。因此,系统开展土壤水文过程与溶质运移研究,有助于深入认识与解决生态、环境、农业、地质和自然资源领域面临的多种突出问题,研究结果可以广泛应用于流域水土和养分资源管理、退化生态系统修复、土壤与水污染防控、农业生产与粮食安全、全球变化响应及其适应等领域,为自然资源的可持续利用提供理论支撑和实践指导。

4.1 概　　述

本节以土壤水文过程与溶质运移的研究缘起为切入点,阐述土壤水文过程与溶质运移的内涵及其主要研究内容;并以科学问题的深化和研究方法的创新为线索,探讨土壤水文研究的演进阶段与关注的科学问题变化。

4.1.1 问题的缘起

对洪涝和干旱、土地盐碱化等现象的认识可以追溯到数千年前,而将土壤物理(土壤水文)作为一门科学进行研究,则始于19世纪末。早在1805年,Fick就提出了分子扩散定律。19世纪中叶,随着地下水开发利用规模的扩大,生产中有了计算水井涌水量的需求。1856年,法国工程师Darcy通过饱和砂层的渗透试验,提出了饱和土壤水流动的Darcy定律,由此开始了产流机制研究的土壤物理学途径。1881年,Lawis提出水与溶质在田间土壤中的运移并不一致。1905年,Slichter报道了土壤中溶质并非以相同的速度运移的现象,此后学者们提出并逐步形成了溶质运移的基本理论,即水动力弥散理论。1907年,美国物理学家Buckingham提出土壤水分的毛管势概念(后来逐渐发展为土水势概念),指出其与土壤含水量关系的重要性,并将Darcy定律扩展,用于描述非饱和土壤中的水运动过程,称为Buckingham-Darcy定律(雷志栋等,1988:1~76)。1931年,美国物理学家Richards基于Buckingham-Darcy定律和连续方程推导出了非饱和水流的基本方程,即Richards方程,从而大大推动了非饱和土壤水分运动研究的发展,并开启了利用数学物理方法研究土壤水分运动的历史,标志着现代土壤物理学的诞生(李保国等,2008:810~816)。20世纪60年代初,Nielson和Biggar从实验与理论上进一步阐明了土壤溶质运移过程中质流、扩散过程及化学反应的耦合特征，并应用数学模型描述和分析了溶质运移过程，确立了土壤溶质运移的对流—弥散方程及其作为土壤溶质运移研究的经典和基本方程的主导地位（李保国等，2005：345～352）。此后，各种实验测定和田间连续观测手段不断提高，积累了大量数据，土壤物理研究逐步向规范化、系统化的体系迈进，土壤水文过程与溶质运移的研究体系也日趋完善，与其他学科（例如生态学、环境科学等）的交叉越来越多。

4.1.2 问题的内涵及演进

土壤水文过程与溶质运移是土壤物理学研究的核心内容，并随土壤物理学其他方向的发展而不断完善和深入。早期土壤水文过程研究主要侧重于研究饱和、非饱和土壤中的水流运动，随后发展到包含入渗、产流、水分再分布、蒸散等过程，注重研究土壤水分的形成、运动、转化及其时空分布规律（Kutilek and Nielsen，1994：28～218）。与此同时，受水分运动驱动的土壤溶质运移过程也日益受到关注。随着计算机技术、电子技术、遥感技术的发展以及随机理论、统计学理论和地统计学原理的广泛应用，土壤水文过程与溶质运移研究逐步由静态走向动态、由定性描述走向定量化、由总结经验走向揭示机理，从微观（孔隙或团聚体水平）和宏观（小区、农田、流域或区域）两个尺度进行拓展与深入（李保国等，2008：810～816），并日益关注景观异质性、尺度转换、长期连续监测和大尺度模拟（Vereecken et al.，2015：2616～2633），为土壤质量保持和提高、水分高效利用、生态环境保护和改善、水循环模拟和调控、全球气候变化响应等提供科学依据与模型分析。

土壤水文过程与溶质运移研究的发展历程大体可分为以下 3 个阶段。

第一阶段：以定性描述为主的土壤水分形态研究，相当于土壤水文学研究的萌芽时期。在土壤的固、液、气三相组成中，土壤水分是最活跃和不稳定的因素。对于饱和土壤中水分的运动，其科学理论的形成始于 1856 年 Darcy 所进行的饱和砂层渗透实验。对于非饱和土壤中的水分问题，19 世纪下半叶以来，学者们主要采用以苏联科学家为代表提出的形态学观点，定性地描述或分析土壤中水分的保持和运动（雷志栋等，1988：5～7）。20 世纪 30 年代，Kachinsky 在土壤水分物理性质的研究方法及其标准化方面开展了十分有价值的研究工作。Роде 于 1952 年发表的《土壤水》和 1965 年发表的《土壤水理论基础》对土壤水形态学进行了系统全面的总结（张北赢等，2007：122～129）。由于有助于确定土壤水分运动的简单过程，土壤水的形态分类在国内外得到广泛使用，并在土壤水分的研究和生产应用中发挥了积极的作用。田间持水量、凋萎系数等作为重要的土壤水分物理常数，将土壤水的数量和形态联系起来，至今仍广泛用来设计和指导农田灌溉以及估算植物有效水。但是，对土壤水分的研究仅仅依据土壤水的形态分类是不够的（姚贤良，1989：23～27）。一方面，土壤水的形态分类在理论上不严密，例如所有类型的土壤水都可以算作重力水，不同土壤毛管现象开始和终止的界限也很难明确地划定；另一方面，土壤水的形态分类仅是一种定性的描述，侧重水分总量的平衡估算，人为分割了土壤水分的连续动态变化，无法定量研究土壤水分的分布和运动（Shein，2010：158～167；雷志栋等，1988：5～7）。这些不足难以从机理上揭示土壤水分运动的规律，限制了土壤水分研究在理论上和实践上的进展。

第二阶段：以定量化为主的土壤水分能态研究，土壤水文过程与溶质运移研究得到快速发展。由于土壤水问题的复杂性，传统的形态学观点已不能很好地处理生产实践中不断出现的土壤水问题，因此，以欧美科学家为代表的土壤水的能量状态及动力学研究逐渐兴起。1907年Buckingham提出毛管势的概念，随后1928年Richards提出土壤总水势的概念，开辟了用能量观点研究土壤水分的新途径。1931年，Richards发明了能直接测量毛管势的张力计，并将Darcy定律引入非饱和土壤水流动的过程描述，推导出了非饱和水流的基本方程，即Richards方程，开启了利用数学物理方法研究土壤水分运动的历史。土壤溶质运移的理论研究始于20世纪初，以1905年Slichter发现土壤中溶质运移速率不相同的现象为起点。20世纪50年代起，Taylor，Bear，Nielson，Biggar等在实验的基础上，提出混合置换理论，从实验和理论的角度进一步说明了土壤溶质运移过程中对流、弥散和化学反应的耦合性质，从而开创了应用数学模型描述和阐明溶质运移过程的局面（李保国等，2008：810～816）。随后，在Buckingham和Richards理论的基础上，逐步发展了土壤水、热和溶质运移的动力学模型。在土壤溶质运移方面，主要有对流—弥散方程、动水—不动水模型（两区模型）、随机对流模型、随机连续模型等几种典型的模型。随着能态观点的发展，"水势"逐渐成为研究土壤、植物和大气中水分循环问题统一使用的水分能量指标。1966年，澳大利亚著名水文与土壤物理学家Philip提出了较完整的关于土壤—植物—大气连续体（soil-plant-atmosphere continuum，SPAC）的概念，认为尽管介质不同、介面不一，但在物理上是一个统一的连续体，完全可以应用统一的能量指标——水势来定量研究整个系统中各个环节能量水平的变化。SPAC系统概念的提出，使土壤中物流和能流研究进入到一个崭新的阶段，并得到广泛应用（姚贤良，1989：23～27）。从20世纪70年代起，研究工作由实验室走向田间，开始了土壤性质空间变异性的研究。随后，非接触性微观探测技术、参数估计技术、电子和计算机技术的发展以及随机模型、分形数学、统计学理论和地统计学原理等的广泛采用，为深入研究不同尺度土壤中水、热和溶质耦合传输机理提供了条件（李保国等，2008：810～816），流域尺度土壤物质迁移和能量转化过程的定量模拟研究迅速发展并取得了丰富的成果。在土壤水和溶质运移模拟过程中，围绕水分特征曲线和非饱和导水率模型参数开展了大量工作（Zhuang et al.，2001a：308～321，2001b：143～154；Shein，2010：158～167；邵明安等，2006：97～114）。常用的土壤水分特征曲线模型主要有Brooks-Corey模型（1964）、Campbell模型（1974）和van Genuchten模型（1980），而非饱和导水率模型主要有Burdine模型（1953）和Mualem模型（1976）。由于van Genuchten模型具有连续性而适用范围较广，因而人们通常采用Mualem-van Genuchten模型（1980）来推求非饱和导水率。例如，在此基础上提出的利用广义相似论推求土壤水分扩散率的方法（Shao and Horton，1996：727～734）以及推求土壤导水参数的积分方法（Shao and Horton，1998：585～592）。

第三阶段：以过程—机理为主的土壤—水分—景观时空耦合研究，注重多学科交叉和相互

渗透。在前期考虑土壤异质性（土壤或土壤性质的空间分布）的基础上，土壤水文学开始思考土壤景观系统中水分静力学和动力学的具体特征以及景观演变与水分运动和保持的关系（Shein，2010：158~167）。2001 年，美国国家科研委员会（National Research Council）提出了"地球关键带"（earth's critical zone）概念，认为它是 21 世纪亟须研究的重要问题（李小雁，2012：557~562）。随后，Lin 于 2003 年提出了水文土壤学（Hydropedology）的学科概念，侧重研究非饱和带不同尺度的土壤和水文过程之间的交互作用与特性（Lin，2003：1~11），可以联结生态水文学、生物地球化学等学科实现地球关键带的集成研究（Lin，2011：141~145），成为这个阶段的重要标志。水文土壤学是以土壤发生学、土壤物理学和水文学为基础的新兴交叉学科，综合研究不同时空尺度土壤与水的相互作用关系，主要解决两个科学问题：一是土壤结构及土壤—景观分布格局在不同时空尺度上如何主导和影响水文过程，以及与其相关的生物地球化学循环和生态系统演变；二是景观系统水文过程如何影响土壤发育、演变、异质性及其功能（Lin，2003：1~11；李小雁，2012：557~562）。在全球环境变化问题日益突出的背景下，伴随整合原有的全球环境变化研究领域四大科学计划的"未来地球计划"（Future Earth，2014~2023 年）的提出和实施（丁永健等，2013：407~419），一方面，需要注重在微观尺度上研究具体土壤水文过程并揭示内在机理；另一方面，需要结合 3S 技术，注重大尺度长期连续监测与模拟，构建多尺度综合观测网络体系，实现土壤水文过程与溶质运移从微观尺度向宏观尺度的转变（Vereecken et al.，2015：2616~2633；李小雁，2012：557~562），以增强全球可持续发展能力和人类应对全球环境变化带来的挑战。

4.2　国际"土壤水文过程与溶质运移"研究主要进展

近 15 年来，随着土壤水文过程与溶质运移研究的不断深入，逐渐形成了一些核心领域和研究热点，通过文献计量分析发现，其核心研究领域主要包括溶质运移过程与物质平衡、水分高效利用与蒸散分割、土壤导水率与水盐运移、水—碳—氮耦合及全球变化、节水灌溉与水文调控、水文过程与生物过程的耦合、根系吸水过程与氮素淋溶等方面。土壤水文过程与溶质运移研究更加强调多尺度、多要素、多过程和多目标，并正在向着多学科交叉方向发展。

4.2.1　近 15 年国际该领域研究的核心方向与研究热点

运用 Web of Science 数据库，依据本研究领域核心关键词制定了英文检索式，即：("soil water" or "vegetation carrying capacity" or "dry soil layer" or "hydrological process" or "preferential flow" or "soil water potential" or "hydraulic conductivity" or "infiltration" or "evaporation" or "water use efficiency" or "solute transport" or "nitrate leaching" or "soil salinity") not ("soil erosion" or "erosion" or "soil* loss" or "soil* conservation" or "soil* conservation*" or "wind*" or "erosion prediction" or "runoff" or "sediment" or "sediment*" or "suspend* sediment*" or "remote sensing" or "land use" or "water manag*" or "landscape" or "ecological hydrology" or "topography" or "GIS")。由于土壤水文（soil hydrology）和土壤侵蚀（soil erosion）密切相关，且本书包含"土壤侵蚀"领域的专门章节，检索式制定时去除了与"土壤侵蚀"高度相关的关键词。以此检索式为准，检索到近 15 年本研究领域共发表国际英文文献 24 428 篇。将 15 年划分为 2000~2002 年、2003~2005 年、2006~2008 年、2009~2011 年和 2012~2014 年 5 个时段，各时段发表的论文数量占总发表论文数量的百分比分别为 13.7%、16.2%、19.9%、23.2% 和 27.1%，呈逐年上升趋势。图 4-1 为 2000~2014 年土壤水文过程与溶质运移领域 SCI 期刊论文关键词共现关系，图中聚成了 8 个相对独立的研究聚类圈，在一定程度上反映了近 15 年国际土壤水文过程与溶质运移研究的核心领域，**主要包括溶质运移过程与物质平衡、水分高效利用与蒸散分割、土壤导水率与水盐运移、水—碳—氮耦合及全球变化、节水灌溉与水文调控、水文过程与生物过程的耦合、根系吸水过程与氮素淋溶 7 个方面。**

（1）溶质运移过程与物质平衡

聚类圈中出现多孔介质（porous media）、运移（transport）和质量传输（mass transfer）等高频关键词（图 4-1），表明溶质运移过程和机制仍然是近些年的核心研究领域之一。进一步分析近 15 年土壤溶质运移各领域的发表文章可发现，新的溶质运移模型、**非均质和多尺度溶质运移过程获得越来越多的关注**，表明随着监测技术的进步，溶质运移研究的手段不断丰富，已经有条件开展更大尺度非均质过程的深入研究。此外，反应性溶质运移、病毒运移、胶体颗粒运移等成为新的研究热点，表明随着环境问题的日益突出，新的科学问题不断涌现，**溶质运移过程中物理和化学过程的耦合、致病微生物的运移以及溶质随颗粒运移的现象已得到更大程度的重视。**

（2）水分高效利用与蒸散分割

由图 4-1 可以看出，通过分割蒸散为植物蒸腾和土壤蒸发，在明确植物无效耗水和蒸腾过程的基础上，采取措施抑制土壤蒸发和提高水分利用效率是研究的热点与难点，表现在蒸散（evapotranspiration）、蒸腾（transpiration）、水分利用效率（water use efficiency）、土壤含水量（soil water content）、水分胁迫（water stress）、作物产量（grain yield）等高频关键词的出现。水量平衡（water balance）、地下水（groundwater）和水文学（hydrology）等关键词表明水分转化也是研究的热点。同位素（isotopes）作为高频词出现，反映了利用稳定性同位素技术拆分蒸散和揭示水分转化（water transfer）规律成为重要手段。半干区（semi arid）关键词表明，目前水资源不足地区仍然是土壤水文过程研究领域关注的重点区域。

（3）土壤导水率与水盐运移

土壤导水率是描述非饱和带物质传输过程的重要参数。图 4-1 显示，导水率（hydraulic conductivity）是仅次于土壤含水量（soil water content）的高频关键词，表明土壤导水率是持续关注的热点。与导水率（hydraulic conductivity）一起高频出现的关键词还包括：土壤有机质（soil organic matter）、电导率（electrical conductivity）、污水（sewage）、土壤盐度（soil salinity）、耕作（tillage）、保护性耕作（conservation tillage）和黏粒（clay）等，这些高频关键词的出现集中反映了近些年学科应用研究的发展趋势。随着水资源紧张状况的进一步加剧,污水和咸水利用在发展中国家日益受到重视;耕地资源的紧张和矿区生态问题的突出,促使土石混合介质的研究不断走向前沿;生物炭的优良特性得到普遍认可,利用生物炭改良土壤的研究日渐兴起;基于开发土壤自身固碳潜力的考虑,对农业耕作措施的研究和评估仍广受关注;地下水污染风险的加剧,黏性土壤改良的需求促使胀缩性土壤研究的重要性不断增加。相应的,**污水和微咸水灌溉、保护性耕作、生物炭添加、土壤斥水性、土石混合等因素和措施对土壤导水率影响的**

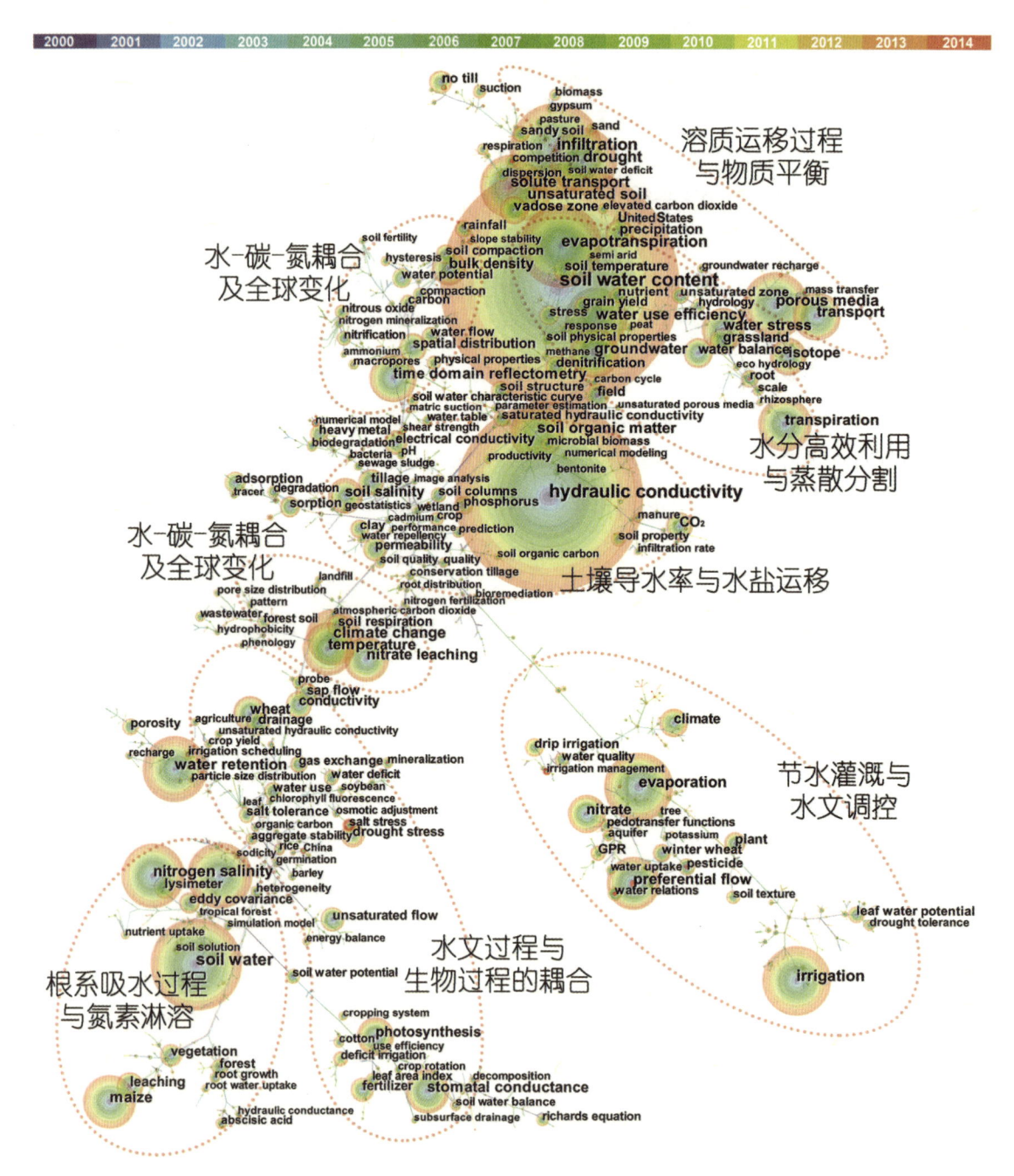

图 4-1 2000～2014 年"土壤水文过程与溶质运移"领域 SCI 期刊论文关键词共现关系

研究是近些年国际上研究的热点问题，与之相关的土壤物理过程构成了土壤水文过程研究的核心领域之一。此外，参数估测（parameter estimation）与饱和导水率（saturated hydraulic conductivity）也出现在图 4-1 的高频关键词中，表明土壤水力特性参数的测定和估测问题仍然是学界关注的热点。虽然目前已经有非常多的室内方法测定和估测土壤水力特性参数，但要充分考虑土壤异质性和优势流影响并真正实现田间原位快速准确测定尚有很长的路要走。

（4）水—碳—氮耦合及全球变化

由图 4-1 可知，该聚类圈出现的关键词包括碳（carbon）、一氧化二氮（nitrous oxide）、氮矿化（nitrogen mineralization）、硝化作用（nitrification）、水分通量（water flow），表明生态系统三大物质循环的耦合研究是热点，也反映碳循环、氮循环、水循环受多个物理、化学和生物学过程的调节与控制，是相互联动、不可分割的体系。土壤肥力（soil fertility）作为高频词，表明水—氮的耦合研究目的在于提高肥效和改善土壤肥力。此外，气候变化（climate change）、土壤呼吸（soil respiration）、大气二氧化碳（atmospheric carbon dioxide）等关键词表明气候变化与水文过程的关联研究也受到了关注。

（5）节水灌溉与水文调控

图 4-1 显示，节水灌溉（water-saving irrigation）条件下水文过程调控开始成为研究的热点和难点，表现在灌溉（irrigation）、滴灌（drip irrigation）、蒸发（evaporation）、优势流（preferential flow）、叶水势（leaf water potential）、耐旱性（drought tolerance）、水分吸收（water uptake）、传递函数（pedotransfer functions）、气候（climate）等高频关键词出现，这也反映出学者们更多地将节水灌溉与农业生物过程进行耦合开展研究，实现作物增产的目标。另外，在深入研究节水灌溉水分转化与运移过程的同时，更加关注农业高效用水的水土环境效应，如水分转化与伴生过程耦合与模拟，体现在硝酸盐（nitrate）、农药（pesticide）和水质（water quality）等关键词高频出现。

（6）水文过程与生物过程的耦合

由文献关键词共现关系（图 4-1）聚类圈可知，在水文过程与生物过程的关系方面，干旱胁迫（drought stress）、水分亏缺（water deficit）、盐胁迫（salt stress）、非饱和流（unsaturated flow）、地下排水（subsurface drainage）等水文过程与农作物气孔导度（stomatal conductance）、光合作用（photosynthesis）、叶面积指数（leaf area index）等生物过程的相互作用机制得到了广泛研究。这些研究从土壤水分平衡（soil water balance）与能量平衡（energy balance）的角度，重点关注了耕作制度（cropping system）、轮作（crop rotation）、施肥（fertilizer）、非充分灌溉（deficit irrigation）、灌溉方案（irrigation scheduling）等作物生理相关过程对土水势（soil water potential）、水分利用效率（water use efficiency）、作物产量（grain yield）和有机物分解（decomposition）等指标的影响，这表明土壤水文过程与生物过程的耦合是重要的研究领域，并可通过优化水文过程来服务生物过程，指导农业生产，提高水分利用效率和增加作物产量。

（7）根系吸水过程与氮素淋溶

聚类圈中出现土壤水分（soil water）、土壤溶质（soil solute）、养分吸收（nutrient uptake）、根系吸水（root water uptake）等关键词（图4-1），表明研究人员深入分析了土壤水分和养分特征对植物根系吸水过程的影响，并通过蒸渗仪（lysimeter）、涡度相关系统（eddy covariance）等观测手段，观测了玉米（maize）等作物、热带森林（tropical forest）等植被（vegetation）的根系生长（root growth）过程并进行模型模拟（simulation/model）。另外，图4-1聚类圈中高频关键词氮素（nitrogen）、盐分（salinity）、淋溶（leaching）、水力传导度（hydraulic conductance）等的出现，表明在研究植物根系吸水过程、机制及模拟的热点方向中，氮素淋溶与根系生长的关系也受到重点关注。

SCI期刊论文关键词共现关系反映了近15年土壤水文过程与溶质运移研究的核心领域动态，而不同时段高被引论文TOP20高频关键词可反映其研究热点和前沿问题。表4-1显示了2000~2014年各时段TOP20关键词组合特征。由表4-1可知，2000~2014年，TOP20高频关键词为土壤含水量（soil water content）、土壤水分（soil water）、水分利用效率（water use efficiency）、导水率（hydraulic conductivity）、蒸腾（transpiration）、模型（model）、蒸散（evapotranspiration）、稳定性同位素（stable isotopes）、气孔导度（stomatal conductance）、蒸发（evaporation）、气候变化（climate change）、森林（forest）、干旱（drought）、灌溉（irrigation）、产量（yield）、生长（growth）、溶质运移（solute transport）、水量平衡（water balance）、土壤持水特性（soil water retention）和根系分布（root distribution），表明这些领域是近15年研究的热点和前沿。不同时段高频关键词组合特征能反映研究热点随时间的变化情况，土壤含水量（soil water content）、水分利用效率（water use efficiency）、导水率（hydraulic conductivity）和蒸散（evapotranspiration）等关键词在各时段均占有突出地位，表明这些内容持续受到关注。以3年为时间段，对相应时段相关热点问题的变化情况分析如下。

（1）2000~2002年

由表4-1可知，本时段研究重点集中在蒸散（evapotranspiration）过程监测和模拟、蒸发（evaporation）和蒸腾（transpiration）的分割、水分高效利用（water use efficiency）与作物生长等方面。根系水分吸收（root water uptake）关键词的出现，表明根系生长、吸水过程及机制也是研究的热点；稳定性同位素（stable isotopes）关键词的出现表明在该方面的研究中，利用D、^{18}O同位素研究植物的水分来源也很活跃。此外，生态水文（ecohydrology）也是这一时期的高频关键词，反映了生态水文与土壤水文（soil hydrology）过程的高度耦合，正是在2000年，以委内瑞拉水文学家Rodriguez-Iturbe为首的学派完善了生态水文学的定义，主要基于数学模型解释土壤与植物结构、土壤水、地表水、洪涝与干旱（drought）等水文要素和过程之间的相互关系。美国（United States）作为高频关键词的出现，表明美国学者在这一时段该领域的显著支配地位，表4-2中美国SCI论文发文总数和高被引论文所占比例也反映了这一点。以上出现的高频关键词表明，**土壤水文过程和水分循环（water cycle）**中的关键通量蒸发、蒸腾以及影响这

第 4 章 土壤水文过程与溶质运移

表 4-1 2000～2014 年"土壤水文过程与溶质运移"领域不同时段 TOP20 高频关键词组合特征

2000～2014 年		2000～2002 年 (27 篇 校正系数 2.00)		2003～2005 年 (33 篇 校正系数 1.64)		2006～2008 年 (39 篇 校正系数 1.38)		2009～2011 年 (47 篇 校正系数 1.15)		2012～2014 年 (54 篇 校正系数 1.00)	
关键词	词频	关键词	词频	关键词	词频	关键词	词频	关键词	词频	关键词	词频
soil water content	49	soil water content	18 (9)	soil water	13.1 (8)	soil water content	12.4 (9)	water use efficiency	11.5 (10)	soil water content	15
soil water	29	transpiration	12 (6)	evaporation	13.1 (8)	soil water	11.0 (8)	soil water content	10.4 (9)	HC	12
water use efficiency	28	evapotranspiration	10 (5)	soil water content	11.5 (7)	water use efficiency	6.9 (5)	soil water	9.2 (8)	climate change	8
HC	28	water use efficiency	8 (4)	evapotranspiration	11.5 (7)	HC	6.9 (5)	model	9.2 (8)	water use efficiency	7
transpiration	27	SC	8 (4)	stable isotopes	9.8 (6)	transpiration	6.9 (5)	transpiration	6.9 (6)	evapotranspiration	7
model	25	HC	6 (3)	model	8.2 (5)	model	6.9 (5)	root distribution	6.9 (6)	stable isotopes	7
evapotranspiration	23	soil water retention	6 (3)	forest	8.2 (5)	yield	6.9 (5)	HC	5.8 (5)	transpiration	6
stable isotopes	20	water stress	6 (3)	water balance	8.2 (5)	evapotranspiration	5.5 (4)	stable isotopes	5.8 (5)	model	6
SC	18	sap flow	6 (3)	transpiration	6.6 (4)	climate change	5.5 (4)	growth	5.8 (5)	drought	6
evaporation	17	organic matter	6 (3)	irrigation	6.6 (4)	forest	5.5 (4)	nitrogen	5.8 (5)	SC	5
climate change	16	soil water	4 (2)	root distribution	6.6 (4)	solute transport	5.5 (4)	SC	4.6 (4)	evaporation	5
forest	15	stable isotopes	4 (2)	TDR	6.6 (4)	water balance	5.5 (4)	drought	4.6 (4)	yield	5
drought	14	evaporation	4 (2)	vadose zone	6.6 (4)	water stress	5.5 (4)	irrigation	4.6 (4)	growth	5
irrigation	14	forest	4 (2)	HC	4.9 (3)	canopy conductance	5.5 (4)	plant root	4.6 (4)	soil water retention	5
yield	14	water balance	4 (2)	climate change	4.9 (3)	SC	4.1 (3)	gas exchange	4.6 (4)	preferential flow	5
growth	14	united states	4 (2)	carbon dioxide	4.9 (3)	irrigation	4.1 (3)	yield	3.5 (3)	grassland	4
solute transport	13	eddy covariance	4 (2)	nitrous oxide	4.9 (3)	growth	4.1 (3)	solute transport	3.5 (3)	vapor pressure deficit	4
water balance	13	root water uptake	4 (2)	water use efficiency	3.3 (2)	TDR	4.1 (3)	water stress	3.5 (3)	soil water	3
soil water retention	13	porous media	4 (2)	SC	3.3 (2)	united states	4.1 (3)	root water uptake	3.5 (3)	forest	3
root distribution	12	ecohydrology	4 (2)	solute transport	3.3 (2)	eddy covariance	4.1 (3)	maize	3.5 (3)	irrigation	3

注:括号中的数字为校正前关键词出现频次。HC: hydraulic conductivity; SC: stamatal conductance; TDR: time domain reflectometry。

些通量的根系吸水过程和机制是本阶段研究的热点，而生态水文与土壤水文过程的耦合则反映了该领域的前沿。

（2）2003~2005年

表4-1高频关键词中出现灌溉（irrigation），表明旱区农田土壤水文过程是这一时期的研究热点，涉及的具体研究内容主要包括灌溉对近地面温度、能量流（energy flux）、蒸散（evapotranspiration）、地表参数（surface parameter）、降水（precipitation）、水量平衡（water balance）和溶质运移（solute transport）的影响等；灌溉方式上以渠道防渗、低压管灌、喷灌、微灌等为主的节水灌溉（water-saving irrigation）已逐步替代传统的灌溉方式（畦灌、沟灌、淹灌、漫灌等）。高频关键词中出现气候变化（climate change）、二氧化碳（carbon dioxide）和一氧化二氮（nitrous oxide）等，说明灌溉对气候影响的研究以及水—碳—氮的耦合研究在这一时期也是关注的热点。以上关键词说明，**对土壤水文过程与溶质运移的研究不再单纯局限于水文通量与溶质要素的分析，而是和其他相关学科紧密交叉，比如水文与气候变化的关联及生态系统对其的影响研究受到了重点关注**。

（3）2006~2008年

表4-1显示，继上一时段以来，农田土壤水文过程仍是研究的热点，高频关键词中水分利用效率或水分高效利用（water use efficiency）和产量（yield）分别列第3位和第7位，这与农田水文研究服务于农业生产实践是土壤学研究的主题高度吻合。冠层导度（canopy conductance）和气孔导度（stomatal conductance）作为高频关键词同时出现，表明土壤水文过程与生物过程的耦合研究受到关注。涡度相关（eddy covariance）的出现则表明水文通量和气象要素的监测仍需依赖涡度相关观测系统。时域反射仪（time domain reflectometry）连续两个阶段均出现，表明该方法一直是测定土壤含水量（soil water content）的有效手段。另外，森林（forest）也是连续出现的高频关键词，说明对森林水文（forest hydrology）这一传统领域的研究长期受到关注。这一阶段的高频关键词表明，**服务于农业生产、提高水分利用效率、增加作物产量是土壤水文研究的重要主题，这也一直是土壤物理学研究中的难点问题，而与生物过程的耦合研究则可能有助于阐明和解决这些问题**。

（4）2009~2011年

由表4-1可知，根系分布（root distribution）、植物—根系（plant-root）和根系水分吸收（root water uptake）作为高频关键词同时出现，表明围绕植物根系开展研究始终是土壤水文过程需要关注的重点方向，也反映根系分布及与其相关的参数（如根系水分传导）在土壤水、热、溶质耦合运移和植物水分代谢研究中尤为关键。干旱（drought）和水分胁迫（water stress）同时出现，表明干旱半干旱区是土壤水文过程研究的热点区域。玉米（maize）作为高频关键词出现则表明玉米是该领域的主要研究对象，也显示了玉米这一作物类型在农业生产中的重要地位。以上关键词说明，**土壤水文和溶质运移领域研究中根系是决定土壤—植物界面过程的重要因素**。

（5）2012~2014 年

表 4-1 显示，和 2006~2008 年这一阶段相比，气候变化（climate change）作为高频关键词升至第 3 位，反映气候变化在土壤水文过程研究中受到了更广泛的关注，特别是土壤含水量及各种相关参数对气候变化的反馈。草地（grassland）作为高频词出现，且频度高于森林（forest），反映了在研究区域上可能由干旱半干旱区逐渐向草地广泛分布的高寒地区扩展，表明草地和冻土水文正在成为土壤水文研究的热点，这可能和人们对全球气候变化研究的重视有关。另外，优势流（preferential flow）与饱和水汽压差（vapor pressure deficit）等关键词的出现，**表明土壤水文的传统研究范畴和影响因素仍然是关注的对象。**

根据对校正后高频关键词分布情况的综合分析，土壤水文过程与溶质运移的传统研究内容（如 soil water content, water use efficiency, hydraulic conductivity, evapotranspiration, evaporation, solute transport, soil water retention 等）和研究方法（如 time domain reflectometry, eddy covariance 等）在各时期均占有重要地位，且研究的热度一直保持，比如土壤含水量（soil water content）和水分利用效率（water use efficiency）这两个关键词在不同时段均处在前 5 位。**稳定性同位素（stable isotopes）作为高频关键词仅在 2006~2008 年时段没有出现，反映同位素技术在该领域研究中的重要地位没有下降。**模型（model）在近 15 年高频关键词排序中居第 6 位，在 2003 年后各时段中均出现并位居前列，**说明利用模型模拟的方法解决相关科学问题是该领域的重要手段。**另外，由于土壤水分的重要性，该领域和其他学科的交叉研究也愈加明显，比如**土壤水文与生态水文的耦合、水文过程与生物过程的耦合以及水文过程与气候变化的关联等。**

4.2.2 近 15 年国际该领域研究取得的主要学术成就

近 15 年国际上土壤水文过程与溶质运移研究的核心领域主要包括溶质运移过程与物质平衡、水分高效利用与蒸散分割、土壤导水率及其影响因素、水—碳—氮耦合及全球变化、节水灌溉与水文调控、水文过程与生物过程的耦合和根系吸水过程与氮素淋溶 7 个方面。高频关键词组合特征反映的热点问题主要包括土壤含水量（soil water content）、水分利用效率（water use efficiency）、导水率（hydraulic conductivity）、蒸散（evapotranspiration）、根系分布（root distribution）和水量平衡（water balance）等（表 4-1）。针对以上 7 个核心领域及热点问题展开了大量研究，取得的主要成就包括以下 5 点。

（1）溶质运移模型的发展促进了溶质运移理论的突破

国际上关于溶质运移过程的研究起步较早，主要围绕土壤溶质运移模型的建立、参数确定、尺度扩展和模型有效化及适用性等方面展开工作，目前其理论体系已相对完整。在溶质运移模型的发展过程中，对流—弥散理论一直居于主导地位。此外，传递函数理论、毛管束理论和随机理论等也有一定发展。毛管束理论因存在瓶颈一直发展缓慢。利用随机理论解决非均质土壤的溶质运移问题，则由于模型参数空间分布或概率分布的确定比较困难，其研究热度有所下降。对流—弥散模型（ADE）在过去的几十年中不断发展，其扩展模型如两区模型、两流区模型和两点吸附模型等,能在一定程度上模拟土壤溶质运移过程中的物理和化学非平衡问题。然而,目前关于溶质运移过程研究中的一些基本问题仍没有得到有效解决,主要包括:弥散系数的尺度依赖问题或非费克扩散问题,即弥散系数随运移尺度的增加而增加;对流—弥散模型参数的确定问题;溶质运移过程的多尺度监测问题。

在自然界中,非均质性在不同尺度上普遍存在。已有研究表明,ADE 理论难以描述非均质性引起的非费克扩散现象,即其弥散系数具有尺度依赖性现象,也没有考虑水分滞后效应。近 15 年来,**国际上对于溶质运移理论的研究有较大突破,主要成就是发展和丰富了两套新的理论来模拟土壤溶质运移过程中的非费克扩散现象**。一是 Benson 等(2000a:1403~1412;2000b:1413~1423)提出的分数阶微分对流—弥散方程(FADE),其用 Lévy 运动理论描述具有非费克现象的溶质运移过程。FADE 理论随后又扩展到非平衡对流弥散方程以及反应性溶质运移过程,其理论体系已相对丰富。在 FADE 方程中,弥散系数的尺度效应是由分数阶微分来反映。FADE 方程解决了溶质穿透曲线中的拖尾问题,但对早期穿透预测不足,也没有完全解决弥散系数的尺度依赖问题(Hunt et al.,2011:411~432)。二是连续时间随机游走理论(Continuous Time Random Walk,CTRW)。Berkowitz 等(2000:149~158)最早将 CTRW 理论应用于溶质运移过程研究,此后 CTRW 理论成为研究热点,近 15 年得到极大发展,分别应用于不同类型的溶质运移过程。在 CTRW 理论中,溶质的运移被近似地看成是无数个以不同速率、不同路径随机游动的粒子在变化的速度场内经过了一系列转移的过程,这种转移用一个时间和空间的联合概率密度函数 $\psi(s,t)$ 来刻画,表示在 t 时段内,粒子位移为 s 的概率密度。这一转移概率密度函数综合了所有可能控制溶质运移的机制,包括对流、扩散、弥散、吸附等。CTRW 具有优越的刻画溶质运移非费克扩散现象的能力,并且 ADE 模型和 FADE 模型都被证明是 CTRW 模型的特例(Hunt et al.,2011:411~432)。

虽然溶质运移模型在近些年发展很快,但在模型发展不够完善的情况下,参数的确定始终是个难题。目前关于溶质运移模型参数的预测主要围绕对流—弥散模型展开。利用数值反演方法确定对流—弥散模型参数受初始和边界条件的限制较小,各种情景下的数值反演方法及其不确定性一直有学者在进行研究,但参数非唯一性是普遍问题。参数确定的另一类途径是寻求模型在简单情况下的近似解,进而获取相对稳定的参数反演解。这方面的进展主要是 Jaynes 和 Shao(1999:82~91)提出的测定两区模型(MIM)参数的方法,后来又进一步发展出单示踪剂和多示踪剂方法(Lee et al.,2000:492~498),并扩展到圆盘和点源入渗的情况,可实现在田间原位的溶质运移和土壤水力特性参数的预测(Al-Jabri et al.,2006:239~249)。此外,近 15 年溶质运移参数(主要是弥散系数)和其他土壤特性之间的关系也持续受到关注。非饱和土壤的弥散系数与含水量和水势,以及弥散系数与水流通量、孔隙几何特征、孔隙弯曲度之间的关系都获得了较为系统的研究(Vanderborght and Vereecken,2007:29~52;Hunt et al.,2011:411~432)。

近 15 年来,溶质运移过程的另外一个重要成就是病毒和细菌在土壤中运移的研究得到极大发展(Bradford and Torkzaban,2008:667~681)。研究发现,胶体颗粒在病毒和重金属运移过程中具有重要的辅助作用（McCarthy and McKay，2004：326~337）。Zhuang 等（2007：1270~1278）、Kenst 等（2008：1102~1108）、Shang 等（2008）发现，瞬态流在非饱和水分条件下比饱和水分条件下更能有效促进胶体（如病毒、细菌、工业纳米颗粒和黏粒等）在多孔介质中的迁移，间歇流比连续流更能增加胶体的移动总量。Zhuang 等（2010：3199~3204）发现在非饱和水分条件下毛管力起双刃作用，毛管力既是驱动胶体在多孔介质中移动的主要动力之一，也是把胶体吸附在空气—水界面的主要物理力之一，所以，当液体表面张力降低时，胶体可以移动到更长的距离但移动速度变慢。这些研究进一步加强了固相颗粒运移的研究，深化了重金属和磷素等物质运移机制的认识。

（2）农田水分高效利用实现措施与理论互补，蒸散分割研究渐趋深入

农田水分高效利用在节水灌溉技术方面包括滴灌、喷灌和微灌等。农艺技术方面，覆盖免耕技术、间作套种和新品种选育等作为农业生产提高水分利用效率的途径在科学上被广泛关注。采取覆盖措施可减少土壤蒸发，提高水分利用效率，而且还可以减少盐分表聚，延缓或防止土壤次生盐碱化发生，对于盐碱地合理开发利用具有重要作用。此外，保护性耕作可以改善土壤理化和生物学性质，提高水分利用效率，其改良土壤结构的机制主要是增加土壤有机碳和增强土壤团聚体的水稳性（Alvarez and Steinbach，2009：1~15）。在农业生产实践和生态建设过程中，建立农林复合系统是提高水分利用效率的一种有效方式，农林复合系统的水分利用在空间上具有互补性，农林复合系统中的深根性木本植物和浅根性农作物通过形成根系的垂直分层来避免强烈的水分竞争，提高了土壤水分的利用效率（Liversley et al.，2004：129~139；Wanvestraut et al.，2004：167~179）。例如，核桃与间作小麦相对单作系统显著降低了系统的耗水量，原因在于二者需水期错开，且在水分利用深度上避免了竞争。

干旱地区，通常认为土壤蒸发（soil evaporation）是水分的无效损失，它可以占蒸散的30%~80%（Wilcox et al.，2003：791~794）。袁国富等（2010：170~178）通过利用水汽同位素信息，分析得到在冬小麦生长盛期，蒸腾占总的蒸散比例为94%~99%；当植物蒸腾处于同位素非稳定态时，水汽同位素信息分割地表蒸散会出现明显误差。除稳定同位素技术外，目前拆分蒸散还可借助综合模型，例如 SEBAL（Surface Energy Balance Algorithm for Land）模型和树干液流（Sap Flow）方法测定（Kool et al.，2014：56~70）。通过分割蒸散为蒸腾和蒸发，在明确植物无效耗水和蒸腾过程后，采取措施抑制土壤蒸发，在理论上能够提高土壤水分的利用效率。

（3）土壤导水率及其影响因素

随着碎石土壤和胀缩性土壤持水性研究在过去15年迅速成为土壤水文过程研究中的热门领域，碎石、土壤胀缩和斥水性对土壤水力特性的研究也得到重点关注。近些年的研究结果表明：碎石添加、土壤膨胀、斥水性增加都可能在一定程度上降低土壤导水特性。但在自然条件下，碎石创造的土壤生境有利于植物根系和土壤生物作用下大孔隙的产生（Ma and Shao，2008：950~959），重黏质土壤在失水过程中会产生较大裂隙，土壤斥水性会增加土壤水流的非均质性，致

使在一定情况下产生优先流，增大土壤（表观）导水性。

由于水资源匮乏，以前被认为不能使用的劣质水（包括污水、咸水和微咸水）越来越多地被用于农田灌溉，劣质水灌溉的农业和环境效应是近些年研究的热点问题之一。就土壤物理特性的影响而言，研究主要集中于咸水灌溉对土壤水力特性的影响及机制。咸水本身含有大量的阳离子，因为电荷排斥的作用，咸水进入土壤有稳定土壤结构、增加土壤导水率的作用。这一特性使得咸水或微咸水灌溉在改良利用盐碱土方面具有潜力。灌溉水水质对土壤结构和水力特性的影响也与土壤本身的特性有关。通常情况下，用淡水淋洗改良盐碱土时，会增加土壤钠吸附比，导致土壤结构崩散，导水率降低。咸水灌溉虽然可能增加土壤盐度，但也可能使碱性土壤中的钠离子得到替换，降低钠吸附比，增加土壤导水性。这些机制在 20 世纪已经基本明确，过去 15 年咸水利用研究的重点在于如何进行咸淡轮灌以及配施化学改良剂（石膏、秸秆和生物炭等）使土壤保持植物可耐受的较低盐分水平、土壤结构和导水性持续稳定等。有研究表明，污水灌溉可通过增加土壤的斥水性影响土壤导水特性（Wallach et al., 2005: 1910~1920）。

土壤有机质对土壤结构及其决定的土壤水力特性具有重要作用。有机碳影响土壤团聚体的形成、孔隙系统结构以及土壤抗侵蚀和退化过程的能力（Six et al., 2004: 7~31），有机质的可湿性和持水性影响土壤的吸水与脱水速率（Ojeda et al., 2010: 399~409; 2011: 696~708）。生物炭作为一种处理秸秆的方式，不仅可以增加土壤碳储量，而且具有比表面积大、化学性质稳定等特点，在土壤改良方面具有相当应用潜力，近些年迅速成为国际上研究的热点。研究表明，生物炭添加可增加也可能降低土壤导水能力（Ojeda et al., 2015: 1~11），这主要与生物炭颗粒的大小、生物炭添加量以及土壤类型有关。比如：Lim 等（2016: 136~144）的研究结果表明，生物炭添加增加了砂土的孔隙弯曲度，会降低砂土，尤其是有机土壤的饱和导水率，但会极大地提高黏土的饱和导水率。Castellini 等（2015: 1~13）则发现，生物炭添加前后土壤的饱和与非饱和导水率没有显著差异。

在土壤导水率参数预测方面，近 15 年来的主要进展体现在以下 3 个方面：①进一步揭示了土壤导水率与土壤结构之间的定量关系；②发展了可用于田间土壤水力特性参数快速估测的间接方法（Ma et al., 2016: 122~131）；③利用土壤的电磁学特性，结合地球物理监测方法和数值反演，发展了田间尺度土壤水力特性参数的估测方法（Irving and Singha, 2010: 2387~2392）。

（4）气候变化对植物影响机制的相关研究向深入推进

陆地生态系统碳循环、氮循环和水循环是生态系统生态学与全球变化科学研究领域长期关注的主要物质循环过程，它们表征着全球、区域及典型生态系统的能量流动、养分循环和水循环以及相关服务功能。然而，自然界的生态系统碳循环、氮循环和水循环是相互联动、不可分割的耦合体系，受多个物理、化学及生物学过程的综合调节和控制（于贵瑞等，2014: 683~698）。

一般而言，CO_2 浓度升高导致光合速率升高，但不同物种的增加幅度不同（Curtis, 1996: 127~137）。此外，随着时间的推延，光合作用的增加速率有下降的趋势，亦即所谓的"光合下调"现象（Fu et al., 2006: 234~244）。植物在高 CO_2 浓度的环境下能降低气孔开张度，减少由叶片气孔释放到大气中的水汽,从而提高土壤水分的利用率(Mattews,2006:793～794)。CO_2浓度上升引起的蒸腾减少会导致土壤含水量上升和流域径流量的增加(Hungate et al.,2002:289～298)。植物叶片净光合速率对CO_2浓度的响应还受其他环境因素如温度、光照和矿质元素供应等影响,在低温、低氮时,高CO_2浓度使植物叶片的净同化率增幅减小。CO_2浓度倍增(700×10^{-6}mol/mol)将导致作物生育期有缩短趋势,且C3作物较C4作物显著。随着CO_2浓度升高,植物地上、地下部分及总生物量均呈现增加效应,不同物种地下和地上部分生物量增幅不同,但根冠比增加,并受土壤水分等其他环境因子的影响。CO_2浓度升高对作物品质的影响因品种而异,高CO_2浓度下,小麦籽粒蛋白质含量降低(Monje and Bugbee,1998:317～324),CO_2浓度变化对凋落物分解速率影响微小(Norby and Cotrufo,1998:17～18)。

近地层高O_3浓度将导致植物净光合强度、气孔阻力以及水分利用效率(WUE)降低,叶片数量减少,单株叶面积变小,叶片干物质积累下降,进而影响作物产量和质量。CO_2与O_3浓度倍增及其交互作用的研究表明,CO_2浓度倍增对大豆生物量、产量及籽粒数和籽粒重等有正效应,而O_3有明显的负效应。高温使植物光合作用受阻,净光合速率明显下降。小麦叶片净光合速率在高温(高于$25^\circ C$)时减少,至$40^\circ C$时停止(Lawlor and Mirchell,2000:57～80)。高温还将加速叶片成熟及衰老,减少光合作用持续时间。严重高温胁迫对植物光合的抑制作用主要由非气孔限制引起,而胁迫较轻时则为气孔限制(吴韩英等,2001:517～521)。不同物种蒸腾及水分利用效率对水分变化的反应差异明显。全球变化影响区域水文过程,引起土壤水分和地下水发生相应的变化,从而会影响植物的水分利用过程。CO_2浓度升高对植物具有施肥效应,但土壤干旱在一定程度上抑制其施肥效应,水分胁迫作用下C3和C4作物对CO_2浓度升高后的响应主要为WUE及生产力增加(Drake et al.,1997:607～637)。未来全球气候变化(气温和降水等变化)及大气CO_2浓度升高均有可能影响土壤水分变化,现有研究中仍缺乏从系统整体角度分析CO_2浓度增加对土壤—植物—大气系统水分循环影响的研究。

(5)节水灌溉对农田土壤水分过程的调控作用逐渐明确

节水灌溉是干旱半干旱区提高农业水资源利用效率的重要举措,在深化土壤水文过程机制研究的同时,节水灌溉对农田土壤水分及其转化过程的调控作用正日益受到关注。

不同的节水灌溉措施显著地影响着土壤水的入渗过程。近年的研究表明,滴灌管流量、位置、灌水时间、灌水频率、灌水均匀度、土壤质地和土壤异质性等都显著地影响着湿润区的形状与体积(Maia and Levien,2010:1302～1308;Diamantopoulos and Elmaloglou,2012:622～630)。微滴灌可稳定土壤水分在作物根区的动态变化,但不同灌溉频率下土壤剖面含水量分区明显(Assouline et al.,2006:1556～1568);另外,土壤水力传导度的改变也对微灌条件下的水分传输过程产生影响(Mubarak et al.,2009:1547～1559;Skaggs et al.,2010:1886～1896)。近些年来,国际学者研究的重点已转移到运用土壤水动力模型分析节水灌溉条件下土壤水文过程及物理机制,包括采用解析方法、经验模型和数值模型系统分析滴灌初始参数变化对土壤水分动态的影响。这些研究提高了湿润锋位置和土壤含水量的预测精度,增加了对土壤分层异质性的影响等方面的认识（Kandelous and Simunek，2010：435～444；Communar and Friedman，2010：1509～1517）。

节水灌溉同样改变着土壤的大气边界条件，影响和调控着农田蒸散过程。准确计算土壤蒸发和植物蒸腾的方法也一直是节水灌溉评估技术发展的重要分支。Meshkat 等（2000：79～86）利用称重式蒸渗仪研究发现，与传统的地面滴灌相比，农田地下埋沙滴灌技术的蒸发量较小；Jr. Alves 等（2007：419～428）将传统的作物需水量计算公式分成土壤蒸发和植物蒸腾两个系数，重新计算得出了柑橘园的需水量；在此基础上，Villalobos 等（2009：565～573）深入研究了在滴灌条件下土壤蒸发量与作物蒸腾量对整个田间蒸散量的贡献，并重新计算了节水灌溉条件下柑橘作物的需水系数；Kerridge 等（2013：128～141）提出了利用土壤表面温度变化来计算土壤的相对蒸发量。

节水灌溉改变土壤水分状况，随之会对植物根系水分获取方式产生影响，进而调控着植物根系生长，后者又会反过来影响土壤水文过程。节水灌溉条件下土壤水分运动与根系吸水的互反馈过程是土壤水文过程研究的难点。但近年来，基于根系结构和土—根界面水分运动过程的二维根系吸水模型（Gärdenäs et al.，2005：219～242）和三维作物吸水模型（Vrugt et al.，2001：2457～2470）得到不断完善；在此基础上，已可以利用二维光透射成像方法获取整个根系的吸水数据，从而在整个根系统上构建描述土—根水分运动过程的多维模型（Javaux et al.，2008：1079～1088），可在不同尺度和维度上研究节水灌溉对土根系统水分运动过程的影响。

此外，节水灌溉可减少土壤水分及养分的渗漏损失，对于提高肥料利用效率，降低地下水污染风险，维持灌区生态环境的安全和稳定具有重要意义。近 15 年来，基于长期田间试验，灌水方式、土壤温度、土壤质地和施肥等因素对不同时空尺度上硝态氮排放过程的影响，以及硝酸盐在土壤中的动态迁移特征得到更加深入的研究（Quinones et al.，2003：155～161；Phogat et al.，2014：504～516）。节水灌溉条件下二维土壤水氮运移过程、不同施肥方案的土壤水氮迁移机制（Gärdenäs et al.，2005：219～242）和土壤水氮的时空变异性规律（Phogat et al.，2014：504～516）逐渐明确。

4.3 中国"土壤水文过程与溶质运移"研究特点及学术贡献

中国土壤水文过程的研究起始于对相关水文要素特别是土壤水分的探索。20 世纪 50 年代，以苏联 A. A. Pone 为代表的形态水分研究观点和方法系统地介绍到中国，对土壤水分研究的发展起到了积极的推动作用。1977 年第一次全国土壤物理学术会议上，土壤水分的能量概念被介绍到国内，标志着我国土壤水分研究步入新的阶段。我国第一代现代土壤物理学家，如张君常（1979a：69～74；1979b：159～164；1979c：240～244）介绍了土壤水分的运动形式与能量转换；李玉山（1978：46～47；1983a：91～101；1983b：27～30）分析了黄土区土壤水分的性质与循环特征，介绍了土壤水库的功能与作用；刘孝义等（1985：31～37；1987：167～169，179）研究了东北地区几种主要土壤的持水性能及磁场对持水性的影响，这些较早的研究奠定了中国土壤水文研究的坚实基础。20 世纪 80 年代，SPAC 理论被引入到国内，将土壤—植物—大气看作一个连续体，分析水分在各个部位甚至不同介质之间的传输和转化关系。张君常（1983：1~19）分析了 SPAC 系统中水分能量运转平衡的热力学函数。邵明安等（1986：8~14；1987：295~305）基于人工模拟试验，定量分析了冬小麦 SPAC 系统中水流阻力各分量的大小、变化规律及其相对重要性。康绍忠等（1990：1~9；1992：1~12；1993：157~163）在对 SPAC 水分传输机理研究的基础上，提出了包括根区土壤水分动态模拟、作物根系吸水模拟和蒸发蒸腾模拟 3 个子系统的 SPAC 水分传输动态模拟模型。20 世纪 90 年代之后，土壤水文过程涉及的各个要素如蒸发、蒸散、入渗以及相关参数如水分特征曲线、导水率和扩散率等都得到广泛的关注，其中相关模型的应用和开发也取得了长足进步。溶质运移的研究历程也类似，经历了从室内的理论模型转向田间和大面积实际应用的过程，模型发展也从室内和田间点尺度转变到微域尺度、区域尺度下的溶质运移模型。同时，随着研究的深入，水土系统中水文与溶质耦合机理的探索与应用受到了重视。例如，以石元春为代表的土壤学家对我国黄淮海盐碱地改良进行了深入的研究，提出了半湿润季风区水盐运动的理论，建立了水盐运动预报体系及模型，对科学治理黄淮海土地盐碱化产生了重要作用（石元春和李韵珠，1986：38~44；石元春，1992：1~3，1994：239~244；李保国等，2003：5~19）。

需要指出的是土壤水文学（Soil Hydrology）由 Kutilek 和 Nielsen（1994：1~218）于 1994 年进行了比较系统的论述，但作为一门学科提出还是十余年前的事，由华人学者 Lin（2003：1~11）于 2003 年提出"水文土壤学"（Hydropedology）的概念，定义为"综合土壤学、水文学和地貌学，以景观—土壤—水系统为研究对象，以土壤结构的自然属性和水的驱动特性为基础，研究不同时间和空间尺度上土壤与水相互作用的过程及其反馈机制的学科"。"水文土壤学"研究核心仍然是"土壤水流"，但在内涵上可能更强调大尺度以及不同学科间的交叉，可以看作是土壤水文学发展的一个新阶段。随着其概念的引入和逐步完善，中国土壤学会土壤生态专业委员会于 2007 年主办了"水文土壤学研究和应用领域"国际讲学班，北京师范大学和中国农业大学于 2010 年共同主办了"水文土壤学与地球关键带前沿研究及应用"国际研讨会，促进了土壤水文学在我国的发展。《土壤学学科发展报告（2010~2011）》把土壤水文学列为未来土壤科学发展的一个重要学科方向（李小雁和马育军，2008：78~82；李小雁，2011：1721~1730，2012：557~562）。

4.3.1 近 15 年中国该领域研究的国际地位

过去 15 年，国际上不同国家和地区对于土壤水文过程与溶质运移的研究获得了显著进展。表 4-2 显示了 2000~2014 年该领域 SCI 论文数量、篇均被引次数和高被引论文数量 TOP20 国家和地区。近 15 年 SCI 论文发表总量排名 TOP20 国家和地区，共计发表论文 20 595 篇，占所有国家和地区发文总量的 84.3%。从不同的国家和地区来看，近 15 年 SCI 论文发文数量最多的国家是美国，共发表 5 642 篇；中国排第 2，发表 2 484 篇，与排名第 1 位的美国有较大差距，不

表 4-2 2000～2014 年 "土壤水文过程与溶质运移" 领域发表 SCI 论文数及被引频次 TOP20 国家和地区

排序[①]	国家(地区)	SCI 论文数量(篇)						国家(地区)	SCI 论文篇均被引次数(次/篇)						国家(地区)	高被引 SCI 论文数量(篇)					
		2000~2014	2000~2002	2003~2005	2006~2008	2009~2011	2012~2014		2000~2014	2000~2002	2003~2005	2006~2008	2009~2011	2012~2014		2000~2014	2000~2002	2003~2005	2006~2008	2009~2011	2012~2014
1	世界	24 428	3 335	3 968	4 854	5 659	6 612	世界	15.4	30.9	25.7	17.6	11.1	3.4	世界	1 221	166	198	242	282	330
1	美国	5 642	1 095	1 174	1 136	1 056	1 181	英国	22.4	33.2	33.5	24.2	14.7	5.7	美国	495	88	93	79	70	84
2	中国	2 484	85	233	399	657	1 110	美国	22.1	40.9	32.1	21.1	12.9	4.1	英国	80	11	13	16	10	18
3	澳大利亚	1 351	235	237	270	272	337	瑞士	21.4	36.5	22.9	29.4	22.7	5.7	德国	80	8	11	15	20	25
4	德国	1 203	167	190	261	286	299	荷兰	21.1	36.0	32.7	17.9	18.6	4.8	澳大利亚	75	12	9	15	25	23
5	加拿大	1 154	209	196	247	259	243	法国	21.1	35.3	35.5	24.7	16.1	4.9	法国	72	9	19	15	23	22
6	法国	983	131	186	188	224	254	丹麦	20.9	43.4	27.7	22.2	13.3	5.0	中国	51	6	6	14	30	35
7	巴西	932	54	104	193	287	294	新西兰	20.4	30.5	23.4	25.9	14.8	4.1	加拿大	49	6	5	11	9	13
8	西班牙	916	81	123	208	221	283	菲律宾	19.7	20.3	39.6	25.3	18.8	3.8	西班牙	33	3	4	14	10	24
9	英国	894	172	197	179	158	188	德国	18.7	31.1	33.1	20.3	15.4	4.3	荷兰	32	4	5	3	12	5
10	日本	842	114	151	203	183	191	奥地利	18.0	20.1	40.4	18.7	17.2	3.6	丹麦	29	5	1	5	3	8
11	印度	790	99	118	183	172	218	葡萄牙	17.9	18.3	20.7	25.5	25.3	5.5	瑞士	27	2	2	8	8	11
12	意大利	702	66	97	120	182	237	比利时	17.7	33.2	25.7	18.8	15.2	3.8	意大利	25	3	6	5	3	10
13	伊朗	450	16	30	68	144	192	瑞典	17.5	24.9	21.9	23.1	17.2	3.7	新西兰	25	3	1	8	5	3
14	荷兰	378	81	61	72	72	92	澳大利亚	17.0	29.7	23.4	18.4	14.9	4.3	日本	20	1	2	6	4	3
15	丹麦	338	57	75	56	62	88	以色列	15.5	23.3	25.4	15.1	14.0	3.0	印度	19	1	3	7	4	6
16	土耳其	335	21	52	68	108	86	西班牙	15.5	32.1	25.5	22.9	10.7	4.5	比利时	16	5	3	2	7	4
17	以色列	321	57	56	68	70	70	加拿大	14.5	25.2	21.7	16.6	9.2	3.1	巴西	12	0	2	2	2	3
18	瑞士	310	52	49	52	71	86	意大利	14.2	28.6	29.6	17.9	11.8	3.8	以色列	12	1	3	1	4	4
19	新西兰	287	79	52	48	50	58	阿根廷	13.9	28.4	37.3	14.2	8.7	2.1	阿根廷	12	0	2	2	2	1
20	瑞典	283	56	57	51	52	67	中国(31)[②]	9.3(31)	28.5(25)	18.8(25)	15.5(22)	10.9(21)	2.7(25)	瑞典	10	0	1	1	6	2

注：①按 2000～2014 年 SCI 论文数量、篇均被引次数、高被引论文数量排序；②括号内数字是中国相关时段排名。

到美国的一半（44.0%）；排第 3 位的是澳大利亚，发表 1 351 篇；日本排在第 10 位，发表 842 篇。20 个国家和地区总体发表 SCI 论文情况随时间的变化表现为：与 2000~2002 年发文量（2 927 篇）相比，2003~2005 年、2006~2008 年、2009~2011 年和 2012~2014 年发文量分别是 2000~2002 年的 1.2 倍、1.4 倍、1.6 倍和 1.9 倍，表明国际上对于土壤水文过程与溶质运移的研究呈现出连续快速增长的态势。由表 4-2 可看出，过去 15 年中，美国在土壤水文过程与溶质运移研究方面一直占据主导地位，SCI 论文数量和高被引论文数量两个指标均高居首位，篇均被引次数位居第 2。中国在该领域的活力不断增强，增长速度最快，SCI 论文数量从 2000~2002 年时段的第 9 位，上升到 2012~2014 年时段的第 2 位；高被引论文数量则由 2000~2002 年的第 6 位上升至 2012~2014 年的第 2 位。但是，从 SCI 论文篇均被引次数来看，中国学者该项指标全球排名仅在第 31 位，2000~2014 年 SCI 论文篇均被引次数仅为 9.3 次，明显低于全世界 SCI 论文篇均被引次数；不仅与英国、美国差距明显，甚至低于阿根廷的 13.9 次。这表明中国学者在土壤水文过程与溶质运移研究领域的学术成果影响力还比较弱，尚没有得到国际同行的广泛认可。

从近 15 年整体情况来看，2000~2014 年 SCI 论文数量中国位居第 2 位；高被引 SCI 论文数量排第 6 位，数量是 51 篇，与欧美国家特别是美国的 495 篇还存在明显的差距。2000~2014 年高被引 SCI 论文数量居全球前 3 位的国家是美国、英国和德国，表明这 3 个国家在该领域具有显著的影响力。总体来讲，从 SCI 论文数量、篇均被引次数和高被引论文数量 3 项指标的变化趋势来看（表 4-2），**中国在国际土壤水文过程与溶质运移研究领域的活力在快速上升，其中 SCI 论文数量和高被引论文数两项指标到 2012~2014 年时段均跃升至第 2 位，表明其研究成果受到越来越多国际同行的关注；但 SCI 论文篇均被引次数排名比较靠后，说明中国学者在该领域的影响力尚需要大力加强**。

图 4-2 显示了 2000~2014 年土壤水文过程与溶质运移领域 SCI 期刊中外高频关键词对比及时序变化。从国内外学者发表论文关键词总词频来看，随着收录期刊及论文数量的明显增加，该领域的关键词词频总数大部分均不断增加。中国学者的前 15 位关键词词频在研究时段内亦有明显上升。论文关键词的词频在一定程度上反映了研究领域的热点。从图 4-2 可以看出，2000~2014 年中国与全球学者在该领域发表 SCI 文章高频关键词总频次排第 1 位的皆为土壤含水量（soil water content），说明土壤含水量是反映土壤水分状态最为关键的指标，也是研究土壤水文过程和溶质运移最受关注的参数（parameter）。总频次最高的前 15 位关键词中，还有其他 9 个关键词同时出现，包括：导水率（hydraulic conductivity）、土壤水分（soil water）、入渗（infiltration）、蒸散（evapotranspiration）、蒸发（evaporation）、干旱（drought，drought stress）、氮（nitrogen）、土壤盐分（soil salinity）和水分利用效率（water use efficiency）（图 4-2），这反映了国内外近 15 年土壤水文过程和溶质运移领域的传统研究范畴仍然是研究的热点。其中，入渗（infiltration）和土壤含水量（soil water content）在"土壤侵蚀过程与动力机制"领域也是高频关键词（图 6-2），说明这两个因子也是影响土壤侵蚀过程与机制的重要因素。此外，除上述关键词外，从图 4-2 可以看出，全球学者采用的热点关键词还有灌溉（irrigation）、多孔介质（porous media）、溶质运移（solute transport）、水力特性（water retention）和优势流（preferential flow），说明国外

学者研究热点还包括溶质运移过程、机制与物质平衡及其与优势流和多孔介质的关系等；值得注意的是，溶质运移（solute transport）和优势流（preferential flow）这两个关键词在研究时段内并没有随着论文数量的增加而增加，反而呈下降的趋势，说明该方面的研究受关注度有所降低或遇到了困难。

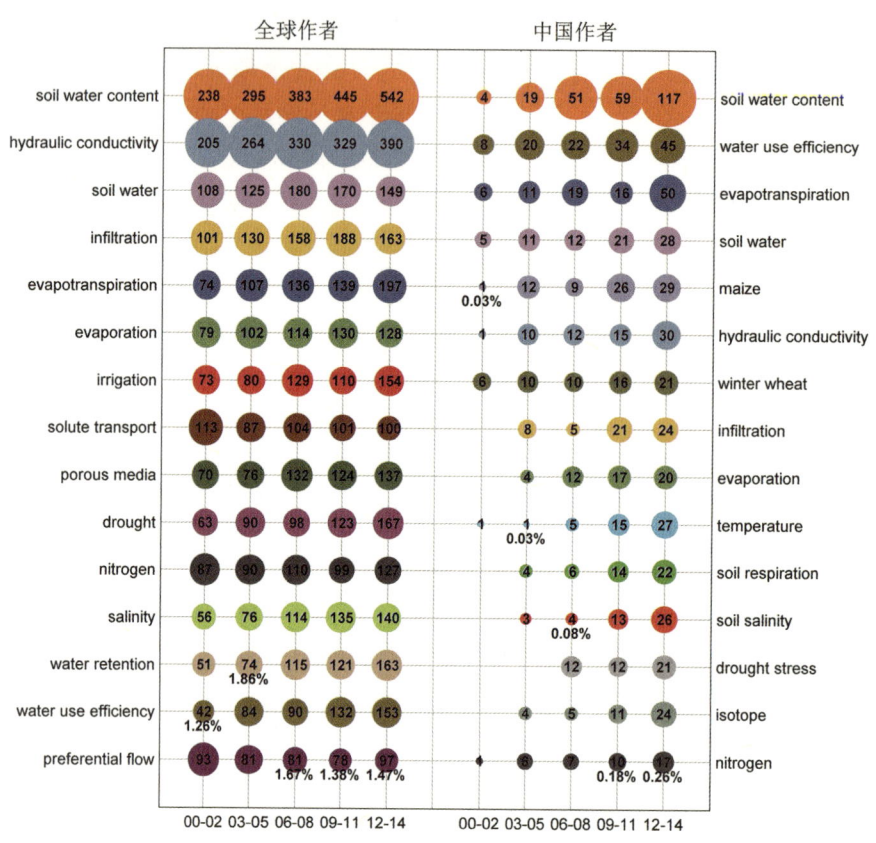

图 4-2 2000～2014 年"土壤水文过程与溶质运移"领域 SCI 期刊全球及中国作者发表论文高频关键词对比

中国学者发表 SCI 论文采用的高频关键词与全球学者的不同表现在两个方面。①同时出现的 10 个关键词除土壤含水量（soil water content）外，其他 9 个关键词词频皆不一样，说明中外学者关注的重点略有差异,例如水分利用效率（water use efficiency）在中国学者排序中位列第 2，**显示提高植物水分利用效率、增加作物产量是中国学者更加关注的热点**，这可能与中国这样一个人口大国在科学研究中更加关注粮食生产有关。②中国学者采用的其他关键词如玉米（maize）和冬小麦（winter wheat），表明这两种作物是水分高效利用及其他相关研究的主要对象，玉米和小麦作为中国的主粮在农业生产中的重要地位也印证了这一点；温度（temperature）和土壤呼吸（soil respiration）的出现则表明**土壤水文的研究与全球变化相关的因素受到中国学者的重视**；同位素（isotope）的出现表明近 15 年中国学者更倾向于利用同位素技术研究该领域的相关问题，如利用稳定性同位素分馏原理确定植物的水分来源、分割蒸散（D、^{18}O）、确定水分利用效率（^{13}C）、明确氮素转化规律（^{15}N）等；近年来多家教学科研单位购置了不同型号的稳定同位素比质谱仪，反映了中国近 15 年来科研经费大幅增加的事实。另外，从图 4-2 中关键词自身增长速度来看，中国学者采用的高频关键词增长速度明显快于全球学者，主要原因在于近 15 年中国学者发表 SCI 论文数量的飞速增加。

4.3.2 近 15 年中国该领域研究特色及关注热点

利用土壤水文过程与溶质运移领域相关的中文关键词制定中文检索式，即: (SU='土壤水分' or SU='植被承载力' or SU='土壤干层' or SU='水文过程' or SU='优势流' or SU='土壤水势' or SU='导水率' or SU='入渗' or SU='土壤蒸发' or SU='水分利用效率' or SU='溶质运移' or SU='氮素运移' or SU='水盐运动') NOT (SU='土壤侵蚀' or SU='侵蚀' or SU='土壤流失' or SU='水土保持措施' or SU='风蚀' or SU='侵蚀预报' or SU='径流' or SU='泥沙' or SU='产沙' or SU='输沙' or SU='土地利用' or SU='景观')，从 CNKI 中检索 2000~2014 年本领域的中文 CSCD 核心期刊文献数据。图 4-3 为 2000~2014 年土壤水文过程与溶质运移领域 CSCD 期刊论文关键词共现关系，大致分为 6 个相对独立的研究聚类圈，在一定程度上反映了近 15 年中国土壤水文过程与溶质运移研究的核心领域，主要包括：**入渗机制与水文效应、水分利用效率与水分生产力、耗水机制与水量平衡、溶质运移与水分运动、水分变异性及水盐运移机制、水肥耦合** 6 个方面。其中前 3 个聚类圈主要关注土壤水文过程及其影响因素，后 3 个聚类圈强调水分与溶质的耦合。从聚类圈中出现的关键词可以看出，近 15 年土壤水文过程与溶质运移领域研究的主要科学问题及热点为以下 6 个方面。

（1）入渗机制与水文效应

由图 4-3 可以看出，该聚类圈中出现的关键词有土壤入渗、入渗率、土壤渗透性、入渗模型、van Genuchten 模型、土壤水分等，表明入渗机制这一基础研究方向仍然是土壤水文关注的热点，反映了入渗过程在水循环、产流特征、土壤水分的保蓄等方面具有关键作用。由于影响入渗的因素众多，入渗模型和参数求解方面的研究受到重点关注。生态需水、生态效应、人工植被、植被恢复、土壤水分平衡、土壤干层等关键词反映出植被建设的水文效应也受到中国学者的广泛研究，应当与中国 20 世纪末实行大面积退耕还林还草政策高度相关，评估植被恢复成效及其产生的可能效应是保证林草植被永续发展的重要环节。油松、梭梭、小叶锦鸡儿等关键词反映了研究对象重点关注的是耐旱物种；黄土丘陵沟壑区、黑土、紫色土、古尔班通古特沙漠等关键词则反映了本领域关注的热点研究区域。

（2）水分利用效率与水分生产力

该聚类圈中出现的关键词主要有水分利用、水分利用效率、水分亏缺、耗水量、蒸腾速率、光合速率、叶绿素等，表明研究水分利用效率以指导田间管理、提高作物产量和水分生产力是关注热点。稳定性碳同位素关键词的出现，表明利用碳同位素分析水分利用效率成为重要手段。黑河、祁连山、生态水文（过程）等关键词表明 NSFC 资助下的黑河流域长期定位土壤/生态水文观测试验研究取得了显著的成果。

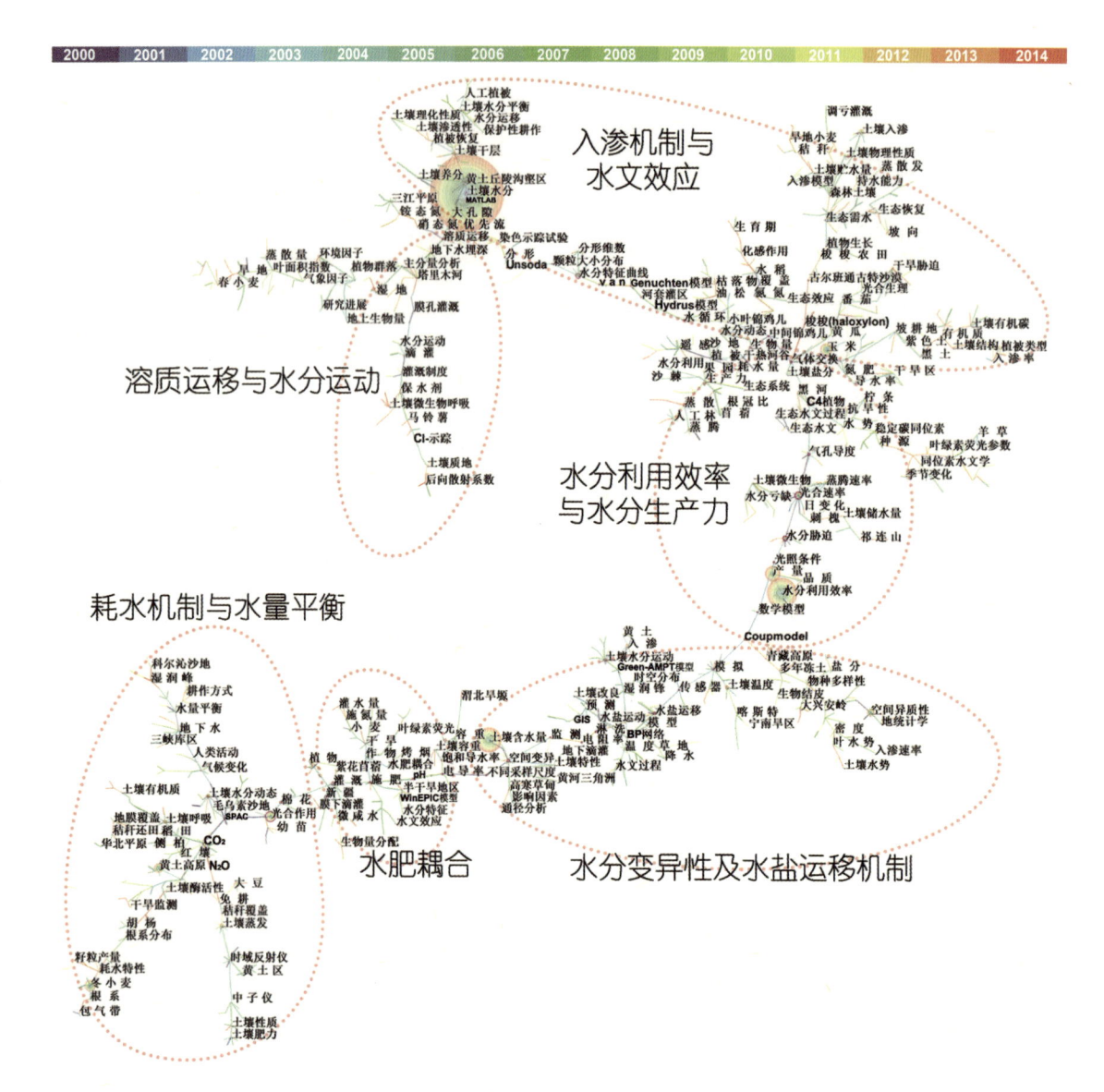

图 4-3 2000～2014 年"土壤水文过程与溶质运移"领域 CSCD 期刊论文关键词共现关系

（3）耗水机制与水量平衡

文献关键词共现关系图 4-3 聚类圈中出现的主要关键词有科尔沁沙地、湿润锋、水量平衡、毛乌素沙地、地膜覆盖、土壤有机质、土壤呼吸、土壤酶活性、秸秆还田、干旱监测、耗水特征、土壤蒸发、时域反射仪等。上述关键词的组合可以看出，该领域的研究主要集中在我国北方气候干旱区和南方季节性干旱区，研究热点是不同耕作管理措施、气候变化、人类活动对包气带水分动态、地下水的影响，作物生长、土壤碳氮循环与水量平衡三者间的耦合关系，以及各种数值模型和新方法在水量平衡、土壤物质循环、植物生长等方面的应用。

（4）溶质运移与水分运动

图 4-3 显示，溶质运移、铵态氮、硝态氮和优先流等关键词出现在聚类圈中，表明如何提高化肥利用效率以及与农田氮素损失有关的溶质运移过程研究是近 15 年国内研究的重点和热点

领域之一。国内对环境问题的日益重视也在土壤溶质运移的研究中得到体现，农药（如阿特拉津）、病毒和胶体颗粒的运移近些年也成为热点研究领域。此外，水分运动、膜孔灌溉、滴灌、灌溉制度、保水剂和塔里木河等关键词也出现在聚类圈中，说明西北干旱区节水的形势依然严峻，潜力依然很大，农业节水灌溉技术在这些地区发展很快，是当前研究的热点之一。另外，新疆也是我国待开垦耕地最多的地区，但盐碱和缺水是普遍问题；塔里木河流域因其独特的位置，无论是盐碱地利用、节水灌溉技术的发展，还是生态环境的保护，都是极具代表性的地区。

（5）水分变异性及水盐运移机制

文献关键词聚类图 4-3 聚类圈中出现的主要关键词有黄土、青藏高原、喀斯特、黄河三角洲、高寒草甸、水盐运移、入渗、土壤含水量、叶水势、土壤温度、电导率、饱和导水率、空间异质性、不同采样尺度、影响因素、模拟等。聚类圈中出现的这些关键词反映出，近 15 年来，我国学者就不同区域水盐平衡，时空变异特征及其耕作、灌溉、土地利用、施肥、气候变化等驱动机制，水分变异特性的尺度效应及其空间动态模拟等作为热点问题进行了深入研究；特别是复杂农田条件下，包括冻融、咸水或微咸水灌溉、生物结皮、非均质土壤等条件下土壤水盐运移、积聚的动力学机制，以及水—热—盐耦合运移的数值模拟等是我国学者研究的热点问题。

（6）水肥耦合

该聚类圈中出现的主要关键词有灌水量、施氮量、小麦、叶绿素荧光、干旱、作物、烤烟、紫花苜蓿、水肥耦合、灌溉、施肥、新疆、半干旱地区、膜下滴灌、WinEPIC 模型、微咸水、水分特征、水文效应、生物量分配等（图 4-3）。聚类圈中出现的这些关键词反映出，实现干旱和半干旱地区粮食作物、牧草、经济作物水肥资源的高效、可持续利用是研究的重点。同时，运用植物活体诊断、数值模拟、综合模型等新技术和新方法，在实际生产过程中有效指导作物全生长期的水肥一体化管理是我国学者研究的热点问题之一。

分析中国学者 SCI 论文关键词聚类图，可以看出中国学者在土壤水文过程与溶质运移的国际研究中步入世界前沿的研究领域。2000~2014 年中国学者 SCI 论文关键词共现关系（图 4-4）可以大致分为 5 个研究聚类圈，分别为：灌溉与盐分胁迫，土壤水文过程与全球变化，土壤水分利用效率与干旱胁迫，溶质运移与优势流，根系生长、吸水过程及机制。

根据图 4-4 聚类圈中出现的关键词，可以看出以下 5 点。①滴灌与盐分胁迫是围绕滴灌（drip irrigation）对土壤盐碱化（soil salinization/alkalinization）的影响和滴灌条件下作物盐分胁迫（salt stress）机制开展，通过构建数值模型（numerical simulation/model）和应用统计学方法分析滴灌土壤水盐动态与时空变异特征，揭示滴灌（制度、模式和技术等）、土壤环境（水、盐、热动态运移特征等）、盐分胁迫条件下作物生长（水分利用、根系发育、产量和品质等）的影响机制，为现代农业可持续发展提供科学依据。②土壤水文过程与全球变化聚类圈中出现的关键词较多的仍然是土壤水文学关注的传统研究范畴，土壤含水量（soil water content）、土壤水分（soil water）、水分利用效率（water use efficiency）、导水率（hydraulic conductivity）、蒸腾（transpiration）、蒸发（evaporation）等依然是热点问题。气候变化（climate change）、碳（carbon）、土壤有机碳（soil organic matter）和温度（temperature）等高频关键词出现，表明中国学者也紧跟全球热点，将土壤水文与气候变化关联研究。此外，还出现生物土壤结皮（biological soil crust）、沙土（sandy soil）等，说明干旱半干旱区土壤结皮的水文过程与效应也是研究的热点。③土壤水分利用效率与干旱胁迫主要是分析了干旱胁迫对作物产量（yield）形成及水分利用效率（water use efficiency）的影响，水分胁迫对净光合速率（net photosynthetic rate）、蒸腾速率、气孔导度（stomatal conductance）、细胞间隙 CO_2 浓度和光补偿点等的影响机理，也体现了水文过程与生物过程的耦合研究。华北平原（North China Plain）作为关键词出现，表明在该区域水分利用效率与作物产量[例如冬小麦（winter wheat）]的相关问题是中国学者重点关注的对象，也反映了华北平原是中国主要粮仓的现实。④溶质运移与优势流聚类圈中的关键词不饱和土壤（unsaturated soil）、不饱和导水率（unsaturated hydraulic conductivity）、不饱和流（unsaturated flow）表明，该方面关注溶质（transport）在包气带（vadose zone）中运移的过程、规律和机理，而地下水（groundwater）作为高频关键词出现则反映了目前该方面更关注溶质（例如硝态氮等）进入地下水及污染物在地下水中的运移过程和发展趋势，这些污染物可能包括重金属（heavy metal）离子及存在于农

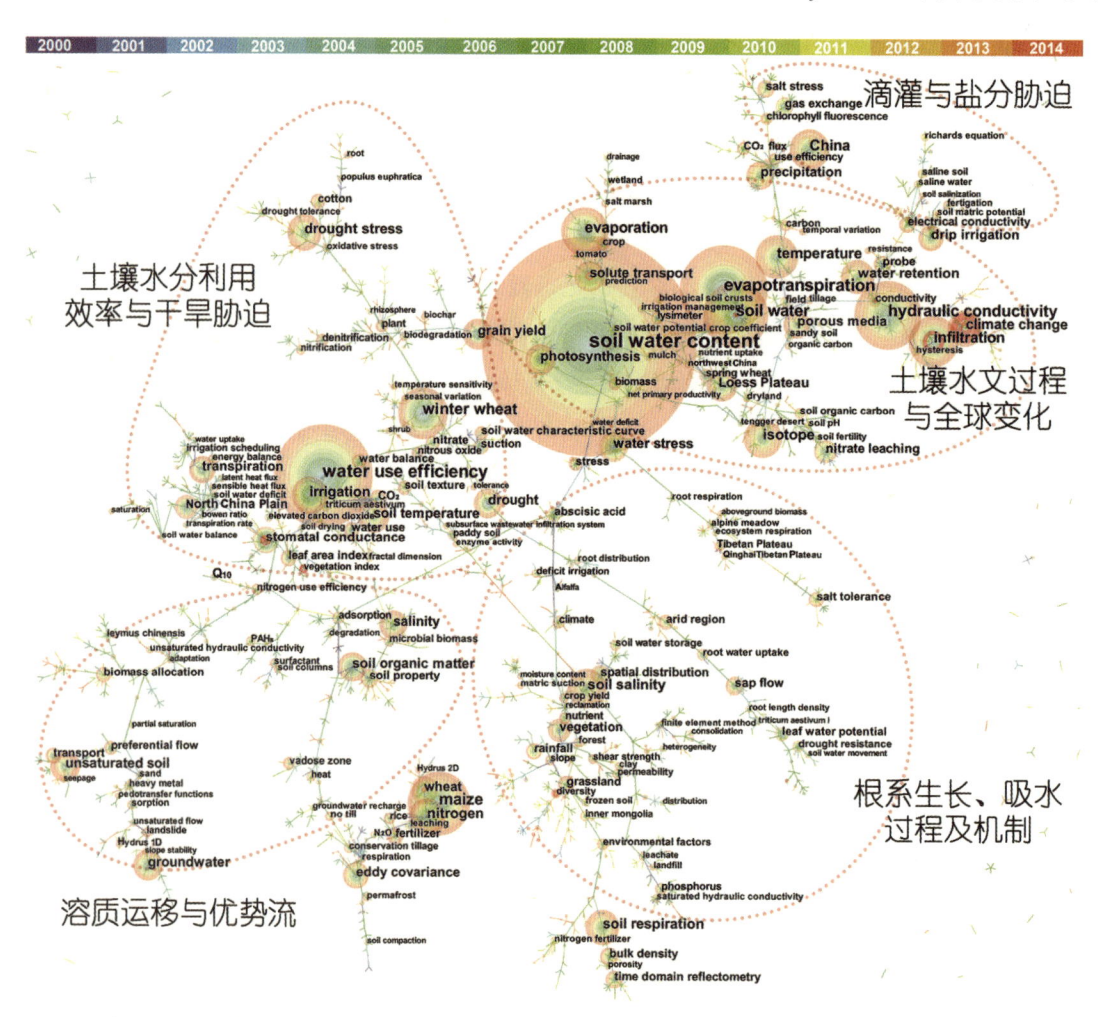

图 4-4 2000～2014 年"土壤水文过程与溶质运移"领域中国作者 SCI 期刊论文关键词共现关系

药中的多环芳烃（PAHs）等。研究方法上土柱（soil column）试验和模型模拟（例如 Hydrus-1D 和 2D）是重要手段。⑤根系生长、吸水过程及机制聚类圈中的关键词包括根系水分吸收（root water uptake）、根长密度（root length density）、根系分布（root distribution）、根系呼吸（root respiration）、土壤贮水量（soil water storage）、土壤水分运动（soil water movement）等，反映了根系作为植物吸水的主要器官受到重点关注，研究内容包括根系测定方法、根系吸水模型、根系密度分布函数、根据土壤水分运动推求根系吸水速率等。盐分耐受度（salt tolerance）、耐旱性（drought resistance）、干旱区（arid region）等关键词表明，水分、盐分胁迫条件下根系水力提升机制方面的研究是热点。

总体来看，该领域中文文献体现的研究热点与我国重视农业生产以及近年来重视生态恢复和气候变化研究的现状密切相关。农田土壤水文研究上，针对我国水资源日益紧张、严重缺水这一现状，提高水分利用效率包括灌溉水分利用率、降雨利用率和作物水分利用效率一直是焦点问题；同时，灌溉引起的盐碱化和水盐运移过程也是中文文献关注的热点。在干旱半干旱区水文研究上，强调林草植被的水分生产力研究，在分析区域土壤水分承载力的基础上，建议在退耕还林还草中合理配置植物种类和密度，保持生态系统水量平衡，防止土壤水分的过度损耗进而影响植被的永续发展。此外，针对我国人口多、人均耕地面积少的现状，运用数值模拟、综合模型等新技术和新方法，在实际生产过程中有效指导作物全生长期的水肥耦合管理，实现半干旱地区粮食作物、牧草、经济作物水肥资源的高效、可持续利用也是中文文献研究的热点。和中文文献相比，中国学者 SCI 论文内容还关注土壤水文与气候变化的关联研究。

4.3.3 近 15 年中国学者该领域研究取得的主要学术成就

图 4-3 表明近 15 年针对土壤水文过程与溶质运移研究，中文文献关注的热点领域主要包括入渗机制与水文效应、水分利用效率与水分生产力、耗水机制与水量平衡、溶质运移与水分运动、水分变异性及水盐运移机制、水肥耦合 6 个方面。中国学者关注的国际热点问题主要包括灌溉与盐分胁迫、土壤水文过程与全球变化、土壤水分利用效率与干旱胁迫、溶质运移与优势流和根系生长、吸水过程及机制 5 个方面（图 4-4）。针对上述土壤水文过程与溶质运移研究的核心领域，我国学者开展了大量研究。近 15 年来，取得的主要成就包括以下方面：①滴灌条件下水盐动态以及盐分胁迫对作物的影响过程；②土壤水分过程对溶质运移的驱动作用；③干旱条件下农业用水策略（包括提高典型作物对干旱胁迫的适应性）；④溶质运移过程及模型；⑤植物根系生长及吸水过程；⑥入渗机制与水文效应；⑦水分利用效率与水分生产力等。具体的科学成就如下。

（1）滴灌条件下水盐动态以及盐分胁迫对作物的影响过程研究得到加强，可有力发挥对区域灌溉农业的指导作用

淡水资源短缺与土壤盐渍化始终是制约灌溉农业可持续发展的战略问题之一。滴灌是最为节水的灌溉方式之一，且滴灌能够淡化根区盐分，为作物正常生长创造良好的局部水盐环境，

即达到节水的目的，也可改良利用盐碱地。因此，近些年来，滴灌技术在我国西北干旱半干旱地区得到大量的研究和应用。此外，在淡水资源缺乏的地区，劣质水资源（如微咸水和再生水等）的利用也获得前所未有的关注。如何利用滴灌技术提高水（包括劣质水）土（包括盐碱土）资源利用效率，且有效避免土壤盐渍化和污染成为近些年国内重要的研究方向之一。

湿润体的形状、体内水分分布及其影响因素是滴灌系统参数设计的重要基础。研究表明，湿润体水平与垂直湿润距离及它们的比值均与时间呈幂函数关系（吕殿青等，2002：794~801），湿润体水平与垂直湿润距离的比值也与土壤饱和含水率及初始含水率正相关（胡和平等，2010：839~843）。湿润体体积和灌水量之间存在显著的线性关系（张振华等，2004：870~875），但湿润体水平与垂直湿润距离的比值和灌水量呈负相关（吕殿青等，2002：794~801）。此外，滴灌频率（Shen et al.，2011：666~671）、土壤剖面结构（Li and Liu，2011：469~478）也对土壤湿润体的大小有重要影响。也有学者（孙海燕和王全九，2007：115~118）进一步研究了点源交汇情况下湿润体的特征和影响因素。但整体而言，湿润体的大小主要取决于灌水量和初始含水量，其形状则主要与土壤质地、结构和水力特性密切相关。基于这些认识，一些学者（张振华等，2004：870~875；胡和平等，2010：839~843）发展和完善了滴灌湿润体模型，为滴灌系统的设计提供了新的理论依据。

将滴灌应用于盐碱地或咸水灌溉给研究人员提出了新的挑战。为避免土壤盐分或灌水盐分对作物产生胁迫，土壤盐分和灌溉水质成为滴灌系统设计中必须考虑的关键因素，研究这些情况下的水盐运动规律势在必行。近15年来，滴灌条件下盐分运移的研究主要包括湿润体内含盐量的分布、土壤积盐、压盐过程及其影响因素等。结果表明，滴灌对表层土壤盐分分布有显著影响，对深层土壤盐分分布无显著影响（Hu et al.，2011：568~574）；滴灌条件下土壤电导率和硝酸盐分布的均匀性系数均小于土壤水分分布的均匀性系数，且取决于初始土壤盐分分布（Li et al.，2012：415~427）；滴灌条件下灌溉水质、滴灌带排列方式、滴头流量、地下水位和含盐量均对土壤水盐分布有显著影响（Chen et al.，2015）。构建数值模型和应用统计学方法可有效地揭示滴灌土壤水盐动态和时空变异特征。李敏等（2009：1210~1218）揭示了盐碱地膜下滴灌土壤水盐空间分布特征及其尺度效应；邢旭光等（2015：146~153）研究了不同土层土壤盐分的时间稳定性，确定了可以反映各土层土壤平均含盐量的代表性测点。孙林和罗毅（2012：105~114）构建了膜下滴灌棉田土壤盐分运移简化模型；王在敏等（2012：63~70）通过模型优化设计了棉花微咸水膜下滴灌和非生育期洗盐灌溉制度，并预测了棉花生育期水盐运移规律和长期效应。

滴灌是否有利于根区脱盐或加速盐分积累在学界颇受争议，主要原因在于对在滴灌系统设计中应充分考虑土壤盐分和灌水水质的因素认识尚存在不足。滴灌系统的应用效果不仅与土壤质地、结构、土壤初始含水量、滴灌制度、模式和技术密切相关，还受灌溉水质和土壤含盐量的影响。实践表明，不合理的灌水频率、灌水矿化度、毛管布置方式和作物种植模式会造成相对不利的土壤水盐条件，降低水分利用效率，导致作物生长受到胁迫而减产（Kang et al.，2010：1303~1309；宁松瑞等，2013：90~99）；但若滴灌技术得到合理利用，滴灌技术能使重度盐碱地在 1~2 年内变为轻度盐碱地（Sun et al., 2012: 10~19），土壤湿润锋处的盐分积累现象不会造成整个土层的盐分含量增高（李明思等, 2012: 82~87），在控制土壤基质势的滴灌水盐调控方法下，土壤电导率不会明显增大，土壤剖面盐分可维持相对稳定状态（Kang et al., 2010: 1303~1309），作物的产量不仅不会减少，甚至会增加（张琼等, 2004: 123~126），一些农产品的品质也能够得到改善。当然，长期滴灌，尤其是咸水灌溉也可能造成土壤积盐，保证适当的盐分淋洗用水是减缓滴灌农田土壤积盐必需的措施（罗毅, 2014: 1679~1688）。近些年，结合土壤墒情动态监测和精准滴灌技术，我国学者在调控作物盐分胁迫等方面取得了重要进展，为盐碱土改良及盐渍化地区植被建设提供了宝贵的实践经验（Sun et al., 2012: 10~19；Wang et al., 2015: 1~8）。

（2）土壤水分数据获取及其空间格局研究得到加强，土壤水文过程对溶质运移的驱动作用得到重视，全球变化与较大空间尺度上水文过程的联系尚缺乏典型资料

土壤水文过程是地球表层系统过程的重要组成部分，也是水文循环的核心。中国学者近 15 年的研究不仅集中在土壤水分、降水、温度、水力传导度等基本要素方面，还研究了溶质运移、入渗、蒸散、土壤水分空间异质性和动态特征、同位素在土壤水文过程中的应用等方面。土壤水分是研究土壤水文过程与全球变化的基础，其测定方法经历了几次变革，包括烘干法、中子法、TDR、FDR、电容法、电阻法、遥感法、地探雷达等，由过去的采样速度较慢、土壤扰动较大逐渐向自动定位监测、不破坏土壤结构等方向发展。例如，Zhu 等（2010: 1527~1532）根据表层土壤含水率与土壤表面灰度值的关系，建立了反演表层土壤含水率的新方法，该方法可以用来弥补遥感技术在复杂地形和较小尺度研究中的不足。

基于不同的测定方法，学者们获得了大量第一手原始土壤水分数据，在此基础上对土壤水分的空间变异性和动态特征取得了深刻认识，深化了土壤水分在小区、坡面、小流域和区域尺度上的时空变化规律的理解。在渭北旱塬，土壤水分的空间分布表现出较强的时间稳定性（朱首军等, 2000: 46~48）；在神木六道沟流域，不同植被类型下深剖面土壤含水量的高低排序也具有时间稳定性特征（Wang et al., 2015: 543~554）。另外，地统计分析表明，土壤水分的时间稳定性在一定程度上依赖于空间分布（Hu et al., 2010: 181~198）。不同土地利用、地形条件及土层深度下，土壤水分在干旱或者湿润条件下均具有不同的时间稳定性特征。通常，干旱条件下土壤水分时间稳定性特征比湿润条件下明显（潘颜霞等, 2009: 81~86）；土壤水分时间稳定性随土层深度增加而增加（Gao and Shao, 2012: 24~32）。

土壤水文过程对溶质运移具有直接驱动效应。土壤溶质运移研究已成为土壤学、水资源学以及环境科学等相关学科研究的热点领域。在数学模型建立和数值计算方法应用方面，利用对流—弥散方程（ADE 模型）给出了考虑随深度改变的一阶降解，并且从 ADE 方程的解析解出发，提出估计 ADE 参数的截距法，该方法物理意义明确且简单易行，有较高精度（石辉等, 2003: 136~139）。此外，刘春平等（2004: 715~720）提出溶质运移参数估计的图解方法，具有直观、简便特点，参数估计精度较高且计算结果相对稳定。氮素淋溶是溶质运移的重要组成部分，也是土壤水文过程的重要内容，具有季节与年际间差异（朱波等, 2008: 525~533）。土壤水

的同位素特征可反映包气带中土壤水分的各种动态变化，并可追踪和标记包气带水分迁移方式，量化土壤水分蒸发，进而分析降水和土壤水的入渗补给过程等。农田土壤氮素迁移与土壤水文过程有密切关系，通过对稳定氮氧同位素进行示踪，可以定量分析氮素迁移的数量及其环境效应（孙波和宋歌，2006：549~553）。

以气候变暖为标志的全球变化已经影响到人类赖以生存的地球环境，如温度升高、降水量分布愈加不均、旱涝灾害频率增加、土地荒漠化等。全球变化影响下，我国区域范围的总体响应表现为：热带、亚热带地区的水文情势对降水更加敏感，而温带地区同时对降水和温度变化更为敏感；在降水量少的地区，干旱频率增高而洪水频率降低（金颖等，2014：156）。

全球变化会导致土壤水文过程的变化，从而影响植物水分利用和土壤水分状况。土壤水分变化影响植物的生长发育进程，干旱将导致植物的生育期缩短、干物质积累减慢，反映了植物对水分变化的适应机制（陈晓远和罗远培，2001：403~409）。干旱也影响植物净第一生产力，如地下水埋深越大，生产力越小（张宏，2001：216~220）。全球变化会影响不同的生物结皮现象和过程，例如苔藓结皮、地衣结皮等；反之，根据不同的生物结皮可以很好地指示气候变暖情况。气温升高也将直接影响固氮酶的活性，虽然可以在短时期内提高氮固定量，但温度升高也会导致有机氮矿化加强。研究表明，生物结皮的固氮速率跟土壤表面水分条件密切相关（房世波等，2008：3312~3321）。

（3）干旱条件下农业用水策略研究（包括提高典型作物对干旱胁迫的适应性）得到加强，区域土壤旱化尤其是黄土高原干层引起科学界关注

水分利用效率是缺水生态系统中农业生产、植被建设、生态恢复等必须要考虑的关键问题之一。植物因子（气孔大小、气孔密度、气孔导度、植物种类等）、土壤因子（土壤持水性能、导水性能、水分状况、孔隙度等）和环境因子（温度、湿度、光照、大气CO_2浓度等）是决定叶片、群体和区域产量水平下植物水分利用效率的关键要素（王会肖和刘昌明，2000：99~104）。随着研究技术的改进和理论的深入，水分利用效率的测定方法也从传统的利用光合速率与蒸腾速率之比向碳同位素分辨技术转变（张岁岐和山仑，2002：1~5），推动了植物水分利用效率研究向更快速、更准确的方向发展。

通过优化不同的耕作措施、种植方式以及管理策略，可显著提高土壤水分利用效率和作物产量。保护性耕作措施（少耕、免耕、秸秆还田及地表覆盖等）能有效减少农田土壤水分蒸发，改善土壤水分状况，较传统耕作措施可显著增加作物产量和提高水分利用效率（汪可欣等，2009：31~36）。间套作的种植方式可以充分利用复合群体的互补效应，促进地表水向土壤水的转化，增加土壤的持水能力；也可以通过减少土—气水势差，增加叶面积指数等，减少棵间的蒸发耗水，抑制无效蒸腾；此外，间套作可以提高水、热、肥等资源的集约利用率，高效发挥各种资源的利用潜力，创造出适宜作物生长的田间环境，从而在不影响产量的前提下显著提高水分利用效率（张凤云等，2012：1400~1406；方燕等，2015：1~12）。施用保水剂与采用不同施肥水平也能提高作物的水分利用效率和产量（杨永辉等，2009：131~135；陆文娟等，2014：5257~

5265）。旱地农业和节水农业是缺水地区大力提倡的农业发展模式，作物节水品种与灌溉方式对植物生产力和水分利用效率的影响得到广泛关注。在节水灌溉条件下，节水抗旱品种比当地高产品种可获得较高的产量和水分利用效率（张耗等，2012：4782～4793），不同灌溉方式（喷灌、滴灌、膜下灌溉、调亏灌溉）下作物不同发育阶段所需灌水量存在差异，但都在保证产量的基础上有效降低了耗水量，提高了水分利用效率（刘浩等，2012：389～394；许骥坤等，2015：277～281）。

干旱胁迫下植物的生长发育、生理特性、物质分配及产量均会受到影响。随着水分胁迫程度的加剧，冬小麦光合作用、株高、干物质累积、根系生长以及籽粒产量受到的抑制作用逐渐增强，拔节期是冬小麦需水关键期，不同的生育期茎可溶性碳水化合物是冬小麦抗旱育种的重要生理生态指标之一（谷艳芳等，2010：1167～1173）。另外，适度的土壤水分亏缺不仅有利于作物生产力和品质的提高，也有助于节约水资源（解婷婷和苏培玺，2011：300～304），可利用作物根系对水分胁迫的生理响应来提高水分利用效率（庞秀明等，2005：141～146）。

在我国典型的半干旱干旱气候区，土壤受干旱胁迫的程度更加严重。在黄土高原地区的研究发现，近50年来该区整体上呈气候变暖和降雨减少趋势，加之植被类型选择不当、种植密度过大和过分追求生产力，使得土壤水分经常处于亏缺状态，导致土壤干层普遍存在，而且有愈加强化的趋势（杨文治和田均良，2004：1～6；Wang et al.，2008：2467～2477）。目前，一些学者建立了黄土高原土壤干燥化程度的评价标准和体系（王力等，2000：87～90；陈洪松和邵明安，2004：164～166），并对整个黄土高原土壤干层的分布规律及其影响因素进行了研究，构建了区域尺度土壤干层的空间分布图（Wang et al.，2010：99～108）。

（4）溶质运移过程及模型研究不断深入，土壤优势流研究正成为该领域理论发展新增长点

随着环境问题的日益突出，溶质运移的研究在国内得到越来越多的关注。邵明安等发展了对流弥散方程的近似解，提出了土壤溶质运移的边界层理论和确定溶质运移参数的边界层方法及代数模型（Shao et al.，1998：339～345）。王全九等提出了溶质运移的几何模型（Wang et al.，2002：436～443），深化了对溶质运移过程的认识。杨金忠等用示踪法研究了非均质土壤的水分运动问题（Yang et al.，2004：18～38），利用随机对流弥散理论研究了区域非均质土壤的溶质运移过程。黄冠华等研究了分数阶对流弥散方程（FADE）的有限元法数值解，并对尺度依赖的土壤溶质运移过程进行了模拟（Huang et al.，2008：1578～1589；Gao et al.，2010：121～122）。任理等用多尺度有限元法研究了非均质土壤溶质运移问题的数值解法（He and Ren，2005：3251～3261），以及硝态氮和农药阿特拉津在土壤中的运移规律（Mao and Ren，2004：500～508）。赵炳梓和张佳宝等也对重金属与农药在土壤内的运移规律进行了探索，并且在国内首先开展了土壤病毒的研究（Zhao et al.，2008：649～659），对揭示病毒在土壤中的活性和钝化特征及其运移规律做了大量的工作，获得了初步的研究成果。

优先流在田间普遍存在是由于田间土壤异质的普遍性。优先流存在若干种不同的形式：指流、漏斗流和大孔隙流。优先流的形成主要与土壤剖面层次、孔隙结构有关，还与土壤的斥水

性状况、根孔、土壤动物有关。与室内扰动土不同，田间土壤的孔隙结构除了受颗粒组成和容重决定外，还与土壤颗粒团聚状况有关。影响土壤团聚体状况的因素很多，包括有机质和植物根系分泌物的作用、土壤生物活动影响以及根系生长挤压等多种物理和化学作用。土壤的干湿和冻融交替也会致使土壤产生较大裂隙，土壤动物活动留下的虫洞以及植物根系死亡后被微生物腐烂分解都会在土体内留下大孔隙。碎石的大量存在也是一些林地土壤大孔隙存在的一个重要原因。国内关注土壤中的优先流问题较晚，近15年来，一些学者就大孔隙在田间水分运动中的作用（Zhu et al., 2007：102～104）。大孔隙流和指流发生的条件、形成的机制（张建丰和王文焰，2008：82～86）以及优先流存在情况下土壤水分运动的模拟（Sheng et al., 2009：115～124）进行了初步的探索。近期，国内学者结合染色法和CT成像技术量化红壤结构与优先流特征（Zhang et al., 2014：114～121），揭示了红壤裂隙产生的影响因素以及优先流特征与红壤结构之间的关系（Zhang et al., 2015：53～65）。非达西流现象在国内一直受到较少的重视，但最近中国农业大学的学者对土壤内的非达西流进行了系统的研究，取得了一系列有价值的成果（Wen et al., 2008：818～827）。此外，含碎石土壤、斥水性土壤、碱化土壤、黑土、紫色砂岩区、西南山区和黄土塬区的优先流问题在近些年都得到一定程度研究。虽然国际上对于优先流的研究经历了20世纪八九十年代的高潮，但发达国家历史上遇到的环境问题在我国也变得日益突出，致使国内的优先流研究在近五年又有变热的趋势。随着大量新的监测技术的应用，相信优先流的研究在未来几年会有新的突破。

（5）控制条件下植物根系生长及吸水过程的相关研究得到加强

根系是植物吸水的主要器官，植物主要依靠根系从土壤中吸收水分，满足植物生长发育、新陈代谢等生理活动的需要。近15年来，中国学者的研究主要集中在盐分胁迫和干旱逆境下，人为环境因素对作物根系生长方面的影响研究，包括干旱逆境、覆盖地膜、施用植物生长调节剂、高剪苗等农艺措施对植物根系形态结构的影响。研究发现，水分胁迫或复水对细根根长、根密度、根系生物量累积、根系根毛区皮层解剖结构、根系内源激素含量、根系SOD活性、根系水力导度等根系结构和生理生态特征有显著影响（杨贵羽等，2005：2408～2413；于涛等，2011：111～118；刘世全等，2014：1362～1371）；覆盖地膜能够保水保墒，提高地温，促进根系迅速形成（张金珠等，2013：1467～1476）；植物生长调节剂，如施加外源氮氧化物、施硅、施加保水剂、接种AM真菌等，能够提高根系活力，增强根系功能，显著降低干旱对根系的伤害（张翠翠等，2007：487～490；闻玉等，2008：344～348；明东风等，2012：2510～2519）；局部根区灌溉方式能促进作物幼苗生长并通过提高根系导水率的途径来提高水分利用效率（杨启良等，2009：1364～1372）。

在根系监测方面，目前使用的主要测定方法包括挖掘法、网袋法、分根移位法、水培法、气培法、容器法和钻土芯法等；此外，管建慧（2006：162～166）运用同位素标记法研究了玉米根系生长；周本智等（2007：253～260）利用黑白摄像仪观测了火炬松根系的生长动态；史建伟等（2006：715～719）利用微根管技术观测水曲柳和落叶松根系的生长动态。这些技术主要应用于观测根系生长发育的动态过程，也可以观测根系在地下的一些病害。目前，一些科学家利用 MRI 成像对根系进行监测,并利用该技术构建出不同介质中的根系生长图像(任东,2010：16～17)。

作物根系吸水与根系生长紧密联系，根系吸水促进根系生长，根系生长又反过来增加根系吸水的土层深度并缩短水分到达根表皮的距离，增强根系吸水速率，促进作物生长。植物根系吸水有两种途径：一种是在蒸腾作用较弱的情况下由离子主动吸收和根内外水势差作用下的主动吸水（渗透流）；另一种是由于蒸腾作用产生的水势差作用下的被动吸水（压力流）。根系吸水机制比较复杂，且影响因素众多，相关研究还有待深入。国内对根系吸水的研究主要集中在水盐胁迫下，根系水力提升作用（刘峻杉等，2007：794～803）和根系吸水模型研究（Zhuang et al.，2001c：201～213；Zhuang et al.，2014：6720）等方面。通过根系提水作用，植物根系可以将湿润部分的土壤水运输并释放到干燥部分的土壤（邵立威等，2011：1080～1085），这种水分再分配作用为植物利用深层土壤储水提供了一种可能的机制（李锋瑞和刘继亮，2008：698～706）。

根系吸水的过程模拟主要有两种方法：一种以单根为对象，侧重根系吸水机理的微观模型；另一种以整个根系为对象，综合考虑根系对土壤水分吸收的宏观模型。罗毅和于强（2001：90～97）利用田间试验资料对 Molz-Remson（1970）、Feddes（1976）和 Selim-Iskandar（1978）根系吸水模型进行了改进：在 Feddes 模型中加入根系密度分布函数；在 Molz-Remson 和 Selim-Iskander 模型中加入土壤水势对根系吸水的影响函数。Li 等（2001：189～204）提出了在水分胁迫下基于作物潜在蒸腾速率、土壤有效水分和根系密度的根系吸水指数模型。左强等（2003：28～33）通过植物生长条件下的土壤水分运动方程反求根系吸水速率。Zhuang 等（2001c：201～213；2001d：135～142）使用植物茎流的平衡测定法配以各种地下水分根系监测和地上气象测定，进行了非均质土壤中植物根系吸水的模型化研究，提出了植物根系吸水的生理生态模型，并发展了田间尺度的地下根系密度标定模型。

（6）入渗机制与水文效应

土壤的入渗决定坡地产流和水分在土壤中的保蓄，因此，入渗过程在水循环研究中非常重要。降水入渗过程的模拟、入渗的测量方法及不同质地土壤的入渗与产流特征被国内外学者广泛研究。土壤的入渗性能测定方面，除了对传统双环方法的应用之外，国内对盘式吸渗仪、单环入渗仪等方法也进行了广泛研究与应用（樊军等，2006：114～119；2007：14～18）；雷廷武等（2007：1～5）也提出了线源摄影测量的方法，方便野外快速测量入渗。经典的入渗模型，例如 Green-Ampt 模型、Philip 模型，也被国内广泛应用，同时改进后的模型也适用于我国土壤及非均质剖面的入渗问题（王全九等，1999：66～70；2002：13～16）。SCS（Soil Conservation Service）是 1954 年提出的径流计算模型，此后 SCS-CN 方法成为降水入渗产流通用方法，国内有广泛的应用研究及改进（丁文峰等，2007：11～38；Huang et al.，2006：579～589）。近期的研究表明，该模型和我国在同一时期提出的 LCM 模型参数存在严格的数学关系（李军等，2014：926～932）。但是，由于自然降水过程的复杂性及其对应下垫面对入渗影响因素众多，目前还没有很好的模型来准确描述降水—入渗—产流过程。

入渗过程本身主要受到土壤理化性质的控制，水稳性团聚体含量、有机质含量、孔隙度是重要的影响因子，而土壤结皮会显著影响土壤的入渗过程。土壤初始含水量高，入渗率低，地表初始产流时间缩短。土壤前期含水量影响坡面土壤水分转化过程，改变硝态氮流失的途径。径流中平均溶解态磷浓度随前期含水量的增加而呈增大趋势（张兴昌和邵明安，2000：128～135）。不同前期含水量的试验表明，前期含水量越高，坡面产流速率越快，稳定入渗率越小，达到稳定入渗阶段时间也越短（孔刚等，2008：1395～1399）。对于超渗产流，土壤入渗率小于雨强是坡面产流的条件之一，前期含水量高的坡面最早开始产流，坡面初始产流时间与前期含水量呈线性负相关关系（袁建平等，1999：259～261）。

（7）水分利用效率与水分生产力

水分利用效率（WUE）是指植物消耗单位质量水分所固定的 CO_2（或生产的干物质）的量，由于有着重要的理论和现实意义，该概念自提出以来在农学、植物生理学和生态学领域得到了广泛的应用。最初的 WUE 研究多限于农作物的叶片生理水平或个体水平，其目的是选育优良作物或指导田间管理以提高农作物产量（Wang and Liu, 2000：99～104；Zhang and Shan, 2002：1～6）。之后，植物生态学家通过研究自然群落中植物的 WUE 来探索植物对环境的适应策略、生物入侵的机制等（Chen et al., 2003：1251～1260；Blicker et al., 2003：371～381）。随着一些环境问题，如全球气候变化日益突出，有越来越多的视角投向草地、森林等自然生态系统，研究尺度也上升至冠层/生态系统（Ponton et al., 2006：294～310；Hui et al., 2001：75～91）以及景观水平（Leuning et al., 2004：3～38），通过这些研究来揭示生态系统水碳循环相互作用关系，从而预测全球变化对生态系统功能的影响（胡中民等，2009：1498～1507；Fan et al., 2001：437～443）。国内关于水分利用效率方面的研究主要集中在水肥措施，包括不同灌溉方式、农业措施及干旱条件下植物的水分利用效率等方面，而全球变化对水分利用效率的影响方面，主要是研究了 CO_2 浓度增加的影响，涉及其他方面的较少。

4.4 NSFC 和中国"土壤水文过程与溶质运移"研究

NSFC 资助是我国土壤水文过程和溶质运移研究资金的主要来源，是推动中国土壤水文学发展的关键因素，造就了中国土壤水文研究的知名研究机构，促进了该领域优秀人才的成长。在 NSFC 引导下，中国在该领域取得了一系列优秀成果，研究的活力和影响力不断增强，并受到国际同行越来越多的关注。

4.4.1 近 15 年 NSFC 资助该领域研究的学术方向

根据近 15 年获 NSFC 资助项目高频关键词统计（图 4-5），NSFC 在土壤水文过程与溶质运移研究领域的资助方向主要集中在土壤水文过程（关键词表现为：土壤水分、土壤水力特性、土壤水文、土壤含水量、土壤入渗、土壤蒸发、土壤干化、时空变异、同位素技术、模型模拟）、溶质运移及土壤盐渍化（关键词表现为：溶质运移、优势流、土壤盐渍化、土壤结构、同位素技术、模型模拟）、土壤水分利用效率、土壤性质、土壤水热耦合、SPAC（土壤—植物—大气连续体）及土壤气体等方面。由于仅选择了 20 个高频关键词，意义相近的关键词被合并选用，例如"SPAC"、"土壤—植物—大气连续体"、"SPAC 水分"、"土壤—植被—大气界面"、"土壤—植被—大气系统"、"土壤—植物系统"、"水分传输"等被合并为"SPAC"；"土壤气体"、"土壤基础呼吸"、"气体分子运动理论"、"温室气体排放"、"土壤呼吸"等被合并为"土壤气体"。从图 4-5 可以看出，"土壤性质"、"SPAC"、"土壤水文"、"溶质运移"等在各时段均占有突出地位，表明这些研究内容一直是 NSFC 重点资助的方向。以下是以 3 年为时间段的项目资助变化情况分析。

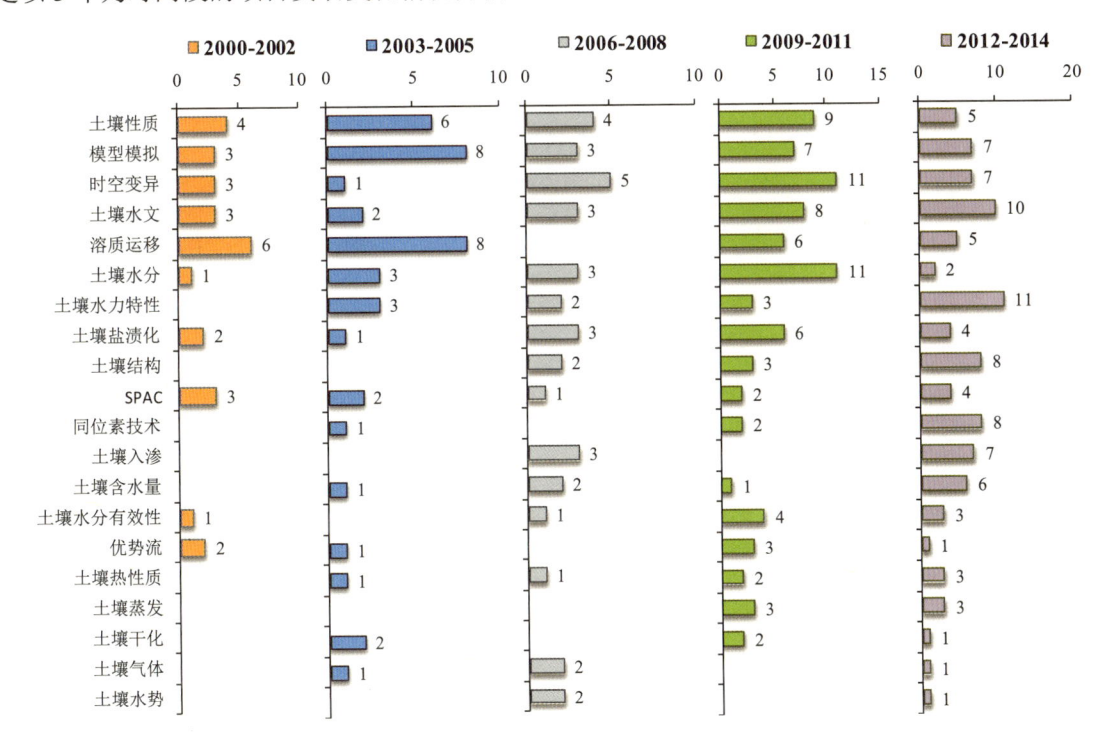

图 4-5 2000～2014 年"土壤水文过程与溶质运移"领域 NSFC 资助项目关键词频次变化

（1）2000～2002 年

这一时段 NSFC 资助项目集中在溶质运移过程和转化规律及盐渍化研究上，关键词主要表现为"溶质运移"、"土壤盐渍化"等，表明这一时段农田污染物和土壤盐碱化方面的研究是 NSFC 重点资助的方向，如"土壤胶体促使下的污染物运移机理及数值模拟研究"（基金批准号：40271059）、"水稻水氮耦合效应动态模型和管理决策支持系统研究"（基金批准号：40171047）。土壤特性和土壤水文过程及影响因素，包括"土壤水文"、"时空变异"、"土壤性质"等，也得到 NSFC 较多的资助，体现在"空间变异性土壤水文过程的多尺度模拟"（基金批准号：40210104076)、"煤矿区重构土壤特性的时空变化规律及其改良对策"（基金批准号：40071045）、

"江西鹰潭小流域景观生态水文过程监测和模拟"（基金批准号：40071044）。

（2）2003~2005年

继上一阶段以来，溶质运移过程和转化规律研究依旧是NSFC资助的热点，特别是利用模型模拟溶质或污染物在多孔介质中运移机制方面的研究，如"描述农用化学物质在多孔介质中运移的几何模型"（基金批准号：40371057）、"硝态氮在含有大孔隙的农田土壤中运移机理及数学模拟"（基金批准号：40371055）、"农田和区域尺度下土体硝酸盐淋失的随机模拟及其风险性评价"（基金批准号：40401025）。"土壤性质"，特别是涉及"水力性质"方面研究的资助项目增多，如"变容重土壤水动力学研究"（基金批准号：40371060）、"土壤水分特征曲线与热特性曲线的相关性研究"（基金批准号：40471061）。同时，对黄土高原"土壤干化"、"土壤—植物—大气连续体"内水分传输研究也是资助的热点，如"黄土高原不同土壤—气候区典型植被适宜冠层密度与生物量研究"（基金批准号：40471062）、"黄土区土壤干化机理及量化指标研究"（基金批准号：40501031）。关键词中首次出现"土壤干化"，表明NSFC对黄土区土壤水文过程研究的资助更具体化。

（3）2006~2008年

NSFC资助重点由"溶质运移"方面的内容转变为"水文过程"，相应"模型模拟"方面的资助转变为水文模拟，如"区域尺度上土壤入渗参数多元非线性传输函数研究"（基金批准号：40671081）、"黄土区典型植被根系吸收深层土壤水分的动力学机制"（基金批准号：40601041）。因灌溉导致的"土壤盐渍化"仍然受到重点资助，如"膜下滴灌条件下田间尺度土壤盐渍化风险评估与预警研究"（基金批准号：40771097）、"宁夏银川平原土壤盐渍化的空间变异及其演替规律研究"（基金批准号：40761013）。与尺度相关的"时空变异"得到明显资助，涉及的内容有"土壤种子库"、"土壤水分"、"土壤盐渍化"等，如"科尔沁沙地流动沙丘和固定沙丘土壤种子库时空格局比较"（基金批准号：40671119）、"半干旱区土壤湿度秩序稳定性研究"（基金批准号：40761012）。同时，"土壤气体"和"土壤水势"方面的资助也明显增加，如"黄土性土壤低水势段水分运动与有效性研究"（基金批准号：40671083）、"外力作用时间与不同水碳含量黑土基质势关系研究"（基金批准号：40671082）、"华北山地典型农林复合系统土壤呼吸变化特征及其影响机制"（基金批准号：40871106）。

（4）2009~2011年

2009年之后，随着中国科研经费的大幅增加，NSFC对土壤水文过程和溶质运移领域的资助也明显上升，同时在资助方向上也呈多样化趋势。除了对以上研究方向的资助外，本阶段对与水分运动和溶质运移密切相关的"土壤结构"的资助增加，如"红壤性水稻土裂隙产生机制及其优势流"（基金批准号：41171180）、"黑土区保护性耕作下农田土壤孔隙结构及其表土水文效应研究"（基金批准号：41101207）。对"优势流"、"土壤水分利用效率"相关的研究资助也有明显上升，如"三峡库区森林土壤大孔隙特征及其水文生态效应研究"（基金批准号：41001125）、"生物炭对不同土壤水力特性、水肥利用效率影响及耦合响应机理研究"（基金批准号：41161038）。此外，同位素技术应用于土壤水文领域的资助也开始出现，如"基于稳定性氢氧同位素的夏玉米—冬小麦蒸腾耗水及水分来源研究"（基金批准号：41001128）、"西南岩溶坡地水分时空异质性及植物适应机理研究"（基金批准号：41171187）。

（5）2012~2014年

与上一阶段相比，NSFC 对本研究领域的项目资助呈更加明显的上升趋势，对土壤水文过程和土壤盐渍化研究的资助持续增加，模型模拟仍然是获得资助的热点，如"表面粗糙度对胶体及其携带的环境激素在多孔介质中运移的影响机理及模拟"（基金批准号：41271009）、"太湖流域丘陵区坡面土壤水文过程物理机制及模拟研究"（基金批准号：41301234）、"再生水灌溉亚热带土壤水力特性演化及水盐运移模拟研究"（基金批准号：41471185）。稳定性同位素技术在本领域的应用得到明显的增加，包括用于确定植物的水分来源、氮素转化等，如"黄土区水蚀风蚀交错带砾石对坡面土壤水循环的影响及机制"（基金批准号：41371242）、"壤中流和地表径流耦合下红壤坡耕地氮素迁移机制"（基金批准号：41401311）。另外，对水文要素的资助研究更加细化，如土壤蒸发的研究强调"土壤内部的蒸发"，说明传统研究方向要获得资助应有新思路和新方法，如"土壤蒸发的内部过程机制与水汽运动模拟研究"（基金批准号：41371240）。

4.4.2 近 15 年 NSFC 资助该领域研究的成果及影响

近 15 年 NSFC 围绕中国土壤水文过程与溶质运移的基础研究领域以及新兴的热点问题给予了持续和高效的支持。图 4-6 是 2000~2014 年土壤水文过程与溶质运移领域论文发表与 NSFC 资助情况。

从 CSCD 论文发表来看，过去 15 年来，NSFC 资助本研究领域论文数占总论文数比重呈波动上升趋势，2007 年达到最高，为 69.4%；之后波动下降，到 2014 年又上升到 68.1%（图 4-6）。从 SCI 论文发表来看，近年来 NSFC 资助的一些项目取得了较好的研究成果，本研究领域开始在 *Journal of Hydrology*，*Hydrology and Earth System Sciences*，*Hydrological Processes*，*Soil Science*，*Science Society of America Journal*，*European Journal of Soil Science*，*Vadose Zone Journal* 等国际权威水文学和土壤物理学期刊及其他一些综合性国际期刊（如 *Geoderma*，*Catena*，*Soil Biology Biochemistry*，*Agricultural Water Management*，*Earth Surface Processes*，*Agricultural and Forest Meteorology* 等）上发表学术论文。从图 4-6 可以看出，中国学者发表 SCI 论文获 NSFC 资助的比例呈迅速增加的趋势。从 2007 年起，受 NSFC 资助 SCI 论文发表比例显著增加，到 2009 年开始已明显高于 CSCD 论文发表比例，最近 6 年 NSFC 资助比例均在 70%以上，2013 年达到最高，为 79.1%（图 4-6）。可见，我国土壤水文过程与溶质运移近几年受 NSFC 基金资助产出的 SCI 论文数量较多，反映了国内土壤水文研究发展迅速。NSFC 资助的 CSCD 论文和 SCI 论文变化情况表明，NSFC 资助对于土壤水文过程与溶质运移的贡献在不断提升，且 NSFC 资助该领域的研究成果逐步侧重发表于 SCI 期刊，表明 NSFC 资助对推动中国土壤水文过程与溶质运移领域国际成果产出发挥了重要作用。

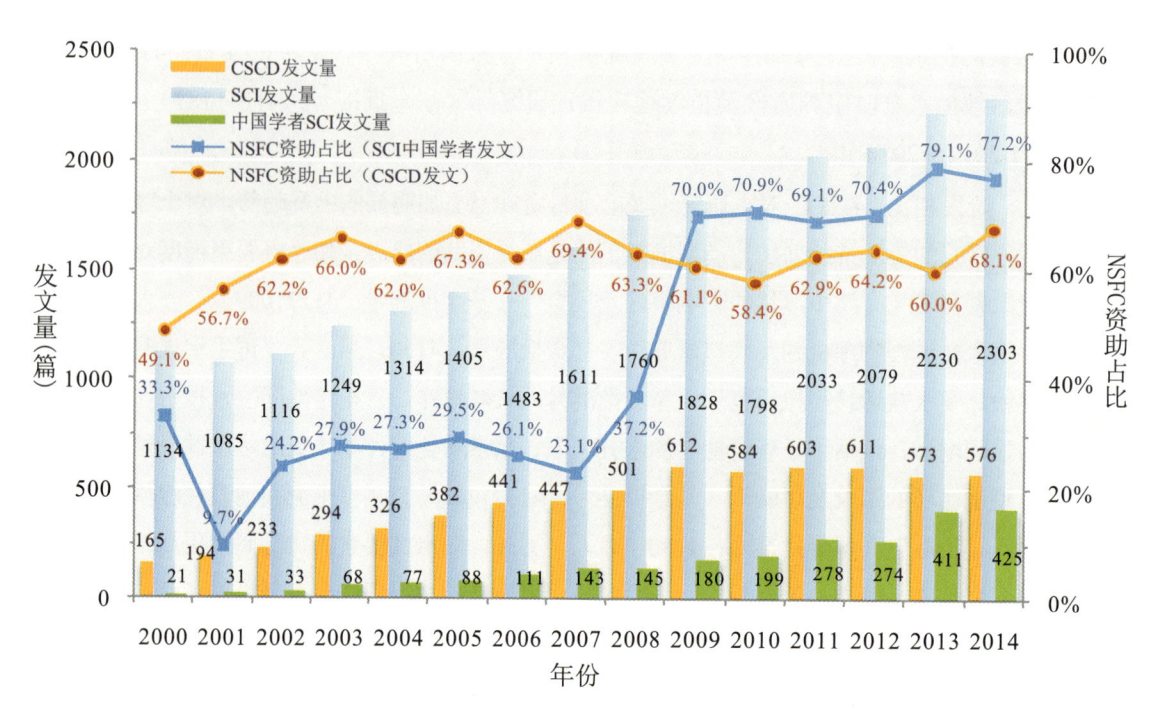

图 4-6　2000～2014 年"土壤水文过程与溶质运移"领域论文发表与 NSFC 资助情况

SCI 论文发表数量及获基金资助情况反映了获 NSFC 资助取得的研究成果，而不同时段中国学者高被引论文获基金资助情况可反映 NSFC 资助研究成果的学术影响随时间变化的情况。由图 4-7

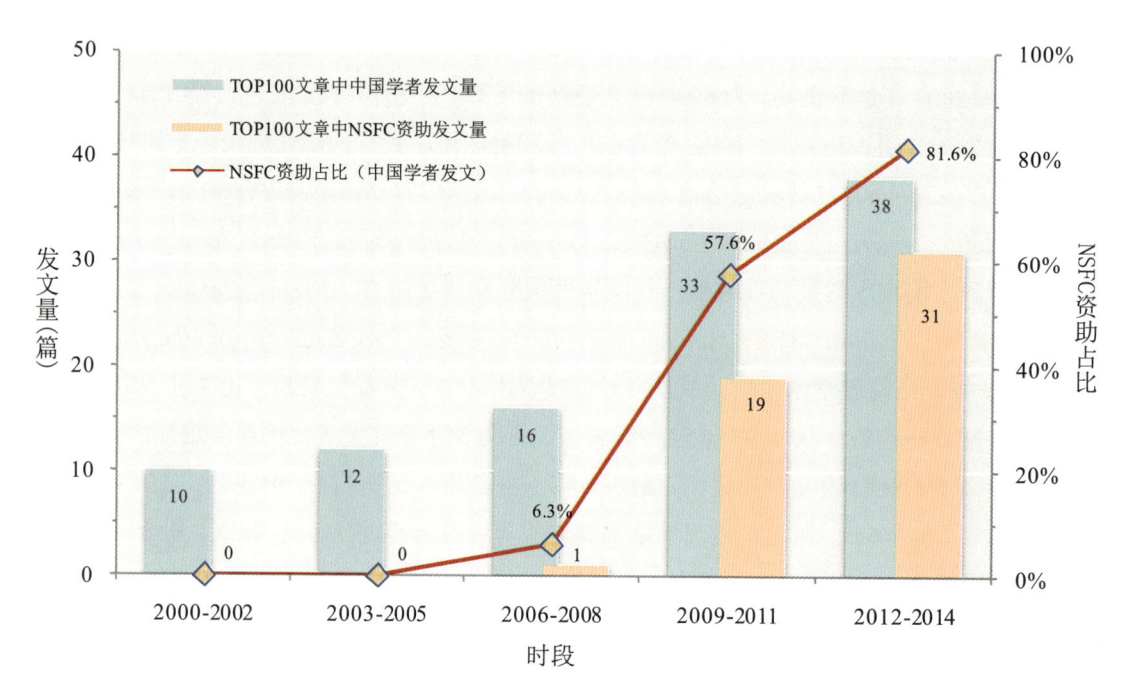

图 4-7　2000～2014 年"土壤水文过程与溶质运移"领域高被引 SCI 论文数与 NSFC 资助情况

可知，过去 15 年在土壤水文过程与溶质运移领域 SCI 高被引论文 TOP100 中中国学者发文数量呈显著增长趋势，由 2000~2002 年的 10 篇逐步增长至 2012~2014 年的 38 篇。中国学者发表的高被引 SCI 论文获 NSFC 资助的比例亦呈迅速增加的趋势，其中中国学者发文数的占比从无到有，由 2000~2005 年的 0 到 2006~2008 年的 6.3%，之后迅速增长至 2009~2011 年的 57.6%、2012~2014 年的 81.6%（图 4-7）。因此，NSCF 在土壤水文过程与溶质运移领域资助的学术成果的国际影响力逐步增加，高水平成果与基金的联结更加密切，学科整体研究水平得到较大提升。

4.5 研 究 展 望

土壤水文过程与溶质运移研究地球关键带中非饱和区不同尺度的土壤与水文过程之间的交互作用及特性，几乎涵盖了土壤物理学的全部内容；但传统土壤物理学假定土壤为多孔介质，基于小尺度下的实验结果难以应用到土壤异质性很大的景观尺度上，不能适应大尺度土壤水文—景观过程的分析和描述。目前土壤水文过程与溶质运移的研究更加强调多尺度、多要素、多过程和多目标，着眼于阐明和解决目前环境、生态、农业和自然资源方面存在的重要问题，包括土壤质量变化、土壤水资源短缺、景观过程服务、流域管理、养分循环、作物产量、气候变化和生态恢复等。因此，结合学科、社会和国家发展的需求，未来土壤水文过程与溶质运移应更加关注不同领域间的交叉研究与数据融合，着重开展以下 5 个方面的研究。

4.5.1 水文过程与生物过程的耦合

由于全球变化和人类活动（例如集约生产和城市化等）的影响，水分驱动下的生态系统所承受的压力与日俱增。生物圈是地球系统中唯一具有生命活动的圈层，生物圈及其与各圈层之间的相互作用对地球环境变化起着巨大的调控作用。而水循环是联系地球各圈层的纽带，直接驱动生物地球化学循环过程，进而影响土壤生态系统功能、植物生理生态特征以及植物群落演替。今后应该进一步加强研究水文系统与生物系统相互作用中各种化学、物理、生物过程的耦合效应，及其在地圈、水圈、大气圈、生物圈各子系统之间的差别和不确定性，评估气候与水文变化（如干旱或洪涝胁迫）对土壤微生物结构与功能、植物的生长与发育以及植物群落演替过程的影响，揭示生物过程对于水文过程的适应性及其调控机理，为保持或实现地球系统的可持续服务功能提供科学依据。

4.5.2 土壤水文与生态水文的耦合

多学科交叉是宏观研究领域未来发展的特点，也是目前农业、生态和环境研究的需求。今后土壤水文学应从以单一水循环过程为主发展成为以研究水分、能量与物质耦合循环为主，加强对水文过程与植被之间的反馈机制以及对流域内土壤—植被—大气复杂系统的整体研究和模拟，阐明地下不同水流网络组分（如植物根系、土壤孔隙、岩石裂隙和凹陷等）的发生发展、结构动态及其对水文—生态过程的影响（Band et al.，2014：1073~1078），深入揭示流域水文过程与植被相互作用的机理。同时，研发具有在线自动分析功能的高频率、高分辨率的多环境因子实时动态监测设备，运用信息科学、统计力学、非平衡态热力学方法体系，将生态学试验设计、数据观测、统计分析等理念与水文模拟方法进行有机融合，发展基于生态水文过程和功能的新型方法论体系（King and Caylor，2011：608~612；Porporato and Rodriguez-Iturbe，2013：333~342；Krause et al.，2015：529~537）。另外，加强国际协作和合作，将遥感与多尺度水文过程观测有机结合，开展控制性实验，建立大尺度实验验证模型，系统研究不同尺度水文—生态过程及其相互影响，是未来亟待发展的一个重要研究方向。

4.5.3 稳定性同位素技术的应用

受全球变化和人类活动的影响，流域水文过程呈现出新的特征和变化（Rast et al.，2014：491~513），面临的水资源问题也越来越突出。对土壤水文过程各要素的定量分析和模拟预测，是有效开展流域水文管理与实现水资源可持续利用的前提和关键。大量研究表明，稳定同位素技术在区分土壤蒸发与植物蒸腾、揭示降雨入渗—产流特征、明确水分利用效率、溶质运移及氮素转化规律等方面有着传统方法无法比拟的优势（Wang and Yakir，2000：1407~1421；Vereecken et al.，2015：2616~2633）。今后应充分利用稳定性同位素示踪技术，将水文过程与生态过程有机耦合，系统研究不同水文条件下植物的适应机制，深入揭示流域水文过程与植被的相互作用机理（陈腊娇等，2011：535~544；陈洪松等，2013：317~326）。在已有认识的基础上，进一步发挥稳定同位素技术在水文过程研究中的优势，深入研究不同类型流域产流机制及其差异特征、流量过程线分割、地下水补给来源、大气降水稳定同位素变化特征及水汽来源、"四水"（大气水、地表水、土壤水、地下水）转化规律和平衡原则，从微观和宏观尺度揭示水循环特征，为应对全球气候变化、实现水资源的可持续利用奠定科学基础。

4.5.4 尺度扩展和尺度效应

地表空间异质性及其土壤水文参数的多尺度定量表达是土壤水文研究面临的主要挑战，但受技术、时间、精力以及经费等多方面因素的限制，对水文要素的测定无法长时间在大尺度上进行，因此通过尺度扩展成为揭示土壤—水文—景观过程与机制的重要手段。由于对不同空间尺度（孔隙—土体/土柱—小区—坡面—流域—景观—区域—全球）的土壤与水文作用过程、机理和控制因子缺乏系统深入理解，以及缺乏多要素、多尺度的土壤—水文过程耦合与综合观测系统和研究体系，难以实现不同尺度上土壤和水文信息的有效转换。遥感技术和模型模拟是目前较常用的手段，但误差大、不确定性高一直是难以解决的问题。因此，未来应关注多尺度水文土壤学综合观测网络体系的建立，获取可靠的、连续的土壤—水文时间序列数据，从而为不同尺度模型建立提供大量、可靠的数据资料，为解决土壤与水文的空间尺度转换问题提供实验和信息基础。另外，特定的空间尺度总是对应着相应的时间尺度，故对相关过程或系统空间尺度进行转换的同时也会带来相应的时间尺度转换。时空尺度效应及时空尺度耦合转换，对多尺度土壤—景观系统的土壤过程和水文过程功能模式的识别与预测具有极为重要的价值和实际意义。

4.5.5 新技术与新方法的应用

在土壤水文过程和溶质运移领域，不论是单项水文要素还是多尺度的综合研究，新技术和新方法的应用带来了相关水文要素测量的便捷和精度的提高，极大地促进了该领域研究水平的跃升。由于经济力量和技术等各方面原因，一些国外已被广泛使用的方法，在我国的应用还很有限。尽管国内建设了不少成套的野外自动观测设备或者完整的室内研究平台，但是很多靠进口国外先进设备，极大地限制了相关观测平台的迅速发展和广泛应用，因此急需在相关观测设备方面取得自主性突破。例如，宇宙射线中子法通过测量宇宙射线快中子的强度反演土壤含水量，具有不破坏土壤结构、测量范围广、深度较深等优点，在国外逐渐受到重视。热脉冲技术成本低，能够在田间自动连续定位测量土壤含水量、电导率、温度、导热率、热容量、土壤蒸发等。目前，利用CT方法对土壤结构的扫描研究，利用稳定性同位素技术对传统土壤物理学过程的再解译，利用超小角X射线和中子散射技术测定纳米至微米孔隙尺度的水分、溶质、微生物等的时空分布及与土壤其他物质相（矿物质、有机质、空气等）的相互作用就是新方法的典型应用。未来我国学者一方面应及时引进该领域国外的先进技术，另一方面应加强新方法和新技术的开发研究，实现方法与技术领域的原始创新，为深入探索土壤中水、热和溶质的耦合机理提供条件，推动该领域的进一步快速发展。

4.6 小　　结

土壤水文学是土壤学和水文学的新兴交叉学科，是当前地球科学研究的前沿和热点领域之一，它基本涵盖了传统土壤物理学的全部内容并与生态水文学、污染水文学和水文气象学紧密交叉，主要特色表现为能够在学科、尺度和数据间进行有效的联结和系统模拟，在解决土壤水资源短缺与作物增产问题方面具有跨学科集成和综合指导的优势。土壤水文与溶质运移研究经历了从定性描述为主的土壤水分形态研究到定量分析为主的土壤水分能态研究，再到以过程—机理为主的土壤—水分/溶质—景观时空耦合研究的发展历程。过去15年间，国际上针对溶质运移过程与物质平衡、水分高效利用与蒸散分割、土壤导水率与水盐运移、水—碳—氮耦合及全球变化、节水灌溉与水文调控、根系吸水过程与氮素淋溶等方面开展了广泛深入的研究，取得了丰硕的成果。总体上，我国学者在该领域处于从早期跟随国际态势发展到与国际趋势并行阶段，并根据我国为农业大国的现状开展了特色鲜明的水文与溶质耦合研究，如建立了包含根系吸水项的土壤水盐运移数值模拟模型，提出了土壤水分利用效益链以提高作物水分利用效率与生产力，实现增加作物产量服务于农业生产的目标。未来我国学者需要在深入了解水文通量及影响因素的基础上，优先开展生态水文与土壤水文、水文过程与生物过程、水文动态与气候变化等方面的耦合和模拟研究，并应更加关注水文要素的尺度扩展和效应，加强农田污染物运移机制的研究。

参考文献

Al-Jabri, S. A., J. Lee, A. Gaur, et al. 2006. A dripper-TDR method for in situ determination of hydraulic conductivity and chemical transport properties of surface soils. *Advances in Water Resources*, Vol. 29, No. 2.

Alvarez, R., H. S. Steinbach. 2009. A review of the effects of tillage systems on some soil physical properties, water content, nitrate availability and crops yield in the Argentine Pampas. *Soil & Tillage Research*, Vol. 104.

Alves, Jr. J., M. V. Folegatti, L. R. Parsons, et al. 2007. Determination of the crop coefficient for grafted 'Tahiti' lime trees and soil evaporation coefficient of Rhodic Kandiudalf clay soil in Sao Paulo, Brazil. *Irrigation Science*, Vol. 25, No. 25.

Assouline, S., M. Möller, S. Cohen, et al., 2006. Soil-plant system response to pulsed drip irrigation and salinity. *Soil Science Society of America Journal*, Vol. 70, No. 5.

Band, L. E., J. J. McDonnell, J. M. Duncan, et al. 2014. Ecohydrological flow networks in the subsurface. *Ecohydrology*, Vol. 7.

Benson, D. A., S. W. Wheatcraft, M. M. Meerschaert. 2000a. Application of a fractional advection-dispersion equation. *Water Resources Research*, Vol. 36, No. 6.

Benson, D. A., S. W. Wheatcraft, M. M. Meerschaert. 2000b. The fractional-order governing equation of Lēvy motion. *Water Resources Research*, Vol. 36, No. 6.

Berkowitz, B., H. Scher, S. E. Silliman. 2000. Anomalous transport in laboratoryscale, heterogeneous porous media. *Water Resources Research*, Vol. 36, No. 1.

Blicker, P. S., B. E. Olson, J. M. Wraith. 2003. Water use and water-use efficiency of the invasive Centaureamaculosa and three native grasses. *Plant and Soil*, Vol. 254.

Bradford, S. A., S. Torkzaban. 2008. Colloid transport and retention in unsaturated porous media: a review of interface-, collector-, and pore-scale processes and models. *Vadose Zone Journal*, Vol. 7, No. 2.

Castellini, M., L. Giglio, M. Niedda, et al. 2015. Impact of biochar addition on the physical and hydraulic properties of a clay soil. *Soil & Tillage Research*, Vol. 154.

Chen, S. P., Y. F. Bai, X. G. Han. 2003. Variations in composition and water use efficiency of plant functional groups based on their water ecological groups in the Xilin River Basin. *Acta Botanica Sinica*, Vol. 45.

Chen, X., Y. Kang, S. Wan, et al. 2015. Simple method for determining the emitter discharge rate in the reclamation of coastal saline soil using drip irrigation. *Journal of Irrigation and Drainage Engineering*, Vol. 141, No.10.

Communar, G., S. P. Friedman. 2010. Relative water uptake rate as a criterion for trickle irrigation system design: II. surface trickle irrigation. *Soil Science Society of America Journal*, Vol. 74, No. 5.

Curtis, P. S. 1996. A meta-analysis of leaf gas exchange and nitrogen in trees grown under elevated carbon dioxide. *Plant Cell and Environment*, Vol. 19.

Diamantopoulos, E., S. Elmaloglou. 2012. The effect of drip line placement on soil water dynamics in the case of surface and subsurface drip irrigation. *Irrigation and Drainage*, Vol. 61, No. 5.

Drake, B. G., M. A. Gonzales-Meler, S. P. Long. 1997. More efficiency plants: A consequence of rising atmospheric CO_2. *Annual Review of Plant Physiology and Plant Molecular Biology*, Vol. 48.

Fan, J., M. D. Hao, S. S. Malhi, et al. 2011. Influence of 24 annual applications of fertilizers and/or manure to alfalfa on forage yield and some soil properties under dryland conditions in northern China. *Crop & Pasture Science*, Vol. 62.

Fu, Y. L., G. R. Yu, X. M. Sun, et al. 2006. Depression of net ecosystem CO_2 exchange in semiarid *Leymw chinensu* steppe and alpine shrub. *Agricultural and Forest Meteorology*, Vol. 137.

Gao, G. Y., H. B. Zhan, S. Y. Feng, et al. 2010. A new mobile-immobile model for reactive solute transport with scale-dependent dispersion. *Water Resources Research*, Vol. 46, No. 8.

Gao, L., M. A. Shao. 2012. Temporal stability of soil water storage in diverse soil layers. *Catena*, Vol. 95.

Gärdenäs, A. I., J. W. Hopmans, B. R. Hanson, et al. 2005. Two-dimensional modeling of nitrate leaching for various fertigation scenarios under micro-irrigation. *Agricultural Water Management*, Vol. 74, No. 3.

He, X. G., L. Ren. 2005. Finite volume multiscale finite element method for solving the groundwater flow problems in heterogeneous porous media. *Water Resources Research*, Vol. 41, No. 41.

Hu, W., M. A. Shao, F. P. Han, et al. 2010. Watershed scale temporal stability of soil water content. *Geoderma*, Vol. 158, No. 3-4.

Hu, H., F. Tian, H. Hu. 2011. Soil particle size distribution and its relationship with soil water and salt under mulched drip irrigation in Xinjiang of China. *Science China-Technological Sciences*, Vol. 54, No. 6.

Huang, M. B., G. Jacques, Z. L. Wang, et al. 2006. A modification to SCS curve number method for the steep slopes in the Loess Plateau of China. *Hydrological Processes*, Vol. 20.

Huang, Q. Z., G. H. Huang, H. B. Zhan. 2008. A finite element solution for the fractional advection-dispersion equation. *Advances in Water Resources*, Vol. 31, No. 12.

Hui, D. F., Y. Q. Luo, W. X. Cheng, et al. 2001. Canopy radiation-and water-use efficiencies as affected by elevated CO_2. *Global Change Biology*, Vol. 7.

Hungate, B. A., M. Reichstein, P. Dijkstra, et al. 2002. Evapotranspiration and soil water content inascrub-oakwoodlandundercarbondioxideenrichment. *Global Change Biology*, Vol. 8.

Hunt, A. G., T. E. Skinner, R. P. Ewing, et al. 2011. Dispersion of solutes in porous media. *European Physical Journal B-Condensed Matter*, Vol. 80, No. 4.

Irving, J., K. Singha. 2010. Stochastic inversion of tracer test and electrical geophysical data to estimate hydraulic conductivities. *Water Resources Research*, Vol. 46, No.11.

Javaux, M., T. Schröder, J. Vanderborght, et al. 2008. Use of a three-dimensional detailed modeling approach for predicting root water uptake. *Vadose Zone Journal*, Vol. 7, No. 3.

Jaynes, D. B., M. Shao. 1999. Evaluation of a simple technique for estimating two-domain transport parameters. *Soil Science*, Vol. 164, No. 2.

Kandelous, M. M., J. Simunek. 2010. Comparison of numerical, analytical, and empirical models to estimate wetting patterns for surface and subsurface drip irrigation. *Irrigation Science*, Vol. 28, No. 5.

Kang, Y., M. Chen, S. Wan. 2010. Effects of drip irrigation with saline water on waxy maize (Zea mays L. var. ceratina Kulesh) in North China Plain. *Agricultural Water Management*, Vol. 97, No. 9.

Kenst, A. B., E. Perfect, S. W. Wilhelm, et al. 2008. Virus transport during infiltration of a wetting front into initially unsaturated sand columns. *Environmental Science & Technology*, Vol. 42, No. 4.

Kerridge, B. L., J. W. Hornbuckle, E. W. Christen, et al. 2013. Using soil surface temperature to assess soil evaporation in a drip irrigated vineyard. *Agricultural Water Management*, Vol. 116, No. 116.

King, E. G., K. K. Caylor. 2011. Ecohydrology in practice: strengths, conveniences, and opportunities. *Ecohydrology*, Vol. 4.

Kool, D., N. Agam, N. Lazarovitch, et al. 2014. A review of approaches for evapotranspiration partitioning. *Agricultural and Forest Meteorology*, Vol. 184.

Krause, S., J. Lewandowski, C. N. Dahm, et al. 2015. Frontiers in real-time ecohydrology–a paradigm shift in understanding complex environmental systems. *Ecohydroloy*, Vol. 8.

Kutilek, M., D. R. Nielsen. 1994. *Soil Hydrology*. Catena-Verlag Press, Germany.

Lawlor, D. W., R. A. C. Mitchell. 2000. Crop ecosystem responses to climatic change: wheat. In: Reddy, K. R., H. F. Hodges (eds.). *Climate Change Andglobal Crop Productivity*. Wallingford: CAB International Press.

Lee, J. H., D. B. Jaynes, R. Horton. 2000. Evaluation of a simple method for estimating solute transport parameters: laboratory studies. *Soil Science Society of America Journal*, Vol. 64, No. 2.

Leuning, R., M. R. Raupach, P. A. Coppin, et al. 2004. Spatial and temporal variations in fluxes of energy, water vapor and carbon dioxide during OASIS 1994 and1995. *Boundary-Layer Meteorology*, Vol. 110.

Li, K. Y., R. D. Jong, J. B. Boisvert. 2001. An exponential root-water-uptake model with water stress compensation. *Journal of Hydrology*, Vol. 252, No. 1-4.

Li, J., W. Zhao, J. Yin, et al. 2012. The effects of drip irrigation system uniformity on soil water and nitrogen distributions. *Transactions of the Asabe*, Vol. 55, No. 2.

Li, J., Y. Liu. 2011. Water and nitrate distributions as affected by layered-textural soil and buried dripline depth under subsurface drip fertigation. *Irrigation Science*, Vol. 29, No. 6.

Lim, T. J., K. A. Spokas, G. Feyereisen, et al. 2016. Predicting the impact of biochar additions on soil hydraulic properties. *Chemosphere*, Vol. 142.

Lin, H. S. 2003. Hydropedology: bridging disciplines, scales, and data. *Vadose Zone Journal*, Vol. 2, No. 1.

Lin, H. S. 2011. Hydropedology: towards new insights into interactive pedologicand hydrologic processes across scales. *Journal of Hydrology*, Vol. 406, No. 3-4.

Liversley, S. J., P. J. Gregory, R. J. Buresh. 2004. Competition in tree row agroforestry systems. 3. Soil water distribution and dynamics. *Plant and Soil*, Vol. 264.

Ma, D. H., M. A. Shao. 2008. Simulating infiltration into stony soils with a dual-porosity model. *European Journal of Soil Science*, Vol. 59, No. 5.

Ma, D. H., J. B. Zhang, J. B. Lai, et al. 2016. An improved method for determining Brooks-Corey model parameters from horizontal absorption. *Geoderma*, Vol. 263.

Maia, C. E., S. L. Aguilar Levien. 2010. Estimate of wetted bulb dimensions in surface drip irrigation using response surface model. *Ciencia Rural*, Vol. 40, No. 6.

Mao, M., L. Ren. 2004. Simulating nonequilibrium transport of atrazine through saturated soil. *Ground Water*, Vol. 42, No. 4.

Mattews, D. 2006. Global change: the water cycle freshens up. *Nature*, Vol. 439.

McCarthy, J. F., L. D. McKay. 2004. Colloid transport in the subsurface: past, present, and future challenges. *Vadose Zone Journal*, Vol. 3, No. 2.

Meshkat, M., R. C. Warner, S. R. Workman. 2000. Evaporation reduction potential in an undisturbed soil irrigated with surface drip and sand tube irrigation. *Trasactions of the ASAE*, Vol. 43, No. 1.

Monje, O., B. Bugbee. 1998. Adaptation to high CO_2 concentration in an optimal environment: radiation capture, canopy quantum yield and carbon useefficiency. *Plant Cell Environment*, Vol. 21.

Mubarak, I., J. C. Mailhol, R. Angulo-Jaramillo, et al. 2009. Effect of temporal variability in soil hydraulic properties on simulated water transfer under high-frequency drip irrigation. *Agricultural Water Management*, Vol. 96, No. 11.

Norby, R. J., M. F. Cotrufo. 1998. A question of little quality. *Nature*, Vol. 396.

Ojeda, G., S. Mattana, A. Avila, et al. 2015. Are soil-water functions affected by biochar application? *Geoderma*, Vol. 249-250.

Ojeda, G., S. Mattana, J. M. Alcañiz, et al. 2010. Wetting process and soil water retention of a minesoil amended with composted and thermally dried sludges. *Geoderma*, Vol. 156, No. 3-4.

Ojeda, G., S. Mattana, M. Bonmati, et al. 2011. Soil wetting-drying and water-retention properties in a mine-soil treated with composted and thermally-dried sludges. *European Journal of Soil Science*, Vol. 62, No. 5.

Phogat, V., M. A. Skewes, J. W. Cox, et al. 2014. Seasonal simulation of water, salinity and nitrate dynamics under drip irrigated mandarin (Citrus reticulata) and assessing management options for drainage and nitrate leaching. *Journal of Hydrology*, Vol. 513, No. 11.

Ponton, S., L. B. Flanagan, K. Alstard, et al. 2006. Comparison of ecosystem water-use efficiency among Douglas-fir forest, aspen forest and grass land using eddy covariance and carbon isotope techniques. *Global Change Biology*, Vol. 12.

Porporato, A., I. Rodriguez-Iturbe. 2013. From random variability to ordered structures: a search for general synthesis in ecohydrology. *Ecohydrology*, Vol. 6.

Quinones, A., J. Banuls, E. Primo-Millo, et al. 2003. Seasonal dynamic of N-15 applied as nitrate with different irrigation systems and fertilizer management in citrus plants. *Journal of Food Agriculture & Environment*, Vol. 1,

No. 3-4.

Rast, M., J. Johannessen, W. Mauser. 2014. Review of understanding of earth's hydrological cycle: observations, theory and modeling. *Surveys in Geophysics*, Vol. 35.

Shang, J. Y., M. Flury, G. Chen, et al. 2008. Impact of flow rate, water content, and capillary forces on in situ colloid mobilization during infiltration in unsaturated sediments. *Water Resources Research*, Vol. 44, No. 6.

Shao, M., R. Horton, R. K. Miller. 1998. An approximate solution to the convection-dispersion equation of solute transport in soil. *Soil Science*, Vol. 163, No. 5.

Shao, M. A., R. Horton. 1996. Soil water diffusivity determination by general similarity. *Soil Science*, Vol. 161, No. 11.

Shao, M. A., R. Horton. 1998. Integral method for estimating soil hydraulic properties. *Soil Science Society of America Journal*, Vol. 62, No. 1.

Shein, E. V. 2010. Soil hydrology: stages of development, current state, and nearest prospects. *Eurasian Soil Science*, Vol. 43, No. 2.

Shen, Z., J. Ren, Z. Wang, et al. 2011. Effects of initial water content and irrigation frequency on soil-water dynamics under subsurface drip irrigation. *Journal of Food Agriculture & Environment*, Vol. 9, No. 22.

Sheng, F., K. Wang, R. D. Zhang, et al. 2009. Characterizing soil preferential flow using iodine-starch staining experiments and the active region model. *Journal of Hydrology*, Vol. 367, No. 1-2.

Six, J., H. Bossuyt, S. Degryze, et al. 2004. A history of research on the link between (micro)aggregates, soil biota, and soil organic matter dynamics. *Soil & Tillage Research*, Vol. 79, No. 1.

Skaggs, T. H., T. J. Trout, Y. Rothfuss. 2010. Drip irrigation water distribution patterns: effects of emitter rate, pulsing, and antecedent water. *Soil Science Society of America Journal*, Vol. 74, No. 6.

Sun, J., Y. Kang, S. Wan, et al. 2012. Soil salinity management with drip irrigation and its effects on soil hydraulic properties in north China coastal saline soils. *Agricultural Water Management*, Vol. 115, No. 19.

Vanderborght, J., H. Vereecken. 2007. Review of dispersivities for transport modeling in soils. *Vadose Zone Journal*, Vol. 6, No. 1.

Vereecken, H., J. A. Huisman, H. J. Hendricks Franssen, et al. 2015. Soil hydrology: recent methodological advances, challenges, and perspectives. *Water Resources Research*, Vol. 51.

Villalobos, F. J., L. Testi, M. F. Moreno-Perez. 2009. Evaporation and canopy conductance of citrus orchards. *Agricultural Water Management*, Vol. 96, No. 4.

Vrugt, J. A., M. V. Wijk, J. W. Hopmans. 2001. One-, two-, and three-dimensional root water uptake functions for transient modeling. *Water Resources Research*, Vol. 37, No. 10.

Wallach, R., O. Ben-Arie, E. R. Graber. 2005. Soil water repellency induced by long-term irrigation with treated sewage effluent. *Journal of Environmental Quality*, Vol. 34, No. 5.

Wang, H. X., C. M. Liu. 2000. Advances in crop water use efficiency research. *Advance in Water Science*, Vol. 11.

Wang, L., Q. J. Wang, S. P. Wei, et al. 2008. Soil desiccation for Loess soils on natural and regrown areas. *Forest Ecology and Management*, Vol. 255, No. 7.

Wang, Q. J., R. Horton, J. Lee. 2002. A simple model relating soil water characteristic curve and soil solute breakthrough curve. *Soil Science*, Vol. 167, No. 7.

Wang, R., Y. Kang, S. Wan. 2015. Effects of different drip irrigation regimes on saline-sodic soil nutrients and cotton yield in an arid region of Northwest China. *Agricultural Water Management*, Vol. 153.

Wang, X. F., D. Yakir. 2000. Using stable isotopes of water in evapotranspiration studies. *Hydrological Processes*, Vol. 14.

Wang, Y. Q., M. A. Shao, Z. P. Liu. 2010. Large-scale spatial variability of dried soil layers and related factors across the entire loess plateau of China. *Geoderma*, Vol. 159, No. 1-2.

Wang, Y., W. Hu, Y. Zhu, et al. 2015. Vertical distribution and temporal stability of soil water in 21-m profiles under different land uses on the loess plateau in china. *Journal of Hydrology*, Vol. 527.

Wanvestraut, R., S. Jose, P. K. R. Nair, et al. 2004. Competition for water in a pecan/cotton alley cropping system. *Agroforestry Systems*, Vol. 60.

Wen, Z., G. H. Huang, H. B. Zhan, et al. 2008. Two-region non-Darcian flow toward a well in a confined aquifer. *Advances in Water Resources*, Vol. 31, No. 5.

Wilcox, B. P., D. D. Breshears, M. S. Seyfried. 2003. Water balance on rangelands. In: Stewart, B. A., T. A. Howell (eds.), *Encyclopedia of Water Science*. Marcel Dekker, Inc., New York.

Yang, J. Z., D. X. Zhang, Z. M. Lu. 2004. Stochastic analysis of saturated-unsaturated flow in heterogeneous media by combining Karhunen-Loeve expansion and perturbation method. *Journal of Hydrology*, Vol. 294, No. 1-3.

Zhang, S. Q., L. Shan. 2002. Research progress on water use efficiency of plant. *Agricultural Research in the Arid Areas*, Vol. 20.

Zhang, Z. B., H. Zhou, Q. G. Zhao, et al. 2014. Characteristics of cracks in two paddy soils and their impacts on preferential flow. *Geoderma*, Vol. 228.

Zhang, Z. B., X. Peng, H. Zhou, et al. 2015. Characterizing preferential flow in cracked paddy soils using computed tomography and breakthrough curve. *Soil & Tillage Research*, Vol. 146.

Zhao, B. Z., H. Zhang, J. B. Zhang, et al. 2008. Virus adsorption and inactivation in soil as influenced by autochthonous microorganisms and water content. *Soil Biology & Biochemistry*, Vol. 40, No. 3.

Zhu, Y. J., Y. Q. Wang, M. A. Shao. 2010. Using soil surface gray level to determine surface soil water content. *Science China Earth Sciences*, Vol. 53, No. 10.

Zhu, L., H. W. Sun, K. Wang, et al. 2007. Quantifying the preferential flow by using visualization techniques and tracer infiltration in clay soil. *Journal of China University of Geosciences*, Vol. 18.

Zhuang, J., N. Goeppert, C. Tu, et al. 2010. Colloid transport with wetting fronts: interactive effects of solution surface tension and ionic strength. *Water Research*, Vol. 44, No. 4.

Zhuang, J., Y. Jin, T. Miyazaki. 2001a. Estimating water retention characteristic from soil particle-size distribution using a non-similar media concept. *Soil Science*, Vol. 166, No. 5.

Zhuang, J., J. F. McCarthy, J. S. Tyner, et al. 2007. In situ colloid mobilization in hanford sediments under unsaturated transient flow conditions: effect of irrigation pattern. *Environmental Science & Technology*, Vol. 41, No. 9.

Zhuang, J., K. Nakayama, G. R. Yu, et al. 2001b. Predicting unsaturated hydraulic conductivity of soil based on some basic soil properties. *Soil & Tillage Research*, Vol. 59, No. 3.

Zhuang, J., K. Nakayama, G. R. Yu, et al. 2001c. Estimation of root water uptake of maize: an ecophysiological perspective. *Field Crops Research*, Vol. 69, No. 3.

Zhuang, J., G. R. Yu, K. Nakayama. 2001d. Scaling of root length density of maize in the field profile. *Plant and Soil*, Vol. 235. No. 2.

Zhuang, J., G. R. Yu, K. Nakayama. 2014. A series RCL circuit theory for analyzing non-steady-state water uptake of Maize plants. *Scientific Reports*, Vol. 4.

陈洪松、聂云鹏、王克林："岩溶山区水分时空异质性及植物适应机理研究进展",《生态学报》, 2013 年第 2 期。

陈洪松、邵明安："黄土区深层土壤干燥化程度的评价标准",《水土保持学报》, 2004 年第 3 期。

陈腊娇、朱阿兴、秦承志等："流域生态水文模型研究进展",《地理科学进展》, 2011 年第 5 期。

陈晓远、罗远培："土壤水分变动对冬小麦生长动态的影响",《中国农业科学》, 2001 年第 4 期。

丁文峰、张平仓、任洪玉等："秦巴山区小流域水土保持综合治理对土壤入渗的影响",《水土保持通报》, 2007 年第 1 期。

丁永建、周成虎、邵明安等："地表过程研究进展与趋势",《地球科学进展》, 2013 年第 4 期。

樊军、邵明安、王全九："田间测定土壤导水率的方法研究进展",《中国水土保持科学》, 2006 年第 2 期。

樊军、王全九、邵明安："盘式吸渗仪测定土壤导水率的两种新方法",《农业工程学报》, 2007 年第 1 期。

方燕、徐炳成、谷艳杰等："种植密度和不同时期根修剪对黄土旱塬冬小麦根系时空分布、土壤水分利用和产量的影响",《生态学报》, 2015 年第 6 期。

房世波、冯凌、刘华杰等："生物土壤结皮对全球气候变化的响应",《生态学报》, 2008 年第 7 期。

谷艳芳、丁圣彦、高志英等："干旱胁迫下冬小麦光合产物分配格局及其与产量的关系",《生态学报》, 2010 年第 5 期。

管建慧、刘克礼、郭新宇："玉米根系构型的研究进展",《玉米科学》, 2006 年第 6 期。

胡和平、高龙、田富强："地表滴灌条件下土壤湿润体运移经验方程",《清华大学学报（自然科学版）》, 2010 年第 6 期。

胡中民、于贵瑞、王秋凤等："生态系统水分利用效率研究进展",《生态学报》, 2009 年第 3 期。

解婷婷、苏培玺："干旱胁迫对河西走廊边缘绿洲甜高粱产量、品质和水分利用效率的影响",《中国生态农业学报》, 2011 年第 2 期。

金颖、韩正茂、王凤："气候变化对水文水资源影响的研究进展",《黑龙江科学》, 2014 年第 5 期。

康绍忠、刘晓明、高新科等："土壤—植物—大气连续水分传输的计算机模拟",《水利学报》, 1992 年第 3 期。

康绍忠、熊运章、王振镒："土壤—植物—大气连续水分运移力能关系的田间试验研究",《水利学报》, 1990 年第 7 期。

康绍忠："土壤—植物—大气连续水流阻力分布规律的研究",《生态学报》, 1993 年第 2 期。

孔刚、王全九、樊军等："前期含水量对坡面降雨产流和土壤化学物质流失影响研究",《土壤通报》, 2008

年第 6 期。

雷廷武、毛丽丽、李鑫等："土壤入渗性能的线源入流测量方法研究"，《农业工程学报》，2007 年第 1 期。

雷志栋、杨诗秀、谢森传：《土壤水动力学》，清华大学出版社，1988 年。

李保国、胡克林、黄元仿等："土壤溶质运移模型的研究及应用"，《土壤》，2005 年第 4 期。

李保国、李韵珠、石元春："水盐运动研究 30 年（1973～2003）"，《中国农业大学学报》，2003 年 S1 期。

李保国、任图生、张佳宝："土壤物理学研究的现状、挑战与任务"，《土壤学报》，2008 年第 5 期。

李锋瑞、刘继亮："干旱区根土界面水分再分配及其生态水文效应研究进展与展望"，《地球科学进展》，2008 年第 7 期。

李军、刘昌明、王中根等："现行普适降水入渗产流模型的比较研究：SCS 与 LCM"，《地理学报》，2014 年第 7 期。

李敏、李毅、曹伟等："不同尺度网格膜下滴灌土壤水盐的空间变异性分析"，《水利学报》，2009 年第 10 期。

李明思、刘洪光、郑旭荣："长期膜下滴灌农田土壤盐分时空变化"，《农业工程学报》，2012 年第 22 期。

李小雁、马育军："水文土壤学：一门新兴的交叉学科"，《科技导报》，2008 年第 9 期。

李小雁："干旱地区土壤—植被—水文耦合、响应与适应机制"，《中国科学：地球科学》，2011 年第 12 期。

李小雁："水文土壤学面临的机遇与挑战"，《地球科学进展》，2012 年第 5 期。

李玉山："黄土地区土壤水分的特征和利用"，《土壤》，1978 年第 2 期。

李玉山："黄土区土壤水分循环特征及其对陆地水分循环的影响"，《生态学报》，1983a 年第 2 期。

李玉山："土壤水库的功能与作用"，《水土保持通报》，1983b 年第 5 期。

刘春平、叶乐安、邵明安等："土壤溶质运移参数估计图解方法"，《土壤学报》，2004 年第 5 期。

刘浩、孙景生、张寄阳等："喷灌条件下耕作方式和亏缺灌溉对麦后移栽棉产量和水分利用的影响"，《应用生态学报》，2012 年第 2 期。

刘峻杉、高琼、朱玉洁等："土壤—根系统水分再分配：土壤—植物—大气连续体中的一个小通路"，《植物生态学报》，2007 年第 5 期。

刘世全、曹红霞、张建青等："不同水氮供应对小南瓜根系生长、产量和水氮利用效率的影响"，《中国农业科学》，2014 年第 7 期。

刘孝义、依艳丽、王淑华："磁场对土壤持水特性影响的研究"，《土壤通报》，1987 年第 4 期。

刘孝义、周桂芹、依艳丽等："东北地区几种主要土壤持水特性的研究"，《沈阳农学院学报》，1985 年第 2 期。

陆文娟、李伏生、农梦玲："不同水肥条件下分根区交替灌溉对玉米生理特性和水分利用的影响"，《生态学报》，2014 年第 18 期。

罗毅、于强、欧阳竹："SPAC 系统中的水热 CO_2 通量与光合作用的综合模型：（I）模型建立"，《水利学报》，2001 年第 2 期。

罗毅："干旱区绿洲滴灌对土壤盐碱化的长期影响"，《中国科学：地球科学》，2014 年第 8 期。

吕殿青、王全九、王文焰等："膜下滴灌水盐运移影响因素研究"，《土壤学报》，2002 年第 6 期。

明东风、袁红梅、王玉海等："水分胁迫下硅对水稻苗期根系生理生化性状的影响"，《中国农业科学》，2012 年第 12 期。

宁松瑞、左强、石建初等："新疆典型膜下滴灌棉花种植模式的用水效率与效益"，《农业工程学报》，2013 年第 22 期。

潘颜霞、王新平、苏延桂等："荒漠人工固沙植被区浅层土壤水分动态的时间稳定性特征"，《中国沙漠》，2009 年第 1 期。

庞秀明、康绍忠、王密侠："作物调亏灌溉理论与技术研究动态及其展望"，《西北农林科技大学学报（自然科学版）》，2005 年第 6 期。

任东："一种新的根系无损检测方法研究"，《科技创新导报》，2010 年第 13 期。

邵立威、孙宏勇、陈素英等："根土系统中的根系水力提升研究综述"，《中国生态农业学报》，2011 年第 5 期。

邵明安、王全九、黄明斌：《土壤物理学》，高等教育出版社，2006 年。

邵明安、杨文治、李玉山："土壤—植物—大气连统体中水流阻力及相对重要性"，《水利学报》，1986 年第 9 期。

邵明安、杨文治、李玉山："植物根系吸收土壤水分的数学模型"，《土壤学报》，1987 年第 4 期。

石辉、郑纪勇、邵明安："土壤溶质运移 CDE 模型参数估计的一种新方法——截距法"，《土壤学报》，2003 年第 1 期。

石元春、李韵珠："盐渍土研究的现状和发展趋势"，《干旱区研究》，1986 年第 4 期。

石元春："区域水盐运动监测预报体系"，《土壤肥料》，1992 年第 5 期。

石元春："以黄淮海平原为例谈区域资源开发和持续利用"，《中国科学院院刊》，1994 年第 3 期。

史建伟、于水强、于立忠："微根管在细根研究中的应用"，《应用生态学报》，2006 年第 4 期。

孙波、宋歌："区域土壤有机氮迁移的研究进展"，《农业环境科学学报》，2006 年第 3 期。

孙海燕、王全九："滴灌湿润体交汇情况下土壤水分运移特征的研究"，《水土保持学报》，2007 年第 2 期。

孙林、罗毅："膜下滴灌棉田土壤水盐运移简化模型"，《农业工程学报》，2012 年第 24 期。

汪可欣、王丽学、吴琼等："保护性耕作措施对夏玉米产量和水分利用效率的影响"，《节水灌溉》，2009 年第 1 期。

王会肖、刘昌明："作物水分利用效率内涵及研究进展"，《水科学进展》，2000 年第 1 期。

王力、邵明安、侯庆春："土壤干层量化指标初探"，《水土保持学报》，2000 年第 4 期。

王全九、来剑斌、李毅："Green-Ampt 模型与 Philip 入渗模型的对比分析"，《农业工程学报》，2002 年第 2 期。

王全九、邵明安、汪志荣等："Green-Ampt 公式在层状土入渗模拟计算中的应用"，《土壤侵蚀与水土保持学报》，1999 年第 4 期。

王在敏、何雨江、靳孟贵等："运用土壤水盐运移模型优化棉花微咸水膜下滴灌制度"，《农业工程学报》，2012 年第 17 期。

闻玉、赵翔、张骁："水分胁迫下一氧化氮对小麦幼苗根系生长和吸收的影响"，《作物学报》，2008 年第 2 期。

吴韩英、寿森炎、朱祝军等："高温胁迫对甜椒光合作用和叶绿素荧光的影响"，《园艺学报》，2001 年第 6 期。

邢旭光、赵文刚、马孝义等："覆膜滴灌条件下棉花根层土壤盐分时间稳定性研究"，《农业机械学报》，2015 年第 7 期。

许骥坤、石玉、赵俊晔等："测墒补灌对小麦水分利用特征和产量的影响"，《水土保持学报》，2015 年第 3 期。

杨贵羽、罗远培、李保国等:"冬小麦根系对水分胁迫期间和胁迫后效的响应",《中国农业科学》,2005年第12期。

杨启良、张富仓、刘小刚:"根系分区交替滴灌对苹果幼苗生理特性和水分利用效率的影响",《西北植物学报》,2009年第7期。

杨文治、田均良:"黄土高原土壤干燥化问题探源",《土壤学报》,2004年第1期。

杨永辉、武继承、何方等:"保水剂用量对冬小麦光合特性及水分利用的影响",《干旱地区农业研究》,2009年第4期。

姚贤良:"四十年来国际土壤物理学的发展及其对我国土壤物理学的影响",《土壤学进展》,1989年第4期。

于贵瑞、王秋凤、方华军:"陆地生态系统碳—氮—水耦合循环的基本科学问题、理论框架与研究方法",《第四纪研究》,2014年第4期。

于涛、李万春、汪李宏等:"水分亏缺对玉米根毛区皮层解剖结构的影响",《西北农林科技大学学报(自然科学版)》,2011年第10期。

袁国富、张娜、孙晓敏等:"利用原位连续测定水汽 $\delta^{18}O$ 值和 Keeling Plot 方法区分麦田蒸散组分",《植物生态学报》,2010年第2期。

袁建平、蒋定生、甘淑:"影响坡地降雨产流历时的因子分析",《山地学报》,1999年第3期。

张北赢、徐学选、李贵玉等:"土壤水分基础理论及其应用研究进展",《中国水土保持科学》,2007年第2期。

张翠翠、刘松涛、郭书荣:"保水剂对土壤和棉花根系生长发育的影响",《中国农学通报》,2007年第5期。

张凤云、吴普特、赵西宁等:"间套作提高农田水分利用效率的节水机理",《应用生态学报》,2012年第5期。

张耗、剧成欣、陈婷婷等:"节水灌溉对节水抗旱水稻品种产量的影响及生理基础",《中国农业科学》,2012年第23期。

张宏:"极端干旱气候下盐化草甸植被净初级生产力对全球变化的响应",《自然资源学报》,2001年第3期。

张建丰、王文焰:"砂层在黄土中发生指流条件的试验研究",《农业工程学报》,2008年第3期。

张金珠、王振华、虎胆·吐马尔白:"秸秆覆盖对滴灌棉花土壤水盐运移及根系分布的影响",《中国生态农业学报》,2013年第12期。

张君常:"土壤水分的运动形式与能量转换",《土壤》,1979a年第2期。

张君常:"土壤水分的运动形式与能量转换",《土壤》,1979b年第4期。

张君常:"土壤水分的运动形式与能量转换",《土壤》,1979c年第6期。

张君常:"土壤—植物—大气连续系统中水分能量运转平衡势力学函数的初探",《西北农学院学报》,1983年第3期。

张琼、李光永、柴付军:"棉花膜下滴灌条件下灌水频率对土壤水盐分布和棉花生长的影响",《水利学报》,2004年第9期。

张岁岐、山仑:"植物水分利用效率及其研究进展",《干旱地区农业研究》,2002年第4期。

张兴昌、邵明安:"坡地土壤氮素与降雨、径流的相互作用机理及模型",《地理科学进展》,2000年第2期。

张振华、蔡焕杰、杨润亚:"地表滴灌土壤湿润体特征值的经验解",《土壤学报》,2004年第6期。

周本智、张守攻、傅懋毅："植物根系研究新技术 Minirhizotron 的起源、发展和应用"，《生态学杂志》，2007年第 2 期。

朱波、汪涛、况福虹等："紫色土坡耕地硝酸盐淋失特征"，《环境科学学报》，2008 年第 3 期。

朱首军、丁艳芳、薛泰谦："农林复合生态系统土壤水分空间变异性和时间稳定性研究"，《水土保持研究》，2000 年第 1 期。

左强、王东、罗长寿："反求根系吸水速率方法的检验与应用"，《农业工程学报》，2003 年第 2 期。

第5章 土壤侵蚀产沙与流域景观异质性

流域作为水循环相对独立的自然单元，形成了相对完整、有序、类型多样的生态系统，造成了流域土壤侵蚀与产沙过程随着流域景观的异质特征变化而形成特有的系统特征。从流域角度研究流域侵蚀与产沙过程，对于深入揭示侵蚀机制，认识泥沙产生、输移和沉积规律，具有重要的科学意义和实践价值。由于流域内地形、土壤、植被等景观要素的时空变异，造成不同空间部位的土壤效应有所差别，形成了土壤侵蚀区、侵蚀土壤滞留区和侵蚀土壤储存区。随着流域景观特征的变化，不同部位的土壤效应进行相应的转换，流域景观整体特征决定土壤侵蚀总量的输出。因此，流域土壤侵蚀与产沙过程的研究需从全流域视角，与景观格局紧密结合，发展基础理论与方法，通过协调流域在垂向、横向和纵向上水沙关系达到控制侵蚀产沙，从而突破土壤侵蚀治理的区域局限性，实现综合治理效益的稳定性和可持续性。

5.1 概　　述

本节以土壤侵蚀产沙与流域景观异质性的研究缘起为切入点，在概念上阐明了土壤侵蚀与产沙的联系和区别，定义了土壤侵蚀产沙的内涵及其与流域景观异质性的主要研究内容，并围绕关键要素、过程机理和发展模型概括了土壤侵蚀产沙与流域景观异质性的研究阶段变化。

5.1.1 问题的缘起

水是生命之源，"逐水而居"是自古至今人类生存与发展一直遵循的基本规则。而泥沙总是与水相伴而生，因此，对泥沙的认识可追溯到有历史记录以来。约1700年Guglielmini对河流泥沙进行了定量研究，Gilbert在1908～1914年通过系列试验建立了推移质运动的模式和计算公式，20世纪30年代初，Rouse等导出了悬移质泥沙浓度分布公式（Biswas，1970）。土壤侵蚀是产沙的前提，将土壤侵蚀与产沙过程联系起来，则是在20世纪30年代，美国中西部的人类活动对生态环境造成了严重破坏，导致泥沙成为防洪的重大难题。美国农业部土壤保持局的Brune对美国中西部流域产沙与土地利用、流域面积、土壤类型、地形地貌及作物轮作等影响因子的关系进行了定量研究，提出了流域形状、河网密度等要素对产沙的重要性，并将研究成果编撰为 *Rates of Sediment Production in Midwestern United States* 一书，于1948年出版，标志着侵蚀与产沙耦合研究的开始。针对侵蚀和产沙的关系，Brown（1950）提出了泥沙输移比（sediment delivery ratio，SDR），用于计算入河、入海泥沙量。20世纪80年代，科学家认识到多重尺度上降雨、地貌、土壤和土地利用等景观要素的时空变异，是造成流域侵蚀产沙复杂性的重要原因（Blöschl and Sivapalan，1995：251～290）。1997 年，国际土壤研究和管理委员会（IBSRAM）在印度尼西亚召开土壤侵蚀国际研讨会，一致认为不同尺度的土壤侵蚀研究结果具有差异性，坡面小区观测结果很难扩展到较大尺度上（De Vries et al.，1998）。认识的深入和研究观念的转变促使了土壤、生态、水文、信息等学科理论、方法、技术的交叉集成，并应用于流域侵蚀产沙过程、泥沙源区识别、治理实践等系统研究。

5.1.2 问题的内涵及演进

土壤侵蚀产沙是一个综合性术语，包含土壤侵蚀与产沙两个概念。土壤侵蚀是水力、风力、冻融或重力等外营力对土壤及其母质的破坏、剥蚀、搬运和沉积的过程；产沙则是流域内侵蚀物质向其出口断面的输移过程，是从河流泥沙形成的角度来看待流域泥沙来源。土壤侵蚀是产沙的前提，所以流域产沙归根结底源于流域内的土壤侵蚀。流域景观异质性，即地形地貌、土壤、植被等环境因子的时空不均匀性和复杂性，使侵蚀物质在输移过程中不可避免地发生沉积和临时性或永久性存储，因此，产沙量只是侵蚀量的一部分，甚至是相当小的一部分。流域景观异质性导致的泥沙沉积和存贮使得坡面侵蚀与流域产沙之间的关系复杂化。随着对土壤侵蚀与产沙过程的认识深入，在观念上现代科学家更强调学科的系统性、整体性、综合性和交叉性，并逐步接受了涵盖从流域的土壤侵蚀到河流泥沙这一过程的"土壤侵蚀产沙"科学术语。

土壤侵蚀产沙与流域景观异质性研究的发展历程大体可分为 3 个阶段。

第一阶段：流域产沙影响因子研究。流域作为水循环相对独立的自然单元，是水土流失综合治理的基本单元，揭示流域侵蚀产沙对环境因子的响应规律对全流域土壤侵蚀防治具有重要意义。因此，在世界范围内系统开展了气候（如降雨、温度等）、流域下垫面特征（如流域面积、土地利用/覆被、地形地貌等）和人类活动（如耕作、放牧等）等因子及其相互作用与流域侵蚀产沙关系的研究，识别了关键影响因子，并在不同时空尺度上进行了定量化表达（Niehoff et al.，2002：80～93；Wei et al.，2007：247～258；De Vente et al.，2011：690～707；Shi et al.，2013：165～176）。该阶段的研究成果，为流域侵蚀产沙过程模拟、流域治理与规划提供了科学依据。然而，流域环境因子间存在高度相关或共线性，且环境因子与径流泥沙表现出复杂的非线性关系（Syvitski et al.，2005：376～380），因此，流域侵蚀产沙对环境因子的响应机理仍不清楚，一直是研究的重点和难点。

第二阶段：流域侵蚀产沙过程与模拟。影响因子的研究为侵蚀产沙过程的深入分析及其定量模拟奠定了基础。在流域的侵蚀—输移—产沙系统中，泥沙输移是研究流域侵蚀与产沙量关系的关键问题和难点（Walling，1983：209～237），泥沙输移比（SDR）概念的应用使这项研究向定量化发展成为可能（Glymph，1954：246～252）。深入探讨了植被覆盖、土地利用、土壤等因子对流域泥沙输移比的影响（Walling，1988：39～73），使得应用泥沙输移比估计或预报流域侵蚀产沙量成为一种重要的方法。同时，基于流域泥沙输移比模型，或采用水流挟沙力公式、泥沙连续方程等进行计算，建立了综合考虑多种影响因子、注重水沙汇流过程与机理研究的流域侵蚀产沙模型。最具代表性的模型包括 EPIC（Williams，1983）、WEPP（Flanagan and Nearing，1995）和 SWAT（Arnold et al.，1998：73～89）等。模型的建立与应用，深化了土壤侵蚀过程与机理的研究，在流域土壤侵蚀评价、土地利用优化与流域资源配置等方面发挥了重大作用。

第三阶段：流域侵蚀产沙系统综合集成。流域的土壤侵蚀自成一个完整的体系，其景观异质性使侵蚀产沙具有复杂的多尺度变异性，因此，不把流域作为一个整体来考虑，就很难解决侵蚀与输沙的关系问题（钱宁，1985：1～10）。立足流域的整体性、系统性，将流域作为一个生态系统，将侵蚀产沙作为一个生态过程（傅伯杰等，2010：673～681），在不同尺度上研究了流域景观与侵蚀产沙过程的耦合关系（余新晓等，2009：219～225），通过指数构建，如景观空间负荷对比指数、多尺度土壤侵蚀评价指数等，将观测点的数据与景观格局有机结合（陈利顶等，2003：2406～2413；傅伯杰等，2006：1123～1131），初步实现了流域侵蚀产沙系统的综合集成，为流域景观生态规划与治理、维持流域治理效益的稳定性与可持续性提供了理论和技术支撑，并进一步丰富了流域侵蚀产沙机理研究与水土流失治理的理论基础。

5.2 国际"土壤侵蚀产沙与流域景观异质性"研究主要进展

近 15 年来，土壤侵蚀产沙与流域景观异质性的研究不断深入发展，逐步形成了特点鲜明的核心领域和研究热点。通过文献计量分析发现，其核心研究领域主要有侵蚀产沙与景观要素、侵蚀与产沙耦合机制、侵蚀产沙过程模拟等。随着技术手段的进步，土壤侵蚀产沙与流域景观异质性从要素研究向着流域系统综合集成方向发展。

5.2.1 近 15 年国际该领域研究的核心方向与研究热点

运用 Web of Science 数据库，依据本研究领域核心关键词制定了英文检索式，即：("erosion*" or "soilerosion*" or "soil loss*" or "suspended sediment*") and ("rain*" or "precipitation" or "runoff*" or "run-off*" or "flow*" or "surface runoff" or "drainag*" or "streamflow*" or "stream flow*" or "overland*" or "sediment*" or "infiltration*" or "soil erodibility" or "erodibility" or "deposition*" or "transport*" or "land*" or "connectivity" or "spatial*" or "temporal*" or "vegetation*" or "model*" or "slop*" or "hydrolog*" or "Cs-137" or "Be-7" or "Pb-210*" or "cesium-137" or "lead-210" or "fallout radionuclide*" or "remote sensing" or "RS" or "GIS" or "digital elevation model" or "DEM" or "geomorph*" or "topograp*" or "slop*" or "conservation*" or "soil and water conservation*" or "till*" or "no-till*" or "watershed* manag*" or "catchment* manag*" or "basin* manag*" or "degrad*") and ("watershed*" or "catchment*" or "basin*") not ("sea*" or "tectonic*" or "stratigraphy" or "sequence stratigraphy" or "miocene" or "paleoclimate" or "palaeogeography")，检索到近 15 年本研究领域共发表国际英文文献 7 989 篇。划分了 2000～2002 年、2003～2005 年、2006～2008 年、2009～2011

年和2012~2014年5个时段,各时段发表的论文数量占总发表论文数量的百分比分别为11.5%、14.5%、20.2%、23.7%和30.1%,呈逐年上升趋势。图5-1为2000~2014年土壤侵蚀产沙与流域景观异质性研究领域SCI期刊论文关键词共现关系,呈现出4个相对独立的研究聚类圈,反映了近15年国际土壤侵蚀产沙与流域景观异质性研究的4个核心领域：**侵蚀产沙与景观要素、侵蚀与产沙耦合机制、侵蚀产沙过程模拟以及现代技术应用**。

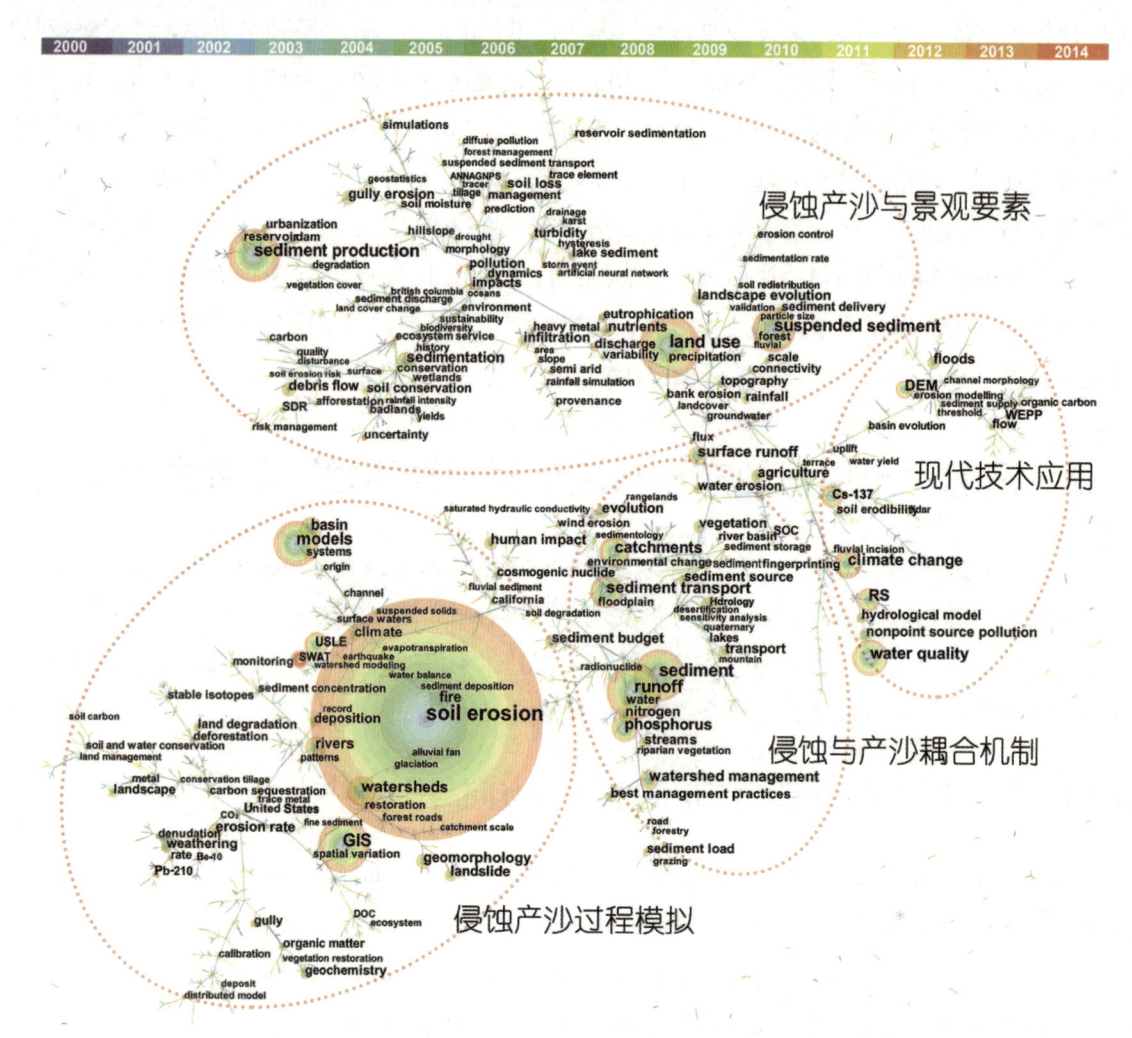

图 5-1 2000~2014年"土壤侵蚀产沙与流域景观异质性"领域SCI期刊论文关键词共现关系

（1）侵蚀产沙与景观要素

图5-1显示,土地利用(land use)、景观演化(landscape evolution)、流域连通性(connectivity)、地表覆盖(land cover)、地形(topography)、地貌(morphology)等景观要素对产沙(sediment production, sedimentation, sediment discharge)、泥沙输移(sediment delivery)、悬移泥沙(suspended sediment)、土壤流失(soil loss)等侵蚀产沙过程的影响是本领域的重要研究内容,其中土地利用出现的频次最高,表明作为受人类活动影响最大的土地利用,其变化情况对侵蚀产沙过程的影响是研究重点。同时,关键词共现关系图中还出现了水体富营养化(eutrophication)、养分

（nutrient）、重金属（heavy metal）、污染物弥散（diffuse pollution）等关键词，**表明侵蚀产沙导致的污染物迁移也是重要的研究方向，侵蚀产沙引发的生态环境效应受到广泛关注。**

（2）侵蚀与产沙耦合机制

关键词共现关系图中出现的高频关键词包括流域（catchment）、土壤侵蚀（soil erosion）、径流（runoff）、泥沙（sediment）、泥沙输移（sediment transport）、泥沙平衡（sediment budget）、泥沙储存（sediment storage）、泥沙来源（sediment sources）等（图5-1），表明探明侵蚀与产沙的耦合机制及其与水文过程（hydrology）、植被覆盖（vegetation）、地貌演化（evolution）等之间关系是重要研究内容之一，是侵蚀产沙过程模拟的理论基础。此外，关键词共现关系图中的高频关键词还出现了流域管理（watershed management）、最佳管理措施（best management practices）、氮（nitrogen）、磷（phosphorus）等，表明**为有效缓解侵蚀产沙对流域环境造成的负效应，流域管理也是重要的研究方向，而研究侵蚀与产沙耦合机制中获得的结论可作为建立合理流域管理方案的科学依据。**

（3）侵蚀产沙过程模拟

文献关键词共现关系图中出现土壤侵蚀（soil erosion）、泥沙浓度（sediment concentration）、泥沙沉积（sediment deposition）、模型（models）、分布式模型（distributed model）、通用土壤流失方程（USLE）、水文评价模型（SWAT）等关键词（图5-1）。同时，关键词共现关系图中地理信息系统（GIS）出现的频次很高，表明GIS一直作为研究大尺度侵蚀产沙过程模拟的重要工具，对于明确流域尺度（catchment scale）的气候（climate）和下垫面的空间变异（spatial variation），包括景观（landscape）、地貌（geomorphology）、植被（vegetation restoration, deforestation）变化情况等具有重要作用。上述关键词表明，**借助GIS等现代技术建立大尺度侵蚀产沙模型以及进行相关的情景模拟是本领域研究的重点。**

（4）现代技术应用

图5-1显示，关键词共现关系图中包含数字高程模型（DEM）、遥感（RS）、核素示踪（Cs-137）等关键词，**表明越来越多的现代技术被运用到本研究领域。**数字高程模型（DEM）和遥感（RS）的运用将有助于定量分析气候变化（climate change）与下垫面情况，如流域地形地貌演化（basin evolution）与河道形态变化（channel morphology）情况，对侵蚀产沙过程及水环境效应（water quality）的影响。核素示踪技术有助于充分了解土壤侵蚀（soil erodibility）强度的空间变异性。这些现代技术的应用为相关水文模型（hydrological model）和侵蚀模型（erosion modeling，WEPP）的建立奠定了基础。由此可见，**技术的发展将推动学科的进步，因而现代技术在本学科的应用也是重要的研究内容之一。**

SCI期刊论文关键词共现关系图反映了近15年土壤侵蚀产沙与流域景观异质性研究的核心领域（图5-1），而不同时段TOP20高频关键词可反映其研究的热点（表5-1）。表5-1显示了2000～2014年各时段TOP20关键词组合特征。由表5-1可知，2000～2014年，前10位高频关键词为土壤侵蚀（soil erosion）、建模（modeling）、输沙量（sediment yield）、气候变化（climate change）、径流（runoff）、流域（catchment）、水质（water quality）、指纹识别（fingerprint）、土地利用（land use）和泥沙来源（sediment source），表明这些问题是近 15 年研究的热点。不同时段高频关键词组合特征能反映研究热点随时间的变化情况，土壤侵蚀（soil erosion）、面源污染（NPS pollution）、水质（water quality）变化、泥沙来源（sediment source）等关键词在各时段均占有突出地位，表明这些问题持续受到关注。对以 3 年为时间段的热点问题变化情况分析如下。

（1）2000～2002 年

由表 5-1 可知，本阶段研究的热点问题是流域（watershed）的景观变迁（landscape evolution），尤其是土地利用（land use）变化对土壤侵蚀（soil erosion，erosion rates）、径流（runoff）、泥沙来源（sediment source）、泥沙平衡（sediment budget）等的影响。主要采用地理信息系统（GIS）定量描述大尺度的景观变迁及土地利用变化，采用指纹识别技术（fingerprinting）研究侵蚀泥沙来源问题。同时，随径流、泥沙（sediment，suspend sediment）一同流失的土壤养分（nutrient losses，phosphorus）造成的面源污染（NPS pollution）和水体富营养化（eutrophication）也成为研究的热点，越来越重视水质（water quality）的评价（assessment）以及相关模型的建立（modeling）。上述高频关键词表明，**随着 GIS 技术的日渐成熟，研究大尺度景观变迁对侵蚀产沙过程的影响成为可能，而新兴的指纹识别技术又为准确辨识泥沙来源并由此反演侵蚀产沙过程奠定了基础**。此外，由径流泥沙挟带的污染物导致的水质恶化加剧了淡水资源危机，因而面源污染等相关问题也是本阶段研究的热点。

（2）2003～2005 年

由表 5-1 可知，本阶段研究重点集中在水文过程（hydrology）对土壤侵蚀（soil erosion）产沙（sediment yield）的影响以及相应水文模型（hydrological modeling）的建立。流域（catchment）土地利用（land use）变化、水土保持措施（soil conservation）的布设尤其是建坝（dams）会严重影响流域连通性（connectivity）和水文过程，进而影响侵蚀产沙过程（erosivity，suspended sediment，sediment yield）。不同尺度（scale）效应的研究，如由坡面上经典的通用土壤流失方程（USLE），到整个流域（catchment）的侵蚀产沙—水文模型建立也是本阶段关注的热点问题。继上一阶段，由侵蚀导致的水质（water quality）恶化以及土地退化等环境问题在本阶段持续受到关注。上述关键词表明，**对侵蚀产沙影响要素的研究，开始越来越多地关注人类活动（如土地利用变化和水土保持措施）的影响，这一方面使得研究结果更接近现实情况，另一方面也加大了研究的困难**。

（3）2006～2008 年

由表 5-1 可知，本阶段高频关键词中开始出现气候变化（climate change）。在气候变化背景下，土壤侵蚀（soil erosion）、径流（runoff）、产沙（sediment yield）、泥沙运移（sediment transport，sediment delivery ratio）、泥沙来源（sediment sources）等侵蚀产沙过程机理是本阶段研究的热点。继上阶段以来，水保措施（soil conservation）、建坝（dams）等人类活动（human impact）对侵蚀产沙过程的影响依旧是研究的热点。此外，对水质（water quality）评价（assessment）

表 5-1 2000~2014 年"土壤侵蚀产沙与流域景观异质性"领域不同时段 TOP20 高频关键词组合特征

2000~2014 年 关键词	词频	2000~2002 年 (23 篇/校正系数 2.61) 关键词	词频	2003~2005 年 (29 篇/校正系数 2.07) 关键词	词频	2006~2008 年 (41 篇/校正系数 1.46) 关键词	词频	2009~2011 年 (47 篇/校正系数 1.28) 关键词	词频	2012~2014 年 (60 篇/校正系数 1.00) 关键词	词频
soil erosion	63	soil erosion	15.7 (6)	modeling	24.8 (12)	soil erosion	23.4 (16)	soil erosion	21.8 (17)	soil erosion	18
modeling	38	NPS pollution	13.1 (5)	USLE	18.6 (9)	sediment yield	16.1 (11)	climate change	14.1 (11)	modeling	12
sediment yield	28	runoff	10.4 (4)	soil erosion	12.4 (6)	sediment transport	11.7 (8)	modelling	10.2 (8)	hydrology	11
climate change	26	land use	7.8 (3)	dams	10.4 (5)	phosphorus	8.8 (6)	land use	10.2 (8)	runoff	8
runoff	21	phosphorus	7.8 (3)	suspended sediment	10.4 (5)	climate change	7.3 (5)	catchment	9.0 (7)	watershed	8
catchment	18	sediment source	7.8 (3)	degradation	8.3 (4)	river	7.3 (5)	Loess Plateau	7.7 (6)	climate change	7
water quality	17	suspended sediment	7.8 (3)	hydrology	8.3 (4)	connectivity	5.8 (4)	sediment yield	7.7 (6)	sediment	7
fingerprint	16	water quality	7.8 (3)	scale	8.3 (4)	human impact	5.8 (4)	Cs-137	5.1 (4)	sediment source	7
land use	16	watershed	7.8 (3)	sediment yield	8.3 (4)	modeling	5.8 (4)	human impact	5.1 (4)	catchment	6
sediment source	16	assessment	5.2 (2)	soil conservation	8.3 (4)	runoff	5.8 (4)	hydrology	5.1 (4)	fingerprinting	6
watershed	16	channel	5.2 (2)	water quality	8.3 (4)	soil conservation	5.8 (4)	river	5.1 (4)	reservoir	6
suspended sediment	15	erosion rates	5.2 (2)	fingerprint	6.2 (3)	watershed management	5.8 (4)	runoff	5.1 (4)	land use	5
soil conservation	14	eutrophication	5.2 (2)	hydrologic modeling	6.2 (3)	assessment	4.4 (3)	scale	3.8 (3)	nitrogen	5
NPS pollution	13	fingerprinting	5.2 (2)	land use	6.2 (3)	water quality	4.4 (3)	soil conservation	3.8 (3)	sediment tracing	5
phosphorus	13	GIS	5.2 (2)	rainfall	6.2 (3)	SDR	4.4 (3)	SOC	3.8 (3)	sediment yield	5
sediments	13	landscape evolution	5.2 (2)	catchment	4.1 (2)	dams	4.4 (3)	suspended sediment	3.8 (3)	water quality	5
river	12	modeling	5.2 (2)	climate change	4.1 (2)	fingerprinting	4.4 (3)	SWAT	3.8 (3)	wildfire	5
GIS	11	nutrient losses	5.2 (2)	connectivity	4.1 (2)	sediment sources	4.4 (3)	USLE	3.8 (3)	Cs-137	4
hydrology	11	sediments	5.2 (2)	erosivity	4.1 (2)	nitrogen	4.4 (3)	vegetation	3.8 (3)	SWAT	4
Loess Plateau	11	sediment budget	5.2 (2)	GIS	4.1 (2)	RS	4.4 (3)	GIS	2.6 (2)	sediment delivery	4

注：括号中的数字为校正前关键词出现频次。

等相关研究持续受到关注。由此可见，**本阶段研究的热点是侵蚀产沙过程机理，重点关注气候变化引起的下垫面景观要素的改变对侵蚀产沙过程的影响**。

（4）2009~2011 年

表 5-1 表明，气候变化（climate change）对土壤侵蚀（soil erosion）的影响受到更多的关注。气候变化下，水文过程（hydrology）、植被覆盖（vegetation cover）都相应地发生改变，人们应对气候变化对土地利用（land use）也进行相应的调整，因而整个侵蚀环境发生改变，侵蚀产沙（sediment yield，suspended sediment）过程随之变化。将气候变化与经典的侵蚀模型（USLE，SWAT）结合，将有望深入对侵蚀产沙过程的理解以及对未来侵蚀产沙过程的模拟（modeling）。上述关键词表明，**继上阶段以来，侵蚀环境改变下侵蚀产沙过程的变化机理及模拟仍然是研究的热点**。

（5）2012~2014 年

由表 5-1 可知，本阶段高频关键词与前几个阶段相比并未发生太大的改变。关注的重点依旧是气候变化（climate change）下土壤侵蚀（soil erosion）产沙（sediment，sediment yield）过程的机理研究和模型建立（modeling），以及相应的水质（water quality）变化的研究。由此可见，**流域尺度上侵蚀产沙过程复杂，受到多种景观要素的影响，且气候变化的影响增强了其在时空上的变异性，对其研究仍需深入**。

根据校正后高频关键词分布情况可知，对侵蚀产沙过程机理研究，包括产沙平衡、泥沙运动、泥沙来源等（如 sediment，suspended sediment，sediment budget，sediment transport，sediment sources 等）在各时段都占重要地位，同时各时段也关注侵蚀泥沙对异地造成的环境效应，主要包括氮磷等土壤养分流失、面源污染、水体富营养化等（如 nitrogen，phosphorus，nutrient losses，eutrophication 等）。近 15 年来，侵蚀产沙的过程机理及其环境效应是研究热点与难点，主要是由于侵蚀产沙过程受到多种景观要素及时空变异的影响，景观要素及其叠加效应与侵蚀产沙过程的关系非常复杂，并导致环境响应的差异性。这些难点在短期内很难突破，不仅是近 15 年的热点，也将是未来需要继续研究的重要方向。

5.2.2 近 15 年国际该领域研究取得的主要学术成就

图 5-1 表明，近 15 年国际上土壤侵蚀产沙与流域景观异质性研究的核心领域主要包括侵蚀产沙过程模拟、侵蚀与产沙耦合机制、侵蚀产沙与景观要素以及现代技术应用 4 个方面。高频关键词组合特征反映的热点问题主要包括不同景观要素及其叠加效应与侵蚀产沙过程的定量关系，以及伴随侵蚀产沙引起的面源污染、水体富营养化等（表 5-1）。针对研究的核心领域及热点问题展开了大量研究，取得的主要成就体现在**侵蚀产沙关键要素识别、侵蚀产沙过程模拟、异质景观流域水土流失调控** 3 个方面。

（1）**侵蚀产沙关键要素识别**

侵蚀产沙作为一种复杂的生态水文过程，受到多种景观要素复合叠加作用的影响，近 15 年在识别影响侵蚀产沙的关键景观要素方面取得了较大的进展。大量研究探讨了侵蚀产沙过程与景观格局的相互作用（Coppus et al., 2003：315～328；Chaplot et al., 2005；Ludwig et al., 2005：288～297；Huang et al., 2006：615～627），包括不同降雨—植被组合格局对土壤水分、养分和径流、泥沙时空变异的影响（Meng et al., 2001：288～291；Fu et al., 2004：87～96；Wei et al., 2007：247～258），以及侵蚀产沙对景观生态水文功能反馈的初步理论推导（Leibowitz et al., 2000：77～94；Loreau et al., 2003：673～679）等。同时，探讨了植被格局作为识别径流、泥沙在景观中的"源"、"汇"地段指标的可行性，这种"源"、"汇"功能在半干旱区表现最为典型（Imeson and Prinsen, 2004：333～342）。半干旱区地表植被受到水分胁迫，演化为斑块化空间分布格局，呈现斑点（块、簇）状或条带状分布，这种空间格局具有重要的生态水文效应，可影响侵蚀产沙过程（Stavi et al., 2008：69～78；Vásquez-Méndez et al., 2010：162～169）。

在众多景观要素中，土地利用具有自然和人文双重属性，是人类活动与自然环境相互作用的集中反映（傅伯杰等，2003：247～255）。研究表明，人类不合理的土地利用是诱发侵蚀产沙的主要原因（Trimble, 1999：1244～1246）。土地利用可以通过改变植被覆盖、土壤性质、径流速率、地形条件等来影响侵蚀产沙的发生和发展（Brierley and Stankoviansky, 2003：173～179）。土地利用格局是指大小和形状不一的土地利用类型在空间上的配置。土地利用格局的变化，即土地利用在地形、土壤等流域下垫面上的空间分布变化，可引起土壤侵蚀发生及泥沙拦截能力的变化，进而改变流域的产沙量（Erskine et al., 2002：271～287；Niehoff et al., 2002：80～93；Van Rompaey et al., 2002：481～494；Brierley and Stankoviansky, 2003：173～179）。由此可见，充分探明土地利用格局对侵蚀产沙的影响机理，将有助于制定合理的土地利用配置方案来控制流域侵蚀产沙。

（2）侵蚀产沙过程模拟

流域侵蚀和流域产沙紧密相关，侵蚀是产沙的前提条件，但由于部分泥沙在搬运过程会发生沉积，侵蚀物质不一定会立即成为河流泥沙（蔡强国，1998）。因此，为理解侵蚀和产沙的耦合机制，对泥沙输移过程的研究成为流域侵蚀产沙研究中的一个重要内容。土壤侵蚀示踪技术的出现和发展，为泥沙输移过程研究和泥沙来源辨识提供了有效手段，并成为无常规测量资料地区开展侵蚀产沙规律研究的有效方法。Cs-137、Pb-210、Be-7被广泛用于定量研究中长期的土壤侵蚀和泥沙来源问题（Parsons and Foster, 2011：101～113；Taylor et al., 2013：85～95；Mabit et al., 2014：335～351）；稀土元素（REE）可用于研究次降雨下坡沟系统的侵蚀产沙过程（Zhang et al., 2001：1508～1515）。同时，作为反映泥沙输移过程的重要指标，泥沙输移比（SDR）也受到了广泛关注。但由于泥沙输移比受到气候、地形地貌、土壤、植被和土地利用等多种因素的影响，在不同研究区域其变化范围很大（Shi et al., 2012：156～167；Woznicki and Nejadhashemi, 2013：2483～2499），基本无规律可循。目前，泥沙输移比没有统一的计算公式（Vigiak et al., 2012：74～88；Shi et al., 2013：165～176；Shi et al., 2014：193～201），且基于物理成因构建的公式少，根据流域水文资料构建的经验公式居多。由于不同区域影响因素权重不确定，其计算公式往往仅针对特定的研究区而无法推广应用到其他地区。

侵蚀与产沙耦合机制的深入研究为侵蚀产沙过程模拟奠定了理论基础。预报模型是研究侵蚀产沙过程与环境因子相互作用机制的有效手段，能克服观测实验在数据获取性、重复性、连续性等方面的缺陷，并有效揭示内在机制、发现研究薄弱环节（傅伯杰等，2010：673~681）。国际上土壤侵蚀产沙研究以建立预报模型为核心，带动和促进机理的研究。20 世纪建立的许多经典模型，如 SWAT（Arnold et al.，1998：73~89）、EUROSEM（Morgan et al.，1998：527~544）、LISEM（De Roo et al.，1996：1107~1117）等，在近 15 年被修正沿用到不同的区域。但是，这些流域模型大多是将流域划分为坡面和沟道分别模拟，然后进行集成（De Vente et al.，2013：16~29）。"坡面+沟道"描述的流域侵蚀产沙，本质上是径流小区数据的外推（Trimble and Crosson，2000：248~250），不能反映景观要素的空间异质性，以此获得的流域信息不可靠（Parsons et al.，2006：1325~1328）。近期越来越多的空间分布式模型考虑了泥沙的"源"、"汇"问题，但模型往往强调土壤侵蚀和产沙的物理过程，忽视了尺度变异。实际上，模型输入参数的尺度变异性，会显著增大模型输出的不确定性，从而影响模型的精度（Lenhart et al.，2005：785~794）。尤其对需要大量输入参数的物理过程模型而言，不仅参数确定和模型校正造成工作量剧增，而效果未必优于经验模型（De Vente et al.，2008：393~415；De Vente et al.，2011：690~707）。例如，SWAT（Arnold et al.，1998：73~89）、AGNPS（Young et al.，1989：168~173）、LISEM（De Roo et al.，1996：1107~1117）等模型考虑了水量平衡，在理论上更适用于评价气候和土地利用变化对侵蚀产沙的影响（Bathurst，2011），然而这些模型的验证结果变异程度大，不适合外推（De Vente et al.，2013：16~29）。由此可见，对于侵蚀产沙模型的研究虽然取得了长足的进展，但由于侵蚀产沙过程复杂多变，机理仍不清楚，阻碍了模型适用性和精确性的进一步提高。尤其在气候变化影响下土地利用格局不断发生改变，加大了侵蚀产沙过程模拟的难度。

（3）异质景观流域水土流失调控

景观格局通过土地利用、植被格局及其时空变异影响水土流失过程，而水土流失通过水分、土壤资源再分配影响植被格局，进而驱动景观格局空间异质性动态变化（傅伯杰等，2010：673~681）。因此，探明景观格局与水土流失过程的关系，对于控制水土流失具有重要意义。研究表明，流域景观格局调整对侵蚀产沙的影响具有一定的滞后性，而沿等高线布设减缓侵蚀的斑块可有效拦截坡面径流泥沙（Shi et al.，2012：156~167）。植被斑块的形状特征会影响其对径流、泥沙及养分的截获能力，带状斑块较点状斑块径流截持率增加约 8%，且由于对土壤养分的截获，植物生产力提高近 10%（Ludwig et al.，2005：288~297），进而对径流泥沙的控制效果产生正反馈。然而，当植被斑块受到干扰时，如放牧、耕作等，其对径流泥沙的截获能力将显著下降（Wilcox et al.，2003：223~239；Ludwig et al.，2005：288~297）。在人类不合理干扰下，流域景观格局的改变将影响整个流域的水土流失过程，导致入渗减少、产流增加、空间单元连接性变差等（Le Maitre et al.，2007：261~270）。

同时，面源污染通常伴随水土流失的发生，面源污染形成的影响因子、形成机理、分布规律和控制途径也受到了高度重视，主要探讨了养分元素在不同景观类型和降雨径流条件下的输移过程及特征（Udawatta et al.，2002：1214~1225；Chen et al.，2002：424~432；Ouyang et al.，2014：579~589）、面源污染形成过程的数学模型及其动态模拟（Shen et al.，2012：104~111；Poudel et al.，2013：155~171）以及面源污染控制的有效途径与最佳农田管理措施（Nisbet，2001：215~226；Geng et al.，2015：3645~3659）。然而，由于面源污染的形成机理模糊，影响因子复杂多样，其定量化研究进展缓慢。流域景观格局变化能够引起生态及水文条件的空间差异，进而导致污染负荷和水体水质的时空分异（Xiao and Ji，2007：111~119）。研究表明，河流水质与土地利用类型、景观空间格局紧密相关（Lee et al.，2009：80~89）。根据不同景观类型在面源污染形成过程中的地位和作用，可将景观类型归为两大类型：面源污染"源"景观和面源污染"汇"景观。"源"、"汇"景观类型在空间的分布与面源污染的形成方面具有密切关系（Chen et al.，2002：424~432；Kaushal et al.，2011：8225~8232；Jiang et al.，2013：135~140）。因此，可以通过探讨不同景观类型在空间上的搭配组合来控制养分在时空尺度的平衡状态，从而降低面源污染形成的危险（Hood et al.，2003：31~45）。

5.3 中国"土壤侵蚀产沙与流域景观异质性"研究特点及学术贡献

我国关注土壤侵蚀与河流产沙关系的历史悠久，如《汉书·沟洫志》中就有记载，黄河有"河水重浊，号为一石水而六斗泥"，而一些实践经验丰富的河官和治黄专家将其与水土流失联系起来，吸取"山低一寸，河高一丈"的经验教训，提倡上游植树造林减少河流泥沙（辛树帜和蒋德麒，1982）。20 世纪 50 年代，初步形成了流域综合治理思想，农业部、水利部、林业部等在《关于农、林、牧、水密切配合做好水土保持工作争取 1957 年大丰收的联合通知》中，明确指出："开展工作时要以集水区为单位，从分水岭到坡脚……成沟成坡集中治理，以达到……治一沟，成一沟。"当时治理示范典型有甘肃天水吕二沟、陕北绥德韭园沟、晋西离石王家沟等（蔡强国，1998）。1980 年，水利部在山西吉县召开的 13 省区水土保持治理座谈会上明确提出了我国水土保持要以小流域为单元进行综合治理，进一步明确了小流域的概念和标准，并在水利部颁布的《水土保持治理办法》中写进了这一内容。我国水土保持实践推动了土壤侵蚀学科的理论发展，20 世纪 70 年代，龚时旸和熊贵枢（1979：7~17）、牟金泽和孟庆枚（1982：60~65）以及蔡强国等（1991）陆续开展了泥沙输移比的研究，并成为土壤侵蚀产沙研究的重要内容。20 世纪 90 年代以来，随着空间信息获取和分析技术的发展，景观生态学的方法日益成熟，景观格局与水土流失过程关系的研究受到越来越多的关注，深入探讨了景观格局与水土流失过程的关系，为大尺度的水土流失控制提供了科学依据（傅伯杰等，2010：673~681；刘宇等，2011：267~275）。

5.3.1 近 15 年中国该领域研究的国际地位

过去 15 年，国际上对于土壤侵蚀产沙与流域景观异质性领域的研究得到了蓬勃发展。通过分析近 15 年来在该领域发表 SCI 论文的情况，可以看出各个国家和地区在土壤侵蚀产沙与流域景观异质性领域研究的发展速度及其研究成果在世界上所处的地位和影响程度。表 5-2 显示了 2000~2014 年土壤侵蚀产沙与流域景观异质性领域 SCI 论文数量、篇均被引次数和高被引论文数量 TOP20 国家和地区。从近 15 年 SCI 论文发表数量来看，全世界发文量共计 7 989 篇，而 SCI 论文发表总量 TOP20 国家和地区，共计发表论文 7 076 篇，占全世界发文总量的 88.6%。从表 5-2 可以看出，2000~2002 年、2003~2005 年、2006~2008 年、2009~2011 年和 2012~2014 年该领域全世界发文量分别是 919 篇、1 157 篇、1 616 篇、1 892 篇和 2 405 篇，**表明国际上对于土壤侵蚀产沙与流域景观异质性的研究表现出快速增长的态势**。近 15 年 SCI 论文发文数量最多的国家是美国，共发表 2 022 篇；中国排名第 2，发表 751 篇，与排名第 1 位的美国有较大差距；排名第 3 位的是英国，发表 682 篇；法国和澳大利亚分别排第 4 位和第 5 位。从表 5-2 可以看出，**各个国家和地区的 SCI 发文量均表现出上升的趋势，但是不同国家和地区上升的程度不同**。其中，美国在侵蚀产沙与流域景观异质性研究领域一直占据主导地位，中国在该领域的活力不断增强，增长速度最快，从 2000~2002 年时段的第 10 位，上升到 2009~2011 年与 2012~2014 年时段的第 2 位。

分析近 15 年来不同国家和地区 SCI 论文篇均被引次数和高被引论文数量的变化情况，可以看出各个国家和地区研究成果的影响程度和被世界认可的程度。从表 5-2 可以看出，近 15 年土壤侵蚀产沙与流域景观异质性领域全世界 SCI 论文篇均被引次数为 16.1 次；2000~2002 年、2003~2005 年、2006~2008 年、2009~2011 年和 2012~2014 年全世界 SCI 论文篇均被引次数分别是：35.0 次、28.7 次、19.4 次、11.9 次和 3.9 次。近 15 年 SCI 论文篇均被引总次数居全球前 5 位的国家依次是比利时、新加坡、英国、美国和荷兰，且上述国家在各个时段 SCI 论文篇均被引次数均高于全世界 SCI 论文篇均被引次数，**表明上述国家的研究成果在国际土壤侵蚀产沙与流域景观异质性领域的影响力较强**（表 5-2）。中国学者 SCI 论文篇均被引次数排在全球第 26 位，2000~2014 年 SCI 论文篇均被引次数仅为 10.4 次，明显低于全世界 SCI 论文篇均被引次数。**中国学者研究成果的影响力还相对较弱**。从高被引论文数量来看，近 15 年全世界 SCI 高被引论文总量为 399 篇，其中，2000~2002 年、2003~2005 年、2006~2008 年、2009~2011 年和 2012~2014 年全世界 SCI 高被引论文数量分别是：45 篇、57 篇、80 篇、94 篇和 120 篇。近 15 年来，高被引论文数量最多的国家是美国，共计 167 篇，远远高于世界上其他国家（或地区）。同时，在各时段，美国也是世界上高被引论文数量最多的国家。排名第 2 位的是英国，高被引论文总量为 65 篇。中国高被引论文总量仅为 18 篇，排名第 4，与美国、英国还存在较大差距。但是，中国在 2000~2002 年、2003~2005 年、2006~2008 年、2009~2011 年和 2012~2014 年 SCI 高被引论文数量分别是：2 篇、1 篇、6 篇、11 篇和 16 篇，说明中国学者 SCI 论文的质量在逐步提

第5章 土壤侵蚀产沙与流域景观异质性　171

表5-2　2000~2014年"土壤侵蚀产沙与流域景观异质性"领域发表SCI论文数及被引频次TOP20国家和地区

排序[①]	国家（地区）	SCI论文数量（篇） 2000~2014	2000~2002	2003~2005	2006~2008	2009~2011	2012~2014	国家（地区）	SCI论文篇均被引次数（次/篇） 2000~2014	2000~2002	2003~2005	2006~2008	2009~2011	2012~2014	国家（地区）	高被引SCI论文数量（篇） 2000~2014	2000~2002	2003~2005	2006~2008	2009~2011	2012~2014
	世界	7989	919	1157	1616	1892	2405	世界	16.1	35.0	28.7	19.4	11.9	3.9	世界	399	45	57	80	94	120
1	美国	2022	326	345	464	409	478	比利时	27.6	52.9	50.3	26.4	16.3	6.0	美国	167	28	25	24	27	24
2	中国	751	24	72	126	202	327	新加坡	27.3	48.3	50.0	21.8	41.0	4.0	英国	65	7	12	20	9	15
3	英国	682	109	114	161	141	157	英国	24.9	40.7	38.1	32.2	15.0	5.7	法国	24	2	3	4	5	6
4	法国	484	51	82	92	119	140	美国	21.4	46.8	32.7	19.9	13.3	4.3	中国	18	2	1	6	11	16
5	澳大利亚	406	67	66	87	83	103	荷兰	19.7	56.0	30.4	22.1	14.3	5.1	澳大利亚	18	1	2	3	4	8
6	德国	375	32	51	51	107	134	瑞士	18.3	34.4	22.7	28.5	18.7	7.3	比利时	17	2	3	2	1	4
7	加拿大	315	53	57	71	66	68	澳大利亚	17.8	27.9	31.8	17.4	14.8	5.0	西班牙	14	0	3	4	6	5
8	西班牙	294	13	32	61	78	110	以色列	17.3	40.3	47.0	17.3	6.1	3.4	德国	13	0	1	4	9	6
9	意大利	261	26	28	45	70	92	新西兰	17.3	35.4	36.7	16.8	9.5	5.2	加拿大	13	1	5	1	2	4
10	印度	240	36	19	37	73	75	法国	16.8	31.8	29.7	19.9	13.6	4.4	新西兰	11	1	2	2	0	4
11	巴西	215	7	27	31	62	88	丹麦	16.6	16.6	21.4	21.7	8.0	12.3	荷兰	10	0	1	0	4	3
12	比利时	172	27	30	35	39	41	西班牙	15.7	27.5	34.2	25.3	15.1	4.0	意大利	6	1	1	2	2	2
13	日本	148	14	22	39	34	39	加拿大	15.2	24.9	28.8	12.9	9.7	4.2	瑞士	5	0	0	0	3	6
14	荷兰	146	9	34	34	26	43	挪威	15.1	29.0	23.9	15.6	8.9	2.5	印度	4	1	0	0	2	1
15	新西兰	132	16	22	26	28	40	芬兰	15.1	28.7	53.5	26.3	8.8	2.3	芬兰	3	0	0	0	3	1
16	瑞士	123	10	21	18	33	41	瑞典	14.4	14.1	20.0	26.6	17.1	3.4	土耳其	3	0	0	2	0	1
17	伊朗	100	0	3	15	37	45	德国	13.7	14.7	23.0	25.7	14.7	4.7	南非	3	0	0	0	0	0
18	波兰	73	7	6	13	13	34	葡萄牙	13.3	31.0	21.7	20.2	11.4	5.3	以色列	2	0	0	1	0	0
19	土耳其	70	2	5	21	24	18	奥地利	13.1	29.0	4.0	30.7	17.9	4.8	瑞典	1	0	0	0	1	0
20	俄罗斯	67	6	11	16	16	18	中国(26)[②]	10.4 (26)	44.3 (5)	17.4 (28)	17.3 (22)	11.1 (16)	3.3 (23)	日本	1	0	0	0	0	2

注：①按2000~2014年SCI论文数量、篇均被引次数、高被引论文数量排序；②括号内数字是中国相关时段排名。

高。总体来看，虽然中国 SCI 论文数量较多，但是仍缺乏高质量、高影响力的 SCI 论文；从发展趋势来看，中国土壤侵蚀产沙与流域景观异质性领域研究的活力和影响力不断增强，处于加速上升阶段。

热点关键词的时序变化图可以反映近 15 年来土壤侵蚀产沙与流域景观异质性领域研究热点的演化。图 5-2 显示了 2000～2014 年土壤侵蚀产沙与流域景观异质性领域 SCI 期刊中外高频关键词对比及时序变化。论文关键词的词频在一定程度上反映了研究领域的热点。从图 5-2 左边热点关键词上标注的词频数及关键词下面标注的百分比可以看出，随时间演进，全球作者发表 SCI 文章数量明显增加，关键词词频总数不断提高，前 15 位关键词词频总数均大于 150 次；土壤侵蚀（soil erosion）的词频总数为 1 653 次，远远高于其他 14 个关键词。从图 5-2 中左边各时段圆圈的大小可知，土壤侵蚀（soil erosion）在各时段的关注度均较高；在 2000～2002 年、2003～2005 年以及 2006～2008 年的关注度最低的关键词是气候变化（climate change）；在 2009～2011 年以及 2012～2014 年，关注度最低的关键词是流域（basin）。图 5-2 左侧关键词统计结果反映出国际上侵蚀产沙与流域景观异质性领域研究热点包括：侵蚀产沙过程模拟（soil erosion，runoff，sediment production，sediment，suspended sediment，sediment transport，models，GIS）、侵蚀产沙与水质安全（water quality，phosphorus）、侵蚀产沙与气候变化（climate change）等。

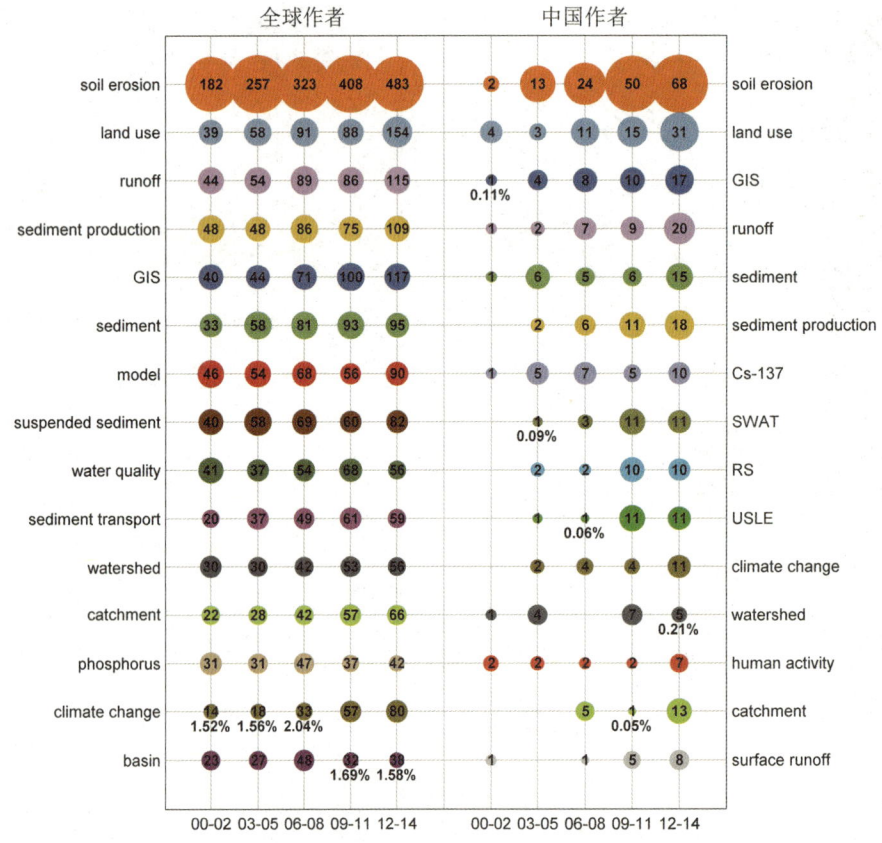

图 5-2 2000～2014 年"土壤侵蚀产沙与流域景观异质性"领域 SCI 期刊全球及中国作者发表论文高频关键词对比

由图 5-2 右边热点关键词上标注的词频数及关键词下面标注的百分比可知,中国作者发表 SCI 文章数量随时间演进明显增加,关键词词频总数不断提高,但明显低于国外作者关键词词频。从图 5-2 可以看出,土壤侵蚀(soil erosion)、土地利用(land use)、地理信息系统(GIS)、径流(runoff)和泥沙(sediment)的词频数不断增加,表明土地利用变化对侵蚀产沙的影响呈持续关注态势,并且最常用的技术手段是地理信息系统技术。排在图 5-2 右侧最上面的土壤侵蚀(soil erosion)和土地利用(land use)总词频数分别为 157 次和 64 次,远高于后面 13 个关键词;同时,土壤侵蚀(soil erosion)和土地利用(land use)在各个时段内的泡图均较大,说明流域土地利用变化对侵蚀产沙的影响一直是中国学者研究的最大热点。2003 年以来才开始关注的热点关键词有产沙量(sediment production)、SWAT 模型、遥感(RS)、通用土壤流失方程(USLE)和气候变化(climate change),表明气候变化条件下的侵蚀产沙过程模拟成为该领域的研究热点。图 5-2 右侧出现的关键词还有 Cs-137 和人类活动(human activity),这说明新技术新方法的应用以及人类活动对侵蚀产沙的影响也是中国作者在土壤侵蚀产沙与流域景观异质性领域的研究中关注的热点。

从中外高频关键词的对比图(图 5-2)可以清楚地看到,中外学者关注的热点领域有一定的差异,相同的热点关键词所占比例及首次出现的时间明显不同,具体表现在两个方面。①过去 15 年全球学者共同关注的热点有侵蚀产沙过程模拟、侵蚀产沙与气候变化等,但中国学者关注的热点关键词首次出现的时间比其他国家(或区域)学者关注的时间晚,其中 SWAT 模型、通用土壤流失方程(USLE)均比模型(model)晚 3 年出现;气候变化(climate change)也相差 3 年。上述差异反映了我国土壤侵蚀产沙与流域景观异质性领域的部分研究热点处于跟踪研究状态,相对比较滞后。②国内外学者在土壤侵蚀产沙与流域景观异质性领域有不同的关注热点。中国学者多关注于侵蚀产沙与土地利用、人类活动等的关系,这与我国现实的社会需求密切相关;其他国家(或区域)学者更关注于侵蚀产沙与水污染、水质安全的关系。由此也反映出国际上已将流域侵蚀产沙作为影响水环境的重要原因进行重点研究,中国学者也应将流域侵蚀产沙的研究提高到解决水环境问题的高度上。

5.3.2 近 15 年中国该领域研究特色及关注热点

利用土壤侵蚀产沙与流域景观异质性相关的中文关键词制定中文检索式,即:(SU='土壤侵蚀' or SU='侵蚀*' or SU='水土流失' or SU='土壤流失' or SU='水土保持') and (SU='径流' or SU='输沙' or SU='产沙' or SU='搬运' or SU='沉积' or SU='降雨' or SU='产流' or SU='汇流' or SU='植被*' or SU='景观*' or SU='土地' or SU='空间*' or SU='时空*' or SU='尺度' or SU='格局' or SU='预报*' or SU='产沙*' or SU='泥沙' or SU='地形' or SU='模型*' or SU='遥感' or SU='地理信息系统' or SU='监测' or SU='管理' or SU='综合治理' or SU='措施') and (SU='流域' or SU='区域')。从 CNKI 中检索 2000~2014 年本领域的中文 CSCD 核心期刊文献数据源,共检索到 3 101 篇论文。

图 5-3 为 2000~2014 年土壤侵蚀产沙与流域景观异质性领域 CSCD 期刊论文关键词共现关

系，可大致分为 5 个相对独立的研究聚类圈，在一定程度上反映了近 15 年中国土壤侵蚀产沙与流域景观异质性研究的主要方向。聚类圈中出现的关键词可归纳为：**侵蚀产沙与环境要素、侵蚀产沙过程与模拟、侵蚀产沙与环境治理、侵蚀产沙与全球变化、水土流失治理范式** 5 个方面。从聚类圈中出现的关键词可以看出，近 15 年来中国学者在土壤侵蚀产沙与流域景观异质性领域所关注的研究热点及主要问题包括以下 5 点。

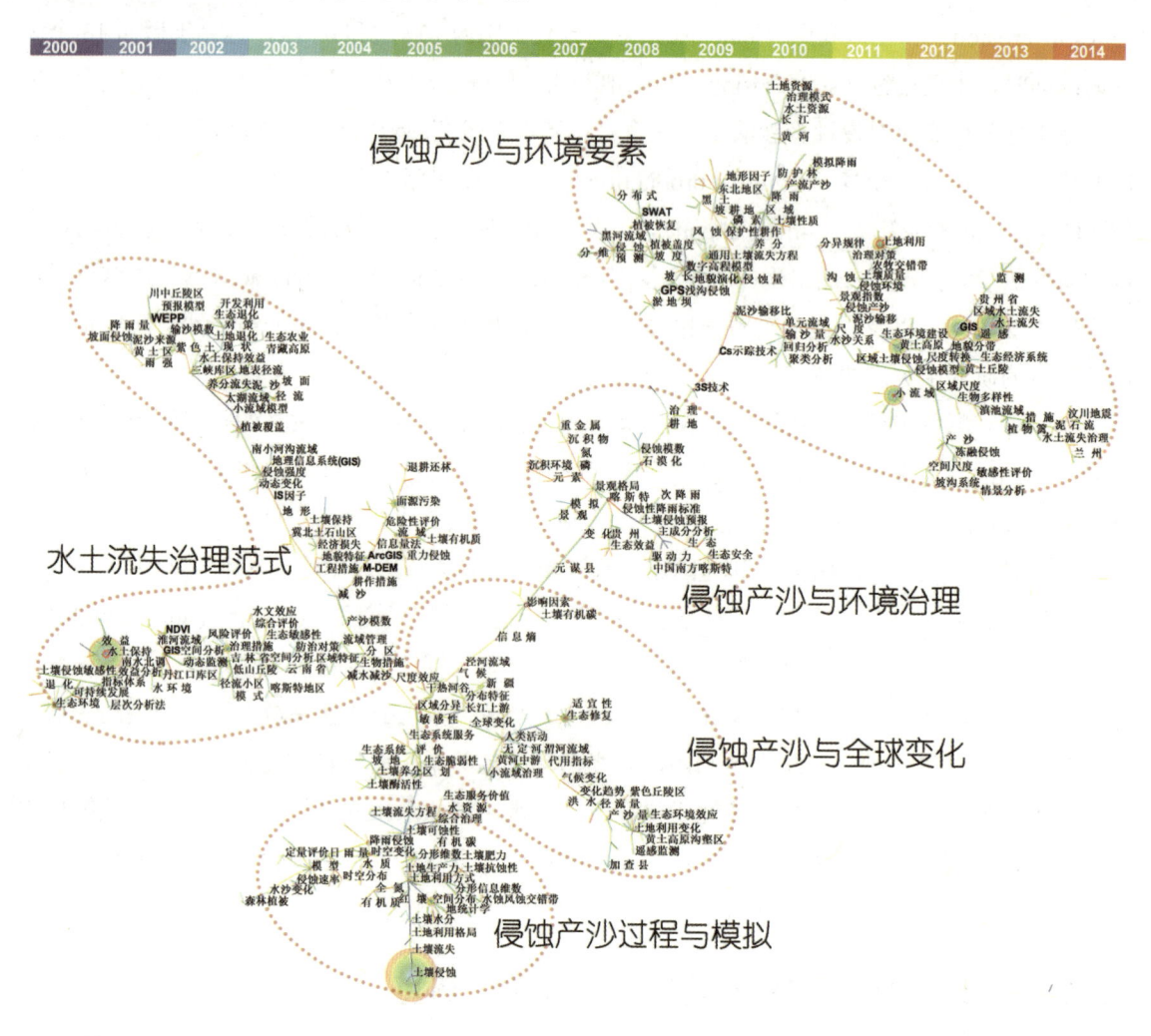

图 5-3 2000～2014 年"土壤侵蚀产沙与流域景观异质性"领域 CSCD 期刊论文关键词共现关系

（1）侵蚀产沙与环境要素

图 5-3 聚类圈中出现的主要关键词有：水土流失、地理信息系统（GIS）、小流域、黄土高原、遥感、土地利用、植被恢复、生物多样性、生态环境建设、生态经济系统、景观指数、空间尺度、区域尺度、尺度转换等。上述关键词反映出的研究热点问题包括：**数字流域建设的基础理论研究；侵蚀产沙和生态分析基础数据库及动态监测系统的建设；土地利用动态变化及其驱动机制；流域生态景观结构功能模拟；侵蚀产沙与景观格局之间的相互作用机理及其尺度效应**等。同时，聚类圈中出现的关键词还包括：侵蚀环境、地形因子、坡度、坡长、土壤性质、

降雨、植被盖度、淤地坝、水土流失治理、保护性耕作、植物篱、区域、区域水土流失、区域土壤侵蚀、黄土丘陵、东北地区、分维、分异规律、通用土壤流失方程、侵蚀模型等。上述关键词组合体现出的研究热点主要包括：**流域侵蚀环境演变过程；侵蚀产沙机理的区域分异及影响因子；时空尺度变化下景观格局对侵蚀产沙过程的关键影响因子分析及尺度转换方法研究；多尺度、多因子景观格局与侵蚀产沙过程耦合模型的构建等。**

（2）侵蚀产沙过程与模拟

图 5-3 聚类圈中出现的主要关键词有：土壤侵蚀、土壤流失、水沙变化、侵蚀速率、土壤水分、土壤抗蚀性、土壤可蚀性、降雨侵蚀、日雨量、森林植被、土地利用格局、土地利用方式、土壤流失方程、模型、定量评价等。上述关键词表明：**建立侵蚀产沙预报模型，阐明土壤、气候、植被等侵蚀产沙影响因子的作用机理及其定量描述，是过去 15 年侵蚀产沙过程与模拟研究的热点之一。**聚类圈中出现的高频关键词还包括：地统计学、空间分布、全氮、有机质、分形维数、分形信息维数等，反映出学科间的交叉得到重视，主要的研究热点体现在：**用地统计学理论和方法分析侵蚀产沙以及土壤养分的空间分布特征；用分形理论表征地形地貌特征，为侵蚀产沙模型的建立提供准确的地形地貌参数。**

（3）侵蚀产沙与环境治理

图 5-3 聚类圈中出现的主要关键词有：生态安全、生态效益、生态、侵蚀模数、石漠化、沉积环境、沉积物、重金属、氮、磷、元素。上述关键词的组合可以看出，该领域的研究热点之一是**侵蚀产沙对石漠化、泥沙淤积、非点源污染、化学物质迁移、水质安全、河流健康等的影响及作用机制。**同时，聚类圈中还出现了治理、次降雨、侵蚀性降雨标准、土壤侵蚀预报、主成分分析等关键词，**说明侵蚀产沙与水土保持环境效应及模型的建立也是侵蚀产沙与环境治理研究的热点问题。**

（4）侵蚀产沙与全球变化

图 5-3 聚类圈中出现的主要关键词有：全球变化、气候变化、人类活动、生态修复、气候、土壤有机碳、径流量、产沙量、变化趋势、区域分异、黄土高原沟壑区、紫色丘陵区、干热河谷、新疆、黄河中游、长江上游、渭河流域、无定河。上述关键词表明，针对长时间、大范围的生态修复和全球变化对侵蚀产沙的影响，中国学者重点关注了侵蚀产沙与全球变化的关系。研究的热点主要有：**侵蚀产沙过程对陆地生态系统中主要生源要素迁移转换的影响；不同区域气候变化以及生态修复等人类活动对侵蚀类型和产沙强度等的影响。**

（5）水土流失治理范式

图 5-3 聚类圈中出现的关键词有：水土保持、治理措施、生物措施、耕作措施、工程措施、退耕还林、防治对策、模式、土壤有机质、养分流失、水文效应、水土保持效益、效益分析、效益、风险评价、综合评价、指标体系、层次分析法、生态环境、生态敏感性、经济损失、丹江口库区、喀斯特地区、冀北土石山区、青藏高原、黄土区、川中丘陵区等。上述关键词的组合反映出水土流失治理范式研究的热点主要包括：**侵蚀产沙与土壤退化过程的耦合关系与调控；**

侵蚀产沙与水土保持共同驱动下流域生态、经济及社会系统的演变与评价；建立不同侵蚀类型区水土流失综合治理优化范式等。

总体来看，针对我国特殊的侵蚀环境以及严重的水土流失，中文文献在侵蚀与产沙机理研究以及侵蚀产沙与环境要素研究的基础上，以水土流失区粮食和生态安全为目标，开展了一系列具有中国特色的水土流失治理研究工作。

分析中国学者 SCI 论文关键词共现关系图，可以看出中国学者在土壤侵蚀产沙与流域景观异质性的国际研究中已步入世界前沿的研究领域。2000~2014 年中国学者 SCI 论文关键词共现关系图（图 5-4）可以大致分为 5 个研究聚类圈，分别为**泥沙来源、侵蚀与产沙过程模拟、侵蚀产沙与植被恢复、流域综合管理、侵蚀产沙与气候变化**。根据图 5-4 聚类圈中出现的关键词，可以看出以下 5 点。①泥沙来源领域研究的热点主要包括：利用流域观测资料（sediment production，RS，suspended sediment，specific sediment yield）和同位素示踪技术（stable isotopes，Cs-137，Pb-210），研究侵蚀产沙过程及其空间分布规律（spatial distribution），辨识泥沙来源（sediment source）；利用水库（reservoir）泥沙沉积剖面中 Cs-137 浓度的变化计算流域侵蚀速率。②侵蚀与产沙过程模拟方向是针对我国复杂多样的自然环境与长期的人类活动（human activity）形成的特殊的水土流失过程（soil erosion，soil loss，sediment，surface runoff，sediment load，sediment transport），重点关注了侵蚀与产沙因子（land use，soil moisture，slope，landscape，rainfall events，climate）的评价指标和方法（GIS，DEM，fractal dimension）；复杂环境下土壤侵蚀模型构建理论与方法（USLE，model）；侵蚀产沙过程中污染物（phosphorus，heavy metal）的迁移规律以及非点源污染（nonpoint source pollution）预测模型（ANNAGNPS）。③侵蚀产沙与植被恢复聚类圈中出现的关键词有：SWAT 模型、植被恢复（vegetation restoration）、植树造林（afforestation）、植被指数（vegetation index）、退耕还林（grain for green project）、生态恢复（ecological restoration）、景观指数（landscape metrics）、土地退化（land degradation）、泥石流（debris flow），上述关键词组合反映出的研究热点包括：重大生态工程和大规模的土壤侵蚀治理对侵蚀环境的影响；植被破坏或恢复重建对侵蚀产沙的影响及其评价；侵蚀产沙与水土保持对植被演替过程的影响；水土保持生态建设模式分区等。④流域综合管理聚类圈中出现的关键词有：径流（runoff）、流域（catchment）、降雨（precipitation）、植被覆盖（vegetation cover）、淤地坝（dam）、水土保持（soil and water conservation）、最佳管理措施（best management practices）、空间变异（spatial variation）、泥沙输移比（SDR），体现出研究的热点主要包括：水保措施的空间配置；流域综合管理模式；不同侵蚀环境下的泥沙输移过程与规律以及泥沙输移比计算方法。⑤侵蚀产沙与气候变化聚类圈中出现的关键词有：气候变化（climate change）、环境变化（environmental change）、土壤侵蚀（water erosion）、影响（impacts）、生态系统服务（ecosystem service）、可持续发展（sustainable development）、土地利用管理（land use management）、流域管理（watershed management）等，表明研究的热点主要包括：气候变化对侵蚀环境的影响；侵蚀产沙对气候变化和土地利用变化的响应；侵蚀产沙对粮食和生态安全的影响。总体来看，**中国学者 SCI 文章的研究内容比较分散，受国际侵蚀产沙与流域景观异质性领域研究趋势的影**

响，侵蚀与产沙过程模拟也引起了中国学者的极大关注，且在泥沙来源、侵蚀产沙与植被恢复等方面的研究在国际上已经形成了一定的研究特色。

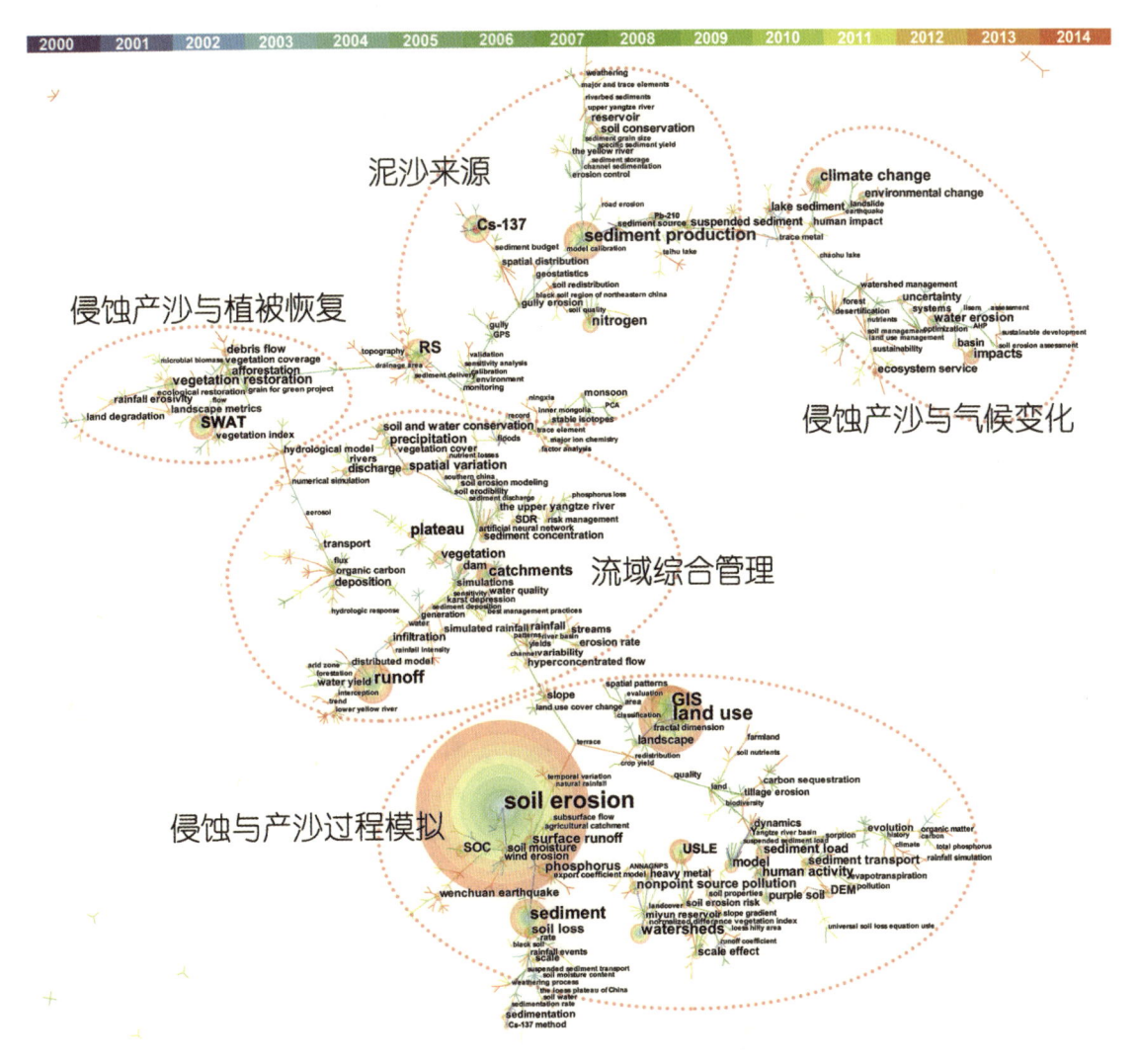

图 5-4 2000~2014 年"土壤侵蚀产沙与流域景观异质性"领域中国作者 SCI 期刊论文关键词共现关系

5.3.3 近 15 年中国学者该领域研究取得的主要学术成就

借助 Web of Science 和 CNKI 数据库，利用文献计量学方法定量分析了近 15 年来中国学者发表的土壤侵蚀产沙与流域景观异质性领域中、英文文献。图 5-3 表明近 15 年针对土壤侵蚀产沙与流域景观异质性研究，中文文献关注的热点领域主要包括侵蚀与产沙机理模拟、侵蚀产沙与全球变化、侵蚀产沙与生态安全、侵蚀产沙与环境要素、水土流失治理范式 5 个方面。中国学者关注的国际热点问题主要包括侵蚀与产沙过程模拟、流域综合管理、侵蚀产沙与植被恢复、泥沙来源、侵蚀产沙与气候变化 5 个方面（图 5-4）。针对上述侵蚀产沙与流域景观异质性研究的核心领域，我国学者开展了大量研究。近 15 年来，取得的主要成就体现在：**侵蚀产沙对环境因子的响应、降雨—植被—侵蚀产沙的耦合、土壤侵蚀产沙过程模拟、典型水蚀区的水土流失治理范式** 4 个方面。

（1）侵蚀产沙对环境因子的响应

流域是水文响应的基本单元，流域侵蚀产沙影响因子的研究是国内外备受关注的科学问题（傅伯杰等，2010：673~681），揭示流域土壤侵蚀产沙对环境因子的响应规律可为侵蚀防治提供科学依据。然而，我国破碎的流域景观导致其物流和能流复杂多变，加之环境因子之间还存在高度相关或多重共线性。传统主成分分析、因子分析等方法研究流域环境因子与径流泥沙关系时总是夸大或掩盖某些因子的作用（King et al., 2005：137~153）。因此，异质景观流域中侵蚀产沙对环境因子的响应规律仍是研究的难点和热点。

研究发现，流域地貌分形信息维数可以对复杂地形条件下流域地貌形态特征进行综合性、整体性和科学性的定量描述，可为建立具有广泛适用性的流域尺度土壤侵蚀产沙预报模型提供地貌参数（朱永清等，2005：333~338；崔灵周等，2007：197~203）。鉴于环境因子之间的高度相关或多重共线性，利用长期监测数据，结合面上调查与采样分析，将土壤侵蚀产沙环境因子划分为地形地貌、土壤属性、土地利用结构和土地利用格局等指标层，每个指标层选取若干因子。在非度量多维尺度（NMDS）半定量分析基础上，利用偏最小二乘回归（PLSR）克服环境因子间相关或共线性问题，定量刻画出流域侵蚀产沙对环境因子的响应规律（Shi et al., 2013：165~176；Yan et al., 2013：26~37）。结果表明，土地利用结构与格局是流域侵蚀产沙的主导因子，可解释 65%的泥沙变异；地形地貌、土壤属性等自然因子可解释 18%的变异（Shi et al., 2014：193~201）。鉴于短时间内流域地形地貌、土壤属性等环境因子相对稳定，而土地利用易变性，进一步量化了农地、林地、草地等构成的景观格局对流域侵蚀产沙的贡献，发现景观多样性指数、聚集度、联结度、斑块密度等是影响土壤侵蚀和流域产沙的关键景观格局指数（Shi et al., 2014：193~201）。

（2）降雨—植被—侵蚀产沙的耦合

降雨、植被与侵蚀产沙过程三者之间关系的研究，是地表过程领域中重要的科学问题（许炯心，2006：57~65）。从降雨—植被—侵蚀产沙关系入手，可以深入地揭示侵蚀产沙地域性或地带性分布的形成机理，为通过植被恢复治理水土流失、减少河流泥沙提供更为坚实的决策依据。通过分析降雨—植被耦合关系对侵蚀产沙的影响发现，当年降雨量小于 300mm 时，以森林覆盖率表示的植被抗蚀力较低，但降雨侵蚀力也较低，不足以对裸露地表产生显著的侵蚀，故侵蚀模数也较小；当年降雨量超过 300mm 但小于 450mm 时，降雨侵蚀力的作用大于植被抗蚀力，侵蚀强度急剧增大，侵蚀过程主要由降雨控制；当年降雨量大于 450mm 时，森林覆盖率超过了临界点，开始迅速增大，植被抗蚀力在侵蚀过程中所起的作用显著增强，使得植被的控制作用逐渐接近并最终超过降雨侵蚀力的作用，居于主导地位（许炯心，2006：57~65）。

为了分析不同降雨条件下流域水沙分异规律，采用目标聚类将降雨分为长历时大雨量（Ⅰ）、短历时高雨强（Ⅱ）和其他（Ⅲ）三类。将时间序列分析和回归分析有机结合，研究了降雨—径流—侵蚀产沙耦合关系。在雨型Ⅰ下，减沙效应（90%）对土地利用格局及水土保持措施最敏感，雨型Ⅱ下径流减少显著（65%），阐明了流域侵蚀产沙对人为干扰（土地利用及水保措施）和降雨变化的响应规律（Fang et al.，2011：158～166）。在降雨—径流—侵蚀产沙关系上，雨型Ⅲ下多呈顺时针滞后，雨型Ⅱ下呈"8"字形滞后，雨型Ⅰ下则表现出复式滞后。雨型Ⅲ下，除坡耕地是"侵蚀源"外，其他土地利用类型都起到"沉积汇"的作用（Fang et al.，2011：158～166）。降雨变化会导致"侵蚀源—沉积汇"的功能发生转化，滞后关系越复杂，泥沙来源越广泛，"侵蚀源"的连通性越好。综合土地利用相对沟口距离、高度和坡度，利用"侵蚀源—沉积汇"空间分布及其连通性可较好地揭示降雨—径流—泥沙滞后机理（Fang et al.，2011：158～166）。

（3）土壤侵蚀产沙过程模拟

土壤侵蚀预报模型研究是土壤侵蚀学科的前沿领域和土壤侵蚀过程定量研究的有效手段（郑粉莉等，2004：1～10）。对土壤侵蚀进行准确预报，是指导水土保持措施优化配置、水土资源保护和持续利用的有效工具，对于退化生态系统的重建具有重要的意义（张光辉，2001：395～402）。另外，土壤侵蚀预报模型的研究，可以带动土壤侵蚀过程及其机理、土壤侵蚀防治及侵蚀环境效应评价的研究（郑粉莉等，2004：1～10）。然而，国外现有的土壤侵蚀产沙模型大多适用于缓坡和景观相对完整的地区，对侵蚀产沙过程描述相对简单，很难反映我国复杂的侵蚀环境。因此，立足于我国实际，建立适用于我国侵蚀环境特征的侵蚀预报模型是当前国家迫切需要解决的重大科学问题之一。

针对我国特殊的侵蚀环境和复杂的侵蚀过程，我国学者提出了沟道侵蚀过程模拟方法，将流域模型中水沙"源"、"汇"项表达为坡长的连续函数，实现了模型中水沙连续汇入；采用有限元方法实现了流域地形、水文、土壤参数的时空离散，提高了模型模拟精度和应用灵活性；采用沟道编码方法实现了流域二维水沙过程模拟，构建了流域水土流失过程模型，实现了流域侵蚀—输沙—沉积过程模拟（高佩玲和雷廷武，2010：45～50）。明确了沟道输沙能力与沟长和坡度的关系，提出了确定达到输沙能力临界沟长的方法（雷廷武等，2002：476～482）。在陡坡侵蚀机理和流域侵蚀产沙对环境因子响应的研究基础上，以流域面积（AREA）、面积高程积分（HI）、景观多样性指数（SHDI）和景观聚集度（CONTAG）为参数，构建了泥沙输移比（SDR）模型：

$$SDR=0.46+4.74\ln(AREA)-1-0.49(HI)-0.13\ln(CONTAG)+0.12(SHDI)$$

模型考虑了流域景观特征，适合复杂景观流域；并且提出了上坡汇水替代传统坡长，结合不同景观单元的产流产沙、水沙传递关系、泥沙输移比，发展了描述流域侵蚀/沉积分布的模型（Shi et al.，2014：193～201）。上述模型，揭示了流域异质景观单元间水沙汇集与输移过程，解决了现有侵蚀模型对复杂景观流域预报不准的问题，提高了预报精度，为水土保持措施配置提供了有效工具。

（4）典型水蚀区的水土流失治理范式

我国人均耕地面积仅仅是世界人均耕地面积的1/3，在今后一个相当长的时期内，生态安全和粮食安全之间的矛盾将仍然是水土流失区社会可持续发展的关键问题。由此决定着我国水土保持工作的目标是多重的，不但要改善当地生态环境，保证生态安全，而且还要提高农民收入和促进地区经济的发展，保证粮食安全，即实现生态效益、社会效益和经济效益的统一。因此，对我国水土流失治理的理论与技术体系研究将进一步丰富水土保持科学的内涵。

针对我国水土流失过程复杂、水土保持措施丰富多样以及主要水蚀区水土流失的特点和关键问题，系统总结了我国主要水蚀区耕作、生物、工程三大措施的防蚀机理和适宜性，凝练了主要水蚀区水土流失综合调控与治理范式。①东北黑土区，是以截短坡长为核心，凝练了以横坡垄作（<3°）、坡式梯田/地埂植物篱（3°~5°）、水平梯田（5°~8°）、退耕（>8°）为主体坡耕地防治体系；将岗顶（防护林）、坡面（坡耕地治理）、沟道（跌水+谷坊+库坝）"三道防线"的水土流失防护体系与生态农业技术结合，建立了由地表径流调控、沟道发育阻控和地力提升组成的黑土区综合治理范式。②北方土石山区，是以耕作措施（<5°）、水平梯田辅以植物篱措施（5°~15°）、植物篱（15°~25°）、退耕（>25°）为主体的坡耕地防治体系；针对不同生态功能分区，通过修复、治理和保护等技术体系，凝练了以水资源保护为核心的水土流失综合治理范式。③西北黄土区，是以宽面梯田（<15°）、窄面梯田或条田、植物篱（15°~25°）、退耕（>25°）为主体的坡耕地防治体系；凝练了以坡面径流调节和沟道泥沙拦蓄为核心的水土流失综合治理范式，沟间地按坡耕地治理体系进行治理；沟坡以防护林带、经济林建设为主；沟谷以淤地坝等工程治理为主。④西南紫色土区，是以保土耕作（<5°）、梯田建设（5°~15°）、经济林及林粮草间作（15°~25°）、退耕（>25°）为主体的坡耕地防治体系；凝练了以坡面水系工程为骨架，通过水系串联，由"坡顶—坡腰—坡脚"防护带构成的水土流失综合治理范式，坡顶实施封禁治理，坡腰实施坡耕地治理体系，同时配套沟、凼、池等坡面水系，在谷底修建谷坊、种植防冲林、建设生态沟渠，整治塘堰（蔡强国等，2012）。

5.4 NSFC 和中国"土壤侵蚀产沙与流域景观异质性"研究

NSFC 为我国土壤侵蚀产沙与流域景观异质性研究提供了资金上的保障，促进了中国土壤侵蚀产沙与流域景观异质性研究的蓬勃发展。大量优秀的科研工作者受到 NSFC 的资助后，其科研水平取得了长足进步，国际影响力日渐增长，为该领域在国际上形成具有中国特色的研究体系奠定了基础。

5.4.1 近 15 年 NSFC 资助该领域研究的学术方向

根据近 15 年获 NSFC 资助项目高频关键词统计（图 5-5），NSFC 在本研究领域的资助方向主要集中在侵蚀产沙过程模拟（关键词表现为：模型模拟、土壤侵蚀过程、侵蚀产沙、GIS、空间分析）、侵蚀产沙关键要素（关键词表现为：土地利用变化、全球变化、植被格局）、泥沙来源（关键词表现为：核素示踪、泥沙来源）和流域管理（关键词表现为：植被恢复、养分流失、土壤产沙量）4个方面。以流域为研究对象，区域特色体现了黄土高原地区；研究手段包括模型模拟、空间分析、核素示踪等技术。同时，从图 5-5 可以看出，"土壤侵蚀"、"流域"、"黄土高原"、"模型模拟"和"植被恢复"在各时段均占有突出地位，表明这些研究内容一直是 NSFC 重点资助的方向。以下是以 3 年为时间段的项目资助变化情况分析。

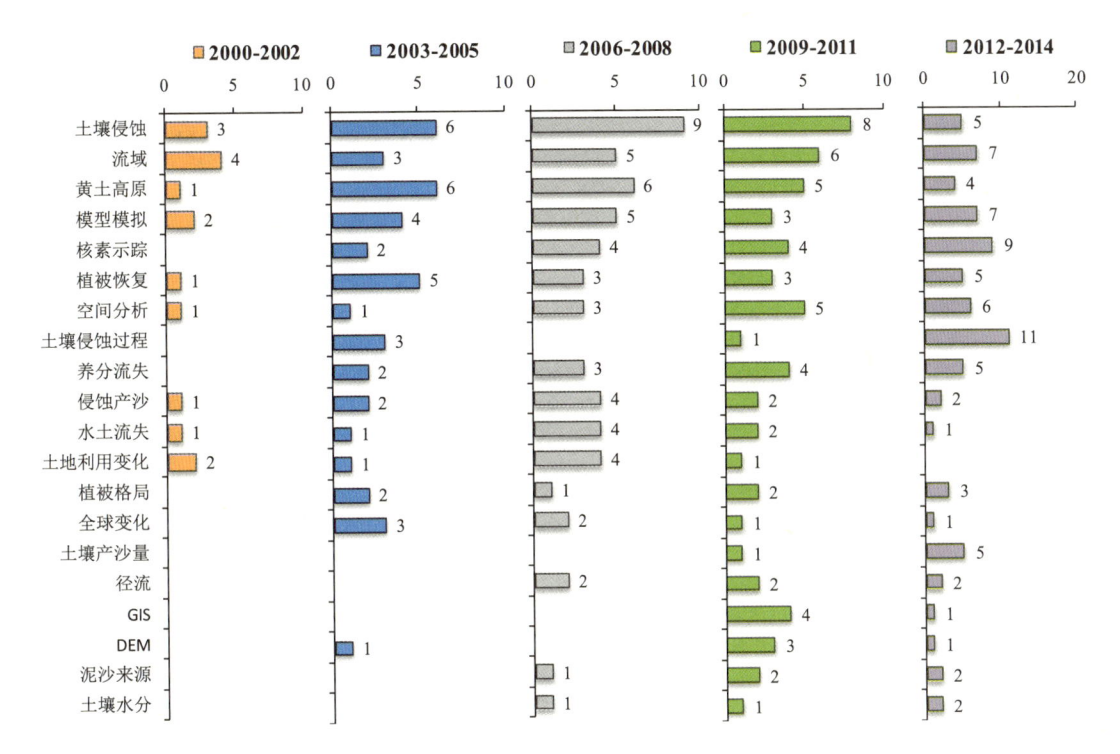

图 5-5 2000～2014 年"土壤侵蚀产沙与流域景观异质性"领域 NSFC 资助项目关键词频次变化

（1）2000～2002 年

流域是地表径流和泥沙输移的基本单元，并形成了相对完整、有序的生态系统。在流域尺度上，NSFC 资助项目集中关键词主要有"流域"和"模型模拟"。对水土流失的监测预报是 NSFC 资助的热点，如"监测水土流失的定量新方法"（基金批准号：40171060）。土壤侵蚀预报模型是监测预报的核心工具，以通用流失方程（USLE）为代表的经验模型在这一阶段得到 NSFC 较多的资助，如"中国降雨侵蚀力的研究与应用的探讨"（基金批准号：40171059）。此外，作为世界主要的水土流失区，黄土高原地区土壤侵蚀研究受 NSFC 关注，如"黄土丘陵沟壑区景观格局演变与水土流失机理"（基金批准号：90102018）。

（2）2003～2005 年

这一阶段 NSFC 资助的数量有较大的增加。由于大规模开展退耕还林（草）工程，NSFC 对"植被恢复"与流域侵蚀关系研究的资助项目增多，如"对近 140 年子午岭地区植被—侵蚀—土壤互动作用及机理的探讨"（基金批准号：90302001）。NSFC 对"模型模拟"方面的资助增大，但更倾向于资助基于过程和机理的模型研究，体现在"小流域土壤侵蚀产流产沙过程机理预报模型研究"（基金批准号：40430050）。由土壤侵蚀导致的土壤养分流失、面源污染、水体富营养化等问题开始受到关注，如"对小流域土壤养分流失机理与土地覆盖格局演变的研究"（基金批准号：40371076）。此外，NSFC 开始关注全球变化造成土壤侵蚀环境变化的问题，如资助了"对全球变化下的土壤侵蚀速率、影响和反馈的探讨"（基金批准号：40310204144）国际学术会议。

（3）2006~2008 年

NSFC 资助的重点领域与上一阶段相似，土壤侵蚀预报模型研究依旧是 NSFC 资助的热点，如"黄河中游河龙区间侵蚀产沙过程时空尺度变异及模型研究"（基金批准号：40871138）。土地利用受人类活动影响最大，其变化情况对土壤侵蚀的影响始终是 NSCF 资助的重点，如"黄土高原多尺度耦合流域土地利用/覆被对水循环的影响及水文生态响应研究"（基金批准号：40871136）和"西南喀斯特山区不同土地利用空间格局下的土壤侵蚀经济损失评估"（基金批准号：40701091）。"核素示踪"作为新的土壤侵蚀研究技术，受 NSFC 资助开始增多，如"流域侵蚀产沙的沉积物 Cs-137 解译模型"（基金批准号：40572379）。

（4）2009~2011 年

流域尺度上侵蚀产沙过程极其复杂，受到多种环境因子的影响，因此对于侵蚀过程的研究开始更多地关注环境因子的影响，资助的项目如"基于小流域淤积信息的侵蚀产沙与侵蚀环境变化响应研究"（基金批准号：40971161）。与上一阶段相比，对于侵蚀过程的研究不再仅仅关注地形地貌、土壤、气候等环境因子，开始更多地关注流域内景观要素综合格局对土壤侵蚀的影响，资助项目如"基于'源—汇'景观理论的小流域侵蚀产沙模拟研究"（基金批准号：41071190）。关键词中也大量出现"GIS"，表明借助 GIS 等现代技术模拟流域土壤侵蚀过程开始受到 NSFC 的关注，同时，"核素示踪"研究依旧是 NSFC 资助的热点，体现在"红壤中尺度流域土壤侵蚀宏观监测方法的对比研究"（基金批准号：40971163）和"复合指纹识别法研究黄土高原小流域泥沙来源"（基金批准号：41071194）。

（5）2012~2014 年

与上一阶段相比，NSFC 对土壤侵蚀过程研究的资助继上阶段以来大幅度增加，如"黄土高原极强烈侵蚀区水沙变化的空间尺度效应及其区域差异"（基金批准号：41271306）。随着示踪技术的发展，NSFC 开始更多地关注可定量化研究土壤侵蚀过程空间变化的 REE 稀土元素和生物标志物示踪技术，资助的项目如"利用生物标志物和复合指纹分析法识别小流域泥沙来源"（基金批准号：41301294）和"皇甫川流域泥沙来源的复合指纹示踪研究"（基金批准号：41201266）。退耕还林（草）工程自 1999 年实施以来，黄土高原植被覆盖不断增加，这一时段植被恢复对土壤侵蚀产沙的研究是 NSFC 重点资助的方向，如"黄土高原生态建设的生态—水文过程响应机理研究"（基金批准号：41330858）。

5.4.2 近15年NSFC资助该领域研究的成果及影响

近15年NSFC围绕中国土壤侵蚀产沙与流域景观异质性的基础研究领域以及新兴的热点问题给予了持续和及时的支持。图5-6是2000～2014年土壤侵蚀产沙与流域景观异质性领域论文发表与NSFC资助情况。

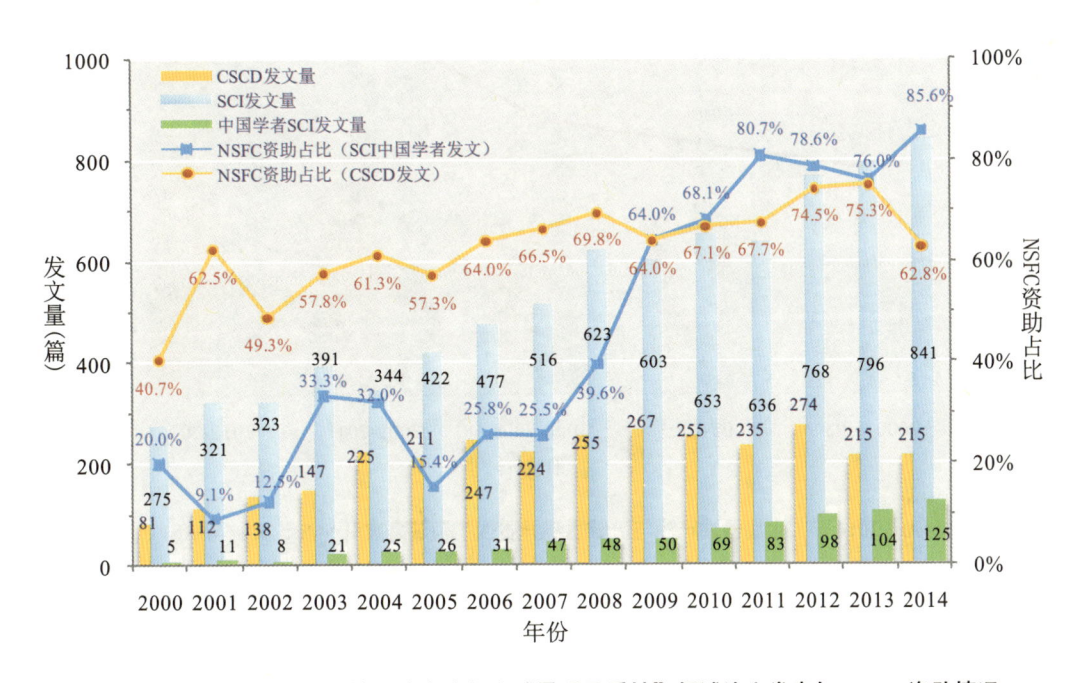

图 5-6　2000～2014年"土壤侵蚀产沙与流域景观异质性"领域论文发表与NSFC资助情况

从CSCD论文发表来看，过去15年来，NSFC资助本研究领域论文数占总论文数的比重呈缓慢上升态势，其资助项目占比在40%～75%波动（图5-6）。近年来，NSFC资助的一些项目取得了较好的研究成果，相关论文主要发表在 Earth-Science Reviews，Water Resources Research，Journal of Hydrology，Geomorphology，Geoderma 等国际期刊。从图5-6可以看出，中国学者发表SCI论文获NSFC资助的比例快速增长，尤其是最近4年，每年NSFC资助的比例均在75%以上，2014年NSFC资助发表SCI论文占总发表SCI论文的比例达到85.6%，高于NSFC资助CSCD论文发表比例。可见，我国土壤侵蚀领域近几年受NSFC资助产出的SCI论文数量较多，NSFC极大地推动了我国土壤侵蚀产沙与流域景观异质性领域的发展，该领域研究基础和研究水平得到极大提升。

SCI论文发表数量及其获基金资助情况反映了获NSFC资助取得的研究成果，而不同时段中国学者SCI论文获基金资助情况可反映NSFC资助研究成果的学术影响随时间变化的情况。由图5-7可知，过去15年SCI论文中中国学者发文数呈显著的增长趋势，由2000～2002年的11篇逐步增长至2012～2014年的44篇。中国学者发表的SCI论文获NSFC资助的比例亦呈迅速增加的趋势，其在中国学者发文数的占比由2000～2002年的45.5%增长至2009～2011年的 75.0%、2012~2014 年的 81.8%（图 5-7）。上述结果表明，过去 15 年受 NSFC 持续稳定的资助，我国学者在土壤侵蚀产沙与流域景观异质性领域研究的国际学术影响力逐步扩大。

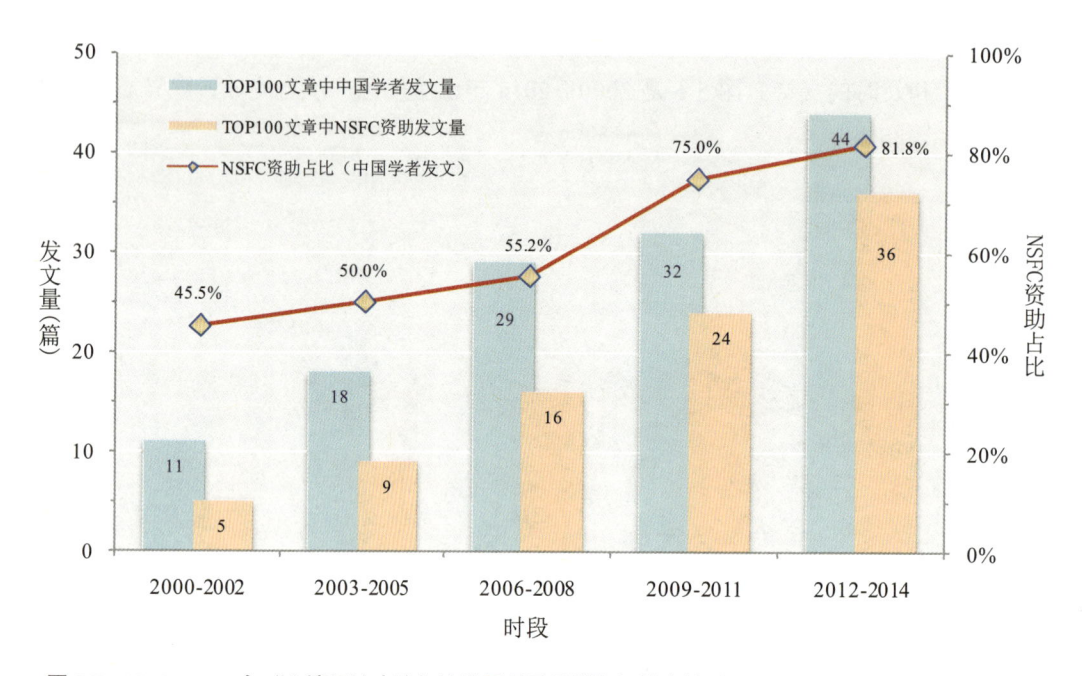

图 5-7 2000~2014 年"土壤侵蚀产沙与流域景观异质性"领域高被引 SCI 论文数与 NSFC 资助情况

5.5 研究展望

流域作为水循环相对独立的自然单元，以水为载体，连接流域内的物理、化学和生物过程。目前，我国大部分流域生态系统退化、水土流失、沙漠化和河道径流减少、水质下降，严重威胁流域生态系统的健康和稳定。为了满足国家流域生态恢复与重建对科学的需求，迫切需要在已有研究的基础上，进一步加强对土壤侵蚀产沙过程与机理的研究，认识土壤侵蚀环境效应及其与全球环境变化的关系，建立适合中国的土壤侵蚀预报模型，为流域综合管理、区域环境和生态建设决策等提供科学依据。因此，在土壤侵蚀产沙与流域景观异质性研究领域，立足于我国实际，建议围绕以下 4 个方向有所突破。

5.5.1 土壤侵蚀产沙过程与机理

流域侵蚀产沙是降雨作用下，径流携带泥沙在异质景观中侵蚀、搬运、沉积和输出的过程，受地形、土壤、植被等景观要素的影响。由于降雨过程的随机性、景观要素的空间变异及其格局的复杂性，导致异质景观流域的物流和能流复杂多变。坡面侵蚀与流域产沙的关系以及景观要素对流域侵蚀产沙的作用不是简单的线性叠加，而是具有高度非线性的复杂系统。但是，流域景观异质性引起的坡面侵蚀与流域产沙间非线性变化规律和作用机制并不清楚。传统的流域侵蚀产沙研究往往用概化方法来处理坡面侵蚀与流域产沙的关系，将流域划分为坡面和沟道分别进行探讨，且处理中多数采用线性水沙汇集的传递条件。"坡面+沟道"描述的流域侵蚀产沙，不能系统地反映坡面侵蚀与流域产沙的耦合机制。其研究重点主要包括：流域侵蚀产沙对景观要素及其时空格局的响应；侵蚀泥沙输移过程及水沙汇集传递关系；坡面侵蚀与流域产沙间非线性作用机制。

5.5.2 流域水沙过程模拟与综合管理

土壤侵蚀模型是有效监测水土流失和评估水保措施效益的重要工具。20世纪60年代以来，国内外土壤侵蚀模型研究取得了长足进展，但由于土壤侵蚀发生发展过程受到生态环境演变的剧烈影响，其模拟精度和广度严重受限，尤其是适用于复杂地形区的多尺度预报模型尚无重大突破。同时，土壤侵蚀作为一种面源污染类型，是携带地表养分元素的重要途径，也是造成地表水体面源污染的主要方式。面源污染产生、迁移和转化机理十分复杂，涉及水文循环、土壤侵蚀、污染物迁移及植被生长等物理、生物和化学过程，具有随机性、分散性等特点。因而，在面源污染动态模拟方面，往往是根据影响因子的可能贡献，半定量化评价其形成过程和空间分布特征，模拟精度并不高，限制了模型预报在流域管理中的作用，进而增大了流域管理的难度。其研究重点主要包括：流域侵蚀产沙中泥沙来源与来沙量的问题及其过程模拟；水土流失与面源污染物迁移转化的时空耦合过程；面源污染动态模拟与流域综合管理技术示范。

5.5.3 全球变化下侵蚀过程演变

全球变化，特别是气候环境变异，已经成为制约人类社会可持续发展的全球性问题。探讨气候变化对区域土壤侵蚀产沙过程的影响机理，对于应对全球气候变化背景下我国退化生态系统恢复重建与适应性管理，提升生态环境工程建设成效，保障我国生态环境安全和可持续发展具有重大现实意义。土壤侵蚀和泥沙搬运过程中，土壤有机碳含量和组分将发生改变，进而影响全球生源要素（碳、氮、磷、硫）循环以及全球气候变化，但土壤侵蚀是如何影响碳的"源"、"汇"时空格局仍然不清楚。同时，全球变化改变降水特性和景观格局，导致全球土壤侵蚀强度和范围发生变异，并使得土壤侵蚀过程更为复杂。土壤侵蚀与全球气候变化的互馈机制，以及气候变化下未来土壤侵蚀发生发展趋势的情景模拟一直是研究的难点，依然值得深入探讨。其研究重点主要包括：气候变化下水热演变与土地利用变化对土壤侵蚀产沙过程的作用机制；土地利用变化引起的固碳效应改变及其对全球变化进程的影响；气候变化下大尺度长历时的土壤侵蚀情景模拟分析；气候变化下我国生态系统可持续发展的安全阈值和适应性调整对策。

5.5.4 土壤侵蚀与土壤多样性

土壤多样性是指特定区域内土壤的可变性，可以通过土壤的构造、类型、性状以及不同的成土条件确定。土壤多样性反映了土壤的空间分布和变异，是描述和划分区域生态系统多样性的客观依据之一。土壤侵蚀产沙过程以及由此引起的物质迁移、堆积，进而导致的土壤剖面构型和理化性质的变化是土壤多样性产生变化的重要原因。侵蚀产沙改变土壤剖面结构层次及性质，引起鉴别土壤类型的诊断层和诊断特性的变化，形成土壤空间格局变化。然而，由于土壤侵蚀产沙过程和成土过程的复杂性及二者间作用的复合性，土壤侵蚀产沙与土壤多样性的研究发展相对迟缓，从发育过程角度研究土壤侵蚀产沙导致土壤性质变化的较多，对土壤类型和划分影响的研究较少，从空间格局角度系统研究侵蚀产沙对土壤多样性的研究更不多见。其研究重点主要包括：环境要素及景观异质性对土壤多样性的响应；侵蚀产沙与土壤多样性空间变异的耦合机制；土壤多样性对土壤侵蚀产沙过程的影响机制与演变规律；土壤多样性对水土保持措施配置的影响。

5.6 小　　结

土壤侵蚀产沙过程由最初的单因子研究发展到多要素研究，由不同景观要素集成上升到不同尺度侵蚀产沙过程集成，乃至全球的多维复杂系统集成。从国内外进展可看出土壤侵蚀产沙与流域景观异质性的研究越来越向多元化、复杂化和系统化发展，表现出鲜明的科学性和实用性。近15年，国际上本领域的研究内容主要包括侵蚀产沙与景观要素、侵蚀与产沙耦合机制、侵蚀产沙过程模拟以及现代技术应用等方面。中国的研究内容相对分散，但在侵蚀产沙与植被恢复、泥沙来源识别方面已展露自己的特色，并在国际上具有一定的影响力。侵蚀产沙机理与过程模拟一直是研究的重点，尤其是在异质景观中，坡面侵蚀与流域产沙之间的非线性关系，极大限制了侵蚀产沙过程模拟的精度和广度。因此，研究异质景观流域中侵蚀、搬运和沉积过程，揭示坡面侵蚀与流域产沙之间的关系，仍是未来本研究领域的重点，对水土流失的区域治理具有重要意义。

参考文献

Arnold, J. G., R. Srinivasan, R. S. Muttiah, et al. 1998. Large area hydrologic modelling and assessment: Part I. Model development. *Journal of the American Water Resources Association*, Vol. 34, No. 1.

Bathurst, J. C. 2011. *Predicting Impacts of Land Use and Climate Change on Erosion and Sed-iment Yield in River Basins using SHETRAN. Handbook of Erosion Modelling*. Blackwell Publishing, Oxford.

Biswas, A. K. 1970. *History of Hydrology*. Amsterdam: North-Holland.

Blöschl, G., M. Sivapalan. 1995. Scale issues in hydrological modelling: a review. *Hydrological Processes*, Vol. 9, No. 3-4.

Brierley, G., M. Stankoviansky. 2003. Geomorphic responses to land use change. *Catena*, Vol. 51, No. 3.

Brown, C. B. 1950. *Sediment Transportation. Engineering Hydraulics*. John Wiley and Sons, Inc.: New York.

Chaplot, V. A. M., C. Rumpel, C. Valentin. 2005. Water erosion impact on soil and carbon redistributions within uplands of Mekong River. *Global Biogeochemical Cycles*, Vol. 19, No. 4.

Chen, L. D., B. J. Fu, S. R. Zhang, et al. 2002. A comparative study on nitrogen concentration dynamic in surface water in Heterogeneous Landscape. *Environmental Geology*, Vol. 42, No. 4.

Coppus, R., A. C. Imeson, J. Sevink. 2003. Identification, distribution and characteristics of erosion sensitive areas in three different Central Andean Ecosystems. *Catena*, Vol. 51, No. 3.

De Roo, A. P. J., C. G. Wesseling, C. J. Ritsema. 1996. LISEM: a single event physically-based hydrologic and soil erosion model for drainage basins: I. Theory, input and output. *Hydrological Processes*, Vol. 10, No. 8.

De Vente, J., J. Poesen, G. Verstraeten, et al. 2008. Spatially distributed modelling of soil erosion and sediment yield at regional scales in Spain. *Global and Planetary Change*, Vol. 60, No. 3.

De Vente, J., J. Poesen, G. Verstraeten, et al. 2013. Predicting soil erosion and sediment yield at regional scales: where do we stand? *Earth-Science Reviews*, Vol. 127.

De Vente, J., R. Verduyn, G. Verstraeten, et al. 2011. Factors controlling sediment yield at the catchment scale in NW Mediterranean geoecosystems. *Journal of Soils and Sediments*, Vol. 11, No. 4.

De Vries, W., J. Kros, C. Van der Salm, et al. 1998. *The Use of Upscaling Procedures in the Application of Soil Acidification Models at Different Spatial Scales. Soil and Water Quality at Different Scales*. Springer, Netherlands.

Erskine, W. D., A. Mahmoudzadeh, C. Myer. 2002. Land use effects on sediment yields and soil loss rates in small basins of Triassic sandstone near Sydney, NSW, Australia. *Catena*, Vol. 49, No. 4.

Fang, N. F., Z. H. Shi, L. Li, et al. 2011.Rainfall, runoff, and suspended sediment delivery relationships in a small agricultural watershed of the Three Gorges Area, China. *Geomorphology*, Vol. 135, No. 1.

Flanagan, D. C., M. A. Nearing. 1995. *USDA-Water Erosion Prediction Project: Hillslope Profile and Watershed Model Documentation*. NSERL report.

Fu, B. J., Q. H. Meng, Y. Qiu, et al. 2004. Effects of land use on soil erosion and nitrogen loss in the hilly area of the Loess Plateau. *Land Degradation & Development*, Vol. 15, No. 1.

Geng, R., X. Wang, A. Sharpley. 2015. Developing and testing a best management practices tool for estimating effectiveness of nonpoint source pollution control. *Environmental Earth Sciences*, Vol. 74, No. 4.

Glymph, L. M. 1954. Water erosion problems and control on non-irrigated agricultural lands. *Eos, Transactions American Geophysical Union*, Vol. 35, No. 2.

Hood, E. W., M. W. Williams, N. Caine. 2003. Landscape controls on organic and inorganic nitrogen leaching across an Alpine/Subalpine ecotone, green lakes valley, Colorado Front Range. *Ecosystem*, Vol. 6, No. 1.

Huang, Z. L., L. D. Chen, B. J. Fu, et al. 2006. The relative efficiency of four representative cropland conversions in reducing water erosion: evidence from long-term plots in the loess hilly area, China. *Land Degradation & Development*, Vol. 17, No. 6.

Imeson, A. C., H. A. M. Prinsen. 2004. Vegetation patterns as biological indicators for identifying runoff and sediment source and sink areas for semi-arid landscapes in Spain. *Agriculture, Ecosystems & Environment*, Vol. 104, No. 2.

Jiang, M., H. Chen, Q. Chen. 2013. A method to analyze "source-sink" structure of non-point source pollution based on remote sensing technology. *Environmental Pollution*, Vol. 182.

Kaushal, S. S., P. M. Groffman, L. E. Band, et al. 2011. Tracking nonpoint source nitrogen pollution in human-impacted watersheds. *Environmental Science & Technology*, Vol. 45, No. 19.

King, R. S., M. E. Baker, D. F. Whigham, et al. 2005. Spatial considerations for linking watershed land cover to ecological indicators in streams. *Ecological Applications*, Vol. 15, No. 1.

Le Maitre, D. C., S. J. Milton, C. Jarmain, et al. 2007. Linking ecosystem services and water resources: landscape-scale hydrology of the Little Karoo. *Frontiers in Ecology and the Environment*, Vol. 5, No. 5.

Lee, S. W., S. J. Hwang, S. B. Lee, et al. 2009. Landscape ecological approach to the relationships of land use patterns in watersheds to water quality characteristics. *Landscape and Urban Planning*, Vol. 92, No. 2.

Leibowitz, S. G., C. Loehle, B. L. Li, et al. 2000. Modeling landscape functions and effects: a network approach. *Ecological Modelling*, Vol. 132, No. 1.

Lenhart, T., A. J. J. Van Rompaey, A. Steegen, et al. 2005. Considering spatial distribution and deposition of sediment in lumped and semi-distributed models. *Hydrological Processes*, Vol. 19, No. 3.

Loreau, M., N. Mouquet, R. D. Holt. 2003. Meta-ecosystems: a theoretical framework for a spatial ecosystem ecology. *Ecology Letters*, Vol. 6, No. 8.

Ludwig, J. A., B. P. Wilcox, D. D. Breshears, et al. 2005. Vegetation patches and runoff-erosion as interacting ecohydrological processes in semiarid landscapes. *Ecology*, Vol. 86, No. 2.

Mabit, L., M. Benmansour, J. M. Abril, et al. 2014. Fallout 210 Pb as a soil and sediment tracer in catchment sediment budget investigations: a review. *Earth-Science Review*s, Vol. 138.

Meng, Q. H., B. J. Fu, L. Z. Yang. 2001. Effect of land use on soil erosion and nutrient loss in the Three Gorges Reservoir Area, China. *Soil Use and Management*, Vol. 17, No. 4.

Morgan, R. P. C., J. N. Quinton, R. E. Smith, et al. 1998. The European Soil Erosion Model (EUROSEM): a dynamic approach for predicting sediment transport from fields and small catchments. *Earth Surface Processes and Landforms*, Vol. 23, No. 6.

Niehoff, D., U. Fritsch, A. Bronster. 2002. Land-use impacts on storm-runoff generation: scenarios of land-use change and simulation of hydrological response in a meso-scale catchment in SW-Germany. *Journal of Hydrology*, Vol. 267, No. 1.

Nisbet, T. R. 2001. The role of forest management in controlling diffuse pollution in UK forestry. *Forest Ecology and Management*, Vol. 143, No. 1.

Ouyang, W., K. Song, X. Wang, et al. 2014. Non-point source pollution dynamics under long-term agricultural development and relationship with landscape dynamics. *Ecological Indicators*, Vol. 45.

Parsons, A. J., I. D. L. Foster. 2011. What can we learn about soil erosion from the use of 137 Cs? *Earth-Science*

Reviews, Vol. 180, No. 1.

Parsons, A. J., J. Wainwright, R. E. Brazier, et al. 2006. Is sediment delivery a fallacy? *Earth Surface Processes and Landforms*, Vol. 31, No. 10.

Poudel, D. D., T. Lee, R. Srinivasan, et al. 2013. Assessment of seasonal and spatial variation of surface water quality, identification of factors associated with water quality variability, and the modeling of critical nonpoint source pollution areas in an agricultural watershed. *Journal of Soil and Water Conservation*, Vol. 68, No. 3.

Shen, Z., Q. Liao, Q, Hong, et al. 2012. An overview of research on agricultural non-point source pollution modelling in China. *Separation and Purification Technology*, Vol. 84.

Shi, Z. H., L. Ai, N. F. Fang, et al. 2012. Modeling the impacts of integrated small watershed management on soil erosion and sediment delivery: a case study in the Three Gorges Area, China. *Journal of Hydrology*, Vol. 438, No. 439.

Shi, Z. H., L. Ai, X. Li, et al. 2013. Partial least-squares regression for linking land-cover patterns to soil erosion and sediment yield in watersheds. *Journal of Hydrology*, Vol. 498.

Shi, Z. H., X. D. Huang, L. Ai, et al. 2014. Quantitative analysis of factors controlling sediment yield in mountainous watersheds. *Geomorphology*, Vol. 226.

Stavi, I., E. D. Ungar, H. Lavee, et al. 2008. Surface microtopography and soil penetration resistance associated with shrub patches in a semiarid rangeland. *Geomorphology*, Vol. 94, No. 1.

Syvitski, J. P. M., C. J. Vorosmarty, A. J. Kettner, et al. 2005. Impact of humans on the flux of terrestrial sediment to the global coastal ocean. *Science*, Vol. 308, No. 5720.

Taylor, A., W. H. Blake, H. G. Smith, et al. 2013. Assumptions and challenges in the use of fallout beryllium-7 as a soil and sediment tracer in river basins. *Earth-Science Reviews*, Vol. 126.

Trimble, S. W. 1999. Decreased rates of alluvial sediment storage in the Coon Creek Basin, Wisconsin. *Science*, Vol. 285, No. 5431.

Trimble, S. W., P. Crosson. 2000. US soil erosion rates-myth and reality? *Science*, Vol. 289, No. 5744.

Udawatta, R. P., J. J. Krstansky, G. S. Henderson, et al. 2002. Agroforestry practices, runoff, and nutrient loss. *Journal of Environmental Quality*, Vol. 31, No. 4.

Van Rompaey, A. J. J., G. Govers, C. Puttemans. 2002. Special issues: modeling land use changes and the impact on soil erosion and sediment supply to rivers. *Earth Surface Processes and Landforms*, Vol. 27, No. 5.

Vásquez-Méndez, R., E. Ventura-Ramos, K. Oleschko, et al. 2010. Soil erosion and runoff in different vegetation patches from semiarid Central Mexico. *Catena*, Vol. 80, No. 3.

Vigiak, O., L. Borselli, L. T. H. Newham, et al. 2012. Comparison of conceptual landscape metrics to define hillslope-scale sediment delivery ratio. *Geomorphology*, Vol. 138, No. 1.

Walling, D. E. 1983. The sediment delivery problem. *Journal of Hydrology*, Vol. 65, No. 1.

Walling, D. E. 1988. *Measuring Sediment Yield from River Basins. Soil Erosion Research Methods. Soil and Water Conservation Society.* Ankeny, IA.

Wei, W., L. D. Chen, B. J. Fu, et al. 2007. The effect of land uses and rainfall regimes on runoff and soil erosion in the semi-arid loess hilly area, China. *Journal of Hydrology*, Vol. 335, No. 3.

Wilcox, B. P., D. D. Breshears, C. D. Allen. 2003. Ecohydrology of a resource-conserving semiarid woodland: effects of scale and disturbance. *Ecological Monographs*, Vol. 73, No. 2.

Williams, J. R. 1983. *EPIC: The Erosion-productivity Impact Calculator, Vol. 1. Model Documentation. Agricultural Research Service, United States Department of Agriculture.*

Woznicki, S. A., A. P. Nejadhashemi. 2013. Spatial and temporal variabilities of sediment delivery ratio. *Water Resources Management*, Vol. 27, No. 7.

Xiao, H., W. Ji. 2007. Relating landscape characteristics to non-point source pollution in mine waste-located watersheds using geospatial techniques. *Journal of Environmental Management*, Vol. 82, No. 1.

Yan, B., N. F. Fang, P. C. Zhang, et al. 2013. Impacts of land use change on watershed streamflow and sediment yield: an assessment using hydrologic modelling and partial least squares regression. *Journal of Hydrology*, Vol. 484.

Young, R. A., C. A. Onstad, D. D. Bosch, et al. 1989. AGNPS: a nonpoint-source pollution model for evaluating agricultural watersheds. *Journal of Soil and Water Conservation*, Vol. 44, No. 2.

Zhang, X. C., J. M. Friedrich, M. A. Nearing, et al. 2001. Potential use of rare earth oxides as tracers for soil erosion and aggregation studies. *Soil Science Society of America Journal*, Vol. 65, No. 5.

蔡强国、陈浩、马绍嘉等："黄土丘陵沟壑区羊道沟小流域次降雨泥沙输移比研究",《黄河流域环境演变与水沙运行规律研究文集》, 地质出版社, 1991 年。

蔡强国、王贵平、陈永宗:《黄土高原小流域侵蚀产沙过程与模拟》, 科学出版社, 1998 年。

蔡强国、朱阿兴、毕华兴等:《中国主要水蚀区水土流失综合调控与治理范式》, 中国水利水电出版社, 2012 年。

陈利顶、傅伯杰、徐建英等："基于'源—汇'生态过程的景观格局识别方法",《生态学报》, 2003 年第 11 期。

崔灵周、李占斌、郭彦彪等："基于分形信息维数的流域地貌形态与侵蚀产沙关系",《土壤学报》, 2007 年第 2 期。

傅伯杰、陈利顶、王军等："土地利用结构与生态过程",《第四纪研究》, 2003 年第 3 期。

傅伯杰、徐延达、吕一河："景观格局与水土流失的尺度特征与耦合方法",《地球科学进展》, 2010 年第 7 期。

傅伯杰、赵文武、陈利顶："地理—生态过程研究的进展与展望",《地理学报》, 2006 年第 11 期。

高佩玲、雷廷武："小流域土壤侵蚀动态过程模拟模型",《农业工程学报》, 2010 年第 10 期。

龚时旸、熊贵枢："黄河泥沙来源和地区分布",《人民黄河》, 1979 年第 1 期。

雷廷武、张晴雯、赵军等："细沟侵蚀动力过程输沙能力试验研究",《土壤学报》, 2002 年第 4 期。

刘宇、吕一河、傅伯杰："景观格局—土壤侵蚀研究中景观指数的意义解释及局限性",《生态学报》, 2011 年第 1 期。

牟金泽、孟庆枚："论流域产沙量计算中的泥沙输移比",《泥沙研究》, 1982 年第 2 期。

钱宁："关于河流分类及成因问题的讨论",《地理学报》, 1985 年第 1 期。

辛树帜、蒋德麒:《中国水土保持概论》, 农业出版社, 1982 年。

许炯心："降水—植被耦合关系及其对黄土高原侵蚀的影响",《地理学报》, 2006 年第 1 期。

余新晓、张晓明、牛丽丽等："黄土高原流域土地利用/覆被动态演变及驱动力分析"，《农业工程学报》，2009年第7期。

张光辉："土壤水蚀预报模型研究进展"，《地理研究》，2001年第3期。

郑粉莉、王占礼、杨勤科："土壤侵蚀学科发展战略"，《水土保持研究》，2004年第4期。

朱永清、李占斌、鲁克新等："地貌形态特征分形信息维数与像元尺度关系研究"，《水利学报》，2005年第3期。

第 6 章 土壤侵蚀过程与动力机制

土壤侵蚀不仅导致土壤退化、土地生产力降低，影响农业生产和粮食安全，且随径流泥沙迁移的污染物质给侵蚀区相邻地区的生态环境和社会经济发展也带来严重影响，造成侵蚀流域的下游地区、湖泊和近海地区水体富营养化、动植物生境破坏、旱涝灾害加剧等。同时，侵蚀泥沙的搬运使土壤碳氮磷的含量与组分产生变化，进而影响全球生源要素循环乃至成为重要的全球气候变化驱动要素之一。因此，防治土壤侵蚀与改善生态环境已成为全球普遍关注的重大环境问题和人类生存发展的重要问题。

6.1 概 述

本节以土壤侵蚀过程与动力机制的研究缘起为切入点，阐述了土壤侵蚀的内涵及其主要研究内容，并以科学问题的深化和研究方法的创新为线索，探讨了土壤侵蚀过程与动力机制研究的演进阶段与关注的科学问题变化。

6.1.1 问题的缘起

对土壤侵蚀的现象认识与防治措施可以追溯到数千年前，而将土壤侵蚀作为一门科学进行研究，则始于 19 世纪末。德国土壤学家 Wollny 在 1877 年首次利用小区研究了土壤、覆被、坡度与土壤侵蚀的关系，1911 年 McGeeg 提出了土壤侵蚀（soil erosion）科学术语（Kirkby and Morgan，1980）。20 世纪 30 年代，大规模黑风暴促使美国认识到土壤侵蚀的危害及其防治的重要性，国会通过了《水土保持法》，政府成立了土壤保持局（1996 年更名为自然资源保护局）。美国土壤保持局首任局长 Bennett 领导建立了遍及 26 个州的 40 余个土壤侵蚀试验站。此后，土壤侵蚀研究逐步向规范化、系统化的体系迈进。

6.1.2 问题的内涵及演进

土壤侵蚀是以外营力对土壤分离、搬运和沉积过程为研究对象，揭示其发生发展规律及其与环境要素的关系（冷疏影等，2004：1~6）。随着学科认识的深入和社会需求的变化，土壤侵蚀研究的外延得到不断扩展。从对侵蚀现象描述和影响因子试验研究步入到对土壤侵蚀过程、侵蚀预报模型和水土流失防治技术的研究，从土壤侵蚀对土壤质量的影响到对非点源污染、碳循环与全球变化的响应，总之，**土壤侵蚀研究主要在坡面、流域（或区域）尺度上，通过关键**

要素和过程的识别，揭示侵蚀产沙机理并建立预报模型，为土壤侵蚀评价、水土保持措施配置及其效益评估提供科学依据。

土壤侵蚀过程与动力机制研究的发展历程大体可分为以下 3 个阶段。

第一阶段：侵蚀因子研究。作为土壤侵蚀发生的基本单元，坡面也是其研究的基本单元，且坡面尺度的小区观测具有较好的可控性。因此，土壤侵蚀定量研究始于要素控制试验，探讨地形、土壤、植被等要素或要素组合与土壤侵蚀的关系。继 19 世纪末 Wollny 首次利用小区定量研究土壤、覆被、坡度与土壤侵蚀的关系以来，密苏里大学的 Miller 教授在 1917 年利用径流小区研究了不同农作物及轮作方式对侵蚀和径流的影响，并于 1923 年第一次发表了相关成果，径流小区逐渐成为土壤侵蚀研究的经典方法，并沿用至今（Morgan，2005）。美国土壤保持局建立的 40 余个土壤侵蚀试验站，它们在试验设计、观测方法、资料处理上的一致性和规范化，确立了土壤侵蚀研究的大体轮廓，Bennett 于 1939 年出版了《土壤保持》一书。本阶段初步辨识了影响侵蚀的关键因素，并建立了因素与侵蚀之间的简单定量关系，为后来土壤侵蚀研究重大成果的产生（如 USLE）奠定了基础。

第二阶段：经验模型研究。基于大量小区观测资料和人工模拟降雨试验资料，Wischmeier 和 Smith（1965）将降雨侵蚀力、地形、土壤可蚀性、植被与作物管理情况和水土保持措施作为主要影响因子，建立了著名的通用土壤流失方程 USLE（Universal Soil Loss Equation）。随着对土壤侵蚀机理认识的深入和计算机技术在土壤侵蚀领域应用的不断成熟，美国土壤保持局对 USLE 进行了修正，并发布了 USLE 的修正版 RUSLE（Revised Universal Soil Loss Equation）。RUSLE 的结构与 USLE 相同，主要是对各因子的含义和算法做了必要的修正，同时引入了侵蚀过程的概念，如考虑了土壤分离过程等（Renard et al.，1997）。该模型形式简单，使用方便，但仅适用于平缓坡地。迄今为止，世界各地仍有许多研究是对模型因子在不同地区的修正和应用。针对中国的实际情况，将美国通用流失方程中的覆盖与管理两大因子变为我国水土保持三大措施因子（生物、工程和耕作措施因子），建立了适用于中国的土壤流失方程 CSLE（Chinese Soil Loss Equation）（Liu et al.，2002：21～25）。经验模型的建立，不仅整合了众多的侵蚀影响因子，是上一阶段研究的深化，还极大地推进了土壤侵蚀预测的发展，为土壤侵蚀防治、水土保持规划及效益评价提供了科学依据。

第三阶段：侵蚀机理及过程模拟研究。侵蚀因子试验的大量研究成果以及经验模型的建立，为土壤侵蚀防治、水土保持效益评价等提供了强有力的科学支持，但缺乏对侵蚀过程及其机理的深入剖析。随着学科发展的需求，土壤侵蚀研究者开始关注土壤侵蚀过程及其机理的研究。Ellison（1947：145～146）将水蚀过程分为 4 个子过程：雨滴侵蚀过程、径流侵蚀过程、雨滴搬运过程和径流搬运过程。基于 Ellison 的 4 个侵蚀子过程，Meyer 和 Wischmeier（1969：754～758）提出了输沙量受产沙量和输沙能力的制约，细沟间侵蚀以降雨侵蚀为主、细沟侵蚀以径流侵蚀为主的侵蚀概念模型，并成为 WEPP 模型的物理基础（Nearing et al.，1989：1587～1593）。Rose 等（1983：991～995）将坡面侵蚀过程分为降雨分离、径流分离、搬运和泥沙沉积 3 个过程，并认为坡面侵蚀和沉积过程以不同的速率同时同地连续发生，当侵蚀速率大于沉积速率时，坡面以侵蚀过程为主，相反，则以沉积过程为主。目前，在坡面薄层水流水动力学特性与泥沙搬运、侵蚀形态转变发生的临界条件、水流剥蚀率与挟沙能力、雨滴打击与径流冲刷耦合机理等方面的研究取得长足进步（Kinnell，1990：497~516；Zhang et al.，2002：351~357；Wang et al.，2014：168~176）。自20世纪80年代以来，众多土壤侵蚀理论模型相继问世，其中以美国的WEPP（Nearing et al.，1989：1587~1593）、欧洲的EUROSEM（Morgan et al.，1998：527~544）和LISEM（De Roo et al.，1996：1107~1117）、澳大利亚的GUEST（Rose et al.，1983：991~995）最具代表性。

6.2 国际"土壤侵蚀过程与动力机制"研究主要进展

近15年来，随着土壤侵蚀过程与动力机制研究的不断深入，逐渐形成了一些核心领域和研究热点，通过文献计量分析发现，其核心研究领域主要包括土壤侵蚀动力机制与过程模拟、土壤结构与土壤分离、土壤侵蚀与物质迁移、土壤侵蚀与气候变化等方面。土壤侵蚀研究正在向着机理深化、外延拓展、系统监测与模拟等多维方向发展。

6.2.1 近15年国际该领域研究的核心方向与研究热点

运用Web of Science数据库，依据本研究领域核心关键词制定了英文检索式，即：("erosion*" or "soil erosion*" or "soil loss") and ("topography" or "rill*" or "interrill*" or "splash*" or "gully*" or "aeolian*" or "wind*" or "rain*" or "natural rain*" or "simulat* rain*" or "precipitation" or "runoff*" or "run-off*" or "flow*" or "surface runoff" or "drainag*" or "seepage*" or "overland*" or "vegetation*" or "infiltration*" or "deposition*" or "detachment*" or "transport*"or "sediment*" or "soil erodibility" or "erodibility" or "aggregate*" or "soil structure*" or "particle size*" or "Cs-137" or "Be-7" or "Pb-210*" or "cesium-137" or "lead-210"or "topograp*" or "slop*" or "steep slope*" or "hydrolog*" or "soil moistur*" or "antecedent moistur*" or "soil water*" or "seal*" or "crust*" or "soil crust*" or "surface seal*" or "conservation*" or "soil* conservation*" or "water* conservation*" or "till*" or "no-till*" or "shear stress" or "critical shear stress" or "stream power*" or "degrad*") and ("hillslope*" or "hill-slope*" or "hill slope*" or "field*" or "plot*" or "microplot*" or "flume*" or "soil tray*" or "soil box*") not ("watershed*" or "catchment*" or "basin*")，检索到近15年本研究领域共发表国际英文文献7 940篇。划分为2000~2002年、2003~2005年、2006~2008年、2009~2011年和2012~2014年5个时间段，各时间段发表的论文数量占总发表论文数量的百分比分别为13.0%、14.7%、21.4%、24.4%和26.5%，呈逐年上升趋势。图6-1为2000~2014年土壤侵蚀过程与动力机制领域SCI期刊论文关键词共现关系，图中聚成了6个相对独立的研究聚类圈，在一定程度上反映了近15年国际上土壤侵蚀过程与动力机制研究的核心领域，**主要包括土壤侵蚀动力机制、土壤结构与土壤分离、土壤侵蚀与物质迁移、土壤侵蚀过程模拟、土壤侵蚀与气候**

变化以及风蚀模拟与防治 6 个方面。

(1) 土壤侵蚀动力机制

图 6-1 文献关键词共现关系聚类圈中出现的降雨强度 (rainfall intensity)、降雨 (precipitation)、剪切力 (shear stress)、径流功率 (stream power)、临界侵蚀力 (erosion threshold) 等关键词表明，学者们致力于寻求一个最能贴切描述侵蚀过程以及衡量侵蚀发生临界水动力条件的指标。此外，输沙量 (sediment yield)、泥沙输移平衡 (sediment budget)、泥沙动态 (sediment dynamic) 等关键词也出现在聚类圈中，反映出泥沙输移以及含沙水流的动力学特征也是研究的热点之一。

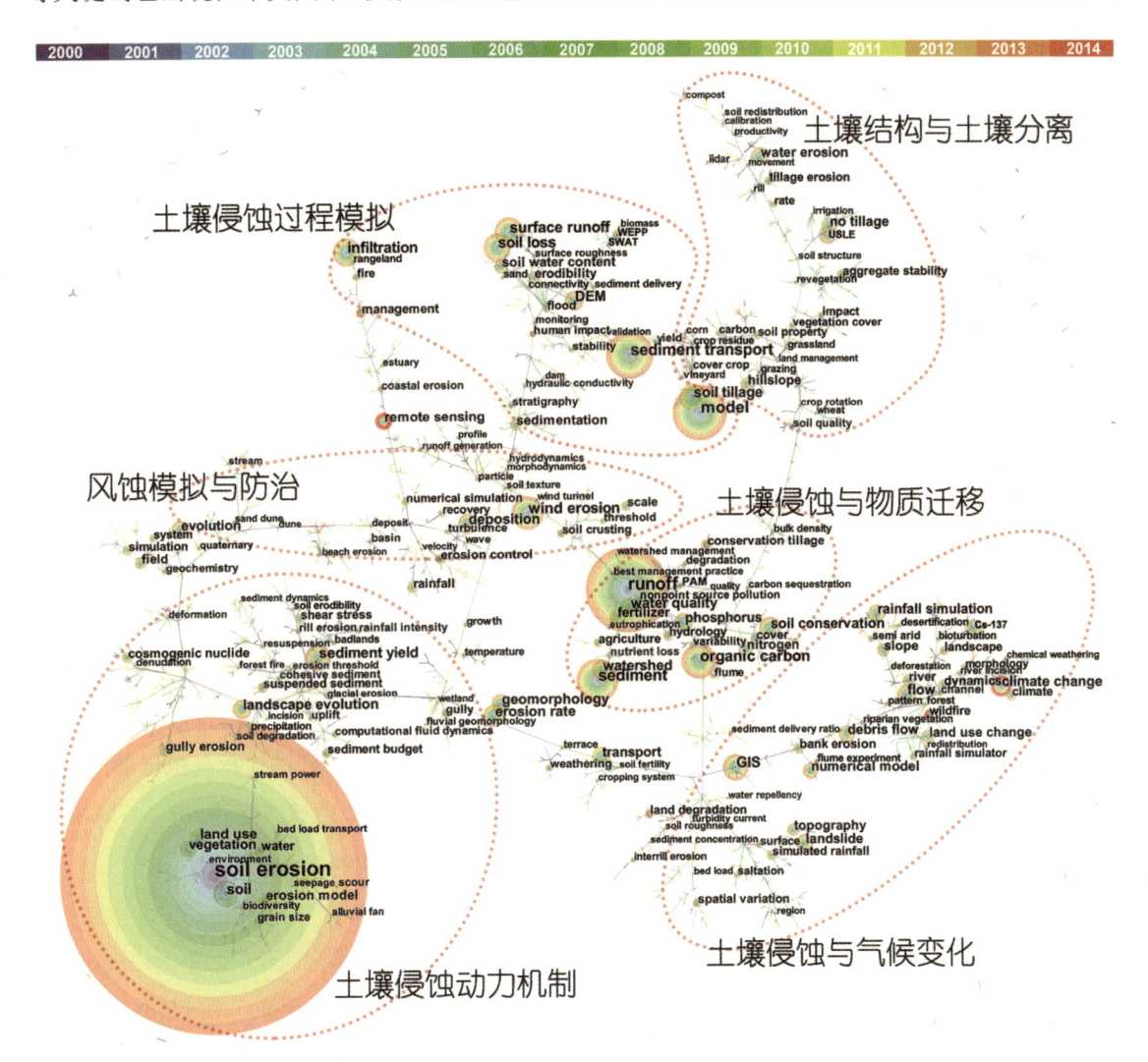

图 6-1 2000～2014 年"土壤侵蚀过程与动力机制"领域 SCI 期刊论文关键词共现关系

(2) 土壤结构与土壤分离

聚类圈中出现土壤性质 (soil property)、土壤结构 (soil structure)、团聚体稳定性 (aggregate stability)、土壤分离 (soil redistribution) 和搬运 (movement) 等关键词 (图 6-1)，表明深入分析了土壤性质，尤其是土壤结构对侵蚀过程中土壤分离和泥沙搬运的影响。同时，图 6-1 聚类圈中出现的高频关键词还包括耕作侵蚀（tillage erosion）、免耕（no-tillage）、作物残茬（crop residue）、轮作（crop rotation）等，表明在研究土壤结构与土壤分离关系中，**越来越重视耕作方式等人为干扰因素的影响**。

（3）土壤侵蚀与物质迁移

由图 6-1 可知，土壤侵蚀与物质迁移方面重点研究了与径流（runoff）和泥沙（sediment）输移密切相关的土壤养分流失（nutrient loss），如氮（nitrogen）、磷（phosphorus）等的流失，以及随之导致的面源污染（nonpoint source pollution）、水质（water quality）恶化、富营养化（eutrophication）、生态退化（degradation）等。同时，图 6-1 表明，侵蚀引起的土壤有机碳（organic carbon）迁移及其对碳固定（carbon sequestration）的影响也受到广泛关注。上述关键词表明：**侵蚀过程中碳氮磷等生源要素迁移及其生态环境效应是重要研究方向之一**。

（4）土壤侵蚀过程模拟

土壤侵蚀过程模拟重点研究了土壤含水量（soil water content）、地表粗糙度（surface roughness）、生物量（biomass）、火（fire）、人类干扰（human impact）等因子对地表径流（surface runoff）、土壤入渗能力（infiltration）、泥沙输移（sediment transport）、土壤流失（soil loss）等侵蚀过程的影响，并建立或完善了侵蚀过程模型（model，WEPP）（图 6-1）。上述关键词组合反映出土壤侵蚀模型研究的重要性，从关键词的共现关系可以看出，这一时期的研究不但从定量关系上解释土壤侵蚀过程，同时，**还开展了大量精细的模拟实验，力求从机理上认识土壤侵蚀的客观规律**。

（5）土壤侵蚀与气候变化

图 6-1 显示，气候变化（climate change）下土壤侵蚀的数值模拟（numerical model）开始成为研究的热点和难点，表现在气候（climate）、地形地貌（slope，morphology，topography）、土地利用变化（land use change）、毁林（deforestation）等关键词高频出现。**从而反映出土壤侵蚀研究越来越多地被纳入全球变化背景下来开展**。另外，在深入研究土壤侵蚀过程与机理的同时，**更加关注土壤侵蚀的环境和生态效应研究**，如土壤侵蚀的灾害效应，滑坡（landslide）、泥石流（debris flow）、土地退化（land degradation）、荒漠化（desertification）等。

（6）风蚀模拟与防治

以风洞（wind tunnel）作为研究风蚀（wind erosion）的主要手段，重点研究风速（velocity）、土壤质地（soil texture）、地表动态变化（morphodynamics）等对颗粒大小（particle）、沉积（deposition，deposit）以及临界启动条件（threshold）的影响（图 6-1）。基于此，建立风蚀预报模型（numerical model），并采取合理的风蚀防治（erosion control）措施。从而不难发现，**土壤风蚀作为土壤侵蚀的重要方向与土壤水蚀得到了同等重要性的关注**。

SCI 期刊论文关键词共现关系图反映了近 15 年土壤侵蚀过程与动力机制研究的核心领域（图 6-1），而不同时段 TOP20 高频关键词可反映其研究热点（表 6-1）。表 6-1 显示了 2000~2014 年各时段 TOP20 关键词组合特征。由表 6-1 可知，2000~2014 年，前 10 位高频关

第6章 土壤侵蚀过程与动力机制 197

表6-1 2000~2014年"土壤侵蚀过程与动力机制"领域不同时段 TOP20 高频关键词组合特征

2000~2014年		2000~2002年(26篇/校正系数2.04)		2003~2005年(29篇/校正系数1.83)		2006~2008年(43篇/校正系数1.24)		2009~2011年(49篇/校正系数1.08)		2012~2014年(53篇/校正系数1.00)	
关键词	词频	关键词	词频	关键词	词频	关键词	词频	关键词	词频	关键词	词频
soil erosion	90	soil erosion	32.6（16）	soil erosion	29.3（16）	soil erosion	19.8（16）	soil erosion	23.8（22）	soil erosion	20
runoff	53	runoff	18.4（9）	runoff	11.0（6）	runoff	17.4（14）	runoff	11.9（11）	runoff	13
sediment	27	infiltration	14.3（7）	soil aggregation	7.3（4）	sediment	9.9（8）	sediment	9.7（9）	flumes	7
rainfall simulation	26	sediment transport	12.2（6）	no tillage	7.3（4）	rainfall simulation	9.9（8）	infiltration	5.4（5）	soil crust	6
rill erosion	20	nutrients	10.2（5）	rainfall simulation	7.3（4）	rill erosion	8.7（7）	wildfire	5.4（5）	rainfall simulation	6
erodibility	18	erodibility	10.2（5）	detachment	5.5（3）	aggregate stability	7.4（6）	rainfall simulation	5.4（5）	sediment	6
infiltration	18	soil properties	6.1（3）	sediment	5.5（3）	WEPP	6.2（5）	SOC	4.3（4）	erodibility	5
aggregate stability	16	aggregate stability	6.1（3）	water erosion	5.5（3）	particles	3.7（3）	soil erodibility	4.3（4）	aggregate stability	4
wildfire	15	rill erosion	6.1（3）	rill erosion	5.5（3）	nutrient losses	3.7（3）	TLS	4.3（4）	rill erosion	4
sediment transport	14	interrill erosion	6.1（3）	sediment transport	3.7（2）	infiltration	3.7（3）	Cs-137	3.2（3）	hillslope	4
flumes	11	plots	6.1（3）	particles	3.7（2）	plots	3.7（3）	land use	3.2（3）	wildfire	4
hillslope	11	rainfall simulation	6.1（3）	wildfire	3.7（2）	spatial pattern	3.7（3）	sediment transport	3.2（3）	microtopography	3
interrill erosion	10	wildfire	4.1（2）	soil conservation	3.7（2）	interrill erosion	3.7（3）	soil moisture	3.2（3）	numerical modeling	3
no tillage	10	soil moisture	4.1（2）	roughness	3.7（2）	composts	2.5（2）	microtopography	2.2（2）	nutrient losses	3
plots	10	overland flow	4.1（2）	wind erosion	3.7（2）	erosion rates	2.5（2）	concentrated flow	2.2（2）	root biomass	3
SOC	10	organic matter	4.1（2）	rainfall intensity	3.7（2）	grazing	2.5（2）	interrill erosion	2.2（2）	SOC	3
soil crust	9	land use	4.1（2）	interrill erosion	3.7（2）	rock fragments	2.5（2）	no tillage	2.2（2）	carbon sequestration	2
detachment	9	hillslope	4.1（2）	flumes	3.7（2）	splash erosion	2.5（2）	overland flow	2.2（2）	climate change	2
land use	8	detachment	4.1（2）	erodibility	3.7（2）	tillage	2.5（2）	tillage	2.2（2）	sediment size	2
soil properties	8	water erosion	4.1（2）	infiltration	3.7（2）	wildfire	2.5（2）	plots	2.2（2）	sediment transport	2

注：括号中的数字为校正前关键词出现频次。

键词为土壤侵蚀（soil erosion）、径流（runoff）、泥沙（sediment）、模拟降雨（rainfall simulation）、细沟侵蚀（rill erosion）、可蚀性（erodibility）、入渗性（infiltration）、团聚体稳定性（aggregate stability）、野火（wildfire）和泥沙搬运（sediment transport），表明这些领域是近 15 年研究的热点。不同时段高频关键词组合特征能反映研究热点随时间的变化情况，土壤侵蚀（soil erosion）、径流（runoff）和模拟降雨（rainfall simulation）等关键词在各时段均占有突出地位，这些内容持续受到关注。对以 3 年为时间段的热点问题变化情况分析如下。

（1）2000~2002 年

由表 6-1 可知，本时段研究重点集中在土壤性质（soil properties）对土壤侵蚀（soil erosion）、细沟侵蚀（rill erosion）和细沟间侵蚀（interrill erosion）的影响，主要探讨了土壤养分（nutrient）、可蚀性（erodibility）、团聚体稳定性（aggregate stability）、土壤水分（soil moisture）以及有机质（organic matter）等土壤性质对径流（runoff，overland flow）、入渗（infiltration）、泥沙搬运（sediment transport）的影响。以上研究均在坡面（hillslope）尺度，依赖于小区（plots）和模拟降雨（rainfall simulation）试验。此外，野火（wildfire）也是这一时期的高频关键词，即野火对侵蚀过程的干扰是研究的热点。以上出现的高频关键词表明，**人工模拟降雨和径流小区的因素控制试验是主要研究手段，而对侵蚀因子定量研究中，土壤性质对侵蚀的影响是本阶段研究的热点。**

（2）2003~2005 年

表 6-1 关键词中开始出现免耕（no tillage），表明耕作方式对土壤侵蚀的影响在这一时期成为热点，具体研究内容体现在不同耕作方式对土壤团聚体（soil aggregate）和地表粗糙度（roughness）的影响，进而影响到土壤侵蚀（soil erosion）过程中径流（runoff）、泥沙（sediment）、土壤分离（detachment）、泥沙搬运（sediment transport）、土壤颗粒（particles）等。主要研究手段仍然是模拟降雨（rainfall simulation）和土槽（flumes）。对于土壤保持（soil conservation）的研究在这一时期也是关注的热点。以上关键词说明，**对土壤侵蚀的研究不再局限于探索侵蚀因子与侵蚀过程的定量关系，作为减少侵蚀的土壤保持措施，尤其是耕作措施，受到越来越多的关注。**

（3）2006~2008 年

表 6-1 显示，继上一阶段以来，农业活动对侵蚀的影响仍是研究的热点，包括堆肥（compost）和放牧（grazing）等。团聚体稳定性（aggregate stability）作为表征土壤侵蚀率（erosion rates）的重要指标，依旧备受关注。这一阶段，对 WEPP 模型进行了大量的研究，相应的，模型中包含的细沟侵蚀（rill erosion）和细沟间侵蚀（interrill erosion）也受到广泛关注。此外，本时期的研究热点还包括随径流（runoff）、泥沙（sediment）和土壤颗粒（particles）一同流失的土壤养分（nutrient losses）。这一阶段的关键词表明，**人类活动尤其是农业活动对土壤侵蚀、养分流失乃至土地退化的影响是研究的重点，这与日益突出的人地矛盾和粮食安全问题密切相关。**

（4）2009~2011年

由表 6-1 可知，随着技术的发展，土壤侵蚀研究获得更多有效新方法的支持，本时期大量研究采用了核素示踪（如 Cs-137）技术，三维激光扫描（TLS）也广泛运用在微地形（microtopography）变化的监测上。**新技术手段的出现及其使用方法的完善，极大地促进了土壤侵蚀研究的发展。**

（5）2012~2014年

随着对全球气候变化的广泛关注，土壤侵蚀对气候变化（climate change）的响应成为本阶段研究的热点，通过数值模拟（numerical modeling）有望预测未来土壤侵蚀的变化情况。表 6-1 关键词中还出现了碳固定（carbon sequestration），即土壤侵蚀对碳固定的影响，及其**对气候变化的反馈也受到广泛关注。**此外，对于泥沙粒径（sediment size）的研究有所增加。由此可见，**随着时间的推移，对土壤侵蚀的研究越来越细化。**

根据校正后高频关键词的分布情况可知，土壤侵蚀过程与动力机制的传统研究内容（如 runoff, sediment, infiltration, aggregate stability, interrill erosion, rill erosion 等）和研究方法（如 plots, flumes, rainfall simulation 等）在各时期虽然都占据重要地位，但其研究热度也呈现出逐渐减弱的趋势，而对新兴研究内容（如 microtopography, carbon sequestration, climate change 等）和研究方法（如 Cs-137，TLS 等）的研究热度逐渐增强。

6.2.2 近15年国际该领域研究取得的主要学术成就

图 6-1 表明，近 15 年国际上土壤侵蚀过程与动力机制研究的核心领域主要包括土壤侵蚀动力机制、土壤结构与土壤分离、土壤侵蚀与物质迁移、土壤侵蚀过程模拟、土壤侵蚀与气候变化、风蚀模拟与防治 6 个方面。高频关键词组合特征反映的热点问题主要包括土壤性质、耕作方式、气候变化等对土壤侵蚀的影响（表 6-1）。针对以上 6 个核心领域及热点问题展开了大量研究，取得的主要成就包括：**土壤侵蚀水动力学特性、土壤结构与土壤分离、土壤侵蚀与物质迁移、土壤侵蚀与气候变化、风蚀模拟与防治 5 个方面。**

（1）土壤侵蚀水动力学特性

土壤侵蚀过程受控于侵蚀外营力和土壤抗蚀性。侵蚀动力学特性的变化决定了侵蚀产沙特征及侵蚀强度大小，因此，侵蚀动力机制一直是本研究领域的热点问题，近 15 年来在水动力学特性方面取得了较大的进展。坡面水蚀过程包括雨滴击溅和径流冲刷引起的土壤分离、泥沙搬运和沉积三大过程（Ellison，1947：145~146），因此，大量研究了雨滴的击溅作用、径流的剥蚀作用以及降雨和径流耦合下对侵蚀过程的影响（Zhang et al., 2003：713~719；Asadi et al., 2007a：711~724；Wuddivira et al., 2009：226~232）。研究表明，雨滴动能是反映雨滴溅蚀效果的重要指标，雨滴打击不仅能对土壤表面的颗粒进行分散，还能穿透径流层引起径流层以下土壤颗粒的分散（Kinnell，2005：2815~2844），且存在使土壤颗粒发生剥离的临界雨滴动能（Brodowski，2013：52~61）。当径流产生后，雨滴动能随径流深增加而减小（Kinnell，2012：

1449～1456）。降雨和径流的耦合作用具有不确定性，受到土壤性质的影响，且会随径流切应力的改变而改变（Rouhipuro et al.，2006：503～514；Asadi et al.，2007a：711～724）。

土壤侵蚀过程中，径流作为泥沙的搬运载体，坡面薄层水流的流量、径流深、平均流速、水流剪切力、水流功率、单位水流功率等水动力参数受到持续关注。研究发现，用表征能量的水流功率替换表征力的水流剪切力可显著提高土壤分离能力的预测精度，从而明确了用能量平衡替换传统力平衡在土壤分离过程模拟中的优势（Zhang et al.，2002：351～357；Zhang et al.，2003：713～719）。水动力学特性与侵蚀泥沙动态变化存在互馈作用，水动力学特性影响泥沙的输移平衡，泥沙在径流中的含量以及泥沙沉积造成的侵蚀界面微地形的改变会影响侵蚀动力学特性（Kinnell，2005：2815～2844）。侵蚀泥沙被径流输移过程中，随着输沙率增大，水流黏滞性、密度和泥沙颗粒碰撞耗能迅速增大，导致水流紊动性下降、流速减小、阻力增大，侵蚀动力下降；而水流紊动性、流速与阻力特征和土壤分离过程密切相关，输沙率增大导致坡面流侵蚀动力的减小，将会引起土壤分离速率的下降（Zhang et al.，2010：1811～1819）。上述研究进一步探明了侵蚀外力对土壤分离、泥沙搬运和沉积过程的影响机制，是侵蚀过程模拟的重要理论基础。

（2）土壤结构与土壤分离

水力、风力、重力等外营力是影响侵蚀的外因，而土壤自身的性质则是影响侵蚀的内因。众多土壤性质中，土壤结构被认为是影响侵蚀过程最主要和最直接的因子（Bryan，2000：385～415）。土壤砂粒、粉粒和黏粒及有机物相互胶结凝聚，形成大小不等的团聚体，团聚体在三维空间上进一步组织排列，构成了宏观上的土壤结构（Bronick and Lal，2005：3～22）。作为土壤结构基本单元，团聚体的破碎机制及影响团聚体破碎程度的因素都会对土壤分离造成影响。团聚体粒径分布及稳定性不仅影响着土壤的孔隙分布，还决定着孔隙数量搭配和形态特征对外界应力的敏感性（Marshall et al.，1996）。而土壤孔隙特征（如孔隙度、孔径分布、连接度等）又影响水分在土表及土体内的运移方式与途径，与地表径流和渗透性之间具有密切关系，进而影响侵蚀泥沙的迁移。

降雨侵蚀过程中，团聚体破碎机制主要包括：快速湿润造成的消散、雨滴击溅和径流冲刷引起的机械破碎、矿物不均匀胀缩导致的裂隙、物理—化学分散作用（Le Bissonnais，1996：425～437）。自 Le Bissonnais 提出降雨侵蚀下团聚体的破碎机制及其测定方法以来，目前已探明引起团聚体破碎机制差异的外因和内因，即侵蚀外力（降雨或径流）和土壤性质（质地、含水量、交换性钠含量等）（Rhoton et al.，2002：1～11；Vermang et al.，2009：718～726；Wuddivira et al.，2009：226～232），发现消散作用和非均匀膨胀过程取决于土壤初始水分条件及湿润速度（Mamedov et al.，2002：121～132），机械破碎取决于降雨动能和径流剪切力（Shi et al.，2012：123～130；Wang et al.，2014：168～176），物理化学弥散取决于土壤溶液组成，特别是交换性钠含量（Le Bissonnais，1996：425～437）。同时，以快速湿润（FW）、预湿振荡（WS）和缓慢湿润（SW）定量表征消散、机械破碎、矿物膨胀裂解等团聚体破碎机制，提出了基于平均重量直径（MWD）的土壤团聚体非稳定性参数 K_a：$K_a = (MWD_{SW} - MWD_{FW}) \times (MWD_{SW} - MWD_{WS}) / (MWD_{SW})^2$

（Shi et al., 2010：240～248），在此基础上阐明了因团聚体破碎机制差异引起的土壤分离变化规律（Zhang et al., 2007：122～128；Wuddivira et al., 2009：226～232；Wang et al., 2013：134～142），提出了考虑土壤结构的陡坡侵蚀机理方程：$D_r=0.24K_d I^2(1.05-0.85\exp^{-4\sin\theta})$（Shi et al., 2010：240～248）。在充分了解侵蚀外力对侵蚀过程作用机理的前提下，进一步考虑土壤自身性质对侵蚀过程的影响，是提高侵蚀预测模型精度的主要途径。

（3）土壤侵蚀与物质迁移

土壤侵蚀过程中，土壤颗粒以及溶解在径流中或吸附在土壤颗粒上的养分、农药、重金属等均会随着径流、泥沙的运移而发生再分配，其中，以溶解态形式存在的溶质随着溶液间交换发生迁移；以吸附态形式存在的溶质，通过解吸和随侵蚀泥沙运动发生迁移（Walter et al., 2007：430～437）。土壤侵蚀带来的径流和泥沙不仅本身就是一种面源污染物，而且是有机物、金属、磷酸盐以及其他毒性物质的载体，污染物在降雨所产生的径流冲刷作用下，由径流和泥沙携带，最终达到受纳水体，进而破坏水体环境。

地形、气候、植被等因素不仅影响土壤侵蚀，同时也影响土壤养分及污染物的迁移。大量研究揭示了降雨动能、径流功率、土壤结构等对侵蚀泥沙颗粒大小分布及其搬运机制的影响，发现侵蚀泥沙呈现双峰分布，悬移/跃移和滚动搬运机制在不同粒级泥沙颗粒上的贡献率有所差异（Asadi et al., 2007b：134～142；Shi et al., 2012：123～130；Wang et al., 2014：168～176）；明确了土壤养分、农药、重金属等物质随径流、泥沙运移的特征（Lee et al., 2003：1～8；Van Oost et al., 2007：626～629），发现土壤中氮素主要以水溶态的形式存在，通过地表径流、地下径流淋溶携带等途径进入水体，磷肥、农药、重金属等主要以吸附态的形式存在，通过流失的土壤颗粒携带进入水体，降雨能量越大，土壤结构破坏越严重，侵蚀泥沙中具有更强吸附性的细颗粒含量越高，导致更多的养分和污染物的迁移（Gao et al., 2005：313～320；Walter et al., 2007：430～437）。因此，研究物质迁移对土壤侵蚀的响应机制，可揭示土地退化机理和面源污染的形成过程，并采取合理的应对措施（Wallach et al., 2001：85～99）。

（4）土壤侵蚀与气候变化

气候变化通过改变侵蚀外力和植被覆盖直接或间接地影响土壤侵蚀过程。将气候变化模式与土壤侵蚀模型耦合，设置不同的人为干扰情景，重点考虑土地利用变化，预测了未来土壤侵蚀的变化规律，但由于情景设置不同，预测结果包含侵蚀可能增加也可能减少两种截然相反的结论（Mullan et al., 2012：18～30；Mullan, 2013：234～246）。与侵蚀密切相关的地质灾害也受到气候变化的影响。气候变化下，气温升高导致冰雪融水量增加，为泥石流和山洪提供了水源条件；极端降雨事件频发，升温增加的冰雪融水和暴雨径流叠加更容易激发山洪、滑坡和泥石流灾害（Cui et al., 2010：508～527；McGuire, 2010：2317～2345）。

同时，还重点研究了不同生态系统或管理措施下土壤碳库与固碳潜力的演变，探讨了碳循环对土壤侵蚀的响应，及其对气候变化的反馈（Girmay et al., 2009：70～80；Deng et al., 2014：3544～3556）。土壤侵蚀会导致土壤有机碳的流失，主要表现为土壤有机碳随地表径流发生迁移以及侵蚀导致的土壤有机碳矿化（Polyakov and Lal，2008：216～222）。土壤有机碳流失与土壤流失遵循幂律关系，水稳性团聚体、主要颗粒组分可作为土壤有机碳的指示物（Starr et al.，2000：83～91）。土壤侵蚀驱动下，氮元素的转化以及多种温室气体的排放（如 CO_2、N_2O 和 CH_4），都可能对全球气候变化造成影响，但影响效果随降雨、地形、植被、土壤、人为管理等的变化而异（Follett and Delgado，2002：402～408；Jarecki and Lal，2006：249～260）。如覆盖措施能促进 N_2O 的排放，且 N_2O 日排放量与降雨量高度相关；CO_2 日排放量与土壤、大气温度高度正相关，而与土壤水分负相关；但 CH_4 排放与温度、水分、降雨及其他温室气体之间相关性均不显著（Jarecki and Lal，2006：249～260）。充分了解碳循环对土壤侵蚀的响应及其对气候变化的反馈机制，能提高气候变化下土壤侵蚀数值模拟精度，不仅能为有效预测土壤侵蚀变化、合理布设水保措施提供依据，也能为及时预测预报地质灾害，制定合理的防灾减灾应对方案提供理论支持。

（5）风蚀模拟与防治

建立风蚀过程模型，有助于揭示风蚀的内在机理以及风蚀地表形态的变化特征和形成机制。近地表的风沙流是风沙运动最核心和关键的表现形式，是风沙地貌形成的重要环节。为构建高精度的风蚀模型以及准确预测风沙流的发生和发展，需要对风沙流中近地表沙粒的运动特征、沙粒的临界起动风速、风沙流的输沙率特征等进行全面深入的研究。近年来研究了风洞或野外风沙流中沙粒的起动和运动形式、起跃速度和角度、起跃沙粒数以及输沙率等，发现沙粒的水平和垂直速度均服从 Gaussian 分布，跃移沙粒平均速度随风速、颗粒粒径以及观测高度变化而变化（Yang et al.，2007：320～334）；输沙率受到颗粒含水率、范德华力、风沙电场等因素影响（Cornelis and Gabriels，2003：771～790；Kok and Renno，2009）。

此外，受全球气候变化的影响，风蚀预报开始与全球气候变化预测相结合（Okin et al.，2006：253～275；Sivakumar，2007：143～155），但在预报过程中，要反映人类活动的影响仍是研究的难点。风蚀过程引起的土壤气溶胶排放也受到广泛关注。沙尘颗粒物含有多种矿物和痕量金属元素，可以为非均相大气化学反应提供反应平台，从而改变臭氧等大气氧化物的浓度（Usher et al.，2003：4883～4939）；悬浮沙尘气溶胶能直接吸收和散射太阳光，也有助于形成云结核，从而通过云的反射作用影响区域和全球辐射收支平衡与气候变化（Chin et al.，2002：461～483）。此外，对于风蚀的防治，也取得了大量研究成果，包括保护性耕作措施的推广、地表植被建设、沙障布设等（Nordstrom and Hotta，2004：157～167；Cornelis and Gabriels，2005：315～332；Chen et al.，2010：230～235），都在一定程度上抑制了风蚀的危害。建立风蚀过程模型，探索防治土壤风蚀的有效方法，可以为干旱半干旱区域制定科学合理的防风蚀措施提供依据，对于防治土壤退化，恢复生态环境，实现农业可持续发展具有重要的现实意义。

6.3 中国"土壤侵蚀过程与动力机制"研究特点及学术贡献

20 世纪 20 年代，金陵大学在山西沁源等地首次建立径流小区，开始了我国土壤侵蚀的定量研究（李锐等，2009：1~6）。随后，在天水、福建等地建立水土保持实验站，开始长期定位观测（郑粉莉等，2004：1~10）。20世纪50~60年代，水利部和中科院曾先后组织专家对黄河与长江流域开展水土流失综合考察，编制了系列图件，为我国土壤侵蚀调查研究及防治提供了重要的科学依据（唐克丽，2004）。80年代以后，我国土壤侵蚀研究得到全面迅速的发展，对雨滴分布及速度、降雨溅蚀、降雨侵蚀力、土壤可蚀性、坡度坡长因子、植被覆盖因子等的研究取得重要进展（唐克丽，2004）。1990年、2002年和2009年，水利部开展了3次全国水土流失遥感调查，初步摸清了我国水土流失的状况，为国家宏观决策提供了科学依据。1991年，全国人大常务委员会通过了《中华人民共和国水土保持法》，至此，我国的水土保持工作逐步走向法制化、规范化和科学化的道路。

6.3.1 近15年中国该领域研究的国际地位

过去15年，国际不同国家和地区对于土壤侵蚀过程与动力机制的研究获得了长足进展。通过分析不同国家和地区在该领域发表SCI论文情况，可以看出各个国家和地区的研究在世界上所处的地位与影响程度。表6-2显示了2000~2014年土壤侵蚀过程与动力机制领域SCI论文数量、篇均被引次数和高被引论文数量TOP20国家和地区。近15年该领域全世界发表SCI论文数量随时间的变化表现为：2000~2002年、2003~2005年、2006~2008年、2009~2011年和2012~2014年发文量分别是1 032篇、1 165篇、1 701篇、1 941篇和2 101篇，表明国际上对于土壤侵蚀过程与动力机制的研究表现出快速增长的态势。从不同的国家和地区来看，近15年SCI论文发文数量最多的国家是美国，共发表2 170篇；中国排第2位，发表709篇，与排名第1位的美国有较大差距；排第3位的是英国，发表562篇。由表6-2可看出，过去15年中，各个国家和地区SCI发文量均表现出上升的趋势，但是不同国家和地区上升的程度不同。其中，美国在土壤侵蚀过程与动力机制研究领域一直占据主导地位；中国在该领域的活力不断增强，增长速度最快，从2000~2002年时段的第8位，上升到2012~2014年时段的第2位。

从不同国家SCI论文篇均被引次数和高被引论文数量的变化可以看出各个国家研究成果的影响程度和被世界认可程度。从表6-2可以看出，近15年土壤侵蚀过程与动力机制领域全世界SCI论文篇均被引次数为14.7次；2000~2002年、2003~2005年、2006~2008年、2009~2011年和2012~2014年全世界SCI论文篇均被引次数分别是：29.5次、22.6次、18.5次、10.5次和3.8次。近15年SCI论文篇均被引总次数居全球前5位的国家依次是英国、美国、丹麦、比利时与荷兰。其中，美国和英国在各个时段SCI论文篇均被引次数均高于全世界SCI论文篇均被引次数，表明上述国家的研究成果在土壤侵蚀过程与动力机制领域的影响力较强（表6-2）。中国学者SCI论文篇均被引次数排在全球第28位，2000~2014年SCI论文篇均被引次数仅为8.2次，明显低于全世界SCI论文篇均被引次数。这说明，中国学者在土壤侵蚀过程与动力机制研究领域的研究成果尚未得到国际同行的广泛认可，影响力还有待加强。从高被引论文数量来看，近15年全世界SCI高被引论文总量为397篇，其中，2000~2002年、2003~2005年、2006~2008年、

表 6-2 2000~2014 年"土壤侵蚀过程与动力机制"领域发表 SCI 论文数及被引频次 TOP20 国家和地区

排序[①]	国家（地区）	SCI 论文数量（篇）					SCI 论文篇均被引次数（次/篇）						高被引 SCI 论文数量（篇）					
		2000~2014	2000~2002	2003~2005	2006~2008	2009~2011	2012~2014	国家（地区）	2000~2014	2000~2002	2003~2005	2006~2008	2009~2011	2012~2014	国家（地区）	2000~2014	2000~2002	2003~2005	2006~2008	2009~2011	2012~2014
	世界	7 940	1 032	1 165	1 701	1 941	2 101	世界	14.7	29.5	22.6	18.5	10.5	3.8	世界	397	51	58	85	97	105
1	美国	2 170	350	382	500	474	464	英国	20.8	42.9	25.5	20.1	14.1	5.3	美国	175	24	33	37	37	27
2	中国	709	32	64	111	185	317	美国	19.5	34.0	28.3	22.4	13.4	4.4	英国	48	11	6	2	10	9
3	英国	562	101	101	117	128	115	丹麦	18.9	24.4	30.4	23.3	10.1	5.2	法国	23	5	3	2	7	8
4	西班牙	380	33	46	88	123	90	比利时	18.6	25.6	29.9	27.7	11.0	3.7	德国	22	1	3	6	5	13
5	德国	373	40	41	70	89	133	荷兰	18.4	35.7	19.5	23.4	18.4	4.2	西班牙	17	0	3	3	5	9
6	法国	372	57	53	75	97	90	瑞士	18.3	38.5	18.2	24.4	11.8	3.4	荷兰	17	1	1	4	4	2
7	加拿大	351	74	50	92	58	77	法国	17.9	38.7	27.1	17.4	12.8	5.1	中国	14	2	1	4	4	6
8	澳大利亚	298	70	53	61	51	63	爱尔兰	15.9	39.0	24.3	9.5	15.0	6.8	澳大利亚	13	1	4	1	3	3
9	意大利	261	19	36	55	64	87	澳大利亚	15.3	21.7	23.9	17.0	10.2	3.6	加拿大	11	5	0	2	1	4
10	日本	215	18	36	49	56	56	瑞士	15.2	19.1	29.9	32.8	13.7	4.6	瑞士	9	0	0	5	3	2
11	荷兰	191	25	39	40	40	47	西班牙	15.0	30.7	29.8	18.7	10.1	4.8	比利时	9	0	1	6	1	2
12	巴西	180	5	19	45	58	53	新西兰	14.9	23.9	23.9	11.3	9.4	6.9	日本	9	0	0	3	1	6
13	比利时	176	28	16	55	36	41	冰岛	14.8	28.5	22.0	17.0	18.0	5.6	瑞典	6	1	1	1	0	1
14	印度	174	16	15	44	50	49	加拿大	14.7	31.2	14.2	14.6	9.0	3.8	意大利	5	0	0	2	4	3
15	瑞士	122	15	7	22	31	47	德国	14.7	27.9	21.6	23.7	12.2	5.5	巴西	5	0	0	3	1	0
16	以色列	93	14	19	22	17	21	以色列	14.6	14.6	26.3	16.7	13.3	3.0	以色列	4	0	2	0	2	0
17	新西兰	80	13	17	22	14	14	奥地利	13.4	29.0	13.8	28.9	10.9	2.2	丹麦	3	0	0	1	0	3
18	瑞典	78	15	18	12	14	19	挪威	13.1	26.9	19.4	13.6	7.9	2.7	挪威	2	0	1	0	1	1
19	土耳其	76	3	6	21	27	19	芬兰	12.8	36.0	23.5	15.2	10.4	5.0	新西兰	2	0	0	0	1	1
20	伊朗	74	0	2	8	34	30	中国(28)[②]	8.2 (28)	21.9 (20)	16.4 (22)	16.8(15)	8.2 (28)	2.2 (34)	奥地利	2	0	0	1	1	1

注：①按 2000~2014 年 SCI 论文数量、篇均被引次数、高被引论文数量排序；②括号内数字是中国相关时段排名。

2009~2011年和2012~2014年全世界SCI高被引论文数量分别是：51篇、58篇、85篇、97篇和105篇。近15年来，高被引论文数量最多的国家是美国，共计175篇，远远高于世界上其他国家或地区。同时，在各子时段内，美国也是世界上高被引论文数量最多的国家。排名第2位的国家是英国，高被引论文总量为48篇。中国高被引论文总量仅为14篇，排名第7位，与美国、英国还存在较大差距。但是，中国在2000~2002年、2003~2005年、2006~2008年、2009~2011年和2012~2014年SCI高被引论文数量分别是：2篇、1篇、4篇、4篇和6篇，说明中国学者SCI论文的质量在逐步提高。总体来看，虽然中国SCI论文数量较多，但是仍缺乏高质量的SCI论文；从发展趋势来看，中国土壤侵蚀过程与动力机制领域研究的活力和影响力不断增强，研究成果受到越来越多国际同行的关注。

热点关键词的时序变化可以反映近15年来土壤侵蚀过程与动力机制领域研究热点的演化。图6-2显示了2000~2014年土壤侵蚀过程与动力机制领域SCI期刊中外高频关键词对比及时序变化。论文关键词的词频在一定程度上反映了研究领域的热点。从图6-2左边热点关键词上标注的词频数及关键词下面标注的百分比可以看出，随时间演进，全球作者发表SCI文章数量明显增加，关键词词频总数不断提高，前15位关键词词频总数均大于100次；土壤侵蚀（soil erosion）的词频总数为1 487次，远远高于其他14个关键词。从图6-2中各时段圆圈的大小可知，土壤侵蚀（soil erosion）在各时段的关注度均较高；在2000~2002年、2003~2005年以及2006~2008年关注度最低的关键词分别是土壤流失（soil loss）、流量（flow）和运移（transport）；在2009~2011年以及2012~2014年，关注度最低的关键词是免耕（no tillage）。图6-2左侧关键词统计结果反映出国际上土壤侵蚀过程与动力机制领域研究热点包括：侵蚀过程与模拟（soil erosion, runoff, model, wind erosion, sediment transport, sediment, soil loss, surface runoff, flow, deposition, transport）、耕作侵蚀（soil tillage）、土壤保持（soil conservation）。

由图6-2右边热点关键词上标注的词频数及关键词下面标注的百分比可知，中国作者发表SCI文章数量随时间演进明显增加，关键词词频总数不断提高，但明显低于全球作者关键词词频。词频总数最多的是土壤侵蚀（soil erosion），词频总数为113次，远远高于其他14个关键词。排在前5位的关键词，还有风蚀（wind erosion）、径流（runoff）、数值模拟（numerical simulation）以及地表径流（surface runoff）。但是，径流（runoff）、数值模拟（numerical simulation）以及地表径流（surface runoff）是2003年以后才开始关注的热点关键词，表明2003年以后土壤侵蚀数值模拟一直是中国学者研究的热点。图6-2统计结果反映的研究热点包括：土壤侵蚀过程与物质迁移（SOC, sediment transport, model, rill erosion, sediment）、土壤保持（soil conservation）、新技术和新方法（Cs-137）、土壤性质（soil properties）和土地利用（land use）对土壤侵蚀的影响。

从热点关键词对比图还可以清楚地看到，中国与其他国家（或地区）学者所关注的热点领域有一定差异，相同的热点关键词所占比例和首次出现的时间明显不同，具体表现在以下两点。①过去15年间，全球学者共同关注的研究热点包括：侵蚀过程模拟和水土保持措施。但中国学者关注的热点关键词首次出现的时间比其他国家（区域）学者要晚，其中径流（runoff）、地表径流（surface runoff）、模型（model）、土壤保持（soil conservation）相差3年。上述差异反映了我国土壤侵蚀过程与动力机制领域的部分研究热点处于跟踪研究状态，相对比较滞后。②国内外学者在土壤侵蚀过程与动力机制领域有不同的关注热点。国外学者关注于耕作侵蚀；中国学者关注的重点与我国侵蚀环境和过程的多样性及复杂性、国家粮食生产目标、人类活动的影响、水保措施的综合性等特点密切相关，其研究热点还包括土壤侵蚀研究的新技术和新方法、土地利用等人类活动对侵蚀的影响以及污染物质迁移等。

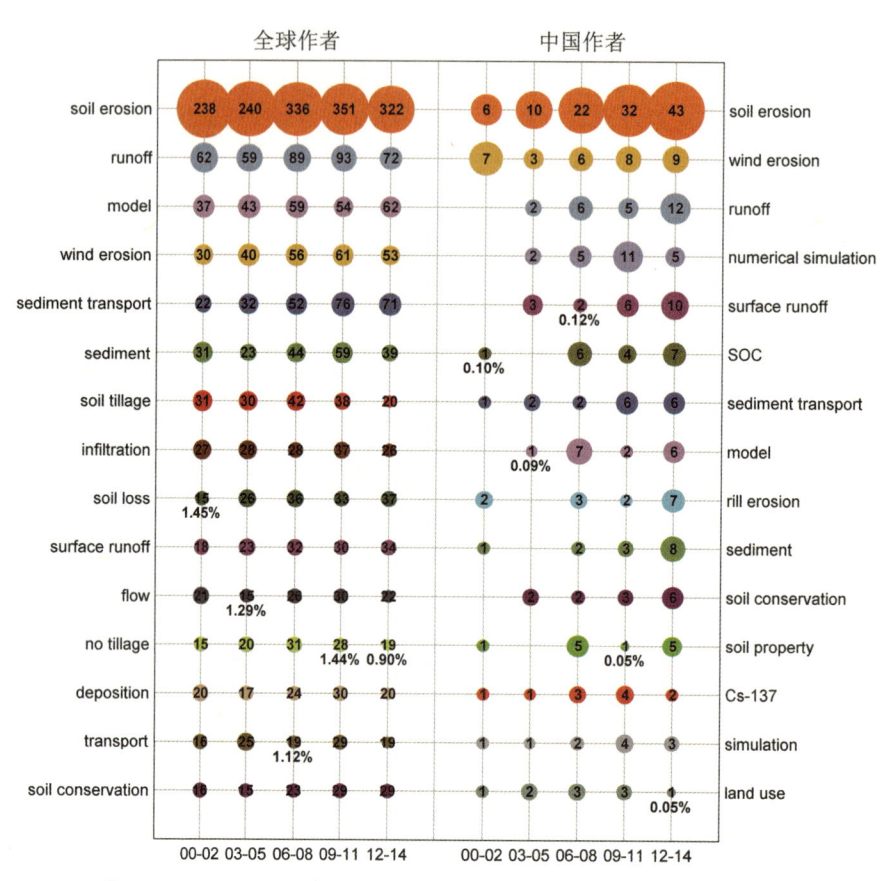

图 6-2 2000～2014 年"土壤侵蚀过程与动力机制"领域 SCI 期刊
全球及中国作者发表论文高频关键词对比

6.3.2 近 15 年中国该领域研究特色及关注热点

利用土壤侵蚀过程与动力机制相关的中文关键词制定中文检索式，即：(SU='土壤侵蚀' or SU='侵蚀*' or SU='水土流失' or SU='土壤流失' or SU='水土保持') and (SU='溅蚀' or SU='细沟' or SU='细沟间' or SU='沟蚀' or SU='面蚀' or SU='降雨' or SU='坡面径流' or SU='地表径流' or SU='径流*' or SU='入渗*' or SU='土壤分离' or SU='产沙*' or SU='泥沙*' or SU='土壤可蚀性' or SU='团聚体' or SU='坡长' or SU='坡度' or SU='陡坡' or SU='耕作*' or SU='水动力学' or SU='剪切力' or SU='水流功率') NOT (SU='流域' or SU='区域')。从 CNKI 中检索 2000～2014 年本领域的中文 CSCD 核心期刊文献数据源。图 6-3 为 2000～2014 年土壤侵蚀过程与动力机制领域 CSCD 期刊论文关

键词共现关系，可大致分为 5 个相对独立的研究聚类圈，在一定程度上反映了近 15 年中国土壤侵蚀过程与动力机制研究的核心领域，主要包括：**坡面侵蚀机理与沟谷发育过程、区域土壤性质与侵蚀特征、土壤侵蚀水动力过程、水土流失评价与粮食生产、水保措施防蚀机理** 5 个方面。其中，前 3 个聚类圈均与坡面侵蚀机理的研究有关，但它们所关注的重点不同。在侵蚀与粮食生产和水保措施防蚀机理的聚类圈中，更加注重人类活动对侵蚀的影响。从聚类圈中出现的关键词可以看出，近 15 年土壤侵蚀过程与动力机制研究的主要问题及热点包括以下 5 点。

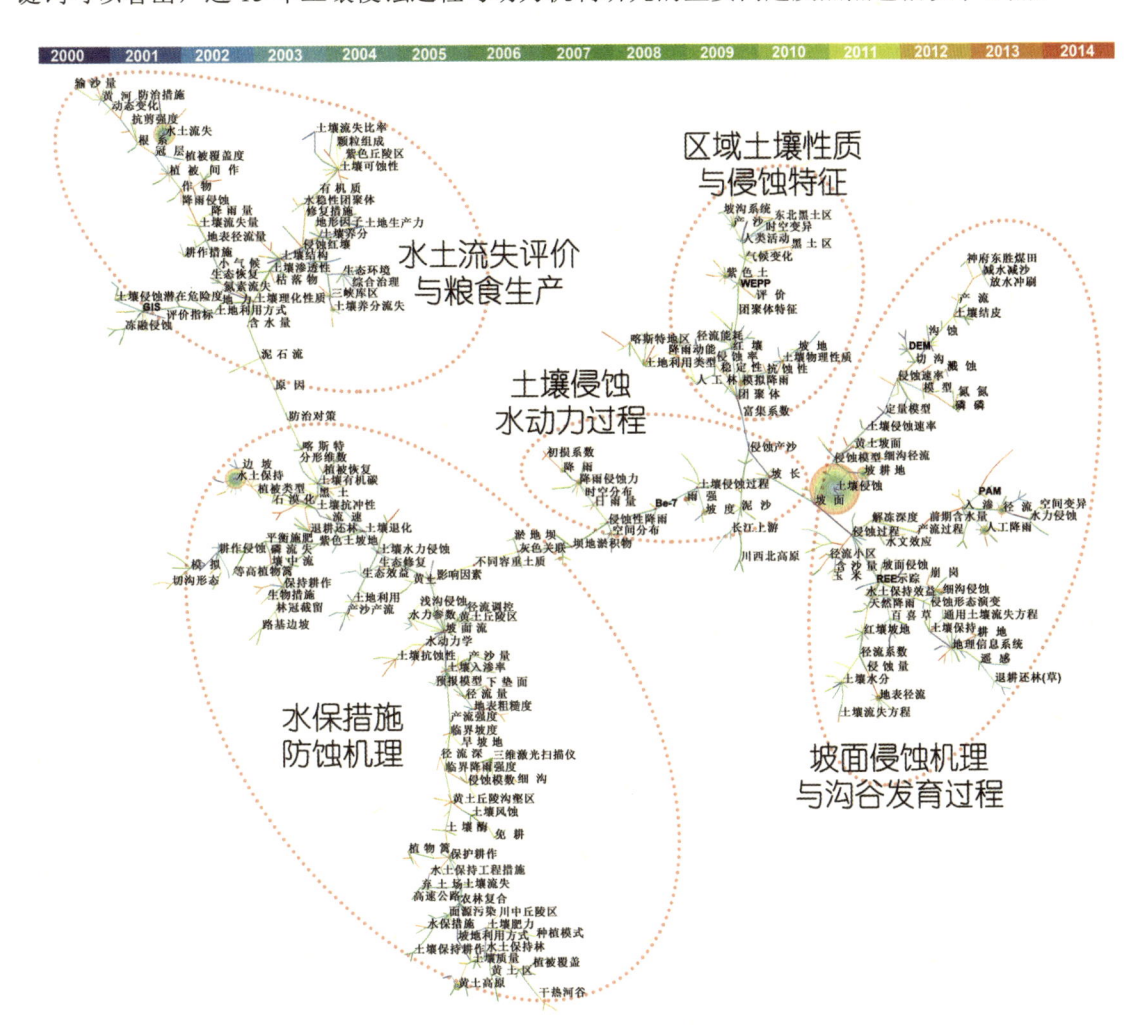

图 6-3　2000～2014 年"土壤侵蚀过程与动力机制"领域 CSCD 期刊论文关键词共现关系

（1）坡面侵蚀机理与沟谷发育过程

该聚类圈中出现的主要关键词有：细沟侵蚀、沟蚀、溅蚀、切沟、细沟径流、侵蚀过程、水文效应、侵蚀形态演变、定量模型、侵蚀模型、前期含水量、土壤水分、入渗等。上述关键词反映了不同侵蚀形态的发展发育机制、水动力学特征及其对坡面侵蚀产沙的贡献，是近 15 年中国学者关注的热点之一。在坡面侵蚀形态的演变过程及机制、演变发生的临界条件、演变过程的数值模拟等方面也进行了深入研究。同时，还对土壤入渗、前期含水量对土壤侵蚀过程、产流过程和侵蚀速率的影响进行了深入探讨。

（2）区域土壤性质与侵蚀特征

该聚类圈中出现的主要关键词有：东北黑土区、喀斯特地区、紫色土、红壤、土壤物理性质、团聚体、稳定性、团聚体特征、抗蚀性、土地利用类型、富集系数、侵蚀率、产沙、评价等（图6-3）。这些关键词反映出，深入分析我国不同地区的土壤团聚体特征、土壤抗蚀性等土壤物理性质及土地利用类型等人类活动对土壤物理性质的影响是研究的重点。同时，土壤性质与土壤剥离、泥沙搬运和沉积的关系、土壤性质对侵蚀产沙及侵蚀速率等的影响是我国学者研究的热点问题之一。

（3）土壤侵蚀水动力过程

从图6-3可以看出，雨强、日降雨量等降雨性质对初损系数以及土壤侵蚀（土壤侵蚀过程、侵蚀产沙）的影响成为研究重点。此外，还探讨了适用于我国及不同省份和地区的降雨侵蚀力算法。根据雨强、降雨量等降雨性质，建立侵蚀性降雨的评价标准，提高降雨侵蚀力计算的精度。上述关键词反映出，不同条件下的降雨初损率计算、侵蚀性降雨的划分标准、降雨侵蚀力的计算是研究的热点之一。

（4）水土流失评价与粮食生产

该聚类圈中出现的主要关键词有：土地利用方式、耕作措施、间作、土壤结构、土壤可蚀性、土壤渗透性、颗粒组成、水稳性团聚体、土壤养分、有机质、氮素流失、土壤养分流失、植被、冠层、根系、输沙量、地表径流量、土壤流失量、修复措施、防治措施、评价指标等。上述关键词的组合可以看出，该领域的研究热点是不同耕作措施、土地利用方式和植被覆盖度对土壤性质、土壤侵蚀及土地生产力的影响，植被冠层、根系对水土流失的影响，以及在农业生产过程中随地表径流泥沙迁移的氮磷等养分造成的环境污染。另外，坡耕地的植被恢复重建对土壤侵蚀的影响评价也是研究的热点问题之一。

（5）水保措施防蚀机理

近年来，随着开发建设项目的增多，弃土场、高速公路、路基边坡的水土流失过程（产沙量、径流量、产流强度、侵蚀模数）以及耕作侵蚀受到越来越多的关注（图6-3）。同时，水土保持工程措施、生物措施（植被恢复、等高植物篱、水土保持林、退耕还林、生态修复）和耕作措施（免耕、保护耕作、植被覆盖）的防蚀机理（地表粗糙度、下垫面、临界坡度、临界降雨强度、流速、水力参数），以及不同水土保持措施在黄土高原、黑土区、紫色土区、喀斯特地区、川中丘陵区、干热河谷等不同区域的适用性评价和生态效益分析，也是我国学者研究的热点之一。

分析中国学者SCI论文关键词共现关系图，可以看出中国学者在土壤侵蚀过程与动力机制的国际研究中已步入世界前沿的研究领域。2000～2014年中国学者SCI论文关键词共现关系图（图6-4）可以大致分为4个研究聚类圈，分别为侵蚀过程与模拟、陡坡侵蚀机理、土壤性质与侵蚀、侵蚀与碳循环。根据图6-4聚类圈中出现的关键词，可以看出以下4点。①侵蚀过程与模拟领域是围绕土壤侵蚀过程（soil erosion，erosion processes）的数值模拟（model，numerical simulation）展开，重点研究了土壤侵蚀过程中泥沙搬运（sediment transport，sediment，transport，transport distance）机理以及水动力学特性（hydrodynamics），并且利用风洞（wind tunnel）实验对风蚀（wind erosion）过程进行研究和模拟（simulation）也是该领域的研究热点之一。②陡坡侵蚀机理聚类圈中出现的主要关键词有陡坡（steep slopes）、径流（runoff，surface runoff）、水槽试验（flume experiment）、径流小区（runoff plot）、模拟降雨（simulated rainfall）、流速（velocity）、剪切力（shear stress）、水流挟沙力（sediment transport capacity）、输沙量（sediment load）、泥沙颗粒分布（particle size distribution）等。可以看出，利用径流小区模拟降雨实验和水槽冲刷实验，研究陡坡侵蚀中泥沙分选机理，坡面薄层水流水动力学特性及水流挟沙力，陡坡侵蚀机理模型的建立是陡坡侵蚀机理研究的热点之一。③土壤性质与侵蚀主要是分析了土壤含水量（soil water content）、土壤质地（soil texture）、土壤结皮（soil crusting）、土壤容重（bulk density）等对土壤侵蚀（erosion rate）的影响及其模拟（erosion model），特别是

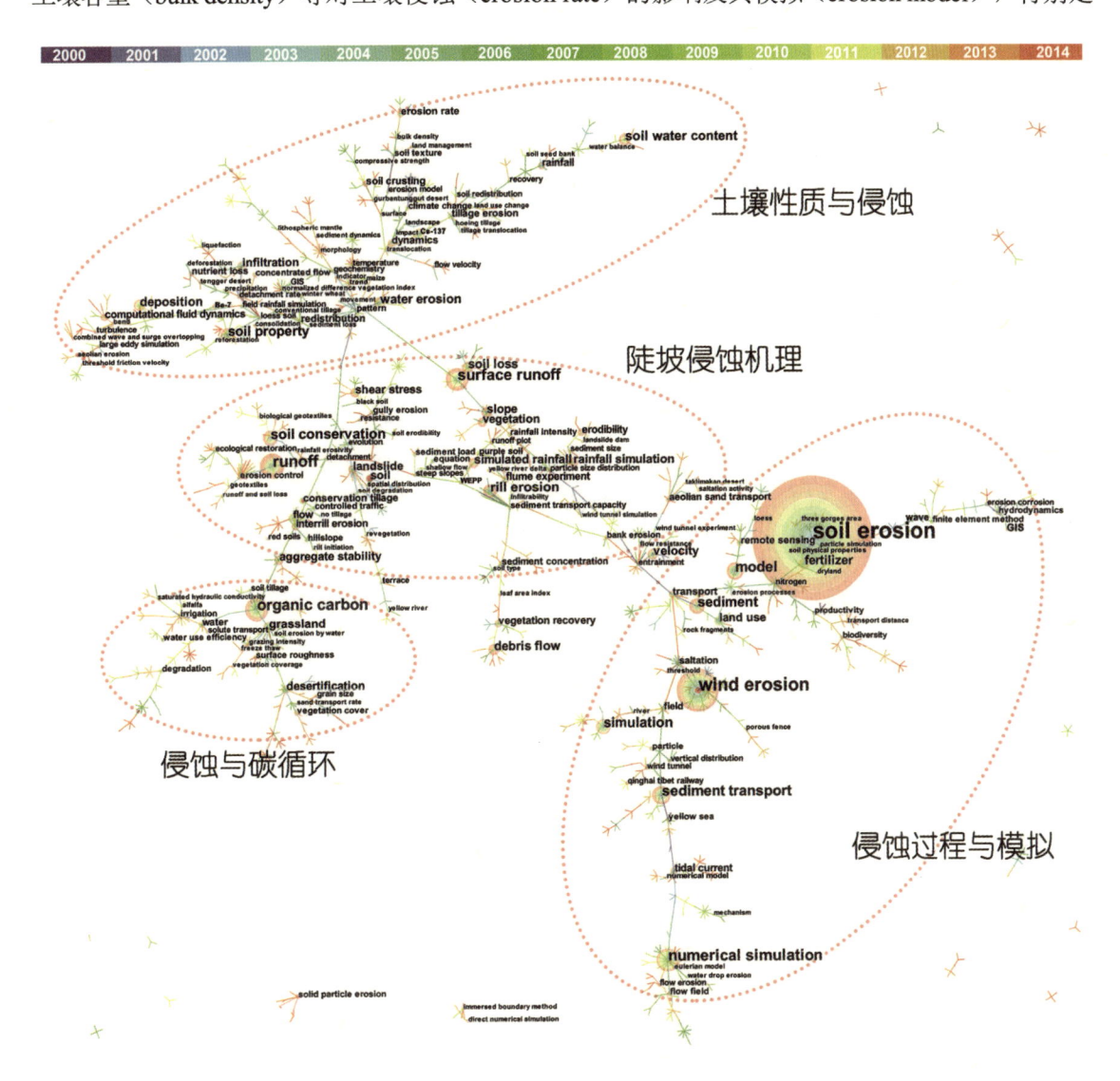

图 6-4　2000～2014 年"土壤侵蚀过程与动力机制"领域中国作者 SCI 期刊论文关键词共现关系

土壤团聚体稳定性(aggregate stability)与土壤分离(detachment)、搬运(movement)、沉积(depositon)的关系；利用 Cs-137 和 Be-7 同位素示踪技术，分析了土壤侵蚀过程中泥沙的运移规律。关键词组合反映了土壤性质对土壤侵蚀过程中泥沙运移规律的影响是研究热点之一。④侵蚀与碳循环研究了植被覆盖(vegetation cover)、土壤耕作(soil tillage)、草地(grassland)、灌溉(irrigation)、地表粗糙度(surface roughness)等对土壤侵蚀(soil erosion by water)和碳循环(organic carbon)的影响。上述关键词的出现反映出全球变化条件下土壤侵蚀与碳循环的互馈机制是研究的热点之一。

总体来看，中文文献体现的研究热点与我国不同区域的土壤侵蚀特点、国民经济状况和农业生产水平密切相关。我国地域辽阔，各地自然与人文环境背景差异巨大，影响土壤侵蚀的自然因素复杂，形成了具有明显地区差异的侵蚀过程。因此，研究的热点是针对我国特殊的侵蚀环境以及侵蚀方式，研究了沟谷发育特征、不同侵蚀形态的发育及演变规律，完善我国土壤侵蚀学科体系。针对不同区域的侵蚀特点，研究了区域土壤性质、降雨侵蚀力特征以及侵蚀特征，为不同区域水土流失的治理提供依据。我国人口众多，人均耕地面积仅仅是世界人均耕地面积的 1/3，揭示坡耕地土壤侵蚀发生的机理、有效控制水土流失、保护耕地资源是保障国家粮食安全的迫切需求。因此，不同土地利用方式的水土流失、水土流失评价与粮食生产也是中文文献研究的热点之一。针对不同地区水土流失和耕作特点以及水土保持措施的多样性，研究的热点还包括水土保持措施的防蚀机理和适宜性评价，研究结果可为水土流失调控措施的科学选择与配置提供理论依据。

我国土壤侵蚀类型的多样性、侵蚀过程的复杂性、人类活动影响的长期性和高强度性以及水土保持措施的综合性皆为世界之最。因此，国外土壤侵蚀预报研究成果，不能完全反映我国复杂的土壤侵蚀问题。但是，国际土壤侵蚀过程与动力机制研究的重点同样引起了中国学者的关注。因此，中国学者 SCI 论文的研究内容针对我国土壤侵蚀特点，以建立适用于我国侵蚀环境特征的侵蚀预报模型为目标，重点研究了陡坡侵蚀机理、侵蚀过程中泥沙搬运分选特征、坡面薄层水流水动力学特性及水流挟沙力等。另外，随着全球气候变化的兴起，全球变化条件下土壤侵蚀与碳循环的互馈机制也是中国学者 SCI 论文研究的热点之一。

6.3.3　近 15 年中国学者该领域研究取得的主要学术成就

图 6-3 表明近 15 年针对土壤侵蚀过程与动力机制研究，中文文献关注的热点领域主要包括坡面侵蚀机理与沟谷发育过程、区域土壤性质与侵蚀特征、土壤侵蚀水动力过程、水土流失评价与粮食生产、水保措施防蚀机理 5 个方面。中国学者关注的国际热点问题主要包括侵蚀过程与模拟、陡坡侵蚀机理、土壤性质与侵蚀、侵蚀与碳循环 4 个方面（图 6-4）。针对上述土壤侵蚀过程与动力机制研究的核心领域，我国学者开展了大量研究。近 15 年来，取得的主要成就包括：①揭示了各种侵蚀形态的侵蚀过程及其机理，明确侵蚀形态间演变的动力临界条件；②建立了陡坡坡面流挟沙力方程；③揭示了陡坡侵蚀过程中泥沙颗粒分选的机理；④提出了水土保

持措施分类系统。具体的科学成就如下。

（1）坡面土壤侵蚀形态演变过程

坡面土壤侵蚀形态主要包括片蚀、细沟侵蚀、浅沟侵蚀、切沟侵蚀等，在次降雨条件下，坡面侵蚀形态随降雨历时不断演变（郑粉莉和高学田，2003：230～235；王礼先等，2005：1～6）。在国外坡面土壤侵蚀预报的研究成果中，坡面侵蚀形态仅考虑细沟侵蚀和细沟间侵蚀，而没有包括浅沟侵蚀和切沟侵蚀，因而不能完全反映我国复杂的土壤侵蚀问题，很难在我国大部分地区应用（肖培青和姚文艺，2005：131～136；刘俊娥等，2012：197～201）。揭示各种侵蚀形态（片蚀、细沟侵蚀、浅沟侵蚀和切沟侵蚀）的侵蚀过程及其机理，定量评价各种侵蚀形态的主要影响因素，明确侵蚀形态间演变的动力临界，可为坡面侵蚀预报模型的构建奠定科学基础，也是我国土壤侵蚀过程与动力机制研究的热点和难点问题（宋炜等，2004：197～201；张风宝等，2011：38～44）。

随着分析手段的提高以及计算机技术的迅猛发展，在各种侵蚀形态的侵蚀过程及机理方面取得的成就，具体体现在以下 4 个方面。①坡面片蚀过程以剥离—沉积或以剥离—搬运过程为主，侵蚀强弱取决于降雨径流强度、坡度和土壤表面条件（刘青泉等，2004：493～506）。在平缓坡度（地面坡度小于 5%）和小降雨强度下，坡面侵蚀过程以剥离—沉积过程为主，相反，坡面侵蚀过程以剥离—搬运过程为主（刘俊娥等，2012：197～201；李浩宏等，2015：46～49）。②细沟侵蚀过程以剥离—搬运过程为主。当坡面以细沟侵蚀为主时，坡面侵蚀产沙量的变化趋势与细沟下切沟头前进速率相对应。建立了细沟侵蚀产沙量与细沟水流水力学特征参数（流速、雷诺数、弗罗得数和阻力系数）的关系式，提出了细沟水流的输沙能力和剥蚀率的计算公式（肖培青等，2001：54～57，125；李占斌等，2008：64～68；和继军等，2012：138～144）。③浅沟侵蚀过程以剥离—搬运过程为主。当坡面以浅沟侵蚀为主时，坡面侵蚀产沙量的变化趋势与浅沟下切沟头前进速率相对应，坡面浅沟侵蚀区的侵蚀量主要来自浅沟沟槽发展形成的浅沟侵蚀量，并取决于浅沟发育程度（武敏和郑粉莉，2004：113～116；龚家国等，2010：92～96，100）。④切沟侵蚀过程以剥离—搬运过程为主。当以切沟侵蚀为主时，切沟侵蚀量占总侵蚀量的 60%～95%，取决于切沟发育速率和程度（肖培青等，2008：4～27）。切沟沟头溯源侵蚀对侵蚀产沙有重要作用，侵蚀产沙量随沟头前进速率的增大而显著增加（郑粉莉等，2006：438～442；李斌兵等，2012：19～24）。

同时，利用天然降雨条件下野外原型动态监测和实体模型的模拟降雨试验，研究了沟蚀发育动态过程，成功地应用高精度全球定位系统（GPS）技术和三维激光扫描技术（LIDAR）动态监测了沟蚀发育过程，确定了侵蚀形态间发生演变的临界阈值；模拟了无人为犁耕的自然陡坡坡面，片蚀—细沟侵蚀—切沟侵蚀演变过程，建立了试验条件下侵蚀形态演变过程的模拟模型，分析了沟蚀空间分布规律及其沟蚀的产沙贡献（郑粉莉等，2011：78～86）。另外，在合理考虑重力侵蚀发生的随机性的基础上，揭示了细沟形成过程中的重力作用机理，建立了沟蚀发育过程模拟模型（雷廷武等，2004：7～12；姚春梅等，2004：55～62；李锐，2011：1～6）。

（2）坡面薄层水流的动力学特征

降雨和径流分离的松散土壤会被坡面流输移，输沙率的大小受坡面流水动力学特性和土壤性质的双重影响。坡面流是坡面侵蚀的主要动力，与河流水流完全不同，属于典型的薄层水流，受下垫面和降雨条件的显著影响，水动力学特性沿程变化剧烈（罗榕婷等，2009：567～574）。另外，坡面泥沙输移过程的核心是坡面流挟沙力，它是特定水动力条件下坡面流输移泥沙的最大能力，也是界定土壤分离和泥沙沉积的临界值，是土壤侵蚀过程模型控制方程的参数之一（闫丽娟等，2009：192～200）。国际上现有的坡面流挟沙力方程是建立在缓坡基础上，或者是对河流挟沙力方程修订而来，对陡坡高含沙条件下坡面流挟沙能力方程的研究不足（张光辉，2000：112～115）。因此，在较大坡度范围内系统研究坡面流输移泥沙的水动力学机理、检验现有坡面流挟沙力方程在陡坡的适用性，建立陡坡坡面流挟沙力方程，对建立符合我国实际情况的土壤侵蚀过程模型，具有重要的理论和实践意义。

准确测量坡面薄层水流流速对于研究坡面流动力机制，揭示土壤侵蚀机理具有重要意义。通过比较质心运动学原理、电解质脉冲法和流量法对不同坡度、流量和泥沙含量实验的测定结果发现，电解质脉冲法在实验条件下测量坡面薄层水流流速是可行的（夏卫生等，2004：23～26；史晓楠等，2010：65～70；董月群等，2013：96～100）。基于相关流速测量理论，采用虚拟仪器测量技术，建立了由光电传感器及其调理电路、数据采集系统和流速信号分析组成的坡面径流流速测量系统。该系统的优点是，采用近红外漫反射法进行流速测量，属于非接触测量，不扰动流体且抗干扰能力强，能够快速、适时、在线地测量坡面径流流速，为薄层水流流速测量提供了一种新的有效的方法（李小昱等，2006：87～90；刘鹏等，2008：48～52）。

针对我国建立陡坡侵蚀过程模型的强烈需求，通过野外采样与监测、室内试验与模拟，建立了坡面流水动力学参数与挟沙力间的定量关系，揭示了陡坡泥沙输移过程的水动力学机理。研究发现坡面流挟沙力与流速显著相关，只有当流速大于临界流速时坡面流才具有输移能力，表明坡面流输沙具有层流特征（Zhang et al.，2010：1811～1819；张光辉，2001：395～402）。挟沙力随着流量和坡度的增大呈幂函数形式增大，坡度的影响略小于流量，当泥沙粒径固定、挟沙力小于8kg/m/s时，可用流量和坡度的幂函数较为准确地模拟坡面流挟沙力（Zhang et al.，2011：1289～1299）。

目前，国际上常用的坡面流挟沙力方程主要有：ANSWERS模型的挟沙力方程、LISEM和EUROSEM模型中的Govers模型、WEPP模型挟沙力方程的基础——Yalin公式（闫丽娟等，2009：192～200）。利用实验数据对上述坡面流挟沙力方程进行了系统检验，并分析误差来源，结果发现：ANSWERS模型的挟沙力方程低估了坡面流挟沙力，平均误差为-20%；Govers模型高估了坡面流挟沙力，平均误差为17%，但当挟沙力大于4kg/m/s时模拟结果显著偏大；Yalin公式高估了坡面流挟沙力，平均误差为109%。上述模型的模拟误差均随着坡度的增大而增大，充分说明建立在缓坡上的坡面流挟沙力方程无法有效模拟陡坡坡面流挟沙力（Zhang et al.，2008：1675～1681；王玲玲等，2008：33～35）。同时，利用不同粒径泥沙进行坡面流挟沙力试验，确定了泥沙粒径与泥沙输移系数间的函数关系，建立了陡坡坡面流挟沙力方程。解决了国际上新一代侵蚀过程模型（WEPP）中，泥沙输移系数随水流剪切力增大而增大且无法直接计算的难题，实现了坡面水流挟沙力的准确模拟（张光辉，2011：62～66）。

（3）陡坡侵蚀过程中泥沙分选搬运

水力侵蚀是指土壤在雨滴和径流作用下发生分离、搬运和沉积的过程。泥沙输移过程不仅取决于降雨和坡面水流的动力学特性，还与被分离的土壤颗粒性质有关（如泥沙颗粒大小、单复粒等）。侵蚀泥沙颗粒的分布特征在一定程度上能反映侵蚀过程中泥沙颗粒的积、蚀性，有助于建立土壤侵蚀预报模型（Asadi et al.，2011：73～81）。以往的研究中有将泥沙分散后测定单粒粒径，也有未经分散直接测定泥沙的有效粒径。由于研究缺乏系统性，陡坡侵蚀过程中泥沙分选规律仍未定论。另外，侵蚀泥沙是土壤养分和污染物质的载体之一，但是不同粒径的泥沙颗粒对养分和污染物的吸附作用存在差异，细颗粒具有更大的比表面积，其吸附的养分通常比粗颗粒多（脱登峰等，2014：381～386；吴新亮等，2014：1223～1233）。因此，充分理解侵蚀过程中泥沙的分选特性及搬运机制对于预测面源污染对水体的危害及建立相关模型具有重要意义。

在较大坡度范围内（10°～25°），采用不同覆盖率控制雨滴打击和坡面水流的动能，系统研究了陡坡侵蚀过程中泥沙有效粒径分布及变化规律。发现泥沙富集粉粒主要以单粒搬运（有效粒径/单粒粒径≈1）；有效粒径中黏粒含量与雨滴打击动能成指数函数关系，单粒粒径中黏粒随覆盖率增加；砂粒的有效粒径与单粒粒径分布比值大于1，减少雨滴打击动能则增加大粒径团聚体的搬运比例（Shi et al.，2013：257～267；吴凤至等，2012a：2497～2502）。在较大坡度下，对不同粒径团聚体的径流冲刷试验发现：小粒径（<0.1mm）多以跳跃/悬浮方式快速搬运；大粒径（>0.5mm）则在坡面滚动运移，与床面不断碰撞剥蚀变小，搬运速度慢于径流流速；中间粒径搬运速度最慢。证实了悬移/跃移、滚动搬运等不同搬运机制，各自侧重作用于不同粒级的泥沙颗粒，揭示了陡坡侵蚀过程中泥沙颗粒分选的机理（Shi et al.，2013：257～267；吴凤至等，2012b：1235～1240）。在此基础上，采用激光粒度法研究了泥沙的有效粒径以及土壤团粒分布规律；结合小颗粒通过悬移/跃移搬运、滚动搬运易输移大颗粒及中间粒径不易侵蚀的特点，利用泥沙和土壤颗粒的累计分布曲线，划分出悬移/跃移和滚动搬运的粒径分界为 0.15～0.50mm（Shi et al.，2012：123～130；Wang et al.，2014：168～176）；明确了不同侵蚀阶段，两种搬运机制的贡献率，建立了水流功率与滚动搬运量间的定量关系。

（4）水土保持措施多样性及其防蚀机理

我国悠久的水土保持历史和特殊的区域水土流失特点，造就了种类众多且颇具中国特色的水土保持措施（如生物林草措施、耕作措施、工程措施等），为开展不同水土保持措施作用机理的研究提供了机遇（冷疏影等，2004：1～6，26）。但在以往的研究中，关于水土保持措施作用机理的研究还非常薄弱，从而导致水土保持效果不佳。因此，系统总结我国在水土流失治理方面的经验与教训，阐明各种水土保持措施的防蚀机理和适用性，提出适用于不同区域的水土流失治理的范式，对加快我国水土流失治理步伐有重要作用。

首先，水土保持措施分类是土壤侵蚀调查、水土保持规划、水土保持措施推广及其效益评价的重要基础，在总结前人研究成果的基础上，依据科学性、适用性和定量化的原则，提出了适用于土壤侵蚀普查的水土保持措施分类系统（刘宝元等，2013：80~84）。该分类系统将我国水土保持措施分为生物措施、工程措施和耕作措施 3 个一级类，然后再划分出二级类和三级类，共包括 32 个二级类型和 59 个三级类型。水土保持措施的分类为我国坡面土壤流失方程（CLSE）奠定了科学基础。其中，中国土壤流失方程（CLSE）的最大优点是将美国通用流失方程（USLE）中的覆盖与管理两大因子变为我国水土保持三大措施因子，即生物、工程和耕作措施因子（Liu et al.，2002：21~25；郑粉莉等，2005：7~14）。

其次，在总结我国目前所采用的主要水土保持措施类型的基础上，采用坡度、坡长校正公式将数据转化为具有可比性的量值（标准小区），定量分析各种水土保持措施对于减少径流和土壤侵蚀产沙的效果（袁希平和雷廷武，2004：296~300）。研究发现，生物措施由于过滤泥沙或固土作用，减沙效益显著；耕作措施对土壤的扰动，加剧了土壤侵蚀。但耕作措施中采用适宜的减水措施会取得很好的减沙效果。基于水土保持学、土壤学、生态学、土地利用学、经济学等学科的理论和实践，通过对生物、工程和耕作措施的防蚀机理的研究，提出了水土保持措施适宜性和生态服务功能评价的理论内涵、评价体系与方法，为水保措施的合理配置提供了理论指导（余新晓等，2007：110~113；刘刚才等，2009：108~111；张玉斌等，2014：47~55）。

6.4 NSFC 和中国"土壤侵蚀过程与动力机制"研究

NSFC 资助是我国土壤侵蚀过程与动力机制研究资金的主要来源，NSFC 投入是推动中国土壤侵蚀研究发展的力量源泉，造就了中国土壤侵蚀研究的知名研究机构，促进了中国土壤侵蚀优秀人才的成长。在 NSFC 引导下，基于我国独特侵蚀环境取得了一系列理论成就，使中国在该领域研究的活力和影响力不断增强，成果受到越来越多国际同行的关注。

6.4.1 近 15 年 NSFC 资助该领域研究的学术方向

根据近 15 年获 NSFC 资助项目高频关键词统计（图 6-5），NSFC 在本研究领域的资助方向主要集中在土壤侵蚀过程模拟（关键词表现为：土壤侵蚀、土壤侵蚀机理、土壤侵蚀过程、模型模拟、细沟侵蚀）、土壤侵蚀影响因子（关键词表现为：植被、土壤水分、土壤团聚体、径流、降雨、土壤可蚀性、土壤结皮）、土壤侵蚀与养分流失、水土保持措施以及风蚀 5 个方面。研究区集中在坡面，重点在坡耕地；研究方法主要是室内的模拟实验以及室外的径流小区、核素示踪技术等。同时，从图 6-5 可以看出，土壤侵蚀、土壤侵蚀机理、坡面、土壤侵蚀过程、模型模拟和植被在各时段均占有突出地位，表明这些研究内容一直是 NSFC 重点资助的方向。以下是以 3 年为时间段的项目资助变化情况分析。

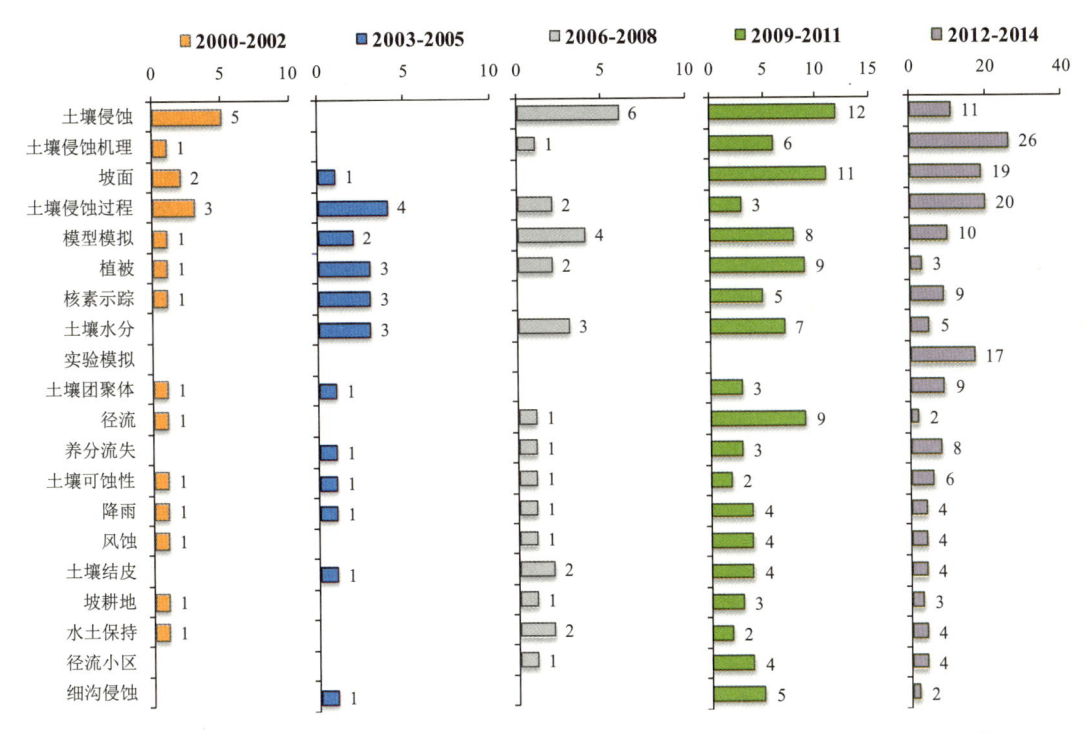

图6-5 2000~2014年"土壤侵蚀过程与动力机制"领域NSFC资助项目关键词频次变化

（1）2000~2002年

NSFC资助项目集中在土壤侵蚀过程研究上，关键词主要表现为"土壤侵蚀"、"土壤侵蚀过程"和"坡面"，表明这一时段坡面上土壤侵蚀过程研究是NSFC重点资助的方向，如"土壤侵蚀水力学机理实验研究"（基金批准号：40001014）。对影响土壤侵蚀过程因子的研究，包括"植被"、"土壤团聚体"、"土壤可蚀性"、"降雨"和"径流"等，也得到NSFC较多的资助，体现在"土壤有机质变化对红壤可蚀性的影响及其规划应用"（基金批准号：40071055）、"降雨径流与坡面土壤氮素作用的机理及模拟"（基金批准号：40171063）和"南方针叶林地土壤退化及土壤侵蚀演变机制研究"（基金批准号：40171064）。

（2）2003~2005年

继上一阶段以来，土壤侵蚀过程研究依旧是NSFC资助的热点，如"降雨侵蚀过程中表土孔隙结构时空变异性研究"（基金批准号：40501040）。"植被"与土壤侵蚀关系研究的资助项目增多，如"黄土高原退耕地植被恢复对土壤侵蚀环境的响应与模拟"（基金批准号：40571094）。同时，对"土壤水分"、"土壤团聚体"、"土壤结皮"等土壤侵蚀影响因子的研究依旧是NSFC资助的热点。"核素示踪"作为新的土壤侵蚀研究技术，受NSFC资助开始增多。此外，关键词中开始出现"养分流失"，表明由土壤侵蚀导致的养分流失，进而造成的土壤退化、水体富营养化等问题开始受到关注。关键词中首次出现"细沟侵蚀"，表明对土壤侵蚀过程的研究更为深入，NSFC对土壤侵蚀过程研究的资助更具体化。

（3）2006~2008年

NSFC资助重点未变，但研究内容更精细，体现在坡面侵蚀过程中对土壤性质影响机制的探讨，如"基于水蚀过程的土壤可蚀性研究"（基金批准号：40771123）。同时，对于"模型模拟"方面的资助增大，如"紫色土地区土壤侵蚀参数因子的试验模拟确定和误差校正"（基金批准号：40671115），主要是因为经过前两个阶段对土壤侵蚀过程研究的大力资助，产生了大量研究成果，为模型的构建提供了基础。此外，NSFC开始资助"水土保持"的相关研究，如"坡地边沟水土保持作用机理研究"（基金批准号：40871134），这也是前期大量的侵蚀过程研究成果为"水土保持"研究提供了理论支持。

（4）2009~2011年

土壤侵蚀过程研究依旧是NSFC资助的热点，对"细沟侵蚀"的资助持续增加，包括"细沟侵蚀发育过程及空间形态的三维数字模拟"（基金批准号：40971165）和"黄土坡面细沟侵蚀关键参数及其耦合关系试验研究"（基金批准号：41171227）。对侵蚀外力（"降雨"和"径流"）的资助呈上升趋势，表明侵蚀动力机制开始受到NSFC的关注。同时，NSFC开始关注土壤侵蚀过程和土壤"养分流失"的耦合机制，如"紫色土坡耕地壤中流养分输出机制及模型研究"（基金批准号：40901135）。此外，NSFC对于"风蚀"相关研究的资助增加，包括"毛乌素沙地生物结皮的风蚀和水分效应及其干扰响应"（基金批准号：41071192）、"灌草带状配置修复退化草地工程尺度及其抗风蚀机理研究"（基金批准号：41161045）。

（5）2012~2014年

与上一阶段相比，NSFC对本研究领域的项目资助总体仍呈上升趋势，对土壤侵蚀过程研究的资助持续增加，且更倾向于对侵蚀动力机制研究的资助，如"输沙对坡面侵蚀的影响及其水动力学机理研究"（基金批准号：41271287）。对于侵蚀过程的研究不再仅仅关注泥沙数量变化，开始更多地关注泥沙颗粒特征及其随侵蚀动力的变化规律，资助的项目如"坡面侵蚀过程中泥沙分选特征及其搬运机理"（基金批准号：41271296）。NSFC对"养分流失"的资助继上阶段以来大幅度增加，如"黑土区土壤养分径流迁移物理过程解析与模型研究"（基金批准号：41301288），主要是由于与养分流失密切相关的土壤退化、农业面源污染问题日趋严重。

6.4.2 近15年NSFC资助该领域研究的成果及影响

近15年NSFC围绕中国土壤侵蚀过程与动力机制的基础研究领域以及新兴的热点问题给予了持续和及时的支持。图6-6是2000~2014年土壤侵蚀过程与动力机制领域论文发表与NSFC资助情况。

从CSCD论文发表来看，过去15年来，NSFC资助本研究领域论文数占总论文数的比重呈曲折上升态势，2014年达到最高，为65.6%（图6-6）。近年来，NSFC资助的一些项目取得了较好的研究成果，开始在 *Earth Surface Processes and Landforms*，*Catena*，*Land Degradation and Development* 等国际权威土壤侵蚀期刊及一些与土壤侵蚀相关的国际期刊（如：*Journal of*

Hydrology，Geoderma，Soil Science Society of America Journal）上发表学术论文。从图 6-6 可以看出，中国学者发表 SCI 论文获 NSFC 资助的比例呈迅速增加的趋势。从 2009 年开始，受 NSFC 资助 SCI 论文发表比例开始明显高于 CSCD 论文发表比例，尤其是最近 5 年，每年 NSFC 资助比例均在 70%以上，2014 年 NSFC 资助发表 SCI 论文占总发表 SCI 论文的比例达到了 89.6%。可见，我国土壤侵蚀领域近几年受 NSFC 基金资助产出的 SCI 论文数量较多，国内土壤侵蚀研究快速发展。NSFC 资助的 CSCD 论文和 SCI 论文变化情况表明，NSFC 资助对于土壤侵蚀研究的贡献在不断提升，且 NSFC 资助该领域的研究成果逐步侧重发表于 SCI 期刊，表明 NSFC 资助对推动中国土壤侵蚀过程与动力机制领域国际成果的产出发挥了重要作用。

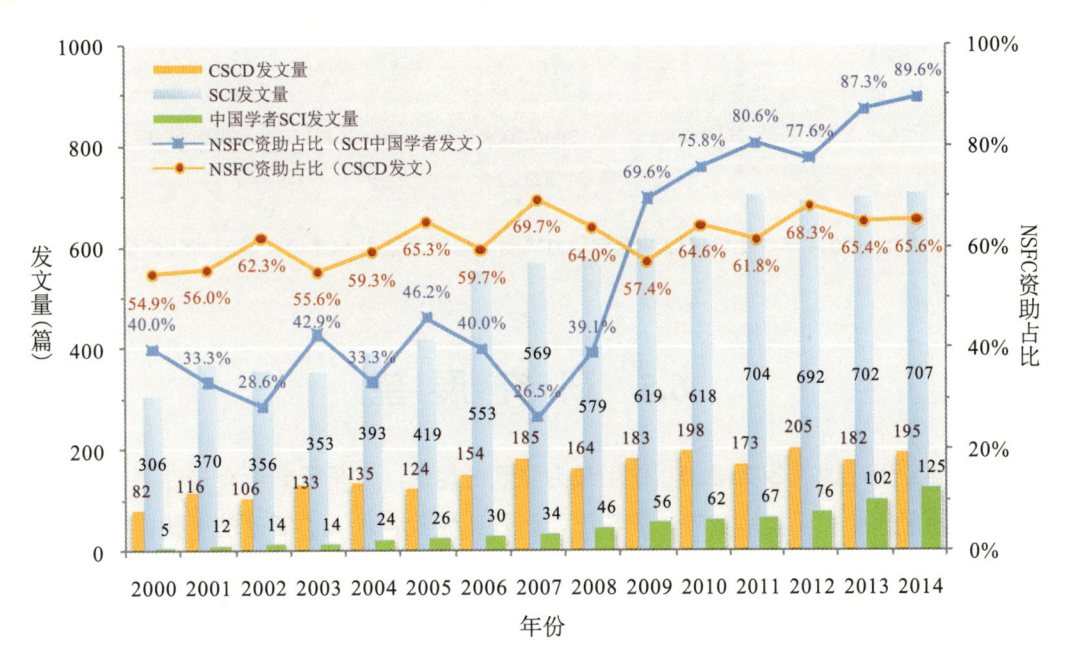

图 6-6　2000～2014 年"土壤侵蚀过程与动力机制"领域论文发表与 NSFC 资助情况

SCI 论文发表数量及获基金资助情况反映了获 NSFC 资助取得的研究成果，而不同时段中国学者 SCI 论文获基金资助情况可反映 NSFC 资助研究成果的学术影响随时间变化的情况。由图 6-7 可知，过去 15 年 SCI 论文中中国学者发文数呈显著的增长趋势，由 2000～2002 年的 9 篇逐步增长至 2012～2014 年的 35 篇。中国学者发表的 SCI 论文获 NSFC 资助的比例也随之呈阶梯式增长的趋势，由 2000～2002 年的 44.4%缓慢增至 2006～2008 年的 45.5%，2009～2011 年激增至 80.0%，随后增至 2012～2014 年的 85.7%（图 6-7）。2000～2014 年 NSFC 资助研究占比的快速增长，说明 NSCF 在土壤侵蚀过程与动力机制领域资助的学术成果的国际影响力逐步增加，高水平成果与基金更密切，学科整体研究水平得到极大提升。

图 6-7　2000~2014 年"土壤侵蚀过程与动力机制"领域高被引 SCI 论文数与 NSFC 资助情况

6.5 研 究 展 望

土壤侵蚀发生在地表各圈层相互作用最为强烈的地区，几乎受到所有自然因素（气象、水文、生物、地形地貌、土壤本身等）的作用，而且还受到各种人类活动的干扰，各种因素综合影响使土壤侵蚀在时空过程与分布上极其复杂。另外，我国地域辽阔，各地自然与人文背景差异巨大，造成侵蚀特征各异，增加了土壤侵蚀规律认识的难度，进而影响水土保持措施的优化布局。因此，在土壤侵蚀过程及其动力机制研究领域，立足于我国实际，建议围绕以下 3 个方向有所突破。

6.5.1 土壤侵蚀机理及其过程的数学表达

土壤侵蚀过程具有独特的水/土界面相互作用机制以及地表形态和环境要素演化规律。目前土壤侵蚀过程描述趋向对植被截留、土壤入渗、地表产流、侵蚀输沙、搬运沉积等过程的物理定量表达。然而，技术手段限制导致薄层水流的流速、流量等难以准确测定，水分入渗、蒸散等难以适时确定；坡面薄层流动力过程的解析仍主要沿用河流泥沙运动学和明渠水力学等邻近学科的理论方法；风沙两相流的传输主要依赖经典力学和流体力学在模拟环境下解释。由此造成学科理论体系尚不完善，从而制约了该学科的深入发展，造成了研究精度不够，科学研究与生产实践结合不够紧密。同时，我国土壤侵蚀类型的多样性、侵蚀过程的复杂性、人类活动影响的高强度皆为世界之最，导致我国复杂侵蚀环境下土壤侵蚀过程及动力机制尚不明晰，基础理论仍显薄弱。其研究重点主要包括：基于含沙水流的水动力学关键参数与临界，侵蚀形态发生演变过程数值模拟；风沙流动力学特征及沙粒运动过程与机制，重力侵蚀与泥石流发生的力学机制与发生条件，高海拔寒区融水土壤侵蚀机理与过程模拟；水力/风力、水力/冻融、水力/重力等多重外力复合侵蚀过程与模拟；我国东北漫岗丘陵地区的长缓坡、西北黄土高原地区的陡坡、长江中上游山区的深切峡谷、西南喀斯特区的岩溶地貌等特殊环境下侵蚀过程与机制。

6.5.2 水土保持措施防蚀机理

我国治理水土流失历史悠久，水土保持措施丰富多样，系统分析总结各地区水土保持措施，阐明各种措施的防治机理，对我国生态环境建设有重要作用。然而，我国土壤侵蚀理论研究却一直滞后于水土保持实践，难以满足指导生态环境整治的需求。水土保持措施主要包括生物、工程和耕作措施。植被是最常用的水土保持生物措施，植被既能拦截降雨减少降雨侵蚀力，也能改善土壤结构增强土壤抗蚀性。但以往研究多关注于植被的地上部分，植被的地下部分作为控制土壤侵蚀的重要因素，由于具有隐蔽性，其作用机理仍不明确；植被重建过程中物种的选择和配置及其分布格局是影响防蚀效果的关键，但该方面一直是研究的难点。同时，水保措施防蚀效果还具有时空差异性，但这方面都缺乏系统的研究，如梯田、谷坊和拦沙坝等的防蚀效果随降雨强度、立地条件以及时间的变化规律仍不清楚。深入研究上述问题是进行各种水土保持措施设计和实施的理论基础。其研究重点主要包括：在不同侵蚀环境下水土保持措施防蚀效果的时空差异；不同植被类型、空间格局、立地条件等引起的植被地下部分的防蚀差异及机理；建立合理的水土保持效益评价体系，分析各种水土保持措施的投入和产出关系，保障水土保持规划的合理性和水土保持措施的可持续性。

6.5.3 新技术与新方法的发展

先进和精确的试验观测技术与方法，是自然科学研究的基础。土壤侵蚀过程与动力机制研究从对侵蚀过程的定性了解到各种定量数据的获取，到模型、公式的验证，无不需要借助于技术与方法的进步。特别是降雨产流和侵蚀输沙的动态变化过程及相关参数的测定，需要依靠人工降雨冲刷实验和野外的定位小区观测来获取。目前由于受试验设备、量测技术水平的限制，大多数降雨器还只能进行定雨强试验，与天然降雨的雨滴滴谱、终点速度、降雨动能与雨强的关系等有一定的差异，不利于还原自然条件下真实的降雨情况；坡面流作为三维、非均匀非恒定沿程变化流，流动的形态千变万化，但以往研究关于水动力学特性的结论都是整个坡面的平均情况，对于这些参数在侵蚀过程中的时空差异研究较少，制约了坡面侵蚀机理模型的建立；土壤抗蚀性能的测定主要通过测定土壤团聚体在静水中的分散速度，但土壤抗蚀性受到众多因素的影响，现有参数不能准确描述土壤结构稳定性；在核素示踪技术对坡面侵蚀过程研究中，由于 Cs-137 的半衰期较短，导致其作为示踪元素的灵敏度将随时间的推移而受到影响。其研究重点主要包括：模拟降雨设备的研制与改进，降雨参数测定仪器和方法的发展；开发坡面薄层水流流速、水深等水流参数的测量技术与仪器研制；土壤结构力学性质测量仪器与方法的改进及其对侵蚀过程描述；核素示踪技术与方法在土壤侵蚀过程研究中的深化应用。

6.6 小　　结

土壤侵蚀研究工作开展一个多世纪以来，其过程与机理已取得重大进步。从国内外进展可看出土壤侵蚀科学研究受到了学科发展和社会需求的双重驱动。2000 年以来，国际上土壤侵蚀科学研究的主要热点领域可以概括为土壤侵蚀动力机制、土壤结构与土壤分离、土壤侵蚀与物质迁移、土壤侵蚀过程模拟、土壤侵蚀与气候变化、风蚀过程与防治等方面。中国的土壤侵蚀过程研究已从早期的跟踪国际热点发展到与国际发展趋势并行阶段。尽管在土壤侵蚀物理模型方面还相对薄弱，但在陡坡侵蚀过程与机理、水土保持措施减蚀机理方面已经开始了新的探索，初步形成了自己的特色。分离、搬运和沉积过程及其与环境要素的关系一直是土壤侵蚀科学研究内涵，但其外延已从传统的田块向陆地表层系统扩展，通过侵蚀过程与物质搬运及其沉积的研究，为理解陆地表层系统变化过程与机理提供基础信息，并融入地球系统科学。土壤侵蚀科学研究借助系统科学新思维、物质科学新技术等，进一步推动土壤侵蚀科学的认知水平和分析能力。

参考文献

Asadi, H., H. Ghadiri, C. W. Rose, et al. 2007a. Interrill soil erosion processes and their interaction on low slopes. *Earth Surface Processes and Landforms*, Vol. 32, No. 5.

Asadi, H., H. Ghadiri, C. W. Rose, et al. 2007b. An investigation of flow-driven soil erosion processes at low streampowers. *Journal of Hydrology*, Vol. 342, No. 1-2.

Asadi, H., A. Moussavi, H. Ghadiri, et al. 2011. Flow-driven soil erosion processes and the size selectivity of sediment. *Journal of Hydrology*, Vol. 406, No. 1.

Brodowski, R. 2013. Soil detachment caused by divided rain power from raindrop parts splashed downward on a sloping surface. *Catena*, Vol. 105.

Bronick, C. J., R. Lal. 2005. Soil structure and management: a review. *Geoderma*, Vol. 124, No. 1.

Bryan, R. B. 2000. Soil erodibility and processes of water erosion on hillslopes. *Geomorphology*, Vol. 32, No. 3.

Chen, Z., H. M. Cui, P. Wu, et al. 2010. Study on the optimal intercropping width to control wind erosion in North China. *Soil & Tillage Research*, Vol. 110, No. 2.

Chin, M., P. Ginoux, S. Kinne, et al. 2002. Tropospheric aerosol optical thickness from the GOCART model and comparisons with satellite and Sun photometer measurements. *Journal of the Atmospheric Sciences*, Vol. 59, No. 3.

Cornelis, W. M., D. Gabriels. 2003. The effect of surface moisture on the entrainment of dune sand by wind: an evaluation of selected models. *Sedimentology*, Vol. 50, No. 4.

Cornelis, W. M., D. Gabriels. 2005. Optimal windbreak design for wind-erosion control. *Journal of Arid Environments*, Vol. 61, No. 2.

Cui, P., C. Dang, Z. L. Cheng, et al. 2010. Debris flows resulting from glacial-lake outburst floods in Tibet, China. *Physical Geography*, Vol. 31, No. 6.

De Roo, A., C. Wesseling, C. Ritsema, 1996. LISEM: a single-event physically based hydrological and soil erosion model for drainage basins. I: theory, input and output. *Hydrological Processes*, Vol. 10, No. 8.

Deng, L., G. B. Liu, Z. P. Shangguan. 2014. Land-use conversion and changing soil carbon stocks in China's 'Grain-for-Green' program: a synthesis. *Global Change Biology*, Vol. 20, No. 11.

Ellison, W. D. 1947. Soil erosion studies-part I. *Agricultural Engineering*, Vol. 28.

Follett, R. F., J. A. Delgado. 2002. Nitrogen fate and transport in agricultural systems. *Journal of Soil and Water Conservation*, Vol. 57, No. 6.

Gao, B., M. T. Walter, T. S. Steenhuis, et al. 2005. Investigating raindrop effects on transport of sediment and non-sorbed chemicals from soil to surface runoff. *Journal of Hydrology*, Vol. 308, No. 1-4.

Girmay, G., B. R. Singh, J. Nyssen, et al. 2009. Runoff and sediment-associated nutrient losses under different land uses in Tigray, Northern Ethiopia. *Journal of Hydrology*, Vol. 376, No. 1.

Jarecki, M. K., R. Lal. 2006. Compost and mulch effects on gaseous flux from an alfisol in Ohio. *Soil Science*, Vol. 171, No. 3.

Kinnell, P. I. A. 1990. The mechanics of raindrop induced flow transport. *Soil Research*, Vol. 28, No. 4.

Kinnell, P. I. A. 2005. Raindrop-impact-induced erosion processes and prediction: a review. *Hydrological Processes*, Vol. 19, No. 14.

Kinnell, P. I. A. 2012. Raindrop-induced saltation and the enrichment of sediment discharged from sheet and interrill erosion areas. *Hydrological Processes*, Vol. 26, No. 10.

Kirkby, M. J., R. P. C. Morgan. 1980. *Soil Erosion*. John Wiley & Sons, Ltd, Chichester.

Kok, J. F., N. O. Renno. 2009. A comprehensive numerical model of steady state saltation (COMSALT). *Journal of Geophysical Research-Atmospheres*, Vol. 114, No. D17.

Lee, K. H., T. M. Isenhart, R. C. Schultz. 2003. Sediment and nutrient removal in an established multi-species riparian buffer. *Journal of Soil and Water Conservation*, Vol. 58, No. 1.

Le Bissonnais, Y. 1996. Aggregate stability and assessment of soil crustability and erodibility: I. theory and methodology. *European Journal of Soil Science*, Vol.47, No. 4.

Liu, B. Y., K. L. Zhang, Y. Xie. 2002. An empirical soil loss equation. 12th International Soil Conservation Organization Conference, Beijing.

Mamedov, A. I., I. Shainberg, G. J. Levy. 2002. Wetting rate and sodicity effects on interrill erosion from semi-arid Israeli soils. *Soil & Tillage Research*, Vol. 68, No. 2.

Marshall, T. J., J. W. Holmes, C. W. Rose. 1996. *Soil Physics*. Cambridge University Press, Cambridge.

McGuire, B. 2010. Potential for a hazardous geospheric response to projected future climate changes. *Philosophical*

Transactions of the Royal Society of London A: Mathematical, Physical and Engineering Sciences, Vol. 368, No. 1919.

Meyer, L. D., W. H. Wischmeier. 1969. Mathematical simulation of the process of soil erosion by water. *Transactions of the ASAE*, Vol. 12.

Morgan, R. P. C., J. N. Quinton, R. E. Smith, et al. 1998. The European soil erosion model (EUROSEM): a dynamic approach for predicting sediment transport from fields and small catchments. *Earth surface Processes and Landforms*, Vol. 23, No. 6.

Morgan, R. P. C. 2005. *Soil Erosion & Conservation*. 3rd edn. Blackwell Publishing, Oxford.

Mullan, D. 2013. Soil erosion under the impacts of future climate change: assessing the statistical significance of future changes and the potential on-site and off-site problems. *Catena*, Vol. 109.

Mullan, D., D. Favis-Mortlock, R. Fealy. 2012. Addressing key limitations associated with modelling soil erosion under the impacts of future climate change. *Agricultural and Forest Meteorology*, Vol. 156.

Nearing, M. A., G. R. Foster, L. J. Lane, et al. 1989. A process-based soil erosion model for USDA water erosion prediction project technology. *Transactions of the ASAE*, Vol. 32.

Nordstrom, K. F., S. Hotta. 2004. Wind erosion from cropland in the USA: a review of problems, solutions and prospects. *Geoderma*, Vol. 121, No. 3-4.

Okin, G. S., D. A. Gillette, J. E. Herrick. 2006. Multi-scale controls on and consequences of aeolian processes in landscape change in arid and semi-arid environments. *Journal of Arid Environments*, Vol. 65, No. 2.

Polyakov, V. O., R. Lal. 2008. Soil organic matter and CO_2 emission as affected by water erosion on field runoff plots. *Geoderma*, Vol. 143, No. 1-2.

Renard, K. G., G. R. Foster, G. A. Weesies, et al. 1997. *Predicting Soil Erosion by Water: A Guide to Conservation Planning with the Revised Universal Soil Loss Equation (RUSLE). Agricultural Handbook*. US Department of Agriculture, Washington, DC.

Rhoton, F. E., M. J. Shipitalo, D. L. Lindbo. 2002. Runoff and soil loss from midwestern and southeastern US silt loam soils as affected by tillage practice and soil organic matter content. *Soil & Tillage Research*, Vol. 66, No. 1.

Rose, C. W., J. R. Williams, G. C. Sander, et al. 1983. A mathematical model of soil erosion and deposition processes: I. theory for a plane land element. *Soil Science Society of America Journal*, Vol. 47, No. 5.

Rouhipuro, H., H. Ghadiri, C. W. Rose. 2006. Relative contribution of flow-driven and rainfall-driven erosion processes to sediment concentration with their interaction. *Australian Journal of Soil Research*, Vol. 44.

Shi, Z. H., N. F. Fang, F. Z. Wu, et al. 2012. Soil erosion processes and sediment sorting associated with transport mechanisms on steep slopes. *Journal of Hydrology*, Vol. 454-455.

Shi, Z. H., B. J. Yue, L. Wang, et al. 2013. Effects of mulch cover rate on interrill erosion processes and the size selectivity of eroded sediment on steep slopes. *Soil Science Society of America Journal*, Vol. 77, No. 1.

Shi, Z. H., F. L. Yan, L. Li, et al. 2010. Interrill erosion from disturbed and undisturbed samples in relation to topsoil aggregate stability in red soils from subtropical China. *Catena*, Vol. 81, No. 3.

Sivakumar, M. V. K. 2007. Interactions between climate and desertification. *Agricultural and Forest Meteorology*, Vol. 142, No. 2-4.

Starr, G. C., R. Lal, R. Malone, et al. 2000. Modeling soil carbon transported by water erosion processes. *Land Degradation and Development*, Vol. 11, No. 1.

Usher, C. R., A. E. Michel, V. H. Grassian. 2003. Reactions on mineral dust. *Chemical Reviews*, Vol. 103, No. 12.

Van Oost, K., T. A. Quine, G. Govers, et al. 2007. The impact of agricultural soil erosion on the global carbon cycle. *Science*, Vol. 318, No. 5850.

Vermang, J., V. Demeyer, W. M. Cornelis, et al. 2009. Aggregate stability and erosion response to antecedent water content of a loess soil. *Soil Science Society of America Journal*, Vol. 73, No. 3.

Wallach, R., G. Grigorin, J. R. Byk. 2001. A comprehensive mathematical model for transport of soil-dissolved chemicals by overland flow. *Journal of Hydrology*, Vol. 247, No. 1.

Walter, M. T., B. Gao, J. Y. Parlange. 2007. Modeling soil solute release into runoff with infiltration. *Journal of Hydrology*, Vol. 347, No. 3.

Wang, J. G., Z. X. Li, C. F. Cai, et al. 2013. Effects of stability, transport distance and two hydraulic parameters on aggregate abrasion of Ultisols in overland flow. *Soil & Tillage Research*, Vol. 126.

Wang, L., Z. H. Shi, J. Wang, et al. 2014. Rainfall kinetic energy controlling erosion processes and sediment sorting on steep hillslopes: a case study of clay loam soil from the Loess Plateau, China. *Journal of Hydrology*, Vol. 512.

Wischmeier, W. H., D. D. Smith. 1965. *Predicting Rainfall Erosion Losses from Cropland East of the Rocky Mountains. Agricultural Handbook*. US Government Print Office, Washington, DC.

Wuddivira, M. N., R. J. Stone, E. I. Ekwue. 2009. Clay, organic matter, and wetting effects on splash detachment and aggregate breakdown under intense rainfall. *Soil Science Society of America Journal*, Vol. 73, No. 1.

Yang, P., Z. B. Dong, G. Q. Qian, et al. 2007. Height profile of the mean velocity of an aeoliansaltating cloud: wind tunnel measurements by particle image velocimetry. *Geomorphology*, Vol. 89, No. 3-4.

Zhang, G. H., B. Y. Liu, M. A. Nearing, et al. 2002. Soil detachment by shallow flow. *Transactions of the ASAE*, Vol. 45, No. 2.

Zhang, G. H., B. Y. Liu, G. B. Liu, et al. 2003. Detachment of undisturbed soil by shallow flow. *Soil Science Society of America Journal*, Vol. 67, No. 3.

Zhang, G. H., B. Y. Liu, X. C. Zhang. 2008. Applicability of WEPP sediment transport equation to steep slopes. *Transactions of the ASABE*, Vol. 51, No. 1.

Zhang, G. H., R. C. Shen, R. T. Luo, et al. 2010. Effects of sediment load on hydraulics of overland flow on steep slopes. *Earth Surface Processes and Landforms*, Vol. 35, No. 15.

Zhang, G. H., L. L. Wang, K. M. Tang, et al. 2011. Effects of sediment size on transport capacity of overland flow on steep slopes. *Hydrological Sciences Journal*, Vol. 56, No. 7.

Zhang, G. S., K. Y. Chan, A. Oates, et al. 2007. Relationship between soil structure and runoff/soil loss after 24 years of conservation tillage. *Soil & Tillage Research*, Vol. 92, No. 1.

董月群、雷廷武、张晴雯等："集中水流冲刷条件下浅沟径流流速特征研究"，《农业机械学报》，2013年第5期。

龚家国、周祖昊、贾仰文等："黄土区浅沟侵蚀沟槽发育及其水流水力学基本特性模拟实验研究"，《水土保持学报》，2010年第5期。

和继军、孙莉英、李君兰等："缓坡面细沟发育过程及水沙关系的室内试验研究"，《农业工程学报》，2012年第10期。

雷廷武、姚春梅、张晴雯等："细沟侵蚀动态过程模拟数学模型和有限元计算方法"，《农业工程学报》，2004年第4期。

冷疏影、冯仁国、李锐等："土壤侵蚀与水土保持科学重点研究领域与问题"，《水土保持学报》，2004年第1期。

李斌兵、肖培青、余叔同："黄土丘陵沟壑区坡沟系统切沟侵蚀数值模拟"，《中国水土保持科学》，2012年第1期。

李浩宏、王占礼、申楠等："黄土坡面片蚀水流含沙量变化过程试验研究"，《中国水土保持》，2015年第3期。

李锐："中国主要水蚀区土壤侵蚀过程与调控研究"，《水土保持通报》，2011年第5期。

李锐、上官周平、刘宝元等："近60年我国土壤侵蚀科学研究进展"，《中国水土保持科学》，2009年第5期。

李小昱、王为、沈逸等："基于虚拟仪器技术的光电式坡面径流流速测量系统"，《农业工程学报》，2006年第6期。

李占斌、秦百顺、亢伟等："陡坡面发育的细沟水动力学特性室内试验研究"，《农业工程学报》，2008年第6期。

刘宝元、刘瑛娜、张科利等："中国水土保持措施分类"，《水土保持学报》，2013年第2期。

刘刚才、张建辉、杜树汉等："关于水土保持措施适宜性的评价方法"，《中国水土保持科学》，2009年第1期。

刘俊娥、王占礼、高素娟等："黄土坡面片蚀过程动力学机理试验研究"，《农业工程学报》，2012年第7期。

刘鹏、李小昱、王为等："基于相关法的坡面径流流速测量系统"，《农业工程学报》，2008年第3期。

刘青泉、李家春、陈力等："坡面流及土壤侵蚀动力学（Ⅱ）——土壤侵蚀"，《力学进展》，2004年第3期。

罗榕婷、张光辉、曹颖："坡面含沙水流水动力学特性研究进展"，《地理科学进展》，2009年第4期。

史晓楠、雷廷武、夏卫生："电解质示踪测量坡面薄层水流流速的改进方法"，《农业工程学报》，2010年第5期。

宋炜、刘普灵、杨明义："利用REE示踪法研究坡面侵蚀过程"，《水科学进展》，2004年第2期。

唐克丽：《中国水土保持》，科学出版社，2004年。

脱登峰、许明祥、马昕昕等："风水交错侵蚀条件下侵蚀泥沙颗粒变化特征"，《应用生态学报》，2014年第2期。

王礼先、张有实、李锐等："关于我国水土保持科学技术的重点研究领域"，《中国水土保持科学》，2005年第1期。

王玲玲、刘兰玉、姚文艺："水流挟沙力计算公式比较分析"，《水资源与水工程学报》，2008年第4期。

吴凤至、史志华、方怒放等："不同降雨条件下侵蚀泥沙黏粒含量的变化规律"，《环境科学》，2012年第17期。

吴凤至、史志华、岳本江等："坡面侵蚀过程中泥沙颗粒特性研究"，《土壤学报》，2012年第6期。

吴新亮、魏玉杰、李朝霞等："亚热带地区几种红壤坡面侵蚀泥沙的物质组成特性"，《土壤学报》，2014年第6期。

武敏、郑粉莉："浅沟侵蚀过程及预报模型研究进展"，《水土保持研究》，2004年第4期。

夏卫生、雷廷武、刘春平等："坡面薄层水流流速测量的比较研究"，《农业工程学报》，2004年第2期。

肖培青、姚文艺："黄土高原侵蚀过程研究进展"，第二届黄河国际论坛论文集，2005年。

肖培青、郑粉莉、汪晓勇等："黄土坡面侵蚀方式演变与侵蚀产沙过程试验研究"，《水土保持学报》，2008年第1期。

肖培青、郑粉莉、张成娥："细沟侵蚀过程与细沟水流水力学参数的关系研究"，《水土保持学报》，2001年第1期。

闫丽娟、余新晓、雷廷武等："坡面流输沙能力与土壤可蚀性参数对细沟土壤侵蚀过程影响的有限元计算模型研究"，《土壤学报》，2009年第2期。

姚春梅、雷廷武、张晴雯等："细沟侵蚀动态过程模拟室内试验和模型验证研究"，《农业工程学报》，2004年第5期。

余新晓、吴岚、饶良懿等："水土保持生态服务功能评价方法"，《中国水土保持科学》，2007年第2期。

袁希平、雷廷武："水土保持措施及其减水减沙效益分析"，《农业工程学报》，2004年第2期。

张风宝、杨明义、王光谦："坡耕地小区坡面不同坡段侵蚀泥沙贡献率的 ^{7}Be 示踪研究"，《泥沙研究》，2011年第1期。

张光辉："国外坡面径流分离土壤过程水动力学研究进展"，《水土保持学报》，2000年第3期。

张光辉："坡面水蚀过程水动力学研究进展"，《水科学进展》，2001年第3期。

张光辉："土壤侵蚀水动力学机理研究"，中国水土保持学会科技协作工作委员会年会交流材料，2011年。

张玉斌、王昱程、郭晋："水土保持措施适宜性评价的理论与方法初探"，《水土保持研究》，2014年第1期。

郑粉莉、高学田："坡面土壤侵蚀过程研究进展"，《地理科学》，2003年第2期。

郑粉莉、王占礼、杨勤科："土壤侵蚀学科发展战略"，《水土保持研究》，2004年第4期。

郑粉莉、王占礼、杨勤科："我国水蚀预报模型研究的现状、挑战与任务"，《中国水土保持科学》，2005年第1期。

郑粉莉、武敏、张玉斌等："黄土陡坡裸露坡耕地浅沟发育过程研究"，《地理科学》，2006年第4期。

郑粉莉、张姣、张鹏等："黄土坡面片蚀—细沟—切沟侵蚀形态的演变与模拟"，中国水土保持学会科技协作工作委员会2011年年会论文集，2011年。

第 7 章 土壤界面化学过程与效应

土壤是由固相、液相和气相组成的多相体系，固相部分又由层状硅酸盐矿物、氧化物、有机质和丰富的微生物组成，土壤中的大部分化学反应，如吸附—解吸、离子交换、沉淀—溶解等，都发生在两相之间的界面，特别是固/液界面，是土壤中最活跃的部分。土壤界面化学是土壤化学的重要方面，土壤界面的化学性质和化学过程对营养元素与污染物在土壤中的化学行为和生物有效性有重要影响，从而影响作物生长和农产品质量及污染物的迁移转化与植物毒性。因此，土壤界面化学研究对农业可持续发展和生态环境保护具有重要的理论与实际意义。

7.1 概　　述

本节以土壤界面化学过程与效应的研究缘起为切入点，阐述了土壤界面化学的内涵及其主要研究内容，并以科学问题的深化和研究方法的创新为线索，探讨了土壤界面化学过程与效应研究的演进阶段及关注的科学问题的变化。

7.1.1 问题的缘起

土壤界面化学研究可以追溯到 165 年前开始的土壤中离子吸附与交换研究。英国约克郡农民 H. S. Thompson 发现，将$(NH_4)_2SO_4$溶液加入土柱后，在淋出液中存在 $CaSO_4$，说明土壤中存在阳离子吸附—交换现象。他在 1850 年报道该研究结果之前（1848 年），将发现的这种现象告诉了英国皇家农学会的顾问化学家 J. Thomas Way，随后 Way 立即应用多种土壤，广泛地研究了土壤中普遍存在的各种阳离子的吸附—交换现象，并于 1850~1852 年发表了一系列研究论文（季国亮，2013：23~25）。这些研究结果确证了土壤中的阳离子吸附—交换现象，明确了这种现象的某些规律。例如，这种吸附为可逆吸附，并服从化学等当量关系，而且同一种土壤对各种离子的吸附程度有所不同。这些研究结果得到广泛的承认，并且直到现在仍不失其价值。在此后的相当长时期，土壤中离子吸附和交换反应及其与植物生长的关系一直是土壤化学的研究热点（于天仁等，1976）。

7.1.2 问题的内涵及演进

土壤界面化学主要研究土壤固相与溶液及土壤固相不同组分之间的交界面的物理化学性质及其在界面发生的各种化学反应。在胶体分散体系中，由于质点小，相与相之间的界面面积大，因此胶体化学与界（表）面化学常常联系在一起，称为胶体与界面化学。土壤界面化学的主要研究内容包括：①界面的物理化学性质，如表面电荷性质、表面电位、动电性质、电导、扩散双电层结构与特征、表面官能团的种类和数量等；②界面中发生的化学反应，主要有吸附与解吸、离子交换、表面络合、质子化和去质子化、溶解与沉淀、酸碱反应和氧化还原反应等；③影响界面化学性质和化学反应的因素，如pH、离子强度、双电层相互作用等。胶体化学研究还涉及分散体系中颗粒之间的作用力与胶体稳定性。

土壤界面化学过程研究的发展历程大体可分为以下5个阶段。

第一阶段：离子吸附与交换理论的建立。 自19世纪中期发现土壤中离子吸附与交换现象后的近100年时间内，土壤中的离子交换反应一直是土壤界面化学研究的重要内容。这一时期的研究主要针对土壤中的养分离子NH_4^+、Ca^{2+}、Mg^{2+}以及K^+和Na^+之间的交换反应，研究交换反应的速度和离子交换的当量关系，建立各种阳离子交换方程来定量描述离子交换过程。20世纪30年代，X射线衍射技术在土壤矿物鉴定中得到应用，发现土壤中大多数矿物以结晶形态存在，矿物中存在的同晶置换是土壤负电荷的主要来源（熊毅等，1985）。英国学者R. K. Schofield（1939：1~5）提出永久负电荷和可变负电荷的概念，并建立土壤表面电荷的测定和区分方法，这些方法经改进后一直应用至今。土壤矿物和表面电荷的研究为离子交换理论的建立奠定了基础。随着扩散双电层理论的建立，对离子交换反应有了进一步的认识。可发生交换反应的阳离子主要由于带负电荷土壤颗粒表面对离子的静电引力（库仑力）作用而吸附于土壤颗粒表面，但不与颗粒表面形成化学键（于天仁等，1976）。因此，这些离子主要分布于带电颗粒表面双电层的扩散层中，可被其他同类离子取代进入本体溶液，是一种可逆吸附。

第二阶段：土壤酸度本质的认识。 土壤酸度本质的认识过程与离子交换反应有密切的联系。20世纪初，pH概念被应用到土壤研究中，并开始用电位法测定土壤中H^+的浓度。之后逐步认识到H^+在土壤酸度中发挥重要作用，认为土壤酸度主要以交换性H^+存在于土壤固相表面的阳离子交换位上，形成交换性H^+学说。但同时期的研究也发现，酸性土壤的提取液中不仅含H^+，还含大量Al^{3+}。模拟研究表明，将土壤黏土矿物用酸洗制备成的H^+饱和黏土不是纯H^+质黏土，而是H^+、Al^{3+}质黏土。苏联学者Чернов经过详细研究证明H^+质黏土可以自动转化为铝质黏土，土壤酸度主要由吸附性铝离子所引起，吸附性H^+仅占土壤交换性酸的很小部分。他于1947年出版俄文专著《土壤酸度的本质》，于天仁先生将其翻译成中文，由科学出版社出版（Чернов，1957）。Чернов因为这项工作获得斯大林奖金。Чернов的著作在20世纪50年代初传到美国后，N. T. Coleman等于1953年用黏土矿物进行的研究得到了与Чернов相同的结论。再经过许多其他学者的继续研究，到20世纪50年代末，土壤酸度的交换性铝学说得到土壤学界的公认。由于土壤酸度本质研究的突出进展，20世纪50~60年代，土壤酸度问题成为土壤化学研究中最活跃的一个领域（于天仁，1987）。

第三阶段：离子专性吸附。 某些多价阳离子，如重金属阳离子，它们在土壤和黏土矿物表面的吸附为不完全可逆吸附，即涉及这些离子的交换反应不按等当量关系进行（DeMumbrum and Jackson，1956：334~337；Hodgson et al.，1964：42~46）。后来有人将化学中的专性吸附引入土壤学中，描述这种不可逆吸附现象（McLaren and Crawford，1973：443~452）。20世纪50~60年代，随着对热带和亚热带地区可变电荷土壤研究的增多，发现这类土壤由于含较多的铁、铝氧化物，因此其表面不仅带负电荷，还带一定量的正电荷，阴离子如 Cl^- 和 NO_3^- 可以在这类土壤表面发生静电吸附。但磷酸根、硫酸根、氟离子在这类土壤和铁、铝氧化物表面发生不完全可逆吸附，即涉及离子的专性吸附。1967年 F. J. Hingston 等（1459~1461）在 *Nature* 上撰文介绍阴离子在金属氧化物表面发生专性吸附的机制和特征，认为发生专性吸附的阴离子能够进入金属氧化物表面的金属原子的配位壳中，与配位壳中的羟基或水分子发生配位体交换反应，并通过共价键或配位键结合在固体表面。此后，又将内圈型表面络合物的概念引入土壤界面化学研究中，描述离子的专性吸附机制，而将离子的静电吸附定义为形成外圈型表面络合物。在20世纪70~90年代，土壤中离子的专性吸附成为土壤界面化学研究的热点（Parfitt，1978：1~50；Barrow，1985：183~230；于天仁等，1996）。随着这一时期土壤污染问题的日趋突出，除研究磷酸根和硫酸根外，还对砷酸根、铬酸根及各种重金属阳离子在土壤和金属氧化物表面的专性吸附开展了广泛而深入的研究。

第四阶段：界面化学反应动力学。土壤是一个复杂的多相体系，土壤中发生的化学过程一般均处于动态变化中，很难达到真正意义上的反应平衡，因此，界面反应的动力学一直是土壤界面化学研究的重要方面。但由于缺乏合适的研究方法，很难对界面化学反应的快速反应阶段的动力学特征进行深入研究。D. L. Sparks（1985：231~266）在 *Advances in Agronomy* 上撰文对黏土矿物和土壤体系中离子交换反应动力学研究的阶段性成果进行总结，重点介绍黏土矿物和土壤中离子交换反应的动力学及其研究方法。1989年他又出版专著 *Kinetics of Soil Chemical Progresses*，详细介绍化学动力学的基本原理及其在土壤研究中的应用，研究土壤化学反应动力学的新方法以及土壤中无机离子吸附动力学、有机污染物吸附和降解动力学、矿物风化动力学和土壤氧化还原动力学等方面的新进展。这些工作推动了土壤界面化学反应动力学研究在全球范围内的广泛开展，化学反应动力学成为20世纪80~90年代土壤界面化学研究的热点。化学动力学研究不仅能获得反应速率的信息，还可通过确定速率控制步骤为反应机理的探讨提供依据。

第五阶段：界面化学反应的分子机制。随着界面化学研究的不断深入，人们希望在更微观尺度上了解界面化学反应的机制，特别是在分子和原子水平上阐明界面化学反应的机制及反应产物的结构特征。20世纪80年代末至90年代初，基于同步辐射的X射线吸收光谱等现代表面分析技术被应用到土壤学和环境科学的研究中（Hayes et al.，1987：783~786；Combes et al.，1992：376~382；Fendorf et al.，1994：1583~1595），上述愿望逐步得到实现。通过分析重金属阳离子和类金属（砷和硒）阴离子在金属氧化物及黏土矿物表面吸附后样品的X射线扩展精细结构光谱（EXAFS），可以获得这些离子专性吸附形成的表面络合物的配位数及形成的化学键的键长等配位结构的原位信息（Fendorf et al.，1994：1583~1595），能够在分子和原子水平上明确表面络合物的微观结构。这一技术还可研究变价元素如铬（Cr）和砷（As）在界面的氧化还原过程，区分土壤中变价元素的形态分布，研究元素不同价态之间的转化过程。将动力学研究与 X 射线吸收光谱技术相结合，可以获取界面吸附、氧化还原和沉淀反应的原位、实时及动态信息，为在分子水平上探讨界面化学反应的机制提供了直接证据（Sparks, 2015: 1~19）。随着同步辐射技术的不断发展，近年来软 X 射线吸收光谱技术在土壤碳（C）、氮（N）、氧（O）、硫（S）、磷（P）、钾（K）、钙（Ca）、镁（Mg）、硅（Si）等轻元素的化学行为的研究中得到应用，这些元素均为植物必需的营养元素，碳（C）和氮（N）还涉及土壤温室气体排放，氮（N）和磷（P）与农业面源污染有密切联系，因此阐明与这些元素有关的化学物质的界面化学反应机制具有特别重要的意义（Gillespire et al., 2015: 1~32）。此外，傅里叶变换红外光谱（FTIR）、衰减全反射红外光谱（ATR-FTIR）、核磁共振波谱（NMR）和原子力显微镜等技术也在界面化学的分子机制研究中得到应用，人们对界面化学反应机制的认识不断深入。

7.2 国际"土壤界面化学过程与效应"研究主要进展

近 15 年来，随着土壤界面化学与效应研究的不断深入，逐渐形成了一些核心领域和研究热点，通过文献计量分析发现，其核心研究领域主要包括吸附与元素生物有效性、动力学和现代表面分析技术与反应机制、黏土矿物组成与元素界面化学行为、界面过程与土壤酸化和气候变化等方面。土壤界面化学在机理研究方面向分子和原子水平等更微观的方向发展，同时与土壤实际问题的结合越来越密切。

7.2.1 近 15 年国际该领域研究的核心方向与研究热点

运用 Web of Science 数据库，依据本研究领域核心关键词制定了英文检索式，即：("soil*" or "clay minerals" or "montmorillonite" or "kaolinite" or "iron oxides" or "goethite" or "hematite" or "ferrihydrite" or "aluminum oxides" or "biochar" or "black carbon") and (("adsorption" or "desorption" or "surface complexation" or "surface complexes" or "dissolution" or "precipitation" or "immobilization" or "mobility") and ("heavy metals" or "copper" or "cadmium" or "zinc" or "lead" or "nickel" or "arsenate" or "phosphate" or "sulfate" or "dissolved organic matter" or "organic matter" or "humic substance" or "humic acid") or ("surface charge" or "charge" or "zeta potential" or "kinetics" or "thermodynamics") or ("FTIR" or "EXAFS" or "atomic force microscopy")) or ("soil*" or "iron oxides" or "goethite" or "hematite" or "ferrihydrite" or "manganese oxides") and (("redox" or "reduction" or "oxidation") and ("chromium" or "arsenic" or "sulfur" or "organic pollutants" or "pesticides" or "oxygen") and ("degradation" or "biodegradation" or "decomposition" or "fate") or ("fertilizers" or "nitrification" or "acid rain" or "acid deposition") and ("proton" or "acidification"))，检索到近 15 年本研究领域共发表国际英文论文 36 736 篇。划分了 2000~2002 年、2003~2005 年、2006~2008 年、2009~2011 年和 2012~2014 年 5 个时段，各时段发表的论文数量占总发表论文数量的百分比分别为 11.8%、15.7%、19.9%、24.0%和 28.6%，呈逐年上升趋势。

图 7-1 为 2000～2014 年土壤界面化学过程与效应领域 SCI 期刊论文关键词共现关系，图中聚成了 4 个相对独立的研究聚类圈，在一定程度上反映了近 15 年国际土壤界面化学过程与效应研究的核心方向，**主要包括吸附与元素生物有效性、动力学和现代表面分析技术与反应机制、黏土矿物组成与元素界面化学行为、界面过程与土壤酸化和气候变化 4 个方面。**

（1）吸附与元素生物有效性

从文献关键词共现关系图 7-1 聚类圈中可以看出，吸附（adsorption）是出现频率最高的关键词，说明吸附是近 15 年来关注度最高的界面化学过程。圈中出现重金属（heavy metal）、磷（phosphorus）、多环芳烃（PAHs）、多氯联苯（PCB）和纳米颗粒（nanoparticle）等关键词，说明这些物质是吸附研究的主要对象，其中重金属的关注度最高，其次是磷。圈中出现有机质（organic matter）、腐殖酸（humic acid）、腐殖质（humic substances）和生物质炭（biochar）等关键词，这些有机物是影响土壤中污染物和养分吸附的主要因素。圈中出现频率较高的关键词还有解吸（desorption）、形态（speciation）和生物有效性（bioavailability），**反映出污染物和养分的吸附—解吸与其形态分布和生物有效性的关系是研究的热点之一。**

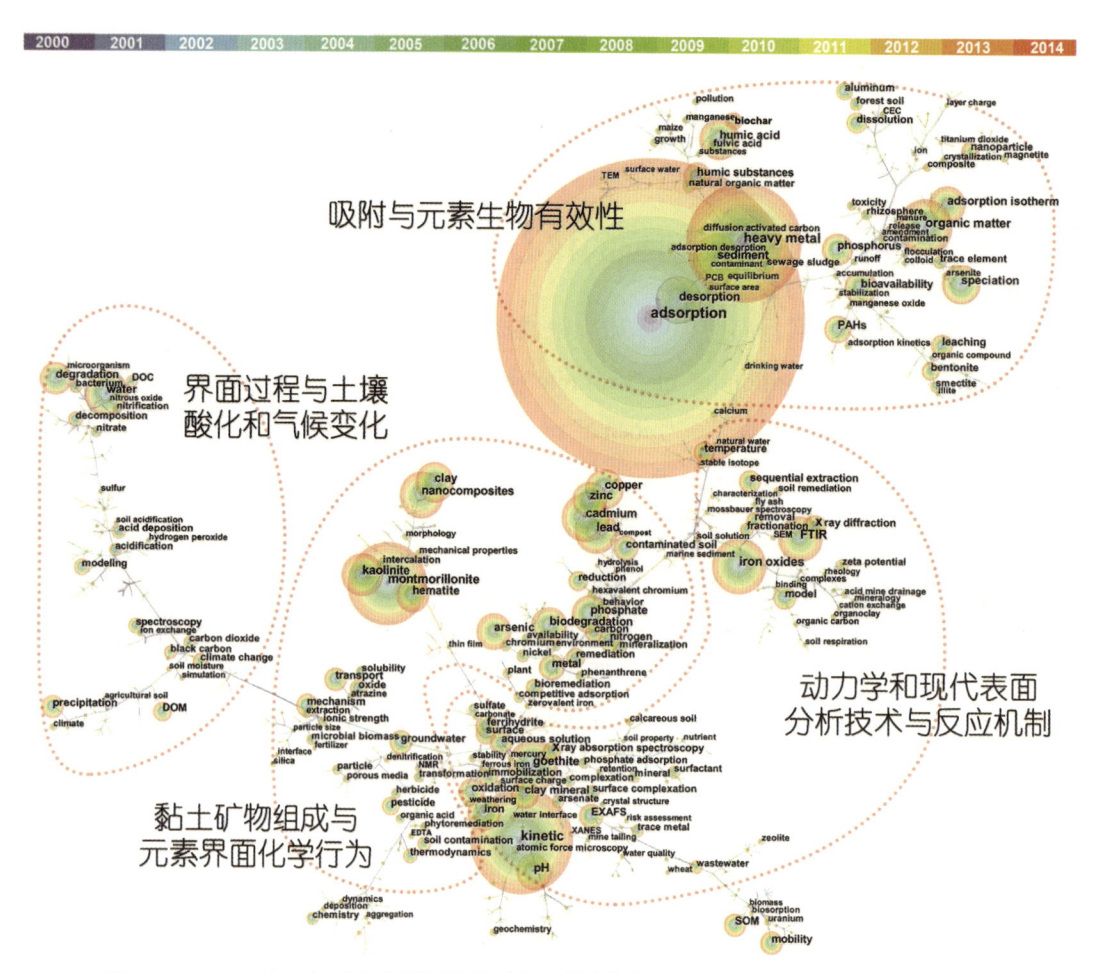

图 7-1　2000～2014 年"土壤界面化学过程与效应"领域 SCI 期刊论文关键词共现关系

（2）动力学和现代表面分析技术与反应机制

动力学（kinetic）是出现频率较高的关键词，说明界面化学过程的动力学仍然是近15年来研究人员关注的重点。分子水平上研究界面化学反应机制的现代分析方法集中出现在圈中，如傅里叶变换红外光谱（FTIR）、基于同步辐射的X射线吸收光谱（X-ray absorption spectroscopy）[包括扩展的精细结构光谱（EXAFS）和近边吸收光谱（XANES）]、原子力显微镜（atomic force microscopy）、穆斯堡尔谱（mossbauer spectroscopy）和扫描电镜（SEM）等。涉及的界面化学过程有：氧化（oxidation）、表面络合物的形成（surface complexation）、吸附（adsorption）、固定（immobilization）和风化（weathering）等。涉及的土壤固相物质有：黏土矿物（clay mineral）、铁氧化物（iron oxide）[包括针铁矿（goethite）和水铁矿（ferrihydrite）]，主要考察土壤固相组分与水溶液（aqueous solution）界面（water interface）的化学过程。pH、表面电荷（surface charge）、zeta电位（zeta potential）是影响界面过程的主要因素，这些关键词也出现在圈中。**因此，利用现代表面分析技术在分子水平上研究土壤界面化学反应的机制是土壤界面化学研究的另一个热点。**

（3）黏土矿物组成与元素界面化学行为

圈中出现黏土（clay）、纳米组分（nanocomposite）、蒙脱石（montmorillonite）、高岭石（kaolinite）、赤铁矿（hematite）等关键词，以及污染土壤（contaminated soil）、铅（lead）、镉（cadmium）、铜（copper）、锌（zinc）、砷（arsenic）、菲（phenanthrene）、除草剂（herbicide）、杀虫剂（pesticide）、磷酸根（phosphate）、碳（carbon）和氮（nitrogen）等关键词，**表明黏土矿物组成与污染物及养分的界面化学行为的关系受到研究人员的关注**。圈中还出现机械性质（mechanical properties）、迁移（transport）、溶解度（solubility）、机理（mechanism）和地下水（groundwater）等关键词，表明黏土矿物影响土壤理化性质，从而影响物质迁移和地下水水质也受到研究人员的关注。

（4）界面过程与土壤酸化和气候变化

圈中出现酸化（acidification）、土壤酸化（soil acidification）、酸沉降（acid deposition）、硫（sulfur）和模拟（modeling）等关键词，说明酸沉降特别是硫沉降与土壤酸化的关系仍受到研究人员的关注。圈中也出现水（water）、DOC、分解（decomposition）、硝化（nitrification）、硝酸根（nitrate）、细菌（bacterium）和退化（degradation）等关键词，说明碳、氮循环与土壤酸化的关系是另一个受到关注的问题，特别是铵态氮肥在微生物驱动下的硝化反应对土壤酸化的加速作用是当前的研究热点之一。圈中出现气候变化（climate change）、降雨量（precipitation）、二氧化碳（carbon dioxide）、农田土壤（agricultural soil）、离子交换（ion exchange）等关键词，**说明气候变化与界面化学过程和土壤酸化的互馈关系逐步受到研究人员的重视。**

SCI期刊论文关键词共现关系图反映了近15年土壤界面化学过程与效应研究的核心方向（图7-1），而不同时段TOP20高频关键词可反映其研究热点（表7-1）。表7-1显示了2000～2014年各时段TOP20关键词组合特征。由表7-1可知，2000～2014年，前10位高频关键词为：吸附（adsorption）、生物质炭（biochar）、重金属（heavy metal）、动力学（kinetic）、铁氧化物（iron oxide）、铅（lead）、等温线（isotherm）、磷酸根（phosphate）、蒙脱石（montmorillonite）和膨润土（bentonite），表明这些方向是近15年研究的热点。不同时段高频关键词组合特征能反映研究热点随时间的变化情况，吸附（adsorption）、重金属（heavy metal）、铁氧化物（iron oxide）、铅（lead）和磷酸根（phosphate）等关键词在各时段均占有重要地位，这些内容持续受到关注。以3年为时间段对热点问题的变化情况分析如下。

（1）2000～2002年

由表7-1可知，本时段的研究重点集中在土壤有机组分[如有机质（organic matter）、腐殖质（humic substance）]和无机组分[如蒙脱石（montmorillonite）、铁氧化物（iron oxide）、铝氧化物（aluminum oxide）]对重金属（heavy metal）[包括铜（copper）、铅（lead）和锌（zinc）]、类金属[砷（arsenic）、砷酸根（arsenate）、亚砷酸根（arsenite）]和磷酸根（phosphate）吸附（adsorption）的影响。用红外光谱（**FTIR**）和微电泳（**electrophoretic mobility**）等方法研究界面吸附反应的机制[如表面络合物的形成（**surface complexation**）]是该时段研究的热点。酸沉降（acid deposition）[包括硫沉降（sulfur）]对土壤酸化的影响是20世纪90年代研究的热点，这一热点也延续到21世纪初的该时段。

（2）2003～2005年

由表7-1可知，本时段延续前一时段的热点，重点研究土壤组分对重金属、类金属和磷酸根吸附的影响。本时段出现关键词动力学（kinetic）、等温线（isotherm）、竞争吸附（competitive adsorption）和模型（model），说明除了从化学平衡角度研究吸附等温线外，**吸附动力学为本时段的研究热点。除单一元素的吸附外，多种元素共存时的竞争吸附和吸附模型也受到比较多的关注。**重金属镉（cadmium）和有机污染物染料（dye）的吸附成为本时段的研究热点。元素吸附与迁移[如淋溶（leaching）、去除（removal）]的关系也受到关注。

（3）2006～2008年

由表7-1可知，本时段继续延续前两个时段的热点，研究土壤组分对重金属、砷和磷酸根吸附的影响、吸附机制和动力学。土壤组分关键词中出现热带和亚热带土壤中的主要黏土矿物高岭石（kaolinite），除固相有机质外，出现可溶性有机质（DOM）和人为活动产生的黑炭（black carbon）等关键词，说明这一时段的研究热点出现新特点。这一时段还出现团聚（aggregation）和纳米颗粒（nanoparticle）等关键词，说明除研究传统的胶体组分外开始关注更细小的纳米组分的作用。

（4）2009～2011年

由表7-1可知，本时段继续延续前3个时段的研究热点：土壤组分对重金属和磷酸根吸附的影响、吸附机制和动力学，还出现一些新热点。生物质炭（**biochar**）成为这一时段的新热点，它仅次于吸附（adsorption），成为该时段的第二高频关键词。除纳米颗粒（nanoparticle）外，还出现纳米尺度（nanoscale），**说明在纳米尺度上研究土壤界面化学过程与效应成为研究热点。**

表 7-1 2000~2014 年 "土壤界面化学过程与效应" 领域不同时段 TOP20 高频关键词组合特征

2000~2014年 关键词	词频	2000~2002年 (23篇/校正系数2.48) 关键词	词频	2003~2005年 (32篇/校正系数1.78) 关键词	词频	2006~2008年 (40篇/校正系数1.43) 关键词	词频	2009~2011年 (48篇/校正系数1.19) 关键词	词频	2012~2014年 (57篇/校正系数1.00) 关键词	词频
adsorption	89	adsorption	32.2 (13)	adsorption	30.3 (17)	adsorption	27.2 (19)	adsorption	20.2 (17)	adsorption	23
biochar	38	iron oxide	12.4 (5)	kinetic	16.0 (9)	kinetic	17.2 (12)	biochar	17.9 (15)	biochar	22
heavy metal	35	organic matter	9.9 (4)	heavy metal	14.2 (8)	iron oxide	12.9 (9)	heavy metal	11.9 (10)	heavy metal	12
kinetic	33	aluminum oxide	9.9 (4)	iron oxide	10.7 (6)	lead	8.6 (6)	kinetic	8.3 (7)	nanoparticle	5
iron oxide	27	FTIR	7.4 (3)	clay	10.7 (6)	phosphate	7.2 (5)	organic matter	6.0 (5)	isotherm	5
lead	21	montmorillonite	7.4 (3)	isotherm	8.9 (5)	isotherm	7.2 (5)	isotherm	4.8 (4)	black carbon	5
isotherm	19	arsenic	7.4 (3)	bentonite	8.9 (5)	surface complex.	5.7 (4)	iron oxide	4.8 (4)	lead	5
phosphate	16	surface complex.	7.4 (3)	lead	8.9 (5)	copper	5.7 (4)	nanoparticle	4.8 (4)	kinetic	4
montmorillonite	14	acid deposition	7.4 (3)	cadmium	7.1 (4)	heavy metal	4.3 (3)	phosphate	4.8 (4)	adsorbent	4
bentonite	13	heavy metal	5.0 (2)	arsenic	7.1 (4)	arsenic	4.3 (3)	bentonite	4.8 (4)	remediation	4
nanoparticle	12	phosphate	5.0 (2)	dye	7.1 (4)	montmorillonite	4.3 (3)	magnetic composite	4.8 (4)	phosphate	3
arsenic	12	humic substance	5.0 (2)	model	5.3 (3)	SOM	4.3 (3)	clay	3.6 (3)	dye	3
clay	11	copper	5.0 (2)	compet. adsorption	5.3 (3)	DOM	4.3 (3)	titanium dioxide	3.6 (3)	model	3
surface complex.	10	lead	5.0 (2)	montmorillonite	5.3 (3)	black carbon	4.3 (3)	lead	3.6 (3)	nanotube	3
black carbon	10	zinc	5.0 (2)	arsenate	5.3 (3)	kaolinite	4.3 (3)	removal	3.6 (3)	nanocomposite	3
cadmium	10	arsenate	5.0 (2)	leaching	5.3 (3)	humic acid	2.9 (2)	carbon seques.	3.6 (3)	Cr (VI)	3
adsorbent	9	arsenite	5.0 (2)	removal	5.3 (3)	aggregation	2.9 (2)	aggregation	3.6 (3)	montmorillonite	3
arsenate	9	electrophoretic mobility	5.0 (2)	adsorbent	5.0 (2)	FTIR	2.9 (2)	nanoscale	2.4 (2)	iron oxide	3
dye	8	sulfur	5.0 (2)	phosphate	3.6 (2)	nanoparticle	2.9 (2)	Eu (II)	2.4 (2)	immobilization	3
FTIR	8	modified clay	5.0 (2)	humic acid	3.6 (2)	cadmium	2.9 (2)	surface complex.	2.4 (2)	amendment	3

注: 括号中的数字为校正前关键词出现频次。complex.: complexation; compet.: competitive; seques.: sequestration; SOM: soil organic matter; DOM: dissolved organic matter。

另外，磁性组分（magnetic composite）、二氧化钛（titanium dioxide）和固碳（carbon sequestration）与界面化学过程的关系也受到关注。

（5）2012~2014 年

由表 7-1 可知，本时段继续延续前几个时段的研究热点：土壤组分对重金属、磷酸根和染料吸附的影响及动力学。延续上一个时段的热点，继续关注纳米颗粒（nanoparticle）和纳米组分（nanocomposite）在土壤界面化学过程中的作用。开始出现纳米管（nanotube），说明人工纳米材料在土壤中的界面化学行为逐渐成为研究热点。生物质炭（biochar）仍是本时段仅次于吸附（adsorption）的第二高频关键词，说明生物质炭在土壤界面化学过程与效应中的作用继续成为研究热点。本时段还出现关键词修复（remediation）、固定（immobilization）和改良剂（amendment），**说明界面化学过程与污染土壤修复和退化土壤恢复之间的关系成为研究热点，土壤界面化学研究与土壤实际问题的结合更加密切。**

根据校正后高频关键词分布情况可知（表 7-1），土壤界面化学过程与效应的传统研究内容，如养分和污染物的吸附［吸附（adsorption）、重金属（heavy metal）、磷酸根（phosphate）］、土壤组分［铁氧化物（iron oxide）、蒙脱石（montmorillonite）］的影响、动力学（kinetic）、表面络合物的形成（surface complexation）等，在各时期都占有重要地位，但研究尺度逐渐由土壤颗粒和胶体尺度向纳米尺度发展。对一些新兴研究内容［如生物质炭（biochar）、纳米颗粒（nanoparticle）、纳米管（nanotube）等］的研究热度逐渐增强。土壤界面化学过程研究与土壤实际问题［修复（remediation）、固定（immobilization）、改良剂（amendment）、固碳（carbon sequestration）］的结合越来越密切。

7.2.2 近 15 年国际该领域研究取得的主要学术成就

图 7-1 表明近 15 年国际土壤界面化学过程与效应研究的核心方向主要包括吸附与元素生物有效性、动力学和现代表面分析技术与反应机制、黏土矿物组成与元素界面化学行为、界面过程与土壤酸化和气候变化 4 个方面。高频关键词组合特征反映的热点问题主要包括养分和污染物的吸附、土壤组分和生物质炭对界面化学过程的影响、界面化学过程的机制和动力学（表 7-1）。针对以上 4 个核心方向及热点问题展开了大量研究，取得的主要成就包括：**吸附与养分和污染物的生物有效性、土壤界面化学过程的动力学与机制、土壤酸化与调控、生物质炭对土壤界面化学过程的影响** 4 个方面。

（1）吸附与养分和污染物的生物有效性

吸附现象在土壤界面化学过程研究中受到的关注最多，开展的相关研究也最多。因为吸附影响养分和污染物在土壤固/液相之间的分配，从而影响其活性和生物有效性。根据上文分析，最近 15 年来对重金属和磷酸根吸附的关注最多（图 7-1）。根据离子在土壤表面吸附反应的不同特点将其区分为电性吸附和专性吸附，发生专性吸附的离子，由于其在土壤组分表面形成配位键或共价键，因而比较稳定，活性较低；发生电性吸附的离子位于土壤表面双电层的扩散层中，很容易被其他同类离子取代而进入溶液，活性较高。大多数离子可以在土壤表面同时发生电性吸附和专性吸附，只是两种机制的相对贡献随吸附剂和离子的种类不同而变化。通过解吸实验可以定量区分重金属电性吸附和非电性吸附的相对贡献（Xu et al., 2006：443~449）。重金属的非电性吸附包括专性吸附和表面沉淀（Ford et al., 2001：41~62），用基于同步辐射的 X 射线吸附光谱（XAS）可以定性确定两种机制的存在（Sparks, 2015：1~19），但目前还不能对两者的相对贡献进行定量区分。土壤组分对重金属吸附有重要影响，特别是有机质。一般随有机质含量的增加，土壤对重金属的吸附量增加（Agbenin and Olojo, 2004：85~95），有机质通过与重金属形成表面络合物增加土壤对重金属的专性吸附（Guo et al., 2006：2366~2373）。在实际污染土壤中，往往多种重金属或重金属与养分和有机物共存，重金属之间的竞争吸附以及重金属阳离子与阴离子之间的协同吸附研究也取得了重要进展（Selim, 2013：275~308；Violante, 2013：111~176；Xu, 2013：193~228）。选择或建立合适的吸附模型可以预测竞争条件下重金属在土壤固/液相间的分配（Selim, 2013：275~308）。将土壤和植物作为一个整体建立的毒性预测模型可以预测和评估土壤中重金属对植物根系的毒性及有效性（Wang et al., 2011：414~427）。

磷是植物必需的养分，但近年来由于磷肥过量施用导致的水体富营养化广受关注，因此，磷吸附一直是土壤界面化学过程与效应研究的重点方向。近15年来，对磷吸附研究的主要进展是对磷在土壤和土壤组分表面吸附机制的认识，借助 XAS、ATR-FTIR 和核磁共振结合传统的微电泳实验，不仅明确了表面络合物的类型（内圈型或外圈型），而且在原位条件下阐明了磷酸根在表面的成键模式（单齿单核和双齿双核配位等）（Arai and Sparks, 2007：135~179）。

（2）土壤界面化学过程的动力学与机制

土壤界面化学过程动力学研究的主要进展为：多种重金属共存时在土壤表面竞争吸附的动力学研究，建立动力学模型描述重金属竞争吸附的动力学过程（Selim, 2013：275~308）。另一重要进展是杀虫剂等有机污染物在土壤中的吸附和解吸动力学，获得吸附的化学计量关系和速率常数，建立了描述反应过程的动力学模型（Gamble, 2013：381~419）。

近15年来，土壤界面化学过程机制研究的进展主要体现在：应用现代表面分析技术在分子水平上阐明界面吸附—解吸、沉淀和氧化还原过程的机制。前期的研究主要采用 EXAFS 研究合成的铁、铝氧化物和纯黏土矿物对重金属阳离子与无机阴离子如砷酸根、铬酸根和硒酸根等的吸附机制，获得这些阴、阳离子在矿物表面形成配合物的空间结构以及配位数和形成的化学键的键长等参数。近期这一方法也应用于研究实际土壤中重金属阳离子（Sayen and Guillon, 2010：611~615）、无机砷（Landrot et al., 2012：1196~1201）和有机砷（Shimizu et al., 2011：4293~4299）在土壤表面的吸附及表面沉淀的形成。将 EXAFS 与高分辨率透射电镜和基于同步辐射的 X 射线衍射技术相结合，可区分重金属的表面吸附和表面沉淀（Li et al., 2012b：11670~11677），发现在低浓度下以表面吸附为主，但在高浓度下主要形成表面沉淀（Sparks, 2015：1~19）。将动力学思路与同步辐射技术相结合，采用快速扫描 X 射线吸收光谱（Q-XAS）可研究重金属由吸附态向沉淀态的转变（Sparks，2015：1~19）。经过这样的转变过程，重金属可变成土壤固相的一部分，完全固定于土壤中。

XAS 技术也为土壤界面氧化还原过程研究提供了新手段，砷和铬是土壤中常见的变价污染元素，As（Ⅲ）和 Cr（Ⅲ）被土壤氧化锰氧化的速度很快，采用 Q-XAS 技术可以获取 1 秒以内的反应动力学参数（Ginder-Vogel et al.，2009：16124~16128；Landrot et al.，2010：143~149），能够计算得到真实的反应速率常数，而采用常规方法仅能获取表观速率常数（Sparks，2015：1~19）。将 Q-XAS 与 EXAFS 相结合，获得 As（Ⅲ）和 Cr（Ⅲ）氧化及后续氧化产物吸附的完整过程的信息，阐明界面连续发生的各种化学反应的机制（Sparks，2015：1~19）。

随着近年来软 X 射线吸收光谱技术的发展，对磷酸根和硫酸根在土壤和矿物表面的反应机制研究也取得重要进展（Zhu et al.，2014：97~101）。将磷的 K 边 XANES 与铁的 K 边 EXAFS 技术相结合，对热带可变电荷土壤中磷与铁的界面相互作用机制有了更深入的认识（Abdala et al.，2015：504~514）。

（3）土壤酸化与调控

酸沉降是加速土壤酸化的主要原因之一。20 世纪 70~90 年代，欧洲和北美实行"清洁空气行动"，目前欧洲和北美大部分地区的硫沉降已显著减少，从 21 世纪初开始，这些地区的学者重点研究酸沉降减少后酸化土壤化学性质的恢复（Palmer and Driscoll，2002：242~243；Reinds et al.，2009：5663~5673）。同时，将部分研究力量转移至中国等发展中国家，将已有研究模式和思路应用到这些国家的土壤酸化研究中，并取得较好的进展（Xue et al.，2006：2468~2477；Hicks et al.，2008：295~303）。

化学肥料，特别是铵态氮肥，通过硝化作用释放大量质子到土壤中，加速土壤酸化。通过长期定位试验和不同时期同一地点土壤样品的对比研究，对铵态氮肥影响土壤酸化的程度获得了定量的认识（Guo et al.，2010：1008~1010；Schroder et al.，2011：957~964）。一般认为酸性条件抑制硝化细菌活性，硝化作用不强。但近年来随着对硝化古菌研究的增多，发现氨氧化古菌在酸性土壤的硝化反应中发挥主导作用（He et al.，2012：146~154）。这一研究为阐明亚热带地区农田土壤酸化机制提供了依据。

在酸化控制方面，发现由农林业生产中产生的有机废弃物经过厌氧热解制备的生物质炭是一种很好的酸性土壤改良剂（Chan et al.，2007：629~634；Novak et al.，2009：105~112；Yuan and Xu，2011：110~115），研究阐明了生物质炭改良土壤酸度的机制（Yuan et al.，2011：3488~3497）。另一重要进展是酸性土壤的生物改良方法的建立，小麦等喜硝植物吸收硝态氮时根系释放氢氧根，基于硝态氮诱导的根/土界面的碱化反应可开发酸性土壤的生物改良技术（Tang et al.，2011：383~397；Masud et al.，2014：845~853）。

（4）生物质炭对土壤界面化学过程的影响

由于丰富的表面化学性质，生物质炭对土壤界面化学过程的影响研究近 10 年来迅速升温，并取得显著进展。生物质炭表面含丰富的含氧官能团，带大量负电荷，因此施用生物质炭可以提高土壤阳离子交换量（CEC）和土壤对养分的保持能力（Steiner et al.，2008：893～899；Novak et al.，2009：105～112；Yuan and Xu，2012：570～578），降低土壤重金属的活性（Uchimiya et al.，2010：5538～5544；Jiang et al.，2012：145～150），特别对热带和亚热带地区的可变电荷土壤的效果更佳。生物质炭对重金属阳离子有很高的吸附容量，向可变电荷土壤中添加生物质炭显著提高土壤对重金属阳离子的吸附量（Xu and Zhao，2013：8491～8501）。生物质炭主要通过其表面官能团与重金属阳离子形成表面络合物，促进土壤对重金属阳离子的专性吸附（Uchimiya et al.，2011：432～441；Jiang and Xu，2013：537～545；Xu and Zhao，2013：8491～8501），生物质炭也通过提高酸性土壤pH，促进重金属阳离子在土壤表面形成沉淀物（Xu and Zhao，2013：8491～8501；Rees et al.，2014：149～161），降低有毒重金属的活性、毒性和生物有效性（Park et al.，2011：439～451；Jiang and Xu，2013：537～545；Puga et al.，2015：86～93）。

生物质炭具有较高的稳定性，在土壤中不易被微生物分解，但可被缓慢氧化，这一过程增加表面活性含氧官能团和表面负电荷的数量（Cheng et al.，2008：1598～1610），进一步增加土壤对养分的保持能力。生物质炭提高酸性土壤的CEC还增强了土壤对酸的缓冲能力（Xu et al.，2012：494～502）。

7.3 中国"土壤界面化学过程与效应"研究特点及学术贡献

我国土壤界面化学过程研究始于20世纪30年代后期土壤对铵离子吸附特性的研究。20世纪50年代，随着土壤资源调查范围的扩大，特别是红壤地区的调查，带动了土壤酸度本质、土壤交换性盐基组成、土壤氧化还原过程等研究的开展（徐建明等，2008：817～829）。20世纪60年代起，特别是70年代中期之后，先后开展了红黄壤表面化学、电化学性质以及水合氧化物型表面电荷可变特性等的研究，特别是对可变电荷土壤表面电化学性质的系统研究对我国土壤界面化学的发展起到很好的推动作用（于天仁等，1996；徐建明等，2008：817～829）。20世纪90年代以来，随着环境污染问题的日益突出，重金属和有机污染物的界面化学行为与土壤表面化学性质的关系成为我国土壤界面化学研究的热点。

7.3.1 近15年中国该领域研究的国际地位

过去15年，国际上不同国家和地区对于土壤界面化学过程与效应的研究取得了长足进展。表7-2显示了2000～2014年土壤界面化学过程与效应领域SCI论文数量、篇均被引次数和高被引论文数TOP20国家和地区。近15年SCI论文发表总量TOP20国家和地区，共计发表论文30 443篇，占所有国家和地区发文总量的82.9%（表7-2）。从不同国家和地区来看，近15年SCI论文发文数量最多的国家是美国，共发表7 115篇；中国仅次于美国，排第2位，发表5 159篇；排第3位的是法国，发表1 870篇（表7-2）。中国的发文量虽低于美国，但远高于排名第3的法国和其他国家，说明中国科学家在土壤界面化学过程与效应研究领域具有相当强的实力。

238　土壤学若干前沿领域研究进展

表 7-2　2000～2014 年"土壤界面化学过程与效应"领域发表 SCI 论文数及被引频次 TOP20 国家和地区

排序[①]	国家(地区)	SCI 论文数量（篇）				国家(地区)	SCI 论文篇均被引次数（次/篇）				国家(地区)	高被引 SCI 论文数量（篇）			
		2000~2014	2000~2002	2003~2005	2006~2008	2009~2011	2012~2014		2000~2014	2000~2002	2003~2005	2006~2008	2009~2011	2012~2014		2000~2014	2000~2002	2003~2005	2006~2008	2009~2011	2012~2014
	世界	36 736	4 351	5 760	7 304	8 831	10 490	世界	18.5	38.1	30.7	23.0	13.9	4.5	世界	1 836	217	288	365	441	524
1	美国	7 115	1 190	1 494	1 484	1 412	1 535	瑞士	28.8	52.2	45.8	33.1	21.4	7.1	美国	693	99	123	110	113	148
2	中国	5 159	146	459	852	1 448	2 254	英国	28.6	43.8	37.5	35.3	21.9	7.1	中国	132	6	12	43	88	109
3	法国	1 870	270	326	410	447	417	美国	28.3	51.6	40.2	29.8	17.8	6.7	英国	121	15	17	24	30	29
4	印度	1 783	131	207	342	452	651	荷兰	27.3	57.7	29.7	30.9	16.7	5.1	法国	115	16	13	21	25	14
5	德国	1 709	298	279	338	378	418	新加坡	26.5	24.5	42.3	31.7	25.9	8.7	德国	110	17	16	19	26	22
6	西班牙	1 452	168	221	315	345	403	丹麦	23.9	38.5	39.3	24.1	20.1	4.4	加拿大	70	12	8	10	2	8
7	加拿大	1 267	207	226	266	285	283	瑞典	23.7	45.0	41.9	24.9	12.7	5.3	澳大利亚	57	5	10	8	16	22
8	英国	1 240	235	230	256	257	262	奥地利	23.0	45.2	41.3	16.3	17.3	6.3	瑞士	52	5	9	8	10	13
9	日本	1 155	167	238	237	245	268	德国	22.7	41.2	35.2	25.3	15.8	5.2	印度	48	5	8	19	13	17
10	澳大利亚	1 142	162	218	207	262	293	法国	21.9	41.9	31.9	24.7	16.0	4.6	西班牙	45	3	7	15	10	17
11	巴西	1 079	83	132	234	268	362	挪威	21.4	38.7	29.4	21.5	19.8	4.9	意大利	44	3	5	10	5	10
12	意大利	894	122	147	195	203	227	加拿大	20.1	44.9	25.6	21.3	11.6	4.8	荷兰	40	10	4	9	5	7
13	韩国	737	61	115	132	184	245	以色列	20.0	40.9	26.1	19.0	14.4	5.7	瑞典	34	5	7	5	2	9
14	土耳其	599	29	86	146	173	165	比利时	19.9	31.1	28.3	22.3	14.8	6.0	日本	33	1	5	6	5	7
15	伊朗	590	10	12	70	193	305	澳大利亚	19.4	30.5	30.4	22.7	15.8	6.0	丹麦	28	2	4	4	8	2
16	中国台湾	573	80	108	143	145	97	新西兰	19.2	25.5	27.8	15.3	17.0	5.6	中国台湾	27	3	7	2	7	3
17	波兰	570	48	64	89	152	217	中国台湾	18.3	35.5	26.8	18.2	12.6	3.5	土耳其	25	0	2	13	12	4
18	瑞典	507	84	81	109	121	112	土耳其	17.4	23.5	37.3	24.8	14.7	2.5	巴西	22	3	3	7	4	4
19	荷兰	506	93	95	116	88	114	意大利	14.4	32.1	28.1	20.3	12.3	4.4	韩国	22	2	2	5	7	17
20	瑞士	496	73	86	98	113	126	中国[②]	12.4(31)	24.8(28)	22.5(32)	20.0(17)	15.0(14)	4.3(21)	希腊	13	0	1	3	3	6

注：①按 2000～2014 年 SCI 论文数量、篇均被引次数、高被引论文数量排序；②括号内数字是中国相关时段排名。

20个国家和地区总体发表SCI论文情况随时间的变化表现为：与2000~2002年发文量相比，2003~2005年、2006~2008年、2009~2011年和2012~2014年发文量分别是2000~2002年的1.32倍、1.65倍、1.96倍和2.39倍，表明国际上对于土壤界面化学过程与效应的研究呈现快速增长的态势。由表7-2可看出，过去15年中，前3个时段美国在土壤界面化学过程与效应研究领域占据主导地位，但在后两个时段，中国反超美国，占据主导地位，特别在2012~2014年，中国学者发表的SCI论文数量为美国的1.47倍。中国在该领域的活力不断增强，论文增长速度最快，从2000~2002年的第9位，提升到2012~2014年的第1位。

从不同国家和地区SCI论文篇均被引次数和高被引论文数量的变化，可以看出各个国家和地区研究成果的影响程度和被国际同行认可的程度。从表7-2可以看出，近15年土壤界面化学过程与效应领域全世界SCI论文篇均被引次数为18.5次；2000~2002年、2003~2005年、2006~2008年、2009~2011年和2012~2014年全世界SCI论文篇均被引次数分别是：38.1次、30.7次、23.0次、13.9次和4.5次。近15年SCI论文篇均被引总次数居全球前5位的国家依次是瑞士、英国、美国、荷兰和新加坡。其中，瑞士、英国和美国在各个时段SCI论文篇均被引次数均高于全世界SCI论文篇均被引次数，表明上述国家的研究成果在土壤界面化学过程与效应领域的影响力较强（表7-2）。中国学者SCI论文篇均被引次数排在全球第31位，2000~2014年SCI论文篇均被引次数仅为12.4次，明显低于全世界SCI论文篇均被引次数。这说明，中国学者在土壤界面化学过程与效应领域的研究成果尚不能得到国际同行的广泛认可，影响力还较弱。但从不同时段的排名情况看，中国学者SCI论文篇均被引次数的排名不断提升，从2000~2002年的第28位和2003~2005年的第32位，提升至2006~2008年的第17位和2009~2011年的第14位，说明中国学者在土壤界面化学过程与效应领域的研究成果的国际影响力在不断增强。

从高被引论文数量来看，近15年全世界SCI高被引论文总量为1836篇，其中，2000~2002年、2003~2005年、2006~2008年、2009~2011年和2012~2014年全世界SCI高被引论文数量分别是：217篇、288篇、365篇、441篇和524篇。近15年来，高被引论文数量最多的国家是美国，共计693篇，远远高于世界上其他国家（或地区）。同时，在各子时段内，美国也是世界上高被引论文数量最多的国家。排名第2位的国家是中国，高被引论文总量为132篇，与美国还存在较大差距。但是，中国在2000~2002年、2003~2005年、2006~2008年、2009~2011年和2012~2014年SCI高被引论文数量分别是：6篇、12篇、43篇、88篇和109篇，说明中国学者SCI论文的质量在逐步提高。虽然在2000~2002年和2003~2005年两个时段的高被引论文数低于排名第3、第4和第5位的英国、法国和德国，但从2009~2011年开始，论文数远超过除美国以外的其他国家和地区。比较不同时段的结果还可以发现，美、英、法、德等国的高被引论文数量变化不大；与此相反，中国的SCI高被引论文数量呈快速增长的趋势（表7-2）。这些数据说明，**中国在国际土壤界面化学过程与效应研究领域的活力和影响力快速上升，研究成果受到越来越多的国际同行的关注**。

论文关键词的词频在一定程度上反映了研究领域的热点。从图7-2可以看出：2000~2014年中国学者与全球学者发表SCI论文高频关键词总频次均最高的是吸附（adsorption）；总频次最高的前 15 位关键词中，均出现的关键词还有：解吸（desorption）、重金属（heavy metal）、动力学（kinetic）、蒙脱石（montmorillonite）、高岭石（kaolinite）、针铁矿（goethite）、沉积物（sediment）、镉（Cd）、铅（Pb）和纳米组分（nanocomposites），这反映了国内外近 15 年土壤界面化学过程与效应的研究热点是重金属吸附与解吸、土壤组分对吸附的影响和动力学等。另外，除上述关键词外，从图 7-2 可以看出，全球学者采用的热点关键词还有有机质（organic matter）、铁氧化物（iron oxides）、水（water）和傅里叶变换红外光谱（FTIR），这说明全球学者更关注土壤界面过程的微观机制及土壤有机质和氧化物对界面化学过程的影响；与全球学者所关注的热点方向有所不同，中国学者更关注土壤有机质中的腐殖酸（humic acid）和 pH 对界面化学过程的影响，污染物的生物降解（biodegradation）也受到更多的关注。

图 7-2 中不同时段关键词词频与该时段 SCI 论文总数的比值反映某一方向研究热度随时间的变化情况。从全球情况看，在 15 个高频关键词中，仅纳米组分（nanocomposites）和傅里叶变换红外光谱（FTIR）的词频与 SCI 论文总数的比值随时段呈增长趋势，其他关键词词频与论文数的比值基本稳定或有所减小，说明全球范围内对纳米组分和界面反应机制的研究持续升

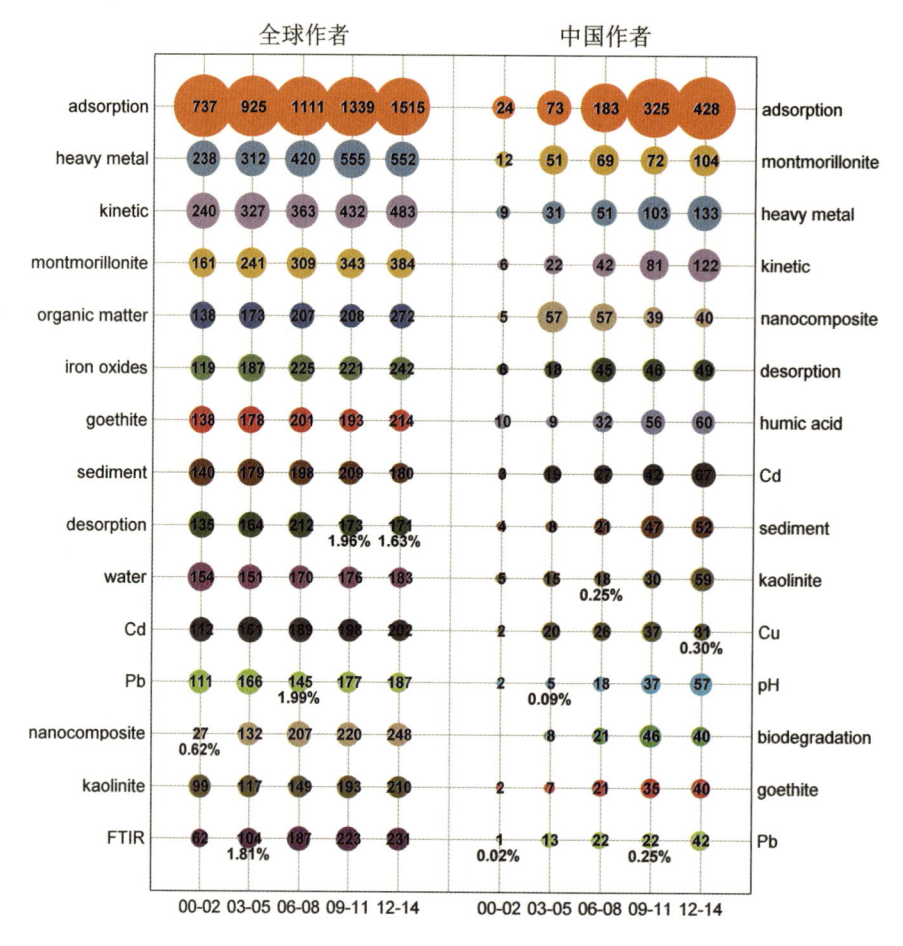

图 7-2　2000～2014 年"土壤界面化学过程与效应"领域 SCI 期刊全球及中国作者发表论文高频关键词对比

温。中国的情况与全球不同，中国学者发表的 SCI 论文前 15 位的高频关键词中，仅纳米组分（nanocomposites）的词频与总论文数的比值随时段呈先增加后减小的趋势，其他关键词的词频与总论文数的比值均呈快速增加的趋势，说明这些方向的研究热度在中国持续升温，但中国对纳米组分的研究滞后。

7.3.2 近 15 年中国该领域研究特色及关注热点

利用土壤界面化学过程与效应相关的中文关键词制定中文检索式，即：SU='土壤表面电荷' OR SU='土壤电化学' OR SU='可变电荷' OR SU='土壤铁' OR SU='土壤铝' OR SU='土壤酸化' OR SU='土壤吸附' OR SU='重金属吸附' OR SU='磷酸根吸附' OR SU='Cu 吸附' OR SU='Cd 吸附' OR SU='Pb 吸附' OR SU='As 吸附' OR SU='吸附机制' OR SU='专性吸附' OR SU='表面络合物' OR SU='土壤氧化还原' OR SU='有机污染物降解' OR SU='As 转化'。从 CNKI 中检索 2000~2014 年本领域的中文 CSCD 核心期刊论文。图 7-3 为 2000~2014 年土壤界面化学过程与效应领域 CSCD 期刊论文关键词共现关系，可大致分为 5 个相对独立的研究聚类圈，在一定程度上反映了近 15 年中国土壤界面化学过程与效应研究的核心方向，主要包括：**可变电荷土壤的界面化学特征、吸附过程与土壤质量、界面过程与污染土壤修复、界面过程与水体富营养化、酸沉降与土壤酸化** 5 个方面。从聚类圈中出现的关键词，可以看出近 15 年土壤界面化学过程与效应研究的主要问题及热点包括以下 5 点。

（1）可变电荷土壤的界面化学特征

该聚类圈中出现的主要关键词有：可变电荷土壤、砖红壤、表面电荷、可变电荷、zeta 电位、比表面、专性吸附、竞争吸附、吸附机制、吸附模型、铁氧化物、锰氧化物、土壤酸化、土壤 pH、交换性铝等（图 7-3）。上述关键词反映了我国在可变电荷土壤界面化学方面的研究特点，可变电荷土壤表面电荷具有可变性，主要由于这类土壤含较多的铁、铝和锰的氧化物。又由于较多氧化物的存在，这类土壤对离子的吸附机制与恒电荷土壤有所不同，专性吸附现象更加明显。可变电荷土壤的另一特点是呈酸性反应，因此酸化、pH 和交换性铝也受到更多的关注，pH 变化也是表面电荷发生变化的主要原因。

（2）吸附过程与土壤质量

该聚类圈中出现的主要关键词有：吸附、吸附—解吸、吸附行为、Cu（Ⅱ）、铅、氟、红壤、养分、土壤质量、土壤肥力、有机肥、无机肥、氮肥、长期施肥等（图 7-3）。聚类圈中出现的这些关键词反映出，深入研究养分和污染物的吸附与解吸过程及其与土壤质量和土壤肥力的关系是重点。与图 7-1 聚类图中的趋势相一致，吸附也是图 7-3 中出现频率最高的关键词，说明与全球学者一样，吸附也是近 15 年来中国学者关注度最高的界面化学过程。

（3）界面过程与污染土壤修复

从图 7-3 可以看出，该聚类圈中的主要关键词有：重金属、重金属污染、土壤污染、修复、电动修复、地下水、数学模型、迁移、水稻土、水分管理、土壤生态环境等，说明重金属污染土壤修复、污染土壤管理对地下水的影响等是研究重点。

(4) 界面过程与水体富营养化

图 7-3 聚类圈中出现的主要关键词有：富营养化、吸附、吸附—解吸、热力学、磷、有机酸、有机质、活化、游离氧化铁、小流域、团聚体等，说明磷的吸附与解吸对水体富营养化的影响是研究重点。土壤氧化铁增加磷固定，但有机酸的竞争吸附又导致固定的磷活化，三者之间的关系是研究热点。

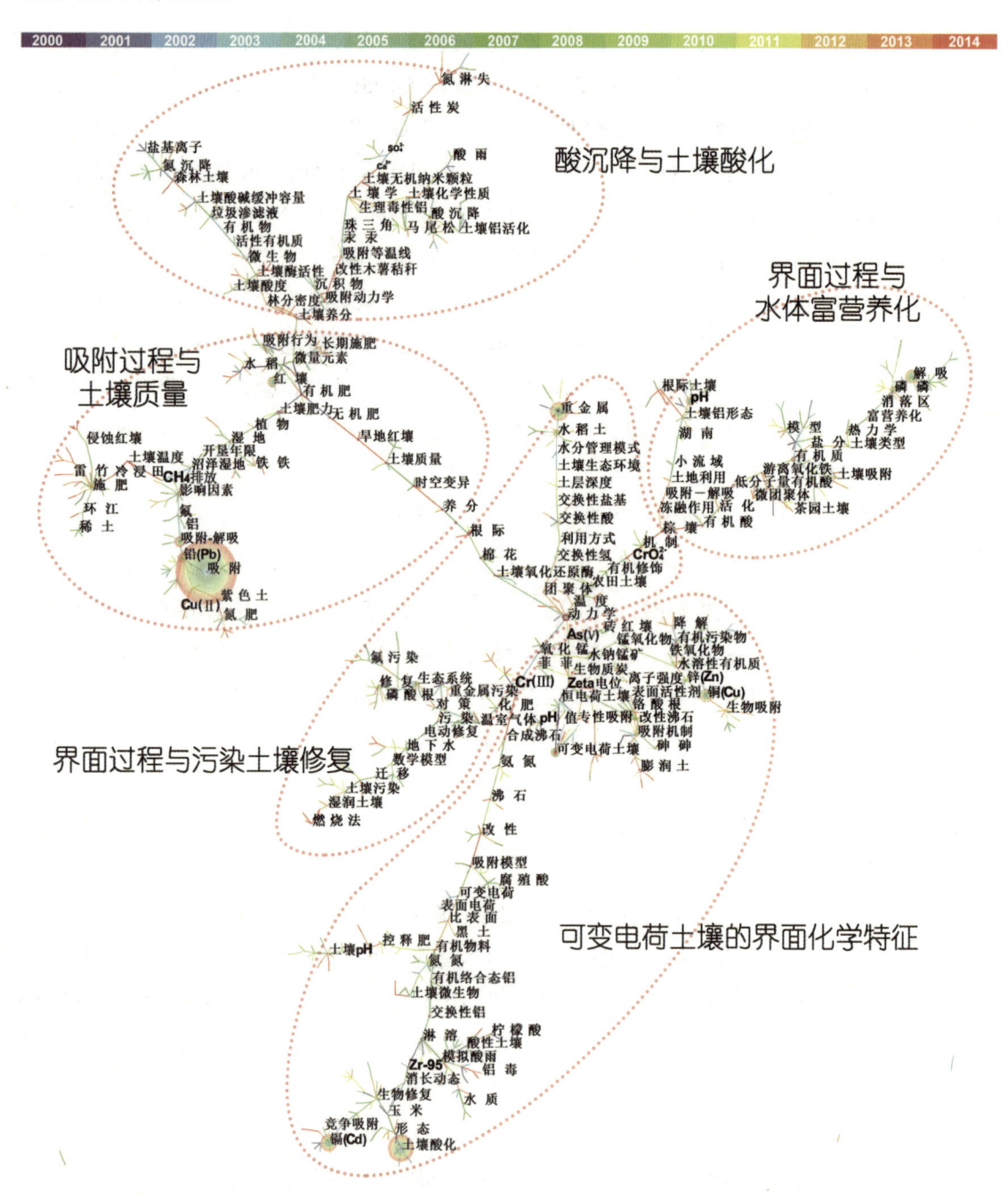

图 7-3　2000～2014 年"土壤界面化学过程与效应"领域 CSCD 期刊论文关键词共现关系

（5）酸沉降与土壤酸化

从图 7-3 可以看出，酸沉降对土壤酸化的影响也是我国界面化学过程研究的重点之一，聚类圈中出现的关键词有：酸雨、酸沉降、氮沉降、SO_4^{2-}、土壤酸度、土壤酸碱缓冲容量等。聚类圈中还出现了毒性铝、土壤铝活化、氮淋失、盐基离子、微生物、土壤酶活性、活性有机质等关键词，说明土壤酸化引起的铝毒、养分淋失及其对土壤生物学性质的影响也是研究的热点。聚类圈中出现森林土壤、马尾松、林分密度，说明酸沉降和土壤酸化对森林土壤和森林的影响也是研究的重点之一。

分析中国学者 SCI 论文关键词聚类图，可以看出中国学者在土壤界面化学过程与效应的国际研究中已步入世界前沿的研究方向。2000~2014 年中国学者 SCI 期刊论文关键词共现关系（图 7-4）可以大致分为 4 个研究聚类圈，分别为：吸附和分子反应机制与元素生物有效性、界面反应与污染土壤修复、纳米组分与反应动力学、酸沉降与土壤酸化。从图 7-4 中可以看出，吸附（adsorption）是出现频率最高的关键词，其次是重金属（heavy metal），说明吸附过程特别是重金属吸附是中国学者最关注的土壤界面化学过程，这与全球学者关注的重点相一致（图 7-1）。①吸附和分子反应机制与元素生物有效性聚类圈中出现的关键词还有：解吸（desorption）、蒙脱石（montmorillonite）、高岭石（kaolinite）、有机质（organic matter）、腐殖酸（humic acid）、针铁矿（goethite）、赤铁矿（hematite）、水铁矿（ferrihydrite）、可溶性有机质（DOM）、磷酸根（phosphate）、铜（copper）、锌（zinc）、砷（arsenic）、多氯联苯（PCBs）、机制（mechanism）、络合物形成（complexation）、傅里叶变换红外光谱（FTIR）、基于同步辐射的 X 射线扩展精细吸收光谱（EXAFS）、生物有效性（bioavailability）、形态（speciation）、降解（degradation）、淋溶（leaching）等，说明土壤组分对养分和污染物吸附—解吸的影响、分子水平上的吸附机制、吸附与元素生物有效性的关系是研究的重点。②界面反应与污染土壤修复聚类圈中出现的主要关键词有：吸附等温线（adsorption isotherm）、镉（cadmium）、铅（lead）、六价铬[Cr（VI）]、砷酸根（arsenate）、杀虫剂（pesticide）、铁氧化物（iron oxide）、黏土矿物（clay mineral）、纳米颗粒（nanoparticle）、污染土壤（contaminated soil）、生物降解（biodegradation）、修复（remediation）、生物修复（bioremediation）、还原（reduction）等，说明重金属污染土壤的生物修复、有机污染物的生物降解以及吸附和氧化还原过程对污染土壤修复的影响是研究的重点。③纳米组分与反应动力学聚类圈中出现的主要关键词有：动力学（kinetic）、纳米组分（nanocomposite）、生物质炭（biochar）、黑炭（black carbon）、活性碳（activated carbon）、多环芳烃（PAHs）、酚（phenol）、菲（phenanthrene）、吸附—解吸（adsorption-desorption）、竞争吸附（competitive adsorption）、氧化（oxidation）、离子强度（ionic strength）等，说明有机污染物的吸附和氧化、土壤纳米组分和生物质炭等对界面化学过程动力学的影响是研究重点。④酸沉降与土壤酸化聚类圈中的主要关键词有：酸沉降（acid deposition）、硝化（nitrification）、土壤酸化（soil acidification）、酸化模型（acidification model）、可变电荷土壤（variable charge soil）、活性（mobility）、固定（immobilization）、水（water）、转化（transformation）等，说明酸沉降和硝化作用对可变电荷土壤酸化的影响及土壤酸化对元素活化和固定的影响是研究重点。

总体来看，中文文献、中国作者发表的 SCI 论文所体现的研究热点与全球学者关注的研究热点既有区别，也有相似之处。吸附过程是全球学者、中国学者在 SCI 论文以及中文论文中关注度最高的界面化学过程（图 7-1、图 7-3、图 7-4），特别是重金属和磷酸根的吸附，说明全球范围内土壤界面化学过程与效应研究都非常关注污染物和养分的界面化学行为与生物有效性。中国学者对酸沉降与土壤酸化的关注也与全球学者的关注度相一致。虽然欧美等发达国家的酸沉降已基本得到控制，对这一问题的研究逐渐减少，但在包括中国在内的广大发展中国家，这一问题依然严峻。中国学者在 SCI 论文中体现对界面反应机制的关注也与全球学者的关注相一致。应用基于同步辐射的 X 射线吸收光谱等现代分析技术在分子水平上研究土壤界面化学反应的机制是界面化学研究的热点和前沿方向，受到中外学者的广泛关注。

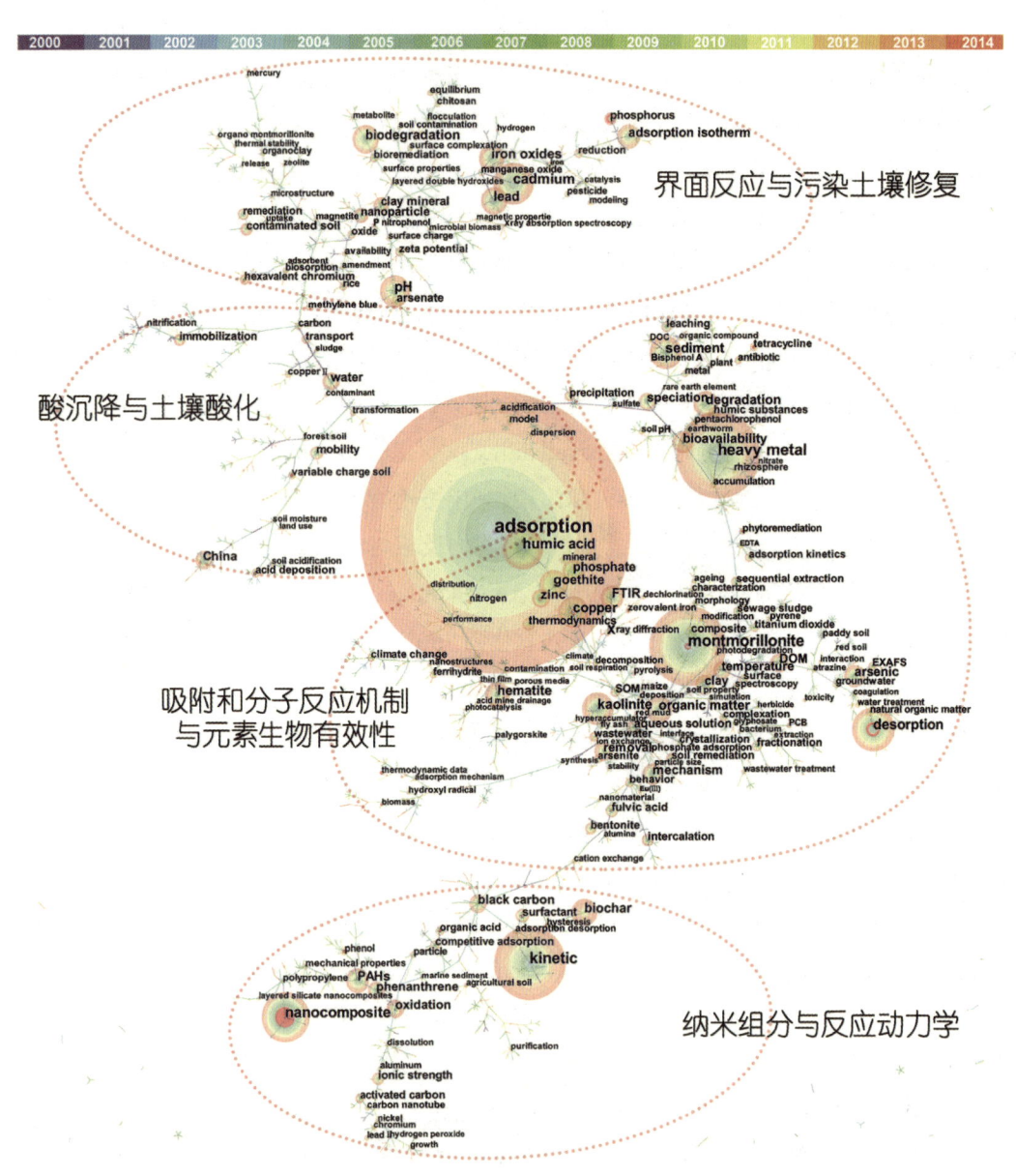

图 7-4 2000~2014 年"土壤界面化学过程与效应"领域中国作者 SCI 期刊论文关键词共现关系

从中文文献分析结果看，中国学者对可变电荷土壤的界面化学特征给予更多的关注，因为这类土壤在中国分布面积较大，且这类土壤的表面电化学特征特别明显。中国学者对土壤界面化学过程与土壤肥力、土壤质量和水体富营养化的关系也给予高度关注，因为目前我国土壤退化和过量施肥导致的水体富营养化问题比较严重，这些问题驱动中国学者在上述方面开展了较多的研究。

总之，无论从全球角度，还是在中国，近15年来土壤界面化学过程研究都体现如下两个重要特点：①土壤界面化学过程的机制研究均由颗粒和胶体尺度向纳米尺度与分子水平发展；②土壤界面化学过程研究与土壤中实际问题的联系更加密切。

7.3.3 近15年中国学者该领域研究取得的主要学术成就

图7-3表明，近15年针对土壤界面化学过程与效应研究中文文献关注的热点方向主要包括可变电荷土壤的界面化学、吸附过程与土壤质量、界面过程与污染土壤修复、界面过程与水体富营养化、酸沉降与土壤酸化5个方面。中国学者关注的国际热点问题主要包括吸附和分子反应机制与元素的生物有效性、界面反应与污染土壤修复、纳米组分与反应动力学、酸沉降与土壤酸化4个方面（图7-4）。针对上述土壤界面化学过程与效应研究的核心方向，我国学者开展了大量研究。近15年来，取得的主要成就包括：①阐明可变电荷土壤中界面化学过程的机制；②建立土壤表面电化学性质测定的新方法，阐明界面吸附反应机制；③揭示了水稻土中微生物驱动的铁氧化物还原机制；④土壤酸化与酸性土壤改良研究取得新进展。具体学术成就如下。

（1）阐明可变电荷土壤中界面化学过程的机制

研究了低分子量有机酸对可变电荷土壤表面电化学性质的影响，有机酸在可变电荷土壤表面的专性吸附降低土壤表面的正电荷，增加表面负电荷，使土壤胶体的zeta电位由正值变为负值或负值增大（Xu et al.，2003：322~326；Xu et al.，2004：243~247）。有机酸促进土壤对K^+的吸附，但抑制阴离子Cl^-、NO_3^-和F^-的吸附（Xu et al.，2016：1~58）。有机酸对这类土壤吸附重金属和铝等阳离子的影响主要决定于有机酸在固/液相间的分布（Hu et al. 2007：117~123；Xu et al.，2016：1~58）。

研究了可变电荷土壤中带正电荷的铁、铝氧化物与带负电荷的硅酸盐矿物表面扩散层的重叠作用，发现双电层重叠是可逆过程，随离子强度而变化；双电层重叠是可变电荷土壤产生盐吸附现象的主要原因（徐仁扣等，2014：207~215；Xu et al.，2016：1~58）。双电层重叠导致可变电荷土壤中两固相界面的有效电荷减少，对阳离子的吸附能力减弱（Wang et al.，2011：231~237）。双电层重叠也是铁、铝氧化物抑制可变电荷土壤自然酸化的主要原因（徐仁扣等，2014：207~215；Xu et al.，2016：1~58）。

通过实验确认较高pH条件下增加离子强度促进磷酸根在可变电荷土壤表面专性吸附的机制是双电层吸附面上电位的变化（Wang et al.，2009：529~530），这一机制也应用于离子强度对可变电荷土壤吸附砷酸根和铬酸根等其他阴离子的影响（Xu et al.，2009：927~932），成为一个普遍的规律（Xu，2013：193~228；徐仁扣等，2014：207~215）。

(2) 建立土壤表面电化学性质测定的新方法，阐明界面吸附反应机制

将化学平衡理论计算与动力学相结合，建立延时盐滴定法准确测定低电荷零点胶体的电荷零点；建立多点滴定法快速测定腐殖酸的绝对电荷量（Tan et al.，2011：5749~5761）；建立联合测定土壤表面电荷总量、电荷密度、表面电场强度、表面电位和比表面的电化学方法（Li et al.，2011：2128~2221）；明确土壤/溶液界面存在强烈的电场—量子涨落耦合作用，阐明这种耦合作用对离子吸附、胶体和团聚体稳定性的影响（Li et al.，2010：1129~1138；Tian et al.，2013：774~781）。

研究了多种重金属阳离子共存时在土壤表面的竞争吸附、有机酸与无机阴离子硫酸根、磷酸根和砷酸根的竞争吸附以及阴、阳离子共存时的协同吸附，阐明吸附机制（Gao et al.，2003：613~618；Hu et al.，2005：1427~1439；Hu et al.，2007：117~123；Xu，2013：193~228）；建立电导Wien效应方法测定离子在土壤表面的吸附能，定量评估了各种阴、阳离子在代表性土壤表面的吸附能的大小（Wang et al.，2013：127~178），为探讨离子在土壤表面的结合强度提供方法和依据；研究了有机磷在铁、铝氧化物表面的吸附，阐明吸附机制（Yan et al.，2014a：308~317；Yan et al.，2014b：476~485）。

(3) 揭示了水稻土中微生物驱动的铁氧化物还原机制

氧化还原是土壤中重要的界面化学过程，其中铁的氧化还原尤为重要。过去主要关注铁的化学还原，近年来的研究发现微生物在土壤铁的氧化还原过程中起重要作用。微生物可以通过直接接触加速铁还原，更主要的途径是通过胞外电子传递过程（曲东等，2003：858~863；Cao et al.，2012：11238~11244）；建立了一系列生物电化学新方法，阐明腐殖质促进铁循环的电子传递机制以及铁循环与氯代酚脱氯、硝酸根还原相互作用的胞外电子转移机制（Cao et al.，2012：11238~11244；Liu et al.，2014：1903~1912）；研究了胞外电子传递对水稻土中甲烷产生的影响，揭示了产甲烷过程中胞外呼吸菌—电活性物质—产甲烷菌的电子互营机制（Xu et al.，2013：950~960）。

土壤中铁锰结核和氧化锰对变价元素铬与砷的氧化取得进展，明确了$Cr(Ⅲ)$氧化为$Cr(Ⅵ)$和$As(Ⅲ)$氧化为$As(Ⅴ)$的机制及其与pH的关系（刘桂秋等，2003：852~857；王永和徐仁扣，2005：609~613）。

(4) 土壤酸化与酸性土壤改良研究取得新进展

通过大范围土壤酸化状况和施肥情况调查及长期施肥定位实验明确铵态氮肥的过量施用，是我国农田土壤加速酸化的主要原因（Guo et al.，2010：1008~1010；Meng et al.，2014：486~494）。酸沉降是加速我国森林土壤酸化的主要原因之一（吴甫成等，2005：219~224）。随着我国汽车拥有量的迅速增加，大气氮沉降显著增加（Zhao et al.，2009：8021~8026；Liu et al.，2013：459~462），氮沉降对热带和亚热带森林土壤酸化的贡献增加（Lu et al.，2014：3790~3801）。此外，根据土壤对酸的最大承载量编制全国酸沉降临界负荷图（徐仁扣等，2000：183~

187；段雷等，2001；Zhao et al.，2009：8021～8026），为酸化控制提供依据；阐明了酸性土壤中铝化学行为的特征和作物耐铝毒的机制（沈仁芳，2008）；建立阻控红壤酸化和修复酸化红壤的一系列新方法，阐明这些方法的技术原理（徐仁扣等，2013）。

热带、亚热带地区的可变电荷土壤含大量铁、铝氧化物，研究发现这些氧化物对土壤的自然酸化过程存在抑制作用（Li et al.，2012a：876～887），进一步研究证明铁、铝氧化物抑制土壤酸化的主要机制是带相反电荷颗粒表面双电层的扩散层相互重叠，这一过程降低了土壤表面的有效负电荷，抑制了交换性酸的产生（Li et al.，2013a：37～45；Li et al.，2013b：110～120）。这一研究成果补充了建立在恒电荷土壤基础上的传统酸化理论解释可变电荷土壤酸化时的不足（Xu et al.，2016：1～58）。

7.4 NSFC 和中国"土壤界面化学过程与效应"研究

NSFC 资助是我国土壤界面化学过程与效应研究资金的主要来源，NSFC 投入是推动中国土壤界面化学研究发展的力量源泉，造就了中国土壤界面化学研究的知名研究机构，促进了中国土壤界面化学优秀人才的成长。在 NSFC 引导下，我国土壤界面化学研究取得了一系列理论成就，在该领域研究的活力和影响力不断增强，成果受到越来越多国际同行的关注。

7.4.1 近 15 年 NSFC 资助该领域研究的学术方向

根据近 15 年获 NSFC 资助项目高频关键词统计（图 7-5），NSFC 在本研究领域的资助方向主要集中在土壤界面化学性质（关键词表现为：表面电荷与电位）、土壤界面化学过程（关键词表现为：吸附解吸、氧化还原、电子传递、土壤酸化）、影响界面化学性质和界面化学过程的土壤组分（关键词表现为：土壤胶体、土壤矿物、氧化物、腐殖质、微生物）、参与界面反应的化学物质（关键词表现为：重金属、磷、有机污染物、生物质炭）以及界面化学与环境（关键词表现为：土壤碳循环、土壤污染、迁移）5 个方面。研究的对象主要为可变电荷土壤，因为这类土壤的界面化学性质非常丰富且对它的认识不足；根/土界面（根际）也受到较多关注。从图 7-5 可以看出，"吸附解吸"、"土壤矿物"、"氧化物"、"土壤胶体"、"腐殖质"、"可变电荷土壤"、"根际"和"土壤酸化"在各时段均占有突出地位，表明这些研究内容一直是 NSFC 重点资助的方向。以下是以 3 年为时间段的项目资助变化情况分析。

（1）2000～2002 年

这一阶段 NSFC 资助的重点是可变电荷土壤的酸化与铝的化学行为，特别是有机酸和根际环境对土壤铝化学行为的影响，关键词主要表现为"可变电荷土壤"、"土壤酸化"和"根际"。另外，腐殖质对元素界面化学行为的影响与土壤污染的关系也是这一时段的资助重点，关键词表现为"腐殖质"、"土壤污染"等。

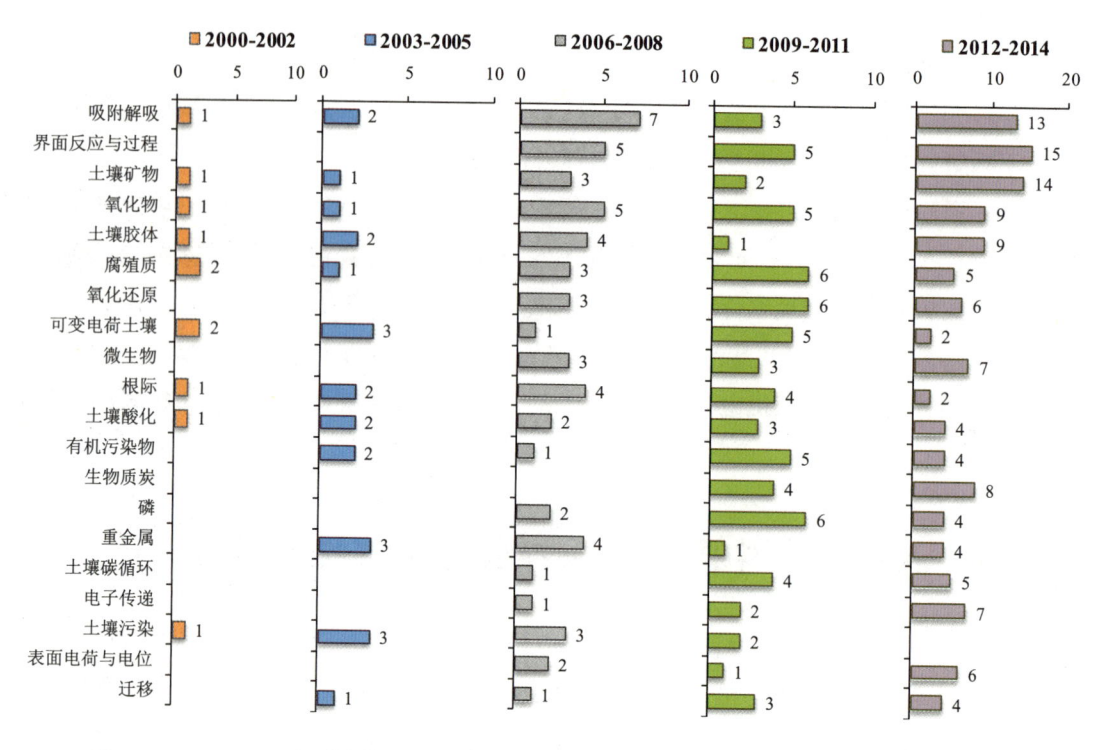

图 7-5　2000～2014 年"土壤界面化学过程与效应"领域 NSFC 资助项目关键词频次变化

（2）2003～2005 年

土壤界面化学过程，特别是重金属和有机污染物的界面化学过程，是这一阶段 NSFC 的资助重点，关键词主要表现为"吸附解吸"、"重金属"、"有机污染物"和"土壤污染"。可变电荷土壤的界面化学特征和土壤酸化仍是这一时段的资助重点，关键词主要表现为"可变电荷土壤"、"土壤酸化"、"氧化物"和"根际"等。

（3）2006～2008 年

NSFC 资助重点未变，但更加突出界面反应与过程，特别是吸附—解吸过程。土壤组分中的氧化物和腐殖质以及土壤胶体和土壤矿物对界面过程的影响受到更多的重视。开始出现关键词"氧化还原"，说明土壤界面的氧化还原过程受到重视；开始出现关键词"磷"，说明营养元素磷的界面化学行为受到重视；开始出现关键词"微生物"，说明微生物在界面化学过程中的作用受到关注。界面化学过程与环境仍是资助重点，关键词主要表现为"重金属"和"土壤污染"。

（4）2009～2011 年

土壤界面反应与过程研究依旧是 NSFC 资助的重点，对"氧化还原"和"磷"的界面化学行为的资助增加。对土壤组分中的氧化物和腐殖质相关研究的资助持续增加，"可变电荷土壤"研究仍是资助重点。与"有机污染物"相关的研究是这一时段资助的重点之一。开始出现"生物质炭"，说明与生物质炭相关的研究受到重视。此外，与"微生物"相关的研究仍受重视。

（5）2012~2014 年

土壤界面反应与过程，特别是与"吸附解吸"有关的研究是 NSFC 在这一时段资助的重中之重；与"土壤矿物"、"氧化物"、"土壤胶体"相关的研究是这一时段资助的重点。对"微生物"和"生物质炭"相关研究的资助持续增加。土壤"氧化还原"过程，特别是界面的"电子传递"反应也是资助的重点。对"表面电荷与电位"等土壤界面化学性质研究的资助显著增加。

7.4.2 近 15 年 NSFC 资助该领域研究的成果及影响

近 15 年 NSFC 围绕中国土壤界面化学过程与效应的基础研究领域以及新兴的热点问题给予了持续和及时的支持。图 7-6 是 2000~2014 年土壤界面化学过程与效应领域论文发表和 NSFC 资助情况。

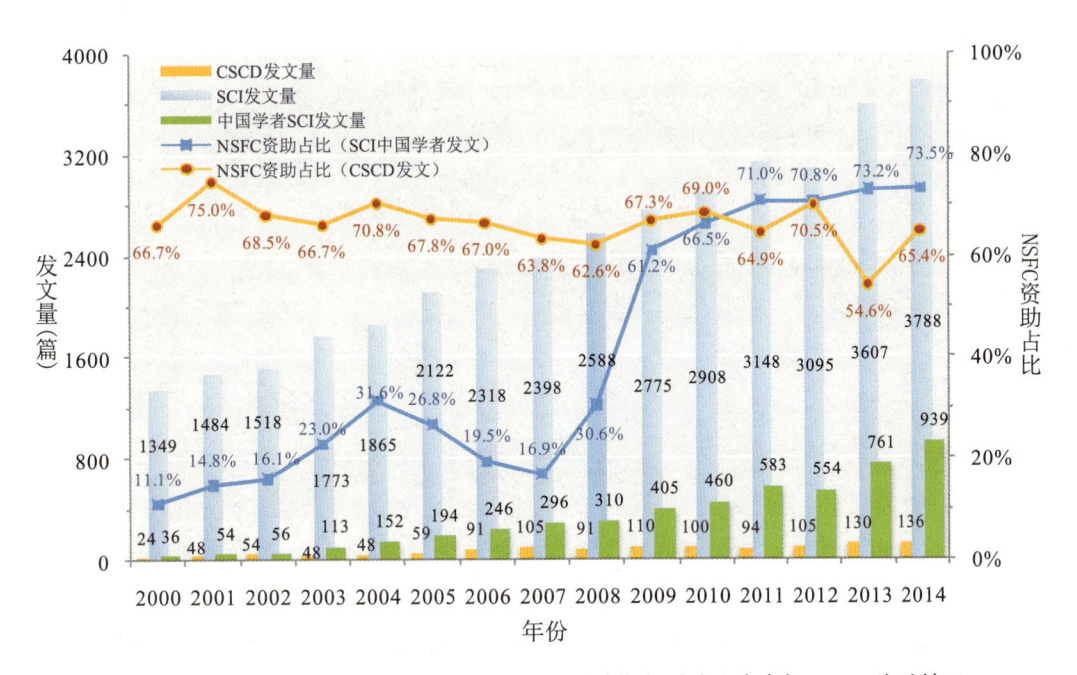

图 7-6 2000~2014 年"土壤界面化学过程与效应"领域论文发表与 NSFC 资助情况

从 CSCD 论文发表来看，过去 15 年来，NSFC 资助本研究领域论文数占总论文数的比重呈稳中有降的态势，但除 2013 年外，其他年份的比例均高于 60%（图 7-6），说明 NSFC 是我国基础研究的主要资助者。从图 7-6 可以看出，中国学者发表 SCI 论文获 NSFC 资助的比例呈迅速增加的趋势，特别在 2008~2010 年，其比例由 30.6%增至 66.5%。从 2011 年开始，受 NSFC 资助 SCI 论文发表比例开始明显高于 CSCD 论文发表比例，尤其是最近 4 年，每年 NSFC 资助比例均在 70%以上（图 7-6）。可见，我国土壤界面化学过程与效应领域近几年受 NSFC 资助产出的 SCI 论文数量较多，国内土壤界面化学过程研究快速发展。NSFC 资助的 SCI 论文变化情况表明，NSFC 资助对于土壤界面化学过程与效应研究的贡献在不断提升，且 NSFC 资助该领域的研究成果逐步侧重发表于 SCI 期刊，表明 NSFC 资助对推动中国土壤界面化学过程与效应领域国际成果产出发挥了重要作用。

SCI 论文发表数量及获基金资助情况反映了获 NSFC 资助取得的研究成果，而不同时段中国学者高被引 SCI 论文获基金资助情况可反映 NSFC 资助研究成果的学术影响随时间变化的情况。由图 7-7 可知，过去 15 年 SCI 高被引 TOP100 论文中中国学者发文数呈显著的增长趋势，由 2000～2002 年的 8 篇逐步增长至 2009～2011 年的 64 篇和 2012～2014 年的 62 篇。中国学者发表的高被引 SCI 论文获 NSFC 资助的比例亦呈迅速增加的趋势，其占比由 2000～2002 年的 12.5% 迅速增长至 2003～2005 年的 58.3% 和 2006～2008 年的 62.9%，再进一步增长至 2009～2011 年的 73.4% 和 2012～2014 年的 74.2%（图 7-7），2009 年后 NSFC 资助高被引 SCI 论文占比稳定在 73% 以上。因此，NSFC 在土壤界面化学过程与效应领域资助的学术成果的国际影响力逐步增加，高水平成果与 NSFC 资助更加密切，学科整体研究水平得到极大提升。

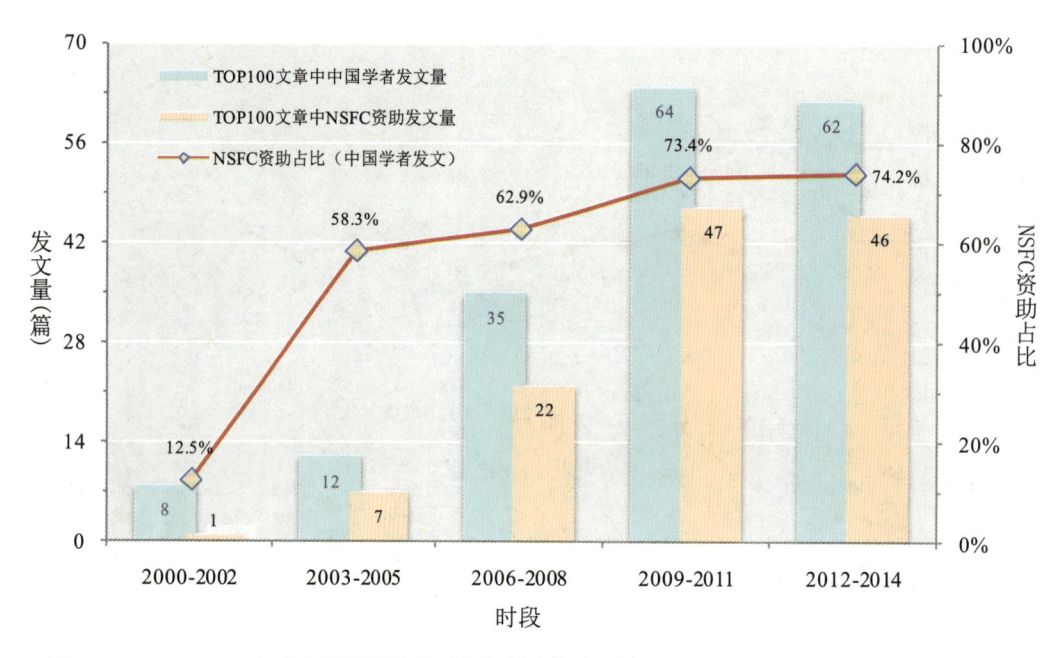

图 7-7 2000～2014 年"土壤界面化学过程与效应"领域高被引 SCI 论文数与 NSFC 资助情况

7.5 研 究 展 望

过去 15 年国内外土壤界面化学过程与效应研究已取得重要进展，未来应着重于以下 4 个方面。

7.5.1 与土壤实际问题的紧密结合

土壤界面化学过程与效应研究应更进一步与土壤中的实际问题相结合，为这些问题的解决提供依据，如土壤退化、土壤污染、水土流失、土壤温室气体产生与固碳等。土壤退化过程及退化土壤的恢复、土壤的污染过程以及污染土壤的修复均涉及一系列土壤界面化学反应，土壤界面化学过程与效应研究可为退化土壤中障碍因素的消除、土壤培肥以及污染土壤的修复提供理论依据和技术支撑。土壤胶体的分散、絮凝、沉降和迁移与水土流失有密切联系，未来土壤界面化学应结合水土流失中与胶体和界面化学相关的问题开展针对性的研究，为控制水土流失做出应有的贡献。土壤中甲烷和氧化亚氮等温室效应气体的产生与土壤氧化还原过程及氧化还原条件有密切联系，土壤界面氧化还原反应研究可为减少土壤温室气体的排放发挥重要作用。土壤是重要的碳汇，增加土壤有机碳含量可减少CO_2的排放。土壤无机组分，特别是土壤中的铁、铝氧化物，与有机物的相互作用可以增加土壤有机碳的稳定性，在土壤固碳中发挥独特的作用。总之，土壤界面化学研究未来可为解决经济和社会发展中的问题发挥更大的作用。

7.5.2　加强实际土壤中界面化学过程的分子机制研究

应用基于同步辐射的 X 射线吸收光谱等现代表面分析技术在分子水平上研究土壤界面化学过程的机制，是过去 15 年土壤化学和环境化学研究的热点，国内外已在这方面取得重要进展。目前已有研究大多采用合成铁、铝氧化物或纯黏土矿物在模拟体系中进行，虽然所获得的结果可以为解释土壤化学现象和化学过程的机制提供参考，但离实际土壤还有一定距离。因为土壤是由多种固相组成的多相和多界面的复合体，纯体系中获得的结果与实际土壤中的化学过程存在差异。因此，未来应以实际土壤为研究对象，借助现代表面分析技术在分子水平上阐明实际土壤环境条件下界面化学过程的机制，推动土壤界面化学过程与效应研究的深入开展。

7.5.3　加强可变电荷土壤界面化学过程与效应研究

虽然我国在可变电荷土壤界面化学研究中取得了重要进展，但仍有不少问题有待进一步研究。可变电荷土壤中存在多种带电颗粒或带电表面，如带正电荷的铁铝氧化物、带负电荷的层状硅酸盐矿物、有机质、微生物和植物根表，这些带电表面之间的相互作用将对界面的化学性质和元素的界面化学行为产生重要影响。过去对土壤无机组分之间以及土壤无机组分与有机质之间的相互作用已开展较多研究，但对土壤无机组分与植物根表面及微生物之间作用的研究相对薄弱。

植物根表面存在羧基和羟基等活性基团，一般带负电荷。在植物生长过程中，根/土界面带正电的颗粒与带负电的根表面之间应存在相互作用，并有可能对界面的性质和化学过程产生影响，从而影响植物根系对养分与污染物的吸附、吸收和向体内的运输。因此，研究可变电荷土壤颗粒与植物根表面的相互作用及其对根/土界面的电化学性质的影响，不仅将丰富土壤界面化学理论，还将为建立相关预测模型，服务区域土壤的养分管理、土壤环境保护，提供具有区域应用价值的科学指导。

细菌等微生物广泛存在于土壤、沉积物和相关环境中，土壤中 80%~90%的微生物生活在土壤固相表面，与土壤胶体颗粒发生相互作用。这种相互作用对于矿物风化、养分元素的生物地球化学循环、团聚体形成、污染物的迁移和转化都有重要的影响。虽然国内外已经对细菌与土壤和矿物之间的相互作用开展了广泛而深入的研究，但已有研究主要采用温带地区的恒电荷土壤或纯矿物（如蒙脱石、高岭石）及合成的氧化物（如针铁矿）等作为研究对象，热带和亚热带地区的可变电荷土壤与细菌之间作用的研究非常缺乏。由于风化和发育程度高，可变电荷土壤中黏土矿物以高岭石为主，且含大量铁、铝氧化物。因此，这类土壤表面不仅带负电荷，还带有一定量的正电荷，它们与细菌作用的机制应与恒电荷土壤有所不同。因此，深入研究热带和亚热带地区典型可变电荷土壤与细菌的相互作用，系统阐明这类土壤与细菌的作用机制，将丰富微生物与土壤互作的研究成果，完善可变电荷土壤的电化学理论。

7.5.4　加强水稻土中微生物驱动的氧化还原过程研究

水稻土长期处于淹水状态或经常经历干—湿交替的变化，因此，氧化还原过程是水稻土中最明显的界面化学过程。过去对水稻土氧化还原过程的研究侧重于其化学方面，忽视了微生物的作用。近 20 年来的研究发现微生物在水稻土的氧化还原过程中发挥重要作用，特别是铁和硫的氧化还原过程主要由微生物驱动。我国在微生物驱动的土壤氧化还原过程研究中取得重要进展，未来应加强微生物胞外电子传递诱导的氧化还原反应机制及其与有机污染物降解和养分循环的耦合研究，研究微生物驱动的氧化还原反应对温室效应气体产生和排放的影响。土壤氧化还原反应不仅影响养分的形态转化，也影响污染物的界面化学行为。因此，微生物驱动的氧化还原过程研究不仅可以丰富土壤界面化学和微生物学的相关理论，对农业可持续发展和生态环境保护也具有重要的实际意义。

7.6　小　　结

土壤界面化学是土壤学中偏重基础、研究历史较长的分支学科。过去 15 年，国内外在土壤界面化学过程与效应研究中均取得重要进展，与国际研究成就相比，我国在界面化学过程的分子机制研究方面相对落后，但在微生物驱动的土壤氧化还原过程、土壤/溶液界面电场—量子涨落耦合作用和可变电荷土壤表面电化学等方面的研究特色明显。未来在保持原有特色基础上，应加强土壤界面化学过程的分子机制研究，注重与土壤学其他分支学科的交叉以产生新的生长点，拓宽土壤界面化学的研究领域。我国的土壤界面化学研究始终服务于农业可持续发展和生态环境保护，未来还应加强与土壤实际问题的紧密结合，为保障粮食安全和保护生态环境做出更大的贡献。

参考文献

Abdala, D. B., I. R. da Silva, L. Vergütz, et al. 2015. Long-term manure application effects on phosphorus speciation, kinetics and distribution in highly weathered agricultural soils. *Chemosphere*, Vol. 119.

Agbenin, J. O., L. A. Olojo. 2004. Competitive adsorption of copper and zinc by a Bt horizon of a Savanna Alfisol as affected by pH and selective removal of hydrous oxides and organic matter. *Geoderma*, Vol. 119, No. 1.

Arai, Y., D. L. Sparks. 2007. Phosphate reaction dynamics in soils and soil components: a multiscale approach. *Advances in Agronomy*, Vol. 94.

Barrow, N. J. 1985. Reactions of anions and cations with variable-charge soils. *Advances in Agronomy*, Vol. 38.

Cao, F., T. X. Liu, C. Y. Wu, et al. 2012. Enhanced biotransformation of DDTs by an iron- and humic-reducing bacteria *Aeromonas hdrophila* HS01 upon addition of goethite and anthraquimone-2, 6-disulphonic disodium salt (AQPS). *Journal of Agricultural and Food Chemistry*, Vol. 60, No. 45.

Chan, K. Y., L. van Zwiete, I. Meazaros, et al. 2007. Agronomic values of greenwaste biochar as a soil amendment. *Australian Journal of Soil Research*, Vol. 45, No. 8.

Cheng, C. H., J. Lehmann, M. H. Engelhard. 2008. Natural oxidation of black carbon in soils: changes in molecular form and surface charge along a climosequence. *Geochimica et Cosmochinica Acta*, Vol. 72, No. 6.

Combes, J. M., C. J. Chlsholm-Brause, G. E. Brown Jr., et al. 1992. XAFS spectroscopic study of neptunium(V) sorption at the α-FeOOH/water interface. *Environmental Science and Technology*, Vol. 26, No. 2.

DeMumbrum, L. E., M. L. Jackson. 1956. Infrared absorption evidence on exchange reaction mechanism of copper and zinc with layer silicate clays and peat. *Soil Science Society of America Proceedings*, Vol. 20, No. 3.

Fendorf, S. E., D. L. Sparks, G. M. Lamble, et al. 1994. Applications of X-ray absorption fine structure spectroscopy to soil. *Soil Science Society of America Journal*, Vol. 58, No. 6.

Ford, R. G., A. C. Scheinost, D. L. Sparks. 2001. Frontiers in metal sorption/precipitation mechanisms on soil mineral surfaces. *Advances in Agronomy*, Vol. 74.

Gamble, D. S. 2013. Discoveries leading to conventional chemical kinetics for pesticides in soils: a review. *Advances in Agronomy*, Vol. 120.

Gao, Y. Z., J. Z. He, W. T. Ling, et al. 2003. Effects of organic acids on copper and cadmium desorption from contaminated soils. *Environment International*, Vol. 29, No. 5.

Gillespire, A. W., C. L. Phillips, J. J. Dynes, et al. 2015. Advances in using soft X-ray spectroscopy for measurement of soil biogeochemical processes. *Advances in Agronomy*, Vol. 133.

Ginder-Vogel, M., G. Landrot, J. S. Fischel, et al. 2009. Quantification of rapid environmental redox processes with quick-scanning X-ray absorption spectroscopy (Q-XAS). *Proceedings of the National Academy of Sciences of the United States of America*, Vol. 106, No. 38.

Guo, X. Y., S. Z. Zhang, X. Q. Shan, et al. 2006. Characterization of Pb, Cu, and Cd adsorption on particulate organic matter in soil. *Environmental Toxicology and Chemistry*, Vol. 25, No. 9.

Guo, J. H., X. J. Liu, Y. Zhang, et al. 2010. Significant acidification in major Chinese croplands. *Science*, Vol. 327, No. 5968.

Hayes, K. F., A. L. Roe, G. E. Brown, et al. 1987. In situ X-ray absorption study of surface complexes: selenium oxyanions on α-FeOOH. *Science*, Vol. 238, No. 4828.

He, J. Z., H. W. Hu, L. M. Zhang. 2012. Current insights into the autotrophic thaumarchaeal ammonia oxidation in acidic soils. *Soil Biology and Biochemistry*, Vol. 55, No. 1.

Hicks, W. K., J. C. I. Kuylenstierna, A. Owen, et al. 2008. Soil sensitivity to acidification in Asia: status and prospects. *AMBIO*, Vol. 37, No. 4.

Hingston, F. J., R. J. Atkinson, A. M. Posner, et al. 1967. Specific adsorption of anions. *Nature*, Vol. 215, No. 5109.

Hodgson, J. F., K. G. Tiller, M. Fellows. 1964. The role of hydrolysis in the reaction of heavy metals with soil-forming materials. *Soil Science Society of America Proceedings*, Vol. 28, No. 1.

Hu, H. Q., C. X. Tang, Z. Rengel. 2005. Role of phenolics and organic acids in phosphorus mobilization in calcareous and acidic soils. *Journal of Plant Nutrition*, Vol. 28, No. 8.

Hu, H. Q., H. L. Liu, J. Z. He, et al. 2007. Effect of selected organic acids on cadmium sorption by variable- and permanent-charge soils. *Pedosphere*, Vol. 17, No. 1.

Jiang, J., R. K. Xu, T. Y. Jiang, et al. 2012. Immobilization of Cu(II), Pb(II) and Cd(II) by the addition of rice straw derived biochar in a simulating polluted Ultisol. *Journal of Hazardous Materials*, Vol. 229-230.

Jiang, J., R. K. Xu. 2013. Application of crop straw derived biochars to Cu(II) contaminated Ultisol: evaluating role of alkali and organic functional groups in Cu(II) immobilization. *Bioresource Technology*, Vol. 133.

Landrot, G., M. Ginder-Vogel, D. L. Sparks. 2010. Kinetics of chromium(III) oxidation by manganese(IV) oxides using quick scanning X-ray absorption fine structure spectroscopy(Q-XAFS). *Environmental Science and Technology*, Vol. 44, No. 1.

Landrot, G., R. Tappero, S. M. Webb, et al. 2012. Arsenic and chromium speciation in an urban contaminated soil. *Chemosphere*, Vol. 88, No. 10.

Li, H., R. Li, H. L. Zhu, et al. 2010. Influence of electrostatic field from soil particle surfaces on ion adsorption-diffusion. *Soil Science Society of America Journal*, Vol. 74, No. 4.

Li, H., J. Hou, X. M. Liu, et al. 2011. Combined determination of specific surface area and surface charge properties of charged particles from a single experiment. *Soil Science Society of America Journal*, Vol. 75, No. 6.

Li, J. Y., R. K. Xu, H. Zhang. 2012a. Iron oxides serve as natural anti-acidification agents in highly weathered soils. *Journal of Soils and Sediments*, Vol. 12, No. 6.

Li, J. Y., R. K. Xu. 2013a. Inhibition of the acidification of kaolinite and Alfisol by iron oxides through electrical double-layer interaction. *Soil Science*, Vol. 178, No. 1.

Li, J. Y., R. K. Xu. 2013b. Inhibition of acidification of kaolinite and Alfisol by aluminum oxides through electrical double-layer interaction and coating. *European Journal of Soil Science*, Vol. 64, No. 1.

Li, W., K. J. T. Livi, W. Wu, et al. 2012b. Formation of crystalline Zn-Al layered double hydroxide precipitates on γ-alumina: the role of mineral dissolution. *Environmental Science and Technology*, Vol. 46, No. 21.

Liu, X. J., Y. Zhang, W. X. Han, et al. 2013. Enhanced nitrogen deposition over China. *Nature*, Vol. 494, No. 7438.

Liu, T. X., W. Zhang, X. M. Li, et al. 2014. Kinetics of competitive reduction of nitrate and iron oxide by *Aeromonas hdrophila* HS01. *Soil Science Society of America Journal*, Vol. 78, No. 6.

Lu, X. K., Q. G. Mao, F. S. Gilliam, et al. 2014. Nitrogen deposition contributes to soil acidification in tropical ecosystems. *Global Change Biology*, Vol. 20, No. 12.

Meng, H. Q., M. G. Xu, J. L. Lv, et al. 2014. Quantification of anthropogenic acidification under long-term fertilization in the upland red soil of south China. *Soil Science*, Vol. 179, No. 10-11.

McLaren, R. G., D. V. Crawford. 1973. Studies on soil copper: II. the specific adsorption of copper by soils. *Journal of Soil Science*, Vol. 24, No. 3.

Masud, M. M., D. Guo, J. Y. Li, et al. 2014. Hydroxyl release by maize (*Zea mays L.*) roots under acidic condition due to nitrate absorption as related with amelioration of an acidic Ultisol. *Journal of Soils and Sediments*, Vol. 14, No. 5.

Novak, J. M., W. J. Busscher, D. L. Laird, et al. 2009. Impact of biochar amendment on fertility of a southeastern coastal plain soil. *Soil Science*, Vol. 174, No. 2.

Palmer, S. M., C. T. Driscoll. 2002. Acidic deposition-decline in mobilization of toxic aluminium. *Nature*, Vol. 417, No. 6886.

Parfitt, R. L. 1978. Anion adsorption by soils and soil materials. *Advances in Agronomy*, Vol. 30.

Park, J. H., G. K. Choppala, N. S. Bolan, et al. 2011. Biochar reduces the bioavailability and phytotoxicity of heavy metals. *Plant and Soil*, Vol. 348, No. 1-2.

Puga, A. P., C. A. Abreu, L. C. A. Melo, et al. 2015. Biochar application to a contaminated soil reduces the availability and plant uptake of zinc, lead and cadmium. *Journal of Environmental Management*, Vol. 159.

Rees, F., M. O. Simonnot, J. L. Morel. 2014. Short-term effects of biochar on soil heavy metal mobility are controlled by intra-particle diffusion and soil pH increase. *European Journal of Soil Science*, Vol. 65, No. 1.

Reinds, G. J., M. Posh, R. Leemans. 2009. Modelling recovery from soil acidification in European forests under climate change. *Science of the Total Environment*, Vol. 407, No. 21.

Sayen, S., E. Guillon. 2010. X-ray absorption spectroscopy study of Cu^{2+} geochemical partitioning in a vineyard soil. *Journal of Colloid and Interface Science*, Vol. 344, No. 2.

Selim, H. M. 2013. Transport and retention of heavy metal in soils: competitive sorption. *Advances in Agronomy*, Vol. 119.

Schofield, R. K. 1939. The electrical charge on clay particles. *Soil and Fertilizers*, Vol. 2, No. 1.

Schroder, J. L., H. L. Zhang, K. Girma, et al. 2011. Soil acidification from long-term use of nitrogen fertilizers on winter wheat. *Soil Science Society of America Journal*, Vol. 75, No. 3.

Shimizu, M., Y. Arai, D. L. Sparks. 2011. Multiscale assessment of methylarsenic reactivity in soil. 1. sorption and desorption on soils. *Environmental Science and Technology*, Vol. 45, No. 10.

Sparks, D. L. 1985. Kinetics of ionic reactions in clay minerals and soils. *Advances in Agronomy*, Vol. 38.

Sparks, D. L. 1989. *Kinetics of Soil Chemical Processes*. Academic Press, San Diego.

Sparks, D. L. 2015. Advances in coupling of kinetics and molecular scale tools to shed light on soil biogeochemical processes. *Plant and Soil*, Vol. 387, No. 1-2.

Steiner, C., B. Glaser, W. G. Teixeira, et al. 2008. Nitrogen retention and plant uptake on a highly weathered central Amazonian Ferraisol amended with compost and charcoal. *Journal of Plant Nutrition and Soil Science*, Vol. 171, No. 6.

Tan, W. F., N. Willem, L. K. Koopal, et al. 2011. Humic substance charge determination by titration with a flexible cationic polyelectrolyte. *Geochimica et Cosmochimica Acta*, Vol. 75, No. 19.

Tang, C., M. K. Conyers, M. Nuruzzaman. 2011. Biological amelioration of subsoil acidity through managing nitrate uptake by wheat crops. *Plant and Soil*, Vol. 338, No. 1-2.

Tian, R., H. Li, X. D. Gao, et al. 2013. Ca^{2+}/Cu^{2+} induced aggregation of variably charged soil particles: a comparative study. *Soil Science Society of America Journal*, Vol. 77, No. 3.

Uchimiya, M., I. M. Lima, K. T. Klasson, et al. 2010. Immobilization of heavy metal ions [Cu(II), Cd(II), Ni(II), and Pb(II)] by broiler litter-derived biochars in water and soil. *Journal of Agricultural and Food Chemistry*, Vol. 58, No. 9.

Uchimiya, M., S. Chang, K. T. Klasson. 2011. Screening biochars for heavy metal retention in soil: role of oxygen functional groups. *Journal of Hazardous Materials*, Vol. 190, No. 1-3.

Violante, A. 2013. Elucidating mechanisms of competitive sorption at the mineral/water interface. *Advances in Agronomy*, Vol. 118.

Wang, P., P. M. Kopittke, K. M. C. De Schamphelaere, et al. 2011. Evaluation of an electrostatic toxicity model for predicting Ni^{2+} toxicity to barley root elongation in hydroponic cultures and in soils. *New Phytologist*, Vol. 192, No. 2.

Wang, Y., J. Jiang, R. K. Xu, et al. 2009. Phosphate adsorption at variable charge soils/water interfaces as influenced by ionic strength. *Australian Journal of Soil Research*, Vol. 47, No. 5.

Wang, Y. J., C. B. Li, D. M. Zhou, et al. 2013. Wien effect in suspensions and its application in soil science: a review. *Advances in Agronomy*, Vol. 122.

Wang, Y. P., R. K. Xu, J. Y. Li. 2011. Effect of Fe/Al oxides on desorption of Cd^{2+} from soils and minerals as related to diffuse layer overlapping. *Soil Research*, Vol. 49, No. 3.

Xu, J. L., L. Zhuang, G. Q. Yang, et al. 2013. Extracellular quinones affecting methane production and methanogenic community in paddy soil. *Microbial Ecology*, Vol. 66, No. 4.

Xu, R. K., A. Z. Zhao, G. L. Ji. 2003. Effect of low molecular weight organic anions on surface charge of variable charge soils. *Journal of Colloid and Interface Science*, Vol. 264, No. 2.

Xu, R. K., C. B. Li, G. L. Ji. 2004. Effect of low-molecular-weight organic anions on electrokinetic properties of variable charge soils. *Journal of Colloid and Interface Science*, Vol. 277, No. 1.

Xu, R. K., S. C. Xiao, D. Xie, et al. 2006. Effects of phthalic and salicylic acids on Cu(II) adsorption by variable charge soils. *Biology and Fertility of Soils*, Vol. 42, No. 1-2.

Xu, R. K., Y. Wang, D. Tiwari, et al. 2009. Effect of ionic strength on adsorption of As(III) and As(V) by variable charge soils. *Journal of Environmental Science*, Vol. 21, No. 7.

Xu, R. K., A. Z. Zhao, J. H. Yuan, et al. 2012. pH buffering capacity of acid soils from tropical and subtropical regions of China as influenced by incorporation of crop straw biochars. *Journal of Soils and Sediments*, Vol. 12, No. 4.

Xu, R. K. 2013. Interaction between heavy metals and variable charge soils. In: Xu, J. M., D. L. Sparks (eds.), *Molecular Environmental Soil Science*. Spring, Dordrecht.

Xu, R. K., A. Z. Zhao. 2013. Effect of biochars on adsorption of Cu(II), Pb(II) and Cd(II) by three variable charge soils from southern China. *Environmental Science and Pollution Research*, Vol. 20, No. 12.

Xu, R. K., N. P. Qafoku, E. van Ranst, et al. 2016. Adsorption properties of subtropical and tropical variable charge soils: implications from climate change and biochar amendment. *Advances in Agronomy*, Vol. 135.

Xue, N. D., H. M. Seip, J. H. Guo, et al. 2006. Distribution of Al-, Fe- and Mn-pools and their correlation in soils from two acid deposition small catchments in Hunan, China. *Chemosphere*, Vol. 65, No. 11.

Yan, Y. P., F. Liu, W. Li, et al. 2014a. Sorption and desorption characteristics of organic phosphates of different structures on aluminium (oxyhydr)oxides. *European Journal of Soil Science*, Vol. 65, No. 2.

Yan, Y. P., B. Wan, F. Liu, et al. 2014b. Adsorption-desorption of myo-inositol hexakisphosphate on hematite. *Soil Science*, Vol. 179, No. 10-11.

Yuan, J. H., R. K. Xu, H. Zhang. 2011. The forms of alkalis in the biochar produced from crop residues at different temperatures. *Bioresource Technology*, Vol. 102, No. 3.

Yuan, J. H., R. K. Xu. 2011. The amelioration effects of low temperature biochar generated from nine crop residues on an acidic Ultisol. *Soil Use and Management*, Vol. 27, No. 1.

Yuan, J. H., R. K. Xu. 2012. Effects of biochars generated from crop residues on chemical properties of acid soils from tropical and subtropical China. *Soil Research*, Vol. 50, No. 7.

Zhao, Y., L. Duan, J. Xing, et al. 2009. Soil acidification in China: Is controlling SO$_2$ emissions enough? *Environmental Science and Technology*, Vol. 43, No. 21.

Zhu, M., P. Northrup, C. Shi, et al. 2014. Structure of sulfate adsorption complexes on ferrihydrite. *Environmental Science and Technology Letters*, Vol. 1, No. 1.

Чернов，于天仁译：《土壤酸度的本质》，科学出版社，1957年。

段雷、郝吉明、谢绍东等：《酸沉降临界负荷及其应用》，清华大学出版社，2001年。

季国亮："土壤中离子吸附—交换理论的建立和发展——纪念土壤中离子吸附理论建立160周年"，《五色土》，2013年第1期。

刘桂秋、谭文峰、冯雄汉等："几种土壤铁锰结核对Cr（III）的氧化特性：II. pH、离子强度、温度等因素的影响"，《土壤学报》，2003年第6期。

曲东、张一平、S. Schnell等："水稻土中铁氧化物的厌氧还原及其对微生物过程的影响"，《土壤学报》，2003

年第 6 期。

沈仁芳：《铝在土壤—植物中的行为及植物的适应机制》，科学出版社，2008 年。

吴甫成、彭世良、王晓燕等："酸沉降影响下近 20 年来衡山土壤酸化研究"，《土壤学报》，2005 年第 2 期。

熊毅等：《土壤胶体》（第二册），科学出版社，1985 年。

徐建明、蒋新、刘凡等："中国土壤化学的研究与展望"，《土壤学报》，2008 年第 5 期。

徐仁扣等：《酸化红壤的修复原理与技术》，科学出版社，2013 年。

徐仁扣、李九玉、姜军："可变电荷土壤中特殊化学现象及其微观机制的研究进展"，《土壤学报》，2014 年第 2 期。

徐仁扣、王敬华、张效年等："我国东部七省（闽、浙、赣、湘、鄂、苏、皖）生态系统对酸沉降的临界负荷的研究：Ⅱ. 临界负荷和临界负荷图"，《土壤》，2000 年第 4 期。

王永、徐仁扣："As（Ⅲ）在可变电荷土壤中的吸附与氧化的初步研究"，《土壤学报》，2005 年第 4 期。

于天仁：《土壤化学原理》，科学出版社，1987 年。

于天仁等：《土壤的电化学性质及其研究法》（修订本），科学出版社，1976 年。

于天仁、季国亮、丁昌璞等：《可变电荷土壤的电化学》，科学出版社，1996 年。

第 8 章 土壤矿物—有机质—微生物交互作用的耦合过程

土壤是由矿物、有机质和微生物等固相组分组成的复杂多相异质体系。层状硅酸盐矿物和氧化物是土壤中最细小的无机胶体，比表面积大，反应活性强；而微生物是土壤中最活跃的生命组分，90%以上都黏附在各种矿物或矿物—有机质复合体表面，其代谢所释放出的各种生物分子也多吸附在土壤固相颗粒表面。因此，土壤矿物与微生物、生物分子的互作及其界面过程，深刻影响着土壤的物理、化学和生物过程及性质，控制着土壤中养分的有效性和污染物质的环境行为，决定着土壤的肥力状况和健康质量，是农业可持续发展中不可替代的基础性资源。近20多年来，土壤矿物—有机质—微生物相互作用的耦合过程，一直是国际土壤学及相关领域的研究前沿和热点。

8.1 概 述

本节以土壤矿物和微生物相互作用的研究缘起为切入点，阐述了土壤矿物—有机质—微生物交互作用的耦合过程，并以科学问题的深化和社会需求的变化为线索，探讨了土壤矿物—有机质—微生物交互作用耦合过程研究的演进阶段与所关注科学问题的递进过程。

8.1.1 问题的缘起

土壤中微生物主要黏附在矿物或矿物—有机质复合体的表面，这种黏附可能改变微生物的生存及活性，并产生一系列土壤生物化学过程（Marshall，1975：357~373）。土壤矿物与微生物相互作用的研究始于19世纪，Bjerinck首次发现了微生物参与自然界中锰的氧化与沉积过程，细菌在岩石风化中的作用最先由Muentz和Merill提出；而Berner（1970：1~23）报道的铁、有机质与矿物之间存在强作用力，是最早关于有机质与土壤矿物相互作用的研究报道。20世纪的矿物与细菌作用的研究多集中于可溶性金属离子与微生物在细胞水平上的吸附、聚集、成核矿化等（Devouard et al.，1998：1387~1398）。1990年在日本京都第14届国际土壤学大会上，国际土壤学联合会成立了"土壤矿物—有机质—微生物相互作用工作组"（International Symposium on Interactions of Soil Minerals with Organic Components and Microorganisms），关注土壤中矿物、有机质及微生物等组分间的交互作用机理、过程及其对人类与环境的影响。随着认识的深入，发现组分间的界面反应过程主导着土壤的形成、转化与功能，因此，国际土壤学联合会于2004年专门成立了"土壤物理/化学/生物界面反应专业委员会"，从而使土壤由物质间的相互作用转向了土壤界面的物质与能量相互作用过程。

8.1.2 问题的内涵及演进

土壤矿物是土壤中固相颗粒的主要组成部分，包括各种原生矿物、层状硅酸盐矿物和铁、铝、锰等氧化物，其与自然界中的有机物质及微生物关系紧密，影响着土壤有机物质的动态转化、微生物和酶的活性；土壤中的有机质和微生物也同时影响着矿物的风化、团聚体的形成、土壤的形成及与养分和污染物相关矿物的表面性质及活性。微生物不仅是土壤中最活跃的生命物质，影响着土壤的物理、化学及生物学特性，更成为土壤相互作用过程中的驱动力。因此，土壤中矿物、有机物和微生物交互作用的耦合过程对土壤乃至农业的健康和可持续发展有着极重要的影响（Huang和赵红挺，1991：24~28）。

土壤矿物—有机质—微生物交互作用耦合过程研究的发展历程大体可分为以下3个阶段。

第一阶段：土壤矿物—有机质交互作用阶段。 1982年加拿大萨斯喀彻温大学P. M. Huang教授在Nature杂志首次报道了水钠锰矿可催化多酚聚合形成腐殖质，随后报道了柠檬酸对伊毛缟石形成的影响（Shindo and Huang，1982：363~365）。上述工作开启了土壤矿物—有机质交互作用的研究，并成为研究热点；随后众多学者系统研究了不同有机酸、腐殖酸对铁、铝氧化物形成及表面性质的影响。与纯矿物相比，矿物—有机质复合体更接近真实自然环境中的土壤颗粒。土壤中的有机质绝大部分是以矿质复合形态存在，有机—无机复合是形成稳定性团聚体及决定土壤肥力的重要基础。黏土矿物对土壤有机质的吸附是自然界中广泛发生的重要作用之一，大量文献证实无论是土壤、海洋沉积物中还是在烃源岩中，有机质与黏土矿物大多是结合在一起的（Mayer，1994：347~363）；仅有10%左右的有机质是以分散颗粒形式存在，其余均以矿物—有机物复合体形式存在（Bergamaschi et al.，1997：1247~1260）。可见，**此阶段的相互作用研究多关注土壤矿物、有机质的形成与演化过程及其与土壤肥力的关系。**

第二阶段：土壤矿物—微生物（包括生物大分子）交互作用阶段。 21世纪，生物学迅速发展，研究者认识到土壤是类似于生物细胞组织的生命有机体，富含酶、DNA等生物活性物质，这些生物活性分子由于结合在矿物表面而在土壤中长期稳定存在（Crecchio and Stotzky，1998：1061~1067）。因此，研究者开始关注生物大分子酶、DNA与矿物的界面过程及活性。土壤生物作为生物地球化学过程的引擎，驱动着地球关键区与其他各圈层之间的物质交换和循环。微生物在土壤矿物风化、结构体形成、有机质分解与养分释放、污染物降解和转化等诸多土壤物理和化学过程中起着关键作用（Naidji et al.，2000：677~691；刘凡等，2008：66~73）。而土壤中微生物并不是孤立存在的，有巨大比表面并带有高密度电荷的矿物胶体，由于其富含离子、水分和其他营养物质而成为土壤微生物的良好栖息场所。因此，微生物—矿物界面作用机制，生物成矿与矿物风化成为研究主题。可见，**此阶段组分相互作用研究多关注微生物参与下的界面反应过程**。

第三阶段：土壤矿物—有机质—微生物交互作用阶段。在土壤形成过程中，矿物、有机物和生物相互作用形成具有三维空间组织结构、异质性、微生物定殖的生物地球化学界面（Colombo et al.，2014：538～548）。土壤的主要性质和功能，包括土壤团聚体的形成和稳定性，有机物和无机物的生物有效性，土壤溶质、胶体、气体的运移和时空分布等都受到界面性质的深刻影响（Huang et al.，2005：609～635；Smith et al.，2014：292～303）。微生物是土壤及整个生态系统构成的重要部分，是有机质循环转化的主要动力来源，其对所生存的微环境十分敏感，当土壤生态机制发生变化时，微生物便会做出一定响应，进而导致群落结构的变化，影响土壤肥力和矿物的演化（Navarro-Garcia et al.，2012：1～8；朱永官等，2014：1107～1116）。微生物与有机质的成矿作用是当前国际上成矿作用研究的前沿领域。可见，**表征和可视界面结构、阐明界面形成和老化的影响因素以及发生过程已成为国际上土壤学的研究热点**。

8.2 国际"土壤矿物—有机质—微生物交互作用的耦合过程"研究主要进展

近 15 年来，随着土壤矿物—有机质—微生物交互作用过程与机制研究的不断深入，逐渐形成了一些核心领域和研究热点。通过文献计量分析发现，其核心研究方向主要围绕组分互作过程与机制、组分互作与环境效应、组分互作与元素循环及生态功能等方面开展。土壤矿物—有机质—微生物交互作用的耦合过程研究正在向着科学问题逐步深化、研究内容外延拓展、新方法和新技术不断涌现、野外监测与室内模拟相结合的方向发展。

8.2.1 近 15 年国际该领域研究的核心方向与研究热点

运用 Web of Science 数据库，依据本研究领域核心关键词制定了英文检索式，即：("Soil" or "sediment*") and ((("Mineral" or "clay*" or "oxide" or "goethite" or "hematite" or "ferrihydrite" or "hydroxide*" or "kaolinite" or "montmorillonite" or "smectite" or "illite" or "colloid*" or "silicate" or "humus") and ("Organi*" or "humic*" or "fulvic*" or SU="extracellular polymeric*")) or (("Mineral" or "clay*" or "oxide" or "goethite" or "hematite" or "ferrihydrite" or "hydroxide*" or "kaolinite" or "montmorillonite" or "smectite" or "illite" or "colloid*" or "silicate") and ("Microb*" or "microorganism*" or "bacteria*" or "fung*")) or (("Organi*" or "humic*" or "fulvic*" or SU="extracellular polymeric*") and ("Microb*" or "microorganism*" or "bacteria*" or "fung*")) or (("Mineral" or "clay*" or "oxide" or "goethite" or "hematite" or "ferrihydrite" or "hydroxide*" or "kaolinite" or "montmorillonite" or "smectite" or "illite" or "colloid*" or "silicate") and ("Organi*" or "humic*" or "fulvic*" or SU="extracellular polymeric*") and ("Microb*" or "microorganism*" or "bacteria*" or "fung*"))) and ("mechanism" or "process" or "interact*" or "adsor*" or "sorp*" or "absor*" or "deposit*" or "complex*" or "adhesion*" or "reduc*" or "oxidat*" or "redox" or "bind*" or "bond" or "precipit*" or SU="surface charge" or "electrostatic*" or "kinetic*" or "thermodynamic*" or "interfac*" or "interact*" or "transform*" or "format*" or "dissolu*" or "transport*" or "crystal*" or "morphology" or "aggregat*" or SU="soil structure" or "complex" or "nutrient" or SU="heavy metal" or "radionucleide*" or SU="element* cycle" or "protein" or "enzyme" or "degradation" or "sequestration" or "geochemistry" or "availability" or "mobility" or "speciation" or SU="DLVO*" or "model" or SU="Van der Waals' force" or "multilayer" or "affinity*"），检索到近 15 年本研究领域共发表国际英文文献 51 883 篇，进而将其划分为 2000～2002 年、2003～2005 年、2006～2008 年、2009～2011 年和 2012～2014 年 5 个时段，各时段发表的论文数量占总发表论文数量的百分比分别为 12.0%、15.3%、19.8%、23.7%和 29.2%，呈逐年上升趋势。图 8-1 为 2000～2014 年土壤矿物—有机质—微生物交互作用耦合过程相关领域 SCI 期刊论文关键词的共现关系，将其聚成了 4 个相对独立的研究聚类圈，聚类圈在一定程度上反映出近 15 年来国际上土壤矿物—有机质—微生物交互作用研究的核心领域，**大致可总结为：组分互作与重金属环境行为、组分互作过程与机制、组分互作与全球变化、组分互作与元素循环 4 个方面**。

（1）组分互作与重金属环境行为

由图 8-1 组分互作与重金属环境行为聚类圈可发现，该聚类圈中出现的主要关键词包括有机质（organic matter）、硫酸盐还原菌（sulfate reducing bacteria）、大肠杆菌（escherichia coil）、菌根（mycorrhizae）、氧化物（oxide）、农业（agriculture）、污染（pollution）、重金属（heavy metal）、铜（copper）、铁（iron）、铅（lead）、镉（cadmium）、微生物活性（microbial activity）、物种形成（speciation）等。这些关键词反映出**土壤重金属元素形态、重金属在多组分界面的形态特征、生物有效性等是研究的重点**。而 PCR、DGGE 等关键词在聚类圈中占据重要位置，表明运用分子手段描述土壤微生物群落组成和结构对环境污染物的响应机制是重点研究内容。同时，关键词迁移（transport）、除草剂（herbicide）及泥煤（peat）则说明**土壤固相组分互作界面上有机污染物转化特征及降解途径也是土壤组分互作过程中重点关注的研究方向**。

（2）组分互作过程与机制

图 8-1 组分互作过程与机制聚类圈中出现的主要关键词有：矿物（mineral）、蛋白质（protein）、氨基酸（amino acid）、细菌（bacteria）、微生物（microorganism）、腐殖质（humic substances）、酶活性（enzyme activity）、真菌（fungi）、新陈代谢（metabolism）、吸附（adsorption）、解吸（desorption）、N_2O 排放（N_2O emission）、有机碳（organic carbon）、分解（decomposition）、生物降解（biodegradation）等高频词，说明组分互作机制研究，即**矿物—生物大分子互作研究、矿物—细菌胞外聚合物互作研究、矿物—微生物互作研究及腐殖质—酶互作研究是近 15 年来的研究重点**。例如，在矿物—生物大分子互作研究中发现，晶质氧化物对酶的吸附量及对酶活性的抑制作用显著高于非晶质氧化物；DNA 在土壤胶体和矿物表面的亲和力及构型是决定其生物活性的关键；矿物—细菌胞外聚合物（EPS）互作研究揭示了细菌胞外聚合物与不同土壤矿物表

面的特异识别和空间效应机制；腐殖质—酶互作研究则揭示出土壤腐殖酸与溶菌酶的结合以静电吸附和疏水作用为主，是受热焓驱动的部分可逆反应过程，复合物颗粒大小随正负电荷比例的增加呈峰形曲线，等电点时最大。

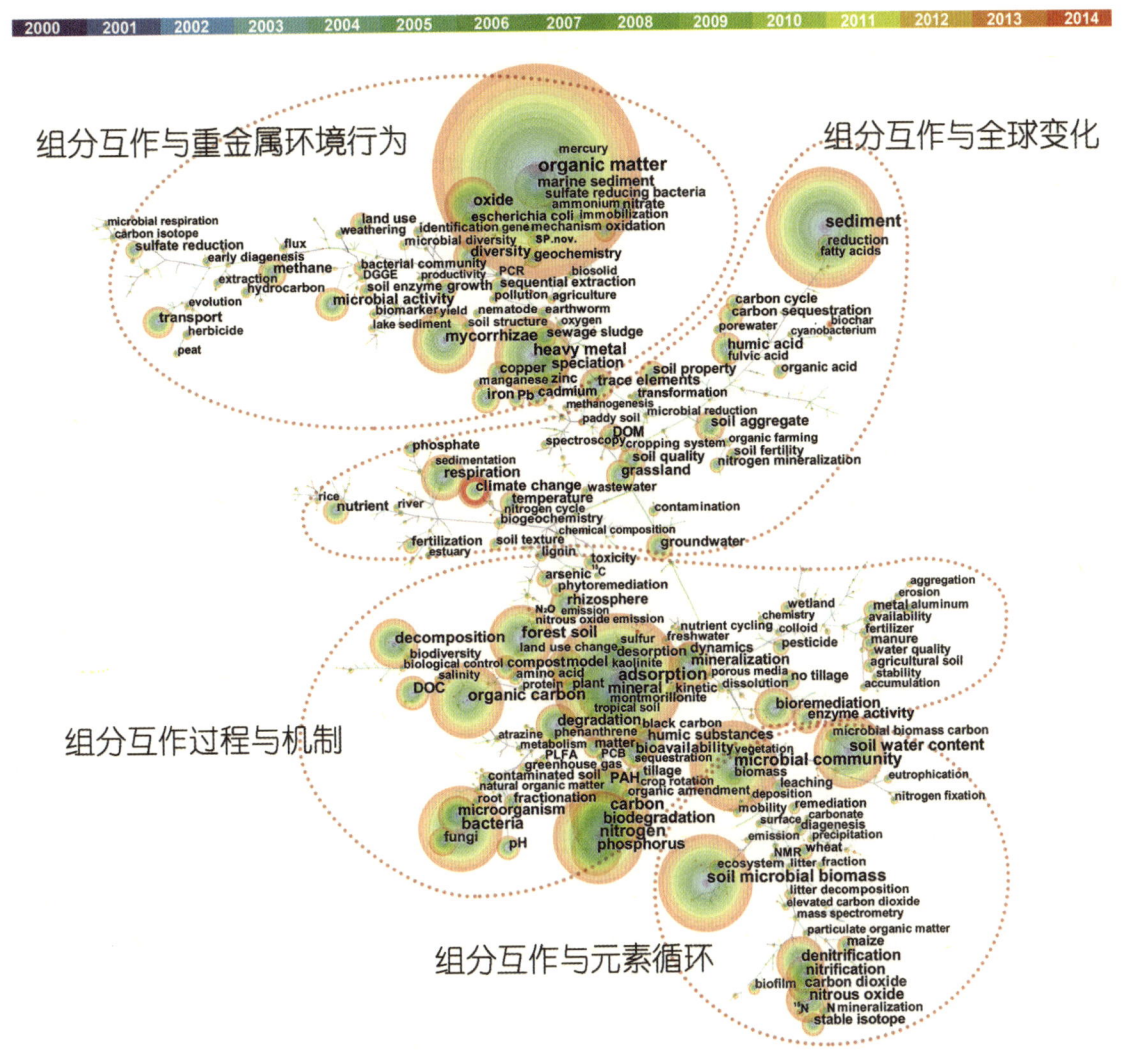

图 8-1 2000～2014 年"土壤矿物—有机质—微生物交互作用的耦合过程"领域 SCI 期刊论文关键词共现关系

（3）组分互作与全球变化

图 8-1 组分互作与全球变化聚类圈中包含的关键词主要有：土壤团聚体（soil aggregate）、土壤性质（soil property）、碳固定（carbon sequestration）、碳循环（carbon cycle）、土壤质量（soil quality）、土壤肥力（soil fertility）及细菌（bacteria）等。这些关键词反映了**土壤矿物—有机物—微生物的交互作用对土壤质量和自然环境的影响，也说明土壤微生物对土壤质量和温室气体排放及控制具有重要意义**。据估计，仅湿地和水稻田产甲烷菌引起的 CH_4 排放约占全球总排放量的 1/3（IPCC，2007）。此外，聚类圈中还包含：气候变化（climate change）、温度（temperature）、

呼吸作用（respiration）及微生物还原（microbial reduction）等关键词，直接说明**大气温室气体的动态变化与土壤生物过程紧密相关**。因此，研究温室气体在土壤和生物圈的发生与消解机制，提高大气层温室气体的动态模拟和预测准确性，提出切实可行的减排策略和措施，是目前土壤学、地学和全球变化科学领域面临的重要挑战与前沿方向。

（4）组分互作与元素循环

从图 8-1 可以看出，组分互作与元素循环聚类圈以生态系统（ecosystem）、土壤微生物量（soil microbial biomass）、微生物群落（microbial community）、微生物量碳（microbial biomass carbon）、碳酸盐（carbonate）、生物量（biomass）、凋落物分解（litter decomposition）、反硝化反应（denitrification）、硝化作用（nitrification）、一氧化二氮（nitrous oxide）、氮矿化（N mineralization）等为研究重点，探讨了组分互作对元素循环，尤其是碳、氮循环的影响。组分互作是地球表层系统生物地球化学循环的核心驱动力，是联系不同圈层物质循环和能量交换的重要纽带，是破解元素循环机制的重要途径；且在微生物的不同代谢过程中，其产物的组成也是研究热点之一。而基于同位素示踪（isotope）、氮标记（^{15}N）、**质谱仪（mass spectrometry）与核磁共振（NMR）**等先进技术分析微生物主导的元素循环（主要是碳、氮）过程及生态效应则是此阶段重点的研究内容。

表 8-1 是 SCI 期刊论文关键词共现关系图表现出的近 15 年来土壤矿物—有机质—微生物交互作用耦合过程分时段的核心研究领域。表中显示了 2000~2014 年各时段 TOP20 关键词组合特征，可反映出不同时段的研究热点。由表 8-1 可知，2000~2014 年，排名前 10 位的高频关键词为氧化铁（iron oxide）、有机质（organic matter）、吸附（sorption）、细菌（bacteria）、真菌（fungi）、微生物量（microbial biomass）、腐殖质（humic substance）、毒性（toxicity）、矿化（mineralization）和生物有效性（bioavailability）。由这些高频关键词能够直观地反映出相关研究领域近 15 年的研究热点，且根据不同时段的高频关键词组合特征能够判断出该领域研究热点随时间的变化情况。氧化铁（iron oxide）、有机质（organic matter）及吸附（sorption）等关键词在各个时段均处于前列，表明相关研究内容受到持续关注。下面以 3 年为间隔将 2000~2014 年分成 5 个时段来分析热点问题的变化情况。

（1）2000~2002 年

2000~2002 年的研究重点集中在重金属（heavy metal）的吸附（sorption）上，主要内容包括氧化铁（iron oxide）、黏土矿物（clay mineral）、蒙脱石（montmorillonite）、高岭石（kaolinite）、细菌（bacteria）及其与腐殖质（humic substance）、有机酸（organic acid）交互作用对重金属的吸附；细菌可以促进高岭石及其他矿物对重金属镉（cadmium）和铜（copper）的吸附，在黏土矿物与细菌共存体系中，细菌更容易吸附重金属离子，且吸附后不易解吸。另外，植物修复（phytoremediation）也是该时段的高频关键词，表明利用植物修复重金属污染土壤的方法也是该时段的研究热点。其中，重金属中研究最多的元素包括镉（cadmium）、铜（copper）及锌（zinc）。

第 8 章　土壤矿物—有机质—微生物交互作用的耦合过程　265

表 8-1　2000~2014 年"土壤矿物—有机质—微生物交互作用的耦合过程"领域不同时段 TOP20 高频关键词组合特征

2000~2014 年		2000~2002 年（24 篇/校正系数 2.42）		2003~2005 年（31 篇/校正系数 1.87）		2006~2008 年（40 篇/校正系数 1.45）		2009~2011 年（47 篇/校正系数 1.23）		2012~2014 年（58 篇/校正系数 1.00）	
关键词	词频	关键词	词频	关键词	词频	关键词	词频	关键词	词频	关键词	词频
iron oxide	38	iron oxide	36.3（15）	microbial biomass	14.96（8）	sorption	18.85（13）	organic matter	11.07（9）	organic matter	9
organic matter	32	sorption	16.94（7）	forest soil	9.35（5）	organic matter	14.5（10）	sorption	9.84（8）	iron oxide	7
sorption	32	clay mineral	14.52（6）	microbial communities	9.35（5）	iron oxide	13.05（9）	fungi	8.61（8）	toxicity	6
bacteria	21	bacteria	9.68（4）	iron oxide	9.35（5）	bacteria	7.25（5）	toxicity	7.38（6）	bacteria	6
fungi	17	Al substitution	4.84（2）	mineralization	9.35（5）	degradation	5.8（4）	humic substance	7.38（6）	bioavailability	4
microbial biomass	13	montmorillonite	4.84（2）	bacteria	7.48（4）	reduction	5.8（4）	bioavailability	4.92（4）	decomposition	4
humic substance	12	kaolinite	4.84（2）	organic matter	7.48（4）	speciation	5.8（4）	black carbon	3.69（3）	humic substance	4
toxicity	12	heavy metal	4.84（2）	fungi	7.48（4）	community structure	4.35（3）	microbial biomass	3.69（3）	oxidation	4
mineralization	11	humic substance	4.84（2）	rhizosphere	5.61（3）	complexation	4.35（3）	nanomaterial	3.69（3）	sorption	4
bioavailability	9	aggregates	2.42（1）	16s ribosomal-RNA	5.61（3）	diversity	4.35（3）	NMR	3.69（3）	nanomaterial	4
clay mineral	8	reduction	2.42（1）	diversity	5.61（3）	groundwater	4.35（3）	oxidation	3.69（3）	mineralization	4
reduction	8	organic acid	2.42（1）	GGE	5.61（3）	NMR	4.35（3）	rhizosphere	3.69（3）	fungi	3
decomposition	7	biodegradation	2.42（1）	respiration	5.61（3）	humic substance	2.9（2）	bacteria	2.46（2）	biogeochemistry	2
nanomaterial	7	bioavailability	2.42（1）	fertilization	3.74（2）	microorganisms	2.9（2）	bioremediation	2.46（2）	biotransformation	2
oxidation	7	phytoremediation	2.42（1）	microorganisms	3.74（2）	mobility	2.9（2）	clay mineral	2.46（2）	black carbon	2
diversity	6	cadmium	2.42（1）	mineral surface	3.74（2）	arsenic	2.9（2）	iron oxide	2.46（2）	microbial communities	2
nmr	6	copper	2.42（1）	reduction	3.74（2）	decomposition	2.9（2）	microorganisms	2.46（2）	reduction	2
rhizosphere	6	zinc	2.42（1）	bioremediation	3.74（2）	fungi	2.9（2）	nitrogen cycling	2.46（2）	organic carbon	2
black carbon	5	trace metals	2.42（1）	PAHs	3.74（2）	hydroxide	2.9（2）	phytoremediation	2.46（2）	microbial biomass	2
forest soil	5	decomposition	2.42（1）	extraction	3.74（2）	particle size fraction	2.9（2）	biotransformation	2.46（2）	mineral surface	2

注：括号中的数字为校正前关键词出现频次。PAHs：polycyclic aromatic-hydrocarbons；GGE：gradient gel-electrophoresis。

由以上对 2000~2002 年高频词的分析总结得出：**矿物—有机质—微生物交互作用及植物修复对重金属的影响是本时段的重点研究内容，而吸附及分解是其主要作用机制。**

（2）2003~2005 年

2003~2005 年的关键词中开始出现森林土（forest soil）和施肥（fertilization），说明土壤类型及农业施肥方式的差异对研究的影响成为这一时段的热点研究，具体内容包括阐明了施用有机肥料（fertilization）对维持土壤微生物群落（microbial communities）、多样性（diversity）的必要性；土壤类型及施肥方式的差异对微生物量（microbial biomass）、矿化作用（mineralization）和矿物界面（mineral surface）的影响。研究方法包括梯度凝胶电泳（gradient gel-electrophoresis）等。另外，生物修复（bioremediation）的相关研究也是该时期的研究热点之一。综上分析可得，**矿物—有机质—微生物对环境的影响不再局限于重金属的研究，逐渐拓展到由于人类施用有机无机肥料对环境造成的有机污染方面。**

（3）2006~2008 年

本阶段土壤矿物—有机物—微生物交互作用对重金属，如砷（arsenic）的移动性的影响仍是研究重点，作用方式主要是络合作用（complexation）和分解（decomposition）；研究方法中核磁共振（NMR）成为该时段的应用热点。另外，土壤矿物—有机物—微生物的相互作用对环境的效应，如退化（degradation）、物种形成（speciation）、群落结构（community structure）、生物多样性（diversity）等，均是研究重点。总结分析可得：**土壤矿物—有机物—微生物的互作对重金属迁移的影响是该阶段的研究重点，进而引发的各种环境效应愈发受到人们的关注。**

（4）2009~2011 年

由表 8-1 的高频关键词分析可知，随着核磁共振（NMR）的推广应用，该时段 NMR 仍是继上一阶段在土壤矿物—有机物—微生物的交互作用研究中的方法重心。并且，在重金属迁移性影响的研究上，植物修复（phytoremediation）再度成为研究热点，说明**新技术方法的不断完善，很大程度地促进了土壤矿物—有机物—微生物的交互作用研究。**

（5）2012~2014 年

从表 8-1 可看出，该时段的高频关键词和前一阶段的主要差别是多了生物地球化学（biogeochemistry）一词，说明该时段国内外相关领域学者**更加注重微生物的地球化学过程的研究**，比如微生物的碳循环、微生物的环境效应等。

根据表 8-1 中校正后高频关键词的分布情况分析可知，土壤矿物—有机物—微生物（如 iron oxide，organic matter，bacteria，sorption 等）的交互作用对重金属（如 cadmium，copper，arsenic，zinc）或者有机污染物（polycyclic aromatic-hydrocarbons）的影响的相关研究虽然一直都处于重要地位，但其研究热度也呈现出逐渐减弱的趋势，而对新兴研究内容（如 biogeochemistry）和研究方法（如 NMR）的关注日益增强。

8.2.2 近15年国际该领域研究取得的主要学术成就

图 8-1 表明，近 15 年国际上土壤矿物—有机质—微生物交互作用研究的核心领域主要包括**组分互作与重金属环境行为、组分互作过程与机制、组分互作与全球变化、组分互作与元素循环** 4 个方面。针对上述核心领域展开了大量研究，在**矿物形成演变、组分互作机制、组分互作的环境效应** 3 个方面取得的主要成就如下。

（1）矿物形成演变

层状硅酸盐矿物研究：总结出了高岭石、伊利石、绿泥石及蒙脱石等几种主要硅酸盐矿物的形成机理与分布特点，并且阐明了黏土矿物间演变、转化的条件（Wilson，1999：7~25）。如长石、云母等矿物在干旱低温、弱碱性的环境中风化脱钾形成伊利石；伊利石层间 K^+ 进一步淋失形成蛭石、蒙脱石，而蛭石是在微酸性环境中，干湿交替气候下 K^+、Mg^{2+} 淋失条件下形成的；在湿热气候条件下，淋滤强烈、化学风化彻底，则形成高岭石、铁（铝）氧化物。二八面体蒙脱石埋藏成岩过程中，随着温度和压力增大，在向伊利石转变过程中可产生伊/蒙混层（Egli et al.，2004：287~303；Ryan and Huertas，2009：1~15）。Huang 等（2007：240~246）揭示了土壤中胶膜与基质在微环境上的异同及其与土壤发生的关系，认为胶膜中高有机质和盐基含量的微域条件是导致其中 1.4 nm 过渡矿物演化逆转为蛭石的主要原因。此外，由于黏土矿物的形成与演化过程中携带着丰富的气候信息，有关利用黏土矿物作为恢复古气候变化的研究也逐渐形成了一个完整的体系。近年来，随着高分辨率地层学的深入研究，尤其是碳同位素测年技术的应用，黏土矿物也不断地被应用于末次冰期以及全新世短尺度气候环境变化的研究中（Tamburini et al.，2003：147~168；Gingele et al.，2007：257~272；Hamann et al.，2009：453~464；Huang et al.，2012：49~56）。

氧化物研究：铁（氢）氧化物种类多，形态各异，表面特性差异大，其形成与转化机制及随环境的变化过程备受关注。相关研究明确了环境条件对弱晶质水铁矿生成及其向晶质氧化铁转化的影响与作用规律，揭示了水铁矿化学形成与转化的动力学过程、结构和形貌演化的矿物学机制（Hochella et al.，2008：1631~1635）。Schwertmann 等（1999：215~223）发现，随着铝同晶替代量的增加，赤铁矿晶体由厚变薄。适宜的界面氧化还原过程加速 Fe(Ⅲ) 还原成 Fe(Ⅱ)，促进晶质氧化铁和氧化铁—高岭石复合物的形成。锰氧化物是土壤演化和物质循环过程中的产物，决定着许多土壤物质的迁移转化，在元素生物地球化学循环中起着特别重要的作用，其形成与转化决定于土壤 pH、Eh 的变化和氧化还原、水合以及脱水等一系列复杂过程。湿热酸性环境有利于单一锰矿物的形成，而温和中性环境则有利于多种锰矿物形成，钙锰矿只存在于有钙积过程的中性/微碱性土壤中（Post，1999：3447~3454）。环境中氧化锰的形成与微生物作用紧密相关，微生物特别是细菌作用可使自然环境中的 Mn(Ⅱ) 氧化速率提高 10 万倍（Tebo et al.，2004：287~328）。以磁铁矿、赤铁矿、针铁矿、软锰矿等为代表的铁锰氧化物也成为国际上关于天然矿物净化污染方法研究方面的重点对象（Spark et al.，1995：621~631；汤艳杰等，2002：557～564）。

（2）组分互作机制

近年来，光谱分析与成像、质谱分析、热力学、原子力显微镜、纳米二次离子质谱、激光共聚焦显微镜、同步辐射、滴定微量热及高通量测序等各种新技术在研究中广泛应用，得到了个体生物、团聚体及土壤剖面等不同尺度研究的土壤矿物—有机物—微生物界面结构、稳定性、功能和动态相互作用过程（Papadopoulos et al.，2009：360～368；Wang et al.，2011：231～241）；并分析出了不同研究尺度上土壤界面中的微生物群落结构和多样性，探讨了在土壤养分循环和污染物降解转化中起重要作用的功能微生物对土壤矿物及其有机复合物响应的分子机制，进而定量模拟出土壤组分互作界面的属性及作用机制（Jacobson et al.，2007：6343～6349；Li et al.，2015：203～211）。Zhu 等（2012：39～55）揭示出土壤生物地球化学界面的形成、老化过程及影响因素，阐明了不同时空范围内土壤组分互作与土壤过程及功能的关系。腐殖酸与酶在溶液体系形成 3D 复合体，而在土壤固相表面形成 2D 复合体，尽管两种复合体的空间结构不同，但其形成机制和表面特性仍较为一致（Tan et al.，2008：2090～2099；Tan et al.，2014：40～46）；腐殖酸和酶相互作用对酶的活性与稳定性均有保护作用，该作用与腐殖酸表面疏水性、静电作用强度以及腐殖酸与酶间的包被程度有关（Tan et al.，2009：591～596；Li et al.，2013：5050～5056）。

（3）组分互作的环境效应

在组分互作的环境效应方面，国内外学者都考虑到选取代表性土壤矿物、不同类型自然土壤及前期获得的抗重金属细菌和有机污染物降解菌等为研究对象，利用现代分析技术，结合实验室模拟和土壤原位观测等，研究土壤组分互作界面重金属元素形态、有机污染物分子的吸附和分配特征，分析重金属与有机污染物在多组分界面的转化过程和机制、降解途径和产物。研究表明：组分互作深刻影响着土壤重金属浓度、放射性核素和有机污染物等在环境中的归趋，其改变重金属移动性的途径包括吸附、氧化还原、沉淀及浸提等（Isaure et al.，2002：1549～1567；Kirpichtchikova et al.，2006：2163～2190）。另外，生物矿化等作用还能够使金属发生沉淀，或是通过分泌有机配体从而提高重金属溶解性等方式实现重金属的移动（Vaughan and Lloyd，2011：140～159）。组分互作对有机污染物的归宿也起着关键作用，主要通过吸附、转化与降解等方式改变有机污染物的环境行为（Kanaly and Harayama，2000：2059～2067）。基于以上研究，阐明土壤系统中多组分交互作用下的重金属和有机污染物的微界面过程，揭示土壤生物地球化学界面污染物减毒的分子机制，为制定合理的污染土壤修复技术提供科学依据。

8.3 中国"土壤矿物—有机质—微生物交互作用的耦合过程"研究特点及学术贡献

20 世纪末至 21 世纪初，相关土壤胶体组分与土壤中生物活性分子及微生物间的交互作用成为新的研究热点。受国际土壤学联合会的委托和国家自然科学基金委的资助，2004 年在中国武汉成功举办了第四届土壤矿物—有机物—微生物相互作用国际学术研讨会,并主编出版了近年来该领域研究成果的专刊和专著。近 10 年,环境问题,尤其是与土壤环境相关的矛盾日益激化,引起众多土壤化学研究者对组分互作环境效应的关注,**中国学者明确了以土壤矿物—有机物—微生物相互作用为核心,开展与土壤养分、重金属污染、有机物降解等决定土壤肥力和质量要素的重大基础与应用基础研究**,取得了一系列重要进展,在国内外的影响力不断提升。

8.3.1　近 15 年中国该领域研究的国际地位

过去的 15 年,国际上不同国家和地区对于土壤矿物—有机质—微生物交互作用的耦合过程研究获得了长足进展。表 8-2 显示了 2000~2014 年土壤矿物—有机质—微生物交互作用的耦合过程领域 SCI 论文数量、篇均被引次数和高被引论文数量 TOP20 国家和地区。近 15 年 SCI 论文发表总量 TOP20 国家和地区,共计发表论文 44 474 篇,占所有国家和地区发文总量的 85.7%(表 8-2)。从不同的国家和地区来看,近 15 年 SCI 论文发文数量最多的国家是美国,共发表论文 11 242 篇;中国排第 2 位,发表 4 796 篇,占美国发文量 1/3 略多;排第 3 位的是德国,发表论文 3 977 篇。20 个国家和地区总体发表 SCI 论文随时间的变化情况表现为:与 2000~2002 年发文量相比,2003~2005 年、2006~2008 年、2009~2011 年和 2012~2014 年发文量分别是 2000~2002 年的 1.3 倍、1.6 倍、1.9 倍和 2.3 倍,表明国际上对于土壤矿物—有机质—微生物交互作用的耦合过程研究表现出逐年快速增长的态势;而中国在本领域研究的增长速度最快,与 2000~2002 年发文量相比,每 3 年的增长倍数分别为 1.6、4.1、8.3 和 16.4,远超国际平均增长速度,且 2012~2014 年的发文量已接近美国。**综合分析过去 15 年本领域发文数量,美国 SCI 论文发表量一直占据主导地位,而中国在该领域的活力不断增强,增长速度最快,从 2000~2002 年时段的第 13 位到 2012~2014 年时段的第 2 位**。从表 8-2 还可发现,2000~2014 年 SCI 论文篇被引次数和高被引论文数量均居全球前列的国家主要是美国、德国、英国、荷兰等发达国家;而中国这两项指标分别排在第 20 位和第 11 位。这说明,**整体上看,中国学者在土壤矿物—有机质—微生物交互作用的耦合过程领域发表 SCI 论文的影响力与美国、德国、英国等欧美发达国家相比还有一定差距**。毋庸置疑的是,中国近几年 SCI 论文数量和质量增长的趋势明显高于其他国家,2012~2014 年高被引论文数量相对于 2000~2002 年增加了 21 倍,且稳居世界第 2 位。以上数据表明,**中国在土壤矿物—有机质—微生物交互作用的耦合过程研究领域的活力和影响力快速上升**,研究成果得到了国内外同行的广泛关注。

热点关键词的时序变化图可以反映近 15 年来土壤矿物—有机质—微生物交互作用的耦合过程领域研究热点的演化。图 8-2 显示了 2000~2014 年土壤矿物—有机质—微生物交互作用的耦合过程领域 SCI 期刊中外高频关键词对比及时序变化。从国内外学者发表论文关键词总词频来看,随着收录期刊及论文数量的明显增加,关键词词频总数不断增加。中国作者发表论文的前 15 位关键词词频在研究时段内也有明显增加。

270　土壤学若干前沿领域研究进展

表 8-2　2000~2014 年"土壤矿物—有机质—微生物交互作用的耦合过程"领域发表 SCI 论文数及被引频次 TOP20 国家和地区

排序[①]	SCI 论文数量（篇）					SCI 论文篇均被引次数（次/篇）					高被引 SCI 论文数量（篇）				
	国家（地区）	2000~2014	2000~2002	2003~2005	2006~2008	2009~2011	2012~2014	国家（地区）	2000~2014	2000~2002	2003~2005	2006~2008	2009~2011	2012~2014	国家（地区）	2000~2014	2000~2002	2003~2005	2006~2008	2009~2011	2012~2014
1	世界	51 883	6 266	7 922	10 248	12 279	15 168	世界	21.0	45.0	36.1	25.8	15.2	4.7	世界	2 594	313	396	512	613	758
2	美国	11 242	1 691	2 239	2 325	2 374	2 613	英国	33.9	65.4	49.7	35.2	21.8	6.8	美国	1 067	129	187	201	211	229
3	中国	4 796	136	348	692	1 258	2 362	荷兰	31.6	59.7	42.4	36.4	21.6	7.3	德国	277	40	36	55	51	64
4	德国	3 977	664	654	786	863	1 010	美国	31.0	57.9	48.0	33.3	20.4	6.6	英国	265	36	47	52	60	59
5	英国	2 696	479	473	558	586	600	新西兰	29.0	35.9	49.7	37.3	25.4	6.3	法国	125	15	20	24	33	38
6	法国	2 403	330	383	481	532	677	丹麦	28.7	60.1	39.1	28.9	18.2	6.9	加拿大	106	10	9	24	22	23
7	加拿大	2 399	368	381	497	557	596	瑞士	28.6	53.2	57.7	33.7	26.7	6.3	澳大利亚	101	17	16	15	31	40
8	西班牙	2 109	197	271	456	537	648	德国	27.0	52.5	38.7	32.4	18.7	5.7	荷兰	85	15	9	17	20	29
9	印度	1 994	160	237	336	533	728	瑞典	26.6	41.7	39.7	32.6	21.5	7.0	丹麦	67	16	6	10	12	16
10	巴西	1 757	88	220	356	476	617	挪威	23.4	40.6	25.3	37.8	14.9	5.9	瑞典	57	3	8	16	12	26
11	澳大利亚	1 732	235	275	299	388	535	奥地利	23.2	30.0	31.2	31.1	27.1	5.8	瑞士	52	6	13	10	13	20
12	日本	1 478	175	274	303	337	389	澳大利亚	22.8	44.8	37.0	27.6	18.9	6.1	中国	51	4	5	14	31	87
13	意大利	1 446	151	197	325	361	412	法国	22.6	42.3	37.9	27.8	17.0	5.2	西班牙	48	4	6	16	12	27
14	荷兰	1 074	197	177	214	235	251	比利时	21.8	37.0	32.6	28.4	24.3	4.6	意大利	44	3	8	9	12	18
15	瑞典	918	129	178	200	181	230	加拿大	20.4	36.2	31.2	24.8	15.2	4.8	印度	43	2	8	9	11	9
16	丹麦	871	159	150	172	172	218	以色列	18.7	37.7	24.7	18.6	14.6	4.5	新西兰	39	3	6	7	16	11
17	俄罗斯	845	120	138	178	191	218	芬兰	18.4	32.3	25.9	18.9	13.6	4.5	日本	23	3	4	4	5	11
18	波兰	827	55	75	141	257	299	西班牙	17.3	32.4	31.6	25.0	13.3	4.8	比利时	22	1	3	5	12	9
19	瑞士	773	77	107	159	186	244	意大利	17.3	36.8	33.6	19.9	12.4	4.5	奥地利	22	2	1	5	5	7
20	韩国	579	45	78	111	158	187	爱尔兰	16.5	25.7	29.0	23.1	18.9	4.1	巴西	18	3	0	1	4	3
	芬兰	558	107	89	120	131	111	中国(32)[②]	10.8(32)	32.6(19)	23.1(30)	20.6(20)	12.6(20)	3.8(23)	以色列	15	1	0	1	4	3

注：①按 2000~2014 年 SCI 论文数量、篇均被引次数、高被引论文数量排序；②括号内数字是中国相关时段排名。

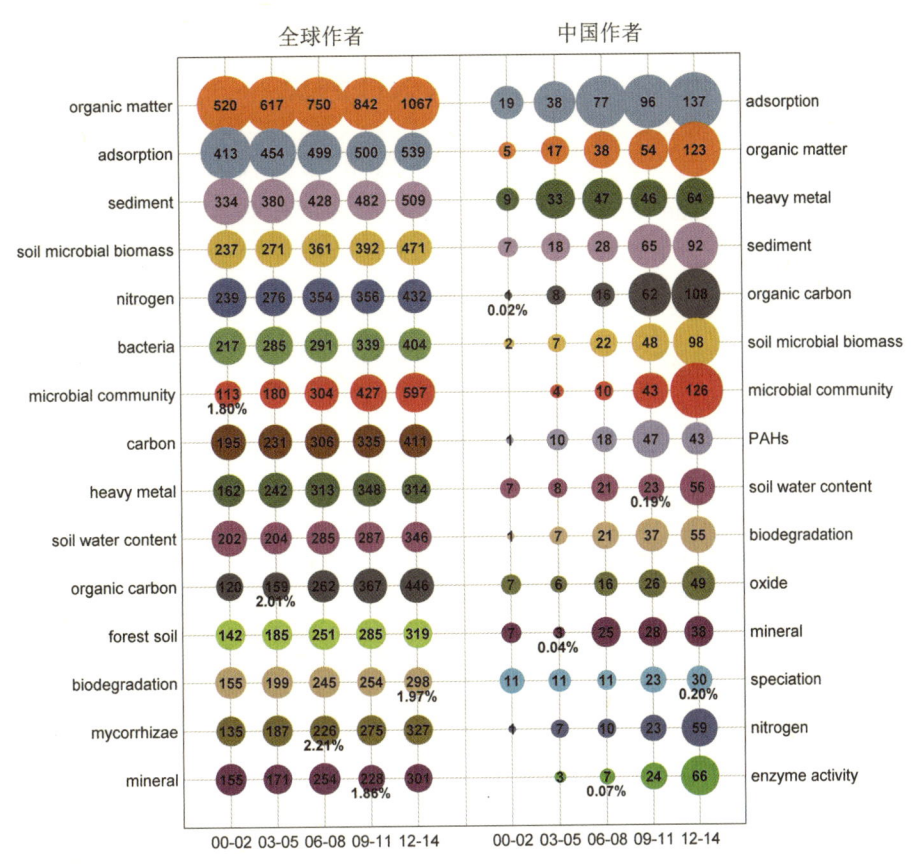

图 8-2　2000~2014 年"土壤矿物—有机质—微生物交互作用的耦合过程"领域
SCI 期刊全球及中国作者发表论文高频关键词对比

论文关键词的词频在一定程度上反映了研究领域的热点。从图 8-2 可以看出，2000~2014 年中国与全球学者发表 SCI 文章高频关键词总频次居于前两位的均是土壤有机质（organic matter）和吸附（adsorption）；总频次最高的前 15 位关键词中均出现的关键词还有：沉积物（sediment）、土壤微生物生物量（soil microbial biomass）、氮（nitrogen）、微生物群落（microbial community）、重金属（heavy metal）、土壤水分含量（soil water content）、有机碳（organic carbon）、生物降解（biodegradation）、矿物（mineral），这反映了**国内外近 15 年土壤矿物—有机质—微生物交互作用耦合过程的研究热点是界面反应过程中作用机制、界面反应与微生物的互馈、土壤界面反应与全球变化**。另外，除上述关键词外，从图 8-2 可以看出，全球学者研究的热点关键词还有细菌（bacteria）、森林土壤（forest soil）和菌根（mycorrhizae），表明国外学者研究的热点更关注不同类型微生物与界面反应的耦合关系；与全球学者所关注的热点领域不同，中国学者发表 SCI 论文采用的高频关键词有多环芳烃（PAHs）、形态（speciation）、酶活性（enzyme activity）和氧化物（oxide），这说明中国学者关注的重点与我国现实的生态环境密切相关，包括有机污染、重金属形态在界面反应的过程及其界面反应对酶活性的影响等。上述结果说明**土壤矿物—有机质—微生物交互作用耦合过程的研究逐渐从物质间的相互作用转向界面的反应过程；从服务于农业生产，逐渐转向以环境污染、全球环境变化研究为主的土壤界面过程与机制研究**。

8.3.2 近 15 年中国该领域研究特色及关注热点

利用土壤矿物—有机质—微生物交互作用耦合过程相关的中文关键词制定中文检索式，即：(SU='土壤' or SU='沉积物') and (SU='矿物' or SU='有机*' or SU='微生物' or SU='细菌' or SU='真菌' or SU='针铁矿' or SU='赤铁矿' or SU='氧化物' or SU='水铁矿' or SU='氧化锰' or SU='水钠锰矿' or SU='高岭石' or SU='蒙脱石' or SU='伊利石' or SU='蛭石' or SU='胶体' or SU='黏土*' or SU='黏粒*' or SU='腐殖*' or SU='酶' or SU='蛋白质' or SU='硅酸盐矿物' or SU='病毒' or SU='颗粒') and (SU='化学' or SU='物理化学' or SU='界面化学' or SU='界面反应' or SU='界面过程' or SU='相互作用' or SU='交互作用' or SU='吸附' or SU='解吸' or SU='溶解' or SU='电化学' or SU='形成' or SU='转化' or SU='团聚*' or SU='电荷*' or SU='氧化' or SU='还原' or SU='静电*' or SU='结构' or SU='迁移' or SU='形态' or SU='机制' or SU='胶结*' or SU='热力学' or SU='动力学' or SU='沉淀' or SU='晶体*' or SU='生物活性' or SU='复合*' or SU='配位' or SU='络合' or SU='疏水' or SU='氢键' or SU='范德华力' or SU='亲和力' or SU='模型' or SU='分子结构' or SU='形态' or SU='自由能' or SU='双电层' or SU='重金属' or SU='有机污染物' or SU='键合')。从 CNKI 中检索 2000~2014 年本领域的中文 CSCD 核心期刊文献数据源。

图 8-3 为 2000~2014 年土壤矿物—有机质—微生物交互作用耦合过程领域 CSCD 期刊论文关键词共现关系，在一定程度上反映了近 15 年中国土壤矿物—有机质—微生物交互作用耦合过程研究的核心领域，可大致分为 4 个相对独立的研究聚类圈，即**组分互作与生物多样性、组分互作与养分有效性、组分互作与环境效应、组分互作与土壤结构**。研究聚类圈中包含的关键词表明土壤结构、土壤生物和土壤环境变化贯穿整个研究体系，且尤为突出的是，土壤微生物在土壤矿物—有机质—微生物交互作用的耦合过程研究中占主导地位。进一步分析聚类圈中出现的关键词，可以看出，近 15 年土壤固相组分互作过程及机制研究的主要问题及热点如下。

（1）组分互作与生物多样性

文献关键词聚类图 8-3 中，组分互作与生物多样性聚类圈出现的主要关键词有土壤微生物量碳、土壤微生物量氮、土壤微生物群落、微生物多样性、细菌、多酚氧化酶、脱氢酶、过氧化氢酶、棕壤、酸性土壤、马尾松、高原草甸、太湖地区、PCR-DGGE、典型对应分析等。上述关键词反映了土壤固相组分的界面反应体系中，土壤生物学性状（土壤微生物种群、群落结构及其功能群、微生物量、酶活性等）可以反映土壤养分、土壤肥力的演变过程，并可用作评价土壤健康的生物指标。同时，由于微生物具有多种多样的代谢方式和生理功能，因而可以适应各种不同的生态环境，并以不同的生活方式与其他组分相互作用。从关键词组合特征可以看出：从研究对象来看，主要是面向森林、草原和农田生态系统；从研究内容来看，主要分为自然生态系统的土壤微生物群落结构与功能演化，干扰、退化或污染土壤的微生物群落结构与功能变化，土壤微生物多样性与土壤生物过程之间的关联等；从研究方法来看，主要是基于 PCR 技术的统计分析。

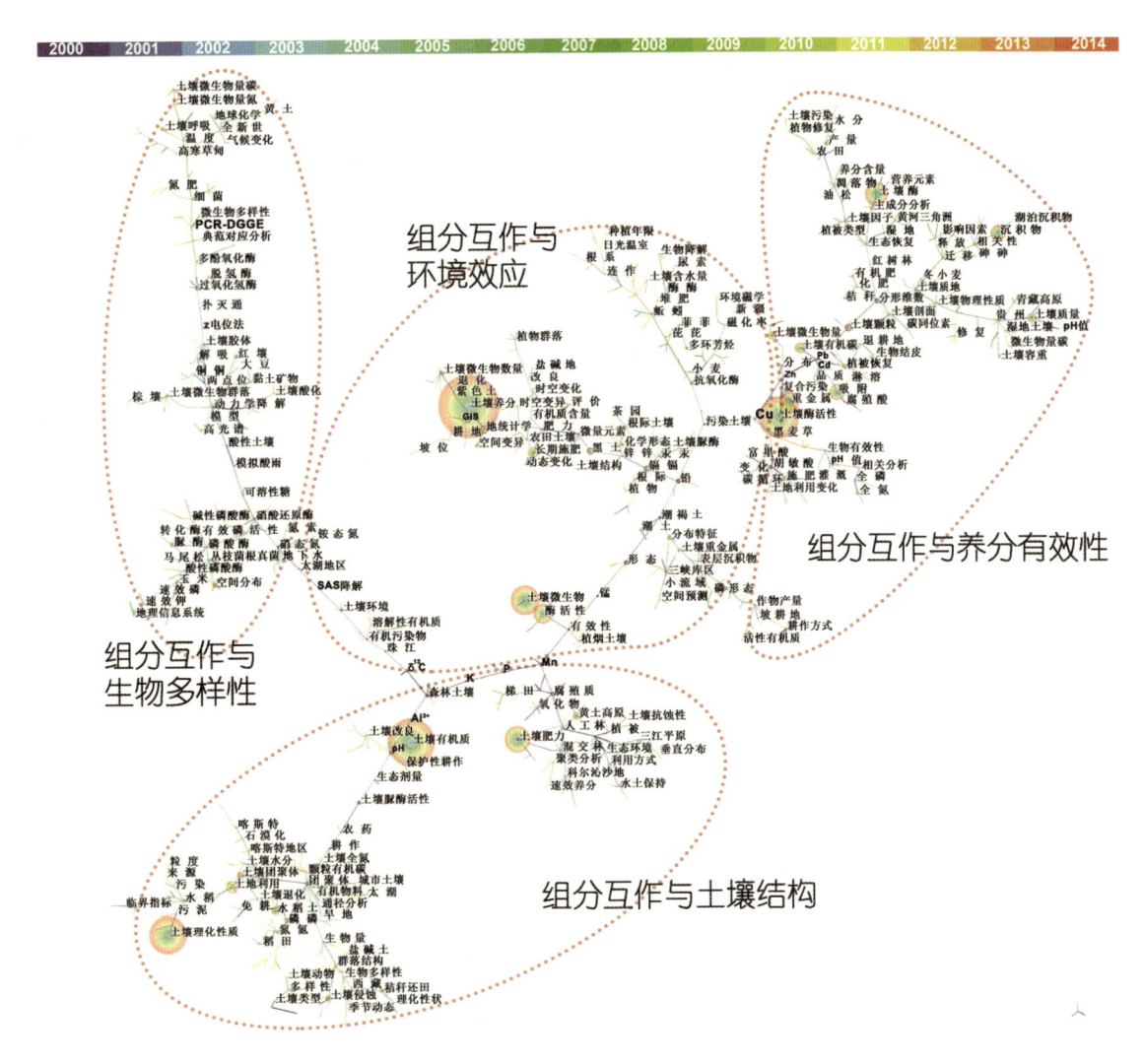

图 8-3　2000~2014 年"土壤矿物—有机质—微生物交互作用的耦合过程"领域
CSCD 期刊论文关键词共现关系

（2）组分互作与养分有效性

土壤微生物与有机质的相互作用被认为是有机质转化与养分元素循环的引擎。土壤中各种来源和形态的有机质最终都必须经过微生物的分解矿化过程，才能重新进入土壤生物地球化学循环。解析土壤微生物参与的土壤肥力演变过程，是深刻理解微生物功能与过程的重要突破口。中国学者在土壤微生物作用对土壤有机质形成与演变方面的研究贡献显著，利用长期定位试验研究不同农田管理下土壤结构变化与土壤固碳和土壤肥力的关系，深入分析了土壤结构形成和演变的过程与机制。与氮肥有关的关键词"硝态氮"、"铵态氮"、"氮素"、"氮肥"贯穿整个土壤生物与土壤养分聚类圈且频繁出现，这表明在国际上土壤化学以氮素转化为重点的研究趋势下，中国学者则重点探讨了土壤氮素在土壤多组分相互作用过程中的关键作用。

（3）组分互作与环境效应

该聚类圈中出现的主要关键词有土壤环境、溶解性有机质、有机污染物、珠江、土壤重金属、铅、镉、锌、汞、化学形态、有机质含量、农田土壤、长期施肥、动态变化、地统计学、表层沉积物、耕作方式、根际土壤、腐殖质、氧化物、土壤微生物、酶活性等。21 世纪开始，随着环境污染问题的日益突出，包括重金属和农药等有机物在内的外源污染物进入土壤后的化学行为迅速成为我国土壤学界竞相关注的焦点，使得土壤化学的研究内容得到进一步拓展，迅速凸显并趋向活跃。在此阶段中，**中国学者重点关注了铅、汞等重金属元素在土壤—生物系统中的存在形态，根圈土壤中土壤组成—微生物—污染物的交互作用机制，土壤系统中多组分交互作用下的重金属和有机污染物的微界面过程等。**

（4）组分互作与土壤结构

从图 8-3 可以看出，在组分互作与土壤结构聚类圈中，关键词"团聚体"成为中心度最高的关键节点词，连接了土地利用、土壤水分、土壤退化、耕作、土壤全氮、石漠化、喀斯特地区、城市土壤、盐碱土、旱地、稻田、土壤侵蚀、理化性质、秸秆还田等多个研究内容。土壤质地、土壤剖面、土壤颗粒等与土壤结构密切相关的关键词处于聚类圈的中心，连接着湿地、退耕地、植被恢复、生态恢复等与土壤质量和生态功能相关的内容，且出现了青藏高原、黄土高原、黄河三角洲、贵州、湖泊沉积物等地域特色的高频词。研究对象包括了红树林、油松、凋落物、重金属释放与迁移、生物结皮等，代表土壤生物学性质的土壤微生物量、微生物量碳、土壤酶等关键词也交错其中。上述关键词的组合可以看出，该领域的研究热点是不同植被恢复模式、耕作措施和土地利用方式对土壤结构和生态功能的影响。土壤结构为土壤生物提供高度异质性的生境，因此不仅影响了土壤的物理过程，而且影响着土壤的生态过程。**国内学者重点关注了土壤结构对土壤微生物群落及其功能的反馈作用，微生物—矿物互作机制及其对重金属、有机污染物的影响；并与国家需求紧密结合，重点关注了黄土高原、青藏高原等区域土壤结构对土壤生态功能恢复和土壤肥力的影响。**

分析中国学者 SCI 论文关键词共现关系（图 8-4）可以看出，中国学者在土壤矿物—有机质—微生物交互作用耦合过程研究领域发表的国际学术论文可以大致分为 4 个研究聚类圈，分别为矿物—有机物相互作用及其环境效应、微生物—有机物相互作用及其环境效应、微生物—有机碳互作与 C/N 循环、组分互作与土壤肥力。根据图 8-4 聚类圈中出现的关键词发现，吸附（adsorption）、腐殖酸（humic acid）、氧化物（oxide）、磷（phosphors）、肥料（fertilization）、生物修复（bioremediation）、金属污染（metal contamination）、有机污染物（organic contaminant）、植物提取（phytoextraction）、微生物群落（microbial community）、多环芳烃（PAHs）、多氯联苯（PCBs）、酶活性（enzyme activity）、微生物多样性（microbial diversity）、土壤修复（soil remediation）是聚类中心度较高的节点词。这表明**中国学者 SCI 论文的研究尤其重视土壤多组分界面作用对环境污染物（重金属、有机污染物）的影响，并同时关注了土壤养分的变化。**在土壤矿物—有机质—微生物交互作用耦合过程的研究中，中国学者 SCI 论文重点关注了土壤重金属和有机污染物在土壤—生物系统中的结构、形态、存在方式及其与生命物质的结合方式、

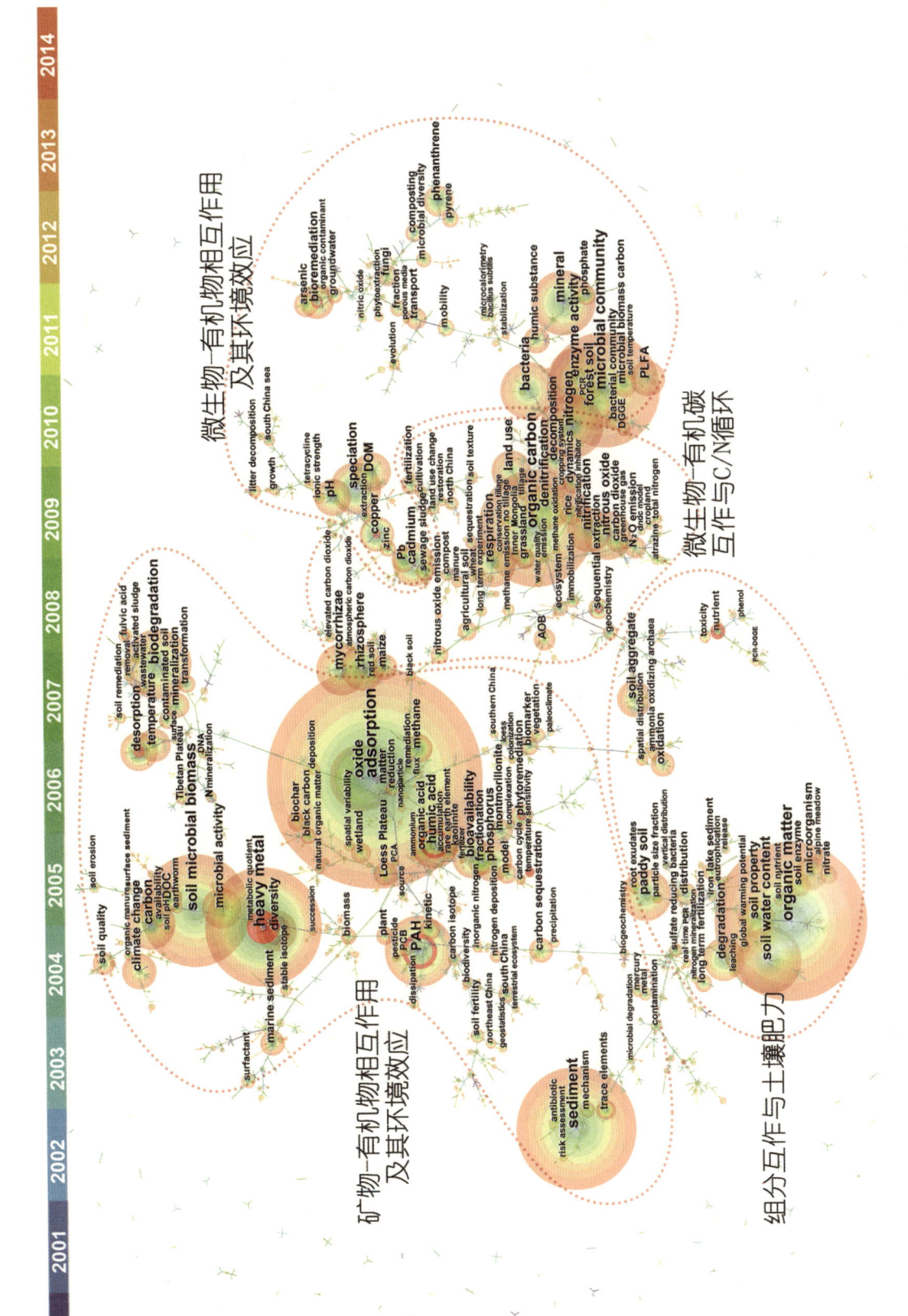

图 8-4　2000~2014 年"土壤矿物—有机质—微生物交互作用的耦合过程"领域中国作者 SCI 期刊论文关键词共现关系

土壤污染物的有效性与生物效应的相关性，研究对象则主要涉及铅（Pb）、铜（Cu）、砷（As）、镉（Cd）等有毒重金属以及一些持久性有机污染物（多环芳烃类、多氯联苯）等。

此外，中国学者 SCI 论文**对我国黄土高原、水稻土、黑土、红壤等地域的土壤养分与肥力问题也展开了重点研究**。与 CSCD 期刊论文对比，我们发现围绕土壤环境污染、土壤养分转化和全球变化等重要问题，中国学者 SCI 论文进一步突出了微生物在土壤矿物—有机质—微生物交互作用耦合过程的重要地位，将传统土壤微生物过程表观动力学的描述性研究，推进到了分子、细胞、群落与生态系统等不同尺度下的多层次立体式系统认知水平，进一步阐明了土壤微生物与土壤组分（矿物、有机质、污染物）的相互作用机制。

8.3.3 近 15 年中国学者该领域研究取得的主要学术成就

土壤形成过程中，矿物、有机物和生物相互作用形成具有三维空间组织结构、异质性、微生物定殖的土壤生物地球化学界面，该界面控制着污染物和营养物质的运移及其生物地球化学循环过程，也是土壤形成和发育的基础，在维持土壤生产力、保持和提高土壤健康中发挥着关键作用（宋长青等，2013：1087~1105）。因此，近 20 多年来，土壤矿物—有机质—微生物相互作用及其界面反应，一直是国际土壤学及相关领域的研究前沿和热点。中国学者围绕矿物—有机物—微生物互作界面化学过程，重点从矿物形成演化、矿物—微生物（生物大分子）互作机制及其环境效应等方面，瞄准国际学科前沿，取得了以下创新性成果。

（1）微生物—矿物互作研究

在微生物与矿物相互作用的研究中，由于细胞与土壤黏粒在大小上处于同一尺度范围，分离共存体系中的细胞和矿物非常困难，这成为制约该领域研究的主要障碍。蒋代华等（2007：656~662）利用密度梯度离心法，有效分离了吸附平衡后的游离态与吸附态细菌细胞，建立了黏粒矿物对细菌吸附的化学方法，正式开启了细菌与土壤矿物界面互作的研究。随后，等温微量热技术被引入到该领域的研究中（Rong et al.，2007：97~103；荣兴民等，2011：331~337），探讨了常见土壤黏粒矿物对细菌代谢活性的影响。这些工作从研究方法上推动了该领域的发展，解决了土壤胶体表面微生物吸附定量研究的技术难题；率先获得了土壤矿物与细菌黏附的热力学数据。在此基础上，结合各种现代分析技术重点研究了不同类型土壤黏粒矿物、土壤颗粒对代表性细菌吸附量的差异及其影响因素，初步阐明了矿物与细菌界面的作用力及相关机制；揭示了环境要素影响矿物—微生物互作的规律及其机制。Cai 等（2013：1896~1903）首次引入平行板流动系统，研究了流动状态下病原菌在土壤矿物表面运移、黏附和存活过程，实现了互作界面过程的实时定量研究。

微生物—矿物相互作用的生物化学机制包括微生物学机制、微生物—化学耦合机制。如何定量评估这两种机制的相对贡献，建立定量评估模型是关键。李芳柏课题组以铁还原菌—硝酸盐—氧化铁体系为模型，从基元反应解析入手，解析了硝酸盐还原和铁还原的基元反应方程，建立了反应动力学模型，拟合了硝酸盐还原和铁还原的竞争反应过程，同时引入加权因子，定量阐明了微生物机制、微生物—化学耦合机制的贡献（Liu et al.，2011：143～150）；系统研究了铁还原菌与氧化铁相互作用的物理化学和生物化学机制，分子尺度上紧密结合了微生物过程与化学过程，在矿物表面络合配位、矿物表面电子传递等物理化学机制，以及在胞外电子传递热力学、动力学等生物化学机制方面取得了系列进展，为破解元素循环提供了重要途径（Liu et al.，2014：1903～1912；Wu et al.，2014：9306～9314；刘凡等，2008：66～73；曲东等，2003：858～863；张伟等，2013：123～128）。

（2）矿物—生物大分子互作研究

土壤活性颗粒包括层状硅酸盐黏土矿物、黏粒氧化物及腐殖质等，它们是土壤中最细小、性质最为活跃的固相颗粒，对酶、胞外 DNA、胞外聚合物（EPS）等生物活性分子在土壤和其他生态环境中的吸附固定以及长期稳定存在起着决定性的作用（黄巧云和李学垣，1995：12～18）。Huang 等（2003：571～579）发现晶质氧化物对酶的吸附量及对酶活性的抑制作用显著高于非晶质氧化物，不同类型矿物对酶的吸附量与矿物比表面没有明显关系，指出非晶质氧化物表面的微孔结构并不是酶分子的有效吸附位点。Cai 等（2006：2971～2976；2007：53～59）揭示了胞外 DNA 在土壤有机胶体和蒙脱石表面与在无机胶体、高岭石和针铁矿表面结合的机制不同，认为 DNA 在土壤胶体和矿物表面的亲和力及构型是决定其生物活性的关键；明确了恒电荷和可变电荷土壤中有机质对 DNA 吸附的不同贡献；揭示出土壤组分对核酸酶的吸附是固定态 DNA 抗降解的主要原因；率先报道了蒙脱石固定的质粒 DNA 最不易进行 PCR 扩增，高岭石和土壤无机胶体等固定的质粒 DNA 具有较低的转化效率。这些研究丰富了土壤生物化学和微生物学理论，为阐明及调控土壤生物活性、评价土壤中基因物质的化学行为与归宿提供了科学依据。

细菌 EPS 与土壤胶体组分的相互作用机理，对于揭示土壤的本质，合理调节土壤生物活性，阐明细菌黏附、生物膜形成和功能以及污染物的迁移分布等过程具有重要的理论和实际意义。基于 X 射线吸收精细结构光谱技术（XAFS），Fang 等（2012：5613～5620）揭示了细菌胞外聚合物（EPS）与不同土壤矿物表面的特异识别和空间效应机制；发现细菌 EPS 的蛋白质主要通过氢键作用优先吸附在蒙脱石和高岭石表面，而核酸分子则主要通过配位交换特异性识别针铁矿表面。从分子水平阐明了随环境 pH 上升针铁矿表面与 EPS 从单基配位过渡到双基配位的结合特征。Zhao 等（2014：35～46）发现病原菌 EPS 的丰富度、类型和分子构型显著影响细菌在土壤矿物表面的吸附，探明了 EPS 在低离子强度下起桥接作用，在高离子强度下则具有空间位阻效应，为深入阐明土壤微生物与矿物相互作用机制、评估土壤病原菌的环境风险提供了科学依据。

（3）土壤多界面组分互作的环境效应

土壤是一个复杂的多组分异质体系，组分间的互作及其界面过程影响着土壤结构，控制着土壤中养分的有效性和污染物质的行为。在土壤养分研究方面，提出氧化铁类型和形貌差异是导致土壤磷有效性不同的重要原因，改变了过去只以氧化铁的化学形态和含量来判定影响土壤磷有效性的认识；揭示了几种阴离子配体在氧化铁表面与磷酸根的竞争关系（刘凡等，1997：367～374；谢晶晶等，2007：535～538；Wang et al.，2013：1～11）。探明了典型土壤有机磷在铁/铝氧化物界面的结合类型、配位形态和配位结构,有机磷尺寸和化学结构以及矿物晶体结构与结晶度等是影响有机磷界面反应及环境行为的重要因素;揭示了植酸在无定形氢氧化铝表面的反应途径,这些结果对提高土壤磷素有效性,阐明磷的环境地球化学行为有重要的科学价值(Wang et al.,2013:10322~10331)。此外,中国学者多以长期定位试验为研究手段,集中研究了氮、磷养分在土壤中的固定、迁移、有效性及其影响,并与农业面源污染研究相结合,基本明确了我国农田土壤中氮、磷肥低利用率与面源污染的因果关系,建立了农田土壤氮、磷肥去向的定量评价方法(王继红等,2004:35~38;韩建刚等,2010:423~427;王成己等,2010:650~657)。

矿物—微生物互作深刻影响着污染物的化学行为与有效性。在土壤污染方面,中国学者依靠先进的结构测定法、热力学和动力学研究法以及现代配位化学理论,探讨土壤重金属和有机污染物在土壤—生物系统中的结构、形态、存在方式及其与生命物质的结合方式,阐明了微生物—矿物互作影响污染物降解与转化的内在机理。如降解有机污染物的细菌,在游离状态下与被不同类型黏粒矿物固定状态下有着显著不同的降解活性,针铁矿对西维因降解菌的高亲和力,显著抑制了降解菌的活性,导致体系对西维因的降解效率较低(Chen et al.,2009:102~108)。对重金属而言,细菌与蒙脱石复合后,吸附量增加;而与针铁矿复合后,则导致体系对重金属吸附量下降,意味着蒙脱石—细菌间松散的结合增加了复合体的吸附位点,而针铁矿—细菌间的紧密结合可能屏蔽了部分反应位点(Fang et al.,2010:1031~1038)。在土壤污染修复过程的研究中,朱永官等在砷、铅、汞等元素在土壤—生物系统中的存在形态(Zhu et al.,2004:351~356),周东美等在重金属污染土壤的电化学修复技术及有机—无机污染物交互作用(Zhou et al.,2003:109~121),蒋新等在重金属污染物的土壤矿物吸附特性、有机氯类等有机化合物的土壤残留(Xu et al.,2000:1897~1903),徐建明等在农药的结合残留、DOM存在下农药的土壤—水间界面行为及其根际特异降解行为等方面均有大量研究,在阐明土壤系统中多组分交互作用下的重金属和有机污染物的微界面过程取得了重要进展(He et al.,2007:1121~1129;何艳等,2004:658~662;徐建明等,2008:817~829)。

综上所述,**中国学者以土壤胶体化学和界面化学为基础,围绕土壤矿物—有机物—微生物互作界面的发生、形成及其功能,在土壤矿物与微生物、生物大分子互作过程与机制,土壤重金属和有机污染物在土壤—生物系统中迁移、转化方面均取得了重要进展,为我国土壤环境污染、土壤养分转化和全球变化等重要问题的研究奠定了坚实基础。**展望未来,模型研究是当前深刻理解土壤矿物—有机物—微生物互作界面过程、环境效应的一个重要手段和内容。目前,中国学者在此方面的研究和相关进展还偏少。随着我国实时、原位、高效的分析技术(如 AFM、SEM、STM、NIR 等)日趋成熟,其中我国大科学装置如上海光源的建成以及合肥、北京光源的改造升级,为我国科学家在分子水平探讨污染物(重金属、有机物)在土壤多组分(土壤矿物、微生物、有机质)界面上的迁移、转化提供了良好的实验条件;另外,一些界面吸附模型(NICA-Donnan,SCM)在我国的运用和发展也大大提升了我国研究者的理论水平(Tan et al.,2013:1152~1158;Xiong et al.,2013:11634~11642,2015:121~130)。因此,我国学者有关土壤矿物—有机质—微生物交互作用的耦合过程研究势必会进入一个新的快速发展阶段。

8.4 NSFC 和中国"土壤矿物—有机质—微生物交互作用的耦合过程"研究

NSFC 资助是我国土壤矿物—有机质—微生物交互作用耦合过程研究资金的主要来源。NSFC 推动了我国土壤矿物—有机质—微生物交互作用耦合过程的研究，造就了中国土壤矿物—有机质—微生物交互作用耦合过程研究的知名研究机构，促进了该研究领域优秀人才的成长。在 NSFC 长期支持与引导下，我国土壤矿物—有机质—微生物交互作用耦合过程的研究取得了一系列成果，使中国在该领域研究的活力和影响力不断增强，成果受到越来越多国际同行的关注和认可。

8.4.1 近 15 年 NSFC 资助该领域研究的学术方向

根据近 15 年获 NSFC 资助项目高频关键词统计（图 8-5），NSFC 对本研究领域的资助主要集中在土壤活性物质（关键词表现为：土壤矿物、腐殖质、氧化物、土壤微生物）间相互作用过程与机理及其与污染物（关键词表现为：土壤重金属、有机污染物）作用的生物化学过程（关键词表现为：界面反应、吸附解吸、降解）等方面，这些关键词在各时段均占有突出地位，表明这些研究内容一直是 NSFC 重点资助的方向。同时，从图 8-5 可见，2006 年至今为 NSFC 资助土壤矿物—有机质—微生物交互作用的耦合过程研究的快速增长时期，且对"电子穿梭体"、"异化铁还原"、"土壤化学模型"、"根系分泌物"和"土壤团聚体"等关键词的关注度逐年增强，说明**土壤矿物—有机质—微生物相互作用的过程机理研究逐步深化到模型模拟，并在微界面的氧化还原—微域根际土壤过程—田间土壤团聚体 3 个尺度上开展相关工作，实现不同尺度问题的对接，研究从室内的机理探索迈向田间实际问题的解答**。以下是以 3 年为时间段的项目资助变化情况分析。

（1）2000~2002 年

这一时段，NSFC 资助项目关键词主要表现为"腐殖质"、"土壤矿物"、"土壤胶体"、"土壤重金属"和"吸附解吸"，说明 NSFC 资助项目主要集中在土壤矿物、有机质、微生物两两之间的相互作用，如"土壤活性颗粒表面酶和 DNA 的吸附、固氮机理研究"（基金批准号：40271064）；与土壤演化的关系，如"南极地衣的生物风化作用及其土壤发生学意义"（基金批准号：40001011）；对污染物行为影响的研究包括"土壤胶体促使下的污染物运移机理及数值模拟研究"（基金批准号：40271059）、"腐殖质、膨润土复合物钝化菜园土壤重金属活性机理"（基金批准号：40201025）、"两相反应：腐殖酸—金属离子反应机理的新探索"（基金批准号：40071049）、"丛枝菌根对重金属污染土壤的生物修复作用机理研究"（基金批准号：40071050）等。此阶段 NSFC 资助项目高频关键词还有"水稻土"和"氧化物"等，水稻土中铁的微生物还原与有机碳的生物地球化学循环过程也是 NSFC 主要资助点，如"铁的微生物还原对水稻土产甲烷过程抑制机理的研究"（基金批准号：40271067）。

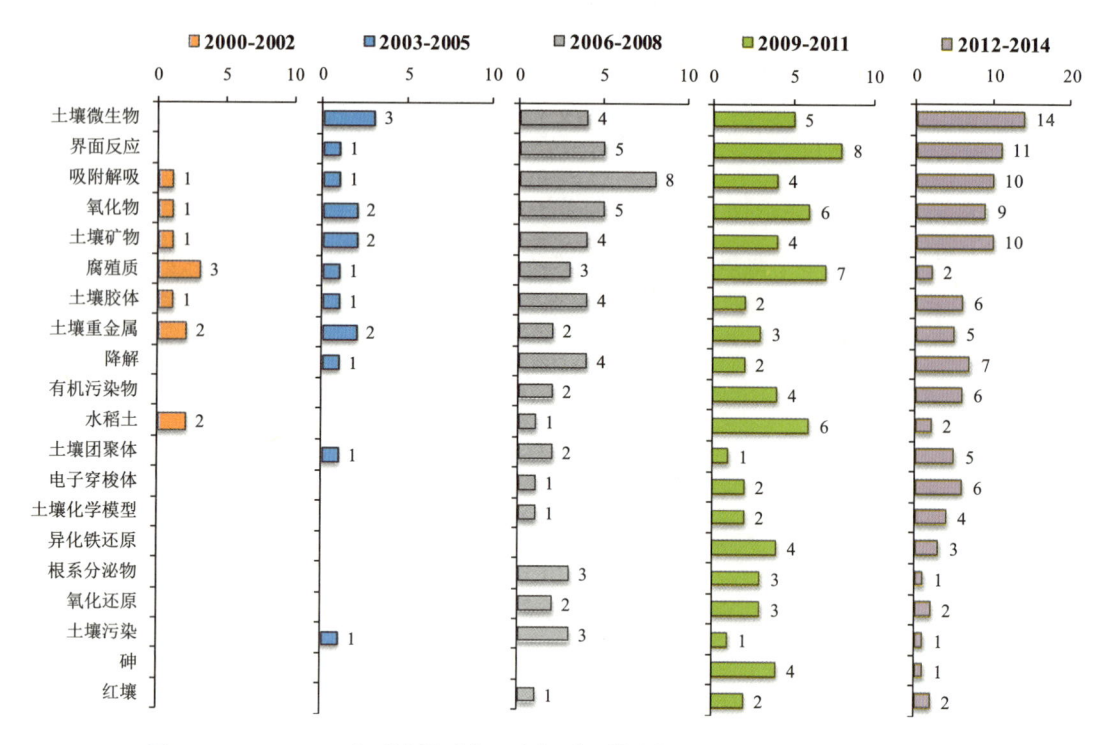

图 8-5　2000～2014 年"土壤矿物—有机质—微生物交互作用的耦合过程"领域
NSFC 资助项目关键词频次变化

（2）2003～2005 年

继上一阶段以来，土壤矿物、有机质、微生物间的相互作用及其对污染物行为的影响依旧是 NSFC 资助的重点，如"不同结构氧化锰矿物对 Pb^{2+} 吸附—解吸及微观机理研究"（基金批准号：40471070）、"两性有机改性土的表面特性及其对有机、重金属复合污染修复效应"（基金批准号：40301021）。其中，与生物相关的过程机理与热力学研究加强，关键词表现为"土壤微生物"和"细菌"，如"农药类有机污染物与土壤组分的相互作用及其生物有效性研究"（基金批准号：40425007）、"可变电荷土壤磷素的微生物转化过程与活化机理"（基金批准号：40571086）、"土壤矿物与细菌相互作用的热力学研究"（基金批准号：40571084）。关键词中开始出现"界面反应"，表明相关工作已经从相互作用的过程研究深入到机理探索，如"污染土壤颗粒状有机质中重金属富集的界面过程与机理研究"（基金批准号：40471064）。

（3）2006～2008 年

与上一阶段相比，NSFC 对本研究领域的项目资助增加，且更倾向于对土壤矿物、有机质、微生物两两之间的互馈转化过程与机制研究的资助。资助项目涉及生物成矿过程，如"土壤中锰氧化物的生物形成及对物质形态和转化的影响"（基金批准号：40830527）、"生物分子影响下形成的短程有序铁/铝氧化物的化学性质及其对砷和硒的吸附"（基金批准号：40610104076）；矿物影响微生物活性；有机质的形成转化过程，如"土壤颗粒表面电场对酸性土壤中消化微生物和硝化作用的影响"（基金批准号：40871112）、"不同粒级团聚体中腐殖物质组成与结构特征研究"（基金批准号：40871107）。关于污染化学方面，不再停留于关注土壤矿物、有机质、微生物对污染物吸附解吸等环境行为，更多的是关注根际微域土壤中有机污染的微生物降解及土传病害的行为研究，资助的项目如"毫米级根际微域中多氯联苯（PCBs）的降解作用及微生物群落结构演变规律的研究"（基金批准号：40671092）、"土传枯萎病拮抗菌在黄瓜作物根际和根表的行为研究"（基金批准号：40871126）等。

（4）2009~2011年

与上一阶段相比，NSFC对本研究领域的资助项目数呈快速增长趋势，资助内容更为多样，除了延续上述研究方向的资助外，项目研究内容深度、广度更加深化和拓展。NSFC对土壤中有机污染行为研究的资助继上阶段以来大幅度增加，主要是由于与土壤污染密切相关的土壤退化问题日趋严重，资助项目如"地带性土壤中天然纳米颗粒的表征及其对典型有机污染关键界面过程的调控作用与机制"（基金批准号：41130532）、"根系分泌物及其主要组分对根际土壤中PAHs结合态残留转化的影响及机制"（基金批准号：41171193）。NSFC对土壤重金属污染行为研究的资助，在前期研究数据与成果积累的基础之上，实现了从作用过程机理的定性研究向定量模型模拟的转变，如"土壤环境中铅形态分布的机理性量化模型的建立"（基金批准号：40928002），拓展了土壤中重金属环境归趋研究的深度与广度；同时，土壤重金属污染行为研究的关注点由铅、铬、锌等重金属离子转向砷，资助项目如"土壤锰矿物氧化As（Ⅲ）/Cr（Ⅲ）的化学动力学及反应机制研究"（基金批准号：40971142）。NSFC开始关注农业土壤尤其是红壤性水稻土中土壤矿物、有机质、微生物的相互作用及其对养分有效性及甲烷排放等问题的研究，资助项目如"红壤稻田铁循环的微生物驱动机制及对产甲烷过程的抑制效应"（基金批准号：41171205）、"水稻土甲烷氧化的微生物机制与关键调控因子"（基金批准号：41130527）等。

（5）2012~2014年

经过NSFC长期的资助，该领域研究形成鲜明特色，以土壤矿物、有机质、微生物为核心，关注污染物的吸附解吸、氧化还原、降解及其在环境中的迁移过程，通过物理化学、模型模拟等手段，从简单的单一界面/体系到复杂的多界面/体系且逐步深入。资助项目如"土壤微生物—矿物微界面结合Pb的分子机制"（基金批准号：41201126）、"土壤矿物—有机物—微生物互作界面重金属的化学行为"（基金批准号：41230854）。对于模型模拟方面的资助增大，如"土壤氧化物表面铅吸附形态模拟与应用"（基金批准号：41201231）、"土壤有机磷农药/重金属复合污染的微界面行为机制与模拟"（基金批准号：41471195），主要是因为经过前阶段对土壤污染化学研究的大力资助，获得了大量研究成果，为模型的构建提供了基础。此阶段与上一阶段相比，NSFC对本研究领域中元素的生物地球化学循环的资助增加，且研究内容更精细，关键词体现在"电子穿梭体"、"氧化还原"等，表明元素的生物地球化学循环微界面过程研究加强，如"外膜细胞色素与分泌物介导的微生物—矿物界面电子传递机制"（基金批准号：41471216）、"我国典型水稻土胞外呼吸菌多样性、格局及其元素生物地球化学耦合机制"（基金批准号：41430858）。同时，在NSFC的长期资助下，土壤团聚体相关研究快速发展，如"典型母质发育红壤的微团聚体结构与界面特征研究"（基金批准号：41401249）、"黑土团聚体结构形成演变的关键控制过程与机制"(基金批准号：41330855)、"胶结物质驱动的土壤团聚体形成过程与稳定机制"(基金批准号：41330852)，主要是由于与土壤结构破坏密切相关的土壤肥力减退等问题日趋严重。

8.4.2 近15年NSFC资助该领域研究的成果及影响

近15年，NSFC围绕土壤矿物—有机质—微生物交互作用的基础研究领域以及新兴的热点问题给予了持续和及时的支持。图8-6是2000～2014年土壤矿物—有机质—微生物交互作用领域论文发表与NSFC资助情况。

图8-6 2000～2014年"土壤矿物—有机质—微生物交互作用的耦合过程"领域论文发表与NSFC资助情况

从CSCD论文发表来看，过去15年来，本研究领域论文数呈上升趋势，前10年CSCD论文发表总数增长迅速，由2000年的241篇增至2009年的1 063篇；而近6年CSCD论文发表总数增长缓慢，文章总数维持在1 100～1 300篇。但是，NSFC资助CSCD论文占总论文数的比例维持平稳，在55%～60%波动（图8-6）。近年来，NSFC资助的一些项目取得了较好的研究成果，开始在 Nature Geoscience, Environmental Science and Technology, Advances in Agronomy, Geochimica et Cosmochimica Acta, Soil Biology Biochemistry, Global Change Biology, Plant and Soil 等国际权威土壤学相关期刊上发表学术论文。从图8-6可以看出，中国学者发表SCI论文亦呈快速增长趋势，由2000年的31篇增至2014年的937篇，占全球学者发表SCI论文的比例也由最初的1.6%增至2014年的17.4%。说明近15年来我国在该领域的研究水平得到极大的提升，国际成果产出丰硕。同时，中国学者发表SCI论文获NSFC资助的比例呈迅速增加的趋势，2000～2008年受NSFC资助SCI论文发表比例由22.6%波动式增长到40.3%，远低于NSFC资助CSCD

论文发表比例；但从 2009 年开始，受 NSFC 资助 SCI 论文发表比例跃升至 70%以上，明显高于 NSFC 资助 CSCD 论文发表比例，直至 2014 年受 NSFC 资助发表 SCI 论文占总发表 SCI 论文的比例已高达 80.4%（图 8-6）。可见，在 NSFC 持续和及时的资助下，我国土壤矿物—有机质—微生物交互作用领域经历近 10 年的前期积累，研究成果产出国际化程度快速提高。在 NSFC 资助论文（CSCD 论文和 SCI 论文）总数快速增加（2000 年 143 篇到 2014 年 1 527 篇）的背景下，NSFC 资助 SCI 论文占总数的比例由 2000 年的 4.9%缓慢增加至 2008 年的 14.9%，2009 年激增至 31.0%，最终逐步增长至 2014 年的 49.3%。NSFC 资助 CSCD 论文和 SCI 论文变化情况表明，**NSFC 资助对土壤矿物—有机质—微生物交互作用研究的贡献在不断提升，且 NSFC 资助该领域的研究成果逐步侧重于发表 SCI 期刊**，说明 **NSFC 资助对推动中国土壤矿物—有机质—微生物交互作用领域国际成果产出及提升该领域工作水平方面发挥了重要作用**。

SCI 论文发表数量及获基金资助情况反映了获 NSFC 资助取得的研究成果，而不同时段中国学者高被引论文获基金资助情况可反映 NSFC 资助研究成果的学术影响随时间变化的情况。由图 8-7 可知，过去 15 年 SCI 高被引 TOP100 论文中中国学者发文数呈显著的增长趋势，由 2000~2002 年的 6 篇逐步增长至 2012~2014 年的 31 篇。在此期间，中国学者发表的高被引 SCI 论文获 NSFC 资助的比例也随之呈阶梯式增长趋势，由 2000~2002 年的 33.3%缓慢增至 2003~2005 年的 40.0%，2006~2008 年激增至 72.7%，随后稳步增长至 2012~2014 年的 87.1%（图 8-7）。2000~2014 年 NSFC 资助研究成果占比的稳步增长说明，**NSFC 在土壤矿物—有机质—微生物交互作用研究领域资助的学术成果国际影响力逐步增强，高水平研究成果与 NSFC 资助更为密切，学科整体研究水平得到极大提升**。

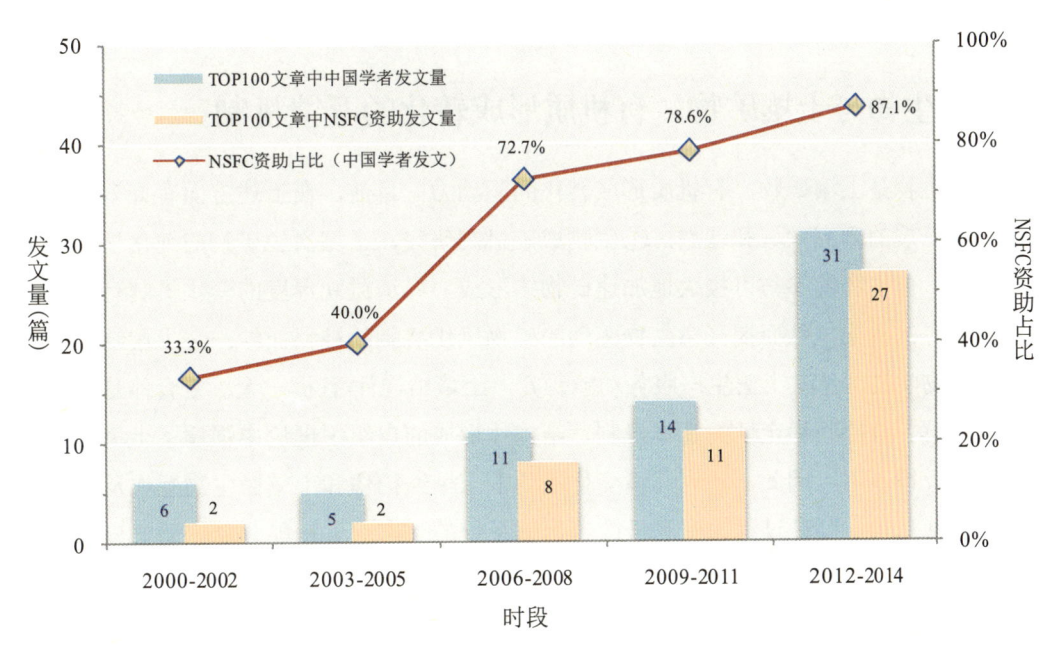

图 8-7 2000~2014 年"土壤矿物—有机质—微生物交互作用的耦合过程"领域高被引 SCI 论文数与 NSFC 资助情况

8.5 研 究 展 望

截至目前，虽然对土壤矿物—有机质—微生物相互作用机制的研究取得了一定进展，但仍有很多待揭示和阐明的问题。未来土壤矿物—有机质—微生物交互作用耦合过程的研究工作应立足于现代土壤学、生物学以及环境科学、生态学、生物地球化学等多学科交叉与联合攻关，运用近现代分析技术，侧重于土壤中有机质和矿物这两大关键组分在土壤微生物影响下的交互作用，坚持宏观与微观相结合，注重量化和原位监测，全面观察与研究地球关键带中所发生的土壤化学界面反应与生物地球化学循环过程，着重从以下 4 个重点方向开展工作，寻求突破。

8.5.1 土壤矿物—有机质—微生物相互作用的分子机制及模型模拟

以土壤矿物—有机物—微生物相互作用为核心，开展了与土壤养分、重金属污染、有机物降解等决定土壤肥力和质量要素的重大基础与应用基础研究，取得了一系列重要进展。但以往对土壤矿物、有机质及微生物的研究，多关注两两之间相互作用的界面过程及其与之相关的土壤污染、养分循环等问题，而对三者之间的交互作用关注较少，特别是受研究技术的限制，界面过程的研究成果不多，与之相关的土壤结构问题研究仍处于基于统计分析的定性描述阶段。近 20 多年来，光谱技术、原子力显微等技术的迅速发展、能量超声的运用、模型模拟的完善，使得土壤矿物、有机质及微生物相互作用的多界面过程研究成为可能，在加强对土壤基本组成（矿物、有机质、微生物）化学微观尺度分子水平上的理论基础研究的同时，注重宏观与微观相结合，提高模型与模拟的准确性和可靠性，促进经验模型向理论模型与仿真模型的发展。

8.5.2 微生物与土壤矿物、有机质形成转化的互馈机制

土壤微生物是土壤矿物、有机质形成转化的驱动力。目前，在上述方面有许多正在开展和需要进一步开展的研究领域和课题：①生物成矿机制研究，土壤次生矿物的纯化学转化是一个漫长的过程，但生物的参与可极大地加速矿物的形成，弄清微观尺度的变化机制有利于建立微观与宏观世界的桥梁，从而揭开微生物驱动的矿物风化机制的神秘面纱；②土壤结构体形成与稳定的微生物学机制及其土壤生态服务功能研究，土壤结构体/有机—无机复合体是有机化合物抵抗生物降解、维持其稳定性的基本机制，结构体形成的自组织理论中强调了土壤微生物与土壤结构间的反馈作用。因此，研究环境变化驱动下土壤结构体和土壤微生物互作及其控制的有机碳的生物地球化学循环过程，有利于改善土壤系统的生态服务功能。后续研究迫切需要进一步整合运用胶体化学方法、NMR、电子显微镜、X 射线衍射和质谱等技术，并与计算化学模拟相结合，从土壤肥力和土壤固碳的角度，以团聚体与土壤固碳的关系为研究侧重点，重视腐殖质形成转化的微生物学过程。

8.5.3 土壤体系中微生物群落对矿物、有机质的响应过程与机制

微生物在环境中有极其重要的生态功能，而其机体代谢能源与营养元素来自土壤矿物和有机质，因此微生物生态功能的发挥往往受控于矿物、有机质的存在。土壤体系中微生物的群落演变如何适应其中存在的无机矿物与有机物质的类型及其特性，二者间有无互动响应机制等均有待深入探讨，期望从分子水平揭示矿物、有机物对微生物代谢生物分子、无机离子等的影响机制。此外，现代分析技术的进展为微生物—矿物、微生物—有机质互作研究提供了有力的工具，在形貌观察、作用力、功能团测定及原子配位、热动力学分析等方面，原子力显微镜（AFM）、扫描电镜（SEM）、X射线光电子能谱（XPS）、红外光谱（IR）、X射线吸收精细结构光谱（XAFS）、微热量技术（ITC）等均显示了巨大的优势。基于微生物与土壤矿物、有机质形成转化的互馈机制，研究土壤微生物的地理分布格局及成因，明确土壤体系中微生物群落生态对矿物、有机质的响应过程与机制。近年来分子生物学技术、新的染色与成像技术的发展及其在土壤学研究中的综合应用，使得对微生物空间分布格局及其成因的深入研究成为可能。这必将促进深入理解土壤中微生物的组织状况，揭示特定土壤微生物在特定土壤结构中发挥的特定功能，推动微生物生物地理学研究的发展。

8.5.4 新技术与新方法的发展及长期定位试验的应用

先进和精确的试验观测技术与方法，是自然科学研究的基础。土壤矿物—有机质—微生物交互作用的耦合过程研究从对多体系界面反应过程的定性描述到各种定量数据的获取，以至模型模拟与验证，都需要借助于技术与方法的进步。土壤矿物、有机质、微生物个体微小，同时功能多样，深入研究难度大，土壤矿物—有机质—微生物交互作用的耦合过程研究的进展依赖研究方法的突破和改进。例如光谱学技术的应用大大促进了我们对土壤矿物、有机质、微生物交互作用的界面反应过程与分子机制的认识，使我们有能力了解和研究复杂的土壤地球生物化学过程。未来实验室内的情景模拟控制、测试与分析，一方面，需对多个环境因子的综合影响和耦合作用加以深入系统的研究；另一方面，在强调促进新方法和新技术发展的同时，还要强调不同方法之间的联合及其与传统研究方法的有机结合，准确揭示土壤矿物—有机质—微生物交互作用的耦合过程与机制，以便改善土壤系统的生态服务功能。

8.6 小　　结

土壤矿物—有机物—微生物交互作用的耦合过程是土壤的核心过程，相关研究工作已开展近半个世纪。2000年以来，国际上土壤矿物—有机物—微生物交互作用的耦合过程研究热点领域可以概括为在土壤多组分界面上，组分的互作机制及其对土壤性质、养分有效性、重金属化学行为与生态效应的影响等多个方面，主要针对人类活动和全球变化引起的土壤生态效应及其生态

服务功能实现。中国的土壤矿物—有机物—微生物交互作用的耦合过程研究，已从早期的跟踪国际热点发展到与国际发展趋势并行，以土壤胶体化学和界面过程为基础，围绕土壤矿物—有机物—微生物互作界面的发生、形成及其功能，在土壤矿物与微生物、生物大分子互作过程与机制，土壤重金属和有机污染物在土壤—生物系统中迁移、转化方面均取得了重要进展，为土壤环境污染、土壤养分转化和全球变化等重要问题研究奠定了坚实基础。从国内外研究进展可看出，土壤矿物—有机物—微生物交互作用的耦合过程研究受到了学科发展和社会需求的双重驱动，既具有鲜明的学科基础理论特殊性，又具有一定的时代热点问题共性。在 NSFC 长期、及时的支持下，我国土壤矿物—有机质—微生物交互作用的耦合过程研究领域不断扩大，研究深度得以拓展，研究工作在国际同类研究中的地位越来越重要。

参考文献

Bergamaschi, B. A., E. Tsamakis, R. G. Keil, et al. 1997. The effect of grain size and surface area on organic matter, lignin and carbohydrate concentration, and molecular compositions in Peru Margin sediments. *Geochimica et Cosmochimica Acta,* Vol. 61, No. 6.

Berner, R. A. 1970. Sedimentary pyrite formation. *American Journal of Science*, Vol. 268, No. 1.

Cai, P., Q. Y. Huang, S. L. Walker. 2013. Deposition and survival of Escherichia coli O157: H7 on clay minerals in a parallel plate flow system. *Environmental Science & Technology*, Vol. 47, No. 4.

Cai, P., Q. Y. Huang, X. W. Zhang. 2006. Interactions of DNA with clay minerals and soil colloidal particles and protection against degradation by DNase. *Environmental Science & Technology*, Vol. 40, No. 9.

Cai, P., Q. Y. Huang, J. Zhu, et al. 2007. Effects of low-molecular-weight organic ligands and phosphate on DNA adsorption by soil colloids and minerals. *Colloids and Surfaces B: Biointerfaces,* Vol. 54, No. 1.

Chen, H., X. He, X. M. Rong, et al. 2009. Adsorption and biodegradation of carbaryl on montmorillonite, kaolinite and goethite. *Applied Clay Science*, Vol. 46, No. 1.

Colombo, C., G. Palumbo, J. Z. He, et al. 2014. Review on iron availability in soil: interaction of Fe minerals, plants, and microbes. *Journal of Soils and Sediments*, Vol. 14, No. 3.

Crecchio, C., G. Stotzky. 1998. Binding of DNA on humic acids: effect on transformation of Bacillus subtilis and resistance to DNase. *Soil Biology and Biochemistry*, Vol. 30, No. 8-9.

Devouard, B., M. Posfai, X. Hua, et al. 1998. Magnetite from magnetotactic bacteria: size distributions and twinning. *American Mineralogist*, Vol. 83, No. 11-12.

Egli, M., A. Mirabella, A. Mancabelli, et al. 2004. Weathering of soils in alpine areas as influenced by climate and parent material. *Clays and Clay Minerals*, Vol. 52, No. 3.

Fang, L. C., P. Cai, P. X. Li, et al. 2010. Microcalorimetric and potentiometric titration studies on the adsorption of copper by P. putida and B. thuringiensis and their composites with minerals. *Journal of Hazardous Materials*, Vol. 181, No. 1.

Fang, L., Y. Cao, Q. Huang, et al. 2012. Reactions between bacterial exopolymers and goethite: a combined macroscopic and spectroscopic investigation. *Water Research*, Vol. 46, No. 17.

Gingele, F., P. De Deckker, M. Norman. 2007. Late Pleistocene and Holocene climate of SE Australia reconstructed from dust and river loads deposited offshore the River Murray Mouth. *Earth and Planetary Science Letters*, Vol. 255, No. 3.

Hamann, Y., W. Ehrmann, Q. Schmiedl, et al. 2009. Modern and late Quaternary clay mineral distribution in the area of the SE Mediterranean Sea. *Quaternary Research*, Vol. 71, No. 3.

He, Y., J. M. Xu, Z. H. Ma, et al. 2007. Profiling of PLFA: implications for nonlinear spatial gradient of PCP degradation in the vicinity of Lolium perenne L. roots. *Soil Biology and Biochemistry*, Vol. 39, No. 5.

Hochella, M. F., S. K. Lower, P. A. Maurice, et al. 2008. Nanominerals, mineral nanoparticles, and earth systems. *Science*, Vol. 319, No. 5870.

Huang, C. Q., W. Zhao, F. Y. Li, et al. 2012. Mineralogical and pedogenetic evidence for palaeoenvironmental variations duringthe Holocene on the Loess Plateau, China. *Catena*, Vol. 96.

Huang, L., W. F. Tan, F. Liu, et al. 2007. Composition and transformation of 1.4 nm minerals in cutan and matrix of Alfisols in central China. *Journal of Soils and Sediments*, Vol. 7, No. 4.

Huang, P. M., M. K. Wang, C. Y. Chiu. 2005. Soil mineral-organic matter-microbe interactions: impacts on biogeochemical processes and biodiversity in soils. *Pedobiologia*, Vol. 49, No. 6.

IPCC (Intergovernmental Panel on Climate Change). 2007. *Climate Change 2007: The Physical Science Basis*. United Kingdom Cambridge University Press, Cambridge.

Isaure, M. P., A. Laboudigue, A. Manceau, et al. 2002. Quantitative Zn speciation in a contaminated dredged sediment by μ-PIXE, μ-SXRF, EXAFS spectroscopy and principal component analysis. *Geochimica et Cosmochimica Acta*, Vol. 66, No. 9.

Jacobson, A. R., S. Dousset, F. Andreux, et al. 2007. Electron microprobe and synchrotron X-ray fluorescence mapping of the heterogeneous distribution of copper in high-copper vineyard soils. *Environmental Science & Technology*, Vol. 41, No. 18.

Kanaly, R. A., S. Harayama. 2000. Biodegradation of high-molecular-weight polycyclic aromatic hydrocarbons by bacteria. *Journal of Bacteriology*, Vol. 182, No. 8.

Kirpichtchikova, T. A., A. Manceau, L. Spadini, et al. 2006. Speciation and solubility of heavy metals in contaminated soil using X-ray microfluorescence, EXAFS spectroscopy, chemical extraction, and thermodynamic modeling. *Geochimica et Cosmochimica Acta*, Vol. 70, No. 9.

Li, W., S. R. Joshi, G. J. Hou, et al. 2015. Characterizing phosphorus speciation of chesapeake bay sediments using chemical extraction, P-31 NMR, and X-ray absorption fine structure spectroscopy. *Environmental Science & Technology*, Vol. 49, No. 1.

Li, Y., W. F. Tan, L. K. Koopal, et al. 2013. Influence of soil humic and fulvic acid on the activity and stability of lysozyme and urease. *Environmental Science & Technology*, Vol. 47, No. 10.

Liu, T. X., X. M. Li, F. B. Li, et al. 2011. Reduction of iron oxides by Klebsiella pneumoniae L17: kinetics and surface properties. *Colloids and Surfaces A: Physicochemical and Engineering Aspects*, Vol. 379, No. 1.

Liu, T., W. Zhang, X. Li, et al. 2014. Kinetics of competitive reduction of nitrate and iron oxides by HSo1. *Soil Science Society of America Journal*, Vol. 78, No. 6.

Marshall, K. 1975. Clay mineralogy in relation to survival of soil bacteria. *Annual Review of Phytopathology*, Vol. 13, No. 1.

Mayer, L. M. 1994. Relationships between mineral surfaces and organic carbon concentrations in soils and sediments. *Chemical Geology*, Vol. 114, No. 3-4.

Naidji A., P. M. Huang, J. M. Bollag. 2000. Enzyme-clay interactions and their impact on transformations of natural and anthropogenic organic compounds in soil. *Journal of Environmental Quality*, Vol. 29, No. 3.

Navarro-Garcia, F., M. A. Casermeiro, J. P. Schimel. 2012. When structure means conservation: effect of aggregate structure in controlling microbial responses to rewetting events. *Soil Biology and Biochemistry*, Vol. 44, No. 1.

Papadopoulos, A., N. R. A. Bird, A. P. Whitmore, et al. 2009. Investigating the effects of organic and conventional management on soil aggregate stability using X-ray computed tomography. *European Journal of Soil Science*, Vol. 60, No. 3.

Post, J. E. 1999. Manganese oxide minerals: crystal structuresand economic and environmental significance. *Proceedings of the National Academy of Sciences of the United States of America*, Vol. 96, No. 7.

Rong, X., Q. Huang, W. Chen. 2007. Microcalorimetric investigation on the metabolic activity of Bacillus thuringiensis as influenced by kaolinite, montmorillonite and goethite. *Applied Clay Science*, Vol. 38, No. 1.

Ryan, P. C., F. J. Huertas. 2009. The temporal evolution of pedogenic Fe-smectite to Fe-kaolin via interstratified kaolin-smectite in a moist tropical soil chronosequence. *Geoderma*, Vol. 151, No. 1-2.

Schwertmann, U., J. Friedl, H. Stanjek. 1999. From Fe(Ⅲ) ions to ferrihydrite and then to hematite. *Journal of Colloid and Interface Science*, Vol. 209, No. 1.

Shindo, H., P. M. Huang. 1982. Role of Mn(Ⅳ) oxide in abiotic formation of humic substances in the environment. *Nature (London)*, Vol. 298.

Smith, A. P., E. Marin-Spiotta, M. A. de Graaff, et al. 2014. Microbial community structure varies across soil organic matter aggregate pools during tropical land cover change. *Soil Biology and Biochemistry*, Vol. 77.

Spark, K. M., B. B. Joson, J. D. Wells. 1995. Characterizing heavy metal absorption on oxides and oxyhydroxides. *European Journal of Soil Science*, Vol. 46, No. 4.

Tamburini, F., T. Adatte, K. Follmi. et al. 2003. Investigating the history of East Asian monsoon and climate during the last glacial-interglacial period (0-140000 years): mineralogy and geochemistry of ODP sites 1143 and 1144, South China Sea. *Marine Geology*, Vol. 201, No. 1.

Tan, W. F., L. K. Koopal, W. Norde. 2009. Interaction between humic acid and lysozyme, studied by dynamic light scattering and isothermal titration calorimetry. *Environmental Science and Technology*, Vol. 43, No. 3.

Tan, W. F., L. K. Koopal, L. P. Weng, et al. 2008. Humic acid protein complexation. *Geochimica et Cosmochimica*

Acta, Vol. 72, No. 8.

Tan, W. F., N. Willem, L. K. Koopal. 2014. Interaction between lysozyme and humic acid in layer-by-layer assemblies: effects of pH and ionic strength. *Journal of Colloid and Interface Science*, Vol. 430.

Tan, W. F., J. Xiong, Y. Li, et al. 2013. Proton binding to soil humic and fulvic acids: experiments and NICA-Donnan modeling. *Colloids and Surfaces A: Physicochemical and Engineering Aspects*, Vol. 436.

Tebo, B. M., J. R. Bargar, B. G. Clement, et al. 2004. Biogenic manganese oxides: properties and mechanisms of formation. *Annual Review of Earth and Planetary Sciences*, Vol. 32.

Vaughan, D. J., J. R. Lloyd. 2011. Mineral-organic-microbe interactions: environmental impacts from molecular to macroscopic scales. *Comptes Rendus Geoscience*, Vol. 343, No. 2.

Wang, W., A. N. Kravchenko, A. J. M. Smucker, et al. 2011. Comparison of image segmentation methods in simulated 2D and 3D microtomographic images of soil aggregates. *Geoderma*, Vol. 162, No. 3-4.

Wang, X. M., W. Li, R. Harrington, et al. 2013. Effect of ferrihydrite crystallite size on phosphate adsorption reactivity. *Environmental Science & Technology*, Vol. 47, No. 18.

Wang, X. M., F. Liu, W. F. Tan, et al. 2013. Characteristics of phosphate adsorption-desorption onto ferrihydrite: comparison with well-crystalline Fe (hydr) oxides. *Soil Science*, Vol. 178, No. 1.

Wilson, J. J. 1999. The origin and formation of clay minerals in soil: past, present and future perspectives. *Clay Minerals*, Vol. 34, No. 1.

Wu, Y., T. Liu, X. Li, et al. 2014. Exogenous electron shuttle-mediated extracellular electron transfer of Shewanella putrefaciens 200: electrochemical parameters and thermodynamics. *Environmental Science & Technology*, Vol. 48, No. 16.

Xiong, J., L. K. Koopal, W. F. Tan, et al. 2013. Lead binding to soil fulvic and humic acids: NICA-Donnan modeling and XAFS spectroscopy. *Environmental Science & Technology*, Vol. 47, No. 20.

Xiong, J., L. K. Koopal, L. P. Weng, et al. 2015. Effect of soil fulvic and humic acid on binding of Pb to goethite-water interface: linear additivity and volume fractions of HS in the Stern layer. *Journal of Colloid and Interface Science*, Vol. 457.

Xu, S. F., X. Jiang, Y. Y. Dong, et al. 2000. Polychlorinated organic compounds in Yangtse River sediments. *Chemosphere*, Vol. 41, No. 12.

Zhao, W. Q., S. L. Walker, Q. Y. Huang, et al. 2014. Adhesion of bacterial pathogens to soil colloidal particles: influences of cell type, natural organic matter, and solution chemistry. *Water Research*, Vol. 53.

Zhou, D. M., H. M. Chen, S. Q. Wang, et al. 2003. Effects of organic acids O-phenyleneamine and pyrocatechol on cadmium adsorption and desorption in soils. *Water, Air and Soil Pollution*, Vol. 145, No. 1-4.

Zhu, M. Q., C. L. Farrow, J. E. Post, et al. 2012. Structural study of biotic and abiotic poorly-crystalline manganese oxides using atomic pair distributionfunction analysis. *Geochimica et Cosmochimica Acta*, Vol. 81.

Zhu, Y. G., S. B. Chen, J. G. Yang. 2004. Effects of soil amendments on lead uptake by two vegetable crops from a lead-contaminated soil from Anhui China. *Environmental International*, Vol. 30, No. 3.

P. M. Huang、赵红挺："矿物学研究对土壤科学和环境科学的推动作用"，《土壤学进展》，1991年第5期。

韩建刚、李占斌、钱程："紫色土小流域土壤及氮磷流失特征研究"，《生态环境学报》，2010年第2期。

何艳、徐建明、李兆君："有机污染物根际胁迫及根际修复研究进展"，《土壤通报》，2004年第5期。

黄巧云、李学垣："黏粒矿物和有机质对酶活性的影响"，《土壤学进展》，1995年第4期。

蒋代华、黄巧云、蔡鹏等："黏粒矿物对细菌吸附的测定方法"，《土壤学报》，2007年第4期。

刘凡、冯雄汉、陈秀华等："氧化锰矿物的生物成因及其性质的研究进展"，《地学前缘》，2008年第6期。

刘凡、介晓磊、贺纪正等："不同pH条件下针铁矿表面磷的配位形式及转化特点"，《土壤学报》，1997年第4期。

曲东、张一平、S. Schnell等："水稻土中铁氧化物的厌氧还原及其对微生物过程的影响"，《土壤学报》，2003年第6期。

荣兴民、黄巧云、陈雯莉等："细菌在两种土壤矿物表面吸附的热力学分析"，《土壤学报》，2011年第2期。

宋长青、吴金水、陆雅海等："中国土壤微生物学研究10年回顾"，《地球科学进展》，2013年第10期。

汤艳杰、贾建业、谢先德等："铁锰氧化物在污染土壤修复中的作用"，《地球科学进展》，2002年第4期。

王成己、潘根兴、田有国等："不同施肥下农田表土有机碳含量变化分析：基于中国农业生态系统长期试验资料"，《中国科学：生命科学》，2010年第7期。

王继红、刘景双、于君宝等："氮磷肥对黑土玉米农田生态系统土壤微生物量碳、氮的影响"，《水土保持学报》，2004年第1期。

谢晶晶、庆承松、陈天虎等："几种铁（氢）氧化物对溶液中磷的吸附作用对比研究"，《岩石矿物学杂志》，2007年第6期。

徐建明、蒋新、刘凡等："中国土壤化学的研究与展望"，《土壤学报》，2008年第5期。

张伟、刘同旭、李芳柏等："铁还原菌介导的氧化铁还原与硝酸盐还原的竞争效应研究"，《生态环境学报》，2013年第1期。

朱永官、段桂兰、陈保冬等："土壤—微生物—植物系统中矿物风化与元素循环"，《中国科学：地球科学》，2014年第6期。

第 9 章 土壤生物组成与群落构建

土壤生物组成与群落构建是传统土壤生态学的重要研究内容，也是当代土壤生态学的研究热点和前沿。土壤是陆地生态系统中生物重要的栖息地，是地球上生物多样性最丰富的生境之一，目前陆生无脊椎动物的大多数门纲在土壤中均有其代表，据估计土壤动物总物种数超过所有陆地地表动物和植物物种数量的总和。土壤生物通过生命过程影响土壤，土壤也通过自身及环境因子的变化影响土壤生物的多样性。土壤生物个体数量巨大、物种数量繁多、群落结构复杂，不同类型的生物生态功能各异。土壤生物对森林、草原和湿地等自然生态系统与农田等人工生态系统的许多过程都有重要影响，是土壤为人类提供各种有益服务和产品的重要推动者与实现者。准确描述这些土壤生物在土壤中的存在状态和所负担的生态功能，有助于揭示土壤生态过程及其内在机制，同时也可以为实现对土壤生态过程的预测、调控以及陆地生态系统生物多样性保护提供重要理论支持。认识土壤生物组成、结构与群落特征是深入了解土壤生物在土壤中的存在状态及其多样性维持和演变机制的前提，因此，研究土壤生物组成、结构并进一步认识其群落构建机制，已成为土壤生态学及相关学科普遍关注的重要科学问题。

9.1 概　　述

本节在回顾土壤生物组成与群落构建研究缘起的基础上，阐述了土壤生物组成与群落构建的内涵及其主要研究内容，并以科学问题的深化、研究方法的创新和社会需求的变化为线索，解析了土壤生物组成与群落构建研究的演进阶段及所关注科学问题的递进过程。

9.1.1 问题的缘起

人类对土壤生物的认识很早。2000 多年前，我国就有一些涉及土壤生物的描述，如在公元前 2 世纪前后成书的《尔雅》中记载昆虫 80 多种，其中涉及土壤昆虫蝼蛄、衣鱼、蝉、蚁和蛴螬等，还附有精美图画（尹文英，1992）。土壤生物成为科学家研究对象的历史可以追溯到 18 世纪，Linné 于 1758 年建立分类系统时学者们就开始了土壤生物的发现和种类鉴定工作。尽管人类对土壤生物发现、认识与鉴定的时间很早，但是有关土壤生物生态的研究相对稍晚。土壤动物生态研究一般认为始于 19 世纪上半叶英国 Darwin 的"On the Formation of Mould"一文（Bargett，2005），此后不久俄国 KocTHqeB 在 19 世纪末期详细研究了土壤中的菌类生物，被认为是土壤微生物生态工作的开始（林先贵，2010）。20 世纪上半叶，尤其两次世界大战期间，由于交战双方都急需补充和生产大量的粮食，学者们把增产粮食的目光都集中在了土壤中。多国学者发现了土壤生物在土壤有机物分解以及养分利用中的作用，因此两次世界大战促进了土壤生物生态研究发展成为一门重要的科学，即土壤生态学（Paul，2007）。20世纪70和80年代，随着世界经济的快速发展，人类活动引起的生态退化和土壤污染等环境问题日益显现，尤其是20世纪90年代以后，土壤生态学家对因人类活动和全球变化等引起的土壤中大量生物物种丧失及其对生态系统功能影响开展了大量研究（Wall，2012），人们逐渐认识到物种的快速灭绝已经导致土壤生物组成和群落结构的改变。因此，关于土壤生物多样性降低导致的生物组成和群落结构变化如何影响土壤生态系统功能，以及如何把握土壤生物组成与群落构建过程以维持和恢复土壤生物多样性等方面的研究开始成为各国学者关注的热点。

9.1.2 问题的内涵及演进

土壤生物由土壤微生物和土壤动物两大部分组成。土壤生物组成与群落构建研究主要是揭示土壤生物的数量、结构及其群落发生发展规律，内容涉及环境因素与土壤生物之间的关系以及土壤生物种间和种内的相互作用。随着对土壤生态学认识的深入和社会需求的变化，土壤生物组成与群落构建研究的内容也不断得到扩展。学科上从最初对土壤生物组成与群落特征描述和环境影响因子调查，逐渐步入通过控制实验发现并识别不同环境因子的作用及群落中的重要物种，再到应用物种间相互作用模型认识土壤生物组成与群落构建过程，研究群落结构与生态系统稳定性和复杂性之间的关系；社会需求上从利用土壤生物增产粮食、指示土壤质量和进行土壤环境治理，发展到研究土壤生物对碳氮循环与全球变化的响应和生物多样性保护以及生态恢复技术的应用。总之，**土壤生物组成与群落构建研究主要在解析土壤生物组成、群落结构及其与环境要素的关系的基础上，结合土壤生物间的相互作用，识别群落构建关键过程，阐明土壤生物群落构建机理，揭示土壤生物群落与土壤生态功能的关系，最终为土壤生物多样性预测、评价、调控以及生态系统功能实现、生态环境恢复与优化提供科学依据和技术支撑。**

土壤生物组成与群落构建研究的发展历程大体可分为以下3个阶段。

第一阶段：基于传统方法与技术的土壤生物组成和群落特征识别阶段。厘清在土壤中生活的生物物种数量和个体密度是开展土壤生态学研究的最基本内容，进而认识各类生物功能的特殊性和重要性，解析土壤生物群落形成和演变规律及其功能如何发挥。由于土壤生物个体微小，除个别大型土壤动物肉眼可以识别外，绝大多数土壤动物和微生物需要借助研究方法的进步来识别和鉴定。继19世纪末德国人Koch发明微生物平板分离纯化技术，为微生物物种的获取和深入研究做出了巨大贡献（林先贵，2010）。20世纪初，意大利人Berlese发明了烘虫漏斗，瑞典人Tullgren改良了这个漏斗，大大提高了对生活于土壤、腐殖质和凋落物中的螨类及跳虫等各类小型节肢动物的采集效率（尹文英，1992），推动了对土壤动物已有以及新的门类物种的描述。这些方法都逐渐成为研究土壤生物的传统和经典方法，广泛应用并沿用至今。在鉴别土壤生物物种的基础上，通过研究不同环境中土壤生物的组成，人们认识了土壤生物群落的特征及其变化，探讨气候、植被和土壤等要素或要素组合与土壤生物组成及群落结构的关系，并开展重要类群生物在土壤生态功能实现中的作用研究。本阶段研究特点为：采用传统技术和方法初步辨识了影响土壤生物组成与群落的环境因素，并开展了土壤重要功能生物的生态功能研究，为后来人类活动、全球变化与土壤生物多样性关系研究的开展以及利用土壤生物修复退化和污染的环境及生物控制等方面的研究奠定了基础。

第二阶段：分子等新技术应用与生物多样性受到重视的研究阶段。1991 年，国际生物多样性合作研究计划（DIVERSITAS）揭开了全球生物多样性研究的序幕。1992 年，世界各国领导人在巴西里约热内卢签署了《生物多样性公约》，尽管这时候尚未专门提到土壤生物多样性，但是却促使世界各国土壤生态学家认识到土壤生物多样性研究的重要意义。此后，土壤生物组成与群落生态研究从描述和调查土壤生物群落中部分物种进入到将所有物种看成一个整体也即生物多样性阶段，并且与人类活动和全球变化关系紧密结合起来。随着 PCR、16S rRNA 探针杂交技术、荧光抗体技术以及土壤宏基因组学技术的相继出现与应用，人们在认识土壤微生物组成以及重要土壤生物功能类群挖掘上获得了长足进步，土壤微生物学家发现土壤中存在着惊人的微生物种类（贺纪正等，2015）。同时，土壤动物鉴定工作在传统经典方法的基础上增加了 DNA 条形码的内容，发现与挖掘了大量新种和隐藏种（Orgiazzi et al.，2015：244～250），使物种的认识更加准确。随着对土壤生物多样性研究的逐渐深入，学者们发现人类活动引起的环境污染、生态退化以及因温室气体排放和外来物种入侵等引起的全球变化严重威胁着土壤生物多样性。2002 年，《生物多样性公约》缔约方第六次会议上正式提出了对土壤生物多样性进行保护和可持续利用的倡议。随后，联合国粮农组织（FAO）设立的"土壤生物多样性研究议程"，再次倡议对土壤生物多样性进行评价和保护，特别是在农业生态系统。2004 年我国成立了国际生物多样性计划中国国家委员会（CNC-DIVERSITAS），将土壤生物多样性作为生物多样性的重要部分开展研究。这一阶段土壤生物组成与群落构建研究主要在土壤生物尤其是土壤动物种多样性对环境变化，重点是对人类活动和全球变化的生态响应研究方面取得了长足进展。2004 年出版的 *Science* 认为土壤生物多样性是陆地生态系统研究中最新的学术前沿。学术界对生物多样性重要性的重视使土壤生物组成与群落研究内容不断丰富。

第三阶段：土壤生物多样性维持与群落构建机制的理论深化阶段。通过 20 世纪 90 年代和 21 世纪初期的持续工作，土壤生态学界更加充分认识到土壤生物多样性研究的重要意义。与此同时，我们发现以往对土壤生物组成与群落生态的研究还非常有限，尤其是土壤生物组成与群落结构多尺度空间格局、土壤生物组成和群落变化如何影响生态系统稳定性与其功能，以及在人类活动和全球变化影响下土壤生物群落构建过程等基础问题还缺乏坚实的实验证据。上述问题的解决对于认识土壤生物多样性的起源演化以及缓解生态退化、土地利用变化、环境污染和全球变化等对土壤生物多样性造成的威胁具有重要的理论价值和实践意义（Wall，2012）。2010 年，在欧盟的主持下，欧盟下属的环境研究所和联合研究中心在完成了 *Soil Biodiversity: Functions, Threats and Tools for Policy Makers* 和 *European Atlas of Soil Biodiversity* 两本报告，系统分析了各种自然和人为影响条件下的土壤生物组成与群落，总结了我们现在对土壤生物多样性的认识和威胁土壤生物多样性的外在压力（时雷雷和傅声雷，2014：493～509）。鉴于土壤生物多样性面临的严峻威胁，2011 年年底，在联合国几个下属机构的支持下，美国科学家 Diana H. Wall 联合多位世界上最著名的土壤生态学家，共同发起了一个全球土壤生物多样性研究的倡议（GSBI）。2014 年 12 月，GSBI 在法国第戎组织召开了第一届国际土壤生物多样性大会，号召各国科学家加强对土壤生物多样性的研究与保护，揭示土壤生物多样性维持机制与群落构建过程，提升土壤生物多样性的生态系统服务功能，深化对土壤生物多样性的认识，为人类充分合理利用土壤生物资源和提高土壤生态系统生产力提供坚实的土壤生物与生态学科学理论认识及实践证据。

9.2 国际"土壤生物组成与群落构建"研究主要进展

近 15 年来，随着土壤生物组成与群落构建研究的不断深入，其核心研究方向和研究热点已逐渐形成。通过文献计量分析发现，其核心研究方向主要围绕土壤生物组成与群落发生、形成和发展规律，人类活动与全球变化对土壤生物组成与群落构建的影响以及重要功能土壤生物的生态功能作用等方面开展。土壤生物组成与群落构建研究正在向着科学问题逐步深化、研究内容外延拓展、新方法和新技术不断涌现、长期监测与定位模拟控制相结合的方向发展。

9.2.1 近 15 年国际该领域研究的核心方向与研究热点

运用 Web of Science 数据库，依据本研究领域核心关键词制定了英文检索式，即："soil*" and ("microorganism" or "microb*" or "bacteri*" or "fung*" or "archaea*" or "mycorrhiza*" or "earthworm" or "nematode*" or "collembola*" or "springtail*" or "protozoa" or "Enchytraeid*" or "isopod" or "annelid" or "mite*" or "Acari " or "insect*" or "beetle*" or "ant*" or "microfauna" or "mesofauna" or "macrofauna" or "fauna" or "animal" or "arthropod" or "microarthropod" or "biodiversity") and ("species" or "population" or "community" or "ecosystem" or "interaction*" or "food web*" or "food chain" or "feeding habit" or "feeding preference" or "abiotic*" or "biotic*" or "process" or "filter*" or "predator" or "structure" or "composition" or "dispersal*" or "pattern*" or "model" or "niche*" or "neutral" or "assemblage*" or "compete*" or "adult*" or "larva*" or "scale*" or "richness" or "abundance" or "root" or "rhizosphere" or "aboveground" or "belowground" or "coexistence" or "co-occurrence" or "co-occurred" or "gene" or "trait" or "genomics" or "range" or "adaptation" or "asymmetry" or "association" or "redundancy")。近 15 年，本研究领域检索到国际英文文献 80 717 篇。以 3 年为间隔，划分了 2000～2002 年、2003～2005 年、2006～2008 年、2000～2011 年和 2012～2014 年 5 个时段，各时段发表的论文数量占总发表论文数量的百分比分别为 10.8%、14.2%、19.2%、24.6%和 31.2%，呈逐年上升趋势。

图 9-1 为 2000～2014 年土壤生物组成与群落构建领域 SCI 期刊论文关键词共现关系。图中聚成了 5 个相对独立的研究聚类圈，在一定程度上反映了近 15 年国际土壤生物组成与群落构建研究的核心方向，**主要包括生物组成与群落结构、人类活动与气候变化、生物修复与生物控制、**

重要功能生物类群及作用、土地利用与生物入侵5个方面。

（1）生物组成与群落结构

从图9-1聚类圈中出现的细菌（bacteria）、微生物（microorganism）、微生物群落（microbial community）、细菌多样性（bacterial diversity）、微生物群落结构（microbial community structure）、群落结构（community structure）等关键词可以看出，生物组成与群落结构是不同群落间相互区别的首要特征，这一核心方向关键词组合表明**学者们重视研究区域间土壤生物的组成与群落结构变化规律及其相互关系**。同时，PCR、DGGE、PLFA等关键词在聚类圈中占据重要位置，学者们致力于运用包括分子手段在内的多种方法，准确描述土壤生物尤其是土壤微生物群落的组成和结构。此外，分类（taxonomy）、形态（morphology）、系统分析（phylogenetic analysis）以及演化（evolution）等关键词也出现在聚类圈中，**反映出土壤生物组成与群落结构的发展演化也是研究的热点之一，注意关注各类土壤生物组成与群落结构形成的历史过程**。

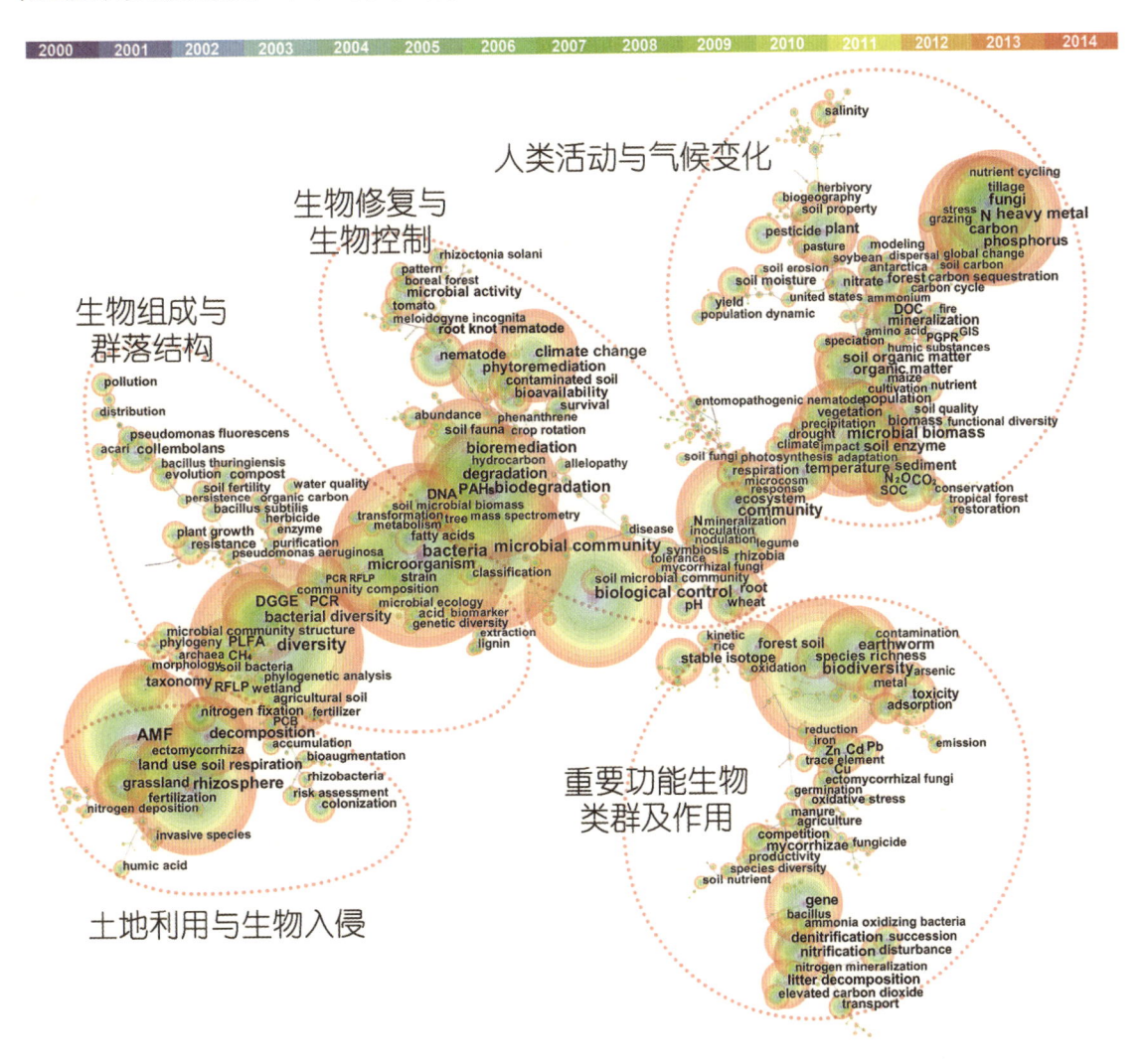

图9-1　2000~2014年"土壤生物组成与群落构建"领域SCI期刊论文关键词共现关系

（2）人类活动与气候变化

由图 9-1 可知，本部分目前重点研究了与土壤生物种群（population）和群落（community）动态变化密切相关的几类人类活动影响因素，环境污染主要关注重金属（heavy metal）在环境中的富集，农业生产活动主要涉及耕作（tillage）、放牧（pasture）、农药（pesticide）使用和元素循环等方面，气候变化方面重点研究降水（precipitation）格局、气温（temperature）升高、干旱（drought）幅度、温室气体（N_2O，CO_2）排放等方面，揭示上述因子对土壤生物组成与群落构建的影响以及土壤生物的响应过程和机制。同时，图 9-1 也表明，土壤生物对气候变化和人类活动非常敏感，可以用于指示气候变化和人类活动下陆地生态系统的演变过程及质量，如对全球变化敏感区南极（antarctica）和人类影响日益严重的热带森林恢复（tropical forest restoration）等地工作的广泛关注。群落是由多种生物种群形成的集合体，土壤生物物种种群形成群落后未来发展演替的方向如何，现今日益活跃的人类活动与日益严峻的气候变化已成为其最重要的驱动与制约因素。上述关键词聚类图还表明：**重金属污染、农业生产活动等人类活动以及气温升高、干旱幅度和温室气体排放等气候变化对土壤生物与群落构建的影响及其作用机制是当前最重要的研究方向之一。**

（3）生物修复与生物控制

本部分工作主要开展土壤生物组成、群落构建、土壤污染治理及土传病害防治关系研究，重点开展从群落学角度利用土壤微生物（soil microbial community）、土壤动物（soil fauna）进行生物修复（bioremediation）治理土壤化学污染和进行生物控制（biological control）治理土壤生物污染及防治土传病害。土壤化学污染是生物修复的主体对象，污染物主要涉及有机污染（PAHs 等），土壤生物污染和土传病害涉及微生物和动物（root knot nematode）这两大类土壤生物主体。土壤化学污染物分有机和无机两类，有机污染物易于在土壤中沿食物网发生传递和迁移，关键词显示土壤生物是土壤有机污染物降解的主要驱动力。关键词中还出现了气候变化（climate change）、生物降解（biodegratdation）和植物修复（phytoremediation）（图 9-1），上述关键词组合反映出了生物控制和修复研究的新动向。过去 15 年中，本部分研究不但继续传统的污染治理和病害控制工作，同时，**还开展了生态修复和全球变化综合影响下的研究，此外，植物修复与土壤环境修复的关系等地上与地下相互作用的探索也备受关注**，力求从更深层次认识土壤生物修复和控制的客观规律。这部分工作近年来呈现一定增长态势。

（4）重要功能生物类群及作用

图 9-1 聚类圈中出现菌根（mycorrhizae）、外生菌根（ectomycorrhizal fungi）、蚯蚓（earthworm）、氨氧化细菌（ammonia oxidizing bacteria）、干扰（disturbance）、污染（contamination）、毒理（toxicity）、农业生产（agriculture）、生产力（productivity）、反硝化（denitrification）、硝化（nitrification）、土壤养分（soil nutrient）、落叶分解（litterfall decomposition）、二氧化碳升高（elevated carbon dioxide）和氮矿化（nitrogen mineralization）等关键词，表明现阶段研究人员选择深入研究的土壤重要功能生物类群**主要涉及与污染物转化、养分利用和温室气体排放**

等生态过程关系密切的生物,开展的工作主要关注环境治理、粮食增产和减缓全球变暖等现今土壤生产与环境方面的热点问题。而关键词生物多样性(biodiversity)、物种多样性(species diversity)、物种丰富度(species richness)、竞争(competition)、演替(succession)的共现(图9-1)则表明研究人员研究的新角度,从群落的发展与演替过程以及物种间的相互关系角度研究关键功能生物类群的作用,更加关注重要功能生物类群生态功能实现的过程与机制。

(5)土地利用与生物入侵

图9-1显示,近年来土地利用(land use)和物种入侵(invasive species)开始成为研究的热点。围绕根际(rhizosphere)、丛枝菌根(AMF)和根际细菌(rhizobacteria),表现在施肥(fertilization)、固氮(nitrogen fixation)、胡敏酸(humic acid)、土壤呼吸(soil respiration)、分解(decomposition)和风险评估(risk assessment)等关键词高频出现。本部分关键词共现关系反映出**根际研究越来越多地被纳入土地利用变化和生物入侵的环境与生态效应研究**,数据分析表明,这些研究针对丛枝菌根、根际促生菌、土传病害拮抗细菌等土壤生物,研究其与植物根的关系以及生物与生物之间的相互作用,揭示土地利用变化和生物入侵的环境与生态效应的土壤生物机制。

SCI期刊论文关键词共现关系图反映了近15年国际上土壤生物组成与群落构建研究的核心方向(图9-1),而不同时段TOP20高频关键词可反映其研究热点(表9-1)。由表9-1可知,2000~2014年,TOP20高频关键词为细菌(bacteria)、生物多样性(biodiversity)、农业活动(agriculture)、碳(carbon)、分解(decomposition)、土壤动物(soil fauna)、氮(nitrogen)、入侵(invasions)、微生物(microorganism)、群落(community)、气候变化(climate change)、细菌群落(bacteria community)、多样性(diversity)、分子(molecular)、微生物群落(microbial community)、温室气体排放(greenhouse gas emissions)、恢复(restoration)、丛植菌根(AMF)、蚯蚓(earthworm)和重金属(heavy metal),表明这些领域是近15年研究的热点。**研究对象主体分别是土壤微生物和土壤动物,重要功能生物类群主要涉及碳和氮以及分解过程,影响因素主要是气候变化、农业生产、重金属污染、生物入侵和生态修复,手段方法上更重视分子方法的应用,科学问题重点是发现土壤生物组成的新成员、探索土壤生物群落中为什么有极为丰富的物种、多个物种种群如何形成群落、群落之间的相互关系以及群落的发展演变受哪些因素制约**。表9-1显示了2000~2014年各时段TOP20关键词组合特征,不同时段高频关键词组合特征能反映研究热点随时间的变化情况,其中细菌(**bacteria**)、生物多样性(**biodiversity**)和农业活动(**agriculture**)等关键词在各时段均占有突出地位,表明这些内容持续受到关注。对以3年为时间段的热点问题的变化情况分析如下。

(1)2000~2002年

由表9-1可知,本时段工作重点是从生物多样性(biodiversity)角度,集中探讨细菌(bacteria)和微小生物(microorganism)等土壤生物对重金属污染(heavy metal)、草地啃食(herbivory)、生物入侵(invision)以及二氧化碳升高(elevated CO_2)等外部影响的响应,研究人类活动与全球变化影响下土壤生物群落组成及结构特征,阐释土壤生物多样性变化的趋势,并对生态系统恢复（ecosystem recovery）过程中土壤生物多样性恢复质量进行评价。此外，通过丛枝菌根（AMF）、好氧异养细菌（aerobic heterotrophic bacteria）和蚯蚓（earthworm）对碳（carbon）、氮（nitrogen）、呼吸（respiration）和分解（decomposition）等土壤生态功能实现的影响研究，揭示土壤生物与土壤生态功能间的关系，阐明土壤生物多样性存在的重要性。以上出现的高频关键词表明，**这一时期人类活动和全球变化对土壤生物组成与群落的影响是研究的重点，旨在探索土壤生物多样性变化与人类活动及全球变化的关系，而由于土壤生物组成的复杂性，揭示土壤生物的生态系统功能依然主要是依赖对一些重要土壤生物功能类群如丛枝菌根和蚯蚓的工作。**

（2）2003~2005年

本阶段与上一阶段的工作相比，人类活动和全球变化对土壤生物多样性影响的认识得到进一步增强，大多数研究依然通过重要土壤功能生物类群揭示土壤生物多样性的生态功能。农业活动（agriculture）和土壤污染（contaminated soil）仍是重要的人类活动影响因子，全球变化关注温室气体排放（greenhouse gas emissions）、酸化（acidification）和生物入侵（exotic），土地利用变化（land use change）在这一时期也开始作为一个重要的外部影响因子而受到关注。主要研究对象依然是细菌、微小土壤生物、丛枝菌根和蚯蚓等。与前一阶段相比，新动向之一是这一时期分子手段（molecular methods）受到明显的重视。通过分子手段的运用，人们确认了更多新的生物种类，发现了更为复杂和多样的土壤生物组成；新动向之二是对地表生物因子的新认识，外部环境因子中的地上生物因子不再仅仅是影响施加方，地下土壤生物不再是单向孤立的被动受影响方，**表 9-1 关键词中开始出现地上地下联系（above-belowground linkages），表明这种影响不再是单向关注地上因子对地下的影响，而是关注双向之间的相互作用关系。**

（3）2006~2008年

表 9-1 显示，继上两个阶段以来，农业活动和土壤污染等人类活动对土壤生物组成与群落的影响仍是土壤生物多样性研究的热点。其中，对土壤污染中重金属污染的重视程度有所加强，温室气体、酸化和生物入侵依然是全球变化方面关注的重点，对土壤生物多样性的生态恢复工作也在持续增加。此外，2006~2008 年出现新的关键词"多尺度模型"（multiscale modelling）和"小尺度异质性"（microscale heterogeneity），空间异质性与尺度概念受到广泛关注。**在长时间积累了人类活动和全球变化等外部因素对土壤生物组成与群落的显著性影响认知之后，学者们开始关注这种影响的空间发生过程。**土壤生物在土壤中的分布往往是不均匀的，在一定尺度范围内呈现出集群的特征，在空间上表现出明显的斑块（patch）和空隙（gaps），这种空间异质性的形成受到内在和外在因素多重综合影响，土壤生物空间异质性依赖于尺度。这一阶段的关键词聚类分析表明，探讨外部环境因子尤其是农业活动和全球变化对土壤生物组成与群落的影响虽然依旧是研究的重点，但是研究内容已经逐步深入。**这与日益扩大的环境污染范围和全球变化引起的土壤生物多样性的大量丧失密切相关，人们迫切需要了解土壤生物多样性变化的过程与生态机制。**

第 9 章 土壤生物组成与群落构建 299

表 9-1 2000~2014 年 "土壤生物组成与群落构建"领域不同时段 TOP20 高频关键词组合特征

2000~2014 年	词频	2000~2002 年 (22 篇/校正系数 2.82) 关键词	词频	2003~2005 年 (28 篇/校正系数 2.21) 关键词	词频	2006~2008 年 (39 篇/校正系数 1.59) 关键词	词频	2009~2011 年 (49 篇/校正系数 1.27) 关键词	词频	2012~2014 年 (62 篇/校正系数 1.00) 关键词	词频
bacteria	65	bacteria	22.6 (8)	bacteria	28.7 (13)	biodiversity	22.3 (14)	bacteria	16.5 (13)	bacteria community	17
biodiversity	54	microorganism	14.1 (5)	biodiversity	24.3 (11)	bacteria	19.1 (12)	soil fauna	12.7 (10)	diversity	16
agriculture	41	biodiversity	11.3 (4)	agriculture	18.9 (9)	microorganism	12.7 (8)	biodiversity	10.2 (8)	soil fauna	12
carbon	36	carbon	11.3 (4)	carbon	17.7 (8)	SOM	9.5 (6)	agriculture	8.9 (7)	decomposition	11
decomposition	31	microbial community	8.5 (3)	community	15.5 (7)	microbial communities	9.5 (6)	biocontrol	5.1 (4)	soil community	11
soil fauna	28	nitrogen	8.5 (3)	nitrogen	13.3 (6)	multiscale modelling	9.5 (6)	Bt-protein	5.1 (4)	climate change	9
nitrogen	27	soil DNA	8.5 (3)	decomposition	13.3 (6)	agriculture	7.9 (5)	heavy metal	5.1 (4)	agriculture	9
invasions	26	ecosystem recovery	8.5 (3)	restoration	13.3 (6)	heavy metal	6.4 (4)	biological invasions	5.1 (4)	nitrogen	9
microorganism	24	herbivory	5.6 (2)	soil microorganism	13.3 (6)	decomposition	6.4 (4)	spatial differentiation	5.1 (4)	AOA	8
community	23	respiration	5.6 (2)	exotic	11.1 (5)	GGE	6.4 (4)	microbial community	5.1 (4)	molecular	8
climate change	20	AMF	5.6 (2)	land use change	11.1 (5)	earthworm	4.8 (3)	AMF	4.8 (3)	carbon cycling	7
bacteria community	19	invasion	5.6 (2)	molecular methods	11.1 (5)	revegetation	4.8 (3)	earthworm	3.8 (3)	alien species	6
diversity	18	microbial biomass	5.6 (2)	GGE	8.8 (4)	nitrogen	4.8 (3)	rhizosphere	3.8 (3)	rhizosphere	6
molecular	17	fungal communities	5.6 (2)	global change	8.8 (4)	soil degradation	3.2 (2)	soil carbon	3.8 (3)	GGE	6
microbial community	14	earthworm	5.6 (2)	AMF	6.6 (3)	climate change	3.2 (2)	microbial biomass	2.5 (2)	ecological coherence	5
greenhouse gas emissions	10	AHB	2.8 (1)	earthworm	4.4 (2)	microscale heterogeneity	3.2 (2)	climate change	2.5 (2)	microbial biomass	3
restoration	10	biological control	2.8 (1)	ABL	2.8 (1)	invasive species	3.2 (2)	soil degradation	2.5 (2)	bioremediation	3
AMF	9	elevated CO$_2$	2.8 (1)	contaminated soil	2.2 (1)	land use	3.2 (2)	stable isotope probing	2.5 (2)	AMF	3
earthworm	8	heavy metal	2.8 (1)	acidification	2.2 (1)	acidification	3.2 (2)	restoration	2.5 (2)	biodegradation	2
heavy metal	7	decomposition	2.8 (1)	microbial biomass	2.2 (1)	biodegradation	1.6 (1)	foodpreference	2.5 (2)	keystone species	2

注：括号中的数字为校正前关键词出现频次。AHB：aerobic heterotrophic bacteria；GGE：greenhouse gas emissions；AOA：ammonia-oxidising archaea；ABL：above-belowground linkages。

（4）2009~2011年

由表 9-1 可知，与前 3 个阶段相比，这一阶段出现了很多新变化。随着技术的发展，土壤生物组成与群落构建研究获得更多有效新方法的支持。本时期在应用分子方法的同时，大量采用稳定同位素探针（stable isotope probing）技术研究土壤生物组成与群落结构，挖掘土壤生物多样性；**通过食物网（food web）研究土壤生物多样性变化过程中土壤生物之间的相互作用关系**，并评估土壤生物组成与群落结构变化对生态系统功能的影响。新技术手段的出现及其使用方法的完善，极大地促进了土壤生物与环境因子之间以及土壤生物之间关系的深入认识，同时也对土壤多样性与群落构建过程有了进一步深入的认识，为土壤生物多样性保护与调控提供了重要的理论支持。这一时期，根际作为一个特殊的环境也广受重视，开展了以根际为联系的土壤微尺度生物之间相互作用的研究。此外，转基因的生态评估也进入了大发展时期。**研究对象上，由于关注更为密切的物种之间的联系，土壤动物（soil fauna）作为重要的土壤生物组成部分，同时是消费者，受到了大量关注。**

（5）2012~2014年

随着人类活动和全球变化对生物多样性影响的一些负面事实不断被确认，如何监测和保护生物多样性成为这一时期工作的主要内容，深入认识人类活动和全球变化影响下土壤生物组成与群落构建成为生物多样性监测和保护研究的热点。研究对象上，在上一阶段基础上，对土壤动物的研究继续保持高关注度。高通量测序技术已经成熟，通过与其他更多手段的结合有望更为准确和细致地描述土壤微生物群落的组成和结构。表9-1关键词中出现了关键种（keystone species）和生态共存（ecological coherence）。这里的关键种已不再是前面最初3个阶段关注的对土壤生态功能具有重要价值的功能生物类群，而是从群落学角度，对维护生物多样性和土壤生态系统功能稳定方面起着重要作用的物种。关键种消失和削弱，整个区域生态系统可能发生根本性的变化，生物之间的紧密联系及其对人类活动和全球变化的反馈也受到广泛关注。**这一阶段，对土壤生物组成与群落构建的研究越来越机理化，探讨同时涉及环境保护、生产力提高和生物多样性维持等应用与基础科学问题。**

根据校正后高频关键词分布情况可知，过去 15 年国际上土壤生物组成与群落构建的主要研究内容包括人类活动和全球变化的生态影响（如 agriculture，invasions，climate change，heavy metal 等）、土壤生物物种间的相互作用（biodegradation，restoration，Bt-maize，biological control，rhizosphere，keystone species）及其与关键生态过程的关系（如 carbon，nitrogen，decomposition，greenhouse gas emissions 等）等。这些内容在各时期虽然都占有重要地位，但也呈现出不断更新的趋势，体现在新兴研究内容如地上与地下的相互关系（above-belowground linkages）、多尺度模型（multiscale modelling）、空间分异（spatial differentiation）等的不断出现，以及新的研究方法与新技术如分子方法（molecular methods）、稳定同位素探针（stable isotope probing）技术等的不断发展和精度的提高，推动了认识上的不断深化。在研究对象上，也体现出在重视土壤微生物的同时，对土壤动物的关注度越来越高，并对重要功能生物类群如丛枝菌根（AMF）、蚯蚓（earthworm）和氨氧化古菌（ammonia-oxidizing archaea）等展开更为深入的研究。

9.2.2 近 15 年国际该领域研究取得的主要学术成就

图 9-1 表明近 15 年国际上土壤生物组成与群落构建研究领域的核心方向主要包括**生物组成与群落结构、人类活动与气候变化、生物修复与生物控制、重要功能生物类群、土地利用与生物入侵 5 个方面**。表 9-1 高频关键词组合特征反映的热点问题主要包括地上与地下之间的关系、多尺度空间土壤生物群落变化、根际过程与群落内物种间的相互作用、物种共存与多样性保护。国际上该领域科学家针对以上 5 个核心方向与热点问题展开了大量研究，近 15 年取得的主要成就包括：**自然要素作用下土壤生物组成和群落变化规律、人为要素对土壤生物组成和群落特征的影响、土壤生物之间的相互作用与土壤生态系统的稳定性和复杂性、土壤生物多样性与重要土壤生态功能的关系及其作用机理 4 个方面**。

（1）解析世界各地土壤生物群落的发展演变规律，研究了气候、植被、土壤等自然要素与土壤生物多样性的关系

现今世界不同区域土壤生物组成与群落是地质历史时期各项自然要素综合作用的结果，是经过漫长的环境演化过程形成的。气候、植被和土壤是地球上最重要的影响土壤生物与群落结构的自然要素，在这些要素的综合作用下，土壤生物形成了不同的区域分布与组合特征及群落外貌（Salmon et al.，2014：73～85；Velasco-Castrillón and Stevens，2014：272～284）。

气候因素主要是通过大气温度和降水量的季节变化与空间分异影响土壤生物群落组成、结构、多样性的时空动态及演变/演替规律。季节方面，Liu 等（2000：243～249）对美国新墨西哥州北部沙漠牧场中微生物的多样性进行研究，结果显示微生物多样性夏季最高、春季最低；Lipson 和 Schadt（2003：2867～2879）、Buckeridge 等（2013：338～347）分别对落基山脉的高山与极地苔原冻土土壤中微生物群落结构进行的研究结果表明，在不同的季节，土壤微生物组成与群落结构存在很大差异。从空间分异角度考察气候对土壤生物组成和群落的影响，不同纬度的气候差异以及距海远近的差异导致土壤生物栖息环境的地理分异，形成了不同的土壤生物多样性格局（Wardle，2002；Hawkins et al.，2003：3105～3117）。气候是土壤生物组成与群落演变最重要的驱动要素。

植被是土壤生物赖以生存的有机营养物和能量的重要来源，并通过自身生长影响着土壤生物定居的生态环境。有证据表明，植被通过如下一些可能的机制来影响土壤生物多样性（Wardle et al.，2006：1052～1062；时雷雷和傅声雷，2014：493～509）：①植物多样性越高，越能促进生态系统的生产力，从而进入土壤生态系统的资源也越多，有研究表明资源越丰富，土壤生物多样性可能越高；②植物多样性越高，对应土壤的生境异质性越复杂，而生境异质性可能促进土壤生物多样性。很多研究结果表明，植被通过植物群落之间的差异导致地表凋落物和根际物质组成差异，引起土壤生物所需碳源的不同，进而影响土壤生物多样性，但是由于植物对土壤生物的影响既有直接作用也有间接作用，植被与土壤生物多样性的关系依然存在很多不确定性。

土壤是气候和植被以外又一个重要的影响土壤生物组成与群落的自然要素（Da Silva et al.，2003：213～231）。不同类型的土壤，其孔隙度、质地、有机碳和pH等性质存在差异，对土壤生物组成和群落产生直接作用。有研究表明，土壤颗粒越细小，土壤颗粒中的微生物群落结构越复杂，多样性越高（Sessitsch et al.，2001：4215～4224）；也有研究表明，土壤有机质和pH影响土壤生物多样性的空间格局（Shen et al.，2013：204～211；Lamentowicz et al.，2013：1～11；Hu et al.，2015：51～57）。不同类型的土壤或者同一类型土壤的不同分布区因理化性质差异明显，可能会形成不同的土壤生物群落。土壤是影响土壤生物多样性变化的最直接因素。

（2）研究了各种人类活动与全球变化下土壤生物多样性的变化，评估各种活动对土壤生物组成与群落特征的影响

人类活动与全球变化主要包括农业生产活动、土壤污染、土地利用与变化、温室气体排放造成的气候变暖、氮沉降和外来生物入侵等。随着社会经济的快速发展和人类活动范围及强度的扩大，人类活动与全球变化对土壤生物组成和群落的影响越来越大，大量的土壤生物物种正随着不合理的人类活动和快速的全球变化而消失。人类活动与全球变化和气候、植被、土壤等自然要素一样，已经成为当前推动土壤生物组成与群落演变必须重视的力量。

农业生产活动主要通过农药的应用、肥料的施用、耕作方式以及放牧等各种管理方式影响土壤生物的组成和群落，改变土壤生物多样性。农药包括除草剂、杀菌剂和杀虫剂等，不同类型农药对土壤生物的影响不同，但都对土壤生物产生不同程度的抑制作用，使土壤生物多样性和生物量减少，进而使土壤生物群落组成和结构发生改变（Overstreet et al.，2010：42～50）。施肥对土壤生物多样性的影响比农药的影响复杂，肥料的种类、施用方式、施用的土壤类型以及作物种类等因素都会产生不同的效果（Geisseler and Scow, 2014：54～63；Williams et al.，2013：41～46；Avio et al.，2013：285～294）。土地耕作方式包括常规耕作、保护性耕作、连作和轮作等，不同的耕作方式会对土壤生物多样性造成不同的影响。有较多报道认为，保护性耕作有利于提高土壤中的土壤生物多样性和生物量，轮作对根际土壤生物群落结构有一定的影响，有助于保持更丰富的土壤生物物种（Bowles et al.，2014：252～262；Pastorelli et al.，2013：78～93；Rachid et al.，2013：146～153）。

当前，土壤污染是人类面临的重要环境问题，当各种各样的污染物进入土壤环境后，可以直接或者间接地影响土壤生物的生存。污染物发生的类型、污染的方式以及污染物的种类、特性、浓度和持续的时间等都是重要影响因子，土壤生物的群落结构及多样性的稳定性等都会随之改变。土壤是土壤生物的大本营，土壤污染必然会对土壤生物造成极为严重的损害，进而改变土壤生物的组成和群落结构。长期污泥实验表明，重金属的累积会显著降低土壤微生物的生物量，并导致单位微生物生物量的呼吸强度增加，反映了处于重金属胁迫下的微生物需要消耗更多的能量。长期的重金属污染可能影响土壤中某些关键微生物的生存，例如污泥中较高量的锌（Zn）显著降低土壤中游离固氮菌的数量（Broos et al.，2005：573～579；Macdonald et al.，2011：4626～4633）。但是，重金属胁迫对土壤生物多样性的影响可能出现低剂量的重金属胁迫有利于稀有或者常见种群的生存，导致生物多样性增加，而高剂量时导致物种消亡和多样性

下降（Giller et al.，2009：2031~2037；贺纪正等，2015）。

全球变化已经对自然生态系统和社会经济产生了显著影响，并可能在未来数十年乃至几个世纪继续产生更加严重的影响。全球变化的形式有很多种，包括 CO_2 浓度升高、氮沉降、气候变暖和外来物种入侵等。CO_2 浓度升高、氮沉降、气候变暖主要是通过食物链效应对土壤生物组成和群落产生影响。CO_2 浓度升高、氮沉降、气候变暖会引起植物群落演替，并通过植物的光合作用增加产物向地下分配的方式，引起土壤生物群落结构的变化，进而形成新的演替方向（Phillips et al.，2002：236~244；Frey et al.，2004：159~171；Kuijper et al.，2005：249~265）。同时，外来物种入侵也是全球变化研究的一项重要内容，外来植物入侵过程中，与土著植物相互作用会改变根系对土壤的营养物质输入微格局，同时与土著植物相比，外来植物凋落物数量和质量的变化也会影响土壤生物多样性，从而在一定程度上影响土壤生物群落的结构与功能（Kourtev et al.，2002：3152~3166）。另外，外来动物尤其土壤动物的入侵也对区域生物多样性及其功能产生巨大影响，如亚洲和欧洲蚯蚓入侵北美森林，显著改变了北美森林的物质循环，引起土壤生物多样性和植物群落结构的改变（Paul et al.，2008：593~613）。

（3）根、凋落物和土壤生物间的相互作用与土壤生态功能关系及其对土壤生态系统稳定性和复杂性的影响

根、微生物和无脊椎动物是土壤中的重要有机体。长期以来，植物与微生物的根际互作、土壤动物与微生物及根系和凋落物之间的互作共同维持了土壤生物多样性，也维持了土壤生态系统的功能。土壤生物、根和凋落物之间的多种相互作用及调控机理是理解陆地生态系统生物多样性维持机制以及解析土壤生物多样性与土壤生态功能关系的最重要途径，是当今土壤生态学领域最富有挑战性的研究方向之一。

根际是受植物根系生产的影响，在物理、化学和生物学特性上不同于原土体的特殊土壤微区，是一个特殊生境，是植物—微生物互作主要的发生区域。根际微生物对土壤有机物质的分解、无机物质的转化、氮的固定以及提供植物营养、保持土壤肥力均具有重要作用。研究表明，植物多样性与根际土壤微生物的关系十分密切（Kowalchuk et al.，2002：509~520）。植物根系及其分泌物为土壤微生物提供生长基质并营造有利的生长环境，而植物本身则从微生物对根系的分泌物和其他土壤有机与无机物质的转化所带来的养分释放中获益。因此，研究植物根际土壤微生物组成、群落结构和多样性变化是解析植物与土壤微生物之间互作关系的重要问题之一，如菌根共生体可以通过多种方式或途径影响植物的矿质营养和生长发育过程，在植物逆境生理及群落稳定中有着重要作用。一定程度上，菌根真菌的群落结构与多样性决定了地上植物群落的物种多样性、群落结构、演替及生态系统生产力和稳定性（Van Der Heijden et al.，1998：69~72；Koide and Dickie，2002：307~317；Staddon et al.，2003：1138~1140；贺纪正等，2015）。

土壤生物多样性的维持既是土壤生态功能最重要的内容，也是其他土壤生态功能能否实现的关键，更是保证土壤生态系统稳定性和复杂性的前提，主要通过土壤动物与微生物及根系和凋落物互作实现。最早提出有关土壤生物多样性维持机制的解释是基于土壤环境的极端异质性和可用资源的多样性，从而土壤能为土壤生物提供更多样化的微生境和充足资源而避免物种之

间的竞争，促使土壤生物拥有更多不同的时空生态位（Ghilarov，1977：593~597；Barget et al.，2005；时雷雷和傅声雷，2014）。有关生物多样性的维持机制研究一直以来主要关注的对象是土壤动物研究。Anderson（1978：341~348）和 Stanton（1979：295~304）最早分别用不同的实验验证了这个假说。他们发现螨类的物种多样性与生境的复杂性之间存在正相关关系，即土壤和凋落物层越复杂，提供的微生境越多，从而导致螨类的多样性越高。尽管近年来也有研究发现土壤空间异质性与凋落物的多样性并非与所有土壤生物之间都有关系及直接影响（Wardle，2006：870~886），但是土壤食物网的研究结果显示，土壤动物群落包含了丰富的营养级，尤其是占据了土壤食物网的各个位置，体现出高度的功能多样性，部分异常结果的出现可能与土壤生物之间多通道作用的抵消有关。土壤食物网是土壤生态功能的基础，代表了土壤生物之间复杂的交互作用。土壤动物、微生物与根和凋落物之间的相互作用使土壤食物网结构更加复杂，其中土壤动物种类、个体大小、体型、生境及功能群的复杂性是其发挥多重土壤生态系统功能的保证。土壤食物网提供了连接各类土壤生物与植物共同完成土壤生态过程的切入点。土壤食物网的复杂性，也就是土壤生物与根和凋落物之间相互作用的复杂性，是土壤生物丰富的多样性得以维持的最重要原因，并保持土壤生态系统的稳定性和复杂性。

（4）土壤生物多样性在土壤生物修复和生物控制中的作用及其机理

土壤生物多样性在环境污染治理、生态恢复以及有害生物控制中已经得到广泛的应用。土壤微生物对许多环境污染物质具有降解作用和解毒效应，而土壤动物通过取食或者化学作用影响着土壤微生物群落，因此，如何利用土壤生物之间的互作关系或者土壤食物网的整体作用来治理环境污染是当前一个重要的研究内容。各国学者结合本国土壤污染的现状，在以重金属为代表的土壤无机污染、以多环芳烃等为代表的有机污染环境的生物修复和以植物致病菌为代表的生物污染的生物控制方面开展了大量的研究工作，取得了较大的进展。①土壤无机污染环境的生物修复。微生物对重金属在土壤中的赋存形态、移动性和毒性具有深刻的影响，微生物通常被认为是驱动重金属生物地球化学过程的引擎（Falkowski et al.，2008：1034~1039；贺纪正等，2015）。国际上多数研究重视土壤生物和植物联合修复土壤重金属污染及其机理的探讨，研究土壤生物之间以及土壤生物与植物之间的互作过程，如解析菌根如何通过真菌改善植物矿物质营养以促进植物生长，从而增强植物对重金属的耐受性，以及如何通过改变根际土壤中重金属的化学形态影响植物对重金属的吸收（Lehmann et al.，2014：123~131；Santana et al.，2015：172~182）。②土壤有机污染环境的生物修复。目前主要是重视重要功能微生物的认识与挖掘，研究利用微生物群落内部成员之间的代谢互补能够同时降解多种有机污染物或者一起降解一种有机污染物（Gieg et al.，2014：21~29）。这源于不同类型的土壤生物降解有机污染物的机制不同，效果相异，例如真菌降解有机污染物是非特异性，降解过程不完整，而细菌降解有机污染物具有特异性，具有特定的代谢途径。③土壤生物污染环境的生物控制。近年来主要是探讨土壤生物与植物病原微生物或者病原昆虫之间的竞争和拮抗作用，研究土壤生物抑制或杀死植物病原微生物或者病原昆虫的机理（Ikegawa et al.，2016：37~48）。

9.3 中国"土壤生物组成与群落构建"研究特点及学术贡献

尽管我国对土壤生物描述较早，但是我国真正科学意义上与土壤生物组成与群落构建相关的研究，无论是分类学还是生态学工作，都比西方国家晚很多年。分类学方面，较早开展工作的土壤动物类群是蚯蚓，1929 年方炳文先生率先描述了产于广西凌云县九丈的异腺环毛蚓，揭开了国人开展土壤动物分类工作的序幕（徐芹和肖能文，2011）。随后，1930 年，著名的蚯蚓分类学家陈义先生开始调查中国蚯蚓资源。土壤动物生态学方面，真正从土壤动物群落及多样性的角度开展系统的生物多样性调查及相关生态研究，则是张荣祖先生 1975 年在长白山建立土壤动物研究室后才正式开始的（殷秀琴等，2010：91～102）。此后，1981 年由复旦大学、华东师范大学和中国科学院上海昆虫所联合发起在上海动物学会设立了土壤动物组。次年 3 月，召开了第一次土壤动物学术交流会，全国有十多个省市自治区的 40 多位专家参会。从这时开始土壤动物生态工作才发展起来。土壤微生物生态方面，我国土壤微生物生态研究起步早于土壤动物生态学研究。1935 年，张宪武先生开始对根瘤菌进行过研究（林先贵，2010），但此后与土壤动物生态工作一样因战乱而陷入停顿。中华人民共和国成立后，与土壤动物生态学相比，土壤微生物生态学有了长足的发展，涉及土壤微生物与环境的关系、土壤微生物种间关系、根际微生物和功能微生物的开发等多个方面，主要为农业生产服务。1991 年，国际生物多样性合作研究计划揭开了全球生物多样性研究的序幕。1995 年，DIVERSITAS 计划新方案纳入了"土壤生物多样性"的内容。2004 年，成立了国际生物多样性中国国家委员会，土壤生物多样性研究内容不断丰富，研究成果不断充实。作为土壤生物多样性研究核心内容的土壤生物组成与群落构建工作也蓬勃发展起来。

9.3.1 近 15 年中国该领域研究的国际地位

过去 15 年，国际上不同国家和地区对于土壤生物组成与群落构建研究获得了长足进展。表 9-2 显示了 2000～2014 年土壤生物组成与群落构建领域 SCI 论文数量、篇均被引数量和高被引论文数量 TOP20 国家和地区。近 15 年 SCI 论文发表总量 TOP20 国家和地区，共计发表论文 66 969 篇，占所有国家和地区发文总量的 82.97%。

从不同的国家和地区来看，近 15 年 SCI 论文发文数量最多的国家是美国，共发表 16 668 篇；中国排第 2 位，发表 7 841 篇（表 9-2）。TOP20 国家和地区总体发表 SCI 论文情况随时间的变化表现为：与 2000～2002 年发文量相比，2003～2005 年、2006～2008 年、2009～2011 年和 2012～2014 年发文量分别是 2000～2002 年的 1.29 倍、1.70 倍、2.13 倍和 2.74 倍，表明国际上对于土壤生物组成及群落构建的研究呈现出快速增长的态势。由表 9-2 可看出，过去 15 年中，美国在土壤生物组成及群落构建研究领域一直处于主导地位。中国在该领域的活力不断增强，在 TOP20 国家和地区中，中国论文产出数量增长速度最快，发文量在 2000～2002 年时段为第

表 9-2　2000～2014 年"土壤生物组成与群落构建"领域发表 SCI 论文数及被引频次 TOP20 国家和地区

排序[①]	国家(地区)	SCI 论文数量（篇）					国家(地区)	SCI 论文篇均被引次数（次/篇）					国家(地区)	高被引 SCI 论文数量（篇）				
		2000~2014	2000~2002	2003~2005	2006~2008	2009~2011	2012~2014		2000~2014	2000~2002	2003~2005	2006~2008	2009~2011	2012~2014		2000~2014	2000~2002	2003~2005	2006~2008	2009~2011	2012~2014
	世界	80 717	8 730	11 456	15 505	19 825	25 201	世界	19.3	41.9	35.6	25.0	14.3	4.4	世界	4 035	436	572	775	991	1 260
1	美国	16 668	2 415	3 032	3 541	3 632	4 048	荷兰	31.3	59.1	42.1	42.7	24.6	8.1	美国	1 528	191	224	296	304	377
2	中国	7 841	136	439	1 058	2 205	4 003	英国	30.8	53.0	45.7	33.2	22.0	6.2	英国	414	50	68	77	104	74
3	德国	5 070	683	827	982	1 203	1 375	瑞士	30.8	61.1	61.1	34.8	23.6	6.2	德国	381	49	56	61	86	94
4	英国	4 156	732	783	853	900	888	挪威	30.8	73.9	43.9	38.6	18.0	6.3	法国	199	24	25	38	54	67
5	印度	3 786	261	360	628	1 061	1 476	美国	28.7	54.1	45.9	32.4	19.0	6.1	加拿大	163	18	25	28	30	33
6	法国	3 232	419	493	632	731	957	瑞典	28.3	48.6	42.1	31.1	21.5	7.1	澳大利亚	161	16	26	29	48	58
7	加拿大	3 054	461	501	617	696	779	德国	25.8	52.7	41.3	30.9	18.7	5.8	荷兰	156	19	15	40	45	55
8	澳大利亚	2 866	392	451	565	629	829	丹麦	24.0	37.8	36.7	24.4	16.5	6.0	瑞士	115	16	20	19	27	25
9	西班牙	2 786	224	380	538	705	939	法国	23.7	46.1	37.7	30.5	19.1	5.6	瑞典	101	10	12	20	23	30
10	巴西	2 682	162	252	483	746	1 039	新西兰	22.7	34.1	38.4	28.5	19.5	4.9	中国	87	2	6	27	58	127
11	日本	2 568	302	449	563	595	659	奥地利	22.6	37.0	36.9	31.3	21.7	6.0	西班牙	86	6	10	17	24	55
12	意大利	2 147	194	261	429	547	716	比利时	21.7	39.2	40.5	27.4	16.8	4.9	意大利	71	3	12	12	22	30
13	荷兰	1 685	223	279	339	392	452	澳大利亚	21.3	36.8	36.5	25.8	17.8	5.4	丹麦	66	4	9	6	10	20
14	韩国	1 678	94	196	349	452	587	加拿大	21.3	37.8	37.4	25.1	14.1	4.6	印度	65	2	7	15	19	33
15	波兰	1 269	88	146	221	333	481	爱沙尼亚	21.2	47.3	35.3	36.4	21.1	7.8	日本	54	3	7	14	15	15
16	俄罗斯	1 252	185	211	250	286	320	芬兰	19.6	36.8	26.3	21.1	13.3	3.3	比利时	53	4	6	9	11	15
17	瑞典	1 154	177	218	248	241	270	以色列	17.8	32.3	26.3	19.4	13.9	4.7	新西兰	48	3	7	10	16	13
18	瑞士	1 135	131	173	221	283	327	爱尔兰	17.2	25.7	28.8	24.6	16.1	4.7	奥地利	44	4	7	6	16	19
19	丹麦	1 026	204	219	178	192	233	西班牙	16.8	33.1	29.4	24.5	14.5	5.2	挪威	31	3	6	4	4	10
20	墨西哥	914	73	110	182	230	319	中国(33)[②]	9.8(33)	26.0(26)	21.7(32)	20.9(22)	12.3(23)	3.7(22)	芬兰	26	3	1	3	5	3

注：①按 2000～2014 年 SCI 论文数量、篇均被引次数、高被引论文数量排序；②括号内数字是中国相关时段排名。

15 位,到 2012~2014 年时段已经上升到第 2 位,且发文量在 2012~2014 年时段与排名第 1 位的美国发文量已经十分接近,远高于排名第 3 位的印度。

2000~2014 年 SCI 高被引论文数量全球排在前面的国家分别是美国、英国、德国和法国等国,中国在 SCI 高被引论文数量的排序中排在第 10 位(表 9-2)。尽管中国在 SCI 高被引论文数量方面整体上排序不高,但是与 SCI 论文发文量变化规律一样,差距主要存在于 2000~2002 年等早期时段,2012~2014 年时段高被引论文数量已经居于世界第 2 位。2012~2014 年阶段中国在 SCI 高被引论文数量与排名第 1 位的美国尽管有差距,但是差距正在迅速缩小。

近 15 年土壤生物组成与群落构建领域全世界 SCI 论文篇均被引次数为 19.3 次,2000~2002 年、2003~2005 年、2006~2008 年、2009~2011 年和 2012~2014 年全世界 SCI 论文篇均被引次数分别是:41.9 次、35.6 次、25.0 次、14.3 次和 4.4 次。近 15 年中国学者 SCI 论文篇均被引次数为 9.8 次,排在全球第 33 位,低于全世界 SCI 论文篇均被引次数,中国学者 SCI 论文篇均被引次数虽然没能表现出与总发文量和高被引论文数量一样的强劲增长势头,但是总体趋势是上升的(表 9-2)。

中国在土壤生物组成与群落构建领域起步较晚,近年来赶超态势明显,尽管在 SCI 论文篇均被引次数方面仍有待提高,但是 SCI 论文总发文量和 SCI 高被引论文数量的增长幅度引人注目,表明中国在国际土壤生物组成与群落构建研究领域的影响力在快速上升,研究成果受到越来越多国际同行的关注。

图 9-2 显示了 2000~2014 年土壤生物组成与群落构建领域 SCI 期刊中国学者和全球学者高频关键词对比及时序变化。从中国学者与全球学者发表论文关键词总词频来看,随着收录期刊及论文数量的明显增加,关键词词频总数不断增加。中国学者的前 15 位关键词词频在研究时段内增长速率明显高于全球学者同类关键词词频增长速率。

论文关键词的词频在一定程度上反映了研究领域的热点。从图 9-2 可以看出,2000~2014 年中国学者与全球学者发表 SCI 文章高频关键词总频次均最高的是细菌(bacteria),这反映出细菌在土壤生物组成与群落构建研究中的重要性和关键性。总频次最高的前 15 位关键词中,中国学者与全球学者 SCI 论文均出现的关键词还有:微生物群落(microbial community)、多样性(diversity)、微生物量(microbial biomass)、重金属(heavy metal)、丛枝菌根(AMF)、根际(rhizosphere)、生物降解(biodegradation)和生物修复(bioremediation),这反映了中国学者与全球学者近 15 年土壤生物组成与群落构建研究的热点是土壤化学污染(重金属)和农业生产等人类活动的影响及机制,同时还有对土壤化学污染(有机污染)和退化环境的生物修复机理研究。另外,除上述关键词外,从图 9-2 可以看出,全球学者采用的热点关键词还有生物多样性(biodiversity)、真菌(fungi)、微生物(microorganism)、群落(community)、氮(N)和生物控制(biological control),这说明全球学者的研究热点还包括针对土壤生物污染和土传病害的生物控制以及研究土壤微生物、动物间群落发生发展与生物多样性维持及其功能的关系。与全球学者所关注的热点领域不同,中国学者发表 SCI 论文采用的高频关键词有土壤酶(soil enzyme)、多环芳烃(PAHs)、变性梯度凝胶电泳(DGGE)和脱氧核糖核酸(DNA),这说明中国学者关注的重点与我国土壤生态环境特殊性有关。中国学者更加关注土壤生物与土壤重要污染物降解的关系，同时利用土壤酶评价土壤环境质量，这些都是我国土壤环境治理与评价迫切需要解决的问题。

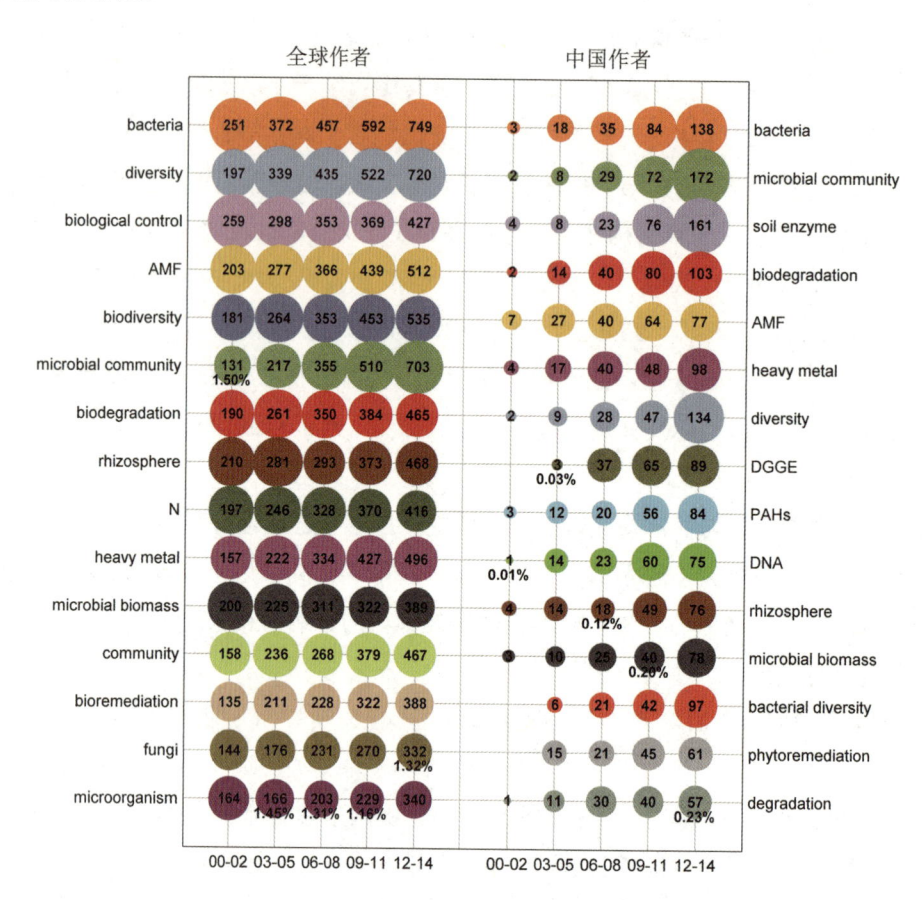

图 9-2 2000～2014 年"土壤生物组成与群落构建"领域 SCI 期刊全球及中国作者发表论文高频关键词对比

从图 9-2 中关键词自身的增长速度来看，细菌（bacteria）、微生物群落（microbial community）、生物多样性（biodiversity）、重金属（heavy metal）、丛枝菌根（AMF）、根际（rhizosphere）、生物修复（bioremediation）和生物控制（biological control）在全球学者发表的 SCI 论文中频率不断增加，这表明**环境退化、重金属污染的影响以及土壤环境修复、根际过程与土壤生物间的相互作用等科学问题持续受到国内外学者的关注**。在过去 15 年中，关键词氮（N）的稳定与快速增加说明**土壤生物组成群落构建与土壤氮循环过程的联系越来越紧密**，受到前所未有的重视，涉及农业生产中养分的释放与利用以及全球变暖中温室气体的排放。土壤生物组成与群落构建机制的研究有助于对土壤生态功能的理解，反过来，通过土壤生态功能的研究也更能深刻理解土壤生物组成与群落构建机制。

9.3.2 近 15 年中国该领域研究特色及关注热点

利用土壤生物组成与群落构建相关的中文关键词制定中文检索式，即：(SU='土壤动物' or SU='蚯蚓' or SU='线虫' or SU='蚂蚁' or SU='跳虫' or SU='螨类' or SU='动物区系' or SU='原生动物' or SU='昆虫' or SU='甲虫' or SU='土壤真菌' or SU='土壤微生物' or SU='土壤细菌' or SU='群落结构') and (SU='食物网' or SU='多样性' or SU='营养结构' or SU='食物链' or SU='能量流' or SU='物质流' or SU='营养级')。针对中国知网 CNKI 中文 CSCD 核心期刊数据库，检索 2000~2014 年本领域的相关文献，并对其中中文关键词进行聚类分析。如图 9-3 所示，根据 2000~2014 年该领域 CSCD 期刊论文关键词共现关系，土壤生物组成与群落构建研究可大致分为 4 个相对独立的研究聚类圈，在一定程度上反映了近 15 年中国土壤生物组成与群落构建研究的核心领域，主要包括：**土壤生物群落与土壤质量、土壤生物群落与环境变化、农业生产活动与土壤生物多样性、土壤生物群落与土壤生态过程** 4 个方面。其中，前两个聚类圈均与土壤环境因子之间的

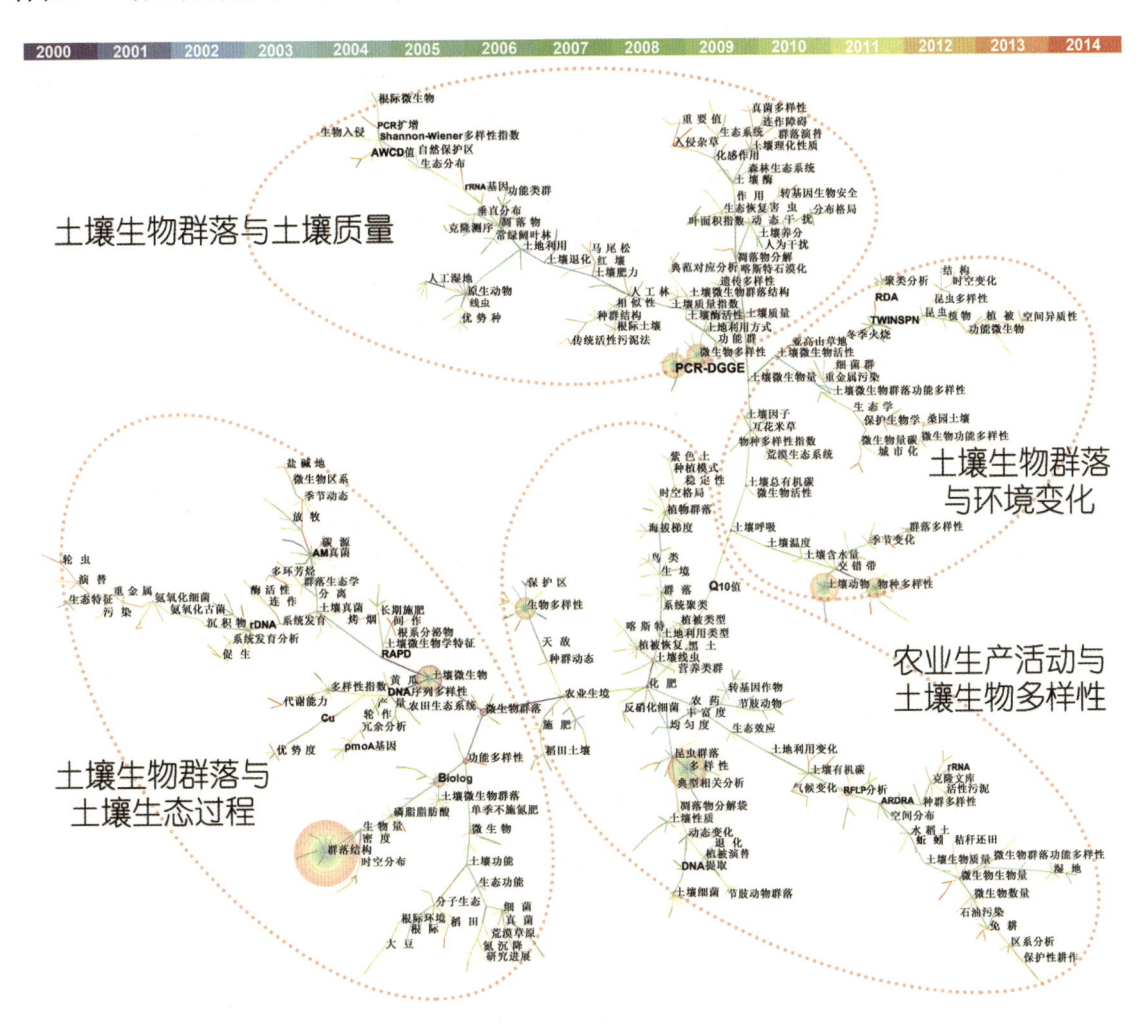

图 9-3　2000~2014 年 "土壤生物组成与群落构建" 领域 CSCD 期刊论文关键词共现关系

研究有关，但它们所关注的重点不同；后两个聚类圈都开展土壤生物与农业生产相关的工作，主要研究农业生产活动对土壤生物组成、群落及多样性的影响，探讨土壤生物群落变化与农田生态过程及功能的关系。从聚类圈中出现的关键词可以看出，近15年土壤生物组成与群落构建研究的主要科学问题及热点如下。

(1) 土壤生物群落与土壤质量

该聚类圈中出现的主要关键词有：土壤质量、土壤质量指数、土壤肥力、土壤养分、土壤理化性质、土壤退化、分布格局、群落演替、土壤微生物群落结构、遗传多样性、种群结构、微生物多样性、多样性指数等。上述关键词反映了土壤生物群落组成与结构变化和各类土壤指标之间的关系。土壤生物作为土壤生态环境的重要组成部分，其发生、发展与演替能够指示土壤环境的变化，是了解土壤质量与肥力变化的重要参数。此外，生物入侵、人工湿地、马尾松、人工林、转基因生物安全、喀斯特石漠化、连作障碍、森林生态系统等共现关键词，反映出多样化的、对土壤生物与土壤质量密切关系有影响的因素。

(2) 土壤生物群落与环境变化

该聚类圈中出现的主要关键词有：土壤微生物量、土壤微生物活性、土壤微生物量碳、微生物功能多样性、微生物活性、功能微生物、土壤因子、土壤总有机碳、土壤呼吸、土壤温度、土壤含水量、昆虫多样性、群落多样性、物种多样性、土壤动物、昆虫等。聚类圈中出现的这些关键词反映出本部分工作主要是深入分析环境变化（冬季火烧、重金属污染、城市化和互花米草）对土壤动物与微生物群落的影响及其机理。此外，交错带和亚高山草地等共现关键词表明，我国学者除关注前述人类活动和全球变化等外部因素的环境影响外，对发生在环境变化敏感区的各类环境影响给予了更多关注，主要研究了环境变化敏感区土壤生物组成与群落动态特征。

(3) 农业生产活动与土壤生物多样性

从图9-3可以看出，与农业生产活动相关的关键词主要有农业生境、化肥、农药、秸秆还田、保护性耕作、免耕、转基因作物、种植模式、气候变化、土地利用变化、植被恢复等。这些关键词反映出，学者们一方面关注农业生产活动对土壤生物多样性保持的压力，另一方面则致力于通过农业生产方式的变革研究提高或者恢复土壤生物多样性的可行性。土壤线虫、节肢动物、蚯蚓、昆虫群落、天敌、反硝化细菌、土壤细菌等关键词是这部分工作的热词。上述关键词反映出，学者们关注的土壤生物类群主要是与农业生产力提升相关的动物或者微生物，目的是用于害虫防治、养分释放或者土壤肥力提高。此外，黑土、喀斯特、水稻土、紫色土等关键词显示出农业生产活动与土壤生物群落关系的热点区域性明显，主要集中于东北、西南和长江中下游地区。

(4) 土壤生物群落与土壤生态过程

该聚类圈中出现的主要关键词显示，本部分研究热点主要关注重要功能生物类群，如土壤微生物、土壤真菌、氨氧化古菌、氨氧化细菌、AM真菌、细菌、真菌、微生物，研究这些生物群落的发生、发展与演替（关键词：微生物群落、土壤微生物群落、群落结构、功能多样性、土壤微生物学特征、功能多样性），主要阐述农田中（关键词：农田生态系统、长期施肥、轮作、单季不施氮肥、稻田、大豆）上述重要功能生物类群组成和群落变化对土壤生态功能实现过程（关键词：土壤功能、碳源、根际、根系分泌物、代谢能力）的影响及机制。此外，也涉及荒漠草原和盐碱地等脆弱生态系统以及其他人类活动方式如放牧和重金属污染的研究。上述关键词的组合可以看出该领域的研究热点是农田重要土壤功能生物类群与土壤生态功能实现的关系。此外，生态脆弱区域不合理的人为干扰方式下土壤生物类群与土壤生态过程的关系也是研究的热点问题之一。

分析中国学者 SCI 论文关键词聚类图，可以发现中国学者在土壤生物组成与群落构建的国际研究中已步入世界前沿领域。2000～2014 年中国学者 SCI 论文关键词共现关系可以大致分为 4 个研究聚类圈（图9-4），分别为**土壤环境与土壤生物多样性、土壤生物群落与农业生产活动、土壤生物多样性与土壤生态功能、生物修复与土壤生物**。根据图 9-4 各聚类圈中出现的关键词，可以看出以下 4 点。①土壤环境与土壤生物多样性研究工作围绕土壤生物多样性（species diversity，species richness，enzyme，soil microbial community）展开，重点研究了重金属（heavy metal）、多环芳烃（PAHs）、生物降解（biodegratation）以及土地利用（land use）等人类活动影响下土壤环境（soil property，soil quality，soil nutrient，soil organic matter，soil fertility，soil contamination）的变迁规律，阐明土壤生物多样性对环境变化的响应与指示作用，尤其对青藏高原（Tibetan Plateau）、内蒙古高原（Inner Mongolia）和黄土高原（Loess Plateu）等环境敏感区给予了特别关注。②土壤生物群落与农业生产活动主要关键词有耕作（cultivation）、大豆（soybean）、植物（plant growth，vegetation）、根际（rhizosphere）、土壤侵蚀（soil erosion）、细菌（bacteria）、真菌（fungi）、土壤线虫（soil nematode）、微小生物（microorganism）、群落（community）、群落组成（community composition）、种群（population）、生物多样性（biodiversity）、功能多样性（functional diversity）、演化（evolution）、分类（taxonomy）、区系（taxa）、系统分析（systematics）、形态（morphology）、脱氧核糖核酸（DNA）、聚合酶链式反应（PCR）等，可以看出，这部分工作重点是利用分子生态方法分析土壤生物的成分与区系，研究农业生产活动对土壤生物组成与群落的影响，阐明其生物多样性变化规律。③土壤生物多样性与土壤生态功能研究主要分析了土壤动物（soil fauna）、蚯蚓（earthworm）、氨氧化古菌（ammonia oxidizing archaea）、氨氧化细菌（ammonia oxidizing bacteria）、根瘤菌（rhizobia）和病原菌（ralstonia solanacearum）及其多样性（diversity）在土壤中分解（decomposition）、有机质（organic matter）、土壤呼吸（soil rspiration）、氮（N）、硝化（nitrification）、反硝化（denitrification）、固氮（nitrogen fixation）和生物控制（biological control）等生态功能实现中的作用，关键词组合反映了土壤生物多样性与土壤生态功能是当前土壤生态领域研究的热点之一。④生物修复与土壤生物方面主要研究了受杀虫剂（pesticide）、砷（arsenic）和铅（Pb）等污染或退化的环境，其生物修复（bioremediation）、植物修复（phytoremediation）、恢复（restoration）、湿地重建（constructed wetland）过程中土壤酶（soil enzyme）和微生物群落（microbial community）

的变化，并对重要功能土壤生物丛枝菌根（AMF）和土壤生物结皮（biological soil crusts）的作用给予了特别关注，上述关键词的出现反映了污染或退化环境土壤生物群落和重要功能生物类群在生态修复过程中的作用及其机制是研究的热点之一。

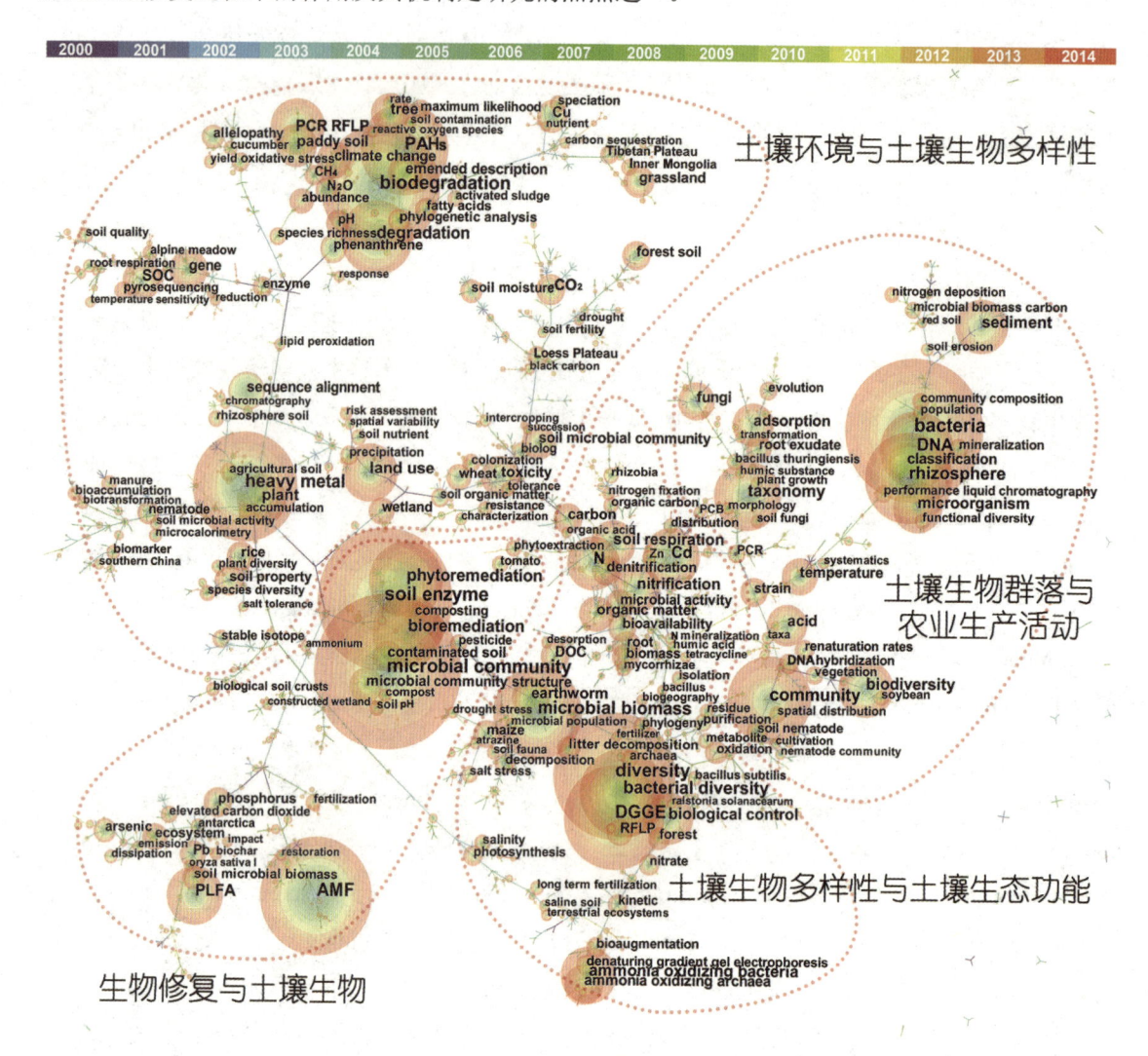

图 9-4 2000~2014 年"土壤生物组成与群落构建"领域中国作者 SCI 期刊论文关键词共现关系

中国土壤生物组成与群落构建研究是与国家需求紧密联系的。作为一个幅员辽阔、生态环境复杂且处于经济迅速发展中的大国，中国的土壤生物组成与群落构建研究面临认识土壤生物多样性形成、演变规律以及利用和保护土壤生物多样性的双重任务。在此背景下，本领域国内学者在利用土壤生物进行污染土壤的生物修复和控制、土壤质量的生物学指标建立、农业生产活动与全球变化对土壤生物群落的影响、土壤生态功能实现与土壤生物多样性关系及机制等方面取得了重要进展，为世界土壤科学的发展做出了贡献。总体来看，中文文献体现的研究热点与我国经济、社会和环境建设的要求相一致。一方面，重点关注我国各区域人类活动影响下土壤质量与土壤生物组成、群落特征的关系，研究土壤生物组成与群落变化对土壤生态功能实现的影响，解析土壤生物多样性在退化环境生态恢复中的作用，体现了土壤生物组成与群落研究服务于农业生产、养分高效利用、退化与污染生态环境恢复以及生物多样性保护等多重目标的国家重大需求；另一方面，我国学者十分关注全球变化与土壤生物多样性变化的关系，具有鲜明的时代背景，又体现了我国土壤生物多样性研究的国际前沿性。

通过比较中国学者与国际学者 SCI 论文的研究内容，可以发现我国学者与国际同行在土壤生物组成与群落构建研究领域既具有一致性和同步性，又具有差异性和局限性。一致性和同步性主要表现在：①研究内容上都十分关注土壤生物组成、群落构建与土壤化学污染、农业生产活动、土地利用变化、全球变化等区域和全球环境问题的关联性，也注重生态环境修复和生物控制问题的探索，同时对土壤生物多样性与土壤生态功能关系及机制展开研究；②研究方法与技术上都强调基于长期定位试验、模拟实验、稳定同位素、现代土壤生物分子技术和模型模拟等。差异性和局限性主要体现在：①国际土壤生物组成与群落构建研究主要针对土壤生物群落构建过程展开，更加注重机理与机制的研究，而我国土壤生物组成与群落构建研究也关注土壤生物等群落构建过程，但是主要关注与环境因素的关系，物种之间的相互作用尤其从食物网角度阐明机制的研究尚有不足；②国际上土壤生物组成与群落构建研究在土壤微生物和动物研究方面均具有明显优势，我国在土壤动物研究方面显得十分薄弱，土壤动物与微生物在土壤食物网中的位置差异很大，土壤动物研究成果的不足限制了我国对土壤生物多样性发生和发展规律的进一步深入的认识。

9.3.3 近 15 年中国学者该领域研究取得的主要学术成就

图 9-3 表明，近 15 年针对土壤生物组成与群落构建研究，中文文献关注的热点方向主要包括**土壤生物群落与土壤质量、土壤生物群落与环境变化、农业生产活动与土壤生物多样性、土壤生物群落与土壤生态过程** 4 个方面。图 9-4 表明中国学者关注的国际热点问题主要包括**土壤环境与土壤生物多样性、土壤生物群落与农业生产活动、土壤生物多样性与土壤生态功能、生物修复与土壤生物** 4 个方面。针对上述土壤生物组成与群落构建研究的核心方向，我国学者开展了大量研究。近 15 年来，取得的主要成就包括：①揭示了土壤生物组成、多样性区域特征与分异规律；②阐明了农业生产活动对土壤生物组成、群落结构与多样性的影响；③研究了全球变化背景下土壤生物多样性的变化及其响应与反馈；④解析了土壤生物及其与地上生物间相互作用及其对生态系统功能的影响；⑤探索了土壤生物多样性与污染物降解、生物修复及生物控制的关系。具体的科学成就如下。

（1）揭示了土壤生物组成、多样性区域特征与分异规律

经过多年的努力，我国土壤动物区系研究工作取得了较大的进展。很多学者对不同地区的土壤动物群落进行了大量的研究。到目前为止，从热带、亚热带到温带，从森林、草地、沙漠到湿地、农田乃至城市等诸多生态系统，都开展了土壤动物生态分布和时空动态方面的研究（殷秀琴等，2010：91~102）。大量研究表明，不同气候带的土壤动物群落其类群数、种类组成及

个体数量存在明显差异。从我国典型生态系统中土壤动物群落的数量特征来看，土壤动物群落的个体密度和物种数有从低纬度向高纬度逐渐增加的趋势。生物组成与群落结构之间的差异除了与因纬度变化而发生的气候、土壤、植被等环境条件变化具有关联性外，与局地环境条件之间的差异也具有很强的相关性。同纬度地带不同水分条件的森林生态系统与草地生态系统及荒漠生态系统比较，草地与荒漠中各类土壤动物个体密度和物种数都明显少于森林，生物组成和群落结构受水分条件的限制明显，不同类型的生态系统均有一些特有种存在。在充分发育和未扰动的土壤中，土壤动物的组成和数量具有明显的分层性。在土壤剖面上，一般随着土层的加深而呈现出递减的趋势，并且物种数和个体密度随着海拔高度的增加而递减。土壤动物群落动态呈现出明显的季节和年周期现象。在雨热同期的夏秋季节，土壤动物群落数量和多样性都较高，而冬春季节相对较少；同样雨热条件较好的年份一般土壤动物个体密度和物种数会保持较高的水平。

与土壤动物群落工作相比，区域上土壤微生物群落的工作进展相对滞后，主要是由于物种鉴定和测度的困难（贺纪正和葛源，2008：5571～5582）。周桔和雷霆（2007：306～311）、林先贵和胡君利（2008：892～900）分别评述了国际土壤微生物多样性研究进展，指出分子生物学技术很大程度上决定了该领域的发展进程，强调土壤宏基因组学技术在新基因挖掘和研究土壤微生物复杂群落结构中的重要性。随着分子生物技术的引入和使用，我国土壤微生物多样性研究得到快速发展。近年来，基于基因序列分析指纹图谱技术（DGGE，T-RFLP，RAPD 等）以及高通量测序技术的广泛应用，我们对微生物群落结构和多样性的认识日益深入。Chan 等（2006：247～259）应用基于 16S rRNA 的末端限制性片段长度多态性方法（T-RFLP），研究发现温带和亚热带自然土壤中细菌多样性高于热带土壤，这种趋势与植物群落多样性变化不同；Shen 等（2013：3190～3202）通过高通量测序技术研究了长白山不同海拔梯度土壤微生物多样性，也发现土壤微生物多样性的变化与植物群落多样性变化不一致。越来越多的证据表明，土壤微生物群落结构和多样性具有明显的时空分布格局，但是与地表原始植物多样性格局存在一定差别。此外，我国学者结合干旱区和盐渍化土壤环境中开展的生物土壤结皮研究也富有特色。在荒漠、沙地和盐渍土等陆地生态系统中，蓝藻、绿藻、苔藓和地衣等起着独特而重要的作用，它们以及相关的其他生物体通过菌丝体、假根和分泌物等与土壤表层颗粒胶结而形成的十分复杂的复合体，通常被称为土壤生物结皮（BSC）。张巍和冯玉杰（2008：718～722）研究了松嫩平原不同盐渍化程度草地土壤蓝藻群落的结构、生态分布规律及其与土壤理化性质的关系；杜颖等（2014：1976～1984）研究了浑善达克沙地夏冬季浅色型生物土壤结皮中古菌的系统发育多样性。就全球而言，来自美国、澳大利亚、以色列和德国的学者做了大量 BSC 的工作，直至 21 世纪初，来自中亚和中国在这方面的研究报道相对较少。近年来我国 BSC 的大量研究被国外同行引用和认可，广袤的中亚及我国北方温性荒漠区 BSC 研究是对全球 BSC 研究的重要补充（冷疏影等，2009：1039～1047；刘艳梅等，2013：2816～2824）。

（2）阐明了农业生产活动对土壤生物组成、群落结构与多样性的影响

我国是农业大国，作物种植面积巨大，农业管理方式多样，农业生态环境安全问题突出。与国外发达国家相关工作相比，有关研究我国各主要农田生态系统土壤生物多样性的维持、保护以及认识农田土壤生物多样性生态服务功能方面的工作更为任重道远。农田土壤生物生态及物种多样性研究真正受到重视始于20世纪末最后的10年和21世纪初。起初主要是由于土壤生物在各类土壤中普遍存在，类群和个体数量丰富。仅以土壤跳虫为例，其物种数量据估计全世界就有 5×10^4 种之多（Hopkin，1997），而个体密度在阔叶林和针叶林的自然土壤中可达 $10^4 \sim 10^6$ individuals/m^2，即使在农业土壤中一般也可以达到 $10^2 \sim 10^4$ individuals/m^2（郑乐怡和归鸿，1999）。基于这些优越的生态特质，土壤生物作为土壤质量和环境变化的重要指示生物，一度成为学者们研究的热点。就生态环境类型而言，由于农田与人类生产和生活关系密切，且我国农田面积如此广大，其环境影响如此巨大，农田土壤生物的环境生态指示作用一直是本部分研究的重点（Liu et al.，2015：275~281）。也就是在推进农田土壤生物指示作用研究这一工作过程中，土壤生物多样性概念开始被学者们注意并广泛使用，农田土壤生物多样性的工作持续开展起来。随着农田土壤生物多样性研究的不断深入，有关农田土壤生物多样性的一些事实和规律逐渐被揭示出来：与毗邻的自然生态系统相比，农田生态系统土壤生物尤其是动物多样性大幅度降低，有些农田甚至出现了部分类群土壤生物多样性接近完全丧失的严重情况，农田成了土壤生物多样性不折不扣的脆弱区。

了解农田土壤生物多样性的现状，关注农田土壤生物多样性减少和丧失的原因，这无疑是学者们为更深入开展农田土壤生物多样性研究工作进行的最重要的一步。该项工作的执行可以揭示出更多的农田土壤生物多样性的特性（Guo et al.，2011：2257~2264；Chang et al.，2013：112~117；Zhu and Zhu，2015：39~46；Zhao et al.，2016：1~12；Liu et al.，2016：1~7），有助于为进一步研究农田土壤生物多样性维持、保护并使之可持续发展进而降低区域生态安全风险提供新的认识。例如在调查农田土壤生物多样性现状、研究农田土壤生物多样性减少和丧失的原因过程中，很多工作都发现现代农业生产条件下的农田土壤生物多样性与其原自然环境土壤生物多样性不同，其有了新的类群组成和结构，即使是采取一定措施如免耕或使用新式肥料恢复和提高后的农田土壤生物多样性也不再是原自然环境条件下的土壤生物多样性。这主要是由于现代农业生产活动影响下（使用机械、施用矿质肥料和除草剂等），农田土壤环境发生了很大变化，农田生态系统特殊的环境特征（整齐划一的地上作物、不断扰动的地下土壤、不断增加的农药肥料等外界化学物质的投入和不断收走秸秆等初级生产物质）与特定生产目的（提供粮食和环境产品），这些变化了的环境因子使农田中土壤生物可利用的微域资源以及土壤生物食性和营养关系也发生了很大改变；同时还有越来越快速、范围越来越大（很多时候已经达到洲际）的区域间农业产品的交流，农产品和物资作为载体可以促进土壤生物的流动，造成农田土壤生物群落组成与结构的变化。

（3）研究了全球变化背景下土壤生物多样性的变化及其响应与反馈

全球变化背景下生物多样性在物种水平上以前所未有的速度丧失并给生态系统功能带来的严重后果，长期以来一直受到高度关注。全球变暖是当今全球变化研究最重要的焦点。全球变暖对生物多样性有着强烈的影响作用，温度的升高，一方面可以引起生物栖息地环境的变迁；另一方面引起生物生理生态、物候期、生长和繁殖的响应，改变物种之间的关系和相对优势度并最终导致物种的灭绝和生物多样性的丧失。土壤温度是影响土壤生物群落最主要的环境因子之一，土壤生物的生长发育通常依赖于土壤温度，温度变化会影响土壤生物的繁殖，微生物和许多类似线虫等身体较软的土壤动物对升温有较为敏感的响应（Wu et al., 2010: 200~207; Song et al., 2014: 1477~1485）。但是同样，土壤动物对升温具有较强的适应能力，有着多种适应方式。适应方式中包括主动行为的适应，例如向具有较大湿度的斑块横向移动或者向更深的土层中纵向移动，或者是进入发育休眠阶段，或以休眠卵的形式度过热时期，待温度适宜后再次发育。现有这些研究表明，全球变暖都会对土壤生物群落产生一定的影响。但是由于土壤对气温升高具有一定的缓冲作用，同时由于各地生态系统性质差异巨大，全球变暖区域上的复杂性和时间上的不对称性，使各类生态系统和不同土壤生物群落及物种对气温升高响应存在很大差异。这些都使得对未来全球气候变暖下的土壤生物群落和多样性情况的预测变得更加复杂（Yan et al., 2015: 1161~1171; Wu et al., 2014: 200~207）。与全球变暖相比，温室气体浓度升高对土壤生物组成和群落的影响规律更加明显，相对确定性更高一些。Li 等（2007: 63~69）利用中科院南京土壤研究所建立的农田 FACE 系统研究发现，二氧化碳浓度升高改变了麦田土壤线虫群落结构，线虫总数、食细菌和食真菌线虫数均有增加；而 Chang 等（2011: 45~50）利用开顶箱研究了臭氧浓度升高对棉田土壤跳虫群落的影响，发现臭氧升高显著降低了土壤跳虫的个体密度。近年来，由于化石燃料燃烧、含氮化肥的大量生产等人类活动的增强使得向大气中排放的含氮化合物激增，引起大气氮沉降大幅增加，氮沉降已成为人类面临的又一个重要的全球变化因子。迄今为止已有的研究结果显示，氮沉降对土壤生物组成与群落的影响效应有正有负。与全球变暖类似，大气氮沉降对土壤生物的影响仍存在很大的不确定性（何亚婷等，2010: 877~885；孙良杰等，2012: 1715~1723；吴婷娟，2013: 581~588）。生物入侵一般也被认为是全球变化研究的重要内容之一。近年来，我国在生物入侵的土壤生态效应方面取得较快进展，涉及土壤生物群落对植物入侵的响应及作用机理等方面。Chen 等（2010: 1782~1793）的研究发现长江河口盐沼地互花米草入侵通过产生高质量的凋落物改变土壤线虫群落；谢俊芳等（2011: 5682~5690）和 Qin 等（2014: 58~66）的研究表明入侵豚草能够影响入侵区域环境的局部气候、凋落物、根系分泌物以及土壤理化性质，从而改变中小型土壤动物和微生物群落的结构；张红玉（2013: 1451~1456）的研究证明紫茎泽兰入侵过程改变了土壤中可利用资源，影响并重塑了生物种间互作模式，进而引起土壤微生物群落组成和结构的变化。

（4）解析了土壤生物及其与地上生物间相互作用及其对生态系统功能的影响

土壤生物间及土壤生物与地上动植物存在着密切的生态联系和各种相互作用，这些相互作用不仅影响生物种群和群落动态,而且对物质分解、养分释放、碳氮循环和生物多样性保护等起重要的调控作用(胡锋等,2011)。土壤生物及其与地上生物间的相互作用和影响体现在多个方面。第一个方面是土壤动物—微生物相互作用。陈小云等(2004:2826~2831)通过温室盆栽实验研究了食细菌线虫对特定细菌种群数量的调节及活性的影响;Xiao 等(2010:131~137)采用微宇宙试验法和 DGGE 技术,发现接种食细菌线虫改变了土壤氨氧化细菌群落的结构;Yang 等(2015:211~217)通过定位实验研究了土壤螨类与微生物之间的相互作用对八角产量的影响。第二个方面是土壤动物之间的相互作用,主要集中于对重要动物类群例如蚯蚓、蜘蛛、螨类和跳虫等进行研究,解析各类动物之间的相互作用对温室气体排放、养分循环和物质分解的影响。Wu 等(2015:294~297)通过对三江平原湿地土壤蚯蚓与中型土壤动物的相互作用关系观察,发现土壤动物之间的相互作用并没有显著增强温室气体的排放;Wu 等(2015:1~8)通过两种不同生态型的蚯蚓之间的相互作用证明蚯蚓活动促进了养分循环,增加了作物产量;Liu 等(2014:79~86)和 Wang 等(2015:64~71)分别发现土壤动物之间的相互作用加快了物质分解速度。第三个方面,土壤动物与植物以及地上昆虫之间的相互作用。Yu 等(2008:641~647)采用 ^{14}C 示踪法追踪了水稻地上光合产物在土壤—植物系统中的分配和去向,发现接种蚯蚓处理加速了水稻同化有机碳向地下部(根系及土壤)的运转。第四个方面,地上植食无脊椎动物与土壤生物之间的关系。刘满强等(2009:431~439)和汤英等(2010:2890~2898)研究了水稻地上部褐飞虱取食对地下部土壤中线虫群落以及活性碳、氮的影响,结果显示褐飞虱强烈影响土壤线虫的数量、群落组成和营养结构,并改变土壤活性碳、氮组分,响应程度和趋势因水稻品种抗性或地上部褐飞虱的数量的不同而异。第五个方面,土壤微生物之间的相互作用,胡君利等(2008:174~179)通过比较 50~2 000 年多个不同利用年限水稻土的微生物功能多样性、呼吸作用强度、硝化作用强度等指标的分异,揭示出水稻土主要微生物之间的相互作用及其过程强度与利用年限的关系,表明水稻土持续利用可能在一定程度上增强土壤微生物多样性。

(5)探索了土壤生物多样性与污染物降解、生物修复及生物控制的关系

随着工业化和城镇化的快速发展,土壤污染问题日益突出。土壤污染物的来源广、种类多,大致可分为无机污染物、有机污染物和生物污染三大类,其中无机污染物主要是重金属污染,有机污染物主要是农药、石油烃和多环芳烃污染,生物污染则指对人类和土壤生态系统具有潜在危害的外来生物物种入侵现象(宋长青等,2013:1087~1105)。国内的研究工作者结合我国土壤污染的现状,对重金属、农药、石油烃、多环芳烃和生物污染环境开展了大量的研究工作,在利用土壤生物功能群修复污染土壤环境等方面有了深入而系统的认识,取得了较大的进展。土壤生物在污染物的迁移转化和控制过程中起着关键作用。在重金属、农药、石油烃和多环芳烃污染与生物修复方面,一些学者发现并利用有些土壤生物携带一些功能基因(Yin et al.,2011:1631~1638;Jia et al,2013:3141~3148),或者通过共生代谢降解污染物,或者控制污染物的形态,培养很多降解转化菌株,并结合适当的载体制成复

合菌剂，与植物联合建立了多种污染土壤的再生修复技术（Liang et al.，2014：322～329；Wang et al.，2014：62～69）。在生物污染与生物控制方面，很多学者主要是开展了土壤中病毒和病原菌、病原动物的传输、存活与天敌关系以及抗性基因等方面的工作（Zhao et al.，2008：649～659；Zhang et al.，2010：640～647；Yao et al.，2013：1755～1756；Zhu et al.，2013：3435～3440；Ma et al.，2015：34～41）。

9.4 NSFC 和中国"土壤生物组成与群落构建"研究

NSFC 资助是我国土壤生物组成与群落构建研究经费的主要来源。NSFC 的投入促进了我国土壤生物组成与群落构建研究的发展。NSFC 是推动中国土壤生物组成与群落构建研究成长的力量源泉，造就了多个中国土壤生物组成与群落构建研究的知名研究机构，促进了中国土壤生物组成与群落构建领域优秀人才的成长。在 NSFC 长期引导下，我国土壤生物组成与群落构建研究取得了一系列创新性的理论成就，使中国在该领域研究的活力和影响力不断增强，成果受到越来越多国际同行的关注。

9.4.1 近 15 年 NSFC 资助该领域研究的学术方向

根据近 15 年获 NSFC 资助项目高频关键词统计（图 9-5），NSFC 在本研究领域的资助方向主要集中在区域土壤生物多样性与群落结构（关键词表现为：土壤微生物、土壤动物、生物土壤结皮、群落结构、生物多样性）；全球变化和人类活动对土壤生物组成与群落的影响（关键词表现为：全球气候变化、连作障碍、重金属、根际、环境响应与适应）；土壤生物组成和群落变化与土壤生态过程的关系（关键词表现为：氨氧化菌、丛枝菌根、甲烷氧化菌、土壤碳循环、土壤氮循环、温室气体、硝化）等方面。研究对象总体上以土壤微生物为主，近年来土壤动物资助比例有所提高，但是土壤动物学方面的研究依然较为薄弱，有待进一步加强。研究方法以定位控制实验和实验室模拟实验为主，重视分子生态和稳定同位素等技术与测试手段的应用。从图 9-5 可以看出，2009～2014 年为土壤生物组成与群落构建资助的快速增长时期。以下是以 3 年为时间段的项目资助变化情况分析。

（1）2000～2002 年

图 9-5 显示，这一时段，NSFC 资助项目主要关键词为"土壤微生物"、"土壤动物"、"温室气体"、"丛枝菌根"和"重金属"。资助分为两个方面：一方面是开展土壤环境污染对土壤生物的影响及利用生物对土壤重金属污染环境修复进行评估的工作，如"丛枝菌根对重金属污染土壤的生物修复作用机理研究"（基金批准号：40071050）、"矿区复垦土壤微生物生态特征及其稳定性恢复研究"（基金批准号：40171054）和"重金属污染土壤的'蚯蚓诱导—植物修复'作用机理"（基金批准号：40271068）；另一方面是开展土壤生物对温室气体升高的响应研究，如"大气 CO_2 浓度升高条件下土壤微生物群落演替及功能变化"（基金批准号：

40271066)、"土壤微生物对 FACE 的响应及对养分转化和作物产量的影响"（基金批准号：40271111）。这一时期土壤生物组成与群落领域获得资助的项目不多，主要关注土壤环境污染、生物修复和全球变化与土壤生物的关系。

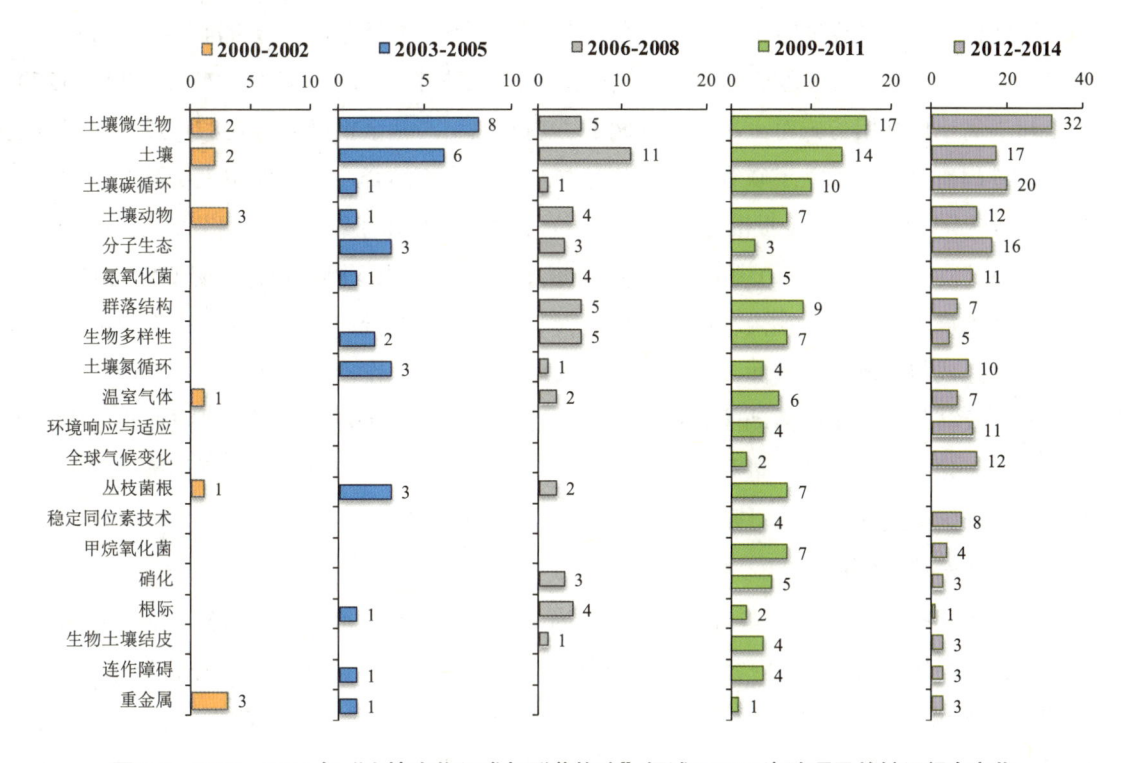

关键词	2000-2002	2003-2005	2006-2008	2009-2011	2012-2014
土壤微生物	2	8	5	17	32
土壤	2	6	11	14	17
土壤碳循环		1	1	10	20
土壤动物	3	1	4	7	12
分子生态		3	3	3	16
氨氧化菌		1	4	5	11
群落结构			5	9	7
生物多样性		2	5	7	5
土壤氮循环		3	1	4	10
温室气体	1		2	6	7
环境响应与适应				4	11
全球气候变化				2	12
丛枝菌根	1	3	2	7	
稳定同位素技术				4	8
甲烷氧化菌					4
硝化			3	5	
根际		1	4	2	1
生物土壤结皮			1	4	3
连作障碍		1		4	3
重金属	3	1		1	3

图 9-5　2000～2014 年"土壤生物组成与群落构建"领域 NSFC 资助项目关键词频次变化

（2）2003～2005 年

继上一阶段以来，项目资助数量有一定的上升，此阶段资助项目进一步分为 3 个方面（图 9-5）。第一，土壤环境污染与生物修复工作继续受到重视，如"丛枝菌根真菌在金属尾矿植被重建中的作用"（基金批准号：40401031）、"铅、镉污染土壤芽孢杆菌强化植物富集修复机理研究"（基金批准号：40371070）、"持久性有机污染物多氯联苯对土壤氨氧化细菌群落结构的影响与氮素形态分异"（基金批准号：40371069）；第二，土壤生物多样性与土壤碳氮过程，如"水稻土碳氮周转与微生物多样性和活性的关系研究"（基金批准号：40371063）、"黄土高原土壤微生物量对氮素的固持与释放及其生态环境效应"（基金批准号：40571087）和"草原生态系统中 AM 真菌对土壤碳固持的作用及其影响机制研究"（基金批准号：40571078）；第三，区域土壤生物组成与群落结构，如"漠境克隆植物 AM 真菌多样性及其时空分异规律研究"（基金批准号：40471075）和"内蒙古草原土壤原生动物的生物多样性特征及其影响因素"（基金批准号：40571079）。此外，这一时期出现了关键词"生物多样性"、"根际"和"分子生态"，这些关键词的出现表明 NSFC 对土壤生物组成与群落构建研究的资助开始侧重从生物多样性角度开展，且更注重新方法的应用以及对根际微观生态过程与机制的探索。

(3) 2006~2008年

与上一阶段相比，NSFC 资助重点未变，但研究内容更丰富（图 9-5）。表现之一，人类活动方面体现在对不同农业生产活动、土壤污染和土地利用变化影响等多个方向，如"水稻土微生物群落结构和功能多样性的微域变异及在长期不同施肥下的变化"（基金批准号：40771108）、"矿区废弃地重金属耐性（超富集）植物内生细菌生物多样性研究"（基金批准号：40871127）和"雷州半岛土地利用方式对土壤节肢动物的影响研究"（基金批准号：40871132）；表现之二，生态过程研究方面加入了磷等要素，而且与全球变化相结合，如"红壤土壤微生物群落结构及其磷素转化功能"（基金批准号：40771116）、"从土壤微生物的反馈调节剖析外来种对土壤碳氮循环过程的影响机理"（基金批准号：40871130）和"土壤跳虫对氮沉降变化的响应——野外永久样地群落生态学和室内种群生态学研究"（基金批准号：40801096）；表现之三，区域土壤生物组成与群落结构方面，更加侧重不同地域农田的工作，如"东北黑土农田土壤跳虫物种多样性及其与农业生产活动的关系"（基金批准号：40601047）、"几种农业土壤中氨氧化古菌和氨氧化细菌的种群数量和组成特征"（基金批准号：40871129）、"红壤性稻田氨氧化微生物基因资源及其功能的研究"（基金批准号：40801097）。

(4) 2009~2011年

与前 3 个阶段相比，2009 年后资助内容更为多样，且资助项目数大幅增长，除了延续上述研究方向的资助外，项目研究内容深度更加深化和拓展（图 9-5）。自然环境因子方面，强调多因子的综合作用，如"环境多因子对温带草原土壤微生物群落结构的影响"（基金批准号：41171201）；全球变化与人类活动方面，对与温室气体排放和农业生产关系更为密切的重要土壤生物类群的资助率呈上升趋势，如"硝化抑制剂调控土壤硝化过程及氧化亚氮和甲烷释放的微生物机制"（基金批准号：41020114001）、"AM 真菌系统发育多样性对海拔梯度的响应"（基金批准号：41071179）和"三江平原湿地开垦对甲烷氧化细菌群落的影响"（基金批准号：41101239）；群落构建过程与功能方面，重视从机理上开展工作，如"长江中下游稻—麦轮作区土壤食物网：结构、功能及对施肥的响应"（基金批准号：40901116）和"基于生态位理论的药用植物栽培健康土壤微生态构建及其机制"（基金批准号：41101245）；同时，全球变化敏感区也更受重视，如"我国北方农牧交错带丛枝菌根真菌多样性及其驱动因子研究"（基金批准号：41071178）、"青藏高原典型高寒草甸土壤微生物群落对气候变暖和过度放牧的响应"（基金批准号：41101228）。此外，分子手段使用上，基因组学和稳定同位素探针等多种分子手段组合使用，如"典型农田红壤氨氧化古菌生理代谢的基因组学研究"（基金批准号：41101227）和"基于 454 测序技术的生物有机肥修复香蕉连作枯萎病发生土壤微生物区系的研究"（基金批准号：41101231）。

(5) 2012~2014年

与上一阶段相比，NSFC 对本研究领域的项目资助总体仍呈上升趋势，选题上更倾向于国际前沿热点问题（图 9-5）。全球变化与人类活动方面，对能够反映全球变化与人类活动影响的"重要功能类群"的资助继上阶段以来大幅度增加,如"基于气候变暖的我国典型湿地甲烷氧化能力及甲烷氧化菌菌群演替特征研究"(基金批准号:41271277)和"连作大豆根际氨氧化微生物群落结构特征研究"(基金批准号:41301270);群落构建过程与功能方面,继续上一阶段注重对构建机制研究资助的特点,对于群落构建过程土壤生物间相互作用的研究不再停留于关注物种之间组成的变化,更多地关注结构与格局的变化规律,如"线虫与微生物相互作用对农田黑土碳库稳定性的影响机理"(基金批准号:41401272)、"我国典型水稻土胞外呼吸菌多样性、格局及其元素生物地球化学耦合机制"(基金批准号:41430858)、"亚热带典型水稻土中秸秆降解的微生物代谢网络及其驱动机制"(基金批准号:41430859);同时,群落与生态功能的关系方面出现了新动向,生物群落与土壤生态功能的稳定性以及生物多样性维持与土壤生态服务功能的关系成为热点,如"不同种植模式烟草根际土壤微生物群落结构及其生物功能稳定性研究"(基金批准号:41201291)、"长期耕作影响下东北黑土农田土壤动物多样性的维持、保护及其生态服务功能研究"(基金批准号:41430857)。这一阶段的变化主要是由于土壤生物多样性的维持面临来自农业生产和全球变化日趋严峻的挑战。

9.4.2 近 15 年 NSFC 资助该领域研究的成果及影响

自 2000 年以来,NSFC 对中国土壤生物组成与群落构建领域的基础科学前沿以及新兴的热点问题给予了稳定、持续和及时的支持。

图 9-6 是 2000~2014 年土壤生物组成及其群落构建领域发表论文和受 NSFC 资助论文情况。从图 9-6 可以看出,中国学者发表 SCI 论文获 NSFC 资助的比例呈增长的趋势,其中 2006~2009 年增长速度最快。从 2009 年开始,受 NSFC 资助 SCI 论文发表比例开始明显高于 CSCD 论文发表比例,尤其是最近 4 年,每年 NSFC 资助 SCI 论文发表比例均在 70.0%以上,2014 年 NSFC 资助发表 SCI 论文占总发表 SCI 论文的比例达到了 78.4%。可见,近年来国内土壤生物组成与群落构建研究快速发展,与 NSFC 资助具有显著的相关性。上述结果从国际权威期刊的论文检索结果也得到了印证,本领域受 NSFC 资助的一些项目取得了较好的研究成果,在 *Nature* 和 *PNAS* 等国际顶级期刊及一些地学、土壤生物学、生态学和环境科学领域国际权威期刊(如 *Ecology Letters*、*Global Change Biology*、*Environmental Pollution*、*Soil Biology & Biochemistry*)上发表学术论文。但从 CSCD 论文发表情况来看,过去 15 年来,NSFC 资助本研究领域论文数的占总论文数的比重呈徘徊态势,除 2004 年达到最高值 66.7%外(图 9-6),总体趋势维持在 55.0%左右。NSFC 资助的 CSCD 论文和 SCI 论文变化情况表明,NSFC 资助对于国内土壤生物组成与群落构建研究的国际化以及对本领域学科的贡献在不断提升,说明 NSFC 资助对推动我国土壤生物组成与群落构建领域国际成果产出以及提升该领域工作水平方面发挥了重要作用。

SCI 论文发表数量及获基金资助情况反映了获 NSFC 资助取得的研究成果,而不同时段中国学者高被引论文获基金资助情况可反映 NSFC 资助研究成果的学术影响随时间的变化情况。如图 9-7 显示,过去 15 年 SCI 高被引论文中国学者发文数呈显著的增长趋势,由 2000~2002 年和 2003～2005 年两个时段的 0 篇增长至 2012～2014 年的 17 篇。在此期间，中国学者发表的高被引 SCI 论文获 NSFC 资助的比例在最近 3 个时段呈迅速增长的趋势。中国发文数的占比在 2000～2002 年和 2003～2005 年两个时段还是 0，2006～2008 年则达到了的 55.6%，经过 2009～2011 年的 61.5%，至 2012～2014 年已高达 82.4%（图 9-7）。因此，NSCF 在土壤生物组成与群落构建领域资助的学术成果国际影响力迅速增加，高水平成果与基金更密切，学科整体研究水平得到极大提升。

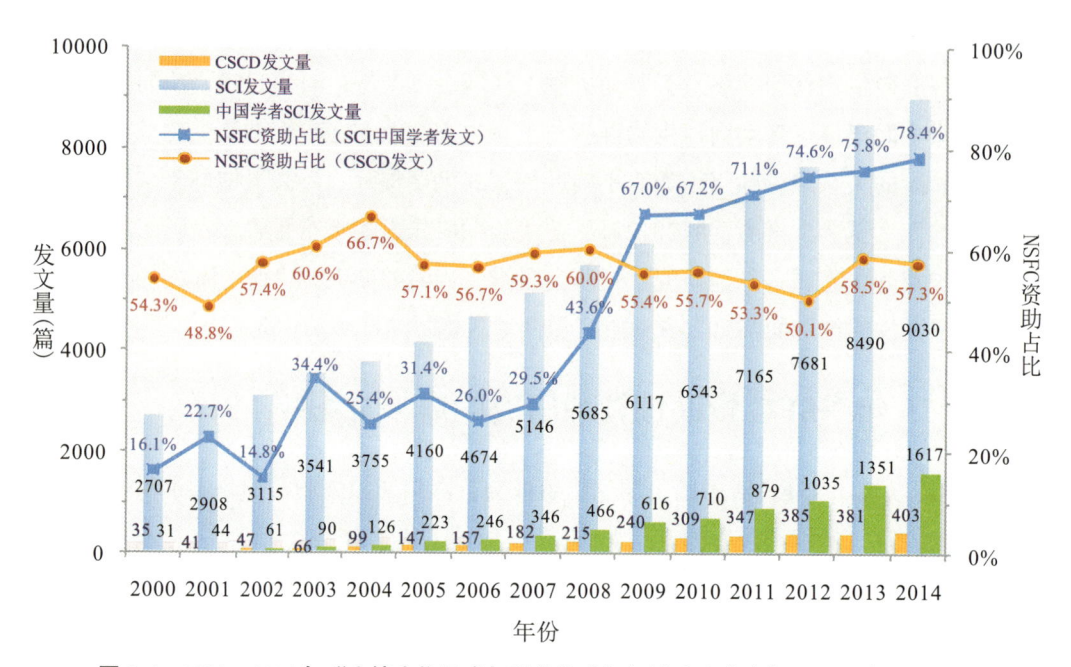

图 9-6　2000～2014 年"土壤生物组成与群落构建"领域论文发表与 NSFC 资助情况

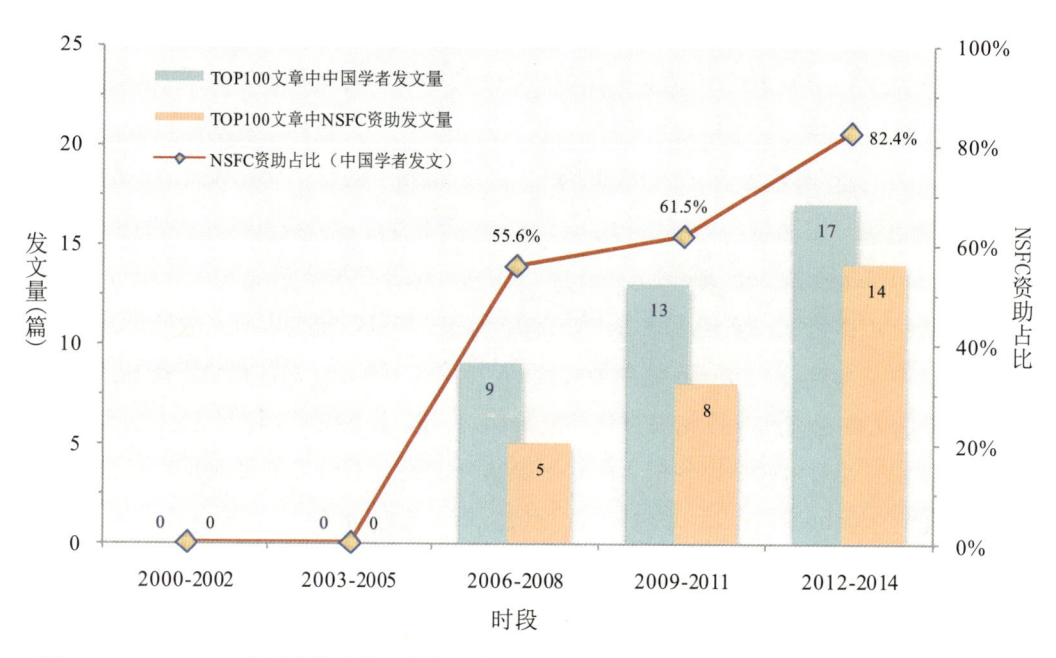

图 9-7　2000～2014 年"土壤生物组成与群落构建"领域高被引 SCI 论文数与 NSFC 资助情况

9.5 研 究 展 望

综上，过去15年，对土壤生物组成与群落构建的研究取得了很多重要的进展。研究结果表明，土壤生物物种数量丰富，土壤中生物多样性远超我们的想象。与地表植被相比，土壤生物多样性具有独特的空间格局。同时，野外和室内的模拟控制实验也证实土壤生物群落内物种间存在着复杂的相互作用。此外，相关工作也确认土壤生物多样性维持对农田、森林、草地等各类陆地生态系统凋落物分解以及温室气体排放、养分循环、污染物降解和有害生物控制等土壤生态功能的实现具有重要的调控作用。尽管过去有关土壤生物组成与群落构建的研究取得了上述巨大的成绩，但是关于土壤生物多样性形成、演化及发展规律仍然有很多未解的疑问。同时，气候变暖、生物入侵、农业生产、土地利用变化、土壤污染等随着全球化和社会经济的快速发展带来了更多的环境与生态问题。如何应对和解决这些问题，以及如何科学、合理地进行生态修复和生物控制，迫切需要来自土壤生态学的理论支持。因此，针对上述问题，在土壤生物组成与群落构建研究领域，立足于我国研究现状，建议围绕以下5个方向开展研究，有望取得突破性进展。

9.5.1 土壤生物组成、群落结构及其多样性的多尺度空间格局和形成机制

长期以来，由于土壤生态系统的复杂性和土壤生物学研究技术手段的限制，人们对土壤生物群落的物种组成和复杂性缺乏正确的认识。以微生物为例，人类通过分离培养手段所认识的土壤微生物种类不足总量的1%，制约了人们对土壤生物多样性及其功能的理解。近年来，高通量测序、原位表征等新技术的发展和应用为土壤微生物多样性的研究注入了新的活力；同时，分子手段的加入也提高了人们对土壤动物物种鉴定的准确程度，挖掘了更多的隐藏种。随着对土壤生物物种组成和复杂性的理解的深入，以土壤微生物为例，科学家形成了不同于传统的微生物全球性随机分布的认识，越来越多的证据表明微生物在地球上存在着一定空间地理分布格局。当前，土壤生物多样性的空间地理分布格局及其形成机制是土壤生态研究的热点，同时也是一个挑战。尽管最近几年对土壤生物多样性的空间地理分布格局已经取得了一些有价值的结果，但是不同尺度上尤其是有关全球和大陆尺度上土壤生物多样性地理分布格局的规律依旧存在很大的争议，对不同地域中土壤生物组成与群落的确认存在诸多不确定性，对形成这些格局的内在机制也存在诸多疑问，如何更有效地利用包括分子手段在内的多种技术准确地界定物种和判断土壤生物多样性，同时采用更为有效的采样方法以及新统计学方法来发现土壤生物多样性的多尺度空间地理分布规律，进而阐述其形成、发展和演化的机制，是我们现在和未来面临的一项重要任务。

9.5.2 人类活动、全球变化影响下土壤生物组成、群落结构与多样性演变

20世纪最后的20年，科学家逐渐认识到，人类活动已经导致物种的快速灭绝，同时由于气候变暖以及生物入侵，更使得土壤生物多样性面临巨大的压力。认识人类活动和全球变化对土壤生物组成与群落结构的影响，有助于人们了解土壤生物多样性降低或者消失的过程。人类活动和全球变化对生物多样性及其生态功能的影响是目前研究的热点问题。研究农业生产、土壤污染、土地利用变化、温室气体排放、气温升高、生物入侵等人类活动和全球变化影响下土壤生物多样性的变化规律，通过控制实验和长期定位实验有效获得土壤生物对人类活动和全球变化的响应，是我们正确评价人类活动、全球变化对土壤生物多样性及其生态功能影响的重要手段。人类活动和全球变化背景下，未来土壤生物组成与群落构建研究将主要面临以下科学问题的挑战：①人类活动干扰频繁及长期增温条件下，土壤生物组成与群落结构演变规律以及土壤生物多样性的响应与反馈过程及机制；②维持生物多样性及生态系统功能稳定性的关键生物种类对人类活动和全球变化的响应和敏感性；③不同生态系统温室气体产生和转化的关键土壤微生物种类、时空变异及其对全球变化的调节作用，如何利用土壤生物多样性的调控减缓全球变化；④外来植物及外来土壤生物入侵以何种方式、在何种程度影响土壤生物组成与群落，如何作用于土壤生态系统中凋落物分解、有机碳固存、氮磷等养分的周转与循环等，土壤生物群落反馈过程及其机制。

9.5.3 土壤生物物种间相互作用、群落构建过程与群落内物种共存机制

物种共存和生物多样性维持机制是生态学研究的核心问题。研究土壤生物物种间相互作用，解析土壤生物群落构建过程，是揭开土壤生物群落内物种共存和多样性维持的重要途径。早在1975年，英国土壤生态学家Anderson就提出了土壤生物多样性之谜的问题，即：为什么土壤中有如此多的物种可以共存？竞争排斥作用是否也在土壤中发生？此后，不断有科学家加入到对此问题的探讨之中，尤其是20世纪末生物多样性的重要性受到人们广泛重视后。21世纪开始，随着对土壤生物多样性认识的深入，这个问题成为土壤生态学近年来研究的又一个热点，人们希望找到了解土壤生物多样性维持机制的钥匙，进而据此解决土壤生物生态系统功能如何实现以及土壤生物多样性空间地理分布格局等诸多问题。土壤生物物种间相互作用、群落构建过程与群落内物种共存机制，主要回答以下科学问题：①土壤动物和微生物之间互相作用及生态效应，以往的研究更多重视土壤动物对微生物的影响与作用，未来将更重视开展微生物对土壤动物的作用，同时深入认识土壤动物牧食压力下土壤微生物的适应与进化策略；②探索土壤中食物网通道及其作用机制，主要是多营养级下包括植物根在内的土壤微生物、动物以及低等植物间生物相互作用格局、食物网的稳定机制；③土壤微生物、土壤动物与植物地上部分及地表无脊椎动物、微生物的种内和种间存在着捕食、共生、竞争、寄生、相互拮抗等极其复杂的链网作用关系，刻画地上和地下生态联系及其生态学过程的内在运行机制。

9.5.4 土壤生物组成和群落结构调控与土壤生态功能实现

群落概念在生态学上应用的重要性是因为由于群落的发展而导致生物的发展，对某种特定生物进行控制的最好办法就是改变群落。通过改变自然环境条件，引起生物群落的变化，从而消除病害生物的影响。调整部分土壤生物能够促进群落演替的发生。基于这些结果，如何利用土壤生物多样性来促进退化生态系统的恢复以及生物控制也是未来重要的研究方向。此外，土壤环境质量的生物指标、土壤有机碳和氮磷养分稳定与平衡的生物动力机制、土壤结构形成和稳定的生物物理过程、农田土壤肥力生物培肥等功能与土壤生物组成和群落结构的关系也是一大热点。它们的许多功能及其内部的生态学过程还鲜为人知，尚有待深入研究。目前，在上述方面有许多正在开展和需要进一步开展的研究领域与课题：①土壤生物多样性对土壤肥力的形成与维持机制研究，包括土壤生物对土壤有机质的分解与合成、土壤生物参加的养分循环的各种生物学过程、根际微生物的分泌作用、土壤酶的代谢、土壤良好结构的保持等；②土壤生物多样性的环境功能研究，包括土壤生物对污染物的降解与净化作用、土壤生物多样性的变化导致温室气体释放速率的差异及对全球变化的影响机制等；③土壤生物在生物控制与生物修复中的作用，土壤微生物对许多环境污染物质具有分解作用和解毒效应，而土壤动物通过取食或者化学作用影响着土壤微生物群落，因此如何利用土壤生物群落之间的互作关系或者土壤食物网的整体作用来治理环境污染是未来一个重要的研究内容。

9.5.5 新技术与方法的引进及长期定位试验的应用

研究方法问题是土壤生物多样性研究面临的一个巨大挑战。土壤生物种类繁多、功能多样，同时个体微小，深入研究难度大，土壤生物组成与群落构建的进展始终依赖研究方法的突破和改进，例如分子生物学的应用大大促进了我们对土壤生物多样性的认识，使我们有能力了解和研究复杂的土壤生物组成与群落结构。未来，一方面，实验室内测试与分析，在强调促进新方法和新技术发展的同时，还要强调分子生物学不同方法之间的联合及其与传统研究方法的有机结合；另一方面，野外监测、试验与情景模拟，尤其是针对人类活动和全球变化影响下土壤生物多样性开展的相关研究，原位长期生态监测方法、仪器开发和海量数据分析、土壤生态系统建模方法需要特别重视，野外模拟控制试验需要考虑真实的人类活动和全球变化情景，对多个环境因子的综合影响和耦合作用进行深入系统的研究，以便获取长时间尺度上土壤生物多样性对人类活动和全球变化的响应与反馈规律，准确揭示土壤生物群落对人类活动和全球变化的响应与适应机制，以便我们能够发现土壤生物组成、群落构建和生物多样性更多的新规律。

9.6 小　　结

土壤生物组成与群落构建研究工作开展一个多世纪以来，在对土壤生物群落发生、发展及演变规律与机理的科学认知方面都取得了重大成就。从国内外进展可看出,土壤生物组成与群落构建研究受到了学科发展和社会需求的双重驱动,既具有鲜明的学科基础理论特殊性,又具有一定的时代热点问题共性。2000 年以来,国际上土壤生物组成与群落构建科学研究的热点领域可以概括为地上与地下之间的关系、多尺度空间土壤生物群落变化、根际过程与群落内物种间的相互作用、物种共存与生物多样性保护 4 个方面,主要针对人类活动和全球变化引起的生态效应及生态系统功能实现。中国的土壤生物组成与群落构建研究取得了长足进步,研究领域不断扩大,研究深度得以拓展,部分成果产生了一定的国际影响,研究已从早期的跟踪国际热点发展到与一些领域国际发展趋势并行阶段。研究内容上十分关注土壤生物组成、群落构建与土壤化学污染、农业生产活动、土地利用变化、全球变暖和生物入侵等区域与全球环境问题的关联性,也注重生态环境修复和生物控制问题的探索,同时对土壤生物多样性与土壤生态功能关系及机制展开研究。面向未来,我国土壤生物组成与群落构建研究的发展面临许多挑战和机遇,从国家战略需求和学科发展的角度出发,进一步加强土壤生物组成与群落构建研究,深入揭示土壤生物组成和群落演变规律及调控机制,充分发掘和利用土壤重要生物功能类群,阐明现代环境条件下土壤生物多样性的维持机制及生态系统服务功能,不仅有助于丰富土壤学和生态学等母体学科理论,而且对于保障国家土壤环境生态安全与农业可持续发展具有重要的实践意义。

参考文献

Anderson, J. M. 1978. Inter- and intra-habitat relationships between woodland *Cryptostigmata* species diversity and the diversity of soil and litter microhabitats. *Oecologia*, Vol. 32, No. 3.

Avio, L., M. Castaldini, A. Fabiani, et al. 2013. Impact of nitrogen fertilization and soil tillage on arbuscular mycorrhizal fungal communities in a Mediterranean agroecosystem. *Soil Biology and Biochemistry*, Vol. 67.

Bargett, R. 2005. *The Biology of Soil: A Community and Ecosystem Approach*. Oxford University Press, Oxford.

Bowles, T. M., V. Acosta-Martínez, F. Calderón, et al. 2014. Soil enzyme activities, microbial communities, and carbon and nitrogen availability in organic agroecosystems across an intensively-managed agricultural landscape. *Soil Biology and Biochemistry*, Vol. 68.

Broos, K., H. Beyens, E. Smolders. 2005. Survival of rhizobia in soil is sensitive to elevated zinc in the absence of the host plant. *Soil Biology and Biochemistry*, Vol. 37, No. 3.

Buckeridge, K. M., S. Banerjee, S. D. Siciliano, et al. 2013. The seasonal pattern of soil microbial community structure in mesic low arctic tundra. *Soil Biology and Biochemistry*, Vol. 65, No. 5.

Chan, O. C., X. D. Yang, Y. Fu, et al. 2006. 16S rRNA gene analyses of bacterial community structures in the soils of evergreen broad-leaved forests in SW China. *FEMS Microbiology Ecology*, Vol. 58, No. 2.

Chang, L., H. T. Wu, D. H. Wu, et al. 2013. Effect of tillage and farming management on Collembola in marsh soils. *Applied Soil Ecology*, Vol. 64, No. 1.

Chang, L., X. H. Liu, F. Ge. 2011. Effect of elevated O_3 associated with Bt cotton on the abundance, diversity and community structure of soil Collembola. *Applied Soil Ecology*, Vol. 47.

Chen, H. L., B. Li, C. M. Fang, et al. 2007. Exotic plant influences soil nematode communities through litter input. *Soil Biology and Biochemistry*, Vol. 39, No. 7.

Da Silva, K. R., J. F. Salles, L. Seldin, et al. 2003. Application of a novel Paenibacillus-specific PCR-DGGE method and sequence analysis to assess the diversity of *Paenibacillus* spp. in the maize rhizosphere. *Journal of Microbiological Methods*, Vol. 54.

Falkowski, P. G., T. Fenchel, E. F. Delong. 2008. The microbial engines that drive earth's biogeochemical cycles. *Science*, Vol. 320.

Frey, S. D., M. Knorr, J. L. Parrent, et al. 2004. Chronic nitrogen enrichment affects the structure and function of the soil microbial community in temperate hardwood and pine forests. *Forest Ecology and Management*, Vol. 196, No. 1.

Geisseler, D., K. M. Scow. 2014. Long-term effects of mineral fertilizers on soil microorganisms – a review. *Soil Biology and Biochemistry*, Vol. 75.

Ghilarov, M. S. 1977. Why so many species and so many individuals can exist in the soil. *Ecological Bullettins*, Vol. 25.

Gieg, L. M., S. J. Fowler, C. Berdugo-Clavijo. 2014. Syntrophic biodegradation of hydrocarbon contaminants. *Current Opinion in Biotechnology*, Vol. 27, No. 5.

Giller, K. E., E. Writter, S. P. McGrath. 2009. Heavy metal and soil microbes. *Soil Biology and Biochemistry*, Vol. 41.

Guo, Z. Y., C. H. Kong, J. G. Wang, et al. 2011. Rhizosphere isoflavones (daidzein and genistein) levels and their relation to the microbial community structure of mono-cropped soybean soil in field and controlled conditions. *Soil Biology and Biochemistry*, Vol. 43, No. 11.

Hawkins, B. A., R. Field, H. V. Cornell, et al. 2003. Energy, water, and broad-scale geographic patterns of species richness. *Ecology*, Vol. 84, No. 12.

Hendrix, P. F., M. A. Callaham, J. M. Drake, et al. 2008. Pandora's box contained bait: the global problem of introduced earthworms. *Annual Review of Ecology, Evolution and Systematics*, Vol. 39.

Hopkin, S. P. 1997. *Biology of the Springtails (Insecta: Collembola)*. Oxford University Press, Oxford.

Hu, Y. J., D. Xiang, S. D. Veresoglou, et al. 2014. Soil organic carbon and soil structure are driving microbial abundance and community composition across the arid and semi-arid grasslands in northern China. *Soil Biology and Biochemistry*, Vol. 77, No. 7.

Ikegawa, Y., K. Mori, M. Ohasa, et al. 2016. A theoretical study on effects of cultivation management on biological pest control: a spatially explicit model. *Biological Control*, Vol. 93.

Jia, Y., H. Huang, M. Zhong, et al. 2013. Microbial arsenic methylation in soil and rice rhizosphere. *Environmental Science & Technology*, Vol. 47, No. 7.

Koide, R. T., I. A. Dichie. 2002. Effects of mycorrhizal fungi on plant populations. *Plant and Soil*, Vol. 244, No. 1.

Kourtev, P. S., J. G. Ehrenfeld, M. Haggblom. 2002. Exotic plant species alter the microbial community structure and function in the soil. *Ecology*, Vol. 83, No. 1.

Kowalchuk, G. A., D. S. Buma, W. D. Boer, et al. 2002. Effects of above-ground plant species composition and diversity on the diversity of soil-borne microorganisms. *Antonie Van Leeuwenhoek*, Vol. 81, No. 1.

Kuijper, L. D. J., M. P. Berg, E. Morrien, et al. 2005. Global change effects on a mechanistic decomposer food web model. *Global Change Biology*, Vol. 11, No. 2.

Lamentowicz, M., L. Bragazza, A. Buttler, et al. 2013. Seasonal patterns of testate amoeba diversity, community structure and species – environment relationships in four Sphagnum-dominated peatlands along a 1300 m altitudinal gradient in Switzerland. *Soil Biology and Biochemistry*, Vol. 67.

Lehmann, A., S. D. Veresoglou, E. F. Leifheit, et al. 2014. Arbuscular mycorrhizal influence on zinc nutrition in crop plants – a meta-analysis. *Soil Biology and Biochemistry*, Vol. 69, No. 1.

Li, Q., W. J. Liang, Y. Jiang, et al. 2007. Effect of elevated CO_2 and N fertilisation on soil nematode abundance and diversity in a wheat field. *Applied Soil Ecology*, Vol. 36, No. 1.

Liang, X., C. Q. He, G. Ni, et al. 2014. Growth and Cd Accumulation of Orychophragmus violaceus as affected by Inoculation of Cd-Tolerant Bacterial Strains. *Pedosphere*, Vol. 24, No. 3.

Lipson, D. A., S. K. Schmidt. 2004. Seasonal changes in an alpine soil bacterial community in the Colorado rocky mountains. *Applied and Environmental Microbiology*, Vol. 70, No. 5.

Liu, S. L., B. Maimaitiaili, R. G. Joergensen, et al. 2016. Response of soil microorganisms after converting a saline desert to arable land in central Asia. *Applied Soil Ecology*, Vol. 98.

Liu, S. J., J. Chen, X. X. He, et al. 2014. Trophic cascade of a web-building spider decreases litter decomposition in a tropical forest floor. *European Journal of Soil Biology*, Vol. 65.

Liu T., R. Guo, W. Ran, et al. 2015. Body size is a sensitive trait-based indicator of soil nematode community response to fertilization in rice and wheat agroecosystems. *Soil Biology and Biochemistry*, Vol. 88.

Liu, X. Y., W. C. Lindemann, W. G. Whitford. 2000. Microbial diversity and activity of disturbed soil in the northern Chihuahuan desert. *Biology and Fertility of Soils*, Vol. 32, No. 3.

Ma, X., X. B. Wang, J. Cheng, et al. 2015. Microencapsulation of *Bacillus subtilis* B99-2 and its biocontrol efficiency against *Rhizoctonia solani* in tomato. *Biological Control*, Vol. 90.

Macdonald, C. A., I. M. Clark, F. J. Zhao, et al. 2011. Development of a real-time PCR assay for detection and quantification of *Rhizobium leguminosarum* bacteria and discrimination between different biovars in zinc-contaminated soil. *Applied and Environmental Microbiology*, Vol. 77, No. 13.

Overstreet, L. F., G. D. Hoyt, J. Imbriani. 2010. Comparing nematode and earthworm communities under combinations of conventional and conservation vegetable production practices. *Soil and Tillage Research*, Vol. 110, No. 1.

Orgiazzi, A., M. B. Dunbara, P. Panagos, et al. 2015. Soil biodiversity and DNA barcodes: opportunities and challenges. *Soil Biologyand Biochemistry*, Vol. 80, No. 2.

Pastorelli, R., N. Vignozzi, S. Landi, et al. 2013. Consequences on macroporosity and bacterial diversity of adopting a no-tillage farming system in a clayish soil of Central Italy. *Soil Biology and Biochemistry*, Vol. 66.

Paul, E. A. 2007. *Soil Micorbiology, Ecology, and Biochemstry*. Academic Press, Burlington.

Phillips, R. L., D. R. Zak, W. F. Holmes, et al. 2002. Microbial community composition and function beneath temperate trees exposed to elevated atmospheric carbon dioxide and ozone. *Oecologia*, Vol. 131, No. 2.

Rachid, C. T. C. C., F. C. Balieiro, R. S. Peixoto, et al. 2013. Mixed plantations can promote microbial integration and soil nitrate increases with changes in the N cycling genes. *Soil Biology and Biochemistry*, Vol. 66, No. 11.

Salmon, S., J. F. Pongea, S. Gachet, et al. 2014. Linking species, traits and habitat characteristics of Collembola at European scale. *Soil Biology and Biochemistry*, Vol. 75.

Santana, N. A., P. A. A. Ferreira, H. H. Soriani, et al. 2015. Interaction between arbuscular mycorrhizal fungi and vermicompost on copper phytoremediation in a sandy soil. *Applied soil Ecology*, Vol. 96.

Sessitsch A., A. Weilharter, M. Gerzabek, et al. 2001. Microbial population structures in soil particle size fractions of a long-term fertilizer field experiment. *Applied and Environmental Microbiology*, Vol. 67, No. 9.

Shen, C. C., J. B. Xiong, H. Y. Zhang, et al. 2013. Soil pH drives the spatial distribution of bacterial communities along elevation on Changbai Mountain. *Soil Biology and Biochemistry*, Vol. 57, No. 3.

Shen, C. C., W. J. Liang, S. Yu. 2013. Contrasting elevational diversity patterns between eukaryotic soil microbes and plants. *Ecology*, Vol. 95, No. 11.

Song, Z. W., B. Zhang, Y. L. Tian, et al. 2014. Impacts of nighttime warming on the soil nematode community in a winter wheat field of Yangtze Delta Plain, China. *Journal of Integrative Agriculture*, Vol. 13, No. 7.

Staddon P. L., C. B. Ramsey, N. Ostle, et al. 2003. Rapid turnover of hyphae of mycorrhizal fungi determined by AMS microanalysis of C-14. *Science*, Vol. 300.

Stanton, N. L. 1979. Patterns of species diversity in temperate and tropical litter mites. *Ecology*, Vol. 62, No. 2.

Van der Heijden, M. G. A., J. N. Klironomos, M. Ursic, et al. 1998. Mycorrhizal fungal diversity determines plant biodiversity, ecosystem variability and productivity. *Nature*, Vol. 396.

Velasco-Castrillón, A., M. I. Stevens. 2014. Morphological and molecular diversity at a regional scale: a step closer to understanding Antarctic nematode biogeography. *Soil Biology and Biochemistry*, Vol. 70, No. 2.

Wall, D. H. 2012. *Soil Ecology and Ecosystem Servies.* Oxford University Press, Oxford.

Wang, Z. H., X. Q. Yin, X. Q. Li. 2015. Soil mesofauna effects on litter decomposition in the coniferous forest of the Changbai Mountains, China. *Applied Soil Ecology*, Vol. 92.

Wardle, D. A. 2002. *Communities and Ecosystems.* Princeton University Press, Princeton.

Wardle, D. A., G. W. Yeates, G. M. Barker, et al. 2006. The influence of plant litter diversity on decomposer abundance and diversity. *Soil Biology and Biochemistry*, Vol. 38, No. 5.

Wardle, D. A. 2006. The influence of biotic interactions on soil biodiversity. *Ecology Letters*, Vol. 9, No. 7.

Williams, A., G. Börjesson, K. Hedlund. 2013. The effects of 55 years of different inorganic fertiliser regimes on soil properties and microbial community composition. *Soil Biology and Biochemistry*, Vol. 67.

Wu, D., M. Q. Liu, X. C. Song, et al. 2015. Earthworm ecosystem service and dis-service in an N-enriched agroecosystem: increase of plant production leads to no effects on yield-scaled N_2O emissions. *Soil Biologyand Biochemistry*, Vol. 82.

Wu, H. T., M. Z. Lu, X. G. Lu, et al. 2015. Interactions between earthworms and mesofauna has no significant effect on emissions of CO_2 and N_2O from soil. *Soil Biologyand Biochemistry*, Vol. 88.

Wu, T. J., F. L. Su, H. Y. Han, et al. 2014. Responses of soil microarthropods to warming and increased precipitation in a semiarid temperate steppe. *Applied Soil Ecology*, Vol. 84, No. 1.

Wang, T., H. W. Sun, C. X. Jiang, et al. 2014. Immobilization of Cd in soil and changes of soil microbial community by bioaugmentation of UV-mutated Bacillus subtilis 38 assisted by biostimulation. *European Journal of Soil Biology*, Vol. 65.

Xiao, H. F., B. Griffiths, X. Y. Chen, et al. 2010. Influence of bacterial-feeding nematodes on nitrification and the ammonia-oxidizing bacteria (AOB) community composition. *Applied Soil Ecology*, Vol. 45, No. 3.

Yan, X. M., Z. Ni, L. Chang, et al. 2015. Soil warming elevates the abundance of collembola in the Songnen Plain of China. *Sustainability*, Vol. 7, No. 2.

Yang, B., X. H. Liu, F. Ge, et al. 2015. Do shifts in soil Oribatida (Acari, Oribatida) give information on differences in fruit yield of Chinese star anise? *Agriculture, Ecosystems and Environment*, Vol. 207.

Yao, Z. Y., G. Wei, H. Z. Wang, et al. 2013. Survival of escherichia coli 0157：H7 in soils from vegetable fields with different cultivation patterns. *Applied and Environmental Microbiology*, Vol. 79, No. 5.

Yin, X. X., J. Chen, J. Qin, et al. 2011. Biotransformation and volatilization of arsenic by three photosynthetic Cyanobaeteria. *Plant Physiology*, Vol. 156, No. 3.

Yu, J. G., F. Hu, H. X Li, et al. 2008. Earthworm (*Metaphire guillelmi*) effects on rice photosynthates distribution in the plant-soil system. *Biology and Fertility of Soils*, Vol. 44, No. 4.

Zhang, H., J. Zhang, B. Zhao, et al. 2010. Removal of bacteriophages MS2 and phiX174 from aqueous solutions using a red soil. *Journal of Hazardous Materials*, Vol. 180, No. 1-3.

Zhao, B., H. Zhang, J. Zhang, et al. 2008. Virus adsorption and inactivation in soil as influenced by autochthonous microorganisms and water content. *Soil Biologyand Biochemistry*, Vol. 40, No. 3.

Zhao, J., T. Ni, J. Li, et al. 2016. Effects of organic-inorganic compound fertilizer with reduced chemical fertilizer application on crop yields, soil biological activity and bacterial community structure in a rice-wheat cropping system. *Applied Soil Ecology*, Vol. 99.

Zhong, Q., J. F. Xie, G. M. Quan, et al. 2014. Impacts of the invasive annual herb *Ambrosia artemisiifolia* L. on soil microbial carbon source utilization and enzymatic activities. *European Journal of Soil Biology*, Vol. 60, No. 2.

Zhu, X. Y., B. Zhu. 2015. Diversity and abundance of soil fauna as influenced by long-term fertilization in cropland of purple soil, China. *Soil and Tillage Research*, Vol. 146.

Zhu, Y. G., T. A. Johnson, J. Q. Su, et al. 2013. Diverse and abundant antibiotic resistance genes in Chinese swine farms. *Proceedings of the National Academy of Sciences of the United States of America*, Vol. 110, No. 9.

陈小云、李辉信、胡锋等："食细菌线虫对土壤微生物量和微生物群落结构的影响"，《生态学报》，2004年第12期。

杜颖、赵宇龙、赵吉睿等："浑善达克沙地夏冬季浅色型生物土壤结皮中古菌的系统发育多样性"，《微生物学通报》，2014 年第 10 期。

贺纪正、葛源："土壤微生物生物地理学研究进展"，《生态学报》，2008 年第 11 期。

贺纪正、陆雅海、傅伯杰：《土壤生物学前沿》，科学出版社，2015 年。

何亚婷、齐玉春、董云社等："外源氮输入对草地土壤微生物特性影响的研究进展"，《地球科学进展》，2010 年第 8 期。

胡锋、刘满强、李辉信等："土壤生态学发展现状与展望"，载中国土壤学会编著：《土壤学学科发展报告》，中国科学技术出版社，2011 年。

胡君利、林先贵、尹睿等："浙江慈溪不同利用年限水稻土主要微生物过程强度的比较"，《环境科学学报》，2008 年第 1 期。

冷疏影、李新荣、李彦等："我国生物地理学研究进展"，《地理学报》，2009 年第 9 期。

林先贵：《土壤微生物研究原理与方法》，高等教育出版社，2010 年。

林先贵、胡君利："土壤微生物多样性的科学内涵及其生态服务功能"，《土壤学报》，2008 年第 5 期。

刘满强、黄菁华、陈小云等："地上部植食者褐飞虱对不同水稻品种土壤线虫群落的影响"，《生物多样性》，2009 年第 5 期。

刘艳梅、李新荣、赵昕等："生物土壤结皮对荒漠土壤线虫群落的影响"，《生态学报》，2013 年第 9 期。

时雷雷、傅声雷："土壤生物多样性研究：历史、现状与挑战"，《科学通报》，2014 年第 6 期。

宋长青、吴金水、陆雅海等："中国土壤微生物学研究 10 年回顾"，《地球科学进展》，2013 年第 10 期。

孙良杰、齐玉春、董云社等："全球变化对草地土壤微生物群落多样性的影响研究进展"，《地理科学进展》，2012 年第 12 期。

汤英、刘满强、王峰等："褐飞虱对水稻苗期生产及地下部土壤活性碳氮的影响"，《生态学报》，2010 年第 11 期。

吴婷娟："全球变化对土壤动物多样性的影响"，《应用生态学报》，2013 年第 2 期。

张红玉："紫茎泽兰入侵过程中生物群落的交互作用"，《生态环境学报》，2013 年第 9 期。

张巍、冯玉杰："松嫩平原不同盐渍土条件下蓝藻群落的生态分布"，《生态学杂志》，2008 年第 5 期。

郑乐怡、归鸿：《昆虫分类学》，南京师范大学出版社，1999 年。

周桔、雷霆："土壤微生物多样性影响因素及研究方法的现状与展望"，《生物多样性》，2007 年第 3 期。

谢俊芳、全国明、章家恩等："豚草入侵对中小型土壤动物群落结构特征的影响"，《生态学报》，2011 年第 19 期。

徐芹、肖能文：《中国陆栖蚯蚓》，中国农业出版社，2011 年。

殷秀琴、宋博、董炜华等："我国土壤动物生态地理研究进展"，《地理学报》，2010 年第 1 期。

尹文英：《中国亚热带土壤动物》，科学出版社，1992 年。

第10章 土壤微生物群落及其时空演变特征

土壤中微生物数量大、种类多、生物量大，土壤是微生物的"大本营"，是人类最丰富的"菌种资源库"。土壤微生物参与了土壤中几乎所有的物质转化过程，对土壤生态系统功能有直接的影响。因而，土壤微生物成为土壤圈、生物圈、大气圈、水圈、岩石圈物质循环的"纽带"。土壤微生物常被比作土壤养分元素循环的"转换器"、环境污染的"净化器"、陆地生态系统稳定的"调节器"。土壤微生物群落及其时空演变特征研究有助于深入挖掘土壤生物资源，深刻理解土壤中微生物多样性产生、维持的机制和陆地表层环境内在特征，预测土壤生态系统功能的演变方向。为此，土壤微生物学以及微生物生态学研究现已成为生物学、地学和环境科学等多学科关注的重要前沿领域。

10.1 概　　述

本节以土壤微生物群落及其时空演变特征的研究缘起为切入点，阐述了土壤微生物群落时空演变的内涵及其主要研究内容，并以科学问题的深化和研究方法的创新为线索，探讨了土壤微生物群落及其时空演变特征研究的演进阶段与关注的科学问题变化。

10.1.1 问题的缘起

生物地理学是研究生物多样性空间和时间分布规律及成因的一门科学。长期以来，生物地理学家主要研究宏观生物的地理分布并发现动植物分布具有明显的地域性，提出了动植物空间分布的理论和假说（Drakare，2006：215～227）。例如，动植物多样性随纬度增加而不断降低，随海拔增加而不断降低或呈单峰模式。微生物的生物地理学主要研究微生物群落及其时空演变特征。20世纪30年代，微生物学家已经开展了微生物空间分布的研究，但由于微生物复杂的多样性和研究技术手段的限制，微生物时空分布的研究长期滞后，甚至对其是否存在生物地理分布规律都存在争论（Finlay，2002：1061～1063；Whitfield，2005：960～961）。土壤中的微生物数量庞大、种类繁多，但可培养的微生物仅占其总量的0.1%～10%，通过纯培养技术研究的微生物群落只是冰山一角，很难反映土壤整体微生物群落的组成与多样性，更不用说微生物群落的时空分布特征。近年来，随着高通量测序等现代分子生物学技术的突破，人们可以从基因水平测定不可培养微生物的群落组成和多样性，使得自 21 世纪以来土壤微生物群落的时空演变研究成为目前土壤学、微生物学以及生态学领域最为重要的交叉学科之一，并呈现巨大的复苏态势。

10.1.2 问题的内涵及演进

土壤微生物群落以土壤微生物为研究对象，探索土壤中的微生物群落特征及其与所处环境之间的相互关系和作用规律。首先，研究土壤微生物群落的组成、多样性、丰度等群落特征；其次，研究微生物群落在空间与时间上的分布规律，最终阐明土壤微生物群落的时空分布格局及其驱动机制。现代分子生物学技术的突破极大地推动了土壤微生物群落研究的发展与演进，生态学基本理论在土壤微生物群落研究上的应用也不断推动了该领域的发展。具体来说，土壤微生物群落及其时空演变特征就是研究土壤微生物群落组成、多样性等群落特征，阐明微生物群落与环境变量的相互关系，揭示不同时空尺度下土壤微生物群落的演变特征以及微生物群落对环境变化的响应机制。土壤微生物群落及其时空演变特征研究的发展历程大体可分为以下 3 个阶段。

第一阶段：基于纯培养技术的土壤微生物群落研究。土壤微生物学始于 19 世纪中叶，这一时期农业化学和细菌学的形成与发展为研究土壤中物质转化的生物过程开辟了道路。土壤微生物经典生物学发展的黄金时代应运而生，纯培养技术是该阶段研究方法的集中代表。微生物学家 C. H. Winogradsky 利用纯培养的方法分别于 1887 年和 1890 年发现了硫黄细菌与硝化细菌，论证了土壤中硫化作用和硝化作用的微生物学过程以及这些细菌的化能营养特性。他运用无机培养基、选择性培养基以及富集培养基等方法，研究了土壤细菌各个生理类群的生命活动，揭示了土壤微生物参与土壤物质转化的各种作用，奠定了土壤微生物学发展的基础。1901 年，荷兰学者 M. Beijerinck 最先分离根瘤菌和好气固氮菌，并对自生固氮作用进行了深入的研究。1904 年，苏联学者 В. Л. Омелянский 首次发现了纤维分解细菌，并研究了纤维素分解和果胶质分解的微生物学过程，开创了土壤有机质分解方面的研究。美国微生物学家 S. A. Waksman 在对土壤中有机质分解的微生物学原理进行了详细的研究之后，于 1928 年出版了《土壤微生物学原理》（*Principles of Soil Microbiology*）。我国土壤微生物学研究起步较晚。1935 年，张宪武开始对根瘤菌进行研究。随后，樊庆笙、陈华癸等也开始从事土壤微生物的研究，主要集中在根瘤菌和抗生素方面。

第二阶段：基于现代生物学技术的土壤微生物群落研究。土壤中绝大多数的微生物不可培养，通过纯培养技术研究不能反映土壤微生物群落的整体情况。20 世纪后半叶，PLFA（磷脂脂肪酸）、Biolog、基因指纹图谱、克隆文库、基因芯片和 SIP（稳定同位素核酸探针）等分子生物学技术的兴起，推动了土壤微生物群落研究的发展，开创了土壤微生物分子生物学发展的新时代，实现了直接对土壤微生物群落的结构和功能进行分析而不需要对单个菌种进行分离培养。PLFA 方法是一种简单、快速、可重复的提取和纯化总脂肪酸的方法。由于不同种类微生物的

PLFA 具体成分有着一定的差异，该技术也用于测定土壤微生物群落结构的变化。Biolog 方法于 1991 年首次被用于描述土壤微生物群落特征，该方法被广泛用于描述土壤微生物功能多样性及代谢特征的变化。Torsvik 等（1990：782～787）利用 DNA 复性试验研究了挪威山毛榉树林中土壤微生物的多样性，估测出每克土中大约有 4 000 种微生物。针对核酸序列的 PCR（聚合酶链式反应）技术为后续分子生物学的发展奠定了基础。基于微生物 PCR 产物的指纹图谱分析方法，如 DGGE（变性梯度凝胶电泳）、T-RFLP（限制性片段长度多态性）等可以对微生物群落的分类组成及结构变化进行快速、较深入的分析，被广泛应用在土壤微生物群落结构的研究之中（Kowalchuk et al.，1998：339～350；Osborn et al.，2000：39～50），成为 20 世纪 90 年代末至 21 世纪初土壤微生物群落研究的主要技术手段。

第三阶段：基于高通量测序技术的土壤微生物群落时空演变研究。近年来，新一代高通量测序及组学技术的发展极大地提高了土壤微生物群落研究的灵敏性，能够充分解析复杂土壤环境中微生物的群落组成与多样性，给土壤微生物群落的研究带来了前所未有的机遇，使得土壤微生物群落时空演变研究成为国际上的热点。随着微生物生物地理学的发展，微生物随机分布格局的假说已经基本被证明是不正确的（Whitfield，2005：960～961），微生物的空间分布主要由当代环境条件和历史进化因素决定。尽管当代环境条件决定微生物空间分布的假说得到了多数研究者的支持（Wit and Bouvier，2006：755～758；Fierer and Jackson，2006：626～631），也有不少研究报道了历史进化因素决定了微生物群落的空间变异（Martiny et al.，2006：102～112），两者对于微生物群落时空变异的相对贡献仍存在很大的争议（Zhou et al.，2008：7768～7773；Garcia-Pichel et al.，2013：1574～1577），主要与生态系统类型、研究尺度、微生物类群以及分析技术等相关。目前，我们仍然需要对土壤微生物群落的时空分布及其驱动机制进行深入了解。

10.2 国际"土壤微生物群落及其时空演变特征"研究主要进展

近 15 年来，随着土壤微生物群落及其时空演变研究的不断深入，逐渐形成了一些核心领域和研究热点。通过文献计量分析发现，其核心研究领域主要包括土壤微生物多样性与群落结构、土壤功能微生物类群、根际微生物群落、生物降解及修复中微生物群落等方面。随着技术的进步，土壤微生物群落研究正在从简单到复杂、从总体微生物到功能类群、从单一尺度到多尺度方向发展，不断地揭示土壤微生物群落及其时空演变的内在机制。

10.2.1 近 15 年国际该领域研究的核心方向与研究热点

运用 Web of Science 数据库，依据本研究领域核心关键词制定了英文检索式，即："soil*" and ("microorganism*" or "microbe*" or "bacteria*" or "archaea*" or "virus") and ("species" or "population" or "community" or "composition" or "structure" or "OTU" or "richness" or "diversity" or "abundance" or "distribution" or "biogeographic*" or "time" or "season*" or "succession" or "geographic distance" or "spatial distance" or "history" or "evolution" or "dispersal limitation" or "environment*" or "constrain" or "plant" or "climate" or "scale" or "model*" or "prediction" or "functional" or "gene" or "elevation" or "network"），检索到近15年本研究领域共发表国际英文文献34 565篇。划分了2000～2002年、2003～2005年、2006～2008年、2009～2011年和2012～2014年5个时段，各时段发表的论文数量占总发表论文数量的百分比分别为10.1%、13.8%、18.7%、25.0%和32.4%，呈逐年上升趋势，特别是2006年以后，呈大幅度上升趋势。图10-1为2000～2014年土壤微生物群落及其时空演变特征领域SCI期刊论文关键词共现关系图谱，在一定程度上反映了近15年国际土壤微生物群落及其时空演变特征的核心领域，主要包括微生物多样性与群落结构、土壤功能微生物类群、根际微生物群落、微生物群落与生物降解及修复4个方向。

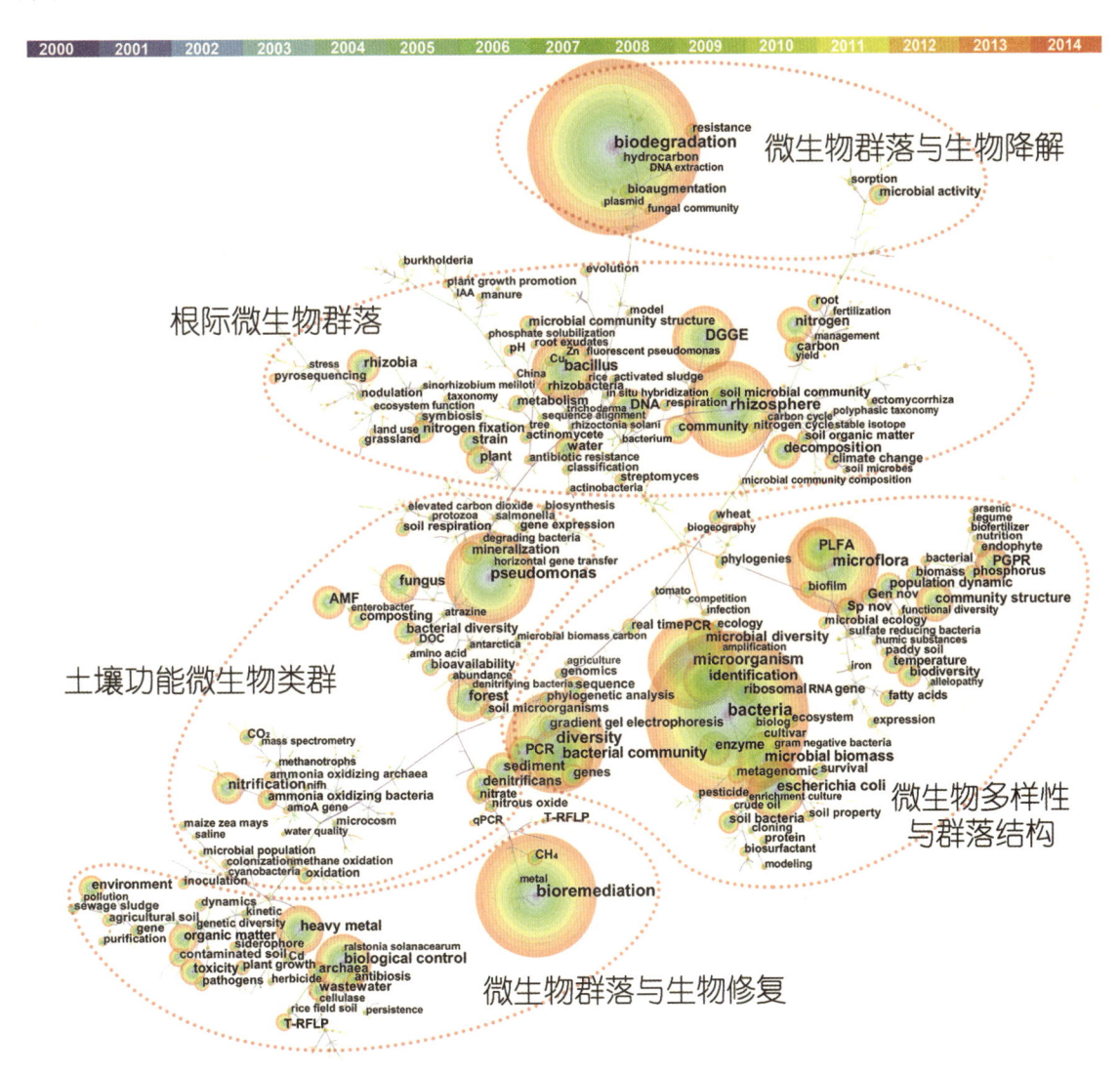

图10-1 2000～2014年"土壤微生物群落及其时空演变特征"领域SCI期刊论文关键词共现关系

（1）微生物多样性与群落结构

关键词聚类共现关系图 10-1 中该聚类圈出现了细菌（bacteria）、微生物多样性（microbial diversity）、群落结构（community structure）、细菌群落（bacterial community）、微生物区系（microflora）、微生物生物量（microbial biomass）、微生物生态（microbial ecology）、人口动态（population dynamics）等关键词。这些关键词反映了土壤微生物组成、多样性、生物量、动态等群落特征，同时表明，细菌在土壤微生物群落研究中占据主导地位。此外，该聚类圈中也出现了 PCR、实时定量 PCR（real time PCR）、磷脂脂肪酸分析（PLFA）、碳源代谢（Biolog）、序列（sequence）、核糖体 RNA 基因（ribosomal RNA gene）、基因组（genomics）、宏基因组（metagenomics）、系统发育分析（phylogenetic analysis）、模型（modelling）等关键词，以及一些气候土壤环境变量，如温度（temperature）、土壤品质（soil properties）。这表明近 15 年来，**现代分子生物学技术及新的数据分析方法已被广泛用于土壤微生物群落研究中，并且关注微生物群落与环境变量的相互关系。**

（2）土壤功能微生物类群

该聚类圈中出现菌根真菌（AMF）、氨氧化细菌（ammonia-oxidizing bacteria）、氨氧化古菌（ammonia-oxidizing archaea）、反硝化菌（denitrifying bacteria）等与土壤碳氮磷转化相关的微生物以及与病害可能有关的假单胞菌（pseudomonas）。该聚类圈中也有土壤矿化作用（mineralization）、硝化作用（nitrification）、土壤呼吸（soil respiration）、N_2O 排放（nitrous oxide）、生物有效性（bioavailability）等土壤养分转化功能方面的关键词（图 10-1），表明近 15 年**土壤微生物群落不仅研究总体微生物类群（如细菌、真菌），也拓展到土壤功能微生物特别是与碳氮磷转化相关的微生物功能群。**

（3）根际微生物群落

该聚类圈中出现根际（rhizosphere）、植物（plant）、根（root）、根瘤（rhizobia）、外生菌根（ectomycorrhiza）、根际微生物（rhizobacteria）、土壤微生物群落（soil microbial community）、微生物群落结构（microbial community structure）等关键词，反映了根际微生物群落已成为近 15 年的研究热点。此外，也出现了碳循环（carbon cycle）、氮循环（nitrogen cycle）、氮固定（nitrogen fixation）、磷活化（phosphate solubilization）、降解（decomposition）、植物生长促进（plant growth promotion）、抗生素抗性（antibiotic resistance）等关键词以及 DNA、变性梯度凝胶电泳（DGGE）、焦磷酸测序（pyrosequencing）、原位杂交（in situ hybridization）、同位素探针（stable isotope）等关键词。这表明，近 15 年来，**与土壤养分循环、植物促生相关联的根际微生物群落是研究的热点之一，同时，现代分子生物学技术已经应用于根际微生物群落研究中。**

（4）微生物群落与生物降解及修复

该聚类圈中出现生物降解（biodegradation）、生物修复（bioremediation）两个高频关键词，同时出现重金属（heavy metal）、生物控制（biological control）、碳氢化合物（hydrocarbon）、污染土壤（contaminated soils）、废水（waster water），以及微生物群落方面的关键词，如真菌群落（fungal community）、古菌（archaea）、遗传多样性（genetic diversity）、微生物活性（microbial activity）等。这表明，近15年来，**污染土壤中生物降解及修复过程中相关微生物群落也是研究热点之一**。

SCI期刊论文关键词共现关系图谱反映了近15年土壤微生物群落及其时空演变特征研究的核心领域（图10-1），而不同时段TOP20高频关键词可反映其研究热点（表10-1）。表10-1显示了2000~2014年前10位高频关键词为细菌（bacteria）、土壤有机质（soil organic matter）、硝化作用（nitrification）、根际（rhizosphere）、真菌（fungi）、微生物生态（microbial ecology）、植物修复（phytoremediation）、碳截留（carbon sequestration）、降解（decomposition）、焦磷酸测序（pyrosequencing），表明这些领域是近15年研究的热点。不同时段高频关键词组合特征能反映研究热点随时间的变化情况，对以3年为时间段的热点问题变化情况的分析如下。

（1）2000~2002年

由表10-1可知，本时段的研究对象主要为细菌和真菌，重点关注根际微生物、硝化微生物以及碳转化微生物。根际微生物相关的关键词有根际（rhizosphere）、生物控制（biocontrol）、根（root）、病原真菌（pathogenic fungi）、根际沉积（rhizodeposition）、共生微生物（symbiotic microbes）等。硝化微生物相关的关键词有硝化作用（nitrification）、^{15}N标记（N-15）、亚硝化螺菌（nitrosospira）。微生物碳循环相关的关键词有土壤有机质（soil organic matter）、^{13}C标记（C-13）、^{14}C标记（C-14）、碳运转（carbon turnover）、土壤碳（soil carbon）、土壤呼吸（soil respiration）。以上出现的高频关键词表明，**土壤根际微生物、碳氮转化相关微生物群落是本时段的研究热点**。

（2）2003~2005年

由表10-1可知，根际微生物还是本时段关注的热点之一，但关注度比上一阶段有所减弱，关键词有根际（rhizosphere）、根（root）、根际微生物（rhizobacteria）、菌根真菌（mycorrhiza）。养分循环也是这一阶段的关注热点之一，关键词有养分循环（nutrient cycling）、土壤有机质（soil organic matter）、碳（carbon）、反硝化作用（denitrification）、硝化作用（nitrification）。从这时段开始，土壤微生物多样性得到较大关注，高频关键词有多样性（diversity）、微生物多样性（microbial diversity）。此外，磷脂脂肪酸（phospholipid fatty acid）、生物降解（biodegradation）、分子系统发育（molecular phylogeny）也得到了关注。以上出现的高频关键词表明，**本时段在关注根际微生物、土壤养分循环的同时，也出现了微生物多样性、生物降解等研究热点**。

（3）2006~2008年

由表10-1可知，尽管土壤养分循环、生物降解还是研究的热点，关键词有碳循环（carbon cycle）、氮（nitrogen）、磷（phosphorus）、生物降解（biodegradation）、激发效应（priming effect），然而，根际微生物已不再是主要研究热点。这一阶段微生物多样性、微生物地理分布以及全球变化成为主要研究热点，关键词有微生物生态（microbial ecology）、生物地理（biogeography）、

338　土壤学若干前沿领域研究进展

表 10-1　2000~2014 年 "土壤微生物群落及其时空演变特征" 领域不同时段 TOP20 高频关键词组合特征

2000~2014 年		2000~2002 年 (20篇/校正系数3.25)		2003~2005 年 (28篇/校正系数2.32)		2006~2008 年 (37篇/校正系数1.76)		2009~2011 年 (50篇/校正系数1.30)		2012~2014 年 (65篇/校正系数1.00)	
关键词	词频	关键词	词频	关键词	词频	关键词	词频	关键词	词频	关键词	词频
bacteria	19	rhizosphere	9.7 (3)	rhizosphere	7.0 (3)	microbial ecology	7.0 (4)	biochar	6.5 (5)	bacteria	8
soil organic matter	13	bacteria	6.5 (2)	nutrient cycling	7.0 (3)	archaea	5.3 (3)	phytoremediaiton	6.5 (5)	pyrosequencing	5
nitrification	11	biocontrol	6.5 (2)	soil organic matter	7.0 (3)	biodegradation	5.3 (3)	bacteria	6.5 (5)	soil organic matter	5
rhizosphere	11	C-13	6.5 (2)	microorganisms	4.6 (2)	biogeography	5.3 (3)	carbon sequestration	5.2 (4)	bioremediation	4
fungi	9	C-14	6.5 (2)	diversity	4.6 (2)	carbon cycle	5.3 (3)	fungi	5.2 (4)	decomposition	4
microbial ecology	9	N-15	6.5 (2)	phospholipid fatty acid	4.6 (2)	bacteria	5.3 (3)	arbuscular mycorrhiza	3.9 (3)	nitrification	4
phytoremediaiton	9	nitrification	6.5 (2)	root	4.6 (2)	16S rRNA	3.5 (2)	biocontrol	3.9 (3)	nitrogen cycle	4
carbon sequestration	8	nitrosospira	6.5 (2)	microbial diversity	4.6 (2)	antibiotics	3.5 (2)	black carbon	3.9 (3)	16S rRNA gene	3
decomposition	8	root	6.5 (2)	mycorrhiza	4.6 (2)	climate change	3.5 (2)	charcoal	3.9 (3)	antibiotic resistance	3
pyrosequencing	8	soil organic matter	6.5 (2)	bacteria	2.3 (1)	ecotoxicity	3.5 (2)	decomposition	3.9 (3)	climate change	3
biodegradation	7	ammonia oxidation	3.3 (1)	biodegradation	2.3 (1)	fungi	3.5 (2)	heavy metal	3.9 (3)	microbial ecology	3
bioremediation	7	carbon turnover	3.3 (1)	carbon	2.3 (1)	microbial diversity	3.5 (2)	microbial community	3.9 (3)	plant microbe interactions	3
climate change	7	microbial diversity	3.3 (1)	denitrification	2.3 (1)	mycorrhizal fungi	3.5 (2)	nitrification	3.9 (3)	agriculture	2
nitrogen	7	soil carbon	3.3 (1)	ecosystem functioning	2.3 (1)	nitrogen	3.5 (2)	nitrogen	3.9 (3)	biogeography	2
priming effect	7	soil respiration	3.3 (1)	endosymbiosis	2.3 (1)	phosphorus	3.5 (2)	priming effect	3.9 (3)	birch effect	2
root	7	fungi	3.3 (1)	functional genes	2.3 (1)	phylogenetic diversity	3.5 (2)	rhizobacteria	3.9 (3)	carbon use efficiency	2
16S rRNA	6	pathogenic fungi	3.3 (1)	fungus	2.3 (1)	priming effect	3.5 (2)	pyrosequencing	3.9 (3)	ecological stoichiometry	2
biochar	6	rhizodeposition	3.3 (1)	molecular phylogeny	2.3 (1)	proteobacteria	3.5 (2)	beta diversity	2.6 (2)	denitrification	2
heavy metal	6	symbiotic microbes	3.3 (1)	rhizobacteria	2.3 (1)	quantitative PCR	3.5 (2)	biodegradation	2.6 (2)	heavy metal	2
microbial diversity	6	molecular ecology	3.3 (1)	nitrification	2.3 (1)	quorum-sensing	3.5 (2)	phospholipid fatty acid	2.6 (2)	shotgun metagenomics	2

注：括号中的数字为校正前关键词出现频次。

气候变化（climate change）、微生物多样性（microbial diversity）、系统发育多样性（phylogenetic diversity）。这一时段另外一个特点即除了细菌（bacteria）、真菌（fungus）、菌根真菌（mycorrhizal fungi）之外，古菌（archaea）成为研究对象。总体来说，**尽管土壤养分循环、生物降解还是研究热点，但微生物生态及生物地理研究成为这一时段新的热点。**

（4）2009～2011年

由表10-1可知，这一时段的研究热点与上一时段有较大不同，主要体现在3个方面。首先，生物炭及微生物碳循环的效应成为研究热点，关键词有生物炭（biochar）、碳截留（carbon sequestration）、黑炭（black carbon）、木炭（charcoal）、激发效应（priming effect）；其次，生物降解与修复成为另外一个热点，关键词有植物修复（phytoremediation）、生物控制（biocontrol）、降解（decomposition）、重金属（heavy metal）、生物降解（biodegradation）；最后，硝化微生物也是一个热点，关键词有硝化作用（nitrification）、氮（nitrogen）、氨氧化古菌（ammonia-oxidising archaea）。此外，土壤细菌（bacteria）、真菌（fungi）、菌根真菌（arbuscular mycorrhiza）、根际微生物（rhizobacteria）都是这一阶段的研究对象。总之，**这一时段是以生物炭、生物修复、硝化过程中微生物群落为研究热点。**

（5）2012～2014年

由表10-1可知，这一阶段主要的研究热点是碳氮循环、生物降解相关微生物。碳氮循环方面的关键词有土壤有机质（soil organic matter）、硝化作用（nitrification）、氮循环（nitrogen cycle）、碳利用效率（carbon use efficiency）、反硝化作用（denitrification）。生物降解方面的关键词有生物修复（bioremediation）、降解（decomposition）、重金属（heavy metal）等。此外，微生物生态与生物地理也是一个主要方向，关键词有气候变化（climate change）、微生物生态（microbial ecology）、植物微生物相互关系（plant microbe interactions）、生物地理（biogeography）、生态化学计量（ecological stoichiometry）。在技术方面，高通量测序成为最主要的技术，如焦磷酸测序（pyrosequencing）、宏基因组学（shotgun metagenomics）。总之，**这一时段主要是以高通量测序为技术手段，研究土壤养分循环、生物降解、生物地理分布过程中的微生物群落。**

根据校正后高频关键词分布情况可以看出，土壤养分循环相关功能微生物类群始终是研究热点之一。其他的研究热点由早期的根际微生物群落发展到最近的微生物降解与修复、微生物生态与生物地理。此外，微生物群落的研究技术也由磷脂脂肪酸、指纹图谱等方法发展到高通量测序及宏基因组技术。

10.2.2 近15年国际该领域研究取得的主要学术成就

图10-1表明近15年国际土壤微生物群落及其演变特征的核心领域主要包括微生物多样性与群落结构、土壤功能微生物类群、根际微生物群落、生物降解及修复中微生物群落4个方面。高频关键词组合特征反映的热点问题主要包括在土壤养分循环、生物降解、根际以及微生物生态及生物地理分布中微生物群落研究，以及技术发展对微生物群落研究的贡献。针对以上4个

核心方向及热点问题展开了大量研究，取得的成就主要包括土壤微生物群落的空间分布、土壤微生物功能群的空间分布、土壤微生物群落对人为干扰的响应、土壤微生物群落对全球变化的响应4个方面。

（1）土壤微生物群落的空间分布

21世纪以来，随着现代分子生物学技术和生物信息分析方法的迅猛发展，土壤微生物群落的空间分布及其驱动机制逐渐成为国际上的研究热点。自此，土壤微生物的空间分布研究呈现蓬勃发展的态势，其研究范围涵盖了从微观水平、样地水平到景观以及国家、洲际水平等不同空间尺度。影响微生物空间分布的两大驱动因素是当代环境条件（光照、降水、温度、土壤pH和营养状况等）和历史因素（距离分隔、物理屏障、扩散限制和过去环境的异质性等）。当代环境条件决定微生物空间分布的假说得到了多数研究者的支持。例如，国内外的研究连续报道土壤pH是驱动土壤细菌空间分布的关键因子（Fierer and Jackson，2006：626～631；Jesus et al.，2009：1004～1011；Chu et al.，2010：2998～3006；King et al.，2010：53；Griffiths et al.，2011：1642～1654；Shen et al.，2013：204～211；Xiang et al.，2014：3829；Feng et al.，2014：193～200；Liu et al.，2014：113～122），pH的驱动范围从总体细菌群落到功能类群、从水平分布到垂直分布、从酸性环境到碱性环境、从自然生态系统到扰动生态系统。然而在pH变化不大的环境下，土壤碳氮含量或其他因素成为影响细菌分布的主要因子（Shen et al.，2015：582）。与细菌不同，土壤真菌的空间分布与土壤pH相关性较小，这可能是由于真菌适应pH的范围比细菌更宽（Lauber et al.，2008：2407～2415；Rousk et al.，2010：1340～1351）。植物群落也是影响真菌群落分布的重要因子。Nielsen等（2010：1317～1328）研究了苏格兰不同地区微生物空间分布，发现细菌与古菌主要受pH和碳氮比的影响，而真菌群落的差异主要由植物群落的差异造成。Peay等（2013：1852～1861）研究了亚马孙河流域3个主要热带森林类型的土壤真菌群落，发现真菌群落的多样性和群落组成与植物的多样性和群落组成密切相关，二者有极强的耦合性。最近，Liu等（2015：29～39）研究发现土壤有机碳含量是驱动我国东北黑土地区土壤真菌空间分布的关键因子。Shen等（2014：3190～3202）比较了长白山土壤微生物与植物多样性随海拔的分布特征，发现与动植物多样性不同，微生物多样性随海拔并未呈现明显的递减和单峰趋势；进一步解析了土壤微生物与植物多样性随海拔不同分布模式的可能机制：相对于细胞结构的差异，生物个体大小对生物多样性垂直分布的影响可能更大。

同时，历史进化因素对微生物群落的空间变异也有显著的贡献（Martiny et al.，2006：102～112；Zhou et al.，2008：7768～7773；Garcia-Pichel et al.，2013：1574～1577）。目前，当代环境与历史进化因素对于微生物群落空间变异的相对贡献仍存在很大的争论。在这些研究中，检测手段的灵敏度、环境因子的变化范围、空间尺度以及对微生物种的定义的不同均可带来不同的结论。有研究表明，当OTU的定义标准从95%的序列相似性增加到99%时，物种在空间上的周转率亦随之显著增加（Horner-Devine et al.，2004：113～122），较粗略的物种划分标准会导致可观测到的微生物空间分布格局减弱甚至消失。此外，Hanson等（2012：497～506）提出，在土壤微生物的时空分布中,选择、漂移、扩散和突变以及这些过程的相互作用共同维持并影响了微生物的生物地理模式。由于自然环境高度的变异性,需要大量的数据来计算统计学上的显著性(Fuhrman,2009:193～199)。因此,亟待全面地研究不同生态系统以及不同空间尺度下的土壤微生物群落,比较其驱动因子的异同,进而上升到空间分布格局的维持机制。

(2)土壤微生物功能群的空间分布

近年来,土壤微生物功能群、功能基因的空间分布研究也得到了广泛重视。Carney 等(2004:684～694)研究热带土壤中的氨氧化细菌(AOB)群落,发现在人为干扰的情况下,AOB 群落的组成与多样性会随着土地利用方式的不同而产生显著变化。Fierer 等(2009:435～445)研究北美不同生态系统土壤中的 AOB 群落,发现温度可能是影响 AOB 群落分异的重要因素。然而,Martiny 等(2011:7850～7854)的研究发现,AOB 的空间分布主要受空间距离的影响,这可能是由于不同的研究尺度造成的。氨氧化古菌(AOA)是土壤氨氧化的另一类重要微生物类群。Yao 等(2013:2545～2556)发现 AOA 在酸性土壤中占优势地位,pH 和铵态氮能够显著影响 AOA 群落的分布。Gubry-Rangina 等(2011:21206～21211)也发现 AOA 受生境过程影响,土壤 pH 是驱动 AOA 分布的主要因素。有学者采用定量 PCR 技术在样地尺度(Enwall et al.,2010:2243～2250)和景观尺度(Bru et al.,2011:532～542)上对氮循环相关基因的空间分布进行了研究,发现环境因子会显著影响这些功能基因的空间分布。也有文献报道土壤中其他微生物功能群、功能基因的空间分布。Garcia-Pichel 等(2013:1574～1577)发现蓝细菌在洲际尺度下的分布主要受温度影响,为微生物功能群落与气候变化的关联提供了直接证据。Zhou 等(2008:7768～7773)采用 Geochip 技术分析了森林生态系统微生物功能基因的空间分布模式,结果显示基因—面积关系符合 power-law 关系($Z=0.0624$),其 Z 值数倍低于动物和植物的 Z 值,说明微生物空间周转率显著低于动植物的空间周转率。Shi 等(2015:126～134)的研究发现,历史空间隔离能够显著影响北极土壤功能基因的空间分布,同时发现功能基因在大尺度上的差异性与土壤 pH 及全氮有密切的关联。

丛枝菌根真菌是真菌中比较重要的一类类群,其与大多数陆地上植物可以形成互惠互利的菌根共生体。近年来,针对其空间分布规律的研究正逐渐增加。Matevž 等(2013:209～219)研究了亚得里亚海海岸东部葡萄树根的丛枝菌根真菌,发现土壤速效磷含量一定程度上影响了土壤丛枝菌根真菌群落的变化。Daniel 等(2013:191～199)认为土壤质地的不同及土壤水有效性的差异驱动了土壤丛枝菌根真菌的空间分布。Christopher 等(2011:241～249)对英国 9 处农田及园艺用地的丛枝菌根真菌进行了研究,结果发现在区域尺度下丛枝菌根的分布和空间距离显著相关,而在景观尺度下则与环境异质性显著相关。Hazard 等(2013:498～508)发现当地环境条件和历史因素共同驱动土壤丛枝菌根真菌的群落分布。丛枝菌根真菌作为一类专性寄生的微生物类群,影响其空间分布的因素与细菌及非专性寄生真菌明显不同,因此需要对丛枝菌根真菌的空间分布加以系统的研究,以阐明其内在规律。

（3）土壤微生物群落对人为干扰的响应

土壤微生物作为土壤有机质和养分转化、循环的动力，能迅速地对周围的环境变化做出反应（Avidano et al., 2005：21~33），会受到人为活动（如耕作、施肥、重金属污染物等）的干扰。土壤微生物群落对干扰的抵抗力和恢复力是国内外学者所关注的焦点问题之一（Allison et al., 2008：11512~11519；Griffiths et al., 2013：112~129）。通常情况下，在环境污染（Hafez and Elbestawy, 2009：215~224）以及耕作管理（Chaer et al., 2009：414~424）的干扰下，土壤微生物的物种和基因多样性都会降低，具有抗性的微生物种群会逐步取代其他种群，引起微生物群落的演替。尽管如此，由于不同类群微生物本身特性的差异及其所处环境的异质性，其对干扰因子的响应并没有一个普适的结论。

人为干扰中最主要的方式就是通过各种农业措施改变土壤结构、有效养分、水分条件等，从而改变地上植被和地下微生物的群落结构及多样性（Tsiafouli et al., 2015：973~985）。在农田中，存在诸如 AM 真菌、根瘤菌、固氮菌等在植物生长中发挥重要作用的土壤微生物，这些微生物类群的丰度和活性均受到轮作、施肥、灌溉等农业措施的影响。早期的研究发现，农田生态系统的集约化管理会改变分解过程中细菌通道和真菌通道的相对重要性（Coleman et al., 1983：1~55）。在集约化管理条件下，高强度的干扰有利于细菌群落的竞争生长；而低干扰的管理水平则有利于真菌群落的生长，菌丝体状的真菌在免耕土壤中有助于大团聚体的形成，并可显著提高土壤结构的稳定性（Beare et al., 1997：211~219）。集约化管理对真菌生长的抑制效应主要是由于施肥对腐生真菌（Donnison et al., 2000：289~294）和 AM 真菌（Johnson et al., 2005：157~164）产生了直接的抑制作用。近年来，应用分子生物学技术研究土壤微生物群落对不同农业管理措施的响应越来越多。总体来说，短期的施肥对土壤微生物群落的影响较小，而长期施用化肥导致了细菌群落组成的显著改变和多样性的降低（Ramirez et al., 2010：3463~3470；Coolon et al., 2013）；有机肥（物）的添加也会显著影响土壤细菌群落组成，但是会提高土壤细菌的多样性水平（Enwall et al., 2007：106~115；Chaudhry et al., 2012：450~460）。Sun 等（2015：9~18）发现长期（30 年）施用化肥显著降低了土壤细菌的物种多样性和遗传多样性，而有机粪肥（猪粪或牛粪）与化肥的联合施用可以促进土壤细菌群落结构的稳定与多样性的维持。此外，不同的施肥措施也会对土壤真菌群落产生影响，如 Paungfoo-Lonhienne 等（2015：8678）发现氮肥的施用可显著改变土壤真菌的群落组成，特别是高量氮肥的施用导致某些致病真菌的相对丰度的增加，不利于土壤的健康。相比于化肥，有机肥的施用对土壤真菌而言，将产生更大的影响。有研究表明，有机肥可提高土壤真菌的多样性以及真菌在土壤微生物中的比例，预示了有机肥对土壤真菌群落的积极影响（Lee et al., 2013：271~278）。

随着工业化、城镇化、农业集约化的快速发展，高强度的人类活动产生了大量的重金属、化肥、石油产品等污染物。这些污染物在土壤中逐年累积，导致土壤发生了显性或潜性的复合污染，对土壤的生物多样性、粮食安全及人类健康造成了潜在的威胁（Wall et al., 2015：69~76）。土壤污染会显著地改变土壤微生物的群落结构、多样性、生物量、基础呼吸强度及其生态功能。研究表明，重金属污染可改变土壤微生物生物量（Shukurov et al., 2006：1~11）、微生物群落结构（Kelly et al.，1999：1455～1465），并降低微生物多样性（Bååh et al.，1998：238～245）。然而，近期 Romero-Freire 等（2016：132～139）的研究发现只有在有机质含量低及酸性土壤条件下重金属的毒性才可以充分显现出来。Ranjard 等（2000：107～115）研究表明，汞（Hg）污染土壤中一些敏感性高的细菌类群消失，而保留下的优势细菌类群可能是对污染胁迫有耐性的细菌。Lorenz 等（2006：1430～1437）研究发现，污染物会改变土壤微生物的群落结构：土壤真菌和细菌中的变形菌由于对砷（As）和镉（Cd）具有一定抗性而保持相对稳定，而细菌的其他种属的相对丰度降低。Ruyters 等（2010：766～772）也发现，重金属污染会导致氨氧化细菌群落结构的改变，硝化微生物群落逐步演替为微生物群落中的优势类群。最近，Sharaff 和 Archana（2015：1299～1307）利用 DGGE 技术研究了绿豆根际微生物对铜（Cu）污染的响应，发现随着铜（Cu）含量的上升，细菌中 α 变形菌和 β 变形菌的多样性指数下降，而厚壁菌门和放线菌门的类群没有显著的变化。Deng 等（2015：8259～8269）综合分析多种重金属污染物对耕作土壤微生物的生物量、多样性及群落组成的影响，发现重金属污染显著抑制基础土壤呼吸，并改变细菌和真菌群落结构，但对总的生物量影响不大。此外，石油污染也是土壤污染的一个重要方面，Kirk 等（2005：455～465）通过对细菌 16S rDNA 序列的研究发现细菌群落在石油污染条件下变化显著。Allegrini 等（2015：60～68）研究土壤细菌群落对除草剂草甘膦的耐性，发现土壤细菌对除草剂的耐受性受之前暴露在除草剂污染下的历史及程度的影响。值得注意的是，一方面，土壤微生物会对人为引进的土壤污染物进行响应；另一方面，微生物又可对不同的污染物进行吸收、代谢，改变其形态、价态等理化性质，最终改变污染物的移动性、毒性和最终归趋，即土壤微生物对环境污染的反馈调节。随着技术手段的发展和对现象观察的不断深入，土壤微生物对污染物的反馈与修复也已逐渐成为国内外研究的热点。

（4）土壤微生物群落对全球变化的响应

全球变化作为全球尺度下的环境压力，缓慢而持续地干扰全球范围内陆地生态系统的生境，影响生物群落的组成、结构、多样性及生态功能。土壤微生物是生物地球化学循环的主要驱动者之一，在调节生态系统功能中起重要作用。相比于地上动植物，地下土壤微生物对气候变化导致的生境改变有着更加敏感的响应（Garcia-Pichel et al.，2013：1574～1577），气候环境条件改变会直接或间接地影响微生物群落，而微生物群落结构和功能的变化则会反馈于气候变化，加速或减缓全球变化的进程（Bardgett et al.，2008：805～814；Perveen et al.，2014：1174～1190）。目前，土壤微生物群落对全球变化的响应已成为国内外相关领域研究的热点及难点。这里将主要介绍土壤微生物群落对 4 种典型气候变化因子的响应：气温升高、大气 CO_2 浓度升高、大气氮沉降以及降水格局变化。

①气温升高是全球变化的最主要表现，气温升高不仅能够直接影响土壤微生物的生长周期、群落组成及代谢功能（Zogg et al.，1997：475～481），同时还会通过增加植物的光合作用、增加植物凋落物和根际分泌物等途径，从而改变土壤微生物的生境来间接影响微生物群落。Hartley 等（2008：1092～1100）发现增温引起了北极土壤微生物群落的改变，同时，CO_2 气体排放增

加，使得该地区土壤成为碳源。Deslippe 等（2012：303～315）通过长期增温试验发现，增温后土壤放线菌的相对丰度增加，芽单胞菌和变形菌相对丰度都有所下降。Xiong 等（2014：281～292）的研究结果表明增温主要通过改变土壤和植物的特征间接影响土壤细菌群落。然而，并非所有研究都支持温度的变化将显著影响土壤微生物这一观点，如 Rinnan 等（2009：788～800）认为可能需要 10 年或更长时间才能够检测到土壤微生物群落的变化。②大气 CO_2 浓度升高主要通过影响植被的群落结构和生产力以及改变土壤中输入有机质的数量和质量来间接地影响土壤微生物。有研究发现，CO_2 浓度升高对总体微生物群落结构没有显著影响，但可以对某些功能微生物的丰度产生影响（Staddon et al.，2004：1678～1688）。③大气氮沉降的增加将显著改变土壤中氮素养分，对土壤微生物群落造成直接影响，也可以通过改变植物群落而间接地影响土壤微生物。氮沉降通常显著地改变了土壤微生物的群落结构及多样性（Nemergut，2008：3093～3105；Wessén et al.，2010：1759～1765）。Fierer 等（2012：1007～1017）提出氮沉降是从养分角度对土壤富营养型和寡营养型微生物产生影响，改变土壤微生物的群落结构，进而影响到土壤微生物生物量和土壤呼吸。Zeng 等（2016：41～49）研究发现氮沉降直接影响土壤细菌多样性，而通过土壤酸化及改变植物群落间接影响细菌群落组成。氮沉降也会影响一些特定功能微生物，如 Johnson（2005：157～164）等发现在磷素富足时氮沉降抑制 AM 真菌生长，而在磷素限制时氮沉降则会促进 AM 真菌的生长。④目前，关于土壤生物群落对降水格局改变的响应研究还比较缺乏。降水格局改变可以直接或间接地影响土壤微生物群落组成（Williams，2007：2750～2757；Castro et al.，2010：999～1007），但往往与特定生态系统的初始状态有关。Cruz-Martiner 等（2009：738～744）采用 16S rRNA 基因芯片技术研究了降雨格局改变对草地土壤微生物群落结构的影响，发现只有当降雨控制试验持续 6 年后，土壤水分状况严重恶化或明显缓解时，细菌和古菌群落结构才呈现显著差异。

在全球变化背景下，土壤微生物群落的响应是土壤微生物研究的热点问题，但鉴于土壤微生物本身的复杂性和多样性，其对于全球变化的响应及响应机制依旧很模糊（Allison and Martiny，2008：11512～11519；Griffiths and Philippot，2013：112～129）。全球变化的驱动因子并不是单独作用于土壤微生物群落，而是相互耦合相互影响（Shaw et al.，2002：1987～1990）。随着研究手段的进步，微生物对全球变化驱动因子响应的研究也由单因子试验转向多因素共同作用的研究，研究目的主要集中在以下两个方面：①全球变化因子影响土壤微生物群落的机制，即土壤微生物群落对全球变化因子是否有响应，响应的正负及原因的研究；②多种因子共同作用时是哪种因子起主导作用，因子间是否存在交互作用。

10.3 中国"土壤微生物群落及其时空演变特征"研究特点及学术贡献

与国际学术界相比，国内在土壤微生物群落方面的研究起步较晚，研究技术、分析方法相对滞后,在过去的很长一段时间内土壤微生物群落研究落后于国际水平。近年来,随着国内外学术交流的增加以及现代分子生物学技术及分析方法在我国的广泛运用,我国在土壤微生物群落及其时空演变研究方面的诸多领域获得了长足的进步,取得了众多优秀的研究成果。

10.3.1　近15年中国该领域研究的国际地位

近15年来,不同国家和地区对于土壤微生物群落及其时空演变特征的研究获得了丰硕的成果。表 10-2 显示了 2000~2014 年土壤微生物群落及其时空演变特征研究领域 SCI 论文数量、篇均被引次数和高被引论文数量 TOP20 国家和地区。过去 15 年,SCI 论文发表总量 TOP20 国家和地区,共计发表论文 29 000 篇,占所有国家和地区发文总量的 83.9%。从不同的国家和地区来看,近 15 年 SCI 论文发文数量最多的国家是美国,共发表 6 522 篇;中国排第 2 位,发表 3 787 篇,约占排名第 1 位的美国的发文量的 1/2;排第 3 位的是德国,发表 2 358 篇。20 个国家和地区总体发表 SCI 论文情况随时间的变化表现为:与 2000~2002 年发文量相比,2003~2005 年、2006~2008 年、2009~2011 年和 2012~2014 年发文量分别是 2000~2002 年的 1.3 倍、1.8 倍、2.3 倍和 3.0 倍,表明国际上对于土壤微生物群落及其时空演变特征的研究表现出快速增长的态势。由表 10-2 可看出,截至 2011 年,美国在土壤微生物群落及其时空演变特征研究领域一直占据主导地位,中国在该领域的活力不断增强,增长速度最快,2009~2011 年时段已接近美国发文总量,到 2012~2014 年时段已经超过美国,跃居世界第 1 位。2000~2014 年 SCI 论文篇均被引次数居全球前 3 位的国家是挪威、荷兰和英国,美国则排在第 4 位,中国篇均被引次数为 9.4 次/篇,是挪威的 1/5,不到世界平均水平的一半,但在最近的 3 年得到较大提升,篇均被引次数接近世界平均水平。2000~2014 年 SCI 高被引论文数量居全球前 3 位的国家是美国、德国和英国,中国高被引论文数量为 26 篇,排在第 14 位,与欧美国家还存在较大差距,但在最近的 3 年得到较大提升,高被引论文数量占美国的 36%。从 SCI 论文数量、篇均被引次数和高被引论文数量的变化趋势来看,中国在土壤微生物群落及其时空演变特征研究领域的活力和影响力快速上升,研究成果受到越来越多国际同行的关注,但与欧美国家还存在一定差距。

图 10-2 显示了 2000~2014 年土壤微生物群落及其时空演变特征领域 SCI 期刊中外高频关键词对比的时序变化。从国内外学者发表论文关键词总词频来看,随着收录期刊及论文数量的明显增加,关键词词频总数不断增加。中国学者的前 15 位关键词词频在研究时段内也明显增加。

论文关键词的词频在一定程度上反映了研究领域的热点。从图 10-2 可以看出,2000~2014 年中国与全球学者发表 SCI 文章高频关键词总频次均最高的是生物降解(biodegradation),其次是细菌(bacteria)。生物修复(bioremediation)一直以来也是国际上的研究热点,近年来在中国关注度快速上升。总频次最高的前 15 位关键词中,中外学者 SCI 论文均出现的关键词还有:多样性(diversity)、根际(rhizosphere)、微生物(microorganism)、微生物区系(microflora)、

表10-2 2000~2014年"土壤微生物群落及其时空演变特征"领域发表SCI论文数及被引频次TOP20国家和地区

排序[①]	国家(地区)	SCI论文数量（篇）					国家(地区)	SCI论文篇均被引次数（次/篇）					国家(地区)	高被引SCI论文数量（篇）				
		2000~2014	2000~2002	2003~2005	2006~2008	2009~2011	2012~2014		2000~2014	2000~2002	2003~2005	2006~2008	2009~2011	2012~2014		2000~2014	2000~2002	2003~2005	2006~2008	2009~2011	2012~2014
	世界	34 565	3 477	4 770	6 468	8 650	11 200	世界	21.1	48.4	40.4	27.5	16.0	4.7	世界	1 728	173	238	323	432	560
1	美国	6 522	887	1 200	1 298	1 452	1 685	挪威	48.6	119.1	70.9	62.0	22.2	6.1	美国	632	70	92	126	126	174
2	中国	3 787	58	186	480	1 052	2 011	荷兰	39.9	83.7	55.6	51.1	28.7	10.5	德国	186	23	29	26	38	45
3	德国	2 358	349	380	479	546	604	英国	36.6	65.3	56.6	35.1	26.9	7.2	英国	180	21	34	25	51	38
4	印度	2 102	116	174	345	606	861	美国	33.4	63.2	55.2	38.7	22.7	7.3	法国	89	8	10	19	31	26
5	英国	1 648	282	324	319	360	363	瑞典	32.4	59.5	47.4	32.7	29.0	8.0	荷兰	87	13	6	25	23	25
6	日本	1 486	153	250	344	368	371	瑞士	31.2	67.4	69.1	28.0	19.9	7.2	加拿大	74	7	11	14	10	18
7	法国	1 455	166	228	290	325	446	德国	30.2	59.5	49.1	33.5	21.6	6.6	澳大利亚	57	5	12	9	21	22
8	加拿大	1 256	190	220	231	289	326	奥地利	29.5	48.0	55.7	41.2	30.9	7.3	瑞典	47	3	4	7	14	18
9	韩国	1 074	60	125	215	289	385	澳大利亚	25.5	43.4	47.0	30.5	22.8	6.4	西班牙	32	3	4	6	12	19
10	西班牙	969	72	128	182	249	338	丹麦	25.0	39.7	41.3	24.3	13.6	6.1	丹麦	32	1	3	1	3	6
11	巴西	915	53	82	162	252	366	加拿大	25.0	44.8	42.8	30.9	15.7	5.4	奥地利	29	2	5	5	13	10
12	澳大利亚	867	110	125	168	205	259	法国	24.9	49.5	39.8	33.8	20.7	5.5	印度	28	2	4	8	8	13
13	意大利	775	71	123	157	189	235	比利时	24.3	46.8	44.4	35.1	19.9	4.9	瑞士	28	4	5	1	5	12
14	俄罗斯	729	111	119	158	168	173	新西兰	23.6	32.3	33.8	40.0	24.3	4.9	中国	26	0	0	12	14	63
15	荷兰	712	91	101	161	175	184	冰岛	23.5	45.4	34.7	38.0	14.8	6.0	日本	26	1	2	5	9	9
16	波兰	545	33	49	88	150	225	芬兰	21.5	42.0	23.2	22.4	13.5	2.9	意大利	24	0	3	5	5	10
17	瑞典	494	73	90	105	102	124	以色列	20.6	26.8	42.3	20.0	19.3	5.3	比利时	20	2	1	3	7	5
18	丹麦	483	99	96	96	90	102	爱沙尼亚	19.9	35.5	18.7	31.0	29.5	9.2	挪威	17	4	4	3	4	4
19	瑞士	444	60	67	72	108	137	西班牙	18.8	40.4	32.1	27.2	18.0	5.4	新西兰	17	0	1	4	5	6
20	墨西哥	379	32	41	66	91	149	中国(34)[②]	9.4 (34)	30.1 (22)	16.9 (38)	22.2 (20)	11.7 (23)	3.8 (23)	韩国	14	0	0	5	4	8

注: ①按2000~2014年SCI论文数量、篇均被引次数、高被引论文数量排序; ②括号内数字是中国相关时段排名。

鉴定（identification）、细菌群落（bacterial community）、微生物生物量（microbial biomass）和变性梯度凝胶电泳（DGGE）。另外，除上述关键词外，从图10-2可以看出，全球学者的热点关键词还有假单胞菌（pseudomonas）、芽孢杆菌（bacillus）、大肠杆菌（escherichia coli）和生物防治（biological control），而中国学者采用的高频关键词还有磷脂脂肪酸分析（PLFA）、酶（enzyme）、氨氧化细菌（ammonia oxidizing bacteria）以及DNA，说明中外学者关注的某些热点问题有所不同。总之，近**15年来国内外土壤微生物群落及其时空演变特征的研究热点是生物降解与修复、微生物群落与多样性，在土壤微生物群落研究中细菌占主导地位。**

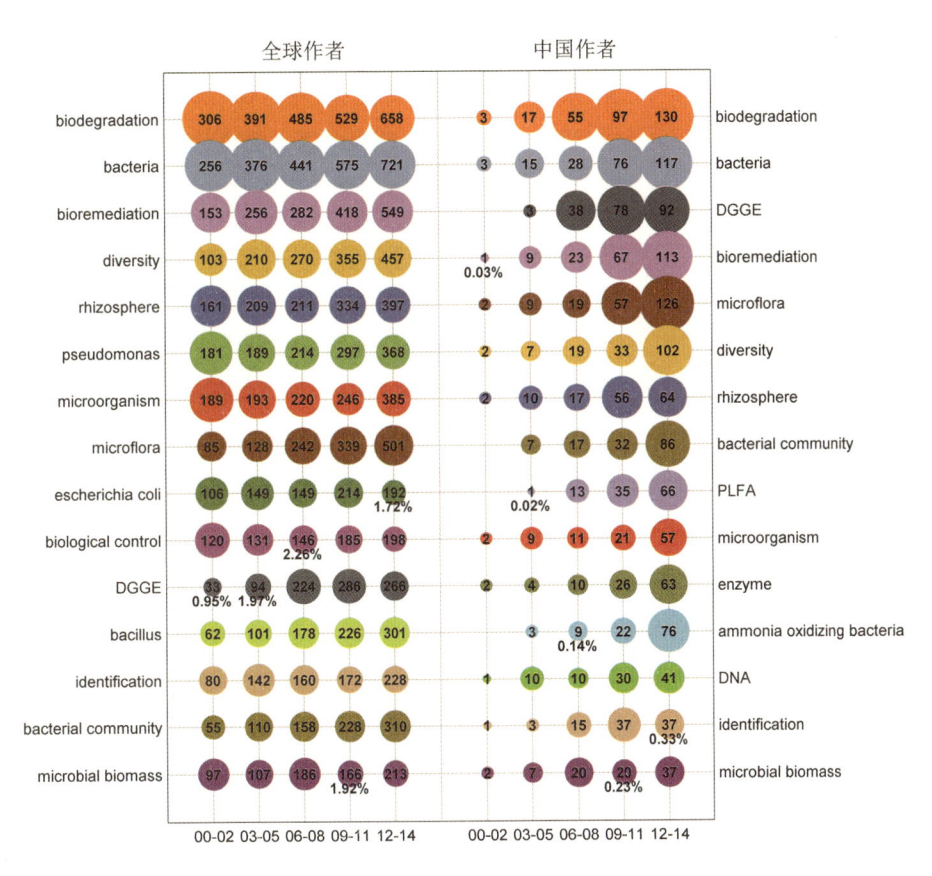

图10-2 2000～2014年"土壤微生物群落及其时空演变特征"领域SCI期刊全球及中国作者发表论文高频关键词对比

从图10-2中关键词自身增长速度来看，生物降解（biodegradation）、细菌（bacteria）、生物修复（bioremediation）、多样性（diversity）、根际（rhizosphere）、微生物（microorganism）、微生物区系（microflora）、鉴定（identification）、细菌群落（bacterial community）、微生物生物量（microbial biomass）在中国学者以及全球学者发表的SCI论文中频率不断增加，表明土壤微生物在农业及环境中的作用等问题持续受到国内外学者的关注。在过去15年中，关键词多样性（diversity）出现了稳定、快速的增加，**表明微生物多样性在土壤微生物群落的研究中受到越来越多的关注。**

10.3.2 近 15 年中国该领域研究特色及关注热点

利用土壤微生物群落及其时空演变特征相关的中文关键词制定中文检索式，即：SU= '土壤' and (SU= '微生物' or SU= '细菌' or SU= '古菌' or SU= '真菌' or SU= '病毒') and (SU= '物种' or SU= '多样性' or SU= '群落结构' or SU= '丰富度' or SU= '丰度' or SU= '多样性' or SU= '空间分布' or SU= '海拔' or SU= '生物地理' or SU= '演替' or SU= '地理距离' or SU= '历史因素' or SU= '进化' or SU= '扩散限制' or SU= '环境因子' or SU= '制约' or SU= '植物' or SU= '气候' or SU= '尺度' or SU= '模型' or SU= '预测' or SU= '网络'）。从 CNKI 中检索 2000～2014 年本领域中文 CSCD 核心期刊文献数据源，得到 2000～2014 年土壤微生物群落及其时空演变特征领域 CSCD 期刊论文关键词共现关系（图 10-3），可大致分为 4 个相对独立的研究聚类圈，在一定程度上反映了近 15 年中国土壤微生物群落及其时空演变特征的核心领域，主要包括根际微生物群落、土壤污染与微生物群落、土壤功能微生物类群、微生物群落分析技术 4 个方面。其中，前两个聚类圈均与农田土壤有关，但所关注的重点不同：根际微生物群落更加注重农田土壤农作物的根际效应，而土壤污染与微生物群落主要关注施肥及重金属污染对农田土壤带来的环境效应。从聚类圈中出现的关键词可以看出，近 15 年土壤微生物群落及其时空演变特征研究的主要问题及热点体现在以下 4 个方向。

（1）根际微生物群落

图 10-3 该聚类圈中出现的主要关键词有根际、微生物生物量、硝化作用、土壤酶、产生和氧化、细菌、真菌、土壤养分、连作障碍、根际微生物、根际效应等。上述关键词反映了根际土壤微生物群落与养分吸收、硝化作用、酶活性、连作障碍等根际效应的紧密关联，是近 15 年根际土壤微生物研究中主要关注的方向。同时，从图 10-3 中还可以看出，N_2O、减排以及凋落物是近年来的高爆发词汇，这些都与气候变化紧密相关。以上表明，近 15 年，**我国根际微生物群落的研究主要与养分吸收、连作障碍等根际过程相关。**

（2）土壤污染与微生物群落

该研究方向涉及范围较广，图 10-3 聚类圈中出现的主要关键词有重金属污染、污染、土壤污染、生物修复、植物修复、微生物种群、微生物多样性、长期施肥、多环芳烃、微生物降解、生物修复等，反映出重金属、有机及复合污染土壤的微生物群落是研究热点，同时，施肥带来污染土壤的微生物群落及多样性也是主要研究方向。以上表明近 **15 年由重金属、有机污染物、肥料施用造成的污染土壤的微生物群落研究成为热点。**

（3）土壤功能微生物类群

图 10-3 聚类圈中出现的主要关键词有土壤微生物、化感作用、土壤微生物活性、土壤修复、丛枝菌根真菌、多样性、功能、土壤呼吸、群落结构等，以及定量 PCR、氨氧化细菌、菌根真菌等高爆发关键词。同时，也出现了水稻土、农业土壤、石油污染、CO_2 浓度增高、全球变化等关键词。这说明，近 **15 年我国学者不仅关注微生物整体群落研究，而且关注与农业生产、环境污染、全球变化有关的土壤功能微生物类群的研究。**

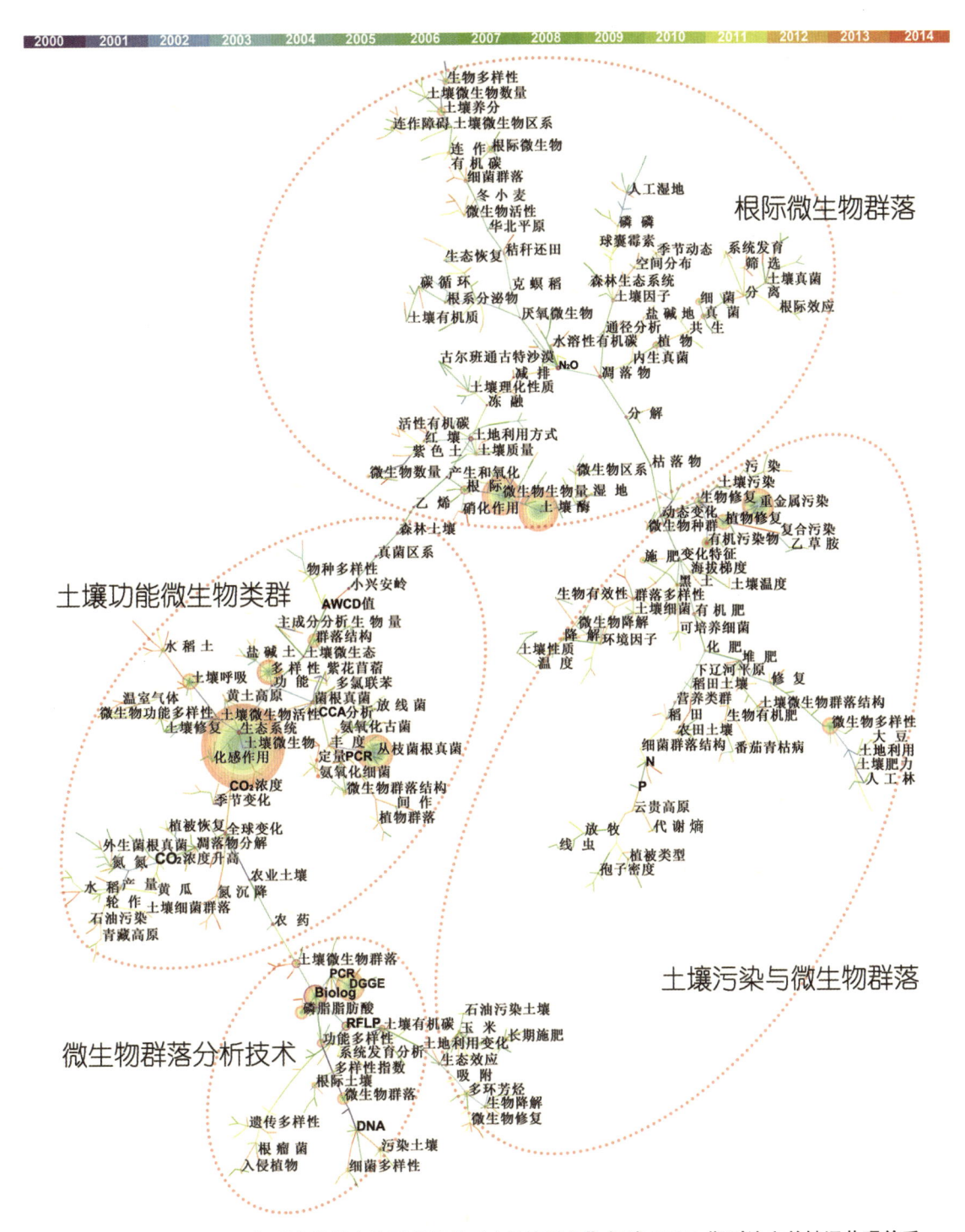

图 10-3　2000~2014 年"土壤微生物群落及其时空演变特征"领域 CSCD 期刊论文关键词共现关系

(4) 微生物群落分析技术

图 10-3 聚类圈中出现的主要关键词有 PCR、DGGE、Biolog、RFLP、磷脂脂肪酸、土壤微生物群落、功能多样性、微生物群落。从关键词中看出，现代分子生物学技术已广泛应用于我国微生物群落组成与多样性研究中。然而，聚类圈中没有出现高通量测序、组学、生物信息等

关键词。以上表明，近 **15** 年分子生物学技术已广泛应用在我国土壤微生物群落研究中，但在利用高通量测序、组学等技术的研究成果很少出现在中文期刊中。

分析中国学者 SCI 论文关键词聚类图，可以看出中国学者在土壤微生物群落及其时空演变特征的国际研究中已步入世界前沿的研究领域。2000~2014 年中国学者 SCI 论文关键词聚类共现关系（图 10-4）可以大致分为 4 个聚类圈，分别为土壤微生物群落与功能、土壤生物修复与微生物群落、土壤细菌群落结构与多样性、根际微生物群落。可以看出：①土壤微生物群落与

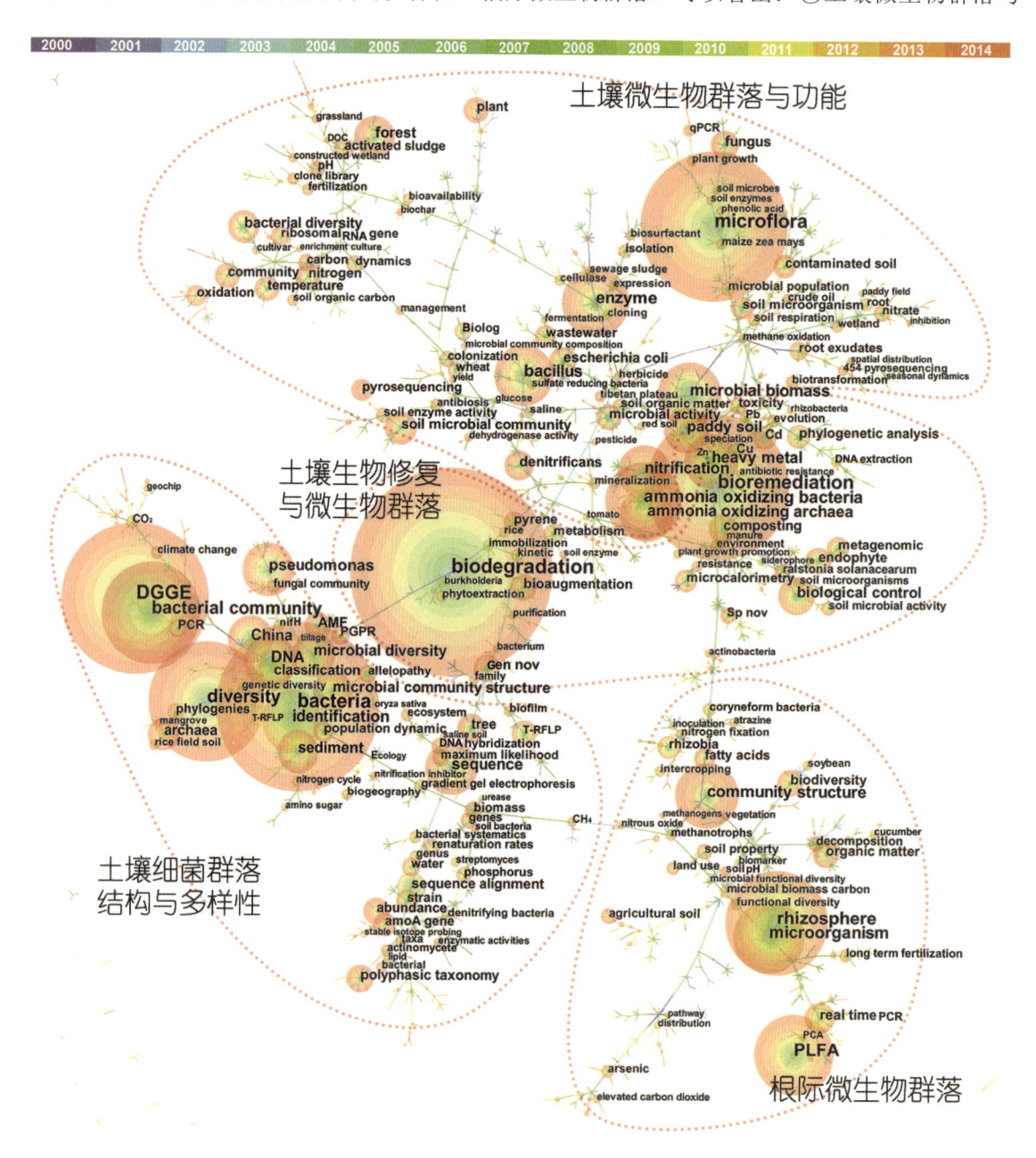

图 10-4 2000~2014 年 "土壤微生物群落及其时空演变特征" 领域中国作者 SCI 期刊论文关键词共现关系

功能是围绕微生物区系（microflora）、酶（enzyme）、芽孢杆菌（bacillus）、细菌多样性（bacterial diversity）、微生物生物量（microbial biomass）、微生物活性（microbial activity）、土壤微生物群落（soil microbial community）、森林（forest）、植物（plant）、活性污泥（activated sludge）、核糖体RNA基因（ribosomal RNA gene）、碳（carbon）、氮（nitrogen）、动力（dynamics）、群落（community）、氧化（oxidation）、土壤有机碳（soil organic carbon）、焦磷酸测序（pyrosequencing）、硝化作用（nitrification）、氨氧化细菌（ammonia oxidizing bacteria）、氨氧化古菌（ammonia oxidizing archaea）、矿化（mineralization）等关键词进行，重点关注土壤微生物、土壤酶活、微生物生物量以及与氮循环相关的微生物；②土壤生物修复与微生物群落聚类圈中出现的主要关键词有重金属（heavy metal）、生物修复（bioremediation）、堆肥（composting）、生物降解（biodegradation）、生物防治（biological control）、生物添加（bioaugmentation）、微量热（microcalorimetry）、土壤微生物多样性（soil microbial diversity）等，表明重金属污染土壤生物降解及修复中的微生物群落也是研究的热点；③土壤细菌群落结构与多样性主要包含了细菌（bacteria）、鉴定（identification）、多样性（diversity）、变形梯度凝胶电泳（DGGE）、细菌群落（bacterial community）、古菌（archaea）、测序（sequence）、丰度（abundance）、多相分类（polyphasic taxonomy）、菌株（strain）等关键词，反映了随着分析手段的快速发展，土壤微生物特别是细菌群落及其多样性的研究已成为我国学者的研究热点；④根际微生物群落的研究主要通过磷脂脂肪酸法（PLFA）、主成分分析（PCA）以及荧光实时定量PCR（real time PCR）等方法进行根际微生物（rhizosphere microorganism）、功能多样性（functional diversity）、群落结构（community structure）和生物多样性（biodiversity）、降解（decomposition）、有机质（organic matter）等方面的研究，主要反映根际过程中微生物群落与功能的研究。

总体来说，中文文献体现的研究热点结合了我国的实际情况。在各个方向的研究内容与关键词中，主要与施肥、土地类型、秸秆还田等农业生产紧密结合，反映了我国土壤微生物群落研究的主要目标是为了解决农业生产中的实际问题。此外，随着经济的迅速发展，我国土壤污染面积与速度也在不断增加，但对土壤污染的治理一直采用物理或化学或种植植物来进行恢复。近15年来的研究表明，土壤微生物在污染治理、生物降解和生物恢复中扮演着越来越不可缺失的角色，这些研究为我国将来更好地治理污染环境和改良土壤提供了科学依据。我国土壤微生物群落的研究不仅体现了自己的特色，同时也与国际研究前沿接轨，特别是近年来对土壤微生物多样性及其空间分布的研究方面，某些研究方向还处于领先地位。这表明，中国学者不仅结合了我国农业生产、生态环境的社会需求，还及时吸收引进国外的先进技术与理念，深入研究具有中国特色的土壤微生物群落研究。

10.3.3　近15年中国学者该领域研究取得的主要学术成就

图10-3表明了2000～2014年土壤微生物群落及其时空演变特征领域的中文论文研究状况，

研究内容可大致分为根际微生物群落、土壤污染与微生物群落、土壤功能微生物类群、微生物群落分析技术 4 个方面。中国学者关注的国际热点问题主要包括土壤微生物群落与功能、土壤生物修复与微生物群落、土壤细菌群落结构与多样性、根际微生物群落 4 个方面（图 10-4）。针对上述土壤微生物群落研究核心领域，取得的主要成就如下。

（1）根际微生物群落

土壤微生物除了作用于土壤养分循环等过程，还可直接对植物生长产生积极的影响，如植物促生细菌（PGPB），它们有的可以通过固氮作用为植物提供氮素，有的则可以分泌铁载体活化铁元素，有的可直接分泌植物生长激素促进植物生长（Yang et al.，2013：1～14）。根际微生物是根际微生态系统中的重要组成部分，它们可分解土壤中的有机物，加快土壤中矿质元素的活化，为植物提供无机养料；同时，植物根系活动向根际土壤中释放大量有机物，促进其群落结构和多样性的形成。根际微生物主要包括细菌、真菌、放线菌三大类群，它们在维持根际养分平衡、污染物修复、作物抵抗病虫害等方面发挥巨大作用。目前发现绝大部分的植物都可以与某些真菌形成菌根结构，可以与植物形成菌根的真菌种类繁多，并具有高度的功能多样性（石兆勇等，2003：1565～1568）。菌根真菌在生态系统的碳氮循环中起着重要的作用，它同时具有碳源与碳汇的功能，并可以调节植物对不同氮源的利用及再分配（郭良栋和田春杰，2013：158～171）。菌根真菌会分泌多种生物酶类和有机酸，增加土壤磷、钾、钙、镁等元素的活性，利于植物吸收利用（梁宇等，2002：739～745）。此外，菌根真菌还可以提高植物对盐碱、干旱、重金属污染等不良条件的抗逆性（姜学艳和黄艺，2003：353～356）。菌根真菌通过对根际环境的改变，可以为植物促生菌等有益菌提供良好的生长条件，同时还可以抑制病原微生物的生长，减少植物病害的发生（盛江梅等，2007：104～108）。此外，其他微生物在维持根际的健康和稳定方面也发挥着巨大作用。Zhang 等（2011：115～125）研究发现，天然草地的根际微生物量、微生物呼吸以及酶活性高于人工草地和人工灌木，并且认为天然草地对于土壤的恢复效果优于人工植被。Wang 等（2012：271～286）发现小麦连作增加了真菌总量，但有益真菌数量减少，有害真菌数量如青霉菌和镰刀菌等增加。Wei 等（2015：8413）研究马铃薯根际微域环境内土著微生物群落对入侵性的青枯菌的响应，发现具备稳定结构的土著微生物群落，由于与病原微生物有明显的生态位重叠，将大大减少病原微生物的入侵成功率。近期，Yang 等（2015：982）通过接种内生真菌 *Phomopsis liquidambari* 到水稻体内，发现其可以显著提高水稻根际 AOA、AOB 和自身固氮菌的丰度，加速硝化速率，从而帮助水稻吸收氮素。可以发现，稳定的根际微环境通常包括了种类繁多、功能多样的根际微生物，在它们共同的作用下，在促进植物更好地获取营养元素的同时，通过生态位的竞争拮抗土著病原菌。这种有利的作用有望缓解农业生产中化肥及杀虫剂的过量使用对生态系统危害的问题。

（2）土壤污染与微生物群落

随着技术手段的更新发展和对研究现象观察的深入，微生物对土壤污染物的生物降解与修复已经成为国内外研究的热点（Newman and Reynolds，2005：6～8；Taghavi et al.，2005：8500～

8505；Wang et al.，2010：1051～1057）。Yang 等（2000：72～79）发现杀虫剂三唑酮在 DNA 水平上影响了土壤微生物种群多样性，并导致微生物生物量的降低。Xu 等（2010：1007～1013）研究发现，植物主要是通过间接作用促进了多氯联苯污染的土壤修复，而土壤微生物的活性与有机污染物的降解直接相关。Li 等（2011：569～577）研究发现，在尾矿土壤中植物根际细菌群落有着较高的宿主植物专一性，推测这些具有宿主专一性的根际细菌可以与宿主植物协同抵抗重金属污染。在微生物对环境污染的响应方面，Jia 等（2014：1001～1007）研究了水稻吸收砷的微生物机制，发现根系作用导致土壤中微生物的亚砷酸氧化酶基因丰度增加，从而使得土壤中的砷（As）被氧化和固定，而这一过程又受到根系泌氧作用及外源施用有机质的影响。土壤微生物对砷（As）的甲基化一般会降低其毒性，通过形成三甲基砷而挥发，这是土壤生物修复砷污染的一种重要途径（Ye et al.，2012：155～162）。事实上，Meng 等（2011：49～56）已经将微生物砷（As）甲基转移酶基因在水稻上表达，使其形成甲基砷并最终挥发。Wang 等（2014：371～381）对砷（As）的地球化学循环过程做了详尽的综述，并指出微生物对砷（As）的挥发作用可以显著缓解土壤的砷（As）污染。然而，中国学者在土壤微生物群落对环境污染响应的研究方面还存在明显的不足。例如，大多数的室内重金属污染模拟试验中所采用的重金属浓度要比实际土壤中的重金属浓度高很多，研究结果往往不能真实地反映自然场地污染的实际情况。另外，土壤环境往往受到的是复合污染，目前土壤微生物群落对不同污染物构成比例的响应研究也较为缺乏。

（3）土壤微生物群落的空间分布

近年来，随着高通量测序在我国的广泛应用，中国学者在土壤微生物空间分布方面取得了诸多进展。例如，土壤 pH 驱动细菌群落分布的空间范围被广泛拓展：从总体细菌到功能类群（Feng et al.，2014：193～200）、从水平分布到垂直分布（Shen et al.，2013：204～211）、从酸性环境到碱性环境（Xiong et al.，2012：2457～2466）、从自然生态系统到农田生态系统（Liu et al.，2014：113～122）以及扰动生态系统（Xiang et al.，2014：3829）。同时也发现，在 pH 空间变异不大的系统下，土壤碳氮含量或其他因素成为细菌空间分布的主要因素（Shen et al.，2015：582）。最近，Liu 等（2015：29～39）发现土壤有机碳含量是影响我国东北黑土地区土壤真菌空间分布的关键因子。Yao 等（2013：2545～2556）发现氨氧化古菌在酸性土壤中占优势地位，pH 和铵态氮能够显著影响氨氧化微生物的分布格局。Yuan 等（2014：121～132）研究了青藏高原念青唐古拉山南坡土壤细菌群落，发现在 0～5cm 土层细菌群落主要受降水和土壤 NH_4^+ 影响，而在 5～20cm 土层细菌群落主要受 pH 影响。Zhang 等（2009：52～61）研究了珠穆朗玛峰不同海拔下土壤氨氧化细菌和氨氧化古菌的组成及多样性，发现氨氧化细菌和古菌丰度随海拔升高显著降低，但其系统发育多样性没有呈现明显的分布趋势。利用基因芯片技术，Yang 等（2014：430～440）调查了青藏高原 4 个海拔梯度土壤微生物功能基因的分布，发现碳循环、氮循环以及与压力相关的功能基因的相对丰度在不同海拔间有明显差异。在微生物分布与植物分布相互关系方面我国学者也取得了较大进展，如 Shen 等（2014：3190～3202）

比较了长白山土壤微生物与植物多样性随海拔的分布特征，发现与动植物多样性不同，微生物多样性随海拔并未呈现明显的递减和单峰趋势，并解析了土壤微生物与植物多样性随海拔的不同分布模式的可能机制：相对于细胞结构的差异，生物尺寸大小对生物多样性垂直分布的影响可能更大。从特殊生态系统的角度，孔维栋（2013：456~467）概述了我国极地微生物研究的现状，特别指出研究青藏高原地区微生物生物地理学的必要性和紧迫性。高程和郭良栋（2013：488~498）则从外生菌根真菌的角度出发，综述了该功能真菌多样性的分布格局与维持机制。他们通过选择不同演替阶段的亚热带次生林样地，运用454高通量测序技术调查外生菌根真菌的分布，发现外生菌根群落在衰老的森林中受到环境选择和扩散性质的双重作用，而在新生的次生林和壮年次生林中只受环境选择的影响（Gao et al.，2014：771~785）。此外，贺纪正等（2013：411~420）从生态系统中微生物多样性与稳定性的关系出发，提出地上与地下生态系统的结合与统一，提出借鉴宏观生态学理论来构建微生物生态学的理论框架是今后的发展方向。这一观点与国际主流思想不谋而合（Martiny et al.，2006：102~112；Hanson et al.，2012：497~506），也标志着中国学者在该领域研究思路的完善与成熟。

（4）微生物群落分析技术在中国的应用

土壤中的微生物数量庞大、种类繁多，但可培养的微生物仅占其总量的0.1%~10%。通过纯培养技术研究结果远远不能反映土壤微生物群落的真实状况。20世纪后半叶以来，PLFA、Biolog、基因指纹图谱、克隆文库、基因芯片和SIP等分子生物学技术的兴起，推动了土壤微生物的发展，开创了我国土壤微生物分子生态学的新时代。以Biolog微孔板碳源利用类型为基础的定量分析为描述微生物群落功能多样性提供了一种简单、快速的方法，并广泛应用于评价土壤微生物群落的功能多样性（董立国等，2011：630~637；赵晓琛等，2014：1933~1939）。芦晓飞等（2009：824~829）通过提取环境微生物宏基因组DNA，构建文库对西藏米拉山高寒草甸土壤的微生物群落结构、功能微生物及微生物基因资源多样性进行了系统的研究。牛佳等（2011：474~482）利用磷脂脂肪酸研究了若尔盖高寒湿地微生物群落结构，发现水分条件对微生物群落结构产生显著影响，而季节变化并未引起土壤微生物群落结构的改变。近年来，随着土壤微生物DNA/RNA的分子生物学技术和测序技术的不断发展，土壤宏基因组学（metagenomics）的兴起为土壤微生物群落的研究带来了新的可能性。Liu等（2012：523~535）发现高山苔原以及高寒草甸等高寒生态系统中土壤细菌、真菌和古菌的群落结构对不同的施肥处理有明显的响应。Zhao等（2014：2045~2055）利用基因芯片技术研究了模拟增温下土壤微生物的碳循环和氮循环相关基因，发现土壤CO_2排放量、土壤硝化势分别与碳循环及氮循环基因丰度显著正相关，该结果加深了对微生物群落如何响应并反馈于全球变化的理解。

10.4 NSFC和中国"土壤微生物群落及其时空演变特征"研究

NSFC资助是我国土壤微生物群落及其时空演变特征研究资金的主要来源，NSFC的投入是推动中国土壤微生物群落研究发展的力量源泉，促进了中国土壤微生物群落优秀人才的成长。在 NSFC 引导下，我国在该领域研究的活力和影响力不断增强，研究成果受到越来越多国际同行的关注。

10.4.1 近 15 年 NSFC 资助该领域研究的学术方向

根据近 15 年获 NSFC 资助项目高频关键词统计（图 10-5），NSFC 在本研究领域的资助方向主要集中在土壤微生物群落和功能（关键词表现为：微生物群落结构、微生物多样性、土壤微生物功能、土壤氮循环）、土壤功能微生物（关键词表现为：氨氧化微生物、甲烷微生物、菌根真菌）和土壤微生物的时空演变（关键词表现为：时空分布、演变特征）3 个方面。研究区域涉及的范围广泛，从农业生态系统到高寒生态系统；研究方法主要是分子生物学的方法，如宏基因组、高通量测序等。同时，从图 10-5 可以看出，从 2009 年之后该领域的项目资助数量显著增加，且"微生物群落结构"和"微生物多样性"在 2009 年之后的时段占有突出地位，表明这些研究内容将是 NSFC 重点资助的方向。以下是以 3 年为时间段的项目资助变化情况分析。

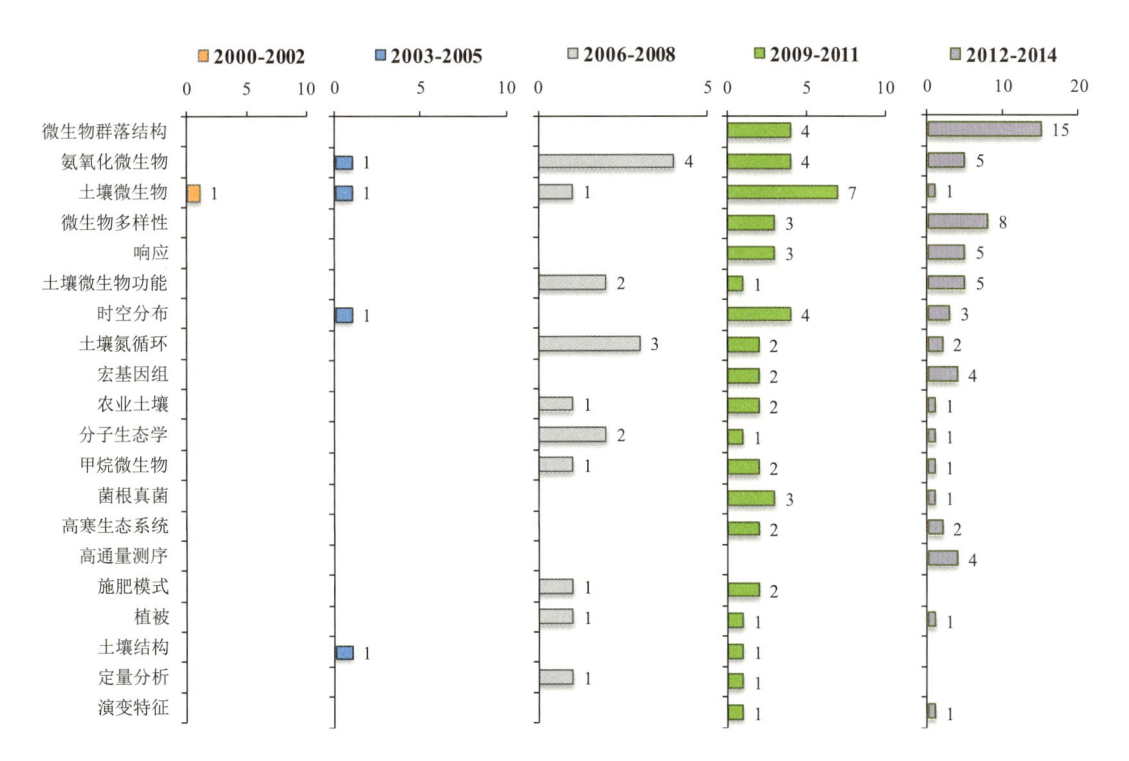

图 10-5 2000~2014 年"土壤微生物群落及其时空演变特征"领域 NSFC 资助项目关键词频次变化

（1）2000~2002 年

该时段，NSFC 资助项目仅有一例，关键词为"土壤微生物"，研究"CO_2 浓度升高条件下土壤微生物群落演替及功能变化"（基金批准号：40271066）。这表明这一时段土壤微生物群落的研究开始受到 NSCF 重点资助的关注。

（2）2003～2005年

继上一阶段以来，土壤微生物群落依旧是NSFC资助关注的对象。关键词中开始出现"氨氧化微生物"这种具体的功能类群微生物，如"持久性有机污染物多氯联苯对土壤氨氧化细菌群落结构的影响与氮素形态分异"（基金批准号：40371069）。此外，关键词中首次出现"时空分布"，表明土壤微生物群落的时空演变开始受到NSFC的关注。

（3）2006～2008年

该时段，NSFC资助重点关注土壤微生物功能类群的研究，在之前氨氧化微生物研究的基础上，增加了对甲烷微生物研究的资助，如"淹水水稻土中产甲烷菌和甲烷氧化菌群落结构对某些外源物质的响应及与甲烷排放的关系"（基金批准号：40671101）。同时，对于"氨氧化微生物"方面的资助增加，如"不同施肥处理下红壤中氨氧化菌的定量研究"（基金批准号：40601049）、"水热条件和土壤类型对土壤硝化微生物群落演变的影响"（基金批准号：40871123）。由于前一阶段对于氨氧化微生物研究的资助，产生了大量的研究成果，为土壤氮循环方面的研究奠定了基础，特别是硝化作用[如"几种农业土壤中氨氧化古菌和氨氧化细菌的种群数量和组成特性"（基金批准号：40871129）]和反硝化作用[如"水稻土反硝化功能微生物种群演变及反硝化基因表达与N_2O释放的耦合机理"（基金批准号：40771115）]相关微生物的研究。此外，NSFC开始资助根际微生物相关的研究，如"黄土丘陵区自然植被演替过程根际微生物响应及其效应分析"（基金批准号：40801094）。

（4）2009～2011年

随着分子生物学研究技术的发展，"微生物群落结构"和"微生物多样性"开始成为NSFC资助的热点，如"钾矿物表生矿物分解细菌资源与生物多样性研究"（基金批准号：41071173）、"长白山高山苔原土壤微生物群落组成与功能研究"（基金批准号：41071167）。同时，土壤微生物时空演变包括"生物地理"、"时空分布"的资助呈上升趋势，表明微生物的时空演变特征开始受到NSCF的关注。此外，NSCF也开始资助一些使用新的分子生物学技术的项目，如"油田区土壤微生物功能标记基因的地理分异性研究"（基金批准号：41101233）。

（5）2012～2014年

与上一阶段相比，NSFC对土壤微生物群落研究的资助持续增加，且更倾向于对土壤微生物功能类群及其分布研究的资助，如"青藏高原耐低温纤维素分解真菌多样性的研究"（基金批准号：41261064）、"长白山土壤碳氮转化微生物的垂直分布及其驱动机制"（基金批准号：41371254）。另外，NSFC对本领域土壤微生物群落、微生物功能和微生物时空演变3个方面的资助项目更加均衡。

10.4.2 近15年NSFC资助该领域研究的成果及影响

近15年NSFC围绕中国土壤微生物群落及时空演变特征的基础研究领域以及新兴的热点问题给予了持续和及时的支持。图10-6是2000～2014年土壤微生物群落及其时空演变特征领域论文发表与 NSFC 资助情况。

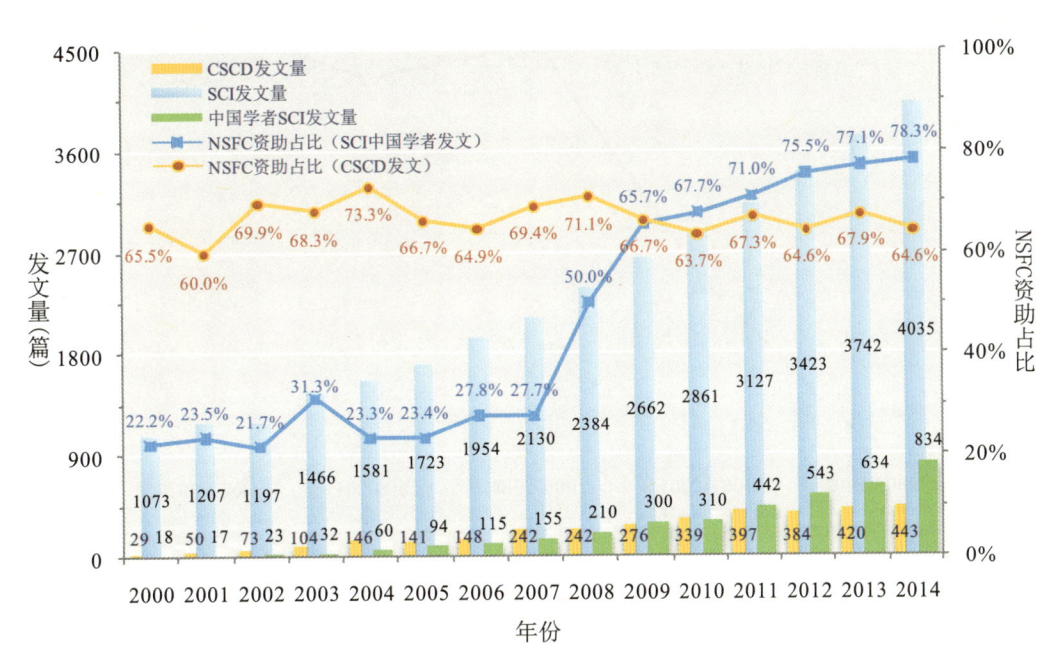

图 10-6　2000～2014 年"土壤微生物群落及其时空演变特征"领域论文发表与 NSFC 资助情况

从 CSCD 论文发表来看，过去 15 年来，NSFC 资助本研究领域论文数占总论文数的比重呈曲折上升态势，2004 年达到最高，为 73.3%（图 10-6）。近年来，NSFC 资助的一些项目取得了较好的研究成果，开始在 *Isme Journal*，*Environmental Microbiology*，*Soil Biology and Biochemistry*，*Fems Microbial Ecology*，*Microbial Ecology* 等国际主流期刊上发表学术论文。从图 10-6 可以看出，中国学者发表 SCI 论文获 NSFC 资助的比例呈迅速增长的趋势。从 2012 年开始，受 NSFC 资助 SCI 论文发表比例开始明显高于 CSCD 论文发表比例，且呈增长的趋势。近 3 年，NSFC 资助比例均在 70% 以上，2014 年 NSFC 资助发表 SCI 论文占总发表 SCI 论文的比例达到了 78.3%。可见，我国土壤微生物群落及其时空演变研究近几年受 NSFC 资助产出的 SCI 论文数量较多，国内该领域研究得到快速发展。NSFC 资助的 CSCD 论文和 SCI 论文变化情况表明 NSFC 资助对于土壤微生物研究的贡献在不断提升，且 NSFC 资助该领域的研究成果逐步侧重发表于 SCI 期刊，表明 NSFC 资助对推动中国土壤微生物群落及其时空演变领域的国际影响发挥了重要作用。

SCI 论文发表数量及获基金资助情况反映了获 NSFC 资助取得的研究成果，而不同时段中国学者高被引论文获基金资助情况可反映 NSFC 资助研究成果的学术影响随时间的变化情况。由图 10-7 可知，过去 15 年 SCI 高被引 TOP100 论文中，中国学者发文数在 2006 年以后大幅提升，且 2012～2014 年时段发文量达到 28 篇。中国学者发表的高被引 SCI 论文获 NSFC 资助的比例在 2006 年以后维持在 80% 左右。因此，NSCF 在土壤微生物群落及其时空演变特征领域资助的学术成果的国际影响力在 2012～2014 年这个时段有极大的提高，高水平成果与基金更密切，学科整体研究水平得到极大提升。

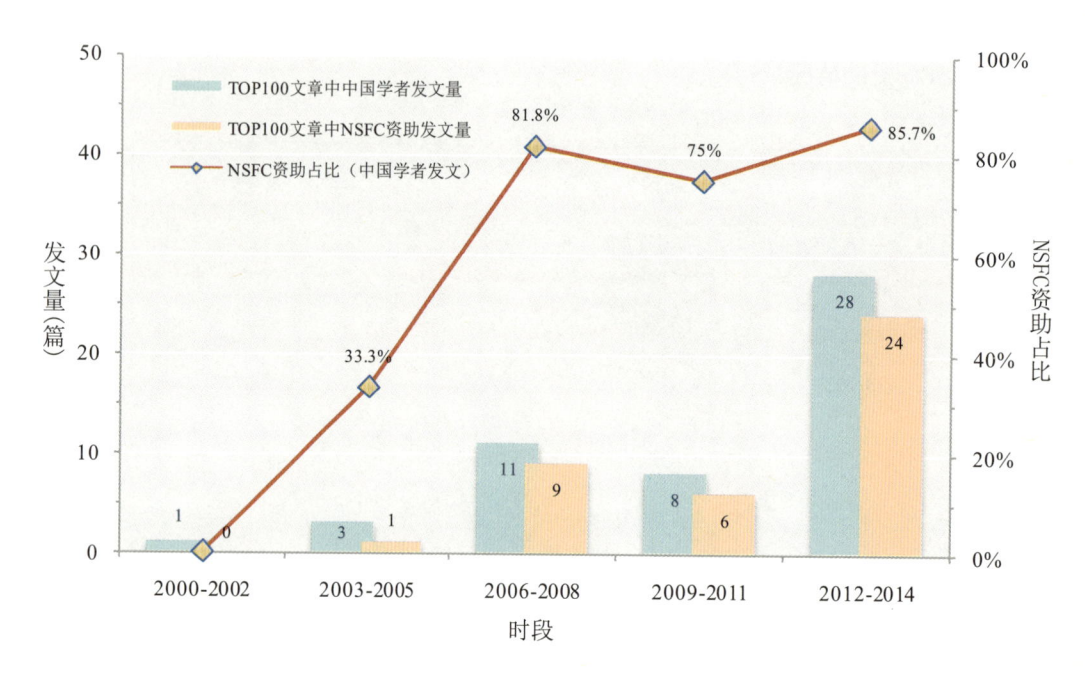

图 10-7 2000～2014 年"土壤微生物群落及其时空演变特征"领域高被引 SCI 论文数与 NSFC 资助情况

10.5 研 究 展 望

土壤微生物群落及其时空演变特征已经成为土壤生物学及其微生物生态学的研究热点，对现象的观察及机理的研究都达到了前所未有的广度和深度。这种飞速发展很大程度上得益于新技术、新方法的诞生。21 世纪以来，高通量测序及生物信息分析技术的突破，使得全面解析土壤微生物群落组成及多样性成为可能。微生物宏基因组学、转录组学、蛋白质组学等"组学"技术及分析手段，为构建土壤微生物群落的整体代谢网络，解析微生物群落对环境变化的响应机制提供了更深入的视角。然而，由于土壤本身的复杂性质，土壤微生物群落及其时空演变的研究仍然处于发展阶段，诸多基本问题仍然需要进行深入探讨。因此，土壤微生物群落及其时空演变的研究既要紧跟国际前沿，又要结合我国的实际情况，建议在以下 4 个方面开展重点研究。

10.5.1 不同时空尺度下土壤微生物群落的分布规律

土壤微生物群落的时空分布具有尺度依赖性，可以体现在宏观及微观两个方面。宏观方面主要表现在大尺度下以及不同生态系统土壤微生物的空间分布，如农田、森林、草地、荒漠生态系统；微观方面可以表现在土壤团聚体、根际界面等微域中微生物的时空分布。所以，土壤微生物在时间和空间表现出明显的尺度效应。时间方面有直观的时间变化，如地质年代变化、历史时间变化、年度变化、季节变化、日变化等。由于大的历史时间具有不可重复性，可以用空间代替时间的方法，即通过对不同的土壤演替序列中微生物群落的分析来反映其在大的时间尺度上的演替规律。土壤微生物在大的空间尺度上的空间分布，既受当代环境条件如土壤 pH、土壤养分等的影响，又受历史进化因素的影响，需要更加严谨细致的试验设计、先进的技术手段与分析方法，来区分二者的相对贡献。

10.5.2 土壤微生物群落与植物群落的协同分布

在陆地生态系统中，植物和微生物在生产力上都扮演着关键角色。植物是初级生产者，其通过光合作用增加生物量，而土壤微生物通过营养物质的矿化和获取带动植物多样性与生产力的提高。植物的物种不同，对土壤营养输入的数量和种类也就不同，相应地引起微生物群落结构和多样性的变化。不同种类的植物将形成生态位的微分割，从而形成植物多样性和土壤微生物多样性的耦合分布模式。土壤微生物群落结构也会影响植物性状上的自然选择模式，同时调节植物对非生物环境压力的响应，因此也影响到了整体生态系统的演化历程。此外，需要借鉴宏观生态学的一些基础理论，如距离—衰减关系、种—面积关系、中性理论与生态位理论，将其运用到土壤微生物与植物群落的协同分布与共进化中。

10.5.3 土壤微生物群落时空分布与功能的耦合

土壤微生物时空分布的核心问题和难点是将特定的微生物与复杂的功能直接联系起来，最终实现人为管理调控生态功能服务。尽管目前还存在诸多挑战，如微生物的功能冗余、同基因具有不同的功能等，但已经发展出一些分析和预测模型，如通过局部相似性分析来建立微生物种或门之间以及微生物与环境之间的相互关系；通过系统进化的生态网络来找出在群落中起关键作用的 OUT；通过环境参数来预测微生物的群落组成，进而将预测的微生物与其功能联系起来。目前，生态模型仍有许多需要改进的地方，包括信息输入的依赖性、模型校正及适用性等；随着研究的不断深入，可以向模型中输入的信息量也日益增加，可以预见，生态模型将成为未来微生物生物信息分析的主流手段之一。随着技术手段和分析方法的不断发展，我们有可能将复杂的微生物群落与其功能耦合，找到起核心作用的微生物种属和环境驱动因子；验证并外推先前的理论，预测不同管理措施及全球变化背景下微生物群落的变化及其可能产生的生态过程效应。

10.5.4 我国典型土壤微生物群落的时空分布

我国土壤微生物群落的研究事业起步较晚，与国际前沿仍然存在着一定的差距，但处于一个快速发展的阶段。我国地域广阔，不同地区气候、植被和土壤类型差异显著，自然变异及人为干扰程度各不相同，这就为研究不同尺度下土壤微生物群落的时空分布提供理想的平台。从气候类型看，中国东南部主要是热带季风气候、亚热带季风气候和温带季风气候，西北部主要是温带大陆性气候，高原山地气候则主要分布在青藏高原等高海拔地区。从土壤类型看，中国土壤资源丰富，主要有红壤、棕壤、褐土、黑土、潮土等 12 个主要土壤类型。丰富的气候条件和土壤类型孕育了纷繁复杂的土壤微生物，使得中国在土壤微生物的时空分布研究中具有独特的研究背景。同时，我国在从南到北的热量梯度样带、从东到西的降雨梯度样带上具备了长达 30 年的长期定位试验站，为研究土壤微生物群落随时间的演替规律提供了理想平台。在今后的研究工作中，既要对国际的热点领域进行研究跟进，也要结合我国的具体国情，利用我国丰富的土壤资源，形成自身的发展优势，有望阐明我国主要农田、草地、森林、荒漠土壤微生物群落的时空分布规律。

10.6 小　　结

土壤微生物群落及其时空演变特征研究在最近 15 年已成为国际及中国土壤生物学、生态学领域研究的热点，并取得了重要的研究进展。土壤微生物群落研究受到了学科发展与社会需求的双重推动，也在现代分子生物学技术及创新理论的推动下突飞猛进。土壤微生物群落及其时空演变研究的内容主要包括土壤微生物群落的空间分布与时间演替、土壤微生物群落对全球变化及人为干扰的响应。我国土壤微生物群落及其时空演变研究既与国际研究前沿接轨，也结合了我国的农业及生态环境现状，可以说是机遇与挑战并存。只有从微观和宏观两个角度不断创新我们的研究思路与理念，不断改进研究技术和分析方法，综合运用已有的理论和知识体系，才能更好地解析土壤微生物群落及其时空演变的内在机制，为维持和改善土壤微生物多样性以及生态系统功能的完整性服务。

参考文献

Allegrini, M., M. C. Zabaloy, E. D. Gomez. 2015. Ecotoxicological assessment of soil microbial community tolerance to glyphosate. *Science of the Total Environment*, Vol. 533.

Allison, S. D., J. B. Martiny. 2008. Resistance, resilience, and redundancy in microbial communities. *Proceedings of the National Academy of Sciences*, Vol. 105, No. 1.

Avidano, L., E. Gamalero, G. P. Cossa, et al. 2005. Characterization of soil health in an Italian polluted site by using microorganisms as bioindicators. *Applied Soil Ecology*, Vol. 30, No. 1.

Bååth, E., M. Díaz-Raviña, Å. Frostegård, et al. 1998. Effect of metal-rich sludge amendments on the soil microbial community. *Applied and Environmental Microbiology*, Vol. 64, No. 1.

Bardgett, R. D., C. Freeman, N. J. Ostle. 2008. Microbial contributions to climate change through carbon cycle feedbacks. *The ISME Journal*, Vol. 2, No. 8.

Beare, M., S. Hu, D. Coleman, et al. 1997. Influences of mycelial fungi on soil aggregation and organic matter storage in conventional and no-tillage soils. *Applied Soil Ecology*, Vol. 5, No. 3.

Bru, D., A. Ramette, N. P. A. Saby, et al. 2011. Determinants of the distribution of nitrogen-cycling microbial communities at the landscape scale. *The ISME Journal*, Vol. 5, No. 3.

Carney, K. M., P. A. Matson, B. J. M. Bohannan. 2004. Diversity and composition of tropical soil nitrifiers across a plant diversity gradient and among land-use types. *Ecology Letters*, Vol. 7, No. 8.

Castro, H. F., A. T. Classen, E. E. Austin, et al. 2010. Soil microbial community responses to multiple experimental climate change drivers. *Applied and Environmental Microbiology*, Vol. 76, No. 4.

Chaer, G., M. Fernandes, D. Myrold, et al. 2009. Comparative resistance and resilience of soil microbial communities and enzyme activities in adjacent native forest and agricultural soils. *Microbial Ecology*, Vol. 58, No. 2.

Chaudhry, V., A. Rehman, A. Mishra, et al. 2012. Changes in bacterial community structure of agricultural land due to long-term organic and chemical amendments. *Microbial Ecology*, Vol. 64, No. 2.

Christopher, J., G. Paul, T. Bela, et al. 2011. Spatial scaling of arbuscular mycorrhizal fungal diversity is affected by farming practice. *Environmental Microbiology*, Vol. 13, No. 1.

Chu, H., N. Fierer, C. L. Lauber, et al. 2010. Soil bacterial diversity in the Arctic is not fundamentally different from that found in other biomes. *Environmental Microbiology*, Vol. 12, No. 11.

Coleman, D. C., C. Reid, C. Cole. 1983. Biological strategies of nutrient cycling in soil systems. *Advances in Ecological Research*, Vol. 13.

Coolon, J. D., K. L. Jones, T. C. Todd, et al. 2013. Long-term nitrogen amendment alters the diversity and assemblage of soil bacterial communities in tallgrass prairie. *PLoS One*, Vol. 8, No. 6.

Cruz-Martinez, K., K. B. Suttle, E. L. Brodie, et al. 2009. Despite strong seasonal responses, soil microbial consortia are more resilient to long-term changes in rainfall than overlying grassland. *The ISME Journal*, Vol. 3, No. 6.

Daniel, J. M., N. M. Bianca, M. V. Harold, et al. 2013. Arbuscular mycorrhizal fungi associated with a single agronomic plant host across the landscape: community differentiation along a soil textural gradient. *Soil Biology & Biochemistry*, Vol. 64.

Deng, L. J., G. M. Zeng, C. Z. Fan, et al. 2015. Response of rhizosphere microbial community structure and diversity to heavy metal co-pollution in arable soil. *Applied Microbiology and Biotechnology*, Vol. 99, No. 19.

Deslippe, J. R., M. Hartmann, S. W. Simard, et al. 2012. Long-term warming alters the composition of Arctic soil microbial communities. *FEMS Microbiology Ecology*, Vol. 82, No. 2.

Donnison, L. M., G. S. Griffith, R. D. Bardgett. 2000. Determinants of fungal growth and activity in botanically diverse haymeadows: effects of litter type and fertilizer additions. *Soil Biology & Biochemistry*, Vol. 32, No. 2.

Drakare, S., J. J. Lennon, H. Hillebrand. 2006. The imprint of the geographical, evolutionary and ecological context on species-area relationships. *Ecology Letters*, Vol. 9, No. 2.

Enwall, K., K. Nyberg, S. Bertilsson, et al. 2007. Long-term impact of fertilization on activity and composition of bacterial communities and metabolic guilds in agricultural soil. *Soil Biology & Biochemistry*, Vol. 39, No. 1.

Enwall, K., I. N. Throbäck, M. Stenberg, et al. 2010. Soil resources influence spatial patterns of denitrifying communities at scales compatible with land management. *Applied and Environmental Microbiology*, Vol. 76, No. 7.

Feng, Y., P. Grogan, J. G. Caporaso, et al. 2014. pH is a good predictor of the distribution of anoxygenic purple phototrophic bacteria in Arctic soils. *Soil Biology & Biochemistry*, Vol. 74.

Fierer, N., K. M. Carney, M. C. Horner-Devine, et al. 2009. The biogeography of ammonia-oxidizing bacterialcommunities in soil. *Microbial Ecology*, Vol. 58, No. 2.

Fierer, N., C. L. Lauber, K. S. Ramirez, et al. 2012. Comparative metagenomic, phylogenetic and physiological analyses of soil microbial communities across nitrogen gradients. *The ISME Journal*, Vol. 6, No. 5.

Fierer, N., R. B. Jackson. 2006. The diversity and biogeography of soil bacterial communities. *Proceedings of the National Academy of Sciences*, Vol. 103, No. 3.

Finlay, B. J. 2002. Global dispersal of free-living microbial eukaryote species. *Science*, Vol. 296, No. 5570.

Fuhrman, J. A. 2009. Microbial community structure and its functional implications. *Nature*, Vol. 459, No. 7244.

Gao, C., Y. Zhang, N. N. Shi, et al. 2014. Community assembly of ectomycorrhizal fungi along a subtropical secondary forest succession. *New Phytologist*, Vol. 205, No. 2.

Garcia-Pichel, F., V. Loza, Y. Marusenko, et al. 2013. Temperature drives the continental-scale distribution of key microbes in topsoil communities. *Science*, Vol. 340, No. 6140.

Griffiths, B. S., L. Philippot. 2013. Insights into the resistance and resilience of the soil microbial community. *FEMS Microbiology Review*, Vol. 37, No. 2.

Griffiths, R. I., B. C. Thomson, P. James, et al. 2011. The bacterial biogeography of British soils. *Environmental Microbiology*, Vol. 13, No. 6.

Gubry-Rangina, C., B. Haib, C. Quincec, et al. 2011. Niche specialization of terrestrial archaeal ammonia oxidizers. *Proceedings of the National Academy of Sciences*, Vol. 108, No. 52.

Hafez, E. E., E. Elbestawy. 2009. Molecular characterization of soil microorganisms: effect of industrial pollution on distribution and biodiversity. *World Journal of Microbiology and Biotechnology*, Vol. 25, No. 2.

Hanson, C. A., J. A. Fuhrman, M. C. Horner-Devine, et al. 2012. Beyond biogeographic patterns: processes shaping the microbial landscape. *Nature Reviews Microbiology*, Vol. 10, No. 7.

Hartley, I. P., D. W. Hopkins, M. H. Garnett, et al. 2008. Soil microbial respiration in arctic soil does not acclimate to temperature. *Ecology Letters*, Vol. 11, No. 10.

Hazard, C., P. Gosling, C. J. Gast, et al. 2013. The role of local environment and geographical distance in determining community composition of arbuscular mycorrhizal fungi at the landscape scale. *The ISME Journal*, Vol. 7, No. 3.

Horner-Devine, M. C., K. M. Carney, B. J. M. Bohannan. 2004. An ecological perspective on bacterial biodiversity. *Proceedings of the Royal Society B – Biological Sciences*, Vol. 271, No. 1535.

Jesus, E. D., T. L. Marsh, J. M. Tiedje, et al. 2009. Changes in land use alter the structure of bacterial communities in Western Amazon soils. *The ISME Journal*, Vol. 3, No. 9.

Jia, Y., H. Huang, Z. Chen, et al. 2014. Arsenic uptake by rice is influenced by microbe-mediated arsenic redox changes in the rhizosphere. *Environmental Science & Technology*, Vol. 48, No. 2.

Johnson, D., J. Leake, D. Read. 2005. Liming and nitrogen fertilization affects phosphatase activities, microbial biomass and mycorrhizal colonization in upland grassland. *Plant and Soil*, Vol. 271, No. 1-2.

Kelly, J., M. Häggblom, R. Tate. 1999. Changes in soil microbial communities over time resulting from one time application of zinc: a laboratory microcosm study. *Soil Biology & Biochemistry*, Vol. 31, No. 10.

King, A. J., K. R. Freeman, K. F. McCormick, et al. 2010. Biogeography and habitat modelling of high-alpine bacteria. *Nature Communications*, Vol. 1.

Kirk, J. L., J. N. Klironomos, H. Lee, et al. 2005. The effects of perennial ryegrass and alfalfa on microbial abundance and diversity in petroleum contaminated soil. *Environmental Pollution*, Vol. 133, No. 3.

Kowalchuk, G. A., P. L. Bodelier, G. H. J. Heilig, et al. 1998. Community analysis of ammonia-oxidising bacteria, in relation to oxygen availability in soils and root-oxygenated sediments, using PCR, DGGE and oligonucleotide probe hybridisation. *FEMS Microbiology Ecology*, Vol. 27, No. 4.

Lauber, C. L., M. S. Strickland, M. A. Bradford, et al. 2008. The influence of soil properties on the structure of bacterial and fungal communities across land-use types. *Soil Biology & Biochemistry*, Vol. 40, No. 9.

Lee, Y. H., M. K. Kim, J. Lee, et al. 2013. Organic fertilizer application increases biomass and proportion of fungi in the soil microbial community in a minimum tillage Chinese cabbage field. *Canadian Journal of Soil Science*, Vol. 93, No. 3.

Li, J. M., Z. X. Jin, Q. P. Gu. 2011. Effect of plant species on the function and structure of the bacterial community in the rhizosphere of lead zinc mine tailings in Zhejiang, China. *Canadian Journal of Microbiology*, Vol. 57, No. 7.

Liu, J., Y. Sui, Z. Yu, et al. 2014. High throughput sequencing analysis of biogeographical distribution of bacterial communities in the black soils of northeast China. *Soil Biology & Biochemistry*, Vol. 70.

Liu, J., Y. Sui, Z. Yu, et al. 2015. Soil carbon content drives the biogeographical distribution of fungal communities in the black soil zone of northeast China. *Soil Biology & Biochemistry*, Vol. 83.

Liu, Y., G. Shi, L. Mao, et al. 2012. Direct and indirect influences of 8 yr of nitrogen and phosphorus fertilization on Glomeromycota in an alpine meadow ecosystem. *New Phytologist*, Vol. 194, No. 2.

Lorenz, N., T. Hintemann, T. Kramarewa, et al. 2006. Response of microbial activity and microbial community composition in soils to long-term arsenic and cadmium exposure. *Soil Biology & Biochemistry*, Vol. 38, No. 6.

Martiny, J. B., J. A. Eisenb, K. P. Steven, et al. 2011. Drivers of bacterial β-diversity depend on spatial scale. *Proceedings of the National Academy of Sciences*, Vol. 108, No. 19.

Martiny, J. B. H., B. J. Bohannan, J. H. Brown, et al. 2006. Microbial biogeography: putting microorganisms on the map. *Nature Reviews Microbiology*, Vol. 4, No. 2.

Matevž, L., H. Katarina, R. Tomislav, et al. 2013. Distribution and diversity of arbuscular mycorrhizal fungi in grapevines from production vineyards along the eastern Adriatic coast. *Mycorrhiza*, Vol. 23, No. 3.

Meng, X. Y., J. Qin, L. H. Wang, et al. 2011. Arsenic biotransformation and volatilization in transgenic rice. *New Phytologist*, Vol. 191, No. 1.

Nemergut, D. R., A. R. Townsend, S. R. Sattin, et al. 2008. The effects of chronic nitrogen fertilization on alpine tundra soil microbial communities: implications for carbon and nitrogen cycling. *Environmental Microbiology*, Vol. 10, No. 11.

Newman, L. A., C. M. Reynold. 2005. Bacteria and phytoremediation new uses for endophytic bacteria in plants. *Trends in Biotechnology*, Vol. 23, No. 1.

Nielsen, U. N., G. H. Osler, C. D. Campbell, et al. 2010. The influence of vegetation type, soil properties and precipitation on the composition of soil mite and microbial communities at the landscape scale. *Journal of Biogeography*, Vol. 37, No. 7.

Osborn, A. M., E. R. Moore, K. N. Timmis. 2000. An evaluation of terminal-restriction fragment length polymorphism (T-RFLP) analysis for the study of microbial community structure and dynamics. *Environmental Microbiology*, Vol. 2, No. 1.

Paungfoo-Lonhienne, C., Y. K. Yeoh, N. R. Kasinadhuni, et al. 2015. Nitrogen fertilizer dose alters fungal communities in sugarcane soil and rhizosphere. *Scientific Reports*, Vol. 5.

Peay, K. G., C. Baraloto, P. V. Fine. 2013. Strong coupling of plant and fungal community structure across western Amazonian rainforests. *The ISME Journal*, Vol. 7, No. 9.

Perveen, N., S. Barot, G. Alvarez, et al. 2014. Priming effect and microbial diversity in ecosystem functioning and response to global change: a modeling approach using the SYMPHONY model. *Global Change Biology*, Vol. 20, No. 4.

Ramirez, K. S., C. L. Lauber, R. Knight, et al. 2010. Consistent effects of nitrogen fertilization on soil bacterial communities in contrasting systems. *Ecology*, Vol. 91, No. 12.

Ranjard, L., S. Nazaret, F. Gourbière, et al. 2000. A soil microscale study to reveal the heterogeneity of Hg (II) impact on indigenous bacteria by quantification of adapted phenotypes and analysis of community DNA fingerprints. *FEMS Microbiology Ecology*, Vol. 31, No. 2.

Rinnan, R., S. Stark, A. Tolvanen. 2009. Responses of vegetation and soil microbial communities to warming and simulated herbivory in a subarctic heath. *Journal of Ecology*, Vol. 97, No. 4.

Romero-Freire, A., M. S. Aragon, F. J. M. Garzon, et al. 2016. Is soil basal respiration a good indicator of soil pollution? *Geoderma*, Vol. 263.

Rousk, J., E. Bååth, P. C. Brookes, et al. 2010. Soil bacterial and fungal communities across a pH gradient in an arable soil. *The ISME Journal*, Vol. 4, No. 10.

Ruyters, S., J. Mertens, D. Springael, et al. 2010. Stimulated activity of the soil nitrifying community accelerates community adaptation to Zn stress. *Soil Biology & Biochemistry*, Vol. 42, No. 5.

Sharaff, M., G. Archana. 2015. Assessment of microbial communities in mung bean (*Vigna radiata*) rhizosphere upon exposure to phytotoxic levels of copper. *Journal of Basic Microbiology*, Vol. 55, No. 11.

Shaw, M. R., E. S. Zavaleta, N. R. Chiariello, et al. 2002. Grassland responses to global environmental changes suppressed by elevated CO_2. *Science*, Vol. 298, No. 5600.

Shen, C., W. Liang, S. Yu, et al. 2014. Contrasting elevational diversity patterns between eukaryotic soil microbes and plants. *Ecology*, Vol. 95, No. 11.

Shen, C., Y. Ni, W. Liang, et al. 2015. Distinct soil bacterial communities along a small-scale elevational gradient in alpine tundra. *Frontiers in Microbiology*, Vol. 6.

Shen, C., J. Xiong, H. Zhang, et al. 2013. Soil pH drives the spatial distribution of bacterial communities along elevation on Changbai Mountain. *Soil Biology & Biochemistry*, Vol. 57.

Shi, Y., P. Grogan, H. Sun, et al. 2015. Multi-scale variability analysis reveals the importance of spatial distance in shaping Arctic soil microbial functional communities. *Soil Biology & Biochemistry*, Vol. 86.

Shukurov, N., S. Pen-Mouratov, Y. Steinberger. 2006. The influence of soil pollution on soil microbial biomass and nematode community structure in Navoiy Industrial Park, Uzbekistan. *Environmental International*, Vol. 32, No. 1.

Staddon, P. L., I. Jakobsen, H. Blum. 2004. Nitrogen input mediates the effect of free-air CO_2 enrichment on mycorrhizal fungal abundance. *Global Change Biology*, Vol. 10, No. 10.

Sun, R., X. Zhang, X. Guo, et al. 2015. Bacterial diversity in soils subjected to long-term chemical fertilization can be more stably maintained with the addition of livestock manure than wheat straw. *Soil Biology & Biochemistry*, Vol. 88.

Taghavi, S., T. Barac, B. Greenberg, et al. 2005. Horizontal gene transfer to endogenous endophytic bacteria from poplar improves phytoremediation of toluene. *Applied and Environmental Microbiology*, Vol. 71, No. 12.

Torsvik, V., J. Goksøyr, F. L. Daae. 1990. High diversity in DNA of soil bacteria. *Applied and Environmental Microbiology*, Vol. 56, No. 3.

Tsiafouli, M. A., E. Thebault, S. P. Sgardelis, et al. 2015. Intensive agriculture reduces soil biodiversity across Europe. *Global Change Biology*, Vol. 21, No. 2.

Wall, D. H., U. N. Nielsen, J. Six. 2015. Soil biodiversity and human health. *Nature*, Vol. 528, No. 7580.

Wang, Y., F. S. Zhang, P. Marschner. 2012. Soil pH is the main factor influencing growth and rhizosphere properties of wheat following different pre-crops. *Plant and Soil*, Vol. 360, No. 1-2.

Wang, Y. J., H. Li, W. Zhao, et al. 2010. Induction of toluene degradation and growth promotion in corn and wheat by horizontal gene transfer within endophytic bacteria. *Soil Biology & Biochemistry*, Vol. 42, No. 7.

Wang, P. P., G. X. Sun, Y. Jia, et al. 2014. A review on completing arsenic biogeochemical cycle: microbial volatilization of arsines in environment. *Journal of Environmental Sciences-China*, Vol. 26, No. 2.

Wei, Z., T. J. Yang, V. P. Friman, et al. 2015. Trophic network architecture of root-associated bacterial communities determines pathogen invasion and plant health. *Nature Communications*, Vol. 6.

Wessén, E., S. Hallin, L. Philippot. 2010. Differential responses of bacterial and archaeal groups at high taxonomical ranks to soil management. *Soil Biology & Biochemistry*, Vol. 42, No. 10.

Whitfield, J. 2005. Biogeography: is everything everywhere? *Science*, Vol. 310, No. 5750.

Williams, M. A. 2007. Response of microbial communities to water stress in irrigated and drought-prone tallgrass prairie soils. *Soil Biology & Biochemistry*, Vol. 39, No. 11.

Wit, R., T. Bouvier. 2006. "Everything is everywhere, but, the environment selects"; what did Baas Becking and Beijerinck really say? *Environmental Microbiology*, Vol. 8, No. 4.

Xiang, X., Y. Shi, J. Yang, et al. 2014. Rapid recovery of soil bacterial communities after wildfire in a Chinese boreal forest. *Scientific Reports*, Vol. 4.

Xiong, J., H. Sun, F. Peng, et al. 2014. Characterizing changes in soil bacterial community structure in response to short-term warming. *FEMS Microbiology Ecology*, Vol. 89, No. 2.

Xiong, J. B., Y. Q. Liu, X. G. Lin, et al. 2012. Geographic distance and pH drive bacterial distribution in alkaline lake sediments across Tibetan Plateau. *Environmental Microbiology*, Vol. 14, No. 9.

Xu, L., Y. Teng, Z. G. Li, et al. 2010. Enhanced removal of polychlorinated biphenyls from alfalfa rhizosphere soil in a field study: the impact of a rhizobial inoculum. *Science of the Total Environment*, Vol. 408, No. 5.

Yang, B., X. M. Wang, H. Y. Ma, et al. 2015. Fungal endophyte *Phomopsis liquidambari* affects nitrogen transformation processes and related microorganisms in the rice rhizosphere. *Frontiers in Microbiology*, Vol. 6.

Yang, T., Y. Chen, Y. X. Wang, et al. 2013. Plant symbionts: keys to the phytosphere. *Symbiosis*, Vol. 59, No. 1.

Yang, Y. H., J. Yao, S. Hu, et al. 2000. Effects of agricultural chemicals on DNA sequence diversity of soil microbial community: a study with RAPD marker. *Microbial Ecology*, Vol. 39, No. 1.

Yang, Y., Y. Gao, S. Wang, et al. 2014. The microbial gene diversity along an elevation gradient of the Tibetan grassland. *The ISME Journal*, Vol. 8, No. 2.

Yao, H., C. D. Campbell, S. J. Chapman, et al. 2013. Multi-factorial drivers of ammonia oxidizer communities: evidence from a national soil survey. *Environmental Microbiology*, Vol. 15, No. 9.

Ye, J., C. Rensing, B. P. Rosen, et al. 2012. Arsenic biomethylation by photosynthetic organisms. *Trends in Plant Science*, Vol. 17, No. 3.

Yuan, Y. L., G. C. Si, J. Wang, et al. 2014. Bacterial community in alpine grasslands along an altitudinal gradient on the Tibetan Plateau. *FEMS Microbiology Ecology*, Vol. 87, No. 1.

Zeng, J., X. Liu, L. Song, et al. 2016. Nitrogen fertilization directly affects soil bacterial diversity and indirectly affects bacterial community composition. *Soil Biology & Biochemistry*, Vol. 92.

Zhang, C., G. B. Liu, S. Xue, et al. 2011. Rhizosphere soil microbial activity under different vegetation types on the Loess Plateau China. *Geoderma*, Vol. 161, No. 3.

Zhang, L. M., M. Wang, J. I. Prosser, et al. 2009. Altitude ammonia-oxidizing bacteria and archaea in soils of Mount Everest. *FEMS Microbiology Ecology*, Vol. 70, No. 2.

Zhao, M. X., K. Xue, F. Wang, et al. 2014. Microbial mediation of biogeochemical cycles revealed by simulation of global changes with soil transplant and cropping. *The ISME Journal*, Vol. 8, No. 10.

Zhou, J., S. Kang, C. W. Schadt, et al. 2008. Spatial scaling of functional gene diversity across various microbial taxa. *Proceedings of the National Academy of Sciences*, Vol. 105, No. 22.

Zogg, G. P., D. R. Zak, D. B. Ringelberg, et al. 1997. Compositional and functional shifts in microbial communities due to soil warming. *Soil Science Society of America Journal*, Vol. 61, No. 2.

董立国、蒋齐、蔡进军等："基于 Biolog-ECO 技术不同退耕年限苜蓿地土壤微生物功能多样性分析",《干旱区研究》, 2011 年第 4 期。

高程、郭良栋："外生菌根真菌多样性的分布格局与维持机制研究进展"《生物多样性》, 2013 年第 4 期。

郭良栋、田春杰："菌根真菌的碳氮循环功能研究进展",《微生物学通报》, 2013 年第 1 期。

贺纪正、李晶、郑袁明："土壤生态系统微生物多样性—稳定性关系的思考",《生物多样性》, 2013 年第 4 期。

姜学艳、黄艺："菌根真菌增加植物抗盐碱胁迫的机理",《生态环境》, 2003 年第 3 期。

孔维栋："极地陆域微生物多样性研究进展",《生物多样性》, 2013 年第 4 期。

梁宇、郭良栋、马克平："菌根真菌在生态系统中的作用",《植物生态学》, 2002 年第 6 期。

芦晓飞、赵志祥、谢丙炎等："西藏米拉山高寒草甸土壤微生物 DNA 提取及宏基因组 Fosmid 文库构建",《应用与环境生物学报》, 2009 年第 6 期。

牛佳、周小奇、蒋娜等："若尔盖高寒湿地干湿土壤条件下微生物群落结构特征",《生态学报》, 2011 年第 2 期。

盛江梅、吴小芹："菌根真菌与植物根际微生物互作关系研究",《西北林学院学报》, 2007 年第 5 期。

石兆勇、陈应龙、刘润进："菌根多样性及其对植物生长发育的重要意义",《应用生态学报》, 2003 年第 9 期。

赵晓琛、刘红梅、皇甫超河等："贝加尔针茅草原土壤微生物功能多样性对养分添加的响应",《农业环境科学学报》, 2014 年第 10 期。

第11章 根际土壤—植物—微生物相互作用

根际是土壤—植物—微生物相互作用的中心和物质能量交换最活跃的区域。土壤—植物系统中物质的迁移转化受根际环境中一系列生物化学过程的综合影响。植物根系分泌物为土壤微生物提供营养及信号分子，根际微生物则能调节土壤中养分的有效性，促进养分进入生命系统，并提高植物的免疫力，抵抗生物和非生物胁迫。根际环境中土壤—植物—微生物的互作关系维系着土壤生态系统的各项功能。研究根际环境的生物化学特征及其物质转化规律，对于促进土壤物质的良性循环、提高植物系统的健康水平、控制环境污染和保障食品安全均有重要的理论与实际意义，已成为土壤学、生命科学和环境科学交叉研究的前沿与热点。

11.1 概　　述

本节以根际土壤—植物—微生物相互作用的研究缘起为切入点，阐述了根际土壤研究的内涵及其主要内容，并以科学问题的深入和研究手段的创新为线索，探讨了根际土壤—植物—微生物相互作用研究的演进阶段与关注的科学问题变化。

11.1.1 问题的缘起

根际研究最早可追溯到17~18世纪时的植物矿质营养学说理论。1904年，德国微生物学家Lorenz Hiltner首次提出根际（rhizosphere）的概念，即植物根表以及在理化及生态上受根系直接影响的土壤区域。100多年来，根际研究方兴未艾，根际内涵也不断得到丰富和完善。为纪念根际概念诞生100周年，亦为交流根际研究的最新进展，2004年9月在Hiltner的故乡，也是他曾工作多年的城市——慕尼黑召开了第一届国际根际大会（陆雅海和张福锁，2006：113~121），系统总结了根际研究的进展与发展方向。在根际区域，植物、土壤和微生物之间形成了密切的相互作用：一方面，根际土壤能够直接影响植物的新陈代谢和生长发育；另一方面，根系分泌物又能改变根际微生物群落结构，进而影响根际土壤理化性质及环境特征。目前，根际研究已从最初的土壤矿质营养、根系生理生化发展到土壤—植物—微生物相互作用的生态机制研究。

11.1.2 问题的内涵及演进

根际是植物、土壤和微生物相互作用的重要界面，也是物质和能量交换的节点。根际土壤是受植物根系影响的根—土界面的一个微区，也是植物—土壤—微生物相互作用的场所（张福锁和曹一平，1992：239~250；刘世亮等，2003：187~192；魏树和等，2003：143~147）。根际土壤的范围很小，一般指离根系表面数毫米之内的区域，根际内含有的有机酸、糖类、氨基酸等根系分泌物，不仅能影响根际土壤的物理化学性质，也能改变根际土壤微生物的群落和功能。目前，根际的研究内涵已包括根际微观结构、根际微环境中的物质迁移转化、根际物理化学和生物学特征、植物营养遗传特性、根际分泌物的作用效应以及根际的信息传递等。根际土壤的许多理化性质和生物化学过程不同于非根际土壤，其中最明显的就是pH、氧化还原电位和微生物群落等。根际环境内复杂的相互作用关系给研究带来了一定的挑战，但土壤—植物—微生物相互作用的机理研究对于丰富根际研究理论和解决农业、环境实际问题均具有重要意义。

根际土壤—植物—微生物相互作用研究的发展历程大体可分为以下3个阶段。

第一阶段：根际概念提出阶段。根际概念最早由德国微生物学家Lorenz Hiltner于1904年提出，但由于根际并非是一个界限分明的区域，要精确区分根际土壤与非根际土壤的范围很困难。20世纪60年代末，Riley和Barber提出了抖落法，即根据根系表面抖落和黏着的程度将土壤区分为根际土壤与非根际土壤，并把距根面0~2mm的土壤定义为根际土。后人对该方法做了一些改进，把根系和土壤一起进行一段时间的干燥，然后轻轻过筛，从而将根系与根际土壤分离。目前，在根际研究中仍常采用抖落法或取离根表一定范围内的土壤作为根际土壤。

第二阶段：根际土壤环境特征研究阶段。植物根系的细胞组织脱落物和根系分泌物能够显著影响根际土壤微环境，同时也为根际微生物提供了丰富的营养和能量。因此，植物根际的微生物数量和活性均高于非根际土壤。根际区域内大多数物理、化学和生物过程不同于非根际土壤，因其不仅受到植物根系的影响，而且受到根际微生物和根系分泌物的影响。根际环境在土壤中具有可变性、隐蔽性，无法直接用肉眼观察，难以原位取样监测，且根系生长环境的高度变异性缺乏相关的研究手段，导致根际土壤环境特征研究在很长一段时间内进展缓慢。根袋、根垫、根箱等土壤原位采集技术以及根系分泌物收集和分离技术的建立，均极大地推动了根际土壤环境的研究。20世纪初期，关于根际的研究主要集中于环境因子对植物根系分泌物的影响效应；20世纪50年代，开始了根系分泌物的化感作用及其对根际微生物的影响效应等方面的研究；20世纪70年代后，国际上有关根际的研究主要集中于根系分泌物改变根际微生物环境特征及养分有效性等方面。

第三阶段：根际土壤—植物—微生物相互作用机制研究阶段。近30年来，随着现代生物化学、分子生物学和宏基因组学等新兴研究手段的迅猛发展，有关根际土壤—植物—微生物相互作用的研究也日益深入。当前根际土壤研究主要集中在土壤—植物—微生物不同界面中物质迁移转化规律、微生物分子作用机制和根际生态调控3个方面。根系分泌物能够影响根际微生物群落结构与活性，反之，根际微生物群落结构又对根系分泌物释放、土壤物质循环与能量流动起着重要的作用，进而改变植物的生长发育过程（Eisenhauer et al.，2012：155~160）。当前，深入探索根系分泌物介导下土壤—植物—微生物复杂的互作关系，合理有效地调控根际生态系统，最大限度地发挥该系统的功能，是根际土壤研究的核心和最终目标。

11.2 国际"根际土壤—植物—微生物相互作用"研究主要进展

近 15 年来，随着根际土壤—植物—微生物相互作用研究的不断深入，逐渐形成了一些核心领域和研究热点。通过文献计量分析发现，其核心研究领域主要包括根系分泌物作用效应、根际土壤养分循环和根际土壤环境污染物转化等方面。根际土壤研究正在向着机理深入、内容系统、研究方法不断创新的方向发展。

11.2.1 近 15 年国际该领域研究的核心方向与研究热点

运用 Web of Science 数据库，依据本研究领域核心关键词制定了英文检索式，即：("soil*" or "paddy") and ("rhizosphere" or "root exudat*" or "rhizobia" or "rhizobium" or "rhizobacteria" or "rhizodeposition" or "rhizobox" or "root * architecture" or "allelopath*" or "soil-born* disease*" or "soil borne disease*" or "symbio* nitrogen fixation" or "mycorrhiza*")，检索到近 15 年本研究领域共发表国际英文文献 20 559 篇。划分了 2000～2002 年、2003～2005 年、2006～2008 年、2009～2011 年和 2012～2014 年 5 个时段，各时段发表的论文数量占总发表论文数量的百分比分别为 12.2%、15.1%、18.7%、24.1%和 29.8%，呈逐年上升趋势。图 11-1 显示了 2000～2014 年根际土壤—植物—微生物相互作用领域 SCI 期刊论文关键词共现关系。根据圈内的高频关键词，文献计量图谱聚成了 9 个相对独立的聚类圈，在一定程度上反映了近 15 年国际根际土壤研究的核心领域。关键词根际是中心度最高的关键节点词，连接了根际微生物分子生态、根际修复、菌根真菌、微生物解磷等多个研究内容。在整个网络图谱中，与微生物群落相关的关键词遍布在各个部分。除菌根真菌是最大的年轮圈，且与根际年轮圈同处于相对中心的位置外，其他聚类圈中都或多或少地包含了与微生物群落有关的关键词，说明微生物全面参与了根际土壤的转化过程。针对上述 9 个聚类圈，根际土壤—植物—微生物相互作用的核心领域可归纳为根系分泌物作用效应、根际土壤养分循环和根际土壤环境污染物转化 3 个方面。

（1）根系分泌物作用效应

根系分泌物作用效应包括根际碳沉积、化感作用、根际微生物生态 3 个聚类圈。根际碳沉积聚类圈中包括根际沉积（rhizodeposition）、土壤可溶性有机碳（DOC）、碳循环（carbon cycle）等，表明根际碳沉积是研究土壤—植物系统中碳流及碳素循环的重要内容。化感作用聚类圈中主要包括化感效应（allelopathy）、种子萌发（germination）、聚合酶链式反应（PCR）等关键词，揭示了化感作用主要涉及根系分泌物对作物及微生物的生长抑制效应。根际微生物生态聚类圈中出现微生物生物量（microbial biomass）、细菌群落（bacterial community）、微生物多样性（microbial diversity）、基因表达（gene expression）、变性梯度凝胶电泳（DGGE）等关键词，说明微生物量、组成及活性是根际土壤微生物生态的重要内容，并且分子生物学技术在根际土壤研究中得到普遍应用。

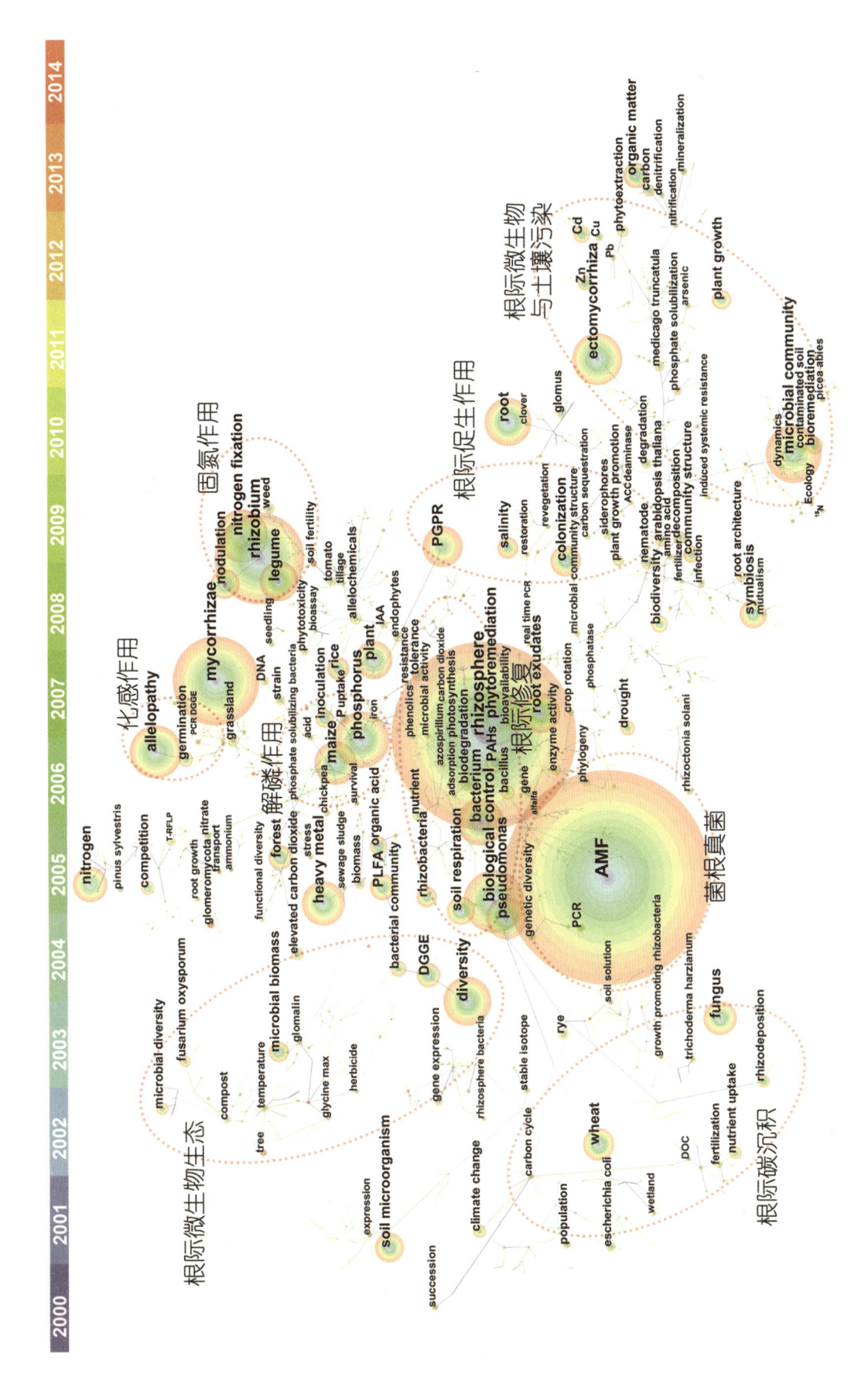

图 11-1　2000~2014 年"根际土壤—植物—微生物相互作用"领域 SCI 期刊论文关键词共现关系

（2）根际土壤养分循环

根际土壤养分循环包括固氮作用、菌根真菌、根际促生作用、解磷作用 4 个聚类圈。 固氮作用聚类圈中出现根瘤菌（rhizobium）、结瘤（nodulation）、氮素固定（nitrogen fixtion）、豆科植物（legume）等关键词，**表明植物微生物间的共生固氮机理已经受到普遍关注。** 菌根真菌（AMF）呈现最大的年轮圈，与根际修复聚类圈联系紧密。遗传多样性（genetic diversity）及系统分类（phylogeny）等关键词出现在该聚类圈中，**说明物种多样性及其生态功能是菌根真菌最主要的研究内容。** 根际促生作用聚类圈包括根际促生菌（PGPR）、定殖（colonization）、植物生长促进作用（plant growth promotion）、铁载体（sideropheres）、再种植（revegetation）等关键词，**表明根际促生研究不仅重视微生物定殖能力，也关注其促生作用分子机理。** 解磷作用聚类圈中除了磷素（phosphorus）、磷吸收（P uptake）等关键词外，还出现磷素溶解菌（phosphate solubilizing bacteria）、接种（inoculation）、酸（acid）等关键词，**揭示了根际微生物分泌的有机酸是解磷的重要机制。**

（3）根际土壤环境污染物转化

根际土壤环境污染物转化包括根际微生物与土壤污染、根际修复两个聚类圈。 根际微生物与土壤污染聚类圈中出现的关键词主要包括污染土壤（contaminated soil）、各种污染元素（如 Cu，Zn，Cd，Pb，As 等）、植物生长（plant growth）、微生物群落（microbial community）、诱导系统耐性（induced systemic resistance）、动态变化（dynamics），**反映重金属污染的微生物胁迫效应是近期根际土壤污染关注的重点。** 根际修复聚类圈围绕在"根际"中心词周围，圈内不仅出现了多环芳烃（PAHs）、酚（phenolics）等污染物和生物修复（phytoremediation）、生物降解（biodegradation）、生物控制（biological control）等关键词，吸附（adsorption）、生物有效性（bioavailability）、耐性（tolerance）、抗性（resistance）等词也在该聚类圈中出现，**揭示了根际微生物对污染物的抗性和转化降解是根际修复的重要作用机制。**

SCI 期刊论文关键词图谱反映了近 15 年根际土壤—植物—微生物相互作用研究的核心领域（图 11-1），而不同时段 TOP20 高频关键词则可反映其研究热点（表 11-1）。从表 11-1 可以看出，前 10 位高频关键词为菌根真菌（mycorrhiza）、微生物群落（microbial community）、微生物（microorganisms）、根际（rhizosphere）、根系构型（root architecture）、碳循环（carbon cycling）、磷（phosphorus）、生物多样性（diversity）、氮素（nitrogen）、根际促生菌（PGPR），表明这些领域是近 15 年研究的热点。不同时段高频关键词组合特征能反映研究热点随时间的变化情况。菌根真菌、微生物群落与多样性、碳循环等关键词在各时段均占突出地位，**表明根际微生物群落特征、菌根真菌与养分转化、根际碳素循环、根际促生作用等一直是国际根际土壤研究的热点。**

不同时段高被引论文的关键词组合特征能反映研究方法和热点研究内容上的时序变化规律，以 3 年为时间段的热点问题变化情况分析如下。2000~2002 年，研究方法相关的关键词包括聚合酶链式反应（PCR）、变性梯度凝胶电泳（DGGE）、底物诱导呼吸（substrate utilization）、磷脂脂肪酸（PLFA）等，该时期主要采用生物化学和普通 PCR 进行根际土壤研究；研究内容

第 11 章　根际土壤—植物—微生物相互作用　373

表 11-1　2000~2014 年"根际土壤—植物—微生物相互作用"领域不同时段 TOP20 高频关键词组合特征

2000~2014 年		词频	2000~2002 年 (26 篇/校正系数 2.27)		词频	2003~2005 年 (30 篇/校正系数 1.97)		词频	2006~2008 年 (38 篇/校正系数 1.55)		词频	2009~2011 年 (47 篇/校正系数 1.26)		词频	2012~2014 年 (59 篇/校正系数 1.00)		词频
关键词			关键词			关键词			关键词			关键词			关键词		
mycorrhiza		63	microbial community		22.7 (10)	mycorrhiza		27.5 (14)	mycorrhiza		18.6 (12)	mycorrhiza		22.6 (18)	microorganisms		20
microbial community		57	nitrogen cycling		15.9 (7)	nutrient cycling		15.7 (8)	microbial community		10.9 (7)	microbial community		20.1 (16)	microbial community		16
microorganisms		40	microorganisms		15.9 (7)	microbial community		15.7 (8)	diversity		9.3 (6)	rhizosphere		13.8 (11)	mycorrhiza		15
rhizosphere		36	diversity		11.3 (5)	carbon cycling		11.8 (6)	phosphorus		9.3 (6)	microorganisms		11.3 (9)	rhizosphere		12
root architecture		27	root architecture		11.3 (5)	PGPR		7.9 (4)	carbon		7.8 (5)	root architecture		10.0 (8)	nitrogen		12
carbon cycling		27	phosphorus		11.3 (5)	rhizosphere		7.9 (4)	nitrogen		7.8 (5)	stable isotopes		10.0 (8)	RNA		10
phosphorus		26	heavy metals		9.1 (4)	root architecture		7.9 (4)	nodulation		7.8 (5)	plant-soil feedback		8.8 (7)	carbon cycling		8
diversity		24	rhizosphere		9.1 (4)	ecosystem		7.9 (4)	PGPR		7.8 (5)	carbon cycling		7.5 (6)	climate change		7
nitrogen		22	mycorrhiza		9.1 (4)	microbial biomass		5.9 (3)	rhizosphere		7.8 (5)	diversity		6.3 (5)	phosphorus		7
PGPR		21	PCR		6.8 (3)	phosphorus		5.9 (3)	real-time PCR		7.8 (5)	nitrogen		6.3 (5)	carbon		6
carbon		18	RNA		6.8 (3)	phytoremediation		5.9 (3)	nitrogen fixation		7.8 (5)	PGPR		6.3 (5)	atmospheric CO_2		5
microbial ecology		16	DGGE		6.8 (3)	carbon dioxide		5.9 (3)	bacteria		7.8 (5)	phosphorus		6.3 (5)	root architecture		5
RNA		15	substrate utilization		6.8 (3)	diversity		5.9 (3)	root architecture		7.8 (5)	plant growth promotion		6.3 (5)	arabidopsis		5
arabidopsis		12	carbon		6.8 (3)	biological control		3.9 (2)	brassica juncea		6.2 (4)	forest soils		6.3 (5)	diversity		5
carbon dioxide		10	genes		6.8 (3)	plant invasive		3.9 (2)	carbon cycling		6.2 (4)	nutrition		5.0 (4)	microbial feedbacks		4
plant-soil feedback		10	rhizobacteria		6.8 (3)	fertilization		3.9 (2)	fungi		4.7 (3)	454 pyrosequencing		5.0 (4)	litter decomposition		3
nitrogen cycling		10	carbon cycling		6.8 (3)	molecular diversity		3.9 (2)	phytoremediation		4.7 (3)	climate change		5.0 (4)	oryza sativa		3
climate change		10	PLFA		6.8 (3)	nodulation		3.9 (2)	root exudates		4.7 (3)	arabidopsis		3.8 (3)	plant-soil feedback		3
heavy metals		9	pathogens		4.5 (2)	pathogens		3.9 (2)	^{13}C-labelling		3.1 (2)	heavy metals		3.8 (3)	root exudation		3
plant invasive		7	wheat		4.5 (2)	heavy metals		3.9 (2)	biogeography		3.1 (2)	invasive species		3.8 (3)	replant disease		3

注：括号中的数字为校正前关键词出现频次。

主要与根际微生物和土壤养分循环相关，包含氮素循环（nitrogen cycling）、磷素（phosphorus）转化等关键词。2003~2005 年，研究方法上更注重分子生态学（molecular diversity）技术。在此时段，根际植物修复（phytoremediation）和根际促生菌（PGPR）研究开始兴起。2006~2008 年，关键词碳稳定同位素标记（^{13}C-labelling）和定量 PCR（real-time PCR）共同出现，说明分子生物学和同位素标记结合技术已得到应用。此阶段注重共生固氮（nitrogen fixation）的机理和应用研究。2009~2011 年，高通量测序（454 pyrosequencing）已得到应用，植物—土壤相互作用（plant-soil feedback）和全球气候变化（climate change）成为重要研究热点。2012~2014 年，以 RNA 为基础的转录组学方法开始大量出现，研究内容也更重视土壤—植物—微生物相互作用（plant-soil feedback，microbial feedbacks）等生态学问题。

根据校正后高频关键词分布情况可知，根际土壤—植物—微生物相互作用的研究方法日新月异，从开始的生物化学（如 PLFA）、普通 PCR，发展到后来的同位素分子探针和转录组学技术（如 ^{13}C-labelling，real-time PCR，RNA）。研究热点内容也呈现时序性变化，开始主要关注根际微生物与养分循环（nitrogen cycling，phosphorus）、根系构型（root architecture）和根际促生菌（PGPR），近年来则更重视全球气候变化（climate change）和根际土壤—微生物—植物相互作用（plant-soil feedback，microbial feedbacks）的生态学问题。

11.2.2 近 15 年国际该领域研究取得的主要学术成就

图 11-1 表明近 15 年根际土壤—植物—微生物相互作用研究的核心领域是植物根系分泌物作用效应（根际碳沉积、化感作用、根际微生物生态）、根际土壤养分循环（固氮作用、菌根真菌、根际促生作用、解磷作用）、根际土壤环境污染物转化（根际微生物与土壤污染、根际修复）3 个方面的 9 个核心内容。高频关键词组合特征反映其中的根际微生物生态特征、菌根真菌与养分转化、根际碳沉积、根际促生作用 4 个内容为近期的热点问题。本节结合上述文献计量学的相关分析和文献调研，对近 15 年国际根际土壤研究的 9 个核心内容进行了归纳和综述。

（1）植物根系分泌物作用效应

① 根际碳沉积。光合作用将大气 CO_2 合成为植物有机碳，并固定在植物体内。研究表明，光合碳的 40%经过植物的韧皮部转运到地下，19%的光合碳用于根系生长，12%通过呼吸作用以 CO_2 形式释放到大气，5%的光合碳以根系沉积物的形式输入根际土壤环境（Jones et al.，2009：5~33）。土壤微生物可以利用植物释放的光合碳并将其中的一部分转化为土壤有机碳，根际沉积碳在土壤有机碳转化和稳定土壤碳库方面起着非常关键的作用。由稳定性同位素标记技术与分子生物学技术相结合发展起来的稳定性同位素探测技术，可确定参与碳转化的微生物群落结构和功能以及复杂群落中微生物的相互关系，在研究根际碳沉积和微生物相互作用关系方面具有广阔的应用前景。Yao 等（2012：72~77）和 Wang 等（2014：603~612）利用 $^{13}CO_2$ 连续标记技术，研究了施肥和水分管理对水稻根际同化碳微生物群落结构的影响，结果表明施氮显著提高了水稻根际碳的微生物同化量；淹水处理下革兰氏阴性菌具有较高的相对丰度，而控水处

理下需氧菌和真菌的相对丰度较高。

② 化感作用。植物通过释放代谢物质到土壤环境中，进而产生对其他植物直接或间接的有害作用，被称为化感作用。根系分泌物的化感作用与入侵植物种群扩张及根际环境变化联系密切。外来入侵植物根系分泌化学代谢物质到根系周围土壤中，能够改变根际区域土壤微生物的群落结构和功能，促进对其有利的共生菌的生长，同时改变土壤的物理和化学特性，抑制与其竞争的植物的生长（Nardi et al.，2000：653~658；Bais et al.，2002：1173~1179）。Kourtev 等（2003：895~905）采用磷脂脂肪酸（PLFA）技术研究了植物入侵对微生物群落结构的影响，发现随着入侵进程的发展，土壤微生物群落的结构和功能多样性受到强烈影响，而且土壤理化性质也因微生物群落驱动元素循环转化而发生明显的变化（如 pH，氮含量，氮的矿化速率等）。Ehrenfeld（2003：503~523）研究表明，植物入侵后随着地下微生物群落的明显变化，土壤盐度、湿度、pH、碳氮含量也受到影响。通过 T-RFLP 等分子生物学方法分析宿根矢车菊（*Centaureamaculosa Lam.*）重度入侵区域的土壤发现，重度入侵土壤相比于本地土壤中菌根真菌的多样性显著降低（Mummey and Rillig，2006：81~90），也有研究发现一年生杂草旱雀麦（*Bromustectorum L.*）入侵美国西部地区后，由于植物输送到土壤中的有机物数量的变化，土壤有效氮含量降低，土壤中微生物群落多样性全面降低，细菌含量明显提升（Belnap and Phillips，2001：1261~1275）。

③ 根际微生物生态。与非根际土壤相比，根际土壤微生物数量、群落组成及活性等微生物特征均与之存在较大差异。例如，植物根系可向根际土壤释放 H^+ 及 CO_2（HCO_3^-），从而改变根际土壤环境的酸碱性；根系对氧气的消耗或者释放可使根际氧化还原电位发生变化。根系分泌物可直接活化并提供能量给根际土壤微生物。根系活动及其分泌物导致的根际效应首先从根际微生物数量上反映出来。一般来说，根际土壤微生物的数量远高于非根际土壤，其比值通常为 5~20。由于受根系分泌物的选择性影响，根际微生物的组成种类通常比非根际土壤要单纯，各类群之间的比例也和非根际土壤有很大差异。例如，根际反硝化细菌的生态分布和作物各生育期菌数一般都是根面大于根际，而根际土壤又大于非根际土壤。在根际微生物群落中，一般以无芽孢杆菌占优势，大部分属于假单胞菌属、土壤杆菌属、无色杆菌属、产色杆菌属、节杆菌属、气杆菌属和分枝杆菌属等。微生物活性在根际土壤与非根际土壤之间也存在较大差异。相对来说，根际土壤的呼吸作用一般比非根际土壤大得多。由于根际土壤中的自生固氮微生物较丰富，氨化作用，特别是氨基酸的分解作用和硝化作用，在根际土壤中明显较强。反硝化作用的速率在根际也有所增加，这可能与根际微生物活性增强造成了厌氧微生境有关。

近年来，同位素标记、分子生态技术的发展，极大地推动了根际土壤微生物生态的研究。根际微生物的分布与根的可溶性碳分布距离明显相关，微生物生物量的积累依赖根系分泌物的释放。同位素示踪表明，根系分泌物碳源在根际土壤和非根际土壤中形成一个递减的浓度梯度，这为根际土壤异养细菌提供了丰富能源（Landi et al.，2006：509~516）。不同植物，甚至同一植物的不同基因型均能显著改变根系分泌物与根际微生物种群。Dunfield 等在加拿大研究了连续两年种植的 4 种转抗除草剂基因的油菜和 4 种常规油菜品种对根际微生物多样性的影响（Dunfield et al., 2001：311~321），结果表明，转基因油菜品种 Quest 的根内和根际细菌群落与常规品种 Excel 和 Fairview 有显著差异。Lukow 用末端限制性片段长度多态性分析并比较了转 GUS 基因和 Bamaw/Barstar 基因马铃薯与非转基因马铃薯的土壤细菌群落，发现它们也存在显著差异（Lukow et al., 2000：241~247）。陈敏和应文荷（2005：290~292）研究了转 Bt 水稻与常规水稻根际土壤，初步判断转 Bt 水稻根际土壤的细菌生理类群无论在数量或在结构组成上均明显不同于常规水稻。

（2）根际土壤养分循环

① 固氮作用。据联合国粮农组织 1995 年粗略估计，全球每年由生物固定的氮量已近 200 万吨（相当于 0.4 亿吨尿素），约占全球植物需氮量的 75%（沈世华和荆玉祥，2003：535~540）。其中以根瘤菌豆科植物共生体系固氮能力最强，每年固氮量达到 460kg/ha（Bulgarelli et al., 2013：807~838）。有关豆科植物与根瘤菌共生结瘤的过程研究正在蓬勃发展（包括结瘤途径、功能基因、相关蛋白），目前已完成以苜蓿根瘤菌为代表的模式菌株的基因组工作，对其功能基因组学研究也逐步深入，这必将在一个新的层次上揭示根瘤菌与宿主植物相互作用的机理（Kumagai et al., 2006：1102~1111；Sauviac et al., 2005：2507~2513）。结瘤数量决定了固氮效率，已有结果发现结瘤因子诱导的信号转导途径和大豆超结瘤的自主调控途径控制最适结瘤数量，但是两个途径互作的分子机制还不清楚（Reid et al., 2011：789~795）。Wang 等（2014：4782~4801）研究表明，在没有根瘤菌的情况下，大豆转录抑制子（*GmNNC1*）通过与结瘤调控因子 *ENOD40* 基因的启动子结合，抑制其表达；当根瘤菌侵染大豆根系时，诱导表达的 miR172c 通过剪切 *GmNNC1* mRNA 减少 *GmNNC1* 的蛋白量，去除了转录抑制子 *GmNNC1* 对 *ENOD40* 的抑制，使得 *ENOD40* 激活了结瘤因子诱导的信号转导途径，从而启动根瘤的发生发育。抑制大豆超结瘤的自主调控途径（AON：Autoregulation）可通过根系分泌的抑制剂如细胞分裂素抑制 miR172c 的表达，来避免大豆过度结瘤。此研究揭示了豆科植物根瘤发育及共生固氮的表观遗传学调控机制，也为解析豆科植物根系结瘤途径与根瘤自调控信号途径互作、维持最适根瘤数量和固氮效率的遗传机理提供了证据。

② 菌根真菌。菌根是生物界最广泛、最重要的一类共生体，自然界中大多数植物都具有菌根。菌根真菌参与植物许多生理代谢过程，它能促进植物养分的吸收，改善植物水分代谢，增强植物耐盐性、抗病性，改善土壤物理性状，增加植物产量。研究最多的是菌根真菌促进植物对磷的吸收，其机理主要包括以下 3 个方面：第一，与丛枝菌根真菌共生后，增加了共生植物磷的吸收区，菌根类植物通过其根外菌丝的外延作用能吸收离根表 8~27 cm 根围土壤中的磷素；第二，菌根植物的根外菌丝拥有对无机磷酸盐较高亲和力的磷转运子，从菌根真菌中分离得到的 *GvPT*、*GiPT* 与 *GmPT* 磷转运子具有较高的 K_m 值和 V_m 值，在土壤中有更强的磷转运能力（Maldonado-Mendoza et al., 2001：1140~1148；Benedetto et al., 2005：620~627）；第三，菌丝体内部无隔膜，磷可随原生质流向根内运输，加快了磷的运输能力。除了增强对养分的吸收外，菌根真菌还能提高植物的抗逆性、抗病性。Giri（2004：307~312）等人通过试验表明，

VA 菌根能够通过增加植物对磷（P）、铜（Cu）、镁（Mg）的吸收而减少植物对钠（Na）的吸收，其机理主要是通过改变植物体内糖类和氨基酸的含量与组成，改变根组织中的渗透平衡，减少植物对钠离子和氯离子的吸收，进而提高抗性。菌根真菌与寄主植物形成良好的共生关系后，能诱导植物对土传病原菌产生抗病性，已证明 VA 菌根能够减轻孢囊线虫、根结线虫等对植物造成的危害（李海燕等，2003：613～619）。菌根真菌对土壤团聚体结构的形成与稳定性以及保持土壤孔隙度等方面具有重要作用，这种作用只需经过一个生长季节就会非常明显（Bever et al.，2001：923～931）。此外，菌根真菌还能提高环境安全性，在绿色食品生产上利用菌根真菌"生物肥料"和"生物农药"的作用，可以降低速效化肥和农药的用量，从而达到减轻硝态氮对蔬果、粮食、蛋奶、肉食等的污染程度。

③ 根际促生作用。近年来，国际上把土壤中产生能够有益于植物生长的自生细菌统称为根际促生菌（PGPR），与共生型（symbiosis）有益细菌区分开来。PGPR 常位于根际土壤中或附生于根表，甚至位于根内，其主要包括植物根际促生细菌和植物内生促生细菌。

PGPR 通过一种或多种促生机制促进植物生长。有些 PGPR 具有生物固氮功能，虽然它们的固氮量远低于共生固氮，但由于其不需要与一定的植物配合，具有条件宽、适应性广的特点，在自然生态系统氮素循环中可能具有更为重要的作用。有的 PGPR 能提高根际养分的可利用性，可以通过产生和分泌多种对铁有高亲和力的铁载体，把 Fe^{3+} 还原成植物体能够高效吸收利用的 Fe^{2+}，铁载体能溶解结合土壤中的铁元素以供给植物细胞利用（Oburger et al.，2014：1161～1174）。PGPR 可以通过释放有机酸或分泌胞外磷酸酶，溶解土壤中不溶性磷，从而提高磷的有效性。它还具有分泌植物生长激素的功能，Kuklinsky-Sobral 等（2004：1244～1251）在研究中发现超过 80% 的固氮菌（*azotobacter*）、荧光假单胞菌（*pseudomonas fluorescent*）和鹰嘴豆中慢生根瘤（*mesorhizobium ciceri*）均可产生生长素。某些 PGPR 还能分泌细胞分裂素、赤霉素，或通过调节乙烯水平促进植物生长。PGPR 还可提高植物对干旱、盐害的抗逆能力，在严重干旱胁迫条件下，用 PGPR 菌株门多萨假单胞菌（*P. mendocina*）等接种莴苣，提高了莴苣的过氧化氢酶活性，表明 *P. mendocina* 能够减轻干旱引发的氧化损伤（Kohler et al.，2008：141～151）。枯草芽孢杆菌 GB03 接种拟南芥促进了植株的生长，提高了拟南芥对盐胁迫的系统耐受性，研究表明 GB03 产生的一些挥发性有机化合物是其关键作用物质（Zhang et al.，2008：733～744）。

PGPR 与植物及其他根际微生物之间的分子互作是近年研究热点之一。当病原菌开始侵染植株时，PGPR 枯草芽孢杆菌 FB17 在拟南芥根际的定殖显著增加，预示着病原菌与 PGPR 之间通过植物进行了信号交流，植物的根系分泌物是植物与根际微生物交流的信号分子来源（Rudrappa et al.，2008：1547～1556）。在大麦的分根实验中发现，当根系的一侧被病原菌腐霉侵染时，另一侧根际定殖的 PGPR 菌株荧光假单胞菌 CHA0 合成抗性物质的基因转录量上调。同时，大麦根系分泌物中的香草酸、富马酸和对香豆酸分泌量增多（Jousset et al.，2011：352～358），表明 PGPR 能直接诱导植物产生系统抗性，同时产生抑制病原菌的活性物质。

④ 解磷作用。根际土壤微生物的解磷作用大多是通过微生物分泌有机酸（如柠檬酸、苹果酸、草酸等）来实现。有机酸的酸化作用使得根际土壤 pH 降低，从而促进了土壤中难溶性含

磷化合物的溶解，进而提高了土壤磷素的有效性。在有机酸活化土壤磷的过程中，H^+ 的贡献率达到 25%~40%，在一定范围内，随着 pH 的降低，磷的吸收量会明显增加（Hinsinger et al., 2003：43~59）。低分子有机酸/有机阴离子（功能基-COOH, -OH, -NH$_2$）能与 Fe^{3+}、Al^{3+} 和 Ca^{2+} 等金属离子进行络合反应，使难溶性磷从 Fe-P、Al-P 和 Ca-P 及其他磷库中释放或者置换出来，促进土壤中磷的活化，或者与土壤溶液中的磷酸根竞争络合位点，减少磷的吸附固定（Richardson et al., 2009：305~339）。Johnson 和 Loeppert（2006：222~234）比较了常见有机酸对土壤无机磷的活化能力，发现其活化土壤磷能力的大小顺序为：三元羧酸（柠檬酸）＞二元羧酸（酒石酸、苹果酸）＞一元羧酸（琥珀酸）。

（3）根际土壤环境污染物转化

① 根际微生物与土壤污染。在根际土壤环境中，以植物根系为中心聚集了大量细菌、真菌、古菌等微生物，形成了一个独特的微生态系统。根际微生物与土壤中污染物质直接接触并相互作用，这些污染物质包括不能降解的重金属等无机物以及难以降解的农药、多环芳烃等有机污染物。一方面，土壤污染物可以显著改变根际土壤微生物的数量、种群和活性，使得一些不适应污染物的微生物种数量减少或灭绝，而适应生长的微生物种数量增大或积累。污染体系中的共生微生物通常具有较好的抗逆性。Weissenhorn 等（1994：189~196）试验表明，锌镉复合污染土壤分离的丛枝菌根真菌对宿主植物的侵染强度、孢子萌发率以及菌丝生长状况均表现出很好的重金属耐性。另一方面，根际微生物可直接或通过分泌代谢产物转化土壤污染物，根际微生物分泌的某些酸类物质或螯合剂不仅影响了根际 pH、Eh 等微环境，而且改变了重金属的形态和植物可利用性（Li et al., 2001：201~207）；有些根际微生物，如菌根真菌还能通过改变根系生长状况及对重金属运移的屏障作用，影响重金属的吸收和植物毒害效应（Chen et al., 2003：839~846；王发园等，2004：251~257）。一些根际微生物可以直接降解有机污染物，大量研究表明，根际有机污染物降解加快与根际微生物数量、种群和活性变化相关。Shawa 和 Burns（2005：995~1002）研究了根际中 2,4-D 的矿化行为，发现三叶草和黑麦草根际微生物改变了 2,4-D 的矿化动力学方程，并加速了其矿化，以或然计数法表征的 2,4-D 降解菌数量也相应增加。

② 根际修复。根际通过植物根系及其分泌物可对污染物的吸收、吸附、降解等一系列转化过程产生影响。植物根系对污染物的吸收是根际修复的最重要途径之一。许多无机和有机污染物都不同程度地从根系进入植物体内，有些还能在植物体内富集。根系分泌物作为植物与土壤发生物质交换的载体，在土壤重金属污染植物修复和有机污染植物修复中均能发挥巨大的作用（McGrath et al., 2001：207~214）。植物能够通过根系分泌许多化合物参与重金属在环境中的活化过程，影响重金属的生物有效性（Brown et al., 1995：1581~1585；Bertin et al., 2003：67~83）。在养分胁迫或重金属逆境条件下，根系会分泌大量有机酸，如草酸、柠檬酸、苹果酸、酒石酸、琥珀酸等。Cieslinski 等（1998：109~117）以硬质小麦的不同品种为材料，发现根际土壤中含有较多低分子量有机酸，其中乙酸和琥珀酸居多，且小麦苗期地上部镉（Cd）积累与根系分泌的低分子量有机酸的含量有关。Xu 等（2007：389~396）采用黑麦草为研究对象，发

现根系分泌物中低分子量有机酸（草酸和酒石酸）含量随着锌（Zn）处理浓度的增加而增加。超积累植物对有机酸的分泌能力较一般植物强，对重金属有着很强的吸收和积累能力，不仅体现在它们能够适应高浓度重金属的生长环境，而且体现在它们即使生长在低浓度重金属的环境中，也具有很强的吸收和积累重金属的能力。造成这一现象的原因可能是超积累植物的根系能够分泌大量根系分泌物，参与根际土壤中重金属的活化。对于有机污染物而言，根系释放到土壤中的酶可直接降解一些有机污染物；根系分泌物诱导的共代谢或协同代谢途径同样可以有效降解根际土壤有机污染物（魏树和等，2003：143~147）。

根际微生物在土壤重金属和有机污染物修复过程中均起着重要作用。根际微生物协调植物吸收蓄积重金属的主要途径是通过改变根际环境来实现的。根际微生物可以增强植物对某些营养元素如氮（N）、磷（P）、铁（Fe）、锰（Mn）等的转化和吸收速率（Burd et al.，2000：237~245）；另外，微生物螯合剂也被认为可以提高根际修复能力。Whiting 等人的试验表明，微生物螯合剂主要发生在根际，并且存在的时间短，因而不会造成重金属因活化而淋失（Whiting et al.，2001：3144~3150；White et al.，2001：502），他们发现外加根际细菌可使土壤水溶性锌的含量明显提高，遏蓝菜（*Thlaspi caerulescens*）的修复能力相应提高为原来的 4 倍（Whiting et al.，2001：3144~3150）。Abou-Shanab 等人则通过研究镍超富集植物的根际微生物，认为细菌产酸导致土壤 pH 下降是增强植物超积累的机制之一（Abou-Shanab et al.，2003：367~379）。在有机污染物修复方面，挖掘根际微生物降解菌资源和原位激发其活性，是根际修复的最主要目标。根际土壤中典型持久性有机污染物多环芳烃（PAHs）降解菌远大于非根际土壤（Parrish et al.，2005：207~216）。Corgié 等（2006：1545~1553）利用 PCR-TGGE 和 RT-PCR-TGGE 的 DNA/RNA 分析技术，研究了菲加速降解的根际中土壤细菌 16S rRNA 的遗传特性变化特征，结果表明，虽然根际土壤中细菌的菌群结构与非根际土无明显变化，但其中的活性降解菌群却存在较大的差异，这是诱导菲在根际土壤中加速降解的根本原因。

11.3 中国"根际土壤—植物—微生物相互作用"研究特点及学术贡献

20 世纪 40 年代我国就开展了根际方面的研究，最先是围绕有益微生物资源（如根瘤菌等）的收集、根际土壤微生物接种应用等开展起来的。陈华癸院士等人首先发现紫云英根瘤菌的宿主属性，并广泛开展了根瘤菌剂的研发和推广应用工作（张学贤等，2003：77~83）。随后，陈文新院士团队对我国根瘤菌的分类和鉴定进行了系统的调查研究，并建立了国际上数量最大、性状信息最丰富的根瘤菌数据库。20 世纪 50~70 年代，我国根际土壤—植物—微生物相互作用研究主要围绕农田土壤养分利用进行，期间开展了土壤微生物与根际营养元素转化和农业抗生菌的研究工作。80 年代以后，我国学者开始注重根际生物调控机制方面的理论研究，包括铁载体、菌根真菌与磷素利用、土壤连作障碍、根际污染转化机制等研究（陆雅海和张福锁，2006：113~121）。21 世纪以来，随着分子生物学和稳定性同位素示踪技术的迅速发展，国内学者也及时将新兴技术应用于根际研究（宋长青等，2013：1087~1105），如成功分离到在水稻土中起关键作用的新型产甲烷菌、系统研究了根际土壤中氨氧化微生物群落组成，推动了我国根际土壤—植物—微生物相互作用研究的发展与创新。

11.3.1 近 15 年中国该领域研究的国际地位

2000~2014 年，我国在根际土壤—植物—微生物相互作用方面的研究取得了快速发展。如表 11-2 所示，针对科学引文索引 Web of Science 数据库，采用根际相关主题进行检索，共获得 20 559 篇研究论文。统计分析表明，发文量 TOP20 国家和地区共计发表论文 17 149 篇，占这一时段世界论文总量的 83.4%（表 11-2）。排名前 4 位的分别是美国、中国、印度和德国，其发文比例分别是 16.1%、11.2%、7.29%、5.81%。近年 SCI 发文量的趋势分析表明，2009 年以前美国根际土壤环境研究在世界范围内一枝独秀；2009 年以后，我国相关文章增长迅速，2009~2011 年论文数已超越美国，排名第 1 位。2012~2014 年我国根际土壤研究 SCI 论文数达到 1 076 篇，是美国的 1.5 倍。虽然我国整体发文量得到快速提升，但根际土壤环境研究水平与国际前沿仍有明显差距。SCI 论文引用次数常被学术界作为衡量研究水平和影响力的重要指标之一。过去 15 年，根际土壤—植物—微生物相互作用领域全世界 SCI 论文篇均被引次数为 20.4 次；2000~2002 年、2003~2005 年、2006~2008 年、2009~2011 年和 2012~2014 年全世界 SCI 论文篇均被引次数分别是：42.2 次、37.2 次、25.5 次、14.9 次和 4.3 次。我国相关 SCI 论文平均引用率一直处于中下游水平，在发文较多的 50 个国家（地区）中排名为第 19~32 位。我国单篇 SCI 论文年均引用次数仅为 10.9，仅相当于世界平均水平的 53.5%，近 15 年相关论文篇均引用次数在发文量 TOP50 国家（地区）中排名第 32 位，远低于荷兰（40.8 次）、英国（37.1 次）、美国（32.8 次）和德国（28.9 次）。同样，我国根际研究高被引论文数量也不乐观。近 15 年根际土壤研究全世界共发表高被引论文 1 027 篇，排名前 4 位的国家分别是美国、英国、德国和澳大利亚。高被引论文我国一共才 28 篇，在发文量 TOP50 国家（地区）中排名第 11 位，还不到美国的 1/10。一个较好的趋势是，近年来我国高被引论文增加趋势明显，从 2000~2002 年占世界的 1.94%上升到 2012~2014 年的 7.84%。**总体来看，我国根际土壤—植物—微生物相互作用研究的规模和论文数量得到快速发展，但引导学科方向和前沿的国际影响力还有待加强。**

图 11-2 是 2000~2014 年根际土壤领域 SCI 期刊中外高频关键词对比及时序变化。从国内外学者发表论文关键词总词频来看，随着收录期刊论文数量的明显增加，关键词出现频次逐渐增加。中国作者的前 15 位关键词词频也与同时期发文量相对应，呈现稳定增长趋势。论文关键词的词频在一定程度上反映了研究领域的热点。从图 11-2 可以看出，2000~2014 年中国与全球学者发表 SCI 论文高频关键词总频次最高的均为菌根真菌（AMF），其次是根际（rhizosphere），总频次最高的前 15 位相同关键词还包括根瘤（rhizobium）、磷素（phosphorus）、化感作用（allelopathy）、植物修复（phytoremediation）、微生物群落（microbial community）、多样性（diversity）、重金属（heavy metal），这反映了国内外近 15 年根际土壤—植物—微生物相互

表 11-2 2000～2014 年"根际土壤—植物—微生物相互作用"领域发表 SCI 论文数及被引频次 TOP20 国家和地区

排序[①]	国家（地区）	SCI 论文数量（篇）						国家（地区）	SCI 论文篇均被引次数（次/篇）						国家（地区）	高被引 SCI 论文数量（篇）					
		2000~2014	2000~2002	2003~2005	2006~2008	2009~2011	2012~2014		2000~2014	2000~2002	2003~2005	2006~2008	2009~2011	2012~2014		2000~2014	2000~2002	2003~2005	2006~2008	2009~2011	2012~2014
	世界	20 559	2 515	3 108	3 850	4 964	6 122	世界	20.4	42.2	37.2	25.5	14.9	4.3	世界	1 027	125	155	192	248	306
1	美国	3 324	562	688	705	649	720	荷兰	40.8	63.9	54.0	54.4	32.8	11.9	美国	325	54	56	56	54	81
2	中国	2 306	54	187	344	645	1 076	英国	37.1	49.3	54.7	39.9	30.1	7.5	英国	126	12	28	22	31	26
3	印度	1 498	142	165	234	411	546	挪威	36.6	45.1	61.1	12.2	26.3	10.5	德国	98	14	10	22	25	29
4	德国	1 194	188	173	230	272	331	瑞典	35.5	60.3	47.2	38.5	24.3	7.4	澳大利亚	63	6	8	10	20	18
5	英国	965	201	223	179	168	194	爱沙尼亚	35.3	15.0	64.4	68.4	35.0	12.3	荷兰	55	6	3	13	13	14
6	澳大利亚	865	150	166	157	168	224	美国	32.8	57.8	51.2	33.6	19.6	6.8	法国	50	6	7	9	13	12
7	法国	839	135	142	161	174	227	瑞士	32.8	56.6	71.9	40.9	21.7	6.5	加拿大	38	5	10	3	2	7
8	巴西	820	71	92	167	206	284	德国	28.9	59.5	41.2	35.7	21.9	6.1	瑞典	38	5	5	8	5	12
9	西班牙	805	87	129	133	218	238	法国	26.3	48.2	35.6	34.4	21.9	5.2	瑞士	33	2	7	6	8	9
10	加拿大	802	143	137	141	179	202	澳大利亚	25.9	43.5	36.2	29.1	24.2	5.8	中国	28	0	3	9	5	24
11	日本	675	90	127	159	139	160	奥地利	25.6	41.9	47.3	24.9	33.5	5.7	西班牙	24	5	2	3	7	9
12	意大利	483	55	66	94	122	146	丹麦	25.1	35.8	36.1	24.7	13.1	5.3	印度	22	0	4	6	6	11
13	荷兰	388	70	57	75	96	90	新西兰	23.5	26.3	64.4	16.4	16.4	3.2	意大利	16	0	1	3	9	8
14	瑞典	361	68	77	77	64	75	爱尔兰	21.8	23.9	24.3	50.9	23.3	4.3	丹麦	14	1	2	6	1	2
15	瑞士	346	45	49	63	96	93	加拿大	21.0	33.9	43.4	20.5	12.8	4.4	奥地利	11	1	0	3	7	6
16	巴基斯坦	313	21	35	55	87	115	比利时	20.8	27.6	29.6	27.4	27.7	4.0	日本	10	2	0	0	2	4
17	韩国	310	9	34	63	87	117	以色列	19.3	25.1	39.3	16.7	15.7	3.5	比利时	10	0	0	1	9	3
18	波兰	300	22	36	52	80	110	斯洛文尼亚	18.7	34.5	54.0	22.8	11.2	2.9	墨西哥	10	2	0	2	1	5
19	阿根廷	280	27	34	49	75	95	西班牙	18.5	41.2	28.9	24.2	14.9	4.8	巴西	9	1	0	3	2	6
20	墨西哥	275	18	36	56	65	100	中国（32）[②]	10.9（32）	28.3（23）	28.6（21）	21.3（19）	11.6（24）	3.3（32）	挪威	6	1	2	0	1	2

注：①按 2000～2014 年 SCI 论文数量、篇均被引次数、高被引论文数量排序；②括号内数字是中国相关时段排名。

作用的研究热点是化感作用、根际微生物群落结构与多样性、重金属污染根际修复、根际微生物与氮磷养分转化。除上述关键词外，从图 11-2 可以看出，全球学者采用的热点关键词还包括生物防治（biological control）、固氮作用（nitrogen fixation）等，说明国外学者研究热点还包括根际土壤的生物防治及固氮机制。与全球学者所关注的热点领域不同，中国学者发表 SCI 论文采用的高频关键词还包括多环芳烃（PAHs）、镉（Cd）等污染物，相对来说，植物修复（phytoremediation）、重金属（heavy metal）等关键词的排名也比国际更靠前，这与我国根际环境修复论文数相对应。近年来，全球含植物修复的关键词的论文有近 1/4 来自中国。然而，根瘤菌（rhizobium）在国内 SCI 论文的词频排名仅为第 15 位，而国际上该词频排名前 3 位，说明我国在固氮和根瘤菌方面的研究论文数量相对偏少。从国内植物研究对象来看，水稻（rice）和玉米（maize）词频均排名前 10 位，我国注重水稻根际的研究显然与其是最重要粮食作物的地位有关。从图 11-2 关键词的相对比例变化来看，全球和中国作者发表 SCI 论文中，关键词微生物群落（microbial community）均呈现稳定持续增长，说明根际土壤研究越来越重视微生物种群及过程分析。从关键词时序对比可以看出，国内外对根际土壤研究的主要领域基本一致，但我国更多关注根际土壤重金属污染修复问题；在作物研究对象上，也更重视与国家粮食生产实践相结合。

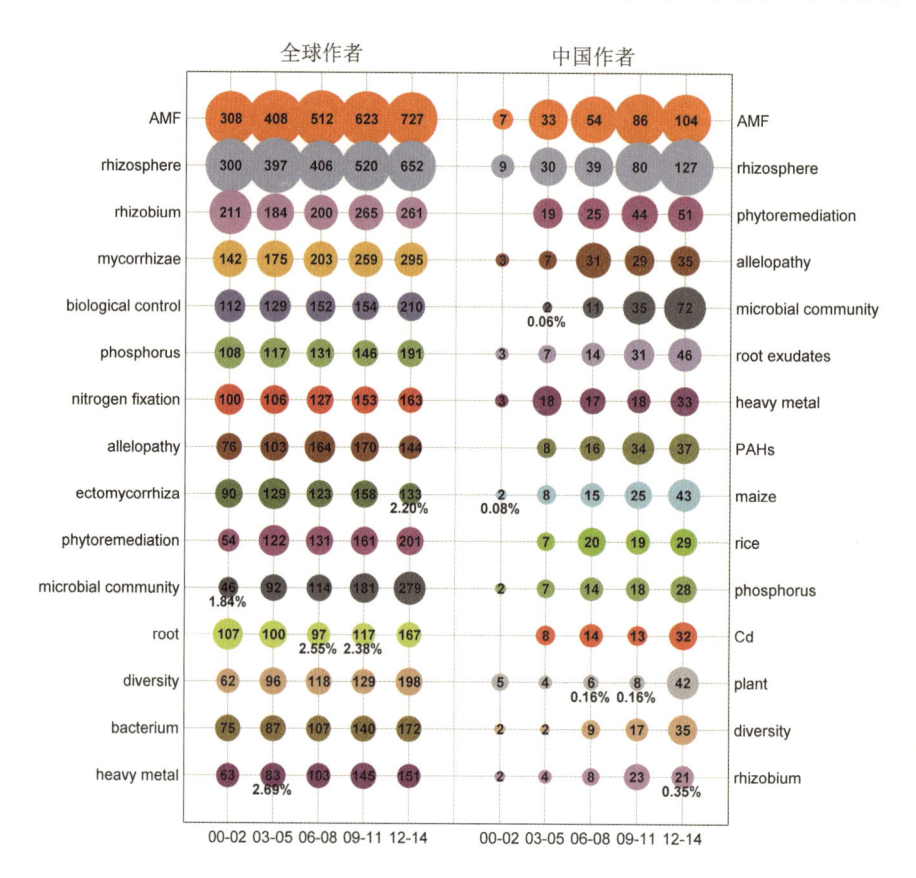

图 11-2 2000～2014 年"根际土壤—植物—微生物相互作用"领域 SCI 期刊全球及中国作者发表论文高频关键词对比

11.3.2 近15年中国该领域研究特色及关注热点

利用根际土壤—植物—微生物相互作用的相关中文检索式，即：(SU='土壤' or SU='稻田' or SU='农田') and (SU='根际' or SU='根系分泌物' or SU='根际微生物' or SU='根箱' or SU='根袋' or SU='根际碳' or SU='根际沉积' or SU='化感作用' or SU='土传病害' or SU='连作障碍' or SU='根瘤菌' or SU='共生固氮' or SU='菌根' or SU='根构型')，提取CSCD中文核心期刊数据库中2000~2014年的文献为数据源进行分析。图11-3为2000~2014年根际土壤—植物—微生物相互作用领域CSCD期刊论文关键词共现关系，可大致分为6个相对独立的聚类圈，在一定程度上反映了国内近15年根际土壤研究的核心领域，主要包括化感作用、根际微生物生态、根际微生物与养分循环、根际修复、生物有机肥及连作障碍6个方面。其中前4个方面与国际相关研究领域相一致，后两个方面则表明，我国CSCD论文更多侧重农业土壤养分调控、连作障碍等研究内容。因此，**根际土壤方面的CSCD论文在研究领域上相对集中，较少涉及理论原理的构建，而更关注农业生产实践中的技术问题**。从聚类圈中出现的关键词可以看出，中文论文所涉及的主要研究问题及热点如下。

（1）化感作用

该聚类圈中出现的主要关键词有外来入侵植物、互花米草、湿地、多样性指数、生态学、化感、根际细菌、微生物数量、基因等。上述关键词反映了入侵植物，特别是湿地入侵植物，是化感作用研究的主要对象，研究化感物质对根际微生物数量、分子生态特征的影响效应是该领域的主要内容。

（2）根际微生物生态

根际微生物生态是最大的聚类圈，圈内涉及多种植物（如小麦、棉花、大豆、黑麦草、西瓜等）、根系分泌物、微生物生物量、微生物区系、酶活性、功能多样性、遗传多样性、生态效应、重金属污染物等，说明在研究根系分泌物及污染物与根际微生物群落相互作用时，结合了传统生物化学、微生物学和现代分子生物学等手段。

（3）根际微生物与养分循环

该聚类圈中出现的关键词包括丛枝菌根真菌、共生固氮、植物根际促生菌、解磷菌、土壤肥力、养分循环、有机磷、多种农作物等，揭示了研究人员重视通过固氮、解磷、共生菌等途径促进土壤养分的转化和循环。

（4）根际修复

根际修复聚类圈中出现土壤污染、有机污染物、多环芳烃、植物有效性、植物修复、土壤修复、根际修复、根际环境等关键词，揭示了有机污染物转化是根际修复的重点内容，在修复机理中强调根际环境的调节作用。

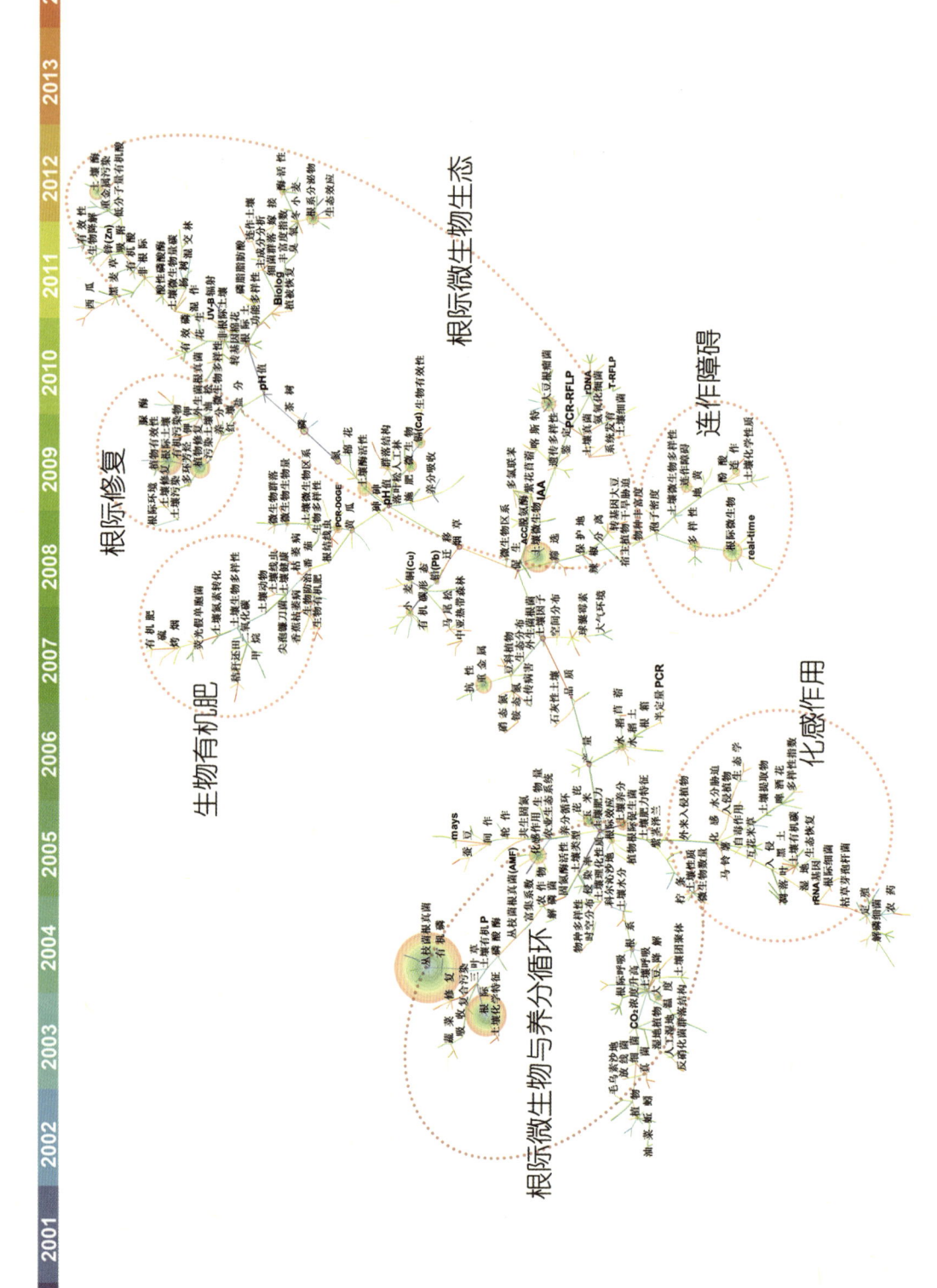

图 11-3 2000~2014 年"根际土壤—植物—微生物相互作用"领域 CSCD 期刊论文关键词共现关系

（5）生物有机肥

生物有机肥聚类圈中出现生物有机肥、土壤氮素转化、土壤生物多样性、土壤动物、生物防治、枯萎病等关键词。上述关键词组合可以看出该领域的研究热点是通过生物有机肥调节土壤养分和防治作物病害。

（6）连作障碍

连作障碍是一个独立并体现了中国特点的聚类圈，该圈中出现连作、地黄、土壤微生物多样性、土壤化学性质、酚酸、孢子密度等关键词，表明利用典型作物分析产生连作障碍的土壤化学和微生物机制是我国学者的重要研究切入点。

分析中国学者 SCI 论文关键词共现关系（图 11-4），可以看出中国学者在根际土壤—植物—微生物相互作用研究中与国际 SCI 文献分析结果基本相近。高频关键词可以大致归纳成 8 个相对离散的聚类圈。同样，这 8 个聚类圈可归纳为根系分泌效应（包括化感作用、根际碳沉

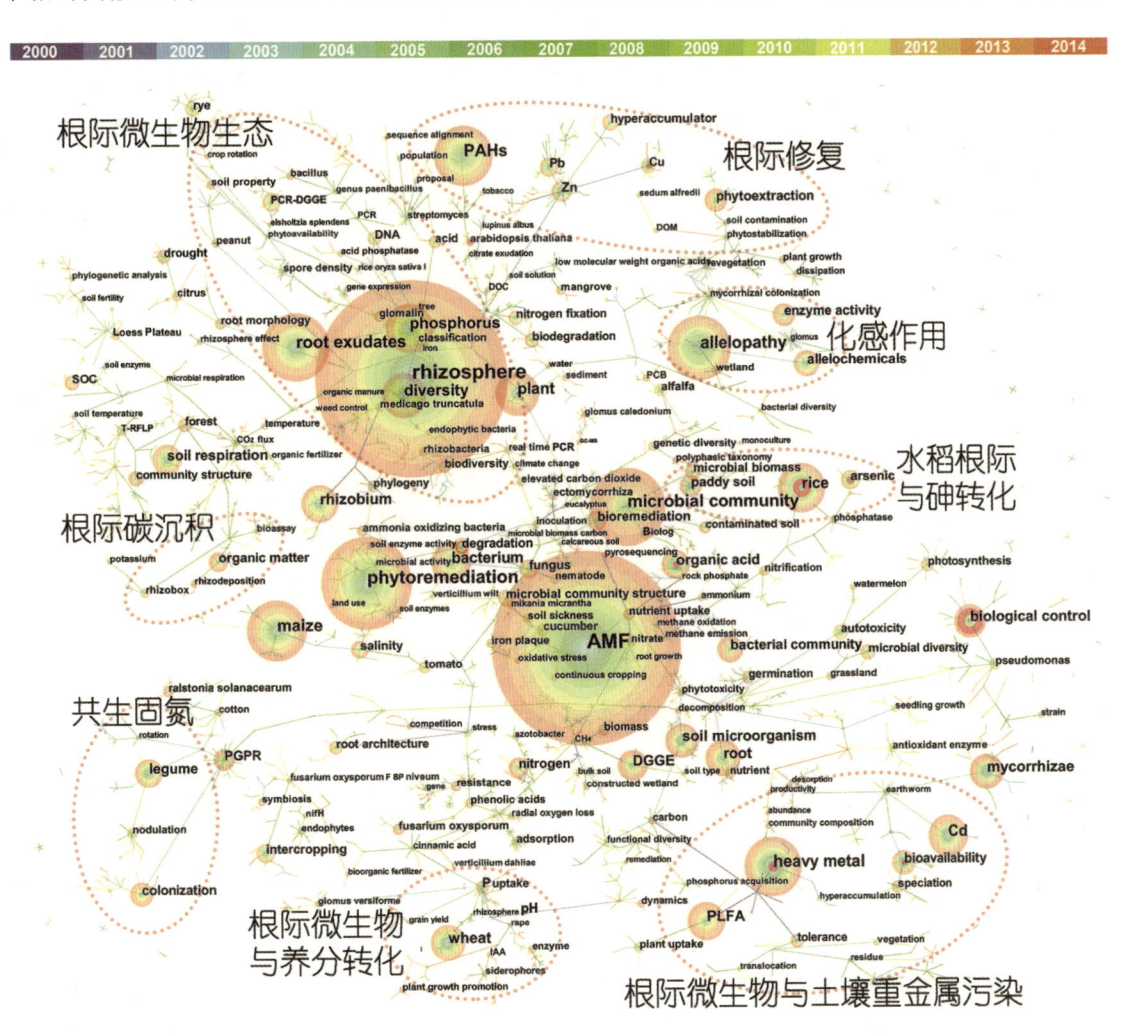

图 11-4 2000～2014 年"根际土壤—植物—微生物相互作用"领域
中国作者 SCI 期刊论文关键词共现关系

积、根际微生物生态)、根际土壤养分循环(包括共生固氮、根际微生物与养分转化)和根际土壤环境污染物转化(包括根际微生物与土壤重金属污染、根际修复、水稻根际与砷转化)3个方面。根际微生物生态、根际修复、根际微生物与土壤重金属污染是 3 个较大的聚类圈。通过进一步分析单独聚类圈中的高频词发现,根际微生物生态特征与根际分泌物(root exudates)、根际土壤磷素(phosphorus)、根系形态(root morphology)等密切相关;根际土壤环境污染物转化相关的两个聚类圈内含有重金属(heavy metal)、超积累(hyperaccumulator)、植物提取(phytoextractor)、镉(Cd)污染等高频词,说明重金属污染的根际修复得到国内广泛关注。高频关键词根际(rhizosphere)和菌根真菌(AMF)是中心度最高的两个关键词,连接了根际微生物群落特征、根际养分转化和根际修复等多方面内容。关键词生物防治(biological control)在 2006 年出现高爆发,说明此时国内学者开始集中关注微生物有机肥在促进根际土壤养分转化和缓解连作障碍等方面的研究。同样,微生物群落相关的关键词遍布聚类图的每个角落,说明微生物是根际土壤—植物相互作用的核心要素。在聚类图中,有一个特殊的"水稻根际与砷转化"聚类圈,体现了我国的研究特色。**国内根际土壤 SCI 相关论文分析表明,我国根际土壤—植物—微生物相互作用研究紧跟国际前沿,并在根际土壤重金属污染修复、稻田土壤砷转化方面有所侧重和加强。**

11.3.3　近 15 年中国学者该领域研究取得的主要学术成就

近 15 年来,我国学者在根际研究方法和技术上紧跟国际前沿,围绕根际分泌物效应、根际土壤养分循环及根际土壤环境污染物转化等方面开展了富有成效的工作。文献计量分析表明,与国际研究领域相类似,菌根真菌、根际微生物群落特征、化感作用、根际微生物与土壤污染、根际修复同样是我国当前根际研究的核心研究领域。国内学者通过菌根共生机制及其逆境生理方面的研究,明确了菌根真菌在土壤生态系统和农业生产实践中的重要作用(宋勇春等,2001:452~458;戴梅等,2008:2854~2860;李涛等,2012:7169~7176);利用根际微生物的人工接种,发现根系分泌物和微生物代谢产物均能有效促进特定有益菌的根际定殖(Ling et al., 2011:374~379;Weng et al., 2013:8823~8830);根际分泌物被证实与病原微生物种群密切相关(Yao et al., 2010:456~463),但有时亦能加快污染物的降解过程(He et al., 2009:640~650)。除了上述研究领域外,国内学者还结合我国特定作物以及集约化的管理模式,围绕根际微生物与作物连作、培育高效生物肥等科学问题开展了研究。下面,我们从连作障碍、生物有机肥调控和水稻根际与砷转化 3 个具有中国特色的研究领域综述其进展情况。

(1) 连作障碍

连作障碍(continuous cropping obstacle)是指在同一块土壤中连续种植同种或同科作物,即使采用正常的栽培管理措施也会出现作物产量降低、病害加剧、品质下降等现象(吴凤芝,2000:241~247)。连作障碍是发生较为普遍的农业现象,许多大田经济作物(大豆、花生)、蔬菜(茄科、十字花科)和中草药(三七、黄连)等均存在不同程度的连作障碍现象。

单一作物在同一块地连续种植后，根系分泌物中的某些特定物质为病原微生物提供了营养，促进了病原微生物的繁殖，减弱或消除了某些有益菌的拮抗作用，从而使有害菌增殖，结果表现为农作物发病率高、土传病害严重等。西瓜长期连作后，西瓜根系分泌物和腐解物的长期积累，导致土壤枯萎菌数量大幅增加，对土壤中的营养和生存空间需求增大，从而抑制土壤中的其他细菌、放线菌和真菌的生长，同时分泌有毒的次生代谢物质，导致西瓜枯萎病频发（郝文雅等，2000：2443～2452；吴洪生等，2008：2641～2650）。吴凤芝（2002：821～825）认为，连作条件下黄瓜的根系分泌物可以有效促进黄瓜枯萎菌菌丝的生长。植物病原微生物侵染根部，导致植物碳水化合物、氨基酸、蛋白质、脂类和核酸等物质代谢的改变，使根的分泌作用加强，根际周围微生物种群也相应改变，病原菌侵染植物根部，破坏了植物细胞膜透性，使细胞内化合物以扩散方式释放至根际，同时病原菌通过导管向上蔓延危害作物生长。

植物的自毒作用也是导致连作障碍的主要原因之一。植株可通过淋溶、残体分解、根系分泌向环境中释放酚类、脂肪酸等高分子化合物，并以酯键形式存在于土壤植物体系中（Einhellig and Souza，1992：1～11），对自身产生直接或间接的毒害作用。这些自毒物质主要通过影响细胞膜透性、酶活性、离子吸收和光合作用等多种途径影响植物生长。吴凤芝等（2002：821～825）研究了苯丙烯酸、对羟基苯甲酸对黄瓜幼苗生长和保护性酶活性的影响，发现这两种酚酸物质对黄瓜幼苗生长具有抑制作用，且对其体内的过氧化物酶、过氧化氢酶、超氧化物歧化酶活性均有影响。由于自毒物质会降低根细胞内超氧化物歧化酶活性，增加 NADPH 氧化酶活性，细胞内自由基大量累积，使细胞脂质产生过氧化作用，破坏膜结构，导致其透性增加，促使胞内的无机离子和低分子量有机化合物如氨基酸碳水化合物和酚类化合物流向胞外，影响植物根系对离子的吸收，也改变了植物体内养分的积累。

（2）生物有机肥调控

生物有机肥指的是一类包含特定功能的微生物菌种，并且生产工艺上有一个二次固体发酵阶段的特殊有机肥料，它克服了传统概念上生物肥料的缺点（菌种含量高但有机物很少，仅作为一种接种剂）。这些肥料应用于农业生产中，不仅能获得特定的肥料效应，而且能为功能微生物提供足够的能源物质，使其在土壤中易于定殖和繁衍，促进植物对营养元素的吸收，刺激植物生长，拮抗某些土传病原微生物。土壤和植物根际施用有益微生物有机肥对土传病害具有良好的防治效果。凌宁等（2009：1136～1141）研究了西瓜专用微生物有机肥对西瓜植株枯萎病的防治效果，结果表明，施用有机肥后，病菌数量在根际和非根际土壤中均低于 10^4 个/克土，有效地促进了西瓜植株的生长，减少了西瓜枯萎病的发生。江欢欢等（2010：1225～1231）从辣椒根际土壤中分离筛选到辣椒青枯拮抗菌，将其与有机肥配合施用后，辣椒青枯病的防治效率达到了 69.6%，并且对辣椒生长具有显著的促进作用。周晓芬等（2004：89～92）试验表明，对连续种植 12 年的大棚黄瓜施用生物肥料，能改善黄瓜生长性状，减轻黄瓜枯萎病发病率，提高黄瓜产量，且配合 EM 菌剂施用效果更佳。

我国当季作物磷肥利用率只有 15%左右，大约有 85%的当季磷肥残留在土壤中，且被转化成作物无效态的多钙磷（石灰性土壤）和铁磷、铝磷（酸性土壤），而下季作物又很难利用这些残留磷。因此，磷细菌有机肥料可以有效提高根际土壤磷素植物有效性，具有广阔的应用发展前景。朱培淼等（2007：107～112）从石灰性土壤中分离得到了两株高效解磷菌，接种该解磷细菌处理的玉米株高、茎粗和干质量均显著高于对照；将有机肥作为载体和解磷细菌一同混合施入土壤的处理，玉米苗干质量较单施解磷菌显著增加。施用解磷微生物有机肥不仅能增加土壤有效磷含量，而且提高了光合速率和叶面积指数，进而促进了植株光合作用，为物质积累及产量形成创造了条件（周毅等，2013：526～529）。在施用磷矿石的土壤中，解磷菌有机肥可以显著促进旱稻对磷素的吸收，并提高其产量。

（3）水稻根际与砷转化

水稻是我国主要的粮食作物，然而目前一些稻米主产区土壤和灌溉水砷污染严重，导致了稻米中砷的积累和污染问题（彭小燕等，2013：4782～4791）。砷在稻米中的积累通过食物链传递，对人体健康构成严重威胁。因此，稻米砷污染问题是目前急需解决的食品安全问题，而减少水稻对砷的吸收、控制水稻体内砷向籽粒转移、降低籽粒中砷的生物有效性是解决这一问题的关键途径。近年来，国内学者在有关水稻对砷的吸收和体内砷代谢机制的研究上取得了良好进展。杨婧等（2009：711～717）研究了通气组织结构不同对水稻根表铁膜的形成及其对砷吸收积累的影响，发现扬稻 6 号通气组织结构发达，其根系分泌的氧气和氧化物质在根际能氧化更多的 As（Ⅲ），从而在铁膜中积累了较多的 As（Ⅴ），有效阻止该元素进入水稻根内。微生物中砷主要以 As（Ⅴ）的形态通过磷吸收通道进入细胞，进入细胞的 As（Ⅴ）首先被砷酸盐还原酶还原成 As（Ⅲ），As（Ⅲ）再被特异性的膜蛋白泵出细胞或屏蔽至液泡中，从而达到砷解毒的作用。在水稻体内也存在着 As（Ⅴ）被还原为 As（Ⅲ）的过程，朱永官研究组成功克隆并表征了水稻体内的两个砷酸盐还原酶基因：*OsACR2.1*（编码 137 个氨基酸，分子量为 14 963 Da）和 *OsACR2.2*（编码 130 个氨基酸，分子量为 14 330 Da）（Duan et al., 2007：311～321），这为稻田系统砷的解毒和修复提供了新的途径与希望。

11.4 NSFC 和中国"根际土壤—植物—微生物相互作用"研究

NSFC 资助是我国根际土壤—植物—微生物相互作用研究资金的最重要来源。NSFC 的投入是推动中国根际土壤研究的力量源泉，促进了我国根际土壤研究高水平论文的产出和相关人才的成长。在 NSFC 引导下，我国在根际修复、根际土壤养分循环和分泌物效应等方面取得显著成绩，在该领域研究的活力和影响力不断增加，整体研究已处于国际先进水平。

11.4.1 近 15 年 NSFC 资助该领域研究的学术方向

根据近 15 年获 NSFC 资助项目高频关键词统计（图 11-5），基金在根际土壤环境研究领域的资助方向主要集中在根际修复、根际土壤养分循环、根际分泌物效应、土壤连作障碍 4 个方面。土壤微生物相关的关键词，如菌根、土壤微生物、根际效应、根际环境等均有很高的词频，进一步证实了微生物在根际土壤研究中的重要意义。研究植物主要是水稻、大豆；研究方法包括同位素示踪、原位观测和微生物分子生态技术。从图 11-5 来看，"生物修复"、"根际环境"、"菌根"和"根系分泌物"在各时段均占有突出地位，表明这些研究内容一直是 NSFC 重点资助的方向。

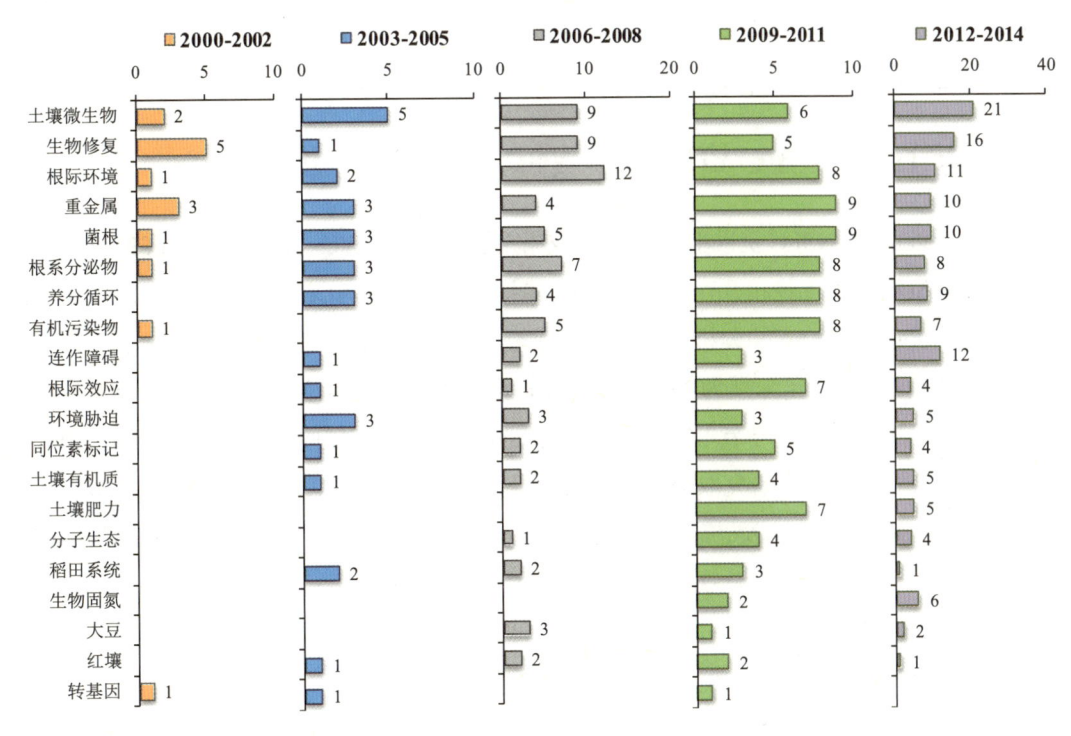

图 11-5 2000～2014 年"根际土壤—植物—微生物相互作用"领域 NSFC 资助项目关键词频次变化

基金关键词的时序分析体现了不同年份基金的资助重点。2000～2002 年，基金资助主要集中于根际环境胁迫与修复领域，关键词主要表现为"生物修复"、"重金属"、"菌根"、"有机污染物"等，如"丛枝菌根对重金属污染土壤的生物修复作用机理研究"（基金批准号：40071050）、"根际土壤中酚酸酯迁移降解动力学及影响因素"（基金批准号：40101015）。在此阶段，国内对转基因作物的根际效应研究开始出现。2003～2005 年，除根际修复依旧是基金资助的热点外，"土壤微生物"、"养分循环"关键词频次增加明显。根际土壤元素循环成为资助项目较集中的领域，如"根际土壤中铝的形态转化与植物耐铝机制的关系解析"（基金批准号：40371072）、"低磷胁迫对大豆根际土壤微生物群落结构及功能的影响"（基金批准号：40541004）等。2006～2008 年，分子生物学技术开始应用于根际微生物研究，基金资助的重点领域与上一阶段相似，但对根际效应及调控方面的资助明显加大，如"土传枯萎病拮抗菌在黄瓜作物根际和根表的行为特征研究"（基金批准号：40871126）、"镉污染土壤植物修复的根际调控研究"（基金批准号：40871153）。2009～2011 年，基金资助领域的广度和数量均有较大的增加。一些新兴的微生物生态测试技术，包括同位素示踪、高通量测序、分子鉴定等均广泛应用于根际微生物研究，并得到相应资助，体现在"土壤微生物生态学杰出青年项目"（基金批准号：41025004）、"根系分泌物及其主要组分对根际土壤中 PAHs 结合态残留转化的影响机制"（基金批准号：41171193）等。2012～2014 年，基金资助分布的领域更加均衡，在根际修复、根系分泌物效应、根际土壤养分循环、根际微生物生态与连作障碍等方面都有较多项目获得资助。项目数量也增长迅速，仅以"根际"为主题词，此阶段国家自然科学基金类资助 132 项，包括"本土植物与作物间作修复铅锌矿周边 Cd、Pb 污染农田的根际特征与机理"（基金批准号：U1202236）等多个重点项目及 5 个优秀青年基金项目。

11.4.2　近 15 年 NSFC 资助该领域研究的成果及影响

为了分析近 15 年 NSFC 资助取得的主要成果及影响，结合 Web of Science 和 CNKI 数据库，对根际土壤—植物—微生物相互作用的 SCI 发文量、中国学者 SCI 发文量、CSCD 发文量及论文标注资助情况进行了检索和分析（图 11-6）。近 15 年来，相关 CSCD 发文量、SCI 发文量均呈现稳定上升趋势，2014 年分别为 245 篇和 2 120 篇。CSCD 论文标注资助比例为 51.8%～72.6%，近年维持在 60%左右。中国学者 SCI 发文量增长迅速，从 2000 年的 12 篇增长到 2014 年的 410 篇。近年来，基金资助的根际研究取得了较好的成果，在 *Soil Biology & Biochemistry*，*ISME Journal*，*Applied & Environmental Microbiology*，*Environmental Microbiology*，*Plant and Soil* 等国际优秀期刊上有较多标注资助的论文。从 2009 年 Web of Science 数据库有标注资助信息以后，受 NSFC 资助 SCI 论文比例均在 70%以上，2014 年标注资助论文比例达到 82.7%，显著高于 CSCD 论文

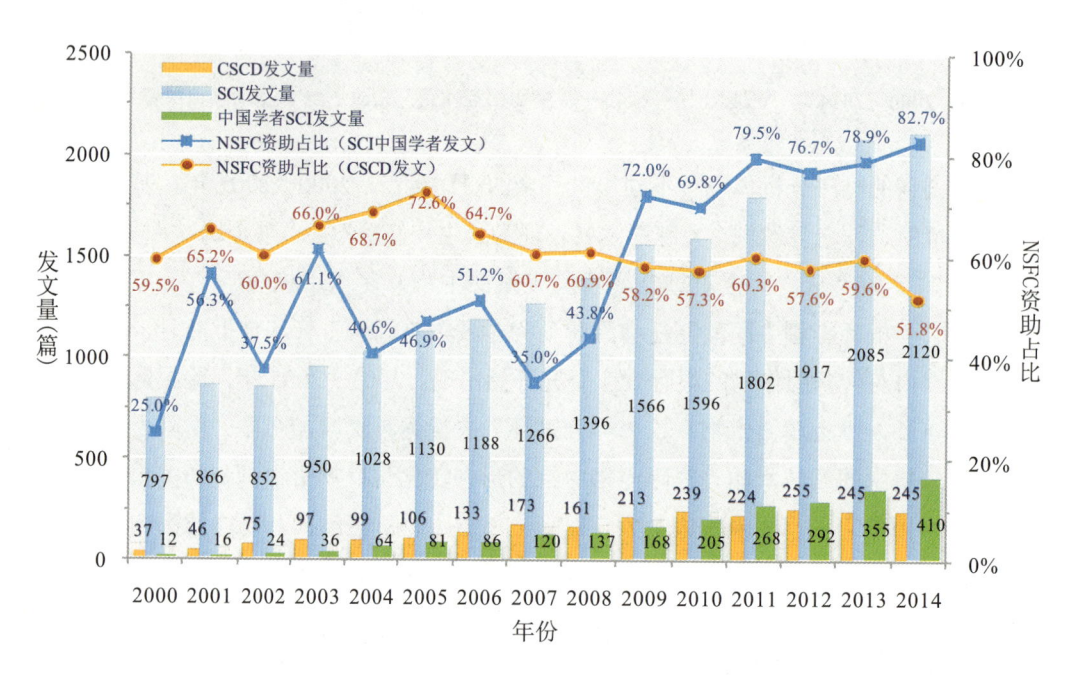

图 11-6　2000～2014 年"根际土壤—植物—微生物相互作用"领域论文发表与 NSFC 资助情况

标注比例。上述发文量和标注统计结果表明，NSFC 资助对根际土壤研究的贡献在日益提升，相对来说，基金资助该领域的研究成果更侧重于发表相关 SCI 论文，表明 NSFC 资助对于推动根际土壤研究领域的国际成果发挥了主要作用。

高被引 SCI 论文是反映领域前沿和学术影响力的重要指标。通过分析不同时段中国学者高被引论文及获基金资助情况发现（图 11-7），国内学者高被引 SCI 论文发文量从 2000~2002 年的 8 篇，增加到 2012~2014 年的 50 篇，高被引论文中国学者发文数呈现快速增长趋势。同时，高被引 SCI 论文获基金资助比例也呈迅速增加趋势，2006 年以来一直稳定在 60%以上。上述结果表明，我国学者在根际土壤研究方面的国际学术影响力逐步扩大，高水平成果与 NSFC 资助联系更密切，学科整体研究水平得到极大提升。

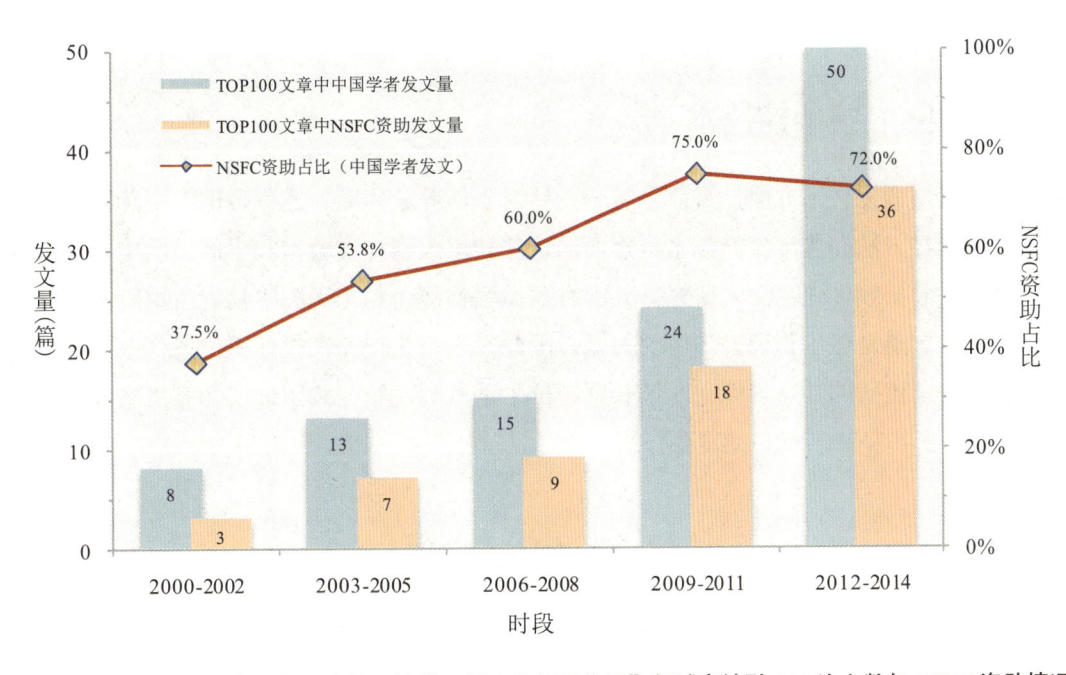

图 11-7 2000~2014 年"根际土壤—植物—微生物相互作用"领域高被引 SCI 论文数与 NSFC 资助情况

11.5 研究展望

随着现代仪器分析技术和分子生物学技术在根际研究中的应用，根际土壤—植物—微生物相互作用的研究得到快速发展，形成了以根际土壤微生物过程与功能为中心的根际生态系统理论体系。未来根际土壤理论与方法可望从以下 3 个方面获得突破性进展。

11.5.1 根际土壤和分泌物采集方法

针对根际土壤采集，目前仍没有很适合的方法，还需改进和创新根际土壤的原位采集技术，既保证根—土界面中不同土层彼此物理分离，又确保土壤微生物及根系分泌物在土层间的迁移和活动；在根系分泌物研究中，目前大都建立在水培和沙培基础上，如何能够在实际土壤环境中种植植物，并收集到根系分泌物也需要方法上的创新。

11.5.2　根际信号分子与植物—微生物共生机理

在根际土壤—植物—微生物相互作用体系中，根系和微生物分泌物中调控根际行为的分子信号物质确定的还很少，应该进一步确定更多的信号物质，并阐释其调控相应基因表达和根际行为的分子机制。在植物与微生物的共生机理方面，未来工作应充分结合宏基因和蛋白组学技术，从微生物生态的角度认知根际微生物对土壤元素循环和宿主植物生长发育的关键作用，进而明确根际微生物和宿主植物间的共生生理、分子机制以及共生体系对环境胁迫的特异适应机制。

11.5.3　根际土壤调控技术

在根际土壤调控技术方面，目前已有一些针对土壤养分高效、连作障碍、根际土壤环境修复的微生物调控方法和实用生产技术。然而，这些技术大都在实验室和小区试验中完成，实际效果的稳定性和持续性还需深入研究。外源有益微生物能否与土著微生物竞争中胜出，并在根际环境中有效定殖是微生物调控作用的关键。因此，未来工作需在根际原位条件下探明植物根表生物膜形成及定殖的基本规律；通过长期定位生态试验，验证和明确根际微生态调控技术对土壤元素循环和污染物转化中的重要作用。

11.6　小　　结

近15年来，根际土壤—植物—微生物相互作用的文献数量快速增加，其发展历程受到学科理论和生产实际需求的双重驱动。文献计量分析结果表明，国内根际土壤研究的核心领域与国际整体相近，主要包括根系分泌物作用效应、根际土壤元素循环及根际土壤污染物转化3个方面。土壤微生物几乎参与了根际土壤物质转化与迁移的所有过程。近年来，同位素标记、原位检测和分子生物学等新兴测试技术在根际微生物研究中得到广泛应用，成为根际土壤—植物—微生物相互作用研究的最关键驱动力。虽然主要研究领域相似，但我国根际土壤研究与国际相关研究在具体内容和特点上存在一定差异。国际根际研究更强调学科基础，突出菌根真菌、化感作用、固氮微生物、生物防治方面的原理和理论体系构建。而我国根际研究在发展过程中突出区域特点和实际问题导向，更多关注于稻田土壤系统、有机肥调控和作物连作障碍等农业实际问题。文献计量分析表明，NSFC极大地推动了我国根际土壤—植物—微生物相互作用的研究水平和国际影响力，但整体上仍处于跟踪国际研究前沿的态势。当今根际土壤研究已深入到土壤学、微生物学、植物生物学、分子生物学、生态学等各个学科，形成了从根际分泌物作用、根际土壤养分循环到根际生物化学调控的整体系统研究。无论是宏观生态学方向，还是微观分子机制方向，根际土壤研究均不断取得新的进展。未来研究可望从菌根真菌和根瘤菌的共生分子机制、根际促生菌的定殖与作用机制、土传病害的有效防治技术等方面取得突破。未来我国相关研究应在注重农业生产实际问题的同时，结合新兴测试技术和方法，深入把握学科前沿，推动原创性成果的不断涌现。

参考文献

Abou-Shanab, R. I., T. A. Delorme, J. S. Angle, et al. 2003. Phenotypic characterization of microbes in the rhizosphere of *Alyssum murale*. *International Journal of Phytoremediation*, Vol. 5, No. 4.

Bais, H. P., T. S. Walker, F. R. Stermitz, et al. 2002. Enantiomeric-dependent phytotoxic and antimicrobial activity of (±)-catechin. A rhizosecreted racemic mixture fromspotted knapweed. *Plant Physiology*, Vol. 128, No. 4.

Belnap, J., S. L. Phillips. 2001. Soil biota in an ungrazed grassland: response to annual grass (*Bromus tectorum*) invasion. *Ecology Applications*, Vol. 11, No. 5.

Benedetto, A., F. Magurno, P. Bonfante, et al. 2005. Expression profiles of a phosphate transporter gene (*GmosPT*) from the endomycorrhizal fungus *Glomusmosseae*. *Mycorrhiza*, Vol. 15, No. 8.

Bertin, C., X. H. Yang, L. A. Weston. 2003. The role of root exudates and allelochemicals in the rhizosphere. *Plant and Soil*, Vol. 256, No. 1.

Bever, J. D., P. A. Schultz, A. Pringle. 2001. Arbuscular mycorrhizal fungi: more diverse than meets the eye, and the ecological tale of why. *Bioscience*, Vol. 51, No. 1.

Brown, S. L., R. L. Chaney, J. C. Angle, et al. 1995. Zinc and cadmium uptake by hyperaccumulator *thlaspi caerulescens* and metal tolerant silene vulgaris grown on sludge-amended soils. *Environmental Science & Technology*, Vol. 29, No. 6.

Bulgarelli, D., K. Schlaeppi, S. Spaepen, et al. 2013. Structure and functions of the bacterial microbiota of plants. *Annual Review of Plant Biolog*, Vol. 64, No. 1.

Burd, G. I., D. G. Dixon, B. R. Glick. 2000. Plant growth-promoting bacteria that decrease heavy metal toxicity in plants. *Canadian Journal of Microbiology*, Vol. 46, No. 3.

Chen, B. D., X. L. Li, H. Q. Tao, et al. 2003. The role of arbuscular mycorrhiza in zinc uptake by red clover growing in a calcareous soil spiked with various quantities of zinc. *Chemosphere*, Vol. 50, No. 6.

Cieslinski, G., K. C. J. van Rees, A. M. Szmigielska, et al. 1998. Low-molecular-weight organic acids in rhizosphere soils of durum wheat and their effect on cadmium bioaccumulation. *Plant and Soil*, Vol. 203, No. 1.

Corgié, S. C., T. Beguiristain, C. Leyval. 2006. Profiling 16S bacterial DNA and RNA: difference between community structure and transcriptional activity the vicinity of phenanthrene polluted sand in plant roots. *Soil Biology & Bichemistry*, Vol. 38, No. 7.

Duan, G. L., Y. Zhou, Y. P. Tong, et al. 2007. A *CDC25* homologue from rice functions as an arsenate reductase. *New Phytologist*, Vol. 174, No. 2.

Dunfield, K. E., J. J. Germida. 2001. Diversity of bacterial communities in the rhizosphere and root interior of field-grown genetically modified *brassica napus*. *FEMS Microbiology Ecology*, Vol. 38, No. 1.

Ehrenfeld, J. 2003. Effects of exotic plant invasions on soil nutrient cycling processes. *Ecosystems*, Vol. 6, No. 6.

Einhellig, F. A., I. F. Souza. 1992. Phytotoxicity of sorgoleone found in grains-sorghum root exudates. *Journal of Chemical Ecology*, Vol. 18, No. 1.

Eisenhauer, N., P. B. Reich. 2012. Above- and below-ground plant inputs both fuel soil food webs. *Soil Biology & Biochemistry*, Vol. 45, No. 1.

Giri, B., K. G. Mukerji. 2004. Mycorrhizal inoculant alleviates salt stress in *Sesbania aegyptiaca* and *Sesbania grandiflora* under field conditions: evidence for reduced sodium and improved magnesium uptake. *Mycorrhiza*, Vol. 14, No. 5.

He, Y., C. R. Chen, Z. H. Xu, et al. 2009. Assessing management impacts on soil organic matter quality in subtropical Australian forests using physical and chemical fractionation as well as ^{13}C NMR spectroscopy. *Soil Biology & Biochemisty*, Vol. 41, No. 3.

Hinsinger, P., C. Plassard, C. X. Tang, et al. 2003. Origins of root-mediated pH changes in the rhizosphere and their responses to environmental constraints: a review. *Plant and Soil*, Vol. 248, No. 1-2.

Johnson, S. E., R. H. Loeppert. 2006. Role of organic acids in phosphate mobilization from iron oxide. *Soil Science Society of America Journal*, Vol. 70, No. 1.

Jones, D. L., C. Nguyen, R. D. Finlay. 2009. Carbon flow in the rhizosphere: carbon trading at the soil-root interface. *Plant and Soil*, Vol. 321, No. 1.

Jousset, A., L. Rochat, A. Lanoue, et al. 2011. Plants respond to pathogen infection by enhancing the antifungal gene expression of root-associated bacteria. *Molecular Plant-Microbe Interactions*, Vol. 24, No. 3.

Kohler, J., J. A. Hernandez, F. Caravaca, et al. 2008. Plant-growth-promoting rhizobacteria and arbuscular mycorrhizal fungi modify alleviation biochemical mechanisms in water-stressed plants. *Functional Plant Biology*, Vol. 35, No. 2.

Kourtev, P. S., J. G. Ehrenfeld, M. Häggblom. 2003. Experimental analysis of the effect of exotic and native plant species on the structure and function of soil microbial communities. *Soil Biology & Biochemistry*, Vol. 35, No. 7.

Kuklinsky-Sobral, J., W. L. Araujo, R. Mendes, et al. 2004. Isolation and characterization of soybean-associated bacteria and their potential for plant growth promotion. *Environmental Microbiology*, Vol. 6, No. 12.

Kumagai, H., E. Kinoshita, W. Robert, et al. 2006. RNAi Knock-Down of *ENOD40s* leads to significant suppression of nodule formation in *Lotus japonicus*. *Plant and Cell Physiology*, Vol. 47, No. 8.

Landi, L., F. Valori, J. Ascher, et al. 2006. Root exudate effects on the bacterial communities, CO_2 evolution, nitrogen transformations and ATP content of rhizosphere and bulk soils. *Soil Biology & Biochemistry*, Vol. 38, No. 3.

Li, X. L., P. Christie. 2001. Changes in soil solution Zn and pH and uptake of Zn by arbuscular mycorrhizal red clover in Zn contaminated soil. *Chemosphere*, Vol. 42, No. 2.

Ling, N., W. Raza, J. H. Ma, et al. 2011. Identification and role of organic acids in watermelon root exudates for recruiting Paenibacillus polymyxa SQR-21 in the rhizosphere. *European Journal of Soil Biology*, Vol. 47, No. 6.

Lukow, T., P. F. Dunfield, W. Liesack. 2000. Use of the T-RFLP technique to assess spatial and temporal changes in the bacterial community structure within an agricultural soil planted with transgenic and non-transgenic potato plants. *FEMS Microbiology Ecology*, Vol. 3, No. 23.

Maldonado-Mendoza, I. E., G. R. Dewbre, M. J. Harrison. 2001. A phosphate transporter gene from the extra-radical mycelium of an arbuscular mycorrhizal fungus *Glomus* intraradices is regulated in response to phosphate in the environment. *Molecular Plant-Microbe Interactions*, Vol. 14, No. 10.

McGrath, S. P., F. J. Zhao, E. Lombi. 2001. Plant and rhizosphere processes involved in phytoremediation of metal-contaminated soils. *Plant and Soil*, Vol. 232, No. 1-2.

Mummey, D. L., M. C. Rillig. 2006. The invasive plant species *Centaurea maculosa* alters arbuscular mycorrhizal fungal communities in the field. *Plant and Soil*, Vol. 288, No. 1-2.

Nardi, S., G. Concheri, D. Pizzeghello, et al. 2000. Soil organic matter mobilization by root exudates. *Chemosphere*, Vol. 41, No. 5.

Oburger, E., B. Gruber, Y. Schindlegger, et al. 2014. Root exudation of phytosiderophores from soil-grown wheat. *New Phytologist*, Vol. 203, No. 4.

Parrish, Z. D., M. K. Banks, A. P. Schwab. 2005. Effect of root death and decay on dissipation of polycyclic aromatic hydrocarbons in the rhizosphere of yellow sweet clover and tall fescue. *Journal of Environmental Quality*, Vol. 34, No. 1.

Reid, D. E., B. J. Ferguson, S. Hayashi, et al. 2011. Molecular mechanisms controlling legume autoregulation of nodulation. *Annals of Botany*, Vol. 108, No. 5.

Richardson, A. E., J. M. Barea, A. M. McNeill, et al. 2009. Acquisition of phosphorus and nitrogen in the rhizosphere and plant growth promotion by microorganisms. *Plant and Soil*, Vol. 321, No. 1-2.

Rudrappa, T., K. J. Czymmek, P. W. Pare, et al. 2008. Root-secreted malic acid recruits beneficial soil bacteria. *Plant Physiology*, Vol. 148, No. 3.

Sauviac, L., A. Niebel, A. Boisson-Dernier, et al. 2005. Transcript enrichment of nod factor-elicited early nodulin genes in purified root hair fractions of the model legume *Medicago truncatula*. *Journal of Experimental Botany*, Vol. 56, No. 419.

Shawa, L. J., R. G. Burns. 2005. Rhizodeposits of Trifolium pratense and Lolium perenne: their comparative effects on 2,4-D mineralization in two contrasting soils. *Soil Biology & Biochemistry*, Vol. 37, No. 5.

Wang, J., B. Thornton, H. Y. Yao. 2014. Incorporation of urea-derived ^{13}C into microbial communities in four different agriculture soils. *Biology and Fertility of Soils*, Vol. 50, No. 4.

Wang, Y. N., L. X. Wang, Y. M. Zou, et al. 2014. Soybean miR172c targets the repressive AP2 transcription factor NNC1 to activate *ENOD40* expression and regulate nodule initiation. *Plant Cell*, Vol. 26, No. 12.

Weissenhorn, I., A. Glashoff, C. Leyval, et al. 1994. Differential tolerance to Cd and Zn of arbuscular mycorrhizal (AM) fungal spores isolated from heavy metal polluted and unpolluted soils. *Plant and Soil*, Vol. 167, No. 2.

Weng, J., Y. Wang, J. Li, et al. 2013. Enhanced root colonization and biocontrol activity of Bacillus amyloliquefaciens SQR9 by abrB gene disruption. *Environmental Biotechnology*, Vol. 97, No. 19.

White, P. J. 2001. Phytoremediation assisted by microorganisms. *Trends in Plant Science*, Vol. 6, No. 11.

Whiting, S. N., M. P. De Souza, N. Terry. 2001. Rhizosphere bacteria mobilize Zn for hyperaccumulation by *Thlaspi caerulescens*. *Environmental Science & Technology*, Vol. 35, No. 15.

Xu, W. H., H. Liu, Q. F. Ma, et al. 2007. Root exudates, rhizosphere Zn fractions, and Zn accumulation of ryegrass at different soil Zn levels. *Pedosphere*, Vol. 17, No. 3.

Yao, H. Y., B. Thornton, E. Paterson. 2012. Incorporation of ^{13}C-labelled rice rhizodeposition carbon into soil microbial communities under different water status. *Soil Biology & Biochemistry*, Vol. 53, No. 1.

Yao, H. Y., F. Z. Wu. 2010. Soil microbial community structure in cucumber rhizosphere of different resistance cultivars to fusarium wilt. *FEMS Microbiology Ecology*, Vol. 72, No. 3.

Zhang, H., M. S. Kim, Y. Sun, et al. 2008. Soil bacteria confer plant salt tolerance by tissue-specific regulation of the sodium transporter HKT1. *Molecular Plant-Microbe Interactions*, Vol. 21, No. 6.

陈敏、应文荷：“转Bt水稻与常规水稻根际土壤细菌类群的比较研究"，《杭州师范学院学报》，2005年第4期。

戴梅、王洪娴、殷元元等："丛枝菌根与根围促生细菌相互作用的效应机制"，《生态学报》，2008年第6期。

郝文雅、冉炜、沈其荣："西瓜、水稻根分泌物及酚酸类物质对西瓜专化型尖孢镰刀菌的影响"，《中国农业科学》，2010年第12期。

江欢欢、程凯、杨兴明等："辣椒青枯病拮抗菌的筛选及其生物防治效应"，《土壤学报》，2010年第6期。

李海燕、刘润进、李艳杰："AM真菌和孢囊线虫对大豆根内酶活性的影响"，《菌物系统》，2003年第4期。

李涛、杜娟、郝志鹏等："丛枝菌根提高宿主植物抗旱性分子机制研究进展"，《生态学报》，2012年第22期。

凌宁、王秋君、杨兴明："根际施用微生物有机肥防治连作西瓜枯萎病研究"，《植物营养与肥料学报》，2009年第5期。

刘世亮、骆永明、丁克强等："土壤中有机污染物的植物修复研究进展"，《土壤》，2003年第3期。

陆雅海、张福锁："根际微生物研究进展"，《土壤》，2006年第2期。

彭晓燕、王茂意、刘凤杰等："水稻砷污染及其对砷的吸收和代谢机制"，《生态学报》，2003年第17期。

沈世华、荆玉祥："中国生物固氮研究现状和展望"，《科学通报》，2003年第6期。

宋长青、吴金水、陆雅海等："中国土壤微生物学研究10年回顾"，《地球科学进展》，2013年第10期。

宋勇春、冯固、李晓林："丛植菌根真菌对红三叶草利用不同有机磷源的研究"，《植物营养与肥料学报》，2001年第4期。

王发园、林先贵、周健民："丛枝菌根与土壤修复"，《土壤》，2004年第3期。

魏树和、周启星、张凯松："根际圈在污染土壤修复中的作用与机理分析"，《应用生态学报》，2003年第1期。

吴凤芝、黄彩红、赵凤艳："酚酸类物质对黄瓜幼苗生长及保护酶活性的影响"，《中国农业科学》，2002年第7期。

吴凤芝、赵凤艳、刘元英："设施蔬菜连作障碍原因综合分析与防治措施"，《东北农业大学学报》，2000年第3期。

吴洪生、尹晓明、刘东阳:"镰刀菌酸毒素对西瓜幼苗根细胞跨膜电位及叶细胞有关抗逆酶的抑制",《中国农业科学》, 2008 年第 9 期。

杨婧、胡莹、王新军等:"两种通气组织不同的水稻品种根表铁膜的形成及砷吸收积累的差异",《生态毒理学报》, 2009 年第 5 期。

张福锁、曹一平:"根际动态过程与植物营养",《土壤学报》, 1992 年第 3 期。

张学贤、李阜棣、曹燕珍等:"紫云英根瘤菌分子遗传学研究进展",《华中农业大学学报》, 2003 年第 1 期。

周晓芬、杨军芳:"不同施肥措施及 EM 菌剂对大棚黄瓜连作障碍的防治效果",《河北农业科学》, 2004 年第 8 期。

周毅、汪建飞、邢素芝等:"解磷微生物有机肥对冬小麦产量形成的影响",《麦类作物学报》, 2013 年第 3 期。

朱培淼、杨兴明、徐阳春等:"高效解磷细菌的筛选及其对玉米苗期生长的促进作用",《应用生态学报》, 2007 年第 1 期。

第 12 章 土壤肥力与土壤养分循环

人类需要的营养成分直接或间接地依赖土壤资源的供给，提高土壤肥力是保持生态系统稳定和促进农业可持续发展的基础。土壤肥力的形成、维持与提高依赖于土壤养分元素内循环过程中土壤物理、化学和生物作用引起的养分元素生物有效性。一方面，通过土壤培肥、养分调控与管理可有效地促使养分向农产品中运移和积累，确保土壤养分资源的可持续高效利用；另一方面，土壤养分在生态系统循环过程中会通过淋溶、径流、氨挥发和氮氧化物排放等损失途径向水体和大气环境中迁移，导致农业面源污染、水体富营养化等区域环境问题和大气温室气体攀升等全球环境问题加剧。因此，土壤肥力与土壤养分循环已成为保障农业可持续和人类生态环境安全的土壤学重要研究领域，一直受到国际社会和全球土壤学家的高度重视。

12.1 概　　述

本节以土壤肥力与土壤养分循环的研究缘起为切入点，阐述了土壤肥力与土壤养分循环的内涵及其主要研究内容，并以保障农业可持续、生态环境安全的社会需求驱动以及研究技术手段的创新驱动为线索，探讨了土壤肥力与土壤养分循环研究的演进阶段和关注的科学问题变化。

12.1.1 问题的缘起

我国传统农业十分重视有机物料培肥土壤以提高作物产量，具有三四千年的悠久历史，在我国古代历著如《禹贡》（公元前 2200 年）、《周礼》（约公元前 1120 年）和《管子》（公元前 767 年）中均有记载。土壤肥力与土壤养分循环作为现代土壤学的科学研究领域始于 19 世纪中期，在以后的 100 余年中，土壤供给植物无机养分的能力被认为是土壤肥力。1840 年，德国科学家 Justus von Liebig（1803～1873）创建的植物矿质营养理论奠定了土壤肥力与土壤养分循环研究的科学基础。创建于 1843 年的英国洛桑农业试验站长期施肥定位试验建立了土壤肥力与土壤养分循环试验研究的科学方法。20 世纪初期，德国化学家 F. Fritz Haber（1868～1934）发明了合成氨的"循环法"工艺，推动了合成氨工业的发展。此后，农业生产中普遍施用化肥以提高作物产量。20 世纪 40 年代，土壤有效养分定量分析方法的创新为农田养分调控与管理提供了科技支撑。20 世纪 70～80 年代，通过养分管理以提高土壤肥力、保障农业高产的生产需求得到极大重视以及同位素示踪技术在养分循环研究中的应用，促进了土壤养分元素内循环过程研究的快速发展。20 世纪 80 年代末以来，农业养分高外源投入带来的生态环境问题日益突出，养分元素循环与区域和全球环境问题研究的联系日趋紧密，土壤养分循环的环境效应研究成为新的研究热点。目前，维持和不断提高土壤肥力，合理进行养分调控，促进生态系统养分的良性循环，实现农业可持续高产、养分资源高效利用与生态环境保护的协调，是土壤学科土壤肥力与土壤养分循环领域面临的重要科学研究任务。

12.1.2 问题的内涵及演进

人们通常把土壤能够提供给植物良好生长调节的能力称为土壤肥力。在土壤学中，狭义的土壤肥力是指土壤养分的供应能力。美国土壤学会1989年出版的《土壤科学名词汇编》把土壤肥力定义为："土壤供给植物生长所必需养分的能力。"这一概念长期以来被国际土壤学界所广泛接受。在对土壤肥力的认识方面，我国土壤科学工作者有着鲜明的观点，将土壤肥力视为土壤的本质属性之一。在《中国土壤》第二版（1987）中，将土壤肥力定义为："肥力是土壤的基本属性和质的特征，是土壤从营养条件和环境条件方面，供应和协调植物生长的能力。土壤肥力是土壤物理、化学和生物学性质的综合反映。"土壤肥力的形成、维持和提高是指在土壤养分元素内循环中，由土壤物理、化学和生物作用引起的养分生物有效化及其时空变化过程。**土壤肥力与土壤养分循环研究正从以服务于农业生产的土壤肥力与土壤养分元素内循环研究为主，向以协调农业高产、养分高效和保护生态环境为重点的生态系统养分循环研究拓展。**

根据研究内容的外延拓展，其演进过程大致可分为以下3个阶段。

第一阶段：服务于农业高产的土壤肥力研究。土壤肥力与作物生产的科学研究起源于欧美等发达国家。1910年在谢菲尔德召开的英国科学促进会年会上，农业分会主席 A. D. Hall 教授以"土壤肥力"（The Fertility of the Soil）为题发表了大会主旨报告，*Science* 对此进行了全文报道（Hall，1910：363～371），引起了国际土壤学界对土壤肥力的重视。此后至20世纪30～40年代，有关土壤肥力影响作物产量和品质的研究逐渐成为国际土壤学研究的热点领域（Hopkins，1912：616～622；Chang and Richardson，1942：601～602），主要集中在表征土壤肥力的土壤物理、化学及养分特性指标，包括土壤有机质、土壤矿质养分、土壤结构和质地、容重等指标。20世纪50年代，土壤肥力研究开始关注土壤生物学指标，如酶活性、土壤动物、土壤微生物量、土壤微生物代谢活性等（Fletcher and Bollen，1954：349～354；Tribe，1964：698～710）。20世纪70～80年代，土壤肥力研究进一步关注土壤肥力与作物矿质养分、种植制度等的关系（Tulaphitak et al.，1985：239～249）。最近20多年来，土壤肥力与土壤生产力研究主要围绕土壤有机质和矿质养分，重点研究土壤肥力指标的活性组分、养分管理与土壤养分周转过程以及表征土壤肥力的微生物区系结构与群落特征等，从土壤物理、化学、生物及养分周转特性等多方面综合评价土壤肥力。

第二阶段：围绕养分资源高效利用的土壤养分元素内循环过程研究。自20世纪80年代，依托大量田间小区试验和长期施肥试验，围绕土壤有机质和氮磷钾等矿质养分，研究养分管理对土壤养分元素内循环过程的影响成为国际土壤肥力与土壤养分循环领域的研究重点（Peschke and Schnieder，1986：713~719；朱兆良和文启孝，1992：213~249；Parton et al.，1996：401~412；沈善敏，1998：450~484）。研究内容主要包括：长期施肥和耕作管理下农田土壤有机碳分解、团聚体物理保护和化学结合；土壤氮素矿化、硝化、反硝化、淋溶和径流损失、氨挥发等氮素去向与平衡过程；土壤氮磷损失与水体富营养化临界负荷等。20 世纪 80 年代初期，同位素标记示踪技术在土壤肥力与土壤养分循环研究领域得到了广泛应用，推动了土壤养分元素内循环过程与养分资源利用效率及其环境效应的关联性研究（严昶升，1988：370~411；朱兆良，2000：1~6）。

第三阶段：面向区域和全球环境问题的生态系统养分循环研究。随着国际社会对水体环境、土壤酸化、温室气体攀升、全球变暖等区域和全球环境问题的关注，21 世纪土壤肥力与土壤养分循环研究由土壤养分元素内循环向生态系统大循环研究拓展，与区域和全球环境问题研究的联系更加紧密，面向区域和全球环境的问题导向特征更趋明显。主要表现在：与土壤碳氮循环紧密相关的土壤有机碳分解和团聚体固持的微生物学机制、土壤碳汇效应、土壤有机碳分解的温度敏感性、土壤呼吸（Six et al.，2000：2099~2103，2004：7~31；Huang and Sun，2006：1785~1803；Yan et al.，2013：42~51）；碳氮温室气体甲烷（CH_4）和氧化亚氮（N_2O）的土壤源汇强度、土壤 CH_4 和 N_2O 排放过程与排放特征、微生物学驱动机制（Cai et al.，1997：7~14；Robertson et al.，2000：1922~1925；王明星，2001：1~223；Zou et al.，2005）；与土壤氮磷流失相关的水体环境质量、农业面源污染（张维理等，2004：1026~1033；朱兆良等，2005：47~51；Ju et al.，2009：3041~3046；张福锁和朱兆良，2010：1~400）等。此外，土壤酸化、氮沉降等问题也成为土壤养分循环研究的重点，大气二氧化碳（CO_2）浓度升高、温度升高等全球变化因子对养分循环过程的影响以及碳氮循环的生物地球化学循环模型研究受到国际学术界重视。

12.2 国际"土壤肥力与土壤养分循环"研究主要进展

近 15 年来，随着土壤肥力与土壤养分循环研究的不断深入，逐渐形成了一些核心方向和研究热点。通过文献计量分析发现，其核心研究方向主要包括养分管理与土壤肥力、养分循环与作物生产、养分流失与区域环境、土壤有机碳与气候变化以及甲烷与氧化亚氮温室气体等方面。土壤肥力与土壤养分循环研究呈现研究对象多元、技术手段多样、外延逐渐延伸以及研究尺度更加向微观和宏观拓展的特点。

12.2.1 近 15 年国际该领域研究的核心方向与研究热点

运用 Web of Science 数据库，依据本研究领域核心关键词制定了英文检索式，即："soil*" and ("nutrient cycling" or "organic matter" or "SOC" or "organic carbon" or "nitrogen" or "N" or "phosphorus" or "potassium") and ("fertilizer" or "nitrate" or "ammonium" or "respiration" or "NH$_3$"

or "nitrification" or "aggregate" or "denitrification" or "mineralization" or "decomposition" or "microbial community" or "community structure" or "function" or "gene" or "microbial biomass" or "availability" or "bacteria" or "fungi" or "dynamics" or "diversity" or "AM" or "rhizosphere" or "soil properties" or "leaching" or "run-off" or "efficiency" or "stability" or "bioavailability" or "manure" or "enzyme activity" or "biochar" or "microbial activity") and ("long-term" or "yield" or "cropping system" or "cropland" or "water" or "climate" or "DGGE" or "stable isotopes" or "physical protection" or "crop productivity")，检索到近15年本研究领域共发表国际英文文献45 855篇。划分了2000～2002年、2003～2005年、2006～2008年、2009～2011年和2012～2014年5个时段，各时段发表的论文数量占总发表论文数量的百分比分别为11.2%、14.4%、19.7%、24.2%和30.4%，呈逐年上升趋势。图12-1为2000～2014年土壤肥力与土壤养分循环国际文献计量网络图谱，图谱中聚成了5个相对紧密的研究聚类圈，在一定程度上反映了近15年国际土壤肥力与土壤养分循环研究的核心方向，**主要包括养分管理与土壤肥力、养分循环与作物生产、养分流失与区域环境、土壤有机碳与气候变化以及甲烷与氧化亚氮温室气体5个方面。**

（1）养分管理与土壤肥力

文献关键词共现关系图中出现了以土壤有机质（SOM）、氮（nitrogen）和磷（phosphorus）为核心的土壤养分管理与土壤肥力的聚类圈（图12-1）。聚类圈中包含有机肥（manure）、肥料（fertilizer）、堆肥（compost）、管理（management）等养分管理关键词，以及土壤特性（soil property）、土壤质地（soil texture）、土壤结构（soil structure）、土壤酸碱性（soil pH）、土壤肥力（soil fertility）、腐殖酸（humic acid）、土壤酶活（enzyme activity）、团聚体稳定性（aggregate stability）、土壤微生物（soil microorganism）、土壤细菌（soil bacteria）、土壤微生物生物量（soil microbial biomass）等土壤理化和生物学特性关键词，**表明养分管理对土壤肥力影响的综合评估是土壤肥力与土壤养分循环研究领域的核心内容。**此外，水分利用效率（water use efficiency）、免耕（no tillage）、保护性耕作（conservation tillage）、常规耕作（conventional tillage）、轮作（crop rotation）、固氮（nitrogen fixation）等关键词也出现在聚类圈中，**反映了除养分管理外，与水分管理、耕作等相结合的农业综合管理措施对土壤肥力的影响近年来备受关注。**

（2）养分循环与作物生产

由图12-1可知，养分循环与作物生产方面重点研究了玉米（maize）、冬小麦（winter wheat）和水稻（rice）三大粮食作物系统（cropping systems）的作物产量（yield），与利用效率（use efficiency，efficiency）、养分吸收（nutrient uptake）、氮矿化（N mineralization）、氮肥（N fertilizer）和绿肥（green manure）等养分循环（nutrient cycling）与施肥的关系，**表明主要农作物的养分高效利用机制与调控研究是土壤肥力和土壤养分循环研究的重点内容。**同时，图12-1聚类圈中出现的高频关键词还包括长期试验（long term experiment）、模型（model）、土地利用变化（land use change）、森林（forest）、牧场（pasture）、草地（grassland）、菌根真菌（AMF）和植物生长（plant growth）等，**表明不同土地利用方式下养分管理与调控对植物生长影响的长期定位**

试验和模型模拟研究已成为土壤养分循环领域的重要研究手段。

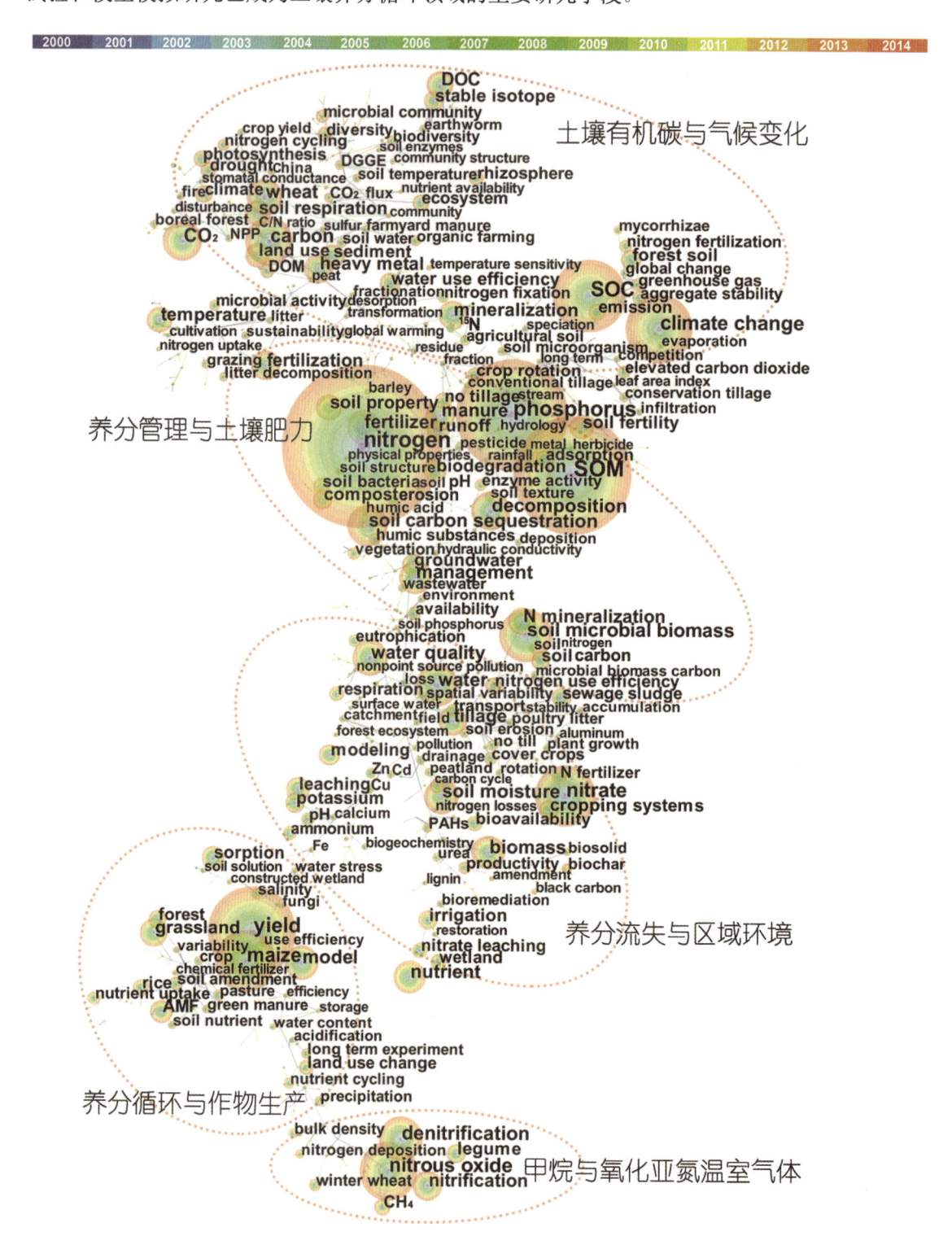

图12-1 2000~2014年"土壤肥力与土壤养分循环"领域SCI期刊论文关键词共现关系

(3) 养分流失与区域环境

图 12-1 中出现了与土壤水分（soil moisture）、溶质运移（transport）有关的土壤侵蚀（soil erosion）、硝态氮渗漏（nitrate leaching，leaching）、养分（nutrient）流失（loss）所导致的流域（catchment）水体（water）环境（environment）问题关键词，如非点源污染（nonpoint source pollution）、水质（water quality）恶化、富营养化（eutrophication）等。图 12-1 中还出现了生物质炭（biochar）、废弃物生物固化材料（biosolid）、生物量（biomass）、生产力（productivity）、土壤 pH、重金属（Zn，Cd）、有机污染物（PAHs）、土壤水分胁迫（water stress）、土壤盐碱度（salinity）等，表明生物质炭作为废弃物养分资源生物固化循环利用途径在土壤改良、土壤有机和重金属污染修复以及提高农作物产量方面的效应得到了国际土壤学研究的高度关注。因此，养分流失所导致的区域环境问题以及养分废弃物资源化利用对区域生态环境的保护作用正成为土壤肥力与土壤养分循环领域的国际研究热点。

(4) 土壤有机碳与气候变化

土壤有机碳与气候变化聚类圈出现了土壤有机碳（SOC）及其活性组分（DOC/DOM，fractionation）、土壤呼吸（soil respiration）、二氧化碳通量（CO_2 fluxes）、光合作用（photosynthesis）与净初级生产（NPP）、凋落物分解（litter decomposition）、温室气体（greenhouse gas）等陆地碳循环基本过程，以及全球变化（global change）、气候变化（climate change）、温度（temperature）、气候干旱（climate drought）、火（fire）、二氧化碳浓度升高（elevated carbon dioxide）等关键词（图 12-1）。上述关键词组合反映出了**土壤有机碳与全球变化研究的紧密关系及其重要性**。此外，聚类圈中还出现了根际（rhizosphere）、微生物群落多样性（microbial community diversity）、微生物活性（microbial activity）、土壤动物（earthworm）、稳定性同位素（stable isotope）和 DGGE 等关键词。这些关键词的共现关系反映出研究者更加注重利用现代分子生物分析技术从土壤微生物学机制上揭示全球变化背景下土壤碳循环过程。其中，根际微生物学过程和分子机制是研究重点。

(5) 甲烷与氧化亚氮温室气体

图 12-1 显示，除了 CO_2 外，大气另两大温室气体甲烷（methane/CH_4）和氧化亚氮（nitrous oxide/N_2O），以及产生氧化亚氮的土壤硝化（nitrification）和反硝化（denitrification）过程成为近 15 年来关注的焦点。从而反映出陆地生态系统碳氮温室气体（**CO_2, CH_4, N_2O**）源汇效应在全球气候变化中的作用受到关注。此外，在深入研究土壤温室气体排放过程与规律的同时，更加关注土壤温室气体产生过程和机制。

SCI 期刊论文关键词共现关系反映了近 15 年土壤肥力与土壤养分循环研究的核心方向（图 12-1），而不同时段 TOP20 高频关键词可反映其研究热点（表 12-1）。表 12-1 显示了 2000～2014 年各时段 TOP20 关键词组合特征。由表 12-1 可知，2000～2014 年，前 10 位高频关键词为森林生态系统（forest）、土壤有机质/碳（soil organic matter/carbon，SOM/SOC）、大气二氧化碳（carbon dioxide）、氮素（nitrogen）、土壤细菌（microbial）、生物质炭（black carbon/biochar/

404 土壤学若干前沿领域研究进展

表 12-1 2000~2014 年 "土壤肥力与土壤养分循环" 领域不同时段 TOP20 高频关键词组合特征

2000~2014 年		2000~2002 年 (23 篇/校正系数 2.72)		2003~2005 年 (29 篇/校正系数 2.10)		2006~2008 年 (39 篇/校正系数 1.56)		2009~2011 年 (48 篇/校正系数 1.27)		2012~2014 年 (61 篇/校正系数 1.00)	
关键词	词频	关键词	词频	关键词	词频	关键词	词频	关键词	词频	关键词	词频
forest	80	carbon dioxide	37.1 (14)	forest	29.4 (14)	forest	34.4 (22)	black carbon	24.1 (19)	SOM (SOC)	23
SOM (SOC)	76	forest	34.5 (13)	SOM (SOC)	23.1 (11)	SOM (SOC)	32.8 (21)	forest	22.9 (18)	carbon dioxide	14
carbon dioxide	52	SOM (SOC)	23.9 (9)	nitrogen	21.0 (10)	fertilizer	12.5 (8)	carbon dioxide	15.3 (12)	decomposition	14
nitrogen	49	nitrogen	21.2 (8)	climate change	16.8 (8)	microbial	12.5 (8)	decomposition	15.3 (12)	forest	13
microbial	42	carbon	21.2 (8)	water quality	14.7 (7)	nitrogen	12.5 (8)	microbial	15.3 (12)	nitrogen	13
black carbon	39	tillage	21.2 (8)	grassland	14.7 (7)	black carbon	10.9 (7)	SOM (SOC)	15.3 (12)	black carbon	13
climate change	38	particle size fractions	18.6 (7)	mineralization	12.6 (6)	climate change	10.9 (7)	nitrogen	12.7 (10)	microbial	11
water quality	34	C-13	18.6 (7)	microbial	12.6 (6)	carbon dioxide	10.9 (7)	climate change	8.9 (7)	model	11
decomposition	29	climate change	15.9 (6)	plant growth	12.6 (6)	water quality	10.9 (7)	ecosystem	8.9 (7)	carbon	10
carbon	27	temperature	13.3 (5)	carbon dioxide	10.5 (5)	soil respiration	9.4 (6)	model	8.9 (7)	climate change	10
mineralization	23	trace gas fluxes	13.3 (5)	temperature	8.4 (4)	carbon	7.8 (5)	nitrous oxide	8.9 (7)	water quality	10
productivity	23	water quality	13.3 (5)	roots	8.4 (4)	productivity (NPP)	7.8 (5)	temperature	8.9 (7)	plant growth	10
plant growth	20	natural abundance	13.3 (5)	respiration	8.4 (4)	nitrous oxide	7.8 (5)	oxidation	8.9 (7)	bacterial	8
model	18	microbial	13.3 (5)	productivity (NPP)	8.4 (4)	mineralization	7.8 (5)	productivity (NPP)	7.6 (6)	trace gas fluxes	8
soil respiration	17	mineralization	10.6 (4)	fungi	8.4 (4)	grassland	7.8 (5)	DOC	7.6 (6)	mineralization	8
temperature	16	long-term	10.6 (4)	stability	6.3 (3)	fractions	7.8 (5)	long-term	6.4 (5)	productivity (NPP)	8
agricultural soils	14	fertilization	10.6 (4)	nutrient	6.3 (3)	agricultural soils	6.3 (4)	water quality	6.4 (5)	agricultural soils	7
trace gas fluxes	13	dynamics	10.6 (4)	agricultural soils	6.3 (3)	model	6.3 (4)	yield	6.4 (5)	fungi	7
long-term	13	land use	8.0 (3)	aggregate	6.3 (3)	nitrification	6.3 (4)	plant growth	5.1 (4)	soil respiration	7
nitrous oxide	12	aggregate	8.0 (3)	decomposition	6.3 (3)	long-term	6.3 (4)	carbon	5.1 (4)	diversity	6

注：括号中的数字为校正前关键词出现频次。

charcoal)、气候变化(climate change)、水质(water quality)、分解(decomposition)和碳(carbon),表明这些方向是近 15 年研究的热点。不同时段高频关键词组合特征能反映研究热点随时间的变化情况,森林生态系统(forest)、土壤有机质/碳(soil organic matter/carbon,SOM/SOC)、大气二氧化碳(carbon dioxide)、氮素(nitrogen)、土壤微生物(microbial)、气候变化(climate change)等关键词在各时段均占有突出地位,这些内容持续受到关注。对以 3 年为时间段的热点问题变化情况分析如下。

(1) 2000~2002 年

由表 12-1 可知,本时段研究重点集中土地利用(land use)、施肥(fertilization)、耕作(tillage)等管理措施对土壤碳(carbon)、氮(nitrogen)循环的影响,主要探讨了土壤有机碳(SOC)、团聚体(aggregate)及其组分(particle size fractions)动态(dynamics)和矿化(mineralization)过程、二氧化碳(carbon dioxide)等碳氮微量气体通量(trace gas fluxes)对温度(temperature)等气候变化(climate change)因子的响应,尤其以森林土壤为研究对象,通过长期(long-term)定位试验和同位素(如 C-13)自然丰度(natural abundance)示踪为重要研究手段,揭示其土壤微生物学(microbial)机制。此外,水质(water quality)也是这一时期的高频关键词,表明养分流失导致的区域环境问题也是研究的热点。以上高频关键词表明,**基于长期定位试验和同位素示踪揭示土壤碳氮循环过程及其与区域和全球环境问题的关联性研究是本阶段的热点**。

(2) 2003~2005 年

与 2000~2002 年相比,2003~2005 年时段除了继续关注**土壤碳氮循环过程及其与区域和全球环境问题的关联性**外,2003~2005 年时段关键词中还出现了草地(grassland)、农业土壤(agricultural soils)、植物生长(plant growth)、根系(roots)、生产力(NPP)等,表明土壤肥力与养分(nutrient)循环对植物生长和生产力功能的影响在这一时期成为热点,具体研究内容体现在不同类型生态系统(森林、草地和农田)土壤有机碳(SOC)和氮矿化过程(mineralization)、凋落物及土壤有机碳分解(decomposition)、土壤有机碳及团聚体(aggregate)稳定性(stability)、土壤微生物学群落[细菌(microbial)和真菌(fungi)]特征等。以上关键词说明,**不同类型生态系统土壤肥力与养分循环特征,生态系统碳汇功能及其在减缓气候变化和保护区域环境中的作用受到越来越多的关注**。

(3) 2006~2008 年

表 12-1 显示,继上一时段以来,不同类型生态系统养分循环特征与微生物学机制,生态系统碳汇功能及其养分循环在减缓气候变化和保护区域环境中的作用持续受到关注。此外,2006~2008 年时段新出现了关键词黑炭/生物质炭(black carbon/biochar),**表明生物质炭作为养分资源循环利用的一种方式,其在促进农业可持续及减缓气候变化中的作用成为土壤肥力与土壤养分循环领域的研究热点**。同时,这一时段还出现了硝化作用(nitrification)及其产物氧化亚氮(nitrous oxide)温室气体等关键词,表明养分循环与气候变化的关联性研究内容更加丰富。除了长期定位试验的主要研究手段外,模型(model)研究成为这一领域的重要研究方法。这一阶

段的关键词表明，养分资源循环利用在提高土壤肥力、减缓区域和全球环境问题中的作用日益受到重视，**长期定位试验与模型研究成为养分循环研究领域的主要研究手段**。

（4）2009～2011 年

由表 12-1 可知，2009～2011 年时段土壤养分循环热点研究方向更加注重生态系统（ecosystem）循环过程，如凋落物分解（decomposition）和参与循环过程的活性组分[如可溶性有机碳（DOC）]。由此可见，随着时间的推移，对土壤养分循环的研究越来越注重尺度的拓展和内容的细化。

（5）2012～2014 年

随着土壤微生物分子分析技术的发展，2012～2014 年时段新出现了细菌（bacterial）、真菌（fungi）、多样性（diversity）等关键词，表明与生态系统生产力、区域和全球环境问题紧密关联的**土壤碳氮循环的微生物生态学驱动机制成为本阶段研究的热点**。

综合 2000～2014 年高频关键词分布情况，土壤肥力与土壤养分循环领域的国际研究热点总体呈现以下特征：**研究对象**上主要集中于森林、草地和农田土壤；**研究手段**上主要以同位素示踪技术、微生物分子技术、长期定位试验与模型模拟手段相结合；**研究内容**上更加关注生态系统生产力与可持续性、区域环境与全球变化问题；**研究尺度**上更加向土壤微生物生态学分子机制等微观尺度和生态系统碳氮循环的模型模拟等宏观尺度拓展，微观更"微"，宏观更"宏"。

12.2.2　近 15 年国际该领域研究取得的主要学术成就

图 12-1 表明近 15 年国际上土壤肥力与土壤养分循环研究的核心方向主要包括养分管理与土壤肥力、养分循环与作物生产、养分流失与区域环境、土壤有机碳与气候变化以及甲烷与氧化亚氮温室气体 5 个方面。高频关键词组合特征反映的热点问题主要包括土壤养分循环与生态系统生产力、区域和全球环境、温室气体排放以及养分循环的土壤微生物学机制（表 12-1）。针对以上 5 个核心方向及热点问题展开了大量研究，取得的主要成就包括：**土壤肥力与生产力功能、养分管理与农业可持续、土壤养分循环的微生物学机制、土壤养分流失与区域环境、土壤有机碳与气候变化、土壤甲烷与氧化亚氮温室气体**等方面。

（1）土壤肥力与生产力功能

土壤的生产力功能是土壤六大基本功能之一。土壤肥力是土壤从营养条件和环境条件方面，供应和协调植物生长的能力，是土壤物理、化学和生物学性质的综合反映（Mueller et al., 2010: 601～614）。土壤有机质是土壤肥力的核心指标，因此，土壤有机质固持、周转及养分释放对植物生长的影响决定了生态系统可持续和高生产力（Tiessen, 1994: 783～785; Tilman, 1999: 5995～6000; Craswell and Lefroy, 2001: 7～18）。国际著名土壤学家 Lal（2004: 1623～1627）提出土壤有机质的提升不但通过土壤固碳减排而有利于减缓气候变化，而且有利于保持全球耕地生产力的观点。加拿大著名土壤与农学家 Carter（2002: 38～47）总结该国自 20 世纪 80 年代以来农业土壤质量项目成果时，提出有机质结构稳定性是可持续性的标志性特征，并提出了农业有机质临界值和有机质质量指标化的问题。

土壤有机质是以碳氮为主的土壤有机组成分，其化学组成和结构高度复杂，性质和功能高度多样化。虽然通常只占土壤的5%以下，但是在土壤中发挥着多样化的生态服务功能（Janzen，2006：419~424）。关于土壤有机质作用的土壤学研究经过了腐殖质矿化学说、腐殖质—矿质复合作用学说和团聚体—土壤肥力学说等几个发展阶段。最近10多年来，通过土壤分组技术和分子生物学技术的团聚体层面的有机质转化和稳定中物理—化学—微生物相互作用研究（Kandeler et al.，2002：301~312），提出了不同生境中有机质与土壤生物区系及活性的协同演替和稳定的关系问题（Butler et al.，2003：6793~6800），而这种关系构成有机质与农业土壤生产力关系的重要基础。也有学者从溶解态有机质等形态讨论其对土—水系统元素移动性的影响，从活性有机质及其不同组分分配讨论土壤结构发育及稳定性的生物物理机制（Zhang et al.，2006：660~667），从分子化学结构转化讨论有机质化学稳定性及固碳意义（Piccolo et al.，2003：255~259；Leinweber et al.，2008：1496~1505），从有机质的氧化性分配讨论农业管理效应，以及从团聚体的物理保护、化学转化和微生物稳定等角度讨论有机质碳固定机制（Blanco-Canqui and Lal，2004：481~504），如基于稳定同位素探针技术（RNA/DNA-SIP）研究土壤微生物演替对土壤有机质和氮素转化的影响，土壤食物网结构与功能及其在土壤有机质转化中的接力作用与机制，不同生物对集约化耕作措施的响应及其对土壤有机质的影响，不同作物凋落物及根系分泌物驱动下的有机质转化特点以及作物种类对土壤微生物的选择作用（de Boer et al.，2006：3~6）。

因此，土壤的生产力功能作用并不决定于数量很少的有机质的物质作用本身，而主要决定于有机质主导的、通过有机质—矿物质—微生物的交互作用而形成有机质与生物协调稳定的土壤基本功能性结构。土壤有机质的数量可能主要影响土壤刚性性质（结构与紧密度、抗蚀性、持水性等），而有机质通过土壤团聚体作用才进一步影响土壤水—肥—气—热调蓄与生物活性的维护和调节。因此，有机质的数量—质量—功能关系决定有机质生产力功能，而有机质主导的功能性结构发育与作用可能是土壤生产力功能的实质。有机质主导的功能性结构的形成、发育过程与特点，不同农业利用、气候和管理下土壤功能性结构对于养分—水分和生物活性的协调供应机制，构成生产力功能机制的科学核心。

土壤肥力的演变是一个长时间尺度的变化过程，短期试验还不足以准确回答土壤肥力持续性问题（Rasmussen et al.，1998：893~896）。为此，欧美等发达国家相继建立了长期定位试验，研究土壤肥力的演变规律和影响机制。目前世界上50年以上历史的长期定位试验站约有20多个（Rasmussen et al.，1998：893~896）。其中，最著名的包括英国洛桑试验站的长期试验（1843年），美国的Morrow（1876年）和Sanborn（1888年），丹麦的Askol（1894年），德国的Eternal Rye（1878年）和Static Fertilizer（1902年），澳大利亚的Rutherglen（1913年），Longerenong（1917年）和Waite（1925年），波兰的Skierniewice（1923年），加拿大的Lethbridge（1911年）和Breton（1930年）等。国际上有大量基于长期试验的研究，它们主要阐述了农田土壤肥力的长期变化趋势及其与环境之间的相互作用，分析了不同管理模式的影响，建立了休闲种植农业和有机物还田的土壤肥力培育模式。在发展中国家，土地利用方式及强度与欧美不同，长期试验依然是回答高度集约化农田肥力演变规律和调控对策的基础（Rasmussen et al.，1998：893~896；张福锁等，2006：300~329）。

（2）养分管理与农业可持续

土壤是作物生产的基础，作物产量潜力和水肥调控作用的持续稳定发挥依赖于良好的土壤条件。未来全球主要禾谷类作物实现增产潜力的主要途径之一是提高土壤质量（Cassman，1999：5952~5959；Tilman et al.，2002：671~677；Richter et al.，2007：266~279）。Matson 等（1997：504~508）提出了"集约化可持续农业"概念；Tilman（1999：5995~6000）指出必须更有效地利用农田养分以降低农业对环境的负效应；Swaminathan（2000：85~89）提出了"Evergreen Revolution"，主张适度增加外部投入，改善农田生产效率，同时增强农业可持续性、降低环境成本；Cassman 等则提出了农业的"生态集约化"，主张通过土壤质量的改善、水肥资源调控以及综合管理途径来挖掘作物的产量潜力，同时达到保护生态环境的目标（Cassman，1999：5952~5959；Cassman et al.，2003：315~358）。然而，如何在大面积实现增产的同时大幅度提高资源效率目前仍然还没有很好的模式。因此，同时实现作物产量持续提高与资源高效利用是当前国际上农业可持续发展的研究热点，是人类面临的最大的科学挑战之一（Tilman et al.，2002：671~677；Cassman et al.，2003：315~358）。Drinkwater 和 Snapp（2007：163~186）指出，在全球范围内，作物系统对氮、碳利用效率不高的原因之一在于土壤碳与氮磷的循环过程没有有效耦合。此外，以土壤有机质管理为核心的土壤资源高效利用机制研究引起了广泛关注（Carter，2002：38~47；Lal，2004：481~504，2007：1425~1437）。

国际上围绕氮素损失阻控与高效利用主要开展了 3 个方面的研究。一是定量评价农田化肥氮去向及影响因素，并在此基础上发展氮肥推荐方法；二是挖掘作物氮素高效利用的生物学潜力，发展氮高效品种，并阐明作物高效利用氮素的机制，如克隆了与硝态氮吸收有关的 NRT 基因以及与铵转运有关的 AMT 基因；三是研制缓/控释氮肥等新型肥料。无机氮肥施入土壤中的主要转化过程包括植物吸收、氨挥发、反硝化、氮淋溶和径流损失，其中氨挥发是铵态氮肥进入农田后的主要损失途径之一。有研究表明，^{15}N 标记的硝态氮肥施用 30 年后，61%~65%的氮素被植物吸收，8%~12%进入到水体，仍然有 12%~15%残留在土壤有机质中（Schlesinger，2009：203~208；Sebilo et al.，2013：18185~18189）。

在农田和区域水平上，国际上多采用模型（如 DNDC 模型、DSSAT 模型等）研究土壤—作物体系养分循环过程，并用于环境风险评价，目前我国在该方面的研究基础薄弱。关于养分资源高效利用方面，国际上越来越多的研究从保护环境角度关注养分利用率的提高。如在传统测土施肥基础上发展了基于作物光谱进行营养诊断施肥。田块尺度养分协同优化方面，国际水稻所主要通过实地养分管理系统（site-specific nutrient management）和氮素实时诊断管理系统（season-based real-time N management）的研究，实现养分的优化管理；国际植物营养研究所（IPNI）目前在印度、菲律宾、中国等亚洲一些以小农户为主要经营单元的国家和地区开展了基于作物产量反应和农学效率的小麦及玉米养分管理、推荐施肥方法研究。

（3）土壤养分循环的微生物学机制

微生物区系是土壤有机质和养分转化的主要驱动者。Liebich 等（2006：1688～1691）报道土壤微生物多样性降低导致了土壤有机质腐殖化过程的显著降低，土壤微生物区系在土壤有机质积累过程的作用大多处于描述状态，其组成特征和功能意义尚无准确的定量表征方法。Charlop-Powers 等（2014：3757～3762）利用高通量测序土壤关键酶基因的多样性，发现不同土壤类型决定微生物多样性，并极可能影响了土壤有机质转化及其次生代谢的数量与组成。

现代分子生物技术为有机质转化及其次生代谢的数量与组成研究提供了新途径。传统方法表明秸秆降解过程中白腐真菌能够降解纤维素，而采用先进的分子生态学技术，通过稳定性同位素示踪土壤微生物核酸 DNA 技术表明厚壁菌、拟杆菌和 Gamma 变形菌等好氧微生物发挥了重要作用（Li et al.，2009：889～904）。Placella 等（2012：10931～10936）利用高通量的基因芯片 Phylochip 技术研究表明，美国加州两种土壤经过严酷干旱后，在降雨湿润过程中土壤微生物类群的反应可分为快速反应型、中间反应型和反应迟缓型三大类。然而，研究者迄今尚未能准确解析在不同环境条件下有机质转化的主要微生物类群及其功能意义，以及中间代谢产物组成与数量变化规律。

土壤有机物的腐殖化过程主要由土壤胞外酶催化完成。目前，蛋白组学已经被用于解析与有机质转化相关的土壤酶促过程。2010 年开发的 SDS-TCA 法是目前为止最有效的土壤微生物蛋白质提取方法，2D-nano-LC/MS/MS 技术和 IMG 农业土壤宏基因组数据库平台已成功用于土壤酶蛋白鉴定研究（Chourey et al.，2010：6615～6622）。但是，将土壤酶蛋白研究技术用于揭示土壤有机质转化和养分元素循环、微生物功能和代谢等方面鲜有报道。因此，通过构建土壤酶蛋白基础数据库，挖掘与土壤有机质转化，尤其是与旱地土壤有机物腐殖化相关的关键酶蛋白，具有重大的科学和实践意义（Brakhage，2013：21～32）。

最近 10 多年对土壤氮素循环过程的土壤微生物学机制研究主要集中于生物固氮、硝化和反硝化过程的功能基因研究。固氮微生物对于提升稻田氮素肥力起着至关重要的作用，有研究表明，稻田自生固氮为 30～45kg/ha（Herridge，2008：1～18）。随着水稻种植年限的增加和化学氮肥的施用，$nifH$ 基因丰度明显降低，而随着有机肥施肥的年限增加，显著增加（Orr，2011：911～919）。稻田硝化—反硝化作用交替进行，该过程中氮素气态损失是稻田土壤氮肥利用率低的主要途径（Hamonts et al.，2013：568～584）。参与硝化过程的微生物主要有氨氧化细菌（AOA）、氨氧化古菌（AOB）和亚硝酸盐氧化菌（Prosser and Nicol，2008：2931～2941）。近年来，主要研究了氨氧化过程中氨单加氧酶基因（$amoA$）丰度及施肥的影响（Jia and Conrad，2009：1658～1671），而对氮肥利用效率低的关键微生物机制还很不清楚，对减少氮素损失、提高氮肥利用率缺乏针对功能微生物的有效调控措施。

近年来对驱动土壤反硝化作用的微生物及其功能受到较广泛关注。针对参与反硝化过程的功能基因，目前大部分研究集中在 DNA 水平上探讨环境因子和农业管理措施等对硝酸还原酶基因（*narG*）、亚硝酸还原酶基因（*nirK/nirS*）、氧化亚氮还原酶基因（*nosZ*）的组成结构和丰度的影响（Jia and Conrad，2009：1658～1671）。反硝化基因组成和丰度都明显受到不同施肥模式的影响，具有相同功能的反硝化基因 *nirK* 种群对施肥的响应敏感，而 *nirS* 种群则相对稳定（Yuan et al.，2012：113～122）。目前亟须阐明土壤硝化和反硝化微生物的协同—消长效应及其功能意义。

此外，近 15 年来，国际学者围绕土壤养分流失与区域环境、土壤有机碳与气候变化、土壤甲烷与氧化亚氮温室气体等土壤养分循环研究的热点问题开展了大量研究，取得了重要进展和成果，详细内容见第 14 章"土壤碳、氮、磷循环及其环境效应"14.2.2 节相关内容。

12.3 中国"土壤肥力与土壤养分循环"研究特点及学术贡献

中国土壤肥力与土壤养分循环研究起步于 20 世纪 30 年代，从 1935 年开始，我国就进行了全国性、大规模的化肥肥效田间试验，1938 年发表了我国主要土壤固铵能力的研究报告（朱兆良，2008：778～783）。20 世纪 40～50 年代，金陵大学、中山大学、中科院南京土壤所等单位相继建立了田间施肥试验小区，开始了我国土壤肥力与作物生产的长期系统定量研究（裴保义和黄宗道，1950：91～94；茹皆耀，1952：43～45；黄东迈和张伯森，1957：223～232）。20 世纪 50～60 年代，我国土壤与肥料学家开始重视土壤肥力普查和调查工作（熊毅等，1980：101～120）。20 世纪 70～80 年代进行的全国第二次土壤普查工作是我国土壤肥力研究历史上规模最大的一次行动，为我国土壤肥力与土壤养分循环研究积累了宝贵资料，奠定了重要的科学基础。1974 年，我国学者开始利用 ^{15}N 示踪技术研究化肥氮在土壤中的去向。1980 年以后，这种研究逐步扩大到主要农区的主要农作物和主要氮肥品种，并涉及不同损失途径的定量评价（朱兆良，2008：778～783）。20 世纪 70～80 年代，我国农田土壤磷、钾和微量元素研究也得到了重视（张福锁等，2006：300～329，2007：175～181；Zhang et al.，2012a：1～40）。20 世纪 90 年代以来，化肥施用造成的生态环境问题日益突出，我国学者开始关注土壤养分循环与区域和全球环境效应研究，成为国际土壤肥力与土壤养分循环研究领域的一支重要力量。

12.3.1 近 15 年中国该领域研究的国际地位

通过分析不同国家和地区在该领域发表 SCI 论文情况，可以看出各个国家和地区的研究在世界上所处的地位和影响程度。表 12-2 显示 2000～2014 年土壤肥力与土壤养分循环研究领域 SCI 论文数量、SCI 论文篇均被引次数和高被引论文数量 TOP20 国家和地区。从表 12-2 可以看出，近 15 年不同国家和地区在土壤肥力与土壤养分循环研究领域都取得了进展。近 15 年 SCI 论文发表总量 TOP20 国家和地区共计发表论文 38 976 篇，占所有国家和地区发文总量的 85.0%（表 12-2）。20 个国家和地区总体发表 SCI 论文情况随时间的变化表现为：2003～2005 年、2006～

第 12 章 土壤肥力与土壤养分循环 411

表 12-2 2000~2014 年"土壤肥力与土壤养分循环"领域发表 SCI 论文数及被引频次 TOP20 国家和地区

排序[1]		SCI 论文数量（篇）					国家（地区）	SCI 论文篇均被引次数（次/篇）					国家（地区）	高被引 SCI 论文数量（篇）				
	国家（地区）	2000~2014	2000~2002	2003~2005	2006~2008	2009~2011	2012~2014		2000~2014	2000~2002	2003~2005	2006~2008	2009~2011	2012~2014		2000~2014	2000~2002	2003~2005	2006~2008	2009~2011	2012~2014
	世界	45 873	5 150	6 616	9 033	11 099	13 975	世界	18.0	38.5	31.6	22.6	13.8	4.2	世界	2 293	257	330	451	554	698
1	美国	11 116	1 672	2 008	2 429	2 334	2 673	英国	28.4	44.7	41.9	32.0	23.4	7.3	美国	985	148	155	179	169	213
2	中国	4 847	104	323	656	1 320	2 444	荷兰	26.7	40.8	40.2	31.6	27.9	6.5	英国	197	19	30	31	52	48
3	加拿大	2 498	354	418	524	599	603	瑞士	26.7	40.2	48.6	34.4	28.1	5.0	德国	164	19	29	27	42	53
4	德国	2 484	352	382	512	565	673	美国	26.5	53.0	40.4	28.2	17.8	5.6	澳大利亚	129	10	18	25	36	43
5	印度	2 224	245	293	408	480	798	德国	23.1	43.4	38.0	26.6	18.1	5.6	加拿大	110	8	12	25	23	28
6	澳大利亚	1 912	264	307	361	427	553	丹麦	22.8	52.8	33.4	26.0	15.6	5.6	法国	96	10	15	27	21	22
7	英国	1 867	331	341	349	404	442	菲律宾	22.7	39.0	32.5	23.0	13.4	7.4	中国	82	2	5	23	48	80
8	巴西	1 824	92	199	344	532	657	法国	22.1	44.4	40.5	27.5	16.6	5.1	荷兰	76	5	8	16	27	17
9	西班牙	1 651	121	197	355	418	560	瑞典	21.3	33.4	31.9	26.0	19.7	5.7	西班牙	54	4	9	16	14	33
10	法国	1 385	163	199	281	333	409	澳大利亚	21.2	35.4	36.5	25.0	18.3	5.9	丹麦	48	6	5	8	7	15
11	日本	1 199	137	233	244	278	307	新西兰	20.9	34.3	29.5	23.7	17.2	6.1	瑞典	47	2	9	10	14	16
12	意大利	933	61	92	187	269	324	奥地利	20.5	32.5	27.5	31.6	21.4	5.9	印度	37	2	7	7	5	16
13	瑞典	847	110	160	170	177	230	比利时	20.0	42.8	33.2	25.2	15.9	4.8	瑞士	37	3	6	9	15	8
14	荷兰	827	123	129	178	172	225	芬兰	17.7	30.0	25.3	20.2	13.5	4.3	新西兰	36	5	4	5	11	20
15	丹麦	668	87	124	128	133	196	挪威	17.2	33.2	21.9	18.9	10.2	4.8	意大利	28	2	4	7	7	18
16	新西兰	643	120	116	116	127	164	加拿大	17.1	30.5	25.8	21.5	12.2	4.3	比利时	24	2	4	6	7	9
17	瑞士	542	63	73	108	137	161	西班牙	16.4	34.6	31.8	23.0	13.8	5.0	巴西	23	2	2	3	7	1
18	伊朗	518	9	21	68	204	216	以色列	15.9	29.4	28.6	15.2	13.5	3.3	芬兰	20	2	2	2	3	4
19	芬兰	513	87	102	97	107	120	津巴布韦	15.2	23.0	24.0	20.6	11.3	6.6	日本	19	2	1	5	6	4
20	比利时	478	52	68	101	115	142	中国(32)[2]	10.5 (32)	28.7 (25)	23.4 (24)	22.2 (17)	12.9 (19)	3.5 (23)	奥地利	12	2	0	2	7	4

注：[1] 按 2000~2014 年 SCI 论文数量、篇均被引次数、高被引论文数量排序；[2] 括号内数字是中国相关时段排名。

2008年、2009~2011年和2012~2014年发文量分别是2000~2002年的1.3倍、1.8倍、2.2倍和2.7倍，表明国际上对于土壤肥力与土壤养分循环研究呈现出快速增长的态势。从不同的国家和地区来看，近15年SCI论文发文数量居前两位的国家是美国和中国，分别发表11 116篇和4 847篇；排在第3、4位的分别是加拿大和德国，发文量接近2 500篇；印度、澳大利亚、英国和巴西的发文量在2 000篇左右，分别位列第5~8位（表12-2）。过去15年中，美国在土壤肥力与土壤养分循环研究领域的发文量一直占据领先地位，中国在该领域的活力不断增强，增长速度最快，从2000~2002年时段的全球第13位，上升至2012~2014年时段的第2位，略低于美国。

从不同国家SCI论文篇均被引次数和高被引论文数量的变化，可以看出各个国家研究成果的影响程度和被世界同行认可的程度。从表12-2可以看出，近15年土壤肥力与土壤养分循环领域全世界SCI论文篇均引用次数为18.0次，在2000~2002年、2003~2005年、2006~2008年、2009~2011年和2012~2014年不同时段分别为38.5次、31.6次、22.6次、13.8次和4.2次。近15年SCI论文篇均被引总次数居全球前6位的国家依次是英国、荷兰、瑞士、美国、德国和丹麦，这些国家在各个时段SCI论文篇均被引次数均高于全世界SCI论文篇均被引次数，表明上述国家在土壤肥力与土壤养分循环领域研究成果的整体影响力较强（表12-2）。近15年中国学者SCI论文篇均被引次数仅为10.5次，列全球第32位，明显低于世界平均水平，表明中国学者在土壤肥力与土壤养分循环领域研究成果的整体影响力有待进一步提升。从近15年土壤肥力与土壤养分循环领域的高被引论文数量来看，全世界SCI高被引论文总量为2 293篇，其中2000~2002年、2003~2005年、2006~2008年、2009~2011年和2012~2014年各时段不断增加，分别为257篇、330篇、451篇、554篇和698篇。近15年高被引论文数量最多的国家是美国，共计985篇，远高于其他国家。同时，在各子时段内，美国的高被引论文数量也是世界上最多的国家。近15年高被引论文数量排名第2、第3的国家分别是英国和德国，在150篇以上。近15年中国在该领域高被引论文总量为82篇，排名第7，与美国、英国、德国还存在较大差距。但是，从近15年中国学者高被引论文数量发展趋势来看，2000~2002年、2003~2005年、2006~2008年、2009~2011年和2012~2014年高被引SCI论文数量分别是2篇、5篇、23篇、48篇和80篇，增长速度最快。2009~2011年时段中国高被引SCI论文数量已超过德国，2012~2014年已超过英国，跃升至全球第2位，仅次于美国（表12-2）。综上，**虽然中国在国际土壤肥力与土壤养分循环研究领域的整体影响力有待提升，但活力和影响力呈现快速上升态势，越来越多的高水平研究成果受到了国际同行的关注。**

论文关键词的词频在一定程度上反映了研究领域的热点。热点关键词的时序变化可以反映近15年来土壤肥力与土壤养分循环领域研究热点的演化。图12-2显示了2000~2014年土壤肥力与土壤养分循环领域SCI期刊中外高频关键词对比及时序变化。从图12-2左边热点关键词上标注的词频数及关键词下面标注的百分比可以看出，随时间演进，全球作者在土壤肥力与土壤养分循环领域发表的SCI文章数量明显增加，关键词词频总数不断提高，前15位关键词词频总数均大于90次。从图12-2中各时段圆圈的大小可知，土壤氮（N/nitrogen）、磷（P/phosphorus）

和土壤有机质（SOM）在各时段的关注度均较高。在 2000～2002 年和 2003～2005 年时段关注度最低的关键词分别是气候变化（climate change）和二氧化碳（CO_2），表明该时段土壤肥力与土壤养分循环领域开始关注气候变化问题；在 2006～2008 年和 2009～2011 年时段关注度最低的关键词是分解（decomposition），该时段开始关注土壤有机碳周转的微观过程和机制；在 2012～2014 年时段关注度最低的关键词是水体（water），表明区域环境问题在土壤肥力与土壤养分循环领域得到重视。由图 12-2 右边热点关键词上标注的词频数及关键词下面标注的百分比可知，中国作者发表 SCI 文章数量随时间演进明显增加，关键词词频总数不断提高，但明显低于全球作者关键词词频。词频总数排在前 5 位的关键词，分别是土壤有机碳（SOC）、氮（N/nitrogen）、产量（yield）、氧化亚氮（nitrous oxide）和磷（P/phosphorus）。土壤碳汇（soil carbon sequestration）、土壤呼吸（soil respiration）和土壤微生物生物量（soil microbial biomass）是 2003 年以后才开始关注的热点关键词，表明自 2003 年以来土壤固碳及其微生物学机制一直是中国学者研究的热点。

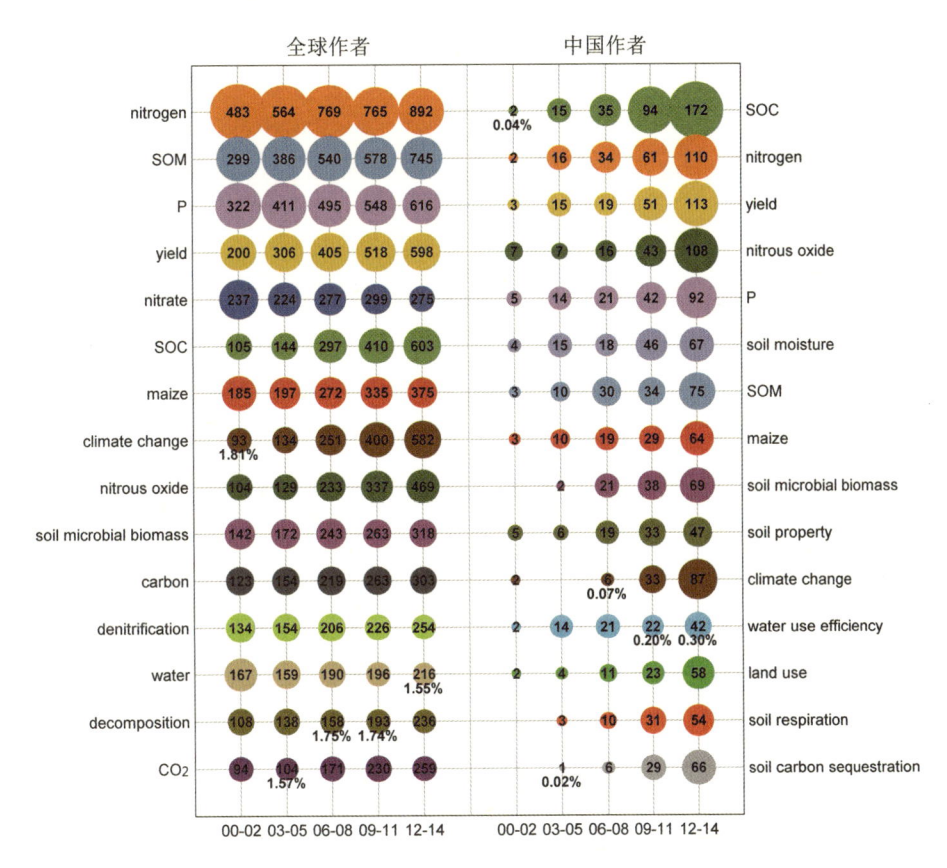

图 12-2 2000～2014 年"土壤肥力与土壤养分循环"领域 SCI 期刊
全球及中国作者发表论文高频关键词对比

从图 12-2 可以看出：2000～2014 年中国与全球学者发表 SCI 文章高频关键词总频次均最高的是土壤有机质/土壤有机碳（SOM/SOC）、氮（N/nitrogen）、磷（P/phosphorus）、产量（yield）和玉米（maize）；总频次最高的前 15 位关键词中，中国与全球学者发表 SCI 文章均出现的关键词还有：气候变化（climate change）、土壤微生物量（soil microbial biomass）、氧化亚氮（nitrous oxide）和土壤碳库（carbon/soil carbon sequestration）（图12-2），这反映了国内外近15年土壤土壤肥力与土壤养分循环领域的研究热点是土壤养分循环与作物产量、土壤养分循环与区域环境以及养分循环与气候变化等方向。

除上述关键词外，从图12-2可以看出，全球学者发表SCI文章高频热点关键词还有硝态氮（nitrate）、水体（water）和反硝化（denitrification），这说明该领域国际研究热点还包括土壤养分循环过程与水体环境质量的关系；与全球学者所关注的热点领域不同，中国学者发表SCI论文采用的高频关键词有土壤性质（soil property）、土地利用（land use）、土壤水分（soil moisture）和水分利用率（water use efficiency），这说明**中国学者更加关注如何提高我国农业土壤地力、水分和养分资源利用效率等农业生产中迫切需要解决的问题**。从图12-2中关键词自身增长速度来看，土壤有机质/土壤有机碳（SOC/SOM）、氮（N/nitrogen）、磷（P/phosphorus）、硝态氮（nitrate）和产量（yield）在全球学者发表的SCI论文中多年来一直保持高频，这表明**土壤养分有效性对产量的影响等科学问题持续受到国内外学者的关注**，在过去15年中，关键词气候变化（climate change）、氧化亚氮（nitrous oxide）、土壤有机碳（SOC/SOM）、二氧化碳/碳（CO_2/carbon）等的稳定、快速增加，说明**土壤养分循环与全球变化研究的联系越来越紧密，受到前所未有的重视**。

12.3.2　近15年中国该领域研究特色及关注热点

利用土壤肥力与土壤养分循环相关的中文关键词制定中文检索式，即：(SU= '土壤' or SU= '稻田' or SU= '农田' or SU= '旱地') and (SU= '有机质' or SU= '有机碳' or SU= '氮' or SU= '磷' or SU= '钾' or SU= '土壤肥力' or SU= '土壤培肥') and (SU= '肥料' or SU= '有机肥' or SU= '化肥' or SU= '碳循环' or SU= '氮循环' or SU= '矿化' or SU= '硝化' or SU= '反硝化' or SU= '氨挥发' or SU= '有机质分解' or SU= '土壤呼吸' or SU= '径流' or SU= '淋溶' or SU= '产量')。从CNKI中检索2000～2014年本领域的中文CSCD核心期刊文献数据源。图12-3为2000～2014年土壤肥力与土壤养分循环领域CSCD期刊论文关键词共现关系图，可大致分为5个相对独立的研究聚类圈，在一定程度上反映了近15年中国土壤肥力与土壤养分循环研究的核心方向，主要包括：**土壤肥力与养分有效性、施肥与养分管理、土壤碳氮循环的微生物学机制、养分流失与面源污染、碳氮循环与全球变化** 5个方面。其中两个聚类圈关注养分循环服务于农业生产，两个聚类圈关注养分循环与区域和全球环境问题，另一个聚类圈关注养分循环的土壤微生物生态学机制。从聚类圈中出现的关键词，可以看出近15年土壤肥力与土壤养分循环研究的主要热点问题如下。

（1）土壤肥力与养分有效性

文献关键词聚类图12-3聚类圈中出现的主要关键词有土壤肥力、土壤养分、有效性、氮磷、土壤性质、理化性质、长期施肥、土壤质量、土壤结构、旱地、水稻、小麦—玉米轮作、设施菜地、绿肥、团聚体等。上述关键词反映了**土壤肥力与养分有效性对作物产量的影响，是近15**

第12章 土壤肥力与土壤养分循环 415

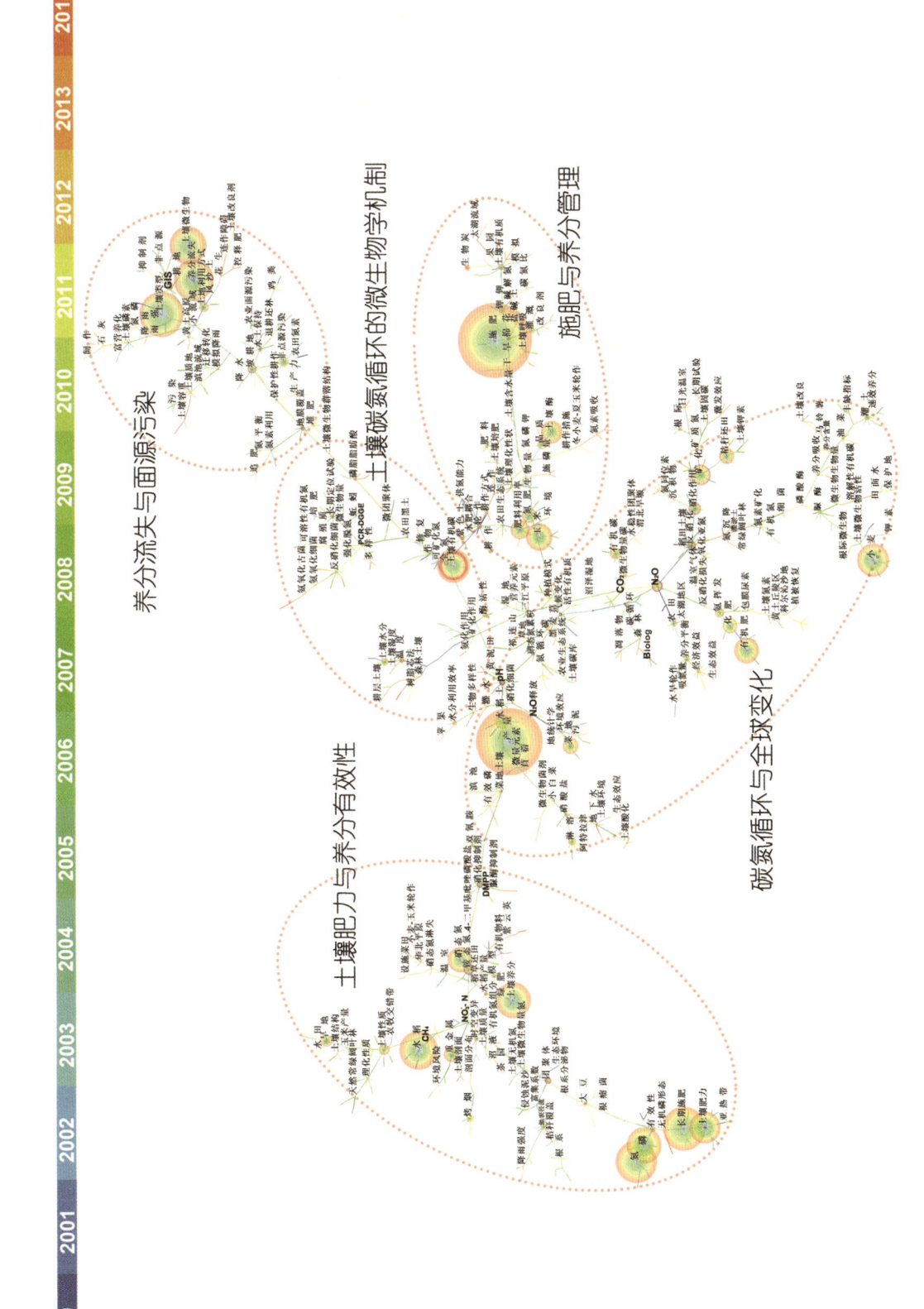

图 12-3 2000~2014 年 "土壤肥力与土壤养分循环" 领域 CSCD 期刊论文关键词共现关系

年中国学者关注的热点之一,并在养分土壤剖面分布和养分流失过程等方面进行了深入研究。同时,还对抑制剂施用和秸秆还田对土壤养分有效性的影响进行了探讨。

(2)施肥与养分管理

该聚类圈中出现的主要关键词有氮肥、氮磷钾、施肥、肥料利用率、水肥耦合、土壤培肥、肥料、供氮能力、施磷量、钾、土壤有机质、玉米、冬小麦—夏玉米轮作、棉花、果园、农田生态系统、太湖流域等(图12-3)。聚类圈中出现的这些关键词反映出,我国学者十分重视**不同地区和典型农田生态系统土壤培肥与养分管理**。同时,聚类圈中还出现了耕作、耕作方式、轮作、连作、耕作措施、改良剂、生物炭等关键词,表明在重视养分管理的同时,不同耕作方式及改良剂施用对土壤肥力与养分的影响也得到了高度重视。

(3)土壤碳氮循环的微生物学机制

从图12-3可以看出,随着土壤微生物现代分子分析技术的发展,土壤碳氮循环的微生物学机制成为研究重点。聚类圈中出现了土壤有机碳、全氮、可矿化氮、酶活性、土壤微生物群落结构、多样性、氨氧化古菌、氨氧化细菌、反硝化细菌、PCR-DGGE、长期定位试验等关键词。上述关键词反映出,**依托于长期定位试验平台,以 PCR-DGGE 为代表的土壤微生物现代分子分析技术为主要研究手段,定量研究土壤碳氮循环的微生物群落结构、多样性以及功能基因丰度已成为揭示土壤碳氮循环过程机制的主要研究热点之一**。

(4)养分流失与面源污染

文献关键词共现关系图12-3聚类圈中出现的主要关键词有养分流失、非点源污染、富营养化、小流域、地理信息系统(GIS)、坡耕地、滇池流域、降雨、雨强、降水、水土保持、农田氮素、氮磷、迁移转化、污染、非点源、农业面源污染等。上述关键词的组合可以看出**农田养分流失导致的流域农业面源污染问题是该领域的研究热点**。

(5)碳氮循环与全球变化

近年来,随着全球变化加剧,我国集约化农田养分高投入所导致的温室气体排放受到了国际社会广泛关注,因此**碳氮循环与全球变化成为该领域的研究热点**(图12-3)。聚类圈中出现的相关关键词包括碳循环、二氧化碳(CO_2)、氧化亚氮(N_2O)、温室气体、硝化作用、反硝化、氨挥发、有机碳、土壤固碳、反硝化损失、氮沉降等,依托森林生态系统和水旱轮作农田长期定位试验,采用同位素示踪、Biolog 等技术,揭示土壤有机碳周转、CO_2 和 N_2O 产生与排放过程的微生物学驱动机制成为重要研究内容。同时研究者更加关注对典型生态系统经济效益、生态效益和环境效益的综合评估。

分析中国学者 SCI 论文关键词聚类图,可以看出中国学者在土壤肥力与土壤养分循环的国际研究中步入世界前沿的研究方向。2000~2014 年中国学者 SCI 论文关键词共现关系图(图12-4)可以大致分为5个研究聚类圈,分别为**土壤养分与作物生产、土壤碳氮循环的微生物学机制、土壤有机碳与气候变化、养分管理与环境效应以及生物质炭与温室气体**。根据图12-4聚类圈中出现的关键词,可以看出以下5点。①**土壤养分与作物生产**方向主要围绕水稻(rice)、小麦（wheat）、玉米（maize）我国三大粮食作物系统（cropping system），重点研究土壤养分（soil nutrient）的释放（desorption）和作物对土壤养分的吸收（adsorption）利用规律，以及施肥（fertilization）和耕作措施对土壤特性和养分运移的影响规律。②**土壤碳氮循环的微生物学机制**聚类圈中出现的主要关键词有土壤碳（carbon）、土壤氮（nitrogen）、土壤有机碳（SOC）、微生物群落结构（microbial community，microbial community structure，community structure，bacterial community）及其多样性（diversity）、微生物活性（microbial activity）、土壤细菌（soil bacterial）及其功能微生物氨氧化细菌（AOB）和氨氧化古菌（AOA）等（图12-4）。其中，重点关注施肥（compost，N fertilizer）对土壤养分在作物根际积累（accumulation）以及养分被作物吸收利用（nutrient uptake）的根际（rhizosphere）土壤微生物学机制。③**土壤有机碳与气候变**

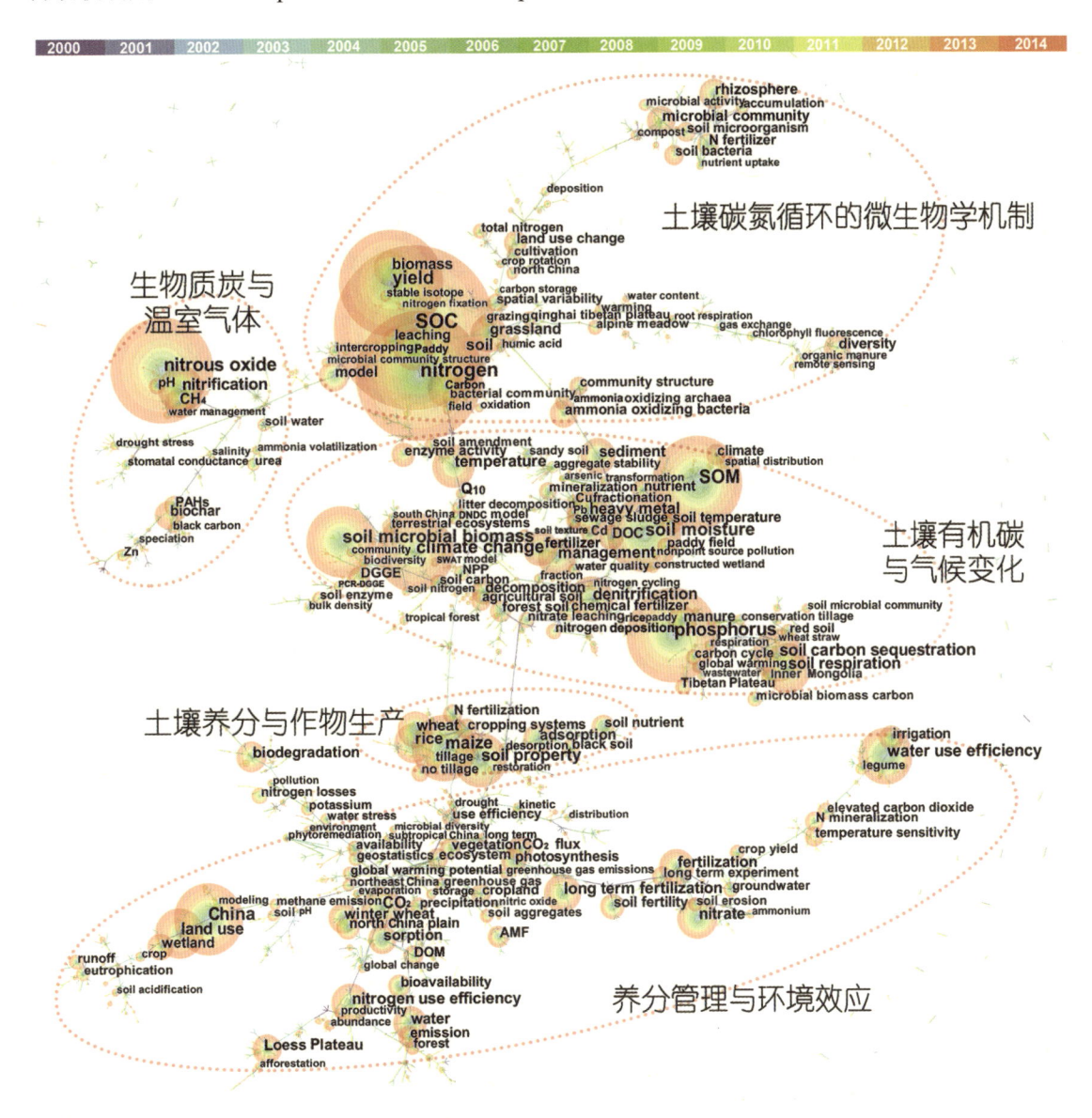

图 12-4　2000～2014 年"土壤肥力与土壤养分循环"领域中国作者 SCI 期刊论文关键词共现关系

化主要关注土壤有机碳及其组分对气候变化（climate change）如温度（temperature）升高、全球变暖（global warming）等的响应与反馈过程，以及土壤磷素（phosphorus）流失导致的水体富营养化（water quality，non-point pollution）环境问题，重点关注森林（forest）和农业土壤（agricultural soils）的土壤有机碳/质（SOM/SOC）、稳定性（stability）、分解过程（decomposition，soil respiration）、活性组分可溶性有机碳（DOC）和微生物量碳（soil microbial biomass，microbial biomass carbon）、土壤固碳（soil carbon sequestration）等碳循环过程，主要以土壤微生物学分子技术（PCR-DGGE，DGGE）揭示土壤碳循环对气候变化响应与反馈的微生物群落特征（community biodiversity，soil microbial community）的微观机制与生态系统的模型模拟（如DNDC模型、SWAT模型）相结合。另外，青藏高原（Tibetan Plateau）、内蒙古（Inner Mongolia）和华南（south China）地区成为我国土壤有机碳与气候变化研究的热点地区。④**养分管理与环境效应**重点关注长期施肥（long term fertilization）对土壤碳氮过程及温室气体排放（greenhouse gas emissions，CO_2 fluxes，CH_4，global warming potential）的影响，及其在气候变化（global change，elevated carbon dioxide，temperature sensitivity）、水体富营养化（eutrophication）、土壤酸化（soil acidification）等方面的环境效应。上述关键词的出现反映了全球变化条件下土壤养分管理与环境问题的紧密联系是研究的热点之一。⑤**生物质炭与温室气体**聚类圈中关键词表明我国学者对生物质炭、CH_4和N_2O温室气体排放的研究与国际前沿发展具有同步性和一致性。

总体来看，中文文献体现的研究热点与我国经济、社会和环境建设对土壤学土壤肥力与土壤养分循环方向的要求相一致，**体现了土壤肥力与土壤养分循环研究服务于农业高产、养分资源高效利用和生态环境保护等多重目标的国家重大需求，又体现了我国土壤养分循环研究的国际前沿性**。一方面，重点关注我国典型农田生态系统的土壤肥力与养分有效性、施肥与养分管理，反映了我国土壤肥力与土壤养分循环研究服务于我国农业生产、保障国家粮食安全的国家使命，具有显著的中国特色；另一方面，我国学者十分关注土壤养分流失导致的区域环境问题、碳氮温室气体排放与固碳减排等气候变化问题，具有鲜明的时代特征。此外，重点加强土壤碳氮循环的土壤微生物学分子机制、生物质炭等方面的研究，体现了我国土壤肥力与土壤养分循环研究的国际前沿性。

通过比较中国学者SCI论文研究内容与国际学者SCI论文研究内容，可以发现我国学者与国际同行在土壤肥力与土壤养分循环研究领域既具有一致性和同步性，又具有差异性和局限性。一致性和同步性主要表现在：①研究内容上都十分关注养分循环与面源污染、温室气体排放、气候变化等区域和全球环境问题的关联性；②研究方法与技术上都强调基于长期定位试验、同位素示踪、原位观测、现代土壤微生物分子技术和模型模拟等技术手段与方法。差异性和不足主要体现在：①国际土壤肥力与土壤养分循环研究主要针对森林和草地等自然生态系统碳氮循环过程，更加注重与区域环境、全球变化研究的联系，而我国土壤肥力与土壤养分循环研究除了关注与区域环境、全球变化研究的联系外，十分重视农田土壤碳氮循环过程与养分管理、养分资源利用效率、地力培育等农业生产问题；②国际土壤肥力与土壤养分循环研究在碳氮循环的模型研究方面具有明显优势，我国在碳氮循环的模型研究方面主要依赖于国外模型，尤其在针对我国农业生产特点的养分循环模型研究方面显得十分欠缺，限制了对我国高度集约化农田养分循环的准确预测，制约了我国农田养分管理决策的科学化水平。

12.3.3 近15年中国学者该领域研究取得的主要学术成就

图 12-3 表明近 15 年针对土壤肥力与土壤养分循环研究，中文文献关注的热点方向主要包括土壤肥力与养分有效性、施肥与养分管理、土壤碳氮循环的微生物学机制、养分流失与面源污染、碳氮循环与全球变化 5 个方面。中国学者关注的国际热点问题主要包括土壤养分与作物生产、土壤碳氮循环的微生物学机制、土壤有机碳与气候变化、养分管理与环境效应以及生物质炭与温室气体 5 个方面（图 12-4）。针对上述土壤肥力与土壤养分循环研究的核心方向，我国学者开展了大量研究。近 15 年来，取得的成就主要体现在以下 5 个方面：①农田土壤肥力演变规律；②土壤微生物对养分循环的响应与调节机制；③生物质炭与农学环境效应；④养分循环与区域环境；⑤土壤碳氮循环与气候变化。其中养分循环与区域环境、土壤碳氮循环与气候变化方面的科学成就见第 14 章"土壤碳、氮、磷循环及其环境效应"14.3.3 节相关介绍，以下主要介绍我国农田土壤肥力演变规律、土壤微生物对养分循环的响应与调节机制及生物质炭与农学环境效应 3 个方面的科学成就。

（1）农田土壤肥力演变规律

针对我国土壤退化和集约化种植对耕地土壤肥力质量、环境质量的影响问题，我国开展了土壤退化和质量演变规律系列研究，取得了重要进展。明确了我国粮食主产区的东北黑土退化主要是由于水土流失引起的耕层变薄和压实引起的亚耕层土壤结构变差。黄淮海砂姜黑土退化主要是耕性引起的结构变差和土壤黏闭。长江中下游水稻土退化主要是大量化肥使用导致的酸化及基础地力的下降。南方红黄壤退化主要是水土流失、酸化、污染（赵其国，2002：81~90）。特别是通过开展以土壤肥力为核心的土壤质量演变规律与可持续利用研究，揭示了水稻土、红壤、潮土、黑土四大代表类型耕地土壤肥力和土壤质量的演变过程，明确了土壤肥力的时空变异规律，建立了土壤质量综合评价指标和预警模型（曹志洪和周健民，2008：39~89；孙波等，2008：1201~1208）。这些成果的取得，不仅为深入研究我国粮食主产区控制农田地力演变的关键过程和主要因素奠定了重要基础，而且为解析农田肥力关键要素和科学管理农田养分提供了系统的资料（张玉铭等，2011：1143~1150；李建军等，2015：92~103）。

（2）土壤微生物对养分循环的响应与调节机制

近年来分子生态技术如基因芯片、同位素示踪技术（DNA/RNA 稳定同位素探针）的应用，促进了国内对土壤中关键生物种类、关键生物过程和生物多样性功能的研究。国内开展了土壤生物在协调养分供应方面的功能研究，包括调控土壤有机残体分解、氨氧化过程和磷素活化、间作系统中土壤生物对养分供应的调节作用（He et al.，2007：2364~2374；Rui et al.，2009：4879~4886），还发现了水稻土中土壤生物多样性的稳定性，提出与水稻产量稳定性相适应的土壤有机质培肥指标（Piao et al.，2007：526~530）。目前在影响土壤有机质和养分转化的生物过程研究方面,部分研究表明长期施用化肥导致土壤不同稳定性有机组分相对土壤有机质总体的变化呈现"削平效应"(Liu et al., 2010: 1466～1474)和"区分效应"(Chen et al., 2010a: 1018～1026);同时,在协调土壤—作物关系的土壤生物作用机制方面,加强了土壤—植物—微生物系统中界面生态过程的研究,揭示了土壤有机碳和作物生长协同提高的根际过程,研究了土壤养分物质的生物过渡性保持机制和共生生物(间作轮作作物、菌根等)的互利机制,建立了土壤肥力提升的生物促进机制和调控途径。此外,我国学者在土壤硝化和反硝化过程的微生物学机制方面也取得不少进展,如通过大量分子生态学调查,逐步明确了氨氧化古菌(AOA)和氨氧化细菌(AOB)在各类环境中的多样性分布特征及驱动群落结构变化的关键因子(He et al., 2007: 2364～2374; Ying et al., 2010: 304～312; Shen et al., 2012: 3296);在氨氧化古菌的生态生理功能及遗传信息等方面取得重要进展(Di et al., 2009: 621～624; Jia and Conrad, 2009: 1658～1671; Xia et al., 2011: 1226～1236);不同环境条件及养分管理下参与反硝化过程的关键功能基因如 *narG*、*mapA*、*nirK*、*nirS*、*norB*、*nosZ* 等的丰度及多样性特征响应(Chen et al., 2010b: 850～861; Bao et al., 2012: 130～141);以及我国一些高氮输入的稻田土壤中检测到厌氧氨氧化细菌及其活性(Zhu et al., 2011: 1905～1912)。

(3) 生物质炭与农学环境效应

生物质炭作为农业废弃物养分资源循环利用的一种有效方式,其在土壤改良、农业生产、污染修复及全球变化中的作用自 2006 年以来成为土壤养分循环领域国际研究的新热点。自生物质炭的科学研究在国际上兴起伊始,我国学者就高度关注和重视这一国际热点研究方向。我国科学基金于 2007 年开始资助有关生物质炭与农学、环境效应的科学研究项目,我国学者 2009 年开始在国际期刊发表有关生物质炭的研究成果,至今共发表 400 多篇 SCI 论文,约占有关生物质炭国际论文总数的 1/6。我国有关生物质炭与农学、环境效应的研究成果主要集中反映在生物质炭改良土壤、提高农作物生产力、减少养分流失、修复土壤重金属和有机污染、增加土壤碳汇、减缓农田 CH_4 和 N_2O 温室气体排放等方面(Cao et al., 2009: 3285～3291; Yu et al., 2009: 665～671; Zhang et al., 2010: 469～475, 2012b: 153～170; Yao et al., 2011: 724～732; Yuan and Xu, 2011: 110～115; Huang et al., 2013: 172～177; Liu et al., 2013: 583～594),有 10 多篇论文入选近 10 年 ESI 高被引论文,提升了我国在生物质炭与农学、环境效应研究方向的学术显示度和国际影响力。

12.4　NSFC 和中国"土壤肥力与土壤养分循环"研究

土壤肥力与土壤养分循环研究是 NSFC 的重要资助方向,一直受到 NSFC 的高度重视。NSFC 资助是推动中国肥力与土壤养分循环研究发展的重要资金投入力量,壮大了中国土壤肥力与土壤养分循环研究机构,促进了中国土壤肥力与土壤养分循环研究优秀人才的成长,提升了中国在该研究领域的国际影响力。

12.4.1 近 15 年 NSFC 资助该领域研究的学术方向

根据近 15 年获 NSFC 资助项目高频关键词统计（图 12-5），NSFC 在本研究领域的资助方向主要集中在施肥与土壤养分（关键词表现为：长期施肥、供氮、肥料利用率、土壤养分有效性、土壤养分形态、土壤团聚体）、土壤养分循环（关键词表现为：氮循环、碳循环、土壤有机碳、磷、养分循环）、养分流失（关键词表现为养分流失、氮沉降）以及生物质炭 5 个方面。研究区集中在农田土壤（黑土、农田土壤、稻田），重点在根际；研究方法主要是长期定位试验、土壤微生物分子技术和同位素示踪技术等。同时，从图 12-5 可以看出，"长期施肥"、"土壤微生物"、"稻田"、"土壤有机碳"、"磷"、"同位素"和"根际"在各时段均占有突出地位，表明这些研究内容一直是 NSFC 重点资助项目的热点关键词。以下是以 3 年为时间段的项目资助变化情况分析。

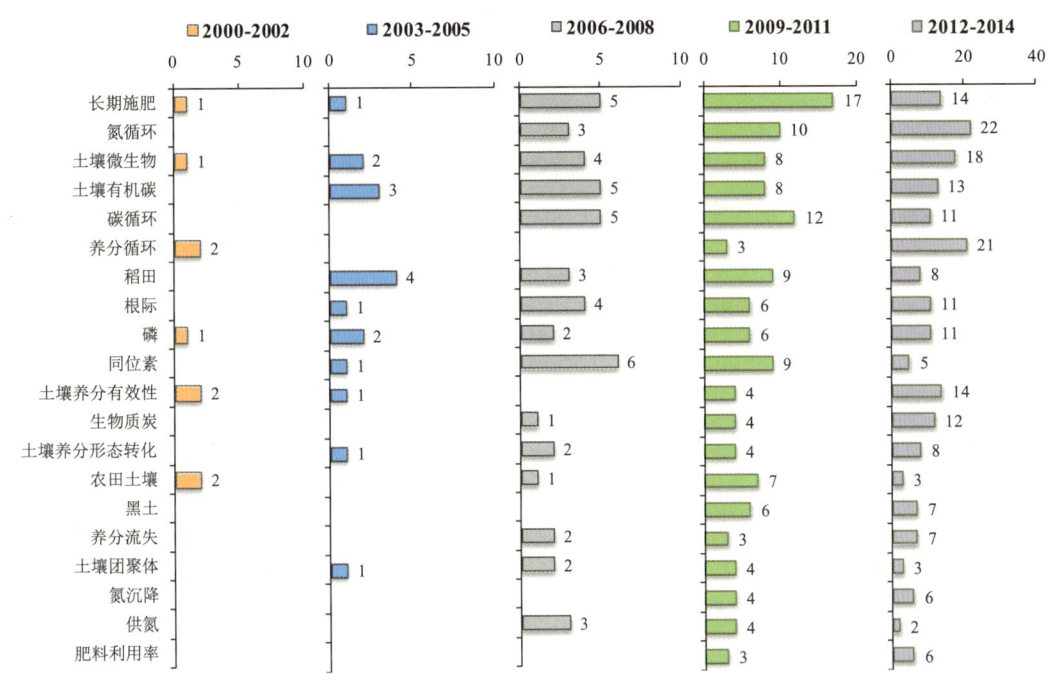

图 12-5 2000～2014 年 "土壤肥力与土壤养分循环" 领域 NSFC 资助项目关键词频次变化

（1）2000～2002 年

NSFC 资助项目集中在施肥对农田土壤养分有效性影响研究上，关键词主要表现为"长期施肥"、"农田土壤"、"养分有效性"和"养分循环"，表明这一时段施肥对农田土壤养分有效性影响研究是 NSFC 重点资助的方向，如"多养分肥料与土壤的反应机理及对养分形态的影响"（基金批准号：40071051）、"西藏一江两河地区农田土壤肥力退化机理及培肥措施研究"（基金批准号：40061004）。对土壤养分迁移转化的研究也得到 NSFC 较多的资助，体现在"酸沉降下红壤中养分离子加速淋失过程的电化学法原位示踪"（基金批准号：40071046）、"原生动物在土壤磷转化和运移中的作用"（基金批准号：40171055）等。

（2）2003～2005 年

继上一阶段以来，施肥对农田土壤养分有效性影响依旧是 NSFC 资助的热点。"稻田"、"土壤有机碳"研究的资助项目增多，如"典型稻田生态系统碳循环过程与模拟"（基金批准号：40235057）、"土壤腐殖质形成的驱动机制研究"（基金批准号：40271069）、"红壤性水稻土有机质的物理稳定性机制及影响因素研究"（基金批准号：40371059）、"水稻土碳氮周转与微生物多样性和活性的关系研究"（基金批准号：40371063）、"土壤升温对水稻土活动性碳的影响及其环境反馈"（基金批准号：40171052）。同时，对土壤养分迁移转化及其环境效应研究成为 NSFC 资助的热点，如"稻田土壤磷素循环及其对水体磷负荷量的影响"（基金批准号：40371073）、"水分管理和硝化抑制剂对水稻田 CH_4 与 N_2O 排放及硝化反硝化损失的影响"（基金批准号：40371068）、"小流域土壤养分流失机理与土壤覆盖格局演变"（基金批准号：40371076）、"主要农田生态系统中土壤氮素循环、氮素的化学行为和生态环境效应"（基金批准号：30390081）。

（3）2006～2008 年

NSFC 除了继续重点资助施肥对农田土壤养分有效性、土壤养分迁移转化及其环境效应、土壤有机碳周转研究等项目外，该时段更加注重基于稳定性同位素示踪揭示养分循环过程的机理研究，如"青藏高原高寒草甸土壤碳循环同位素示踪研究"（基金批准号：40871143）、"水稻主要生长阶段稻田生物固氮能力的 ^{15}N 标记定量研究"（基金批准号：40871146）。此外，NSFC 更加重视土壤养分循环的微生物学机制研究，如"长期水稻覆盖旱作条件下土壤有机质质量演变及微生物学基础"（基金批准号：40701089）。该时段 NSFC 开始资助"生物质炭"的相关研究，如"秸秆焚烧残留黑炭在华北农田土壤有机质提升中的作用"（基金批准号：40701090），与生物质炭研究成为国际上碳氮循环研究领域新热点的时间（2006 年）基本同步。

（4）2009～2011 年

NSFC 除了延续上述研究方向的资助外，对研究内容更加深化和拓展。如有关土壤碳氮循环耦合的研究，如"亚热带稻田生态系统碳氮循环耦合机制研究"（基金批准号：40971180）、"长期施肥旱地土壤碳、氮相互作用：红壤非耦合机制研究"（基金批准号：40901141）；NSFC 资助项目更加关注养分循环与全球变化研究，如"土壤和作物系统与大气中气态氮化合物的交互作用机理及其环境效应"（基金批准号：41071197）、"藏北半干旱高寒草原土壤 N 转化对增温和降水变化的响应"（基金批准号：41001177）、"农业生物质循环利用减缓稻田综合净温室效应潜力观测与评估"（基金批准号：41171238）、"硝化抑制剂调控土壤硝化过程及氧化亚氮和甲烷释放的微生物机制"（基金批准号：410201140）等。此外，NSFC 对于"氮沉降"相关研究的资助增加，包括"氮沉降对荒漠草本植物群落物种组成和生物量分配的影响"（基金批准号：41001181）等。

（5）2012～2014 年

与上一阶段相比，NSFC 对本研究领域的项目资助总体仍呈上升趋势，对土壤养分循环研究的资助持续增加，且更倾向于对国际前沿热点问题研究的资助。包括生物质炭施用对碳氮循环影响及其减缓气候变化的环境意义，如"秸秆生物质炭对农田土壤有机碳保持作用及其机制"（基金批准号：41371298）、"秸秆源黑炭施用对农田化肥氮去向的影响及定量评价"（基金批准号：41271312）、"黄土高原典型农田土壤 N_2O 排放对生物质炭施用的响应机制"（基金批准号：41301305）等；土壤碳氮循环的微生物生态学分子机制，如"氨氧化菌和甲烷氧化菌在西南地区淹水冬水田分异土层中的消长规律研究"（基金批准号：41301315）、"黑土区生物黑炭对土壤碳、氮转化及相关功能菌群多样性影响机制的研究"（基金批准号：41301316）、"高效氮肥和生物炭施用对稻田反硝化与厌氧氨氧化脱氮速率的影响及其机制"（基金批准号：41471238）等。NSFC 对有关碳氮循环与全球变化关联性研究的资助项目继续增多，如土壤酸化、碳氮温室气体排放通量、土壤有机碳分解的温度敏感性、氮沉降等全球变化的热点问题。

12.4.2　近 15 年 NSFC 资助该领域研究的成果及影响

近 15 年来，中国土壤肥力与土壤养分循环领域的基础研究以及新兴的热点问题得到了 NSFC 持续和稳定的支持。图 12-6 是 2000～2014 年土壤肥力与土壤养分循环领域论文发表与 NSFC 资助情况。

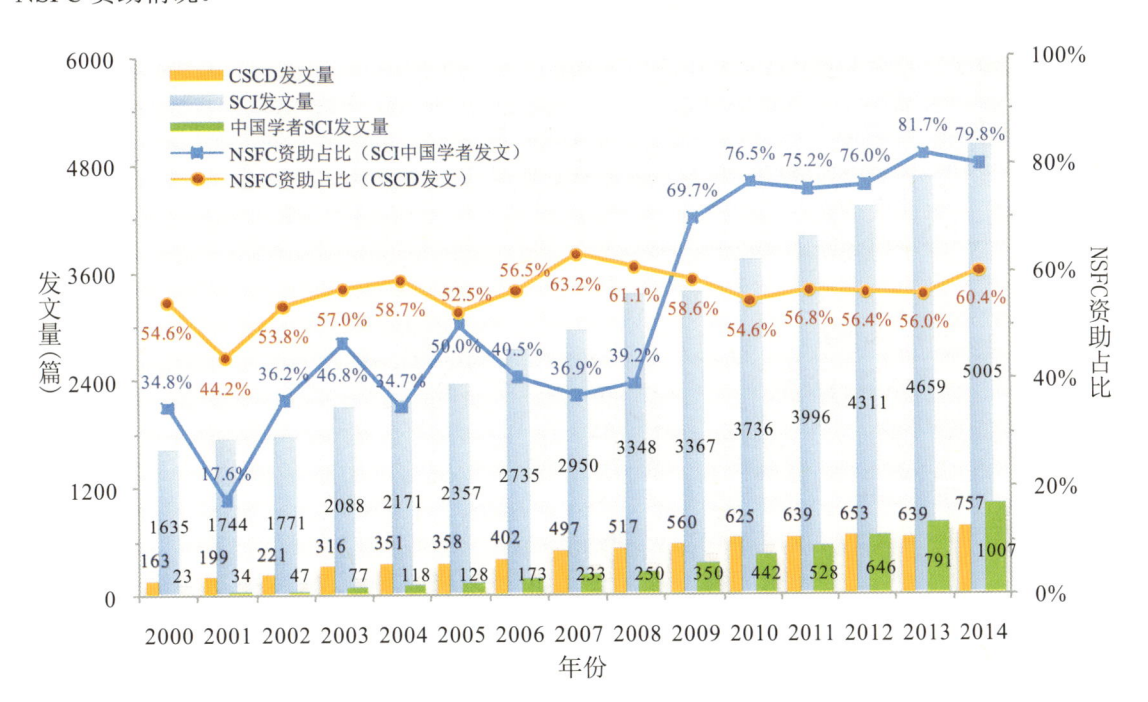

图 12-6　2000～2014 年"土壤肥力与土壤养分循环"领域论文发表与 NSFC 资助情况

从 CSCD 论文发表来看，过去 15 年来，NSFC 资助本研究领域论文数占总论文数的比重呈曲折上升态势，由 2001 年的 44.2% 上升到 2007 年的 63.2%，此后一直在 60% 左右波动（图 12-6）。

与此同时，NSFC 资助的一些项目取得了较好的研究成果，在 *Nature*, *Nature Geoscience*，*PNAS* 等国际顶级期刊及一些土壤学、地学、微生物生态学、环境科学领域国际权威期刊如 *Soil Biology & Biochemistry*, *Global Biogeochemical Cycles*, *ISME Journal*, *Global Change Biology*，*Environmental Science & Technology* 上发表学术论文。从中国学者在该领域的 CSCD 论文和 SCI 论文发文量变化情况来看，SCI 论文发文量增长速度明显快于 CSCD 论文，意味着中国学者更倾向于将该领域的重要研究成果发表于 SCI 国际期刊，特别是近两年，中国学者发表 SCI 论文数量超过了 CSCD 发文数。从图 12-6 还可以看出，中国学者发表 SCI 论文获 NSFC 资助的比例呈迅速增加趋势，从 2001 年的 17.6%增加到了 2013 年的 81.7%。从 2009 年开始，中国学者发表 SCI 论文受 NSFC 资助占比都在 65%以上，明显高于 CSCD 论文的 NSFC 资助占比。尤其是 2010~2014 年的 5 年，每年中国学者发表 SCI 论文受 NSFC 资助占比均在 75%以上，最近两年达 80%左右（图 12-6）。可见，我国学者在土壤肥力与土壤养分循环领域近几年受 NSFC 资助产出的 SCI 论文数量较多，研究成果得到了国际同行的广泛认同。NSFC 资助对提高中国土壤肥力与土壤养分循环领域研究的国际影响力发挥了主要推动作用。

SCI 论文发表数量及获基金资助情况反映了获 NSFC 资助取得研究成果的国际认可度，而不同时段中国学者高被引论文获基金资助情况可反映 NSFC 资助研究成果的学术影响随时间变化的情况。由图 12-7 可知，过去 15 年土壤肥力与土壤养分循环研究领域每年 TOP100 SCI 高被引论文中中国学者发文数呈显著的增长趋势，由 2000~2002 年的 7 篇逐步增长至 2012~2014 年的 38 篇。中国学者发表的高被引 SCI 论文获 NSFC 资助的比例亦呈迅速增加的趋势，由 2000~2002 年的 42.9%增长至 2012~2014 年的 78.9%（图 12-7）。因此，NSFC 在土壤肥力与土壤养分循环领域资助的学术成果国际影响力逐步增加，高水平成果与基金资助关系更密切，这些成

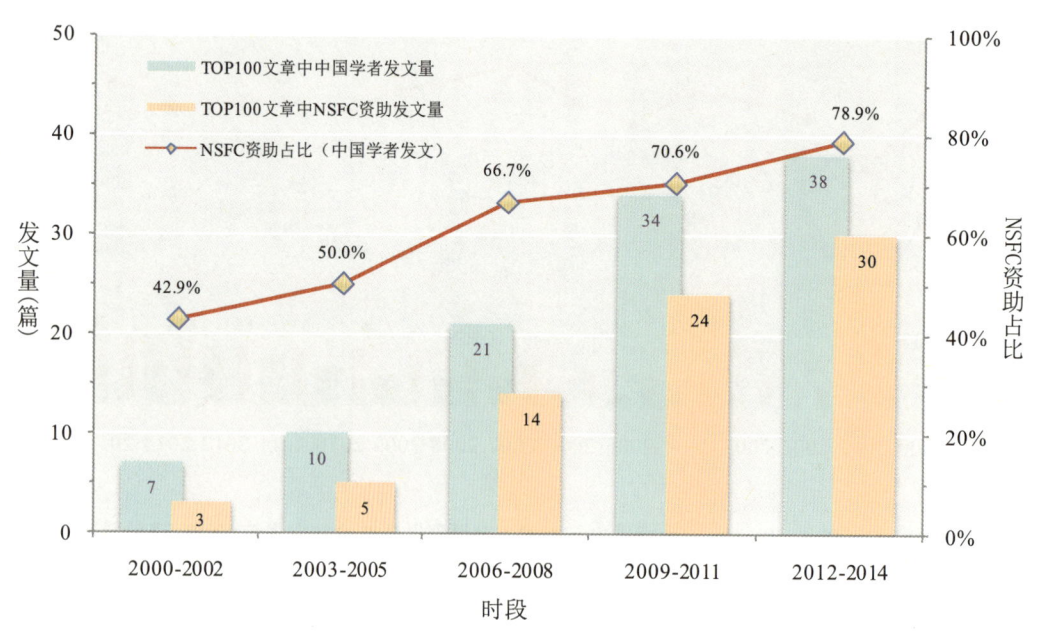

图 12-7 2000~2014 年"土壤肥力与土壤养分循环"领域高被引 SCI 论文数与 NSFC 资助情况

果主要来自中国科学院、中国农业大学、南京农业大学、浙江大学等优势单位,表明这些优势单位在该领域的研究水平和国际影响力得到极大提升。

12.5 研究展望

综上,近 15 年来土壤肥力与土壤养分循环研究的重点在于植物养分元素在土壤、植物、水体、大气中的循环、转化和利用,以及与农产品产量与品质、农业可持续与环境安全的关系。首先,土壤肥力与土壤养分循环研究的核心任务仍然是服务农业生产,通过科学理解和认识土壤肥力与土壤养分循环过程及其机制,加强养分合理调控与管理,以满足高产、优质的作物养分需求,并保持土壤肥力的长期稳定与提高,确保粮食安全和农业可持续。其次,通过土壤养分循环研究与地球系统科学的有效衔接,理解和认识养分在土壤圈、生物圈、水圈和大气圈的迁移转化、循环规律及其驱动机制,通过合理养分调控,降低养分损失和环境负荷,在实现粮食安全目标的前提下,保障生态环境安全,仍然是今后一段时期土壤肥力与土壤养分循环研究的重要内容。因此,在土壤肥力与土壤养分循环研究领域,立足于我国研究现状,建议围绕以下 3 个方向有所突破。

12.5.1 土壤有机质的生产力功能及碳汇效应

土壤有机质既是土壤肥力的重要指标,又是土壤—植物—大气碳循环的重要一环,在提高土壤生产力和减缓大气 CO_2 浓度升高方面具有双重效应。以往的大多数工作只重视养分管理和保护性耕作等外部调控措施对土壤有机质积累、周转和团聚体保护的影响机制研究,对内源性有机物(如根系分泌物、根脱落物、根茬等)在根际和团聚体中的生物界面过程及微生物分子机制研究甚少,将原位成像技术、同位素示踪技术和土壤微生物分子生态技术相结合,应用于土壤碳循环研究,有可能在土壤有机质的形成机理、周转特征及其土壤生产力功能与碳汇效应方面获得突破性进展,主要包括:土壤内、外源有机碳转化途径及其关键微生物群落与功能特征、土壤有机质积累对高生产力条件下生态系统稳定性的影响机制、土壤有机碳分解的温度敏感性及其对气候变化的响应、农田土壤对大气 CO_2 固持的碳汇效应强度及机制。

12.5.2 养分管理与根际养分有效性

土壤养分生物有效性的开创性工作都在国外,无论是有效养分的概念、定义还是测试方法、评价和指标体系(如氮、磷、钾和微量元素)都由国外科学家建立。而且,国外的开创工作主要也是 20 世纪 50~60 年代的工作。近年来国内外研究进展较慢,其原因是发达国家研究兴趣在于养分循环的环境效应方面,而我国及其他发展中国家由于仍然需要解决粮食高产与粮食安全的问题,养分循环研究服务于农业生产仍然是该领域的核心任务。如何通过养分管理,提高根际养分有效性,实现养分资源的高效利用,是我国农业可持续和保护区域环境的迫切需求。

最近几年国内外在应用红外、近红外及高光谱技术快速原位测定土壤有效养分方面做了有益的尝试，但鉴于干扰因子、精度等方面的原因，该项技术的研究和实际应用尚处于起步阶段。我国在养分管理与根际养分调控方面取得了一些科学成就，但在根际养分有效性研究有待加强，主要包括：土壤养分生物有效性与作物养分吸收特征耦合机制、土壤养分转化特征与生物有效性、土壤有效养分测试新方法与土壤养分阈值确定的理论基础、植物对土壤有机养分吸收与利用机制、根际微生物与根际养分转化过程、作物根系诱导的根际养分活化过程及其分子机制等。

12.5.3 土壤养分循环及其环境效应的微生物学驱动机制

分子生物学、微生物培养和宏基因组学等的快速发展并与生物地球化学循环研究方法的结合应用，前所未有地揭示了驱动养分循环过程的微生物高度多样性、生态功能及其作用机制，极大地丰富了对于土壤养分循环过程和机制的认识，为土壤养分的有效利用和调控提供了重要信息，同时也为土壤养分循环研究提出了新的挑战和思路。养分循环的土壤微生物学分子机制研究，应以新技术新方法为技术手段，瞄准国际微生物生态学发展的国际前沿和热点，结合我国养分循环服务于农业可持续、资源环境保护和减缓全球变化的国家重大需求，建议重点加强以下几方面研究：土壤碳氮转化的微生物耦联机制、土壤养分循环的微生物分子生态学等微观机制与碳氮周转及碳氮微量气体通量等表观过程的关联性、土壤微生物驱动的养分元素生物地球化学循环模型模拟、土壤微生物功能基因对养分管理的响应与调节机制、土壤微生物群落结构与特征对养分管理的响应机制等。

12.6 小　　结

土壤肥力与土壤养分循环研究工作开展一个多世纪以来，在对其过程与机理的科学认知、促进全球农业可持续发展和保护生态环境方面都取得了重大成就。从国内外进展可看出，土壤肥力与土壤养分循环研究受到了科学发展和社会需求的双重驱动，既具有鲜明的科学基础性，又具有浓厚的时代背景特征。2000年以来，国际上土壤肥力与土壤养分循环科学研究的主要热点领域可以概括为养分管理与土壤肥力、养分循环与作物生产、养分流失与区域环境、土壤有机碳与气候变化以及甲烷与氧化亚氮温室气体等方面。中国的土壤肥力与土壤养分循环研究具有悠久历史，在近百年的科学研究发展进程中，在服务国家社会经济和生态环境建设目标方面具有鲜明的国家特色，在科学基础研究方面又保持了与国际同步的时代前沿性。一方面，体现了土壤肥力与土壤养分循环研究服务国家农业可持续、养分资源高效利用和区域生态环境保护、应对气候变化的历史使命；另一方面，在养分循环的土壤微生物学分子机制、养分资源循环利用的生物质炭途径及农学、环境效应、养分循环的模型研究等方面致力于推动该领域研究的科学认知。尽管我国在土壤养分元素生物地球化学循环的模型研究方面还相对薄弱，但在养分管理和根际养分调控方面已经开始了适合我国高度集约化农业生产国情的探索，初步形成了集约化农田养分管理的特色。总体来看，土壤养分循环与区域环境、全球变化研究日趋紧密的联系，构成了对土壤肥力与土壤养分循环传统研究的新挑战，尤其在服务目标的多元性、研究手段的先进性、研究内容的综合性及研究尺度的延伸性等方面提出了更高的要求，也是土壤肥力与土壤养分循环研究的发展方向。

参考文献

Bao, Q. L., X. T. Ju, B. Gao, et al. 2012. Response of nitrous oxide and corresponding bacteria to managements in an agricultural soil. *Soil Science Society of American Journal*, Vol. 76, No. 1.

Blanco-Canqui, H., R. Lal. 2004. Mechanisms of carbon sequestration in soil aggregates. *Critical Reviews in Plant Sciences*, Vol. 23, No. 6.

De Boer, W., G. A. Kowalchuk, J. A. van Veen. 2006. "Root-food" and the rhizosphere microbial community composition. *New Phytologist*, Vol. 170, No. 1.

Brakhage, A. A. 2013. Regulation of fungal secondary metabolism. *Nature Reviews Microbiology*, Vol. 11, No. 1.

Butler, J. L., M. A. Williams, P. J. Bottomley, et al. 2003. Microbial community dynamics associated with rhizosphere carbon flow. *Applied and Environmental Microbiology*, Vol. 69, No. 11.

Cai, Z., G. Xing, X. Yan, et al. 1997. Methane and nitrous oxide emissions from rice paddy fields as affected by nitrogen fertilizers and water management. *Plant and Soil*, Vol. 196, No. 1.

Cao, X., L. Ma, B. Gao, et al. 2009. Dairy-manure derived biochar effectively sorbs Lead and Atrazine. *Environmental Science & Technology*, Vol. 43, No. 9.

Carter, M. R. 2002. Soil quality for sustainable land management: organic matter and aggregation interactions that maintain soil functions. *Agronomy Journal*, Vol. 94, No. 1.

Cassman, K. G. 1999. Ecological intensification of cereal production systems: yield potential, soil quality, and precision agriculture. *Proceedings of the National Academy of Sciences*, Vol. 96, No. 11.

Cassman, K. G., A Dobermann., D. T Walters., et al. 2003. Meeting cereal demand while protecting natural resources and improving environmental quality. *Annual Review of Environment and Resources*, Vol. 28, No. 4.

Chang, N. F., H. L. Richardson. 1942. Soil fertility and manuring in China. *Science*, Vol. 95, No. 2476.

Charlop-Powers, Z., J. Owen, B. V. B. Reddy, et al. 2014. Chemical-biogeographic survey of secondary metabolism in soil. *Proceedings of the National Academy of Sciences*, Vol. 111, No. 10.

Chen, Y., X. D. Zhang, H. B. He, et al. 2010a. Carbon and nitrogen pools in different aggregates of a Chinese Mollisol as influenced by long-term fertilization. *Journal of Soil Sediment*, Vol. 10.

Chen, Z., X. Q. Luo, R. G. Hu, et al. 2010b. Impact of long-term fertilization on the composition of denitrifier communities based on nitrite reductase analyses in a paddy soil. *Microbial Ecology*, Vol. 60, No. 4.

Chourey, K., J. Karuna, N. VerBerkmoes, et al. 2010. Direct cellular lysis/protein extraction protocol for soil metaproteomics. *Journal of Proteome Research*, Vol. 9, No. 12.

Craswell, E. T. B., R. D. Lefroy. 2001. The role and function of organic matter in tropical soils. *Nutrient Cycling in Agroecosystems*, Vol. 61, No. 1.

Di, H. J., K. C. Cameron, J. P. Shen, et al. 2009. Nitrification driven by bacteria and not archaea in nitrogen-rich grassland soils. *Nature Geoscience*, Vol. 2, No. 9.

Drinkwater, L. E., S. S. Snapp. 2007. Nutrients in agroecosystems: rethinking the management paradigm. *Advances in Agronomy*, Vol. 92, No. 1.

Fletcher, D. W., W. B. Bollen. 1954. The effects of aldrin on soil microorganisms and some of their activities related to soil fertility. *Applied Microbiology*, Vol. 2, No. 6.

Hall, A. D. 1910. The fertility of the soil. *Science*, Vol. 32, No. 820.

Hamonts, K., T. J. Clough, A. Stewart, et al. 2013. Effect of nitrogen and waterlogging on denitrifier gene abundance, community structure and activity in the rhizosphere of wheat. *FEMS Microbiology Ecology*, Vol. 83, No. 3.

He, J., J. Shen, L. Zhang, et al. 2007. Quantitative analyses of the abundance and composition of ammonia-oxidizing bacteria and ammonia-oxidizing archaea of a Chinese upland red soil under long-term fertilization practices. *Environmental Microbiology*, Vol. 9, No. 9.

Herridge, D. F., M. B. Peoples, M. B. Robert. 2008. Global inputs of biological nitrogen fixation in agricultural systems. *Plant and Soil*, Vol. 311, No. 1.

Hopkins, C. G. 1912. Plant food in relation to soil fertility. *Science*, Vol. 36, No. 932.

Huang, Y., W. Sun. 2006 Changes in topsoil organic carbon of croplands in mainland China over the last two decades. *Chinese Science Bulletin*, Vol. 51, No. 15.

Huang, M., L. Yang, H. Qin, et al. 2013. Quantifying the effect of biochar amendment on soil quality and crop productivity in Chinese rice paddies. *Field Crops Research*, Vol. 154, No. 1.

Janzen, H. H. 2006. The soil carbon dilemma: shall we hoard it or use it? *Soil Biology & Biochemistry*, Vol. 38, No. 3.

Jia, C. J., R. Conrad. 2009. Bacteria rather than Archaea dominate microbial ammonia oxidation in an agricultural soil. *Environmental Microbiology*, Vol. 11, No. 7.

Ju, X. T., G. X. Xing, X. P. Chen, et al. 2009. Reducing environmental risk by improving N management in intensive Chinese agricultural systems. *Proceedings of the National Academy of Sciences*, Vol. 106, No. 9.

Kandeler, E., P. Marschner, D. Tscherko, et al. 2002. Microbial community composition and functional diversity in the rhizosphere of maize. *Plant and Soil*, Vol. 238, No. 2.

Lal, R. 2004. Soil carbon sequestration impacts on global climate change and food security. *Science*, Vol. 304, No. 5677.

Lal, R. 2007. Soil science and the carbon civilization. *Soil Science Society of America Journal*, Vol. 71, No. 3.

Leinweber, P., G. Jandl, C. Baum, et al. 2008. Stability and composition of soil organic matter control respiration and soil enzyme activities. *Soil Biology & Biochemistry*, Vol. 40, No. 6.

Li, T. L., L. Mazeas, A. Sghir, et al. 2009. Insights into networks of functional microbes catalysing methanization of cellulose under mesophilic conditions. *Environmental Microbiology*, Vol. 11, No. 4.

Liebich, J., C. W. Schadt, S. C. Chong, et al. 2006. Improvement of oligonucleotide probe design criteria for functional gene microarrays in environmental applications. *Applied and Environmental Microbiology*, Vol. 72, No. 2.

Liu, N., H. He, H. Xie, et al. 2010. Impacts of long-term inorganic and organic fertilization on lignin in a Mollisol. *Journal of Soils and Sediments*, Vol. 10, No. 8.

Liu, X., A. Zhang, C. Ji, et al. 2013. Biochar's effect on crop productivity and the dependence on experimental conditions-a meta-analysis of literature data. *Plant and Soil*, Vol. 373, No. 1-2.

Matson, P. 1997. Agriculture intensification and ecosystem properties. *Science*, Vol. 277, No. 5325.

Mueller, L., U. Schindler, W. Mirschel, et al. 2010. Assessing the productivity function of soils. A review. *Agronomy for Sustainable Development*, Vol. 30, No. 3.

Orr, C. H., A. James, C. Leifert, et al. 2011. Diversity and activity of free-living nitrogen-fixing bacteria and total bacteria in organic and conventionally managed soils. *Applied and Environmental Microbiology*, Vol. 77, No. 3.

Parton, W. J., A. R. Mosier, D. S. Ojima, et al. 1996. Generalized model for N_2 and N_2O production from nitrification and denitrification. *Global Biogeochemical Cycles*, Vol. 10, No. 3.

Peschke, H., E. Schnieder. 1986. Effects of fertilization on nitrogen mineralization in soils of the thyrow soil fertility experiment. *Archives of Agronomy and Soil Science*, Vol. 30, No. 11.

Piao, Z., L. Z. Yang, L. P. Zhao, et al. 2007. Actinobacterial community structure in soils receiving long-term organic and inorganic amendments. *Applied and Environmental Microbiology*, Vol. 74, No. 2.

Piccolo, A., P. Conte, R. Spaccini, et al. 2003. Effects of some dicarboxylic acids on the association of dissolved humic substances. *Biology and Fertility of Soils*, Vol. 37, No. 4.

Placella, S. A., E. L. Brodie, M. K. Firestone, et al. 2012. Rainfall-induced carbon dioxide pulses result from sequential resuscitation of phylogenetically clustered microbial groups. *Proceedings of the National Academy of Sciences*, Vol. 109, No. 27.

Prosser, J. I., G. W. Nicol. 2008. Relative contributions of archaea and bacteria to aerobic ammonia oxidation in environment. *Environmental Microbiology*, Vol. 10, No. 11.

Rasmussen, P. E., W. T. Goulding, K. J. R. Brown, et al. 1998. Long-term agroecosystem experiments: assessing agricultural sustainability and global change. *Science*, Vol. 282, No. 30.

Richter, D. de B. Jr., M. Hofmockel, M. A. Jr. Callaham, et al. 2007. Long-term soil experiments: keys to managing earth's rapidly changing ecosystems. *Soil Science Society of America Journal*, Vol. 71, No. 2.

Robertson, G. P., E. A. Paul, R. R. Harwood. 2000. Greenhouse gases in intensive agriculture: contributions of individual gases to the radiative forcing of the atmosphere. *Science*, Vol. 289, No. 5486.

Rui, J. P., J. J. Peng, Y. H. Lu. 2009. Succession of bacterial populations during plant residue decomposition in rice field soil. *Applied and Environmental Microbiology*, Vol. 75, No. 14.

Schlesinger, W. H. 2009. On the fate of anthropogenic nitrogen. *Proceedings of the National Academy of Sciences*, Vol. 106, No. 1.

Sebilo, M., B. Mayer, B. Nicolardot, et al. 2013. Long-term fate of nitrate fertilizer in agricultural soils. *Proceedings of the National Academy of Sciences*, Vol. 110, No. 45.

Shen, J., L. Zhang, H. Di, et al. 2012. A review of ammonia-oxidizing bacteria and archaea in Chinese soils. *Frontiers in Microbiology*, Vol. 3.

Six, J., E. T. Elliot, K. Paustian. 2000. Soil macroaggregate turnover and microaggregate formation: a mechanism for C sequestration under no-tillage agriculture. *Soil Biology and Biochemistry*, Vol. 32, No. 14.

Six, J., H. Bossuyt, S. Degryze, et al. 2004. A history of research on the link between aggregates, soil biota, and soil organic matter dynamics. *Soil & Tillage Research*, Vol. 79, No. 1.

Swaminathan, M. S. 2000. An evergreen revolution. *Biologist* (*London*), Vol. 47, No. 5.

Tiessen, H., E. Cuevas, P. Chacon. 1994. The role of soil organic matter in sustaining soil fertility. *Nature*, Vol. 371, No. 6500.

Tilman, D. 1999. Global environmental impacts of agricultural expansion: the need for sustainable and efficient practices. *Proceedings of the National Academy of Sciences*, Vol. 96, No. 11.

Tilman, D., K. G. Cassman, P. A. Matson, et al. 2002. Agricultural sustainability and intensive production practices. *Nature*, Vol. 418, No. 4898.

Tribe, H. T. 1964. Microbial equilibrium in soil relation to soil fertility. *Annales de l'Institut Pasteur*, Vol. 107.

Tulaphitak, T., C. Pairintra, K. Kyuma. 1985. Changes in soil fertility and tilth under shifting cultivation. 2. Changes in soil nutrient status. *Soil Science and Plant Nutrition*, Vol. 31, No. 2.

Xia, W., C. Zhang, X. Zeng, et al. 2011. Autotrophic growth of nitrifying community in an agricultural soil. *ISME Journal*, Vol. 5, No. 7.

Yan, X., Q. H. Zhu, X. F. Wang, et al. 2013. Carbon sequestration efficiency in paddy soil and upland soil under long-term fertilization in southern China. *Soil & Tillage Research*, Vol. 130, No. 1.

Yao, Y., B. Gao, M. Zhang, et al. 2011. Effect of biochar amendment on sorption and leaching of nitrate, ammonium, and phosphate in a sandy soil. *Chemosphere*, Vol. 89, No. 11.

Ying, J., L. Zhang, J. He. 2010. Putative ammonia-oxidizing bacteria and archaea in an acidic red soil with different land utilization patterns. *Environmental Microbiology Reports*, Vol. 2, No. 2.

Yu, X., G. Ying, R. Kookana. 2009. Reduced plant uptake of pesticides with biochar additions to soil. *Chemosphere*, Vol. 76, No. 5.

Yuan, J., R. Xu. 2011. The amelioration effects of low temperature biochar generated from nine crop residues on an acidic Ultisol. *Soil Use and Management*, Vol. 27, No. 1.

Yuan, Q., P. Liu, Y. Lu. 2012. Differential responses of *nirK*- and *nirS*-carrying bacteria to denitrifying conditions in the anoxic rice field soil. *Environmental Microbiology Reports*, Vol. 4, No. 1.

Zhang, J. B., C. C. Song, W. Y. Yang. 2006. Land use effects on the distribution of labile organic carbon fractions through soil profiles. *Soil Science Society of America Journal*, Vol. 70, No. 2.

Zhang, A., L. Cui, G. Pan, et al. 2010. Effect of biochar amendment on yield and methane and nitrous oxide emissions from a rice paddy from Tai Lake plain, China. *Agriculture, Ecosystems & Environment*, Vol. 139, No. 4.

Zhang, F., Z. Cui, X. Chen, et al. 2012a. Integrated nutrient management for food security and environmental quality in China. *Advances in Agronomy*, Vol. 116, No. 1.

Zhang, A., R. Bian, G. Pan, et al. 2012b. Effects of biochar amendment on soil quality, crop yield and greenhouse gas emission in a Chinese rice paddy: a field study of 2 consecutive rice growing cycles. *Field Crops Research*, Vol. 127, No. 1.

Zhu, G., S. Wang, Y. Wang, et al. 2011. Anaerobic ammonia oxidation in a fertilized paddy soil. *ISME Journal*, Vol. 5, No. 12.

Zou, J., Y. Huang, J. Jiang, et al. 2005. A 3-year field measurement of methane and nitrous oxide emissions from rice paddies in China, effects of water regime, crop residue, and fertilizer application. *Global Biogeochemical Cycles*, Vol. 19, No. GB2021.

曹志洪、周建民：《中国土壤质量》，科学出版社，2008年。

黄东迈、张伯森："水稻田干耕及湿耕对于土壤中氮素转化及水稻产量的影响"，《土壤学报》，1957年第3期。

李建军、辛景树、张会民等："长江中下游粮食主产区25年来稻田土壤养分演变特征"，《植物营养与肥料学报》，2015年第1期。

裴保义、黄宗道："南京两代表土壤肥力测定试验"，《中国土壤学会会誌》，1950年第2期。

茹皆耀："绿肥与土壤肥力关系的研究"，《土壤学报》，1952年第1期。

沈善敏：《中国土壤肥力》，中国农业出版社，1998年。

孙波、潘贤章、王德建等："我国不同区域农田养分平衡对土壤肥力时空演变的影响"，《地球科学进展》，2008年第11期。

王明星：《中国稻田甲烷排放》，科学出版社，2001年。

熊毅、徐琪、姚贤良等："耕作对土壤肥力的影响"，《土壤学报》，1980年第2期。

严昶升：《土壤肥力研究方法》，农业出版社，1988年。

张维理、徐爱国、冀宏杰等："中国农业面源污染形势估计及控制对策Ⅲ. 中国农业面源污染控制中存在问题分析"，《中国农业科学》，2004年第7期。

张福锁、马文奇、陈新平等：《养分资源综合管理理论与技术概论》，中国农业大学出版社，2006年。

张福锁、陈新平、沈其荣等："土壤肥力与养分循环"，载中国土壤学会编：《中国土壤科学的现状与展望》，河海大学出版社，2007年。

张福锁、朱兆良：《主要农田生态系统氮素行为与氮肥高效利用的基础研究》，科学出版社，2010年。

张玉铭、胡春胜、毛任钊等："华北山前平原农田土壤肥力演变与养分管理对策"，《中国生态农业学报》，2011年第5期。

赵其国：《中国东部红壤地区土壤退化的时空变化、机理及调控》，科学出版社，2002年。

朱兆良："农田中氮肥的损失与对策"，《土壤与环境》，2000年第1期。

朱兆良："中国土壤氮素研究"，《土壤学报》，2008年第5期。

朱兆良、孙波、杨林章等："我国农业面源污染的控制政策和措施"，《科技导报》，2005年第4期。

朱兆良、文启孝：《中国土壤氮素》，江苏科技出版社，1992年。

第 13 章 土壤元素循环的生物驱动机制

土壤生物被认为是地球最重要的分解者，是元素生物地球化学循环的引擎，在全球物质循环和能量转化中起着不可替代的作用。土壤生物一方面分解有机物质形成腐殖质并释放养分；另一方面，同化土壤碳和固定无机营养元素，如氮、磷、硫等，形成微生物生物量，并通过其新陈代谢活动推动着这些元素的周转与循环。因此，土壤生物既是土壤有机质和养分转化的驱动力，又是土壤中有效养分的储备库，决定着土壤的养分和肥力状况，是农业生产应用基础研究的核心内容。同时，土壤生物介导的碳、氮、磷、硫、铁等生源要素的生物地球化学循环与环境保护和全球变化等密切相关，例如，土壤有机/无机污染物的迁移转化和生物修复，农业面源污染与水体富营养化，土壤温室气体排放和土壤碳固持等。这些土壤生物驱动的元素生物地球化学循环深刻地影响着土壤圈与地球各圈层间物质交换的动态平衡和稳定性，理解土壤元素生物地球化学循环的动态过程和生物驱动机制，为准确预测地球元素生物地球化学循环通量过程及其发展趋势，为维系陆地生态系统能量和物质的良性循环提供重要理论基础。

13.1 概　　述

本节以土壤元素循环的生物驱动机制研究的缘起为切入点，阐述了土壤生物驱动的元素循环的内涵及其主要研究内容，并以科学问题的延伸和研究技术的发展创新为线索，探讨了土壤元素循环的生物驱动机制的演进阶段与关注的科学问题变化。

13.1.1 问题的缘起

土壤生物常被认为是地球最重要的分解者。远古时代，劳动人民就已经认识到动物和植物死亡后会腐烂，而腐烂的动、植物体和人、畜粪尿可以肥田。17 世纪时，人们已意识到动、植物残体和排泄物在土壤中会形成硝酸盐。19 世纪中期，欧洲各国的科学技术快速发展，使得微生物研究方法和手段获得突破性进展，微生物学研究方法体系，包括显微镜技术、灭菌技术、培养和分离技术等逐步形成和完善。人们对有机质的分解过程、硝酸盐的形成原因以及植物的氮素来源等问题的探索逐渐得到解答，认识到腐熟的有机肥料是微生物发酵的结果，根瘤具有固氮功能，发现硝化细菌和硫化细菌并提出了化能自养的概念。这些缘起于微生物在土壤物质变化中的作用的研究和发现也带来了 19 世纪末和 20 世纪初期土壤微生物学的创立和发展。迄今，土壤生物驱动的碳、氮、磷、硫、铁等生命要素的生物地球化学循环仍然是土壤学、生态学和环境微生物学研究的重要内容。

13.1.2 问题的内涵及演进

随着人类社会和经济的不断发展，土壤元素循环的生物驱动机制研究也体现出了鲜明的时代特征，针对不同时期的社会需求和学科前沿，其问题的内涵及演进可大体划分为两个发展阶段。在经历了19世纪末期对土壤微生物的开拓性认识，并伴随着土壤微生物学成为一门学科得以创立和发展，人们对微生物在植物养分高效利用中的作用得到深入认识。堆肥、根瘤菌与固氮菌在其后的很长一段时间内成为土壤微生物学和土壤学研究关注的重点，并在指导农业施肥和培肥生产实践中发挥了重要作用。20世纪80年代以来，免培养的分子生物学技术快速发展，如PCR、DGGE、克隆测序等先进的分子生物学技术在土壤生物学研究中得到广泛的应用，快速推动了土壤元素循环转化的生物驱动过程和机理研究，许多新的功能微生物及新的元素转化过程得以被揭示，极大地丰富了土壤学，特别是土壤微生物学理论体系。另外，随着人类活动的不断加强，环境污染、全球变化和土地退化等生态环境问题日益加剧并得到世界各国政府和学术界广泛关注。与之相应，土壤元素循环的生物驱动机制研究内涵也在不断演进，针对农业生产和粮食保障、土壤环境与污染修复、全球变化与国际履约这些核心问题，在不同发展阶段各有侧重或者同时并重，从早期以土壤养分循环转化为核心，以服务于土壤肥力提高为研究目的，延伸到后期人类活动干扰下元素生物地球化学循环及其生态环境效应研究，服务于生态环境保护和土壤生产力可持续发展为研究目的的演进。但无论在哪个时期，探索土壤中物质（元素）转化的过程及其生物机制一直是该领域的基础性科学问题，其演进历程包含了研究技术推动的变革和服务对象的延伸两个层次，其主体脉络可大致分为以下两个阶段。

第一阶段（19世纪中期至20世纪中期）：注重微生物与土壤养分循环转化研究。19世纪中后期，受Louis Pasteur提出的微生物发酵引起食品腐败这一学说的启示，欧洲的农业科学者结合Justus Von Liebig的矿质营养学说来研究土壤中的物质变化问题，认识到腐熟的有机肥料是细菌发酵的结果。俄国科学家Sergei Winogradsky于1887年发现硫化细菌能氧化硫并在细胞内形成硫颗粒，创造性地提出了化能自养的概念；随后，他于1890年分离培养到硝化细菌，揭示了土壤氨氧化和亚硝化过程的微生物驱动机制，奠定了上百年来硝化微生物研究的理论框架。1927年，乌克兰裔美国科学家Selman Waksman出版了《土壤微生物学原理》，全面阐述了微生物与土壤肥力和植物营养的密切关系，为土壤中植物营养元素的生物循环学说建立了理论依据。此外，Waksman还在其重要著作《腐殖质——来源、化学成分、在自然界的重要性》一书中充分论述了土壤微生物在有机质分解的各个阶段直到腐殖质形成中的作用，系统概括了有机质分解的生物学原理。同一时期，固氮微生物研究也取得突破性进展，发现豆科植物的根瘤具有固氮作用，分离获得根瘤菌和自生固氮菌菌种，并在1932年和1940年分别出版了《根瘤菌与豆科植物》和《共生固氮作用的生物化学》两本经典著作。这些研究和发现明确了微生物在土壤元素转化和循环过程中的关键作用，确立了微生物在植物养分利用和农业生产中的基础地位，也催生了土壤微生物学的创立和迅速发展。此后，有机质堆肥、根瘤菌固氮和微生物肥料在很长一段时间内成为土壤微生物学与农业科学研究关注的重点，并在指导农业施肥和培肥生产实践中发挥了重要作用。这一阶段的土壤元素循环的生物驱动机制研究，几乎是完全聚焦于农业生产，特别关注微生物对土壤营养元素的转化及对作物生长的促进作用。

第二阶段（20世纪下半叶至今）：强调土壤元素生物地球化学循环及其生态环境效应。20世纪中期以来，随着人类活动导致的生态环境破坏、环境污染、全球气候变化等问题的暴露和加剧，**元素生物地球化学循环的生态环境效应成为这一时期土壤元素循环的生物驱动机制研究的主题**，温室气体产生、土壤酸化、水体富营养化、污染物的迁移转化和土壤生物驱动的碳循环等问题成为土壤学、生态学及环境科学等不同学科领域共同关注的主题。在这一阶段，**先进的分子生物学技术发挥了重要作用，显著推动了土壤元素转化的生物驱动机制研究**。1953年，英美科学家共同解译了DNA双螺旋结构，成为分子生物学研究的里程碑，随之产生的一系列DNA操作技术，如聚合酶链式反应PCR、变性梯度凝胶电泳、克隆文库、实时荧光定量PCR和DNA测序等，在20世纪80年代中后期被应用于土壤生物学研究中，极大地丰富了对土壤微生物多样性的认识，发现土壤中90%以上的微生物难以培养或在现有条件下不可培养，基于传统方法的认识仅仅为土壤微生物的冰山一角。同时，纯培养微生物如氨氧化细菌、固氮菌、甲烷产生和甲烷营养菌等催化元素转化的功能酶编码基因逐步被破译，利用功能基因作为分子标靶对这些重要微生物类群进行定量研究成为可能，土壤元素循环的生物驱动机制从定性描述拓展到定量表征阶段。21世纪初，新的富集培养、稳定性同位素探针和宏基因组学等技术的发展，再次引燃了对土壤生物认识的一场革新，**有关土壤生物参与自然界物质和元素循环转化的知识爆炸式增长，许多参与元素循环转化的新的功能微生物类群、新的元素转化过程和微生物机制得以被揭示，土壤生物驱动的元素转化过程和机理研究逐步深入**。2008年，*Science*出版专刊发表评论，提出"微生物是驱动地球元素循环的引擎"，并指出在分子、田块、流域、区域及全球尺度上理解这些引擎的进化和作用机制是未来研究面临的重要挑战。*Environmental Sciences and Technology*期刊也于2010年出版专刊，重点论述了微生物驱动元素转化过程中发生的氧化还原反应及其对环境中无机和有机污染物的毒性、形态转化、降解过程的影响。在这一阶段，世界主要发达国家纷纷启动了一系列重大研究计划，如英国自然环境研究理事会（NERC）启动了"土壤生物多样性研究计划"（1998~2003），美国科学基金委（NSF）和美国能源部（DOE）启动了"微生物观测计划"及后续的"微生物观测、相互作用和过程研究计划"（1999~2008），德国国家科学基金会（DFG）自2007年起部署了战略优先项目"土壤生物地球化学界面过程"等，这些计划均将解析与陆地生态系统关键元素转化过程相关的微生物及功能，及其与全球变化的关系为首要研究任务。国家自然科学基金委员会也紧紧抓住了这一战略转型机遇，于2005年组织召开了"土壤生物与土壤过程"研讨会，引导国内主要土壤学研究单位抓住机遇，瞄准土壤生物学前沿问题，提出了大量具有交叉性和前沿性的研究课题，启动了我国首个国家级的土壤生物学相关的重大项目（如"典型土壤关键生物地球化学过程"），前瞻部署了一批重点研究项目和人才项目等，形成了一批具有战略眼光和国际研究水平的中青年学科带头人，推动了中国科学院战略性先导科技专项 B "土壤—微生物系统功能及调控"的部署和实施，显著提升了我国土壤微生物学和土壤动物学研究的国际地位。总体而言，虽然以肥力为核心的养分元素转化仍然是这一时期本领域关注的主要内容，但全球气候变化、生态环境保护也得到了相同甚至更多的关注。土壤元素循环的生物驱动机制被赋予了更多的内涵，不仅强调土壤元素和养分转化的过程通量、生物机制、高效利用，更加注重元素生物地球化学循环过程的机理及其生态环境效应，特别是全球气候变化背景下土壤生物固碳的机制以及碳氮循环过程对全球变化的响应和反馈、污染物转化与降解等成为这一时期极为鲜明的时代特征。

13.2 国际"土壤元素循环的生物驱动机制"研究主要进展

近 15 年来，随着土壤元素循环的生物驱动机制研究的不断深入，逐渐形成了一些核心方向和研究热点。通过文献计量分析发现，其核心研究方向主要包括土壤生物与养分循环转化、土壤碳循环与全球气候变化、碳氮等元素耦合作用及有机污染物降解、氮循环过程及其生态环境效应、微生物资源利用和土地管理等方面。土壤元素循环的生物驱动机制研究正在向着机理深化、外延拓展、过程效应监测和调控等多维方向发展。

13.2.1 近 15 年国际该领域研究的核心方向与研究热点

运用 Web of Science 数据库，依据本研究领域核心关键词制定了英文检索式，即："soil*" and ("carbon" or "organic matter" or "methane" or "cellulose" or "nitrogen" or "nitr?te" or "nitrous oxide" or "ammoni*" or "phosphate" or "phosphorus" or "sulfate" or "sulfide" or "sulfur" or "iron" or "potassium") and ("microorganism$" or "microb*" or "bacteri*" or "fung*" or "archaea*" or "mycorrhiza*" or "earthworm" or "nematode*" or "Collembola*" or "Eisenia" or "Macrofauna" or "Protozoa" or "insect*" or "ant*" or "beetle*" or "microfauna" or "mesofauna")，检索到近 15 年本研究领域共发表国际英文文献 43 724 篇。以 3 年为间隔，划分为 5 个时段，包括 2000~2002 年、2003~2005 年、2006~2008 年、2009~2011 年和 2012~2014 年不同演进阶段，各时段发表的论文数量占总发表论文数量百分比分别为 11.2%、14.2%、19.2%、24.3% 和 31.0%，呈逐年上升趋势。图 13-1 为 2000~2014 年土壤元素循环的生物驱动机制领域 SCI 期刊论文关键词共现关系，图中形成了 5 个相对独立的研究聚类圈，在一定程度上反映了近 15 年国际土壤生物与元素循环的核心领域，可从以下 5 个方面进行概括，包括土壤生物与养分转化、土壤碳循环与全球气候变化、碳氮等元素耦合作用及有机污染物降解、氮循环过程及其生态环境效应、微生物资源利用和土地管理。

（1）土壤生物与养分转化

如图 13-1 所示，文献关键词共现关系分析表明，土壤肥力、养分有效性和微生物群落及多样性有关的关键词形成一个聚类研究群。这些关键词包括腐解（decomposition）、菌根

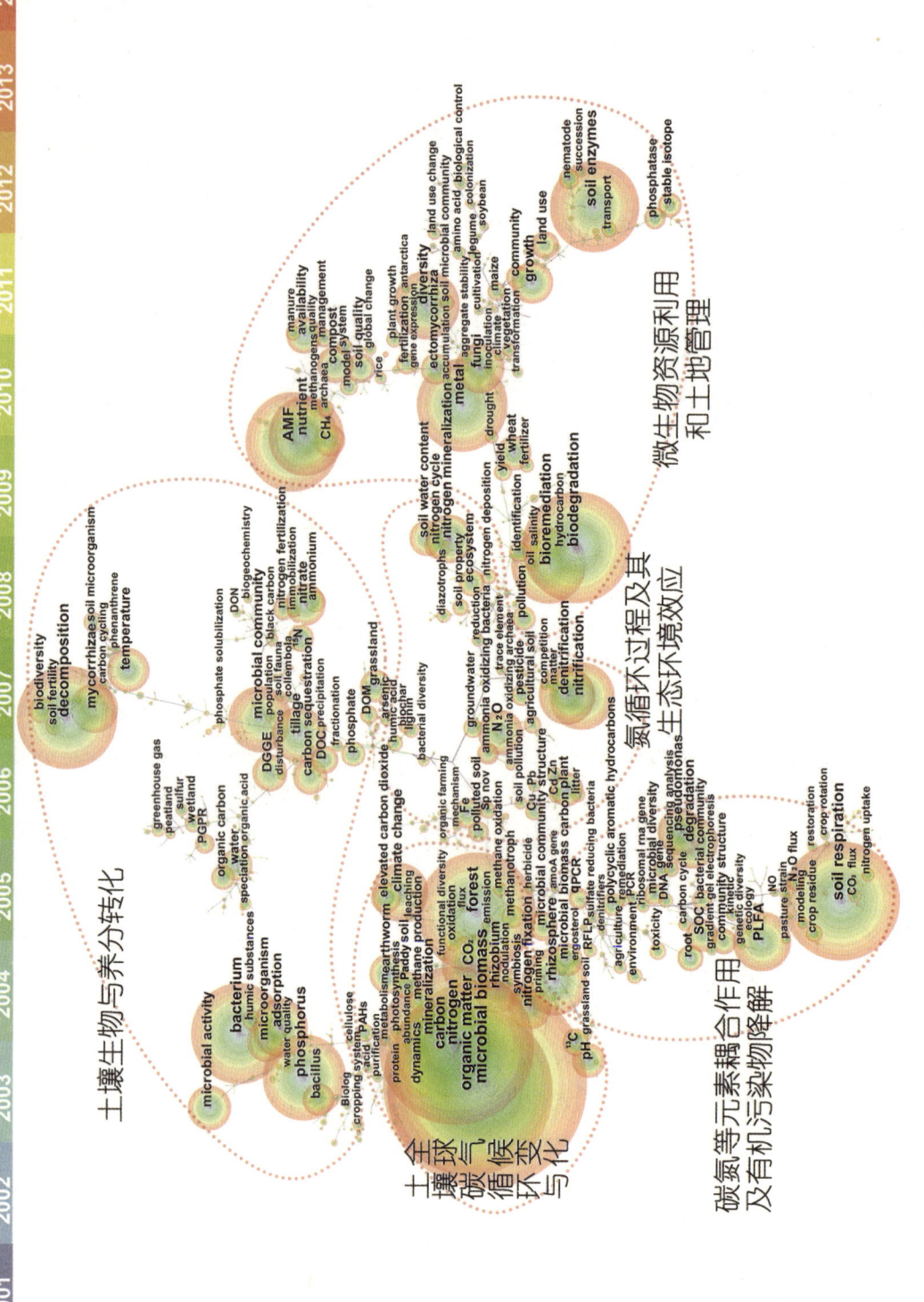

图 13-1 2000~2014 年"土壤元素循环的生物驱动机制"领域 SCI 期刊论文关键词共现关系

（mycorrhizae）、土壤肥力（soil fertility）、生物多样性（biodiversity）、微生物群落（microbial community）、种群（population）、土壤微生物（soil microorganism）、根际促生菌（PGPR）、土壤动物（soil fauna）、微生物活性（microbial activity）、细菌（bacterium）、微生物（microorganism）、芽孢杆菌（bacillus）、耕作（tillage）、有机碳（organic carbon）、可溶性碳（DOC）、可溶性有机质（DOM）、硝酸盐（nitrate）、铵（ammonium）、氮肥施用（nitrogen fertilization）、^{15}N标记物、磷（phosphorus）、吸附（adsorption）、腐殖质（humic substances）、磷酸盐（phosphate）、磷酸盐溶解（phosphate solubilization）、硫（sulfur）等。结合文献分析表明，**菌根、细菌和动物介导的土壤养分转化是土壤元素循环的生物驱动机制领域最核心的研究内容，也是土壤生物最重要的生态服务功能之一**。与磷转化有关的关键词，如微生物活性、细菌、微生物、芽孢杆菌、磷、吸附和腐殖质紧密聚集在一起，表明微生物在土壤养分循环中的重要性。作为影响土壤养分和微生物活性的环境因子温度（temperature）和水分（water）等关键词同时出现在这一聚类圈中。此外，碳固定（carbon sequestration）、草地（grassland）、湿地（wetland）和泥炭地（peatland）等关键词也共同出现，表明土壤元素循环的生物驱动机制研究是不同生态系统中存在的共性问题。

（2）土壤碳循环与全球气候变化

这一聚类圈中出现的关键词范围较广，包括有机质（organic matter）、碳（carbon）、^{13}C标记物、氮（nitrogen）、森林（forest）、微生物生物量（microbial biomass）、矿化作用（mineralization）、气候变化（climate change）、CO_2增高（elevated CO_2）、CO_2动态（dynamic）、激发效应（priming）、蚯蚓（earthworm）、光合作用（photosynthesis）、代谢（metabolism）、功能多样性（functional diversity）、水稻土（paddy soils）、甲烷产生（methane production）、甲烷产生菌（methanogens）、甲烷氧化（methane oxidation）、甲烷营养菌（methanotroph）、通量（flux）和释放（emission）等（图13-1），表明**全球变化背景下土壤微生物和动物驱动的碳分解、碳固定，以及温室气体如CO_2、CH_4的产生和消纳机制等，是土壤元素循环的生物驱动机制领域关注的另一个重点内容**。此外，该聚类圈中还出现根际（rhizosphere）、根瘤菌（rhizobium）、共生（symbiosis）、固氮作用（nitrogen fixation）、结瘤（nodulation）和微生物群落结构（microbial community structure）等关键词，这些关键词与另一个有关"碳氮等元素耦合作用及有机污染物降解"的聚类圈交织在一起，表明**土壤各种物质和养分元素的循环转化几乎都与生物过程密不可分**。

（3）碳氮等元素耦合作用及有机污染物降解

该聚类圈中（图13-1）关键词范围具有明显的学科交叉特点，包括土壤生物化学、分子生态学和生态学等，如土壤呼吸（soil respiration）、作物残留（crop residue）、轮作（crop rotation）、土壤有机碳（SOC）、根（root）、氮吸收（nitrogen uptake）、微生物生物量碳（microbial biomass carbon）、CO_2通量（CO_2 flux）、N_2O通量（N_2O flux）、群落结构（community structure）、细菌群落（bacterial community）、微生物多样性（microbial diversity）、反硝化微生物（denitrifiers）、氨单加氧酶基因（*amoA* gene）、核糖体RNA基因（ribosomal RNA gene）等，进一步通过根际、

根瘤菌、共生固氮和结瘤等关键词与前述"土壤碳循环与全球气候变化"的聚类圈重叠，表明**有机质转化与氮转化过程之间的耦合关系也是本领域关注的研究方向之一**。该聚类圈中，也出现了一些污染环境相关的关键词，包括降解（degradation）、毒性（toxicity）、多环芳烃（polycyclic aromatic hydrocarbons）、除草剂（herbicide）、修复（remediation）、假单胞菌（pseudomonas）和硫酸盐还原菌（sulfate reducing bacteria）等，**表明碳氮循环耦合过程以及硫酸盐还原过程对有机污染物迁移转化的影响机制及其应用也受到了重视**。同时，该聚类图中还出现了大量与土壤微生物研究方法相关的关键词，如磷脂脂肪酸（PLFA）、实时荧光定量 PCR（Q PCR）、限制性片段长度多态性分析（RFLP）、DNA 测序分析（sequencing analysis）和梯度凝胶电泳（gradient gel electrophoresis）等，表明微生物分子生态学技术在该领域研究中发挥了重要作用，为解析功能微生物介导的土壤碳氮等元素循环耦合机制提供了关键的技术支撑。

（4）氮循环过程及其生态环境效应

该聚类圈中（图 13-1）的关键词以氮素转化和重金属相关关键词为主，包括氮循环（nitrogen cycle）、氮矿化（nitrogen mineralization）、硝化作用（nitrification）、反硝化作用（denitrification）、N_2O、氮沉降（nitrogen deposition）、固氮菌（diazotrophs）、氨氧化细菌（ammonia oxidizing bacteria）、氨氧化古菌（ammonia oxidizing archaea）、土壤含水量（soil water content）、地下水（groundwater）、污染（pollution）和重金属元素铁（Fe）、砷（As）、铜（Cu）、铅（Pb）、镉（Cd）和锌（Zn）等，**表明氮循环的微生物学过程和机制及其生态环境效应受到广泛重视**，同时，作为土壤生态功能的重要指标及模式功能微生物，硝化作用和氨氧化细菌/氨氧化古菌常被用于污染物对土壤功能和土壤生物的影响评价。

（5）微生物资源利用和土地管理

该聚类圈中（图 13-1）涵括了真菌、土壤环境与污染修复方面的关键词，包括生物修复（bioremediation）、生物降解（biodegradation）、碳氢化合物（hydrocarbon）、金属（metal）、累积（accumulation）、丛枝菌根（arbuscular mycorrhizae，AMF）、外生菌根（ectomycorrhiza）、真菌（fungi）、多样性（diversity）、基因表达（gene expression）、生物防治（biological control）、接种（inoculation）、定殖（colonization）、复垦（vegetation）、养分（nutrient）、土壤质量（soil quality）、管理（management）、土地利用（land use）、土地利用方式改变（land use change）、堆肥（compost）、厩肥（manure）、施肥（fertilization）、植物生长（plant growth）、小麦（wheat）、玉米（maize）、大豆（soybean）、产量（yield）、土壤酶（soil enzymes）、磷酸酶（phosphatase）、线虫（nematode）、演替（succession）等，**表明菌根真菌的研究是一个热点，特别在土壤污染和修复、作物应对干旱和气候变化胁迫等方面得到广泛重视**，同时，利用菌根真菌在内的微生物接种剂结合堆肥、有机肥施用和复垦等有效的土地管理进行土壤污染修复与改良也是研究的重点之一。

SCI 期刊论文关键词共现关系图反映了近 15 年土壤元素循环的生物驱动机制研究的核心方向和内容（图 13-1），而不同时段 TOP20 高频关键词可反映其研究热点（表 13-1）。表 13-1

显示了 2000~2014 年各时段 TOP20 关键词组合特征。由表 13-1 可知,2000~2014 年,前 10 位高频关键词为稳定性同位素(stable isotope)、微生物群落(microbial community)、菌根(mycorrhizae)、硝化作用(nitrification)、碳循环(carbon cycle)、细菌(bacteria)、氮(nitrogen)、施肥(fertilization)、磷脂脂肪酸(PLFA)、土壤酶(soil enzymes),表明这些领域是近 15 年研究的热点。不同时段高频关键词组合特征能反映研究热点随时间的变化情况,微生物群落(microbial community)、菌根(mycorrhizae)、硝化作用(nitrification)、碳循环(carbon cycle)等关键词在各时段均占有突出地位,这些内容持续受到关注,尤其是应用稳定性同位素(包括 $^{13}C/^{14}C$-labeling/pulse, ^{15}N pulse, stable isotope, stable isotope probing 等与稳定性同位素相关的词均合并为"stable isotope")标记或探针技术揭示碳、氮循环转化过程的研究贯穿始终。对以 3 年为时间段的热点问题变化情况分析如下。

(1) 2000~2002 年

由表 13-1 可知,本时段出现的高频关键词与碳、氮、铁和磷循环的生物机制均有涉及。碳循环方面具体体现在土壤碳循环(carbon cycle)、稳定性同位素($^{13}C/^{14}C$-labeling/pulse 相关的关键词均合并为"stable isotope")、菌根(mycorrhizae)、土壤微生物(soil microorganisms)、矿化作用(mineralization)和生物量(biomass),有机质转化与铁(iron)的氧化还原及甲烷氧化(methane oxidation)与产生(methane production)均受到关注;氮循环具体体现在施肥(fertilization)等对硝化作用(nitrification)、硝酸盐还原(nitrate reduction)、微生物群落(microbial community)和氨氧化细菌(ammonia-oxidizing bacteria)的影响等方面;菌根(mycorrhizae)和菌丝(hyphae)对磷(phosphorus)的吸收转化也是这一时期研究的热点。以上高频关键词的出现表明**土壤生物驱动碳、氮、铁和磷循环与养分有效性是这一时段研究的重点**。另外,免培养方法(**culture-independent techniques**)和功能基因(**funtional genes**)这两个高频词的出现,表明土壤微生物与养分循环的研究已经跨越了传统的平板计数时代,分子生态学技术在土壤元素转化过程中得到了广泛关注和应用。

(2) 2003~2005 年

这一时段中,关键词矿化作用(mineralization)、微生物群落(microbial community)、菌根(mycorrhizae)、碳循环(carbon cycle)、硝化作用(nitrification)、施肥(fertilization)和反硝化作用(denitrification)等继续出现(表 13-1),代表微生物与碳、氮、磷转化相关研究仍是关注的热点。此外,出现了 CO_2 浓度升高(elevated CO_2)、土壤有机质(SOM)、腐解(decomposition)、土壤呼吸(soil respiration)、微生物生物量(microbial biomass)、线虫(nematodes)和食物网(soil food web)等土壤生物化学过程相关的关键词,**表明土壤微生物和动物驱动的养分转化及碳循环过程得到了持续的关注,但在这一时期全球变化研究逐渐成为热点,同时,土壤动物和微生物的相互作用、土壤生物介导的食物网在碳循环中的重要作用也开始被重视**。在研究手段方面,稳定性同位素(stable isotope)始终是研究土壤碳氮循环的重要手段,研究微生

440　土壤学若干前沿领域研究进展

表 13-1　2000~2014 年"土壤元素循环的生物驱动机制"领域不同时段 TOP20 高频关键词组合特征

2000~2014 年			2000~2002 年 (20 篇/校正系数 3.10)		2003~2005 年 (29 篇/校正系数 2.14)		2006~2008 年 (41 篇/校正系数 1.51)		2009~2011 年 (48 篇/校正系数 1.29)		2012~2014 年 (62 篇/校正系数 1.00)	
关键词	词频		关键词	词频	关键词	词频	关键词	词频	关键词	词频	关键词	词频
stable isotope	51		mycorrhizae	21.7 (7)	stable isotope	21.4 (10)	stable isotope	22.7 (15)	stable isotope	18.6 (14)	carbon cycle	16
microbial community	39		stable isotope	18.6 (6)	mineralization	21.4 (10)	bacteria	21.1 (14)	mycorrhizae	12.9 (10)	microbial community	10
mycorrhizae	36		iron	15.5 (5)	PLFA	21.4 (10)	fungi	13.6 (9)	nitrogen	12.9 (10)	bacteria	10
nitrification	33		microbial community	15.5 (5)	microbial community	19.3 (9)	microbial community	12.1 (8)	nitrification	11.6 (9)	nitrification	10
cabon cyle	31		nitrate reduction	15.5 (5)	mycorrhizae	12.8 (6)	soil respiration	12.1 (8)	denitrifiers	9.0 (7)	mycorrhizae	8
bacteria	29		nitrification	15.5 (5)	soil enzymes	12.8 (6)	fertilization	10.6 (7)	fertilization	9.0 (7)	nitrogen cycle	8
nitrogen	24		AOB	12.4 (4)	carbon cycle	12.8 (6)	PLFA	9.1 (6)	microbial community	9.0 (7)	decomposition	7
fertilization	24		carbon cycle	12.4 (4)	fertilization	12.8 (6)	soil enzymes	9.1 (6)	AOA	9.0 (7)	soil enzymes	7
PLFA	21		fertilization	12.4 (4)	denitrification	10.7 (5)	SOM	7.6 (5)	nitrogen cycle	7.7 (6)	nitrogen	6
soil enzymes	20		hyphae	12.4 (4)	soil respiration	10.7 (5)	carbon cycle	7.6 (5)	AOB	7.7 (6)	methane	6
fungi	19		mineralization	12.4 (4)	SOM	10.7 (5)	methanogens	7.6 (5)	phosphorus	7.7 (6)	N$_2$O	6
mineralization	18		nitrogen	12.4 (4)	nitrification	10.7 (5)	microbial biomass	7.6 (5)	greenhouse gas	6.5 (5)	pyrosequencing	6
decomposition	15		soil microorganisms	9.3 (3)	nematodes	6.4 (3)	mycorrhizae	6.5 (5)	bacteria	6.5 (5)	phosphorus	6
phosphorus	15		bacterial diversity	9.3 (3)	decomposition	6.4 (3)	DGGE	6.5 (5)	carbon	6.5 (5)	methanogens	6
SOM	17		biomass	9.3 (3)	DGGE	6.4 (3)	nitrification	6.0 (4)	decomposition	6.5 (5)	fungi	6
nitrogen cycle	14		CIT	9.3 (3)	elevated CO$_2$	9.3 (3)	nitrogen	6.0 (4)	denitrification	6.5 (5)	SOM	6
soil respiration	13		methane oxidation	9.3 (3)	microbial diversity	9.3 (3)	forest	6.0 (4)	PLFA	6.5 (5)	stable isotope	6
denitrification	13		methane production	9.3 (3)	microbial biomass	9.3 (3)	denitrification	4.5 (3)	fungi	5.2 (4)	biochar	5
AOA	12		phosphorus	9.3 (3)	T-RFLP	9.3 (3)	ergosterol	4.5 (3)	mineralization	5.2 (4)	microbial biomass	5
microbial biomass	12		functional genes	9.3 (3)	soil food web	9.3 (3)	warming	4.5 (3)	N$_2$O	5.2 (4)	AOA	5

注: 括号中的数字为校正前关键词出现频次。关键词 "stable isotope" 为合并了 ^{13}C-labeling/pulse, ^{15}N pulse, stable isotope probing 等与稳定性同位素相关的词; CIT: culture-independent techniques; AOA: ammonia-oxidizing archaea; AOB: ammonia-oxidizing bacteria。

物指纹图谱的技术方法，如磷脂脂肪酸（PLFA）、变性梯度凝胶电泳（DGGE）和末端限制性片段长度多态性（T-RFLP），也成为这一时段的高频关键词，表明与**土壤元素转化相关的功能微生物多样性的研究快速增加**。

（3）2006~2008 年

由表 13-1 可知，本时段关注的主题与上一时段类似，代表微生物与碳、氮、磷循环的关键词继续出现，但细菌（bacteria）、真菌（fungi）、真菌的生物标志物类固醇（ergosterol）从土壤微生物（soil microorganisms）和微生物多样性（microbial diversity）等较笼统的词中独立成为高频词，表明对微生物与元素转化相关的研究进一步明确和细化，除菌根以外的真菌在碳循环中的作用也受到关注。同时，高频词中出现变暖（warming）和森林（forest），表明**森林土壤碳循环与气候变化研究受到关注**。在这一时段中，PLFA 和 DGGE 仍然是研究微生物群落组成的主要手段，但通过与稳定性同位素标记技术结合应用，发现了新的产甲烷古菌，产甲烷古菌（methanogens）也成为这一时段的高频关键词，**研究技术的进步使得揭示土壤微生物的组成及其在元素转化中的功能作用和机理研究迈进了一大步**。

（4）2009~2011 年

继上一时段关注的几个主题，这一时段中出现了关键词温室气体（greenhouse gas）和氧化亚氮（N_2O）（表 13-1），表明对**土壤生物介导的元素循环和温室气体产生成为这一时期关注的热点**。此外，在上一时段中，**硝化微生物研究也取得重要进展，发现古菌也能催化氨氧化过程，硝化作用机理研究再次成为热点**，氨氧化古菌（ammonia-oxidizing archaea）和氨氧化细菌（ammonia-oxidizing bacteria）因而成为这一时期的高频关键词。

（5）2012~2014 年

全球变化背景下土壤生物驱动的碳氮循环仍然是这一时段重点关注的内容，除 N_2O 外，甲烷（methane）也成为这一时段的高频词（表 13-1）。随着生物炭（biochar）被广泛应用于土壤改良和环境保护领域，**利用生物炭调控和减缓 N_2O、甲烷排放的研究成为新的关注点**。这一时期，**甲烷产生过程和微生物解磷机理等取得新的重要进展**，产甲烷古菌（**methanogens**）、磷（**phosphorous**）再次成为高频词。

总体而言，近 15 年中，随着时间的推移和研究技术的快速发展，土壤生物驱动的元素循环过程机理研究不断深化，核心方向不断外延，涵括了养分元素循环、土壤肥力提升、作物高产高效、元素生物地球化学循环、污染物迁移转化与修复、温室气体产生与消纳等内容，表明土壤元素循环的生物驱动机制得到了学术界的广泛关注，已经成为地球科学、土壤学、微生物学和生态学等交叉学科前沿之一。

13.2.2 近 15 年国际该领域研究取得的主要学术成就

图 13-1 表明，近 15 年国际土壤元素循环的生物驱动机制的主要学术成就包括 5 个方面：土壤生物与养分循环转化、土壤碳循环与气候变化、碳氮等元素耦合作用及有机污染物降解、

氮循环过程及其生态环境效应、微生物资源利用和土地管理。高频关键词组合特征反映的热点问题为碳循环、氮循环、磷循环与菌根和微生物的关系（表13-1）。但无论是5个核心领域还是高频词反映的热点问题，都与土壤生物，尤其是微生物对碳、氮、磷等元素的生物地球化学循环转化密切相关。据此，以下分别按土壤碳循环、氮循环、磷循环、碳氮磷耦合的微生物学机理4个角度，对国际上相关的研究成果进行总结，其内容也覆盖了以上各研究热点领域。

（1）土壤碳循环的微生物学机理

在有机物残体分解方面，揭示了植物残体分解包括水解、发酵、同型乙酸化、共生和产甲烷等过程，其中涉及了多个功能菌群的分工和协作，不同功能菌群在不同分解阶段发挥作用（Tveit et al., 2013：299～311；贺纪正等，2015：57～72）。植物残体初期分解以真菌和革兰氏阴性菌为主，而革兰氏阳性菌和放线菌主导了残体的后期分解过程（Kong et al., 2011：20～30）。前期的活性碳组分的分解可能为后期难分解组分的分解提供了有效能源（Rui et al., 2009：20～30；Schneider et al., 2012：1749～1762）。作为反馈，外源底物纤维素对土壤微生物群落更替存在显著的诱导作用，利用纤维素进行富集培养过程，可诱导产生具有纤维素分解能力的新菌群（Eichorst and Kuske, 2012：2316～2327），显著提高编码纤维素生物分解酶的 *cbhI* 基因的表达（Baldrian et al., 2012：248～258）。在木质素含量高的植物残体中，白腐菌通过分泌漆酶作用，在木质素的分解中起着关键作用，而在木质素含量低时，白腐菌被其他菌群取代（Blackwood et al., 2007：1306～1316）。因此，除碳源、氮源的可利性外，多酚和木质素含量也影响着微生物对植物残体的分解速率，尤其以木质素与氮的比值影响最为显著（Vanlauwe et al., 2005：1135～1145）。此外，微生物对土壤有机碳（SOC）的固持、代谢和周转速率等研究一直是国内外学者关注的重点。研究发现SOC代谢速率和方向受土壤微生物群落结构、功能和多样性的影响（Reeve et al., 2010：1099～1107），而微生物群落结构主要受外源底物碳可用性影响（Blagodatskaya et al., 2009：186～197）。发现碳源虽然是土壤微生物活性的主要限制因子，但即使碳源受限时土壤微生物仍保持着强烈的获取可利用底物的能力（McFarland et al., 2010：175～191），并且微生物活性受限程度越高，对输入的活性碳源的同化作用越强，这种碳源"饥饿"使微生物具有迅速启动参与底物代谢的能力，是活性外源碳物质被同化形成土壤有机质的重要驱动因素（McFarland et al., 2010：175～191）。

微生物对土壤有机质的厌氧分解终产物为甲烷，生物源甲烷排放量可达全球大气甲烷排放总量的70%，尤其湿地和水稻土是 CH_4 排放的重要源。同时，土壤也是甲烷的天然消减器，在湿地、水稻土系统中，甲烷氧化菌每年氧化的甲烷约相当于这些环境中甲烷产生总量的一半。因此，微生物参与土壤有机质厌氧分解的过程以及甲烷产生和氧化的微生物学机理一直是国际学者关注的重点，近年取得一系列重要进展，揭示了厌氧条件下参与有机质降解和甲烷生成的微生物种群（贺纪正等，2015：107～128）；对有机质厌氧降解食物链的最终成员产甲烷古菌的研究也取得重要突破：如在水稻土中发现和分离培养了新型产甲烷古菌RC-I（后被命名为甲烷胞菌，即 *Methanocella*），并对其生态学和多样性进行了详细研究，发现RC-I能利用有机物，在排水、低温、有氧的条件下能够保持较高的甲基辅酶 M 还原酶基因（$McrA$）表达水平（Watanabe et al.，2009：276~285），使其在水稻田中占优势地位；利用稳定同位探针技术研究证实了 RC-I 在水稻根际甲烷形成过程中发挥了关键作用，并发现 RC-I 比其他氢型甲烷菌具有更高的细胞密度和甲烷产量（Lu and Conrad，2005：1088~1090；Conrad et al.，2008：657~669）；此外，也有研究表明 RC-I 在水稻土中乙酸、丙酸和丁酸的互营降解中都起关键作用（Lueders et al.，2004：73~78；Liu and Conrad，2010：2341~2354；Liu et al.，2011：3884~3887）。近年，还对从水稻土中分离获得的 3 株 RC-I 的纯培养物进行了基因组测序分析，为深入理解甲烷胞菌目适应水稻田环境的遗传学基础创造了条件（贺纪正等，2015：107~128）。这些有关甲烷产生机理的研究为优化湿地和稻田土壤管理，调控甲烷排放提供了重要理论依据。针对稻田土壤甲烷减排和调控，亚洲其他国家（地区）和我国学者开展了大量研究工作，发现合理的水分管理模式是减少甲烷排放最有效措施之一，并揭示了干湿交替管理减少稻田甲烷排放的微生物学机理（参见后面我国学者取得成就部分）。甲烷氧化菌方面，虽然过去的研究对甲烷氧化菌的种类和代谢特征等有了较丰富的认识，近年在新方法和技术的推动下，也取得许多重要突破，如发现淡水沉积物和水稻土中存在依赖于反硝化的厌氧甲烷氧化过程（Raghoebarsing et al.，2006：918~921；Hu et al.，2014：4495~4500），并发现反硝化甲烷氧化菌的富集培养物中含有完整的好氧甲烷氧化途径，同时还拥有一套除 N_2O 还原酶以外的所有反硝化元件（Ettwig et al.，2008：3164~3173；Ettwig et al.，2010：543~594），推测该类微生物可同时执行反硝化和好氧甲烷氧化两个过程。此外，还发现了属于疣微菌纲（$Verrucomicrobia$）的新型好氧甲烷氧化菌——甲基嗜酸菌（$Methylacidiphilum$）（Dunfield et al.，2007：879~882；Pol et al.，2007：817~874；Islam et al.，2008：300~304；Opden Camp et al.，2009：293~306），并对这些甲烷氧化菌的生理生化和遗传特征有了进一步的认识。这些发现显著拓宽了对好氧甲烷氧化菌多样性的认识。

此外，近年还发现土壤生物具有固定 CO_2 的能力，微生物通过固碳作用将大气 CO_2 封闭在 SOC 库中，可减缓温室效应（Yousuf et al.，2012：18~24）。除藻类以外，已知参与 CO_2 固定的兼性自养细菌包括厚壁菌门（$Firmicutes$）、变形菌门（$Proteobacteria$）、放线菌门（$Actinobacteria$）和拟杆菌门（$Bacteroidetes$）等（Yousuf et al.，2012：18~24）。通过对参与 CO_2 固定的关键酶 RubisCO 编码基因 $cbbL$ 的分析，发现不同土壤被 ^{14}C 标记的微生物量可达 SOC 的 0.12%~0.59%，意味着全球 1.4×10^8 km² 陆地土壤自养微生物每年固持的碳可达 0.6~4.9 Pg C，约占陆生系统 CO_2 年固定总量的 4%（Yuan et al.，2012：2328~2336）。我国学者对稻田土壤微生物的 CO_2 固定潜能以及功能微生物多样性研究也取得了重要进展，见国内成就部分。

（2）土壤氮循环的微生物学机理（固氮方面的成就主要在国内成就部分展开）

土壤氮的各个转化过程包括固氮作用、氨化作用、硝化作用和反硝化作用等都主要由微生物所驱动。近年来，国际上在氮的生物地球化学循环领域取得两个主要突破：一是发现了氨氧化古菌；另一个是发现了厌氧铵氧化作用（Anammox）。长期以来，细菌被认为是氨氧化过程的唯一执行者，2004 年以来，基于宏基因组学和富集培养的研究揭示了古菌也具有催化氨氧化的能力（Venter et al.，2004：66～74；Könneke et al.，2005：543～546），氨氧化古菌的发现突破了该传统理论，氨氧化古菌多样性、生理生态特征和对硝化作用的贡献在过去10年中成为氮循环研究的热点。通过大量分子生态学调查，逐步明确了氨氧化古菌（AOA）和氨氧化细菌（AOB）在各类环境中的多样性分布特征及驱动其群落结构变化的主要因子，发现在局域尺度上，不同施肥措施、不同土地利用方式、氮肥添加等都会影响氨氧化细菌和古菌的组成多样性及数量（贺纪正和张丽梅，2013：98～108；Shen et al.，2012；贾仲君等，2010：431～437）；而在大区域尺度上，土壤pH是影响氨氧化古菌和细菌分布的主要驱动因子，随着土壤pH增加，氨氧化古菌的丰度与多样性增加，其群落组成发生明显演变（Gubry-Rangin et al.，2011：21206～21211；Hu et al.，2013：1439～1449）。结合利用稳定性同位素探针技术和抑制剂等对其功能活性开展的研究发现，氨氧化古菌和氨氧化细菌具有明显的生态位分异特征，在高氮投入的pH中性和碱性的环境中，AOB是硝化作用的主要驱动者，而AOA主要在较苛刻的环境包括低氮、强酸性和高温的环境中发挥功能活性（Di et al.，2009：621～624；Jia and Conrad，2009：1658～1671；Zhang et al.，2010：17240～17245；Xia et al.，2011：1226～1236；Zhang et al.，2012：1032～1045；Lu et al.，2012：1978～1984）。此外，过去几年中，对氨氧化古菌纯培养的研究也取得突破，从海洋和土壤环境，尤其是酸性土壤中成功分离培养了数株氨氧化古菌，获得更多有关其生理代谢和遗传学特征的信息（张丽梅和贺纪正，2012：411～421），如发现第一株氨氧化古菌纯培养物海洋亚硝化短小杆菌（*Nitrosopumilus maritimus*）对氨的亲和力和利用效率显著高于已知的氨氧化细菌（Martens-Habbena et al.，2009：976～979），很好地解释了其适应极端寡营养环境条件的机理；从酸性土壤中成功富集培养到嗜酸氨氧化古菌阿伯丁土壤亚硝化细杆菌（*Nitrosotalea devanaterra*）（Lehtovirta-Morley et al.，2011：15892～15897），进一步证实了AOA在酸性土壤硝化过程中的重要作用。基因组学分析还揭示了氨氧化古菌具有独特的生理生化和遗传特征，如发现AOA同时含有CO_2的自养代谢途径和有机碳代谢途径，可进行混合营养型生长，以及不同于AOB的氨氧化途径使其在氨氧化过程消耗的能量更小（Hallin et al.，2009：597～605；Walker et al.，2010：8818～8823；Tourna et al.，2011：8420～8425）。这些发现分别从生态学、生理与遗传机制上相互解释和印证，深入地推进了对硝化作用的微生物学过程和机理的认识与理解，也揭示了以氨氧化古菌为代表的一类奇古菌在生态系统物质循环中的重要作用。最近的研究还发现硝化螺菌（*Nitrospira*）除能驱动硝化作用过程外，还可以催化氨氧化过程，首次揭示了同一种微生物可同时完成硝化作用的两个反应步骤（Daims et al.，2015：504～509）。

氮循环研究中的另一个重要突破是厌氧铵氧化过程（Anammox）的发现，Anammox过程指细菌在厌氧条件下以亚硝酸盐为电子受体将铵氧化为氮气的过程，主要由浮霉状菌目（*Planctomycetales*）的细菌所催化完成。该过程最早于1995年发现于废水生物反应器中，后来发现该过程是一些海域如黑海和Gulfo Dulce海的低氧水柱区氮素损失的主要途径，可达氮气损失的20%～40%，甚至可能更多（Dalsgaard et al.，2003：606～608；Kuypers et al.，2003：608～611）。近年来通过综合利用^{15}N示踪技术结合荧光原位杂交（FISH）和DNA分析等方法，证实了厌氧铵氧化细菌也广泛存在于淡水湿地和水稻土。我国学者率先揭示了湖泊岸边土壤是 Anammox 反应的热区,并揭示了我国水稻土壤中 Anammox 的多样性、活性分布特征和对 N_2 损失的贡献(详见国内成就部分)。

N_2O 是强效应的温室气体,硝化作用、反硝化作用和硝化微生物的反硝化作用过程都可能产生 N_2O。随着对全球气候变化的关注,近年对 N_2O 产生的微生物学机理研究也取得较多进展。越来越多的证据表明,硝化作用可能是 N_2O 排放的主要源头(Opdyke et al.,2009；Kool et al.,2011：174~178)。硝化作用中 N_2O 的产生可能有两种不同的机制：一是氨氧化微生物氧化 NH_3 至 NH_2OH 的过程中,N_2O 作为副产物释放；二是在氨氧化细菌的作用下 NO_2^- 被还原为 N_2O,这个过程被称为硝化微生物的反硝化作用(nitrifier denitrification),主要在低氧条件下发生。硝化作用中 N_2O 的产生可能是 N_2O 产生的最主要机制,并在氨氧化细菌纯培养体系中得到证实。最近,通过同位素双标记技术解析 ^{15}N 异构体在 N_2O 分子内的分配情况,证实了土壤中氨氧化古菌硝化作用过程对 N_2O 释放有重要贡献。此外,在氨氧化古菌模式菌株 *N. maritimus* SCM1 中还发现了编码亚硝酸盐还原酶的 *nirK* 基因,其在低氧条件下表现出较高的反硝化作用潜力(Walker et al.,2010：8818~8823；Loscher et al.,2010：2419~2429)。在海洋、土壤和淡水沉积物等环境中也检测到高丰度的奇古菌的 *nirK* 基因,暗示奇古菌也广泛参与了反硝化作用。此外,国际上对硝酸盐异化还原过程(DNRA)的研究也开始加强,发现一些厌氧铵氧化细菌如 *Kuenenia Stuttgartiensis* 也能进行 DNRA 作用(Kartal et al.,2007：635~642),DNRA 能够为厌氧铵氧化提供 NH_4^+,使 NH_4^+ 最终转变为 N_2 而损失,DNRA 与厌氧铵氧化过程耦合作用导致的氮损失甚至更多(Jensen et al.,2011：1660~1670)。以上这些发现一次次向人们展示了新技术的应用为微生物驱动元素循环的认识带来的巨大变革,极大地丰富了对土壤氮循环过程的知识积累和理论认知,为优化氮素管理、提高氮素利用率、减少温室气体排放提供了重要的理论依据和参考。

（3）土壤磷循环的微生物学机理

磷是植物生长的大量必需元素,大部分磷以不可利用的矿物态存在土壤中,生物有效性低。由于农业生产需要持续不断的磷投入,而世界上现有的磷储量远远低于农业需要量,磷被形容为一种正在消失的元素(Gilbert,2009：716~718),因此国际上对微生物解磷以及菌根真菌调节植物磷吸收的研究一直非常重视,近年也取得较多进展。在解磷菌方面,虽然世界各国学者从 20 世纪初期就开展了大量研究,分离收集了大量解磷菌株,部分菌株如巨大芽孢杆菌等被用于生物肥料生产,在多个国家得以应用。但有关溶磷菌的作用机理直到近年才有所突破,如通过土壤宏基因组学和微生物基因组学研究,破译了土壤磷溶解过程中起关键作用的微生物功能酶如葡萄糖脱氢酶和几丁质合成酶,以及土壤磷矿化过程中的关键酶碱性/酸性磷酸酶的编码基因(Richardson et al.,2011：989~996),使得利用这些基因的特异性引物来研究溶磷微生物的群落组成及其功能成为可能。对这些功能基因的研究发现,在接种和未接种磷细菌的土壤中均能检测到磷酸酶基因,但接种后显著提高了该基因的丰度(Jorquera et al.,2014：99~107)。

研究还发现，长期施用有机肥和粪肥可提高土壤中碱性磷酸酶基因的丰度，且基因丰度与酶活呈很好的相关性（Fraser et al.，2015：137～147）。此外，通过大量筛选和基因工程手段改良也获得了一些高解磷能力的菌种（Bunemann et al.，2012：84～95）。相信这些开创性的研究会很快带动和促进对土壤微生物解磷机理的认识及其应用研究。

自然界大约85%的植物种类和几乎所有的农作物能够形成丛枝菌根，菌根真菌庞大的根外菌丝网络不仅大幅度地延伸了根系吸收范围，促进植物对磷的吸收，同时还通过对土壤理化性质产生影响，促进难溶性无机磷的释放（Ryan et al.，2007：457～464），因此对菌根真菌的研究一直受到国内外学者的重视。目前有关菌根真菌吸收并向植物传输磷的生理和分子机制的研究已比较系统深入，如发现根外菌丝中表达的磷转运蛋白可能直接参与了从土壤中获取磷的过程（Fiorilli et al.，2013：1267～1277）；菌丝吸收的磷以聚磷酸盐颗粒形式向宿主植物的根部输送，在植物—真菌交换界面—丛枝结构—聚磷酸盐解体释放出磷酸根离子传输给根细胞（Hijikata et al.，2010：285～289）。近年的研究热点集中于菌根特异磷转运蛋白的克隆及功能机制，以及不同菌根真菌共生效率差异机制等（更多有关菌根真菌的研究进展可参见第11章"根际土壤—植物—微生物相互作用"）。此外，菌根真菌在促进植物吸收磷的同时，一方面提高了植物对各种逆境环境的胁迫，另一方面也促进植物从土壤中吸收其他微量元素如铜、锌等，因此菌根真菌也被广泛应用于土壤重金属的污染修复中。

（4）土壤碳氮磷耦合的微生物学机理

在土壤微生物的作用下，土壤中的有机质与氮、磷等元素通过各种氧化还原作用、络合溶解作用而发生耦合（Gruber and Galloway，2008：293～296）。近15年来，对碳氮磷循环的耦合过程和机制研究取得许多新的认识，发现土壤中碳氮磷比例控制不同生态系统中养分和能量的流向（Sinsabaugh et al.，2009：795～798），异养微生物同化碳氮磷的酶活性呈现固定的计量关系。在碳分解过程中，大量外加氮源可以明显地改变土壤细菌群落的组成，使胞外酶活性降低并转变为倾向分解活性碳的组分，有利于难分解碳库的保存，从而促进土壤碳的固存（Fontaine et al.，2011：86～96；Ramirez et al.，2012：1918～1927；Reid et al.，2012：580～590）。土壤中碳氮比也是影响微生物生长的重要因子，不同碳氮比底物条件对细菌和真菌产生不同程度的刺激，从而影响了其对底物的利用能力（Demoling et al.，2007：2485～2495）。

此外，通过借助同位素标记及微生物原位分析技术研究还发现，多种元素转化过程通过微生物的氧化还原反应发生耦联，如前面提到过的在淡水沉积物和水稻土中发现依赖于反硝化的厌氧甲烷氧化过程，在海洋沉积物中还发现存在由硫酸盐还原菌和未培养古菌（ANME）组成的互营复合体驱动的硫酸盐还原耦合厌氧甲烷氧化过程（Orphan et al.，2001：484～487；Milucka et al.，2012：541～546），这些耦合作用过程可能由同一类微生物所驱动，也可能由不同微生物通过紧密的互营共生关系共同催化完成。此外，铁作为土壤中大量存在的活性金属元素，铁的氧化还原不仅决定着铁对生物体的可利用性，还通过改变土壤氧化还原势调控着其他元素的氧化还原过程，因此铁的生物地球化学循环与碳、氮、硫等元素的循环与转化过程都密切相关，并直接影响着多种污染物的转化和降解（Borch et al.，2009：15~23）。在氧化还原电位较低的厌氧土壤中，微生物可利用硝酸盐为电子受体进行铁的厌氧氧化，发生依赖于硝酸盐的铁氧化过程，一些化能自养的细菌甚至包括厌氧铵氧化细菌可驱动该过程进行（Weber et al.，2006：686~694；Oshiki et al.，2013：4087~4093），在水稻土中，该过程调节着水稻磷和氮的吸收过程。厌氧条件下，微生物还可以 Fe（Ⅲ）为电子受体，在还原 Fe（Ⅲ）的同时将铵（NH_4^+）氧化为氮气（N_2），或亚硝酸盐（NO_2^-），或硝酸盐（NO_3^-），发生铁铵氧化过程，已发现湿地和热带森林土壤中存在着该过程（Yang et al.，2012：538~541），我国科学家也证实了该过程在水稻土中存在并对氮肥损失产生贡献（详见国内成就部分）。除 Fe-N 间的耦合作用外，铁还原菌可以利用芳香族化合物、苯甲酸以及甲苯等作为唯一碳源与能量来源，从而使得有机物降解，并生成 CO_2（Coates et al.，2001：581~588；Zhang et al.，2012：1032~1045），在这些有机物的降解过程中起着重要作用（Kunapuli et al.，2007：643~653）。

13.3 中国"土壤元素循环的生物驱动机制"研究特点及学术贡献

微生物是肉眼不可见的微小生命体，因此土壤微生物学的发展几乎完全依赖于方法的进步。过去 15 年中，我国土壤元素循环的生物驱动机制领域在研究方法方面取得了跨越式发展，已经形成了土壤微生物数量、组成与功能研究的基本技术体系；在研究内容方面以前所未有的广度和深度拓展，超越了传统细菌、真菌和放线菌的表观认识，研究对象从单一的农田生态系统拓展到几乎所有的自然与人为陆地生态系统类型；研究内容从传统细菌、放线菌和真菌分类为基础的微生物区系调查及单纯的作物增产应用研究，深入到土壤微生物在农业、环境和生态等领域重大问题的基础与应用基础研究。特别围绕生物介导的碳氮磷关键土壤元素生物地球化学过程及其微生物机制，针对土壤重要功能生物资源发掘、土壤环境污染、土壤养分转化和全球变化等热点问题，将传统土壤微生物过程表观动力学的描述性研究，推进到了分子、细胞、群落与生态系统等不同尺度下的多层次立体式系统认知水平。在土壤有机质分解、土壤元素转化、土壤温室气体排放和污染环境生物修复等方面开展了系统性的研究工作，取得了显著的进展，推动了我国在该领域的知识积累与理论水平，为进一步提升我国土壤微生物等交叉学科的应用基础研究和理论创新能力奠定了坚实的基础。

13.3.1 近 15 年中国该领域研究的国际地位

过去 15 年，国际上不同国家和地区在土壤元素循环的生物驱动机制研究领域都取得了许多进展。表 13-2 显示了 2000~2014 年该研究领域 SCI 论文数量、篇均被引数量和高被引论文数量 TOP20 国家和地区。近 15 年 SCI 论文发表总量 TOP20 国家和地区，共计发表论文 43 724 篇，占所有国家和地区发文总量的 85.0%（表 13-2）。从不同的国家和地区来看，近 15 年 SCI 论文发文数量前两位的国家是美国和中国，分别发表 9 103 篇和 4 835 篇；排在第 3、4 位的分别是德国和印度，发文量合计约 5 500 篇；英国、加拿大、法国和西班牙的发文量合计 7 100 余篇，分别位列第 5~8 位（表 13-2）。TOP20 国家和地区总体发表 SCI 论文情况随时间的变化表现为：与 2000~2002 年发文量相比，2003~2005 年、2006~2008 年、2009~2011 年和 2012~2014 年发文量分别是 2000~2002 年的 1.2 倍、1.6 倍、2.0 倍和 2.6 倍，表明国际上对于土壤生物与元素循环研究呈现出快速增长的态势。此外，从表中可看出过去 15 年中，美国在该领域中的发文量一直占据领先地位并平稳发展，中国在该领域的增长速度最快，2012~2014 年发文量是 2000~2002 年的 24.0 倍，并从 2000~2002 年时段的全球第 15 位，上升到 2012~2014 年时段的第 1 位，略高于美国。

从不同国家 SCI 论文篇均被引次数和高被引论文数量的变化可以看出各个国家研究成果的影响程度和被世界认可程度。从表 13-2 可以看出，近 15 年土壤元素循环的生物驱动机制领域全世界 SCI 论文篇均被引次数为 20.7 次；2000~2002 年、2003~2005 年、2006~2008 年、2009~2011 年和 2012~2014 年全世界 SCI 论文篇均被引次数分别是：44.5 次、37.7 次、26.9 次、15.6 次和 4.6 次。近 15 年 SCI 论文篇均被引总次数居全球前 5 位的国家依次是英国、荷兰、美国、瑞典和瑞士，同时，这 5 个国家在各个时段 SCI 论文篇均被引次数均高于全世界 SCI 论文篇均被引次数，表明上述国家的研究成果在本领域的影响力较强（表 13-2）。中国学者 SCI 论文篇均被引次数排在全球第 28 位，2000~2014 年 SCI 论文篇均被引次数仅为 10.1 次，明显低于全世界 SCI 论文篇均被引次数。这说明，中国学者在土壤元素循环的生物驱动机制研究领域的研究成果尚不能得到国际同行的广泛认可，影响力还较弱。从高被引论文数量来看，近 15 年全世界 SCI 高被引论文总量为 2 186 篇，其中，2000~2002 年、2003~2005 年、2006~2008 年、2009~2011 年和 2012~2014 年全世界 SCI 高被引论文数量分别是：245 篇、309 篇、420 篇、532 篇和 677 篇。近 15 年来，高被引论文数量最多的国家是美国，共计 865 篇，远远高于世界上其他国家（或地区）。同时，在各子时段内，美国也是世界上高被引论文数量最多的国家。排名第 2 位的国家是英国，高被引论文总量为 234 篇。中国高被引论文总量仅为 52 篇，排名第 9 位，与美国、英国和德国等国家还存在较大差距。但是，中国在 2000~2002 年、2003~2005 年、2006~2008 年、2009~2011 年和 2012~2014 年 SCI 高被引论文数量分别是：1 篇、2 篇、13 篇、29 篇和 75 篇，呈迅速增长趋势，说明中国学者 SCI 论文的质量正在快速提高。从 SCI 论文数量、篇均被引次数和高被引论文数量的变化趋势来看，**中国在国际土壤元素循环的生物驱动机制研究领域的活力和影响力快速上升，越来越多的研究成果受到国际同行的关注。**

热点关键词的时序变化图可以反映近 15 年来土壤元素循环的生物驱动机制研究热点的演化。图 13-2 显示了 2000~2014 年该领域 SCI 期刊中外高频关键词对比及时序变化。论文关键词的词频在一定程度上反映了研究领域的热点。从图 13-2 左边热点关键词上标注的词频数及关键词下面标注的百分比可以看出，随时间演进，全球作者发表 SCI 文章数量明显增加，关键词词频

表 13-2 2000～2014 年 "土壤元素循环的生物驱动机制" 领域发表 SCI 论文数及被引频次 TOP20 国家和地区

排序[①]	国家（地区）	SCI 论文数量（篇） 2000~2014	2000~2002	2003~2005	2006~2008	2009~2011	2012~2014	国家（地区）	SCI 论文篇均被引次数（次/篇） 2000~2014	2000~2002	2003~2005	2006~2008	2009~2011	2012~2014	国家（地区）	高被引 SCI 论文数量（篇） 2000~2014	2000~2002	2003~2005	2006~2008	2009~2011	2012~2014
	世界	43 724	4 917	6 193	8 409	10 646	13 559	世界	20.7	44.5	37.7	26.9	15.6	4.6	世界	2 186	245	309	420	532	677
1	美国	9 103	1 328	1 670	1 940	1 965	2 200	英国	34.8	57.2	55.2	39.9	23.7	7.5	美国	865	108	134	162	170	207
2	中国	4 835	104	273	619	1 341	2 498	荷兰	34.0	66.9	42.6	47.4	24.8	7.8	英国	234	23	40	42	54	48
3	德国	2 985	469	506	568	686	756	美国	31.3	58.5	50.2	34.3	21.4	6.7	德国	201	31	30	33	47	48
4	印度	2 506	188	238	443	665	972	瑞典	29.9	56.1	42.2	32.9	23.7	7.3	澳大利亚	103	14	13	18	37	31
5	英国	2 081	365	361	421	483	451	瑞士	29.7	59.7	53.6	37.7	25.8	6.5	法国	98	9	16	20	25	29
6	加拿大	1 796	259	297	350	415	475	挪威	29.1	37.4	41.4	48.6	16.2	6.1	加拿大	85	9	10	17	17	20
7	法国	1 692	221	258	348	375	490	德国	27.6	53.8	42.1	30.7	20.6	5.9	荷兰	70	13	3	22	19	22
8	西班牙	1 561	131	216	311	398	505	奥地利	25.9	34.0	45.3	35.0	27.2	7.4	瑞典	62	6	8	14	14	24
9	巴西	1 542	99	160	301	414	568	丹麦	25.0	38.2	35.7	27.5	15.4	5.9	中国	52	1	2	13	29	75
10	澳大利亚	1 526	212	217	299	321	477	新西兰	25.0	34.8	43.2	25.0	22.7	5.9	西班牙	51	6	6	12	10	31
11	日本	1 506	201	283	297	335	390	法国	24.9	45.7	39.9	34.6	19.2	5.2	瑞士	47	5	10	10	14	17
12	意大利	992	84	123	218	260	307	澳大利亚	24.3	46.8	36.5	30.0	23.6	5.6	印度	41	3	7	10	8	18
13	荷兰	778	118	120	157	177	206	比利时	23.8	42.5	43.6	26.8	21.9	6.3	丹麦	35	1	3	4	4	7
14	瑞典	756	106	147	164	156	183	加拿大	21.0	37.0	34.5	27.0	14.9	4.7	意大利	30	2	4	6	8	12
15	韩国	649	48	101	113	182	205	爱尔兰	20.2	38.0	42.0	28.2	16.4	4.9	日本	29	2	2	3	8	4
16	俄罗斯	621	108	92	132	145	144	以色列	20.2	39.6	30.0	20.6	14.9	4.8	新西兰	29	1	4	4	13	11
17	瑞士	610	58	90	121	157	184	芬兰	19.2	35.0	25.8	19.2	13.3	4.1	奥地利	22	2	5	3	8	11
18	丹麦	575	125	126	106	97	121	西班牙	18.6	39.0	32.0	28.3	14.0	5.2	巴西	21	2	1	5	12	4
19	波兰	560	38	47	99	146	230	意大利	16.5	34.5	36.6	20.4	12.6	4.1	比利时	21	3	1	3	5	12
20	新西兰	512	95	100	82	104	131	中国（28）[②]	10.1（28）	26.1（28）	21.9（32）	22.1（20）	12.7（20）	3.8（24）	墨西哥	14	2	0	3	0	4

注: ①按 2000~2014 年 SCI 论文数量、篇均被引次数、高被引论文数量排序; ②括号内数字是中国相关时段排名。

总数不断提高，前 15 位关键词词频总数均大于 1 000 次，且均随着时间的演进稳步增加；微生物生物量（microbial biomass）、有机质（organic matter）和氮（nitrogen）的词频总数均超过 2 000 次，森林（forest）、土壤呼吸（soil respiration）的词频总数超过 1 500 次，这些关键词在各时段的关注度均较高（图 13-2）；在 2000～2002 年和 2003～2005 年中，关键词土壤酶（soil enzymes）在前 15 位高频关键词中受关注度最低，但在之后的各时段中关注度有所上升。总体来说，图 13-2 左侧关键词统计结果反映出，国际上土壤元素循环的生物驱动机制领域研究热点包括了以围绕土壤微生物（AMF, bacterium）驱动的碳氮循环（carbon，nitrogen）为中心的有关土壤养分转化机制（organic matter，phosphorus，soil enzymes，nutrient）、碳的固持和分解（microbial biomass，forest，soil respiration，decomposition）、重金属（metal）和污染物的生物降解与修复（biodegradation，bioremediation）等方向。

由图 13-2 右边热点关键词上标注的词频数及关键词下面标注的百分比可知，中国作者发表 SCI 文章数量随时间演进明显增加，关键词词频总数不断提高，尤其在 2009～2011 年和 2012～2014 年两个时段明显，但明显低于全球作者关键词词频。词频总数最多的是微生物生物量（microbial biomass），词频总数为 306 次，其次为生物降解（biodegradation，213 次）、土壤

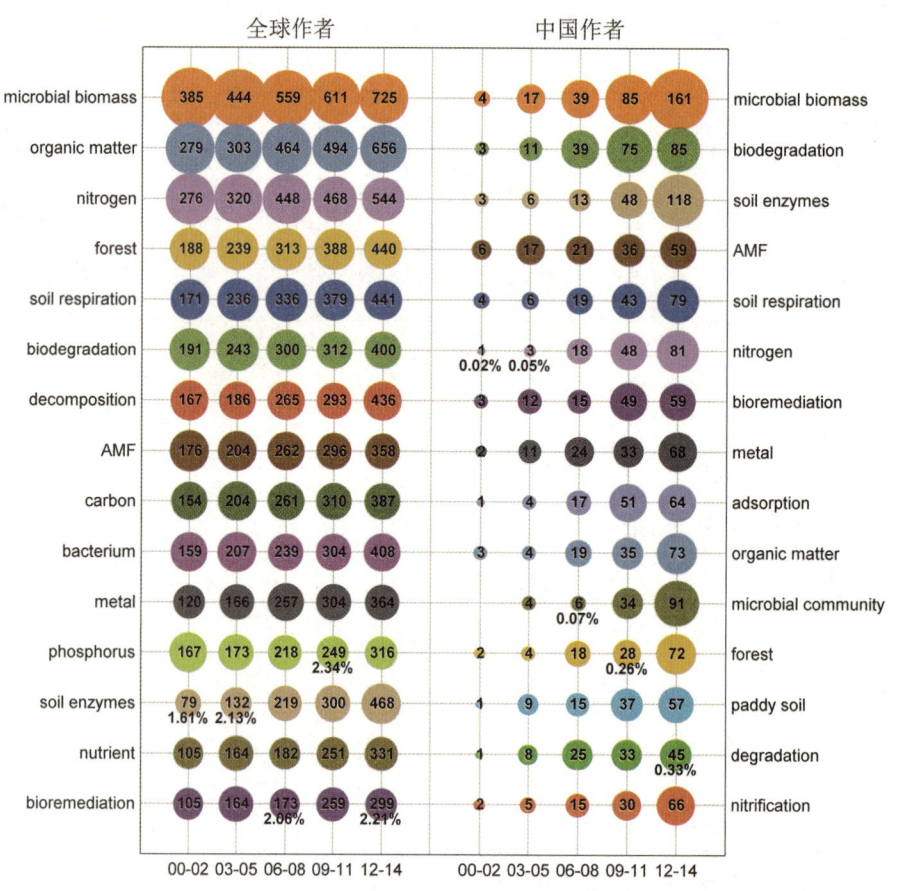

图 13-2　2000～2014 年"土壤元素循环的生物驱动机制"领域 SCI 期刊全球及中国作者发表论文高频关键词对比

酶（soil enzymes，188 次）、丛枝菌根（AMF，139 次）、土壤呼吸（soil respiration，151 次）和氮（nitrogen，151 次）等。除以上排名前 6 位的中国作者发表 SCI 论文热点关键词外，中国与全球学者发表 SCI 文章均出现的前 15 位热点关键词还有：生物修复（bioremediation）、金属（metal）、有机质（organic matter）、森林（forest）（图 13-2），反映了国内学者与国外学者的研究热点总体一致。除上述全球学者和中国学者共有的关键词外，从图 13-2 可以看出，全球学者发表 SCI 文章高频热点关键词还有磷（phosphorus）、碳（carbon）、腐解（decomposition）、细菌（bacteria）、养分（nutrient）这说明**国际上对土壤碳循环过程的研究更精细，并且更重视对土壤磷循环的研究**；与全球学者所关注的热点领域不同，中国学者发表 SCI 论文出现的高频关键词吸附（adsorption）、微生物群落（microbial community）、水稻土（paddy soil）、降解（degradation）和硝化作用（nitrification），说明**中国学者更加关注具有我国特色的水稻土系统，以及土壤中氮素的转化过程和物质的吸附与迁移转化过程**，与我国水稻栽培管理、氮肥大量使用和高强度农业生产活动密切相关。此外，受微生物分子生态学研究方法和技术的推动，关键词微生物群落（microbial community）在 2003～2005 年时段开始成为中国作者 SCI 论文中出现的高频词，说明在这时期微生物分子生态学研究方法和技术在我国被广泛推广和应用，我国学者开始注重对参与土壤过程转化的微生物的研究。

13.3.2 近 15 年中国该领域研究特色及关注热点

利用土壤生物与元素循环相关的中文关键词制定中文检索式，即：(SU= '微生物' or SU='动物') and (SU= '元素' or SU= '循环' or SU= '碳循环' or SU= '氮循环' or SU= '解磷' or SU= '解钾' or SU= '土壤' or SU= '有机质' or SU= '甲烷' or SU= '氮肥' or SU= '纤维素' or SU= '秸秆' or SU= '钾肥' or SU= '磷肥')，从 CNKI 中检索 2000～2014 年本领域的中文 CSCD 核心期刊文献数据源。图 13-3 为 2000～2014 年土壤元素循环的生物驱动机制领域 CSCD 期刊论文关键词共现关系，可大致分为 5 个相对独立的研究聚类圈，在一定程度上反映了近 15 年中国该领域的核心研究方向，主要包括：**土壤生物与养分转化、土壤碳氮循环与气候变化、土壤生物多样性与土壤质量、有机物的生物降解、水稻土和红壤养分转化与管理** 5 个方面。其中前 3 个聚类圈代表的研究方向与国际 SCI 期刊论文关键词聚类图代表的主要研究方向一致，均关注土壤生物驱动的养分循环、碳氮循环与全球气候变化及污染物迁移转化等的关系。此外，水稻土与红壤养分循环转化和管理、农药和抗生素降解是中国学者更关注的研究方向，代表了我国的研究特色。从聚类圈中出现的关键词可以看出，近 15 年土壤元素循环的生物驱动机制研究的主要热点问题如下。

（1）土壤生物与养分转化

图 13-3 聚类圈中出现的主要关键词有土壤养分、施肥、氮肥、有机肥料、氮、氨态氮、硝态氮、土壤有机碳、土壤微生物生物量碳、凋落物、土壤呼吸、小麦、水稻、森林、有机质、土壤微生物区系、微生物生长和代谢、菌根真菌、生物结皮、土壤动物、微生物菌剂等。这些

关键词反映了土壤微生物和动物驱动土壤固氮、有机质分解转化和控制氮素有效性的作用机制及其环境效应,是近15年中国学者关注的重点之一。此外,与植物生长和产量相关的生物因素,如根际微生物、根际效应和土壤连作障碍等也是我国学者关注的研究内容。

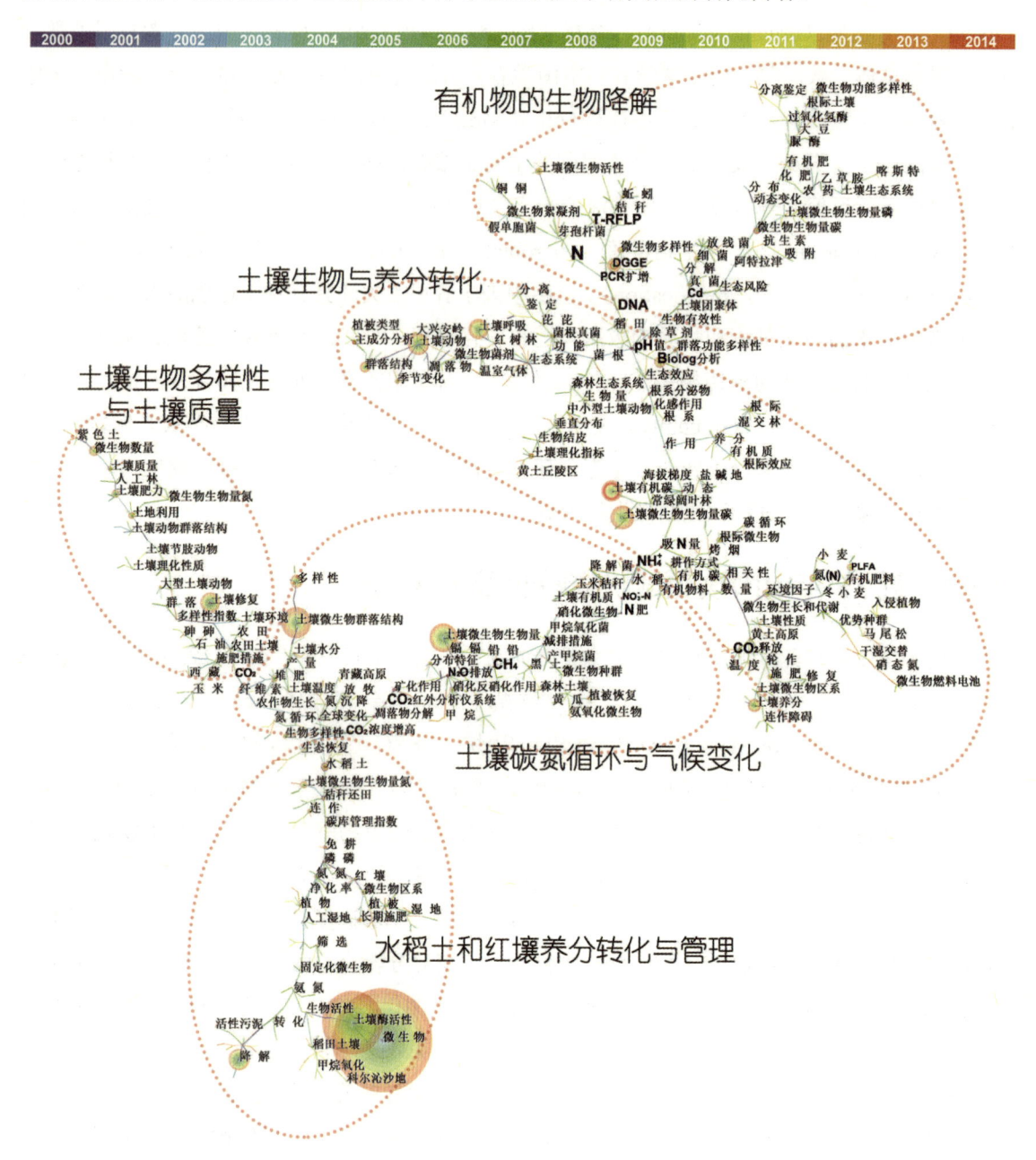

图 13-3 2000~2014 年"土壤元素循环的生物驱动机制"领域 CSCD 期刊论文关键词共现关系

(2)土壤碳氮循环与气候变化

该聚类圈中出现的主要关键词有土壤微生物生物量、土壤微生物群落、多样性、N_2O 排放、CH_4、CO_2、全球变化、CO_2 浓度升高、氮沉降、土壤温度、土壤水分、矿化作用、硝化作用、反硝化作用、硝化微生物、氨氧化微生物、甲烷氧化菌、产甲烷菌、微生物种群、土壤有机质、玉米秸秆、减排措施、作物生长等（图 13-3）。这些关键词反映出碳氮循环过程导致的温室气体排放及其产生机理、气候变化因子（CO_2 浓度升高、氮沉降、温度水分变化）对土壤碳氮循环和作物生长的影响是我国学者十分重视的研究热点。同时，我国学者也在积极探索减少温室气体排放的土壤管理和利用方式。

（3）土壤生物多样性与土壤质量

该聚类圈中出现的主要关键词包括土壤修复、土壤环境、砷、石油、土壤质量、土壤肥力、土地利用、土壤理化性质、微生物数量、微生物生物量氮、多样性指数、土壤动物群落结构、土壤节肢动物、大型土壤动物等，表明利用土壤微生物和动物多样性及群落结构变化来评价土壤质量、土壤污染和肥力也是我国学者重点关注的内容，力求从微观和宏观（食物链）的角度，对土壤质量状况和污染水平进行更全面、系统的评价。

（4）有机物的生物降解

这个聚类圈中出现的主要关键词包括农药、乙草胺、抗生素、阿特拉津、除草剂、吸附、生态风险、生物有效性、微生物功能多样性、过氧化氢酶、脲酶、土壤微生物量碳/磷、放线菌、细菌、真菌、蚯蚓、芽孢杆菌、假单胞菌、土壤微生物活性等，还出现化肥、有机肥以及研究微生物群落，相关的分子生态学技术包括 PCR 扩增、DGGE、T-RFLP 等，反映出中国学者对当前我国集约化农业生产高肥料和农药投入带来的生态风险给予了重点关注，并积极探索农药、除草剂、抗生素的生物降解机理和发展应用技术。

（5）水稻土和红壤养分转化和管理

该聚类圈中出现大量与稻田土壤、湿地和红壤养分转化相关的关键词：稻田土壤、水稻土、（人工）湿地、红壤、降解、土壤酶活性、微生物、甲烷氧化、转化、氨氮、长期施肥、免耕、秸秆还田、磷、微生物生物量氮等，反映出我国学者对具有我国特色的水稻土和红壤地区的碳、氮、磷养分的循环转化机制及管理方面给予了较高的关注，代表了我国的研究特色。

分析中国学者 SCI 论文关键词聚类图，可以看出中国学者在土壤元素循环的生物驱动机制研究中步入世界前沿研究领域，并在水稻土和红壤元素循环转化方面形成鲜明的特色。2000~2014 年中国学者 SCI 论文关键词共现关系（图 13-4）可以大致分为 4 个研究聚类圈，分别为**元素转化过程与气候变化、土壤生物与碳氮养分有效性、土壤污染背景下的营养元素循环转化、水稻土和酸性红壤碳氮循环**。①元素转化过程与气候变化。该聚类圈出现的主要关键词有土壤酶（soil enzymes）、碳（carbon）、有机碳（organic carbon）、作物残留（crop residue）、氮（nitrogen）、氮循环（nitrogen cycle）、磷酸盐（phosphate）、铁（Fe）、生态系统（ecosystem）、微生物/土壤微生物（soil/microorganism）、群落结构（community structure）、细菌多样性（bacterial diversity）、固氮作用（nitrogen fixation）、生物结皮（soil biological crust）、菌根（mycorrhizae）、芽孢杆菌（*Bacillus sp.*）、古菌（archaea）、氨单加氧酶基因丰度（*amoA* gene abundance）、反硝化微生物（denitrifiers）、硫酸盐还原菌（sulfate reducing bacteria）、变暖（warming）、气候变化（climate change）、CO_2 浓度升高（elevated carbon dioxide）、CO_2 通量（CO_2 flux）、N_2O、N_2O 通量（N_2O flux）、施肥（fertilization）、温度（temperature）以及研究土壤微生物群落结构的方法，如 DGGE、RFLP 等（图 13-4），表明土壤生物驱动的有机碳分解和氮循环过程对温室气体排放的贡献，碳、氮、铁、磷、硫等元素转化过程及参与转化的功能微生物对变暖、CO_2 浓度增高等气候变化因子的响应和适应机制是我国学者重点关注的研究内容。②**土壤生物与碳氮养分有效性**。从图 13-4 可以看出，该研究方向主要围绕微生物群落（microbial community）

图 13-4　2000～2014 年"土壤元素循环的生物驱动机制"领域中国作者 SCI 期刊论文关键词共现关系

对有机质的降解、氨氧化微生物（ammonia oxidizing bacteria，ammonia oxidizing archaea）与氮的可利用性等开展，研究对象包括森林（forest）、作物（wheat）、草地（grassland）、黄土高原（Loess Plateau）等。③**土壤污染背景下的营养元素循环转化**。该聚类圈中出现的主要关键词有生物修复（bioremediation）、生物降解（biodegradation）、污染土壤（soil pollution）、芘（pyrene）、菲（phenanthrene）、污染（pollution）、金属（metal）、铜（Cu）、锌（Zn）、四环素（tetracycline）、土壤呼吸（soil respiration）、代谢熵（metabolism entropy）、有机质（organic matter）、氮（nitrogen）、矿化作用（mineralization）、硝化作用（nitrification）、反硝化作用（denitrification）、磷（phosphorus）、磷酸酶（phosphatase）、菌根（mycorrhizae）、微生物生物量（microbial biomass）、微生物活性（microbial activity）、土壤微生物群落（soil microbial community）、微生物群落结构（microbial community structure）、PLFA（phospholipid fatty acid）、生物标志物（biomarker）、土壤动物（soil fauna）、蚯蚓（earthworm）、土壤肥力（soil fertility）、养分（nutrient）等，表明在土壤污染条件下以及污染土壤的修复和改良过程中，微生物驱动的养分循环转化以及土壤肥力和养分状况也是中国学者重点关注的研究热点。此外，管理（management）、作物管理（crop management）、堆肥（compost）、厩肥（barnyard manure）、复垦（reclaimation）等关键词也出现在这个聚类圈中，表明通过提高土地管理和积极采取有机肥施用等措施提高土壤微生物活性以辅助土壤污染修复和改良也受到中国学者的重视和采用。④**水稻土和酸性红壤碳氮循环**。该聚类图中出现的主要关键词包括水稻土（paddy soil）、酸性土壤（acidic soil）、红壤（red soil）、湿地（wetland）、微生物生物量碳（microbial biomass carbon）、土壤有机碳（soil organic carbon）、腐解（decomposition）、土壤酶活（soil enzyme activity）、土壤特征（soil property）、土壤质量（soil quality）、土壤含水量（soil water content）、长期施肥（long term fertilization）、秸秆（straw）、有机肥（manure）、氮（nitrogen）、氨（ammonia）、水稻（rice）、产量（yield）、细菌群落（bacterial community）、甲烷氧化（methane oxidation）、甲烷产生（methane production）、硝化微生物（nitrifiers）、产甲烷菌（methanogens）、线虫（nematode）、土壤污染（soil pollution）、修复（remediation）、还原（reduction）、多环芳烃（PAHs）、砷（arsenic）、镉（Cd）等，表明这个方向关注的重点为水稻土不同水肥管理措施下土壤固碳功能和 CO_2 释放通量、甲烷氧化和产生过程的微生物机制等；此外，酸性红壤中施肥、重金属砷/镉和多环芳烃污染对土壤微生物、动物群落的影响等也是我国学者关注的重点。水稻土和红壤相关的研究代表了我国特色的研究领域与方向。

总体来看，中文文献体现的研究热点与国际研究前沿一致，即持续关注土壤生物对养分的循环转化机制及其生态环境效应，重视全球气候变化背景下土壤碳氮循环研究以及土壤碳氮循环过程对温室气体的产生机制和减排措施等热点问题。此外，我国学者还重点关注了土壤生物多样性与土壤质量、农药和除草剂等污染物的生物降解与修复、水稻土和红壤养分转化机制与管理，体现了本领域中我国学者的研究方向充分考虑了国家在**提高养分利用率、减少农业面源污染、固碳减排以及土壤污染修复和改良**等多方面的需求，并根据我国的区域特色，在**稻田土壤和红壤的固碳机制、微生物参与碳氮循环转化的机制**方面形成鲜明的研究特色。

通过比较中国学者 SCI 论文研究内容与国际学者 SCI 论文研究内容，可以发现我国学者与国际同行在土壤元素循环的生物驱动机制研究领域既具有一致性又有局限性。一致性主要表现在：①研究内容上都十分关注土壤生物在养分循环中的作用和转化机制、土壤碳氮循环和全球气候变化以及元素生物地球化学循环的生态环境效应；②研究方法与技术上都强调同位素示踪和现代土壤微生物分子生态学等技术。差异性和不足主要体现在：国际学者对土壤元素循环的生物驱动机制中各个方向的研究更系统和深入，而我国学者开展的工作相对零散并多头进行。如我国学者发表的 SCI 关键词共现关系聚类图提取的四个研究方向中，除具有我国特色的水稻土和酸性红壤碳氮循环研究外，另 3 个主题方向，即元素转化过程与气候变化、土壤生物与碳氮养分有效性、土壤污染背景下的营养元素循环相互交织和渗透，不利于对某一个方向的深入。此外，从国内外 SCI 论文被引用情况统计来看，虽然我国在该领域的发文量位居世界第 2 位，但篇均被引次数和高引论文数量离发达国家还有较大差距，这与我国整体研究力量较薄弱，许多研究以跟进研究为主，原创研究较少，研究技术方面也以跟进为主，一些依赖于研究技术推动的工作具有一定滞后性等有关。

13.3.3　近 15 年中国学者该领域研究取得的主要学术成就

图 13-3 表明近 15 年针对土壤元素循环的生物驱动机制研究，中文文献关注的热点领域主要包括土壤生物与养分转化、土壤碳氮循环与气候变化、土壤生物多样性与土壤质量、有机物的生物降解、水稻土和红壤养分转化与管理 5 个方面。中国学者关注的国际热点问题主要包括元素转化过程与气候变化、土壤生物与碳氮养分有效性、土壤污染背景下的营养元素循环、水稻土和酸性红壤碳氮循环 4 个方面（图 13-4）。针对上述核心领域，我国学者开展了大量研究，在以下 5 个方面取得重要成就：①土壤碳循环的微生物学机制；②土壤氮循环的微生物学机制；③土壤碳氮铁耦合作用机制；④菌根在土壤养分吸收转化和土壤污染修复中的作用机理及应用；⑤土壤微生物驱动的元素转化与土壤污染和修复。其中，第④、⑤部分参见本书有关根际环境和植物相互作用、土壤重金属和有机物污染与修复部分，以下主要介绍我国学者在土壤碳循环和氮循环关键过程的微生物学机制方面取得的成就，其中也囊括了具有我国研究特色的水稻土和红壤碳氮循环过程及微生物机制方面的主要成就。

（1）土壤碳循环的微生物学机制

近年来，我国学者从不同角度与层次对土壤有机碳的分解和固定、甲烷的产生和消耗机制等进行了大量研究，取得一系列进展。在土壤有机质分解和转化方面，发展了土壤微生物生物量和微生物量碳周转速率的测定方法，在此基础上揭示了我国土壤微生物总体生物量碳和养分储量的特征及关键影响因素（宋长青等，2013：1087～1105），如发现水稻土中有机碳矿化率显著低于旱地土壤，且发现外源有机碳输入对"原有"有机碳矿化具有"阻滞效应"，从而有利于维持稻田土壤的碳汇功能（Ge et al., 2012：39～46）。发展了对微生物核酸和残留标识物（如氨基糖）标记的同位素示踪技术，用于揭示微生物在土壤有机碳循环转化中的功能和作用机制，如 He 等发现不同土壤微生物类群对活性碳源的利用存在强烈的竞争作用，从而使微生物代谢过程出现时间上的分异，改变了微生物的群落结构，在碳周转过程中产生"接替效应"等（He et al., 2011a：1155~1161；2011b：144~152）。利用同位素示踪技术，还揭示了细菌和真菌在秸秆降解过程中，真菌对植物残体碳利用能力在初始较强，随着碳源活性变化，微生物群落结构和活性发生变化而出现"接替效应"，难分解底物的存在有利于微生物多样性（Ding et al., 2011：1968~1974）等。在土壤有机质积累和固碳的微生物机理方面也取得新的进展，揭示了芽孢杆菌在土壤有机质积累中的贡献（Feng et al., 2015：186~194），发现我国农田土壤中存在大量光合营养型和化能自养型固碳微生物，其中化能自养型微生物的固碳量可达土壤有机碳的 0.12%~0.59%（Yuan et al., 2012：2328~2336；Wu et al., 2014，98：2309~2319），并发现固碳微生物的群落组成和固碳能力主要受 pH 控制（Long et al., 2015：7152~7160），这些研究揭示了微生物在土壤同化固碳中的重要作用和土壤的固碳潜力，为通过调整土壤管理和作物制度调控土壤微生物固碳过程而提升土壤碳固持提供了指导依据。

土壤既是甲烷的重要排放源，又是甲烷的天然消减器。近 15 年来，我国学者对水稻土有机质厌氧降解产生甲烷以及甲烷氧化过程的微生物机制开展了大量研究工作，取得许多重要成果。如陆雅海等利用稳定性同位素探针技术首次证实了水稻根际的 RC-I 型古菌在甲烷形成过程中起着关键作用（Lu and Conrad, 2005：1088~1090），并发现这类古菌在水稻土乙酸、丙酸和丁酸的互营降解中都起到关键作用，且具有适应低氢条件的能力和抗氧选择性优势。他们还从中国水稻土中成功分离获得一株 RC-I 纯培养物 *Methanocella conradii* HZ254（Lü and Lu, 2012a）并进行了全基因组测序。在土壤甲烷氧化过程方面，我国学者也开展了大量工作，揭示了我国旱地及稻田土壤甲烷氧化菌的多样性和甲烷氧化潜能的差异与影响因素，发现了施肥管理和干湿交替管理对稻田甲烷的减排效应及其微生物学机理（Yue et al., 2005：293~301；Ma and Lu, 2011：446~456；Ma et al., 2012：445~454）。此外，我国学者还在湿地系统和水稻土中发现了依赖于硝酸盐还原的厌氧甲烷氧化过程（N-DAMO），该过程对甲烷氧化的贡献率可达 1.0%~9.5%，并揭示了驱动该过程的关键功能微生物及其影响因子（Shen et al., 2014：7611~7619；Hu et al., 2014：4495~4500）。这些研究为调控稻田甲烷产生和排放提供了理论基础，这些成果也引起国际学者的广泛关注。

（2）土壤氮循环的微生物学机制

过去 15 年中，我国学者对氮的主要循环过程，包括生物固氮作用、硝化作用、反硝化作用和厌氧铵氧化作用的过程和机理研究，始终保持高度重视，也取得了一系列创新性成果。生物固氮研究继陈华癸先生等老一辈科学家的开创性研究之后，近年来也取得斐然成绩，如在陈文新院士的带领下，分离保存了 5 000 多株根瘤菌，发现了 2 个根瘤菌新属、8 个新种，占近 20 年国际上发表的根瘤菌新属的一半、新种的 1/3，为我国积累了宝贵的根瘤菌资源和研究材料（陈文新等，2002：6~12）。在根瘤的形成机制和根瘤菌的遗传机理等研究方面也取得重要发现，发现我国特有的华癸中慢生根瘤菌碳代谢与固氮及氮代谢的基因表达调节之间存在着耦联关系

(Tian et al.,2012：8629～8634)。通过比较基因组学研究，发现大豆慢生根瘤菌的核心基因组随机地分布于脂代谢和次级代谢途径中，而中华根瘤菌属的大豆根瘤菌核心基因组中含有许多与适应碱性条件和渗透压的基因等，这些发现大大增加了人们对于根瘤菌固氮的遗传机理和生态分布机制等的认识（Tian et al.，2012：8629～8634；Young et al.，2006），为根瘤菌资源的应用提供重要的理论和指导依据。此外，我国学者还研制了田间密闭智能植物生长系统，结合 $^{15}N_2$ 标记技术，揭示了水稻种植不仅能促进稻田异养固氮，也能促进光合自养固氮，并发现约 50%的稻田生物固氮被当季水稻吸收，而且异养生物固氮被当季水稻吸收利用率达 70%，该研究成果为拓展稻田生物固氮研究奠定了基础（Bei et al.，2013：25～31）。

国际上有关氨氧化微生物的研究在 2005 年左右取得重要突破，发现古菌也能催化氨氧化过程，我国学者对氨氧化微生物多样性及其功能作用的研究几乎与国际同步，取得以下成就。①通过大量分子生态学调查，明确了氨氧化古菌（AOA）和氨氧化细菌（AOB）在各类环境中的多样性分布特征及驱动其群落结构变化的主要因子。如我国学者在 2007 年首次报道了我国酸性红壤中存在大量氨氧化古菌，长期施氮处理（施氮肥 N、施氮钾肥 NK、施氮磷肥 NP）显著降低 AOA 和 AOB 的数量，且对 AOA 的群落组成有显著影响，但对 AOB 的群落组成无显著影响（He et al.，2007：2364～2374）。随后更多研究发现，在局域条件下，不同土地利用式、氮肥添加等都会影响氨氧化细菌和古菌的组成多样性及数量（贺纪正和张丽梅，2009：406～415；Shen et al.，2012：296；贾仲君等，2010：431～437）；并发现在大区域尺度下，pH 是决定 AOA、AOB 分布和活性的主要因子（Yao et al.，2011：4318～4625；Hu et al.，2013：1439～1449）。②揭示了氨氧化古菌（AOA）和氨氧化细菌（AOB）在我国不同土壤中的功能活性与生态位分异特征。通过利用基于 $^{13}C\text{-}CO_2$ 的稳定性同位素探针等技术研究，发现在低氮和南方酸性土壤中，氨氧化古菌是土壤硝化过程的主要驱动者（Zhang et al.，2010：17240～17245；Zhang et al.，2012：1032～1045；Lu et al.，2012：1978～1984）；而在北方碱性潮土或高氮牧草土壤中则相反，硝化作用由氨氧化细菌主导（Di et al.，2009：621～624；Jia and Conrad，2009：1658～1671；Xia et al.，2011：1226～1236）。此外，还发现酸性红壤中食细菌线虫专一性捕食氨氧化细菌可刺激土壤硝化强度，促进氮素循环（Jiang et al.，2013：3083～3094），以上结果与国际上同时期有关氨氧化微生物的研究进展相互补充，证实了氨氧化古菌和氨氧化细菌的生态位分异特征，揭示了酸性土壤硝化作用的机制，大大丰富了对土壤硝化作用过程的认识，这些研究成果得到了国际同行的广泛认可和关注。此外，有关我国水稻土中氨氧化微生物的分布特征和活性等的研究成果也受到国际同行的广泛关注（Chen et al.，2008：1978～1987；Wang et al.，2015：1062～1075）。最近，我国学者还从酸性硫酸盐土壤中分离培养获得了一株嗜酸性氨氧化古菌（Lehtovirta-Morley et al.，2014：542～552），为进一步开展其适应酸性土壤的生理和遗传机制研究提供了宝贵材料。

我国学者对参与反硝化作用和厌氧铵氧化作用过程的微生物多样性及功能作用研究也取得了进展，揭示了稻田土壤反硝化微生物多样性及反硝化过程对环境条件的响应机制（Chen et al.，2010：850～861；Bao et al.，2011：130～131），发现我国稻田土壤普遍存在厌氧铵氧化过程，

对稻田土壤 N_2 产生的贡献率可达 10%以上,在水稻根际更为活跃,并发现岸边带土壤有氧无氧界面是厌氧铵氧化过程的反应热区(Zhu et al., 2013: 103~107; Nie et al., 2015: 2059~2067)。此外,还揭示了水稻土中厌氧铵氧化微生物的优势种群及影响功能基因丰度的环境因子(Yang et al., 2014: 938~947; Bai et al., 2015: 212~221),这些研究为认识稻田土壤氮的转化特征和气态损失提供了重要信息,并为发展合适的稻田管理措施提供了理论依据。

（3）土壤碳氮铁耦合作用机制

我国学者对稻田土壤中的 Fe-N 耦合过程也开展了一系列研究。如 Ding 等采用稳定性同位素探针(RNA-SIP)结合高通量测序技术研究,揭示了长期施氮肥能够促进稻田土壤中 Fe(Ⅲ)还原过程以及改变依赖于乙酸盐的 Fe(Ⅲ)还原细菌的群落结构,并发现添加水铁矿和针铁矿可刺激土壤中地杆菌(*Geobacter*)的增长,且长期施氮肥导致其增长幅度更大(Ding et al., 2015: 721~734)。此外,利用 $^{15}N\text{-}NH_4^+$ 同位素示踪以及乙炔(C_2H_2)抑制技术,他们还证明了稻田土壤中存在铁氨氧化过程,并发现水稻耕作可提高土壤微生物可还原 Fe(Ⅲ)水平,促进铁氨氧化反应,从而刺激土壤中氮损失,通过估算发现铁氨氧化过程造成的氮损失约占我国氮肥施用量的 3.9%~31%,推测此过程是稻田土壤氮损失的潜在重要途径之一(Ding et al., 2014: 10641~10647)。这些结果揭示了长期施氮肥对稻田土壤元素生物地球化学循环的影响和元素生物地球化学循环之间复杂的相互作用。此外,我国学者在铁还原耦合有机氯脱氯转化的生物地球化学循环机制、铁氧化耦合砷和其他金属元素、铁还原菌的胞外电子传递以及硫酸盐还原耦合汞甲基化等方面也取得了创新性成果(胡敏等,2014: 683~693)。

13.4 NSFC 和中国"土壤元素循环的生物驱动机制"研究

NSFC 资助是我国土壤元素循环的生物驱动机制研究资金的主要来源,NSFC 的投入是推动中国土壤元素循环过程和机制研究发展的力量源泉,造就了多个相关领域研究的国际知名团队,促进了一批优秀人才的成长。在 NSFC 引导下,我国土壤元素循环的生物驱动机制研究取得了一系列创新性成果,在该领域研究的活力和影响力不断增强,科研产出得到越来越多国际同行的关注。

13.4.1 近 15 年 NSFC 资助该领域研究的学术方向

根据近 15 年获 NSFC 资助项目高频关键词统计(图 13-5),NSFC 在本研究领域的资助方向主要集中在土壤氮循环的微生物机制(关键词表现为:土壤氮循环、施肥、硝化作用、反硝化作用、氨氧化细菌、氨氧化古菌、反硝化细菌)、土壤有机碳固定和分解(关键词表现为:土壤碳循环、土壤有机碳、土壤微生物量、土壤微生物群落结构、土壤微生物多样性)、土壤甲烷源和汇产生的微生物学机理(关键词表现为:甲烷氧化菌、产甲烷古菌),以上资助方向和关键词也同时包含了土壤碳氮循环与全球变化(关键词表现为:全球变化、温室气体)的内容。此外，关键词"水稻土"的出现代表水稻土作为一个特别的研究对象受到很大重视，"分子生物学"、"稳定性同位素技术"这两个关键词代表了以上方向的主要研究手段以不依赖于培养的分子生物学方法和稳定性同位素技术为主。从图 13-5 还可以看出，"水稻土"、"温室气体"、"氨氧化细菌"、"土壤微生物"、"反硝化作用"是 NSFC 资助项目的持续关注点，在至少 4 个时段均占突出地位，而"土壤氮循环"和"全球变化"则在 2012~2014 年成为高频词，表明氮循环和全球变化相关内容成为近年 NSFC 资助项目高度关注的热点。总体来说，NSFC 对本领域资助的项目数量逐年上升，并在 2012~2014 年时段显著增加，以下是以 3 年为时间段的项目资助变化情况分析。

（1）2000~2002 年

这一时期 NSFC 资助项目相对较少，主要集中在微生物对养分转化以及温室气体 CH_4 的产生机制研究上，关键词主要表现为"水稻土"、"温室气体"、"土壤微生物"，受资助的项目，如"不同水稻土中铁的微生物还原特性初步研究"（基金批准号：40141005）、"原生动物在土壤磷转化和运移中的作用"（基金批准号：40171055）、"土壤动物在东北森林系统养分循环和能量流动作用的研究"（基金批准号：40171053）、"铁的微生物还原对水稻土产甲烷过程抑制机理的研究"（基金批准号：40271067）、"缺铁条件下红三叶草根系分泌物与根际微生物的互作效应"（基金批准号：40271065）。

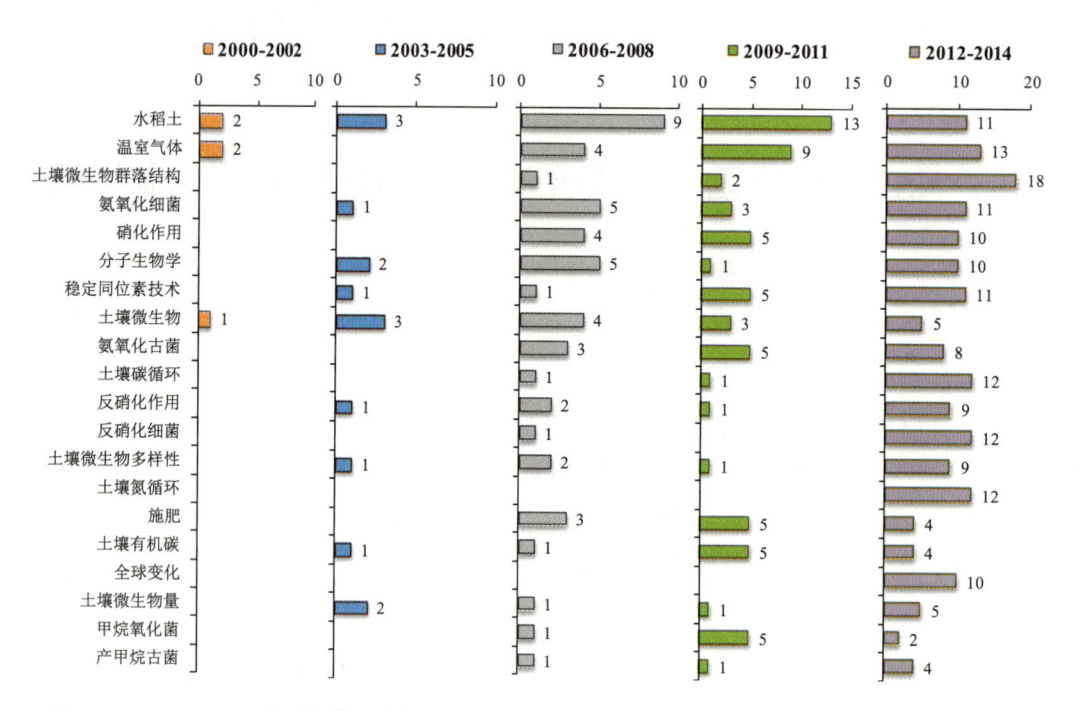

图 13-5　2000~2014 年"土壤元素循环的生物驱动机制"领域 NSFC 资助项目关键词频次变化

（2）2003~2005年

这一时段中，除"水稻土"、"土壤微生物"外，"氨氧化细菌"、"分子生物学"、"稳定性同位素技术"、"反硝化作用"、"土壤微生物多样性"、"土壤有机碳"和"土壤微生物量"开始出现在受资助项目的关键词中，表明利用分子生物学和稳定性同位素技术研究微生物参与土壤有机碳分解和固定、硝化/反硝化作用、微生物与磷的活化和利用相关的研究受到越来越多的重视，水稻土仍然是受关注的热点对象。受资助项目如"稻田植物残体降解过程及其关键微生物种群和功能研究"（基金批准号：40571080）、"水稻土有机碳的生物稳定机制及影响因素"（基金批准号：40501036）、"水稻土微生物分子多样性的微域变异及长期不同施肥下的变化"（基金批准号：40571081）、"放线菌对土壤反硝化贡献的研究"（基金批准号：40471072）、"不同氮效率水稻苗期根际土壤硝化强度和硝化微生物研究"（基金批准号：40471074）、"低磷胁迫对大豆根际土壤微生物群落结构及功能的影响"（基金批准号：40541004）、"草原生态系统中AM真菌对土壤碳固持的作用及其影响机制研究"（基金批准号：40571078）、"可变电荷土壤磷素的微生物转化过程与活化机理"（基金批准号：40571086）。

（3）2006~2008年

这一时段继续了上一时段的关注热点，如微生物与土壤有机碳分解和固定、硝化/反硝化作用机理、微生物与磷的活化相关的资助方向，此外，对微生物参与水稻土铁循环的研究有所加强，如"水稻根表铁膜形成的微生物学过程及其机理研究"（基金批准号：40671102）和"水稻土中异化铁还原菌分离鉴定及功能多样性分析"（基金批准号：40741005）。（长期）施肥、干湿交替、秸秆还田、免耕、复垦等土壤管理方式对土壤碳氮循环过程和功能微生物的影响受到广泛重视。对土壤碳、氮循环的研究内容更为丰富和深入。在碳循环方面，水稻土有机质厌氧分解和甲烷产生机理仍然是关注的重点，如"土壤生物学"项目（基金批准号：40625003）和"淹水水稻土中产甲烷菌和甲烷氧化菌群落结构对某些外源物质的响应及与甲烷排放的关系"（基金批准号：40671101），菌根真菌对土壤碳库的贡献和调控开始受到关注，如"丛枝菌根真菌对新疆荒漠—绿洲生态系统中土壤碳固持和有机碳库的贡献"（基金批准号：40661008）和"免耕条件下菌根网络对土壤碳库的调控及其环境效应"（基金批准号：40801090）；在氮循环方面，氨氧化微生物多样性及生态功能开始受到重点关注，如"不同施肥处理下红壤中氨氧化菌的定量研究"（基金批准号：40601049）、"土壤中氨氧化微生物的分离培养及功能分析"（基金批准号：40701087）、"水热条件和土壤类型对农田土壤硝化微生物群落演变的影响"（基金批准号：40871123）、"几种农业土壤中氨氧化古菌和氨氧化细菌的种群数量和组成特征"（基金批准号：40871129）、"红壤性稻田氨氧化微生物基因资源及其功能的研究"（基金批准号：40801097）。对与反硝化作用相关的功能微生物多样性以及湿地N_2O排放机理相关的研究也受到重视，对氨氧化微生物和硝化作用的关注与国际上氨氧化古菌成为新的研究热点的时间（2006年）基本同步。

（4）2009~2011年

延续对上一时段 NSFC 资助关注的研究方向，本时段更重视对土壤生物在元素循环中的功能和作用机制，随着全球对气候变化的关注程度增加，土壤甲烷产生和氧化、N_2O 的产生机理和调控成为这一时段受重点资助的项目。水稻土依然是被重点关注的研究对象，对碳、氮等单一元素的循环转化和作用机制的研究延伸到对元素间的耦合作用机制及其生物地球化学循环研究，如资助了重大项目"典型稻田土壤关键生物地球化学过程与环境功能"（基金批准号：41090280）。此外，研究手段方面也有所进步，除稳定性同位素技术和分子生物学技术继续作为主要研究手段外，土壤组学或基因组学技术开始被关注和应用，如"土壤组学：应用与未来前景"（基金批准号：41110304051）、"典型农田红壤氨氧化古菌生理代谢的基因组学研究"（基金批准号：41101227）。

（5）2012~2014年

NSFC 对本研究领域的项目资助逐年上升，并在这一时段达到最高点。除对以上研究内容和方向的继续资助外，本时段受资助项目一个明显的特点是向更"细"和更"宽"的方向发展，研究更加深入和全面。"细"指对某一过程的研究从更多角度进行，如对硝化作用和氨氧化微生物的研究深入到表面反应（"表面反应对酸性土壤中硝化作用及硝化微生物的影响"，基金批准号：41271267）、定殖（"土壤 pH 对不同类群氨氧化古菌定殖的影响"，基金批准号：41401291）、生态位分异（"酸性农田土壤氨氧化古菌的生态位分异研究"，基金批准号：41401293）、比较基因组学（"农田氨氧化古菌生理代谢多样性及其单细胞水平的比较基因组学研究"，基金批准号：41471208）、真菌异养硝化（"酸性土壤真菌异养硝化作用强度及其分子生态机制研究"，基金批准号：41471206）等方面；"宽"指应用组学或基因芯片技术等综合考察几个过程以及多类功能微生物代谢网络和功能作用，如"亚热带典型水稻土中秸秆降解的微生物代谢网络及其驱动机制"（基金批准号：41430859）、"基于生物质谱的土壤铁还原菌膜蛋白质组学研究"（基金批准号：41301264）。温室气体甲烷和 N_2O 的产生机理仍然是这时段被资助项目重点关注的内容，但更重视土壤温室气体产生的调控措施及其机理研究，如"控制灌溉和控释肥施用耦合措施对稻田 CH_4 和 N_2O 排放的影响及其微生物机制研究"（基金批准号：41401268）、"调控典型旱地土团聚体 N_2O 释放的硝化与反硝化微生物协同作用机理"（基金批准号：41401295）等。此外，这一时段对铁还原微生物在有机质转化中的作用及其胞外电子传递机制的研究受到重视，对土壤碳的固定分解过程和机制的研究更加深入，如"生物炭介导的 Geobacter-产甲烷菌电子传递过程及稻田产甲烷效应"（基金批准号：41301256）、"一株革兰氏阳性铁还原菌的胞外电子传递机制研究"（基金批准号：41301257）、"一株陶厄氏属新种的 Fe（Ⅲ）与腐殖质呼吸电子传递途径研究"（基金批准号：41401270）等。

13.4.2 近15年NSFC资助该领域研究的成果及影响

近15年来，我国土壤元素循环的生物驱动机制相关的研究得到了 NSFC 持续支持，并在近年快速增加。图 13-6 显示了 2000~2014 年土壤元素循环的生物驱动机制领域论文发表与 NSFC 资助情况。

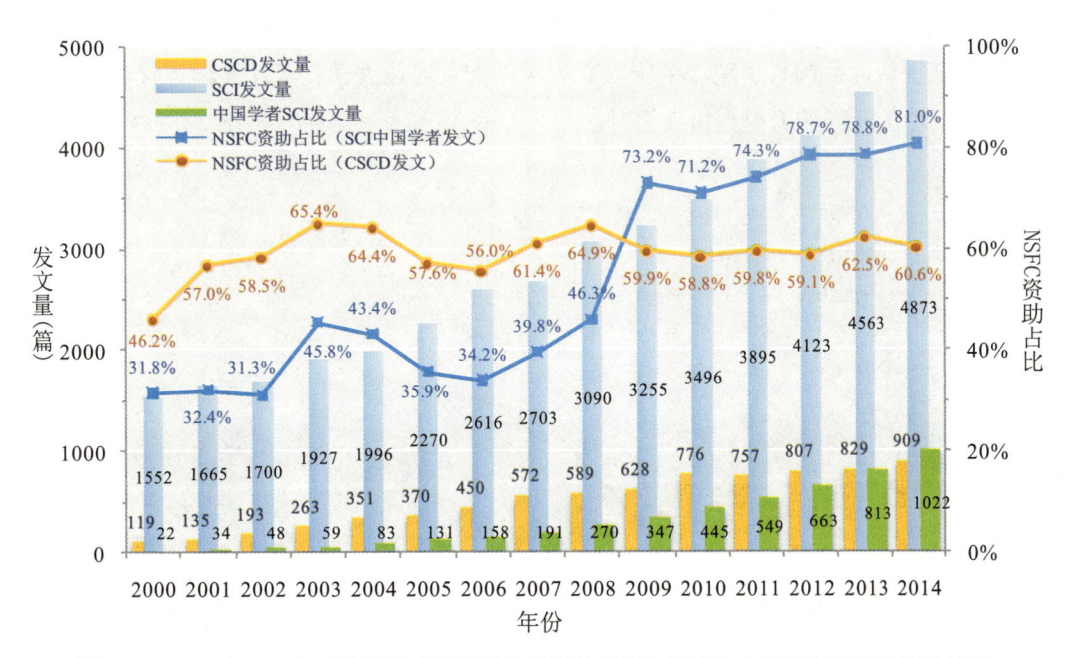

图 13-6 2000~2014 年"土壤元素循环的生物驱动机制"领域论文发表与 NSFC 资助情况

从 CSCD 论文发表来看，过去 15 年来，NSFC 资助本研究领域论文数占总论文数的比重较稳定，自 2001 年后在 57.0%~65.4%波动（图 13-6）。与此同时，NSFC 资助的一些项目取得了较好的研究成果，在 *Nature*，*Nature Geoscience*，*PNAS* 等国际顶级期刊及一些微生物生态学、环境微生物学、土壤学、生态学和环境科学领域国际权威期刊（如 the *ISME Journal*，*Environmental Microbiology*，*Applied and Environmental Microbiology*，*Soil Biology & Biochemistry*，*Ecology Letters*，*Global Change Biology*，*Environmental Science & Technology* 等）上发表学术论文。从中国学者在该领域的 CSCD 论文和 SCI 论文发文量变化情况来看，SCI 论文发文量增长速度明显快于 CSCD 论文，并在近两年数量超过了 CSCD 发文数。从图 13-6 可以看出，中国学者发表 SCI 论文获 NSFC 资助的比例由 2000 年的 31.8%上升到 2003 年的 45.8%，随后呈下降趋势，在 2006 年降到 34.2%，但自 2007 年后迅速增加，在 2009 年之后一直保持在 70%以上，在 2014 年达 81.0%（图 13-6）。可见，我国学者在该领域近 6 年受 NSFC 基金资助产出的 SCI 论文数量较多，研究成果得到了国际同行的广泛认同。NSFC 资助对中国土壤元素循环的生物驱动机制领域研究的国际影响力发挥了主要推动作用。

SCI 论文发表数量及获基金资助情况反映了获 NSFC 资助取得研究成果的国际认可度，而不同时段中国学者高被引论文获基金资助情况可反映 NSFC 资助研究成果的学术影响随时间变化的情况。由图 13-7 可知，过去 15 年 SCI 高被引 TOP100 论文中中国发文数呈显著的增长趋势，由 2000~2002 年的 9 篇逐步增长至 2012~2014 年的 39 篇。中国学者发表的高被引 SCI 论文获

NSFC 资助的比例亦呈迅速增加的趋势,其在中国学者发文数的占比由 2000～2002 年的 11.1%,增加至 2006～2008 年的 52.9%、2009～2011 年的 60.9%、2012～2014 年的 76.9%(图 13-7)。可见,NSFC 在土壤元素循环的生物驱动机制领域资助的学术成果国际影响力逐步增加,高水平成果与基金更密切,中国科学院、中国农业大学、南京农业大学、浙江大学等优势单位在该领域的研究水平和国际影响力得到极大提升。

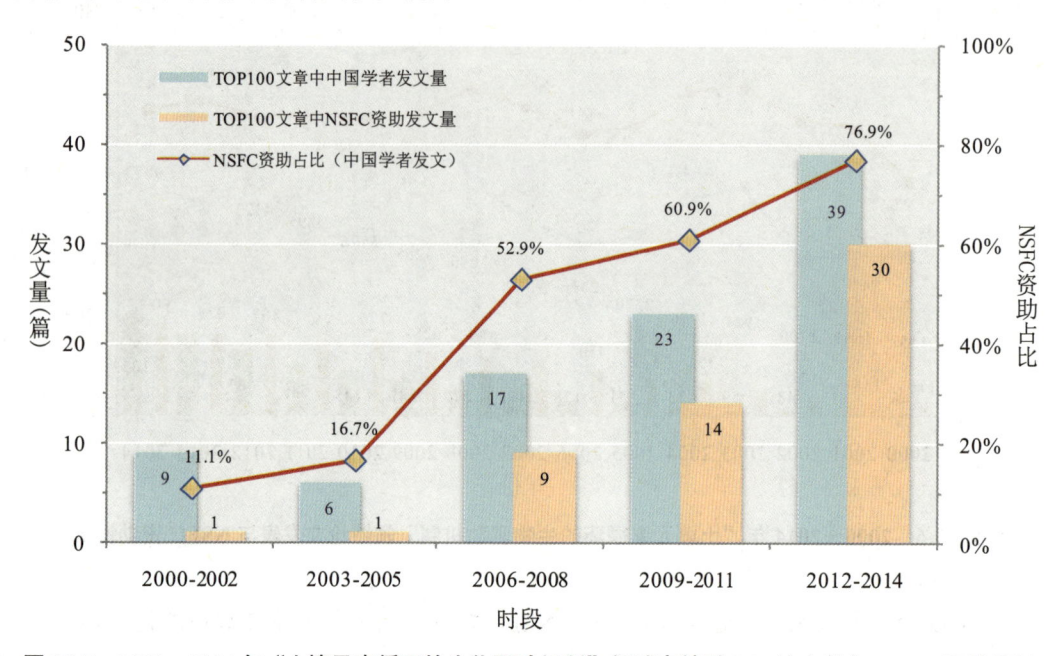

图 13-7 2000～2014 年"土壤元素循环的生物驱动机制"领域高被引 SCI 论文数与 NSFC 资助情况

13.5 研 究 展 望

综上所述,近 30 年来,随着分子生物学技术和地球化学分析技术的快速发展,土壤元素循环的生物驱动机制研究取得了诸多重大进展和理论突破。然而,土壤中生物的多样性远远超过人类的想象力,目前对其功能作用的认识也仅是窥豹一斑。同时,生物驱动的碳、氮、磷、硫、铁等元素的生物地球化学循环过程极其复杂,单一元素的不同过程之间、多种元素的循环过程之间发生着复杂的耦合关系,并受各种自然和人为因素的控制,大大增加了对元素循环的生物驱动机制认识的难度。因此,除综合运用多种方法技术,在整体水平深入对土壤生物参与元素循环的过程和作用机理研究外,土壤元素循环的生物驱动机制的研究仍需从以下 4 个方面进行加强。

13.5.1 土壤磷循环的生物机制研究亟待加强

虽然我国学者自 20 世纪中期就开展了大量有关解磷微生物筛选、微生物对有机磷的周转矿化以及对无机磷的溶解作用等的研究,但同国际上的研究趋势一致,在过去 20 多年中对微生物参与磷循环的作用机理研究进展缓慢。面对世界磷矿资源匮乏、农业生产对磷肥的大量需求和局部地区过量施用磷肥导致水体富营养化三者之间的矛盾,揭示微生物的解磷机理并充分利用微生物提高土壤磷利用率,减少农业磷肥的投入量无疑是国际科学界面临的重要难题,尤其对我国农业生产和生态文明建设具有重要意义,是我国土壤学家肩负的重任。近几年,通过应用宏基因组学和转录组学等技术,国际上在微生物的解磷机理研究方面取得一些新突破,破译了一些有关微生物溶磷和解磷关键功能酶的基因,并通过基因工程手段改良获得了一些高解磷能力的菌种,为微生物参与磷循环的作用机理研究提供了新的思路,为进一步发展可能的调控利用途径开创了新的局面。明确参与土壤磷转化各个过程的关键功能微生物多样性,解译关键微生物参与磷活化和代谢的关键基因,探索提高土壤微生物解磷能力和提高土壤磷利用率的有效途径是未来研究的重点。

13.5.2 加强元素转化过程之间的耦合作用研究

如前所述,土壤生物驱动的碳、氮、磷、硫、铁等元素的生物地球化学循环过程之间通过电子传递产生的氧化还原反应相互耦联,在两种元素或多种元素之间发生着复杂的耦合关系。单一元素的不同反应过程间也通过底物的供给与消耗发生着接力或耦合关系。而目前的研究大多仅针对某一过程单独开展,对同一体系中不同过程间的相互作用以及参与这些过程转化的微生物的多样性及其作用机制、影响因素等了解得较少。因此,需结合模拟研究和原位观测,综合运用同位素示踪、高通量分析、元素生物地球化学方法甚至纯培养微生物等多种方法联合攻关,全面解析土壤生物介导的多种元素耦合循环机制。

13.5.3 拓展微生物机理过程与原位通量观测的尺度转换研究

目前对元素转化的微生物机理研究多以室内模拟为主,主要通过控制最利于某一过程发生的条件来评估其潜在速率或活性,这为求证元素转化与微生物之间的关系提供了方便,但可能高估了某些微生物的活性或其驱动的过程对土壤元素生物地球化学循环的贡献。另外,原位条件下存在着多种微生物对底物的竞争,包括植物利用以及多种环境因子共同影响等情况,室内模拟研究评估的元素转化潜能可能与原位环境中实际发生的过程通量出入较大,无法真实反映自然环境中的土壤元素循环过程,对田间调控措施的实践指导性较弱。此外,在以往研究中,不同学科的研究侧重点具有明显的差异,土壤微生物多样性调查、生物机理研究、物理化学界面分析以及生物地球化学通量等内容通常在不同实验室单独进行。这些研究独立开展,导致不同研究之间可比性较弱,既不利于机理的解释和发现,也不利于对过程的调控和管理。迫切需要建立不同学科科研人员之间的合作,加强室内机理研究与原位观测相结合的研究,并与区域尺度的模型模拟研究相衔接。

13.5.4 注重机理探索与调控措施相结合的耦合研究

从以上国内外学者研究热点和发展态势分析可以看出，土壤生物驱动的碳、氮、磷、硫、铁等元素的生物地球化学循环与温室气体排放、水体富营养化、全球气候变化、有机/无机污染物的迁移转化和降解等密切相关，在充分认识元素循环过程及其生物学机制的同时，系统研究各种自然条件和人为干扰因素，如施肥、耕作、水分变化、气候变化因子、污染物输入，以及调理剂如秸秆、生物炭和微生物接种剂等因子对元素转化过程和参与转化的功能微生物的影响及调控作用，探索可能的减肥稳产、温室气体减排、固碳增汇和污染物消减等的调控和管理措施，也是本领域研究的努力方向和终极目标。

13.6 小　　结

土壤元素循环的生物驱动机制研究历史长达上百年，在生物类群识别、作用机理发掘和影响因素解析等方面已取得许多成就。从国内外进展和发展趋势可看出土壤元素循环的过程和机理研究受到了研究技术、学科发展和社会需求的多重驱动。2000年以来，国际上土壤元素循环的生物驱动机制研究的主要热点领域可大致概括为5个方面，包括土壤生物与养分循环转化、土壤碳循环与全球气候变化、碳氮等元素耦合作用及有机污染物降解、氮循环过程及其生态环境效应、微生物资源利用和土地管理。国内外对土壤元素循环机理研究的核心也从早期以土壤养分循环转化研究为主，扩展到土壤碳、氮、磷、硫和铁等元素的生物地球化学循环及生态环境效应的研究，关注对象也从过去以土壤肥力提高为目标，转向关注全球气候变化、土壤污染与修复、土壤肥料高效利用等扩展。得益于NSFC和其他资助计划的资助，近15年来我国学者在本领域研究中迅速崛起，取得一系列具有国际影响的研究成果，研究水平已从早期的跟踪国际热点发展到与一些领域国际发展趋势并行阶段。在生物固氮、水稻土碳氮循环、红壤养分和物质循环过程及机理等方面形成了鲜明的特色。然而，我国土壤生物与元素循环过程和机理研究仍然面临诸多挑战，从瞄准科学研究前沿和应对国家战略需求出发，进一步研究参与土壤重要生源要素碳、氮、磷、硫和铁等元素循环转化的微生物多样性，揭示土壤生物驱动元素转化的关键过程和作用机理，阐明土壤生物对温室气体的排放和消纳作用机理、对污染物的转化和降解机制等，积极探索可能的调控和管理措施，不仅对丰富陆地生态系统物质（和元素）生物地球化学循环认识具有重要意义，对我国土壤环境保护和农业可持续发展也有重要意义。

参考文献

Bai, R., D. Xi, J. Z. He, et al. 2015. Activity, abundance and community structure of anammox bacteria along depth profiles in three different paddy soils. *Soil Biology & Biochemistry*, Vol. 91.

Baldrian, P., M. Kolařík, M. Štursová, et al. 2012. Active and total microbial communities in forest soil are largely different and highly stratified during decomposition. *The ISME Journal*, Vol. 6, No. 2.

Bao, Q. L., X. T. Ju, B. Gao, et al. 2012. Response of nitrous oxide and corresponding bacteria to management in an agricultural soil. *Soil Biology & Biochemistry*, Vol. 76, No. 1.

Bei, Q. C., G. Liu, H. Y. Tang, et al. 2013. Heterotrophic and phototrophic $^{15}N_2$ fixation and distribution of fixed ^{15}N in a flooded rice-soil system. *Soil Biology & Biochemistry*, Vol. 59.

Blackwood, C. B., M. P. Waldrop, D. R. Zak, et al. 2007. Molecular analysis of fungal communities and laccase genes in decomposing litter reveals differences among forest types but no impact of nitrogen deposition. *Environmental Microbiology*, Vol. 9, No. 5.

Blagodatskaya, E. V., S. A. Blagodatsky, T. H. Anderson, et al. 2009. Contrasting effects of glucose, living roots and maize straw on microbial growth kinetics and substrate availability in soil. *Applied Soil Ecology*, Vol. 60, No. 2.

Borch, T., R. Kretzschmar, A. Kappler, et al. 2009. Biogeochemical redox processes and their impact on contaminant dynamics. *Environmental Science & Technology*, Vol. 44, No. 1.

Bünemann, E. K., A. Oberson, F. Liebisch, et al. 2012. Rapid microbial phosphorus immobilization dominates gross phosphorus fluxes in a grassland soil with low inorganic phosphorus availability. *Soil Biology & Biochemistry*, Vol. 51.

Chen, X. P., Y. G. Zhu, Y. Xia, et al. 2008. Ammonia-oxidizing archaea: important players in paddy rhizosphere soil? *Environmental Microbiology*, Vol. 10, No. 8.

Chen, Z., X. Q. Luo, R. G. Hu, et al. 2010. Impact of long-term fertilization on the composition of denitrifier communities based on nitrite reductase analyses in a paddy soil. *Microbial Ecology*, Vol. 60, No. 4.

Coates, J. D., V. K. Bhupathiraju, L. A. Achenbach, et al. 2001. *Geobacter hydrogenophilus*, *Geobacter chapellei* and *Geobacter grbiciae*, three new, strictly anaerobic, dissimilatory Fe(Ⅲ)-reducers. *International Journal of Systematic and Evolutionary Microbiology*, Vol. 51, No. 2.

Conrad, R., M. Klose, M. Noll, et al. 2008. Soil type links microbial colonization of rice roots to methane emission. *Global Change Biology*, Vol. 14, No. 3.

Daims, H., E. V. Lebedeva, P. Pjevac, et al. 2015. Complete nitrification by *Nitrospira* bacteria. *Nature*, Vol. 528, No. 7583.

Dalsgaard, T., D. E. Canfield, J. Petersen, et al. 2003. N_2 production by the anammox reaction in the anoxic water column of Golfo Dulce, Costa Rica. *Nature*, Vol. 422, No. 6932.

Demoling, F., D. Figueroa, E. Bååth. 2007. Comparison of factors limiting bacterial growth in different soils. *Soil Biology & Biochemistry*, Vol. 39, No. 10.

Di, H., K. Cameron, J. Shen, et al. 2009. Nitrification driven by bacteria and not archaea in nitrogen-rich grassland soils. *Nature Geoscience*, Vol. 2, No. 9.

Ding, L. J., J. Q. Su, H. J. Xu, et al. 2015. Long-term nitrogen fertilization of paddy soil shifts iron-reducing microbial community revealed by RNA-C^{13}-acetate probing coupled with pyrosequencing. *The ISME Journal*, Vol. 9, No. 3.

Ding, L. J., X. L. An, S. Li, et al. 2014. Nitrogen loss through anaerobic ammonium oxidation coupled to iron reduction from paddy soils in a chronosequence. *Environmental Science & Technology*, Vol. 48, No. 18.

Ding, X. L., H. B. He, B. Zhang, et al. 2011. Plant-N incorporation into microbial amino sugars as affected by inorganic N addition: a microcosm study of ^{15}N-labeled maize residue decomposition. *Soil Biology & Biochemistry*, Vol. 43, No. 9.

Dunfield, P. F., A. Yuryev, P. Senin, et al. 2007. Methane oxidation by an extremely acidophilic bacterium of the phylum Verrucomicrobia. *Nature*, Vol. 450, No. 4171.

Eichorst, S. A., C. R. Kuske. 2012. Identification of cellulose-responsive bacterial and fungal communities in geographically and edaphically different soils by using stable isotope probing. *Applied and Environmental Microbiology*, Vol. 78, No. 7.

Ettwig, K. F., M. K. Butler, D. Le Paslier, et al. 2010. Nitrite-driven anaerobic methane oxidation by oxygenic bacteria. *Nature*, Vol. 464, No. 7288.

Ettwig, K. F., S. Shima, V. De Pas-Schoonen, et al. 2008. Denitrifying bacteria anaerobically oxidize methane in the absence of Archaea. *Environmental Microbiology*, Vol. 10, No. 11.

Feng, Y. Z., R. R. Chen, J. L. Hu, et al. 2015. *Bacillus asahii* comes to the fore in organic manure fertilized alkaline soils. *Soil Biology & Biochemistry*, Vol. 81.

Fiorilli, V., L. Lanfranco, P. Bonfante, 2013. The expression of GintPT, the phosphate transporter of Rhizophagus irregularis, depends on the symbiotic status and phosphate availability. *Planta*, Vol. 237, No. 5.

Fontaine, S., C. Henault, A. Aamor, et al. 2011. Fungi mediate long term sequestration of carbon and nitrogen in soil through their priming effect. *Soil Biology & Biochemistry*, Vol. 43, No. 1.

Fraser, T., D. H. Lynch, M. H. Entz, et al. 2015. Linking alkaline phosphatase activity with bacterial *phoD* gene abundance in soil from a long-term management trial. *Geoderma*, Vol. 257.

Ge, T. D., H. Z. Yuan, H. H. Zhu, et al. 2012. Biological carbon assimilation and dynamics in a flooded rice-soil system. *Soil Biology & Biochemistry*, Vol. 48.

Gilbert, N. 2009. The disappearing nutrient. *Nature*, Vol. 461, No. 7265.

Gruber, N., J. N. Galloway, 2008. An Earth system perspective of the global nitrogen cycle. *Nature*, Vol. 451, No. 7176.

Gubry-Rangin, C., B. Hai, C. Quince, et al. 2011. Niche specialization of terrestrial archaeal ammonia oxidizers. *Proceedings of the National Academy of Sciences of the United States of America*, Vol. 108, No. 52.

Hallin, S., C. M. Jones, M. Schloter, et al. 2009. Relationship between N-cycling communities and ecosystem functioning in a 50-year-old fertilization experiment. *The ISME Journal*, Vol. 3, No. 5.

He, H. B., W. Zhang, X. D. Zhang, et al. 2011a. Temporal responses of soil microorganisms to substrate addition as indicated by amino sugar differentiation. *Soil Biology & Biochemistry*, Vol. 43, No. 6.

He, H. B., X. B. Li, W. Zhang, et al. 2011b. Differentiating the dynamics of native and newly immobilized amino sugars in soil frequently amended with inorganic nitrogen and glucose. *European Journal of Soil Science*, Vol. 62, No. 1.

He, J. Z., J. P. Shen, L. M. Zhang, et al. 2007. Quantitative analyses of the abundance and composition of ammonia-oxidizing bacteria and ammonia-oxidizing archaea of a Chinese upland red soil under long-term fertilization practices. *Environmental Microbiology*, Vol. 9, No. 9.

Hijikata, N., M. Murase, C. Tani, et al. 2010. Polyphosphate has a central role in the rapid and massive accumulation of phosphorus in extraradical mycelium of an arbuscular mycorrhizal fungus. *New Phytologist*, Vol. 186, No. 2.

Hu, H.W., L. M. Zhang, Y. Dai, et al. 2013. pH-dependent distribution of soil ammonia oxidizers across a large geographical scale as revealed by high-throughput pyrosequencing. *Journal of Soils and Sediments*, Vol. 13, No. 8.

Hu, B. L., D. S. Li, X. Lian, et al. 2014. Evidence for nitrite-dependent anaerobic methane oxidation as a previously overlooked microbial methane sink in wetlands. *Proceedings of the National Academy of Sciences of the United States of America*, Vol. 111, No. 12.

Islam, T., S. Jensen, L. J. Reigstad, et al. 2008. Methane oxidation at 55 degrees and pH 2 by a thermoacidophilic bacterium belonging to the Verrucomicrobia phylum. *Proceedings of the National Academy of Sciences of the United States of America*, Vol. 105, No. 1.

Jensen, M. M., P. Lam, N. P. Revsbech, et al. 2011. Intensive nitrogen loss over the Omani Shelf due to anammox coupled with dissimilatory nitrite reduction to ammonium. *The ISME Journal*, Vol. 5, No. 1.

Jia, Z. J., R. Conrad. 2009. Bacteria rather than Archaea dominate microbial ammonia oxidation in an agricultural soil. *Environmental Microbiology*, Vol. 11, No. 7.

Jiang, Y. J., C. Jin, B. Sun. 2014. Soil aggregate stratification of nematodes and ammonia oxidizers affects nitrification in an acid soil. *Environmental Microbiology*, Vol. 16, No. 10.

Jorquera, M. A., O. A. Martínez, L. G. Marileo, et al. 2014. Effect of nitrogen and phosphorus fertilization on the composition of rhizobacterial communities of two Chilean Andisol pastures. *World Journal of Microbiology and Biotechnology*, Vol. 306, No. 1.

Ju, X. T., X. Lu, Z. L. Gao, et al. 2011. Processes and factors controlling N_2O production in an intensively managed low carbon calcareous soil under sub-humid monsoon conditions. *Environmental Pollution*, Vol. 159, No. 4.

Kartal, B., M. M. M. Kuypers, G. Lavik, et al. 2007. Anammox bacteria disguised as denitrifiers: nitrate reduction to dinitrogen gas via nitrite and ammonium. *Environmental microbiology*, Vol. 9, No. 3.

Kong, A. Y. Y., K. M. Scow, A. L. Córdova-Kreylos, et al. 2011. Microbial community composition and carbon cycling within soil microenvironments of conventional, low-input, and organic cropping systems. *Soil Biology & Biochemistry*, Vol. 43, No. 1.

Könneke, M., A. E. Bernhard, R. José et al. 2005. Isolation of an autotrophic ammonia-oxidizing marine archaeon. *Nature*, Vol. 437, No. 7058.

Kool, D. M., J. Dolfing, N. Wrage, et al. 2011. Nitrifier denitrification as a distinct and significant source of nitrous oxide from soil. *Soil Biology & Biochemistry*, Vol. 43, No. 1.

Kunapuli, U., T. Lueders, R. U. Meckenstock, 2007. The use of stable isotope probing to identify key iron-reducing microorganisms involved in anaerobic benzene degradation. *The ISME Journal*, Vol. 1, No. 7.

Kuypers, M. M. M., A. O. Sliekers, G. Lavik, et al. 2003. Anaerobic ammonium oxidation by anammox bacteria in the

Black Sea. *Nature*, Vol. 422, No. 6932.

Lehtovirta-Morley, L. E., C. Ge, J. Ross, et al. 2014. Characterisation of terrestrial acidophilic archaeal ammonia oxidisers and their inhibition and stimulation by organic compounds. *FEMS Microbiology Ecology*, Vol. 89, No. 3.

Lehtovirta-Morley, L. E., K. Stoecker, A. Vilcinskas, et al. 2011. Cultivation of an obligate acidophilic ammonia oxidizer from a nitrifying acid soil. *Proceedings of the National Academy of Sciences of the United States of America*, Vol. 108, No. 38.

Liu, F. H., R. Conrad, 2010. Thermoanaerobacteriaceae oxidize acetate in methanogenic rice field soil at 50 degrees C. *Environmental Microbiology*, Vol. 12, No. 8.

Liu, P. F., Q. F. Qiu, Y. H. Lu. 2011. Syntrophomonadaceae-affiliated species as active butyrate-utilizing syntrophs in paddy field soil. *Applied and Environmental Microbiology*, Vol. 77, No. 11.

Long, X. E., H. Y. Yao, J. Wang, et al. 2015. Community structure and soil pH determine chemoautotrophic carbon dioxide fixation in drained paddy soils. *Environmental Science & Technology*, Vol. 49.

Loscher, C. R., A. Kock, M. Konneke, et al. 2010. Production of oceanic nitrous oxide by ammonia-oxidizing archaea. *Biogeosciences*, Vol. 9, No. 7.

Lu, L., W. Y. Han, J. B. Zhang, et al. 2012. Nitrification of archaeal ammonia oxidizers in acid soils is supported by hydrolysis of urea. *The ISME Journal*, Vol. 6, No. 10.

Lu, Y. H., R. Conrad. 2005. In situ stable isotope probing of methanogenic archaea in the rice rhizosphere. *Science*, Vol. 309, No. 5737.

Lü, Z., Y. Lu. 2012. *Methanocella conradii* sp. nov., a thermophilic, obligate hydrogenotrophic methanogen, isolated from Chinese rice field soil. *PloS One*, Vol. 7, No. 4.

Lueders, T., B. Pommerenke, M. W. Friedrich. 2004. Stable-isotope probing of microorganisms thriving at thermodynamic limits: syntrophic propionate oxidation in flooded soil. *Applied and Environmental Microbiology*, Vol. 70, No. 10.

Ma, K., R. Conrad, Y. H. Lu. 2012. Responses of methanogen *mcrA* genes and their transcripts to an alternate dry/wet cycle of paddy field soil. *Applied and Environmental Microbiology*, Vol. 78, No. 2.

Ma, K., Y. H. Lu. 2011. Regulation of microbial methane production and oxidation by intermittent drainage in rice field soil. *FEMS Microbiology Ecology*, Vol. 75, No. 3.

Martens, H. W., P. M. Berube, H. Urakawa, et al. 2009. Ammonia oxidation kinetics determine niche separation of nitrifying Archaea and Bacteria. *Nature*, Vol. 461, No. 7266.

McFarland, J. W., R. W. Ruess, K. Kielland, et al. 2010. Glycine mineralization in situ closely correlates with soil carbon availability across six North American forest ecosystems. *Biogeochemistry*, Vol. 99, No. 1-3.

Milucka, J., T. G. Ferdelman, L. Polerecky, et al. 2012. Zero-valent sulphur is a key intermediate in marine methane oxidation. *Nature*, Vol. 491, No. 7425.

Nie, S. A., H. Li, X. R. Yang, et al. 2015. Nitrogen loss by anaerobic oxidation of ammonium in rice rhizosphere. *The ISME Journal*, Vol. 9, No. 9.

Opden, C. H. J. M., T. Islam, M. B. Stott, et al. 2009. Environmental, genomic and taxonomic perspectives on methanotrophic *Verrucomicrobia*. *Environmental Microbiology Reports*, Vol. 1, No. 15.

Opdyke, M. R., N. E. Ostrom, P. H. Ostrom. 2009. Evidence for the predominance of denitrification as a source of N_2O in temperate agricultural soils based on isotopologue measurements. *Global Biogeochemical Cycles*, Vol. 23, No. 4.

Orphan, V. J., C. H. House, K. U. Hinrichs, et al. 2001. Methane-consuming archaea revealed by directly coupled isotopic and phylogenetic analysis. *Science*, Vol. 293, No. 5529.

Oshiki, M., S. Ishii, K. Yoshida, N. Fujii, et al. 2013.Nitrate-dependent ferrous iron oxidation by anaerobic ammonium oxidation (Anammox) bacteria. *Applied and Environmental Microbiology*, Vol. 79, No. 13.

Pol, A., K. Heijmans, H. R. Harhangi, et al. 2007. Methanotrophy below pH 1 by a new Verrucomicrobia species. *Nature*, Vol. 450, No. 7171.

Raghoebarsing, A. A., A. Pol, S. K. T. van de Pas, et al. 2006. A microbial consortium couples anaerobic methane oxidation to denitrification. *Nature*, Vol. 440, No. 7086.

Ramirez, K., J. Craine, V. Fierer. 2012. Consistent effects of nitrogen amendments on soil microbial communities and processes across biomes. *Global Change Biology*, Vol. 18, No. 16.

Reeve, J. R., C. W. Schadt, B. L. Carpenter, et al. 2010. Effects of soil type and farm management on soil ecological functional genes and microbial activities. *The ISME Journal*, Vol. 4, No. 9.

Reid, J. P., E. C. Adair, S. E. Hobbie, et al. 2012. Biodiversity, nitrogen deposition, and CO_2 affect grassland soil carbon cycling but not storage. *Ecosystems*, Vol. 15, No. 4.

Richardson, A. E., R. J. Simpson. 2011. Soil microorganisms mediating phosphorus availability. *Plant Physiology*, Vol. 156, No. 3.

Rui, J. P., J. J. Peng, Y. H. Lu, et al. 2009. Succession of bacterial populations during plant residue decomposition in rice field soil. *Applied and Environmental Microbiology*, Vol. 75, No. 14.

Ryan, M. H., M. E. McCully, C. X. Huang. 2007. Relative amounts of soluble and insoluble forms of phosphorus and other elements in intraradical hyphae and arbuscules of arbuscular mycorrhizas. *Functional Plant Biology*, Vol. 34, No. 5.

Schneider, T., K. M. Keiblinger, E. Schmid, et al. 2012. Who is who in litter decomposition? Metaproteomics reveals major microbial players and their biogeochemical functions. *The ISME Journal*, Vol. 6, No. 9.

Shen, J. P., L. M. Zhang, H. J. Di, et al. 2012. A review of ammonia-oxidizing bacteria and archaea in Chinese soils. *Frontiers in Microbiology*, Vol. 3.

Shen, L., S. Liu, Q. Huang, et al. 2014. Evidence for the cooccurrence of nitrite-dependent anaerobic ammonium and methane oxidation processes in a flooded paddy field. *Applied and Environmental Microbiology*, Vol. 80, No. 24.

Sinsabaugh, R. L., B. H. Hill, J. J. F. Shah. 2009. Ecoenzymatic stoichiometry of microbial organic nutrient acquisition in soil and sediment. *Nature*, Vol. 462, No. 7274.

Tian, C. F., Y. J. Zhou, Y. M. Zhang, et al. 2012. Comparative genomics of rhizobia nodulating soybean suggests extensive recruitment of lineage-specific genes in adaptations. *Proceedings of the National Academy of Sciences*,

Vol. 109, No. 22.

Tourna, M., M. Stieglmeier, A. Spang, et al. 2011. *Nitrososphaera viennensis*, an ammonia oxidizing archaeon from soil. *Proceedings of the National Academy of Sciences*, Vol. 108, No. 20.

Tveit, A., R. Schwacke, M. M. Svenning, et al. 2013. Organic carbon transformations in high-Arctic peat soils: key functions and microorganisms. *The ISME Journal*, Vol. 7, No. 2.

Vanlauwe, B., C. Gachengo, K. Shepherd, et al. 2005. Laboratory validation of a resource quality-based conceptual framework for organic matter management. *Soil Science Society of America Journal*, Vol. 69, No. 4.

Venter, J. C., K. Remington, J. F. Heidelberg, et al. 2004. Environmental genome shotgun sequencing of the Sargasso Sea. *Science*, Vol. 304, No. 5667.

Walker, C., T. J. D. La, M. Klotz, et al. 2010. *Nitrosopumilus maritimus* genome reveals unique mechanisms for nitrification and autotrophy in globally distributed marine crenarchaea. *Proceedings of the National Academy of Sciences*, Vol. 107, No. 19.

Wang, B. Z., J. Zhao, Z. Y. Guo, et al. 2015. Differential contributions of ammonia oxidizers and nitrite oxidizers to nitrification in four paddy soils. *The ISME Journal*, Vol. 9, No. 5.

Watanabe, T., M. Kimura, S. Asakawa. 2009. Distinct members of a stable methanogenic archaeal community transcribe *mcrA* genes under flooded and drained conditions in Japanese paddy field soil. *Soil Biology & Biochemistry*, Vol. 41, No. 2.

Weber, K. A., J. Pollock, K. A. Cole, et al. 2006. Anaerobic nitrate-dependent iron (II) bio-oxidation by a novel lithoautotrophic betaproteobacterium, strain 2002. *Applied and Environmental Microbiology*, Vol. 72, No. 1.

Wendy, H., A. Karrie, L. Whendee, et al. 2012. Nitrogen loss from soil through anaerobic ammonium oxidation coupled to iron reduction. *Nature Geoscience*, Vol. 5, No. 8.

Wu, X. H., T. D. Ge, H. Z. Yuan, et al. 2014. Changes in bacterial CO_2 fixation with depth in agricultural soils. *Applied Microbiology and Biotechnology*, Vol. 98, No. 5.

Xia, W. W., C. X. Zhang, X. W. Zeng, et al. 2011. Autotrophic growth of nitrifying community in an agricultural soil. *The ISME Journal*, Vol. 5, No. 7.

Yang, W. H., K. A. Weber, W. L. Silver. 2012. Nitrogen loss from soil through anaerobic ammonium oxidation coupled to iron reduction. *Nature Geoscience*, Vol. 5, No. 18.

Yang, X. R., H. Li, S. A. Nie, et al. 2015. Potential contribution of anammox to nitrogen loss from paddy soils in southern China. *Applied and Environmental Microbiology*, Vol. 81, No. 3.

Yao, H., Y. Gao, G. W. Nicol, et al. 2011. Links between ammonia oxidizer community structure, abundance, and nitrification potential in acidic soils. *Applied and Environmental Microbiology*, Vol. 77, No. 13.

Young, J. P. W., L. C. Crossman, A. W. B. Johnston, et al. 2006. The genome of *Rhizobium leguminosarum* has recognizable core and accessory components. *Genome biology*, Vol. 7, No. 4.

Yousuf, B., J. Keshri, A. Mishra, et al. 2012. Application of targeted metagenomics to explore abundance and diversity of CO_2-fixing bacterial community using *cbbL* gene from the rhizosphere of *Arachis hypogaea*. *Gene*, Vol. 506,

No. 1.

Yuan, H. Z., T. D. Ge, C. Y. Chen, et al. 2012. Significant role for microbial autotrophy in the sequestration of soil carbon. *Applied and Environmental Microbiology*, Vol. 78, No. 7.

Yue, J., Y. Shi, W. Liang, et al. 2005. Methane and nitrous oxide emissions from rice field and related microorganism in black soil, northeastern China. *Nutrient Cycling in Agroecosystems*, Vol. 73, No. 2-3.

Zhang, L. M., H. W. Hu, J. P. Shen, et al. 2012. Ammonia-oxidizing archaea have more important role than ammonia-oxidizing bacteria in ammonia oxidation of strongly acidic soils. *The ISME Journal*, Vol. 6, No. 5.

Zhang, L. M., P. R. Offre, J. Z. He, et al. 2010. Autotrophic ammonia oxidation by soil thaumarchaea. *Proceedings of the National Academy of Sciences of the United States of America*, Vol. 107, No. 40.

Zhang, T., T. S. Bain, K. P. Nevin, et al. 2012. Anaerobic benzene oxidation by Geobacter species. *Applied and Environmental Microbiology*, Vol. 78, No. 23.

Zhu, G. B., S. Y. Wang, W. D. Wang, et al. 2013. Hotspots of anaerobic ammonium oxidation at land-freshwater interfaces. *Nature Geoscience*, Vol. 6, No. 2.

陈文新、李阜棣、闫章才："我国土壤微生物学和生物固氮研究的回顾与展望",《世界科技研究与发展》，2002年第4期。

贺纪正、陆雅海、傅伯杰：《土壤生物学前沿》，科学出版社，2015年。

贺纪正、张丽梅："氨氧化微生物生态学与氮循环研究进展",《生态学报》，2009年第1期。

贺纪正、张丽梅："土壤氮素转化的关键微生物过程及机制",《微生物学通报》，2013年第1期。

胡敏、李芳柏："土壤微生物铁循环及其环境意义",《土壤学报》，2014年第4期。

贾仲君、翁佳华、林先贵等："氨氧化古菌的生态学研究进展",《微生物学报》，2010年第1期。

宋长青、吴金水、陆雅海等："中国土壤微生物学研究10年回顾",《地球科学进展》，2013年第10期。

张丽梅、贺纪正："一个新的古菌类群——奇古菌门（Thaumarchaeota）",《微生物学报》，2012年第4期。

第 14 章 土壤碳、氮、磷循环及其环境效应

碳、氮、磷是重要的生源要素，对人类生命和生活具有重要意义。土壤碳、氮、磷不仅影响生态系统生产力、农业生产和粮食安全，而且因人类对粮食产量的需要，大量投入人造肥料，从而改变了碳、氮、磷元素原有的生物地球化学循环过程，在促进粮食生产的同时，造成了严重的区域环境问题，如水体富营养化、生物多样性丧失等。由于土壤碳的特殊环境作用，其直接影响着全球气候变化速率和区域表现等。因此，土壤碳、氮、磷循环及其环境效应已成为全球普遍关注的重大环境问题和人类生存发展的重要问题。

14.1 概 述

本节以土壤碳、氮、磷循环及其环境效应研究的缘起为切入点，阐述了土壤碳、氮、磷循环及其环境效应的内涵及其主要研究内容，并以科学问题的深化和社会需求为线索，分析了土壤碳、氮、磷循环及其环境效应研究的演进阶段与关注的科学问题的变化。

14.1.1 问题的缘起

人类对土壤碳、氮的认识可以追溯到数千年前，对于磷的认识也可以追溯到几个世纪前，而将土壤碳、氮、磷元素循环作为一门科学进行系统研究，则是始于 19 世纪。1840 年，德国农业化学家 Liebig 研究了各种因子对植物生长的影响，首次提出了限制因子定律。但是最初碳和氮都被认为是来自大气，并不在限制元素之列。英国科学家 Gilbert 和 Laws 对此存有怀疑，于是在英国洛桑设立田间试验来验证氮肥的效果，该试验也由此成为世界上最早的长期试验。此后，人们越来越关注土壤碳、氮、磷元素循环过程及其与植物生长的关系。土壤碳、氮、磷循环研究逐步向规范化、系统化的体系迈进。

14.1.2 问题的内涵及演进

土壤碳、氮、磷循环及其环境效应是以这些元素在土壤中的转化、迁移、循环过程，土气界面和土水界面的交换过程，土壤碳、氮、磷对生态系统生产力、农业生产和粮食安全、区域环境及气候变化的影响等为研究对象，揭示其发生发展规律及与环境要素的关系。随着学科认识的深入和社会需求的变化，土壤碳、氮、磷循环及其环境效应研究的外延不断得到扩展。从土壤碳、氮、磷对植物生长影响的试验研究步入到土壤碳、氮、磷迁移转化机制的研究以及过

程的模型模拟；从土壤碳、氮、磷循环过程对土壤质量的影响到这些过程对全球变化的影响与响应。总之，**土壤碳、氮、磷循环及其环境效应研究主要在地块、区域、全球尺度上，通过对关键要素和过程的识别，揭示碳、氮、磷循环机理并建立预测模型，为其环境效应评估与调控提供科学依据。**

土壤碳、氮、磷循环及其环境效应研究的发展历程大体可分为以下 3 个阶段。

第一阶段：有机质周转与土壤肥力。作为重要的生源要素，土壤中碳、氮、磷含量直接决定了土壤肥力，进而影响植物生长。因此，土壤碳、氮、磷等元素与植物生长的关系几个世纪前就引起了学者的关注。继 19 世纪末德国农业化学家 Liebig 研究各种因子对植物生长的影响，首次提出了限制因子定律以来，科学家们开展了大量的土壤肥料试验，创建于 1843 年英国洛桑实验站是世界上最早的长期定位研究站，通过设立有机肥、氮、磷等一系列试验处理，研究土壤元素周转和土壤肥力的变化。之后，其他国家也陆续建立了大量的土壤元素周转与土壤肥力变化长期观测实验站，它们在试验设计、观测方法、资料处理上的一致性和规范化，逐步确立了土壤有机质周转与土壤肥力研究方法。20 世纪 80 年代起，我国也建立了一批长期定位实验站，观测土壤碳、氮、磷等生源要素与植物生长的关系，以及土壤肥力的变化规律和影响因素。本阶段初步辨识了影响有机质周转和土壤肥力的关键因素，为后来土壤碳、氮、磷循环的深入研究奠定了基础。

第二阶段：氮磷迁移转化与农业面源污染。20 世纪 50 年代起，学者们开始意识到尽管氮肥和磷肥是农业生长的重要因素，但是肥料施用不当会带来诸多的环境问题。在全球范围内，农业面源污染是水体污染的主要原因（张维理等，2004：1018~1025），农田土壤碳、氮、磷物质迁移转化与环境污染的关系以及农田土壤物质迁移转化调控，成为现代农业和社会可持续发展的重大课题（杨林章等，2013：96~101）。近 30 年来，发达国家在阐明农田土壤碳、氮、磷物质迁移转化规律的基础上，建立了通过分类控制和养分管理来防控农业面源污染的方法。针对中国的实际情况，杨林章等（2013：96~101）也提出了农村面源污染治理的"4R"理论与技术体系，即源头减量（reduce）、过程阻断（retain）、养分再利用（reuse）和生态修复（restore）技术，取得了较好的效果。土壤物质迁移转化规律与环境影响及控制的研究，不仅整合了众多的生源要素的周转、迁移规律和影响因子，是上一阶段研究的深化，还极大地推进了土壤物质迁移转化与环境污染研究的发展，为土壤肥料的合理施用及农业面源污染的治理提供了科学依据。

第三阶段：碳氮生物地球化学循环与全球变化。从 20 世纪 70 年代开始，全球气温升高、臭氧层破坏、生物多样性减少等全球变化问题逐步成为不争的事实，而土壤碳氮元素的迁移转化与全球变化存在密切的相互作用。温室气体（CO_2、CH_4、N_2O 等）浓度增加是造成全球气候变暖的主要原因，土壤作为 CO_2、CH_4、N_2O 的重要源和汇，对温室效应的影响举足轻重。因此，近几十年来，土壤温室气体排放一直是一个全球关注的热点问题，控制大气温室气体浓度成为全球急需解决的问题，土壤碳储量、固碳潜力及影响因素、温室气体排放过程及减排措施成为重要研究方向。20 世纪 90 年代以来，基于对土壤碳氮循环过程认识的不断深入，建立了大量的碳氮循环模型，其中应用较为广泛的有 DNDC 模型（DeNitrification-DeComposition）（Li et al.，1992：9759~9776）和 CENTURY 模型（Parton and Rasmussen，1994：530~536），可以用来较准确地预测不同生态系统土壤碳氮动态、固碳潜力、各种温室气体和含氮气体的排放，分析预测碳氮循环与气候变化的相互关系。

14.2 国际"土壤碳、氮、磷循环及其环境效应"研究主要进展

近 15 年来，随着土壤碳、氮、磷循环及其环境效应研究的不断深入，逐渐形成了一些核心领域和研究热点。通过文献计量分析发现，核心研究领域主要包括土壤碳、氮生物地球化学循环与建模，土壤温室气体排放，土壤固碳、氮磷循环与农业面源污染等方面。土壤碳、氮、磷循环及其环境效应研究正在向着凝练客观规律、深化过程机理、外延拓展、区域尺度模拟等多维方向发展。

14.2.1 近 15 年国际该领域研究的核心方向与研究热点

利用 Web of Science 数据库，依据本研究领域核心关键词制定了英文检索式，即："soil*" and (("carbon" and ("stor*" or "sequester*")) or ("methane" or "CH$_4$" or "nitrous oxide") or "N$_2$O") or (("reactive nitrogen") and ("air" or "atmosphere*")) or (("nitrogen" or "phosphorus") and ("nonpoint" or "leach*" or "runoff")) or ("nitrogen" and ("acidify*" or "biodiversity"))），检索到近 15 年本研究领域共发表国际英文文献 23 982 篇。划分了 2000~2002 年、2003~2005 年、2006~2008 年、2009~2011 年和 2012~2014 年 5 个时段，各时段发表的论文数量占总论文数量的百分比分别为 11.8%、14.4%、18.8%、23.5%和 31.5%，年均增长 7.8%。图 14-1 为 2000~2014 年土壤碳、氮、磷循环及其环境效应领域 SCI 期刊论文关键词共现关系，图中聚成了 4 个相对独立的研究聚类圈，在一定程度上反映了近 15 年国际土壤碳、氮、磷循环及其环境效应研究的核心领域，**主要包括土壤碳、氮生物地球化学循环与建模，土壤温室气体排放，土壤固碳，氮磷循环与农业面源污染** 4 个方面。

（1）土壤碳、氮生物地球化学循环与建模

图 14-1 该聚类圈中出现土壤有机碳（SOC）、氮（nitrogen）、生物地球化学（biogeochemistry）、模型（model）、碳循环（carbon cycle）、氮循环（nitrogen cycle）等关键词，表明学者们致力于研究土壤碳、氮生物地球化学循环特点及其影响因素，并开展模型预测。此外，微生物群落（microbial community）、微生物活性（microbial activity）、氨氧化细菌（ammonia oxidizing bacteria）等关键词也出现在聚类圈中，**反映出土壤碳、氮生物地球化学循环的微生物机制也是研究的热点之一。**

（2）土壤温室气体排放

聚类圈中出现温室气体（greenhouse gas）、甲烷（CH$_4$）、氧化亚氮（N$_2$O）、空间变化（spatial variability）、降雨（precipitation）、减排（mitigation）等关键词（图 14-1），表明研究人员深

入研究了土壤温室气体排放特点、空间变化、影响因素等,研发了减排措施,如有机肥(manure)、免耕(no till)等。同时,图 14-1 聚类圈中出现的高频关键词还包括土地利用变化(land use change)、氮沉降(nitrogen deposition)等,表明在土壤温室气体排放研究中,土地利用变化和氮沉降等与区域和全球变化有关的因素对温室气体排放的影响受到广泛的关注。

(3)土壤固碳

由图 14-1 可知,土壤固碳方面的热点是土壤碳储量、各种生态系统[如草地(grassland)等]土壤固碳潜力的评估,同时重点研究了不同措施[如免耕(no till)、少耕(minimum tillage)、生物炭(biochar)等]的固碳效果,评估其对减缓气候变化的作用。上述关键词表明,作为减缓气候变化的主要途径,土壤固碳是土壤碳氮循环领域的重要研究方向之一。

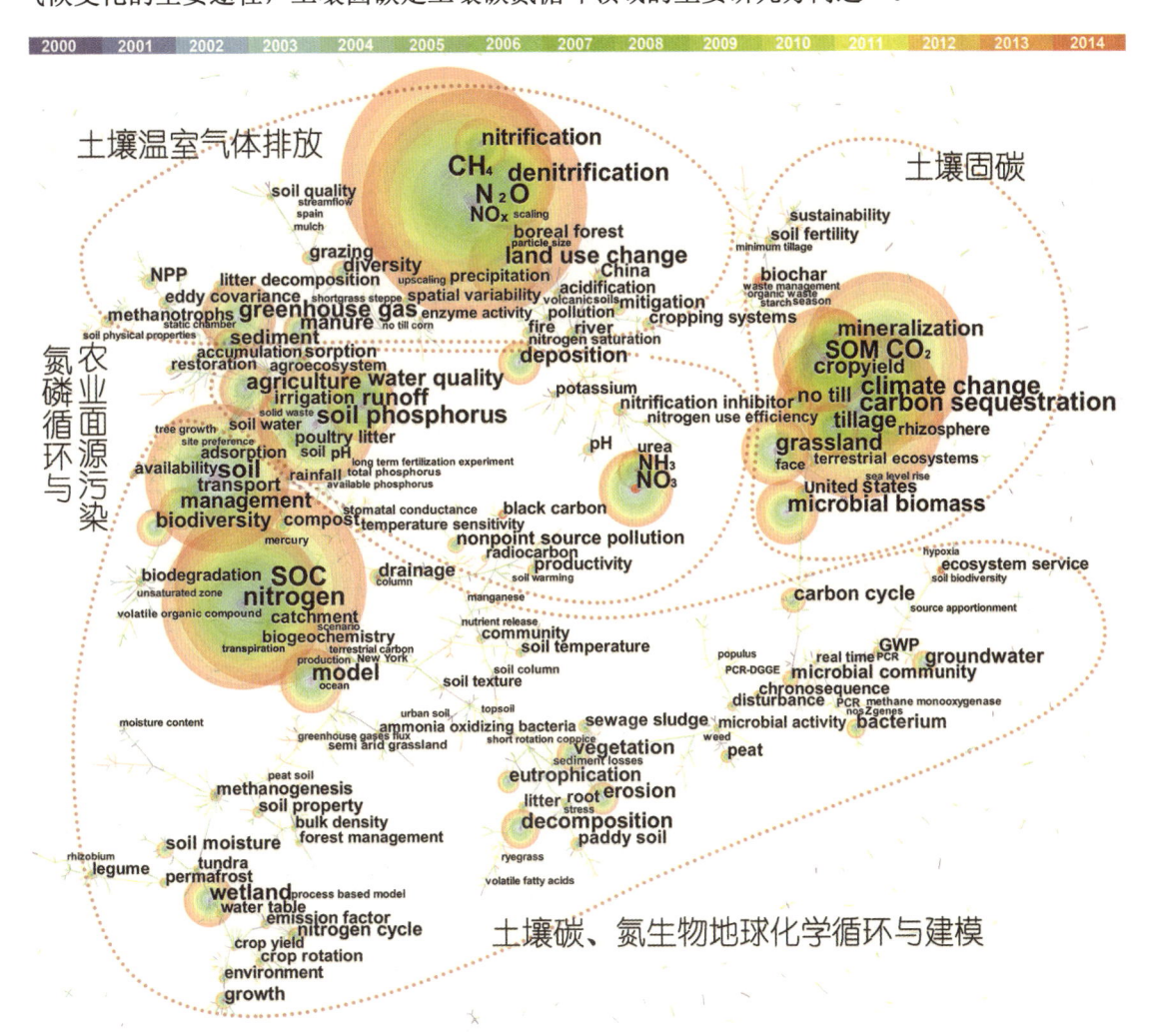

图 14-1 2000~2014 年"土壤碳、氮、磷循环及其环境效应"领域 SCI 期刊论文关键词共现关系

(4)氮磷循环与农业面源污染

在氮磷循环与农业面源污染方面,重点研究了土壤氮(nitrogen)、土壤磷(soil phosphorus)迁移转化过程[如淋溶(leaching)、径流(runoff)等]对水体质量(water quality)和空气(NH_3)

的影响（图 14-1）。其中，农业（agriculture）、非点源污染（nonpoint source）是研究的热点问题，广泛研究了农业管理方式（management），如使用硝化抑制剂（nitrification inhibitor）、合理灌溉（irrigation）、合理施肥对提高氮肥利用率（nitrogen use efficiency）、减少农业面源污染的效果。

SCI 期刊论文关键词共现关系图反映了近 15 年土壤碳、氮、磷循环及其环境效应研究的核心领域（图 14-1），而不同时段 TOP20 高频关键词则可反映其研究热点。表 14-1 显示了 2000～2014 年各时段 TOP20 关键词组合特征。由表可知，2000～2014 年，前 10 位高频关键词为碳（carbon）、气候变化（climate change）、氮（nitrogen）、生物炭（biochar）、固碳（C sequestration）、二氧化碳（CO_2）、模型（model）、森林（forest）、农业（agriculture）和甲烷（CH_4），表明这些领域是近 15 年研究的热点。不同时段高频关键词组合特征能反映研究热点随时间的变化情况，碳（carbon）、固碳（C sequestration）和气候变化（climate change）等关键词在各时段均占有突出地位，这些内容持续受到关注。对以 3 年为时间段的热点问题变化情况分析如下。

（1）2000～2002 年

由表 14-1 可知，本时段研究重点集中在土壤碳、氮循环与建模，土壤温室气体排放和土壤固碳 3 个方面，主要研究内容为碳（carbon）、固碳（C sequestration）、二氧化碳（CO_2）、气候变化（climate change）、氮（nitrogen）、碳循环（carbon cycle）、模型（model）、涡度相关（eddy covariance）、净初级生产力（NPP）等。以上研究集中在森林（forest）、农业（agriculture）和草地（grassland）生态系统。以上出现的高频关键词表明，**涡度相关技术是生态系统碳通量观测研究的重要技术手段，土壤温室气体排放和土壤固碳与气候变化是本阶段研究的热点。**

（2）2003～2005 年

本时段研究重点仍然集中在土壤碳、氮循环与建模，土壤温室气体排放和土壤固碳 3 个方面，土地利用方式（land use）对土壤碳氮循环、温室气体排放、固碳等的影响在这一时期成为热点。这一阶段，关键词中开始出现生物多样性（biodiversity）、生态系统功能（ecosystem function）、生物地球化学循环（biogeochemical cycles）、磷（phosphorus）等关键词，表明土壤碳氮磷生物地球化学循环对生物多样性和生态系统功能的影响开始受到研究者的广泛关注。对于土壤硝化（nitrification）和反硝化（denitrification）过程的研究也是这一时期氮循环研究关注的热点。以上关键词说明，**对土壤碳氮磷循环的研究不再局限于气候变化领域，其对生物多样性和生态系统功能的影响受到越来越多的关注。**

（3）2006～2008 年

表 14-1 显示，继上一阶段以来，土壤温室气体排放和土壤固碳与气候变化，以及土壤碳氮磷生物地球化学循环对生物多样性和生态系统功能的影响仍是研究的热点。这一阶段对土壤碳氮过程的模拟预测进行了大量的研究。此外，关键词中开始出现生物炭（biochar），生物炭作为一种重要的土壤固碳措施，开始受到关注。这一阶段的关键词表明，**促进陆地生态系统碳的固定成为被广泛接受的减缓气候变化的主要途径之一，而农田生态系统是土壤固碳研究的热点对象。**

第 14 章　土壤碳、氮、磷循环及其环境效应　479

表 14-1　2000～2014 年"土壤碳、氮、磷循环及其环境效应"领域不同时段 TOP20 高频关键词组合特征

2000～2014 年			2000～2002 年 (24 篇/校正系数 2.58)		2003～2005 年 (29 篇/校正系数 2.14)		2006～2008 年 (38 篇/校正系数 1.63)		2009～2011 年 (47 篇/校正系数 1.32)		2012～2014 年 (62 篇/校正系数 1.00)	
关键词	词频		关键词	词频	关键词	词频	关键词	词频	关键词	词频	关键词	词频
carbon	87		carbon	36.1 (14)	nitrogen	1.93 (9)	carbon	22.8 (14)	carbon	23.8 (18)	carbon	29
climate change	57		C sequestration	15.5 (6)	carbon	17.1 (8)	climate change	14.7 (11)	biochar	21.1 (16)	biochar	11
nitrogen	36		CO_2	15.5 (6)	NPP	12.8 (6)	agriculture	13.0 (9)	climate change	21.1 (16)	CO_2	11
biochar	32		forest	12.9 (5)	C sequestration	10.7 (5)	C sequestration	13.0 (9)	nitrogen	13.2 (10)	model	11
C sequestration	31		agriculture	12.9 (5)	forest	10.7 (5)	nitrogen	13.0 (9)	forest	13.2 (10)	climate change	9
CO_2	22		climate change	10.3 (4)	carbon cycle	8.6 (4)	CO_2	13.0 (9)	C sequestration	10.6 (8)	C sequestration	9
model	20		nitrogen	10.3 (4)	climate change	8.6 (4)	NPP	11.4 (7)	decomposition	9.2 (7)	biodiversity	6
forest	20		carbon cycle	7.7 (3)	CH_4	8.6 (4)	carbon cycle	8.2 (5)	CO_2	6.6 (5)	CH_4	6
agriculture	19		model	7.7 (3)	agriculture	8.6 (4)	methanogenesis	8.2 (5)	N_2O	5.3 (4)	ecosystem services	6
CH_4	17		eddy covariance	5.2 (2)	land use	6.4 (3)	CH_4	6.5 (4)	CH_4	5.3 (4)	forest	6
N_2O	16		NPP	5.2 (2)	decomposition	6.4 (3)	N_2O	6.5 (4)	agriculture	5.3 (4)	N_2O	5
carbon cycle	16		NO	5.2 (2)	N_2O	6.4 (3)	biochar	6.5 (4)	N fertilizer	5.3 (4)	decomposition	5
NPP	16		plant functional types	5.2 (2)	biodiversity	4.3 (2)	nitrogen cycle	6.5 (4)	biogeochemistry	4.0 (3)	nitrogen	4
decomposition	13		radiocarbon	5.2 (2)	biogeochemical cycles	4.3 (2)	model	4.9 (3)	carbon cycle	4.0 (3)	agriculture	4
biodiversity	12		N_2O	5.2 (2)	denitrification	4.3 (2)	decomposition	4.9 (3)	denitrification	4.0 (3)	denitrification	3
denitrification	10		nitrification	5.2 (2)	ecosystem function	4.3 (2)	biodiversity	3.3 (2)	nitrogen cycle	4.0 (3)	meta-analysis	3
biogeochemistry	9		aggregation	5.2 (2)	nitrification	4.3 (2)	denitrification	3.3 (2)	model	4.0 (3)	phenology	3
ecosystem function	9		grassland	5.2 (2)	CO_2	4.3 (2)	forest	3.3 (2)	nitrification	4.0 (3)	nitrogen cycle	3
nitrogen cycle	9		fertilization	5.2 (2)	phosphorus	2.1 (1)	stoichiometry	3.3 (2)	nitrate leaching	2.6 (2)	carbon cycle	2
nitrification	8		CH_4	2.6 (1)	model	2.1 (1)	phosphorus	1.6 (1)	biodiversity	2.6 (2)	deposition	2

注：括号中的数字为校正前关键词出现频次。

（4）2009~2011年

本阶段，生物炭（biochar）对土壤固碳和温室气体减排的作用受到更为广泛的关注。土壤碳、氮循环与建模，土壤温室气体排放，土壤固碳，土壤碳氮磷生物地球化学循环对生物多样性和生态系统功能的影响一如既往地是研究的重点。此外，关键词中开始出现氮肥（N fertilizer）、硝态氮淋溶（nitrate leaching），表明农田氮肥管理及其生态环境效应开始受到重视。

（5）2012~2014年

由表14-1可知，本领域的主要关注内容依旧没有发生显著的变化。但是也有一些新的生长点，关键词中开始出现生态系统服务（ecosystem services）、荟萃分析（meta-analysis）等，说明该领域研究者开始关注土壤碳氮磷循环与生态系统服务功能的关系，同时由于前十几年积累了大量的数据资料，**大数据的荟萃分析方法在该领域中得到广泛的应用，该领域的研究开始从数据观测发展到数据整合、集成，对于深入全面地认识土壤碳氮磷循环及其环境效应的规律和影响因素有极大的推动作用**，为提高模型预测的精度奠定了基础。

根据校正后高频关键词分布情况可知，土壤碳、氮、磷循环及其环境效应的传统研究内容（如carbon，climate change，nitrogen，C sequestration，CO_2，model，CH_4，N_2O，carbon cycle，biogeochemistry，nitrogen cycle）在各时期都占重要地位，总体上其研究热度也没有呈现出明显的减弱趋势，但是新兴研究内容（如biodiversity，biochar，ecosystem services等）和新的研究方法（如meta-analysis）也不断地出现，并受到广泛的关注。

14.2.2 近15年国际该领域研究取得的主要学术成就

图14-1表明，近15年国际上土壤碳、氮、磷循环及其环境效应研究的核心领域主要包括土壤碳、氮生物地球化学循环与建模，土壤温室气体排放，土壤固碳，氮磷循环与农业面源污染4个方面。高频关键词组合特征反映的热点问题主要包括生物地球化学循环、模型、温室气体、土壤固碳等（表14-1）。针对以上4个核心领域及热点问题展开了大量研究，取得的主要成就分述如下。

（1）土壤碳、氮生物地球化学循环与建模

土壤是陆地生态系统碳氮元素长期储存的重要储库，其有机碳储量是大气CO_2总量的2倍，是植被碳储量的3倍，因此，土壤在全球碳循环中扮演着重要角色。伴随全球变暖、大气CO_2增加和氮沉降增加等全球变化现象，土壤碳氮循环过程成为过去几十年间全球变化研究中最受关注的核心议题。土壤碳循环过程研究主要是集中在土壤中有机碳动态与影响机制方面，重点在土壤碳储量估算和有机碳组分、性质、功能、动态及其对全球变化的反馈等方面取得了一些新的认识，完成了不同尺度、不同生态系统土壤碳氮储量的估算，明确了其分布特点和影响因素。建立了土壤有机碳物理分组技术研究土壤有机碳组分的方法（Six et al.，2000：2099~2103）。物理分组的方法对有机质结构破坏程度极小，突出了土壤矿物和土壤结构在土壤有机质周转中的地位（Post and Kwon，2000：317~327；Christopher et al.，2002：1121~1130），在区分与管理方式有关的特定的碳库、确定有机质的物理稳定性以及确定有机质与大团聚体、微团聚体间的关系上发挥了很重要的作用（Freixo et al.，2002：221～230）。激光分解波谱、固态 ^{13}C 核磁共振波谱、红外光谱和热解质谱测量等土壤原位和非破坏性分析技术和手段等得到了广泛的应用，实现了在分子水平上研究土壤碳的化学组成和结构，更深入地阐明土壤碳库的状态和过程（Kögel-Knabner，2000：609～625；Fontaine et al.，2007：227～281；Solomon et al.，2007：511～530），明确了不同有机碳组分对环境变化的敏感性，阐明了土壤碳的稳定性与生物利用性及其对气候变化的反馈，对分析土壤有机碳氮的循环机理和稳定机制起到了很大的推进作用。采用 ^{13}C 稳定同位素技术深入研究了土壤有机碳的来源、周转速率及季节和年际动态，及其对全球变化的响应。

氮素在土壤内部不同形态的氮库间转化过程及其定量和全球变化（氮沉降、气候变化、土地利用变化等）对土壤氮循环的影响这两个领域是近年来土壤氮循环研究的两大热点。土壤氮转化过程研究方面的成果主要表现在对于转化过程速率的定量和发现新的氮转化过程两方面。土壤中氮的转化过程是被逐渐发现和认识的，其中厌氧氨氧化过程的广泛存在是最近才被发现和证明的（Humbert et al.，2010：450～454）。随着 ^{15}N 稳定同位素稀释、富集技术和计算机模拟分析技术的发展，建立了土壤氮转化过程初级转化速率（gross rate of nitrogen transformation）的计算方法，实现了对氮从一种形态转化到另一种形态的实际转化速率的量化（Mary et al.，1998：1963～1979；Müller et al.，2007：715～726），从氮转化过程角度，更加深入地阐明了土壤氮动态的机理（Huygens et al.，2008：543～548；Zhang et al.，2013a）。在全球气候和环境变化的大背景下，大量学者研究了土壤氮循环的主要影响因子，明确了气候因子（主要是光照、温度和降雨）、植被、CO_2 浓度增加、土壤性质、人为因素（主要是耕作、土地利用方式变化）对土壤氮循环的影响，为理解全球变化背景下土壤氮循环提供了大量知识积累，为模型估算提供了数据基础。

模型是实现大尺度土壤碳氮估算与动态预测的重要工具。近几十年，基于对土壤碳氮循环过程认识的不断深入，建立了大量的碳氮循环模型，其中应用最为广泛的是 DNDC 模型和 CENTURY 模型。DNDC 模型是美籍华人科学家李长生教授开发的，是最成功的碳氮生物地球化学过程的计算机模型之一，可以用来模拟不同生态系统的植物生物量、土壤固碳作用、硝酸盐淋失以及碳和氮的多种气体的排放等，可信度较高（Li et al.，1992：9759～9776；Gilhespy et al.，2014：51～62）。CENTURY 模型是通用的生态系统模型，把土壤有机碳库分为活性碳库、慢性碳库和惰性碳库，用来模拟不同土壤—植物生态系统中碳、氮、硫的动态，模拟时间尺度可以为数年、上百年甚至上千年，是最全面的生态系统模型（Parton and Rasmussen，1994：530～536；Nalder and Ross，2006：37～66）之一。

（2）土壤温室气体排放

温室气体浓度增加是造成全球气候变暖的主要原因，控制大气温室气体浓度成为全球急需解决的问题。土壤作为 CO_2、CH_4、N_2O 的重要源和汇，对温室效应的影响举足轻重。因此，近几十年来,土壤温室气体排放一直是一个全球关注的热点问题,创新性的成果主要体现在不同生态系统土壤温室气体排放的总量估算及土地利用方式对温室气体排放的影响方面。森林生态系统虽然碳排放量巨大(118.7 Pg C/yr),但是由于其巨大的生产力(123 Pg C/yr),全球尺度上,森林生态系统是一个大的碳汇,每年大约固定 4.3 个 Pg C。化石燃料燃烧和土地利用变化导致的碳排放是主要的碳源。土地利用变化会改变植被类型,影响土壤性质和微生物活性,进而影响土壤碳氮循环关键过程,从而导致土壤温室气体排放量发生改变(Ball et al.,2002:305～317;Flechard et al.,2007:135～152)。研究表明,森林砍伐是引起大气 CO_2 浓度增加的最主要的土地利用变化方式(Houghton et al.,2003:378～390;Achard et al.,2004:1～11);森林转变为农田一般会增加土壤 N_2O 排放量,降低土壤吸收 CH_4 的能力(Smith et al.,2000:791～803;Takakai et al.,2006:662～674),而农田向森林或者草地转变一般普遍降低土壤 CO_2、N_2O 排放,增加吸收 CH_4 的能力(Merino et al.,2004:917～925;Monti et al.,2012:420～434)。湿地转换为农田会增加土壤 CO_2 和 N_2O 排放,降低 CH_4 排放量(Jiang et al.,2009:3305～3309;王德宣,2010:220～224)。农田土壤是大气 N_2O 最重要的人为源。研究表明,全球农田(包括不施肥农田)N_2O 排放量为 3.3 Tg N(Stehfest and Bouwman,2006:207～228)。氮肥施用是农田土壤产生和排放 N_2O 最主要的驱动因子。湿地是重要的 CH_4 排放源,自然湿地每年排放 177～284 Tg CH_4。植物光合作用是自然湿地 CH_4 排放量昼夜变化的驱动因子,温度、静水层深度和植物密度分别是区域间、植被类型间和同一植被类型内控制 CH_4 排放量空间变化的主导因素(Ding et al.,2002:5149～5157;Ding et al.,2004:181～188)。稻田在 20 世纪 80 年代初已被发现是重要的 CH_4 排放源,但早年其排放量被高估。随着野外观测数据的增加,可以区分出水分管理方式、有机肥施用、土壤性质等因素对其排放通量的影响(Yan et al.,2003)。在考虑各种因素的影响之后,全球稻田 CH_4 排放量被认为在 24～41 Tg CH_4/yr(Yan et al.,2009;IPCC,2013)。稻田也是大气 N_2O 的重要排放源,但排放系数小于旱地。稻田 N_2O 排放量与氮肥施用量数值关系不密切,而与水分管理和耕作制度有密切关系。稻田 CH_4 和 N_2O 排放存在相互消长关系(Cai and Mosier,2000:1537～1545;Cai et al.,2001:75～91)。依据这些研究结果制定了一系列的稻田温室气体减排措施(Cai et al.,2003:37～45;Ma et al.,2009:1022～1028)。

(3)土壤固碳

促进陆地生态系统碳的固定是被广泛接受的减缓气候变化的主要途径之一,农业土壤固碳是研究的热点。现在已经初步明确全球农业土壤固碳与温室气体减排的自然总潜力高达 5 500～6 000 Mt CO_2eq/yr,其中 90%来自土壤固碳,其他温室气体的减排措施的贡献不足 10%(IPCC,2007)。土壤固碳的有效期可达 25～40 年,主要与管理方式和植被类型等有关系。不同管理措施下,土壤固碳能力和速率有较大差异。一般认为,免耕农田土壤固碳能力高于其他方式;草地较农田固碳的有效期限长,在农业上改变轮作(碳流通)较改变耕作(碳保护)固碳有效期限长(West and Six,2007:25～41)。在土壤固碳机理方面也取得了一系列成果,明确了土壤有机碳提高主要来源于作物碳的输入和土壤的固定及其稳定性，不同的施肥措施、大气 CO_2 浓度升高条件下，土壤固碳主要归结于前者；而免耕固碳则主要是归因于土壤碳的稳定性，如团聚体的物理保护等（Six et al.，2000：2099～2103）。土壤固碳的微生物机理方面，明确了土壤有机碳动态与生物区系动态及生物多样性的关系，土壤微生物的变化是不同措施调节土壤固碳的重要原因（Butler et al.，2003：6793～6800）。不同措施下土壤固碳的差异不但影响微生物数量，更可能影响其功能群的变化（Grandy and Robertson，2007：59～74），其反过来又会影响土壤固碳能力。例如高浓度 CO_2 条件下，土壤中真菌数量明显增多，能够减缓新碳的循环速率（Kandeler et al.，2008：162～171）。有机农业中，有机碳明显积累，生物多样性得到维持和提高，微生物功能群的丰富使这种农业模式具有高度可持续性。一些有机—无机配合施肥下的稻田和旱地农田生态系统中固碳和生产力提高及其稳定性与生物多样性也呈现十分明显的耦合（潘根兴等，2008：901～914）。

（4）氮磷循环与农业面源污染

土壤碳、氮、磷循环的环境效应主要包括温室效应（前面已单独列出）、大气活性氮污染和水体污染（主要是农业面源污染）3 个方面。在全球范围内，农业面源污染是水体污染的主要原因，对农业面源污染的研究和控制成为现代农业和社会可持续发展的重大课题（张维理等，2004：1018～1025）。调查结果显示，农业面源污染是美国河流和湖泊的第一大污染源，导致约 40%的河流和湖泊水体水质不合格，是河口的第三大污染源，是造成地下水污染和湿地退化的主要因素（张维理等，2004：1018～1025）。在欧洲国家，农业面源污染同样是造成水体，特别是地下水硝酸盐污染的首要来源，也是造成地表水中磷富集的最主要原因，由农业面源排放的磷占地表水总磷负荷的 24%～71%（张维理等，2004：1018～1025）。中国水污染的核心问题也是水体的氮、磷富营养化，农田、农村畜禽养殖和城乡结合地带的生活排污是造成流域水体氮、磷富营养化的主要原因，其贡献大大超过来自城市地区的生活点源污染和工业点源污染（杨林章等，2013：96～101）。近 20 年来，发达国家在农业面源污染治理上主要通过源头控制，对农田面源、畜禽场面源进行分类管理控制。我国学者也提出了农村面源污染治理的"4R"理论与技术，取得了较好的效果（杨林章等，2013：96～101）。

（5）氮循环与气态活性氮

人类活动已经导致气态活性氮（NH_3、NO_x 和 N_2O）排放量呈井喷式增长。除了作为温室气体的 N_2O 外，其他气态活性氮在大气臭氧和细颗粒物的形成过程中发挥了重要作用。颗粒物一旦形成，会成为云凝结核，影响云的形成和降水，对大气辐射平衡和气候产生影响。颗粒物也是灰霾污染形成的主要因子，对其形成机制以及随后的气—固—液多相过程的深入研究是解决灰霾问题的关键。现已明确，氨、硝酸、硫酸和水之间的反应是气体/颗粒物参与形成铵盐的重要过程。在欧洲，活性氮对细颗粒物形成的质量贡献率可达 30%～70%（Sutton et al.，2011），已经成为"有形"的污染（Sutton and Bleeker，2013：435～437）。欧洲的氮评估表明，欧盟 27 国因活性氮而导致的经济损失总量达 700～3 200 亿欧元/年，其中 75%与活性氮的大气污染有关，60%与活性氮对人类健康的影响有关。目前，欧洲已经完成了"欧洲氮评估"，出版了《欧洲氮评估》报告（Sutton et al.，2011）。美国完成了《美国活性氮：输入、流动、效应和管理措施》的报告（http//：www.epa.gov/sab）。2010年12月，在印度召开的第五次世界氮素大会上，国际氮行动组织（International Nitrogen Initiative）发表了《面向可持续发展的活性氮管理的德里宣言》（Delhi Declaration on Reactive Nitrogen Management for Sustainable Development，http：//initrogen.org/），呼吁从粮食安全、能源和工业安全、气候变化、生态健康与生物多样性和人类健康五大方面，开展区域和全球氮评估（Global Nitrogen Assessment）。我国也于2014年在全球变化研究领域，启动了重大研究计划项目"我国活性氮源及其对空气质量和气候变化的影响机理研究"。

14.3 中国"土壤碳、氮、磷循环及其环境效应"研究特点及学术贡献

我国关于土壤氮素的研究始于20世纪初，1910年和1914年，河北保定和吉林公主岭农事试验场，相继进行了氮肥的田间试验。而近30多年来，随着生产的发展、科技的进步以及环境问题的凸显，土壤碳、氮、磷循环及其环境效应研究工作有了快速的发展。自20世纪80年代起，我国集中建立了一批长期定位实验站，重点观测土壤碳、氮、磷等生源要素与植物生长的关系及影响因素。随着与肥料施用不当有关的环境问题日益突出，对农田土壤氮磷物质迁移转化与环境污染的关系及调控措施成为该领域的重大课题（张维理等，2004：1018～1025）。由于全球变暖等全球变化问题逐步成为不争的事实，20世纪90年代以来，土壤碳储量、固碳潜力、温室气体排放过程及减排措施成为重要研究方向（Cai et al.，1997：7～14；Xing，1998：249～254；Cai et al.，1999：1～13；潘根兴，1999：330～332）。中国学者在该领域开展了大量的工作，为该领域的发展做出了一系列学术贡献。

14.3.1 近15年中国该领域研究的国际地位

过去15年，不同国家和地区对于土壤碳、氮、磷循环及其环境效应的研究获得了长足进展。表14-2列出了2000～2014年土壤碳、氮、磷循环及其环境效应领域所发表的SCI论文总数、篇均被引次数和高被引论文数量TOP20国家和地区。论文发表总量TOP20国家和地区，共计发表论文23 982篇，占所有国家和地区发文总量的91.3%。其中发文数量最多的是美国，共发表6 819篇；中国排第2位，发表2 702篇，与排名第1位的美国有较大差距；排第3位的是德国，发表1 780篇。20个国家和地区总体发表SCI论文情况随时间的变化表现为：与2000～2002年发文量相比，2003～2005年、2006～2008年、2009～2011年和2012～2014年发文量分别是2000～2002年的1.2倍、1.6倍、2.0倍和2.7倍，表明国际上对于土壤碳、氮、磷循环及其环境效应的研究表现出快速增长的态势。从表中也可看出，过去15年里美国在土壤碳、氮、磷循环及其环

表 14-2 2000~2014 年 "土壤碳、氮、磷循环及其环境效应" 领域发表 SCI 论文数及被引频次 TOP20 国家和地区

排序[①]	国家(地区)	SCI 论文数量（篇）					SCI 论文篇均被引次数（次篇）					国家(地区)	高被引 SCI 论文数量（篇）				
		2000~2014	2000~2002	2003~2005	2006~2008	2009~2011	2012~2014	2000~2014	2000~2002	2003~2005	2006~2008	2009~2011	2012~2014		2000~2014	2000~2002	2003~2005	2006~2008	2009~2011	2012~2014
	世界	23 982	2 838	3 456	4 499	5 642	7 547	世界	22.1	45.8	38.7	28.5	17.5	5.1	世界	1 199	141	172	224	282	377
1	美国	6 819	957	1 203	1 437	1 487	1 735	美国	30.3	62.8	46.8	33.3	21.5	6.1	美国	584	90	89	98	117	127
2	中国	2 702	101	179	347	672	1 403	荷兰	29.9	51.2	39.7	40.9	24.0	7.4	德国	116	9	13	20	24	32
3	德国	1 780	267	278	350	408	477	英国	28.7	46.8	48.2	32.7	23.6	7.9	英国	109	11	16	16	32	35
4	英国	1 420	260	202	239	346	373	德国	26.6	48.9	40.3	32.7	20.8	6.6	加拿大	61	4	6	15	10	8
5	加拿大	1 395	192	215	299	324	365	挪威	25.3	30.9	38.6	41.9	18.2	5.6	荷兰	41	6	3	13	11	12
6	澳大利亚	907	115	125	161	208	298	丹麦	25.1	54.9	37.1	27.3	21.8	6.1	法国	37	5	6	8	8	12
7	日本	819	97	167	151	188	216	法国	24.7	51.9	49.0	36.8	18.6	5.6	澳大利亚	35	5	6	6	13	17
8	法国	695	68	91	124	176	236	瑞士	24.4	54.9	54.2	31.4	20.6	6.4	瑞典	29	0	6	6	8	11
9	荷兰	560	86	89	108	142	135	奥地利	24.3	22.7	49.1	38.7	22.3	5.5	中国	28	0	2	8	18	42
10	新西兰	559	80	92	102	123	162	瑞典	24.3	33.7	38.9	29.2	20.1	8.1	新西兰	23	2	3	3	12	12
11	印度	556	74	63	87	127	205	菲律宾	23.8	35.0	34.0	35.7	18.0	2.0	丹麦	21	4	0	4	4	9
12	西班牙	552	33	64	110	143	202	新西兰	22.9	33.3	46.8	25.9	18.5	5.8	日本	20	1	2	5	2	5
13	巴西	529	27	53	88	153	208	比利时	22.4	29.2	33.8	37.8	19.2	6.3	瑞士	19	4	5	3	3	7
14	瑞典	523	81	102	88	116	136	加拿大	20.5	38.7	30.8	28.1	14.3	4.2	巴西	13	1	1	3	1	3
15	意大利	417	36	36	75	116	154	芬兰	20.4	34.9	33.4	22.1	14.7	4.8	比利时	10	0	1	3	4	7
16	芬兰	417	63	81	90	74	109	澳大利亚	20.2	35.7	32.5	28.9	18.5	5.5	芬兰	10	0	2	1	1	3
17	丹麦	416	57	65	79	92	123	阿根廷	20.1	22.7	68.9	22.0	14.1	2.6	挪威	9	0	1	4	1	3
18	瑞士	348	34	43	55	82	134	肯尼亚	19.4	15.4	71.3	19.3	21.7	4.4	奥地利	9	0	2	3	2	3
19	比利时	260	29	45	47	62	77	以色列	18.5	27.0	25.9	20.3	16.8	4.3	印度	8	1	2	2	1	4
20	韩国	215	13	26	37	61	78	中国(30)[②]	11.3(30)	25.4(26)	25.1(30)	22.2(20)	15.4(21)	3.9(24)	西班牙	7	0	2	2	2	10

注：①按 2000~2014 年 SCI 论文数量、篇均被引次数、高被引论文数量排序；②括号内数字是中国相关时段排名。

境效应研究领域一直占据主导地位,但中国在该领域的活力不断增强,增长速度最快,发文数从 2000~2002 年时段的第 6 位,发展到 2012~2014 年时段的第 2 位。2000~2014 年 SCI 论文篇均被引和高被引论文数量两项指标的前 3 位均有美国和英国。中国 SCI 论文篇均被引次数仅为 11.3 次,高被引论文数为 28 篇,分别为全球第 30 位和第 9 位(表 14-2),由此可以看出中国的论文在总体质量与影响力上与欧美发达国家还存在较大差距。但是,近年来中国的 SCI 论文篇均被引次数明显上升,2006~2008 年篇均被引次数排名上升至 20 位,2012~2014 年排名在第 24 位;高被引论文数量 2000~2002 年为 0,2012~2014 年为 42 篇,上升到第 2 位。这些数据表明,**中国在该研究领域的活力和影响力快速上升,研究成果受到越来越多国际同行的关注**。

图 14-2 显示了 2000~2014 年土壤碳、氮、磷循环及其环境效应研究领域 SCI 期刊全球和中国高频关键词对比及时序变化。从国内外学者发表论文关键词总词频来看,随着收录期刊及论文数量的明显增加,关键词词频总数不断增加,中国作者的前 15 位关键词词频随时间增加更为明显。论文关键词的词频在一定程度上反映了研究领域的热点。从图 14-2 可以看出:2000~2014 年中国及全球学者所发表的 SCI 文章中出现频次均最高的关键词是 N_2O,然后是土壤有机

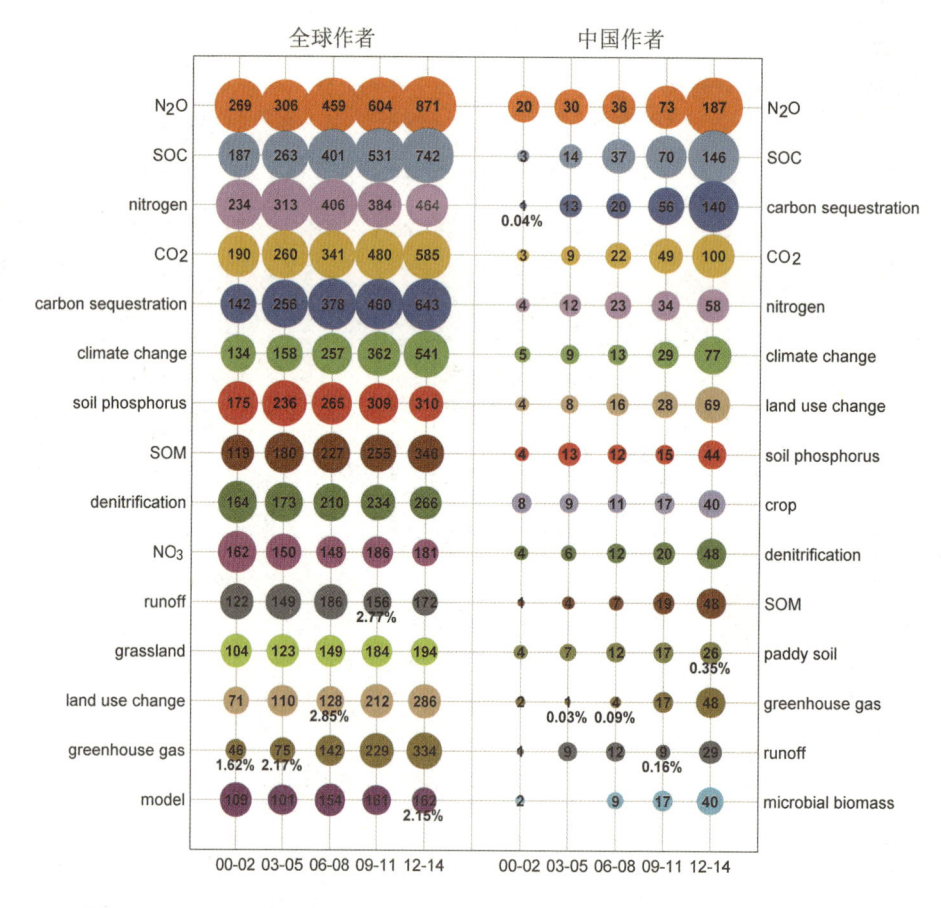

图 14-2 2000~2014 年"土壤碳、氮、磷循环及其环境效应"领域 SCI 期刊
全球及中国作者发表论文高频关键词对比

碳（SOC）和固碳（carbon sequestration）；总频次最高的前 15 位关键词中，均出现的关键词还有：氮（nitrogen）、CO_2、气候变化（climate change）、土地利用（land use change）、土壤磷（soil phosphorus）、反硝化（denitrification）、土壤有机质（SOM）和温室气体（greenhouse gas）（图 14-2）。这反映了国内外近 15 年本领域的研究热点非常集中，即土壤碳氮循环与全球气候变化。除上述关键词外，全球学者采用的热点关键词还有硝态氮（NO_3^-）、模型（model）和草地（grassland），这反映出在全球尺度上，草地作为碳的源汇的重要性、硝态氮对水体质量的巨大影响以及模型作为研究手段所起到的不可或缺的作用。与全球学者所关注的热点领域不同，中国学者发表 SCI 论文采用的高频关键词还有农田作物（crop）、水稻土（paddy soil）和微生物生物量（microbial biomass），这反映出我国学者对粮食生产、土壤肥力的关注，以及水稻土作为一种主要的农业土壤类型在中国的特殊重要性。

从图 14-2 中关键词自身的频次变化来看，N_2O、土壤有机碳（SOC）、氮（nitrogen）、CO_2、固碳（carbon sequestration）、气候变化（climate change）和土壤磷（soil phosphorus）在全球学者发表的 SCI 论文中频次不断地增加，表明**土壤温室气体排放、土壤固碳、土壤碳氮循环与气候变化**等科学问题持续受到国内外学者的关注。近几年来，由于农业面源污染问题的加剧，国内学者对土壤磷的关注增加。

14.3.2 近 15 年中国该领域研究特色及关注热点

利用土壤碳、氮、磷循环及其环境效应相关的中文关键词制定中文检索式，即：(SU= '土壤' or '稻田' or '农田') and ((SU= '固碳' or '甲烷' or 'CH$_4$' or '氧化亚氮' or 'N$_2$O') or (SU= '氮' and (SU= '空气' or '大气') and (SU= '污染' or '质量')) or ((SU= '氮' or '磷') and (SU= '水') and (SU= '污染' or '质量' or '面源')) or ((SU= '氮') and (SU= '酸化' or '多样性')))。从 CNKI 中检索 2000~2014 年本领域的中文 CSCD 核心期刊文献数据源。图 14-3 为 2000~2014 年土壤碳、氮、磷循环及其环境效应领域 CSCD 期刊论文关键词共现关系图，大致划分为 4 个相对独立的研究聚类圈，在一定程度上反映了近 15 年中国土壤碳、氮、磷循环及其环境效应领域的核心研究方向，主要包括：**土壤碳、氮、磷生物地球化学循环与模拟，土壤氮、磷循环与环境影响，土壤温室气体排放与固碳，氮磷流失与环境治理** 4 个方面。其中，土壤碳、氮、磷生物地球化学循环与模拟聚类圈重点关注土壤碳氮磷动态特征及其模拟；在土壤氮、磷循环与环境效应，土壤温室气体排放与土壤固碳，氮磷流失与环境治理 3 个聚类圈中，均着重关注农业生产对土壤碳氮磷循环及其对区域环境和全球变化的影响。从聚类圈中出现的关键词可以看出近 15 年土壤碳、氮、磷循环及其环境效应研究的主要问题及热点，具体如下。

（1）土壤碳、氮、磷生物地球化学循环与模拟

如图 14-3 所示，本聚类圈中出现的主要关键词有碳循环、土壤有机碳、动态特征、总氮、总磷、土壤质量、全球变化、氮沉降、模型、生态系统、地理信息系统（GIS）等，表明在全球变化背景下，对土壤有机碳、氮、磷的空间分布特征，动态变化过程及其数值模拟等方面进行

(2) 土壤氮、磷循环与环境影响

该聚类圈中出现的主要关键词有施肥模式、施氮量、土壤养分、淋失、氮循环、紫色土、三峡库区、太湖地区、华北平原、环境效应、磷素、养分流失、地表径流、硝态氮、铵态氮、农业面源污染、农田等（图 14-3）。聚类圈中出现的这些关键词反映出，深入分析我国不同地区的农田土壤氮磷管理方式、养分流失对区域环境的影响是研究的重点。同时，太湖地区、华北平原、紫色土地区、三峡库区等是我国学者研究的热点区域。

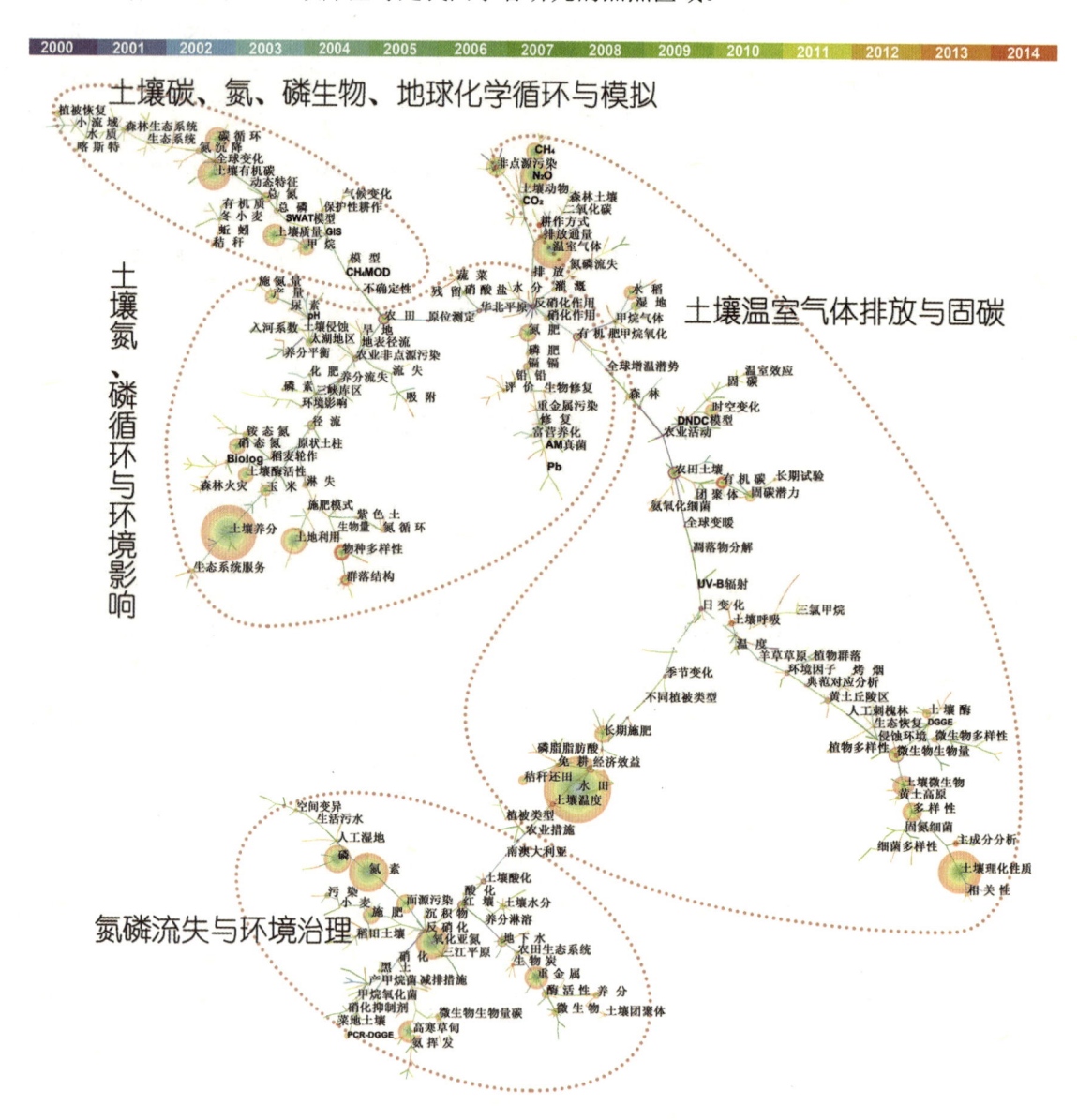

图 14-3 2000～2014 年"土壤碳、氮、磷循环及其环境效应"领域 CSCD 期刊论文关键词共现关系

（3）土壤温室气体排放与固碳

从图 14-3 可以看出，该聚类圈中出现的主要关键词主要有甲烷、氧化亚氮、二氧化碳、温室气体、温室效应、排放通量、森林土壤、耕作方式、长期施肥、水稻、湿地、DNDC 模型、固碳、免耕、团聚体、固碳潜力、生态恢复、微生物生物量、微生物多样性、季节变化等。不同生态系统土壤温室气体排放通量、季节变化特征、微生物学机理和模型估算是研究的重点。同时，稻田温室气体排放和减排措施、农田土壤固碳潜力评估、土壤有机碳稳定机理也是研究的热点。

（4）氮磷流失与环境治理

该聚类圈中出现的主要关键词有氮素、磷、面源污染、生活污水、氨挥发、菜地土壤、稻田土壤、硝化抑制剂、反硝化、人工湿地、农田生态系统、沉积物、重金属、养分淋溶、地下水、污染等。从上述关键词的组合可以看出，该领域的研究热点是碳氮磷对水体环境、空气质量的影响以及减排措施等，其中菜地因为肥料用量大、损失比例高，稻田因为水分管理特殊而受到特别的关注。与氮淋溶有关的地下水污染也是研究的热点问题之一。

图 14-4 为 2000～2014 年中国学者在土壤碳、氮、磷循环及其环境效应研究领域所发表的 SCI 论文的关键词共现关系图，可大致分为 4 个研究聚类圈，分别为土壤固碳与气候变化、碳氮循环及其环境影响、N_2O 和 CH_4 排放、农田管理及生态环境治理。由此可见，中国学者在该领域的研究与国际同行基本同步。根据图 14-4 聚类圈中出现的关键词，可以看出：①土壤固碳与气候变化围绕土壤固碳（carbon sequestration）的潜力评估和增加土壤固碳的措施（biochar，no till）展开，重点研究了我国陆地生态系统（terrestrial ecosystems）土壤碳库变化及其固碳潜力和各种措施的效果；②碳氮循环及其环境影响聚类圈中出现的主要关键词包括有机碳（SOC）、氮（nitrogen）、沉降（deposition）、枯落物分解（litter decomposition）、土壤质量（soil quality）、酸化（acidification）、富营养化（eutrophication）、地下水（groundwater）等（图 14-4），可以看出，人类活动导致的活性氮输入剧增引发的土壤酸化、土壤质量下降、水体富营养化等是研究的热点之一；③N_2O 和 CH_4 排放主要是分析了土壤 N_2O 和 CH_4 的排放量、影响因素[如土壤温度（soil temperature）、土壤湿度（soil moisture）、温度敏感性（temperature sensitivity）、土壤质地（soil texture）]，利用分子生态学技术分析了其微生物机制，主要关键词有微生物生物量（microbial biomass）、微生物群落（microbial community）、实时定量 PCR（real time PCR）、甲烷氧化菌（methanotrophs）等；④农田管理及生态环境治理研究了稻田（paddy soil）水分和肥料管理、硝化抑制剂（nitrification inhibitor）、轮作（crop rotation）等农业管理方式（management）对温室气体排放（greenhouse gas）与减排（mitigation）、氨挥发（NH_3）的影响以及非点源污染（nonpoint source pollution）特点和防治措施，上述关键词的出现表明，全球变化背景下，通过合理调整农田管理方式实现温室气体减排以及防控农业非点源污染是我国的研究热点。

总体来看，中文文献体现的研究热点既与国际同行关注的热点问题紧密相连，又与我国国民经济状况和农业生产水平密切相关。我国氮肥利用率较低，而氮肥的损失率较高，农田生态系统非点源污染问题突出。因此，中文文献的研究格外关注农田管理及生态环境治理，研究结果可为农田管理方式调控措施的科学选择与配置提供理论依据。同时，国际土壤碳、氮、磷循环及其环境效应研究的重点同样引起了中国学者的关注。因此，中国学者的 SCI 论文研究内容从我国土壤特点以及我国特有的农业管理方式出发，与国际同行关注了同样的热点问题，如土壤固碳与气候变化、碳氮循环及其环境影响、N_2O 和 CH_4 排放等。

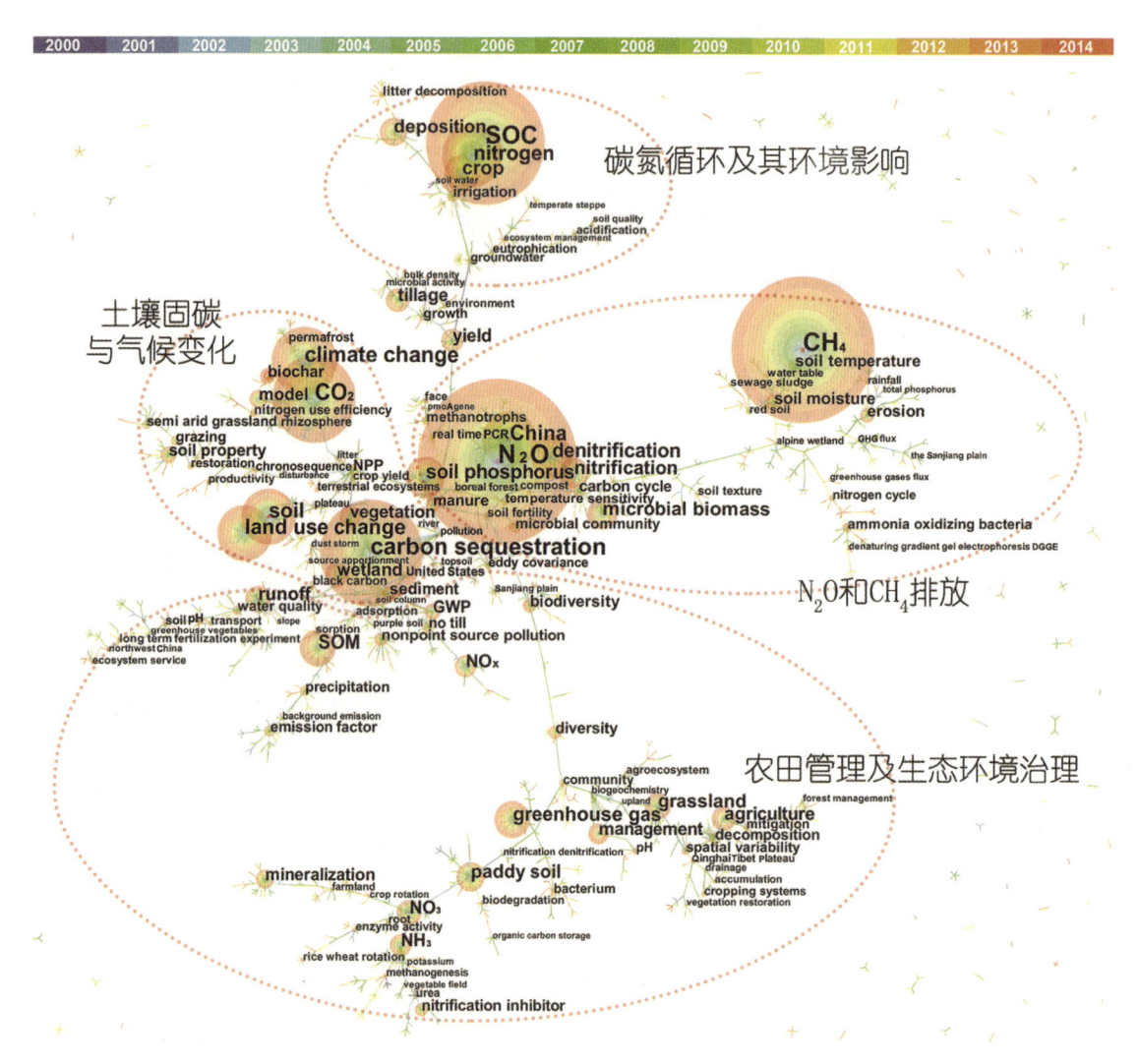

图 14-4　2000～2014 年"土壤碳、氮、磷循环及其环境效应"领域中国作者 SCI 期刊论文关键词共现关系

14.3.3　近 15 年中国学者该领域研究取得的主要学术成就

图 14-3 表明近 15 年针对土壤碳、氮、磷循环及其环境效应研究，中文文献关注的热点领域主要包括土壤固碳与气候变化、碳氮循环及其环境影响、N_2O 和 CH_4 排放、农田管理及生态环境治理 4 个方面。中国学者关注的国际热点问题主要包括土壤碳汇效应及其潜力、稻田 CH_4

和 N_2O 排放及减排对策、土壤氮素转化过程、农田土壤氮收支及环境影响、农业面源污染治理5 个方面（图 14-4）。针对这些研究主题所取得的科学成就归纳如下。

（1）土壤碳汇效应及其潜力

土壤是地球表层系统中最大而最活跃的碳库之一。土壤碳库的稳定、增长或释放都与大气碳库的变化有重要的关系，土壤有机碳库的大小及其变化已成为土壤与全球变化研究的重点和热点科学问题。经过近十几年的努力，我国学者在该领域开展了大量的工作，基本摸清了我国土壤有机碳库的大小，评估了其变化趋势。自 20 世纪 90 年代中期以来，不同学科学者采用第二次全国土壤普查资料和生态系统植被土壤碳库分配模型，以不同比例尺的植被图和土壤图为面积依据，进行了多种估计的探索，估计全国土壤有机碳库值介于 50～185 Pg，大多数学者的估算值在 70～90 Pg（Wu et al.，2003：305～315；Li et al.，2007：119～126；Yang et al.，2007：131～141；Yu et al.，2007：11～18；方精云等，1996：129～139；潘根兴，1999：330～332；王绍强，2000：533～544）。在第 236 次香山会议上，与会土壤学家讨论认为可以将 90 Pg 作为中国土壤总有机碳库的默认值（赵生才，2005：587～590）。我国森林土壤的碳储量估算值在 9.24～33.97 Pg（Xie et al.，2007：1989～2007；方精云等，1996：129～139；王绍强，2000：533～544），我国森林土壤有机碳的空间分布表现为主要储存于热带、亚热带红黄壤和东北森林土壤中。东北地区土壤有机碳储量最高。内蒙古草地土壤有机碳储量在 2.05～2.17 Pg，而且近几十年来变化不大（Dai et al.，2014：1035～1046）。农业利用下土壤碳库的变化一直是农业与全球变化关系的研究内容。国外科学家对我国土壤碳库的历史变化问题甚为关注，2000 年之前多数学者认为近几十年来我国土壤有机碳呈持续削减趋势，并且认为历史时期大面积的垦殖可能是土壤碳库下降的重要原因（Lindert et al.，1996：329～342；李长生，2000：345～350）。虽然没有足够的实测资料和模型研究资料予以对比，但已在国际全球变化研究领域产生重要影响。然而，我国学者近十几年研究结果表明，20 世纪 80 年代以来我国农田土壤有机碳库基本上呈增长趋势，中国农田土壤固碳速率在 20～25 Tg/yr（Liu et al.，2004：483～496；Sun et al.，2010：1302～1307；Pan et al.，2010：133～138；Yan et al.，2011：1487～1496；孟磊等，2005：769～776；黄耀和孙文娟，2006：753～763）。在区域格局上表现为华北、华东、西北增长明显，而西南、华南和东北地区增长不明显。水稻土的有机碳密度高于旱地，增长趋势也比旱地快。根据不同区域和不同土地利用下的平均增长速率，估计全国农田表土（0～20cm）有机碳库年均增加（24.1±15.8）～（27.1±21.9）Tg，近 25 年来的累计增加值达（0.58±0.38）～（0.65±0.53）Pg（Pan et al.，2010：133～138）。

（2）稻田 CH_4 和 N_2O 排放及减排对策

我国是世界上最大的水稻生产国，水稻种植面积占全球总种植面积的 20%。水稻生产在粮食安全方面起着重要的作用，稻田却是温室气体 CH_4 和 N_2O 重要排放源。因此，国内学者在稻田 CH_4、N_2O 排放量及影响因素和减排措施等方面做了大量的工作，取得了世界认可的成就。明确了稻田生态系统 CH_4、N_2O 排放的基本规律和时空变化特征，证明稻田也是重要的 N_2O 排放源，但排放系数小于旱地，改变了国际上稻田排放 N_2O 可忽略不计的传统观点（Xing，1998：249~254）。明确了水分和耕作制度是控制稻田 N_2O 排放量的关键因素，阐明了 N_2O 排放途径和主要排放阶段，估算出了我国稻田 N_2O 排放总量为29~50 Gg N/yr（Xing，1998：249~254；Yan et al. 2000，60~66；Zheng et al.，2004；Zou et al.，2007：8030~8042），为政府间气候变化委员会 IPCC 建立稻田和旱地 N_2O 排放量分别估算的编制指南做出了重要贡献。在国际刊物上首次报道稻田 CH_4 和 N_2O 排放之间存在相互消长关系，促使国际上形成了必须综合评估稻田生态系统温室效应的共识（Cai et al.，1997：7~14；Cai et al.，1999：1~13）。发现冬季土壤水分是控制我国稻田 CH_4 排放量时间和空间变化的关键因素，从理论上明确了冬灌田是一类 CH_4 排放量最高的稻田，阐明了过去对我国稻田 CH_4 排放量做出过高估算的原因，对我国稻田 CH_4 排放量做出了合理的估算（Cai et al.，2000：1537~1545；Cai et al.，2001：75~91；Yan et al.，2003）。IPCC2006 年版《国家温室气体排放清单编制指南》据此做出了重大修改，IPCC 第四次评估报告大量采纳了中国学者提出并经过验证的稻田 CH_4 减排措施。明确了稻田长期施用铵态氮肥而仍能保持氧化内源 CH_4 能力的机理，国际学术界认为这是铵态氮与 CH_4 排放关系研究中的最新进展（Cai et al.，2000：1537~1545）。对中国稻田 CH_4 和 N_2O 排放总量进行了估算。黄耀等（2006：753~763）综合考虑光合作用、有机质降解及环境因素，得出 CH_4 总排量约 9.66Tg/yr。Yan 等（2009）利用 IPCC 计算区域稻田 CH_4 排放的方法，估算全球稻田 CH_4 总排放量25.6Tg/yr，其中中国稻田排放量为 7.68Tg/yr，约占世界总排放的 30%。

基于以上研究成果，我国学者提出了相应的稻田 CH_4、N_2O 减排措施，从水分管理、肥料管理、秸秆还田方式及还田时间、农学措施（包括垄作、耕作强度和轮作、种植技术及水稻品种）、抑制剂应用（甲烷抑制剂、脲酶抑制剂、硝化抑制剂）等方面实现减排。就稻田 CH_4 减排而言，合理的水分管理措施以及有机肥施用方式尤为重要。相比于稻田持续淹灌，中期烤田能够显著抑制稻田 CH_4 排放。对于稻田 N_2O 减排而言，提高氮肥的利用率是关键（Huang et al.，2010：2958~2970）。施用硝化抑制剂对于 N_2O 的减排也具有显著的效果。减排效果的评估需要综合考虑其对于 CH_4、N_2O、有机碳变化以及生态和环境的综合影响（颜晓元和夏龙龙，2015）。

（3）土壤氮素转化过程

在氮的生物地球化学循环中，土壤氮素转化过程具有"调配器"的作用，土壤各氮库间各种转化过程的速率决定了土壤中各种形态的氮的比例。硝化作用在土壤氮循环过程中起着决定性的作用，它的速率决定了土壤无机氮是铵态氮主导型还是硝态氮主导型。硝化速率等于或大于矿化速率的土壤，无机氮以硝态氮为主；反之，则以铵态氮为主。因此，对土壤氮素转化过程速率的研究一直是关注的热点问题。依据测定方法，土壤氮素的转化速率可分为净转化速率（net nitrogen transformation）和初级转化速率（gross nitrogen transformation）。净转化速率是评价土壤供氮能力和环境风险的常用指标；初级转化速率指的是土壤氮从一种特定的形态转化为另一种特定形态的实际转化速率。在自然条件下，土壤中各种形态氮的净转化速率是控制其转化的多种途径的初级转化速率的综合结果（Di et al.，2000：213~230）。当硝化作用速率与 NO_3^--N

的生物同化速率相等时,土壤中 NO_3^--N 含量保持常数,净硝化速率为零,但这不等于土壤未进行硝化作用和 NO_3^--N 的同化作用。因此,要阐明无机氮含量变化的过程,并进行针对性地调控,必须认识其初级转化速率。2010 年之前,我国学者主要是采用净转化速率的研究方法研究土壤氮转化速率,研究结果能够有效地指示它们的供应水平和 NO_3^- 淋溶及径流风险,但是,不能阐明其含量变化的过程,并进行针对性的调控。近年来,利用 ^{15}N 稳定同位素成对标记测定土壤氮素初级转化速率,在认识亚热带土壤氮动态和机制方面取得了一些新的认识。从土壤氮转化过程角度,阐明了热带—亚热带森林土壤保氮机制(Zhang et al.,2011a:533～542;Zhang et al.,2013a):①热带—亚热带湿润地区土壤有机氮周转迅速,无机氮产生量大,但土壤自养硝化能力弱,无机氮以铵态氮形态为主,减少了淋溶风险,酸性的土壤环境避免了铵态氮的挥发损失;②热带—亚热带湿润地区土壤具有很强的硝态氮固持能力,能够通过微生物同化及硝酸盐异化还原为铵(DNRA)途径有效地固定硝化过程产生的硝态氮,从而保持硝态氮;③硝态氮的反硝化作用弱,避免了硝态氮的气体损失。明确了亚热带酸性土壤的 N_2O 主要通过异养硝化和反硝化途径产生,自养硝化的贡献较小。异养硝化过程中,N_2O 产物所占比例随着土壤有机碳、氮含量的提高而呈指数增加,亚热带酸性土壤反硝化作用虽弱,但 N_2O 为反硝化的主要产物,而在中性土壤中,N_2O 占硝化和反硝化产物的比例很低,产物中 N_2O 比例提高更易增加 N_2O 排放量。由此,阐明了亚热带酸性土壤的硝化和反硝化作用弱,但 N_2O 排放总量大,这一貌似矛盾现象的机理。首次提出有机氮异养硝化过程是一个重要的 N_2O 排放途径,完善了 N_2O 排放"管道漏气"概念模型,并实现了其定量化(Zhang et al.,2011b:643～649;Zhang et al.,2014:143～148;Zhang et al.,2015:199～209)。阐明了土地利用变化对亚热带土壤供氮和保氮能力的影响及其机理。农业利用/管理方式激发土壤自养硝化过程,同时明显降低 NO_3^- 同化能力,导致土壤无机氮从铵态氮为主(林地)转变为以硝态氮为主(农业用地)。因此,虽然我国热带、亚热带自然土壤具有很强的保氮性,但由于农业利用促进了硝化过程,抑制了硝态氮的同化过程,从而极大地削弱了农业土壤保氮能力,增加了硝态氮淋溶和径流损失的风险(Zhang et al.,2013b:107～114)。

(4)农田土壤氮收支及环境影响

氮肥利用率和农田土壤氮收支是农业土壤氮循环领域学者们最关注的问题之一。现在普遍认为,我国氮肥利用率较低,主要作物氮肥利用率为 28%～41%,平均为 35%(朱兆良,2000:1～6);而在长期定位试验中,氮肥表观利用率常高达 50%～60%(朱兆良,2008:778～783)。土壤氮肥利用率与施氮量密切相关,许多研究表明,随着施氮量的增加,氮肥利用率显著下降,而氮肥的损失率和土壤的残留率则有上升的趋势(刘学军等,2002:1122～1128;巨晓棠等,2002:1361～1368)。随着与活性氮有关的环境问题日益突出,近年来,我国学者对不同区域尺度下氮素收支开展了一系列的研究。Xing 和 Zhu(2002:405～427)估算了 1995 年我国氮素收支,其研究结果显示,我国人为活性氮已超过了自然活性氮,1995 年我国人为活性氮投入总量 31.2Tg,化学氮肥占 71.2%,再循环氮总量为 30.5Tg,人类排泄物是再循环氮主要来源。

通过反硝化、氨挥发、径流等进入环境和储存在土壤中的氮素为48～53Tg。Ti 等（2012：381～394）从化学氮肥投入、生物固氮、大气氮沉降、粮食和饲料进出口、氨挥发、水体氮、生物质燃烧、反硝化及系统存储等方面着手，全面评估了我国1985～2007年不同时间氮素的收支状况，并比较了不同区域的差异。结果表明，1985～2007 年，我国大陆地区活性氮投入总量从 41.6Tg 增加到 73.3Tg，化肥氮、大气沉降和粮食饲料进口均明显增长，生物固氮变化不大。氮投入跟经济发展水平有密切的关系，经济发展水平越高的地区氮投入越高。

我国关于氮素收支的研究，多数集中在农田生态系方面。朱兆良（2008：778～783）在总结国内研究结果的基础上，对我国农田中化肥氮的去向进行了初步估计，认为作物吸收 35%、氨挥发 11%、表观硝化—反硝化 34%、淋洗损失 2%、径流损失 5%以及未知部分 13%。从全国尺度上来看，我国农田氮素投入总量为 34Tg，农田氮素支出总量为 32Tg，氮素处于明显的盈余状态（方玉东等，2007：35～41；王激清等，2007：210～215）。氮养分负荷高风险地区主要集中在中国的东南沿海地区（王激清等，2007：210～215）。Yan 等（2010：489～501）对于以稻作为主的句容农业小流域研究结果表明，该流域总氮投入为 1 272ton/yr，单位面积通量 28 000kg N/km^2/yr。化学氮肥是主要的氮投入来源，占总量的 78.7%；流域的大气干湿沉降为 3 900kg N/km^2/yr，是第二大氮源。氮素主要以氨挥发、生物质燃烧排放到流域外，其中氨挥发占总投入的 14.8%。生物质燃料烧排放到大气中的氮占总投入的 11%。而地表径流氮在经过土地多重拦截利用以及池塘、河流、水库的净化后，氮流出量不到总氮投入的 1%。与之不同的是，在人口密集、工农业及养殖均高度发达的太湖流域常熟地区，单位面积氮素总投入为 23 927kg N/km^2/yr。化学氮肥是最大的源，占总投入的 56.6%；大量的粮食和饲料进口是该地区氮投入主要特征，占总投入的 22.3%；大气氮沉降和生物固氮分别占总投入的 15.5%和 5.6%。通过氨挥发和生物质燃烧进入大气的氮通量分别为 3 053kg N/km^2/yr 和 149kg N/km^2/yr，分别占总量的 12.8% 和 6.2%；通过水体输出的氮通量为 7 002kg N/km^2/yr，占总投入量的 29.3%，而 51.7% 的氮素通过反硝化进入环境或储存在系统中（Ti et al.，2011：55～66）。

鉴于化学氮肥是我国最大的活性氮投入源，而氮肥损失带来的环境问题日趋严重，我国研究者提出了一些降低农田中化肥氮损失、提高氮肥利用率和增产效果的技术。主要包括合理的氮肥施用量、氮肥的实时定量管理、水分管理、新型肥料及脲酶抑制剂和硝化抑制剂的应用、选择适宜的填闲作物及合理轮作和氮高效作物品种的培育（Li et al.，2009：1566～1574；Wang et al.，2010：325～339；任智慧等，2003：13～17；春亮等，2005：615～619）。朱兆良（2008：778～783）认为这些措施中确定适宜施氮量是关键，也是难点。

（5）农业面源污染治理

20 世纪 70 年代以来，中国重要的湖泊和河流水域，如五大湖泊、滇池、白洋淀、南四湖、异龙湖等，氮、磷富营养化问题急剧恶化。随着我国经济社会的进一步发展，农业面源污染治理技术的研究也越来越得到政府和科技工作者的重视。研究结果表明，在中国水体污染严重的流域，农田、农村畜禽养殖和城乡结合部的生活排污是造成水体氮、磷富营养化的主要原因（张维利等，2004）。中国水污染的核心问题是水体的氮、磷富营养化，其最主要的驱动因素有：①高氮、磷肥料用量的集约化农田面积大幅度增长；②畜禽养殖业密集发展；③基础设施差的城乡结合部地带城镇建设快速扩张。在总结我国农业面源污染的状况、成因及特点基础上，结合国外研究者的成果，中国学者提出了大量的农业面源污染治理措施。明确了农业面源污染治理的首要措施是"控源节流"，即科学合理施肥，调整种植制度，提高肥料利用率，减少营养物质的积累量与流失量（黄东风等，2009：631~638）。针对果园的养分流失，可采用生草覆盖技术，减少土壤的地表径流。针对分散畜禽养殖和农村固废，改传统的养殖方式为生态养殖方式减少污染的发生（杨林章等，2013：96~101）。养分转移途径的管理也是农业面源污染治理有效的措施，在污染物向水体的迁移过程中，通过一些物理的、生物的以及工程的方法等对污染物进行拦截阻断和强化净化，延长其在陆域的停留时间，最大化减少进入水体的污染物量。大量的研究表明，湿地能够有效地截留水体中的氮磷，能较好地治理水体富营养化（全为民和严力蛟，2002：291~299；尹澄清和毛战坡，2002：229~232；朱太涛等，2012：166~171）。另外，开展小流域综合治理，控制水土流失是解决农业面源污染的长久之计（王敏等，2010：2607~2612）。近年来，我国学者总结提炼已有的农业面源污染研究成果，形成了农村面源污染治理的"4R"理论与技术，其效果已经得到了一些工程实践证明（杨林章等，2013：96~101）。

14.4 NSFC和中国"土壤碳、氮、磷循环及其环境效应"研究

NSFC是我国土壤碳、氮、磷循环及其环境效应研究资金的主要来源，NSFC的投入是推动中国该领域研究发展的力量源泉，造就了中国土壤碳、氮、磷循环及其环境效应研究的知名研究机构，促进了中国该领域优秀人才的成长。在NSFC引导下，基于我国独特土壤资源和社会经济状况取得了一系列理论成就，使我国在该领域研究的活力和影响力不断增强，成果受到越来越多国际同行的关注。

14.4.1 近15年NSFC资助该领域研究的学术方向

根据近15年获NSFC资助项目高频关键词统计（图14-5），NSFC在本研究领域的资助方向主要集中在土壤碳氮循环及微生物机制（关键词表现为：土壤碳循环、土壤氮循环、硝化作用、反硝化、土壤微生物、土壤微生物群落、分子生物学、氨氧化菌、甲烷氧化菌）、土壤温室气体排放（关键词表现为：氧化亚氮、温室气体）、环境效应与调控（关键词表现为：磷、长期施肥、氮沉降、全球变化）3个方面。研究对象主要集中在水稻土、红壤、黑土。同时，从图14-5可以看出，"土壤氮循环"、"磷"和"水稻土"在各时段均占有突出地位，表明这些研究内容一直是NSFC重点资助的方向。以下是以3年为时间段的项目资助变化情况分析。

(1) 2000～2002年

关键词主要表现为"土壤氮循环"、"水稻土"和"磷",表明这一时段水稻土的碳、氮、磷循环研究是 NSFC 重点资助的方向,如"典型稻田生态系统碳循环过程与模拟"(基金批准号:40230135)。硝化作用、反硝化作用、红壤等的研究,也得到 NSFC 较多的资助,体现在"环境胁迫导致土壤硝化与反硝化过程中亚硝酸盐积累研究"(基金批准号:40271902)、"应用两相分离技术研究红壤微生物磷的组成与转化"(基金批准号:40271505)等项目中。

(2) 2003～2005年

继上一阶段以来,土壤氮、磷循环和水稻土研究依旧是 NSFC 资助的热点。关键词"氨氧化菌"开始出现,"土壤微生物"与土壤物质循环研究的资助项目增多,如"不同氮效率水稻苗期根际土壤硝化强度和硝化微生物研究"(基金批准号:40471185)、"放线菌对土壤反硝化贡献的研究"(基金批准号:40470171)。同时,对"硝化作用"、"反硝化"等土壤氮循环过程的研究依旧是 NSFC 资助的热点。"土壤碳循环"受 NSFC 资助开始增多。此外,关键词中开始出现"氧化亚氮"、"温室气体",表明土壤温室气体排放问题更加受到关注。

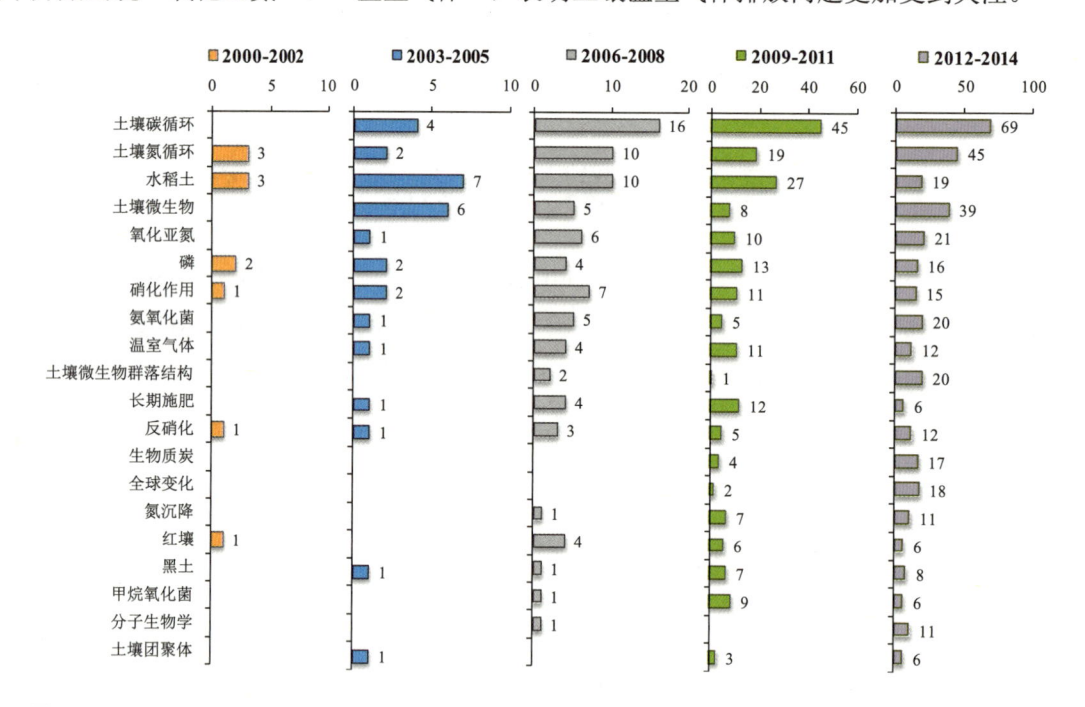

图 14-5 2000～2014 年"土壤碳、氮、磷循环及其环境效应"领域 NSFC 资助项目关键词频次变化

(3) 2006～2008年

NSFC 资助重点未变,但研究更为深入,体现在对土壤碳氮循环微生物机制的探讨,对"土壤微生物"、"土壤微生物群落"、"氨氧化菌"、"甲烷氧化菌"的资助明显增加,如"红壤土壤微生物群落结构及其磷素转化功能"(基金批准号:40774895)和"土壤碳生物化学"(基金批准号:40725176)。对于温室气体相关的资助也明显增加,如"秸秆和氮肥施用对稻田 CH_4 和 N_2O 排放的影响及其机理研究"(基金批准号:40672769)。同时,

"分子生物学"作为新的土壤碳、氮循环微生物机制研究技术，开始受到 NSFC 资助，如"不同施肥处理下红壤中氨氧化菌的定量研究"（基金批准号：40673392）和"淹水水稻土中产甲烷菌和甲烷氧化菌群落结构对某些外源物质的响应及与 CH_4 排放的关系"（基金批准号：40672774）。

（4）2009～2011 年

土壤碳、氮循环和水稻土研究依旧是 NSFC 资助的热点，对"土壤碳循环"、"土壤氮循环"、"硝化作用"、"反硝化"、"温室气体"、"氧化亚氮"和"磷"的资助持续增加，如"水肥管理对稻田 CH_4 产生氧化和排放的影响"（基金批准号：40971445）、"免耕对四季旱地潮土 N_2O 和 NO 排放的影响机制研究"（基金批准号：40971439）等。对"分子生物学"、"甲烷氧化菌"的资助也呈明显上升趋势，表明土壤碳氮循环的微生物机制开始受到 NSFC 的重点关注，如"典型水稻土干湿交替过程中 N_2O 释放的微生物驱动机制"（基金批准号：41076853）。同时，NSFC 开始关注"全球变化"和"生物质炭"，如"生物质炭对湿润铁铝土氮转化迁移的影响及机理研究"（基金批准号：41179273）、"生物质炭还田的土壤生产力和固碳减排效应影响及其机理"（基金批准号：41170797）。此外，NSFC 对于"黑土"相关研究的资助增加，包括"酸化对黑土氮转化微生物学性状及 N_2O 产生过程的影响"（基金批准号：40974666）、"气候变化影响黑土农田氮素转化及生产力稳定性的空间移位试验研究"（基金批准号：40976495）。

（5）2012～2014 年

与上一阶段相比，NSFC 对本研究领域的项目资助总体大幅上升，对土壤碳、氮、磷循环研究的资助也持续增加，且土壤碳、氮循环始终是资助重点，如"不同土地利用方式土壤硝化与反硝化作用对 N_2O 排放的贡献及微生物驱动机制"（基金批准号：41276101）、"土壤氮素循环"（基金批准号：41222005）、"土壤碳氮循环与全球变化"（基金批准号：412250085）和"土壤氮转化特性对土壤氮去向的作用机理"（基金批准号：41330744）。对于"水稻土"的关注度有所降低，对土壤碳、氮循环的研究不再停留在"硝化作用"和"反硝化"等过程层面，越来越多地关注"土壤微生物"、"氨氧化菌"和"分子生物学"特征，如资助项目"气候变化对氨氧化菌群落结构与功能影响研究"（基金批准号：41273187）和"毛竹林土壤氮循环相关微生物群落结构特征及其演变规律与土壤氮转化关系"（基金批准号：41274388）。该时段，NSFC 对"氧化亚氮"、"生物质炭"、"全球变化"、"氮沉降"等主题的资助大幅度增加，如"生物质炭对中韩人工湿地水田 CH_4 关联微生物落结构影响的比较研究"（基金批准号：413111007）和"氮沉降背景下土壤微生物群落演变规律及其生态交互作用"（基金批准号：41373907）等，主要是由于氮沉降、固碳、气候变暖等全球变化问题日趋严重，并受到国际上的重视。

14.4.2 近 15 年 NSFC 资助该领域研究的成果及影响

近 15 年 NSFC 围绕中国土壤碳、氮、磷循环及其环境效应的基础研究领域以及新兴的热点问题给予了持续和及时的支持。图 14-6 是 2000～2014 年土壤碳、氮、磷循环及其环境效应领域论文发表与 NSFC 资助情况。

从 CSCD 论文发表情况看，过去 15 年来，NSFC 资助的本研究领域论文数占总论文数的比重变化不大，在 58.9%～72.7%波动（图 14-6）。近年来，NSFC 资助的一些项目取得了较好的研究成果，在 *Soil Biology & Biochemistry*，*Biology and Fertility of Soils*，*Plant and Soil*，*Soil Science Society of America Journal*，*Geoderma*，*Agriculture Ecosystems & Environment*，*European Journal of Soil Science* 等国际土壤学专业主流期刊上发表了大量的学术论文。从图 14-6 可以看出，中国学者发表的 SCI 论文中受 NSFC 资助的比例呈迅速增加的趋势。从 2009 年开始，受 NSFC 资助的 SCI 论文发表比例开始明显高于 CSCD 论文发表比例，尤其是最近 4 年，每年 NSFC 资助比例均在 80%以上，2011 年 NSFC 资助发表 SCI 论文占总发表 SCI 论文的比例达到了 82.2%（图 14-6）。可见，我国土壤碳氮磷循环领域近几年受 NSFC 资助产出的 SCI 论文数量较多，研究快速发展。NSFC 资助的 CSCD 论文和 SCI 论文变化情况表明，NSFC 资助对于土壤碳、氮、磷循环及其环境效应研究的贡献在不断提升，且 NSFC 资助该领域的研究成果逐步侧重发表于 SCI 期刊，NSFC 的资助对推动中国土壤碳、氮、磷循环及其环境效应领域的国际成果产出发挥了重要作用。

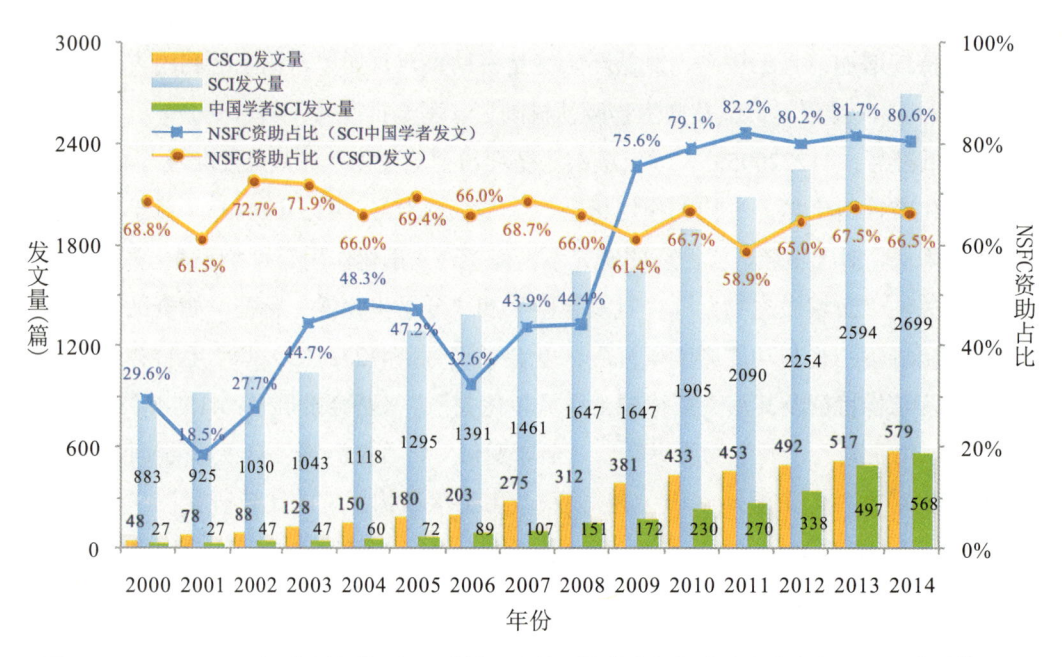

图 14-6 2000～2014 年"土壤碳、氮、磷循环及其环境效应"领域论文发表与 NSFC 资助情况

SCI 论文发表数量及获基金资助情况反映了获 NSFC 资助取得的研究成果，而不同时段中国学者高被引论文获基金资助情况可反映 NSFC 资助研究成果的学术影响随时间变化的情况。由图 14-7 可知，过去 15 年 SCI 高被引 TOP100 论文中中国学者发文数呈显著的增长趋势，由 2000~2002 年的 4 篇逐步增长至 2012~2014 年的 30 篇。中国学者发表的高被引 SCI 论文获 NSFC 资助的比例亦呈增长的趋势，其在中国学者发文总数的占比由 2000~2002 年的 0，增长至 2003~2005 年的 62.5%、2006~2008 年的 70.0%、2009~2011 年的 66.7%、2012~2014 年的 70.0%（图 14-7）。因此，NSCF 在土壤碳、氮、磷循环及其环境效应领域资助的学术成果的国际影响力逐步增强，高水平成果与基金更密切，学科整体研究水平得到极大提升。

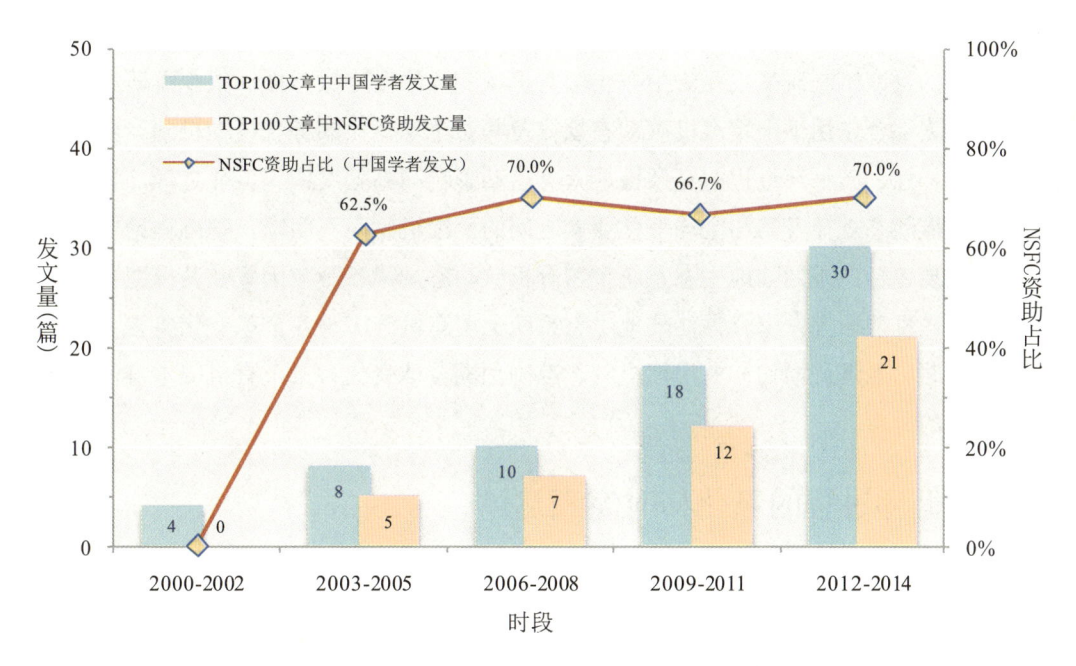

图 14-7　2000~2014 年"土壤碳、氮、磷循环及其环境效应"领域高被引 SCI 论文数与 NSFC 资助情况

14.5　研究展望

土壤碳、氮、磷生物地球化学循环过程极其复杂，同时这些过程发生在地表各圈层相互作用最为强烈的区域，几乎受到所有自然因素（气象、水文、生物、地形地貌、土壤性质等）的作用，而且还受到各种人类活动（土地利用/管理方式、活性氮输入等）的干扰，各种因素的综合影响使土壤碳氮磷生物地球化学循环特征的时空变异极大。另外，我国地域辽阔，各地自然与人文背景差异巨大，增加了对土壤碳氮磷生物地球化学循环过程规律认识的难度，进而影响调控措施的优化布局。因此，在土壤碳氮磷生物地球化学循环过程及其机制研究领域，立足于我国实际，将来的主要研究方向有以下 3 个方面。

14.5.1 土壤有机碳消长及其与全球变化要素之间的反馈机制

土壤是陆地生态系统碳元素长期储存的重要储库，因此，土壤有机碳库的稳定性、土壤固碳潜力及其对全球变化的反馈机制，对于我们应对全球变化问题具有重要的意义（潘根兴等，2000：325～334；吕超群等，2007：205～218；韩士杰等，2008）。促进陆地生态系统碳的固定是被广泛接受的减缓气候变化的主要途径之一（潘根兴等，2008：901～914）。目前的研究多数集中在土壤有机碳变化特征和固碳措施方面，虽然现在已经在土壤固碳方面取得了一系列的成果，但是目前对于土壤有机碳固定机理和稳定机制的认识不够深入，尚不能准确预测土壤有机碳的消长。对于陆地生态系统土壤有机碳动态与 CO_2 浓度升高、全球变暖、氮沉降增加等全球变化要素的反馈机制研究主要集中在土壤有机碳变化的温度敏感性，很少有研究全面评估各全球变化要素综合作用下土壤有机碳动态规律及其对全球变化的综合反馈机制。同时，我国土壤类型的多样性、碳循环过程的复杂性、人类活动影响的高强度皆为世界之最，导致复杂环境下土壤有机碳动态规律及其与全球变化要素之间的反馈机制尚不明晰，基础理论仍显薄弱。其研究重点主要包括：不同陆地生态系统土壤有机碳动态规律、影响因素及其模型预测；土壤固碳措施和固碳机理研究；综合评估陆地生态系统土壤有机碳库与各全球变化要素（CO_2 浓度升高、全球变暖、氮沉降增加）的反馈机制，准确预测全球变化背景下有机碳本身消长规律及其对全球变化的影响。

14.5.2 氮循环过程的量化与时空表达

土壤氮素形态多样，不同氮库间的转化过程极其复杂，其速率时空变化巨大，量化较为困难。土壤氮转化过程是指土壤中的氮素从一种化学形态转化到另一种化学形态的过程，主要包括生物固氮过程、氨化过程、硝化过程、反硝化过程、厌氧氨氧化过程、DNRA 过程和无机氮的微生物同化过程等。土壤中氮的转化过程是被逐渐发现和认识的，其中厌氧氨氧化过程是最近才被发现证明的（Humbert et al.，2010：450～454）。土壤中可能还存在着一些尚未被发现的氮素转化过程，尤其在有机氮之间可能有更多的转化过程尚未被发现。目前，关于氮循环过程的量化主要是采用测定单位时间内氮库含量的净变化量来获得氮净转化速率，但是土壤中每一种形态的氮含量变化通常受多个过程的控制，因此，净转化速率的方法具有很大的局限性，不能明确土壤氮库含量变化的真正原因。另外，一些土壤氮过程的量化，如生物固氮、反硝化、氨挥发等，在技术上还存在很多困难，量化方法都还存在问题，同时，它们巨大的时间和空间变异性，使宏观尺度的交换通量测定变得更加困难。深入研究上述问题是进行土壤氮优化管理的基础，研究重点主要包括以下 4 个方面。①基于 ^{15}N 稳定同位素标记等新的方法手段来量化氮素的迁移转化过程的实际速率，即初级转化速率及其主要影响因素。②豆科植物和非豆科植物及固氮微生物生物固氮的量化和区域固氮量估算，由于尚未克服的技术难题或测定的高成本，陆地生态系统中稻田和湿地系统的自生固氮量、农田以外的陆地生态系统的共生固氮量和农田及其他生态系统的联合固氮量均很少有原位测定数据，解决这一问题的关键是研发实际可操作的陆地生态系统生物固氮量的测定方法，并应用这些方法大量积累原位、自然状态下的生物固氮量测定数据。③反硝化速率、气态产物中各形态氮比例的量化及其影响因素，对于准确估算全球氮素反硝化量，预测全球氮动态平衡状态有重要的意义，目前缺乏可信、原位无干扰地测定反硝化速率的方法是限制反硝化过程研究进展及估算活性氮转化为惰性氮通量的关键科学问题。④建立准确的氨挥发的量化方法。

14.5.3 氮循环通量的调控原理及技术途径

氮素是一种重要的生源要素，制约着多数生态系统的生产力，但是过量的氮素输入又会引发诸多的环境问题，因此合理施用氮素并调控氮循环过程成为应对氮素负面环境问题的重要措施。土壤氮循环途径繁多，目前普遍关注的氮素调控过程有生物固氮、无机氮同化、反硝化和DNRA过程。生物固氮是将惰性氮转化为活性氮的过程，是氮循环的最重要环节。根据IPCC的估计（IPCC，2013），2005年陆地生态系统自然发生的生物固氮量平均为58Tg。提高生物固氮能力，降低对化肥氮的依赖程度是人类的梦想。充分认识适宜于生物固氮的环境条件是提高生物固氮量的基础。微生物对无机氮的同化过程既是对土壤无机氮的保护作用，也可能对植物吸收无机氮形成竞争作用。理想的状态是：在无机氮过量时，将无机氮同化为有机氮，减少氮的损失；而当植物需要氮时，微生物又能再矿化提供无机氮。确定这样的理想状态尚需要解决大量的科学问题。反硝化过程是闭合氮循环的最后一个过程，也是活性氮转化为惰性氮的最重要的途径。对于农田生态系统，反硝化过程是氮素损失的过程；对于河流、湖泊等水体，反硝化过程是降低NO_3^-含量，减少污染的有利过程；从氮循环过程考虑则是平衡活性氮输入输出的关键过程。DNRA过程将硝态氮转化为铵态氮，可以减少硝态氮淋溶和径流损失，同时保持了氮对植物的有效性，这是农业上所希望的。相反，反硝化过程虽然可以减少硝态氮向环境的扩散，但经过反硝化过程后，氮对植物不再有效，这是农业上所不希望的。因此，科学工作者希望在认识DNRA过程的基础上，创造有利于DNRA过程和不利于反硝化过程的土壤环境条件，减少氮素损失和对环境的污染。因此研究重点主要包括：充分认识适宜于生物固氮的环境条件，明确如何增加生物固氮量；深入研究微生物同化无机氮的机制，增加土壤氮固持能力；阐明土壤反硝化和DNRA过程的主要控制因子，实现氮素去向的合理调控。

14.6 小　　结

过去几十年里，土壤碳、氮、磷循环及其环境效应研究所服务的社会需求，从最初的土壤肥力提升发展到环境影响控制，进而到近年来的应对全球气候变化。在服务社会需求的同时，对循环过程的认识也不断深入，一些新的循环机制如厌氧氨氧化等被不断发现。2000年以来，国际上该领域的研究热点可以概括为土壤碳、氮生物地球化学循环与模型模拟，土壤温室气体排放，土壤固碳以及氮磷循环与农业面源污染 4 个方面。中国的土壤碳、氮、磷循环及其环境效应研究已从早期的跟踪国际热点发展到与国际发展趋势并行阶段。尽管在土壤碳、氮生物地球化学循环建模方面还相对薄弱，但在土壤有机碳库大小及其变化、稻田 CH_4 排放量及影响因素和减排措施、土壤氮素转化过程、农田土壤氮收支及环境影响评价、农业面源污染治理等方面取得了较丰富的成果，初步形成了自己的特色。NSFC 对该领域的资助逐年增加，资助重点从早期的过程与通量研究逐步过渡到对过程的微生物驱动机制的研究。土壤碳、氮、磷迁移转化过程及其与环境要素的关系一直是土壤碳、氮、磷研究的内涵，但其外延已从传统的田块向区域和全球扩展。随着人类对土壤利用的强化，土壤碳、氮、磷循环所导致的环境与气候变化效应也将加剧，特别是在我国，土壤利用要同时满足粮食安全、环境保护与应对气候变化三重要求，该领域的研究必将取得更大的发展。

参考文献

Ball, B. C., I. P. Mctaggart, C. A. Watson. 2002. Influence of organic ley-arable management and afforestation in sandy loam to clay loam soils on fluxes of N_2O and CH_4 in Scotland. *Agriculture, Ecosystems & Environment*, Vol. 90, No. 3.

Butler, J. L., M. A. Williams, P. J. Bottomley, et al. 2003. Microbial community dynamics associated with rhizosphere carbon flow. *Applied and Environmental Microbiology*, Vol. 69, No. 11.

Cai, Z. C., A. R. Mosier. 2000. Effect of NH_4Cl addition on methane oxidation by paddy soils. *Soil Biology & Biochemistry*, Vol. 32, No. 11.

Cai, Z. C., G. X. Xing, G. Y. Shen, et al. 1999. Measurements of CH_4 and N_2O emissions from rice fields in Fengqiu, China. *Soil Science and Plant Nutrition*, Vol. 45, No. 1.

Cai, Z. C., G. X. Xing, X. Y. Yan, et al. 1997. Methane and nitrous oxide emissions from rice paddy fields as affected by nitrogen fertilizers and water management. *Plant and Soil*, Vol. 196, No. 1.

Cai, Z. C., H. Tsuruta, M. Gao, et al. 2003. Options for mitigating methane emission from a permanently flooded rice field. *Global Change Biology*, Vol. 9, No. 1.

Cai, Z. C., H. Tsuruta, X. M. Rong, et al. 2001. CH_4 emissions from rice paddies managed according to farmer's practice in Hunan, China. *Biogeochemistry*, Vol. 56, No. 1.

Christopher, W. S., A. C. Bruce, S. H. Peter, et al. 2002. Carbon dynamics during a long-term incubation of separate and recombined density fractions from seven forest soils. *Soil Biology & Biochemistry*, Vol. 34, No. 8.

Dai, E., R. Zhai, Q. Ge, et al. 2014. Detecting the storage and change on topsoil organic carbon in grasslands of Inner Mongolia from 1980s to 2010s. *Journal of Geographical Sciences*, Vol. 24, No. 6.

Di, H. J., K. C. Cameron, R. G. McLaren. 2000. Isotopic dilution methods to determine the gross transformation rates of nitrogen, phosphorus, and sulfur in soil: a review of the theory, methodologies, and limitations. *Australian Journal of Soil Research*, Vol. 38, No. 1.

Ding, W. X., Z. C. Cai, H. Tsuruta, et al. 2002. Effect of standing water depth on methane emissions from freshwater marshes in northeast China. *Atmospheric Environment*, Vol. 36, No. 33.

Ding, W. X., Z. C. Cai, H. Tsuruta. 2004. Diel variation in methane emissions from the stands of *Carex Iasiocarpa* and *Deyeuxia Angustifolia* in cool temperature freshwater marsh. *Atmospheric Environment*, Vol. 38, No. 2.

Flechard, C. R., P. Ambus, U. Skiba, et al. 2007. Effects of climate and management intensity on nitrous oxide emissions in grassland systems across Europe. *Agriculture, Ecosystems & Environment*, Vol. 121, No. 1-2.

Fontaine, S., S. Barot, P. Barre, et al. 2007. Stability of organic carbon in deep soil layers controlled by fresh carbon supply. *Nature*, Vol. 450, No. 7167.

Freixo, A. A., P. L. Machado, H. P. Santos, et al. 2002. Soil organic carbon and fractions of a rhodic ferralsol under the influence of tillage and crop rotation systems in southern Brazil. *Soil & Tillage Research*, Vol. 64, No. 3-4.

Gilhespy, S. L., A. Steven, L. Cardenas, et al. 2014. First 20 Years of DNDC (DeNitrification DeComposition): model evolution. *Ecological Modelling*, Vol. 292.

Grandy, A. S., G. P. Robertson. 2007. Land use intensity effects on soil organic carbon accumulation rates and mechanisms. *Ecosystems*, Vol. 10, No. 1.

Houghton, R. A. 2003. Revised estimates of the annual net flux of carbon to the atmosphere from changes in land use and land management 1850-2000. *Tellus B*, Vol. 55, No. 2.

Huang, Y., Y. H. Tang. 2010. An estimate of greenhouse gas (N_2O and CO_2) mitigation potential under various scenarios of nitrogen use efficiency in Chinese croplands. *Global Change Biology*, Vol. 16, No. 11.

Humbert, S., S. Tarnawski, N. Fromin, et al. 2010. Molecular detection of anammox bacteria in terrestrial ecosystems: distribution and diversity. *The ISME Journal*, Vol. 4, No. 3.

Huygens, D., P. Boeckx, P. Templer, et al. 2008. Mechanisms for retention of bioavailable nitrogen in volcanic rainforest soils. *Nature Geoscience*, Vol. 1, No. 8.

IPCC. Climate Change 2013: *The Physical Science Basis. Contribution of Working Group I to the Fifth Assessment Report of the Intergovernmental Panel on Climate Change.* Cambridge University Press, Cambridge.

IPCC. *Climate Change 2007-Impacts, Adaptation and Vulnerability*. Cambridge University Press, Cambridge, UK and New York.

Jiang, C. S., Y. S. Wang, Q. J. Hao, et al. 2009. Effect of land-use change on CH_4 and N_2O emissions from freshwater marsh in northeast China. *Atmospheric Environment*, Vol. 43, No. 21.

Kandeler, E., A. R. Mosier, J. A. Morgan, et al. 2008. Transient elevation of carbon dioxide modifies the microbial community composition in a semi-arid grassland. *Soil Biology & Biochemistry*, Vol. 40, No. 1.

Kögel-Knabner, I. 2000. Analytical approaches for characterizing soil organic matter. *Organic Geochemistry*, Vol. 31, No. 7.

Li, C., S. Frolking, T. A. Frolking. 1992. A model of nitrous oxide evolution from soil driven by rainfall events: 1. model structure and sensitivity. *Journal of Geophysical Research: Atmospheres (1984-2012)*, Vol. 97, No. D9.

Li, Z. P., F. X. Han, Y. Su, et al. 2007. Assessment of soil organic and carbonate carbon storage in China. *Geoderma*,

Vol. 138, No. 1-2.

Li, F., Y. X. Miao, F. S. Zhang, et al. 2009. In-season optical sensing improves nitrogen-use efficiency for winter wheat. *Nutrient Management & Soil& Plant Analysis*, Vol. 73, No. 5.

Lindert, H., J. Lu, W. Wu. 1996. Trends in the soil chemistry of south China since the 1930s. *Soil Science*, Vol. 161, No. 5.

Liu, J. Y., S. Wang, J. M. Chen, et al. 2004. Storages of soil organic carbon and nitrogen and land use changes in China 1990-2000. *Acta Geographica Sinica*, Vol. 59, No. 4.

Ma, J., E. D. Ma, H. Xu, et al. 2009. Wheat straw management affects CH_4 and N_2O emissions from rice fields. *Soil Biology & Biochemistry*, Vol. 41, No. 5.

Mary, B., S. Recous, D. Robin. 1998. A model for calculating nitrogen fluxes in Soil Using ^{15}N Tracing. *Soil Biology & Biochemistry*, Vol. 30, No. 14.

Merino, A., P. Pérez-Batallón, F. Macías. 2004. Responses of soil organic matter and greenhouse gas fluxes to soil management and land use changes in a humid temperate region of southern Europe. *Soil Biology & Biochemistry*, Vol. 36, No. 6.

Monti, A., L. Barbanti, A. Zatta, et al. 2012. The contribution of switchgrass in reducing GHG emissions. *Global Change Biology: Bioenergy*, Vol. 4, No. 4.

Müller, C., T. Rütting, J. Kattge, et al. 2007. Estimation of parameters in complex ^{15}N tracing models via Monte Carlo sampling. *Soil Biology & Biochemistry*, Vol. 39, No. 3.

Nalder, I. A., W. W. Ross. 2006. A model for the investigation of long-term carbon dynamics in boreal forests of western Canada: I. model development and validation. *Ecological Modelling*, Vol. 192, No. 1-2.

Pan, G. X., X. W. Xu, P. Smith, et al. 2010. An increase in topsoil SOC stock of china's Croplands between 1985 and 2006 revealed by soil monitoring. *Agriculture, Ecosystems & Environment*, Vol. 136, No. 1.

Parton, W. J., P. E. Rasmussen. 1994. Long-term effects of crop management in wheat-fallow: II. CENTURY model simulations. *Soil Science Society of America Journal*, Vol. 58, No. 2.

Post, W. M., K. C. Kwon. 2000. Soil carbon sequestration and land-use change: processes and potential. *Global Change Biology*, Vol. 6, No. 3.

Six, J., E. T. Elliott, K. Paustian. 2000. Soil macroaggregate turnover and microaggregate formation: a mechanism for C sequestration under no-tillage agriculture. *Soil Biology & Biochemistry*, Vol. 32, No. 14.

Smith, K. A., K. E. Dobbie, B. C. Ball, et al. 2000. Oxidation of atmospheric methane in northern European soils: comparison with other ecosystems, and uncertainties in the global terrestrial sink. *Global Change Biology*, Vol. 6, No. 7.

Solomon, D., J. Lehmann, J. Kinyangi, et al. 2007. Long-term impacts of anthropogenic perturbations on dynamics and speciation of organic carbon in tropical forest and subtropical grassland ecosystems. *Global Change Biology*, Vol. 13, No. 2.

Stehfest, E., L. Bouwman. 2006. N_2O and NO emission from agricultural fields and soils under natural vegetation:

summarizing available measurement data and modeling of global annual emissions. *Nutrient Cycling in Agroecosystems*, Vol. 74, No. 3.

Sun, W. J., Y. Huang, W. Zhang, et al. 2010. Carbon sequestration and its potential in agricultural soils of China. *Global Biogeochemistry Cycles*, Vol. 24, No. 3.

Sutton, M. A., A. Bleeker. 2013. Environmental science: the shape of nitrogen to come. *Nature*, Vol. 494, No. 7438.

Sutton, M. A., C. M. Howard, J. W. Erisman, et al. 2011. *The European Nitrogen Assessment: Source, Effects and Policy Perspectives*. Cambridge University Press, New York.

Takakai, F., T. Morishita, Y. Hashidoko, et al. 2006. Effects of agricultural land-use change and forest fire on N_2O emission from tropical peat lands, Central Kalimantan, Indonesia. *Soil Science and Plant Nutrition*, Vol. 52, No. 5.

Ti, C., J. Pan, Y. Xia, et al. 2012. A nitrogen budget of mainland China with spatial and temporal variation. *Biogeochemistry*, Vol. 108, No. 1.

Ti, C., Y. Xia, J. Pan, et al. 2011. Nitrogen budget and sources of surface water nitrogen load in Changshu-a case study in the Taihu Lake region of China. *Nutrient Cycling in Agroecosystems*, Vol. 91, No. 1.

Wang, Q., F. R. Li, L. Zhao, et al. 2010. Effects of irrigation and nitrogen application rates on nitrate nitrogen distribution and fertilizer nitrogen loss, wheat yield and nitrogen uptake on a recently reclaimed sandy farmland. *Plant and Soil*, Vol. 337, No. 1.

West, T. O., J. Six. 2007. Considering the influence of sequestration duration and carbon saturation on estimates of soil carbon capacity. *Climatic Change*, Vol. 80, No. 1-2.

Wu, H. B., Z. T. Guo, C. H. Peng. 2003. Land use induced changes of organic carbon storage in soils of China. *Global Change Biology*, Vol. 9, No. 3.

Xie, Z. B., J. G. Zhu, G. Liu, et al. 2007. Soil organic carbon stocks in China and changes from 1980s to 2000s. *Global Change Biology*, Vol. 13, No. 9.

Xing, G. X. 1998. N_2O emission from cropland in China. *Nutrient Cycling in Agroecosystems*, Vol. 52, No. 2-3.

Xing, G. X., Z. L. Zhu. 2002. Regional nitrogen budgets for China and its major watersheds. *Biogeochemistry*, Vol. 57-58, No. 1.

Yan, X. Y., H. Akiyama, K. Yagi, et al. 2009. Global estimations of the inventory and mitigation potential of methane emissions from rice cultivation conducted using the 2006 intergovernmental panel on climate change guidelines. *Global Biogeochemical Cycles*, Vol. 23, No. 2.

Yan, X. Y., L. Du, S. Shi, et al. 2000. Nitrous oxide emission from wetland rice soil as affected by the application of controlled-availability fertilizers and mid-season aeration. *Biology and Fertility of Soils*, Vol. 32, No. 1.

Yan, X. Y., Z. C. Cai, T. Ohara, et al. 2003. Methane emission from rice fields in mainland China: amount and seasonal and spatial distribution. *Journal of Geophysical Research: Atmospheres (1984-2012)*, Vol. 108, No. D16.

Yan, X. Y., Z. C. Cai., S. W. Wang, et al. 2011. Direct measurement of soil organic carbon content change in the croplands of China. *Global Change Biology*, Vol. 17, No. 3.

Yan, X. Y., Z. C. Cai, R. Yang, et al. 2010. Nitrogen budget and riverine nitrogen output in a rice paddy dominated agricultural watershed in eastern China. *Biogeochemistry*, Vol. 57-58, No. 1.

Yang, Y. H., Mohammat, A., J. M. Feng, et al. 2007. Storage, patterns and environmental controls of soil organic carbon in China. *Biogeochemistry*, Vol. 84, No. 2.

Yu, D. S., X. Z. Shi, H. J. Wang, et al. 2007. National scale analysis of soil organic carbon storage in China based on Chinese soil taxonomy. *Pedosphere*, Vol. 17, No. 1.

Zhang, J. B., Z. C. Cai, T. B. Zhu, et al. 2013. Mechanisms for the retention of inorganic N in acidic forest soils of southern China. *Scientific Reports*, Vol. 3, No. 2342.

Zhang, J. B., C. Müller, Z. C. Cai. 2015. Heterotrophic nitrification of organic n and its contribution to nitrous oxide emissions in soils. *Soil Biology & Biochemistry*, Vol. 84.

Zhang, J. B., T. B. Zhu, T. Z. Meng, et al. 2013. Agricultural land use affects nitrate production and conservation in humid subtropical soils in China. *Soil Biology & Biochemistry*, Vol. 62.

Zhang, J. B., T. B. Zhu, Z. C. Cai, et al. 2011. Heterotrophic nitrification is the predominant NO_3^- production mechanism in coniferous but not broad-leaf acid forest soil in subtropical China. *Biology and Fertility of Soils*, Vol. 47, No. 5.

Zhang, J. B., W. J. Sun, W. H. Zhong, et al. 2014. The substrate is an important factor in controlling the significance of heterotrophic nitrification in acidic forest soils. *Soil Biology & Biochemistry*, Vol. 76.

Zhang, J. B., Z. C. Cai, T. B. Zhu. 2011. N_2O production pathways in the subtropical acid forest soils in China. *Environmental Research*, Vol. 111, No. 5.

Zhang, J. B., Z. C. Cai, Z. T. B. Zhu, et al. 2013. Mechanisms for the retention of inorganic N in acidic forest soils of southern China. *Scientific Reports*, Vol. 3.

Zheng, X. H., S. H. Han, Y. Huang, et al. 2004. Re-quantifying the emission factors based on field measurements and estimating the direct N_2O emission from Chinese croplands. *Global Biogeochemical Cycles*, Vol. 18, No. 2.

Zou, J. W., Y. Huang, X. H. Zheng, et al. 2007. Quantifying direct N_2O emissions in paddy fields during rice growing season in mainland China: dependence on water regime. *Atmospheric Environment*, Vol. 41, No. 37.

春亮、陈范骏、张福锁等："不同氮效率玉米杂交种的根系生长、氮素吸收与产量形成",《植物营养与肥料学报》,2005年第5期。

方精云:《中国陆地生态系统碳循环及其全球意义》,中国环境科学出版社,1996年。

方玉东、封志明、胡业翠等:"基于GIS技术的中国农田氮素养分收支平衡研究",《农业工程学报》,2007年第23期。

韩士杰、董云社、蔡祖聪等:《中国陆地生态系统碳循环的生物地球化学过程》,科学出版社,2008年。

黄东风、王果、李卫华等:"不同施肥模式对蔬菜生长、氮肥利用及菜地氮流失的影响",《应用生态学报》,2000年第20期。

黄耀、孙文娟:"近20年来我国耕地土壤有机碳含量的变化趋势",《科学通报》,2006年第42期。

巨晓棠、刘学军、张福锁:"冬小麦与夏玉米体系中氮肥效应及氮素平衡研究",《中国农业科学》,2002年第11期。

李长生："土壤碳库量之减少，中国农业之隐患：中美农业生态系统碳循环比较研究"，《第四纪研究》，2000年第20期。

刘学军、赵紫娟、巨晓棠等："基施氮肥对冬小麦产量、氮肥利用率及氮素平衡的影响"，《生态学报》，2002年第7期。

吕超群、田汉勤、黄耀："陆地生态系统氮沉降增加的生态效应"，《植物生态学报》，2007年第31期。

孟磊、蔡祖聪、丁维新："长期施肥对土壤碳储量和作物固定碳的影响"，《土壤学报》，2005年第42期。

潘根兴、曹建华、周运超："土壤碳及其在地球表层系统碳循环中的意义"，《第四纪研究》，2000年第20期。

潘根兴、李恋卿、郑聚锋等："土壤碳循环研究及中国稻田土壤固碳研究的进展与问题"，《土壤学报》，2008年第5期。

潘根兴："中国土壤有机碳、无机碳库量研究"，《科技通报》，1999年第15期。

全为民、严力蛟："农业面源污染对水体富营养化的影响及其防治措施"，《生态学报》，2002年第22期。

任智慧、陈清、李花粉等："填闲作物防治菜田土壤硝酸盐污染的研究进展"，《环境污染治理技术与设备》，2003年第7期。

王德宣："若尔盖高原泥炭沼泽二氧化碳、甲烷和氧化亚氮排放通量研究"，《湿地科学》，2010年第3期。

王激清、马文奇、江荣风等："中国农田生态系统氮素平衡模型的建立及其应用"，《农业工程学报》，2007年第23期。

王敏、黄宇驰、吴建强："植被缓冲带径流渗流水量分配及氮磷污染物去除定量化研究"，《环境科学》，2010年第31期。

王绍强、周成虎、李克让："中国土壤有机碳库及空间分布特征分析"，《地理学报》，2000年第55期。

颜晓元、夏龙龙："中国稻田温室气体的排放与减排"，《土壤与生态环境》，2015年第30期。

杨林章、冯彦房、施卫明等："我国农业面源污染治理技术研究进展"，《中国生态农业学报》，2013年第1期。

尹澄清、毛战坡："用生态工程技术控制农村非点源水污染"，《应用生态学报》，2002年第13期。

张维理、冀宏杰、徐爱国："中国农业面源污染形势估计及控制对策Ⅱ．欧美国家农业面源污染状况及控制"，《中国农业科学》，2004年第7期。

赵生才："我国农田土壤碳库演变机制及发展趋势——第236次香山科学会议侧记"，《地球科学进展》，2005年第20期。

朱太涛、崔理华、林伟仲："垂直流—水平潜流一体化人工湿地对菜地废水的净化效果"，《农业环境科学学报》，2012年第31期。

朱兆良："农田中氮肥的损失与对策"，《土壤与环境》，2000年第1期。

朱兆良："中国土壤氮素研究"，《土壤学报》，2008年第5期。

第 15 章 土壤重金属污染与修复

土壤重金属污染是区域土壤现状不可回避的事实，由于土壤中重金属具有不易随水淋溶、不能被微生物分解且具有明显的生物富集作用等特点，给土壤环境及相邻介质带来巨大危害。其危害包括降低土壤生物活性和土壤肥力、降低农产品产量和品质、通过食物链传递以及直接暴露接触危害人体健康 3 个方面。针对土壤重金属污染，人类适时地开启了污染土壤的修复研究。土壤重金属污染与修复研究主要围绕重金属的区域污染特征与源解析、重金属污染过程与机制、污染生态效应、风险与控制、重金属污染土壤修复等方面展开。由于土壤一旦遭到有害物质的污染容易造成蓄积性污染，土壤、污染物及地域的复杂性，土壤污染治理不仅见效慢，且受多种因素制约，因而其负面影响将是长期的。因此，土壤重金属污染与修复研究近年来成为学术界关注的前沿领域。

15.1 概　　述

本节以土壤重金属污染与修复的研究缘起为切入点，阐述土壤重金属污染的内涵及主要研究内容，并以科学问题的深化和研究方法的创新为线索，探讨土壤重金属污染与修复研究的演进阶段及关注的科学问题的变化。

15.1.1　问题的缘起

最为典型的重金属污染事故是 20 世纪 50～60 年代日本的"痛痛病"（Fukushima et al., 1970：526～535）事件，由于引用受镉污染河水灌溉，致使土壤和稻米中镉含量严重超标，长期食用这种"镉大米"导致人体镉中毒。此后，日本开始了数十年的土壤镉污染治理工作。国外关于植物重金属吸收性的文献可追溯至 20 世纪 50 年代，如 Reuther 等 1952 年在 *Soil Science* 报道了磷肥对植物重金属吸收性的影响（Reuther et al., 1952：375～381）。对重金属污染最早的报道是 1973 年德国的 Wagner 和 Siddiqi（1973：161）在 *Naturwissenschaften*（《自然科学》，德国）发表的新闻稿；最早的研究性文献是瑞典 Lund University 的 Germund Tyler 1974 年发表在 *Plant and Soil* 的有关土壤重金属污染与土壤酶活性的论文（Germund, 1974：303～311）。早期文献关注较多的是土壤重金属污染与植物吸收性、污泥农用的重金属污染风险等两方面。中国最早的文献见于 1979 年，是陈涛关于"镉污染与防治"的综述（陈涛，1979：32～39）；同年，邢克孝等发表于《环境保护科学》的关于大气沉降导致的土壤重金属污染及其与城郊蔬菜作物吸收量相关性的研究（邢克孝等，1979：27～31），是我国最早的土壤重金属污染研究型文献。污染土壤修复研究与土壤重金属污染的研究几近同步，1994年第15届世界土壤科学大会组建国际土壤修复专业委员会，标志着土壤重金属污染与修复研究发展到一个新的阶段，也是土壤环境学科快速发展的开始。

15.1.2 问题的内涵及演进

土壤和水、大气一样，都是自然环境的组成因子，在自然生态系统的物质循环中起着极为重要的作用。土壤污染，是指当加入土壤的污染物超过土壤的自净能力或污染物在土壤中积累量超过土壤基准量，给生态系统造成了危害（陈怀满等，1996：1；黄昌勇和徐建明，2013：240）。土壤重金属污染是指由于人类活动将重金属加入到土壤中，致使土壤中重金属浓度明显高于原有浓度并造成生态环境质量恶化的现象（陈怀满等，1996：1）；砷（As）是类金属，因其化学性质和环境行为与重金属多有相似之处，故在讨论重金属污染时往往包括砷。土壤修复，是研究土壤中污染物或非污染物的减量化、结构改变、有效性、迁移性、毒性降低的各种物理、化学、生物学过程、评估方法及工程技术，并实现土壤无害化、减量化、资源化和可持续管理的技术性科学，是土壤科学和环境科学的重要组成部分（周健民和沈仁芳，2013：596）。

几十年来，土壤重金属污染研究主要围绕污染源解析、污染特征、形态与生物有效性、毒性机理等方面开展，比较难划分时间序列的阶段性，在研究的尺度上似乎略有递进关系，主要趋势是由宏观尺度为主的研究逐渐演化为微观尺度为主，由异位模拟研究向田间原位研究发展，由单一污染向复合污染包括重金属元素复合和重金属与有机复合污染方向发展。土壤重金属污染修复发展历程则可大致区分为土壤污染化学与控制、植物修复、物理化学稳定修复、植物与微生物修复、生物/物化联合修复等几个阶段。修复的目标在于维持和恢复土壤功能，保障生态环境健康与农产品安全。

（1）土壤重金属污染研究

20世纪60年代末，日本镉污染事件的研究可视为土壤重金属污染最早的系统性报道。初期的研究较多地集中于土壤中重金属的总量、形态及其与植物尤其是粮食作物可食部分重金属浓度的关系，对植物必需的微量元素的研究则主要侧重于其养分效应。随着这些微量元素浓度的不断升高，研究逐渐转向类金属、重金属污染的土壤、植物效应（Cartwright et al.，1976：69～81；Temple et al.，1977：311～320；Tyler，1975：701～702），也包含一些源解析的工作，如锌冶炼对周边土壤锌、镉、铜、铅的影响（Buchauer，1973：131～135）。20世纪80～90年代初的土壤环境背景值研究，为各国土壤环境标准的制定奠定了基础（Dinkelberg and Bachmann，1995：347～356；Merke，1997：279～287）。重金属污染对土壤酶活性、微生物功能及多样性的影响早有研究；近期，先进技术的应用推动了微生物毒理研究的快速发展（Moffett et al.，2003：13～19；Pinto et al.，2015：410～417）。

研究的尺度，由起初的小范围居多，转变为大尺度的区域特征或长距离迁移方面（Steinnes

et al., 1989: 207~218), 并结合模型进行模拟与分析 (Pavel and Kozak, 1989: 897~904)。源解析方面的文献随着工作的深入而逐渐增多, 同位素示踪技术 (Steding et al., 2000: 11181~11186; Hansmann and Köppel, 2000: 123~144)、主成分分析 (Balachandran et al., 2000: 49~54) 等技术手段的应用大大地提高了源解析工作的污染源鉴别能力。

土壤中重金属的形态与有效性密切相关, 基于化学提取性的重金属形态分析方法应用广泛, 单一提取剂因其操作简便而广为推崇, 常用的有 $NaHCO_3$、$CaCl_2$、稀 HCl、NH_4NO_3 等提取能力比较弱的提取剂, 与植物地上部吸收量具有较好的相关性, 并被应用于表征重金属有效性与食物链风险; CH_3COONH_4 可提取态重金属, 是有效态重金属的"容量指标"; Tessier 法和 BCR (European Communities Bureau of Reference) 法是土壤中重金属形态连续分级中最为广泛应用的方法, 不同提取剂提取的重金属与土壤组分有较好的相关关系, 因而可应用于与土壤性质、组分、重金属总量相关的植物有效性的预测 (Tessier et al., 1979: 844~851; Kim and Fergusson, 1991: 191~209; Orsini and Bermond, 1993: 97~108; Ure et al., 1993: 135~151)。道南膜平衡技术 (Donnan Membrane Technique, DMT) 在离子态重金属表征方面具有明显优势 (Cances et al., 2003: 341~355), 但该技术操作复杂, 应用范围相对较小。梯度扩散薄膜 (Diffusive Gradients in Thin Films, DGT) 技术极好地模拟了植物对重金属的交换与吸收过程, 因此得到的重金属有效性结果能更理想地表征其与植物重金属吸收性的相关关系 (Zhang et al., 1998: 704~710)。上述技术均将被测土壤视为均质体系, 微观尺度下土壤仍是复杂的非均质体。随着同步辐射技术的发展, 可以探究土壤中重金属的微区分布、重金属元素与周边原子的结合特征, 从而在微观尺度解释重金属污染机制 (Tuniz et al., 1991: 877~881; Xia et al., 1997: 2211~2221; Morin et al., 1999: 420~434; Isaure et al., 2002: 549~567; McNear et al., 2004; Kirpichtchikova et al., 2006: 2163~2190; Landrot et al., 2012: 1196~1201)。

土壤重金属污染研究始终围绕污染效应、源解析、污染机制等展开, 随着技术方法的进步, 不同时期似乎呈现出时代的痕迹, 但新技术只是原有技术的补充, 未能取代原有方法, 因此, 土壤重金属污染研究很难划出较为明显的界限将其区分为不同的研究阶段。

（2）土壤重金属污染修复研究

土壤重金属污染的修复技术可分为物理—化学稳定修复技术、生物修复技术、化学/物化—生物联合修复技术等。相对于物理修复, 污染土壤的化学修复技术发展较早, 主要有土壤固化—稳定化技术、淋洗技术、氧化—还原技术、电动力学修复等。生物修复技术, 包括植物修复、微生物修复、生物联合修复等技术。

20 世纪 70 年代, 重金属污染土壤的修复以物化稳定修复为主, 如施用磷肥、石灰、有机肥可缓解土壤锌污染对植物的毒害作用 (Shukla, 1972: 435); 过磷酸钙可降低土壤中镉的有效性, 进而降低植物的镉吸收性 (Williams and David, 1973: 43~56; Haghiri, 1974: 180~183); 施用石膏、有机肥、黏土矿物等可显著改变土壤中锌的有效性 (Dargan et al., 1976: 535~541; Trehan and Sekhon, 1977: 329~336), 叶面喷施改良剂也可降低植物对重金属的吸收性

（Mupawose，1978：37~40；Anter et al.，1978：425~429）。物化稳定技术主要通过调节土壤 pH、增大土壤缓冲性与吸附能力、离子拮抗作用等方式降低重金属的有效性，增强植物抗逆性和改善植物长势，降低植物对重金属的吸收性。

新西兰学者 Robert R. Brooks 等于 1974 年首先报道了植物超积累重金属的现象（Brooks et al.，1974：493~499），1983 年美国学者 Rufus Chaney 最早提出了植物修复的概念（Chaney et al.，1997：279~284）。此后，植物修复技术开始快速发展，20 世纪 80 年代开始，物化稳定修复与植物修复技术并行发展；进入 21 世纪，植物修复技术得到快速发展，成为绿色环境修复技术之一。

污染土壤联合修复技术是指两种或两种以上技术联用的修复方法，不仅可提高单一污染土壤的修复效率，且克服了单项修复技术的局限性，实现对多种污染物的复合/混合污染土壤的修复，近期已成为土壤修复技术中的重要研究内容。

总体上看，污染土壤修复逐渐从基于污染物总量控制的修复目标发展到基于污染风险评估的修复导向；在技术上，从物理修复、化学修复和物理化学修复发展到生物修复、植物修复和基于监测的自然修复，从单一的修复技术发展到多技术联合的修复技术、综合集成的工程修复技术；在设备上，从基于固定式设备的离场修复发展到移动式设备的现场修复；在应用上，从服务于重金属污染土壤的修复技术发展到多种污染物复合或混合污染土壤的组合式修复技术；从工业场地走向农田，从适用于工业企业场地污染土壤的离位肥力破坏性物化修复技术发展到适用于农田污染土壤的原位肥力维持性绿色修复技术。

15.2 国际"土壤重金属污染与修复"研究主要进展

全球重金属污染问题仍呈恶化态势，随着技术进步及研究的深入，过去 15 年来土壤重金属污染与修复研究取得了显著的进展，并在不同时段呈现不同的特征。本节分析了近 15 年来国际上该领域研究的核心方向与研究热点的动态变化，并在此基础上分析国际上在这一领域所取得的进展与成果。

15.2.1 近 15 年国际该领域研究的核心方向与研究热点

运用 Web of Science 数据库，依据本研究领域核心关键词制定了英文检索式，即：(("soil" or "land" or "farmland") and ("source" or "distribution" or "trans*" or "speciation" or "*availab*" or "*toxic*" or "photosynthesis" or "oxidative stress" or "chlorophyll" or "rice" or "wheat" or "plant" or "community structure" or "diversity" or "land degradation" or "groundwater" or "ecological security" or "criterion" or "threshold" or "risk" or "assess*" or "human health" or "microb*" or "bacteria" or "fungi" or "*rhizo*" or "*accumulat*" or "*extraction" or "rhizodeposition" or "*infiltration") and ("*stabili?ation" or "solidification" or "soil flushing" or "soil washing" or "*mobile?ation" or "*sorption" or "*leaching" or "restoration" or "reclamation" or "recovery" or "*remediat*" or "pollut*" or "contaminat*")) and (("heavy metal*" or "metal*" or "metalloid*" or "trace element*" or "cadmium" or "Cd" or "chromium" or "Cr" or "zinc" or "Zn" or "copper" or "Cu" or "thallium" or "Tl" or "Pb" or "nickel" or "Ni" or "manganese" or "Mn" or "mercury" or "Hg" or "arsenic" or "selenium" or "Se" or "antimony" or "Sb") or ("lead" not ("lead* to"))), 检索到近 15 年本研究领域共发表国际英文文献 32 953 篇。划分了 2000～2002 年、2003～2005 年、2006～2008 年、2009～2011 年和 2012～2014 年 5 个时段，各时段发表的论文数量占总发表论文数量百分比分别为 9.89%、14.41%、19.91%、25.32%和 30.46%，呈逐年上升趋势。图 15-1 为 2000～2014 年土壤重金属污染与修复领域 SCI 期刊论文关键词共现关系图，图中聚成了 5 个相对独立的研究聚类圈，在一定程度上反映了近 15 年国际土壤重金属污染与修复研究的核心领域，主要包括**土壤重金属污染源解析、土壤重金属区域污染特征与风险、土壤重金属污染过程与机制、土壤重金属污染生态效应、污染土壤重金属修复及有效性** 5 个方面。

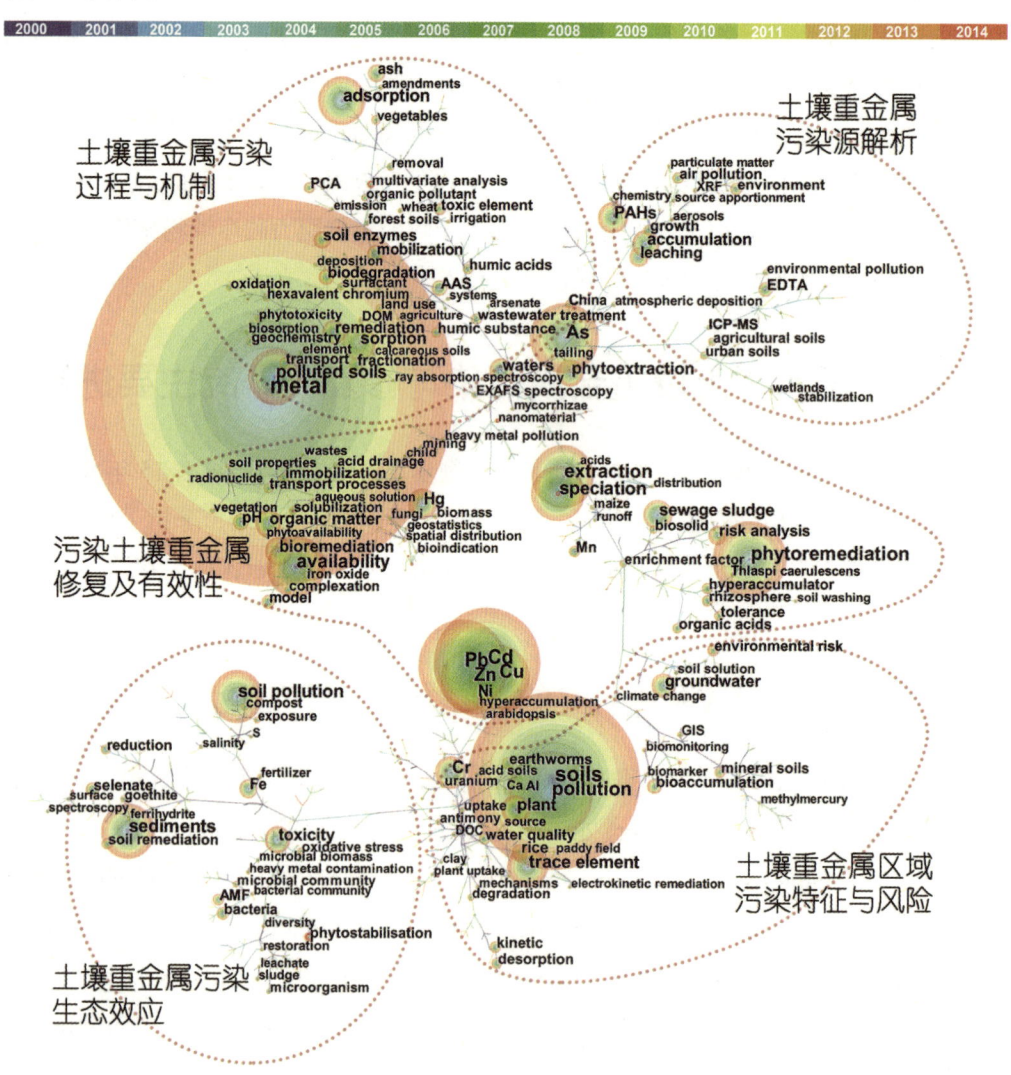

图 15-1 2000～2014 年"土壤重金属污染与修复"领域 SCI 期刊论文关键词共现关系

（1）土壤重金属污染源解析

以图 15-1 聚类圈中的源解析（source apportionment）为中心，采用 X 射线荧光光谱仪（XRF）、电感耦合等离子体质谱仪（ICP-MS）等技术设备，分析农田土壤（agricultural soils）、城市土壤（urban soils）、湿地土壤（wetlands）中重金属的组成及来源。此外，大气污染（air pollution）、气溶胶（aerosols）、悬浮颗粒（particulate matter）等关键词的出现，表明大气沉降（atmospheric deposition）是土壤重金属污染的主要来源之一。**因此，不同类型土壤重金属的源解析及科学可靠分析方法的建立是近 15 年的研究热点之一。**

（2）土壤重金属区域污染特征与风险

从图 15-1 聚类圈中的地理信息系统（GIS）、监测（monitoring）、生物标记（biomarker）等关键词，可以看出学者们致力于建立科学可靠的监测与评估方法，**探究土壤重金属污染（soil pollution）源起及过程，揭示土壤重金属污染特征**。同时，溶解性有机碳（DOC）、钙（Ca）、铝（Al）、黏粒（clay）等关键词也出现在聚类圈中，**反映出土壤重金属污染特征与土壤性质（有机质、土壤矿物组分）的关系也是研究的热点之一**。水质（water quality）、地下水（groundwater）、植物吸收（plant uptake）、水稻田（paddy field）、稻米（rice）等关键词的出现，**表明土壤重金属污染对水体和土壤生物的环境风险（environmental risk）也是重要的研究内容之一**。

（3）土壤重金属污染过程与机制

图 15-1 显示，土壤重金属污染过程与机制聚类圈中有重金属（metal）、污染土壤（polluted soils）、森林土壤（forest soils）、石灰性土壤（calcareous soils）、地球化学（geochemistry）等高频关键词，**表明重金属在不同类型土壤中的地球化学循环过程是该领域的研究重点**。同时，聚类图中还有可溶性有机质（DOM）、胡敏酸（humic acids）、腐殖质（humic substance）、氧化（oxidation）等关键词的出现，**表明学者们探究了土壤性质对重金属的迁移（transport）、移动性（mobilization）、吸附（adsorption, sorption）等过程的影响**。此外，应用原子吸收光谱仪（AAS）、同步辐射吸收光谱（EXAFS spectroscopy）、射线吸收光谱（ray absorption spectroscopy）等技术表征重金属浓度及形态变化也是该领域主要研究内容之一。

（4）土壤重金属污染生态效应

由图 15-1 可知，研究人员关注重金属污染（heavy metal contamination）对细菌（bacteria）等微生物（microorganism）以及其他生物的毒性（toxicity）和生态效应。重金属的生态效应表现于不同尺度，包括个体及生理水平上的生态效应，如氧化胁迫（oxidative stress），以及种群、群落水平上的生态效应，如生物多样性（diversity）、微生物生物量（microbial biomass）、微生物群落（microbial community）等。**土壤重金属在不同尺度上、对不同生物类群的生态效应是 15 年来的研究热点之一。**

（5）土壤重金属污染修复及有效性

图 15-1 显示，土壤重金属污染修复及有效性研究重点关注的元素有铅（Pb）、镉（Cd）、铜（Cu）、锌（Zn）、砷（As）、锰（Mn）、汞（Hg）等。生物修复（bioremediation）是研

究较多的重金属污染（heavy metal pollution）土壤修复技术，主要包括植物修复（phytoremediation）、微生物修复等。植物修复包括植物吸取（phytoextraction）修复等技术，尤其是超积累植物（hyperaccumulator）的应用。此外，物化修复，如土壤淋洗（soil washing）、固化稳定化（immobilization）等，也是关注较多的土壤重金属污染修复技术。学者们通过化学提取（extraction）进行形态（speciation）分析，探究了修复后污染土壤重金属有效性（availability）的变化规律，并考察了土壤性质（soil properties）如 pH、有机质（organic matter）、铁氧化物（iron oxide）等对重金属有效性的影响。**表明在过去 15 年，学者们对土壤重金属污染生物修复研究给予很大的关注。**

SCI 期刊论文关键词共现关系图反映了近 15 年土壤重金属污染与修复研究的核心领域（图 15-1），而不同时段 TOP20 高频关键词可反映其研究热点（表 15-1）。表 15-1 显示了 2000～2014 年各时段 TOP20 关键词组合特征，由该表可知 2000～2014 年 TOP20 高频关键词可分为：①土壤重金属污染相关的关键词，如重金属（heavy metals）、土壤污染（soil pollution）、土壤修复（soil remediation）、砷（As）、铅（Pb）、镉（Cd）、锌（Zn）等；②重金属有效性及植物修复相关关键词，如植物修复（phytoremediation）、超积累（hyperaccumulation）、生物有效性（bioavailability）、植物（plant）、根际（rhizosphere）等；③重金属毒性及风险评价相关关键词，如风险评价（risk assessment）、毒性（toxicity）、暴露（exposure）和地下水（underground water）等；④重金属固化稳定化技术相关关键词，如生物炭（biochar）和吸附（adsorption）等。这一定程度上反映了近 15 年的研究热点，而不同时段高频关键词组合特征反映了研究热点随时间的变化趋势。为此，分别对每 3 年高频关键词进行分析，从表 15-1 结果看，重金属（heavy metals）、土壤污染（soil pollution）和植物修复（phytoremediation）等关键词在各时段均占有突出地位，表明这些内容持续受到关注。对以每 3 年为一时间段的热点问题变化情况分析如下。

（1）2000～2002 年

由表 15-1 可知，该时段重点研究了重金属污染土壤修复（soil remediation），主要包括植物修复（pythoremediation）、淋洗（leaching）、EDTA 强化等修复技术的应用。研究的重金属主要为砷（As）、镉（Cd）、锌（Zn）、铅（Pb）等，考察超积累植物如遏蓝菜（*Thlaspi caerulescens*）的超累积（hyperaccumulation）能力及其耐性（tolerance）等，利用连续提取（sequential extraction）等手段评价重金属的生物有效性（bioavailability）。**以上关键词的出现表明植物修复是重金属污染土壤的重要修复方法，是这一时段的研究热点。**

（2）2003～2005 年

表 15-1 中开始出现植物（plant）、蔬菜（vegetable）、根际（rhizosphere）、活性氧（reactive oxygen species）、氧化应激（oxidative stress）等关键词，同时毒性（toxicity）、耐性（tolerance）等关键词的频次上升，均表明这一阶段的研究重点是重金属的植物毒性效应。**风险评价（risk assessment）**的出现则表明重金属对人类及其他生物的影响越来越受重视。此外，关注的元素仍主要是镉（Cd）、铬（Cr）、砷（As）、铅（Pb）等，而植物修复（**phytoremediation**）仍是这一阶段主要关注的修复技术手段。

第15章 土壤重金属污染与修复 515

表15-1 2000～2014年"土壤重金属污染与修复"领域不同时段TOP20高频关键词组合特征

2000～2014年			2000～2002年 (20篇/校正系数3.05)		2003～2005年 (29篇/校正系数2.10)		2006～2008年 (40篇/校正系数1.53)		2009～2011年 (50篇/校正系数1.22)		2012～2014年 (61篇/校正系数1.00)	
关键词	词频		关键词	词频	关键词	词频	关键词	词频	关键词	词频	关键词	词频
heavy metals	129		heavy metals	42.7 (14)	heavy metals	35.7 (17)	heavy metals	35.2 (23)	heavy metals	47.6 (39)	heavy metals	36
phytoremediation	38		phytoremediation	21.4 (7)	phytoremediation	14.7 (7)	Pb	15.3 (10)	adsorption	13.4 (11)	risk assessment	11
soil pollution	37		soil pollution	18.3 (6)	toxicity	12.6 (6)	soil pollution	13.8 (9)	phytoremediation	13.4 (11)	soil pollution	11
risk assessment	24		leaching	9.2 (3)	soil pollution	10.5 (5)	phytoremediation	13.8 (9)	biochar	11.0 (9)	biochar	9
biochar	20		soil remediation	9.2 (3)	Cd	8.4 (4)	exposure	10.7 (7)	bioavailability	11.0 (9)	bioavailability	6
bioavailability	19		hyperaccumulation	6.1 (2)	Cr	8.4 (4)	Cd	7.7 (5)	organic pollutants	8.5 (7)	immobilization	4
Pb	15		*Thlaspi caerulescens*	6.1 (2)	plant	8.4 (4)	waste water	7.7 (5)	risk assessment	8.5 (7)	phytoextraction	4
As	14		sequential extraction	6.1 (2)	As	6.3 (3)	sediments	7.65 (5)	As	7.3 (6)	phytoremediation	4
plant	13		mycorrhiza	6.1 (2)	bioremediation	6.3 (3)	area	6.12 (4)	bioremediation	3.7 (3)	soil remediation	4
Cd	12		As	6.1 (2)	tolerance	6.3 (3)	risk assessment	6.12 (4)	vegetable	3.7 (3)	hyperaccumulation	4
adsorption	11		geostatistics	6.1 (2)	hyperaccumulation	4.2 (2)	plant	6.12 (4)	Zn	37 (3)	sequential extraction	4
organic pollutants	11		fractionation	6.1 (2)	EDTA	4.2 (2)	Zn	6.12 (4)	Cd	2.4 (2)	As	3
toxicity	11		sediments	6.1 (2)	risk assessment	4.2 (2)	Hg	4.59 (3)	plant	2.4 (2)	metalloid	3
hyperaccumulation	10		EDTA	6.1 (2)	vegetable	4.2 (2)	irrigation	4.59 (3)	rhizosphere	2.4 (2)	multivariate analysis	3
exposure	9		tolerance	3.1 (1)	reactive oxygen species	4.2 (2)	PAHs	4.59 (3)	sequential extraction	2.4 (2)	spatial distribution	3
sediments	9		toxicity	3.1 (1)	oxidative stress	4.2 (2)	Si	4.59 (3)	rhizobacteria	2.4 (2)	speciation	3
underground water	9		Cd	3.1 (1)	mobility	4.2 (2)	As	4.59 (3)	sediments	2.4 (2)	toxicity	3
soil remediation	8		Zn	3.1 (1)	rhizosphere	4.2 (2)	bioavailability	4.59 (3)	China	2.4 (2)	agricultural soil	3
Zn	8		Pb	3.1 (1)	water quality	4.2 (2)	Ni	3.06 (2)	E-waste	2.4 (2)	urban soil	3
rhizosphere	7		bioavailability	3.1 (1)	Zn	2.1 (1)	EDTA	3.06 (2)			amendment	2

注：括号中的数字为校正前关键词出现频次。

（3）2006～2008 年

表 15-1 表明，重金属污染土壤的植物修复依旧是研究热点，与上一时段相似，该时段高频关键词仍是重金属（heavy metals）、土壤污染（soil pollution）和植物修复（phytoremediation）。这一阶段学者们对铅（Pb）给予了更多的关注，而有关砷（As）的研究则呈现下降趋势。同时，污水（waste water）、灌溉（irrigation）等引起的区域（area）重金属污染的研究开始受重视。此外，重金属污染的环境风险评估（risk assessment）研究逐渐被关注。

（4）2009～2011 年

由表 15-1 可知，随着土壤重金属污染问题的日益突出，关键词风险评价（risk assessment）词频上升，表明重金属污染对人体健康及生态系统的风险受到了越来越多的重视。生物炭（biochar）在该时段的爆发表明其作为新型环境材料受到了广泛的关注。生物炭对土壤重金属具有良好的吸附性（adsorption），是其成为土壤修复材料及改良剂的重要原因。生物有效性（bioavailability）、植物（plant）、根际（rhizosphere）、根际微生物（rhizobacteria）等关键词的出现或排名上升，表明重金属污染的植物修复（**phytoremediation**）以及重金属植物效应的研究重点开始偏向于植物与重金属的互作机理。

（5）2012～2014 年

由表 15-1 可知，该时段土壤污染（soil pollution）、重金属生物有效性（bioavailability）与土壤重金属污染的植物修复（phytoremediation）依旧是该领域关注的热点。保持上一阶段的发展趋势，风险评价（risk assessment）词频跃居第 2 位，成为更为重要的研究内容。固定（immobilization）、植物吸取修复（phytoextraction）、生物炭（biochar）、连续提取（sequential extraction）、形态（speciation）成为该时段的研究热点，**表明作为较为适用的土壤重金属污染修复技术，重金属的固化稳定化和植物吸取修复技术已成为研究前沿**。

根据校正后高频关键词分布情况可知：①土壤重金属（heavy metals）污染（soil pollution）的植物修复（phytoremediation）一直是各时段的重点研究对象，而土壤淋洗（leaching）、生物修复（bioremediation）、EDTA 强化技术、生物炭（biochar）对重金属的固定（immobilization）在个别时段也占有较为重要的地位；②重金属的植物与微生物毒性（toxicity）效应、氧化胁迫（oxidative stress）以及重金属对地下水（underground water）质量的影响等的关注，表明针对重金属污染的环境风险评价（risk assessment）逐渐受到重视；③土壤重金属的环境毒性取决于其生物有效性（bioavailability），因此基于化学提取（extraction）的重金属固相形态（fractionation）分析一直是学者们关注的重点之一。此外，随着有机污染物（organic pollutants）如多环芳烃（PAHs）与土壤重金属的复合污染的出现，学者们对土壤有机无机复合污染的研究的热度不断上升。

15.2.2　近 15 年国际该领域研究取得的主要学术成就

图 15-1 表明近 15 年国际土壤重金属污染与修复研究的核心领域主要包括**土壤重金属污染源解析、土壤重金属区域污染特征与风险、土壤重金属污染过程与机制、土壤重金属污染生态**

效应、污染土壤重金属修复及有效性 5 个方面。高频关键词反映的热点问题主要包括土壤重金属污染机制及特征、土壤重金属污染修复、土壤重金属污染风险评价（表 15-1）。针对以上 5 个核心领域及热点问题展开了大量研究，取得的主要成就包括**土壤重金属污染源解析、土壤重金属形态表征及生物有效性评估、土壤重金属化学形态转化及环境风险、土壤重金属污染的生态效应、土壤重金属污染修复原理与技术等**方面。

（1）土壤重金属污染源解析

土壤重金属来源广泛，重金属浓度、空间分布及积累等的因素各异。因此，土壤重金属的污染特征和源解析一直是土壤重金属污染与修复领域的热点问题，近 15 年来取得了较大的进展。土壤重金属污染具有隐蔽性、潜伏性、长期性等特点，土壤一旦受污染，其危害及修复成本都是巨大的，源解析为经济、快速地从源头预防和控制重金属污染提供了有效的帮助与指导。土壤重金属的来源可分为自然源与人为源。自然源受成土母质和成土过程的影响很大；人为源主要是人类活动使重金属进入土壤，主要包括工农业生产和交通运输等来源。

工业活动和矿产资源开发过程中"三废"排放、农业生产中含重金属的生产资料的使用及城市发展带来的交通污染，使土壤、水、空气不同程度地受到了重金属的污染。重金属元素通过大气沉降、污水灌溉及直接投放等途径进入土壤，使土壤中重金属元素浓度升高。据研究，美国工业排放到大气中的汞（Hg）约 20%来自煤炭燃烧（Conaway et al.，2005：101～105）。空气沉降对土壤中重金属的积累以对汞（Hg）、镉（Cd）、铅（Pb）影响最大（Zhang，2001：91～93）。在污水灌溉的影响下，中国农田土壤中镉（Cd）、铜（Cu）、铅（Pb）、锌（Zn）的平均浓度显著上升（Cheng，2003：192～198）。由交通产生的土壤重金属污染，主要存在于道路周边，路边环境中主要的重金属污染物包括镉（Cd）、铬（Cr）、铜（Cu）、铅（Pb）、镍（Ni）和锌（Zn）（Folkeson et al.，2009：107～146；Kayhanian et al.，2012：6609～6624）。

探明污染源排放清单、研究污染源解析技术，定量识别污染来源，对解决土壤重金属污染问题具有重要意义。地理信息系统（GIS）、地统计学、同位素示踪、重金属形态分析等源解析方法广泛应用于国内外研究中。有学者对冶炼厂附近的土壤进行污染调查及同位素源解析，发现其中重金属主要来自于工厂的冶炼过程（Cloquet et al.，2006：2525～2530；Rabinowitz，2005：138～148）。意大利那不勒斯市土壤镉（Cd）、铜（Cu）、铅（Pb）、锌（Zn）的空间分布研究表明，这些元素浓度高的点主要分布于该市的东部，与重工业和石油精炼厂的分布位置一致（Imperato et al.，2003：247～256）。有研究对公路旁的土壤中铅形态进行了测定，发现自然来源的铅（Pb）和人为来源铅（Pb）形态组成相反（Teutsch et al.，2001：2853～2864）。

（2）土壤重金属形态表征及生物有效性评估

土壤重金属浓度可分为总浓度和有效态（available species）浓度，重金属总浓度是指所有形态重金属的总和，而有效态浓度是指可能对生物有效的部分形态重金属的总和，包括自由离子态、可溶性化合态及易解吸的形态（Alloway，2013：11～50）。重金属的形态决定其生物有效性，因此采用科学有效的分析方法表征重金属的形态对于评估土壤重金属的生物有效性具有重要意义。土壤重金属化学形态表征方法一直是土壤重金属污染与修复研究的热点。学者们不断探索重金属形态分析方法并不断改进,五步提取(Tessier et al., 1979: 844~851)、BCR法分级提取(Ure et al., 1993: 135~151)、一步提取(Quevauviller, 1998: 289~298)、九步提取(Krishnamurti and Naidu, 2002: 2645~2651)等经典化学提取方法相继被提出并被广泛应用。

如何评估土壤重金属有效性,并为土壤重金属的风险评估提供依据是学者们研究的热点之一。Takead等(2006: 406~417)将植物重金属含量与HNO_3、EDTA、CH_3COONH_4、NH_4NO_3和$CaCl_2$等不同化学提取剂提取结果对比,发现中性盐类试剂提取结果与植物重金属含量相关性较大。McBride等和Menzies等也推荐用中性盐溶液作为评估植物有效态重金属的提取试剂(McBride et al., 2009: 439~444; Menzies et al., 2007: 121~130)。也有研究者认为Mehlich 3试剂(0.2 mol/L乙酸、0.25 mol/L NH_4NO_3、0.013 mol/L HNO_3、0.015 mol/L NH_4F及0.001 mol/L EDTA的混合溶液)是较好的有效态重金属提取剂,此外近年来新兴起的梯度扩散薄膜技术(DGT)用于预测重金属的植物吸收性,日渐受到关注(Cattani et al., 2006: 1972~1979)。例如,Pérez等研究发现DGT直接测得的镉(Cd)与土豆茎块中镉(Cd)浓度相关性较好(Pérez and Anderson, 2009: 5096~5103)。

传统化学提取方法缺乏选择性,样品前处理会改变重金属的形态且提取过程中存在元素重新吸附,提取过程耗时费力。进入21世纪,随着科学技术的快速发展,多学科、多领域深入交叉,分子环境科学得到快速发展,越来越多的学者们利用先进的光谱学技术对重金属分子形态进行原位表征。基于同步辐射技术的重金属K边、L边XANES和EXAFS可原位探究重金属的分子结合形态和原子配位结构,如采用X射线精细结构吸收光谱技术分析发现,Pb在去除有机质土壤中主要与氧、硅原子结合,而在有机质存在下则与氧和碳原子结合,吸附机制明显不同;汞(Hg)在土壤有机质中与硫原子和氧原子或氮原子形成双键螯合体系(Skyllberg et al., 2006: 4174~4180; Strawn and Sparks, 2000: 144~156)。先进的同步辐射X射线吸收谱学原位表征技术结合传统的化学分析方法为重金属生物有效性评价提供技术支持(Gräfe et al., 2014: 1~22; Lombi and Susini, 2009: 1~35)。

近15年来土壤重金属含量分析技术也得到较大发展,电感耦合等离子体原子发射光谱仪(ICP-AES)、电感耦合等离子体质谱仪(ICP-MS)、X射线荧光光谱技术(XRF)、激光剥蚀电感耦合等离子体质谱仪(LA-ICP-MS)等先进技术逐渐被引入土壤重金属元素浓度的测定,使土壤中痕量重金属的检测成为可能,为土壤重金属形态分析及有效性评估提供了技术支撑。

(3)土壤重金属化学形态转化及环境风险

重金属形态是影响其移动性、生物毒性和有效性的关键因素,土壤重金属生物有效性评价是重金属的环境风险评估的基本依据。重金属进入土壤环境后发生吸附/解吸、氧化/还原、配位/解离、沉淀/溶解等化学反应,影响着重金属在土壤中的形态分布。近15年来在土壤重金属化学形态转化方面的研究取得了较大的进展,明确了重金属在土壤及其主要组分中的迁移转化机制以及影响因素。重金属在土壤及其主要组分中的固定机制,包括静电吸附、离子交换、配位、表面沉淀、晶格固定等（Strawn and Sparks，2000：144～156；Skyllberg et al.，2006：4174～4180；Chen et al.，2011：329～336；Jiang et al.，2012：145～150）。土壤中重金属形态分布受土壤理化性质如土壤有机质、铁锰铝氧化物、土壤表面电荷、pH 等的影响（Yang et al.，2005：7102～7110；Chen et al.，2011：329～336），如土壤有机质和金属氧化物常与重金属形成稳定的络合物或螯合物（Hesterberg et al.，2001：2741～2745；Villalobos et al.，2001：3849～3856）。

伴随阴/阳离子、氧化还原电位、土壤生物和老化时间等因素，均影响重金属在土壤中的形态转化。研究表明，同种电性的离子间因存在竞争作用而影响彼此在土壤中的固定和解吸（Jalali and Moharrami，2007：156～163；Covelo et al.，2007：419～430；Serrano et al.，2005：91～104）；土壤氧化还原电位的差异影响土壤中变价重金属元素[如砷（As）、铜（Cu）等]的形态转化，同时通过改变土壤铁锰氧化物和土壤有机质含量和形态，进而控制土壤中重金属的固定和释放（Grybos et al.，2007：490～501）。微生物可通过氧化还原反应、细胞吸附等改变土壤中变价重金属元素的价态、结合形态及迁移性（Zobrist et al.，2000：4747～4753；Boyanov et al.，2003：3299～3311）。随着老化时间的延长，重金属扩散进入土壤微孔隙，由物理吸附向形成化学键的专性吸附转化，使土壤中重金属的有效性降低（Lu et al.，2005：225～235；Jalali and Khanlari，2008：26～40）。近 15 年来，随着科学技术的快速发展，学者们通过建立微区分析方法，并借助纳米二次离子质谱仪（NanoSIMS）、X 射线吸收光谱技术（XAFS）、X 射线荧光光谱技术（XRF）、梯度扩散薄膜技术（DGT）以及扫描透射 X 射线显微光谱技术（STXM）等先进的分析手段，对微区重金属的形态转化过程和分布规律进行原位探究，揭示重金属在土壤、植物、微生物中的迁移转化规律及过程，为评估土壤重金属环境风险提供了理论依据（Al-Sid-Cheikh et al.，2015：118～128；Remusat et al.，2012：3943～3949；Williams et al.，2012：8009～8016）。

环境风险评价主要包括健康风险评价和生态风险评价。健康风险评价主要侧重于人体健康风险，而生态风险评价是评价人类活动过程对生态系统可能造成的影响。对于土壤重金属污染的环境风险评价，学者们在近 15 年已经做了大量研究工作，建立了多种评价方法和模型，主要包括传统评价模型和综合评价模型。传统的评价模型主要为指数法，该方法是以数理统计为基础，将土壤污染程度划分多个等级，传统的评价模型已在土壤重金属风险评价中得到了广泛的应用，主要有地积累指数法、富集因子法、内梅罗指数法、潜在风险指数法等（Martinez-Martinez et al.，2013：166～175；Long et al.，2013：928～938；Wei et al.，2010：33～45）。综合评价模型综合考虑了土壤环境质量的模糊性及各污染因素的权重，主要有模糊综合评价法、灰色聚类法、神经网络法和物元分析法等（Wang et al.，2014：220～231；Lourenco et al.，2010：495～504）。而传统的评价模型和综合评价模型主要基于土壤重金属全量，事实上重金属的移动性及潜在的风险和危害，更与重金属的赋存形态相关。因此，学者们逐渐建立了基于重金属形态的风险评价方法，如通过连续提取的重金属形态分级对其移动性和风险进行评估（Pascaud et al.，2014：4254～4264；Canuto et al.，2013：6173～6185）。近年来随着计算机技术和信息技术的发展，地统计学和地理信息系统逐渐被引入到土壤重金属污染的综合评价中，获得了土壤重金属浓度的空间分布和变化趋势（Nie et al.，2012：1231～1236；Lourenco et al.，2010：495～504；

Liu et al., 2006：257~264）。

(4) 土壤重金属污染的生态效应

重金属进入土壤生态系统后，从不同层次影响土壤生物个体、种群和群落。微生物是土壤中生物量最大、生物多样性最丰富、活力最强、对元素地球化学循环具有最大影响力的类群（Preston et al., 2001：1851~1858）。土壤中微生物与重金属直接接触，重金属浓度过高会对土壤微生物生长和代谢产生不良影响，表现为可降低微生物生物量、减少活性细菌菌落数、抑制微生物活性、影响呼吸强度和代谢熵（qCO_2）、改变土壤微生物区系及其群落结构与功能（Bååth, 1989：335~379；Orroño et al., 2009：168~176；Kandeler et al., 2000：390~400；Gadd and Geoffrey, 2010：609~643）。同时，微生物可通过细胞膜透性调节、特殊蛋白合成、分泌物固定等增强自身对重金属的耐受性，微生物活动也影响土壤中重金属生物活性变化（Rajapaksha et al., 2011：2966~2973；Åsa Frostegård et al., 2011：1621~1625）。从分子生物学和生物信息学角度诠释重金属对土壤微生物的生态效应，是近15年土壤重金属污染与修复的重要研究方向和未来的发展趋势。

土壤动物是土壤生态系统的重要组成部分，在土壤有机质分解、养分循环、改善土壤结构等方面发挥着重要作用，是土壤质量评价的又一重要生物学指标（Santorufo et al., 2012：57~63；Ardestani et al., 2014：277~295）。同样，重金属的土壤动物生态效应体现在从个体到群落的多个层面上。从种群和群落层面上看，重金属可降低弹尾类、螨类、线虫类等常见土壤动物的数量、繁殖率、物种多样性，并对群落结构产生不良影响（Syrek et al., 2006：239~250；Rantalainen et al., 2004：1983~1996）。在个体水平上，土壤重金属污染造成土壤动物行为异常，干扰了土壤动物摄食能力和生长（Kim et al., 2014：191~209；Bur et al., 2012：187~197；Pfeffer et al., 2010：19~23）。在生理和分子层面上，重金属污染对土壤动物具有生理毒性效应，包括改变生物分子构型与活性，对细胞及组织造成损伤，扰乱动物新陈代谢，影响动物的生长发育（Janssens et al., 2009：3~18；Dallinger et al., 2013：767~778；Warchałowska-Sliwa et al., 2005：373~381；Hensbergen et al., 2000：17~24）。

部分重金属如铜（Cu）、锌（Zn）是植物必需微量元素，但当重金属浓度超过植物的效应浓度（effective concentration）时反而会对其造成毒害。近15年来，学者们针对分子毒理、耐性和解毒，在土壤重金属的植物效应研究方面取得了重要进展。重金属可对植物基因复制和表达造成不良影响（Kawanishi et al., 2002：822~832）。重金属对植物蛋白质的影响十分复杂，可导致酶、蛋白质的失活、变性，也可能诱导过氧化物酶系及金属硫蛋白、热休克蛋白活性的增加，以增大植物对重金属的耐受性；此外，阐明了重金属的跨膜转运及运输机制（Haq, 2003：211~226；Hall, 2002：1~11），植物对重金属的生理和分子水平耐性及解毒机理也得到阐述（Krzesłowska et al., 2011：35~51；Morel et al., 2008：894~904；Apel and Hirt, 2007：373~399）。土壤重金属对植物的生态效应是多方面的，其抗性机理也十分复杂，植物的重金属毒害及其适应性是多种生理过程的综合反应，其关键因子至今尚未完全清楚，在植物细胞中是否还可能存在其他的解毒机制仍需进一步探索。

重金属不仅直接影响在土壤中生活的微生物、动物以及植物，还沿食物网对整个陆地生态系统产生影响。土壤重金属对生态系统的影响研究主要包括重金属的生态风险（Jarup，2003：530～540）、重金属的多物种效应（Christie et al.，2004：209～217）、对不同自然及人工生态系统的影响（Bayen，2012：84～101；Moiseenko et al.，2006：1～20；Franzaring et al.，2010：4～12；Ajmone-Marsan et al.，2010：121～143；Luo et al.，2012：17～30）。总体而言，15年来土壤重金属污染的生态效应研究呈宏观和微观两极发展的趋势：宏观方面包括重金属在景观、地区、生态系统层面上的效应；微观方面涉及重金属的毒理机制，包括生物分子、细胞、个体、群落各个层面上的响应、适应以及抗性机理等。现代分析化学、分子毒理学、生物信息学等的发展极大地加深了人们对土壤重金属污染的生态效应的认知，并为土壤重金属污染治理提供了重要的理论依据与决策方案。

（5）土壤重金属污染修复原理与技术

重金属污染土壤修复技术的研究始于20世纪70年代后期，此后得到了快速发展，成为近年来国际上的热点科学问题和前沿研究领域。重金属污染土壤修复的最终目标是降低土壤中重金属的生物毒性，恢复和保持土壤正常的生产功能以及环境生态功能。重金属污染土壤的修复原理是降低目标重金属污染物总量和有效浓度。经过15年来全球范围的研究与应用，基本形成了物理修复、化学修复、生物修复及其联合修复技术在内的重金属污染土壤修复技术体系。

物理和化学修复技术快速高效，被广泛应用于重金属污染场地土壤的修复，其中固化/稳定化技术被美国环保署称为处理有害有毒废物的最佳技术（Friesl et al.，2003：191～196），美国超级基金大部分无机污染修复项目使用的是固化/稳定化技术。传统的固化稳定剂有水泥、石灰、沥青等，而近十几年关于新型可持续高效稳定化修复材料的研制也取得了不错的进展。研究者利用新型的纳米材料、生物炭材料、廉价的磷酸盐矿物以及黏土矿物和有机废弃物（如畜禽粪便、污泥、有机堆肥等）等修复重金属污染土壤具有很好的效果（Clemente et al.，2006：397～406；Querol et al.，2006：171～180；Liu et al.，2007a：1867～1876；Beesley et al.，2010：2282～2287；Beesley et al.，2011：3269～3282；Gul et al.，2015：1423～1426），并对这些材料的修复机理做了深入的探讨（Soler-Rovira et al.，2010：844～849；Farrell et al.，2010：55～64）。研究方法也从常规的化学分析手段发展到扫描电镜（SEM）、X射线同步辐射、X射线能谱分析（EDS）等现代新型的分析方法（Belviso et al.，2010：1172～1176）。

生物修复技术以其成本低、不破坏土壤生态环境、无二次污染、易被公众接受等优点，受到了学术界的广泛关注。生物修复技术在进入21世纪后得到了快速发展，成为绿色环境修复技术之一。生物修复包括植物修复、动物修复和微生物修复。植物修复技术中，超积累植物吸取修复是最具应用潜力的技术之一。这种技术应用的关键在于超积累植物的筛选。1974年，Brooks等首次提出超积累植物的概念，截至2009年全球已发现近500种重金属超积累植物（Verburggen et al.，2009：759～776）。国际上对重金属污染土壤的超积累植物吸取修复做了广泛研究，并将其应用于砷（As）、镉（Cd）、铜（Cu）、锌（Zn）、镍（Ni）、铅（Pb）等重金属、类金属以及重金属与多环芳烃复合污染土壤的修复（Ma et al.，2001：579；Meers et al.，2008：390～414；Wu et al.，2013：487～498）。目前已发展出包括络合诱导强化修复（Roy et al.，2005：277～290）、不同植物套作联合修复、修复后植物处理的成套集成技术。为寻找多种污染物复合或混合污染土壤的净化方案，分子生物学和基因工程技术也被用于发展植物杂交修复技术（Eapen and D'souza，2005：97～114）。利用植物的根际阻隔作用和作物低积累作用（Lugon-Moulin et al.，2004：111～180），开发出能降低农田土壤污染的食物链风险的植物修复技术是学者们的研究目标。微生物修复研究同样具有重要意义，过去 15 年国际上相继报道了许多耐重金属或胞内能积累重金属的微生物（Gomez et al.，2001：247～256；Perez-Rama et al.，2002：265～270），同时对微生物修复的 pH、温度、水分以及营养等外部环境条件进行了优化。微生物修复研究的另一热点是利用根际促生菌强化超积累植物对重金属污染土壤的修复效率，在植物修复过程中通过添加根际促生菌可改善污染土壤养分状况，且在重金属解毒方面具有重要作用，有助于改善重金属污染土壤的植物修复效果（Belimov et al.，2005：241～250）。而微生物—植物联合、植物—物理化学联合等多技术联合修复的研究有利于克服单项修复技术的局限性，实现多种重金属复合污染或有机、无机复合污染土壤的修复。

15.3 中国"土壤重金属污染与修复"研究特点及学术贡献

近 30 年来，我国经济的增速明显高于全球平均水平，对资源的需求也显著高于全球其他地区，由此导致的土壤污染问题也将明显不同。因此，本节重点介绍我国在该领域的研究特点及由此而产生的对国际土壤重金属污染与修复研究的特殊的学术贡献。

15.3.1 近 15 年中国该领域研究的国际地位

过去 15 年，土壤重金属污染与修复引起了全世界范围内各国家和地区的广泛关注，该领域内的研究获得了长足的进展。表 15-2 是 2000～2014 年土壤重金属污染与修复领域 SCI 论文数量、篇均被引数量和高被引论文数量排名 TOP20 国家和地区。近 15 年来，SCI 论文发表总量 TOP20 国家和地区共计发表论文 26 065 篇，占所有国家和地区发文总量的 79.1%（表 15-2）。近 15 年，美国的 SCI 论文发文数居首，共发表 4 702 篇；中国名列第 2 位，共发表 4 548 篇；排第 3 位的西班牙共 1 870 篇，与美国和中国有较大差距（表 15-2）。2003～2005 年、2006～2008 年、2009～2011 年和 2012～2014 年世界 SCI 论文发文量分别是 2000～2002 年的 1.5 倍、2.2 倍、2.6 倍和 3.1 倍，表明国际上在土壤重金属污染与修复领域的研究论文出现快速增长的态势。2000～2014 年，美国在土壤重金属污染与修复研究领域一直处于全球领先的地位，但中国在该领域的研究成果飞速增长，从 2000～2002 年的 116 篇，增加到 2012～2014 年的 2 020 篇，

第15章 土壤重金属污染与修复 523

表15-2 2000~2014年"土壤重金属污染与修复"领域发表SCI论文数及被引频次TOP20国家和地区

排序[①]	国家(地区)	SCI论文数量(篇) 2000~2014	2000~2002	2003~2005	2006~2008	2009~2011	2012~2014	国家(地区)	SCI论文篇均被引次数(次/篇) 2000~2014	2000~2002	2003~2005	2006~2008	2009~2011	2012~2014	国家(地区)	高被引SCI论文数量(篇) 2000~2014	2000~2002	2003~2005	2006~2008	2009~2011	2012~2014
	世界	32 953	3 260	4 749	6 561	8 345	10 038	世界	17.9	39.5	31.8	22.6	13.9	4.6	世界	1 646	163	237	328	417	501
1	美国	4 702	733	964	1 070	983	952	瑞士	32.2	60.2	44.6	40.2	20.4	7.4	美国	413	50	67	61	70	81
2	中国	4 548	116	375	753	1 284	2 020	英国	31.1	50.7	45.1	31.8	23.6	6.4	中国	175	8	23	56	83	111
3	西班牙	1 870	171	259	396	474	570	奥地利	26.9	50.4	39.0	24.9	15.8	8.0	英国	154	18	26	22	37	17
4	印度	1 573	84	176	301	437	575	荷兰	26.5	62.2	36.6	24.2	17.6	5.3	法国	90	11	6	16	19	23
5	法国	1 381	170	224	288	309	390	瑞典	26.1	41.6	36.1	34.5	15.4	5.4	西班牙	86	9	15	18	14	35
6	英国	1 373	246	289	272	290	276	比利时	26.0	38.5	39.0	31.4	23.8	6.8	德国	75	12	6	17	13	13
7	意大利	1 119	123	166	215	284	331	美国	25.5	47.6	39.3	23.7	16.2	5.9	加拿大	66	11	8	14	10	9
8	德国	1 094	178	205	220	244	247	新西兰	23.1	37.5	36.3	19.3	22.8	4.7	意大利	60	4	8	18	15	15
9	巴西	1 026	65	115	202	290	354	德国	22.9	48.1	25.7	27.2	15.8	5.5	印度	60	3	12	15	20	26
10	加拿大	1 024	159	180	224	212	249	丹麦	22.2	46.3	30.4	22.8	17.3	4.5	澳大利亚	53	5	11	6	19	29
11	波兰	995	73	118	167	274	363	法国	21.5	49.5	30.3	24.4	17.0	5.7	瑞士	49	5	5	13	7	7
12	澳大利亚	928	100	163	145	241	279	加拿大	21.3	46.6	25.8	25.3	14.2	4.2	荷兰	35	8	6	4	6	2
13	日本	800	93	130	207	173	197	澳大利亚	21.0	40.1	35.6	22.0	18.3	7.4	比利时	35	1	3	9	15	11
14	土耳其	682	40	110	149	195	188	挪威	19.6	40.4	25.5	18.2	12.1	6.7	瑞典	32	4	4	12	2	5
15	韩国	612	36	80	91	173	232	意大利	19.4	33.3	33.5	28.7	15.0	4.8	土耳其	25	2	3	11	9	3
16	伊朗	513	6	14	56	178	259	西班牙	18.6	40.2	32.8	25.2	14.0	5.0	日本	23	0	3	4	10	8
17	捷克共和国	488	51	56	99	131	151	以色列	18.4	43.7	18.1	18.7	12.6	4.7	波兰	20	2	3	2	7	12
18	比利时	473	51	99	101	107	115	斯洛文尼亚	17.9	32.4	36.3	21.1	11.1	5.1	奥地利	20	2	2	3	1	2
19	葡萄牙	433	22	56	72	132	151	芬兰	17.2	29.6	21.5	15.2	13.5	4.5	新西兰	18	2	0	1	6	1
20	荷兰	431	62	84	104	84	97	中国(23)[②]	15.0(23)[②]	43.4(11)	33.5(12)	27.2(8)	15.8(11)	4.8(18)	韩国	16	0	0	4	7	15

注：①按2000~2014年SCI论文数量、篇均被引次数、高被引论文次数排序；②括号内数字是中国相关时段排名。

增长16.4倍。**在2009～2011年则已超过美国，跃居世界首位。**

由表15-2可知，2000～2014年中国SCI论文篇均被引数为15.0，居全球第23位，世界SCI平均被引次数为17.9。说明中国在该领域的研究接近世界平均水平，但较世界前列的瑞士、英国、奥地利、荷兰、瑞典等国家仍有较大差距。从高被引SCI论文数量看，2000～2014年中国高被引SCI论文数量呈快速增长趋势，2012～2014年达111篇，较2000～2002年的8篇增长了13倍，排名上升至第2位，与排名第1位的美国的差距逐年缩小，且从2009～2011年时段开始超越美国。从SCI论文数、篇均被引次数和高被引论文数量的变化趋势看（表15-2），**中国在土壤重金属污染与修复领域的国际影响力不断上升，但从篇均被引次数看中国学者的研究成果的国际认可度尚有较大上升空间。**

图15-2比较了2000～2014年中国与全球范围内在土壤重金属污染与修复领域SCI论文中前15个高频关键词及其时序变化。图左为土壤重金属污染与修复领域国际SCI论文的部分高频关键词，图右为该领域中国学者SCI论文中的部分高频关键词。论文关键词的词频在一定程度上反映了研究领域的热点。从图15-2左边可以看出，随时间演进，全球作者发表SCI文章数量

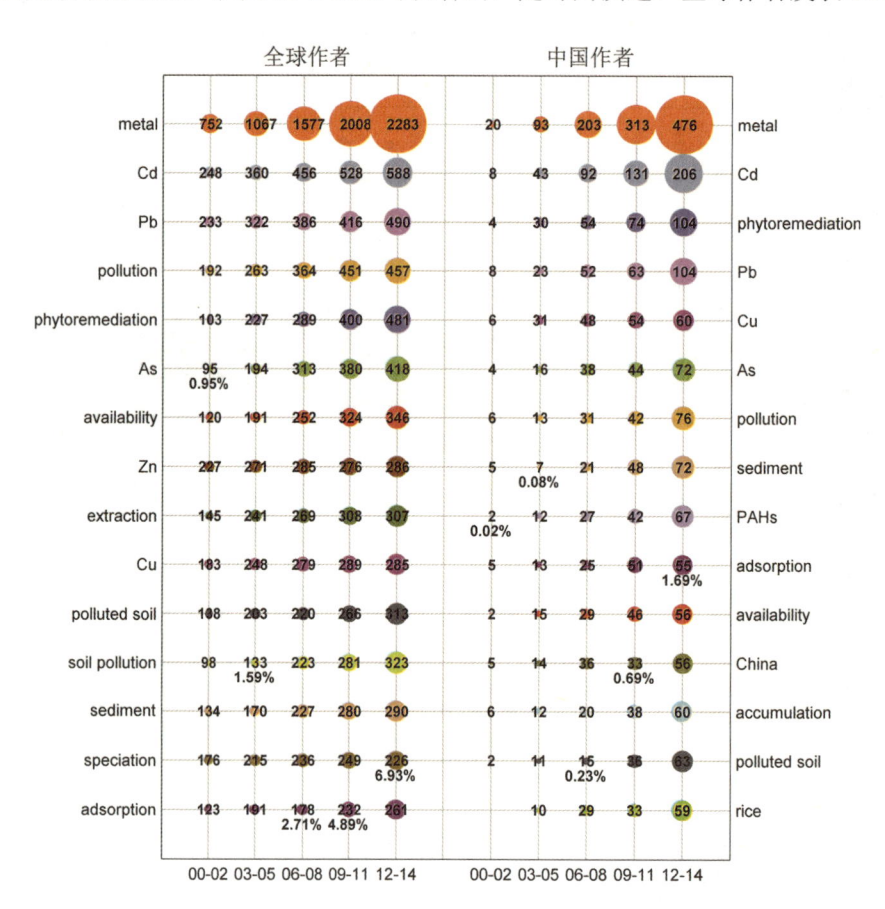

图15-2 2000～2014年"土壤重金属污染与修复"领域SCI期刊
全球及中国作者发表论文高频关键词对比

明显增加,关键词词频总数不断提高,前15位关键词词频在各时段基本都大于100次;金属(metal)的词频总数为7 687次,远远高于其他14个关键词。从图中各时段圆圈的大小可知,金属(metal)在各时段的关注度均最高。图15-2左侧关键词统计结果反映出国际上**土壤重金属污染与修复领域研究重点关注的金属元素包括镉(Cd)、铅(Pb)、砷(As)、锌(Zn)、铜(Cu);研究热点内容包括土壤重金属污染(metal,soil pollution,pollution,polluted soils)、土壤重金属形态和有效性(availability,speciation,extraction)、植物修复(phytoremediation)**等方面。

由图15-2右半边热点关键词所标注的词频数及关键词下面标注的百分比可知,中国学者发表的SCI论文数量随时间演进明显增加,关键词词频总数不断提高,但明显低于全球作者高频关键词词频总数。与全球发展趋势一致,词频总数最高的仍是金属(metal),达1 105次,明显高于其他14个高频关键词。排在靠前关键词还有镉(Cd)、植物修复(phytoremediation)、铅(Pb)、铜(Cu)、砷(As)和污染(pollution),表明镉(Cd)、铅(Pb)、铜(Cu)、砷(As)等几种典型重金属或类金属污染及其植物修复一直是中国学者研究的热点。图15-2右边关键词统计结果反映了**中国学者的研究热点,包括土壤重金属污染过程和有效性(adsorption,availability)、重金属—有机(PAHs)复合污染特征、重金属在土壤和植物中积累和对农产品的影响(accumulation,rice)**。

15.3.2 近15年中国该领域研究特色及关注热点

利用土壤重金属污染与修复相关的中文关键词制定中文检索式,即:(SU='土壤' or SU='场地' or SU='农田') and (SU='重金属' or SU='金属' or SU='类金属' or SU='微量元素' or SU='铅' or SU='锌' or SU='镉' or SU='铜' or SU='砷' or SU='锰' or SU='铬' or SU='汞' or SU='镍' or SU='硒' or SU='铊' or SU='锑')。从CNKI中检索2000~2014年本领域的中文CSCD核心期刊文献数据源。图15-3为2000~2014年土壤重金属污染与修复领域CSCD期刊论文关键词共现关系图,可大致分为5个相对独立的研究聚类圈,在一定程度上反映了近15年中国重金属污染与修复研究的核心领域,主要包括**土壤重金属污染与农产品安全、土壤重金属的有效性与风险评估、土壤重金属污染特征与土壤性质的关系、土壤重金属污染的物化改良与调控、土壤重金属污染修复**5个方面。从聚类圈中出现的关键词可以看出近15年土壤重金属污染与修复研究的主要问题及热点。

(1)土壤重金属污染与农产品安全

由图15-3可知,中国学者探究了受镉(Cd)、铅(Pb)、锰(Mn)等典型重金属污染的农田土壤上主要农产品(小麦、玉米、水稻、烤烟等)的品质问题。此外,煤矸石、合理施肥、从枝菌根真菌、东南景天、黑麦草、银合欢等修复材料和技术也被应用于农用土壤重金属污染修复,**表明重金属污染引起的农产品安全问题受到重视,且稳定修复和植物吸取修复是农用土壤重金属修复的研究热点**。

（2）土壤重金属有效性与风险评估

由图 15-3 可知，随着居民对生活环境质量要求的提高，**重金属污染的生态与健康风险越来越受到重视**。中国学者研究了我国部分地区的城郊土壤、农田土壤，评估了生态风险和健康风险，比如针对性地调查评估了三峡库区建成后的潜在生态风险，**还结合时代发展特点研究了我国城市化过程中的土壤重金属污染形势**。对土壤重金属有效性的研究主要集中于其形态，重点定位于矿区如铅锌矿、铜尾矿等土壤，还考察了施用石灰或有机物料等改良措施对重金属有效态的影响。

图 15-3　2000～2014 年"土壤重金属污染与修复"领域 CSCD 期刊论文关键词共现关系

(3) 土壤重金属污染特征与土壤性质的关系

从图 15-3 可知，该领域重点研究土壤性质与土壤重金属污染特征的关系，我国学者主要考察了土壤 Eh、pH、有机质等对红壤和紫色土等我国典型土壤的重金属污染特征影响，同时还研究了可变电荷土壤对重金属的吸附解吸特征。**表明土壤重金属污染特征与土壤性质的关系是我国学者研究的重点之一。**

(4) 土壤重金属污染的物化改良与调控

从图 15-3 可以看出，我国学者采用海泡石、有机肥等改良剂对不同土地利用方式的重金属土壤（如菜地土壤、城市土壤、茶园土壤、污染场地）进行钝化修复，并对钝化后的土壤重金属有效性及化学形态进行评估，**从而探究出科学有效的土壤修复技术。**此外，利用 GIS 等技术对重金属污染土壤进行生态风险评估也是研究热点之一。

(5) 土壤重金属污染修复

文献关键词聚类图 15-3 聚类圈中出现的主要关键词有土壤—植物、生物修复、电动修复、淋洗、植物提取、稳定化、超富集、蜈蚣草、印度芥菜、螯合剂等。上述关键词反映了不同土壤重金属污染修复技术的应用。研究者们采用物理、化学、生物等修复技术，对土壤重金属进行修复，并对其形态、生物有效性进行分析与评价。**此外，土壤重金属污染修复技术对土壤性质、土壤环境质量的影响也是近 15 年中国学者关注的热点之一。**

分析中国学者 SCI 论文关键词聚类图，可以看出中国学者在土壤重金属污染与修复研究中接轨世界研究前沿。2000~2014 年中国学者 SCI 论文关键词共现关系（图 15-4）可以大致分为 4 个研究聚类圈，分别为**污染土壤重金属有效性及影响因素、重金属污染过程与生态风险、重金属的植物毒性、重金属污染土壤的修复。**①污染土壤重金属有效性及影响因素。在聚类圈中以重金属污染（pollution）和有效性（availability）为核心，探究土壤重金属有效性的影响因素，重点关注了土壤性质（soil properties）如针铁矿（goethite）、铁（Fe）、锰（Mn）、胡敏酸（humic acids）含量等对土壤重金属固相组分（fraction）变化、动力学（kinetic）或还原（reduction）过程及植物有效性（phytoavailability）变化等的影响。此外，以土壤重金属有效性为研究基础，学者们还关注了重金属污染的植物根际（rhizosphere）效应对土壤质量如酶（soil enzymes）活性、地下水（groundwater，water quality）质量等的影响，**中国学者的研究表明土壤重金属有效性是评价重金属污染环境毒性的重要指标之一。**②重金属污染过程与生态风险。聚类圈中出现吸附（adsorption）、解吸（desorption）、迁移过程（transport progress）、降解（biodegradation）、积累（accumulation）、有机酸（organic acids）、可溶性有机物（DOM）、化学形态（chemical speciation）等关键词，表明重金属污染过程是国内的重要研究方向。此外，城市土壤（urban soils）、农业土壤（agricultural soils）等不同土地利用（land use）方式下污染土壤中重金属的空间分布（spatial distribution）及生态风险（ecological risk）等也是中国学者重要的研究内容之一。③重金属的植物毒性。该聚类圈以污染重金属的植物效应为主，如重金属的植物毒性（toxicity），重金属对植物生长（growth）、光合作用（photosynthesis）以及植物的氧化胁迫（oxidative stress）

等生理指标的影响。此外,针对中国典型水稻田(paddy field)的重金属污染,对食品安全(food safety)进行了风险分析(risk analysis),表明重金属的植物毒性效应是近 15 年国内研究的重点之一。④重金属污染土壤的修复。土壤污染(soil pollution)、植物修复(phytoremediation)、植物吸取(phytoextraction)、提取(extraction)、修复(remediation)、生物修复(bioremediation)等为高频出现的关键词,表明重金属污染土壤的生物修复尤其是植物修复在国内也是重金属污染研究领域的热点,重点关注的元素有镉(Cd)、砷(As)、铅(Pb)、锌(Zn)。但是国内还重点研究了本土发现的超积累植物东南景天(*Sedum alfredil*)、蜈蚣草(*Pteris vittata*)、龙葵(*Solanum nigrum*)等对污染土壤的修复应用,而出现的 AMF 和 EDTA 等词说明国内学者

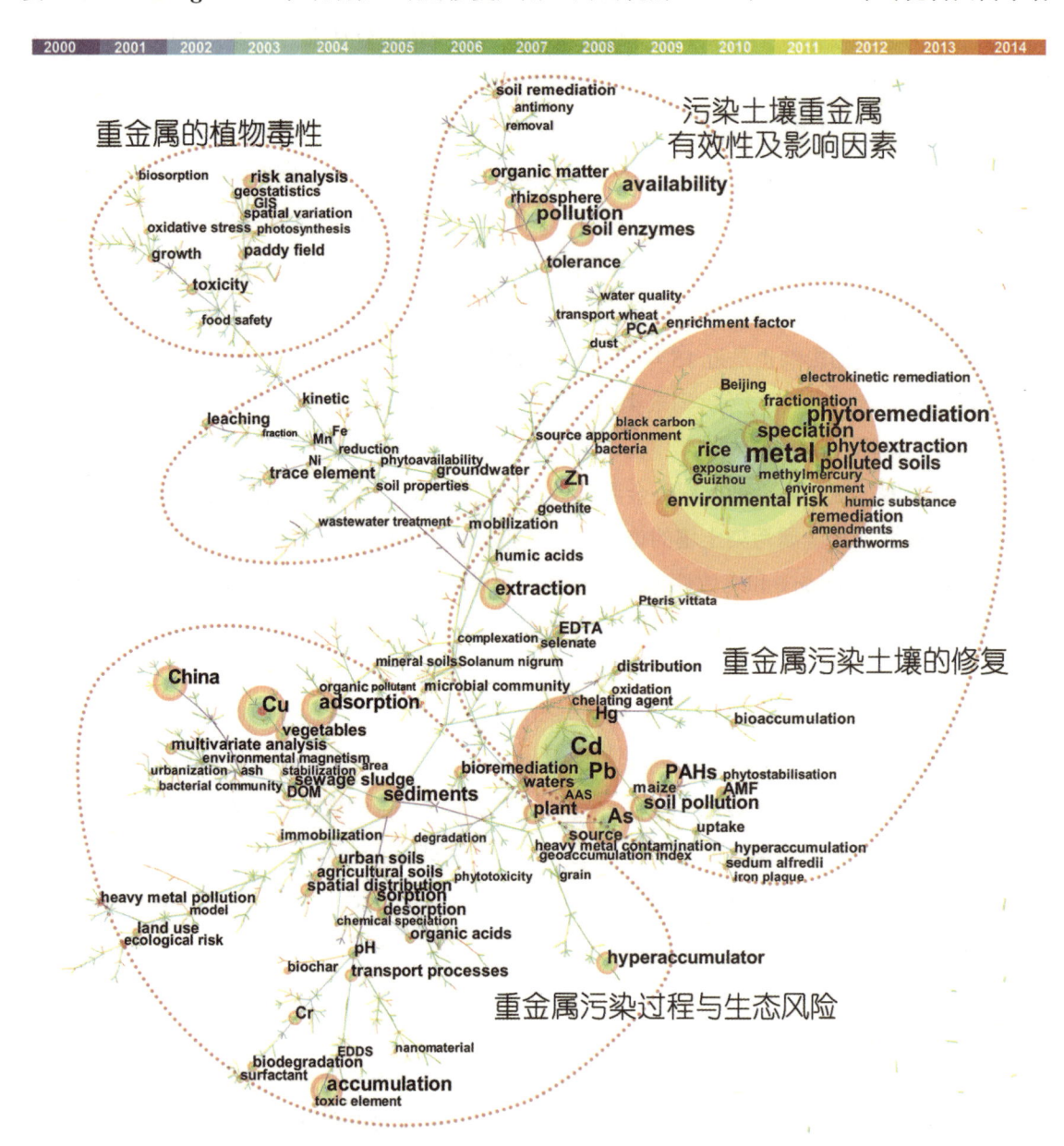

图 15-4 2000~2014 年"土壤重金属污染与修复"领域中国作者 SCI 期刊论文关键词共现关系

更多关注了污染土壤的植物修复的强化措施研究。

总体来看，中文文献体现的研究热点与我国不同区域的地域特点、经济发展程度和农业生产水平紧密相关。城市化、工业化的快速发展使我国土壤受到了不同程度的重金属污染，并且已对土壤环境质量、农产品品质及安全等造成了不可忽视的影响。近15年我国在土壤重金属污染与修复领域的研究总体上与国际保持一致，重点研究了以镉（Cd）、铅（Pb）、铜（Cu）、砷（As）为主的重金属污染过程与机制及相关修复技术。针对我国工农业经济发展的特色，研究了不同土地利用方式下重金属污染过程及特征的差异。以土壤环境质量、农产品安全、地下水质量等为出发点，对重金属污染的环境风险进行了较为系统的评估。结合我国基本国情，发展了植物修复、物化修复及各种技术手段联合的土壤重金属污染修复技术体系，并以此为基础开展了较为深入的机理研究。

15.3.3　近15年中国学者该领域研究取得的主要学术成就

针对上述土壤重金属污染与修复研究的核心领域和热点问题（图15-3、图15-4），我国学者开展了大量研究。近15年来，取得的主要成就包括：①中国典型土壤重金属污染化学原理；②土壤重金属污染与农产品安全；③土壤重金属污染修复；④重金属污染与土壤环境质量。具体的科学成就如下。

（1）中国典型土壤重金属污染化学原理

重金属进入土壤后，在土壤中发生一系列物理、化学及生物反应，从而改变其存在形态、有效性及在环境中的迁移转化。我国国土面积大，土壤类型多样，矿产资源丰富，重金属污染种类繁多，不同重金属在不同类型土壤中的反应具有明显差异。因此，针对我国土壤类型多样性，国内学者对中国典型土壤，如黑土、棕壤、石灰土、紫色土、红壤等，在不同的土地利用方式影响下土壤中重金属的化学行为等进行研究，并剖析影响重金属污染化学过程的主要因素，形成了中国土壤重金属污染化学原理的研究特色。

重金属在不同类型土壤中的化学行为具有明显差异，近15年来我国研究者们从土壤化学的角度探究了土壤类型与重金属化学行为的关系，很大程度上丰富了土壤重金属污染化学过程。不同类型土壤对重金属吸附/固定的影响主要受制于土壤性质，如有机质、阳离子交换能力（CEC）、黏粒含量、铁锰氧化物、表面电荷、pH等（Chen et al.，2007：436～445；Wang et al.，2009：618～624）。由于pH是影响吸附速率的主导因子，碱性土壤吸附速率和吸附量都高于酸性土壤（王金贵等，2012：1118～1123）；受土壤有机质、黏粒和CEC的影响，红壤水稻土对镉（Cd）和铅（Pb）的吸附量显著小于紫色土水稻土（刘妍等，2014：663～667）；在可变电荷土壤上，由于土壤表面负电荷随pH升高而增加，铜（Cu）、铅（Pb）、镉（Cd）吸附均随pH的升高而增加（梁晶等，2007：992～995）。不同重金属因其化学性质的差异，使其与土壤的结合机制不同，在土壤环境中具有不同的化学行为。因此与国际同行相似，我国学者结合中国土壤类型，揭示了不同重金属种类在不同类型土壤上的化学行为。如在赤红壤和水稻土中，铅（Pb）

以配位的专性吸附为主；在赤红壤中镉（Cd）以专性吸附为主，在水稻土中则存在较大程度的非专性吸附（刘平等，2007：252～256）；镉（Cd）在塿土和红壤中的主要作用力为氢键与范德华力，而铅（Pb）在该类土壤中的作用力为范德华力（王金贵等，2011：254～259）。

不同土地利用方式导致土壤结构和性质的差异，从而影响重金属的化学行为。我国作物种类繁多，种植模式多样，农田土壤、菜地土壤、茶园土壤、植烟土壤等是我国典型的土地利用方式，土壤理化性质及不同作物种类下的根系微环境差异是土壤重金属有效性显著不同的根本原因。齐雁冰等（2008：2228～2233）发现稻田土壤在淹水还原条件下和落干氧化后重金属的化学形态分配具有较大差异。植物根系不断向根际环境中分泌大量有机物质，部分有机物质可通过溶解、螯合、还原等作用活化和提高土壤中重金属的生物有效性，部分可钝化和固定重金属，降低重金属的移动性（旷远文等，2003：709～717）。

与国际同行的研究相似，近 15 年来中国学者对影响重金属在土壤中的化学行为的主要因子方面进行了大量研究，如伴随阴/阳离子、可溶性有机质、氧化还原电位等。伴随离子通过竞争吸附位点或与重金属形成络合物，从而影响重金属在土壤环境中的行为（刘平等，2007：252～256；Zhang et al.，2008：3～12；Li et al.，2013：1599～1607）；可溶性有机质含有多种活性功能基团，可作为载体影响重金属在环境中的迁移，通过与土壤中重金属发生交换吸附、络合/螯合等反应促进或抑制重金属在土壤中吸附/解吸，影响其在土壤中的迁移转化和有效性（Liu et al.，2007b：399～407；郭微等，2012：761～768）；土壤中氧化还原条件可改变土壤中可变价重金属的价态，影响土壤中铁锰氧化物等土壤性质，从而影响重金属在土壤中的迁移转化，土柱试验表明在氧化条件下土壤镉（Cd）、铜（Cu）和锌（Zn）的迁移性显著大于还原条件（Tan et al.，2005：600～605；于童等，2012：688～697）。

（2）土壤重金属污染与农产品安全

我国是一个人口大国，粮食产业发达且基本自给自足，而土壤的重金属污染影响了农作物的产量和质量。重金属可通过食物链进入人体，可导致慢性病如畸形和癌症（Cheng，2003：192～198），进而对人体健康产生危害。截至 2007 年，全国遭受不同程度污染的耕地面积已接近 2 000 万 hm^2，约占耕地总面积的 1/5。每年因重金属污染导致的粮食减产量超过 1 000 万 t，被重金属污染的粮食多达 1 200 万 t（杨科璧，2007：58～61）。我国 24 个省份城郊、污水灌溉渠、工矿等经济发展迅速地区的 320 个重点污染区中，污染物超标的大田农作物种植面积为 60 万 hm^2，占监测调查总面积的 20%，其中重金属浓度超标的农产品产量与面积约占污染物超标农产品总量与总面积的 80%以上（孙波，2003：248～251；胡蝶和陈文清，2011：2706～2707）。因此，农产品安全及其健康风险评价意义重大。

农产品产地土壤重金属来源是多方面的，主要包括工业生产（邵学新等，2007：1～6）、交通运输（王学锋等，2011：174～178；季辉等，2013：477～483；王冠星等，2014：431～438）、矿业活动（Liu et al.，2005：153～166；Zhou et al.，2007：588～594；Wu et al.，2011：1585～1592；Li et al.，2014a：843～853）、农用化学品的使用（赵政阳等，2007：1117～1122；李孟

飞，2008：5959~5961）等，其对农作物的影响也不同。工业污水灌溉带来的重金属会在农作物中累积，进而使以其为原料生产的食品存在潜在健康风险（孙政风等，1999：7~11；王兰化等，2015：65~70）。公路旁种植的农作物中也存在明显的重金属超标现象（陈建安和林建，2002：15~19；李波等，2005：266~269）。水稻是中国主要粮食之一，土壤重金属污染易导致一定程度的稻米污染（Huang et al.，2013）。贵州两个铅锌矿区中稻米存在高重金属污染风险，尤以铅（Pb）、汞（Hg）和砷（As）最为明显，食用当地稻米对人体造成的健康风险极大（吴迪等，2013：1992~1998）。长期施用氮、磷化肥致使黑土中镉（Cd）浓度显著上升，而施用猪粪处理显著增加黑土中镉（Cd）的积累（谭长银等，2008：2738~2744）。

当前日益严峻的土壤重金属污染及其所引起的农产品质量安全问题亟待解决，因此，如何科学有效地控制和管理农产品产地土壤重金属污染问题，提高农产品产量，已成为现阶段农产品安全生产的主要任务。土壤一旦污染，应因地制宜地采取措施进行治理，农产品产地土壤重金属污染的防治工作可以从 3 个方面入手：加强土壤环境整治的管理力度与管理方法建设；采取科学高效的生产管理措施；采用科学治理技术，有效解决土壤重金属污染问题（梁尧等，2013：9~14）。

（3）土壤重金属污染修复

中国重金属污染土壤修复研究较国外起步晚，然而土壤环境保护的现实需求极大地促动了我国土壤重金属污染修复研究的发展。修复材料包括磷酸盐类、黏土矿物类、铁铝矿物类、有机物质类等，它们对于污染土壤中的重金属都有不错的钝化效果，国内学者集中探讨了这些物质应用于重金属污染土壤修复的可行性（胡振琪等，2004：53~55；Cao et al.，2004：435~444；周世伟等，2007：3043~3050；范美蓉等，2012：3298~3300，3330）。生物炭能改善土壤质地，调节土壤结构，降低重金属的有效性，是近些年国内重点关注的新型修复材料之一（李力等，2011：1411~1421），生物炭修复重金属污染土壤的主要机制是吸附和表面共沉淀（Lu et al.，2012：854~862）。

植物修复技术绿色、经济，是国内重点研究和推广的一种修复技术，其关键在于可高效吸收重金属、类金属的修复植物的筛选和鉴定。1999 年，陈同斌等（2002：207~210）在中国本土发现了砷的超积累植物——蜈蚣草（*Pteris vittata*），之后我国境内陆续发现了 30 余种重金属积累或超积累植物，代表性植物有砷（As）富集植物大叶井口边草（*Pteris aetica*）（韦朝阳等，2002：777~778）、镉（Cd）和锌（Zn）超积累植物东南景天（*Sedum alfredii*）（Yang et al.，2004：181~189）和伴矿景天（*Sedum plumbizincicola*）（Wu et al.，2013：487~498）、锰（Mn）超积累植物商陆（*Phytolacca acinosa*）（薛生国等，2003：935~937）、铬（Cr）超积累植物李氏禾（*Leersia hexandra*）（张学洪等，2006：950~953）等。过去 15 年，学者们致力于将超积累植物应用于重金属污染土壤工程修复示范，积累了不少经验。2001 年，我国科研人员在湖南郴州建立了世界上第一个砷（As）污染修复基地；随后又在广西、云南、浙江等地建立了砷（As）、铅（Pb）、镉（Cd）等重金属污染及酸化土壤的修复示范工程，建立了超积累植物与经济作物间作的修复模式，实现了边修复边生产。目前全国已建立多个重金属污染土壤和场地植物修复示范工程，污染类型包括砷（As）、铜（Cu）、锌（Zn）、镉（Cd）、铅（Pb）等，这也标志着我国重金属污染土壤和场地植物修复技术，尤其是植物吸取修复技术在一定程度上开始引领国际前沿研究方向（骆永明，2009：558~565）。

合理的农艺调控措施能促进超积累植物吸取修复。施肥可提高修复植物的生物量，从而提高重金属植物吸取效率（廖晓勇等，2004：2906~2911；沈丽波等，2011：221~225）。此外，肥料的施入会影响土壤中重金属的吸附—解吸平衡，改变土壤重金属的形态，进而影响植物对重金属的吸收和累积。适宜的栽植密度有利于植物充分利用光照、水分和营养，也有助于植物地下部构建良好的根系结构，提高根系吸收营养和重金属的能力（刘玲等，2009：3422~3426）。修复植物的收获方式也可能影响植物修复效率（Wei et al., 2006：441~446）。

（4）重金属污染与土壤环境质量

土壤污染使土壤质量下降，而土壤污染修复的目的就是恢复土壤质量，使土壤恢复并维持生产力、环境净化能力和其特有的生态系统功能。重金属的进入直接造成了土壤环境质量下降，对土壤中微生物、植物、动物产生毒害作用，降低土壤酶活性，并通过食物链对人及生态系统中其他生物造成不良影响（陈怀满，2005：246~255）。重金属污染的土壤质量评价作为污染程度的判别及修复目标的指导，其制定及研究也是近15年中国学者关注的热点。因土壤类型、污染物形态、土地利用方式的多样性，现行的基于污染物浓度的单因子评价法已显得不符实际。中国学者从重金属有效性、作物安全阈值、土地利用方式、区域土壤环境质量异质性、重金属污染生态风险等方面对我国土壤环境质量标准进行了细致研究（章海波等，2014：429~438；周东美等，2014：205~216；周启星等，2014：1~14）。

污染土壤修复后土壤质量恢复研究也是该领域的研究重点。一般而言，土壤修复降低了土壤中重金属浓度或其生物有效性，部分恢复了环境质量，国内学者也研究了其实施过程对土壤质量的正面及负面影响。

目前国内修复技术的应用以土壤淋洗、原位钝化修复、植物修复技术为主。土壤淋洗修复可降低污染土壤重金属浓度、有效性等（郭晓方等，2011：96~100；甘文君等，2012：82~87；Yang et al., 2012：778~785；刘霞等，2013：1590~1597），但土壤淋洗修复可造成土壤总氮、交换性钾等肥力的流失（黄细花等，2010：3067~3074），需要经施肥、添加石灰等措施改良后才可进行作物的复种（Hu et al., 2013：532~537；Li et al., 2014b：5563~5571）。原位钝化修复能降低土壤重金属的有效性，降低蔬菜、水稻等作物对重金属的吸收（林大松等，2006：331~335；Jiang et al., 2012：145~150；孙约兵等，2012：1465~1472），同时还能一定程度上改善土壤的理化性质，增加土壤酶活性和微生物活性（周斌等，2012：234~238；孙约兵等，2012：1465~1472）。利用东南景天、伴矿景天、海州香薷等植物修复重金属污染土壤能显著提高土壤有机质和可溶性有机质，改善土壤酶活性，提高微生物活性和多样性（李廷强等，2007：112~117；李廷强等，2008：838~844；Wang et al., 2008：1167~1177；Jiang et al., 2010：18~26）。

15.4 NSFC 和中国"土壤重金属污染与修复"研究

NSFC 资助是我国自然科学研究经费的重要途径，由 NSFC 在土壤重金属污染与修复领域历年的项目申请及资助情况，可以分析和探究我国在该领域的研究动向以及近 15 年来 NSFC 资助对该领域研究成果产出的重要作用。

15.4.1 近 15 年 NSFC 资助该领域研究的学术方向

根据近 15 年获 NSFC 资助项目高频关键词统计（图 15-5），NSFC 在本研究领域的资助方向主要集中在土壤重金属污染修复（关键词表现为：修复机理、土壤修复、植物修复、超积累植物、植物提取）、土壤重金属环境行为与归趋（关键词表现为：迁移转化、形态、吸附解吸）、土壤重金属生态效应与风险（关键词表现为：微生物、根际、生物有效性、环境风险）、土壤重金属污染与农产品安全（关键词表现为：农产品、品种筛选）、土壤重金属污染特征与源解析 5 个方面。研究区和对象集中在因工业、交通、农业利用等受到重金属污染的农业用地、城市土壤；研究方法主要是土壤重金属污染调查与源解析、环境毒理学研究、修复技术的建立及优化等。同时，从图 15-5 可见，"重金属"、"土壤修复"、"迁移转化"、"植物修复"在各时段均占有突出地位，表明这些研究内容一直是 NSFC 重点资助的方向。以下是以 3 年为时间段的项目资助变化情况分析。

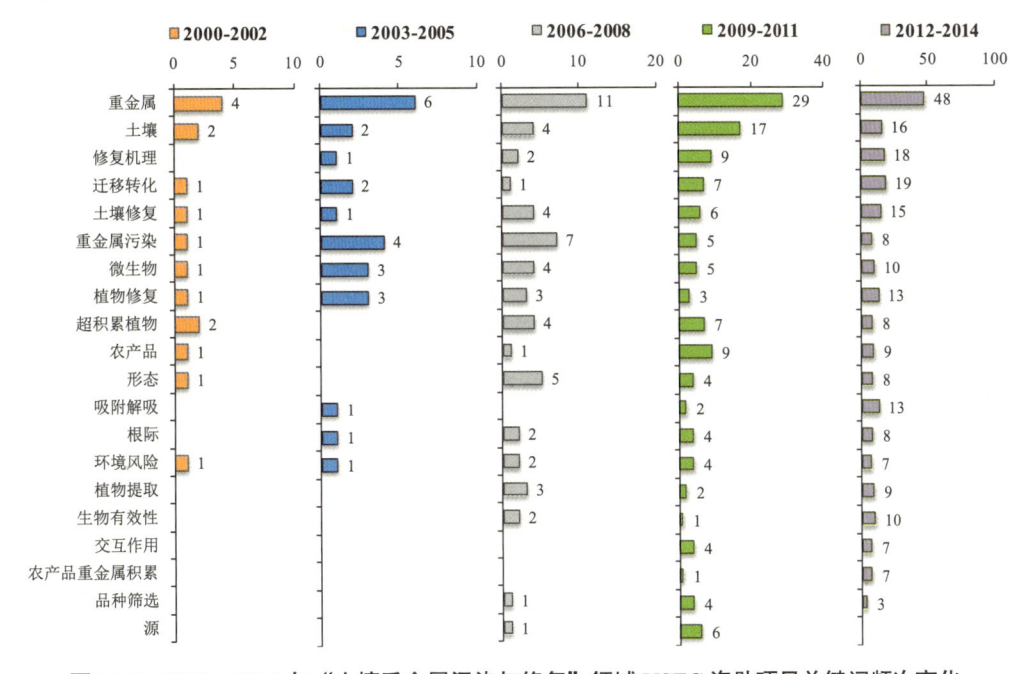

图 15-5 2000～2014 年"土壤重金属污染与修复"领域 NSFC 资助项目关键词频次变化

(1) 2000～2002 年

NSFC 资助项目集中在土壤重金属污染的修复上，关键词表现为"土壤修复"、"超积累植物"、"植物修复"，表明这一时段土壤重金属污染的修复是 NSFC 重点资助的方向，如"铜污染土壤超积累植物修复的络合强化机制及环境风险"（基金批准号：40001013）。对于重金属的环境行为与归趋，也得到了 NSFC 较多的资助，如"两相反应：腐殖酸—金属离子反应机理的新探索"（基金批准号：40071049）、"海南砖红壤中稀土元素的化学形态及其对植物有效性的研究"（基金批准号：40061003）。

(2) 2003～2005 年

延续上一阶段，土壤重金属污染修复仍是 NSFC 资助的重点，对修复机理与过程的资助增多，如"铅、镉污染土壤芽孢杆菌强化植物富集修复机理研究"（基金批准号：40371070），"重金属污染的土壤植物修复的根际过程"（基金批准号：40411130040）。关键词中"吸附解吸"、"修复机理"、"迁移转化"的词频开始出现或升高，说明本阶段 NSFC 资助项目有由现象研究向机制研究发展的趋势，如"重金属污染土壤的'蚯蚓诱导—植物修复'作用机理"（基金批准号：40271068）、"水旱轮作区土壤中有毒金属活化及其向土壤深层运移的机制研究"（基金批准号：40571073）、"不同结构氧化锰矿物对 Pb^{2+} 吸附—解吸及微观机理研究"（基金批准号：40471070）。

(3) 2006～2008 年

与上一阶段相比，该阶段对土壤重金属污染与修复研究的资助项目数量更多，研究方向更为细化。如土壤重金属对各生物类群、各层面上的生态效应与毒理方面的研究："重金属污染评价中的土壤弹尾目昆虫指标体系"（基金批准号：40671105）、"土壤中重金属镉和铅在牛肝菌中的生物积累及其机理研究"（基金批准号：40741004）；不同地区土壤重金属污染的现状与治理研究："内蒙古草原矿区土壤重金属污染调查及治理措施研究"（基金批准号：40861018）、"新疆典型草原土壤腐殖——金属离子配合物种类、形成机制和生物有效性研究"（基金批准号：40861010）。同时，土壤重金属有效性和农产品的安全生产开始受到关注，如"大气、土壤对茶叶铅污染的贡献率及其预测模型研究"（基金批准号：40701069）。土壤重金属的修复机理、环境过程与机理仍然是资助的重点，如"高风险土壤中砷的形态与价态转化及其机理"（基金批准号：40871102）、"镉污染土壤植物修复的根际调控研究"（基金批准号：40871153）。

(4) 2009～2011 年

NSFC 对土壤重金属污染与修复研究资助仍然呈上升趋势，各研究方向均有扩展。土壤重金属污染修复机理、土壤重金属污染的环境过程与机理得到的资助持续增加。土壤重金属污染状况、污染源解析研究得到一些资助，如"城市土壤重金属污染物来源与迁移过程的同位素联合示踪研究"（基金批准号：41001183）、"基于受体模型的县域土壤重金属污染源解析研究——以长兴县为例"（基金批准号：41071144）。该阶段资助着重于土壤重金属污染过程及效应机制、修复机理，说明前一阶段我国土壤重金属污染的现状已基本清楚，开始注重土壤重金属污染问题的解决方法。

（5）2012~2014 年

该阶段土壤重金属污染与修复的研究得到了 NSFC 广泛资助，领域内各关键词的词频均有显著增加，领域内各方向的研究均得到了更多的资助，说明社会和科学界对土壤重金属污染问题的关注持续增加。土壤重金属污染修复的机理及应用推广、环境效应与环境行为机制研究仍然是受资助的重要部分；但 NSFC 对土壤重金属源解析的资助强度显著减少。

15.4.2　近 15 年 NSFC 资助该领域研究的成果及影响

近 15 年 NSFC 围绕中国土壤重金属污染与修复研究领域以及新兴的热点问题，给予了适时和持续的支持。图 15-6 是 2000~2014 年土壤重金属污染与修复领域论文发表与 NSFC 资助情况。

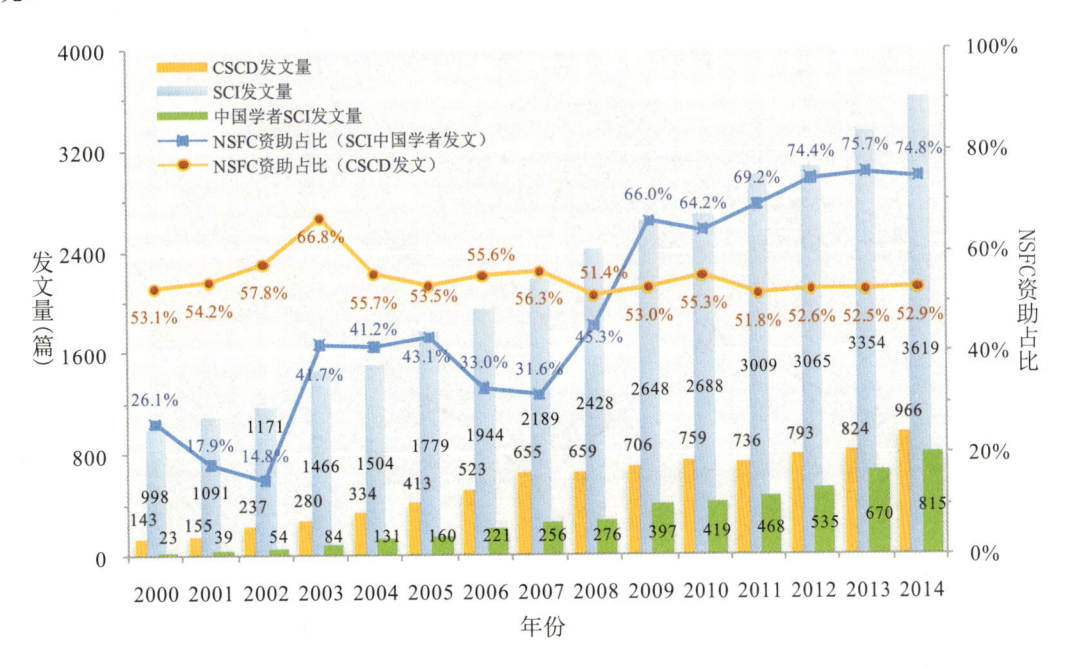

图 15-6　2000~2014 年"土壤重金属污染与修复"领域论文发表与 NSFC 资助情况

从近 15 年 CSCD 论文发表来看，NSFC 资助本研究领域论文数占总论文数的比重变化不大，除 2003 年比重高达 66.8%外，其余年份均在 51%~58%小范围波动，说明本领域在 NSFC 资助下始终进展良好。从 SCI 论文发表数看，过去 15 年中国学者发文量逐渐增加，其中受 NSFC 资助的论文数占总 SCI 发文数比重的变化呈曲线上升态势。近年来 NSFC 资助的一些项目取得了较好的研究成果，开始在 *Environmental Science & Technology*，*Soil Biology & Biochemistry*，*Environmental Pollution*，*Chemosphere*，*Plant and Soil*，*Journal of Hazardous Materials*，*Science of the Total Environment* 等环境科学与工程及土壤污染相关的国际权威期刊上发表高水平的学术论文。从 2009 年开始，受 NSFC 资助 SCI 论文发表比例开始明显高于 CSCD 论文发表比例，尤其是最近 3 年，每年中国学者的 SCI 论文中 NSFC 资助比例均在 70%以上，2013 年 NSFC 资助发表 SCI 论文占总发表 SCI 论文的比例达到了 75.7%（图 15-6）。近几年我国土壤重金属污染与修复领域发表的 SCI 论文受 NSFC 资助的数量较多，国内土壤重金属污染与修复领域研究快速发展。NSFC 资助 SCI 论文变化情况表明，NSFC 资助对于土壤重金属污染与修复研究的贡献在不断提升，NSFC 资助在推动中国土壤重金属污染与修复领域的成果产出方面发挥了越来越重要的作用。

SCI 论文发表数量及获基金资助情况反映了获 NSFC 资助取得的研究成果，而不同时段中国学者高被引论文获基金资助情况可反映 NSFC 资助研究成果的学术影响随时间的变化情况。由图 15-7 可知，过去 15 年 SCI 高被引论文中我国发文数总体呈逐渐增长的趋势，由 2000～2002 年的 12 篇逐步增长至 2012～2014 年的 84 篇。中国学者发表的高被引 SCI 论文获 NSFC 资助的比例在 2006～2008 年有所降低，其后快速上升并保持在 50%以上，2012～2014 年时段达到最高（图 15-7）。说明近 15 年来，NSCF 在土壤重金属污染与修复领域资助的学术成果国际影响力逐步增加，高水平成果与基金资助愈加密切，学科整体研究水平得到极大提升。

图 15-7　2000～2014 年"土壤重金属污染与修复"领域高被引 SCI 论文数与 NSFC 资助情况

15.5　研 究 展 望

重金属污染源分为自然源和人为源，人类活动易造成土壤环境的重金属污染。因此，土壤重金属污染与修复研究与技术发展将是一个持久的任务。几十年来，国内外研究者在土壤重金属区域污染特征与源解析、土壤重金属污染过程、污染效应与机制、重金属污染修复等方面开展了大量有成效的工作，土壤重金属污染问题与经济增长和社会发展同步，其研究则与相关学科的发展与技术进步紧密相连。因此，未来在土壤重金属污染与修复研究领域，将以面向社会需求、解决实际问题为导向，借此推动研究领域的快速发展。

15.5.1 土壤重金属区域污染特征与源解析

重金属污染特征的探明是土壤污染研究的第一步，也是后续相关研究的基础。对重金属浓度与提取态测定，与相关标准比较，得到污染风险值，进而评价不同区域土壤的污染特征，为污染控制与修复服务。实际应用中，污染特征与来源的探明，可为污染责任归属提供依据。但现有研究在定量化、准确鉴别污染来源、贡献程度上仍处于定性或半定量的阶段，需加强相关基础理论研究，提高研究深度及实际技术的鉴别能力，以期研究工作与实际技术可真正满足现实需求。实际条件下的重金属污染往往是复杂多样的，而研究手段常仅对部分污染物具有较高的辨识能力与精度，未来随着测试技术的改进与新设备的研制以及数据处理技术的发展，对复杂实际污染土壤污染特征的表征将更接近真实，对污染源的判别也将更精确。

15.5.2 土壤重金属污染过程、效应与机制

土壤重金属单一、复合污染的化学过程、界面机制早有研究，对有机-无机复合污染的化学过程研究成果也较为丰富，污染物对植物、土壤生物包括动物和微生物的影响已广为报道，从个体水平扩展到复杂体系，从模拟试验到实际环境。随着同步辐射技术、分子生物学技术的飞速发展，微观层次的污染过程、分子机制研究逐渐成为趋势，处于快速发展阶段。未来将在物理学、化学、生物学等学科分析技术更加完善的基础上，建立土壤重金属污染微观研究的技术方法，如提高同步辐射技术检测微量重金属的灵敏度与准确性，从而利于探明重金属污染的微观机制，土壤各组分与重金属结合的机制，更好地解释污染重金属与土壤组分界面过程、效应，并为污染控制与修复提供理论依据。

重金属形态与有效性是研究的重点，结合现代新技术，定量化表征重金属结合特征与有效性的关系与内在机制是未来发展方向。而微观层次结合形态与有效性，尤其是土壤-生物（植物、土壤动物、微生物）微界面过程与有效性、吸收动态及毒理学研究也应得到重视，以期从微观层次揭示污染重金属有效性与毒理。

由最初的重金属污染对土壤酶活性的影响、微生物生物量等综合指标，以及植物生长及重金属吸收性，演化到微生物功能与多样性研究，以及对模式植物等的生长与重金属吸收性定量表征，并结合土壤环境背景值研究成果，各国制定了适合当时情形的土壤环境质量标准，推动了土壤污染研究的快速发展。植物对重金属吸收、界面过程、地上部解毒及机制研究，为污染金属的食物链风险控制提供了理论依据，重金属污染的土壤动物生态效应研究也较为关注。随着技术条件的进步，尤其是分子生物学的快速发展，土壤污染的分子生物学效应与机制研究成为近期的焦点之一，但是传统研究方法仍然在发挥重要作用。未来在重金属污染的宏观效应可着眼于生态系统网络的复杂效应与机制，在微观尺度上更关注分子基因、水平的效应及机制。

15.5.3 土壤重金属污染的生物修复

重金属污染的生物修复包括植物修复和微生物修复，以植物修复研究居多。在修复植物筛选及其重金属超积累与解毒机制研究的同时，在未来植物吸取修复技术的研究中更应重视其实际修复效率，针对实际污染特征，在取得高效修复效果的基础上开展技术原理研究。应开展修复过程中重金属有效性变化机制、有效性调控原理与技术研究；开展修复植物安全处置与资源化利用原理研究；修复植物及修复措施的土壤生物生态效应与风险研究国内外鲜有报道，外源修复植物是否存在生态风险尚需开展系统工作。

植物尤其是农作物重金属低积累特性研究已有一段时间，但进展较为缓慢。主要原因是植物重金属低积累特性并不稳定，同一品种不同年限的吸收性不稳定、不同生长条件下的金属吸收性也不同。近期应在植物重金属低积累的定义、筛选技术原理与规程等基础性工作，植物低积累的生理与分子机制等机理性工作方面加强。植物低积累结合物化稳定技术，可尽快实现污染土壤中重金属的植物低吸收和安全生产，综合调控原理研究也应予深入。

微生物对重金属污染土壤的修复可以分为微生物协同对重金属挥发或稳定作用，以及微生物改善修复植物根际环境、促进植物生长与重金属吸收性等两个方面。后者的研究近期相对较多，但多为微生物对重金属的耐性、微生物菌剂强化植物生长与金属吸收性的效应的报道，微生物如何强化重金属有效性，也即其生理与分子机制的研究则鲜有开展，尚需深入。

15.6 小 结

土壤重金属污染具有隐蔽性、长期性和后果严重性等特点，重金属污染研究经过了从总量与有效性变化、土壤生物与生态效应、植物生长与食物链风险、环境背景与基准研究、区域污染特征与源解析，到微观结合机制与机理研究等的发展过程。土壤重金属污染修复研究伴随着污染现状与特征研究，经历了从化学控制为主的物化稳定修复技术阶段到植物与微生物修复技术为主的生物/物化联合修复技术阶段的发展演进。土壤重金属污染与修复的目的在于恢复和保持土壤肥力与生产功能，保障生态健康与农产品质量安全。在现代重大科研装置与技术发展的大形势下，土壤重金属污染与修复研究工作在微观层面走向分子水平的结合形态、污染机制研究，宏观方面则趋向于技术原理的探明及修复技术的实际应用潜力与风险等方面。随着工业化、城镇化及现代科学技术的发展，污染的复杂性、严重性在加剧，土壤重金属污染与修复日渐受到人们重视，任务也将更为艰巨。

参考文献

Ajmone-Marsan, F., M. Biasioli. 2010. Trace elements in soils of urban areas. *Water Air & Soil Pollution*, Vol. 213, No. 1-4.

Alloway, B. J. 2013. *Heavy Metals in Soils: Trace Metals and Metalloids in Soil and Their Bioavailability*, 3rded. Springer Dordrecht Heidelberg New York London.

Al-Sid-Cheikh, M., M. Pédrot, A. Dia, et al. 2015. Interactions between natural organic matter, sulfur, arsenic and iron oxides in re-oxidation compounds within riparian wetlands: nanoSIMS and X-ray adsorption spectroscopy evidences. *Science of the Total Environment*, Vol. 515.

Anter, F., M. A. Rasheed, M. A. Elsalam, et al. 1987. Effect of foliar application of copper, molybdenum, zinc and boron on fiber qualities of cotton plants growing on calcareous soils. *Coton et Fibres Tropicales*, Vol. 33, No. 4.

Apel, K., H. Hirt. 2004. Reactive oxygen species: metabolism, oxidative stress, and signal transduction-annual review of plant biology. *Programmed Cell Death Abiotic Stress Pathogen Defense*, Vol. 55, No. 1.

Ardestani, M. M., N. M. V. Straalen, C. A. M. V. Gestel. 2014. Uptake and elimination kinetics of metals in soil invertebrates: a review. *Environmental Pollution*, Vol. 193, No. 10.

Bååth, E. 1989. Effects of heavy metals in soil on microbial processes and populations (a review). *Water Air & Soil Pollution*, Vol. 47, No. 3-4.

Balachandran, S., B. R. Meena, P. S. Khillare. 2000. Particle size distribution and its elemental composition in the ambient air of Delhi. *Environment International*, Vol. 26, No. 1.

Bayen, S. 2012. Occurrence, bioavailability and toxic effects of trace metals and organic contaminants in mangrove ecosystems: a review. *Environment International*, Vol. 48. No. 1

Beesley, L., E. Moreno-Jiménez, J. L. Gomez-Eyles. 2010. Effects of biochar and greenwaste compost amendments on mobility, bioavailability and toxicity of inorganic and organic contaminants in a multi-element polluted soil. *Environmental Pollution*, Vol. 158, No. 6.

Beesley, L., E. Moreno-Jiménez, J. L. Gomez-Eyles, et al. 2011. A review of biochars' potential role in the remediation, revegetation and restoration of contaminated soils. *Environmental Pollution*, Vol. 159, No. 12.

Belimov, A. A., N. Hontzeas, V. I. Safronova, et al. 2005. Cadmium-tolerant plant growth-promoting bacteria associated with the roots of Indian mustard (*Brassica juncea L.* Czern). *Soil Biology and Biochemistry*, Vol. 37, No. 2.

Belviso, C., F. Cavalcante, P. Ragone, et al. 2010. Immobilization of Ni by synthesising zeolite at low temperatures in a polluted soil. *Chemosphere*, Vol. 78, No. 9.

Boyanov, M., S. Kelly, K. Kemner, et al. 2003. Adsorption of cadmium to *Bacillus Subtilis*bacterial cell walls: a pH-dependent X-ray absorption fine structure spectroscopy study. *Geochimica et Cosmochimica Acta*, Vol. 67, No. 18.

Brooks, R. R., J. Lee, T. Jaffré. 1974. Some New Zealand and New Caledonian plant accumulators of nickel. *Journal of Ecology*, Vol. 6, No. 2.

Buchauer, M. J. 1973. Contamination of soil and vegetation near a zinc smelter by zinc, cadmium, copper, and lead. *Environmental Science & Technology*, Vol. 7, No. 2.

Bur, T., Y. Crouau, A. Bianco, et al. 2012. Toxicity of Pb and of Pb/Cd combination on the springtail folsomia candida in natural soils: reproduction, growth and bioaccumulation As indicators. *Science of the Total Environment*, Vol. 414, No. 1.

Cances, B., M. Ponthieu, M. Castrec-Rouelle, et al. 2003. Metal ions speciation in a soil and its solution: experimental data and model results. *Geoderma*, Vol. 113, No. 3.

Canuto, F. A. B., C. A. B. Garcia, J. P. H. Alves, et al. 2013. Mobility and ecological risk assessment of trace metals in polluted estuarine sediments using a sequential extraction scheme. *Environmental Monitoring and Assessment*, Vol. 185, No. 7.

Cao, X., L. Q. Ma, D. R. Rhue, et al. 2004. Mechanisms of lead, copper, and zinc retention by phosphate rock. *Environmental Pollution*, Vol. 131, No. 3.

Cartwright, B., R. H. Merry, K. G. Tiller. 1976. Heavy metal contamination of soils around a lead smelter at Port Pirie, South Australia. *Australian Journal of Soil Research*, Vol. 15, No. 1.

Cattani, I., G. Fragoulis, R. Boccelli, et al. 2006. Copper bioavailability in the rhizosphere of maize (*Zea mays L.*) grown in two Italian soils. *Chemosphere*, Vol. 64, No. 11.

Chaney, R. L., M. Malik, Y. M. Li, et al. 1997. Phytoremediation of soil metals. *Current Opinion in Biotechnology*, Vol. 8, No. 3.

Chen, C. L., X. K. Wang. 2007. Influence of pH, soil humic/fulvic acid, ionic strength and foreign ions on sorption of thorium(Ⅳ) onto gamma-Al_2O_3. *Applied Geochemistry*, Vol. 22, No. 2.

Chen, Y. G., W. M. Ye, X. M. Yang, et al. 2011. Effect of contact time, pH, and ionic strength on Cd(Ⅱ) adsorption from aqueous solution onto bentonite from Gaomiaozi, China. *Environmental Earth Sciences*, Vol. 64, No. 2.

Cheng, H., M. Li, C. Zhao, et al. 2014. Overview of trace metals in the urban soil of 31 metropolises in China. *Journal of Geochemical Exploration*, Vol. 139.

Cheng, S. 2003. Heavy metal pollution in China: origin, pattern and control. *Environmental Science and Pollution Research*, Vol. 10, No. 3.

Christie, P., X. Li, B. Chen. 2004. Arbuscular mycorrhiza can depress translocation of zinc to shoots of host plants in soils moderately polluted with zinc. *Plant and Soil*, Vol. 261, No. 1.

Clemente, R., C. Almela, M. P. Bernal. 2006. A remediation strategy based on active phytoremediation followed by natural attenuation in a soil contaminated by pyrite waste. *Environmental Pollution*, Vol. 143, No. 3.

Cloquet, C., J. Carignan, G. Libourel, et al. 2006. Tracing source pollution in soils using cadmium and lead isotopes. *Environmental Science &Technology*, Vol. 40, No. 8.

Conaway, C. H., R. P. Mason, D. J. Steding, et al. 2005. Estimate of mercury emission from gasoline and diesel fuel consumption, San Francisco Bay area, California. *Atmospheric Environment*, Vol. 39, No. 1.

Covelo, E. F., F. A. Vega, L. Andrade. 2007. Heavy metal sorption and desorption capacity of soils containing endogenous contaminants. *Journal of Hazardous Materials*, Vol. 143, No. 1.

Dallinger, R., M. Höckner. 2013. Evolutionary concepts in ecotoxicology: tracing the genetic background of differential cadmium sensitivities in invertebrate lineages. *Ecotoxicology*, Vol. 22, No. 5.

Dargan, K. S., B. L. Gaul, I. P. Abrol, et al. 1976. Effect of gypsum, farmyard manure and zinc on the yield of berseem, rice and maize grown in a highly sodic soil [India]. *Indian Journal of Agricultural Sciences*, Vol. 46, No. 11.

Dinkelberg, W., G. Bachmann. 1995. *Soil Background Values in Germany*. Contaminated Soil' 95, Vol. 1-2, Netherlands.

Eapen, S., S. F. D'souza. 2005. Prospects of genetic engineering of plants for phytoremediation of toxic metals. *Biotechnology Advances*, Vol. 23, No. 2.

Farrell, M., W. T.Perkins, P. J. Hobbs, et al. 2010. Migration of heavy metals in soil as influenced by compost amendments. *Environmental Pollution*, Vol. 158, No. 1.

Folkeson, L., T. Bækken, M. Brenčič, et al. 2009. Water in road structures. *Geotechnical, Geological and Earthquake Engineering*, Vol. 5.

Franzaring, J., I. Holz, J. Zipperle, et al. 2010. Twenty years of biological monitoring of element concentrations in Permanent forest and grassland plots in Baden-Wurttemberg (SW Germany). *Environmental Science & Pollution Research*, Vol. 17, No. 1.

Friesl, W., E. Lombi, O. Horak, et al. 2003. Immobilization of heavy metals in soils using inorganic amendments in a greenhouse study. *Journal of Plant Nutrition and Soil Science*, Vol. 166, No. 2.

Frostegård, Å., A. Tunlid, E. Bååth. 2011. Use and misuse of PLFA measurements in soils. *Soil Biology & Biochemistry*, Vol. 43, No. 1.

Fukushima, M., A. Ishizaki, M. Sakamoto, et al.1970. On distribution of heavy metals in rice field soil in the "Itai-itai" disease epidemic district. Nihon eiseigaku zasshi. *Japanese Journal of Hygiene*, Vol. 24, No. 5.

Gadd, G. M. 2010. Metals, minerals and microbes: geomicrobiology and bioremediation. *Microbiology*, Vol. 156, No. 1.

Gomez, Y., O. Coto, C. Hernandez, et al. 2001. Biosorption of nickel, cobalt and zinc by *Serratia marcescens*strain 7 and *Enterobacter agglomerans*strain 16. *Process Metallurgy*, Vol. 11, No. 1.

Gräfe, M., E. Donner, R. N. Collins, et al. 2014. Speciation of metal(loid)s in environmental samples by X-ray absorption spectroscopy: a critical review. *Analytica Chimica Acta*, Vol. 822.

Grybos, M., M. Davranche, G. Gruau, et al. 2007. Is trace metal release in wetland soils controlled by organic matter mobility or Fe-oxyhydroxides reduction? *Journal of Colloid and Interface Science*, Vol. 314, No. 2.

Gul, S., A. Naz, I. Fareed, et al. 2015. Reducing heavy metals extraction from contaminated soils using organic and inorganic amendments–a review. *Polish Journal of Environmental Studies*, Vol. 24, No. 3.

Haghiri, F. 1974. Plant uptake of cadmium as influenced by cation exchange capacity, organic matter, zinc, and soil temperature. *Journal of Environmental Quality*, Vol. 3, No. 2.

Hall, J. L. 2002. Cellular mechanisms for heavy metal detoxification and tolerance. *Journal of Experimental Botany*, Vol. 53, No. 366.

Hansmann, W., V. Köppel. 2000. Lead-isotopes as tracers of pollutants in soils. *Chemical Geology*, Vol. 171, No. 1.

Haq, F., M. Mahoney, J. Koropatnick. 2004. Signaling events for metallothionein induction. *Mutation Research/Fundamental & Molecular Mechanisms of Mutagenesis*, Vol. 533, No. 1-2.

Hensbergen, P. J., M. J. M. V. Velzen, R. A. Nugroho, et al. 2000. Metallothionein-bound cadmium in the gut of the insect *Orchesella cincta* (collembola) in relation to dietary cadmium exposure. *Comparative Biochemistry & Physiology Toxicology & Pharmacology Cbp*, Vol. 125, No. 1.

Hesterberg, D., J. W. Chou, K. J. Hutchison, et al. 2001. Bonding of Hg(II) to reduced organic sulfur in humic acid as affected by S/Hg ratio. *Environmental Science & Technology*, Vol. 35, No. 13.

Hu, P., B. Yang, C. Dong, et al. 2014. Assessment of EDTA heap leaching of an agricultural soil highly contaminated with heavy metals. *Chemosphere*, Vol. 117, No. 1.

Huang, Z., X. D. Pan, P. G. Wu, et al. 2013. Health risk assessment of heavy metals in rice to the population in Zhejiang, China. *PloS One*, Vol. 8, No. 9.

Imperato, M., P. Adamo, D. Naimo, et al. 2003. Spatial distribution of heavy metals in urban soils of Naples city (Italy). *Environmental Pollution*, Vol. 124, No. 2.

Isaure, M. P., A. Laboudigue, A. Manceau, et al. 2002. Quantitative Zn speciation in a contaminated dredged sediment by μ-PIXE, μ-SXRF, EXAFS spectroscopy and principal component analysis. *Geochimica et Cosmochimica Acta*, Vol. 66, No. 9.

Jalali, M., S. Moharrami. 2007. Competitive adsorption of trace elements in calcareous soils of Western Iran. *Geoderma*, Vol. 140, No. 1.

Jalali, M., Z. V. Khanlari. 2008. Effect of aging process on the fractionation of heavy metals in some calcareous soils of Iran. *Geoderma*, Vol. 143, No. 1-2.

Janssens, T. K. S., R. Dick, S. N. M. Van. 2009. Molecular mechanisms of heavy metal tolerance and evolution in invertebrates. *Insect Science*, Vol. 16, No. 1.

Jarup, L. 2003. Hazards of heavy metal contamination. *British Medical Bulletin*, Vol. 68, No. 486.

Jiang, J., L. Wu, N. Li, et al. 2010. Effects of multiple heavy metal contamination and repeated phytoextraction by *Sedum plumbizincicola* on soil microbial properties. *European Journal of Soil Biology*, Vol. 46, No. 1.

Jiang, J., R. K. Xu, T. Y. Jiang, et al. 2012. Immobilization of Cu(II), Pb(II) and Cd(II) by the addition of rice straw derived biochar to a simulated polluted Ultisol. *Journal of Hazardous Materials*, Vol. 229-230, No. 5.

Kandeler, E., D. Tscherko, K. D. Bruce, et al. 2000. Structure and function of the soil microbial community in microhabitats of a heavy metal polluted soil. *Biology & Fertility of Soils*, Vol. 32, No. 5.

Kawanishi, S., Y. Hiraku, M. Murata, et al. 2002. The role of metals in site-specific DNA damage with reference to carcinogenesis. *Free Radical Biology & Medicine*, Vol. 32, No. 9.

Kayhanian, M., B. D. Fruchtman, J. S. Gulliver, et al. 2012. Review of highway runoff characteristics: comparative analysis and universal implications. *Water Research*, Vol. 46, No. 20.

Kim, N. D., J. E. Fergusson. 1991. Effectiveness of a commonly used sequential extraction technique in determining the speciation of cadmium in soils. *Science of the Total Environment*, Vol. 105.

Kim, S. W., Y. J. An. 2014. Jumping behavior of the springtail *Folsomia candida* as a novel soil quality indicator in metal-contaminated soils. *Ecological Indicators*, Vol. 38, No. 3.

Kirpichtchikova, T. A., A. Manceau, L. Spadini, et al. 2006. Speciation and solubility of heavy metals in contaminated soil using X-ray microfluorescence, EXAFS spectroscopy, chemical extraction, and thermodynamic modeling. *Geochimica et Cosmochimica Acta*, Vol. 70, No. 9.

Krishnamurti, G. S., R. Naidu. 2002. Solid-solution speciation and phytoavailability of copper and zinc in soils. *Environmental Science & Technology*, Vol. 36, No. 12.

Krzesłowska, M. 2011. The cell wall in plant cell response to trace metals: polysaccharide remodeling and its role in defense strategy. *Acta Physiologiae Plantarum*, Vol. 33, No. 1.

Landrot, G., R. Tappero, S. M. Webb, et al. 2012. Arsenic and chromium speciation in an urban contaminated soil. *Chemosphere*, Vol. 88, No. 10.

Li, T. Q., H. Jiang, X. Yang, et al. 2013. Competitive sorption and desorption of cadmium and lead in paddy soils of eastern China. *Environmental Earth Sciences*, Vol. 68, No. 6.

Li, Z., Z. Ma, T. J. van der Kuijp, et al. 2014a. A review of soil heavy metal pollution from mines in China: pollution and health risk assessment. *Science of the Total Environment*, Vol. 468.

Li, Y. J., P. J. Hu, J. Zhao, et al. 2014b. Remediation of cadmium- and lead-contaminated agricultural soil by composite washing with chlorides and citric acid. *Environmental Science & Pollution Research*, Vol. 22, No. 7.

Liu, H., A. Probst, B. Liao. 2005. Metal contamination of soils and crops affected by the Chenzhou lead/zinc mine spill (Hunan, China). *Science of the Total Environment*, Vol. 339, No. 1.

Liu, X. L., S. Z. Zhang, W. Y. Wu, et al. 2007b. Metal sorption on soils as affected by the dissolved organic matter in sewage sludge and the relative calculation of sewage sludge application. *Journal of Hazardous Materials*, Vol. 149, No. 2.

Liu, X. M., J. J. Wu, J. M. Xu. 2006. Characterizing the risk assessment of heavy metals and sampling uncertainty analysis in paddy field by geostatistics and GIS. *Environmental Pollution*, Vol. 141, No. 2.

Liu, R. Q., D. Y. Zhao. 2007a. In situ immobilization of Cu(II) in soils using a new class of iron phosphate nanoparticles. *Chemosphere*, Vol. 68, No. 10.

Lombi, E., J. Susini. 2009. Synchrotron-based techniques for plant and soil science: opportunities, challenges and future perspectives. *Plant and Soil*, Vol. 320, No. 1-2.

Long, Q., J. Y. Wang, L. J. Da. 2013. Assessing the spatial-temporal variations of heavy metals in farmland soil of Shanghai, China. *Fresenius Environmental Bulletin*, Vol. 22, No. 3A.

Lourenco, R. W., P. M. B. Landim, A. H. Rosa, et al. 2010. Mapping soil pollution by spatial analysis and fuzzy classification. *Environmental Earth Sciences*, Vol. 60, No. 3.

Lu, A., S. Zhang, X. Q. Shan. 2005. Time effect on the fractionation of heavy metals in soils. *Geoderma*, Vol. 125, No. 3.

Lu, H., W. Zhang, Y. Yang, et al. 2012. Relative distribution of Pb^{2+} sorption mechanisms by sludge-derived biochar. *Water Research*, Vol. 46, No. 3.

Lugon-Moulin, N., M. Zhang, F. Gadani, et al. 2004. Critical review of the scienceand options for reducing cadmium in tobacco (*Nicotiana Tabacum L.*) and other plants. *Advances in Agronomy*, Vol. 83.

Luo, X. S., Y. Shen, Y. G. Zhu, et al. 2012. Trace metal contamination in urban soils of China. *Science of the Total Environment*, Vol. 421-422, No. 3.

Ma, L. Q., K. M. Komar, C. Tu, et al. 2001. A fern that hyperaccumulates arsenic. *Nature*, Vol. 409, No. 6820.

Martinez-Martinez, S., J. A. Acosta, A. F. Cano, et al. 2013. Assessment of the lead and zinc contents in natural soils and tailing ponds from the Cartagena-La Union mining district, SE Spain. *Journal of Geochemical Exploration*, Vol. 124.

McBride, M. B., M. Pitiranggon, B. Kim. 2009. A comparison of tests for extractable copper and zinc in metal-spiked and field-contaminated soil. *Soil Science*, Vol. 174, No. 8.

Mcnear, J. D. H., E. Peltier, J. Everhart, et al. 2004. Use of novel synchrotron-based techniques to explore the connection between metal speciation in soils and plants. *American Chemical Society Abstracts*, Vol. 277.

Meers, E., F. M. G. Tack, S. Van Slycken, et al. 2008. Chemically assisted phytoextraction: a review of potential soil amendments for increasing plant uptake of heavy metals. *International Journal of Phytoremediation*, Vol. 10, No. 5.

Menzies, N. W., M. J. Donn, P. M. Kopittke. 2007. Evaluation of extractants for estimation of the phytoavailable trace metals in soils. *Environmental Pollution*, Vol. 145, No. 1.

Moffett, B. F., F. A. Nicholson, N. C. Uwakwe, et al. 2003. Zinc contamination decreases the bacterial diversity of agricultural soil. *FEMS Microbiology Ecology*, Vol. 43, No. 1.

Moiseenko, T. I., A. A. Voinov, V. V. Megorsky, et al. 2006. Ecosystem and human health assessment to define environmental management strategies: the case of long-term human impacts on an Arctic Lake. *Science of the Total Environment*, Vol. 369, No. 1-3.

Morel, M., J. Crouzet, A. Gravot, et al. 2008. Athma3, A P1B-ATPase allowing Cd/Zn/Co/Pb vacuolar storage in *Arabidopsis thaliana*. *Plant Physiology*, Vol. 149, No. 2.

Morin, G., J. D. Ostergren, F. Juillot, et al. 1999. XAFS determination of the chemical form of lead in smelter-contaminated soils and mine tailings: importance of adsorption processes. *American Mineralogist*, Vol. 84.

Mupawose, R. M. 1978. Yield improvement in maize, rice and groundnuts grown on Chisumbanje basalt soils using zinc foliar sprays. *Rhodesia Agricultural Journal*, Vol. 16, No. 1.

Nie, Y., Y. Luo, Y. H. Qian, et al. 2012. Degradation risk evaluation of cultivated land in Jianghan Plain based on ecological risk analysis and GIS. *Journal of Food Agriculture & Environment*, Vol. 10, No. 2.

Orroño, D., H. BenÍTez, R. S. Lavado. 2009. Effects of heavy metals in soils on biomass production and plant element accumulation of *Pelargonium* and *Chrysanthemum* species. *Agrochimica*, Vol. 53, No. 3.

Orsini, L., A. Bermond. 1993. Application of a sequential extraction procedure to calcareous soil samples: preliminary studies. *International Journal of Environmental Analytical Chemistry*, Vol. 51, No. 1-4.

Pascaud, G., T. Leveque, M. Soubrand, et al. 2014. Environmental and health risk assessment of Pb, Zn, As and Sb in soccer field soils and sediments from mine tailings: solid speciation and bioaccessibility. *Environmental Science and Pollution Research*, Vol. 21, No. 6.

Pavel, L., J. Kozak. 1989. Evaluation of soil contamination by heavy metals by means of multidimensional statistical methods. *Rostlinna Vyroba*, Vol. 35, No. 9.

Pérez, A. L., K. A. Anderson. 2009. DGT estimates cadmium accumulation in wheat and potato from phosphate fertilizer applications. *Science of the Total Environment*, Vol. 407, No. 18.

Pfeffer, S. P., H. Khalili, J. Filser. 2010. Food choice and reproductive success of *Folsomia candida* feeding on copper-contaminated mycelium of the soil fungus *Alternaria alternata*. *Pedobiologia*, Vol. 54, No. 1.

Pinto, A. B., F. C. Pagnocca, M. A. A. Pinheiro, et al. 2015. Heavy metals and TPH effects on microbial abundance and diversity in two estuarine areas of the southern-central coast of São Paulo State, Brazil. *Marine Pollution Bulletin*, Vol. 96, No. 1-2.

Preston, S., S. Wirth, K. Ritz, et al. 2001. The role played by microorganisms in the biogenesis of soil cracks: importance of substrate quantity and quality. *Soil Biology & Biochemistry*, Vol. 33, No. 12.

Querol, X., A. Alastuey, N. Moreno, et al. 2006. Immobilization of heavy metals in polluted soils by the addition of zeolitic material synthesized from coal fly ash. *Chemosphere*, Vol. 62, No. 2.

Quevauviller, P. 1998. Operationally defined extraction procedures for soil and sediment analysis I. standardization. *TrAC-Trends in Analytical Chemistry*, Vol. 17, No. 5.

Rabinowitz, M. B. 2005. Lead isotopes in soils near five historic American lead smelters and refineries. *Science of the Total Environment*, Vol. 346, No. 1.

Rajapaksha, R. M. C. P., M. A. Tobor-Kaplon, E. Baath. 2004. Metal toxicity affects fungal and bacterial activities in soil differently. *Applied & Environmental Microbiology*, Vol. 70, No. 5.

Rantalainen, M. L., L. Kontiola, J. Haimi, et al. 2004. Influence of resource quality on the composition of soil decomposer community in fragmented and continuous habitat. *Soil Biology & Biochemistry*, Vol. 36, No. 12.

Remusat, L., P. J. Hatton, P. S. Nico, et al. 2012. NanoSIMS study of organic matter associated with soil aggregates: advantages, limitations, and combination with STXM. *Environmental Science &Technology*, Vol. 46, No. 7.

Roy, S., S. Labelle, P. Mehta, et al. 2005. Phytoremediation of heavy metal and PAH-contaminated brownfield sites. *Plant and Soil*, Vol. 272, No. 1-2.

Santorufo, L., C. A. van Gestel, A. Rocco, et al. 2012. Soil invertebrates as bioindicators of urban soil quality. *Environmental Pollution*, Vol. 161.

Serrano, S., F. Garrido, C. Campbell, et al. 2005. Competitive sorption of cadmium and lead in acid soils of central Spain. *Geoderma*, Vol. 124, No. 1.

Shukla, U. C.1972. Effect of lime, phosphorus and some fertilizer compounds on zinc availability in soils of southern United States. *Agrochimica*, Vol. 16, No. 4-5.

Skyllberg, U., P. R. Bloom, J. Qian, et al. 2006. Complexation of mercury(II) in soil organic matter: EXAFS evidence for linear two-coordination with reduced sulfur groups. *Environmental Science & Technology*, Vol. 40, No. 13.

Soler-Rovira, P., E. Madejón, P. Madejón, et al. 2010. In situ remediation of metal-contaminated soils with organic amendments: role of humic acids in copper bioavailability. *Chemosphere*, Vol. 79, No. 8.

Steding, D. J., C. E. Dunlap, A. R. Flegal. 2000. New isotopic evidence for chronic lead contamination in the San

Francisco Bay estuary system: implications for the persistence of past industrial lead emissions in the biosphere. *Proceedings of the National Academy of Sciences*, Vol. 97, No. 21.

Steinnes, E., W. Solberg, H. M. Petersen, et al. 1989. Heavy metal pollution by long range atmospheric transport in natural soils of Southern Norway. *Water, Air, and Soil Pollution*, Vol. 45, No. 3-4.

Strawn, D. G., D. L. Sparks. 2000. Effects of soil organic matter on the kinetics and mechanisms of Pb(II) sorption and desorption in soil. *Soil Science Society of America Journal*, Vol. 64, No. 1.

Syrek, D., W. M. Weiner, M. Wojtylak, et al. 2006. Species abundance distribution of collembolan communities in forest soils polluted with heavy metals. *Applied Soil Ecology*, Vol. 31, No. 3.

Tan, W. F., F. Liu, X. H. Feng, et al. 2005. Adsorption and redox reactions of heavy metals on Fe-Mn nodules from Chinese soils. *Journal of Colloid and Interface Science*, Vol. 284, No. 2.

Temple, P. J., S. N. Linzon, B. L. Chai. 1977. Contamination of vegetation and soil by arsenic emissions from secondary lead smelters. *Environmental Pollution*, Vol. 12, No. 4.

Tessier, A., P. G. Campbell, M. Bisson. 1979. Sequential extraction procedure for the speciation of particulate trace metals. *Analytical Chemistry*, Vol. 51, No. 7.

Teutsch, N., Y. Erel, L. Halicz, et al. 2001. Distribution of natural and anthropogenic lead in Mediterranean soils. *Geochimica et Cosmochimica Acta*, Vol. 65, No. 17.

Trehan, S. P., G. S. Sekhon. 1977. Effect of clay, organic matter and $CaCO_3$ content on zinc adsorption by soils. *Plant and Soil*, Vol. 46, No. 2.

Tuniz, C., F. Zanini, K. W. Jones. 1991. Probing the environment with accelerator-based techniques. *Nuclear Instruments and Methods in Physics Research Section B. Beam Interactions with Materials and Atoms*, Vol. 56, No. 1.

Tyler, G. 1975. Heavy metal pollution and mineralisation of nitrogen in forest soils. *Nature*, Vol. 255, No. 5511.

Ure, A. M., P. Quevauviller, H. Muntau, et al. 1993. Speciation of heavy metals in soils and sediments. An account of the improvement and harmonization of extraction techniques undertaken under the auspices of the BCR of the commission of the European communities. *International Journal of Environmental Analytical Chemistry*, Vol. 51, No. 1-4.

Villalobos, M., M. A. Trotz, J. O. Leckie. 2001. Surface complexation modeling of carbonate effects on the adsorption of Cr(VI), Pb(II), and U(VI) on Goethite. *Environmental Science & Technology*, Vol. 35, No. 19.

Wagner, K., I. Siddiqi. 1973. Heavy metal contamination by industrial emission-studies on soil fodder and cattle liver from Nordenham. *Naturwissenschaften*, Vol. 60, No. 3.

Wang, F., G. X. Pan, L. Q. Li. 2009. Effects of free iron oxyhydrates and soil organic matter on copper sorption-desorption behavior by size fractions of aggregates from two paddy soils. *Journal of Environmental Sciences-China*, Vol. 21, No. 5.

Wang, S. Z., Z. H. Zhao, B. Xia, et al. 2014. A fuzzy-based methodology for an aggregative environmental risk assessment of restored soil. *Pedosphere*, Vol. 24, No. 2.

Wang, Y. P., Q. B. Li, J. Y. Shi, et al. 2008. Assessment of microbial activity and bacterial community composition in the rhizosphere of a copper accumulator and a non-accumulator. *Soil Biology & Biochemistry*, Vol. 40, No. 5.

Warchałowska-Sliwa, E., M. NikliǸska, A. Görlich, et al. 2005. Heavy metal accumulation, heat shock protein expression and cytogenetic changes in *Tetrix tenuicornis* (L.) (Tetrigidae, Orthoptera) from polluted areas. *Environmental Pollution*, Vol. 133, No. 1.

Wei, B. G., F. Q. Jiang, X. M. Li, et al. 2010. Heavy metal induced ecological risk in the city of Urumqi, NW China. *Environmental Monitoring and Assessment*, Vol. 160, No. 1-4.

Wei, S., Q. Zhou, P. V. Koval. 2006. Flowering stage characteristics of cadmium hyperaccumulator *Solanum nigrum* L. and their significance to phytoremediation. *Science of the Total Environment*, Vol. 369, No. 1.

Williams, P. N., H. Zhang, W. Davison, et al. 2012. Evaluation of in situ DGT measurements for predicting the concentration of Cd in Chinese field-cultivated rice: impact of soil Cd: Zn ratios. *Environmental Science & Technology*, Vol. 46, No. 15.

Williams, C. H., D. J. David. 1973. The effect of superphosphate on the cadmium content of soils and plants. *Soil Research*, Vol. 11, No. 1.

Wu, Y., Y. Xu, J. Zhang, et al. 2011. Heavy metals pollution and the identification of their sources in soil over Xiaoqinling gold-mining region, Shaanxi, China. *Environmental Earth Sciences*, Vol. 64, No. 6.

Wu, L. H., Y. J. Liu, S. B. Zhou, et al. 2013. *Sedum plumbizincicola* XH Guo et SB Zhou ex LH Wu (Crassulaceae): a new species from Zhejiang Province, China. *Plant Systematics and Evolution*, Vol. 299, No. 3.

Xia, K., W. Bleam, P. A. Helmke. 1997. Studies of the nature of Cu^{2+} and Pb^{2+} binding sites in soil humic substances using X-ray absorption spectroscopy. *Geochimica et Cosmochimica Acta*, Vol. 61, No. 11.

Yang, J. K., M. O. Barnett, J. Zhuang, et al. 2005. Adsorption, oxidation, and bioaccessibility of As (III) in soils. *Environmental Science & Technology*, Vol. 39, No. 18.

Yang, X. E., X. X. Long, H. B. Ye, et al. 2004. Cadmium tolerance and hyperaccumulation in a new Zn-hyperaccumulating plant species (*Sedum alfredii* Hance). *Plant and Soil*, Vol. 259, No. 1-2.

Yang, Z., S. Zhang, Y. Liao, et al. 2012. Remediation of heavy metal contamination in calcareous soil by washing with reagents: a column washing. *Procedia Environmental Sciences*, Vol. 16, No. 4.

Zhang, H., H. M. Selim. 2008. Competitive sorption-desorption kinetics of arsenate and phosphate in soils. *Soil Science*, Vol. 173, No. 1.

Zhang, N. 2001. Effects of air settlement on heavy metal accumulation in soil. *Soil and Environmental Sciences*, Vol. 10, No. 2.

Zhang, X., D. Chen, T. Zhong, et al. 2015. Evaluation of Lead in Arable Soil, China. *Clean-Soil, Air, Water*, Vol. 43, No. 8.

Zhang, H., W. Davison, B. Knight, et al. 1998. In situ measurements of solution concentrations and fluxes of trace metals in soils using DGT. *Environmental Science & Technology*, Vol. 32, No. 5.

Zhou, J., D. Zhi, M. Cai, et al. 2007. Soil heavy metal pollution around the Dabaoshan mine, Guangdong province,

China. *Pedosphere*, Vol. 17, No. 5.

Zobrist, J., P. R. Dowdle, J. A. Davis, et al. 2000. Mobilization of arsenite by dissimilatory reduction of adsorbed arsenate. *Environmental Science & Technology*, Vol. 34, No. 22.

陈怀满：《环境土壤学》，科学出版社，2005 年。

陈怀满等：《土壤—植物系统中的重金属污染》，科学出版社，1996 年。

陈建安、林健："公路边农作物铅污染水平与相关因素研究"，《海峡预防医学杂志》，2002 年第 2 期。

陈涛："镉污染及其防治"，《环境保护科学》，1979 年第 3 期。

陈同斌、韦朝阳、黄泽春等："砷超富集植物蜈蚣草及其对砷的富集特征"，《科学通报》，2002 年第 3 期。

范美蓉、罗琳、廖育林等："赤泥对重金属污染稻田土壤 Pb、Zn 和 Cd 的修复效应研究"，《安徽农业科学》，2012 年第 6 期。

甘文君、何跃、张孝飞等："电镀厂污染土壤重金属形态及淋洗去除效果"，《生态与农村环境学报》，2012 年第 1 期。

郭微、戴九兰、王仁卿："溶解性有机质影响土壤吸附重金属的研究进展"，《土壤通报》，2012 年第 3 期。

郭晓方、卫泽斌、许田芬等："不同 pH 值混合螯合剂对土壤重金属淋洗及植物提取的影响"，《农业工程学报》，2011 年第 7 期。

胡蝶、陈文清："土壤重金属污染现状及植物修复研究进展"，《安徽农业科学》，2011 年第 5 期。

胡振琪、杨秀红、高爱林："粘土矿物对重金属镉的吸附研究"，《金属矿山》，2004 年第 6 期。

黄昌勇、徐建明：《土壤学（第三版）》，中国农业出版社，2013 年。

黄细花、卫泽斌、郭晓方等："套种和化学淋洗联合技术修复重金属污染土壤"，《环境科学》，2010 年第 12 期。

季辉、赵健、冯金飞等："高速公路沿线农田土壤重金属总量和有效态含量的空间分布特征及其影响因素分析"，《土壤通报》，2013 年第 2 期。

旷远文、温达志、钟传文等："根系分泌物及其在植物修复中的作用"，《植物生态学报》，2003 年第 5 期。

李波、林玉锁、张孝飞等："宁连高速公路两侧土壤和农产品中重金属污染的研究"，《农业环境科学学报》，2005 年第 2 期。

李力、刘娅、陆宇超等："生物炭的环境效应及其应用的研究进展"，《环境化学》，2011 年第 8 期。

李孟飞："长期定位施肥对土壤重金属含量的影响"，《安徽农业科学》，2008 年第 14 期。

李廷强、朱恩、杨肖娥等："超积累植物东南景天根际可溶性有机质对土壤锌吸附解吸的影响"，《应用生态学报》，2008 年第 4 期。

李廷强、朱恩、杨肖娥等："超积累植物东南景天根际土壤酶活性研究"，《水土保持学报》，2007 第 3 期。

梁晶、徐仁扣、蒋新等："不同 pH 下两种可变电荷土壤中 Cu（Ⅱ）、Pb（Ⅱ）和 Cd（Ⅱ）吸附与解吸的比较研究"，《土壤》，2007 年第 6 期。

梁尧、李刚、仇建飞等："土壤重金属污染对农产品质量安全的影响及其防治措施"，《农产品质量与安全》，2013 年第 3 期。

廖晓勇、陈同斌、谢华等："磷肥对砷污染土壤的植物修复效率的影响:田间实例研究"，《环境科学学报》，2004 年第 3 期。

林大松、徐应明、孙国红等："应用介孔分子筛材料（MCM-41）对土壤重金属污染的改良"，《农业环境科学学报》，2006年第2期。

刘玲、吴龙华、李娜等："种植密度对镉锌污染土壤伴矿景天植物修复效率的影响"，《环境科学》，2009年第11期。

刘平、徐明岗、宋正国："伴随阴离子对土壤中铅和镉吸附—解吸的影响"，《农业环境科学学报》，2007年第1期。

刘霞、王建涛、张萌等："螯合剂和生物表面活性剂对 Cu、Pb 污染垆土的淋洗修复"，《环境科学》，2013年第4期。

刘妍、朱晓龙、丁咸庆等："不同母质发育水稻土对 Cd、Pb 吸附解吸特性及其影响因子分析"，《农业现代化研究》，2014年第5期。

骆永明："污染土壤修复技术研究现状与趋势"，《化学进展》，2009年第1期。

齐雁冰、黄标、Darilek J. L.等："氧化与还原条件下水稻土重金属形态特征的对比"，《生态环境》，2008年第6期。

邵学新、吴明、蒋科毅："土壤重金属污染来源及其解析研究进展"，《广东微量元素科学》，2007年第4期。

沈丽波、吴龙华、韩晓日等："养分调控对超积累植物伴矿景天生长及锌镉吸收性的影响"，《土壤》，2011年第2期。

孙波："基于空间变异分析的土壤重金属复合污染研究"，《农业环境科学学报》，2003年第2期。

孙约兵、徐应明、史新等："海泡石对镉污染红壤的钝化修复效应研究"，《环境科学学报》，2012年第2期。

谭长银、吴龙华、骆永明等："长期施肥条件下黑土镉的积累及其趋势分析"，《应用生态学报》，2008年第12期。

王冠星、闫学东、张凡等："青藏高原路侧土壤重金属含量分布规律及影响因素研究"，《环境科学学报》，2014年第2期。

王金贵、吕家珑、曹莹菲："镉和铅在2种典型土壤中的吸附及其与温度的关系"，《水土保持学报》，2011年第6期。

王金贵、吕家珑、张瑞龙："不同温度下镉在典型农田土壤中的吸附动力学特征"，《农业环境科学学报》，2012年第6期。

王兰化、李明明、张莺等："华北地区某蔬菜基地土壤重金属污染特征及健康风险评价"，《地球学报》，2015年第2期。

王学锋、姚远鹰："107国道两侧土壤重金属分布及潜在生态危害研究"，《土壤通报》，2011年第1期。

韦朝阳、陈同斌、黄泽春等："大叶井口边草——一种新发现的富集砷的植物"，《生态学报》，2002年第5期。

吴迪、杨秀珍、李存雄等："贵州典型铅锌矿区水稻土壤和水稻中重金属含量及健康风险评价"，《农业环境科学学报》，2013年第10期。

邢克孝、胡建楠、尚德龙等："土壤重金属污染与城郊蔬菜作物吸收量相关性的研究"，《环境保护科学》，1979年第3期。

薛生国、陈英旭、林琦等："中国首次发现的锰超积累植物——商陆"，《生态学报》，2003年第5期。

于童、徐绍辉、林青："不同初始氧化还原条件下土壤中重金属的运移研究 Ⅰ. 单一 Cd、Cu、Zn 的土柱实验"，

《土壤学报》，2012 年第 4 期。

张学洪、罗亚平、黄海涛等："一种新发现的湿生铬超积累植物——李氏禾（*Leersia hexandra* Swartz）"，《生态学报》，2006 年第 3 期。

章海波、骆永明、李远等："中国土壤环境质量标准中重金属指标的筛选研究"，《土壤学报》，2014 年第 3 期。

赵政阳、张翠花、梁俊等："施用农药福美胂对苹果果园砷污染的研究"，《园艺学报》，2007 年第 5 期。

周斌、黄道友、朱奇宏等："施用钝化剂对镉污染稻田土壤微生物学特征的影响"，《农业现代化研究》，2012 年第 2 期。

周东美、王玉军、陈怀满："论土壤环境质量重金属标准的独立性与依存性"，《农业环境科学学报》，2014 年第 2 期。

周健民、沈仁芳：《土壤学大辞典》，科学出版社，2013 年。

周启星、滕涌、展思辉等："土壤环境基准/标准研究需要解决的基础性问题"，《农业环境科学学报》，2014 年第 1 期。

周世伟、徐明岗："磷酸盐修复重金属污染土壤的研究进展"，《生态学报》，2007 年第 7 期。

第 16 章 土壤有机污染与修复

土壤有机污染是近年来国内外关注的热点研究领域，相比于重金属等其他污染类型，影响更广泛、更复杂，因而污染治理难度也更大。针对土壤有机污染与修复的研究已成为国家和地区经济、社会、农业可持续发展和环境保护的重点内容。因此，深入研究有机污染物在土壤中的微观过程、作用机制以及宏观的区域效应，评价决定其生物毒性的生物有效性，建立准确预测有机污染物污染风险的方法与模型，并通过合理调控物质循环修复有机污染土壤环境，对优化土壤生态服务功能、改善土壤环境质量和保障人体健康具有重要的科学意义与实际价值。

16.1 概　　述

本节以土壤有机污染与修复的研究缘起为切入点，阐述土壤有机污染的内涵及主要研究内容，并以有机污染宏观发展态势、微观污染过程的科学问题深化以及研究方法的创新为线索，探讨土壤有机污染与修复的演进阶段及关注的科学问题的变化。

16.1.1 问题的缘起

土壤有机污染与修复研究缘起于人类对世界重大公害事件的关注。第二次世界大战以后到 20 世纪 70 年代，欧美发达国家经济高速发展，各种化学品的合成和使用以前所未有的速度增加，导致危害环境和人体健康的污染事件时有发生，如著名的英国伦敦烟雾事件和美国洛杉矶光化学烟雾事件、日本"水俣病"、"痛痛病"和"米糠油"等公害事件。这些环境问题的出现，引发了学术界对污染物的分析方法、区域分布、变化趋势、毒性效应等的研究。1972 年 6 月，联合国在瑞典斯德哥尔摩召开了有 113 个国家参加的人类环境会议，讨论了保护全球环境的行动计划，通过了《人类环境宣言》，成为人类保护环境的重要里程碑，催生和加快了大气、水、土壤等资源环境领域环境保护与防治研究的诞生和发展。1973 年 8 月，我国第一次环境保护会议召开，会议确立了环境保护工作的基本方针，通过了《关于保护和改善环境的若干规定》，揭开了我国当代环境保护的序幕，成为中国环保事业的标志性起点。20 世纪 80 年代之前，重点关注的研究对象是重金属元素，80 年代至今，由于人类合成和使用的农药、个人护理等有机化学品种类与数量持续增加，土壤有机污染问题开始显现并日趋严重，推动了人们运用土壤学、环境化学、分子生物学等多学科的基本原理，系统研究土壤中有机污染物的界面迁移转化行为、生物降解过程、生态毒理效应、污染风险评价、污染阻控与修复技术等。时至今日，经历 30 多年的风雨兼程，土壤有机污染与修复作为土壤科学研究的重要领域进入全面和成熟的发展阶段。土壤有机污染与修复已经在彷徨、迷茫和兴奋之中由"而立"奔向"不惑"，具备了相对完整、丰富的研究内涵。

16.1.2　问题的内涵及演进

高强度的人为干扰导致外源有机污染物在土壤中过量积累并产生污染，从局部蔓延到区域，从城市、城郊延伸到乡村，从单一污染扩展到复合污染，呈现出点源与面源污染共存，工业污染源、生活污染源和农业污染源叠加排放，一次污染物与二次污染物复合/交互作用的态势（朱利中，2012：2641～2649）。有机污染物进入土壤后会经历一系列过程，如被土壤矿物和有机质吸附、随地表径流向四周迁移或淋溶至土壤深层、挥发扩散于大气、被作物吸收、被土壤微生物降解等。为探明土壤中有机污染物的污染行为、防治和修复有机物污染土壤，自 20 世纪 80 年代以来，国内外研究者围绕土壤有机污染与修复展开了诸多工作，研究发展历程根据有机污染的宏观发展态势和微观污染过程大体可分为以下 3 个阶段。

第一阶段：基于单一污染体系的土壤吸附过程研究。有机污染物在土壤中的吸附—解吸是控制其在土壤中迁移转化等物理化学和生物过程的关键因素，直接制约了土壤有机污染修复的效率。因此，针对土壤有机污染与修复的研究始于对有机污染物土壤吸附行为的探究。有机污染物的土壤吸附行为与机理研究早在 20 世纪 40 年代就已开始，主要缘于农药在农业生产中的应用，需要评价农药的有效性和安全性。到 20 世纪 70 年代，由于各种农药的出现以及大量工业有机物向土壤中排放，促使公众开始关注土壤有机污染问题，并研究有机污染物在土壤中的吸附和解吸对它们在环境中的迁移转化与归宿的影响（Chiou et al.，1979：831～832）。至 20 世纪 80 年代，研究者通过对有机污染物在土壤中吸附和解吸行为及机理的系统研究，提出了各种理论和模型以解释及预测有机污染物在土壤中的吸附行为（Karickhoff，1981：833～846；Gschwend and Wu，1985：90～96），以期为土壤有机污染修复和阻控提供理论依据。

第二阶段：基于复合污染体系的土壤污染多过程研究。随着对有机污染物土壤吸附行为认知的深入，研究者们发现吸附性强的有机污染物的可降解性和生物有效性更弱，残留于土壤的部分易从可提取态转化为结合态，并成为一种"化学定时炸弹"，对土壤造成潜在污染（Laor et al.，1999：1719～1729；Talley et al.，2002：477～483）；吸附性弱的有机污染物，一方面其移动性和扩散性强，易进入其他环境介质造成次生污染，另一方面也易被化学降解或通过植物吸收和微生物降解而达到修复的目的（Gao and Zhu，2003：302～310）。与此同时，污染程度的日益加剧也导致了土壤中有机污染物与重金属共存的复合污染现象，有机—无机交互作用致使土壤污染过程更趋复杂。因此，从 20 世纪 90 年代开始，为了全面深入研究有机污染物对土壤环境质量的冲击及对人类的危害程度，开始侧重于从复合污染体系中研究有机污染物在土壤中的吸附、解吸、残留、降解、氧化、还原等多过程的界面行为，及其向水体、大气、植物系统的迁移、转化。

第三阶段：微生物主导作用下的多介质、多界面、多要素、多过程、多尺度的耦合研究。有机污染物释放到环境后在土壤—水—大气—生物介质间发生的一系列物理、化学和生物过程存在耦合作用，特别是物理、化学过程与微生物学过程的耦合。21世纪初，随着分子生物学技术的突飞猛进使得人们对土壤微生物功能的认识和发掘获得了空前发展，由土壤微生物驱动的地球关键带中有机污染物的生物地球化学循环过程成为最新的科学前沿（宋长青等，2013：1087～1105），开启了土壤有机污染与修复研究的新篇章，呈现出多介质、多界面、多要素、多过程耦合的特征。这一阶段的研究侧重集化学、生物、物理及地质过程于一体的地球表层中由土壤微生物活动驱动的，与碳、氮、铁、硫等生源要素形态转化耦合的土—水、土—气、根—土多介质界面反应过程（贺纪正等，2014）。研究的目标是为更深层面阐明土壤的天然生态自净功能，以为创新有机污染土壤的修复理论与技术提供支撑。

16.2 国际"土壤有机污染与修复"研究主要进展

近15年来，随着土壤有机污染与修复研究的不断深入，逐渐形成了一些核心领域和研究热点。通过文献计量分析发现，其核心研究领域主要包括污染过程与降解机制、植物毒理效应与根际过程、土—水界面吸附与迁移、有机—无机复合污染与修复、厌氧环境中多要素耦合的污染物形态转化等方面。土壤有机污染与修复研究正在朝着多介质、多界面、多要素、多过程、多尺度等多维方向发展。

16.2.1 近15年国际该领域研究的核心方向与研究热点

运用Web of Science数据库，依据本研究领域核心关键词制定了英文检索式，即：("soil*" or "land" or "farmland") and ("organic*" or "pesticide*" or "herbicide*" "insecticide*" or "germicide*" or "bactericide*" or "*hydrocarbon" or "*phenol" or "*ether" or "*benzene" or "*ester" or "POPs" or "PAH*" or "PCB*" or "PBDE*" or "DDT" or "dioxin") and ("pollut*" or "contaminat*") and ("speciation" or "form" or "aged" or "aging" or "degradation" or "dissipation" or "decomposition" or "removal" or "residu*" or "*sorption" or "desorption" or "thermal desorption" or "mineralize*" or "metaboli*" or "oxidation" or "reduction" or "redox" or "aerobic" or "anaerobic" or "photolysis" or "photodecomposition" or "hydrolysis" or "cataly*" or "dechlorination" or "dehalogenation" or "detoxification" or "leaching" or "elution" or "*stabilization" or "mobilization" or "trans*" or "distribution" or "*availab*" or "*toxic*" or "plant" or "rice" or "paddy" or "ryegrass" or "*rhizo*" or "community structure" or "diversity" or "organism" or "microb*" or "bacteri*" or "fung*" or "earthworm" or "functional gene" or "screen" or "resistan*" or "toleran*" or "assess*" or "*remediat*" or "biostimulation" or "bioaugmetation" or "*accumulat*" or "restoration" or "reclamation" or "recovery")，检索到近15年本研究领域共发表国际英文文献22 871篇。划分了2000～2002年、

2003~2005年、2006~2008年、2009~2011年和2012~2014年5个时段，各时段发表的论文数量占总发表论文数量百分比分别为10.9%、14.3%、20.3%、25.0%和29.5%，呈逐年上升趋势。图16-1为2000~2014年土壤有机污染与修复领域SCI期刊论文关键词共现关系图，图中聚成了5个相对独立的研究聚类圈，在一定程度上反映了近15年国际土壤有机污染与修复研究的核心领域，主要包括**污染过程与降解机制、植物毒理效应与根际过程、土—水界面吸附与迁移、有机—无机复合污染与修复、厌氧环境中多要素耦合的污染物形态转化**5个方面。

（1）污染过程与降解机制

由图16-1聚类圈中出现的高频关键词可知，造成土壤有机污染的污染物主要有多环芳烃（PAHs）、持久性有机物（POPs）、挥发性有机物（VOCs）、滴滴涕（DDT）、五氯酚（PCP）、有机氯农药（organochlorine pesticide）等这几大类。同时，**随着一些新型污染物，如二噁英（PCDD）、单环芳烃类物质（BTEX）等的出现，针对提取方法（extraction methods）的优化研究也成为热点之一**。在降解机制研究中，重点关注的污染过程包括生物降解（biodegradation）、固定（sequestration）、矿化（mineralization）、代谢（metabolite）、脱氯（dechlorination）、生物富集（bioaccumulation）、残留（residue）等，**表明与生物修复（bioremediation）后期应用相关的污染生物化学过程与降解机制的基础理论研究是重要研究方向之一**。

（2）植物毒理效应与根际过程

由图16-1可知，有机污染物在环境中毒理效应（toxicity）方面重点关注了植物毒性（phytoxicity）和生态毒性（ecotoxicity）。在有机污染物的污染胁迫下，受根际（rhizosphere）效应调控变化的化学性质参数，如碳水化合物（hydrocarbon）、有机酸（organic acid）、胡敏酸（humic acid）、磷酸盐（phosphate）等，以及动物和微生物等生物学性质参数，包括动物如蚯蚓（earthworm），真菌如白腐真菌（white rot fungi）、细菌（bacterium），及其生物多样性（biodiversity）等均受到关注。而在污染（pollution）修复（remediation）过程中，湿地（wetland）、农田土壤（agricultural soil）以及地下水（groundwater）一直是学者们研究的重点区域，**表明污染胁迫下的植物毒理效应研究更多是为服务于后续的修复技术的开发**。

（3）土—水界面吸附与迁移

聚类圈中出现地表水（surface water）、含水层（aquifer）、地下水（groundwater）等关键词，且大多集中在废物（waste）、污泥（sludge）、污水（sewage）等污染方面的研究，反映出学者们在关注土壤污染的同时侧重考虑了由土壤污染引发的水环境的二次污染问题，因而展开了一系列的风险评价（risk assessment），特别是环境评价（environment assessment）的相关研究。吸附（sorption）、解吸（desorption）、分解（decomposition）、迁移（transport）、渗漏（leachate）、土壤侵蚀（soil erosion）等高频词的出现，以及结合一些环境因子如可溶性有机物（DOM）、可溶性有机碳（DOC）、温度（temperature）的模型（model）建模分析，**表明基于物理化学界面过程的有机污染物土水界面吸附与迁移的研究也是一个侧重点**。

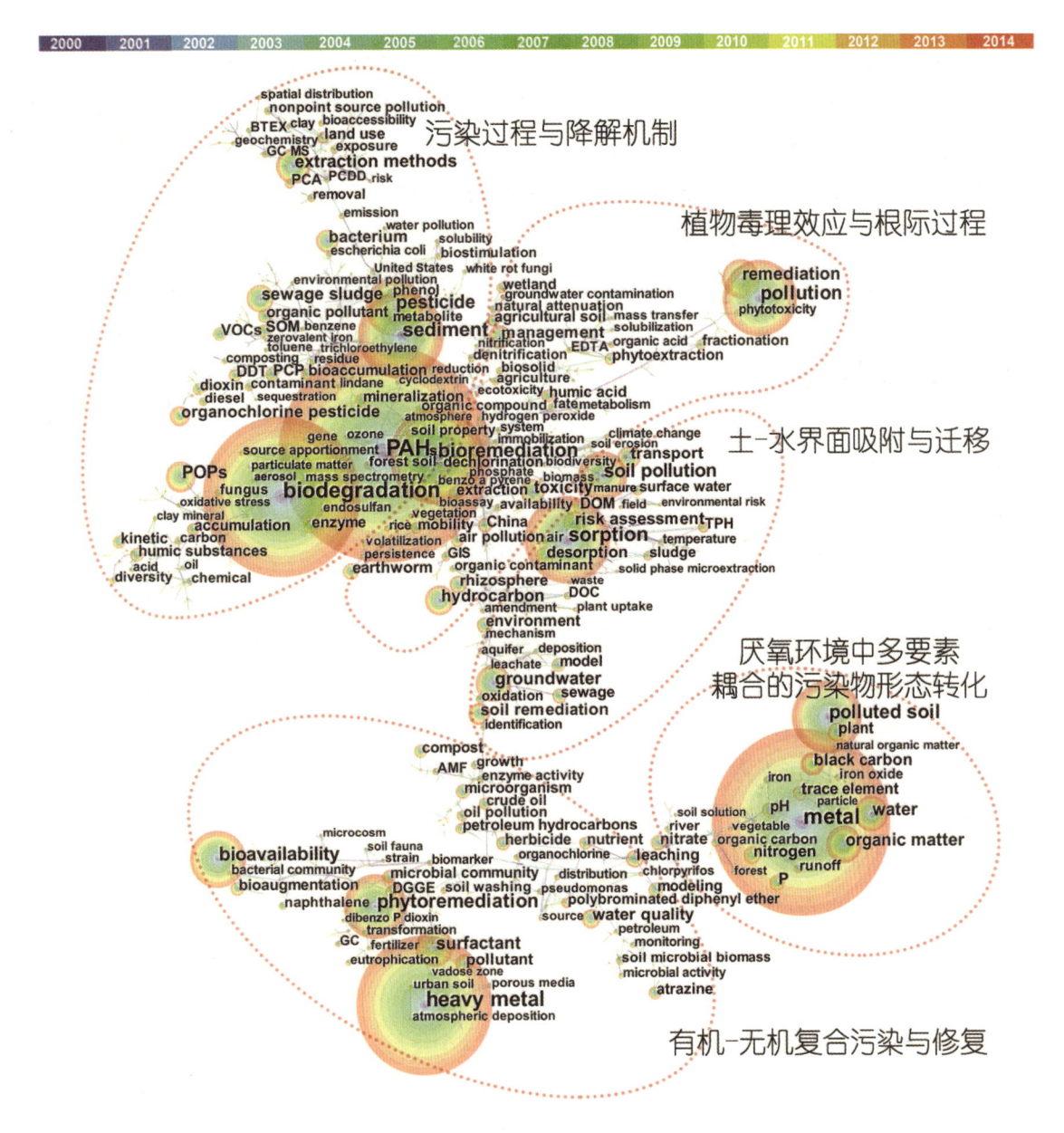

图 16-1　2000~2014 年"土壤有机污染与修复"领域 SCI 期刊论文关键词共现关系

（4）有机—无机复合污染与修复

图 16-1 显示，由于大气沉降（atmospheric deposition）、施肥（fertilizer）等的影响，重金属（heavy metal）在土壤这种多孔介质（porous media）中的形态转化（transformation）一直备受关注，其生物有效性（bioavailability）也是研究的热点之一。此外，由于卫生球（naphthalene）、除草剂（herbicide）、有机氯杀虫剂（organochlorine）、多溴联苯醚（polybrominated diphenyl ether）、表面活性剂（surfactant）的使用，以及石油烃（petroleum hydrocarbons）、原油（crude oil）等石油污染（oil pollution）造成的土壤有机—无机复合污染也是急需解决的难题。针对上述有机—无机复合污染的一系列问题，许多学者重点采取了植物修复（phytomediation），结合生物

强化（bioaugmentation）和堆肥（compost）施用等方法来联合修复复合污染土壤。在修复过程中更多的侧重从微观（microcosm）尺度展开，研究单个的菌株（strain）、细菌群落（bacterial community）、微生物群落（microbial community）、土壤动物（soil fauna）等在修复过程中的时空演替动态，力求从（微）生物响应变化的角度来表征修复技术的生态效应及其修复进程。

（5）厌氧环境中多要素耦合的污染物形态转化

污染土壤（polluted soil）由于水（water）的存在形成一定的厌氧环境，由图 16-1 中的高频词可知，**学者们展开了大量关于厌氧条件下有机物脱毒过程与生源要素生物地球化学循环之间的耦合关系的研究，**如铁（iron）或铁氧化物（iron oxide）等金属元素（metal），有机物质（organic matter）或有机碳（organic carbon）等碳，硝酸盐（nitrate）等氮（nitrogen），微量元素（trace element）以及磷（P）等。另外，聚类图中出现的高频词还包括黑炭（black carbon）等颗粒物（particle），表明在全球气候变暖的时代背景下，通过添加惰性碳等外源物质调控有机污染物在厌氧环境中的形态转化以加速修复进程也是重要的研究内容之一。

SCI 期刊论文关键词共现关系国际文献计量网络图谱反映了近 15 年土壤有机污染与修复研究的核心领域，而不同时段 TOP20 高频关键词可反映其研究热点。表 16-1 显示了 2000～2014 年各时段 TOP20 关键词组合特征。由表 16-1 可知，2000～2014 年，前 10 位高频关键词为多环芳烃（PAHs）、有机污染物（organic pollutants）、有机氯污染物（organochlorine pollutants）、修复（remediation）、沉积物（sediments）、降解（degradation）、中国（China）、多氯联苯（PCBs）、农药（pesticide）和吸附（sorption），表明这些领域是近 15 年研究的热点。不同时段高频关键词组合特征能反映研究热点随时间的变化情况，多环芳烃（PAHs）、有机氯污染物（organochlorine pollutants）、修复（remediation）、沉积物（sediments）等关键词在各时段均占有突出地位，表明这些内容持续受到关注。对以 3 年为时间段的热点问题变化情况分析如下。

（1）2000～2002 年

由表 16-1 可知，本时段重点研究了多环芳烃（PAHs）、有机氯污染物（organochlorine pollutants）、农药（pesticides）以及多氯联苯（PCBs）等有机污染物（organic pollutants）在土壤中特别是沉积物（sediments）中的分配（distribution）、降解（degradation）等行为。在土壤有机污染修复（remediation）的过程中，根际（rhizosphere）效应成为研究热点，主要关注了根际效应调控影响的磷酸酶（phosphatase）、羟基自由基（hydroxyl radical）以及微生物群落（microbial community）等的变化特征。在此时段中，表面活性剂（surfactant）因具有特殊的增溶作用（solubilization）可增加污染物的生物有效性（bioavailability）、提高污染物的提取（extraction）效率等优点，也被广泛应用于土壤污染修复领域。此外，基于环境介质（environmental matrix）理化和生物学特性参数的主成分分析（principal component analysis）等技术，也被大量应用于筛选能表征污染修复中描述或预测污染物在土壤中残留浓度变化的敏感环境参数。以上出现的高频关键词表明，**土壤及沉积物中典型持久性有机污染物（如多环芳烃、有机氯污染物、农药、多氯联苯等）的污染过程，特别是根际污染过程，是本阶段研究的侧重点。**

第 16 章 土壤有机污染与修复 557

表 16-1 2000~2014 年"土壤有机污染与修复"领域不同时段 TOP20 高频关键词组合特征

2000~2014 年			2000~2002 年 (22 篇/校正系数 2.72)		2003~2005 年 (29 篇/校正系数 2.07)		2006~2008 年 (40 篇/校正系数 1.50)		2009~2011 年 (49 篇/校正系数 1.22)		2012~2014 年 (60 篇/校正系数 1.00)	
关键词	词频	关键词	词频	关键词	词频	关键词	词频	关键词	词频	关键词	词频
PAHs	107	PAHs	30.0 (11)	PAHs	33.1(16)	PAHs	25.5 (17)	PAHs	28.1(23)	PAHs	40
organic pollutants	54	organic pollutants	24.5 (9)	organic pollutants	31.1(15)	organic pollutants	18.0 (12)	organic pollutants	22.0(18)	organochlorine pollutants	17
organochlorine pollutants	51	organochlorine pollutants	21.8 (8)	organochlorine pollutants	18.6 (9)	organochlorine pollutants	15.0 (10)	sorption	12.2(10)	remediation	8
remediation	31	sediments	16.3 (6)	remediation	14.5 (7)	sediments	10.5 (7)	degradation	11.0 (9)	sediments	8
sediments	26	phosphatase	13.6 (5)	PCBs	8.3 (4)	PCBs	9.0 (6)	water	9.8 (8)	China	8
degradation	24	PCBs	10.9 (4)	kinetics	6.2 (3)	China	9.0 (6)	remediation	9.8 (8)	biochar	7
China	22	extraction	10.9 (4)	solubilization	6.2 (3)	remediation	7.5 (5)	pesticide	9.8 (8)	risk assessment	7
PCBs	21	rhizosphere	10.9 (4)	pesticides	6.2 (3)	degradation	7.5 (5)	organochlorine pollutants	8.5 (7)	heavy metal	7
pesticides	20	pesticides	8.2 (3)	sorption	6.2 (3)	PBDEs	6.0 (4)	China	7.3 (6)	PCBs	6
sorption	17	microbial community	8.2 (3)	sediments	6.2 (3)	extraction	6.0 (4)	E-waste	6.1 (5)	accumulation	6
water	16	degradation	8.2 (3)	temporal and spatial trends	6.2 (3)	sewage sludge	4.5 (3)	biochar	6.1 (5)	degradation	5
biochar	12	remediation	8.2 (3)	rhizosphere	4.1 (2)	bioavailability	4.5 (3)	PBDEs	6.1 (5)	bioavailability	5
rhizosphere	12	distribution	8.2 (3)	surfactants	4.1 (2)	POPs	4.5 (3)	PCA	3.7 (3)	pesticides	4
PBDEs	12	POPs	5.4 (2)	PCA	4.1 (2)	biosurfactant	4.5 (3)	biosurfactant	3.7 (3)	air-soil exchange	4
POPs	12	bioavailability	5.4 (2)	bacterial diversity	4.1 (2)	water	4.5 (3)	distribution	3.7 (3)	combined pollution	4
extraction	11	PCA	5.4 (2)	POPs	4.1 (2)	pesticides	3.0 (2)	risk assessment	3.7 (3)	microbial community	4
bioavailability	11	hydroxyl radical	5.4 (2)	China	4.1 (2)	sorption	3.0 (2)	antibiotics	3.7 (3)	potential toxic elements	4
surfactant	11	environmental matrix	5.4 (2)	degradation	4.1 (2)	PCA	3.0 (2)	sediments	2.4 (2)	POPs	3
PCA	11	surfactant	2.7 (1)	distribution	4.1 (2)	rhizosphere	3.0 (2)	black carbon	2.4 (2)	organic pollutants	3
distribution	11	solubilization	2.7 (1)	water	4.1 (2)	micelles	3.0 (2)	rhizosphere	2.4 (2)	PBDEs	3

注：括号中的数字为校正前关键词出现频次。POPs: persistent organic pollutants; PCA: principal component analysis。

（2）2003～2005 年

表 16-1 显示，中国（China）开始出现在高频关键词中，**表明由于我国的土壤有机污染情况较严重，开始被全球范围内的众多学者当作重点区域开展研究**。土壤有机污染修复（remediation）仍然是重要的主题，但从研究手段上更侧重于运用动力学（kinetics）方法来探讨有机污染物的吸附（sorption）及迁移转化的动力学过程；在有机污染物根际（rhizosphere）过程的研究方面，在关注根际菌群多样性（bacterial diversity）的同时，开始侧重于污染物在根际的时空分布（temporal and spatial trends）。由水（water）这一环境因素调控形成的厌氧环境中有机污染物的还原降解（degradation）过程也开始逐渐受到人们关注。由此可见，**相关有机污染物在土壤中的生物降解过程的研究仍然是主流，但围绕污染物在土—水界面中的污染动力学及其迁移、还原转化等过程与机制的研究也在此时段受到广泛关注**。

（3）2006～2008 年

由表 16-1 可知，继上一阶段以来，学者们对中国（China）的土壤有机污染的热度仍在持续上升。随着传统阻燃剂多氯联苯被禁用，环境中作为多氯联苯替代物的新型阻燃剂多溴联苯醚（PBDEs）的浓度逐年升高，逐渐被作为持久性有机污染物（persistent organic pollutants）的代表，开始受到关注。由于人类活动对环境的影响，城市污泥（sewage sludge）也出现在高频关键词之列，相应的，胶团或微胶粒（micelles）等也成为研究对象之一。此外，对表面活性剂应用的环境风险问题的关注促使针对表面活性剂的研究也逐渐由单一的化学类表面活性剂向生物技术改良后的环境友好型生物表面活性剂（biosurfactant）方向发展。以上关键词说明，**人类活动与土壤有机污染的形成与发展状况密切相关，特别是中国的土壤有机污染问题日益突显，逐渐在全球范围内被广泛关注；在有机污染日趋严重的态势下，单一的修复手段已无法满足污染修复的重大需求，由此促进了修复手段向多元化的发展，如强调了化学方法与生物方法的结合**。

（4）2009～2011 年

随着电子产品更新换代周期的逐渐缩短，由电子垃圾（E-waste）及其回收利用中不恰当的拆解作业造成的多溴联苯醚（PBDEs）等新型阻燃剂的土壤有机污染问题开始显现并日趋严重；同时，抗生素（antibiotics）的大量医用和农用也导致抗生素与抗性基因污染等新问题的产生，因而，**针对此类新兴有机污染物的土壤环境风险评价（risk assessment）成为这一时期的重要内容**。此外，**随着公众对气候变暖问题关注度的逐渐提升**，具有特殊理化性状的黑炭（black carbon）等高含碳物质，由于**兼具固碳、调酸、培肥等多重土壤改良功能，在这一时段中被众多学者作为新对象加以重点研究，特别是围绕生物炭（biochar）的土壤有机污染修复受到越来越多的关注**。

（5）2012～2014 年

由于土壤污染物的多样性，重金属（heavy metal）、有机污染物（organic pollutants）两大类中多种持久性污染物在同一时空内产生作用时，土壤中这些污染物的污染效应往往是以复合污染（combined pollution）的形式表现出来，大大提高了复合污染土壤的修复难度。同时，持久性有机污染物在土壤特别是沉积物（sediments）中的积累（accumulation）以及一些潜在有毒元素（potential toxic elements）等的存在，使得针对污染环境风险评价（risk assessment）的研究仍显得尤为重要。土壤环境是一个具有固、液、气的多相介质，持久性有机污染物（persistent organic pollutants）可在土、水、气三相环境之间迁移转化，前面几个时段的研究已对土—水界面迁移转化有所侧重，在本时段中加重了土—气界面迁移转化的研究占比，使得大气—土壤交换（air-soil exchange）一词进入前20位高频关键词。总的来说，这一阶段的高频关键词说明，**复合污染的修复是一个日益突显的难题，同时，在污染修复的过程中也非常有必要与相关污染环境风险评价等方面的新研究方法和新手段结合起来，以便开展修复技术的综合研究。**

根据校正后高频关键词分布情况可知以下3点。①多环芳烃（PAHs）、有机氯污染物（organochlorine pollutants）、多氯联苯（PCBs）等一直是各时期土壤有机污染与修复（remediation）领域的重点研究对象，说明由这几大类污染物引发的土壤有机污染问题在全球范围内存在共性。而个别新型污染物如阻燃剂类污染物多溴联苯醚（PBDEs）仅在特定时期内研究热度相对较高，说明由此类污染物引发的污染问题可能只是特殊区域中显现的个性污染问题，因此其研究关注度呈现在其污染问题产生后开始显现但尔后又逐渐减弱的趋势。②围绕根际（rhizosphere）效应相关的根际污染过程研究在较长时间内（2000~2011年）维持着较高的研究热度，"根际"一词仅在2012~2014年的3年中未出现在TOP20高频关键词中，说明在过去近10年内，植物修复尤其是根际修复一直是土壤有机污染与修复领域研究的焦点。但新近3年来，可能由于污染物多样性所致的污染环境复杂性，导致依靠单一的植物修复技术无法解决污染修复的实际需求，在这种情况下，相关研究开始更侧重强调复合污染体系中的污染过程与修复，由此导致根际在整个土壤有机污染与修复研究领域中的研究占比有所降低。③在近10年的研究中，学者们对中国（China）的土壤有机污染问题的关注度逐年上升，特别是在最近5年的研究中，针对生物炭（biochar）、风险评价（risk assessment）等新兴研究方向的热度持续增强。

16.2.2　近15年国际该领域研究取得的主要学术成就

图16-1表明近15年国际土壤有机污染与修复研究的核心领域主要包括污染过程与降解机制、植物毒理效应与根际过程、土—水界面吸附与迁移、有机—无机复合污染与修复、厌氧环境中多要素耦合的污染物形态转化5个方面。高频关键词组合特征反映的热点问题主要包括污染物类型、土水界面迁移转化、生物修复及降解等对土壤有机污染过程与污染修复的影响（表16-1）。针对上述核心领域及热点问题展开了大量研究，取得的主要成就包括：**有机污染物土水界面吸附行为、有机污染胁迫下的根际过程、有机及有机—无机复合污染与修复、厌氧环境中多要素耦合及降解机制**4个方面。

（1）有机污染物土水界面吸附行为

有机污染物具有疏水性，大部分在土壤中处于吸附态，因而土壤的吸附作用对其迁移转化有着重要影响。吸附程度不仅影响有机污染物在环境中的生物化学行为，而且也是影响其光解、水解、生物降解等土壤环境界面过程的一个重要因素（Li et al., 2001: 67～75）。一般认为，土壤对 PAHs、PCBs 等非极性疏水有机污染物的吸附主要受土壤有机质的疏水分配控制，而极性有机污染物由于和不同土壤组分间存在氢键等极性作用，吸附机制更为复杂，矿物对吸附的贡献也变得更为重要（Celis et al., 2006: 308～319; Liu et al., 2008: 1053～1060, 2013: 1547～1555; Zhang et al., 2008: 817～823; He et al., 2006b: 497～505, 2014: 309～316）。腐殖质作为土壤有机质的主要组成部分，其结构性质与有机污染物的吸附性能密切相关。由于非极性有机污染物的吸附受疏水分配机制控制，在腐殖质上的吸附一般随腐殖质极性[O/C 或（O+N）/C 摩尔比]的升高而降低。而大部分腐殖质可被黏土矿物绑定，土壤中由矿物—腐殖质组成的有机无机复合体（即土壤胶体）对有机污染物的吸附也因此受到广泛关注（Peng et al., 2012: 66～71）。

由于土壤胶体颗粒小到纳米尺度时量子效应、局域性、表面及界面效应将发生质变，从纳米尺度上结合常规 XRD、FTIR、SEM、TEM 等分析手段开展土壤胶体对疏水性有机污染物界面增溶和迁移的研究在近年中得到迅速发展（Wilson et al., 2008: 291～302; Sun et al., 2012: 167～173; Lou et al., 2013: 76～83）。针对人工纳米颗粒可能会向环境中释放并产生毒害等的局限性，新近的研究将目光逐渐转到了环境友好的天然纳米颗粒上（Theng et al., 2008: 395～399; Zhao et al., 2012: 5369～5377; Zeng et al., 2014: 577～585）。此外，随着一些新型污染物（包括抗生素类药物、个人护理品等）的出现，常见的单参数吸附模型（如有机碳标化分配系数—正辛醇/水分配系数，Koc-Kow）已难以准确描述这些具有较强极性的化合物的吸附行为，研究者们多选用两个或两个以上的模型联用来描述环境中污染物的吸附行为（Xing et al., 1997: 792～799; He et al., 2006a: 362～372; Foo et al., 2010: 2～10; Wang et al., 2011: 2124～2130）。研究有机污染物在土—水界面的吸附行为，有助于深入地揭示有机污染物在土壤中污染发展过程的规律与机制，对土壤有机污染的修复具有重要意义。

（2）有机污染胁迫下的根际过程

根际作为土壤—植物系统中物质交换的活跃界面，通常指植物根系与土壤之间几微米到几毫米的微界面范围（He et al., 2005: 2017～2024）。由于绝大多数有机污染物具有疏水性特征，易被土壤胶体吸附从而降低了它们从土壤向植物体的迁移，因此，对于有机污染物在土壤—植物系统中的消减来说，源于植物吸收的贡献作用较低，主要是源于根际土壤微生物的降解贡献。有鉴于此，学者们多采用土壤—（土著）微生物—植物组成的复合体系来共同降解有机污染物，因而针对有机污染物的根际生物修复技术研究一直备受关注（Pilon-Smits, 2005: 15～39; Campos et al., 2008: 38～47; He et al., 2009: 1807～1813; Ling et al., 2013: 677～685）。一般认为，根际对有机污染降解的影响可概括为两个方面：一是通过根际微生物数量及活性的改变影响有机污染物的降解；二是植物根系分泌物影响有机污染物的降解与生物有效性（Salt et al., 1998: 643～668; He et al., 2007: 1121～1129）。而根际微生物对有机污染物的降解主要有两种方式：一种是微生物将污染物作为唯一的碳源和能源而生长的代谢降解（Romero et al., 2002: 159～163）；另一种是共代谢降解，即通过微生物的作用使一些难降解的有机物化学结构发生改变，从而提高降解效率,如根系分泌物及脱落物在微生物降解污染物时作为共代谢的基质而促进污染物的降解(Van et al., 2010: 2767~2776; Xie et al., 2012: 1190~1195)。

在根际环境中,有机污染物的降解功能菌的丰度与其浓度有关,可利用碳源的变化也会影响功能微生物种类与数量的变化(Liu et al., 2013: 1547~1555)。有机污染胁迫下,微生物群落的总生物量会减少,但其降解潜能提高,并且功能微生物类群丰度相应提高(Johnsen and Karlson, 2005: 488~495; Ma et al., 2012: 413~421);在再次受到有机污染胁迫时,功能微生物经过前期的适应过程,其生长速率明显增加(Johnsen and Karlson, 2005: 488~495)。加氧酶如烷烃单加氧酶(alkB)、苯酸双加氧酶(benA),可增加有机污染物的可溶性并且催化发生苯环的开环反应(Mallick et al., 2011: 64~90),目前已被作为环境污染的标志物,可通过检测它们在土壤样品DNA中的基因拷贝数量确定污染程度及修复过程的持续性(Nebe et al., 2009: 2029~2034)。随着研究手段的进步,利用碳/氮同位素示踪技术结合16S rRNA等遗传发育基因分析,来解析参与降解过程的关键微生物、群落内部物种组成的变化及功能基因组成的演变等方面的研究热度仍将持续上升(Tejeda-Agredano et al., 2013: 830~840; Wei et al., 2014: 514~520; Bell et al., 2014: 331~343)。

(3)有机及有机—无机复合污染与修复

目前土壤中有机污染物主要包括石油烃类、有机氯农药(OCPs)、多环芳烃(PAHs)、多氯联苯(PCBs)、邻苯二甲酸酯(PAEs)、爆炸物等,这些污染物大都来自化肥及农药的大量施用、污水灌溉、大气沉降、有毒有害危险废物的事故性泄漏等,而且具有半挥发性、高毒性、难降解性,可在土壤中逐渐积累、长期存在(Pilar et al., 2003: 514~521; Cai et al., 2008: 209~224)。随着土壤污染状况的加剧,近年来人们越来越多地开始关注土壤中共存污染物(如金属类金属离子、盐分离子、表面活性剂等)对有机污染物土壤环境界面过程的影响(Peng et al., 2011: 1173~1177; Wu et al., 2012: 570~584; Cao et al., 2013: 93~99)。重金属和多环芳烃是土壤中普遍存在的两类典型污染物,在土壤环境中往往同时存在。已有研究表明金属阳离子可显著促进胡敏酸对多环芳烃的吸附,抑制多环芳烃的解吸,并认为金属阳离子可显著促进胡敏酸的絮凝,改变有机碳的化学结构,从而影响多环芳烃的界面反应(Yang et al., 2011: 818~833; Zhang et al., 2011: 119~126)。重金属离子可以与多环芳烃形成阳离子-π作用或改变吸附界面的疏水性,从而影响有机污染物的非生物吸附行为。对离子型有机污染物,重金属还可通过竞争吸附位点或络合作用影响有机污染物在土壤或土壤有机质的吸附(Wang et al., 2011: 2124~2130)。

有机污染土壤修复的主要方式包括物理修复(如热脱附)、化学修复(如表面活性剂强化修复、有机溶剂洗脱)、生物修复(如微生物降解、植物修复、植物—微生物协同根际修复等)、化学与生物相结合的修复(如表面活性剂增效生物修复)等方式(Mallavarapu et al., 2011: 1362~1375; Venny et al., 2012: 295~317; Fan et al., 2014: 106~113)。总的来说,对中度、重度有机污染土壤多采用物理、化学等处理效率高、周期短的异位方式进行修复,对于具有较大面积的轻度有机污染的农田土壤而言，生物或强化生物修复（特别是植物—微生物协同根际修复）是目前公认的一种绿色可持续的修复模式。目前针对有机—无机复合污染土壤的研究主要集中在污染特征调查、生态毒理及修复技术等方面（Bemnett et al.，2001：281～282；Cong et al.，2010：3418～3423；Yang et al.，2010：727～732），而对修复过程及其作用机理的研究相对较少。生物炭、表面活性剂、纳米材料等由于较好的表面化学性质和孔隙结构特征，对污染物具有很强的吸附能力，对其在土壤中的迁移转化有着重要影响，近年来也都成为土壤有机—无机复合污染修复技术研发中功能修复材料筛选研究方面的热点（Sun et al.，2012：167～173；Peng et al.，2012：66～71；Lou et al.，2013：76～83；Zeng et al.，2014：577～585）。此外，许多专业的环境修复公司也随着修复技术的产业化应运而生，可从污染场地调查与风险评估到方案制定、工程实施以及后期评估等方面提供完整的全链条修复解决方案，并在土壤有机—无机复合污染修复方面已有成功的案例。

（4）厌氧环境中多要素耦合及降解机制

在淹水土壤等厌氧生境中，微生物作为土壤有机污染物降解的主要驱动力，将有机物脱毒过程与生源要素循环紧密联系了起来。微生物驱动的可还原性有机污染物以还原转化方式主导的降解过程可以耦合铁还原、硝酸盐还原、硫酸盐还原及产甲烷等淹水土壤中天然发生的还原过程，这些耦合作用在土壤物质（如生源要素和污染物质）生物地球化学循环过程中扮演着重要的角色（Haritash and Kaushik，2009：1～15；Bemnett et al.，2001：281～282；Zhang et al.，2011：1～2）。已有研究证实，土壤中典型的可还原性有机污染物具有氧化还原性和亲电子性，如有机氯农药等，它们在厌氧环境中被生物还原的脱氯转化主要涉及两种机制，其一是厌氧（或兼性）微生物的直接代谢还原脱氯，其二是间接的共代谢还原脱氯作用（Romero et al.，2002：159～163），且它们的还原脱氯过程会受到土壤中大量存在的NO_3^-、$Mn(IV)$、$Fe(III)$和SO_4^{2-}等末端电子受体的影响（Lin et al.，2012：260～267，2013：433～440，2014：9974～9981；Chen et al.，2013：2224～2233，2014：201～211）。

在此方面，以碳、氮、铁、硫等生源元素耦合微生物厌氧降解典型还原性有机物—氯代有机物的研究在最近5年中备受关注。微生物铁还原是厌氧土壤中主要的能量来源方式（Lovely et al.，1996：445～448），大量研究发现，铁还原菌不仅可以促进氯代烷烃的脱氯（He and Sanford，2003：2712～2718），对于复杂结构有机物（如DDT，PCP）上的氯代基团也有很好的效果（Chen et al.，2013：2224～2233；Xu et al.，2014：215～223）。还原态二价铁离子还可与可溶性有机质形成复合体系，从而形成一个电子穿梭体系，将电子最后传递到多氯联苯、五氯硝基苯等含氯有机污染物，Fe^{2+}-DOM还原体系在厌氧环境中是重要的还原体系（Huang，2004；Hakala et al.，2007：7337～7342）。此外，在中性厌氧环境中，亚铁氧化群落与铁还原群落共存并受环境因子调控，耦联有机碳氧化促进铁还原过程，耦联硝酸盐还原促进亚铁氧化（Coby et al.，2011：6036～6042），从而影响有机污染物的降解。但耦合硫酸盐还原的过程复杂，可能会抑制或促进有机污染物的降解（Jeong et al.，2011：5186～5194；Chen et al.，2014：201～211），其耦合效应与机制还需进一步探明。由此可见,将淹水土壤中天然的氧化还原过程与微生物作用耦合起来研究有机污染物在厌氧环境中还原转化的降解过程,呈现出多元素、多要素、多界面、多过程耦合的特征(贺纪正等,2014)。以微生物—污染物—生源要素之间电子转移过程为核心的污染物脱毒过程逐渐受到重视,成为国际土壤科学和环境科学污染修复领域最新的关注点和科学前沿。

16.3 中国"土壤有机污染与修复"研究特点及学术贡献

欧美等国家土壤污染修复研究自 20 世纪 70 年代后期就已开始,我国的起步较晚,在"十五"期间才受到重视(骆永明,2009:558~565)。最初的研究重点是针对土壤重金属污染,在大量使用农药后,有机污染物在土壤中的残留与生物累积造成了环境问题,并通过食物链传递对人体健康产生更严重的危害,因此土壤污染修复的重心逐渐由重金属污染向有机污染转移(史海娃,2008:122~126)。

16.3.1 近 15 年中国该领域研究的国际地位

过去 15 年,国际不同国家和地区对于土壤有机污染与修复的研究日趋增长。表 16-2 显示了 2000~2014 年土壤有机污染与修复领域 SCI 论文数量、篇均被引数量和高被引论文数量 TOP20 国家和地区。近 15 年 SCI 论文发表总量 TOP20 国家和地区,共计发表论文 18 583 篇,占所有国家和地区发文总量的 81.3%。从不同的国家和地区来看,近 15 年 SCI 论文发文数量最多的是美国,共发表 3 593 篇;中国排名第 2 位,发表 3 306 篇,与排名第 1 位的美国差距甚微;排名第 3 位的是西班牙,发表 1 188 篇,与前两者有较大的差距。20 个国家和地区总体发表 SCI 论文情况随时间的变化表现为:与 2000~2002 年发文量相比,2003~2005 年、2006~2008 年、2009~2011 年和 2012~2014 年发文量分别是 2000~2002 年的 1.3 倍、1.8 倍、2.2 倍和 2.6 倍,表明国际上对于土壤有机污染与修复的研究日趋重视。由表 16-2 可看出,过去 15 年美国在土壤有机污染与修复研究领域一直占据领先地位,但中国在该领域的研究增长飞速,从 2000~2002 年时段的 58 篇,到 2012~2014 年时段的 1 510 篇,并且从 2009 年开始超过美国,跃居全球第 1 位。

从表 16-2 可以看出,近 15 年土壤有机污染与修复领域全世界 SCI 论文篇均被引次数为 17.7 次;2000~2002 年、2003~2005 年、2006~2008 年、2009~2011 年和 2011~2014 年全世界 SCI 论文篇均被引次数分别是 38.4 次、30.7 次、22.4 次、13.6 次和 4.0 次。近 15 年 SCI 论文篇均被引总次数居全球前 5 位的国家依次是英国、瑞士、荷兰、奥地利和新西兰。其中,英国、瑞士和荷兰在各个时段 SCI 论文篇均被引次数均高于全世界 SCI 论文篇均被引次数,表明欧洲国家在土壤有机污染与修复领域的研究中占据重要地位。中国学者的 SCI 论文篇均被引次数排在全

表16-2 2000~2014年"土壤有机污染与修复"领域发表SCI论文数及被引频次TOP20国家和地区

排序[①]	国家(地区)	SCI论文数量（篇）						国家(地区)	SCI论文篇均被引次数（次/篇）						国家(地区)	高被引SCI论文数量（篇）					
		2000~2014	2000~2002	2003~2005	2006~2008	2009~2011	2012~2014		2000~2014	2000~2002	2003~2005	2006~2008	2009~2011	2012~2014		2000~2014	2000~2002	2003~2005	2006~2008	2009~2011	2012~2014
	世界	22 871	2 498	3 281	4 640	5 712	6 740	世界	17.7	38.4	30.7	22.4	13.6	4.0	世界	1 143	124	164	232	285	337
1	美国	3 593	707	755	755	689	687	英国	29.5	50.7	41.9	35.3	21.1	4.9	美国	294	39	45	46	50	53
2	中国	3 306	58	238	533	967	1 510	瑞士	28.4	52.1	63.2	27.7	18.3	6.2	英国	112	16	21	25	26	15
3	西班牙	1 188	92	128	269	320	379	荷兰	27.6	49.1	35.3	25.1	24.4	5.4	中国	100	6	13	32	53	70
4	英国	1 135	175	214	263	245	238	奥地利	26.8	51.7	47.2	19.1	25.0	4.8	加拿大	82	14	9	15	14	10
5	法国	1 045	118	167	211	230	319	新西兰	26.6	38.6	36.6	21.9	26.7	4.4	德国	69	8	6	18	17	7
6	加拿大	979	170	181	212	212	204	瑞典	25.3	34.5	40.0	33.9	12.8	4.5	法国	57	8	9	11	11	23
7	德国	946	177	164	202	194	209	美国	24.4	41.8	33.3	25.0	15.4	5.1	西班牙	46	6	5	11	11	24
8	印度	878	43	85	152	273	325	比利时	23.6	40.2	38.0	24.3	24.5	4.4	印度	41	4	9	10	17	15
9	意大利	853	81	130	198	239	205	加拿大	23.4	48.0	27.6	27.7	14.6	3.9	澳大利亚	36	5	9	3	12	23
10	巴西	606	25	68	128	175	210	德国	23.2	43.0	29.7	26.8	16.4	4.3	荷兰	36	5	4	7	6	7
11	波兰	576	41	71	100	169	195	挪威	23.1	41.9	33.2	21.7	18.0	5.4	意大利	32	2	4	11	7	8
12	澳大利亚	552	71	95	78	129	179	澳大利亚	21.6	41.9	39.4	20.2	18.7	6.8	瑞士	30	2	6	5	5	4
13	日本	551	61	100	128	131	131	丹麦	20.5	35.2	28.4	28.2	14.1	4.9	瑞典	23	2	3	10	1	4
14	韩国	452	42	83	92	112	123	斯洛文尼亚	20.0	30.1	46.0	24.8	9.4	3.5	比利时	20	2	3	2	8	4
15	荷兰	347	73	53	83	68	70	法国	18.3	39.1	31.1	22.0	14.0	4.8	新西兰	19	2	1	3	6	1
16	瑞典	325	44	60	98	53	70	西班牙	17.9	43.8	32.2	25.9	13.6	4.8	丹麦	17	0	0	5	7	3
17	中国台湾	325	30	36	76	104	79	芬兰	17.6	29.4	18.7	17.3	14.2	3.1	波兰	16	1	2	1	5	5
18	捷克	318	30	37	68	92	91	意大利	16.9	25.0	31.8	22.5	12.5	3.8	奥地利	16	2	2	1	2	2
19	比利时	304	31	59	69	68	77	以色列	15.8	26.0	24.5	24.2	9.8	3.5	日本	13	1	2	2	4	4
20	墨西哥	304	17	37	78	66	106	中国(26)[②]	13.0 (26)	48.5 (5)	32.4 (18)	24.5 (13)	14.5 (15)	3.8 (18)	挪威	11	1	2	0	3	4

注：①按2000~2014年SCI论文数量、篇均被引次数、高被引论文数量排序；②括号内数字是中国相关时段排名。

球第 26 位，2000~2014 年 SCI 论文篇均被引次数仅为 13.0 次，远落后于英国、瑞士等欧洲发达国家，尚未达到世界平均水平。从高被引论文数量来看，近 15 年全世界 SCI 高被引论文总量为 1 143 篇，其中 2000~2002 年、2003~2005 年、2006~2008 年、2009~2011 年和 2012~2014 年全世界 SCI 高被引论文数量分别是 124 篇、164 篇、232 篇、285 篇和 337 篇。近 15 年来，高被引论文数量最多的是美国，共 294 篇，远高于世界其他国家或地区，在 2008 年之前的各子时段内，美国是世界上高被引论文数量最多的国家。排名第 2 位的国家是英国，高被引论文总量为 112 篇。中国高被引论文总量为 100 篇，排名第 3 位，仅为美国的 1/3，但是，中国在 2009~2011 年和 2012~2014 年 SCI 高被引论文数量分别是 53 篇与 70 篇，超越了美国，成为高被引论文数量排名第 1 位的国家。**从 SCI 论文数量和高被引论文数量的变化趋势来看，中国在国际土壤有机污染与修复领域的活力在不断增强，已向美国的研究成果看齐，但从篇均被引数量来看，中国学者的研究成果在学术界的影响力与世界一流水平相比，仍存在较大的差距。**

图 16-2 显示了 2000~2014 年土壤有机污染与修复领域 SCI 期刊中外高频关键词对比及时序变化，15 年来中国与全球学者的 SCI 论文关键词词频总数不断增加。从图 16-2 可以看出：2000~2014 年中国与全球作者发表 SCI 文章高频关键词总频次均最高的是多环芳烃（PAHs），金属（metal）、重金属（heavy metal）与生物降解（biodegradation）次之；总频次最高的前 15 个关键词中，同时出现的关键词还有生物修复（bioremediation）、沉积物（sediment）、吸附（sorption）、污染（pollution）、污染土壤（polluted soil）、植物修复（phytoremediation）、生物有效性（bioavailability）、表面活性剂（surfactant），**表明国内外近 15 年土壤有机污染与修复领域重点关注了与金属循环耦合的有机污染物的形态转化、与重金属的复合污染化学过程及其生物修复，并在研究中强调了污染过程的多要素耦合。**除此之外，全球学者的研究热点中还单独包含农药（pesticide）、水（water）和土壤污染（soil pollution），这说明**全球学者更多侧重于有机污染中农药的土—水界面吸附与迁移行为的研究。**与全球学者的研究热点有所不同，中国学者的文章高频关键词中还单独出现了有机氯农药（organochlorine pesticide）、持久性有机污染物（POPs）和黑炭（black carbon），说明**我国学者主要侧重于有机氯农药等持久性污染物的相关污染与修复研究，并在研究中强调了外源黑炭的引入及其对有机污染物土壤环境行为的影响和调控作用。**我国学者对有机氯农药研究的重点关注与我国特殊的有机氯农药使用历史密切相关。在 20 世纪 50~80 年代，我国是有机氯农药的生产和使用大国，曾经工业化生产过六六六、滴滴涕等有机氯农药（王京文等，2003：40~41）。1988 年、1998 年、2004 年我国就曾先后对土壤中有机氯农药的污染状况进行了大规模的专项调查，发现尽管自 20 世纪 80 年代中期后已基本禁用有机氯农药，但部分地区土壤中有机氯农药的残留量依然相当严重（徐鹏等，2014：164~166）。

从图 16-2 中关键词自身增长速度来看，全球学者发表的 SCI 论文中关键词在不同时段的占比大致相同，没有明显的持续上升或下降。在中国学者发表的 SCI 论文中，关键词生物降解（biodegradation）、黑炭（black carbon）在整个时段的占比明显上升，多环芳烃（PAHs）、植物修复（phytoremediation）、持久性有机污染物（POPs）、生物有效性（bioavailability）、有机氯农药（organochlorine pesticide）的占比总体也呈现一个上升的趋势，关键词金属（metal）和重金属（heavy metal）的占比下降。这说明在土壤有机污染与修复研究领域，中国学者对研究对象的关注有所变化，逐渐由重金属污染物转移到多环芳烃、有机氯农药等典型有机污染物，或者由有机—无机复合污染中侧重重金属转变为侧重复合污染中的有机污染物；此外，还充分说明中国学者在研究内容上，越来越重视对生物有效性、生物降解等影响修复效果的核心问题的探讨，并在研究中将其与绿色可持续的植物修复以及外源黑炭的调控作用相结合。

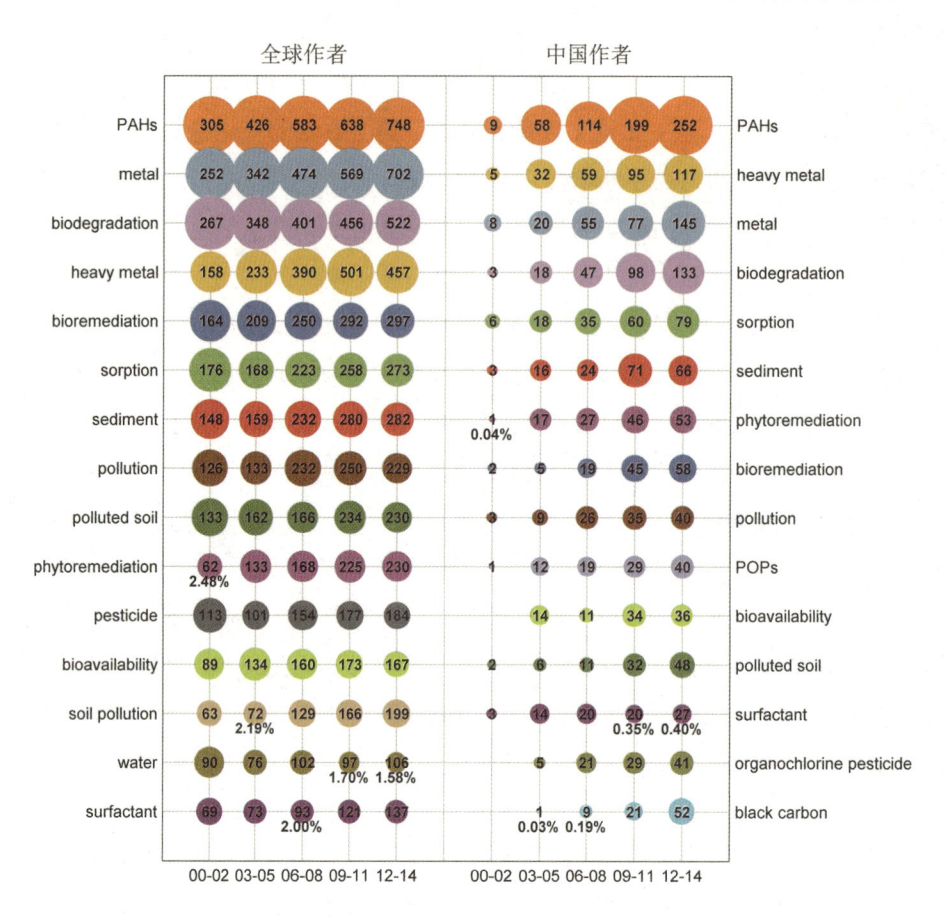

图 16-2　2000～2014 年"土壤有机污染与修复"领域 SCI 期刊全球及中国作者发表论文高频关键词对比

16.3.2　近 15 年中国该领域研究特色及关注热点

利用土壤有机污染与修复相关的中文关键词制定中文检索式，即：(SU='土壤' or SU='场地' or SU='农田') and (SU='有机' or SU='农药' or SU='除草剂' or SU='杀虫剂' or SU='杀菌剂' or SU='烃' or SU='酚' or SU='醚' or SU='苯' or SU='酯' or SU='POPs' or SU='POP' or SU='PAHs' or SU='PAH' or SU='PCBs' or SU='PCB' or SU='CPs' or SU='CP' or SU='PBDEs' or SU='PBDE' or SU='DDTs' or SU='DDT' or SU='二噁英') and (SU='污染')。从 CNKI 中检索 2000～2014 年本领域的中文 CSCD

核心期刊文献数据源。图 16-3 为 2000~2014 年土壤有机污染与修复领域 CSCD 期刊论文关键词共现关系图，可大致分为 5 个相对独立的研究聚类圈，在一定程度上反映了近 15 年中国土壤有机污染与修复研究的核心领域，主要包括：**有机—无机复合污染与修复、典型污染物的环境影响评价、功能降解菌与微生物修复、有机污染物代谢的分子机制、农田有机污染宏观模拟** 5 个方面。从聚类圈中出现的关键词可以看出近 15 年土壤有机污染与修复研究的主要问题及热点，具体如下。

（1）有机—无机复合污染与修复

图 16-3 聚类圈中出现的主要关键词有重金属、土壤镉污染、化学形态、形态分析、植物修复、微生物修复、面源污染、迁移等。上述关键词反映出近年来我国学者对有机—无机复合污染领域的关注主要**侧重于重金属因素**，研究内容涉及复合污染环境下重金属的存在形态、迁移转化形式与生物可利用性的调控等。**针对有机污染物的研究强调从农药等典型有机污染物的残留及其环境、生态效应方面展开**。另外，我国京津地区、珠江三角洲地区是我国学者的重点研究区域。

（2）典型污染物的环境影响评价

图 16-3 聚类圈中出现的关键词主要包括多环芳烃、多氯联苯、有机氯农药、表面活性剂、沉积物、DDT、土壤有机质、土壤肥力、洗脱、土壤修复、健康风险评价、风险评估、GIS 空间分析、农田生态系统等。上述关键词主要反映了该领域的研究重点在于典型有机污染物，如**有机氯农药、多环芳烃等**，在农田生态系统中的污染空间分布特征、污染物存在形态、残留、**挥发性有机物及其与环境质量、风险评价与修复技术相关的内容等**。另外，此类研究多借助 GIS 技术、风险分析模型等方法进行宏观预测描述与分析。

（3）功能降解菌与微生物修复

从图 16-3 可以看出，围绕多环芳烃和石油降解菌等在有机污染物的微生物降解过程中的作用也是研究热点之一。在具体内容上重点关注了利用生物表面活性剂等的增溶作用提高污染物的生物有效性，从而促进功能降解菌的代谢降解功能，以彻底降解有机污染物，并探讨微生物修复过程中由加氧酶、氧化还原酶、过氧化氢酶等调控的酶促反应降解机理。

（4）有机污染物代谢的分子机制

近年来，以分子遗传标记为代表的生物学方法的应用在研究有机污染胁迫、生态效应与风险评估、微生物群落结构等方向中已日渐成熟。**随着微生物修复有机污染物的技术进入基因水平，分子生物学等手段作为桥梁与媒介，将五氯酚、多溴联苯醚等农药污染及其土壤修复与生物及生态效应等紧密结合**，这也是近年来国内学者的研究重点领域之一。

（5）农田有机污染宏观模拟

从图 16-3 可以看出，土地利用、空间变异、地统计学、模型等成为农田有机污染与修复领域宏观区域污染评价和预测的研究重点。侧重探讨了**模型建立、统计学应用以及大数据发展**在农田有机污染评价中的重要作用，并借助土壤理化性质分析完善地区土壤环境指标，从而建立

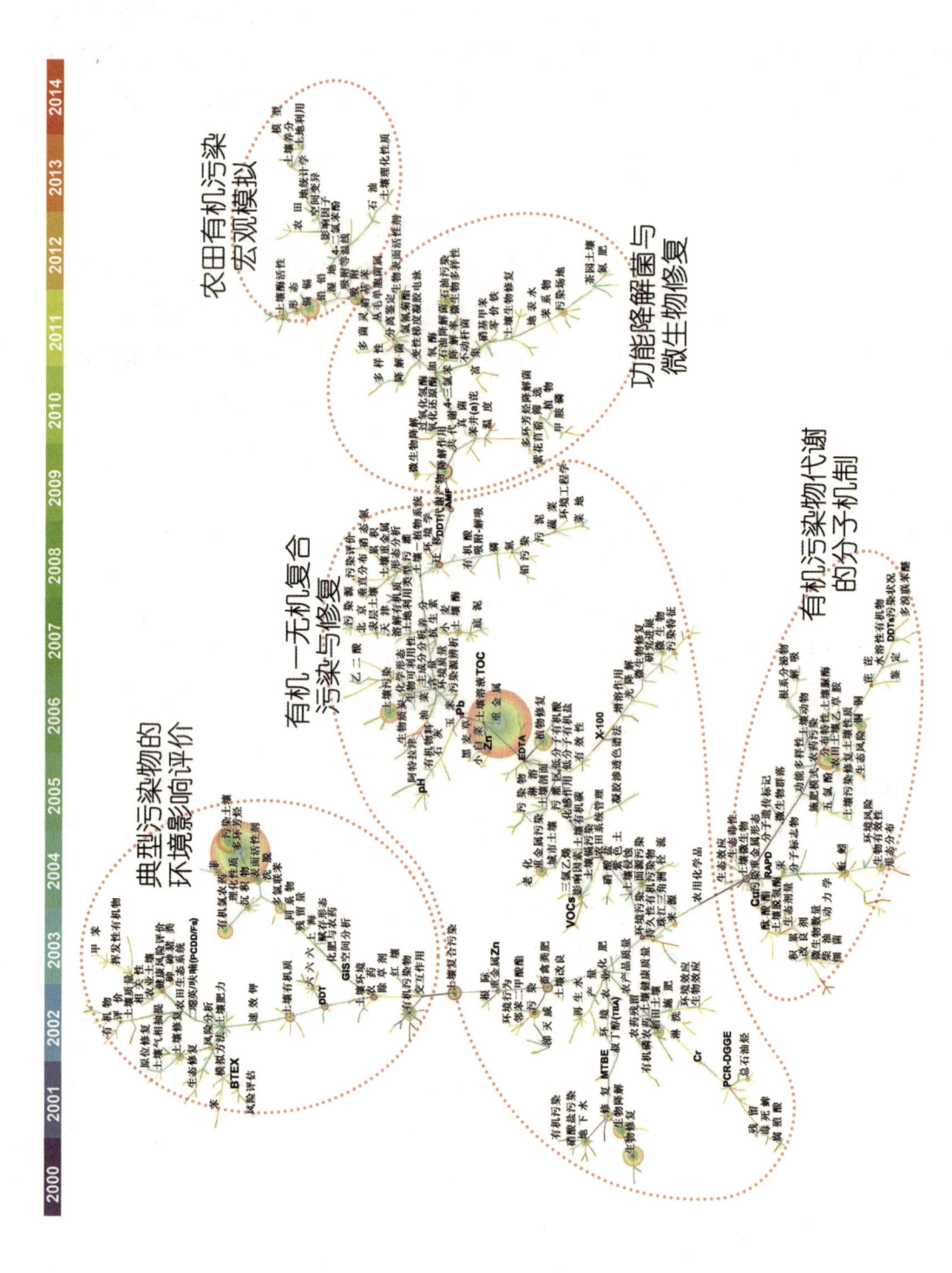

568 土壤学若干前沿领域研究进展

图 16-3 2000～2014 年 "土壤有机污染与修复" 领域 CSCD 期刊论文关键词共现关系

完整的区域土壤环境有机污染评价体系。上述关键词反映出从宏观角度评价有机污染物的空间分布规律、迁移转化机制及其与土地利用方式的关系是研究的热点之一。

　　分析中国学者 SCI 论文关键词聚类图，可以看出中国学者在土壤有机污染与修复领域的国际研究中既紧跟国际前沿，又呈现出一定的中国特色。2000~2014 年中国学者 SCI 论文关键词共现关系图（图 16-4）可以大致分为 5 个研究聚类圈，分别为典型农药的污染与修复、多环芳烃的植物修复与生物降解、复合污染的根际效应、土—水/气界面迁移与区域风险评价、新型有机污染研究。据图 16-4 聚类圈中出现的关键词，可以看出以下 5 点。①典型农药的污染与修复重点围绕有机氯农药（organochlorine pesticide，OCPs，DDT）、除草剂（herbicide）阿特拉津（atrazine）等的生物修复（bioremediation）展开，侧重研究了以珠江三角洲地区（Pearl River Delta）为代表的农业和城市土壤环境（agricultural soil，urban soil）中农药的残留（residue）、固定（immobilization）、迁移（translocation）等污染过程对植物（phytotoxicity，root exudates）、微生物（microbial activity，bioaccumulation）、基因毒性（genotoxicity，DNA damage，enzyme activity）等影响的生态效应及其与污灌的关系（waste water irrigation），并基于因子分析（factor analysis）、主成分分析（PCA）等多元统计分析方法筛选表征响应污染胁迫的敏感环境指标。同时，对有机氯农药污染与修复的研究是我国学者关注的重中之重，也体现出鲜明的中国特色。②多环芳烃的植物修复与生物降解聚类圈中出现的关键词主要有多环芳烃（PAHs）、植物修复（phytoremediation）、生物降解（biodegradation）、中国（China）、有机质（organic matter，humic acid，humic substances）、黑炭（black carbon）、金属（metal）等。可以看出，以多环芳烃为主要研究对象的植物修复与生物降解是该领域热点之一。研究中除了对多环芳烃降解作用与机制（accumulation，metabolite，kinetic，electrokinetics，transformation，emission）的探讨外，还侧重通过有机质、黑炭、金属等对多环芳烃生物有效性（bioaccessibility，phytoavailability）的调控来强化植物修复与生物降解效果。③复合污染的根际效应主要分析了与重金属（heavy metal）污染（pollution）共存环境中典型氯代有机物五氯酚（PCP）、毒死蜱（chlorpyrifos）等在根际（rhizosphere）的脱氯降解过程（dechlorination），重点关注了零价铁（zerovalent iron）对脱氯转化以及蚯蚓（earthworm）对重金属生物有效性（bioavailability）的影响作用，并通过 DGGE 等技术手段对根际微域中丛枝菌根真菌（AMF）等微生物群落结构（microbial community）及其多样性（diversity）的响应进行分析。④土—水/气界面迁移与区域风险评价聚类圈中出现的关键词有土壤污染（soil pollution，pollutant）、大气污染（air pollution）、水（water）、空间分布（spatial distribution，distribution）、风险评价（risk assessment）、环境归驱（environmental fate）等，反映出污染物在吸附—解吸（sorption，desorption）、光催化（photocatalysis）、老化（aging）等微观过程调控影响下的土—水/气多界面迁移及其与污染物宏观区域空间分布和环境归驱的关系也是研究热点之一，且针对微观过程的研究重点考虑了表面活性剂（surfactant）和溶解性有机质（DOM）的影响作用，最终目标服务于区域污染风险评价。⑤新型有机污染研究围绕 POPs、多溴联苯醚（polybrominated diphenyl ether）等典型污染物以及沉积物（sediment）、稻田（paddy soil）、污泥（sewage sludge）等受体环境，展开了提取方法及形态分级（extraction methods，Extraction，fractionation）等的研究。重点在于关注有机污染物（polybrominated diphenyl ether，POPs）的残留效应（sewage sludge，sediment）、植物毒理效应（plant uptake，toxicity）与微生态效应（microorganism，bacterium，bacterial community）等。因此，新型持久性有机污染物提取方法的优化是该领域研究的核心热点之一。

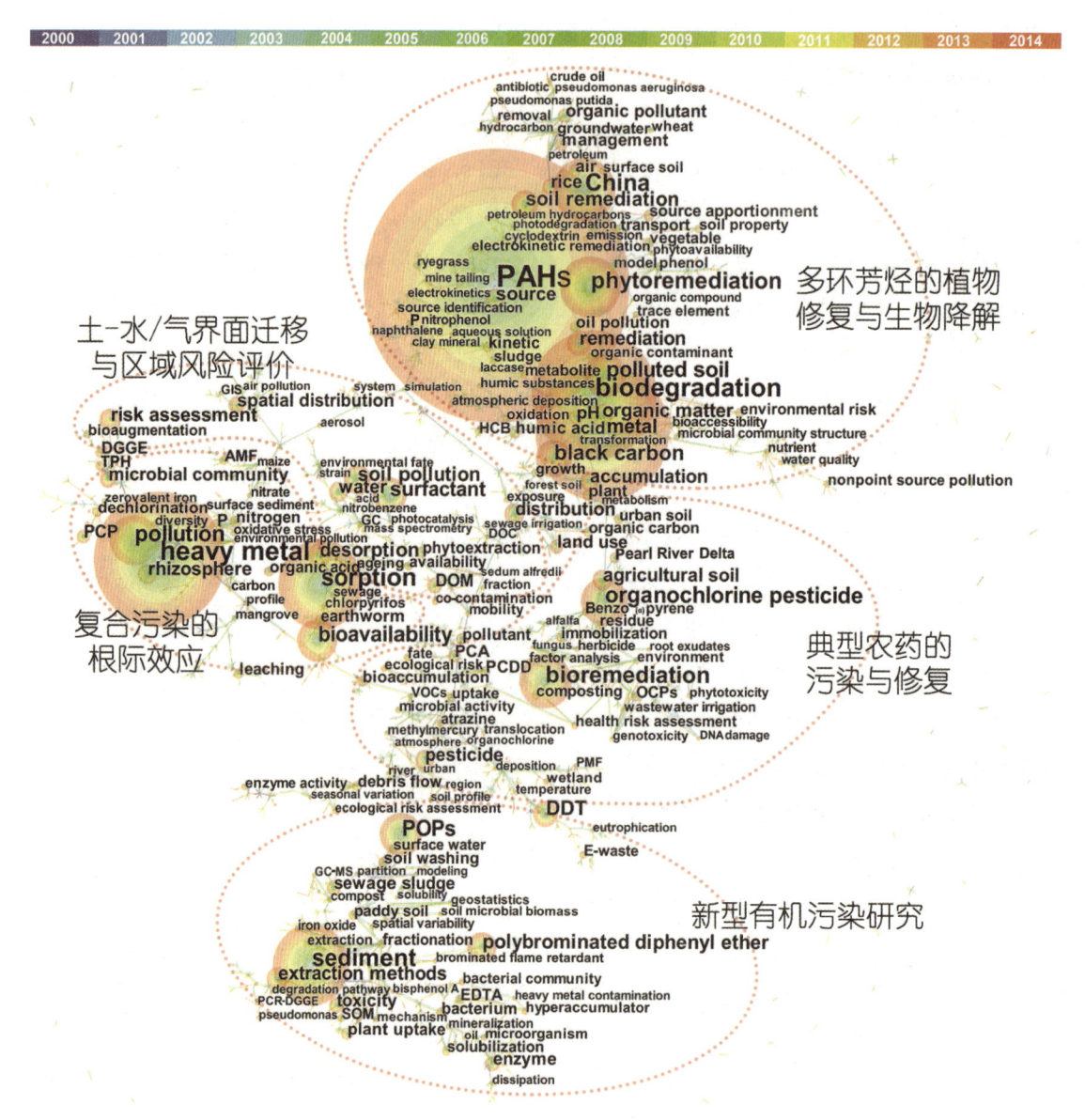

图 16-4　2000～2014 年"土壤有机污染与修复"领域中国作者 SCI 期刊论文关键词共现关系

总体来看，中文文献体现的研究热点与我国不同区域的地域特点、经济发展程度和农业生产水平紧密相关。我国的城市化、工业化和农业高度集约化发展使得有机污染物从多渠道进入土壤，并且已对生态环境、食物安全、人体健康等造成了严重威胁。因此，中文文献的研究热点针对我国农业发展过程中出现的有机氯农药大量施用及其对环境和人体健康造成显著影响的特殊情况，重点研究了以有机氯农药为代表的典型有机污染物的环境影响及评价，并以此为基础开展了后续的生物修复研究，完善了我国有机污染与修复的评价体系。针对近年来分子生物学的发展及其在环境领域的应用，研究了微生物在基因水平的代谢途径，进一步揭示了微生物在有机污染物降解过程中的重要作用。针对我国许多污染场地都呈现重金属和有机污染物叠加的情况，重点关注了有机污染物在重金属污染共存环境中的交互作用、生物效应及其与重金属形态转化的耦合关系。

16.3.3 近15年中国学者该领域研究取得的主要学术成就

根据我国学者近15年发表CSCD核心期刊论文关键词共现关系（图16-3）和SCI论文的关键词共现关系（图16-4），同时结合大量文献分析，笔者认为中国学者近15年来已取得了可喜的学术成就，虽然研究起步较晚，但是以资源消耗和环境破坏为代价的经济迅速发展导致的量大面广的严峻污染现状这一国情促进了研究体量的迅速增长和研究水平的迅速提升。特别是随着国际上地球关键带的概念被提出后，新近几年来中国学者在土壤有机污染与修复领域的研究特别强调了地球关键带中与调控土壤环境功能相关的土—水和根—土两大关键环境界面中发生的界面反应。与国外诸多发达国家相比，我国有机污染问题更为严重和突出，这一重大国情也直接促进了中国学者对土壤有机污染与修复的研究向纵深方向发展，并对根际效应调控的有机污染物根际降解梯度、生物电化学调控的可还原有机污染物的微生物厌氧转化等微观污染过程的本质的认知达到了能接轨国际的研究水平。同时，以多环芳烃和多氯联苯为代表的研究也较为系统地揭示了典型持久性有机污染物在土壤中的生物（包括植物和微生物）降解作用与机制，并研发了相应的生物修复技术。此外，围绕有机—无机复合污染交互作用与效应的研究也取得了显著进展。主要的学术成就可概括为以下4个方面。

（1）有机污染物降解根际梯度效应

根—土界面是地球关键带中最关键的环境界面之一，是植物、微生物、土壤与环境交互作用的场所，是控制物质进出植物体的关键门户（徐建明和何艳，2006：353~358）。由于根系分泌物的影响，根—土界面中土壤理化及生物学性状发生改变，促使其中污染物质的原有吸附解吸、沉淀溶解、络合离解、降解残留、转化释放等界面反应与污染过程趋于复杂化。根际土壤是附着于根表的1~5mm的土层。传统植物营养学研究中认为根系分泌作用具有梯度递减效应。受这种根际效应的影响，根际土壤的物理、化学与生物学性状在距离根面不同远近的毫米级微域中会产生差异。因此，深入开展污染物质在地球关键带中植物生长影响下的根—土界面行为的研究，必须以分离采集不同根际土层为前提。针对这个瓶颈问题，He等设计了多隔层三室根箱，在创新根际研究法的基础上，原位分离采集了根际不同毫米级土层，并通过研究发现，五氯酚（PCP）在根—土界面中的最大降解出现在3mm的近根际空间，而不是更贴近根面的1~2mm微域，不同于传统植物营养研究所揭示的营养因子根际梯度递减效应，提出了根际效应的有机污染物降解特异性。此外，他们还率先采用磷脂脂肪酸法开展后续研究，发现PCP污染胁迫下，根系分泌作用诱导根际土壤群落结构发生了定向变化，导致丛枝菌根真菌在 3mm 根际土层中相对富集，最终诱导了 PCP 的最大降解，由此提出了根际效应的有机污染物降解特异性的土壤微生物学作用机制（He et al., 2005: 2017~2024, 2007: 1121~1129, 2009: 1807~1813；何艳等，2004: 658~662, 2005: 602~606）；在此基础上，Ma 等（2010a: 855~861; 2010b: 2773~2777; 2011: 10542~10547; 2012: 413~421）综合应用整合分析、定量构效关系模型、共溶剂模型、有机溶剂分级提取、等价毒性浓度、DGGE 和 qPCR 等技术，开展了多环芳烃（PAHs）在根—土界面的分配规律、消减动态、空间变异及其微生物响应的研究，发现植物根际中主要组分对 PAHs 的吸附能力为真菌＞植物＞土壤，水稻根表铁膜的形成抑制了植物根系对 PAHs 的吸附，抑制效应随 PAHs 疏水性增强而增大，去除根表铁膜后则根系吸附能力增强。他们利用不同有机溶剂分级提取土壤中不同有效性的 PAHs 后发现，土壤中 PAHs 不同有效性的形态是影响 PAHs 消减的关键因素。进一步分析根际微生物群落结构及 PAHs 降解菌的响应变化，发现 PAHs 降解细菌在水稻根际界面空间中氧气含量高但养分亏缺区域（即距离根系 1~2mm 的根际空间）受到促进而增多，并通过生态位错位竞争策略避开与其他细菌的竞争，从而导致 PAHs 的消减行为在水稻根际不同空间产生差异分化。

（2）可还原有机污染物的微生物厌氧转化

土壤微生物是驱动地球关键元素生物地球化学循环过程的引擎，其驱动的氧化还原过程是联系不同圈层物质与能量交换的重要纽带（宋长青等，2013: 1087~1105）。土壤生物电化学发展为深入解析地球关键带中有机污染物的微生物厌氧转化提供了重要理论基础。土壤中微生物介导的氧化还原反应的胞外电子传递过程是土壤生物电化学研究的核心问题，也是土壤中物质循环和能量交换的关键环节。腐殖质是土壤中的主要电活性物质，对土壤微生物驱动的电子转移过程有重要作用（Lovley et al., 1996: 445~448）。腐殖质作为氧化还原介体强化微生物胞外电子传递及其耦合环境效应已成土壤有机污染与修复研究的重要内容，正受到广泛关注（徐建明等，2015: 91~105）。Xu 等（2014: 215~223）研究发现，腐殖质的模式化合物蒽醌-2,6-二磺酸（AQDS）能通过电子穿梭机制在铁还原菌 *Clostridium beijerinckii* Z 的铁呼吸过程中促进电子向水铁矿转移而加速与铁还原耦联的五氯酚（PCP）的还原脱氯过程。Chen 等（2012: 2967~2975）发现通过添加乳酸盐和 AQDS、PCP 的脱氯速率得以加快。同时，在由土壤微生物驱动的氧化还原反应过程中，能量经由电子供体（活性有机碳、无机化合物）的氧化及微生物耦合还原电子受体（腐殖酸、含铁矿物、过渡金属等）的过程而被释放和存储。因此，电子传递过程会受到不同电子供体和受体的影响与调控，并在新近研究中备受中国学者关注。如在电子供体的影响方面，Liu 等（2013: 1547~1555）发现外源添加低分子量有机物一方面可作为电子供体和碳源来刺激土著脱氯菌和 Fe（Ⅲ）还原菌活性和数量的增加，提高活性 Fe（Ⅱ）的生成数量，从而增强淹水稻田土—水界面 PCP 的生物脱氯效率；另一方面也可作为有机配位体促进土壤中铁氧化物的化学还原溶解，提高活性 Fe（Ⅱ）的产生，从而增强淹水稻田土—水界面 PCP 的化学脱氯效率。Chen 等（2013: 2224~2233）发现在 DDT 的厌氧转化过程中，微生物活动对 DDT 及代谢产物有稳定的脱氯作用，添加乳酸盐或葡萄糖作为碳源，可增加吸附 Fe（Ⅱ）和 DDT 的转化速率。在电子受体的影响方面，Lin 等（2012：260～267；2013：433～440；2014：9974～9981）研究发现，外源电子受体 NO_3^-、SO_4^{2-} 可与同作为电子受体的 PCP 竞争电子供体，从而影响 PCP 的还原脱氯，而外源电子受体作为弱氧化剂可改变土壤 Eh，进而影响土壤中氮、铁、硫的还原，并进一步影响 PCP 的还原脱氯。Xu 等（2015：5425～5433）通过进一步的泥浆培养试验比较了同一土壤剖面不同深度土层中 PCP 的还原转化时空动态及其与各电子受体还原的关系，证实了PCP 还原脱氯所需的 Eh 条件介于启动 Fe（Ⅲ）还原和 SO_4^{2-} 还原的 Eh 值之间，排序为 NO_3^- > Fe（Ⅲ）> PCP ≥ SO_4^{2-}，由此证明了土壤中天然发生的铁、硫还原耦联 PCP 的还原脱氯过程发生的可能性；基于功能微生物的进一步分析揭示出 Fe（Ⅲ）、PCP 和 SO_4^{2-} 还原作用的耦合与淹水土壤中铁还原菌的多样性环境功能有关。

（3）典型持久性有机污染物的生物降解与修复

在针对持久性有机污染物的生物降解与修复的研究中，中国学者近 15 年对于研究对象选取最多的即为多环芳烃（PAHs）和多氯联苯（PCBs），因为它们是中国土壤环境中大量残留、污染面广且环境影响大的两类典型的具有"三致"效应的持久性有机污染物。土壤中的 PAHs 和 PCBs 可以通过食物链生物富集与生物放大，最终危害人体健康。因此，受 PAHs 和 PCBs 污染土壤的修复已成为国家环保部门亟须解决的重要环境科学技术问题之一。

关于 PAHs，已有研究证实植物对 PAHs 的降解主要是通过根系分泌物刺激根际特定微生物功能群落数量的增加以及共代谢作用来完成的（范淑秀等，2007a：2007～2013，2007b：2080～2084；刘魏魏等，2010：800～806；姚伦芳等，2014：890～896）。高彦征等（2005：498～502）的研究发现黑麦草可促进土壤中菲和芘的降解。经 45 天处理，黑麦草土壤中菲和芘的去除率显著高于无植物对照。在植物修复的同时，向土壤中接种 PAHs 专性降解菌或是植物促生菌（根瘤菌、菌根真菌等）可有效提高植物修复效率（杨婷等，2009：72～76；刘魏魏等，2010：800～806；姚伦芳等，2014：890～896）。在好氧条件下对萘的降解主要是通过好氧微生物直接在苯环上羟基化或羧基化来实现萘的开环，而厌氧微生物对于萘的降解则需要不同的辅酶作用逐渐开环（Peng et al.，2008：927～955；孙明明等，2012：931～939）。毛健等（2010：163～167）还经过富集培养获得了一组 PAHs 降解菌群，其主要组成分为产碱菌属、类诺卡氏菌科和戈登氏菌属，该菌群 56 天对五环 PAHs 的降解率达到 40.5%。王辰等（2011：23～28）从长期受有机污染场地筛选出的降解菌群与枯草芽孢杆菌联合修复苯并[α]芘，60 天的降解率大于 90%。总之，在自然条件下，多种环境因子均会对 PAHs 的降解进程产生影响。

关于 PCBs，有氧条件下分子中少于 5 个氯原子的 PCBs 能够被多种微生物氧化成氯代苯甲酸，而随着氯原子取代位点增多，PCBs 的持久性和难降解性增强；而厌氧或缺氧条件下，环境的氧化还原电位低，电子云密度较低的苯环在酶的作用下容易受到还原剂的亲核攻击，氯原子容易被取代，显示出较好的厌氧生物降解性（蔡志强等，2010：195～198）。高氯代多氯联苯的降解以厌氧条件下的还原脱氯为主，脱氯主要是发生在间位和对位，也有少数邻位脱氯，且两个氯原子分别处于两个苯环比在同一苯环上更容易被脱去（刘翠英等，2007：3482～3488）。崔嵩等（2012：1880～1888）发现低氯代的 PCBs 同系物由于水溶解度高，更容易向深层土壤迁移，其在土壤中的纵向分布随时间变化较快，而高氯代 PCBs 同系物向深层土壤的扩散能力较弱，因此在土壤中的纵向分布较为稳定。

在具体污染修复方面，目前，我国已构建了有机污染物高效降解菌筛选技术、微生物修复剂制备技术和有机污染物残留微生物降解田间应用技术（陈志丹等，2012：3795～3800；顾平等，2010：354～360；花莉等，2013：1945～1950；彭素芬等，2010：2966～2972；钱林波等，2012：1767～1776；周际海等，2013：2894～2898，2015：343～351）。典型修复研究如骆永明和滕应课题组基于自然界植物与微生物的共生关系，运用同位素标记方法和分子生物学手段，研究发现紫花苜蓿接种根瘤菌后显著促进了土壤中 PCBs 的降解，90d 后土壤 PCBs 的去除率达42.6%。而且根瘤菌接种也明显促进了紫花苜蓿的生长和对 PCBs 的吸收和转运，并增加了土壤微生物数量和联苯降解功能微生物，且从分子水平上探讨了紫花苜蓿—根瘤菌共生体系对土壤 PCBs 的修复效应及根际功能基因的多态性，发现苜蓿根瘤菌对 PCBs 具有明显的降解作用，对 2,4,4'-TCB 降解率可高达 98.5%，并鉴定了代谢中间产物，拓展了苜蓿根瘤菌的新功能。同时，基于有机化学和植物生物学作用原理，他们区分了 PCBs 在植物体内的弱吸着态、强吸着态和内部吸收态，建立了生物体内 PCBs 形态的连续化学提取法，发现较长碳链脂肪酸组成的脂类物质控制着紫花苜蓿对 PCBs 的吸持能力，阐明了紫花苜蓿—根瘤菌共生体系对 PCBs 的吸收转运机制，提出了 PCBs 污染土壤的豆科植物—根瘤菌共生联合修复新途径（徐莉等，2010：255～259；涂晨等，2010：3062～3066；孙向辉等，2011：595～599；李秀芬等，2013：105～110）。

（4）有机—无机复合污染的交互作用与效应

有机污染物和重金属共存情况下的复合污染更接近我国的土壤污染现状，对有机—无机复合污染的化学交互过程、复合污染胁迫下的土壤生物学响应等的研究在我国具有十分重要的现实意义，因此我国学者在此方面的研究体量也较大。

复合污染的化学交互过程一般包括络合—离解、螯合、氧化—还原、沉淀—溶解、电化学以及酸碱反应等。在铜—苊复合污染土壤的电动修复研究中，土壤酸度的控制是决定污染物去除效率的关键。较高的土壤酸度不仅有利于土壤重金属的解吸和迁移，还有利于有机污染物的迁移和降解，而碱性的土壤环境导致土壤重金属的沉淀不利于重金属的迁移，对有机污染物的解吸也没有显著的促进作用（樊广萍等，2010：1098～1104）。重金属与有机污染物之间还容易发生竞争吸附。当重金属与有机污染物在环境中同时存在时，共同的吸附位点就可能使重金属与有机污染物相互制约，而有的有机污染物结合重金属会减低环境中重金属的活性（周东美等，2000：143～145；郑振华等，2001：469～473）。例如镉（Cd）能够显著促进佳乐麝香（HHCB）在小麦根部的累积，而对 HHCB 在小麦茎和叶中的累积则起抑制作用，抑制率最高可达 44.1%（陈翠红等，2011：567～573）。铅（Pb）会影响水稻土对苄嘧磺隆（BSM）的吸附解吸过程，弗罗因德里希等温方程的值随着土壤浓度的增加而增大，说明水稻土中铅（Pb）会增加土壤对

BSM 的吸附等（Wu et al., 2009: 1129~1134）。

复合污染胁迫对土壤生物学过程的影响作用，主要是通过影响酶的活性从而间接调控重金属的生态毒性和有机污染物的降解（周东美等，2000: 143~145；郭观林等，2003: 823~828）。与单一污染相比，重金属与农药复合污染对土壤酶的影响有较大的不同。有研究表明，铜（Cu）与草甘膦的复合污染对过氧化氢酶的毒性大于单一污染，对淀粉酶、脲酶和磷酸酶的毒性，小于铜（Cu）单一污染，但大于草甘膦污染（程凤侠等，2009: 84~88）。重金属与农药复合污染对不同种类的酶的影响不尽相同，有的表现出抑制效应，有的表现出刺激效应，有的则无影响，而且，同一种效应体现在不同酶活性的程度也不同（苗静等，2009: 856~861；潘攀等，2011: 1925~1929）。镉（Cd）与苄嘧磺隆除草剂的复合污染对土壤微生物生物量碳和氮、土壤基础呼吸速率等土壤生物学指标有明显的影响，且存在明显的交互效应（胡著邦等，2005: 151~156）。镉（Cd）、铅（Pb）及呋喃丹复合污染对土壤微生物群落 DNA 序列的组成影响最大，受镉（Cd）、铅（Pb）和呋喃丹单一或复合污染的土壤微生物群落 DNA 序列多样性都有不同程度的增加（肖根林，2011: 37~45）。氯氰菊酯与镉（Cd）复合污染对土壤质量的影响表现为加和效应（邹小明等，2010: 361~366）。

16.4 NSFC 和中国"土壤有机污染与修复"研究

NSFC 在近 15 年为中国有机污染与修复领域提供了源源不断的资金投入，激发了更多中国优秀学者对该领域的研究热情。在此期间，中国学者取得了令人瞩目的研究进展，不断有研究成果发表在国际 SCI 期刊上，大大提升了该领域的整体研究水平，增强了中国在土壤有机污染与修复领域的国际影响力，成为国际上不可忽视的重要力量。

16.4.1 近 15 年 NSFC 资助该领域研究的学术方向

根据近 15 年获 NSFC 资助项目高频关键词统计（图 16-5），NSFC 在本研究领域的资助方向主要集中在典型有机污染物（关键词表现为：多环芳烃、氯代有机污染物、多氯联苯、持久性有机污染物、农药）的污染生物化学过程（关键词表现为：生物有效性、表面活性剂、根际、稳定同位素技术、氧化还原作用、吸附解吸、降解）、有机污染分子修复机制（关键词表现为：分子机制、修复机理、强化修复）、污染胁迫下的微生物响应与生物修复（关键词表现为：功能微生物、微生物学机理、生物修复）、复合污染这 4 个方面。从图 16-5 可以看出，除去对土壤有机污染与修复研究较少的 2000~2002 年，"功能微生物"、"生物修复"、"微生物学机理"、"复合污染"、"多氯联苯"和"持久性有机污染物"、"农药"、"污染生物化学过程"在各时段均受重视，一直是 NSFC 重点资助的方向。以下是以 3 年为时间段的项目资助变化情况分析。

(1) 2000~2002 年

NSFC 资助项目集中在土壤有机污染过程与修复研究上，关键词主要表现为"微生物学机理"与"污染生物化学过程"。"微生物学机理"表明这一时段微生物的污染胁迫响应研究是 NSFC 重点资助的方向，如"农药污染对土壤微生物群落功能多样性的影响"（基金批准号：39670151），关键词"污染生物化学过程"表明 NSFC 资助的重点为污染物在土壤中的运移等过程，如"农药阿特拉津在土壤中运移与转化规律的研究"（基金批准号：40271058）。

(2) 2003~2005 年

继上一阶段以来，"微生物学机理"与"污染生物化学过程"研究依旧是 NSFC 资助的热点。关键词"功能微生物"、"生物修复"等的出现更突显出土壤微生物响应对评价土壤污染的作用，如"土壤中铅与甲磺隆复合污染的微生物生态效应的研究"（基金批准号：40371062）。而新出现的关键词"农药"、"多氯联苯"、"持久性有机污染物"说明由农药、多氯联苯等典型持久性有机污染物所导致的土壤污染问题已对农产品安全造成较大影响，从而在这个阶段引起众多学者的关注，如"典型 POPs 的土壤污染机理与作物累积规律"（基金批准号：40571075）。关键词"降解"和"分子机制"的出现说明决定最终修复效果的有机污染物的降解作用与机制也开始得到 NSFC 的重视，如"六六六微生物降解的分子机理与污染土壤的原位生物修复"（基金批准号：40471073）。"复合污染"的出现则说明重金属和有机污染物共存污染问题已显现并开始被研究关注，相关的项目如"两性有机改性土表面特性及对有机、重金属复合污染修复效应"（基金批准号：40301021）。

(3) 2006~2008 年

"修复机理"的出现与"分子机制"频次的增加说明 2006~2008 年 NSFC 仍然关注对有机污染物微观分子修复机制的研究。"多环芳烃"、"氯代有机污染物"这两大典型有机污染物因为环境影响面广且持久而受到越来越多的关注并在此阶段开始出现在被资助项目的 TOP20 高频关键词列表中，如"土壤铁氧化物—有机酸配体体系中界面 DDTs 脱氯转化机制"（基金批准号：40771105）、"微生物漆酶降解土壤氯酚类有机污染物的蚯蚓诱导强化机制"（基金批准号：40871152）。而相比上一阶段，"降解"的快速增长与"稳定同位素技术"、"根际"的出现则进一步说明有机污染的植物修复研究成为 NSFC 资助的新方向，如"PAHs 污染土壤植物修复过程中的根际生物学机理"（基金批准号：40671091）。由于疏水性有机污染物具有稳定的物化性质和强烈的毒性及生物致毒效应，因此具有增溶作用，可通过"吸附解吸"调控污染物"生物有效性"的"表面活性剂"也得到了 NSFC 的资助，如"阴—非混合表面活性剂强化植物吸收土壤中有机氯农药的机制"（基金批准号：40801116）。

(4) 2009~2011 年

NSFC 资助重点未发生变化，关键词"污染生物化学过程"、"氧化还原作用"的成倍增长说明根际化学与生物学过程仍是资助重心，如"典型稻田土壤关键生物地球化学过程与环境功能"（基金批准号：41090280）。"农药"、"多环芳烃"、"多氯联苯"、"持久性有机污染物"等的频次持续上升,说明典型持久性有机污染物是 NSFC 资助项目关注的重要研究对象,如"低分子量有机酸影响根际土壤中多环芳烃形态转化的规律及机理"(基金批准号:40971137)。对与多要素、多界面、多过程耦合的典型污染物降解的"分子机制"的关注度也在稳步增加,如"碳氮铁耦合作用下的水稻土中典型污染物迁移转化与微生物学机制"(基金批准号:41090284)、"氯代有机污染物在水稻根际的界面脱毒过程及其化学—微生物学耦合作用机制"(基金批准号:40971136)等。

(5) 2012～2014 年

NSFC 对本研究领域的项目资助在这 3 年内有大幅度的上升,对土壤有机污染与修复的资助持续增加。关键词"降解"增长迅猛,说明围绕有机污染物的降解作用和机制研究一直以来都是研究的侧重点与核心,如"土壤中根瘤菌—豆科植物共生体对多氯联苯的降解机制研究"(基金批准号:41371309),"功能微生物"、"生物修复"、"微生物学机理"的稳定增长说明 NSFC 仍然关注微生物、特别是功能微生物在介导有机污染物降解中的重要调控作用,并在研究中注重结合相关手段强化微生物降解效果,如"土壤—植物—微生物系统中毒害污染物的界面过程与生物修复机理"(基金批准号:41230858)、"根瘤菌强化紫花苜蓿根际降解多氯联苯的分子机制研究"(基金批准号:41201313)。"复合污染"的成倍增长,说明除了复合污染修复外,NSFC 还日益重视复合污染修复过程中复合污染物的交互效应及其与修复效果的关系等修复机理,相关项目如"土壤有机磷农药/重金属复合污染的微界面行为机制与模拟"(基金批准号:41471195)、"植物—微生物联合修复砷—多环芳烃复合污染土壤的方法及机理"(基金批准号:41271339)等。

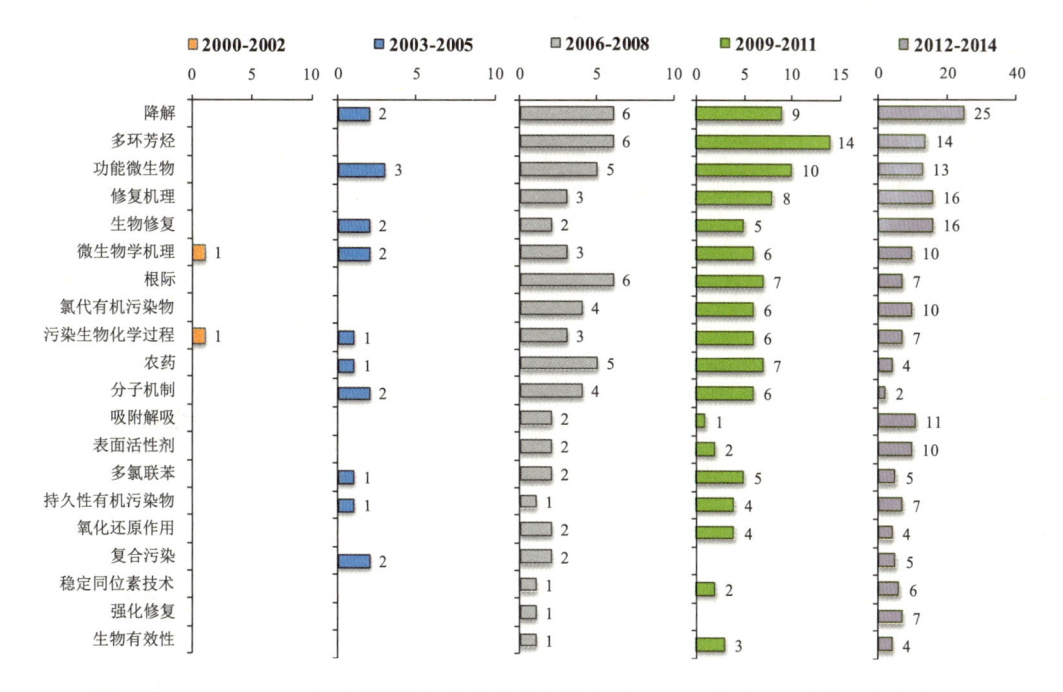

图 16-5　2000～2014 年"土壤有机污染与修复"领域 NSFC 资助项目关键词频次变化

16.4.2 近 15 年 NSFC 资助该领域研究的成果及影响

近 15 年 NSFC 对中国土壤有机污染与修复的研究给予了持续的资助。图 16-6 是 2000～2014 年土壤有机污染与修复领域论文发表及 NSFC 资助情况。从 CSCD 论文发表来看，过去 15 年中，受 NSFC 资助的论文一直占比 50% 以上，2001 年达到最高的 71.7%，2008～2014 年虽略有下降，但平稳地维持在 50%～60%（图 16-6）。近年来，NSFC 资助的一些项目取得了较好的研究成果，开始在 Soil Biology & Biochemistry，Plant and Soil，Geoderma，Soil Science Society of America Journal 等土壤科学领域国际权威期刊及一些与环境科学领域交叉且与土壤污染相关的权威国际期刊（如 Environmental Science & Technology，Environmental Pollution，Science of the Total Environment，Chemosphere 等）上发表学术论文。而与此同时，中国学者发表 SCI 论文获 NSFC 资助的比例迅速增加，特别是从 2007 年开始，持续迅猛增长到 2009 年的 67.8%，之后一直维持着平缓的增长态势，并在近 3 年（2012～2014 年）达到最高（2013 年达 75.0%），显著高于 CSCD 论文发表比例（图 16-6）。由图 16-6 可看出，中国学者 SCI 发文量从 2000 年的 16 篇增长到了 2014 年的 617 篇，从 2011 年开始超过了 CSCD 的当年 351 篇的发文量，达到 362 篇。上述变化说明，我国土壤有机污染与修复领域受 NSFC 资助产出的 SCI 论文数量越来越多，NSFC 也不断增加对土壤有机污染与修复研究的经费投入，且 NSFC 资助该领域的研究成果更倾向于发表在国际 SCI 期刊上，表明在 NSFC 的资助与推动下，中国土壤有机污染与修复领域的研究逐渐成为国际舞台上一股重要的新生力量。

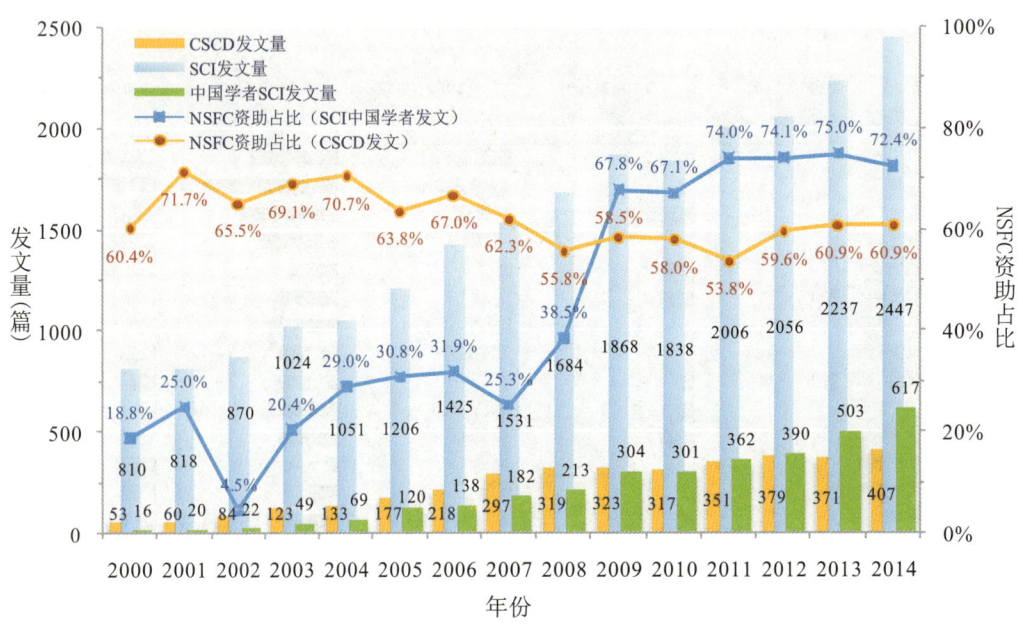

图 16-6 2000～2014 年"土壤有机污染与修复"领域论文发表与 NSFC 资助情况

SCI 论文发表数量及获基金资助情况反映了获 NSFC 资助取得的研究成果。由图 16-7 可知，过去 15 年高被引 SCI 论文中中国学者发文数增长明显，2012～2014 年有 61 篇，是 2000～

2002 年的 11 篇的 5.5 倍。近 15 年，中国学者发表的高被引 SCI 论文获 NSFC 资助的比例总体呈上升趋势，其在中国学者发文数的占比由 2000～2002 年的 9.1%激增至 2012～2014 年的 70.5%，特别在 2003～2005 年高达 86.7%（图 16-7）。NSFC 资助的占比 2003～2014 年一直呈现较高的水平，高水平成果与 NSFC 资助关联性逐渐增强，说明 NSFC 在土壤有机污染与修复领域资助学术成果的国际影响力逐步增加，NSFC 的持续支持使本领域的整体研究水平得到极大提升。

图 16-7 2000～2014 年"土壤有机污染与修复"领域高被引 SCI 论文数与 NSFC 资助情况

16.5 研 究 展 望

有机污染物一般具有毒性和持久性，且具有易于在生物体内富集、长距离迁移和沉积及对环境和人体有着严重危害等特征。有机污染物释放到土壤环境中，可发生复杂的物理、化学和生物过程，包括吸附/解吸、生物及非生物降解、植物吸收、挥发、迁移等，这些过程彼此关联并受到土壤中多重环境因素的影响，由此决定了有机污染物在土壤中环境行为的复杂性。因此，立足于我国实际，后续开展土壤有机污染与修复领域的研究，建议围绕以下 3 个方向深入并争取有所突破。

16.5.1 土壤有机污染过程及脱毒机理

有机污染物进入环境后可在土壤/沉积物—水—空气—生物介质多界面间发生一系列物理、化学和生物过程，并产生耦合作用；其中，界面行为影响其赋存状态、迁移转化及区域环境过程，但污染物的多介质界面行为过程和机制尚不明确。有机污染物在土壤介质—土壤间隙水界面的吸附是控制其暴露、迁移、生物可利用性和反应活性的关键过程，但由于受土壤组分、污染物的理化性质、环境条件等诸多因素共同影响，现有技术和研究方法对微观机制的揭示还存在不足与局限性。同时，对于有机污染物在土壤—植物系统中的微界面过程了解也还不够深入，特别是根际环境中的根—土界面行为与过程。此外，土壤有机污染物的微生物降解机制一直是土壤环境科学最活跃的研究内容，土壤生物学的迅猛发展开启了土壤有机污染多介质界面过程研究的新篇章。有机污染物在地球关键带的多介质界面环境中降解的功能微生物及其代谢途径更加值得关注。其研究重点主要包括：影响吸附动力学的因素，不可逆吸附机制，吸附态有机污染物的生物化学反应活性，新型有机污染物（新型农药、抗生素、个人护理品、农膜塑化剂、激素等）的吸附机制等；典型有机污染物的好氧与厌氧代谢机制，包括挖掘功能微生物资源，建立模式菌株，识别功能基因与蛋白，以及结合原位毫微米技术探究污染物胁迫下的根际过程，探讨其代谢降解的分子机理等；地球关键带的生物地球化学过程，深入了解有机污染物在土壤—水—空气—生物介质的多界面行为，及其与土壤中生源要素（如碳、氮、铁、硫等）循环之间的耦合关系及其调控机制。

16.5.2 有机污染土壤修复技术及应用基础原理

土壤有机污染修复一直是国内外环境科学和土壤科学的研究热点与前沿，但迄今为止几乎没有经济有效的土壤有机污染修复的实用技术，而且在有机污染土壤修复方法中，物理、化学修复技术成本昂贵，易造成地下水源的次生污染，不适合大规模应用，因而污染土壤中关键的科学问题和技术难题亟待解决。此外，复合污染是土壤污染的重要特征，新型污染物也会不断进入土壤环境，土壤介质的复杂性决定了有机污染物与土壤组分相互作用的复杂性，有关土壤中有机污染物生物有效性的机理研究尚需深入，土壤中共存污染物对有机污染物生物有效性的影响以及新型污染物的生物有效性的研究也有待加强，以便为开发经济、高效、安全的有机污染土壤修复的实用技术提供理论基础。其研究重点主要包括：优化提高修复的调控技术原理，包括修复过程中的生物有效性调控、污染物生物有效性的评价与预测方法，联合植物和微生物修复污染土壤的协同根际过程，化学强化吸附固定土壤有机污染物的效率、持续时间、影响因素及预测模型，对于有机—无机复合污染重点关注与重金属的复合污染效应、作用机理等；生物炭、表面活性剂、纳米材料等新型功能修复材料的研制与修复性能改进，及其在有机污染土壤修复中的应用潜力及作用机理；侧重污染土壤修复—能源植物栽培—生物质能相结合、污染土壤修复—土壤固碳—土壤有机质提升相结合等新方向的研究，以实现修复技术的多赢、绿色、可持续的最终目标。

16.5.3 新技术与新方法的发展

新的研究技术和分析方法是推动自然科学研究进程的主要动力，特别是在土壤有机污染与修复领域，从宏观到微观，物理化学与热力学、生物电化学以及动力学等多个层面的研究，无不需要借助于技术与方法的进步。许多常规物理化学分析技术和表征方法在用于微观尺度研究中面临很多困难，有待逐步摸索和解决。实验室模拟研究如何扩展到野外和田间，土—水界面（纳米尺度）和根—土界面（毫米尺度）上土壤矿物—有机质—微生物互作的界面反应过程与机制的原位观测及研究方法也有待深入。由于传统土壤学对土壤颗粒大小的尺度分级单位最小到微米级，致使已有对土壤胶体特性及其表面和界面效应的认知也局限在微米尺度上，纳米尺度上的研究仍较薄弱。厌氧条件下有机污染物的降解过程中，参与电子传递的电活性物质当前还主要局限于土壤腐殖质和矿物中的铁氧化物，其他电活性物质仍然是"暗物质"，需要结合各种手段来表征和控制。此外，微生物巨大的基因多样性赋予了其代谢功能的多样性，其降解多种有机污染物的能力需要在基因水平进行深入探究。其研究重点主要包括：提高研究模型与模拟的准确性与可靠性，促进经验模型向理论模型与仿真模型的发展；微观尺度上土—水界面（纳米尺度）和根—土界面（毫米尺度）中界面反应过程与机制的原位动态监测技术和方法的研究；侧重微观尺度分子水平上的理论基础研究，从纳米尺度原子及分子水平上揭示土壤有机污染物降解的界面反应过程与机制。

16.6 小　　结

土壤有机污染与修复研究工作开展 30 多年以来，针对污染过程与机理的认知已取得重大突破。2000 年以来，国际上土壤有机污染与修复领域研究的主要热点可以概括归纳为污染过程与降解机制、植物毒理效应与根际过程、土—水界面吸附与迁移、有机—无机复合污染与修复、厌氧环境中多要素耦合的污染物形态转化等方面。20 世纪中后期，有机氯农药在我国大量生产和使用，同时，近年来随着东南沿海地区的经济飞速发展，导致电子垃圾大量产生，我国溴代阻燃剂污染问题也日益凸显，因而在近 10 年的研究中，国内外学者们对中国的土壤有机污染问题的关注度逐年上升，被全球范围内的众多学者当作重点区域展开研究。在污染形式日趋严重的态势下，单一的修复手段已无法满足污染修复的重大需求，由此促进了修复手段向多元化的发展，如强调了化学方法与生物方法的结合。研究手段上也从单一介质、单要素向多介质、多界面、多要素的耦合发展，重点突出了污染物的多介质/多界面行为影响其赋存状态、迁移转化及生物生态效应，为阐明污染物界面行为及其调控技术原理，准确认识污染物源汇机制、预测其生物有效性、发展污染控制新材料与新技术打下了重要基础。土壤有机污染与修复研究借助系统科学新思维、物质科学新技术等进一步推动土壤污染修复工作的进程，对保持土壤环境质量安全、降低人类健康风险等意义重大。

参考文献

Bell, T. H., S. E. Hassan, A. Lauron-M, et al. 2014. Linkage between bacterial and fungal rhizosphere communities in hydrocarbon-contaminated soils is related to plant phylogeny. *ISME Journal*, Vol. 8, No. 2.

Bemnett, G. F. 2001. Fundamentals of site remediation for metal and hydrocarbon contaminated soils. *Journal of Hazardous Materials*, Vol. 83.

Cai, Q. Y., C. H. Mo, Q. T. Wu, et al. 2008. The status of soil contamination by semivolatile organic chemicals (SVOCs) in China: a review. *Science of the Total Environment*, Vol. 389, No. 2-3.

Campos, V. M., I. Merino, R. Casado, et al. 2008. Phytoremediation of organic pollutants. *Spanish Journal of Agricultural Research*, Vol. 6. No. SI.

Cao, M. H., Y. Hu, Q. Sun, et al. 2013. Enhanced desorption of PCB and trace metal elements (Pb and Cu) from contaminated soils by saponin and EDDS mixed solution. *Environmental Pollution*, Vol. 174.

Celis, R., H. De Jonge, L. W. De Jonge, et al. 2006. The role of mineral and organic components in phenanthrene and dibenzofuran sorption by soil. *European Journal of Soil Science*, Vol. 57, No. 3.

Chen, M. J., K. Shih, M. Hu, et al. 2012. Biostimulation of indigenous microbial communities for anaerobic transformation of pentachlorophenol in paddy soils of southern China. *Jounral of Agricultural and Food Chemistry*, Vol. 60, No. 12.

Chen, M. J., F. Cao, F. B. Li, et al. 2013. Anaerobic transformation of DDT related to iron(III) reduction and microbial community structure in paddy soils. *Jounral of Agricultural and Food Chemistry*, Vol. 61, No. 9.

Chen, M. J., L. Tao, F. B. Li, et al. 2014. Reductions of Fe(III) and pentachlorophenol linked with geochemical properties of soils from Pearl River Delta. *Geoderma*, Vol. 217.

Chiou, C. T., L. J. Peters, V. H. Fried, 1979. A physical concept of soil-water equilibria for nonionic organic compounds. *Science*, Vol. 206, No. 4420.

Coby, A. J., F. Picardal, E. Shelobolina, et al. 2011. Repeated anerobic microbial redox cycling of iron. *Applied Environmental Microbiology*, Vol. 77, No. 11.

Cong, X., N. D. Xue, S. J. Wang. 2010. Reductive dechlorination of organochlorine pesticides in soils from an abandoned manufacturing facility by zero-valent iron. *Science of the Total Environment*, Vol. 408, No. 16.

Fan, G. P., L. Cang, G. D. Fang, et al. 2014. Surfactant and oxidant enhanced electrokinetic remediation of a PCBs polluted soil. *Separation and Purification Technology*, Vol. 123.

Foo, K. Y., B. H. Hameed. 2010. Insights into the modeling of adsorption isotherm systems. *Chemical Engineering Journal*, Vol. 156, No. 1.

Gao, Y. Z., L. Z. Zhu. 2003. Phytoremediation and its models for organic contaminated soil. *Journal of Environmental Sciences*, Vol. 15, No. 3.

Gschwend, P. M., S. C. Wu. 1985. On the constancy of sediment-water partition coefficients of hydrophobic organic pollutants. *Environmental Science & Technology*, Vol. 19, No. 1.

Hakala, J. A., Y. P. Chin, E. J. Weber. 2007. Influence of dissolved organic matter and Fe(II) on the abiotic reduction of pentachloronitrobenzene. *Environmental Science & Technology*, Vol. 41, No. 21.

Haritash, A. K., C. P. Kaushik. 2009. Biodegradation aspects of polycyclic aromatic hydrocarbons(PAH): a review.

Journal of Hazardous Materirals, Vol. 169, No. 1-3.

He, Q., R. A. Sanford. 2003. Characyerization of Fe(II) reduction by chloroespiring Anaeromxyobacter Dehalogenans. *Applied and Environmental Microbiology*, Vol. 69.

He, Y., J. M. Xu, C. X. Tang, et al. 2005. Facilitation of pentachlorophenol degradation in the rhizosphere of ryegrass (*Lolium perenne L.*). *Soil Biology & Biochemistry*, Vol. 37, No. 11.

He, Y., J. M. Xu, H. Z. Wang, et al. 2006a. Detailed sorption isotherms of pentachlorophenol on soils and its correlation with soil properties. *Environmental Research*, Vol. 101, No. 3.

He, Y., J. M. Xu, H. Z. Wang, et al. 2006b. Potential contributions of soil minerals and organic matter to pentachlorophenol retention in soils. *Chemosphere*, Vol. 65, No. 3.

He, Y., J. M. Xu, Z. H. Ma, et al. 2007. Profiling Implications for nonlinear spatial gradient of PCP degradation in the vicinity of PLFA: Lolium perenne L. roots. *Soil Biology & Biochemistry*, Vol. 39, No. 5.

He, Y., J. M. Xu, X. F. Lv, et al. 2009. Does the depletion of pentachlorophenol in root-soil interface follow a simple linear dependence on the distance to root surfaces. *Soil Biology & Biochemistry*, Vol. 41, No. 9.

He, Y., Z. Liu, P. Su, et al. 2014. A new adsorption model to quantify the net contribution of minerals tobutachlor sorption in natural soils with various degrees of organo-mineral aggregation. *Geoderma*, Vol. 232.

Huang, P. M. 2004. *Soil Mineral-Organic Matter-Microorganism Interactions: Fundamentals and Impacts*. Academic Press, Vol. 82.

Jeong, H. Y., K. Anantharaman, Y. S. Han, et al. 2011. Abiotic reductive dechlorination of cis-dichloroethylene by Fe species formed during iron- or sulfate-reduction. *Environmental Science & Technology*, Vol. 45, No. 12.

Johnsen, A., U. Karlson. 2005. PAH degradation capacity of soil microbial communities-does it depend on PAH exposure. *Microbial Ecology*, Vol. 50, No. 4.

Karickhoff, S. W. 1981. Semi-empirical estimation of sorption of hydrophobic pollutants on natural sediments and soils. *Chemosphere*, Vol. 10, No. 8.

Laor, Y., P. F. Strom, W. J. Farmer. 1999. Bioavailability of phenanthrene sorbed to mineral-associated humic acid. *Water Research*, Vol. 33, No. 7.

Li, Y., A. Yediler, Z. Q. Ou, et al. 2001. Effects of a non-ionic surfactants on the mineralization, metabolism and uptake of phenanthrene in wheat-solution-lava microcosm. *Chemosphere*, Vol. 45, No. 1.

Lin, J. J., Y. He, J. M. Xu. 2012. Changing redox potential by controlling soil moisture and addition of inorganic oxidants to dissipate pentachlorophenol in different soils. *Environmental Pollution*, Vol. 170.

Lin, J. J., Y. Xu, P. C. Brookes, et al. 2013. Spatial and temporal variations in pentachlorophenol dissipation at the aerobic–anaerobic interfaces of flooded paddy soils. *Environmental Pollution*, Vol. 178.

Lin, J. J., Y. He, J. M. Xu, et al. 2014. Vertical profiles of pentachlorophenol and the microbial community in a paddy soil: Influence of electron donors and acceptors. *Jounral of Agricultural and Food Chemistry*, Vol. 62, No. 41.

Ling, W. T., H. J. Dang, J. Liu. 2013. In situ gradient distribution of polycyclic aromatic hydrocarbons (PAHs) in contaminated rhizosphere soil: a field study. *Journal of Soils and Sediments*, Vol. 13, No. 4.

Liu, P., D. Q. Zhu, H. Zhang, et al. 2008. Sorption of polar and nonpolar aromatic compounds to four surface soils of eastern China. *Environmental Pollution*, Vol. 156, No. 3.

Liu, Y., F. B. Li, W. Xia, et al. 2013. Association between ferrous iron accumulation and pentachlorophenol degradation at the paddy soil-water interface in the presence of exogenous low-molecular-weight dissolved organic carbon. *Chemosphere*, Vol. 91, No. 11.

Lou, L. P, F. X. Liu, Q. K. Yue. 2013. Influence of humic acid on the sorption of pentachlorophenol by aged sediment amended with rice-straw biochar. *Applied Geochemistry*, Vol. 33.

Lovley, D. R., J. D. Coates, E. L. Blunt-Harris, et al. 1996. Humic substances as electron acceptors for microbial respiration. *Nature*, Vol. 382, No. 6590.

Ma, B., Y. He, H. H. Chen, et al. 2010a. Dissipation of polycyclic aromatic hydrocarbons (PAHs) in the rhizosphere: Synthesis through meta-analysis. *Environmental Pollution*, Vol. 158, No. 3.

Ma, B., H. H. Chen, M. M. Xu, et al. 2010b. Quantitative structure-activity relationship (QSAR) models for polycyclic aromatic hydrocarbons (PAHs) dissipation in rhizosphere based on molecular structure and effect size. *Environmental Pollution*, Vol. 158, No. 8.

Ma, B., M. M. Xu, J. J. Wang, et al. 2011. Adsorption of polycyclic aromatic hydrocarbons (PAHs) on Rhizopus oryzae cell walls: Application of cosolvent models for validating the cell wall-water partition coefficient. *Bioresource Technology*, Vol. 102, No. 22.

Ma, B., J. J. Wang, M. M. Xu, et al. 2012. Evaluation of dissipation gradients of polycyclic aromatic hydrocarbons in rice rhizosphere utilizing a sequential extraction procedure. *Environmental Pollution*, Vol. 162.

Mallavarapu, M., R. Balasubramanian, V. Kadiyala, et al. 2011. Bioremediation approaches for organic pollutants: A critical perspective. *Environment International*, Vol. 37, No. 8.

Mallick, S., J. Chakraborty, T. K. Dutta. 2011. Role of oxygenases in guiding metabolic pathways in the bacterial degradation of low-molecular-weight polycyclic aromatic hydrocarbons: a review. *Critical Reviews in Microbiology*, Vol. 37, No. 1.

Nebe, J., B. R. Baldwin, R. L. Kassab, et al. 2009. Quantification of aromatic oxygenase genes to evaluate enhanced bioremediation by oxygen relaxing materials at a gasoline-contaminated Site. *Environmental Monitoring and Assessment*, Vol. 43, No. 6.

Peng, R. H., A. S. Xiong, Y. Xue, et al. 2008. Microbial biodegradation of polyaromatic hydrocarbons. *FEMS Microbiology Reviews*, Vol. 32, No. 6.

Peng, S., W. Wu, J. J. Chen. 2011. Removal of PAHs with surfactant-enhanced soil washing: Influencing factors and removal effectiveness. *Chemosphere*, Vol. 82, No. 8.

Peng, H., S. X. Feng, X. Zhang, et al. 2012. Adsorption of norfloxacin onto titanium oxide: Effect of drug carrier and dissolved humic acid. *Science of the Total Environment*, Vol. 438.

Pilar, F., O. Joan. 2003. On the global distribution of persistent organic pollutants. *Environmental Analysis*, Vol. 57, No. 9.

Pilon-Smits, E. 2005. Annual review of plant biology. *Phytoremediation*, Vol. 56.

Romero, M. C., M. L. Salvioli, M. C. Cazan, et al. 2002. Pyrene degradation by yeasts and filamentous fungi. *Environmental Pollution*, Vol. 117, No. 1.

Salt, D. E., R. D. Smith, I. Raskin. 1998. Annual review of plant physiology and plant molecular biology. *Phytoremediation*, Vol. 49.

Sun, K., B. Gao, K. S. Ro, et al. 2012. Assessment of herbicide sorption by biochars and organic matter associated with soil and sediment. *Environmental Pollution*, Vol. 163.

Talley, J. W., U. Ghosh, S. G. Tucker, et al. 2002. Particle-scale understanding of the bioavailability of PAHs in sediment. *Environmental Science &Technology*, Vol. 36, No. 3.

Tejeda-Agredano, M. C., S. Gallego, J. Vila, et al. 2013. Influence of the sunflower rhizosphere on the biodegradation of PAHs in soil. *Soil Biology & Biochemistry*, Vol. 57.

Theng, B. K. G., G. Yuan. 2008. Nanoparticles in the Soil Environment. *Elements*, Vol. 4.

Van, A. B., P. A. Correa, J. L. Schnoor. 2010. Phytoremediation of polychlorinated biphenyls: new trends and promises. *Environmental Science & Technology*, Vol. 44, No. 8.

Venny, S. Y. Gan, N. K. Ng. 2012. Current status and prospects of Fenton oxidation for the decontamination of persistent organic pollutants (POPs) in soils. *Chemical Engineering Journal*, Vol. 213.

Wang, X. L., X. Y. Guo, Y. Yang. 2011. Sorption mechanisms of phenanthrene, lindane, and atrazine with various humic acid fractions from a single soil sample. *Environmental Science & Technology*, Vol. 45, No. 6.

Wei, J., X. Y. Liu, X. Y. Zhang, et al. 2014. Rhizosphere effect of Scirpus triqueter on soil microbial structure during phytoremediation of diesel-contaminated wetland. *Environmental Technology*, Vol. 35, No. 4.

Wilson, M. A., N. H. Tran, A. S. Milev. 2008. Nanomaterials in soils. *Geoderma*, Vol. 146.

Wu, W. H., H. Z. Wang, J. M. Xu, et al. 2009. Adsorption characteristic of bensulfuron-methyl at variable added Pb^{2+} concentrations on paddy soils. *Journal of Environmental Sciences*, Vol. 21, No. 8.

Wu, L. H., Z. Li, C. L. Han, et al. 2012. Phytoremediation of soil contaminated with cadmium, copper and polychlorinated biphenyls. *Phytoremediation*, Vol. 14, No.6.

Xie, X. M., M. Liao, J. Yang. 2012. Influence of root-exudates concentration on pyrene degradation and soil microbial characteristics in pyrene contaminated soil. *Chemosphere*, Vol. 88, No. 10.

Xing, B. S, J. J. Pignatello. 1997. Dual-mode sorption of low-polarity compounds in glassy poly (vinyl chloride) and soil organic matter. *Environmental Science & Technology*, Vol. 31, No. 3.

Xu, Y., Y. He, X. L. Feng, et al. 2014. Enhanced abiotic and biotic contributions to dechlorination of pentachlorophenol during Fe(Ⅲ) reduction by an iron-reducing bacterium Clostridium beijerinckii Z. *Science of the Total Environment*, Vol. 473.

Xu, Y., Y. He, Q. Zhang, et al. 2015. Coupling between pentachlorophenol dechlorination and soil redox as revealed by stable carbon isotope, microbial community structure, and biogeochemical data. *Environmental Science & Technology*, Vol. 49, No. 9.

Yang, S. C., M. Lei, T. B. Chen. 2010. Application of zerovalent iron (Fe^0) to enhance degradation of HCHs and DDX in soil from a former organochlorine pesticides manufacturing plant. *Chemosphere*, Vol. 79, No. 7.

Yang, C. J., Q. X. Zhou, S. H. Wei, et al. 2011. Chemical-assisted phytoremediation of Cd-PAHs contaminated soil using Splariumnigrum. *International Journal of Phytoremadiation*, Vol. 8, No. 8.

Zeng, F. F., Y. He, Z. H. Lian, et al. 2014. The impact of solution chemistry of electrolyte on the sorption of pentachlorophenol and phenanthrene by natural hematite nanoparticles. *Science of the Total Environment*, Vol. 466.

Zhang, Y. J., D. Q. Zhu, H. X. Yu. 2008. Sorption of aromatic compounds to clay mineral and model humic substance-clay complex: effects of solute structure and exchangeable cation. *Journal of Environmental Quality*, Vol. 37, No. 3.

Zhang, Z. H., Z. Rengel, K. Meney, et al. 2011. Polynuclear aromatic hydrocarbons (PAHs) mediate cadmium toxicity to an emergent wetland species. *Journal of Hazardous Materials*, Vol. 189, No. 1-2.

Zhao, J., Z. Y. Wang, H. Mashayekhi, et al. 2012. Pulmonary surfactant suppressed phenanthrene adsorption on carbon nanotubes through solubilization and competition as examined by passive dosing technique. *Environmental Science & Technology*, Vol. 46, No. 10.

蔡志强、叶庆富、汪海燕等："多氯联苯微生物降解途径的研究进展"，《核农学报》，2010年第1期。

陈翠红、周启星、张志能等："土壤中佳乐麝香和镉污染对苗期小麦生长及其污染物积累的影响"，《环境科学》，2011年第2期。

陈志丹、晁群芳、杨滨银等："一株芘降解菌B2的降解条件优化及降解基因"，《环境工程学报》，2012年第10期。

程凤侠、司友斌、刘小红："铜与草甘膦单一污染和复合污染对水稻土酶活的影响"，《农业环境科学学报》，2009年第1期。

崔嵩、杨萌、李一凡："不同土壤类型多氯联苯土壤残留特征变化分析"，《吉林大学学报（地球科学版）》，2012年第6期。

范淑秀、李培军、何娜等："多环芳烃污染土壤的植物修复研究进展"，《农业环境科学学报》，2007年第6期。

范淑秀、李培军、巩宗强："苜蓿对多环芳烃菲污染土壤的修复作用研究"，《环境科学》，2007年第9期。

樊广萍、仓龙、徐慧等："重金属—有机复合污染土壤的电动强化修复研究"，《农业环境科学学报》，2010年第6期。

高彦征、凌婉婷、朱利中等："黑麦草对多环芳烃污染土壤的修复作用及机制"，《农业环境科学学报》，2005年第3期。

顾平、张倩茹、周启星等："一株苯并[a]芘高效降解真菌的筛选与降解特性"，《环境科学学报》，2010年第2期。

郭观林、周启星："土壤—植物系统复合污染研究进展"，《应用生态学报》，2003年第5期。

何艳、徐建明、李兆君："有机污染物根际胁迫及根际修复研究进展"，《土壤通报》，2004年第5期。

何艳、徐建明、汪海珍等："五氯酚（PCP）污染土壤模拟根际的修复"，《中国环境科学》，2005年第5期。

贺纪正、陆雅海、傅伯杰：《土壤生物学前沿》，科学出版社，2014年。

胡著邦、汪海珍、吴建军等："镉与苄嘧磺隆除草剂单一污染和复合污染土壤的微生物生态效应"，《浙江大学学报：农业与生命科学版》，2005年第2期。

花莉、洛晶晶、彭香玉等："产表面活性剂降解石油菌株产物性质及降解性能研究"，《生态环境学报》，2013年第12期。

李秀芬、滕应、骆永明等："多氯联苯污染土壤的紫云英—根瘤菌联合修复效应"，《土壤》，2013年第1期。

刘翠英、余贵芬、蒋新等："土壤和沉积物中多氯代有机化合物厌氧降解研究进展"，《生态学报》，2007第8期。

刘魏魏、尹睿、林先贵等："多环芳烃污染土壤的植物—微生物联合修复初探"，《土壤》，2010年第5期。

骆永明："污染土壤修复技术研究现状与趋势"，《化学进展》，2009年第2/3期。

毛健、骆永明、滕应："高分子量多环芳烃污染土壤的菌群修复研究"，《土壤学报》，2010年第1期。

苗静、祝惠、王鑫宏等："DOP与Pb单一及复合污染对土壤酶活性的影响"，《环境科学研究》，2009年第7期。

潘攀、杨俊诚、邓仕槐等："重金属与农药复合污染研究现状及展望农业"，《环境科学学报》，2011年第10期。

彭素芬、尹华、邓军等："微生物对水—沉积物中苯并[a]芘—镉复合污染修复的研究"，《生态环境学报》，2010年第12期。

钱林波、元妙新、陈宝梁："固定化微生物技术修复PAHs污染土壤的研究进展"，《环境科学》，2012年第5期。

史海娃、宋卫国、赵志辉："我国农业土壤污染现状及其成因"，《上海农业学报》，2008年第2期。

宋长青、吴金水、陆雅海等："中国土壤微生物学研究10年回顾"，《地球科学进展》，2013年第10期。

孙向辉、滕应、骆永明等："多氯联苯在紫花苜蓿体内的积累、分布及形态"，《土壤》，2011年第4期。

孙明明、滕应、骆永明："厌氧微生物降解多环芳烃研究进展"，《微生物学报》，2012年第8期。

涂晨、滕应、骆永明等："多氯联苯污染土壤的豆科—禾本科植物田间修复效应"，《环境科学》，2010年第12期。

王辰、王翠苹、刘海彬等："微生物对芘和苯并[a]芘污染土壤的修复"，《环境科学与技术》，2011年第3期。

王京文、陆宏、厉仁安："慈溪市蔬菜地有机氯农药残留调查"，《浙江农业科学》，2003年第1期。

肖根林："光合细菌修复铅镉及呋喃丹复合污染土壤的研究"（硕士论文），中北大学，2011年。

徐建明、何艳："根—土界面的微生态过程与有机污染物的环境行为研究"，《土壤》，2006年第4期。

徐建明、何艳、许佰乐："中国土壤化学发展现状与展望"，《中国科学院院刊》，2015年增刊。

徐莉、滕应、骆永明等："苜蓿根瘤菌对多氯联苯降解转化特性研究"，《环境科学》，2010年第1期。

徐鹏、封跃鹏、范洁等："有机氯农药在我国典型地区土壤中的污染现状及其研究进展"，《农药》，2014年第3期。

杨婷、林先贵、胡君利等："丛枝菌根真菌对紫花苜蓿与黑麦草修复多环芳烃污染土壤的影响"，《生态与农村环境学报》，2009年第4期。

姚伦芳、滕应、刘方等："多环芳烃污染土壤的微生物—紫花苜蓿联合修复效应"，《生态环境学报》，2014年第5期。

郑振华、周培疆、吴振斌:"复合污染研究的新进展",《应用生态学报》,2001年第3期。

周际海、孙向武、胡锋等:"扑草净降解菌的分离、筛选与鉴定及降解特性初步研究",《环境科学》,2013年第7期。

周际海、袁颖红、朱志保等:"土壤有机污染物生物修复技术研究进展",《生态环境学报》,2015年第2期。

周东美、王慎强、陈怀满:"土壤中有机污染物—重金属复合污染的交互作用",《土壤与环境》,2000年第2期。

朱利中:"有机污染物界面行为调控技术及其应用",《环境科学学报》,2012年第11期。

邹小明、林志芬、尹大强等:"氯氰菊酯与Cd^{2+}对土壤微生物量及酶活性的联合效应",《生态与农村环境学报》,2010年第4期。

第17章 纳米颗粒、抗生素及抗性基因等新兴污染物风险评估

随着工业化、城市化的飞速发展，人们制造和使用的化学品种类与数量逐年增加。目前美国《化学文摘》登记的化学品数量高达 7 000 多万种，而且近年来每年以数百万至千万种的增速递增。大量污染物通过各种途径进入土壤，不仅影响动植物的生长和发育，而且通过食物链传递到人体，对人类生存和健康构成严重威胁。因此，针对化学污染物质在土壤中行为及环境效应的研究迅速得到土壤和环境科学界的关注。随着现代分析手段的发展和人们环保意识的提高，环境土壤化学研究热点逐渐从传统污染物转向新兴污染物。新兴污染物往往具有较高的毒性和风险，日益引起广泛的重视（王斌等，2013：1129~1136），并形成一个独特的研究领域。

17.1 概　　述

新兴污染物是指在环境中新发现的，或者早前已经被认识但新近引起关注且对人体健康及生态环境具有风险的污染物。本节以土壤中新兴污染物为切入点，阐述了新兴污染物的内涵及其主要研究内容，并以科学问题的深化和研究方法的创新为线索，探讨土壤中污染物的演进阶段与关注的科学问题的变化。

17.1.1 问题的缘起

土壤污染是指人为因素有意或者无意地将对人类本身和其他生命体有害的物质施加到土壤中，使其某种成分的含量明显高于原有含量，并引起土壤环境质量恶化的现象。与大气污染、水体污染不同，土壤污染物具有潜伏性、不可逆转和危害严重等特性。近年来土壤污染问题越来越受到各国政府的重视，各国政府开展了大量的土壤污染调查研究，建立了土壤污染清单。2014 年，中国环境保护部和国土资源部发布了《全国土壤污染状况调查公报》，认为"全国土壤环境状况总体不容乐观，部分地区土壤污染严重，耕地土壤环境质量堪忧，工矿业废弃地土壤环境问题突出。"目前对土壤污染物的调查主要集中在传统的重金属和有机污染物等。**近年来，随着分析手段的发展和人们环保意识的提高，土壤中微量和痕量新兴污染物的研究受到广泛的关注**。随着研究的逐渐深入，人们对一些新兴污染物的特性和毒性有了进一步的了解，部分新兴污染物已经被列入常规土壤污染物监测名录，其土壤环境质量标准也在逐步修订中，有

一些新兴污染物，如多溴联苯醚和全氟辛烷磺酸等，已经作为新 POPs 被增列入《斯德哥尔摩公约》。

17.1.2 问题的内涵及演进

由于土壤是各类污染物的汇，土壤中污染物种类繁杂。中国科学院南京土壤研究所陈怀满研究员从污染物的属性角度出发将土壤中污染物类型分成 4 类：**有机污染物、无机污染物、生物性污染物**和**放射性污染物**。传统的有机污染物包括 DDT、六六六、狄氏剂、艾氏剂、氯丹等化学农药，DDT 的代谢产物 DDE 和 DDD，石油烃及其裂解产物以及其他各类有机合成产物。无机污染物主要是铜（Cu）、锌（Zn）、铅（Pb）、镉（Cd）、汞（Hg）、砷（As）等重金属和类金属以及过量的氮（N）和磷（P）等营养元素。生物性污染物指一个或几个有害的生物种群，从外界环境侵入土壤并大量繁殖，破坏原来的平衡，对人类健康和土壤生态系统造成不良影响，其主要来源是未经处理的粪便、垃圾、城市生活污水、饲养场和屠宰场的污染物等。放射性污染物指人类活动排放出的放射性污染物，使土壤的放射水平高于天然本底值，主要来源于核原料的开采、核爆及核企业发生的放射性排放事故等（陈怀满等，1996：1～17）。2006年，中国科学院沈阳应用生态所的周启星研究员总结了不同历史时期大家所关注的土壤中主要污染物类型的变迁（周启星，2006：257～265）。

（1）起始阶段

1960～1980 年为起始阶段，主要研究**有毒重金属**，如汞（**Hg**）和镉（**Cd**），有机污染物，如 **DDT、六六六、林丹等持久性有机污染物**。

（2）识别阶段

1981～1990 年为识别阶段，主要**污染物有铜（Cu）、锌（Zn）、铅（Pb）、镉（Cd）、铬（Cr）、汞（Hg）、砷（As）等有毒重金属（类金属）以及甲基汞、甲基砷、四乙基铅、有机锡等金属有机污染物**，有机污染物也进一步扩展到**酚类化合物、狄氏剂、艾氏剂和氯丹等化学农药**。在此期间，我国开展了土壤中重金属的背景值调查和环境容量研究，为土壤环境质量标准的制定打下了坚实的基础。

（3）发展阶段

1985～2000 年为发展阶段，无机污染物研究包括铜（Cu）、锌（Zn）、铅（Pb）、镉（Cd）、铬（Cr）、汞（Hg）、砷（As）、**铝（Al）、镍（Ni）、氟（F）**等，有机污染物有 **PCBs、PAHs、石油烃**等，由于化肥的大量使用，导致土壤中累积了过量的氮（N）和磷（P）等营养元素，土壤中氮（N）和磷（P）向水体迁移，造成了严重的水体富营养化，**氮（N）和磷（P）面源污染**受到大家的重视。

（4）新兴阶段

2001 年至今为新兴阶段，分析手段的不断发展为研究土壤中微量和痕量污染物提供了技术支撑，学者在关注传统的污染物基础上，越来越重视**新兴污染物的环境化学行为研究**。2006 年，

环境科学著名杂志 *Environmental Science & Technology* 第 23 期发专刊介绍环境中新兴污染物，呼吁大家重视新兴污染物环境过程及效应的研究，新兴污染物的研究逐渐得到大家的重视。目前，新兴污染物类型比较多，主要包括纳米颗粒污染物、抗生素、抗性基因、增塑剂、溴代阻燃剂、全氟辛烷磺酸等。**环境中新兴污染物的不断出现给土壤污染化学的发展带来了新的机遇和强劲的推动力**，多溴联苯醚和全氟辛烷磺酸等新 POPs 已经被增列入《斯德哥尔摩公约》。

17.2　国际"新兴污染物"研究主要进展

近 15 年来，随着土壤中新兴污染物研究的不断深入，逐渐形成了一些核心方向和研究热点。由于新兴污染物的类型众多，通过文献计量分析发现，同一类型的新兴污染物能聚类在一起，形成纳米颗粒、抗生素及抗性基因、酞酸酯、溴代阻燃剂、全氟化合物等聚类圈。我们从土壤中新兴污染物的来源和检测、新兴污染物的归趋和环境风险等角度重点分析了土壤中纳米颗粒、抗生素与抗性基因等领域的主要研究成果。

17.2.1　近 15 年国际该领域研究的核心方向与研究热点

运用 Web of Science 数据库，依据本研究方向核心关键词制定了英文检索式，即：(soil* and ("nanoparticle*" or "polybrominated diphenyl ethers" or "polychlorinated-biphenyls" or "antibiotic" or "ionic liquid" or "antibiotics resistance gene" or "resistance gene" or "PFOS" or "PFOA" or "disinfection by-products" or "phthalate esters" or "Phthalates" or "emerging pollutant*" or "Emerging contaminants" or "PPCPs" or "Bisphenol A" or "17β-Estradiol" or "17α-Ethinyl" or "Carbadox"))。近 15 年本研究方向共发表国际英文文献 6 405 篇。划分为 2000～2002 年、2003～2005 年、2006～2008 年、2009～2011 年和 2012～2014 年 5 个时段，各时段发表的论文数量占总发表论文数量百分比分别为 7.56%、11.1%、16.5%、25.7%和 39.2%，呈逐年上升趋势。图 17-1 为 2000～2014 年土壤中新兴污染物领域 SCI 期刊论文关键词共现关系图，图中聚成了 5 个相对独立的研究聚类圈，在一定程度上反映了近 15 年国际土壤中新兴污染物研究的核心领域，包括纳米颗粒、抗生素及抗性基因、溴代阻燃剂、全氟化合物和酞酸酯类。下面将从这 5 个方面详细介绍目前新兴污染物的主要研究内容。

（1）纳米颗粒

土壤环境中纳米颗粒种类比较多，如纳米氧化锌颗粒（ZnO NPs）、纳米银颗粒（Ag NPs）、纳米金颗粒（Au NPs）、纳米二氧化钛颗粒（TiO_2 NPs）、纳米铁颗粒（Fe NPs）、碳纳米颗粒（carbon NPs），尽管这些关键词在聚类图（图 17-1）中比较分散，然而它们与纳米技术（nanotechnology）、毒性（toxicity）、风险评估（risk assessment）、团聚（aggregation）、稳定性（stability）、光谱（spectroscopy）、归趋（fate）、转化（transformation）、污水污泥（sewage sludge）等关键词联系在一起。此外，纳米颗粒（NPs）、胶体（colloid）、黏粒（clay）还与吸附（adsorption）、解吸（desorption）等关键词聚在一起，表明学者们致力于研究纳米颗粒源解析、纳米颗粒土壤中环境化学行为，如吸附—解吸、团聚性、稳定性和转化等。此外，由于纳米颗粒具有较高的比表面和活性，纳米颗粒的毒性和环境风险也受到大家的重视。

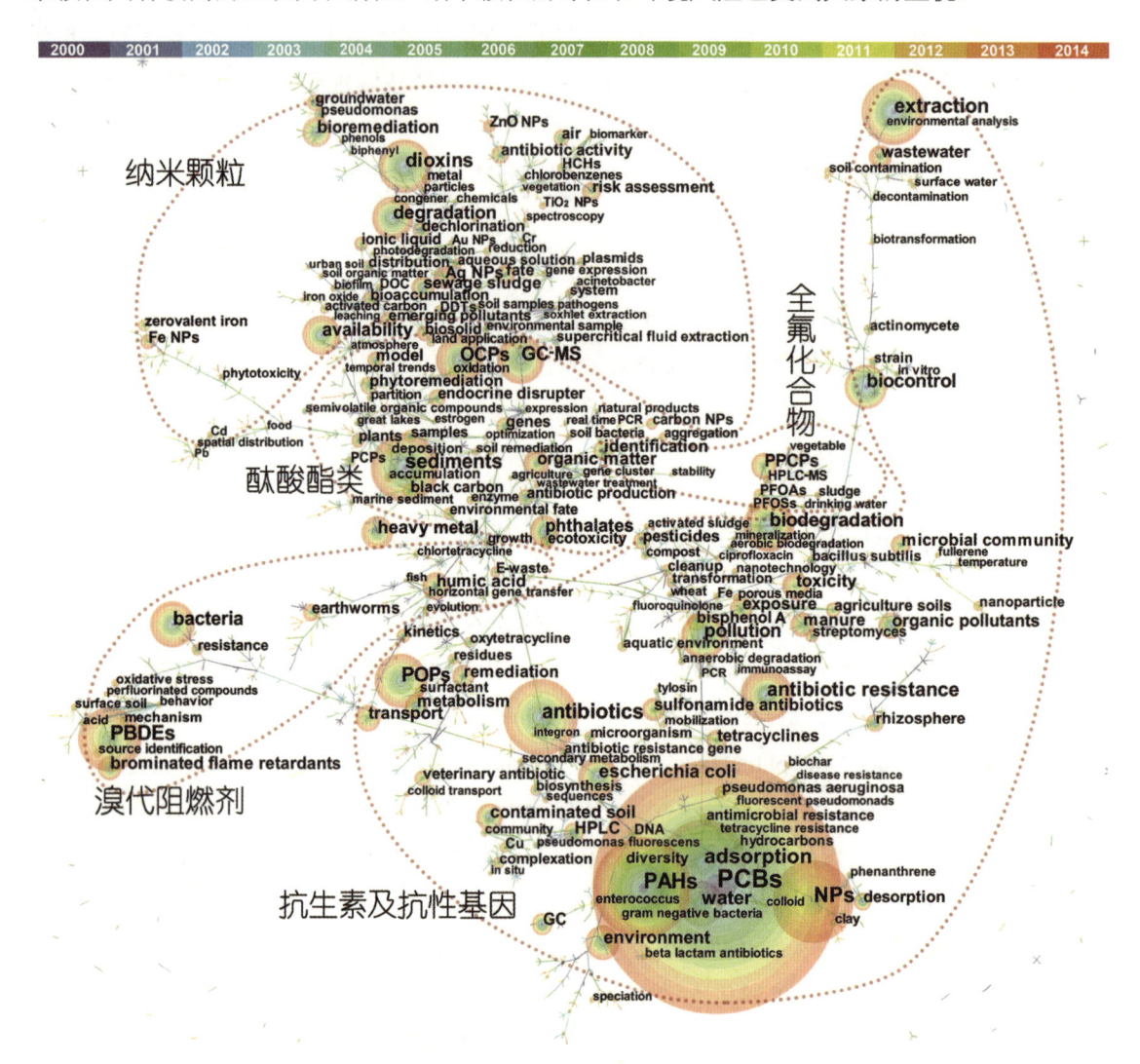

图 17-1　2000～2014 年"新兴污染物"领域 SCI 期刊论文关键词共现关系

（2）抗生素及抗性基因

抗生素的大量使用导致土壤残留逐年增加。图 17-1 聚类圈中出现抗生素（antibiotics）、兽药抗生素（veterinary antibiotics）、微生物（microorganism）、粪肥（manure）、提取（extraction）、免疫分析（immunoassay）、生物控制（biocontrol）、废水（wastewater）、农业（agriculture）、生物合成（biosynthesis）、放射菌（actinomycete）、大肠杆菌（escherichia coli）等聚类在一起，表明学者们关注土壤中抗生素的来源；而抗生素抗性（antibiotics resistance）、抗生素抗性基因（antibiotics resistance gene）、抗生素（antibiotics）、抗微生物抗性（antimicrobial resistance）、

聚合酶链反应（PCR）、水平基因转移（horizontal gene transfer）、基因簇（gene cluster）、多样性（diversity）、四环素抗性（tetracycline resistance）聚类在一起，表明**抗生素抗性的研究已经引起大家的关注**。由于抗生素种类较多，在聚类圈中有多种抗生素出现，如四环素类抗生素（tetracyclines）、磺胺类抗生素（sulfonamide antibiotics）、泰乐菌素（tylosin）。该聚类圈中也出现了厌氧降解（anaerobic degradation）、降解（decontamination）、清除（cleanup）、固定（mobilization）、代谢产物（metabolism）、次生代谢产物（secondary metabolism）等关键词，表明**土壤中抗生素的降解和消除也引起了关注**。

（3）溴代阻燃剂

从图17-1来看，溴代阻燃剂（brominated flame retardants）、多溴联苯醚（PBDEs）、源解析（source identification）、电子垃圾（E-waste）聚类在一起，表明目前有关**PBDEs的研究主要集中于PBDEs的源解析，土壤种PBDEs的主要来源是电子垃圾的拆解**。

（4）全氟化合物

全氟化合物主要有全氟辛酸（PFOAs）和全氟辛烷磺酸（PFOSs），而图17-1聚类圈中PFOAs和PFOSs主要与活性污泥（activated sludge）、污泥（sludge）、饮用水（drinking water）、液质联用（HPLC-MS）聚类，表明目前有关多氟化合物的研究主要集中于**多氟化合物的源解析和环境样品中的含量分析**。

（5）酞酸酯类

从图17-1来看，酞酸酯（phthalates）主要与生态毒性（ecotoxicity）、环境归趋（environmental fate）、农业（agriculture）、累积（accumulation）等在一起，表明目前有关酞酸酯的研究主要集中在**酞酸酯在农田土壤中的转化、环境归趋和环境效应研究**。

SCI期刊论文关键词共现关系图反映了近15年新兴污染物研究的核心领域，而不同时段TOP20高频关键词可反映其研究热点。表17-1显示了2000～2014年各时段TOP20关键词组合特征。由表17-1可知，2000～2014年，前10位高频关键词为纳米颗粒（nanoparticles）、土壤（soil）、环境（environment）、多氯联苯（PCBs）、毒性（toxicity）、多溴联苯醚（PBDEs）、水（water）、细菌（bacteria）、抗生素抗性（antibiotic resistance）、抗生素（antibiotics）。不同时段高频关键词组合特征能反映研究热点随时间的变化情况，纳米颗粒（nanoparticles）、多溴联苯醚（PBDEs）、抗生素（antibiotics）和抗生素抗性（antibiotic resistance）等关键词在各时段均占有突出地位，说明这些内容持续受到关注，特别是**纳米颗粒环境行为的研究**。进一步分析以3年为时间段的热点问题变化情况，具体如下。

（1）2000～2002年

由表17-1可知，该时段研究重点集中在多氯联苯（PCBs）、多溴联苯醚（PBDEs）、抗生素（antibiotics）的土（soil）/水（water）的界面过程和环境归趋（environmental fate），如吸附（sorption）、解吸（desorption-kinetics）、固持（sequestration）、降解（degradation）和淋溶（leaching）等行为，以及这些**污染物的生物有效性研究**，如浸提（extraction）、生物累积（bioaccumulation）等。

594 土壤学若干前沿领域研究进展

表 17-1 2000~2014 年"新兴污染物"领域不同时段 TOP20 高频关键词组合特征

2000~2014 年		词频	2000~2002 年 (15 篇/校正系数 5.26)		词频	2003~2005 年 (23 篇/校正系数 3.43)		词频	2006~008 年 (34 篇/校正系数 2.32)		词频	2009~2011 年 (52 篇/校正系数 1.52)		词频	2012~2014 年 (79 篇/校正系数 1.00)		词频
关键词			关键词			关键词			关键词			关键词			关键词	
nanoparticles		40	PCBs		15.8 (3)	antibiotic		20.6 (6)	soil		20.9 (9)	nanoparticles		18.2 (12)	nanoparticles		20
soil		27	sorption		15.8 (3)	PBDEs		17.2 (5)	nanoparticles		18.6 (8)	toxicity		13.7 (9)	antibiotic resistance		9
environment		16	degradation		10.5 (2)	environment		13.7 (4)	antibiotics		16.2 (7)	soil		9.1 (6)	aggregation		8
PCBs		14	model		10.5 (2)	BFRs		13.7 (4)	PBDEs		13.9 (6)	antibiotics		9.1 (6)	soil		7
toxicity		14	soil		10.5 (2)	model		10.3 (3)	BFRs		9.3 (4)	ZVI		7.6 (5)	toxicity		7
PBDEs		13	water		10.5 (2)	PCBs		10.3 (3)	wastewater		9.3 (4)	environment		7.6 (5)	heavy metals		6
water		13	antibiotics		10.5 (2)	sediment		10.3 (3)	PPCPs		9.3 (4)	bacteria		7.6 (5)	PCBs		6
bacteria		11	phthalates		10.5 (2)	soil		10.3 (3)	PFOs		9.3 (4)	water		6.1 (4)	silver nanoparticle		6
antibiotic resistance		9	extraction		10.5 (2)	water		10.3 (3)	behavior		7.0 (3)	adsorption		6.1 (4)	environment		5
antibiotics		9	bioavailability		10.5 (2)	extraction		10.3 (3)	environment		7.0 (3)	titanium dioxide		4.6 (3)	fate		5
silver nanoparticle		9	risks		10.5 (2)	XAS		10.3 (3)	groundwater		7.0 (3)	silver nanoparticles		4.6 (3)	CeO$_2$ nanoparticles		5
zero-valent iron		9	PBDEs		5.3 (1)	organochlorine		6.9 (2)	OPs		7.0 (3)	oxide nanoparticles		4.6 (3)	TiO$_2$ nanoparticles		5
adsorption		8	pesticides		5.3 (1)	adsorption		6.9 (2)	particles		7.0 (3)	nZVI		4.6 (3)	bioavailability		4
bioavailability		8	leaching		5.3 (1)	filtration		6.9 (2)	surface waters		7.0 (3)	mechanisms		4.6 (3)	PAHs		4
groundwater		8	bioaccumulation		5.3 (1)	PAHs		6.9 (2)	water		7.0 (3)	exposure		4.6 (3)	risk assessment		4
heavy metals		8	environmental fate		5.3 (1)	residues		6.9 (2)	antibiotic resistance		7.0 (3)	eisenia fetida		4.6 (3)	carbon nanotubes		4
model		8	chlorine		5.3 (1)	resistance		6.9 (2)	dechlorination		4.6 (2)	DNA		4.6 (3)	antibiotics		4
PAHs		8	chromate reduction		5.3 (1)	antibiotic resistance		6.9 (2)	kinetics		4.6 (2)	carbon nanotubes		4.6 (3)	biochar		3
wastewater		8	desorption-kinetics		5.3 (1)	E-waste		3.4 (1)	phytoextraction		4.6 (2)	bioaccumulation		4.6 (3)	ZnO nanoparticles		3
aggregation		7	sequestration		5.3 (1)	carbon nanotubes		3.4 (1)	reduction		4.6 (2)	antibiotics resistance		4.6 (3)	emerging contaminants		3

注：括号中的数字为校正前关键词出现频次。

（2）2003～2005年

由表17-1可知该时段抗生素的研究逐渐受到大家的重视，主要集中在抗生素（antibiotic）和抗生素抗性（antibiotic resistance）研究；多溴联苯醚（PBDEs）、溴代阻燃剂（BFRs）、多氯联苯（PCBs）、多环芳烃（PAHs）、有机氯农药（organochlorine）的研究逐步加深，主要集中在污染物的水（water）/土（soil）/沉积物（sediment）界面过程如吸附（adsorption）等。**新兴污染物纳米颗粒开始受到重视**，如碳纳米管（carbon nanotubes）。

（3）2006～2008年

由表17-1可知，该时段纳米颗粒（nanoparticles）的研究逐渐增加；由于纳米颗粒有较高的比表面积和反应活性，纳米颗粒被用于有机氯（OPs）等污染物的还原（reduction）和脱氯（dechlorination）。在此期间，多溴联苯醚（PBDEs）、溴代阻燃剂（BFRs）、抗生素（antibiotic）和抗生素抗性（antibiotic resistance）仍然受到大家的重视。**新兴污染物如药物和个人护理品（PPCPs）、多氟化合物（PFOs）的研究逐渐受到大家的重视。**

（4）2009～2011年

由表17-1可知，该时段纳米颗粒（nanoparticles）的研究迎来了全面发展阶段，主要集中在纳米铁颗粒（nZVI）、银纳米颗粒（silver nanoparticles）、纳米氧化物（oxide nanoparticles）、纳米二氧化钛（titanium dioxide）、碳纳米管（carbon nanotubes）的环境（environment）行为如吸附（adsorption）和暴露毒性（exposuretoxicity）研究等，探究其作用机制（mechanisms）。抗生素（antibiotic）和抗生素抗性（antibiotic resistance）仍然是土壤生物学家研究的中心。

（5）2012～2014年

由表17-1可知，该时段新兴污染物（emerging contaminants）如**纳米颗粒（Nanoparticles）的研究蓬勃发展**，主要集中在纳米银（silver nanoparticle）、纳米二氧化铈（CeO$_2$ nanoparticles）、纳米二氧化钛（TiO$_2$ nanoparticles）、碳纳米管（carbon nanotubes）、纳米氧化锌（ZnO nanoparticles）的环境归趋（environmentfate）和毒性（toxicity）风险评价（risk assessment）；**抗生素（antibiotic）和抗生素抗性（antibiotic resistance）仍然是土壤生物学家研究的中心，生物炭成为新的研究热点**。

17.2.2　近15年国际该领域研究取得的主要学术成就

图17-1表明近15年国际新兴污染物研究的核心领域主要包括纳米颗粒、抗生素及抗性基因、溴代阻燃剂、全氟化合物和酞酸酯5种类型的新兴污染物。高频关键词组合特征反映的热点问题主要包括新兴污染物的源解析、环境行为及其效应的研究（表17-1）。因此，我们将从污染物类型角度分析近15年来土壤中新兴污染物研究取得的主要成就，重点介绍纳米颗粒、抗生素及抗性基因研究方面的成果。

（1）纳米颗粒

"纳米技术"一词最早是1974年由日本东京理科大学的Norio Taniguohi教授提出，**纳米颗粒是指三维空间中至少有一维处于纳米尺度范围超精细颗粒的总称**。1981年，德国物理学家Gerd Binning和瑞士物理学家Heinrich Ohrer发明了能直接观察纳米尺寸物质的扫描隧道显微镜，这标志着纳米技术研究的兴起。1990年7月，第一届国际纳米科学技术会议在美国巴尔的摩举办，此次会议正式提出了纳米材料学、纳米生物学等概念，引起了全球科学家的高度兴趣和广泛关注。各国政府开始资助大量纳米研究项目。2011年，美国用于纳米技术的投资达21.8亿美元，中国为13亿美元。纳米技术已经成为世界上发达国家竞相开发的项目，制定了长远的研究规划。纳米技术在生物、医学、电子等领域得到了长足的发展，并取得了众多突破，例如1996年英国Harold Kroto教授因发现C60富勒烯获得诺贝尔物理学奖。近年来与纳米相关的期刊得到了蓬勃发展，影响力也逐年增加，影响因子超过10的有 *Natural Material*，*Natural Nanotechnology*，*Nano Today*，*Nano Letter*，*ACS nano* 等，与土壤环境相关的纳米期刊有 *Nanotoxicology*。

因为纳米颗粒尺寸小、比表面积大、表面活性高，所以具有不同于一般大颗粒物质的物理化学性质，如表面效应、体积效应和量子尺寸效应等，已被广泛用于计算机和微电子学、医学、生物科学、电子传感器、环境控制和修复、交通、能源生产、化工制造、农业和消费品等诸多领域。值得注意的是，**自然界中许多自然过程可以产生纳米颗粒**，如光化学反应、火山喷发、森林火灾和侵蚀过程以及植物和动物的生命过程（Taylor，2002：A80）。由人类活动诱导的纳米气溶胶大约只有环境气溶胶总量的10%，超过90%是来源于自然过程。化工生产、焊接、矿石提炼、交通工具和飞机引擎燃料燃烧、污泥的燃烧也产生大量的纳米颗粒。

纳米材料的应用日益广泛，纳米颗粒已不可避免地被有意或无意地释放到环境中，继而进入陆地生态系统。纳米颗粒对健康、环境和安全的影响也日益受到大家的重视。2006年 *Science* 发文报道了纳米的安全与风险管理，列举了纳米材料的毒性警告（Service，2006：45）。各国政府相继开展纳米安全性的研究。**土壤学家关注土壤环境中纳米颗粒的来源，在土壤中的归趋，及其生态毒性效应等**。

目前常用的纳米颗粒分析方法有：近场光学显微镜（NSOM）—扫描探针显微镜（SPM）技术、排阻色谱法（SEC）、毛细管电泳中（CE）、水动力色谱（HDC）等色谱分析技术、超高速离心和过滤技术、光散射技术和中子散射技术等光谱学技术、基体辅助激光解吸电离（MALDI）、激光诱导荧光光谱（LIF）或者离子阱（IT）质谱等质谱技术、同步辐射、表面增强拉曼等（Cai et al.，2003：1805～1811；Peng et al.，2003：67～76；Lead and Wilkinson，2006：159～171；Wang et al.，2013：13822～13830；Barton et al.，2014：7289～7296；Guo et al.，2015：4317～4324）。近年来单颗粒ICP-MS技术（spICP-MS）得到发展，该方法能分析复杂环境样品中的纳米颗粒粒径和含量（Hadioui et al.，2014：4668～4674）。

相比于水体、大气等环境介质，土壤中纳米颗粒的研究起步更晚，大田及野外研究少之又少。纳米颗粒对土壤微生物影响与纳米颗粒的类型有关。高浓度的C60并没有对土壤或底泥微生物群落的生物量和结构造成显著影响（Tong et al., 2007: 2985~2991）。然而，纳米银、铜和硅的混合物影响了北极土壤微生物群落，其糖类和氨基酸类代谢的微生物活性下降（Kumar et al., 2012: 131~135）。Xu 等（2004: 10400~10413）发现 80nm 的纳米银能够通过细菌的外膜和内膜，其中 MexAB-OprM 蛋白参与纳米银的跨膜运输过程，且纳米银毒性与其浓度有关。纳米 ZnO 和 TiO_2 都对大肠杆菌具有毒性，且 ZnO 毒性要比 TiO_2 毒性更高（Reddy et al., 2007）。纳米 TiO_2 和纳米 ZnO 减少了土壤微生物生物量和多样性，改变了土壤细菌群落的组成，且纳米 ZnO 的作用较纳米 TiO_2 强（Ge et al., 2011: 1659~1664）。

土壤中的纳米颗粒可在植物体内富集并通过食物链传递（Oberdörster et al., 2005: 823~839）。目前研究较多的主要是金属纳米材料，包括 AuNP、AgNP、TiO_2 和 CeO_2 等。纳米粒子必须穿过植物细胞壁才能进入到细胞的原生质体。通过溶液排阻技术人们发现植物细胞壁的最大孔隙通常在几个纳米，如根毛细胞壁为 3.5~3.8nm，而栅栏薄壁组织细胞中的细胞壁为 4.5~5.2nm（Carpita et al., 1979: 1144~1148），这些孔隙的大小受 pH、二价离子和硼酸等因素的影响。可见只有当纳米粒子直径<5nm 时才能够穿透植物细胞壁。或者在细胞壁表面缺陷或存在不连续间断点的情况下一些纳米粒子能够穿过原生质膜而进入细胞。另外，小粒径纳米粒子可以堵塞细胞壁空隙，如纳米 TiO_2（30nm 直径）和膨润土的胶体悬液使玉米根细胞壁孔隙大小从约 6.6nm 减少到 3nm，从而抑制水力传导率和植物的蒸腾作用（Asli and Neumann, 2009: 577~584）。Lin 和 Xing（2008: 5580~5585）研究了几种植物对纳米 ZnO 的吸收及根际毒性，发现纳米 ZnO 显著降低了黑麦草的生物量，导致根尖收缩、根皮细胞发生空化和坍塌，认为纳米 ZnO 的毒性不仅来源于其溶解释放 Zn 离子，还受附着于根表的纳米 ZnO 的影响。借助于同步辐射技术和 TEM-EDS 技术，Larue 等（2014: 17~26）提供了叶面喷施纳米 TiO_2 可以被生菜内化的直接证据。Servin 等（2013: 11592~11598）借助于 μ-XRF 和 μ-XANES 研究纳米 TiO_2 从黄瓜根到果实的转运过程，发现在转运过程中 TiO_2 并没有发生生物转化。纳米 CeO_2 也可在黄瓜各个组织器官内进行转运（Hong et al., 2014: 4376~4385）。Dan 等（2015: 3007~3014）通过 spICP-MS 技术研究了西红柿对 AuNP 的内化行为，研究发现，AuNP 可通过根系暴露转运到植物叶片中，并且在转运过程中并没有发生粒径的变化。

植物内化纳米颗粒后，产生了潜在的食物链传递风险。Roche 等（2015: 11866~11874）研究了纳米或微米 La_2O_3 从土壤—生菜—蟋蟀—螳螂的食物链传递过程，发现食用纳米 La_2O_3 处理生菜的蟋蟀体内 La 的浓度（0.3mg/kg）显著低于大颗粒 La_2O_3 处理的生菜，且体内 La 浓度不受纳米 La_2O_3 尺寸的影响；土壤中 La 并没有沿着食物链生物放大的现象。而 CeO_2 的食物链传递行为与 CeO_2 尺寸相关，通过对土壤—南瓜—蟋蟀—蜘蛛的食物链传递过程研究发现，纳米 CeO_2 暴露组的蜘蛛体内 Ce 含量达到 5.49 ng/g，而非纳米组处理未检测到 Ce 信号（Hawthorne et al., 2014: 13102~13109）。此外还有报道指出，AuNP 可沿土壤—烟草—烟草天蛾和土壤—蚯蚓—牛蛙中传递（Unrine et al., 2012: 9753~9760）。

由于纳米材料具有高比表面积和活性，人工纳米材料被广泛地应用于污染土壤的修复。纳米铁颗粒可以有效地降解有机卤化物，降解对象涉及氯烷烃、氯烯烃、氯化芳香烃和多氯化物等（Zhang et al.，2003：323～332；程荣等，2006：874～880）。nZVI 可以还原 Cr（Ⅵ）为低毒的 Cr（Ⅲ），降低 Cr 的移动性和生物有效性，修复土壤中重金属污染。Singh 等（2011：4063～4073）研究了 nZVI 去除土壤中 Cr（Ⅵ），当 nZVI 含量为 0.27g/L 时，即使 Cr（Ⅵ）污染浓度高达 100mg/kg，3h 之后其去除效率可高达 100%。Xiong 等（2009：5171～5179）用 CMC 稳定的 FeS 纳米材料修复沉积物中的 Hg^{2+} 污染，当 FeS/Hg 的摩尔比为 26.5 时，水中 Hg^{2+} 的浓度降低了 97%，渗滤液中的 Hg^{2+} 减少了 99%。除了纳米金属材料，纳米金属氧化物在土壤修复中也发挥了重要作用，例如典型的光催化材料，纳米 TiO_2 可以催化降解土壤中的农药、芳香族类、石油类、金属等污染物。

（2）抗生素及抗性基因

自 1929 年 Fleming 发现青霉素并由 Florey 和 Chain 用于临床以来，已有百余种抗生素被开发利用，它们对治疗感染性疾病发挥了巨大作用，有效地保障了人类的生命和健康。抗生素的应用范围也由原来的人畜感染控制发展到畜禽养殖、水产养殖等，同时还用以防治感染性疾病，并作为抗菌生长促进剂以加快动物的生长。目前，全世界每年有超过万吨的抗生素类药物用于动物疾病预防和治疗。据不完全统计，欧洲每年消费抗生素 10 000t，1999 年欧盟主要国家用于畜牧业的抗生素药物四环素类和磺胺类用量就达 1 600t，其中荷兰每年用量超过 200t，比利时每年 200t 左右，瑞士每年约 40t（Sarmah et al.，2006：725～759）。**进入生物体后，仅有少量抗生素残留或分解，大部分以原药或代谢物的形式通过人体或者动物排泄物的方式直接进入环境中。**Kemper（2008：1～13）发现 90%的药物抗生素可以通过尿液和 75%会通过动物粪便被排出体外。

土壤中的抗生素来源较为广泛，主要是通过**污水处理排放、药物处理排放、施用含抗生素的有机粪肥**。长期施用含抗生素的畜禽粪便，容易导致土壤中抗生素的累积，会对土壤动、植物、微生物乃至人体健康产生危害（Sacher et al.，2001：199～210；Sarmah et al.，2006：725～759；徐维海等，2006：2458～2462；张俊亚等，2015：935～946）。例如，牛养殖业中以 70mg 氯霉素/头牛喂食以促其生长，在牛的新鲜粪便中检测到氯霉素含量高达 14mg/kg（Elmund et al.，1971：129～132）。Hamscher 等（2002：1509～1518）将含有四环素和氯霉素为 4.0mg/kg 和 0.1mg/kg 的粪肥施入土壤，在土壤中分别检测到两种抗生素的存在，其中表土（0～10cm）中的平均含量高达 86.2μg/kg，而下层土壤（20～30cm）中的平均含量高达 171.7μg/kg。Batt 等（2006：1963～1971）调查了美国爱达荷州华盛顿村养殖场附近的 6 口水井中抗生素的残留，他们在井水中检测到磺胺嘧啶和磺胺二甲嘧啶，其含量为 0.046～0.22μg/L。Watanabe 等（2010：6591～6600）分析了美国加州北圣华金河附近两个奶牛场附件水池和农田土壤中抗生素的残留，由于奶牛场长期使用大量的抗生素，导致奶牛场周围土壤中抗生素残留检出率很高，检出了四环素类、磺胺类和喹诺酮类抗生素十几种，结合检测的平均浓度，他们初步估计了奶牛场周边水池和土壤中的抗生素的总量，水池中磺胺甲嘧啶高达 550g，而水池底泥中总金霉素含量则高达 1 543g。

抗生素的检测是调查抗生素在环境中污染状况、评价其环境风险的基础环节。 目前，抗生素类药物检测的常用方法为高效液相色谱法，同时还有些共振瑞利散射光谱和毛细管电泳—紫外检测法。随着科技的发展，更多联用技术被广泛应用到抗生素的检测中，如液相色谱—紫外联用（LC-UV）、液相色谱—荧光联用（LC-FD）以及液相色谱—质谱联用（LC-MS/MS）技术。由于土壤中天然有机质含量较高等其他因素影响色谱分离效果，相关萃取技术如固相萃取（Christian et al.，2003：36~44）、超声萃取（Blackwell et al.，2004：1058~1064）、微波萃取（Speltini et al.，2012：1565~1569）也被采用以达到更好的分离检测目的。刘虹等（2007：315~319）建立了固相萃取（SPE）—高效液相色谱（UV）同时分离并测定了土壤环境中的氯霉素和四环素类抗生素。李彦文等（2009：1762~1766）利用超声波提取—固相萃取—高效液相色谱紫外检测器分析了广州、深圳等地菜地土壤中的四环素类和磺胺类抗生素的污染特征。

土壤是一个由三相组成的复杂体系，**抗生素进入土壤环境，会在土壤中发生吸附、迁移和降解等一系列生物化学转化，而这些过程则直接影响抗生素对环境的生态毒性，对环境中抗生素的风险评估具有重要意义。** 抗生素在土壤中的吸附过程是影响其迁移、转化及归趋的关键过程。抗生素种类繁多，不同抗生素在土壤中的吸附量和吸附强度不仅与抗生素种类（抗生素官能团性质）、含量相关，还与土壤性质如土壤质地、有机质含量和土壤 pH 具有密切关系（Sarmah et al.，2006：725~759）。抗生素在土壤中的吸附机理主要包括物理吸附和化学吸附。喹诺酮类抗生素分子中含有较多的极性/离子型官能团，可以通过阳离子形成桥键或者与铁氧化物表面羟基之间通过弱氢键作用而固定在土壤表面（Khandal et al.，1991：95~107）。四环素类抗生素带正电的吸附电位可以通过静电作用或离子交换作用而被土壤吸附。此外，四环素类抗生素分子中携带的官能团使其可以通过离子键桥作用或与土壤中极性部分发生作用（Figueroa et al.，2004：476~483；Carrasquillo et al.，2008：7634~7642）。大环内酯类抗生素在土壤中吸附的机制主要是静电作用，也有与腐殖酸中的极性部分发生氢键作用（Allaire et al.，2006：969~972；Lee et al.，2014：1531~1543）。磺胺类抗生素在土壤中的吸附机制主要是离子交换（Kahle and Stamm，2007：1224~1231；Srinivasan et al.，2013：165~172）。喹诺酮类、四环素类以及大环内酯类抗生素吸附能力较强，不易在土壤中迁移，而磺胺类抗生素的 Kd 值较低，在土壤中的迁移能力较强，迁移能力较强的抗生素在土壤中被淋洗从而二次对地下水等造成污染。

抗生素在环境中降解主要是通过水解、光降解以及生物降解等作用实现抗生素的转化及去除。 溶解性较好的抗生素类药物可在土壤水溶液中发生水解反应达到降解目的。表层土壤中的抗生素还可以通过光氧化、光水解、光重排等机制实现降解（Liu et al.，2015：113~121；Peterson et al.，2015：398~403）。土壤中的有机物质如腐殖质，无机物质如 NO_3^-、Fe^{3+} 等显著影响抗生素在环境中的降解（Sharma et al.，2013：446~451；Gao et al.，2015：8693~8701）。此外，表层土壤受到光照时产生的自由基、过氧化物也能加速抗生素的降解（Liu et al.，2015：113~121）。除了以上两种降解方式外，生物降解也是抗生素在环境中降解的最重要的途径，包括植物降解和微生物降解（Mitchell et al.，2013：244~252；Sarmah et al.，2006：725~759）。所谓植物降解主要是植物体直接吸收抗生素后转移或分解和植物体释放的分泌物降解土壤中的抗生素以及间接影响土壤微生物对抗生素的转化。土壤中微生物种类繁多、增殖快、适应力强，在土壤内分布极广，数目庞大。微生物相比于其他生物具有更强的适应能力，并且可以突变产生新的菌种、酶系统、代谢功能，从而参与对人工或自然合成化合物的降解与转化。

抗生素进入土壤环境中，尽管其环境浓度较低，但是其对土壤中的植物、动物及微生物的生长发育具有抑制作用。**抗生素对植物的影响不仅受到抗生素类型、含量的影响，还受到植物种类、土壤性质等因素的影响。** Batchelder（1982：675～678）研究发现土壤中土霉素和氯霉素降低了红扁豆的产量、株重和根重以及植物中的钙、镁、钾、氮等含量。Boxall 等（2006：2288～2297）发现在土培条件下 1mg/kg 土霉素、保泰松、恩诺沙星可以显著抑制胡萝卜和莴苣生长，而同等浓度条件下阿莫西林、磺胺嘧啶等则没有影响。目前已报道了抗生素对土壤动物蚯蚓的影响。Pino 等（2015：225～237）以赤子爱胜蚓为受试生物研究了 18 种不同类型抗生素对其急性毒性。不同的抗生素其毒性相差巨大，其中布洛芬的毒性最高，其 LC50 为 64.8mg/kg，其次是双氯芬酸，其 LC50 为 90mg/kg。Li 等（2015：19～23）同样也研究了恩诺沙星对蚯蚓的急性和慢性毒性，恩诺沙星的急性 LC50 值为 11g/kg，远大于环境中恩诺沙星的残留值；当土壤中恩诺沙星浓度高于 50mg/kg，就会显著抑制蚯蚓的繁殖。

抗生素开始是用于抑制病原菌的生长，治疗疾病。因此，抗生素在低浓度下即可影响微生物活性，从而影响土壤中微生物的群落结构。**抗生素对土壤中微生物的影响与抗生素的种类、土壤类型、微生物的种类有关。** Bruhn 和 Beck（2005：457～465）研究了磺胺类和四环素类抗生素对土壤微生物活性与微生物量的影响，发现这两类抗生素明显降低了土壤细菌的数量，在 14 天内导致土壤中真菌与细菌的比例升高。0.003～7.35μg/kg 的抗生素剂量可以抑制土壤微生物活性的 10%。Fernandez 等（2004：63～69）发现 1mg/kg 的强力霉素可以使土壤中磷酸酯酶的活性降低 40%～50%。Backhaus 等（1999：3291～3301）通过对发光菌的毒性研究表明，四环素有较强的生物毒性，其 EC10、EC50 和 EC90 分别为 0.004 6、0.025 1 和 0.073 8mg/kg。Schimitt 发现土壤被磺胺氯哒酮污染后会引起微生物多样性和生理水平的微小变化，但是如果增加其浓度可能会诱导微生物群落产生对该药物的抗性（Schmitt et al.，2004：1148～1153）。Chander 等（2005：1952～1957）研究发现四环素的存在显著降低了土壤中微生物量，即使四环素被土壤所吸附，它们仍然具有生物活性，影响土壤中微生物多样性。Thiele-Bruhn 和 Beck（2005：457～465）研究了土霉素和磺胺嘧啶对砂质始成土与壤质淋溶土中微生物的呼吸强度的影响，结果表明，砂质土中两种抗生素加入 24h 后显著抑制呼吸强度，48h 后又回升；壤质土中施加抗生素后，48h 内没有影响，48h 后开始出现抑制效果。

长期滥用抗生素很有可能诱导人类及动物体内产生抗性基因。 抗性基因经排泄后进入河流、地下水、土壤及沉积物，对公众健康和生态安全造成威胁。世界卫生组织已将抗生素抗性基因**（ARGs）作为 21 世纪威胁人类健康的最重大挑战之一，并宣布将在全球范围内对控制 ARGs 进行战略部署。** 自 Pruden 等（2006：7445～7450）提出将 ARGs 作为一种新兴环境污染物，有关其在环境中行为和污染等的报道日益增多，人们逐渐意识到 ARGs 在环境中的持久性残留、传播和扩散比抗生素本身的危害还大。

抗生素抗性基因（ARGs）的来源分为自然源以及人为源。**自然环境中，细菌的内在抗性，指细菌基因组上抗性基因原型、准抗性基因和未表达出的潜在抗性基因，会在随机突变以及潜在抗性基因表达中使细菌获得抗性**（Davies et al.，2010：417～433）。这是 ARGs 自然源的一个重要组成。抗生素在自然条件下可由真菌及细菌代谢产生，且多数来源于土壤微生物。天然抗生素会对临近生物体产生选择压力，迫使其进化，产生和传播抗性基因。大多数微生物在产生抗生素同时，也会携带对应的抗性基因（Hopwood，2007：937～940）。D'Costa 等（2011：457～461）利用宏基因组学分析距今 30 000 年的加拿大育空地区冻土中的细菌 DNA，发现抗性基因具有多样性，这些抗性基因对 β 内酰胺类、四环素类和糖肽类等抗生素具有抗性。Allen 等（2009：243～251）从阿拉斯加冻土中筛选到多种新兴的 β 内酰胺酶基因。这些地区不受或基本不受人类活动干扰，且某些类型的 ARGs 早就存在于自然界中，并非由抗生素应用于现代临床治疗过程中造成。

人为源主要由医疗行业与畜禽及水产养殖业产生，与抗生素的长期、大量使用密切相关（Pei et al.，2006：2427～2435；Peak et al.，2007：143～151）。在医疗行业中，病人由细菌感染，经抗生素长期治疗，其体内会诱导产生携带抗性基因的细菌，并随粪便排泄出体外，进入医疗或生活废水中。在畜禽及水产养殖业中，长期使用亚治疗剂量抗生素来防治动物疫情，促进动物生长、增产，提升饲料效率（Sarmah et al.，2006：725～759），畜类服用后并不能很好吸收，研究显示高达 75%的饲用抗生素（Elmund et al.，1971：129～135）会存在于其排泄物中，并通过废水排放、粪肥施用（Pruden et al.，2006：7445～7450；Zhu et al.，2013：3435～3440）等方式进入水体和土壤。Jensen 等（2001：581～587）研究了使用猪粪施肥前后土壤中假单胞菌和蜡状芽孢杆菌的抗性水平的变化，结果表明，该种粪肥对土壤中的抗性细菌具有选择压力。Sengeløv 等（2003：587～595）相似研究表明土壤中提升施加猪粪水量会提升细菌对四环素的抗性水平。Schmitt 等（2006：267～276）研究了猪粪对土壤中四环素及磺胺类抗性基因多样性的影响，研究显示施肥后土壤中抗性基因数量明显增加，但直接加入氧四环素对抗性基因多样性的影响很小，这表明动物粪肥施用是影响抗性基因丰度的一个重要因素。水产养殖是 ARGs 进入水环境最直接的途径。水产养殖区的鱼体内、水体和底泥中均监测到抗生素抗性基因，表明抗生素在水产养殖业的大量使用可能使水产养殖区成为抗生素抗性基因的暂时存储库（Petersen et al.，2002：6036～6042）。ARGs 的人为源对其周围生物施加了额外的选择压力，使细菌产生耐药性，成为抗生素抗性基因（ARGs）在环境中的重要污染源。

目前对环境中 ARGs 检测主要有两种方法：细菌培养法和聚合酶链式反应（PCR）法。细菌培养法是 ARGs 的传统检测方法，利用 ARGs 的抗性表型来评价其抗性。通常基于最小抑制浓度药敏试验，把待测菌株接种到琼脂平板上培养，再将浸有一定浓度的抗生素滤纸片贴在该平板上，在一定条件下进行培养，待纸片周围出现抑菌环时，即纸片周围无细菌生长，再测定抑菌环直径，据此评估细菌对抗生素的抗性。Reinthaler 等（2003：1685～1690）以及 Oliveira 等（2008：2242～2250）研究时皆采用此方法。但是，在现实环境中，很多微生物最适生长温度、呼吸方式、营养成分等并不清楚，故传统细菌培养研究方法受到诸多限制。PCR 法则为体外复制 DNA 过程，先对目标 DNA 进行提取与纯化，并利用 PCR 扩增，再利用琼脂糖凝胶电泳对其进行检测与收集。PCR 被应用于土壤中万古霉素（Guardabassi et al.，2006：221～225）和庆大霉素（Heuer et al.，2002：289～302）抗性基因的检测。由于普通 PCR 技术不能做到准确定量，故在此基础上结合荧光能量传递技术发展了实时荧光定量 PCR（RTQ-PCR）技术，其利用荧光标记探针，对核酸扩增、杂交，再结合荧光光谱分析和实时计算机检测技术，更灵敏、准确检测环境中抗性基因。

水平基因转移（HGT）为 ARGs 在土壤环境中传播的重要方式，该方式可使 ARGs 在同种甚至不同菌株间转移，大大加速了抗性基因的传播扩散。 该方式已不断被证明，如罗碧珊和成敬锋（2010：167～169）就耐万古霉素肠球菌对万古霉素的耐药性机理进行研究，发现耐药基因簇多位于染色体和质粒上，并证明万古霉素肠球菌抗性基因向金黄色葡萄球菌进行转移。抗生素抗性基因水平转移是基因组中可移动遗传因子，包括质粒、转座子、整合子等，通过接合、转化、转导等方式从一种菌株转移到另一菌株中，从而使后者获得该抗生素抗性的过程。外源性 ARGs 通过水平基因转移，将抗性基因传播给土壤土著菌群。

在携带 ARGs 细菌死亡后，其裸露的 DNA 仍能长期存在于土壤环境中，并与土壤成分结合（Crecchio et al.，2005：834～841），Gallori 等（1994：119～126）的研究结果表明，质粒 DNA 最多可以在 Ca-蒙脱石土壤中存活 15 天。这些 DNA 会通过与其他微生物接触转入而转移 ARGs，还可能通过直接接触或污染食物链等多种途径进入人体，增加人体的抗生素耐药性。然而，Forsberg 等（2014：612～616）利用功能宏基因组技术对土壤细菌的耐药基因组进行研究，发现土壤细菌很少拥有物种之间 ARGs 交换的序列特征，因而土壤细菌之间 ARGs 传递并非人类病原细菌之间的传播方式。结果还显示，土壤中细菌群落的组成结构是促使 ARGs 变化的首要因素。

自然环境中，光照、温度与含氧量均能影响 ARGs 的降解。 目前大多数研究集中在水体中 ARGs 降解，但土壤是一个复杂的三相体系，不同的光照、温度、含氧量和菌落等同样会对 ARGs 降解造成影响。由于黑暗条件下，光合作用和初级产物显著下降，理论上异养菌的生物有效性碳随之减少，导致在与抗性细菌竞争时失去优势，而增加了环境中抗性细菌含量。因此，表层土壤在夏天阳光充足时有利于削减抗性基因。高温有利于抗生素的生物降解，环境中抗生素含量的减少，减轻选择压力，则诱导产生的抗性基因也较少。厌氧条件下，微生物活性较低，抗性基因增长传播也比较慢。土壤深度加大，造成的厌氧条件可有效控制抗性基因的传播（徐冰洁等，2010：169～178）。

17.3 中国"新兴污染物"研究特点及学术贡献

近年来，随着我国工业化和城市化的快速发展，中国作为世界工厂为世界人民生产了大量的生产和生活资料的同时，也产生了大量的废气、废水等废弃物，这些污染物最终都会进入土壤，导致日趋严重的土壤污染问题。中国政府已经开始整治污染问题，"十二五"环境保护的总体思路是"消减总量、改善质量、防范风险"。强调工作重点是"以解决饮用水不安全和空气、土壤污染等损害群众健康的突出环境问题，加强综合治理，明显改善环境质量"。加强重金属污染综合治理，开展重金属污染治理与修复试点示范；加大持久性有机物、危险废物、危险化学品污染防治力度；开展受污染场地、土壤、水体等污染治理与修复试点示范。2014 年，国家环保部和国土资源部联合发布公告，公布我国土壤重金属实际情况，土壤污染问题比较严峻。**发达国家已经从传统的污染物控制转向新兴污染物的风险控制。相对于传统的污染物，新兴污染物在环境中的浓度更低，很多问题亟须解决，我国科学家同时面临传统污染物和新兴污染物两大问题。**近年来，我国研究人员在新兴污染物环境化学过程、风险评价与污染物修复方面积极开展工作，很多方面已经与世界同步。

17.3.1 近 15 年中国该领域研究的国际地位

过去 15 年，国际不同国家和地区对于土壤中新兴污染物的研究获得了长足进展。表 17-2 显示了 2000~2014 年土壤新兴污染物研究领域 SCI 论文数量、篇均被引数量和高被引论文数量 TOP20 国家和地区。近 15 年 SCI 论文发表总量 TOP20 国家和地区，共计发表论文 5 465 篇，占所有国家和地区发文总量的 85.2%（表 17-2）。从不同的国家和地区来看，近 15 年 SCI 论文发文数量最多的国家是美国，共发表 1 311 篇；中国排第 2 位，发表 1 125 篇，与排名第 1 位的美国差距并不显著；排第 3 位的是德国，发表 333 篇（表 17-2）。20 个国家和地区总体发表 SCI 论文情况随时间的变化表现为：与 2000~2002 年发文量相比，2003~2005 年、2006~2008 年、2009~2011 年和 2012~2014 年发文量分别是 2000~2002 年的 1.5 倍、2.2 倍、3.4 倍和 5.3 倍，表明国际上对于新兴污染物的研究表现出快速增长的态势。由表 17-2 可看出，过去 15 年中，美国在新兴污染物研究领域一直占据主导地位，而中国在该领域的活力不断增强，增长速度最快，2000~2002 年发文量排名第 9 位，2009~2011 年发文量与美国持平，2012~2014 年已经位列第 1 位，比美国多出 186 篇。2000~2014 年 SCI 论文单篇被引数量居全球前 3 位的国家是瑞士、新西兰和英国，而高被引论文数量居全球前 3 位的国家是美国、英国和德国，中国高被引论文数量排第 5 位。但是，从表 17-2 可看出中国 SCI 论文篇均被引数量为 13.9，位列第 27 名，低于世界平均水平，而高被引论文数量 19 篇，与美国还存在较大差距。从 SCI 论文数量、篇均被引数量和高被引论文数量的变化趋势来看，中国在新兴污染物研究领域的活力和影响力快速上升，2012~2014 年高被引论文数量达到 22 篇，是 2009~2011 年的 2.2 倍，研究成果越来越受到国际同行的关注。

图 17-2 显示了 2000~2014 年新兴污染物领域 SCI 期刊中外高频关键词对比及时序变化。从国内外学者发表论文关键词总词频来看，随着收录期刊及论文数量的明显增加，关键词词频总数不断增加。中国作者的前 15 位关键词词频在研究时段内也有明显增加。

表 17-2 2000~2014 年 "新兴污染物" 领域发表 SCI 论文数及被引频次 TOP20 国家和地区

排序[①]	SCI 论文数量（篇）						SCI 论文篇均被引次数（次/篇）						高被引 SCI 论文数量（篇）					
	国家（地区）	2000~2014	2000~2002	2003~2005	2006~2008	2009~2011	2012~2014	国家（地区）	2000~2014	2000~2002	2003~2005	2006~2008	2009~2011	2012~2014	国家（地区）	2000~2014	2000~2002	2003~2005	2006~2008	2009~2011	2012~2014
1	世界	6 405	484	711	1 056	1 644	2 510	世界	22.3	43.1	44.1	38.4	21.5	6.0	世界	320	24	35	52	82	125
1	美国	1 311	124	163	256	337	431	瑞士	56.5	77.5	100.7	78.8	51.3	11.7	美国	115	10	13	20	33	41
2	中国	1 125	14	33	124	337	617	新西兰	51.7	33.0	15.8	178.4	52.0	3.4	英国	38	2	4	9	9	9
3	德国	333	31	56	62	79	105	英国	44.2	53.5	71.3	76.0	39.0	12.0	德国	27	0	7	4	4	7
4	加拿大	279	29	43	58	63	86	荷兰	42.4	65.3	36.3	94.1	33.7	7.9	加拿大	23	1	3	3	5	4
5	印度	279	14	24	32	76	133	瑞典	37.7	42.4	90.8	35.1	20.8	8.9	中国	19	1	0	3	10	22
6	英国	253	32	46	38	61	76	丹麦	31.5	51.0	44.1	41.5	20.7	10.0	瑞士	15	2	2	2	3	4
7	西班牙	250	28	28	46	56	92	美国	31.1	56.4	52.9	46.4	28.6	8.4	荷兰	12	2	0	2	3	2
8	日本	210	22	39	58	43	48	芬兰	29.9	36.0	20.8	19.8	55.0	1.4	瑞典	8	1	2	1	1	4
9	法国	184	11	24	25	48	76	德国	29.6	40.9	61.1	43.5	23.0	6.3	西班牙	7	0	1	0	2	4
10	韩国	167	12	18	20	43	74	以色列	29.3	59.2	27.0	26.7	33.4	11.6	丹麦	7	1	1	0	0	1
11	意大利	161	13	22	27	43	56	加拿大	28.4	46.2	58.1	36.8	22.2	6.5	法国	6	0	0	1	0	2
12	荷兰	128	17	16	26	29	40	比利时	26.6	48.3	60.9	33.5	18.5	4.2	日本	5	0	0	2	0	0
13	波兰	114	5	10	19	26	54	泰国	26.4	—	152.0	27.0	7.0	2.2	中国台湾	5	0	0	0	5	0
14	捷克	103	7	13	21	28	34	奥地利	23.0	39.5	19.0	22.0	34.3	3.0	澳大利亚	4	0	0	0	0	5
15	澳大利亚	102	6	9	15	23	49	西班牙	21.6	30.1	34.1	38.9	22.7	5.8	印度	3	1	0	1	1	5
16	瑞士	102	8	20	19	25	30	挪威	21.2	54.7	40.0	25.4	22.5	11.0	韩国	3	0	0	1	2	2
17	瑞典	96	9	21	22	14	30	新加坡	21.0	18.0	60.0	17.8	28.8	2.4	比利时	3	0	1	0	0	1
18	中国台湾	88	5	5	7	35	36	中国台湾	20.2	25.6	40.6	24.1	32.1	4.3	芬兰	3	0	0	0	3	0
19	伊朗	86	0	3	6	21	56	希腊	19.3	38.0	37.4	12.3	10.3	8.1	以色列	3	1	0	0	2	2
20	丹麦	85	21	12	12	17	23	中国（27）[②]	13.9（27）	48.9（10）	24.4（24）	34.9（16）	19.3（18）	5.3（17）	意大利	2	0	0	0	0	1

注：①按 2000~2014 年 SCI 论文数量、篇均被引次数、高被引论文数量排序；②括号内数字是中国相关时段排名。

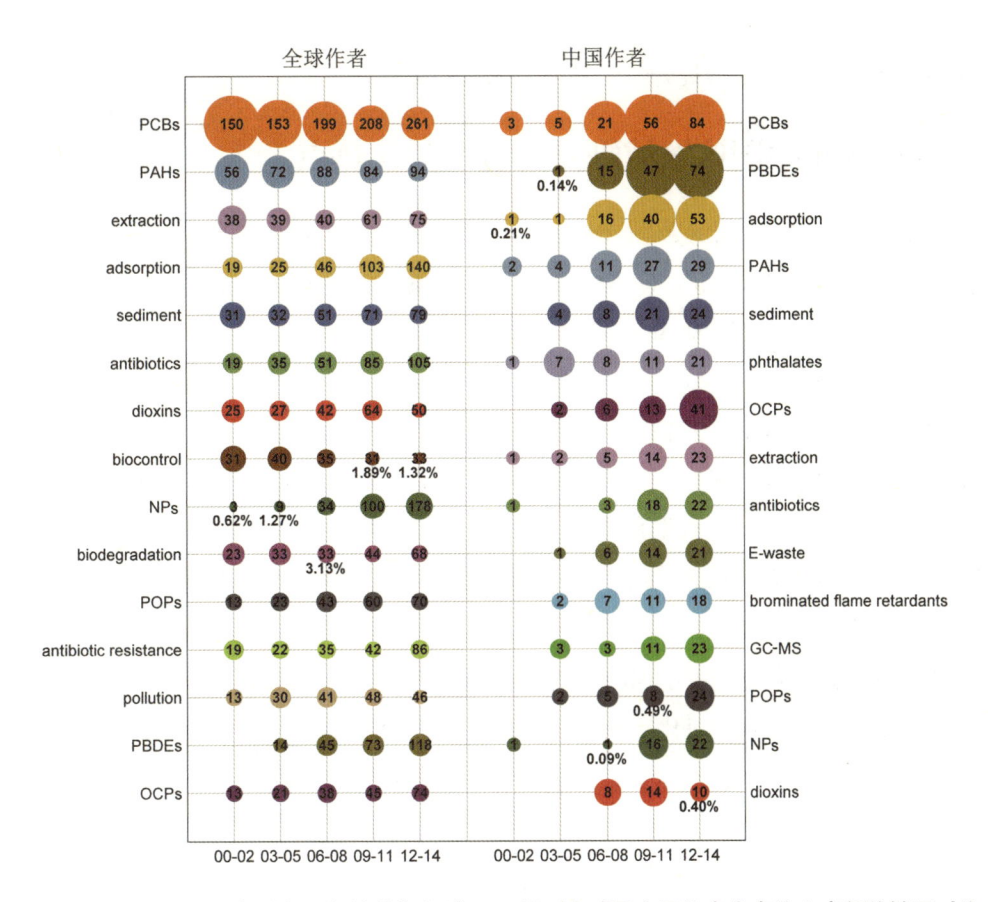

图 17-2 2000～2014 年"新兴污染物"领域 SCI 期刊全球及中国作者发表论文高频关键词对比

论文关键词的词频在一定程度上反映了研究领域的热点。从图 17-2 可以看出：2000～2014 年中国与全球学者发表 SCI 文章高频关键词总频次均最高的是多氯联苯（PCBs）；总频次最高的前 15 位关键词中，均出现的关键词还有：多氯联苯(PCBs)、多环芳烃(PAHs)、提取(extraction)、吸附（adsorption）、沉积物（sediments）、抗生素（antibiotics）、二噁英（dioxins）、纳米颗粒（NPs）和持久性有机物（POPs）、多溴联苯醚（PBDEs）、有机氯农药（OCPs），这反映了国内外近 **15 年新兴污染物的研究热点是抗生素、纳米颗粒污染物、多溴联苯醚等**，中外科学家关注的重点一致。另外，除上述关键词外，从图 17-2 可以看出，全球学者采用的热点关键词还有抗生素抗性（antibiotic resistance）、生物降解（biodegradation）、生物控制（biocontrol），这说明国外学者研究热点还包括抗生素抗性及其环境风险的研究；与全球学者所关注的热点领域不同，中国学者发表 SCI 论文采用的高频关键词有溴代阻燃剂（**brominated flame retardants**）、电子垃圾（**E-waste**）、气质联用（**GC-MS**）和邻苯二甲酸酯（**phthalates**），这符合我国的实际情况。在我国东南沿海地区存在大量的电子垃圾拆解地，这些地方受到严重的溴代阻燃剂污染；此外，我国农膜的使用量也位居全球首位，土壤中增塑剂污染已经受到中国科学家的关注。

从图 17-2 中关键词自身增长速度来看，抗生素（antibiotics）、抗生素抗性（antibiotic resistance）、纳米颗粒（NPs）、多溴联苯醚（PBDEs）在全球学者发表的 SCI 论文中频率不断增加，表明这些新兴污染物受到国内外学者的关注，在过去 15 年中，关键词纳米颗粒（NPs）

无论是增速还是总量均有显著提升，受到前所未有的重视。

17.3.2 近 15 年中国该领域研究特色及关注热点

利用新兴污染物相关的中文关键词制定中文检索式，即：(SU='土壤' or SU='矿物' or SU='氧化物' or SU='黏土矿物') and (SU='新型污染物' or SU='新兴污染物' or SU='邻苯二甲酸酯' or SU='增塑剂' or SU='溴代阻燃剂' or SU='抗生素' or SU='抗性基因' or SU='纳米颗粒' or SU='多溴联苯醚' or SU='全氟有机化合物')。从 CNKI 中检索 2000～2014 年本领域的中文 CSCD 核心期刊文献数据源。图 17-3 为 2000～2014 年土壤新兴污染物领域 CSCD 期刊论文关键词共现关系图，可大致分为 4 个相对独立的研究聚类圈，在一定程度上反映了近 15 年中国新兴污染物研究的核心领域，主要包括纳米颗粒、抗生素及抗性基因、溴代阻燃剂、酞酸酯类 4 个方面。从聚类圈中出现的关键词，可以看出近 15 年新兴污染物研究的主要问题及热点如下。

（1）纳米颗粒

图 17-3 纳米颗粒聚类圈中出现的主要关键词有纳米颗粒、纳米材料、毒性、纳米氧化铜、ZnO、根、生长、氧化损伤、氧化应激、过氧化氢酶、DNA 损伤、赤子爱胜蚓、存活等，上述关键词表明中国学者主要关注**纳米颗粒的生物毒性及其毒性作用机制**。

（2）抗生素及抗性基因

在抗生素及抗性基因聚类圈中，抗生素、土壤微生物、微生物活性、抑菌活性、兽药、微生物种群、选择性抑制技术等聚类在一起，表明**国内科学家关注抗生素对土壤微生物活性的影响**；而畜禽粪、畜禽粪便、畜禽养殖基地、有机蔬菜基地、绿色蔬菜基地、蔬菜地、四环素类抗生素、喹诺酮类、大环内酯类、磺胺、污染、监测、吸收途径等聚类在一起，表明**畜禽粪肥中抗生素已经受到大家的重视，重点开展了蔬菜基地抗生素的监测**；抗性基因、环境介质、微生物群落、实施荧光定量、抗生素抗性基因、抗生素抗性、耐药性、抗性细菌、抗生素敏感性等关键词聚类在一起，表明**我国土壤学家已经开始关注抗生素基因的研究**；土壤中抗生素的种类众多，主要有四环素类、磺胺嘧啶、磺胺类、磺胺甲基唑、磺胺二甲嘧啶等，这些抗生素与环境过程的关键词如淋溶、降解、鉴定、吸附、解吸、吸收、迁移等联系在一起，表明**我国土壤学家在关注抗生素生态效应的同时，也在关注抗生素在土壤环境中的归趋**。

（3）溴代阻燃剂

在多溴联苯醚聚类圈中，多溴联苯醚、珠三角、污染源、饮用水、电子废弃物土壤、电子垃圾、污染特征、多氯联苯、空间变异、分布、环境行为等关键词联系在一起，表明国内科学家关注**东南沿海地区电子垃圾拆解场周边农田土壤中多溴联苯醚污染特征、空间变异和环境效应等研究**，电子垃圾拆解场土壤通常是多种污染物形成的复合污染，多氯联苯的超标现象也非常明显。

（4）酞酸酯类

从酞酸酯类聚类圈可以看出，邻苯二甲酸酯、邻苯二甲酸二丁酯、邻苯二甲酸二异辛酯、邻苯二甲酸二正丁酯、微生物降解、暴露风险、污染现状、光降解、累积、毒理学效应等关键

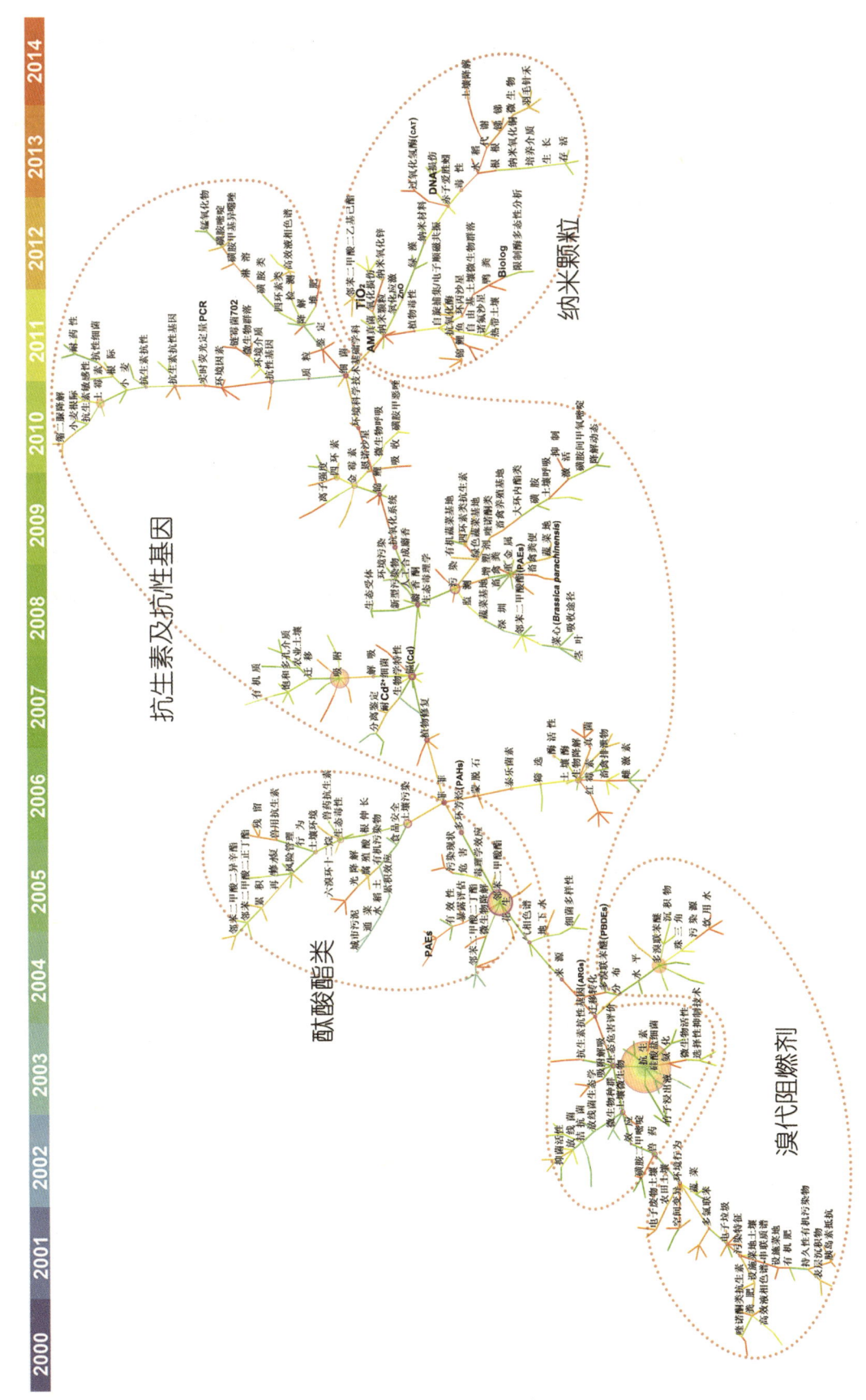

图 17-3 2000~2014 年"新兴污染物"领域 CSCD 期刊论文关键词共现关系

词聚类在一起，表明邻苯二甲酸酯是我国土壤环境科技工作者关注的重点之一，重点研究邻苯二甲酸酯在土壤中的累积、消解过程。

分析中国学者 SCI 论文关键词聚类图，可以看出中国学者在新兴污染物的国际研究中已步入世界前沿的研究领域。2000~2014 年中国学者 SCI 论文关键词共现关系图可以大致分为 5 个研究聚类圈，分别为纳米颗粒、抗生素及抗性基因、溴代阻燃剂、全氟化合物、酞酸酯类及其他有机化合物（图 17-4）。

根据图 17-4，纳米颗粒聚类圈中出现的关键词有纳米颗粒（NPs）、铁纳米颗粒（Fe NPs）、还原（reduction）、量子点（quantum dots）、黏粒（clay）、多氯联苯（PCBs）等；同时，还有分散在聚类图中的其他有关纳米颗粒的关键词，如银纳米颗粒（Ag NPs）、碳纳米颗粒（carbon NPs），这些关键词与吸附（adsorption）、机制（mechanism）、动力学（kinetics）、胶体迁移（colloid transport）、颗粒尺寸（particle size）、沉降（deposition）等关键词联系在一起，表明**我国环境工作者已经关注纳米颗粒的环境风险**，探究纳米颗粒在土壤中的迁移与转化过程及其作用机理，并开展基于纳米材料修复土壤中难降解的有机污染研究。

在抗生素及抗性基因的聚类圈中，抗生素（antibiotics）、抗生素活性（antibiotics activity）、抗生素抗性（antibiotics resistance）、土壤有机质（soil organic matter）、DNA、污水（sewage）、生长（growth）、毒性（toxicity）、转化（transformation）、累积（accumulation）、风险（risk）、细菌（bacteria）、大肠杆菌（escherichia coli）、序列（sequences）、生物控制（biocontrol）、生物膜（biofilm）等关键词聚类在一起，由于抗生素种类多；还有其他有关抗生素和抗性基因的关键词，如兽药抗生素（veterinary antibiotics）、抗生素抗性基因（antibiotic resistance gene）、四环素（tetracycline）、磺胺类抗生素（sulfonamide antibiotics）分散在聚类图中，但这些关键词与分配（partition）、吸附（adsorption）、光降解（photodegradation）等关键词联系在一起，表明**我们已经开始关注抗生素及抗性基因在土壤中的累积、消解和归趋**。

在溴代阻燃剂（PBDEs）聚类圈中，有多溴联苯醚（PBDEs）、溴代阻燃剂（brominated flame retardants）、源解析（identification）、电子废弃物（E-waste）等。在全氟化合物聚类圈中，有全氟辛酸（PFOAs）和全氟辛烷磺酸（PFOSs）、污水（sewage）、污泥（sludge）、再生水（reclaimed water）、吸收（uptake）、生物累积（bioaccumulation）。这些表明**多溴联苯醚和全氟化合物等新兴污染物已经受到我国环境工作者的重视**。

在酞酸酯类及其他有机化合物聚类圈中，酞酸酯（phalates）、降解（degradation）、农田土壤（argriculture soil）、环境（environment）、浸提（extraction）、风险评价（risk assessmen）、气质联用（GC-MS）等关键词联系在一起，表明**我国学者近年来比较关注酞酸酯类有机污染物在农田土壤中残留以及酞酸酯在土壤中的环境风险评价等**。

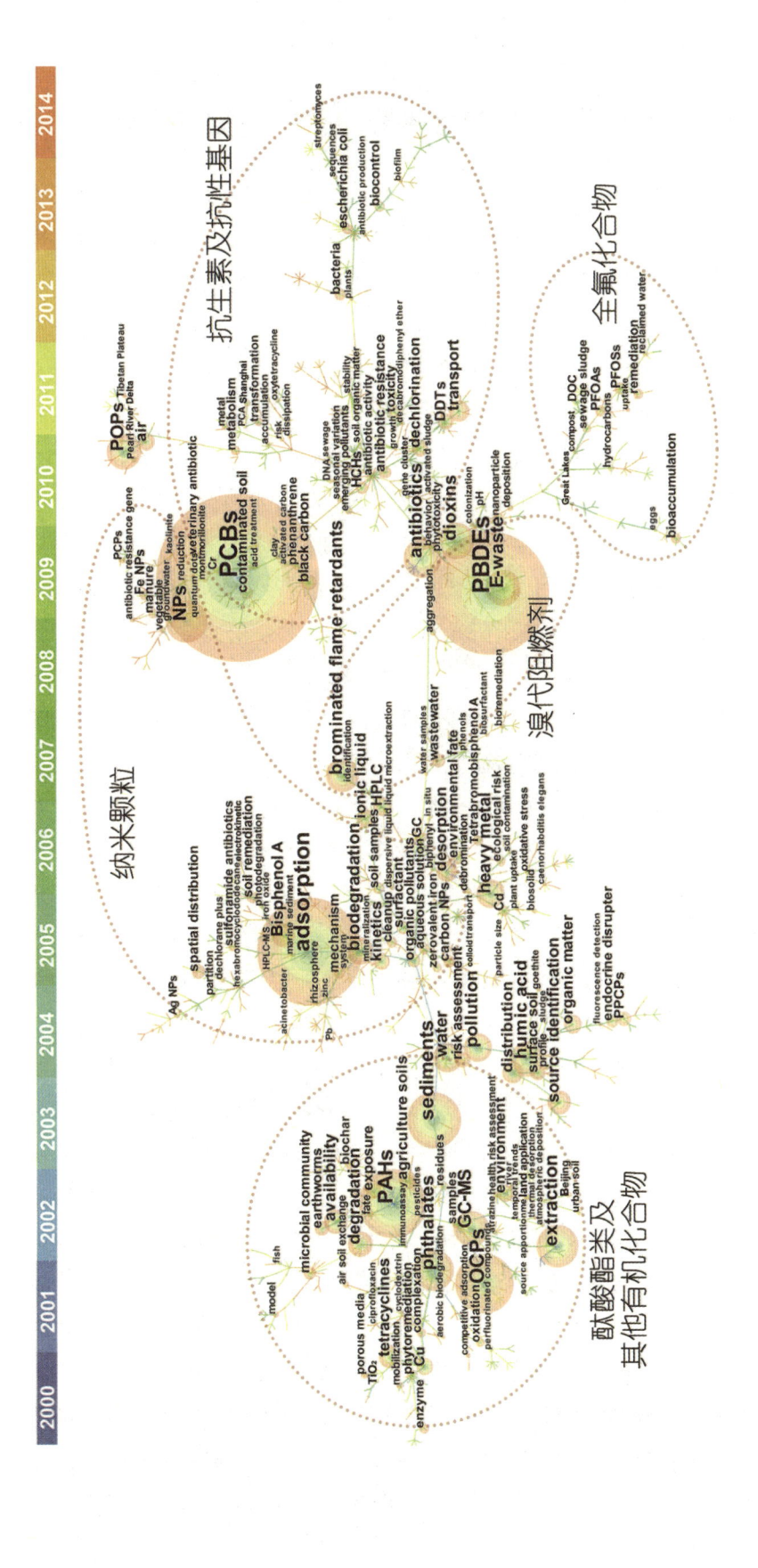

图 17-4 2000~2014 年"新兴污染物"领域中国作者 SCI 期刊论文关键词共现关系

17.3.3 近15年中国学者该领域研究取得的主要学术成就

尽管新兴污染物的研究在我国刚刚起步，但由于政府大力支持，新兴污染物的研究在我国污染土壤化学领域蓬勃发展，有些领域如纳米颗粒污染研究已经与世界保持同步发展。下面简要介绍一下我国科学家在纳米颗粒、抗生素及抗性基因领域取得的成果。

（1）纳米颗粒

纳米技术在20世纪80年代兴起，我国科技管理部分对纳米科技的重要性高度重视，"八五"期间，国家科委通过"攀登计划"项目将"纳米材料科学"列入国家攀登项目。1999年，科技部启动"纳米材料与纳米结构"973计划，支持纳米材料的基础研究。2001年，政府制定了《国家纳米科技发展纲要》，并成立了国家纳米科学技术协调委员会，制定了国家纳米科技发展规划等工作。2006年，国务院发布《国家中长期科学和技术发展规划纲要》，将纳米科学看成是中国"有望实现跨越式发展的领域之一"，设立了"纳米研究"重大科学研究计划。"十二五"科学和技术发展规划也将纳米研究列为6个重大科学研究实施计划之一。2000年，中国科学院成立了国家纳米科学中心，国内其他高校和科研单位也都设立了专门的研究所（室），国家自然科学基金每年也资助大量纳米技术研究的项目。目前，在这一领域我国科学家与国际同行基本处于同一起跑线，而且许多研究成果达到国际领先水平。

纳米材料具有高的比表面积和反应活性，一旦进入环境将快速地与环境中丰富的有机配体或金属氧化物、氢氧化物等胶体发生作用，改变其表面性质，进而影响其反应活性、稳定性、移动性、生物有效性乃至毒性。Lv等（2012：7215~7221）基于同步辐射技术首次研究了外源磷对ZnO溶解的影响，外源磷的存在促使纳米氧化锌向更稳定的磷化锌转变。Ma等（2013：2527~2534）也基于同步辐射的EXAFS和XRD技术研究了外源硫对ZnO溶解的影响，外源硫促进了纳米ZnO的溶解，基于HR-TEM他们发现在氧化锌表面形成了小于5nm的ZnS沉淀。杜欢等（2015：1069~1075）研究了纳米银在土壤中的吸附，发现纳米银在土壤中的吸附与土壤有机质和pH密切相关，随着土壤有机质增加和pH的降低，纳米银在土壤中的固定增加。Wang等（2015：1096~1487）发现纳米银在土壤中的迁移与土壤溶液支持电解质和土壤基本性质密切相关，纳米银在酸性土壤中的淋溶显著低于黄泥土和潮土，控制纳米银在土壤中迁移的关键因素是土壤pH、阳离子代换量、有机质含量、比表面积、铁锰氧化物含量和Zeta电位等。**由于纳米颗粒有较高的比表面积，能吸附和固定土壤中的污染物，具有携带污染物共迁移的二次风险。**Wang等（2011：5905~5915）研究发现纳米羟基磷灰石能携带铜发生共迁移，共迁移能力与环境因素如溶液pH、水流速度、离子强度等相关。

进入土壤中的纳米颗粒会影响土壤中微生物、动物和植物。Tong等（2007：2985~2991）发现富勒烯对土壤微生物群落的结构和功能以及土壤微生物过程具有微弱影响。Zhou等（2012：101~114）发现3种不同纳米金属氧化物对土壤脲酶活性抑制效应按大小可排序为：Fe_3O_4 NPs ＞ CuO NPs＞Fe_2O_3 NPs，金属种类及其氧化还原状态都影响了纳米金属的生态毒性效应。同时，他们还发现纳米零价铁（Fe⁰ NPs）增加了土壤中可溶性有机碳和红壤中铵态氮的含量，显著降低了土壤中有效磷含量；纳米四氧化三铁（Fe₃O₄ NPs）和纳米氧化铁（Fe₂O₃ NPs）处理则显著降低了乌栅土铵态氮和红壤有效磷含量。

纳米的植物毒性效应也引起大家的重视。金盛杨等（2011：605～610）研究了纳米氧化铜（CuO NPs）对小麦根伸长及相关生理生化行为的影响，发现小麦根伸长与 CuO NPs 暴露浓度之间存在指数相关关系，CuO NPs 对根伸长抑制主要是由于纳米材料暴露造成植物细胞膜氧化损伤，小麦能通过提高根系活力对 CuO NPs 暴露做出适应性应激响应，以减少纳米材料毒性的伤害。通过水培和琼脂培养法，发现 CuO NPs 对小麦毒性主要是由纳米颗粒释放 Cu^{2+} 引起的（金盛杨等，2010：842～848）。纳米材料进入土壤后还会影响土壤动物如蚯蚓的活性，Li 等（2011：1098～1104）发现 ZnO 纳米颗粒对蚯蚓有明显致死毒性，大量阳离子存在减缓纳米 ZnO 对蚯蚓的毒性，而且 ZnO 纳米颗粒的毒性来源于溶出锌离子和纳米颗粒本身的毒性。

人工纳米材料被广泛地应用于污染土壤的修复。例如，纳米铁颗粒可以有效地降解有机卤化物，特别是难以生物降解的持久性有机污染物如 PCBs 等。关于纳米铁颗粒降解有机卤化物的机理，一般认为是表面氧化还原反应，且铁是极好的还原剂，在反应中充当电子供体（Zhang et al., 2003：323～332）。Wang 等（2012：448～457）发现酸性条件下，NZVI 对水相中 4-ClBP 的还原脱氯效果最好。金属离子 Cu^{2+}、Co^{2+}、Ni^{2+} 的加入可以与纳米 Fe^0 发生反应形成双金属体系，从而增强纳米 Fe^0 对 4-ClBP 的还原脱氯效率。此外，崔红标等（2011：874～880）研究纳米羟基磷灰石发现，施加纳米羟基磷灰石显著提高了土壤 pH，减少了毒性较强的离子交换态铜/镉的含量，不同程度地提高了土壤过氧化氢酶、脲酶和酸性磷酸酶活性。

（2）抗生素及抗性基因

中国是抗生素的生产大国，也是抗生素的使用大国。1987～1998 年，共研制出 247 种新兽药，平均每年有 22.5 种新兽药上市（含生物制品）。2013 年，抗生素的总生产量为 24.8 万吨，而使用量达到 16.2 万吨，是美国抗生素使用量的 10 倍左右，相当于英国抗生素使用量的 150 倍；在所有消费的抗生素中，48%为人用抗生素，其余为兽用抗生素（Zhang et al., 2015：6772～6782）。

我国土壤中抗生素污染来源主要是应用于畜禽养殖和水产养殖的兽用抗生素。姜蕾等（2008：371～374）对我国长江三角洲地区各类典型废水包括城市生活废水、养猪场和甲鱼养殖场废水中的抗生素进行测定，养猪场废水中抗生素种类多且浓度高，而在检测的抗生素中，磺胺类抗生素检出频率最高。城市生活污水、医疗及生产废水、畜禽和水产养殖废水等经过污水处理厂时，受污水处理厂技术限制，去除效率不同，但是都不能达到 100%去除（Zhang et al., 2015；罗玉等，2014：2471～2477）。对我国的大型养殖场及其附近水域调查发现，绝大部分养殖场产生的畜禽粪便及养殖废水中都有抗生素的检出（Zhao et al., 2010：1069～1075），且其附近水域如池塘、河流中也有抗生素的检出（Wei et al., 2011：1408～1414）。对我国浙江北部地区的畜禽粪便和施用畜禽粪肥的农田土壤调查中发现，施用畜禽粪肥的农田表层土壤中，金霉素、土霉素和四环素的检出率分别达到了 93%、93% 和 88%（许静等，2015：550～556）。在养猪场四环素类抗生素使用较多的地区和养鸡、养鸭场磺胺类抗生素使用较多的地区，猪粪中残留的四环素、鸡粪和鸭粪中残留的磺胺类抗生素含量较高及抗性基因较多（Chen et al.，2007：4407～4416；Cheng et al.，2013：1～7）。

抗生素在土壤中的吸附行为，影响抗生素的迁移性能及其生物有效性。 章明奎等认为不同抗生素携带有不同种类及含量的官能团，使其在土壤上的作用机制及吸附含量都有所不同。土霉素含有既可以与土壤正电荷胶体作用的基团，又含有与土壤带负电荷胶体作用的基团，因此其吸附量较高。此外，他们分析发现土壤对泰乐菌素和土霉素吸附的 Kd 值与土壤黏粒、有机质、氧化铁之间都具有较好的相关性（章明奎等，2008：761～766；王丽平和章明奎，2009：420～423）。土壤中共存金属离子显著增加抗生素在土壤或者黏粒上的吸附，Jia 等（2008：224～230）研究发现铜离子的存在显著增加了四环素在土壤上的吸附，Wang 等（2008：3254～3259）通过加权分配模型计算了铜—四环素配合物在蒙脱石的分配系数，发现配合物在蒙脱石上的分配系数远大于四环素本身。

残留在土壤中的抗生素对土壤植物、动物及微生物产生生态毒性。 葛成军等（2012：1143～1148）研究了土霉素和金霉素对白菜种子发芽率及根伸长的影响，结果发现在砖红壤中白菜对金霉素和土霉素的 IC50 值分别为 851.08mg/kg 和 14 045.75mg/kg。随着土壤中土霉素和金霉素含量的增加，白菜根伸长明显受到了抑制；土霉素显著抑制白菜种子的发芽率，而金霉素抑制效果不显著。然而，王丽平等（2008：393～397）研究发现低剂量的恩诺沙星可以刺激土壤微生物的生长，高浓度才会对土壤微生物生长产生抑制。对于不同土壤微生物类型而言，受影响最大的是细菌，其次是放线菌，影响最小的是真菌。Kong 等（2006：129～137）还通过 Biolog 的方法分析了土霉素和铜及其复合污染条件下对微生物群落功能的多样性的影响，发现土霉素和铜对土壤微生物的群落功能有显著的负效应，且复合污染影响更显著。抗生素生态毒性的研究尽管已有不少研究，但绝大多数是一些实验室人为添加的、高浓度、短时间暴露试验为主，低浓度长期暴露试验研究较少，亟须加强这方面的研究。

抗生素抗性基因（ARGs）作为一种基因污染，在进入河流、地下水、土壤及沉积物后，会对人类健康和生态安全造成极大风险，在其作为新兴污染物被提出后，引发了大量关注。中国作为一个抗生素生产、使用和农业生产大国，ARGs 污染形势更为复杂和严峻，中国科学家对此进行了多项研究。

畜禽养殖业中，抗生素常被用为预防、治疗禽畜疾病，促进其生长，提升饲料吸收率等，造成环境中耐药菌株和 ARGs 逐渐增加。 邹世春等（2012：87～91）对珠海某养猪场土壤和周边基塘沉积物中的微生物及其 ARGs 进行研究，检出 8 种四环素抗性基因；采样点中 tetC 和 tetG 的 copies/g DNA 达到 10^8 数量级的占 50%，其余采样点 tetC copies/g DNA 含量也在 10^2～10^5，显示该养猪场 ARGs 污染水平已经相当严重。冀秀玲等（2011：927～933）对上海市某地养牛场、养猪场的污水和附近农田灌溉渠河水中抗生素及对应的 ARGs 的含量、特征与相关性进行了研究，检出多种四环素类和磺胺类 ARGs，样本中 ARGs 相对表达量总体呈现磺胺类高于四环素类的特点，样本中 *sul*（Ⅲ）与磺胺类抗生素浓度存在较明显的正相关性，其余未见或存在一定负相关性，说明 ARGs 在水环境中丰度与其种类或其他环境因素有关。吴楠等（2009：705～710）对北京某养猪场 5 种四环素类 ARGs 进行研究，显示抗性基因 tetW、tetT、tetM、tet O 含量均较高，而这些基因曾被报道广泛存在于猪和牛的肠道中，显示抗性基因很可能是通过基因横向转移（HGT）等机制从动物体内传播到周围土壤中土著微生物体内的。Cheng 等（2013：1～7）对禽畜粪便和农业废水处理系统中 ARGs 的相对丰度进行研究，粪便与废水样品中，核糖体保护蛋白基因（tetQ、tetM、tetW、tetO）的平均丰度要高于外排泵基因（tetA、tetB、tetC、tetL）和酶法改性基因（tetX）；多数 ARGs 在养殖场稳定塘废水中的相对丰度要高于粪便中。Zhu 等（2013：3435～3440）分析了中国 3 处大型养猪场的粪肥中抗性基因，在粪肥中确定了 149 个独特的抗生素耐药性基因，其中一些基因的表达水平是对照样本的 192～28 000 倍，同时发现抗生素和砷、铜等金属同时存在可能会增加抗生素耐药性的自然选择。

水产养殖可使 ARGs 通过饲料投喂和粪便排放，直接进入水环境，造成环境风险。 Su 等（2011：3229～3236）对中山市 4 处养殖场中 ARGs 等进行研究，发现水产养殖场可能是大量高度多样化 ARGs 和基因盒的储存库；整合子在细菌多重抗药性中起关键作用，并对公共健康与水产养殖业造成潜在威胁。梁惜梅等（2013：4073～4080）对珠江口典型水产养殖区水及沉积物中磺胺类、四环素类、喹诺酮类 ARGs 和 1 种整合子基因进行了定性与定量研究，检出多种 ARGs，并发现相同养殖模式下，养殖时间越长，ARGs 的相对含量越高；不同养殖模式池塘中 ARGs 的含量存在差异。

污水处理厂接收城镇生活污水，经处理的医疗、工业废水等混合污水，将多种类型的 ARGs 混合、转移和传播，并通过不同途径排放到自然水体、沉积物和土壤中，是环境中主要的抗性基因排放源。 我国长期大量使用抗生素，ARGs 在自然水体中被不断检出。邹世春等（2009：655～660）在北江河水中检出四环素、红霉素及磺胺类抗生素耐药性细菌和磺胺类 ARGs。王青等（2012：2685～2690）对九龙江下游 4 处采样点水源水进行检测，均有 ARGs 检出；发现水厂常规工艺对于大多数病原微生物和抗生素抗性基因可以实现有效去除，但对 Salmonella spp.的去除效果不理想。Tao 等（2010：2101～2109）对珠江水域分离出的大肠杆菌的抗药性及四环素 ARGs 进行了研究，发现细菌的多重抗药性很可能由于污水排放或河流上游人为源造成。

污水厂是 ARGs 重要储存库，Zhang 等（2009：652～660）对南京一家生活污水处理场的进水、出水和污泥中的 ARGs 含量的研究发现，污泥中 ARGs 浓度比进水与出水高 2～3 个数量级；94.1%的整合子、97.2%的 tetA 和 98.3%的 tetC 可以通过污水处理厂活性污泥处理技术得到去除，两个生物滤池中也可以去除超过 80%的基因，但在 DNA 量基础上，这两种处理手段只能得到较低的去除率。何基兵等（2012：683～695）对九龙江河口及厦门污水处理设施抗生素抗性基因污染进行了分析，结果显示污水处理设施是 ARGs 的高发载体，沉积物是 ARGs 的稳定载体，而水体中 ARGs 易于分解，厦门污水处理设施也可能是九龙江河口及厦门沿岸的 ARGs 污染源。

17.4 NSFC 和中国"新兴污染物"研究

17.4.1 近 15 年 NSFC 资助该领域研究的学术方向

根据近 15 年获 NSFC 资助项目高频关键词统计（图 17-5），NSFC 在本研究领域的资助方向主要集中在新兴污染物如纳米颗粒、抗生素、增塑剂、多溴联苯醚等的土壤界面化学过程及作用机制（关键词表现为：机制、吸附、富集、迁移转化等）。从图 17-5 可以看出，"**机制**"、"**纳米颗粒**"、"**修复**"在各时段均占有突出地位，表明这些研究内容一直是 **NSFC 重点资助的方向**。以下是以 3 年为时间段的项目资助变化情况分析。

（1）2000～2002 年

NSFC 资助项目集中在增塑剂和纳米颗粒，关键词主要表现为"纳米颗粒"和"邻苯二甲酸酯"，这一阶段纳米颗粒和增塑剂刚刚获得科学家的关注，基金资助了"土壤中无机纳米微粒的研究"（基金批准号：40001012）和"根际土壤中酞酸酯迁移降解动力学及影响因素"（基金批准号：40101015）两个项目。

（2）2003～2005 年

NSFC 资助了"污染土壤颗粒状有机质中重金属富集的界面过程和机理研究"（基金批准号：40471064），重点研究了重金属在土壤中不同颗粒，特别是纳米颗粒上的富集。

（3）2006～2008 年

NSFC 主要资助了"诺氟沙星土壤吸附的分子作用机制研究"（基金批准号：40672766）和"抗生素与土壤胶体表面结合机制研究"（基金批准号：40673455），研究抗生素在土壤胶体表面的吸附固定分子机制。

（4）2009～2011 年

NSFC 对新兴污染物方向的资助数量增加到 9 项，主要集中在纳米颗粒在土壤中的迁移转化，如"胞外多聚物及腐殖酸对纳米材料在环境介质中迁移行为的影响研究"（基金批准号：40971181）、"SBA-15 纳米颗粒在饱和多孔介质中的运移及其对 Cd（Ⅱ）离子迁移的影响研究"（基金批准号：41101288）；纳米材料在土壤污染修复方面的研究，如"红壤及铁铝氧化物纳米材料去除病毒的机理对比研究"（基金批准号：40971129）和"改性纳米黑碳钝化修复重金属污染土壤的机理及其环境效应研究"（基金批准号：41171251）；有关阻燃剂在土壤中的环境行为研究也获得了资助，如"土壤中溴系阻燃剂分子生态毒理效应及微生物降解机理研究"（基金批准号：40901148）和"土壤环境有机磷酸酯阻燃剂空间分异机制研究"（基金批准号：40971133）；抗生素的环境效应研究继续得到资助，如"养殖场废弃物中残留的抗生素对土壤微生物种群和酶活性的影响"（基金批准号：41171203）。

（5）2012～2014年

NSFC对新兴污染物方向的资助数量迅猛增长到32项，主要集中在纳米颗粒、抗生素和多溴联苯醚等新兴污染物的研究，特别是纳米颗粒的研究受到关注，共资助了10项，涉及纳米材料在土壤污染修复的应用，如"有机污染土壤的纳米材料—微生物联合修复技术研究"（基金批准号：41201315）、"微/纳米结构羟基磷灰石调控水稻根系吸收Pb的微观机理"（基金批准号：41301347）、"改性纳米零价铁对污染土壤中重金属的稳定化效率和机制"（基金批准号：41301278）、"纳米Ni/Fe-生物炭复合材料对土壤多溴联苯醚吸附降解和生物有效性的作用机制"（基金批准号：41471259）；纳米与土壤组分之间的相互作用以及纳米颗粒在土壤中归趋和环境效应研究等，如"几种地带性土壤纳米颗粒的物质组成与黏土矿物演化特点"（基金批准号：41271249）、"纳米颗粒之间的相互作用及其对土壤养分和污染元素吸附和迁移的影响"（基金批准号：41271010）、"典型纳米材料对我国两种农田土壤氨氧化微生物群落的影响"（基金批准号：41301267）。

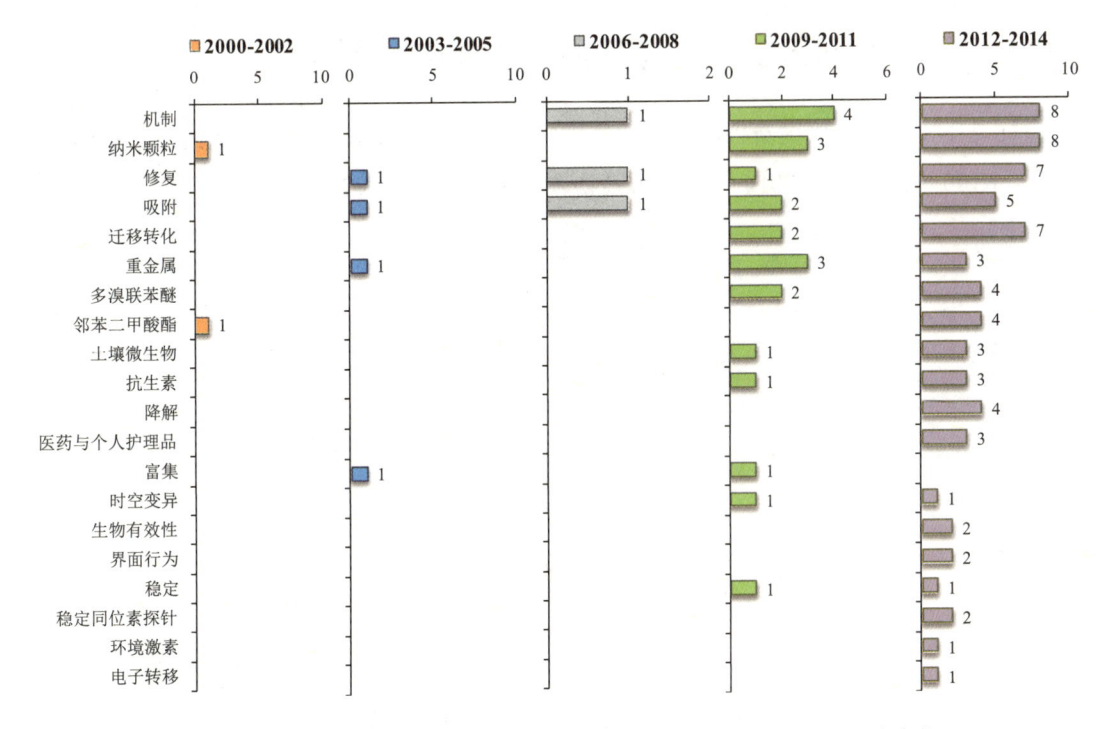

图17-5 2000～2014年"新兴污染物"领域NSFC资助项目关键词频次变化

抗生素的研究持续得到资助，这段时间共资助了7项，集中在抗生素的环境行为研究，如"抗生素在农田土壤颗粒态有机质中的分配与锁定机制"（基金批准号：41371313）、"蒙脱石阴阳有机离子修饰、表征及其对四环素迁移转化的影响机制"（基金批准号：41401348）、"干旱区菜地土壤中四环素类抗生素的污染特征、环境行为及其影响因素研究"（基金批准号：41361072）。由于环境单一污染物很少，绝大多数情况是多种污染物形成的复合污染，抗生素与重金属的复合污染得到了资助，如"重金属和抗生素对土壤氨氧化过程及其微生物的复合影响机制"(基金批准号:41471215)、"抗生素胁迫/协同作用下土壤中Cu的环境行为及其微生物效应"(基金批准号:41210104050);抗性基因的研究也获得了资助,如"抗生素污染土壤中微生物功能基因组的响应及抗性基因多样性"(基金批准号:41371256)。

由于地膜的大量应用,土壤中增塑剂污染受到NSFC关注,资助项目主要集中在邻苯二甲酸酯的检测与环境归趋研究,如"土壤和植物产品中塑化剂的荧光偏振免疫分析方法研究"(基金批准号:41271340)、"硝化抑制剂对邻苯二甲酸酯在土壤—微生物界面行为的影响及其机制"(基金批准号:41301338);此外,土壤中邻苯二甲酸酯的修复研究也引起大家的重视,如"微波/过碳酸钠修复邻苯二甲酸酯污染场地的作用机理与调控研究"(基金批准号:41371317)、"降解邻苯二甲酸酯的植物内生细菌筛选及其降解机理研究"(基金批准号:41471265)、"生物质炭对酞酸酯类增塑剂污染土壤的原位修复及机理研究"(基金批准号:41271337)。

17.4.2 近15年NSFC资助该领域研究的成果及影响

近15年NSFC围绕中国新兴污染物的基础研究领域以及新兴的热点问题给予了持续和及时的支持。图17-6是2000~2014年新兴污染物领域论文发表与NSFC资助情况。

图17-6 2000~2014年"新兴污染物"领域论文发表与NSFC资助情况

从CSCD论文发表来看,过去15年,NSFC资助本研究领域论文数占总论文数的比重呈曲折上升态势,2009年达到最高为76.9%(图17-6)。近年来,NSFC资助的一些项目取得了较好的研究成果,开始在 Proceedings of the National Academy of Sciences of the United States of

America 发表高质量论文,在 *Environmental Science & Technology*,*Geoderma*,*Soil Science Society of America Journal* 等国际权威环境期刊与土壤学相关的国际期刊上发表学术论文。从图 17-6 可以看出,中国学者发表的获 NSFC 资助的 SCI 论文呈迅速增加的趋势。从 2010 年开始,受 NSFC 资助 SCI 论文发表比例开始明显高于 CSCD 论文发表比例,且每年 NSFC 资助比例均在 70%以上,2012 年 NSFC 资助发表 SCI 论文占总发表 SCI 论文的比例达到了 79.0%(图 17-6)。可见,我国新兴污染物领域近几年受 NSFC 基金资助产出的 SCI 论文数量较多,国内新兴污染物研究快速发展。NSFC 资助的 CSCD 论文和 SCI 论文变化情况表明,NSFC 资助对于新兴污染物的贡献在不断提升,且 NSFC 资助该领域的研究成果逐步侧重发表于 SCI 期刊,**NSFC 资助对推动中国新兴污染物领域国际成果产出发挥了重要作用**。

SCI 论文发表数量及获基金资助情况反映了获 NSFC 资助取得的研究成果,而不同时段中国学者高被引论文获基金资助情况可反映 NSFC 资助研究成果的学术影响随时间的变化情况。由图 17-7 可知,过去 15 年中每 3 年 TOP100 SCI 高被引论文,中国发文数呈显著的增长趋势,由 2000~2002 年的 6 篇逐步增长至 2012~2014 年的 66 篇。中国学者发表的高被引 SCI 论文获 NSFC 资助的比例亦呈迅速增加的趋势,其在中国学者发文数的占比由 2000~2002 年的 33.3%增长至 2006~2008 年的 72.5%、2012~2014 年的 83.3%(图 17-7)。因此,**NSCF 在新兴污染物领域资助的学术成果的国际影响力逐步增强,高水平成果与基金联系更密切,学科整体研究水平得到极大提升**。

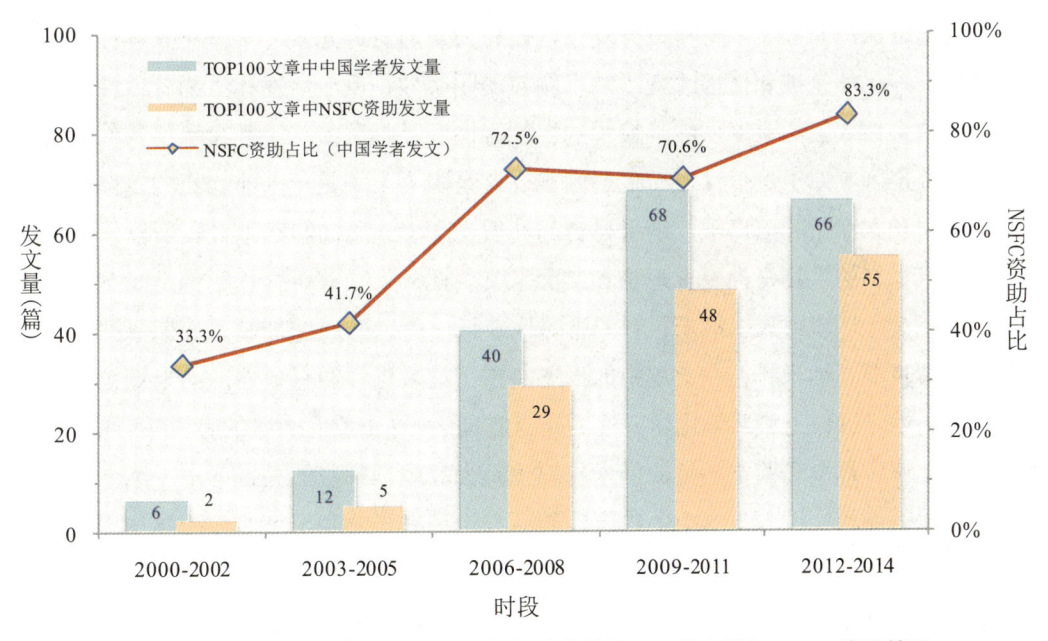

图 17-7 2000~2014 年"新兴污染物"领域高被引 SCI 论文数与 NSFC 资助情况

17.5 研究展望

随着工业化、城市化、农业集约化的快速发展以及全球变化的日益加剧，我国土壤环境污染退化已表现出多源、复合、量大、面广、持久、毒害的现代环境污染特征。西方发达国家污染物研究已经由传统污染物研究转向微量、痕量新兴污染物研究，而我国科学家不仅面临如重金属、有机农药等传统污染物的研究难题，还需面临如抗生素、抗性基因、纳米颗粒、溴代阻燃剂、全氟化合物等新兴污染物的挑战。尽管我国新兴污染物研究起步晚，但经过科学家们的努力，取得了骄人的成绩，无论是发文量、引用总数还是高被引论文数，均已经位列世界前列，部分研究成果已经在 *Nature* 子刊和 *PNAS* 等顶级杂志上发表。由于新兴污染物研究刚刚起步，很多新兴污染物还没有建立环境质量标准且未受法律法规的管控，还有许多科学问题亟须解决，如何快速有效分离和鉴别这些新兴污染物并确定其环境风险是一个很大的挑战。我们就纳米颗粒、抗生素及抗性基因等几个方面分别进行展望，以期为将来进一步开展其土壤环境风险研究提供参考。

17.5.1 纳米颗粒

20世纪后期，纳米科学与技术的发展成为热潮，纳米材料的研究和应用几乎遍及各个领域，纳米商品快速增加，许多纳米材料成分复杂，还有大量的有毒元素，难以对其毒性效应进行定性和定量表征，化学包被和修饰改变了纳米颗粒的团聚性、反应活性和生物有效性，增加了评价纳米颗粒的毒性效应的难度。纳米粒子的植物毒性及吸收试验几乎都在水培条件下进行，这些研究成果外推到实际土壤仍存在一定的困难，这是因为土壤是一个非均相的复杂体系，含有大量的有机质和共存阴、阳离子，纳米材料的性质受环境介质的影响很大。所以，**从实际土壤出发研究纳米材料的生物毒性更有理论和实际意义**。此外，现有研究往往都是高剂量、短期暴露试验，而在实际环境中人工纳米材料的含量比较低，所以**开展低剂量、长期暴露的纳米材料毒性研究非常重要**。纳米颗粒在土壤中的形态决定了纳米毒性和有效性，**纳米颗粒在土壤中的形态分析将是纳米颗粒土壤环境化学研究的重点方向之一**；土壤有大量的有机质、黏土矿物等，**如何准确从土壤中提取和鉴定痕量的纳米材料也是大家亟须解决的关键问题**。纳米颗粒具有较高的活性和比表面积，进入土壤中的纳米颗粒会与土壤有机质和土壤黏粒相互作用，影响纳米颗粒在土壤环境中的迁移化学行为及各种生态效应，由于缺乏有效的分析检测手段，目前有关这方面的研究尚处于实验室中相对简单体系的模拟，且**模拟浓度很高，与实际污染不符，但是这一工作是准确分析纳米颗粒环境风险认识和评价的基础，这方面的研究将是纳米土壤环境化学研究的重点之一**。量子化学计算技术目前已成为研究污染物各种物理化学过程的重要手段，它以量子力学和统计力学理论为基础，与各种试验技术相结合，用于分子水平的机理研究。目前，有关土壤中纳米粒子行为的化学计算研究依然匮乏，急需加强这方面的研究。

纳米颗粒具有高活性，将在环境保护和污染控制方面发挥重要作用，**如何开发环境友好型、绿色的、低成本纳米材料也将是纳米研究的重点之一**。纳米技术已被《国家中长期科学和技术发展规划纲要（2006~2020）》列为重大科学研究计划，我们必须加强纳米颗粒环境行为和毒性效应的研究，为我国的环境管理与决策提供更有力的技术支撑和参考，促进我国纳米科技的可持续发展。

17.5.2　抗生素及抗性基因

抗生素作为一种新兴污染物，种类丰富，虽然在环境中为痕量水平，但对环境和人类健康的危害日趋显著。目前，应用广泛的检测技术为液相色谱—质谱/紫外联用技术。但是这类联用技术成本高，应用受到限制。另外，由于土壤中有机质及有机污染物的干扰，需要更高效可信的分离提取技术。**高效分离、多种类、低成本便捷的检测方法成为研究的重点**。抗生素进入土壤环境后，在土壤中发生的吸附、降解和代谢等环境行为，对这些过程的研究以及作用机理的探讨，将有助于揭示抗生素对环境生物的影响。目前，关于抗生素的生态影响研究多局限于水生生态系统，毒性研究也多针对水生生物，对复杂的土壤环境中抗生素的生态毒性研究则相对较少。**开展抗生素对土壤生态环境影响的研究，建立抗生素生态风险评估体系，对于保护人体安全和生态环境具有重要的现实与理论意义**。

中国作为抗生素生产、使用和农业生产大国，ARGs污染形势更为复杂和严峻。鉴于中国药品生产和使用监管力度不足，抗生素在畜牧业和养殖业中滥用的情况十分严重，导致养殖动物体内抗性菌株的产生，并极有可能在环境中进行传播和扩散。中国应**加强政府监管，创建环境中抗生素耐药基因污染监测体系；加强公众宣传，加深对这类污染物的认识程度，提高风险预防意识；提出适合我国国情的该类污染控制策略及消除措施，制定相关的法律，限制有明确生态风险的抗生素类药物的生产与使用**。今后应开展对不同种类抗生素抗性基因在环境中的来源、分布研究，对可能存在ARGs污染的区域在地表水、底泥、土壤、大气等介质进行广泛调查研究，获取中国ARGs污染现状；开展ARGs在环境中的传播、扩散机制和控制对策研究，特别是土壤介质中的传播规律和扩散机制，从原理到技术得出有效遏制ARGs污染的方法。

17.6　小　　结

本章基于文献计量学分析了近30年来土壤中新兴污染物的发展历程，从土壤中新兴污染物的来源、检测、环境归趋和风险评估等角度重点分析了纳米颗粒、抗生素及抗性基因等研究领域取得的成果。尽管新兴污染物的研究起步比较晚，但各国对新兴污染物的环境研究比较重视，取得了丰硕的成果。一批新兴污染物的环境风险已经得到大家的公认，多溴联苯醚和全氟辛烷磺酸等新POPs已经被增列入《斯德哥尔摩公约》。与国外相比，我国新兴污染物的研究相对滞后，但在NSFC等项目的资助下，我国在新兴污染物研究领域的发文量和引用数逐年增加，纳米颗粒污染风险评价领域已经与国际平行。针对目前新兴污染物研究存在的问题，提出了加强土壤中新兴污染物检测和分析研究、开展低浓度长期生态毒性研究、结合理论计算和现代分子环境手段研究新兴污染物在土壤中的转化分子作用等建议。总之，我们在关注传统污染物的环境效应的同时，必须加强新兴污染物的研究，从源头控制新兴污染物，降低新兴污染物进入环境的风险。

参考文献

Allaire, S. E., J. Del Castillo, V. Juneau. 2006. Sorption kinetics of chlortetracyline and tylosin on sandy loam and heavy clay soils. *Journal of Environmental Quality*, Vol. 35, No. 4.

Allen, H. K., L. A. Moe, J. Rodbumrer, et al. 2009. Functional metagenomics reveals diverse beta-lactamases in a remote Alaskan soil. *ISME Journal*, Vol. 3.

Asli, S., P. M. Neumann. 2009. Colloidal suspensions of clay or titanium dioxide NPs can inhibit leaf growth and transpiration via physical effects on root water transport. *Plant Cell and Environment*, Vol. 32, No. 5.

Backhaus, T., L. Grimme. 1999. The toxicity of antibiotic agents to the luminescent bacterium Vibrio fischeri. *Chemosphere*, Vol. 38, No. 14.

Barton, L., E., M. Auffan, M. Bertrand, et al. 2014. Transformation of pristine and citrate-functionalized CeO_2 nanoparticles in a laboratory-scale activated sludge reactor. *Environmental Science and Technology*, Vol. 48, No. 13.

Batchelder, A. R. 1982. Chlortetracycline and oxytetracycline effects on plant-growth and development in soil systems. *Journal of Environmental Quality*, Vol. 11, No. 4.

Batt, A. L., D. D. Snow, D. S. Aga. 2006. Occurrence of sulfonamide antimicrobials in private water wells in Washington County, Idaho, USA. *Chemosphere*, Vol. 64, No. 11.

Blackwell, P. A., H. C. H. Holten, H. P. Ma, et al. 2004. Ultrasonic extraction of veterinary antibiotics from soils and pig slurry with SPE clean-up and LC-UV and fluorescence detection. *Talanta*, Vol. 64, No. 4.

Boxall, A. B., P. Johnson, E. J. Smith, et al. 2006. Uptake of veterinary medicines from soils into plants. *Journal of Agricultural and Food Chemistry*, Vol. 54, No. 6.

Bruhn, S., I. Beck. 2005. Effect of sulfonamide and tetracycline antibiotics on soil microbial activity and microbial biomass. *Chemosphere*, Vol. 59, No. 4.

Cai, Y., W. P. Peng, H. C. Chang. 2003. Ion trap mass spectrometry of fluorescently labeled nanoparticles. *Analytical Chemistry*, Vol. 75, No. 8.

Carpita, N., D., Sabularse, D., Montezinos. 1979. Determination of the pore size of cell walls of living plants. *Science*, Vol. 205, No. 4411.

Carrasquillo, A. J., G. L. Bruland, A. A. Mackay, et al. 2008. Sorption of ciprofloxacin and oxytetracycline zwitterions to soils and soil minerals: influence of compound structure. *Environmental Science & Technology*, Vol. 42, No. 20.

Chander, Y., K. Kummar, S. Goyal, et al., 2005. Antibacterial activity of soil-bound antibiotics. *Journal of Environmental Quality*, Vol. 34, No. 6.

Chen, J., Z. Yu, F. C. Michel, et al. 2007. Development and application of real-time PCR assays for quantification of erm genes conferring resistance to macrolides-lincosamides-streptogramin B in livestock manure and manure management systems. *Applied and Environmental Microbiology*, Vol. 73, No. 14.

Cheng, W., H. Chen, C. Su, et al. 2013. Abundance and persistence of antibiotic resistance genes in livestock farms: a comprehensive investigation in eastern China. *Environment International*, Vol. 61.

Christian, T., R. J. Schneider, H. A. Färber, et al. 2003. Determination of antibiotic residues in manure, soil, and surface waters. *Acta hydrochimica et hydrobiologica*, Vol. 31, No. 1.

Crecchio, C., P. Ruggiero, M. Curci, et al. 2005. Binding of DNA from on montmorillonite-humic acids-aluminum or iron hydroxypolymers. *Soil Science Society of America Journal*, Vol. 69, No. 3.

Dan, Y., W. Zhang, R. Xue, et al. 2015. Characterization of gold nanoparticle uptake by tomato plants using enzymatic extraction followed by single-particle inductively coupled plasma–mass spectrometry analysis. *Environmental Science & Technology*, Vol. 49, No. 5.

Davies, J., D. Davies. 2010. Origins and evolution of antibiotic resistance. *Microbiology and Molecular Biology Reviews*, Vol. 74, No. 3.

D'Costa, V. M., C. E. King, L. Kalan, et al. 2011. Antibioticresistance is ancient. *Nature*, Vol. 477.

Elmund, G. K., S. M. Morrison, D. W. Grant, et al. 1971. Role of excreted chlortetracycline in modifying the decomposition process in feedlot waste. *Bulletin of Environmental Contamination & Toxicology*, Vol. 6, No. 2.

Fernandez, C., C. Alonso, M. Babin. 2004. Ecotoxicological assessment of doxycycline in aged pig manure using multispecies soil systems. *Science of the Total Environment*, Vol. 323, No. 1-3.

Figueroa, R. A., A. Leonard, A. A. Mackay. 2004. Modeling tetracycline antibiotic sorption to clays. *Environmental Science & Technology*, Vol. 38, No. 2.

Forsberg, K. J., S. Patel, M. K. Gibson, et al. 2014. Bacterial phylogeny structures soil resistomes across habitats. *Nature*, Vol. 509, No. 7502.

Gallori, E., M. Bazzicalupo, L. Dalcanto, et al., 1994. Transformation of Bacillus subtilis by DNA bound on clay in non-sterile soil. *FEMS Microbiology Ecology*, Vol. 15, No. 1-2.

Gao, Y. Q., N. Y. Gao, Y. Deng, et al. 2015. Degradation of florfenicol in water by UV/Na$_2$S$_2$O$_8$ process. *Environmental Science and Pollution Research*, Vol. 22, No. 11.

Ge, Y., J. P. Schimel, P. A. Holden. 2011. Evidence for negative effects of TiO$_2$ and ZnO nanoparticles on soil bacterial communities. *Environmental Science & Technology*, Vol. 45, No. 4.

Guardabassi, L., Y. Agersø. 2006. Genes homologous to glycopeptide resistance vanA are widespread in soil microbial communities. *FEMS Microbiology Letters*, Vol. 259, No. 2.

Guo, H., Z. Zhang, B. Xing, et al. 2015. Analysis of silver nanoparticles in antimicrobial products using Surface-Enhanced Raman Spectroscopy (SERS). *Environmental Science & Technology*, Vol. 49, No. 7.

Hadioui, M., C. Peyrot, K. J. Wilkinson. 2014. Improvements to single particle ICPMS by the online coupling of ion exchange resins. *Analytical Chemistry*, Vol. 86, No. 10.

Hamscher, G., S. Sczesny, H. Höper, et al., 2002. Determination of persistent tetracycline residues in soil fertilized with liquid manure by high-performance liquid chromatography with electrospray ionization tandem mass spectrometry. *Analytical Chemistry*, Vol. 74, No. 7.

Hawthorne, J., R. D. T. Roche, B. Xing, et al. 2014. Particle-size dependent accumulation and trophic transfer of cerium oxide through a terrestrial food chain. *Environmental Science and Technology*, Vol. 48, No. 22.

Heuer, H, E. Krögerrecklenfort, E. M. H. Wellington, et al. 2002. Gentamicin resistance genes in environmental bacteria: prevalence and transfer. *FEMS Microbiology Ecology*, Vol. 42, No. 2.

Hong, J., J. R. Peralta-Videa, C. Rico, et al. 2014. Evidence of translocation and physiological impacts of foliar applied CeO_2 nanoparticles on cucumber (cucumis sativus) plants. *Environmental Science and Technology*, Vol. 48, No. 8.

Hopwood, D. A. 2007. How do antibiotic-producing bacteria ensure their self-resistance before antibiotic biosynthesis incapacitates them? *Molecular Microbiology*, Vol. 63, No. 4.

Jensen, L. B., S. Baloda, M. Boye, et al. 2001. Antimicrobial resistance among pseudomonas spp. and the bacillus cereus group isolated from Danish agricultural soil. *Environment International*, Vol. 26, No. 7-8.

Jia, D. A., D. M. Zhou, Y. J. Wang, et al. 2008. Adsorption and cosorption of Cu(II) and tetracycline on two soils with different characteristics. *Geoderma*, Vol. 146, No. 1-2.

Kahle, M., C. Stamm. 2007. Time and pH-dependent sorption of the veterinary antimicrobial sulfathiazole to clay minerals and ferrihydrite. *Chemosphere*, Vol. 68, No. 7.

Kemper, N. 2008. Veterinary antibiotics in the aquatic and terrestrial environment. *Ecological Indicators*, Vol. 8, No. 1.

Khandal, R. K., J. C. Thoisydur, M. Terce. 1991. Adsorption characteristics of flumequine on kaolinitic clay. *Geoderma*, Vol. 50, No. 1-2.

Kong, W. D., Y. G. Zhu, B. J. et al. 2006. The veterinary antibiotic oxytetracycline and Cu influence functional diversity of the soil microbial community. *Environmental Pollution*, Vol. 143, No. 1.

Kumar, N., V. Shah, V. K. Walker. 2012. Influence of a nanoparticle mixture on an arctic soil community. *Environmental Toxicology and Chemistry*, Vol. 31, No. 1.

Larue, C., H. Castillo-Michel, S. Sobanska, et al. 2014. Fate of pristine TiO_2 nanoparticles and aged paint-containing TiO_2 nanoparticles in lettuce crop after foliar exposure. *Journal of Hazardous Materials*, Vol. 273.

Lead, J. R., K. J. Wilkinson. 2006. Aquatic colloids and nanoparticles: current knowledge and future trends. *Environmental Chemistry*, Vol. 3.

Lee, J., Y. Seo, M. E. Essington. 2014. Sorption and transport of veterinary pharmaceuticals in soil-a laboratory study. *Soil Science Society of America Journal*, Vol. 78, No. 5.

Li, L. Z., D. M. Zhou, W. Peijnenburg, et al. 2011. Toxicity of zinc oxide nanoparticles in the earthworm, Eisenia fetida and subcellular fractionation of Zn. *Environment International*, Vol. 37, No. 6.

Li, Y. S., Y. X. Hu, X. J. Ai, et al. 2015. Acute and sub-acute effects of enrofloxacin on the earthworm species Eisenia fetida in an artificial soil substrate. *European Journal of Soil Biology*, Vol. 66.

Lin, D., B. Xing. 2008. Root uptake and phyotoxiciy of ZnO nanoparticles. *Environmental Science & Technology*, Vol. 42, No. 15.

Liu, Y. Q., X. X. He, X. D. Duan, et al. 2015. Photochemical degradation of oxytetracycline: influence of pH and role of carbonate radical. *Chemical Engineering Journal*, Vol. 276.

Lv, J. T., S. Z. Zhang, L. Luo, et al. 2012. Dissolution and microstructural transformation of ZnO nanoparticles under the influence of phosphate. *Environmental Science & Technology*, Vol. 46, No. 13.

Ma, R., C. Levard, F. M. Michel, et al. 2013. Sulfidation mechanism for zinc oxide nanoparticles and the effect of sulfidation on their solubility. *Environmental Science & Technology*, Vol. 47, No. 6.

Mitchell, S. M., J. L. Ullman, A. L. Teel, et al. 2013. The effects of the antibiotics ampicillin, florfenicol, sulfamethazine, and tylosin on biogas production and their degradation efficiency during anaerobic digestion. *Bioresource Technology*, Vol. 149.

Oberdörster, G., E. Oberdörster, J. Oberdörster. 2005. Nanotoxicology: an emerging discipline evolving from studies of ultrafine particles. *Environmental Health Perspectives*, Vol. 113, No. 7.

Oliveira, A. J. F. C., J. M. W. Pinhata. 2008. Antimicrobial resistance and species composition of Enterococcus spp. isolated from waters and sands of marine recreational beaches in southeastern Brazil. *Water Research*, Vol. 42, No. 8-9.

Peak, N., C. W. Knapp, R. K. Yang, et al. 2007. Abundance of six tetracycline resistance genes in wastewater lagoons at cattle feedlots with different antibiotic use strategies. *Environmental Microbiology*, Vol. 9, No. 1.

Pei, R., S. C. Kim, K. H. Carlson, et al. 2006. Effect of river landscape on the sediment concentrations of antibiotics and corresponding antibiotic resistance genes (ARG). *Water Research*, Vol. 40, No. 12.

Peng, W. P., Y. Cai, Y. Lee, et al. 2003. Laser-induced fluorescence/ion trap as a detector for mass spectrometric analysis of nanoparticles. *International Journal of Mass Spectrometry*, Vol. 229, No. 1-2.

Petersen, A., J. S., Andersen, T. Kaewmak, et al. 2002. Impact of integrated fish farming on antimicrobial resistance in a pond environment. *Applied and Environmental Microbiology*, Vol. 68, No. 12.

Peterson, J. W., B. H. Gu, M. D. Seymour. 2015. Surface interactions and degradation of a fluoroquinolone antibiotic in the dark in aqueous TiO_2 suspensions. *Science of the Total Environment*, Vol. 532

Pino, M. R., J. Val, A. M. Mainar, et al. 2015. Acute toxicological effects on the earthworm Eisenia fetida of 18 common pharmaceuticals in artificial soil. *Science of the Total Environment*, Vol. 518-519.

Pruden, A., R. Pei, H. Storteboom, et al. 2006. Antibiotic resistance genes as emerging contaminants: studies in northern Colorado. *Environmental Science & Technology*, Vol. 40, No. 23.

Reddy, K. M., K. Feris, J. Bell, et al. 2007. Selective toxicity of zinc oxide nanoparticles to prokaryotic and eukaryotic systems. *Applied Physics Letters*, Vol. 90, No. 21.

Reinthaler, F. F., J. Posch, G. Feierl, et al. 2003. Antibiotic resistance of E. coli in sewage and sludge. *Water Research*, Vol. 37, No. 8.

Roche, R. D., A. Servin, J. Hawthorne, et al. 2015. Terrestrial trophic transfer of bulk and nanoparticle La$_2$O$_3$ does not depend on particle size. *Environmental Science & Technology*, Vol. 49, No. 19.

Sacher, F., F. T. Lange, H. J. Brauch, et al. 2001. Pharmaceuticals in groundwaters: analytical methods and results of a monitoring program in Baden-Württemberg, Germany. *Journal of Chromatography A*, Vol. 938, No. 1-2.

Sarmah, A. K., M. T. Meyer, A. B. Boxall. 2006. A global perspective on the use, sales, exposure pathways, occurrence, fate and effects of veterinary antibiotics (Vas) in the environment. *Chemosphere*, Vol. 65, No. 5.

Schmitt, H., K. Stoob, G. Hamscher, et al. 2006. Tetracyclines and tetracycline resistance in agricultural soils: microcosm and field studies. *Microbial Ecology*, Vol. 51, No. 3.

Schmitt, H., P. van Beelen, J. Tolls, et al. 2004. Pollution-induced community tolerance of soil microbial community caused by the antibiotic sulfachloropyridazine. *Environmental Science & Technology*, Vol. 38, No. 4.

Sengeløv, G., Y. Agersø, B. Halling-Sørensen, et al. 2003. Bacterial antibiotic resistance levels in Danish farmland as a result of treatment with pig manure slurry. *Environment International*, Vol. 28, No. 7.

Service, R. F. 2006. Science policy-priorities needed for nano-risk research and development. *Science*, Vol. 314, No. 5796.

Servin, A. D., M. I. Morales, H. Castillo-Michel, et al. 2013. Synchrotron verification of TiO$_2$ accumulation in cucumber fruit: a possible pathway of TiO$_2$ nanoparticle transfer from soil into the food chain. *Environmental Science and Technology*, Vol. 47, No. 20.

Sharma, V. K., F. Liu, S. Tolan, et al. 2013. Oxidation of beta-lactam antibiotics by ferrate(VI). *Chemical Engineering Journal*, Vol. 221.

Singh, R., V. Misra, R. P. Singh. 2011. Synthesis, characterization and role of zero-valent iron nanoparticle in removal of hexavalent chromium from chromium-spiked soil. *Joumal of Nanopart Res earch*, Vol. 13, No. 9.

Speltini, A., M. Sturini, F. Maraschi, et al. 2012. Microwave-assisted extraction and determination of enrofloxacin and danofloxacin photo-transformation products in soil. *Analytical and Bioanalytical Chemistry*, Vol. 404, No. 5.

Srinivasan, P., A. K. Sarmah, M. Manley-Harris. 2013. Co-contaminants and factors affecting the sorption behaviour of two sulfonamides in pasture soils. *Environmental Pollution*, Vol. 180.

Su, H. C., G. G. Ying, R. Tao, et al. 2011. Occurrence of antibiotic resistance and characterization of resistance genes and integrons in Enterobacteriaceae isolated from integrated fish farms in south China. *Journal of Environmental Monitoring*, Vol. 13, No. 11.

Tao, R., G. G. Ying, H. C. Su, et al. 2010. Detection of antibiotic resistance and tetracycline resistance genes in Enterobacteriaceae isolated from the Pearl Rivers in south China. *Environmental Pollution*, Vol. 158, No. 6.

Taylor, D. A. 2002. Dust in the wind. *Environmental Health Perspectives*, Vol. 110, No. 2.

Thiele-Bruhn, S., I. C. Beck, 2005. Effects of sulfonamide and tetracycline antibiotics on soil microbial activity and microbial biomass. *Chemosphere*, Vol. 59, No. 4.

Tong, Z., M. Bischoff, L. Nies, et al. 2007. Impact of fullerene (C60) on a soil microbial community. *Environmental Science and Technology*, Vol. 41, No. 8.

Unrine, J. M., W. A. Shoults-Wilson, O. Zhurbich, et al. 2012. Trophic transfer of Au nanoparticles from soil along a simulated terrestrial food chain. *Environmental Science and Technology*, Vol. 46, No. 17.

Wang, D. J., D. P. Jaisi, J. Yan, et al. 2015. Transport and retention of polyvinylpyrrolidone-coated silver nanoparticles in natural soils. *Vadose Zone Journal*, Vol. 14, No. 7.

Wang, D. J., M. Paradelo, S. A. Bradford, et al. 2011. Facilitated transport of Cu with hydroxyapatite nanoparticles in saturated sand: effects of solution ionic strength and composition. *Water Research*, Vol. 45, No. 18.

Wang, P., N. W. Menzies, E. Lombi, et al. 2013. Fate of ZnO nanoparticles in soils and cowpea (Vigna unguiculata). *Environmental Science & Technology*, Vol. 47, No. 23.

Wang, Y., D. M. Zhou, Y. J. Wang, et al. 2012. Automatic pH control system enhances the dechlorination of 2,4,4'-trichlorobiphenyl and extracted PCBs from contaminated soil by nanoscale Fe-0 and Pd/Fe-0. *Environmental Science and Pollution Research*, Vol. 19, No. 2.

Wang, Y. J., D. A. Jia, R. J. Sun, et al. 2008. Adsorption and cosorption of tetracycline and copper(Ⅱ) on montmorillonite as affected by solution pH. *Environmental Science & Technology*, Vol. 42, No. 9.

Watanabe, N., B. A. Bergamaschi, K. A. Loftin, et al. 2010. Use and environmental occurrence of antibiotics in freestall dairy farms with manured forage fields. *Environmental Science & Technology*, Vol. 44, No. 17.

Wei, R., F. Ge, S. Huang, et al. 2011. Occurrence of veterinary antibiotics in animal wastewater and surface water around farms in Jiangsu Province, China. *Chemosphere*, Vol. 82, No. 10.

Xiong, Z., F. He, D. Zhao, et al. 2009. Immobilization of mercury in sediment using stabilized iron sulfide nanoparticles. *Water Research*, Vol. 43, No. 20.

Xu, X. H. N., W. J. Brownlow, S. V. Kyriacou, et al. 2004. Real-time probing of membrane transport in living microbial cells using single nanoparticle optics and living cell imaging. *Biochemistry*, Vol. 43, No. 32.

Zhang, X., B. Wu, Y. Zhang, et al. 2009. Class 1 integronase gene and tetracycline resistance genes tetA and tetC in different water environments of Jiangsu Province. *Ecotoxicology*, Vol. 18, No. 6.

Zhang, Q. Q., G. G. Ying, C. G. Pan, et al. 2015. A comprehensive evaluation of antibiotics emission and fate in the river basins of China: source analysis, multimedia modelling, and linkage to bacterial resistance. *Environmental Science and Technology*, Vol. 49, No. 11.

Zhang, W. X. 2003. Nanoscale iron particles for environmental remediation: an overview. *Journal of Nanoparticle Research*, Vol. 5, No. 3.

Zhao, L., Y. H. Dong, H. Wang. 2010. Residues of veterinary antibiotics in manures from feedlot livestock in eight provinces of China. *Science of the Total Environment*, Vol. 408, No. 5.

Zhou, D. M., S. Y. Jin, Y. J. Wang, et al. 2012. Assessing the impact of iron-based nanoparticles on pH, dissolved organic carbon, and nutrient availability in soils. *Soil & Sediment Contamination*, Vol. 21, No. 1.

Zhu, Y. G., T. A. Johnson, J. Q. Su, et al. 2013. Diverse and abundant antibiotic resistance genes in Chinese swine farms. *Proceedings of the National Academy of Sciences*, Vol. 110, No. 9.

陈怀满等：《土壤—植物系统中的重金属污染》，科学出版社，1996 年。

程荣、王建龙、张伟贤："纳米金属铁降解有机卤化物的研究进展",《化学进展》,2006 年第 1 期。

崔红标、田超、周静等："纳米羟基磷灰石对重金属污染土壤 Cu/Cd 形态分布及土壤酶活性影响",《农业环境科学学报》,2011 年第 5 期。

杜欢、王玉军、李程程等："纳米 Ag 在四种不同性质土壤上的吸附行为研究",《农业环境科学学报》,2015 年第 6 期。

葛成军、俞花美、焦鹏："两种四环素类兽药抗生素对白菜种子发芽与根伸长抑制的毒性效应",《生态环境学报》,2012 年第 6 期。

何基兵、胡安谊、陈猛等："九龙江河口及厦门污水处理设施抗生素抗性基因污染分析",《微生物学通报》,2012 年第 5 期。

冀秀玲、刘芳、沈群辉等："养殖场废水中磺胺类和四环素抗生素及其抗性基因的定量检测",《生态环境学报》,2011 年第 5 期。

金盛杨、王玉军、汪鹏等："不同培养介质中纳米氧化铜对小麦毒性的影响",《生态毒理学报》,2010 年第 6 期。

金盛杨、王玉军、汪鹏等："纳米氧化铜对小麦根系生理生化行为的影响",《土壤》,2011 年第 4 期。

李彦文、莫测辉、赵娜等："菜地土壤中磺胺类和四环素类抗生素污染特征研究",《环境科学》,2009 年第 6 期。

梁惜梅、聂湘平、施震："珠江口典型水产养殖区抗生素抗性基因污染的初步研究",《环境科学》,2013 年第 10 期。

刘虹、张国平、刘丛强："固相萃取—色谱测定水、沉积物及土壤中氯霉素和 3 种四环素类抗生素",《分析化学》,2007 年第 3 期。

罗碧珊、成敬锋："耐万古霉素肠球菌株产生和传播机制的探讨",《中国医学创新》,2010 年第 20 期。

罗玉、黄斌、金玉等："污水中抗生素的处理方法研究进展",《化工进展》,2014 年第 9 期。

齐会勉、吕亮、乔显亮："抗生素在土壤中的吸附行为研究进展",《土壤》,2009 年第 5 期。

王斌、邓述波、黄俊等："我国新兴污染物环境风险评估与控制研究进展",《环境化学》,2013 年第 7 期。

王丽平、章明奎："土壤性质对抗生素吸附的影响",《土壤通报》,2009 年第 2 期。

王丽平、章明奎、郑顺安："土壤中恩诺沙星的吸附—解吸特性和生物学效应",《土壤通报》,2008 年第 2 期。

王敏、唐景春："土壤中的抗生素污染及其生态毒性研究进展",《农业环境科学学报》,2010 年第 S1 期。

王青、林惠荣、张舒婷等："九龙江下游水源水中新发病原微生物和抗生素抗性基因的定量 PCR 检测",《环境科学》,2012 年第 8 期。

吴楠、乔敏、朱永官："猪场土壤中 5 种四环素抗性基因的检测和定量",《生态毒理学报》,2009 年第 5 期。

徐冰洁、罗义、周启星等："抗生素抗性基因在环境中的来源",《环境化学》,2010 年第 2 期。

徐维海、张干、邹世春等："香港维多利亚港和珠江广州河段水体中抗生素的含量特征及其季节变化",《环境科学》,2006 年第 12 期。

许静、王娜、孔德洋等："有机肥源磺胺类抗生素在土壤中的降解规律及影响因素分析",《环境科学学报》,2015 年第 2 期。

张俊亚、魏源送、陈梅雪等:"畜禽粪便生物处理与土地利用全过程中抗生素和重金属抗性基因的赋存与转归特征研究进展",《环境科学学报》,2015年第4期。

章明奎、王丽平、郑顺安:"两种外源抗生素在农业土壤中的吸附与迁移特性",《生态学报》,2008年第2期。

周启星:"土壤环境污染化学与化学修复研究最新进展",《环境化学》,2006年第3期。

邹世春、李青、贺竹梅:"禽畜养殖场土壤抗生素抗性基因污染的初步研究",《中山大学学报:自然科学版》,2012年第6期。

邹世春、朱春敬、贺竹梅等:"北江河水中抗生素抗性基因污染初步研究",《生态毒理学报》,2009年第5期。

第18章 土壤退化与功能恢复

土壤是不可再生的稀缺资源。人口增长、社会经济发展和城市扩展，使得土壤面临的压力正接近临界极限。不合理利用加之全球气候变化加速了土壤退化，导致土壤功能及其为人类提供生态服务的能力下降，甚至丧失。通过适当恢复技术可以修复退化的土壤功能，但是其过程要比土壤退化过程需要更长的时间，而且付出更大的代价。20 世纪以来，土壤退化被看成是全球性环境问题；进入 21 世纪，土壤资源的持续管理和退化土壤的功能修复受到越来越多的国际关注。防止土壤退化和恢复退化土壤功能，对实现农业可持续发展、保证粮食和食品安全，保护生态环境、生物多样性和人类健康及应对全球气候化，甚至对脱贫致富均具有十分重大意义。

18.1 概 述

本节以社会发展需求和科学问题深化为线索，阐述了土壤退化与功能恢复研究领域的发展过程、学科内涵及其主要研究内容的演进阶段与关注科学问题的变化。

18.1.1 问题的缘起

土壤侵蚀是人类认识最早的土壤退化类型。1971 年，联合国粮农组织（FAO）和环境署（UNEP）提出了荒漠化的概念；1990 年，资助了全球土壤退化评价（GLASOD）及土壤和地球数字化数据库（SOTER）项目（UNEP, 1990, 1992；FAO, 1993）。1994 年签署的《联合国防治荒漠化公约》以及 1997 年签署的《联合国防治荒漠化行动计划》，标志着土壤退化已成为一个全球性环境问题，引起了国际社会越来越多的关注。从此，土壤退化及其功能恢复研究得到快速发展，并成为相对独立、交叉性特征明显、应用性强的土壤学分支学科。

18.1.2 问题的内涵及演进

土壤退化与功能恢复以土壤质量为研究对象，研究土壤退化的时空演变规律及过程机制、退化土壤功能恢复重建的技术措施及其作用机理（张桃林和王兴祥，2000：280~284）。土壤质量是指自然生态系统与人工管理生态系统中土壤保持植物和动物生产、维持和改善大气与水质量、支持人类健康和生活环境的能力（Karlen et al., 1997：4~10）。研究发现，人类活动和气候变化很大程度上影响着土壤质量的演变。土壤退化指人类活动导致的土壤质量逆向变化以及使得土壤提供产品和服务功能的下降或丧失。土壤功能恢复是指通过减少干扰或通过物理、化学和生物学技术与措施，预防和减轻土壤退化，修复退化土壤，恢复土壤质量和功能。人们对土壤质量认识的深化和对土壤持续管理社会需求的增长，推动了土壤退化及其恢复技术的不断发展。研究内容从定性的全球土壤退化评价向定量的土壤质量评价转变，退化土壤的修复逐渐从单一手段向综合修复手段转变，特别强调向生物修复方向的拓展，为掌握土壤资源状况、发展持续农业、加速生态系统恢复和保护土壤环境安全提供科学技术支持。

土壤退化与功能恢复研究大致可分为以下 3 个阶段。

第一阶段：全球土壤退化评价（1971～1990 年）。从 1971 年提出土壤退化概念，到 1991 年完成《世界人为因素诱导的土壤退化现状评估图》（Oldeman，1991），形成了对土壤退化概念的基本认识。土壤退化评价是当时的主要研究内容，其研究目标是明确区域尺度不同类型土壤退化范围、程度和速度，揭示土壤退化的时空演变过程及人类活动的驱动作用。Oldeman（2000）将土壤退化分为土壤物理退化、土壤化学退化和土壤生物学退化，但是主要针对土壤水蚀、土壤风蚀以及土壤肥力方面的土壤物理和化学性质恶化。Lal 和 Steward（1990）出版的《土壤退化》一书给出了相似的土壤退化分类系统。最初的土壤退化评价主要利用植被退化表征土壤侵蚀，利用作物产量表征土壤肥力下降，利用土壤盐碱度衡量土壤生产能力。

Warkentin 和 Flecher（1977）最早提出土壤质量的概念，指出土壤侵蚀不是土壤退化的全部。土地持续利用过程不是简单的控制土壤侵蚀，而要从生态系统角度考虑人类活动对土壤物理、化学和生物性质的影响（Larson and Pierce，1991；Karlen et al.，2003：145～156）。土壤质量概念提出之初只针对土壤维持生产食物和纤维的功能，随着科学的发展，土壤质量概念得到拓展，极大地促进了土壤退化评价研究从依据植物生产力或作物产量转向依据土壤物理化学指标，标志着土壤退化研究成为土壤学研究的重要分支学科。土地退化涵盖生态系统中与水和其他非土壤生物及与土地社会经济属性相关的产品和服务提供能力下降；而荒漠化通常指干旱地区难以逆转和恢复的土地退化（Eswaran et al.，2001）。虽然土壤侵蚀是人类认识最早的土壤退化类型，但不是所有形式的土壤侵蚀都可称为土壤退化，只有不断加剧的土壤侵蚀才被视为土壤退化。土壤退化常和土地退化、荒漠化混合使用，但它们之间存在细微差异。传统的土壤侵蚀研究关注土壤侵蚀过程及其对人类活动的响应，而土壤退化研究目标是揭示土壤侵蚀面积和强度的时空变化，研究土壤侵蚀对土壤生产力、土壤肥力和环境质量的影响。传统的土壤肥力研究关注如何调控土壤肥力因子提高土壤生产力，而土壤退化评价的研究目标是明确土壤肥力退化状况及控制因素，评价保持和提高土壤质量的有效土壤管理措施。

第二阶段：土壤质量评价研究（1991～2000 年）。进入 20 世纪 90 年代后，农业化学品过量使用、城市化和工业化带来的土壤养分失衡、土壤重金属和有机污染物积累以及土壤生物多样性及其功能损失受到广泛关注，影响土壤退化的因素越来越多，土壤退化类型不断拓展。目前，土壤物理退化包括加剧的土壤风蚀、水蚀、机械压实、地表硬化、土壤干旱、洪涝和泥石流；土壤化学退化包括土壤养分失衡、土壤污染、土壤酸化和盐碱化；土壤生物退化包括土壤有机质损失、土壤生物多样性和活性下降等（Commission of the European Communities，2006）。

随着人们对土壤生态系统和土壤功能认识的深入，土壤质量概念得到发展。土壤不仅能够维持动植物生产力,而且具有保持水质和大气质量,为土壤生物与人类健康提供环境和保护人类文化遗产的功能(Doran and Parkin,1996)。所以,土壤质量不仅包括土壤肥力质量,而且包括土壤环境质量和土壤健康质量(Doran and Parkin,1996)。土壤生物和土壤环境作为一个整体相互作用,决定了在变化环境下的土壤功能,影响着整个生态系统的服务功能(Seybold et al.,1999:224~234;Tóth et al.,2007)。因此,出现了与土壤质量含义类似的土壤健康概念,进而强调土壤质量的生命特征、动态特征和整体特征(Roming et al.,1995:229~236;Doran and Parkin,1996)。从此,土壤质量评价指标体系中包括了更多的土壤生物学和社会经济学指标。

随着《联合国防治荒漠化公约》的实施,荒漠化侵蚀土壤的植被恢复以及植被恢复—土壤侵蚀的相互作用研究迅速发展并成为研究主流。针对土壤资源可持续利用的更大需求,减少或消除不同类型土壤退化以维持土壤生态服务功能,或者通过适当恢复和修复技术,恢复或复原严重退化土壤的功能,成为本研究领域的重要研究内容。土壤质量变化研究成为核心科学问题。土壤质量评价指标的建立和发展,促进了土壤退化和退化土壤恢复研究从宏观向微观、从定性向定量化方向深入发展。大尺度土壤质量评价从定性研究向采用遥感和地理信息系统的定量研究发展,中小尺度的土壤质量评价从理解土壤退化过程和机制向理解退化土壤功能恢复过程研究的方向发展。

第三阶段:退化土壤的生态修复研究(2001年至今)。进入 21 世纪以来,主动控制植被和微生物的生物修复成为土壤退化与功能恢复领域的研究主流,研究方向包括土壤生物及其对土壤质量的影响,地上生态系统和地下生态系统的相互作用及其对地上生态系统结构和功能的影响,植物和微生物对土壤污染物吸收、转化和有效性的影响(Walker and Suett,1986:95~103;Vadali,2001:1163~1172;Wardle et al.,2004:1629~1633)。人工和自然植被恢复过程、植被生态恢复—土壤侵蚀—土壤质量的相互关系及其对气候变化的响应成为荒漠化土壤恢复的热点(Eswaran et al.,2001)。在农业持续发展方面,土壤水分养分高效管理,如施肥、耕作和秸秆还田对土壤质量、作物产量、大气质量、地表水和地下水水质的影响,成为热点研究内容。针对土壤污染退化问题,物理、化学、微生物以及植物修复研究得到更快发展,出现了针对多种重金属和有机污染物的复合污染的各种联动修复技术及其作用机制研究,开始了原位修复方面的深化研究(骆永明等,2015:115~124)。

18.2 国际"土壤退化与功能恢复"研究主要进展

近 15 年来,随着土壤退化与功能恢复研究的不断深入,逐渐形成了一些核心领域和研究热点。通过文献计量分析发现,其核心研究领域主要包括土壤退化与恢复理论、农田土壤质量与持续农业、土壤荒漠化与植被恢复、土壤环境污染与修复 4 个方面。这 4 个研究方向中,土壤质量评价、土壤质量变化的微观和宏观过程及其对利用方式、土壤管理、对气候变化的响应和对生态环境的影响是其核心研究内容;土壤生物学、土壤生物与植被、污染土壤的生物修复研究均受到关注。

18.2.1 近 15 年国际该领域研究的核心方向与研究热点

运用 Web of Science 数据库，依据本研究领域核心关键词制定了英文检索式：("soil*" or "land") and ("quality*" or "health" or "function*") and ("sustainabl*" or "degradation" or "desertification" or "threats" or "deterioration" or "restoration" or "rehabilitation" or "amelioration" or "conservation" or "recovery" or "remediation")，检索到了 2000~2014 年本研究领域发表在国际期刊的英文文献数量为 21 286 篇。按照每 3 年划分成一个时间段进行统计，结果表明，在 2000~2002 年、2003~2005 年、2006~2008 年、2009~2011 年和 2012~2014 年这 5 个时段发表的论文数量占总量的百分比呈逐年快速上升趋势，分别为 8.7%、12.1%、17.7%、26.5%和 35.0%。

图 18-1 为 2000~2014 年土壤退化与功能恢复领域 SCI 期刊论文关键词共现关系图。图中呈现了 8 个相对独立的聚类圈，在一定程度上反映了近 15 年土壤退化与功能恢复领域核心研究内容：土壤质量与农业资源利用、土壤质量与保护性耕作、土壤侵蚀与植被恢复、面源污染与修复、土壤污染与修复、土地退化与环境效应、土壤质量与生态系统服务以及土壤健康与干扰。

（1）土壤质量与农业资源利用

该聚类圈位于聚类图上方。最高频关键词有：持续农业（sustainable agriculture）、多样性（diversity）和养分（nutrient）。与之伴随出现的关键词有：土壤退化（soil degradation）、富营养化（eutrophication）、最佳土壤管理（soil management，BMP）、作物残留物（crop residue）、堆肥（compost）、污泥（sewage sludge）、厩肥（manure）、生态恢复（ecological restoration）、土壤质量指标（soil quality index）和土壤性质（soil properties）。上述关键词表明，最优土壤管理措施、农业资源循环利用和生态恢复措施，及其对土壤肥力质量、环境质量和健康质量的影响，已成为持续农业的核心研究内容。关键词演替（succession）、格局（pattern）、SWAT 和主成成分析（PCA）的关联出现，**表明这些模型被广泛应用于土壤质量评价和植被空间格局变化研究中。**

（2）土壤质量与保护性耕作

该聚类圈位于聚类图左上方。最高频关键词有：保护性耕作（conservation tillage）、免耕（no-till）和耕作（tillage）。伴随出现的关键词有：玉米（maize）、作物轮作（crop rotation）、覆盖作物（cover crop）、生态（ecology）、有机农业（organic farming）、食物安全（food security）、指标（indicator）、土壤结构指标（soil structure）、容重（bulk density）、微生物生物量（microbial biomass）、有机肥（manure）。上述关键词表明，**从土壤物理、生物等角度评价保护性耕作技术及其配套的种植制度和有机农业，成为提高粮食产量和保障粮食安全的核心研究内容。**

（3）土壤侵蚀与植被恢复

该聚类圈位于聚类图的中心位置。该聚类圈左边出现高频关键词：土壤侵蚀（soil erosion）、保护（conservation）、恢复（restoration，recovery）和持续性（sustainability）。与之相伴的关键词有：植物修复（phytoremediation）、生物修复（bioremediation）、植被（vegetation）、湿

地（wetland）和复合农林系统（agroforestry），表明土壤侵蚀退化的植被恢复受到高度关注。物种丰富度（species richness）、功能群（functional group）、土壤有机碳（organic carbon）、可溶性碳（dissolved carbon）土壤碳抵押（soil carbon sequestration）、蒸发（evaporation）、生物指标（bioindicator）和生境（habitat）等关键词的相伴出现，**表明功能植物群落及其恢复过程，植被恢复对土壤固碳、保水和土壤微生物等功能恢复成为核心研究内容**。同时出现的关键词还有：反硝化（denitrification）、污染（pollution）、盐碱化（salinity）、火（fire）、破碎化（fragment）、风险评价（risk assessment）和政策（policy），**说明侵蚀退化以外的土壤退化类型的植被恢复研究受到关注。植被恢复中火灾的干扰、植被在景观中破碎化分布以及政策落实的影响成为核心研究内容**。该聚类圈右边出现了高频关键词持续性（sustainability）和遥感（remote sensing），并通过干旱（drought）和荒漠化（desertification）等关键词与高频关键词气候变化（climate change）相联系。同时，与气候变化（climate change）伴随出现的关键词还有：土壤水（soil water）、入渗（infiltration）、淋溶（leaching）、农药（herbicide）和微生物活性（microbial activity），

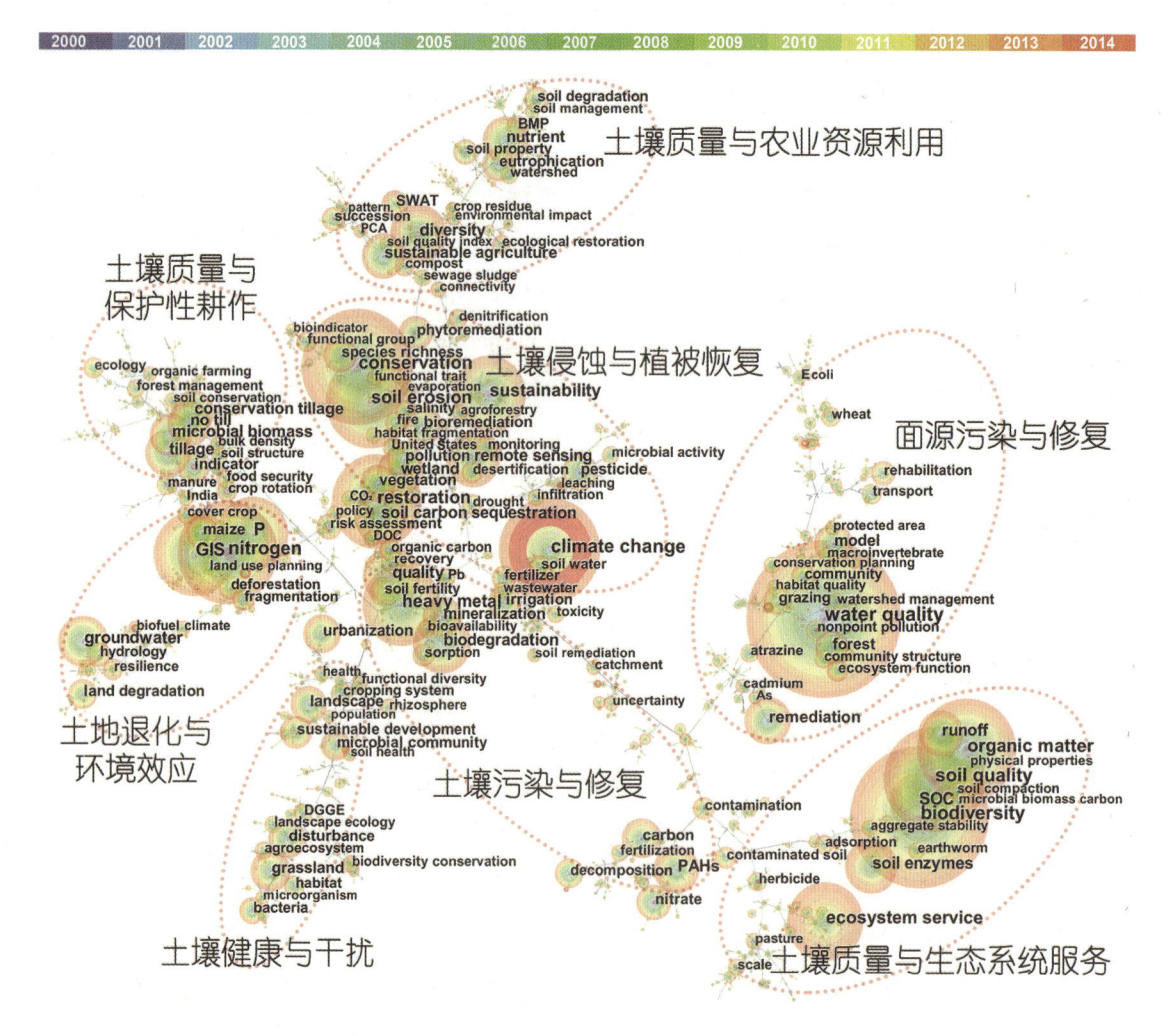

图 18-1　2000～2014 年"土壤退化与功能恢复"领域 SCI 期刊论文关键词共现关系

说明荒漠化地区气候变化及其引起的土壤干旱和水循环对植被恢复及其对土壤微生物以及土壤环境质量的影响成为重要的研究内容。遥感成为区域研究的重要手段。

（4）面源污染与修复

该聚类圈位于聚类图右侧。最高频关键词是水质（water quality），伴随出现的关键词有：面源污染（non-point pollution）、镉（Cd）、砷（As）、阿特拉津（atrazine）、大肠杆菌（e. coli）、流域管理（watershed management）、保护规划（conservation planning）、修复（rehabilitation，remediation）、保护区（protected area）、群落结构（community structure，community）、放牧（grazing）、小麦（wheat）和森林（forest），**说明农业、放牧和森林等不同利用方式下面源污染及其对水质的影响受到关注**。模型（model）、运移（transport）、生态系统功能（ecosystem function）、生境质量（habitat quality）、大型无脊椎动物（macro invertebrate）等关键词的出现，**说明重金属、农药以及微生物的迁移过程及生态恢复和生物修复成为核心研究内容**。

（5）土壤污染与修复

该聚类圈以高频关键词重金属（heavy metal）为中心。与之伴随的关键词包括：城市化（urbanization）、化肥（fertilizer）、灌溉（irrigation）、废水（wastewater）、土壤质量（quality）、土壤肥力（soil fertility）、矿化（mineralization）、生物有效性（bioavailability）、生物降解（biodegradation）、吸附（sorption）、毒性（toxicity）、土壤修复（soil remediation）等，**说明城市化、污水灌溉和化肥使用引起的土壤重金属污染受到关注。土壤重金属及其他污染物的毒性、迁移转化及其对土壤肥力的影响以及重金属污染土壤的修复成为核心研究内容**。另外一个中心高频关键词是多环芳烃（PAHs），与之伴随的关键词有：碳（carbon）、施肥（fertilization）、分解（decomposition）、硝态氮（nitrate）、农药（herbicide）、吸附（adsorption）和污染土壤（contamination，contaminated soil），**说明土壤有机污染、过量氮肥和农药污染受到关注，土壤中有机污染物转化过程成为核心研究内容**。

（6）土地退化与环境效应

该聚类圈位于聚类图左下角位置。高频关键词有：氮（N）、磷（P）、地下水（ground water）、地理信息系统（GIS）和土地退化（land degradation），**说明土地退化对土壤氮磷和地下水污染的影响受到关注**。与之伴随的关键词有：回复力（resilience）、水文（hydrology）、气候（climate）、生物燃料（biofuel）、土地利用规划（land use planning）、森林砍伐和管理（deforestation）、破碎化（fragmentation），**说明应用地理信息系统等手段研究森林采伐和生物质能源植物种植等引起的大尺度的土地利用变化，气候和景观破碎化与土地退化，生态系统的养分和水分循环以及回复力的关系成为核心研究内容**。

（7）土壤质量与生态系统服务

该聚类圈位于聚类图右下部位置。最高频关键词有：土壤质量（soil quality）、土壤有机碳（organic matter，SOC）、生物多样性（biodiversity）和生态系统服务（ecosystem service）。与之伴随出现的关键词有：径流（runoff）、物理性质（physical properties）、团聚体稳定性（aggregate stability）、土壤压实（soil compaction）、微生物生物量碳（soil microbial biomass carbon）、蚯蚓（earthworm）和土壤酶（soil enzymes）。上述关键词说明，**土壤有机质、土壤结构、土壤生物对土壤质量的影响及其相互作用对生态系统服务的影响成为核心研究内容。**

（8）土壤健康与干扰

该聚类圈位于聚类图左下部位置。最高频关键词有：景观（landscape）、持续发展（sustainable development）、草地（grassland）和干扰（disturbance）。与景观（landscape）和持续发展（sustainable development）伴随的关键词有：土壤健康（soil health，health）、功能多样性（functional diversity）、种植制度（cropping system）、根际（rhizosphere）、群落（population）、微生物群落（microbial community），说明**国际上从农业持续发展角度研究土壤健康受到关注，大尺度研究种植制度对土壤根际微生物、土壤微生物群落及其功能多样性成为核心研究热点。**与草地（grassland）和干扰（disturbance）伴随的关键词有：变性梯度凝胶电泳（DGGE）、生物多样性保护（biodiversity conservation）、微生物群落（microbial community，population）、微生物（microorganism，bacteria）、生境（habitat）、景观生态（landscape ecology）、农业生态系统（agroecosystem）、生物多样性保护（biodiversity conservation）等，说明**利用农田和草地生态系统研究土壤健康对干扰的响应受到关注，采用分子技术研究土壤微生物群落结构、多样性及其对景观上不同生境和干扰的响应成为核心研究内容。**

总而言之，这些高频关键词的聚类关系反映了 8 个重要的研究内容，又可以将其归纳成 4 个主要研究方向：①土壤退化与恢复理论，包括土壤质量与生态服务功能、土壤健康与干扰；②农田土壤质量与持续农业，包括保护性耕作和农业资源利用对土壤肥力的影响；③土壤荒漠化与植被恢复，包括土地退化环境效应、侵蚀土壤与植被恢复；④土壤环境污染与修复，包括土壤污染、面源污染及其修复。4 个主要研究方向的关系特征说明：①各研究方向上土壤生物学、土壤生物与植被、污染土壤的生物修复研究均受到关注；②各研究方向上土壤质量评价、土壤质量变化的微观和宏观过程及其对利用方式、土壤管理、气候变化的响应和对生态环境的影响是核心研究内容。

SCI 期刊论文关键词共现关系图反映了近 15 年土壤退化与功能恢复研究的核心领域，而不同时段 TOP20 高频关键词可反映其研究热点。由表 18-1 可知，2000～2014 年，前 10 位高频关键词：生态系统（ecosystem）、土地利用和覆盖（land use and land cover）、土壤有机碳（SOC）、多样性（diversity）、碳抵押和周转（carbon sequestration and turnover）、氮素和氮循环（nitrogen and nitrogen-cycle）、气候变化（climate change）、农业（agriculture）、保护（conservation）、生物多样性（biodiversity），表明这些研究方向是近 15 年研究的热点。在每 3 年的时间段内，每个时间段均出现的关键词有：土地利用和覆盖（land use and land cover）、农业（agriculture）、保护（conservation）、生物多样性（biodiversity）、多样性（diversity）、土壤有机碳（SOC）、碳抵押和周转（carbon sequestration and turnover）、氮素和氮循环（nitrogen and nitrogen-cycle）、磷（P）、土壤质量（soil quality）、重金属（heavy metal）、环境（environment），说明这些研究内容受到持续关注。对以 3 年为时间段的热点问题变化情况分析如下。

表18-1　2000~2014年"土壤退化与功能恢复"领域不同时段TOP20高频关键词组组合特征

2000~2014年		2000~2002年（17篇/矫正系数4.12）		2003~2005年（24篇/矫正系数2.92）		2006~2008年（35篇/矫正系数2.00）		2009~2011年（53篇/矫正系数1.30）		2012~2014年（70篇/矫正系数1.00）	
关键词	词频	关键词	词频	关键词	词频	关键词	词频	关键词	词频	关键词	词频
ecosystem	32	SOC	16.5（4）	CST	11.7（4）	land use and land cover	11.7（4）	ecosystem	16.0（8）	ecosystem	15.6（12）	SOC	12
land use and land cover	32	diversity	12.3（3）	agriculture	8.8（3）	ecosystem	14.0（7）	land use and land cover	14.3（11）	diversity	11
SOC	30	nitrogen and nitrogen-cycle	12.3（3）	conservation	8.8（3）	agriculture	8.0（4）	SOC	11.7（9）	ecosystem	10
diversity	21	agriculture	8.2（2）	ecosystem	8.8（3）	climate change	8.0（4）	climate change	9.1（7）	CST	9
CST	20	biodiversity	8.2（2）	land use and land cover	8.8（3）	eutrophication	6.0（3）	nitrogen and nitrogen-cycle	9.1（7）	land use and land cover	8
nitrogen and nitrogen-cycle	18	conservation	8.2（2）	SOC	5.8（2）	nitrogen and nitrogen-cycle	6.0（3）	CST	6.5（5）	conservation	5
climate change	15	heavy metal	8.2（2）	water quality	5.8（2）	SOC	6.0（3）	diversity	5.2（4）	biodiversity	4
agriculture	14	land use and land cover	8.2（2）	biodiversity	2.9（1）	biodiversity	4.0（2）	agriculture	3.9（3）	climate change	4
conservation	13	RNA	8.2（2）	decomposition	2.9（1）	diversity	4.0（2）	species richness	3.9（3）	nitrogen and nitrogen-cycle	4
biodiversity	11	soil quality	8.2（2）	diversity	2.9（1）	habitat fragmentation	4.0（2）	biodiversity	2.6（2）	agriculture	2
heavy metal	8	CST	4.1（1）	environment	2.9（1）	heavy metal	4.0（2）	conservation	2.6（2）	decomposition	2
soil quality	8	decomposition	4.1（1）	heavy metal	2.9（1）	RNA	4.0（2）	desertification	2.6（2）	desertification	2
eutrophication	6	environment	4.1（1）	nitrogen and nitrogen-cycle	2.9（1）	soil quality	4.0（2）	eutrophication	2.6（2）	functional traits	2
phosphorus	6	phosphorus	4.1（1）	RNA	2.9（1）	CST	2.0（1）	functional traits	2.6（2）	habitat fragmentation	2
RNA	6	water quality	4.1（1）	soil quality	2.9（1）	conservation	2.0（1）	heavy metal	2.6（2）	phosphorus	2
decomposition	5					decomposition	2.0（1）	phosphorus	2.6（2）	soil quality	2
water quality	5					environment	2.0（1）	soil quality	1.3（1）	environment	1
desertification	4					phosphorus	2.0（1）			eutrophication	1
environment	4					species richness	2.0（1）			heavy metal	1
functional traits	4					water quality	2.0（1）			RNA	1

注：括号中的数字为校正前关键词出现频次。CST：carbon sequestration and turnover。

(1) 2000~2002 年

本段研究中使用了较少的关键词，总共只有 15 个。这些关键词的出现表明研究重点集中在土地利用和覆盖（land use and land cover）、保护（conservation）等恢复措施对多样性（diversity）及土壤质量（soil quality）的影响，重点探讨了以微生物分解（decomposition）驱动的氮素和氮循环（nitrogen and nitrogen-cycle）、碳抵押和周转（carbon sequestration and turnover）及其对土壤质量（soil quality）恢复的影响；集中研究了农业（agriculture）管理措施对土壤质量（soil quality）的影响，重点探讨了对土壤有机碳（SOC）、生物多样性（biodiversity）和重金属（heavy metal）含量的影响。核糖核酸（RNA）的出现说明了分子生物技术被应用于土壤微生物多样性研究中。此外，关键词环境（environment）、磷（P）和水质（water quality），表明农业磷素迁移导致的区域水环境问题也是研究的热点。以上高频关键词表明，本时段地上植被多样性恢复及微生物分解过程驱动的土壤质量恢复是退化土壤植被恢复的研究热点，农田土壤健康质量和环境质量评价研究是农业持续发展的热点。

(2) 2003~2005 年

2003~2005 年时段与 2000~2002 年时段出现的关键词基本相同，新出现了生态系统（ecosystem），但没有出现磷（P），说明本时段继续关注植被多样性恢复和微生物分解过程及其对土壤质量恢复的影响，继续关注农田土壤的健康质量和环境质量评价。

(3) 2006~2008 年

2006~2008 年时段保留了 2000~2005 年出现的所有关键词，新出现了以下关键词：生境破碎化（habitat fragmentation）、物种丰富度（species richness）、气候变化（climate change）和富营养化（eutrophication），说明本时段继续关注植被恢复系统中植被多样性恢复和微生物分解过程及其对土壤质量恢复的影响，继续关注农田土壤的健康质量和环境质量评价。退化土壤的植被恢复研究中将土壤—植物作为整体的生态系统，更加关注地上生态系统与地下生态系统、植物物种丰富度与其景观尺度的生境破碎化的关系研究；开始关注植被恢复对气候变化的响应。在农业持续发展研究中更加关注农业养分过量使用对水体富营养化的影响。

(4) 2009~2011 年

本时段关键词更加集中，只出现了 17 个。与 2000~2008 年的 3 个时段相比，2009~2011 年时段没有出现关键词核糖核酸（RNA）和分解（decomposition），新出现了关键词荒漠化（desertification）和功能指标（functional traits），以前出现的其他关键词全部保留。大多数关键词的保留说明本时段继续关注退化土壤的植被多样性恢复,及其对土壤质量恢复的影响、对气候变化的响应方面的研究，继续关注农田土壤的健康质量、环境质量及其对水体富营养化的影响方面的研究；少数几个关键词的变化说明针对荒漠化选择功能性植被的生态恢复技术的研究受到更加重视。

(5) 2012~2014 年

2012~2014 年没有出现关键词水质（water quality）。与 2000~2011 年相比，关键词核糖核酸（RNA）和分解（decomposition）重新出现，关键词荒漠化（desertification）和功能指标（functional traits）仍然保留，说明该时段研究对水质的关注有所减弱，自 2003 年针对土壤荒漠化的功能植被恢复及其对气候变化的响应、富营养化成为新的研究热点。

总之，过去 15 年中，土地利用变化（土地利用和覆盖、保护）和农业驱动下的地上和地下部的生物多样性（生物多样性、多样性）变化、土壤质量变化，以及生态系统中的碳、氮、磷元素循环、重金属污染和环境问题，一直是土壤退化与功能恢复领域的研究热点，不同时段的侧重点略有不同；由于生态环境条件的改善，以及从生态系统角度研究地上和地下部及其相互关系，15 年来水质和凋落物微生物分解过程研究有所弱化。

18.2.2 近 15 年国际该领域研究取得的主要学术成就

根据关键词共现关系图可以看出土壤退化与功能恢复领域研究覆盖 4 个方向（图 18-1）：①土壤退化与恢复理论；②农田土壤质量与持续农业；③土壤荒漠化与植物恢复；④土壤环境污染与修复。结合高频关键词组合特征所反映的研究前沿（表 18-1），土壤退化与功能恢复领域各个研究方向所取得的主要成就可概述为如下 4 个方面。

（1）土壤退化和恢复理论

土壤质量评价是土壤退化研究的工具。土壤质量评价指标需要能够反映土壤功能变化的可测定的土壤物理、化学和生物学性质与过程。土壤质量评价指标既要反映所关注的主要功能，又要兼顾其他功能；既要能反映土壤过程的短期变化，也要能反映这些过程对管理和气候长期变化的响应（Andrews et al.，2004：309～320；Kibblewhite et al.，2008：685～701）。所选择指标自身构成最小数据集，或者经过统计分析方法，如分层分区分析（HP）、冗余度分析（RDA）、主成分分析（PCA），进行筛选构成最小数据集，或经过归一化处理作为土壤质量指数（Doran and Parkin，1996；Bertini et al.，2014：293～301；Mukhopadhyay et al.，2014：10～20；Congreve et al.，2015：17～28）。土壤质量评价最小数据集通常包括土壤物理性质，如土壤深度、团聚体稳定性、土壤容重、有效含水量；土壤化学性质，如电导率、钠吸附率、pH、无机氮、磷、钾、镁；土壤生物学性质，如土壤有机质、土壤颗粒态有机质、微生物生物量碳、潜在可矿化氮、酶活性（Doran and Parkin，1996；Wienhold et al.，2009：260～266；Stott et al.，2010：107～119）。土壤功能有赖于土壤生物学过程和土壤环境条件的相互作用，因此，土壤质量评价指标中必须包括反映土壤食物网、微生物基因型、表现型和功能分析等土壤生物学指标，包括土壤系统对环境干扰或胁迫的抵抗力和回复力指标（Kibblewhite et al.，2008：685～701）。

理解控制土壤质量的关键因素及其与土壤功能的关系，对于防止土壤退化和恢复退化土壤功能具有重要意义。成土过程决定了不同类型土壤的质地和矿物组成等基本性质。这些基本土壤性质决定其他土壤性质受农业措施影响的变化范围。土壤类型是控制土壤质量的最重要因素（Halvorson et al.，1997：26～30；Seybold et al.，1998）。因此，不区分土壤类型而确定土壤质量指标变化幅度和阈值来评价土壤退化状况是不切实际的。只有比较相同土壤类型不同农业措施下土壤质量的变化趋势及变化范围,才能判断土壤质量是否退化。土壤质量最小数据集常作为一种工具在农户、流域、县级、省级和国家级等不同尺度的土壤质量评价与监测方面得到广泛的应用(Karlen et al.,1998:56～60;Govaerts et al.,2006:163～174;Potter et al.,2006;Lehman et al.,2015:988～1027)。由于土壤类型的影响,目前并没有统一适用于不同土壤类型的土壤质量评价标准和方法,大尺度土壤质量评价结果的不确定性往往高于小尺度的评价结果。大尺度土壤质量评价常常依赖于数据库、模型和遥感方法,把从点上获得的代表性数据拓展到更大尺度(Potter et al.,2006)。中小尺度研究土壤质量的控制因素及其对管理措施的响应一直是土壤持续管理的核心研究内容,其中理解土壤结构—土壤有机质—土壤微生物群落的相互关系成为目前的研究热点和前沿。土壤有机质不仅是土壤结构的基本构成,而且供应土壤生物活动所需的能量和养分(Kibblewhite et al.,2008:685～701)。土壤结构是一切土壤生物、化学和物理过程的边界条件(Young and Crowfard,2004:1634～1637)。土壤生物及其多样性控制土壤生物地球化学循环,调节土壤有机质分解,影响温室气体排放,保持和提供植物生长所需的养分,维持土壤结构,净化水质,转化污染物并控制病虫害(Lehman et al.,2015:988～1027)。所以,土壤有机质和土壤生物是控制土壤质量变化或恢复退化土壤功能的另外两个关键因素(Lal,2015:5875～5895;Lehman et al.,2015:988～1027)。农业措施通过选择作物和种植制度、投入有机物和养分、引入外来生物或控制机械耕作干扰等,影响土壤有机质含量和质量、调控土壤及根际土壤微生物群落结构、多样性和功能,从而影响土壤质量。但是由于土壤生物和土壤结构的复杂性,由于缺乏对土壤有机质如何控制土壤生物和土壤结构的深入理解,人们尚没有用于评价土壤质量的统一的土壤结构、土壤有机质和土壤生物学指标,更没有根据这些指标实现土壤功能的调控及恢复退化土壤的功能(Lehman et al.,2015)。

(2)农田土壤质量与持续农业

农业集约化过程虽然极大地解放了劳动力,提高了土壤生产力和劳动生产率,但通常会导致土壤退化。与自然生态系统相比,农业生态系统中单一作物代替了多样植被,凋落物质量改变,还田数量下降,所以自然生态系统开垦成农田之初土壤有机质会明显下降(Leigh and Johnston,1994)。土壤耕作代替土壤生物活动调控土壤结构;施用化肥代替凋落物或有机肥分解为作物提供养分;施用农药代替食物网控制传染病和害虫。在农业生态系统达到新平衡之前,随着籽粒移出农田生态系统养分流失,土壤养分失衡和土壤生产力就会逐渐下降。在农业生态系统土壤有机质达到新的平衡之后,土壤有机质降低导致土壤结构退化,使得土壤水分和养分保持能力下降。所以,只有通过施用有机肥、化肥或农药或灌溉,才能满足作物生长及其所需养分和水分。过多的化肥和农药或不合理灌溉,不仅可能影响土壤生物及其驱动的碳氮循环,即使可能维持作物产量,但也可能导致土壤酸化、温室气体排放增加或污染地下水或地表水质量。高强度机耕被认为是美国20世纪30年代沙尘暴的根源;土壤机械压实成为现代常规农业对土壤质量的最大、最难以恢复的土壤退化措施。土壤耕作直接杀死土壤动物,扯断土壤真菌菌丝,加速土壤有机质分解,导致土壤结构退化(Kladivko,2001:61～76)。土壤压实降低土壤水分和养分存量及供应能力，增加土壤硬度，从而妨碍作物根系生长，减少作物残体还田，导致需要投入更多的化肥和农药。过度的化肥和农药投入进而通过影响土壤生物的生境与食源影响土壤微生物群落及其活性，影响温室气体排放和养分迁移，影响土壤耕性和农业成本，形成恶性循环（Hamza and Anderson，2005：121～145）。

为了持续利用土壤资源，并在追求保持土壤生产功能的同时兼顾土壤保护水质和人类及土壤健康的其他功能。过去20年来，人们通过田间试验评价了发展持续农业为目标的优化管理措施替代传统农业的常规措施。这些持续农业措施包括建立基于覆盖作物和轮作的种植制度、覆盖作物秸秆、有机肥和污泥、优化施肥、减少机械耕作干扰等。覆盖作物或作物秸秆覆盖通过减少土壤裸露时间能控制土壤流失（Schipanski et al.，2014：12～22），能影响土壤中真菌和养分转化从而影响后继作物产量（White and Weil，2010：507～521；Lehman et al.，2012：300～304）。秸秆还田能够提高土壤有机质和土壤结构稳定性，防止水土流失，改善土壤水分和温度状况，增强土壤生物活动。秸秆覆盖和秸秆翻埋效果取决于当地的土壤条件、气候条件以及其他农业措施，如耕作和施肥。秸秆还田在一些地方也会产生负面作用，如固定氮、产生渍害和低温危害（Turmel et al.，2015：6～16）。有机肥和污泥同样能增加有机碳与养分来源，但是也可能带来重金属，污染土壤环境，影响土壤微生物群落及其活性（Parrish et al.，2005：187～197；Kallenbach and Grandy，2011：241～252；Willekens et al.，2014：61～71），从而影响土壤肥力和土壤结构稳定性（Abvien et al.，2009：1～12）。全面考虑不同养分来源和实现目标产量的养分需求量而开展的农田养分综合管理，不仅能够提高作物生物量，从而提高土壤有机质含量，而且能够改善土壤养分平衡状况，减少温室气体排放和水体富营养化。许多田间试验证明，减少耕作强度或者免耕结合秸秆或有机肥还田能够恢复土壤质量。如提高土壤团聚体稳定性，增加入渗速率和土壤含水量，提高土壤有机质、土壤微生物生物碳、潜在可矿化氮和有效磷等（Six et al.，1999：1350～1358；Paustian et al.，2000：147～163；Alvarez and Steinbach，2009：1～15；Karlen et al.，2013：54～64）。减少耕作后土壤物理性质的改善与土壤生物网结构改变密切相关，特别是恢复了自然生态系统中能够改善土壤结构的土壤动物和真菌群落的丰富度（Chauvel et al.，1999：32～33；Barros et al.，2004：157～168；Ritz and Young，2004：52～59）。另外，即使不增加有机物的投入，减少耕作能改善土壤结构，也能促进土壤有机碳固定（Six et al.，1999：1350～1358）。减少耕作对作物产量的影响却是不一致的，这取决于气候特征、土壤类型、作物类型和种植制度（Alvarez and Steinbach，2009：1～15；Karlen et al.，2013：54～64）。因此，土壤持续管理措施评价一直是农田土壤退化防控和恢复的影响研究内容。

（3）土壤荒漠化与植被恢复

土壤荒漠化是指干旱半干旱地区最严重的土壤退化，常由于人类活动导致的土壤侵蚀引起。20世纪80年代，FAO提出了全球尺度暂行的土地退化和制图方法（UNEP，1977），用于评价水蚀、风蚀、过度盐碱化、化学退化、物理退化和生物退化等引起的土地退化或土地退化潜在风险。1986年，在德国汉堡举行的第13届国际土壤学大会上提出全球土壤退化评价（GLASOD）

及土壤和地球数字化数据库（SOTER）计划。Oldeman 等（1991）提出的《世界人为因素诱导的土壤退化现状评估图》，将土壤退化人为分为轻、中、强、极强 4 个等级，指出全球 19.5%的旱地受土壤退化影响。但该图仅基于少数专家观点，且缺乏观测数据支撑。1994 年签署的《联合国防治荒漠化公约》和 1997 年签署的《联合国防治荒漠化行动计划》，标志着土地退化成为一个全球性环境问题（Eswaran et al.，2001）。为了监测土地退化的面积和强度，评价各种恢复措施效果，联合国防治荒漠化行动将土壤退化定量指标和评价方法研究定义为关键优先领域。土地退化评价指标最初包括有限指标清单（Rubio and Bochet，1998：113~120；Recatala et al.，2002），后来产生了基于控制土地退化的气候、土壤、植被和管理等不同因素指标的土地退化复合指标，以定义环境敏感区域（Kosmas et al.，1999；Salvati，2011：81~88）。最近这些指标体系中增加了社会经济指标，如人口密度和人口增长率等指标（Salvati et al.，2008：129~138；Salvati and Bajocco，2012：81~88）。Kosmas 等（2014）提出基于不同尺度来源的指标清单评价土地退化状况，并构建了一个综合指标用于评价土地退化风险。研究结果表明，降水的季节变化、坡降、植被覆盖、撂荒比例、土地利用强度以及政策实施水平，决定着 8~17 种土地退化过程引起的土地退化状况和土地退化潜力。由于土壤侵蚀是最严重的土壤退化类型，地上植被生长状况通常不佳。因此，目前土壤侵蚀退化程度和空间分布评价研究仍然主要基于遥感解译土地覆盖和利用方式，结合不同尺度的水土流失监测结果，借助于水土流失模型评价土壤侵蚀退化分布、变化及其对恢复措施的响应（Fu et al.，2011：284~293；Zhao et al.，2013：499~510）。

植被退化往往先于或者伴随土壤质量退化，土壤退化进一步影响植被群落结构及其生产力，导致土地退化或生态系统退化（Agnew and Warren，1996：309~320）。因此，通过植被恢复或控制植被恢复过程的措施，成为荒漠化地区土壤功能和生态系统功能恢复最重要措施（SERI，2004）。过去较长时间内以植被恢复为主的生态恢复得到较快发展，被证明可以成为大范围环境退化修复最经济有效的途径（Dobson et al.，1997：515~522；Nelleman and Corcoran，2010；Suding，2011：465~487；Suding et al.，2015：638~640）。现代生态恢复不仅考虑目标植物群落的静态平衡和恢复，而且考虑植物种子萌发、土壤养分管理、土壤生物接种对植物群落恢复的影响；从只考虑目标植物群落结构的静态恢复，发展到根据环境变化中的响应—效果规律，选择具有不同功能的植物群落实现动态恢复；不仅针对点状退化问题，而且要针对景观和区域退化问题，在考虑大尺度水文等过程和生态服务功能恢复目标的基础上寻求性价比高的恢复措施；从只考虑生态系统的自然恢复，发展到考虑社会经济系统的影响（Perring et al.，2015：131）。退化土壤生态恢复措施主要包括侵蚀控制、自然封育、选择植物类型和种子、植树造林、退耕还林还草、控制放牧强度、复合农业系统以及养分控制、接种土壤动物或根际微生物等生境改造措施（Dixson et al.，2014：892~897）。退化土壤生态恢复研究的核心内容包括：①评价生态恢复措施对植被群落结构、演替和生产力及其空间分布等植被恢复程度的影响；②评价生态恢复措施对土壤结构、土壤水分保持和循环、土壤养分保持和循环、土壤微生物群落及其分解和养分转化功能、土壤环境质量等土壤过程和功能的影响；③评价生态恢复措施对生态系统固碳潜力、流域产沙和产流等生态服务功能的影响。遥感和地理信息系统的应用促进了大尺度植被与土壤恢复的研究。生态恢复研究结果极大地促进了个体、群体和区域尺度对土壤—植物反馈关系的理解，并成为构建和改进生态修复措施的基本原则（van der Putten，2013：265～276；Perring et al.，2015：131）。

全球气候变化可能导致更严重的土壤侵蚀，从而影响植被恢复和农业措施的选择（Lal，2004：1623～1627）。受全球气候变化影响，干旱和火灾增加了对荒漠化地区植被恢复的威胁（IPCC，2007）。气候变化引起的干旱或火灾对植被恢复和土壤质量的影响研究受到更多关注（Vallejo et al.，2012：561～579）。土壤质量变化，特别是土壤微生物及其活动对全球变化以及恢复植被和农业措施的响应研究，受到越来越多的关注（Melillo et al.，2002：2173～2176；Berbeco et al.，2012：405～417）。

（4）土壤环境污染与修复

工业化、城市化、农业集约化导致越来越多的有机和无机有害物质进入土壤，在土壤中运移转化，并可能进入水体和食物链，可能对人类和其他生物产生不利影响。土壤污染包括无机和有机污染。土壤无机污染主要指铬（Cr）、镉（Cd）、铅（Pb）、汞（Hg）、砷（As）、铜（Cu）、锌（Zn）和镍（Ni）等重金属污染。不断使用含有重金属的化学品、肥料、畜牧来源有机肥、城市污泥、污水可能导致大范围耕地土壤中重金属含量提高（He et al.，2005：125～140）。土壤重金属不能被土壤生物分解，所以在土壤中不断积累，并导致土壤微生物数量和活性下降（Khan et al.，2010），从而影响一些关键性功能微生物控制的生物过程，如硝化和固氮过程（McGrath et al.，1988：415～424；Smolders et al.，2004：1633～1642）。土壤根系分泌物、根际微生物、矿物组成、土壤有机质和pH等土壤条件与性质能够显著影响土壤重金属的吸附性、形态、移动性以及生物有效性（Vamerali et al.，2010：1～17；Sheoran et al.，2010：168～214；Kłos et al.，2012：1829～1836），从而影响生物修复效率（Lasat，2002：109～120；Mench et al.，2009：876～900；Sheoran et al.，2011：168～214）。通过选择植物类型、提升土壤有机质、调节pH和添加螯合剂等方法，能够控制土壤重金属的生物有效性，构成土壤重金属污染的生物修复技术主体（Prasad，2003：686～700；Ali et al.，2013：869～881）。堆肥过程也能降低重金属的生物有效性，长期施用城市固体废物来源的堆肥虽然会导致土壤中镉（Cd）的微量累积，与使用污泥相比却是很安全的（Smith et al.，2009：142～156）。土地利用和土壤条件的改变可以使土壤重金属通过水土流失及胶体淋溶进入地下水和地表水，微生物在土壤—水体重金属修复中具有较好的应用前景，可以促进重金属的生物沉淀和淋洗（Hashim，2011：2355～2388）。

土壤有机污染以石油、农药和除草剂、防腐剂和添加剂（如多氯联苯PCBs）、石油烃和能源燃烧引起的多环芳烃（PAHs）为主。土壤有机污染物一般具有毒性；一些具有疏水性而与土壤中有机颗粒结合，从而具有较强的持久性；一些可生物降解，但在土壤中移动性较强，容易迁移到地下水和地表水环境中；另外一些具有很强的挥发性，能够更长距离迁移和沉积，从而严重危害环境和人类健康（曹启民等，2006：361~365）。直到20世纪80年代，人们才发现土壤中有些专性微生物能够快速分解特定的有机污染物，这种现象被称为强化的生物降解（Walker and Suett，1986：95~103）。随着专性微生物的分离，人们逐渐认识到土壤微生物是有机污染物降解的主要驱动力。微生物代谢过程及控制机制，深入理解基因/酶变化过程和机制以及利用这些微生物进行污染土壤和水体的生物修复成为核心研究内容（Singh and Walker，2006：428~471）。细菌降解有机污染物通常具有特异性，在有氧和无氧条件下由一系列酶促反应组成的代谢途径不同，但都会降解为特定的中间产物，为细菌细胞生长提供能量和碳源，所以受底物类型和浓度影响；而真菌降解有机物常利用胞外酶或胞内酶直接起作用，因此不具有特异性，且降解过程不完整，甚至可以产生更毒的中间产物（Cerniglia，1993：331~338，1997：324~333；Phale et al.，2007：252~279）。根际土壤不同功能微生物群落共同作用可能提高土壤有机物污染物的降解效率（Gieg et al.，2014：21~29）。由于土壤pH和氧化还原条件影响微生物群落结构与活性以及酶活性，所以土壤污染物的微生物降解效率受土壤pH、氧化铁、硝酸盐、硫酸盐和有机酸的影响（Acosta-Martinez and Tabatabai，2000：85~91；Vidali，2001：1163~1172；Haritash and Kaushik，2009：1~15）。直到20世纪90年代初，人们发现了植物对土壤有机污染的修复作用（Vadali，2001：1163~1172），其作用原理包括酸性根际环境形成、植物分泌的酶通过改善有机物污染物表面活性而增强生物有效性，再通过根际微生物的代谢过程分解污染物并脱毒（Meagher，2000：153~162；Kuiper et al.，2004：6~15；Parrish et al.，2005：187~197）。

18.3 中国"土壤退化与功能恢复"研究特点及学术贡献

我国以土壤退化为主题的研究工作开始于20世纪80年代初，其中又以热带亚热带土壤退化研究较为系统和深入（张桃林和王兴祥，2000：280~284）。20世纪80年代，我国参与了热带亚热带土壤退化图的编制，完成了海南岛1:100万SOTER图的编制工作。20世纪90年代以来，中国科学院南京土壤研究所结合承担国家"八五"科技攻关专题"南方红壤退化机制及防治措施研究"和NSFC重点项目"中国红壤地区土壤退化的时空演变、退化机理及调控对策"（基金批准号：49631010）任务，将宏观调研与田间定位动态观测和实验室模拟试验相结合，将遥感、地理信息系统等高新技术与传统技术相结合，将自然与社会经济因素相结合，将时间演变与空间分布研究相结合，将退化机理与调控对策研究相结合，对南方红壤丘陵区土壤退化的基本过程、作用机理及调控对策进行了有益的探索。90年代后期，国家启动了"退耕还林还草工程"等生态恢复工程和重大基础研究项目，极大地推动了我国农田土壤质量评价、荒漠化土壤植被恢复和土壤环境污染修复的研究（曹志洪和周健民，2008；胡婵娟和郭雷，2012：1640~1646；骆永明等，2015：115~124）。

18.3.1　近 15 年中国该领域研究的国际地位

过去 15 年，不同国家和地区对于土壤退化与功能恢复研究获得了长足进展。表 18-2 显示了 2000～2014 年土壤退化与功能恢复研究领域 SCI 论文数量、篇均被引次数和高被引论文数量 TOP20 国家和地区。近 15 年 SCI 论文发表总量 TOP20 国家和地区，共计发表论文 21 316 篇，占所有国家和地区发文总量的 84.4%（表 18-2）。从不同的国家和地区来看，近 15 年 SCI 论文发文数量前 2 位的国家是美国和中国，分别发表 5 644 篇和 1 844 篇；排在第 3～5 位的分别是英国、澳大利亚和德国，发文量接近 1 100 篇；加拿大、西班牙、印度、巴西、法国和意大利的发文量在 700～900 篇，分别位列第 6～11 位（表 18-2）。这 20 个国家和地区总体发表 SCI 论文情况随时间的变化表现为：与 2000～2002 年发文量相比，2003～2005 年、2006～2008 年、2009～2011 年和 2012～2014 年发文量分别是 2000～2002 年的 0.4 倍、1.0 倍、2.0 倍和 3.0 倍，表明国际上对于土壤退化与功能恢复研究呈现出快速增长的态势。由表 18-2 可看出，过去 15 年中，美国在土壤退化与功能恢复研究领域的发文量一直占据领先地位，但中国在该领域的活力不断增强，增长速度最快，从 2000～2002 年的全球第 12 位，上升到 2006～2008 年的第 2 位，并一直保持在第 2 位。从 SCI 论文篇均被引次数来看，2000～2014 年均居全球前 10 位的国家是瑞士、新西兰、英国、荷兰、德国、丹麦、美国、澳大利亚、法国、瑞典；中国 SCI 论文篇均被引次数为 10.4 篇，位列第 27 位（表 18-2）。但是中国的篇均被引次数的排位呈现增长趋势，从 2000～2002 年的第 31 位上升到 2003～2005 年的第 20 位、2006～2008 年的第 21 位、2009～2011 年的第 20 位和 2011～2014 年的第 26 位。从 SCI 高被引论文数量来看，2000～2014 年均居全球前 10 位的国家是美国、英国、德国、澳大利亚、加拿大、荷兰、法国、中国、西班牙、瑞典。中国的高被引论文数量为 32 篇，呈逐年快速增长趋势。总之，从 SCI 论文数量、篇均被引次数和高被引论文数量的变化趋势来看，中国在国际土壤退化与功能恢复研究领域的活力和影响力快速上升，越来越多研究成果受到国际同行的关注。

图 18-2 显示了 2000～2014 年土壤退化与功能恢复研究领域 SCI 期刊中外高频关键词对比及时序变化。从国内外学者发表论文关键词总词频来看，随着收录期刊及论文数量的明显增加，关键词词频总数不断增加。中国作者的前 15 位关键词词频在研究时段内也有明显增加。论文关键词的词频在一定程度上反映了研究领域的热点。从图 18-2 可以看出：2000～2014 年，中国与全球学者发表 SCI 文章高频关键词总频次均最高的有：水质（water quality）、土壤质量（soil quality）、有机质（organic matter）、土壤侵蚀（soil erosion）、地理信息系统（GIS）、持续性（sustainability，sustainable development）、重金属（heavy metal）和生物降解（biodegradation）。中国学者研究中的最高频关键词是重金属，水质和土壤有机质排列靠后。而全球学者发表的论文中的最高频关键词是水质，随后是生物多样性和土壤质量。全球学者发表的论文中出现的独特的高频关键词有：生物多样性（biodiversity）、保护（conservation）、氮（N）、磷（P）、恢复（restoration）和质量（quality）；中国学者研究中出现的独特的高频关键词有：黄土高原（Loess Plateau）、

表18-2 2000~2014年"土壤退化与功能恢复"领域发表SCI论文数及被引频次TOP20国家和地区

排序[1]	SCI论文数量（篇）					SCI论文篇均被引次数（次）						高被引SCI论文数量（篇）					
	国家（地区）	2000~2014	2000~2002	2003~2005	2006~2008	2009~2011	2012~2014	国家（地区）	2000~2014	2000~2002	2003~2005	2006~2008	2009~2011	2012~2014	国家（地区）	2000~2014	2000~2002	2003~2005	2006~2008	2009~2011	2012~2014
1	世界	21 316	1 856	2 578	3 776	5 635	7 471	世界	17.6	40.6	35.4	24.9	14.6	4.4	世界	1 065	92	128	188	281	373
1	美国	5 644	715	873	1 098	1 374	1 584	瑞士	41.2	217.2	88.1	29.7	20.6	5.8	美国	422	43	51	69	89	98
2	中国	1 844	42	121	250	487	944	新西兰	28.3	45.4	37.6	44.3	20.8	5.1	英国	107	4	19	22	30	32
3	英国	1 187	142	170	241	275	359	英国	25.4	35.7	50.8	34.5	20.4	6.7	德国	73	8	8	10	17	25
4	澳大利亚	1 139	123	137	181	319	379	荷兰	24.8	33.1	46.2	38.4	20.4	5.9	澳大利亚	64	6	10	13	19	34
5	德国	1 001	110	128	155	268	340	德国	23.8	55.9	47.0	29.0	18.5	6.4	加拿大	47	9	4	8	5	9
6	加拿大	917	116	153	182	213	253	丹麦	22.4	48.8	36.7	33.4	21.4	5.4	荷兰	46	0	5	10	8	14
7	西班牙	883	33	74	176	266	334	美国	22.1	43.7	37.9	26.3	17.3	4.9	法国	44	3	4	6	18	21
8	印度	767	44	70	122	205	326	澳大利亚	21.2	43.7	42.0	30.5	16.5	5.9	中国	32	1	3	3	13	30
9	巴西	708	26	47	98	205	332	法国	20.4	51.6	42.9	31.1	18.5	5.8	西班牙	32	4	2	4	9	18
10	法国	699	47	65	118	211	258	瑞典	20.0	36.2	30.9	33.2	16.7	5.5	瑞典	27	4	5	2	6	4
11	意大利	667	39	51	101	187	289	加拿大	19.1	45.9	27.6	25.0	11.5	3.9	新西兰	22	4	3	3	6	3
12	荷兰	480	57	73	94	104	152	以色列	18.9	20.1	74.0	19.4	11.7	3.5	印度	19	1	2	2	4	15
13	比利时	334	31	51	67	83	102	挪威	18.2	28.5	45.5	20.5	12.7	5.5	意大利	16	0	2	7	7	13
14	瑞典	296	25	47	59	61	104	比利时	18.1	30.6	32.7	29.3	18.0	4.3	瑞士	15	0	0	4	4	7
15	南非	260	19	29	44	72	96	波兰	17.4	43.9	22.3	21.8	16.0	3.7	比利时	14	0	0	3	6	3
16	比利时	257	18	29	51	71	88	阿根廷	16.6	36.5	42.9	19.7	13.3	3.2	日本	12	0	2	2	2	5
17	瑞士	247	18	33	53	64	79	西班牙	16.0	59.9	36.3	21.8	14.6	5.3	丹麦	10	1	1	3	4	3
18	新西兰	234	41	44	42	45	62	奥地利	14.6	27.9	10.9	29.8	18.3	4.6	南非	10	0	1	5	3	1
19	阿根廷	223	16	33	35	55	84	南非	14.0	21.6	25.6	34.8	10.1	2.6	阿根廷	10	0	2	1	2	2
20	墨西哥	207	13	25	40	62	67	中国(27)[2]	10.4 (27)	20.7 (31)	27.0 (20)	21.7 (21)	13.1 (20)	3.5 (26)	巴西	8	2	1	3	5	4

注：①按2000~2014年SCI论文数量、篇均被引次数、高被引论文数量排序；②括号内数字是中国相关时段排名。

土壤酶（soil enzymes）、遥感（remote sensing）、土壤有机碳（SOC）、城市化（urbanization）、生态服务功能（ecosystem services）和多环芳烃（PAHs）。这些差异说明，全球学者研究中关注与生态恢复和修复相关的生物多样性、生物保护及元素循环研究；中国学者研究中大量应用了遥感技术，侧重于黄土高原植被恢复对土壤有机碳和生态服务功能的影响以及城市化引起的土壤有机污染及其对土壤生物的影响。这不仅反映了我国"退耕还林（草）"工程实施及城市化发展导致的土壤污染加剧等社会发展需求驱动的我国学者在本领域的研究特色，同时也反映了我国研究与国际过程研究前沿仍然存在一定差距。

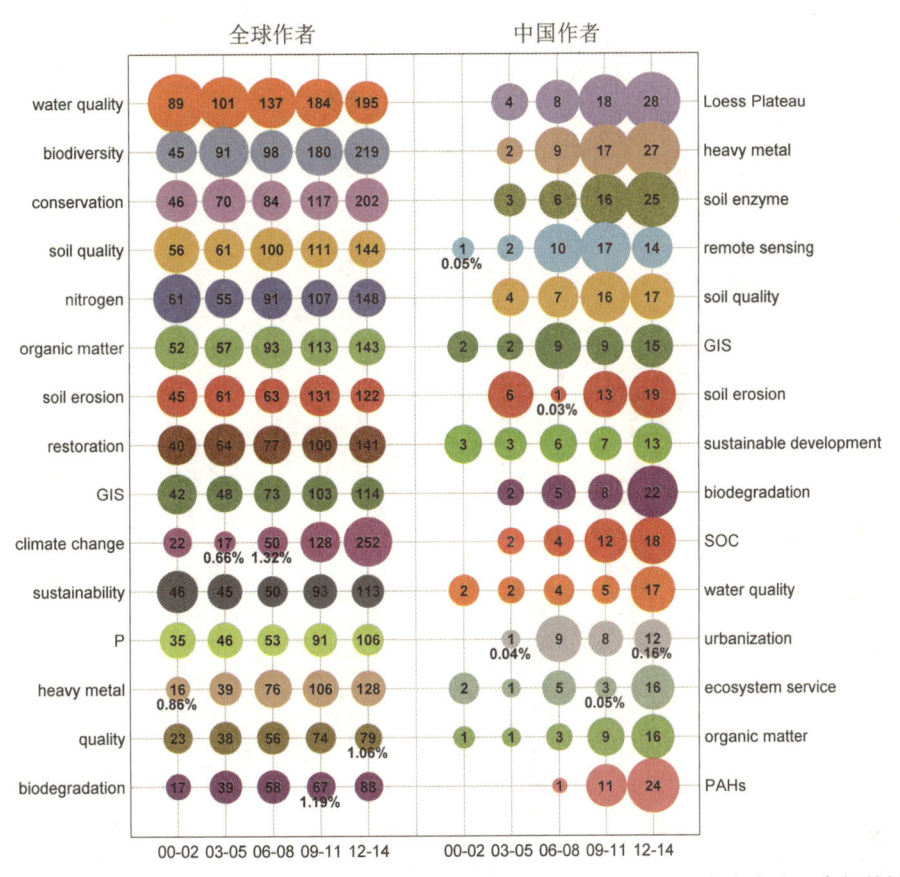

图 18-2 2000～2014 年"土壤退化与功能恢复"领域 SCI 期刊全球及中国作者发表论文高频关键词对比

18.3.2 近 15 年中国该领域研究特色及关注热点

依据土壤退化与功能恢复领域核心关键词制定中文检索式，即：(SU='土壤' or SU='土地') and (SU='质量' or SU='健康' or SU='功能' or SU='持续性' or SU='持续管理' or SU='退化' or SU='恢复')，从 CNKI 中检索 2000～2014 年中文 CSCD 核心期刊文献数据源。从 CSCD 期刊论文关键词的共现关系图（图 18-3）可看出 5 个相对独立的研究聚类圈，代表 5 个不同的研究方向：①北方自然植被恢复与生态系统服务；②西北荒漠化区土地利用变化与土壤质量；③西南西北干旱区生态恢复与土壤质量；④农田土壤质量；⑤土壤污染与修复。

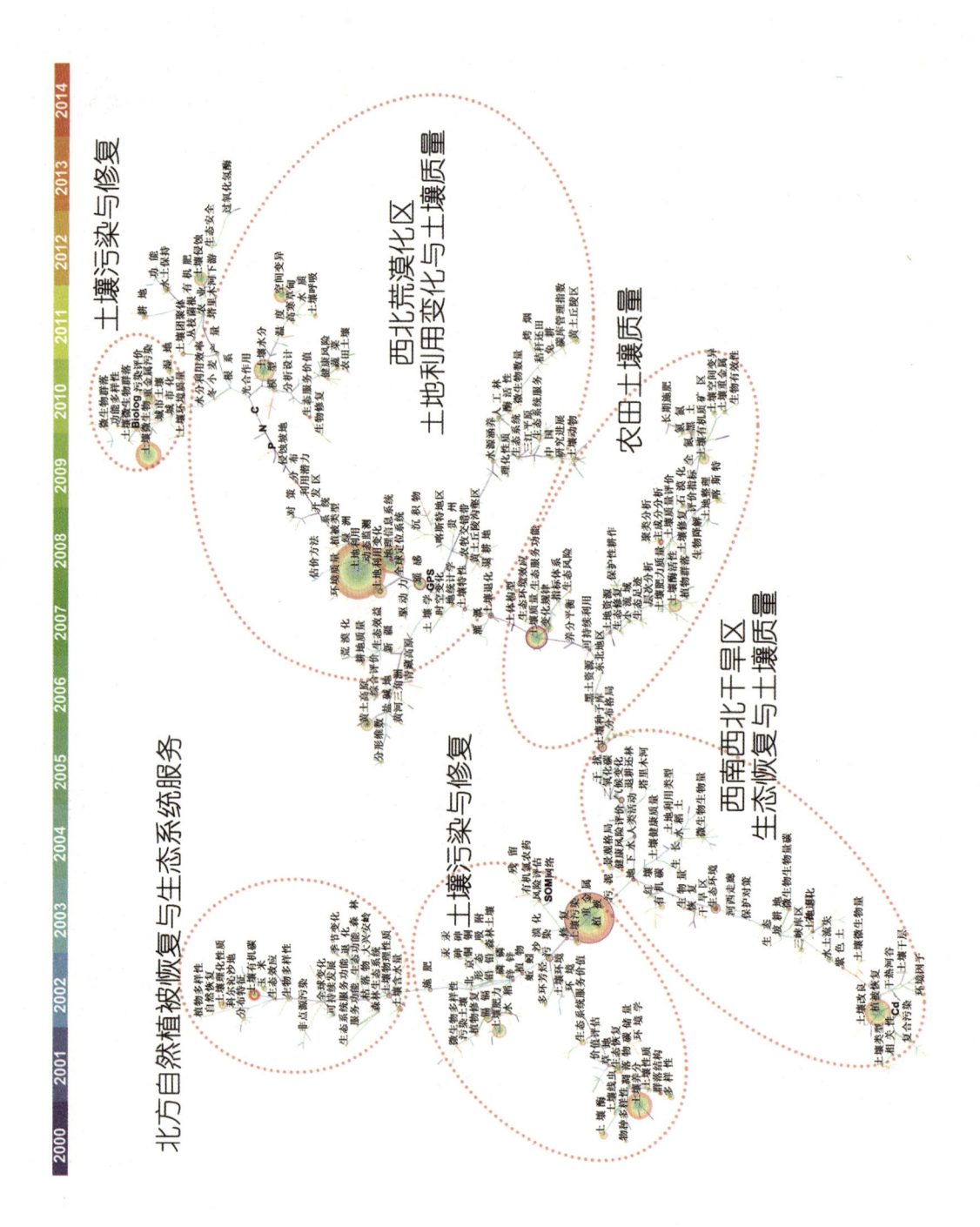

646 土壤学若干前沿领域研究进展

图 18-3 2000~2014 年"土壤退化与功能恢复"领域 CSCD 期刊论文关键词共现关系

(1) 北方自然植被恢复与生态系统服务

该聚类圈中出现两组相关关键词：①科尔沁沙地、自然恢复、植物多样性、土壤理化性质、土壤有机碳、玉米、生态效应、生物多样性、非点源污染；②大兴安岭、森林、森林生态系统、退化、全球变化、可持续发展、生态功能、生态服务功能、凋落物、土壤物理性质、土壤含水量等。这反映了全球变化背景下内蒙古和大兴安岭的自然植被退化和生态修复受到关注；生态恢复对植物群落结构、土壤退化过程、农业环境及生态系统服务功能的影响成为研究热点。

(2) 西北荒漠化区土地利用变化与土壤质量

该聚类圈中出现 4 组相关关键词：①土地利用、土地利用变化、动态监测、环境质量、估价方法、地理信息系统、全球定位系统、遥感、时空变化、地统计学、土壤特征；②新疆、青藏高原、黄河三角洲、黄土高原、盐碱地、荒漠化、综合评价、分形维数；③喀斯特地区、贵州、农牧交错带、黄土丘陵沟壑区、三江平原、黄土丘陵区、水源涵养、理化性质、土壤动物、酶活性、微生物数量、秸秆还田、免耕、碳库管理；④绿洲、植被类型、利用潜力、对策、侵蚀坡地、N、P、C、冬小麦、根系、光合作用、产量、水分利用效率，高寒草甸、土壤水分、温度、模型、空间变异、生态服务价值、生物修复、健康风险、菜地、农田土壤、塔里木河下游、农业、土壤侵蚀、水土保持、土壤团聚体、丛枝菌根、土壤团聚体、有机肥、生态安全等。这反映了西北生态脆弱区土壤退化的生态恢复受到关注；土地利用变化驱动的生态系统生产力、土壤肥力质量、土壤环境质量和土壤健康质量变化成为研究热点。

(3) 西南西北干旱区生态恢复与土壤质量

该聚类圈中出现 5 组相关关键词：①塔里木河、退耕还林、二氧化碳、气候变化、土壤种子库、分布格局、景观格局、健康风险评价、人类活动和地下水；②红壤、有机碳、土壤健康质量、土地利用类型、生长、（土壤）微生物生物量（碳）；③干旱区、恢复、生物量、生态环境、河西走廊、保护对策；④三峡库区、生态、坡耕地、土地退化、水土流失、紫色土、微生物生物量、农田；⑤干热河谷、土壤干层、植被恢复、土壤改良、土壤类型、复合污染、环境因子等。这反映了西北、西南以土壤侵蚀和干旱为驱动的土壤退化与恢复受到关注；在气候变化背景下研究生态系统退化和植被恢复及其对水土流失、土壤肥力质量、土壤环境质量、土壤健康质量的影响成为研究热点。

(4) 农田土壤质量

该聚类圈中出现 3 组相关关键词：①东北地区、黑土资源、可持续利用、养分平衡、土壤质量、土体构型、土壤退化、变化规律、生态环境效应、生态服务功能、指标体系、生态风险、土地资源、生态修复、小流域、生态足迹、保护性耕作；②土壤肥力质量、土壤酶活性、植物群落、层次分析、聚类分析、土壤质量评价、评价指标、生物降解、土地整理、石漠化、喀斯特、土壤修复；③黑土、土壤有机质、全氮、氮、长期施肥、矿区、土壤空间变异、土壤重金属和生物有效性。这反映了以东北黑土为典型区，在宏观和微观尺度评价耕地土壤肥力质量、土壤健康质量和土壤环境质量成为研究热点。

（5）土壤污染与修复

该聚类圈中出现两组相关关键词。其中一组位于左下角，出现了 4 组相关关键词：①重金属、土壤污染、物理、植被、修复；②多环芳烃、污染、有机绿农药、残留、风险评估、沙漠化；③土壤肥力、水稻、镉、铅、铜、砷、汞、磷、锌、污染土壤、森林土壤、植物修复、微生物多样性、施肥、蚯蚓、植物；④土壤环境、环境、生态服务功能价值、价值评估、草地、土壤养分、生态修复、土壤性质、土壤酶、土壤现场、物种多样性、群落结构、环境学。这反映了对农田和自然生态系统的土壤重金属和有机物污染评价、生物修复和植物修复机理研究的高度关注。另外一组位于右上角，出现的关键词有：城市化、土壤环境质量、重金属污染、污染空间、土壤微生物、Biolog、土壤微生物群落、功能多样性，反映了城市化驱动的土壤污染评价及其微生物修复成为研究热点。

总体而言，中文期刊论文关键词的共现关系反映了中国学者在土壤退化与功能恢复领域的研究具有很强的区域问题针对性。热点研究内容主要集中于 **3** 个研究方向：①农田土壤质量与持续农业；②西北和西南土壤荒漠化与生态恢复；③土壤污染和修复。

分析中国学者 SCI 论文关键词聚类图，可以看出中国学者在土壤退化与功能恢复的国际研究中已步入世界前沿的研究领域。2000~2014 年中国学者 SCI 论文关键词共现关系图（图 18-4）可以大致分为 5 个聚类圈：①土壤荒漠化与生态恢复；②土壤污染与生物修复；③土壤侵蚀与植被恢复；④农田养分管理与环境污染；⑤土壤耕作与生态环境效应。这 5 个聚类圈一定程度上反映了中国学者在土壤退化与功能恢复领域的主要研究方向。

（1）土壤荒漠化与生态恢复

该聚类圈中出现的高频关键词包括：土壤有机碳（SOC）、生态恢复（ecological restoration）、生物多样性（biodiversity）、多样性（diversity）、气候变化（climate change）、持续发展（sustainable development，sustainability）、土壤质量（soil quality）、荒漠化（desertification）和黄土高原（Loess Plateau）。与高频关键词土壤有机碳（SOC）相伴的关键词有：黄土高原（Loess Plateau）、破坏森林（deforestation）、小流域管理（watershed management）、不确定性（uncertainty）和三峡（three gorges reservoir）；与关键词生态恢复（ecological restoratio）和生物多样性（biodiversity）相伴的关键词有：青藏高原（Tibetan Plateau）、腾格里沙漠（Tenger desert）、恢复（recovery）、高山草甸（alpine meadow）、演替（succession）、冬小麦（winter wheat）、土壤肥力（soil fertility）、食物安全（food security）；与关键词气候变化和持续发展伴随的关键词有：植被（vegetation）、草地（grassland）、退耕还林（afforestation）、径流（runoff）、水资源（water resources）和生物多样性（diversity）；与关键词土壤质量、荒漠化和持续性相伴的关键词有：景观格局（landscape pattern）、土壤退化（soil degradation）、农作（cultivation）、湿地（wetland）、根际（rhizoshere）、微生物活动（microbial activity）、微生物多样性（microbial diversity）、微生物群落结构（microbial community structure）、细菌群落结构（bacterial community）、DGGE、华北（north China）、青藏高原（Qinghai Tibetan Plateau）和内蒙古（Inner Mongolia）。

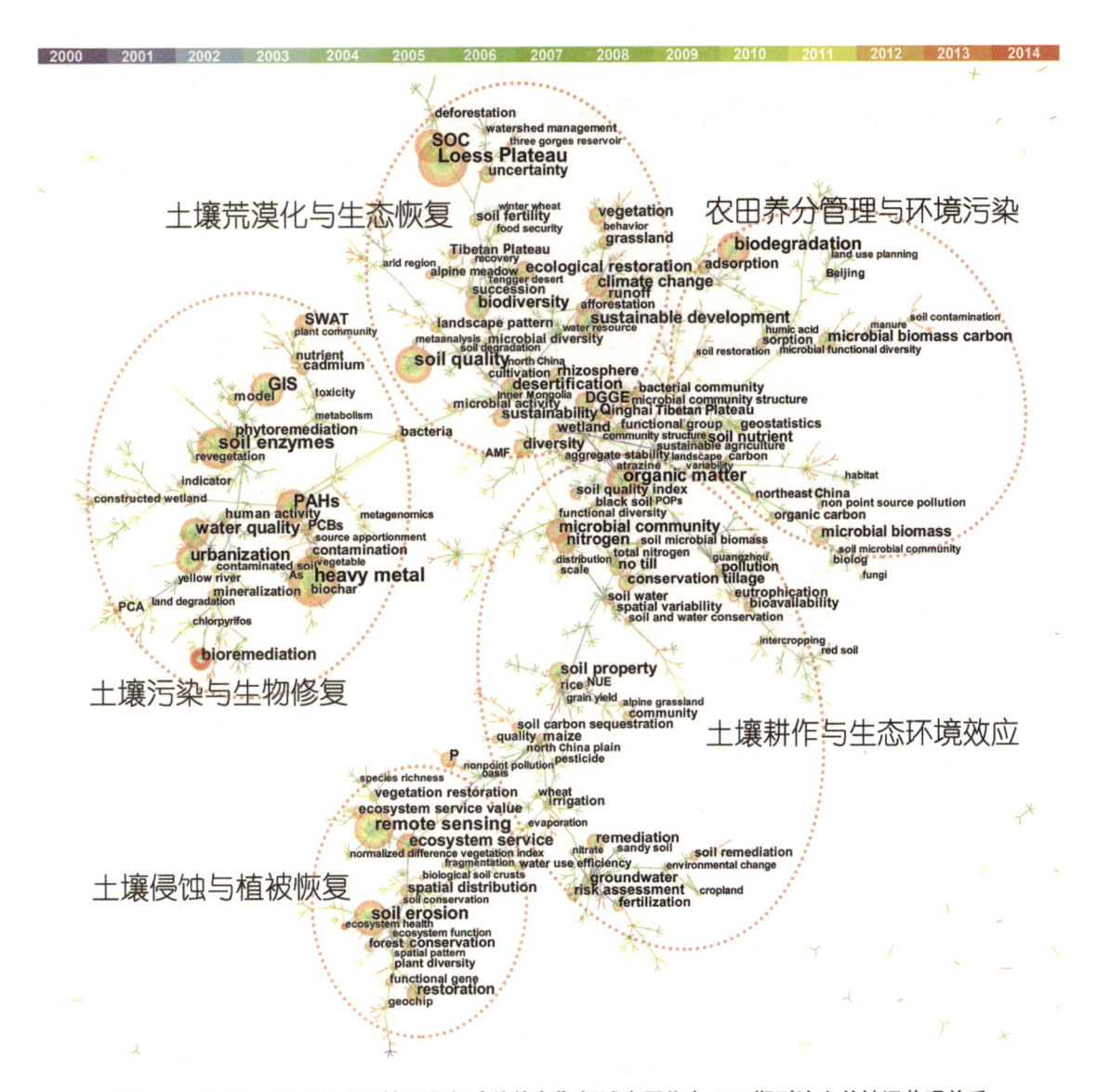

图 18-4 2000～2014 年"土壤退化与功能恢复"领域中国作者 SCI 期刊论文关键词共现关系

这些关键词的关联关系说明中国学者：①总体上高度关注持续发展和气候变化下的生态恢复及其对土壤有机碳和土壤质量的影响；②在黄土高原和三峡地区的研究主要聚焦小流域管理与土壤有机碳；③在青藏高原和内蒙古高原的研究中既关注草地退化又关注食品安全，不仅关注土壤退化分布，而且关注农田和湿地中根际过程、土壤微生物过程及其对土壤质量的影响；④在植被恢复研究中关注气候变化及其对水循环的影响。

（2）土壤污染与生物修复

该聚类圈中出现的高频关键词有：重金属（heavy metal）、多环芳烃（PAHs）、多氯联二苯（PCBs）、土壤酶（soil enzymes）、水质（water quality）、城市化（urbanization）、生物修复（bioremediation）。与高频关键词重金属相伴的关键词有：污染（contamination）、砷（As）、蔬菜（vegetable）、生物炭（biochar）；与高频关键词多环芳烃（PAHs）和多氯联二苯（PCBs）

相伴的关键词有：源解析（source apportionment）、宏基因组学（metagenomics）和细菌（bacteria）。与高频关键词土壤酶相伴的关键词有：植物修复（phytoremediation）、植被恢复（revegetation）、湿地重建（constructed wetland）、指标（indicator）、代谢（metabolism）和毒性（toxicity）。与高频关键词城市化和水质相伴的关键词有：污染土壤（contaminated soil）、人类活动（human activity）和黄河（yellow river）。另外，关键词 SWAT 和 GIS 与植物群落（plant community）、养分（nutrient）、镉（Cd）和模型（model）相伴。

这些关键词的关联关系说明中国学者的研究中：①城市化和人类活动引起的土壤重金属和多环芳烃污染评价及其生物修复受到高度关注；②土壤重金属污染研究主要聚焦污染土壤评价和生物炭修复，有机污染研究集中于源解析和微生物修复；③应用土壤微生物代谢产物土壤酶指示土壤重金属污染的毒性以及植物恢复和植物修复效果；④城市化过程及其他人类活动对土壤与河流水质的影响也受到关注；⑤水文模型和地理信息系统被应用于评价土壤重金属污染对植物群落与土壤养分评价之中。

（3）土壤侵蚀与植被恢复

该聚类圈中出现的高频关键词有：遥感（remote sensing）、土壤侵蚀（soil erosion）、生态系统服务（ecosystem service）、恢复（restoration）和空间分布（spatial distribution）。伴随遥感和生态服务的关键词有：种类丰富度（species richness）、植被恢复（vegetation restoration）、生态系统服务指标（ecosystem service index）、均一化差异植被指数（normalized difference vegetation index）和破碎化（fragment）。伴随土壤侵蚀和恢复的关键词有：土壤生物结皮（biological soil crust）、空间变异（spatial distribution，spatial pattern）、土壤保护（soil conservation）、森林保护（forest conservation）、生态系统健康（ecosystem health）、生态系统功能（ecosystem functions）、植物多样性（plant diversity）、地学基因芯片（geochip）和功能性基因（functional gene）。

这些关键词的关联关系说明中国学者的研究热点包括：①利用遥感评价植被恢复状况及其生态服务功能；②植被恢复、土壤生物结皮和土壤微生物的空间变异特征及其水土保持作用机制。

（4）农田养分管理与环境污染

土壤养分是出现频次最高的关键词，与之相伴的关键词是持续农业（sustainable agriculture）、景观（landscape）、变异性（variability）和地统计学（geostatistics），与之相联系的关键词出现 3 个分支：①与北京（Beijing）、生物降解（biodegradation）、吸附（adsorption）、吸附作用（sorption）、微生物生物量碳（microbial biomass carbon）、微生物功能多样性（microbial functional diversity）、厩肥（manure）、腐殖酸（humid acid）、土壤污染（soil contamination）和土壤修复（soil remediation）的关键词相连（右上）；②与东北（northeast China）、非点源污染（non point source pollution）、有机碳（organic carbon）、生境（habitat）、微生物生物量（microbial biomass）、土壤微生物群落（soil microbial community）、Biolog、真菌（fungi）等关键词相连（右中）；

③与广州（Guangzhou）、阿特拉津（atrazine）、持久性有机物（POPs）、污染（pollution）、富营养化（eutrophication）、生物有效性（bioavailability）、间作（intercropping）和红壤（red soil）等关键词相连（右下）。

这些关键词共生关系说明：①中国学者在持续农业发展研究方向中高度关注粮食主产区的养分管理及其环境污染；②北京可能更关注施用有机肥引起的土壤污染和微生物群落结构变化，东北关注过量养分对土壤质量以及面源污染的影响，广州更加关注除草剂和农药污染及过量养分产生的富营养化；③不同地区的研究重点略有不同，但都高度关注土壤微生物方面的研究。

（5）土壤耕作与生态环境效应

出现的相关高频关键词有：土壤有机质（organic matter）、微生物群落（microbial community）、氮（N）、保护性耕作（conservation tillage）。与之相联系的另外两个高频关键词是：土壤性状（soil properties）和地下水（groundwater）。与高频关键词土壤有机质（organic matter）、微生物群落（microbial community）、氮（N）、保护性耕作（conservation tillage）相连的关键词有：黑土（black soil）、团聚体稳定性（aggregate stability）、土壤质量指数（soil quality index）、功能多样性（functional diversity）、土壤微生物生物量（soil microbial biomass）、全氮（total nitrogen）、免耕（no-till）、土壤水分（soil water）、水土保持（soil and water conservation）和空间变异（spatial variability）。与高频关键词土壤性状（soil properties）相伴的关键词有：水稻（rice）、高山草甸（alpine grassland）、产量（grain yield）、养分利用率（NUE）、华北平原（north China plain）、玉米（maize）、土壤质量（quality）、土壤碳抵押（soil carbon sequestration）、农药（herbicide）、磷（P）、面源污染（nonpoint pollution）等；与高频关键词地下水（groundwater）相伴的关键词有：小麦（wheat）、灌溉（irrigation）、蒸发（evaporation）、水分利用率（water use efficiency）、硝酸盐（nitrate）、沙土（sandy soil）、施肥（fertilization）、环境变化（environmental change）、风险评价（risk assessment）和土壤修复（soil remediation，remediation）等。

这些关键词共生关系说明中国学者在持续农业研究中高度关注：①华北粮食主产区保护性土壤耕作对土壤有机质、微生物和水土保持效应的影响；②土壤性质变化及其对养分水分利用效率和固碳功能的影响；③灌溉和施肥对地下水的污染及修复。

与全球学者的研究热点相比，中国学者在国际上所发文章较少涉及"土壤退化和恢复基础理论"以及大尺度的"土地退化与环境效应"两个方向。在"农田土壤质量与持续农业"和"土壤污染与修复"方面，中外学者的研究热点基本相似，但是，中国学者在面源污染和地下水研究主要与农田养分管理相关，而国际上水质和面源污染研究还与放牧和流域管理相关。在土壤荒漠化和植被恢复方面，中国学者集中于中国北方生态脆弱区的荒漠化和生态恢复对土壤质量和生态服务功能的变化。同样，中国学者发文的关键词共现关系也反映了土壤生物学研究是土壤退化和功能恢复研究领域中热点内容。

中国学者在国际 SCI 期刊发文（图 18-4）与在国内 CSCD 中文期刊发文（图 18-3）的论文关键词的共现关系相比，可以看出不同的研究热点。在 CSCD 中文期刊发表的论文反映了土壤退化与功能恢复领域研究主要集中于西南和西北荒漠化地区，而且以植被恢复对土壤质量的影响评价为核心，反映生态恢复过程研究的关键词较少。在 SCI 期刊发表的论文反映了在持续农业方面，农田土壤耕作和养分管理对土壤肥力、土壤污染、面源污染和地下水污染的影响是研究热点；在土壤污染和修复方面，更加关注土壤有机污染。而在国内报道中较少关注土壤耕作和养分管理的环境效应，却更多关注土壤重金属污染，很少关注土壤有机污染。

18.3.3　近 15 年中国学者该领域研究取得的主要学术成就

从国内外发文可以看出，中国学者对土壤退化与功能恢复领域的贡献可以归纳为以下 3 个方面：①农田土壤质量与持续农业；②土壤荒漠化与植被恢复；③土壤污染与修复。其中，土壤污染与修复见第 15 章和第 16 章相关介绍，以下主要介绍我国农田土壤质量与持续农业以及土壤荒漠化与植被恢复方面所取得的科学成就。

（1）农田土壤质量与持续农业

我国农田土壤质量评价的系统研究开始于"973"项目"土壤质量演变规律与持续发展（1999～2003）"的立项和研究（曹志洪和周健民，2008）。该项目完成后初步提出了土壤质量指标体系，并应用于我国水稻土、红壤、潮土和黑土四大土壤类型，初步明确了土壤肥力质量的空间分布和时空演变以及土壤健康质量的空间分异，指出自 20 世纪 80 年代初第二次全国土壤普查后，我国主要耕地土壤质量已有很大变化，东北黑土土壤肥力普遍下降，其他区域总体上虽有提升，但也存在着养分非均衡化、变异较大、大面积酸化、土壤污染加剧趋势明显等问题。20 世纪 90 年代，我国主要类型土壤的污染只是在局部地区，主要是镉、铜等重金属污染。较系统地研究了稻田氮、磷养分非均衡化过程及其对土壤质量的影响，提出了"节氮、活磷和补钾"的调控措施；研究了红壤母质、酸雨和氮肥对土壤酸化和有益元素和有害元素循环的影响；提出了水田和旱地养分库重建的有机—无机配合的施肥模式；研究了潮土水盐运动过程和水肥高效利用机制，水分管理对地下水硝态氮、农药、除草剂污染的评价，提出了潮土质量保持和提高的定向培育基础理论；研究了黑土有机碳库的变化规律，分析了黑土农田障碍因子的形成及其对土壤生产力的影响，提出了补充新鲜有机物对黑土培肥的作用（曹志洪和周健民，2008；周健民，2015：459～467）。近年来，我国农业资源环境受外源性污染和内源性污染的双重影响，尤其是局部地区土壤重金属污染及产地土壤健康问题日益加剧。据农业部调查结果，目前受污染耕地 1 000 万 ha，污水灌溉 217 万 ha，固体废弃物堆存占地和毁田 13 万 ha；土壤污染总超标率为 10.2%，主要为轻中度污染（重度污染比例低于 1%）（张桃林，2015：4～13）。2014 年《全国土壤污染状况调查公报》显示，耕地超标率高达 19.4%，高于全国土壤总超标率，镉为首要污染物（骆永明等，2015：115～124）。这些成果为在我国粮食主产区建立持续农业管理措施提供了系统资料。

长期大量施用化肥和采取土壤培肥措施显著改变了全国土壤有机质及养分状况（张福锁等，2007：687～694）。当前我国华北、华东、华中、西北地区耕地土壤有机质和全氮含量稳中有升，西南地区有升有降，而东北地区有所下降（黄耀和孙文娟，2006：750～763）。有研究认为，只施用化肥，土壤有机质也能增加，其主要原因是作物秸秆生物量提高导致其还田量的增加（耿瑞霖等，2010：908～914）。但是另外一些研究表明，我国土壤有机质提高主要是作物秸秆还田（Yan et al.，2013：42～51）和有机肥的长期施用（李辉信等，2006：422～429；徐江滨等，2007：675～682；Bi et al.，2009：534～541）。土壤有机质增加的物理机制研究受到关注。不同类型土壤上的研究结果都表明，土壤团聚过程促进了土壤有机碳的固定，但是红壤土壤有机质以矿物结合态有机碳增加为主（李辉信等，2006：422～429；徐江滨等，2007：675～682）；而黑土和水稻土则以闭蓄态颗粒有机物与游离态颗粒有机物增加为主（梁爱珍等，2009：2801～2808；Zhang et al.，2015：53～65）。长期施用有机肥和化肥，通过改变土壤有机质，不仅影响土壤物理结构及其稳定性（Zhang et al.，2015：53～65；Bi et al.，2015：94～103），改变土壤收缩膨胀特征（Zhang et al.，2015：53～65；Deng et al.，2014：135～143；Yao et al.，2015：125～132），而且改变土壤微生物群落结构及其活性（Liu et al.，2009：166～175；Liu et al.，2011：1758～1764），改变微生物的回复力（Zhang et al.，2010：850～859）。由于长期大量施用化肥，我国各区耕地土壤速效磷含量呈显著的增加趋势，部分经济作物耕层土壤速效磷含量表现为过量累积（谢如林和谭宏伟，2001：7～9），有效磷30年间增加了3～5倍（张桃林，2015：4～13）；我国部分耕地土壤有效钾水平有升有降，其中以东北地区下降最为明显（陈洪斌等，2003：106～109）。我国很多地区土壤剖面中出现过量的无机氮（硝态氮和铵态氮），随时都有向环境中迁移的危险（同延安等，1994：107～108；巨晓棠等，2003：538～546）。土壤普查数据的比较和长期定位实验研究发现，20世纪80年代至21世纪初，农田土壤酸度显著下降（Guo et al.，2010：1008～1010）。他们认为，在中国，氮肥过量施用是最主要的原因，其次是作物吸收阳离子，酸沉降的作用最小（Guo et al.，2010：1008～1010）。由于大量使用化肥和农药，加之施肥技术落后、肥料和灌溉水利用率低，使得营养元素、农药及重金属通过水土流失、农田排水和地下渗漏进入水环境，造成地下水和地表水的面源污染（张维理等，2004：1008～1017；杨林章等，2002：441～445；吴永红等，2011：1～6）。为了减少环境土壤养分过度积累的环境风险，提高养分利用效率，养分综合管理研究快速发展，考虑氮素多个来源的平衡施肥（Ju et al.，2009：3041～3046）和根据作物目标产量养分需求的精确施肥能够节约30%～60%的化肥使用量，但不减少作物产量；或者提高作物产量，而不增加施肥量（Chen et al.，2011：6399～6404）。

土壤耕作显著影响土壤性质（刘波等，2010：55～58）。常规耕作导致土壤结构性质退化，自20世纪70年代开始我国从华北开始探索保护性耕作技术。我国普遍使用的小四轮拖拉机对作物苗床碾压，导致土壤容重超过作物的适应范围，显著降低入渗（李汝莘等，2002：126～129），影响根系生长（Chen et al.，2014：61～70），并导致作物产量下降（高爱民，2007：101～105；张兴义等，2002：64～67）。20世纪70年代，我国保护性耕作研究开始于华北，主要目的是为了减少生育期内的耕作次数和强度。80年代开始的研究主要是评价雨养小麦、玉米条件下少免耕结合秸秆覆盖对土壤物理性质、储水量、水土保持以及土壤肥力和作物产量的影响（Wang et al., 2007：239～250）。研究结果表明，与常规翻耕相比，少免耕大多数条件都具有正面效应：覆盖加少免耕能够提高土壤温度 2～9°C，提高出苗率 17%～23%，并将出苗时间提早 2～3 天，土壤储水量提高 3%～50%，水分利用效率提高 2%～36%，节约能量和劳力投入 60%，产量在干旱年份增产 4%～22%，在丰雨年减产 15%～20%。为了克服常规耕作和免耕带来的土壤压实问题，深松耕研究在华北地区也受到重视。He 等（2007）研究结果表明每年深松耕比免耕只是容重下降 4.9%，而免耕加深松耕和覆盖比传统耕作提高水分利用率 10.5%，提高产量 12.9%；4 年免耕后深松耕比传统耕作能节约机耕成本 49%，增收 49%～209%，但是增产幅度只有 5%。不同耕作措施影响土壤团聚体稳定性。周虎等（2007）报道免耕使表层土壤的容重显著增加，旋耕使 10～20cm 的土壤容重明显增加；水稳性团聚体稳定性为免耕＞旋耕＞翻耕。梁爱珍等（2009：2801～2808）报道 5 年的免耕、秋翻和垄作处理对黑土大团聚体（＞250 μm）的影响远大于微团聚体。土壤耕作不仅能影响土壤物理性质，而且能影响土壤生物化学过程，从而影响土壤有机质周转和储存（Li et al., 2012）。与耕翻相比免耕能够减少稻田温室气体排放（Liang et al., 2007：630～638；Li et al., 2012），并因此导致稻田土壤有机质储量增加（Lu et al., 2009：281～305）。但是耕作对固碳潜力影响取决于土壤类型以及与耕作配套的土壤管理措施，如氮肥施用和秸秆还田（Su，2007：181～189；Yan et al., 2007：42～51）。土壤耕作还能改变土壤微生物生物量和酶活性（高明等，2004：1177～1181；Jin et al., 2009：115～120）。

（2）土壤荒漠化与植被恢复

我国土壤退化研究开始于 20 世纪 50 年代，80 年代集中开展了中国热带亚热带地区土壤退化研究工作（赵其国，1991：57～60；1995：281～285），完成了部分地区土壤退化图及海南岛 1∶100 万 SOTER 图的编制等工作；80 年代参与了国际上由 UNEP 和国际土壤参比信息中心组织的全球土壤退化评价国际合作计划，采用了国际先进的组合图方法编制了中国土壤退化图（刘良梧和龚子同，1995：10～15）。20 世纪 90 年代系统地研究了我国东部红壤地区土壤退化的时空变化、机理及调控对策（孙波等，1995：362～369；张桃林，1999；张桃林和王兴祥，2000：280～284）。根据全国第二次水土流失遥感调查，20 世纪 90 年代末，我国水土流失面积 $356\times10^4\ km^2$，其中：水蚀面积：$165\times10^4\ km^2$，风蚀面积：$191\times10^4\ km^2$。据调查，20 世纪 50 年代以来呈减少趋势的沙尘暴，90 年代初也开始回升（焦如珍等，2005：163～165）。自 20 世纪 50 年代以来，由于植被破坏，我国 61% 的野生物种的栖息地受到破坏，大量的珍稀物种面临灭亡的威胁（Li et al., 2004：33～41）。

植被恢复是遏制生态环境恶化、改善脆弱生态系统和退化生态系统的有效措施。在植被恢复的开展过程中，我国已启动了"天保工程"和"退耕还林还草工程"，使得植被的恢复与重建能够在较大范围内进行。研究退耕还林的植被自然演替规律，或提高引入演替后期阶段的物种进行及时补播，或通过引进一些外来物种缩短演替时间，加速植被恢复进程，是退化土壤植被恢复的主要研究目标，同时植被恢复对土壤质量和生态系统服务功能的影响也得到高度重视（胡婵娟和郭雷，2012：1640～1646）。黄土丘陵沟壑区和科尔沁沙地的研究表明，退耕地自然恢复植物群落的多样性随着退耕年限而增加（白文娟和焦菊英，2005：140～144；Zhang et al.，2005：555～566），物种替代及生境改变是植被演替发生的主导因素（Zhang et al.，2005：555～566；焦菊英等，2005：744～752；2008：298～299；Jia et al.，2011：150～163；王宁，2013）。人工恢复与自然恢复方式及不同的人工恢复模式下地上植被群落的变化均存在差异。高寒草甸的退化草地经过多年的封育，或经松耙补播后逐步向原生植被方向演替，而人工草地则逐步向退化演替方向发展（王发刚等，2007：58～63）。不同恢复植被措施下，植物种群多样性、丰富度和生物量不同，且受土壤退化程度和地理条件影响（漆良华等，2007：1697～1702）。从植物群落生物量和物种多样性角度看，黄土丘陵区沟谷地的人工植被恢复模式效果优于自然恢复，人工植被建设可以促进该区的植被恢复进程（张健和刘国彬，2010：207～217）。

植被恢复通过增加凋落物及根系的输入，可以有效改善地下生态系统，增加土壤养分含量，改善土壤的物理结构，增加土壤生物的生物量及活性。不同的植被类型由于其生长方式不同，对土壤水分和养分性质也存在不同的影响（Gong et al.，2006：453～465；刘世梁等，2003：414～420）。退耕后土壤含水量是草地＞灌木地＞乔木地（马祥华等，2005：17～21；Chen et al.，2007：200～208），自然恢复土壤团聚体稳定性大于人工恢复（马祥华等，2005：17～21），针阔混交林比针叶树纯林对土壤的改良作用要好（邓仕坚等，1994：126～132）。植被恢复对土壤理化性质的影响受恢复年限的影响。黄土丘陵区自然恢复草地下土壤有机质和全氮含量随着草地恢复年限的增加而增加（张成娥和陈小利，1997：195～200），且在 20 年后基本达到平衡，使得土壤侵蚀系数大幅度降低，人工林下土壤性质的改善低于自然林（刘世梁等，2002：414～420）。典型草原围封 14 年后土壤碳氮储量等各项理化指标达到最大值（敖伊敏等，2011：1403～1410）。在科尔沁沙地（Zuo et al.，2009：153～167）和热带丘陵地退化牧场（任海等，2007：3593～3600）的研究结果也类似。黄土高原人工植被生长到 6～10 年后就开始退化，其水土保持、涵养水源等生态服务功能衰退甚至丧失，与土壤干层化发生有关（侯庆春和黄旭，1991：64～72）。暴雨后人工林地土壤水补充深度可达 3m 左右，而草本群落可达 5m 左右（尹秋龙等，2014：459～469）。

植被对微生物的影响主要通过两个途径：一是通过改变土壤结构和性质来改变微生物的生长环境；二是通过根系分泌物对微生物区系特别是根系的微生物群落产生影响。不同的植物群落、不同植被类型对土壤微生物在土壤中的分布、数量、种类以及微生物的生理活性会产生很大的影响（杨官品和刘英杰，2000：278～282）。植被恢复的不同阶段，微生物的数量和种类也存在明显差异。一些报道发现中龄人工恢复林土壤细菌数量明显低于幼龄林和成熟林，而土壤真菌数量则相反（焦如珍等，2005：163～165；Jia et al.，2005：117～125）。另外一些报道发现，土壤微生物量随恢复年限的增加而逐渐增加，在近成熟林和成熟林期基本达到稳定，成熟林后期又开始上升（周国模和姜培昆，2004：67～70；刘占峰等，2007：1011～1018；薛箑等，2007：909～917）。

我国实行退耕还林（草）工程以来，土地利用格局及植被覆盖发生显著变化，大尺度生态服务功能较快地提高。比如黄土高原地区林、草地面积增加 11.5%，农地减少 10.8%（信中保等，

2007：1504~1514；张宝庆等，2011：287~293；Fu et al.，2011：284~293；Lü et al.，2012：1~10；Feng et al.，2013：2846）。1999 年以来，归一化植被指数增加明显，其中黄土高原丘陵沟壑区增加趋势最为显著,归一化植被指数提高 10%和 20%以上的区域分别占总面积的 72.5%和 36.4%（信中保等，2007：1504~1514；张宝庆等，2011：287~293）。植被恢复使黄土高原 24%的地区土壤侵蚀得到有效控制,植被盖度从 1970 年的 6.5%增加至 2010 年的 51%（Wang et al.，2012：2888~2892）。黄土高原植被恢复措施及相应的沟道水利措施显著降低了入黄泥沙量（Fu et al.，2011：284~293；Lü et al.，2012：1~10）。据统计，年均输沙量由 20 世纪 70 年代前的 16 亿 kg 锐减到近 10 年的 3.1 亿 kg。1950 年至今，我国植被恢复导致生态系统固碳能力提高了 1.686Pg C，目前的碳库为 7.894Pg C，其中 21.4%为地上生物量，78.6%的为土壤有机碳，到 2050 年我国生态系统固碳潜力可达 10.395 Pg C（Huang et al.，2012：1291~1299）。全国退耕还林还草导致我国陆地生态系统的蓄水量增加量从黄土高原的 50mm/yr 到热带地区的 300mm/yr，提高幅度达到 30%~50%（Sun et al.，2006：548~558）。

18.4 NSFC 和中国"土壤退化与功能恢复"研究

NSFC 资助是我国土壤退化与功能恢复研究资金的主要来源之一。NSFC 的投入是推动中国该领域研究发展的力量源泉，造就了中国该领域的知名研究机构，促进了中国土壤退化与功能恢复研究的优秀人才的成长。在 NSFC 引导下，基于我国独特的退化类型取得了一系列理论成就，使中国在该领域研究的活力和影响力不断增强，成果受到越来越多国际同行的关注。

18.4.1 近 15 年 NSFC 资助该领域研究的学术方向

NSFC 对土壤退化与功能恢复领域的资助代码主要为 D010505（土壤侵蚀与水土保持）、D010506（土壤肥力与土壤养分循环）、D010507（土壤污染与修复）和 D010508（土壤质量与食物安全）。根据近 15 年获 NSFC 资助项目高频关键词统计（图 18-5），NSFC 受理项目包括土壤退化类型（关键词表现为：土壤侵蚀、土壤肥力、土壤盐碱化、土壤污染、土壤酸化、连作障碍、重金属、有机污染物等）、土壤质量评价（关键词表现为：土壤质量、土壤有机碳、土壤水分）、土壤恢复和修复（关键词表现为：土壤修复、微生物修复、植被恢复、植物修复、化学修复、物理修复、原位修复、生物质炭、根际）。

以下是以 3 年为时间段的项目资助变化情况分析。

（1）2000~2002 年

该时段 NSFC 资助了 5 个项目。资助项目中关键词土壤侵蚀出现 1 次，植被恢复出现 1 次，土壤肥力出现 3 次。资助项目有："东北黑土区土壤侵蚀机理与土地退化预警"（基金批准号：40235056）、"生态平衡施肥模型特征参数稳定性和尺度转换方法研究"（基金批准号：40071053）、"西藏一江两河地区农田土壤肥力退化机理及培肥措施研究"（基金批准号：40061004）、"新

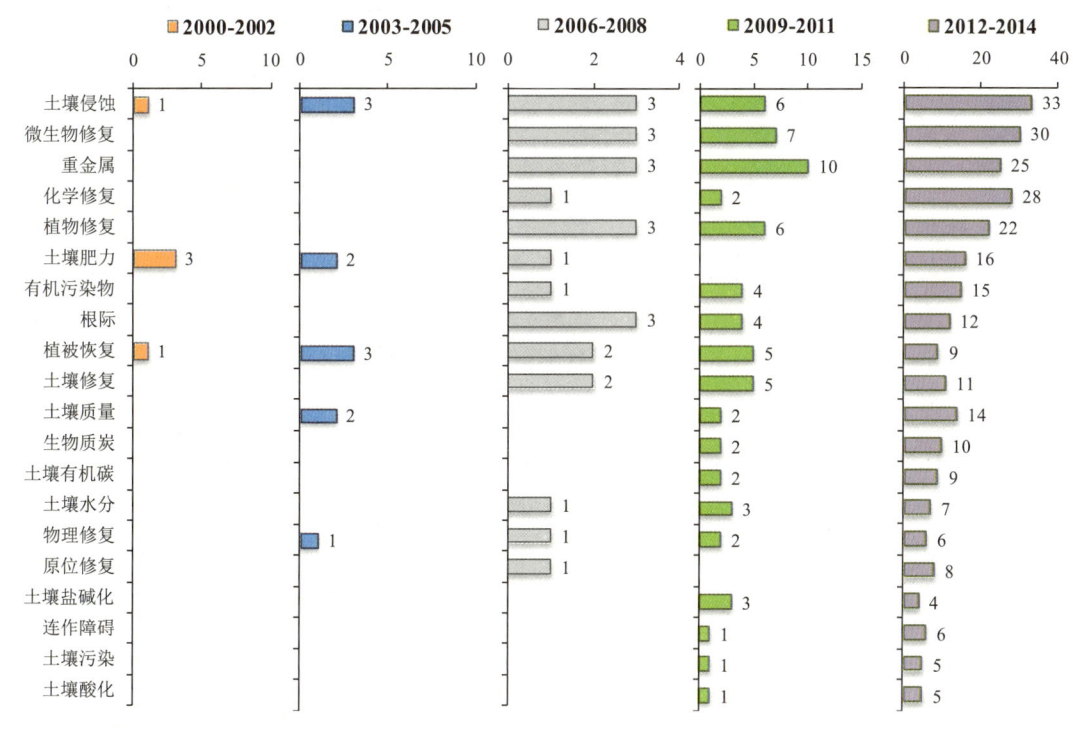

疆农田土壤主要养分空间变异特征研究"（基金批准号：40161006）。

关键词	2000-2002	2003-2005	2006-2008	2009-2011	2012-2014
土壤侵蚀	1	3	3	6	33
微生物修复			3	7	30
重金属			3	10	25
化学修复			1	2	28
植物修复			3	6	22
土壤肥力	3	2	1		16
有机污染物			1	4	15
根际			3	4	12
植被恢复	1	3	2	5	9
土壤修复			2	5	11
土壤质量		2		2	14
生物质炭				2	10
土壤有机碳				2	9
土壤水分			1	3	7
物理修复		1	1	2	6
原位修复			1		8
土壤盐碱化				3	4
连作障碍				1	6
土壤污染				1	5
土壤酸化				1	5

图 18-5　2000～2014 年"土壤退化与功能恢复"领域 NSFC 资助项目关键词频次变化

（2）2003～2005 年

该时段 NSFC 资助了 6 个项目。资助项目中关键词土壤侵蚀、土壤肥力和植被恢复分别出现 3 次、2 次和 3 次，说明 3 个研究方向仍然是 NSFC 资助重点。新出现关键词土壤质量 2 次和物理修复 1 次。所资助项目包括："东北黑土区土壤侵蚀对土地生产力的影响"（基金批准号：40471082）、"水稻土可持续利用机理研究：五千年古水稻土与现代水稻土质量比较研究"（基金批准号：40335047）、"宁夏设施农业土壤质量的演变规律及其评价指标研究"（基金批准号：40561008）、"近 140 年子午岭地区植被—侵蚀—土壤互动作用及机理"（基金批准号：40561008）、"半干旱黄土丘陵区植被自然恢复及其人工调控"（基金批准号：40301029）、"小流域土壤养分流失机理与土地覆盖格局演变"（基金批准号：40371076）。

（3）2006～2008 年

该时段 NSFC 资助了 15 个项目。资助项目中除了关键词土壤侵蚀之外，微生物修复、重金属、植物修复和根际各出现了 3 次。关键词植被恢复和土壤修复各出现了 2 次，化学修复、土壤肥力、有机污染、土壤水分、物理修复和土壤盐碱化各出现 1 次。所资助项目中有 8 个项目是关于土壤污染退化和修复，且集中于 2008 年资助，其中 4 个项目关于重金属污染土壤调查、修复机理和调控，包括："淋洗对套种系统植物提取重金属的影响机理研究"（基金批准号：40801115）、"镉污染土壤植物修复的根际调控研究"（基金批准号：40871153）、"连续植物修复下污染土壤锌镉根际有效性与调控原理"（基金批准号：40871155）、"内蒙古草原矿区土壤重金属污染调查及治理措施研究"（基金批准号：40861018）；3个项目关于有机污染土壤的植物、化学和微生物修复，包括："电动力学/零价铁可渗透反应格栅联用对五氯酚污染土壤的修复"（基金批准号：40801114）、"微生物漆酶降解土壤氯酚类有机污染物的蚯蚓诱导强化机制"（基金批准号：40871152）、"阴—非混合表面活性剂强化植物吸收土壤中有机氯农药的机制"（基金批准号：40801116）；另外1个项目关于土传病害的生物修复，即"高原生态区香石竹土传病害土壤活力特征及生物修复机制研究"（基金批准号：40861019）。该时段所资助项目中有5个项目关于土壤侵蚀和植被恢复及植被恢复对土壤微生物多样性的影响，包括："东北旱地耕作土壤冻融作用机理与春季解冻期土壤侵蚀模拟"（基金批准号：40601054）、"坡耕地水蚀对红壤季节性干旱的影响"（基金批准号：40871139）、"滇东南喀斯特石漠化土地整理及其水土保持效益研究"（基金批准号：40661010）、"黄土丘陵区植被恢复过程中土壤微生物多样性演变"（基金批准号：40701095）、"黄土水蚀风蚀交错区土壤结皮的时空发育特征及其土壤水文与侵蚀效应研究"（基金批准号：40701096）；仅2个项目关于土壤质量，即"绿肥压青对玉米根际土壤的改良效应及作用机理研究"（基金批准号：40801109）、"水稻土肥力质量评价的酶学指标研究"（基金批准号：40871145）。上述结果说明，NSFC集中资助了土壤污染与修复以及土壤侵蚀与植被修复方向，资助土壤质量的项目数量下降。

（4）2009~2011年

该时段NSFC资助了55个项目。资助项目中最高频关键词是重金属（10次），其次是微生物修复（7次）、植物修复（4次）和土壤侵蚀（6次）。新出现2次的关键词有土壤质量、生物炭、土壤有机碳，新出现1次的关键词有连作障碍、土壤污染和土壤酸化。其余关键词各出现了1次。结果说明土壤污染修复成为比土壤侵蚀更为重要的资助重点，土壤侵蚀和土壤质量研究更加紧密地结合，土壤肥力研究重新受到关注。土地利用变化、气候变化和连作等驱动因素引起的土壤退化问题开始受到关注。这些变化趋势主要反映在资助项目数量上的变化。土壤污染退化及修复方面资助了18个项目，其中有11个项目是关于重金属污染过程、污染土壤的超富集植物、物理（生物炭）、化学（固化剂、抑制剂）和土壤微生物修复机理。资助项目数量从2009年和2010年的2项增加到2011年的7项；另外7个项目是关于不同有机污染物（多环芳烃、多氯联二苯、阿特拉津、石油）污染土壤的物理、化学、根际和微生物修复。土壤侵蚀方面共资助了12个项目，其中有4个项目关于农田土壤侵蚀与修复，研究内容包括土壤侵蚀对水土保持措施的响应、土壤侵蚀对土壤生产力和生物学特性的影响、有机肥对侵蚀土壤生产力的影响；有8个项目关于植被恢复对土壤侵蚀和土壤质量的影响，研究内容包括大尺度土壤侵蚀评价、植被恢复评价、植被恢复（草地、绿洲、灌木林、退耕护岸林）对产沙过程以及土壤质量和微生物多样性的影响。在土壤肥力和改良方面共资助5个项目，研究内容包括土壤肥力的光谱定量反演、改良措施（生物炭、有机肥、保护性耕作）对土壤物理（结构、水分）和生物（功能稳定性）性质的影响。另外还资助了9个涉及其他土壤退化类型的项目。有1个项目关于土壤连作与土壤微生物群落。新增加了4项关于土壤盐碱（渍）化和1项关于土壤酸化的项目，研究内容包括土壤盐碱（渍）化与水分循环、固碳功能和生产力评价、植物改良机理、土壤酸化的生物炭修复。此外，还新增加了 4 个项目，分别关于土地利用变化与土壤多样性和功能分类、冻土退化与土壤有机质组分、岩溶坡地水分时空异质性及植物适应等。

（5）2012～2014 年

该时段 NSFC 资助了 224 个项目。资助项目中最高频关键词是土壤侵蚀（33 次），其次是微生物修复（30 次）、化学修复（28 次）、重金属（25 次）和植物修复（20 次）。出现频率在 10～16 次的关键词有：土壤肥力、有机污染、土壤质量、根际和生物炭。植物恢复和土壤有机碳出现次数为 9 次。新出现了 1 个高频关键词原位修复（8 次）。出现频次最少的关键词是土壤盐碱化（4 次）。较多关键词出现频率的大幅度提高，既反映了 NSFC 资助项目数量的总体增加，也反映了中国学者研究热点的集聚以及多元化的趋势。土壤污染退化及修复方面资助了 72 个项目，其中有 28 个项目是关于重金属[锰（Mn）、镉（Cd）、铅（Pd）、锌（Zn）、汞（Hg）、放射性核素、稀土元素及多种重金属]和无机元素氟（F）污染土壤过程及其修复。修复方法主要集中在植物修复（龙葵植物、忍冬、马缨丹、芦竹、东南景天等超积累植物）和生态修复（短毛蓼与作物间种、物种多样性、抗性植物促生细菌、植物东南景天内生细菌、丛枝菌根真菌、蚯蚓种群、根—土壤界面、特征菌筛选及其协同作用、有机物），还有物理修复（电动力学、原位钝化、水热炭基纳米材料、黏土改性材料）以及化学修复（土壤电动力修复柠檬酸工业废水、钙和磷）；有 35 个项目是关于土壤有机污染与修复，研究污染土壤的有机污染物种类更多，不仅包括多环芳烃（PAHs）、多氯联二苯（PCBs）、阿特拉津、石油，而且包括有机氯农药、酞酸酯类增塑剂、邻苯二甲酸酯、十溴联苯醚、苯并[α]蒽、酰胺类农药、氯嘧磺隆和抗生素，研究内容包括污染土壤的物理、化学、根际和微生物修复及其复合修复，修复方法包括植物修复（狼尾草、芦苇、转基因苜蓿）、微生物修复（真菌及其分泌酶、食用菌菌渣、嗜盐菌、Massilia sp.）、植物—微生物联合修复（盐生植物内生细菌）、物理化学修复（生物炭、有机质、电动传输硝态氮、微波/过碳酸钠、表面活性剂、表面活性剂—生物炭、甲基 β 环糊精、纳米 Ni/Fe-生物炭）以及物理化学与生物的联合修复（纳米材料—微生物、生物炭—微生物—植物）；另外 9 个项目是关于土壤重金属、有机污染物的复合污染、污泥污染、面源污染及其修复，修复方法包括植物修复、两性复配、土壤—植物—微生物系统的生物修复、坡耕地—桑树系统、生物表面活性剂、植物—微生物联合修复等。土壤侵蚀方面总共资助了 55 项目，其中有 39 个项目是关于土壤侵蚀过程，研究区域包括黑土地区、红壤地区、黄土地区、紫色土地区、沂蒙山区、内蒙古、新疆、岩溶地区，研究内容包括水力沟蚀、冻融侵蚀、风力冻融复合侵蚀、灌溉侵蚀、滑坡堆积体侵蚀、融雪侵蚀等不同土壤侵蚀过程，地表粗糙度、坡面、小流域结构，下垫面变化、秸秆覆盖、土石复合坎、碎石分布、淤地坝以及土壤水文条件对产流、产沙及壤中流产生的影响，氮（N）、磷（P）等养分流失及其时空分布及其对垄作和退耕的响应及模拟，土壤侵蚀对产量—土壤水分关系、土壤碳固定、组分变化的影响及其模拟；另外 16 个项目关于植被恢复对土壤侵蚀和土壤质量的影响,研究内容包括土地利用变化、植被类型、退耕还林（草）、根系恢复、放牧强度等植被恢复措施对土壤侵蚀、土壤风水复合侵蚀、红壤侵蚀、冻融侵蚀、切沟发育和侵蚀的影响，还包括植被类型、退耕还林（草）、绿洲化、生物结皮等植被恢复措施对土壤质量、土壤微生物群落、纤毛虫群落、土壤反硝化过程、土壤水文和土壤碳固定的影响。在土壤肥力质量退化和改良方面共资助 40 个项目，研究内容涉及不同驱动因素下土壤肥力质量退化、不同改良措施下土壤肥力质量的变化及其对作物生长的影响。主要退化驱动包括退化草原、退化湿地、退化草地、长期施肥、长期连作（枸杞）、林地、土地利用变化、复垦模式、放牧强度、水改设施蔬菜地、宅基地、高矿化度水灌溉和滴灌、新成土和改良剂。土壤质量表征指标：微生物稳定性、土壤厚度、土壤结构、团聚体、黏粒矿物、微生物群落、土壤有机碳固存、有机质组分、干旱化、土壤阳离子交换性、土壤酶、土壤高光谱特征、土壤养分、铁素、微生物、食物网结构和功能。土壤改良措施包括盐生植物、生物炭、退耕植物根系、机械耕作、喷施硫黄、氮水添加、种植模式。另外有 7 个项目关于土壤酸化，研究内容包括土壤酸化形成机制（硅循环、大气沉降、碳氮循环、耦合碳氮）及其修复（猪粪、化学氮肥配施和复配改良剂）。有 6 个项目关于大豆、香蕉、烤烟、三七、花生等作物连作下土壤微生物群落的变化及其防控机理（强烈还原防控、生物修复、根分泌物）。有 3 个项目关于土壤盐碱（渍）化，分别关于气候变化、灌溉驱动及生物炭改良作用。

总之，这些关键词出现频率变化说明，15 年内 NSFC 资助项目数增加迅速，土壤退化与功能恢复领域的资助方向主要集中于土壤污染及修复、土壤侵蚀退化及恢复、土壤肥力质量退化和改良三大方向。土壤污染所涉及污染物类型更加广泛，重金属多元素或者有机和重金属的复合污染，以及面源污染和污泥等复合污染受到更加关注，土壤重金属和有机污染及其复合污染的修复研究更加集中于植物、微生物及其联合生物修复。土壤侵蚀退化与恢复研究更加深入，植被恢复对土壤侵蚀和土壤质量的影响研究中特别关注土壤生物的影响。土壤肥力质量变化重新受到重视，且更加关注土壤质量指标研究。这些趋势主要反映在资助项目数量的变化上。

18.4.2　近 15 年 NSFC 资助该领域研究的成果及影响

近 15 年来，中国土壤退化与功能恢复领域的基础研究以及新兴的热点问题得到了 NSFC 持续和稳定的支持，一些项目取得了较好的研究成果。图 18-6 是 2000～2014 年土壤退化与功能恢复领域论文发表与 NSFC 资助情况。图 18-6 表明，土壤退化与功能恢复领域论文在 CSCD 期刊的发文量小于 SCI 期刊的发文量，且这种差距自 2009 年以来不断拉大，至 2014 年前者比后者低 40%。中国学者的 SCI 期刊发文量仍然很小，总量没有超过 500 篇，占总发文量的比例目前为 14.8%。但是最近 3 年每年增速达到 30%左右，高于国际平均的 10%左右。与此同时，NSFC 资助的一些项目取得了较好的研究成果。中国学者在土壤退化与功能恢复领域的论文开始在 *PNAS* 等国际顶级期刊及一些地理学和生态学、土壤学和微生物学、环境科学和水文学、农业和生命科学领域国际权威期刊上发表学术论文（如 *Global Change Biology*, *Progress in Physical*

Geography, *Geomophology*, *Ecology*, *Environmental Science & Technology*, *Journal of Hydrology*, *Plant and Soil*, *Soil Biology & Biochemistry*, *Agriculture*, *Ecosystems & Environment*)。标注 NSFC 项目资助的 CSCD 期刊发文比例为 50%～66%，标注 NSFC 资助的 SCI 期刊发文比例为 10%～68%。2009 年以来，SCI 期刊发文标注比例大于 CSCD 期刊发文标注比例。这一发展趋势反映了 NSFC 资助项目数量以及项目完成质量的不断提升，表明 NSFC 资助提升了我国土壤退化与功能恢复领域研究的国际影响力。

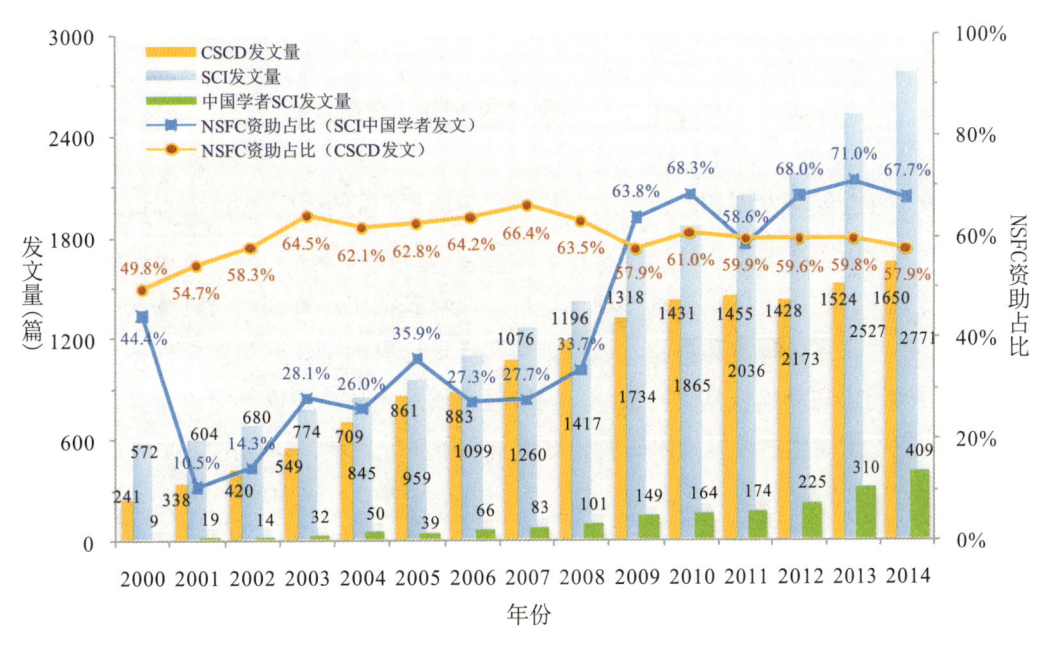

图 18-6　2000～2014 年"土壤退化与功能恢复"领域论文发表与 NSFC 资助情况

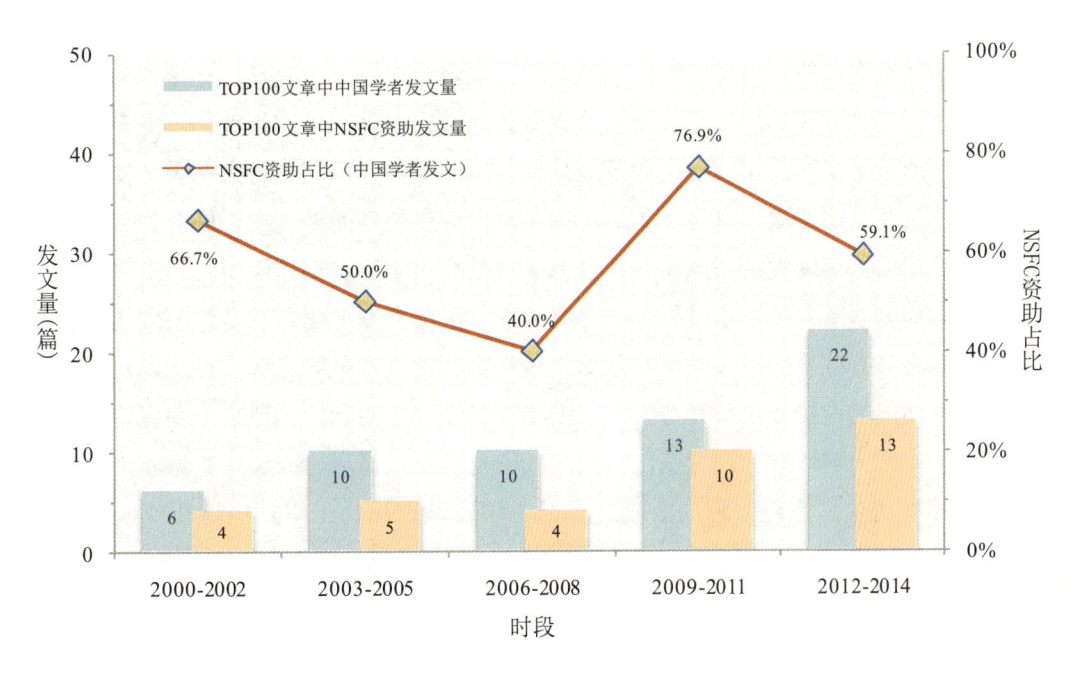

图 18-7　2000～2014 年"土壤退化与功能恢复"领域高被引 SCI 论文数与 NSFC 资助情况

SCI 论文发表数量及获基金资助情况反映了获 NSFC 资助取得研究成果的国际认可度，而不同时段中国学者高被引论文获基金资助情况可反映 NSFC 资助研究成果的学术影响随时间的变化情况。由图 18-7 可知，过去 15 年，SCI 高被引 TOP100 论文中中国学者发文数呈显著的增长趋势，由 2000~2002 年的 6 篇逐步增长至 2012~2014 年的 22 篇。中国学者发表的高被引 SCI 论文获 NSFC 资助的比例亦呈迅速增加的趋势，资助标注率为 40%~80%（图 18-7）。因此，NSFC 在土壤退化与功能恢复领域资助的学术成果的国际影响力逐步增强，高水平成果与基金更密切。

18.5 研究展望

人口增长、社会经济发展和城市扩展，使得土壤所面临的压力正接近临界极限，多种类型的土壤退化成为我国乃至全球性环境问题，土壤资源的可持续管理和退化土壤的功能修复受到越来越多国际关注。我国土壤质量整体退化严重，面对农业生产方式向可持续发展模式转变，更加注重脆弱区生态系统保育和重建，以及土壤和产地环境污染加剧与修复任务重大等国家发展需求，在土壤退化与功能恢复研究领域，应增强土壤退化与功能恢复理论研究，更加重视土壤退化防控和退化土壤生态修复技术研究。立足于我国研究现状，建议围绕以下 4 个方向有所突破。

18.5.1 土壤退化与功能恢复理论

土壤质量变化对土壤功能的影响评价是土壤退化及其功能恢复研究的基础，但是我国关于土壤质量和土壤健康的基础研究开展得相对较少。土壤作为由土壤生物及其生境组成的生态系统，被认为是具有生命的、多样异质的和能使用历史记忆的，土壤物理、化学和生物学性质共同作用决定了土壤过程和功能。随着土壤健康概念的提出，土壤生物指标得到更多重视，土壤生物学研究渗透到土壤学及相关学科的各个分支领域。土壤健康理论将有利于建立新的或更加完善的土壤质量和土壤健康评价指标体系，如测定土壤生物功能抵抗力、回复力或稳定性。基于土壤健康理论的土壤恢复措施成功与否有赖于超过数十年的长期试验研究。土壤有机质通过土壤孔隙结构和土壤微生物群落结构影响土壤过程。因此土壤退化和功能恢复理论的研究重点在于：①理解土壤有机质数量和质量对土壤结构稳定、土壤水分养分保持、土壤污染物分解、吸附和解吸等功能的调控作用及其对管理、干扰和气候变化的响应，建立土壤保护的关键指标及其阈值；②理解土壤性质和过程变化的尺度效应及其对水循环、碳循环、温室气体排放、土壤生物系统演替等生态系统过程的影响，揭示土壤质量变化与土壤功能退化或恢复的关系；③建立评价土壤健康理论的长期恢复试验；④建立以土壤系统过程为核心的生态功能模拟模型，开展多尺度研究。

18.5.2 土壤荒漠化与植被恢复

我国生态脆弱区分布在不同区域,面临不同干扰和压力,主要表现为草地退化和土地沙化、高强度水土流失、气候干旱和水资源短缺、湿地退化和生物多样性丧失。加强生态保育,增强脆弱区生态系统的抗干扰能力是我国生态脆弱区保护的主要任务之一。实现这个目标,需要在降低人类干扰的同时,应对全球气候变化,特别是持续干旱以及频发自然灾害的挑战。我国未来生态脆弱区退化土壤功能重建的研究重点在于:①建立生态脆弱区环境演变评价方法,监测和分析不同类型生态脆弱区生态环境脆弱性成因、过程及演变速度和范围,确立经济高效的生态保育对策;②阐明在全球变化和社会经济变化背景下,不同脆弱区植被快速恢复的限制因子,人工和自然植被恢复的分布格局及演替,单项物理、化学和生物修复技术创新及其与工程技术结合的促进植被快速恢复的机制和效果;③明确植被恢复土壤生产力、水土保持作用、土壤结构稳定性、固碳作用、生物多样性以及生态水文调控等功能及其对生态系统服务的影响;④研究不同生态脆弱区基于水土资源、产地环境、气候变化约束条件下土地利用规划、控制放牧强度和休耕制度等持续农业发展模式,以及提升耕地土壤肥力、健康质量和环境质量的优化技术。

18.5.3 持续农业集约化与土壤质量提升

水土资源高强度开发利用和农药化肥等农用化学品的大量投入保障了我国粮食产量连续十年增产,在为我国和世界经济发展做出重要贡献的同时,也给土壤质量和产地环境带来了巨大威胁。日益严重的农田土壤退化、农业外源性污染和内源性污染问题迫使我国农业发展方式转变,变得更加注重生产发展与生态保护的有机结合,以"藏粮于土"或提高土壤质量作为持续农业集约化发展的核心任务(张桃林,2015:4~13)。为此,我国农田土壤质量提升研究的重点在于协调土壤肥力质量、健康质量和环境质量。重点研究方向包括:①建立包括土壤生物学指标的更加全面的可广泛应用的土壤质量评价指标,建立土壤数据库,评价我国土壤质量现状和动态,提出土壤质量分区目标和实施措施;②针对我国西北西南地区土壤侵蚀及荒漠化,西北地区次生盐渍化,东北和西南地区土壤薄层化,南方红黄壤加速酸化,设施蔬菜地(大棚)土壤酸化、盐渍化和连作障碍,以及粮食主产区土壤养分非均衡化、生物功能弱化等土壤退化问题,研究耕地土壤退化形成和消减的长效机制;③针对集约化农业发展中机械化过程,系统研究土壤—机械界面过程及其对根系和土壤生产力、水土保持、土壤肥力和健康质量的长期影响,以优化土壤耕作与秸秆还田协调作业的肥沃土层构建技术;④从农田和区域尺度研究农业生态系统区域、景观结构和种植结构的优化、农业资源减量、精准和循环利用及其对作物生长和土壤生产力、土壤质量的长期影响,揭示农药化肥以及新型和替代农用化学品的转换过程、土壤—植物界面的生物、物理和化学的调控机制;⑤要加强农田土壤和产地环境污染特征、演变趋势、风险评估研究,开发低污染农业土壤的物理、化学、生物和联合修复的技术及产品,以实现边修复边利用。

18.5.4 土壤污染综合防控与联合修复

我国土壤污染和与之相关的地表水和地下水污染等土壤环境问题将呈集中爆发态势。除了重金属外，我国土壤和水体的有机物污染也日趋严重，稀土、酞酸酯、抗生素、激素、放射性核素、病原菌等污染物对土壤的污染不容忽视，土壤和水环境问题呈现多样性和复合性特点（庄国泰，2015；骆永明，2015）。因此，今后土壤和水污染修复研究应该面向城市化、工业以及农业发展引起的点源和面源复合污染，重点研究：①土壤—植物、土壤—地表水/地下水和土壤—大气界面的微观和宏观界面过程；②低浓度和复合污染物的测定技术以及监控技术；③基于源头控制、土壤环境容量控制、系统循环的点源和非点源复合污染的综合防控；④复合污染植物、微生物和食物网修复机理，特别是植物根际微生物修复的分子修复机理；⑤新型物理、化学和工程修复技术，特别是创新研究适用于场地修复的联合修复技术和植被恢复措施。

18.6 小　　结

近 40 年来，受到科学发展和社会需求的双重驱动，土壤退化与功能恢复研究领域已经从定性的全球土壤退化评价，向定量的土壤质量评价以及退化土壤的修复研究发展，发展成为相对独立、交叉性特征明显、应用性强的土壤学分支学科。揭示土壤质量与土壤功能变化的相互关系及以生态修复为核心的恢复技术措施的影响及调控机制成为其核心科学问题。2000 年以来，国际上土壤退化与功能恢复研究领域的主要热点方向可以概括为：土壤退化与恢复理论、农田土壤质量与持续农业、土壤荒漠化与植被恢复、土壤环境污染与修复 4 个方面。从生态系统角度研究土壤微生物群落间、土壤与土壤微生物、土壤与植被、土壤微生物与植物的相互关系及其对土壤功能恢复的影响，成为跨越各个研究方向的研究热点。除了在理论研究方面相对缺乏之外，中国学者在土壤退化与功能恢复领域的研究基本保持与国际同步，且具有鲜明的国家特色。国际学者研究集中于植被恢复对土壤功能恢复，而我国学者的研究更加关注农田养分和水分管理对土壤肥力质量、环境质量、健康质量的影响。国际学者更加关注地上和地下生态系统的相互作用及元素循环等基础过程及其机制研究。我国在严重退化土壤植被恢复和农田土壤持续管理技术措施方面取得非常显著成果。目前我国研究仍然与国际研究前沿有较大差距，主要体现在高被引论文数量偏少。NSFC 近 6 年来资助数量增加，资助方向从过去偏重土壤侵蚀，到目前以土壤侵蚀、土壤肥力和土壤污染 3 种退化类型为主要研究对象，并且涉及土壤酸化、土壤连作障碍和土壤盐碱化等其他退化类型，以土壤—植物互作以及土壤生物学过程研究为核心的基础研究态势已经形成。随着对生态环境建设和持续农业发展的重视、对粮食安全保障体系发展思路的调整以及我国城市化、工业化和农业生产方式转变，我国在土壤退化与功能恢复研究将取得更大发展。

参考文献

Abiven, S., S. Menasseri, C. Chenu. 2009. The effects of organic inputs over time on soil aggregate stability-a literature analysis. *Soil Biology & Biochemistry*, Vol. 41, No. 1.

Acosta-Martinez, V., M. A. Tabatabai. 2000. Enzyme activities in a limed agricultural soil. *Biology and Fertility of Soils*, Vol. 31, No. 1.

Agnew, C., A. Warren. 1996. A framework for tackling drought and land degradation. *Journal of Arid Environments*, Vol. 33, No. 3.

Ali, H., E. Khan, M. A. Sajad. 2013. Phytoremediation of heavy metals-concepts and applications. *Chemosphere*, Vol. 91, No. 7.

Alvarez, R., H. S. Steinbach. 2009. A review of the effects of tillage systems on some soil physical properties, water content, nitrate availability and crops yield in the Argentine Pampas. *Soil & Tillage Research*, Vol. 104, No. 1.

Andrews, S. S., D. L. Karlen, C. A. Cambardella. 2004. The soil management assessment framework: a quantitative soil quality evaluation method. *Soil Science Society of America Journal*, Vol. 68, No. 6.

Barros, E., M. Grimaldi, M. Sarrazin, et al. 2004. Soil physical degradation and changes in macrofaunal communities in Central Amazonia. *Applied Soil Ecology*, Vol. 26, No. 2.

Berbeco, M. R., J. M. Melillo, C. M. Orians. 2012. Soil warming accelerates decomposition of fine woody debris. *Plant and Soil*, Vol. 356, No. 1-2.

Bertini, S. C. B., L. C. B. Azevedo, I. de Carvalho Mendes, et al. 2014. Hierarchical partitioning for selection of microbial and chemical indicators of soil quality. *Pedobiologia*, Vol. 57, No. 4.

Bi, L. D., B. Zhang, G. R. Liu, et al. 2009. Long-term effects of organic amendments on the rice yields for double rice cropping systems in subtropical China. *Agriculture, Ecosystems and Environment*, Vol. 129.

Bi, L. D., S. H. Yao, B. Zhang. 2015. Soil hardening in paddy fields due to low input of organic carbon: evidences from two long-term fertilization experiments in subtropical China. *Soil & Tillage Research*, Vol. 152.

Cerniglia, C. E. 1997. Fungal metabolism of polycyclic aromatic hydrocarbons: past, present and future applications in bioremediation. *Journal of Industrial Microbiology & Biotechnology*, Vol. 19, No. 5-6.

Cerniglia, C. E. 1993. Biodegradation of polycyclic aromatic hydrocarbons. *Current Opinion in Biotechnology*, Vol. 4, No. 2-3.

Chauvel, A., M. Grimaldi, E. Barros, et al. 1999. Pasture damage by an Amazonian earthworm. *Nature*, Vol. 398, No. 6722.

Chen, L. D., Z. L. Huang, J. Gong, et al. 2007. The effect of land cover/vegetation on soil water dynamic in the hilly area of the Loess Plateau, China. *Catena*, Vol. 70, No. 2.

Chen, X. P., Z. L. Cui, P. M. Vitousek, et al. 2011. Integrated soil-crop system management for food security. *Proceedings of the National Academy of Sciences of the United States of America*, Vol. 108, No. 16.

Chen, Y. L., J. Paltra, J. Clements, et al. 2014. Root architecture alteration of narrow-leafed lupin and wheat in response to soil compaction. *Field Crops Research*, Vol. 165, No. 3.

Commission of the European Communities. 2006. *Thematic Strategy for Soil Protection, COM(2006)231 final*.

Congreves, K. A., A. Hayes, E. A. Verhallen, et al. 2015. Long-term impact of tillage and crop rotation on soil health at four temperate agroecosystems. *Soil & Tillage Research*, Vol. 152.

Davinic, M., J. Moore-Kucera, V. Acosta-Martinez, et al. 2013. Soil fungal distribution and functionality as affected by grazing and vegetation components of integrated crop-livestock agroecosystems. *Applied Soil Ecology*, Vol. 66.

Deng, C., X. L. Teng, X. H. Peng, et al. 2014. Effects of simulated puddling intensity and pre-drying on shrinkage capacity of a paddy soil under long-term organic and inorganic fertilization. *Soil & Tillage Research*, Vol. 140.

Dixson, D. L., D. Abrego, M. E. Hay. 2014. Chemically mediated behavior of recruiting corals and fishes: a tipping point that may limit reef recovery. *Science*, Vol. 345, No. 6199.

Dobson, A. P., A. D. Bradshaw, A. J. M. Baker. 1997. Hopes for the future: restoration ecology and conservation biology. *Science*, Vol. 277, No. 5325.

Doran, J. W., A. J. Jones. 1996. *Methods for Assessing Soil Quality*. Soil Science Society of America: Madison, WI, USA.

Doran, J. W., Parkin, T. B. 1996. Quantitative indicators of soil quality: a minimum data set. In: Doran, J. W., A. D. Jones (eds.), *Methods for Assessing Soil Quality*. Soil Science Society of America: Madison, WI, USA.

Eswaran, H., R. Lal, P. F. Reich. 2001. Land degradation: an overview. In: Bridges, E. M., I. D. Hannam, L. R. Oldeman, et al. (eds.), *Responses to Land Degradation*. Proc. 2nd International Conference on Land Degradation and Desertification, Khon Kaen, Thailand. Oxford Press, New Delhi, India.

FAO. 1993. *Global and national soils and terrain digital databases (SOTER)*. Procedures Manual. World Soil Resources Reports, 74. Roma, Italy.

Feng, X. M., B. J. Fu, N. Lu, et al. 2013. How ecological restoration alters ecosystem services: an analysis of carbon sequestration in China's Loess Plateau. *Scientific Reports*, Vol. 3.

Fu, B. J., Y. Liu, Y. H. Lu, et al. 2011. Assessing the soil erosion control service of ecosystems change in the Loess Plateau of China. *Ecological Complexity*, Vol. 8, No. 4.

Gieg, L. M., S. J. Folwer, C. Berdugo-Clavijo. 2014. Syntrophic biodegradation of hydrocarbon contaminants. *Current Opinion in Biotechnology*, Vol. 27.

Gong, J., L. D. Chen, B. J. Fu, et al. 2006. Effect of land use on soil nutrients in the loess hilly area of the Loess Plateau, China. *Land Degradation and Development*, Vol. 17, No. 5.

Govaerts, B., K. D. Sayre, J. Deckers. 2006. A minimum data set for soil quality assessment of wheat and maize cropping in the highlands of Mexico. *Soil & Tillage Research*, Vol. 87, No. 2.

Guo, J. H., X. J. Liu, Y. Zhang, et al. 2010. Significant acidification in major Chinese croplands. *Science*, Vol. 327, No. 5968.

Halvorson, J. J., J. L. Smith, R. I. Papendick. 1997. Issues of scale for evaluating soil quality. *Journal of Soil Water*

Conservation, Vol. 52, No. 1.

Hamza, M. A., W. K. Anderson. 2005. Soil compaction in cropping systems: a review of the nature, causes and possible solutions. *Soil & Tillage Research*, Vol. 82, No. 2.

Haritash, A. K., C. P. Kaushik. 2009. Biodegradation aspects of polycyclic aromatic hydrocarbons (PAHs): a review. *Journal of Hazard Materials*, Vol. 169, No. 1-3.

Hashim, M. A., S. Mukhopadhyay, J. N. Sahu, et al. 2011. Remediation technologies for heavy metal contaminated groundwater. *Journal of Environmental Management*, Vol. 92, No. 10.

He, J., H. W. Li, X. Y. Wang, et al., 2007. The adoption of annual subsoiling as conservation tillage in dryland maize and wheat cultivation in northern China. *Soil & Tillage Research*, Vol. 94, No. 2.

He, Z. L., X. E. Yang, P. J. Stoffella. 2005. Trace elements in agroecosystems and impacts on the environment. *Journal of Trace Elements in Medicine and Biology*, Vol. 19, No. 2-3.

Huang, L., J. Y. Liu, Q. Q. Shao, et al., 2012. Carbon sequestration by forestation across China: past, present, and future. *Renewable and Sustainable Energy Reviews*, Vol. 16, No. 2.

IPCC. 2007. *Fourth Assessment Report: Climate Change*. Cambridge, United Kingdom and New York, NY, USA.

Jia, G. M., J. Cao, C. Y. Wang, et al. 2005. Microbial biomass and nutrients in soil at the different stages of secondary forest succession Ziwulin, Northwest China. *Forest Ecology and Management*, Vol. 217, No. 1.

Jia, Y. F., J. Y. Jiao, N. Wang, et al. 2011. Soil thresholds for classification of vegetation types in abandoned cropland on the Loess Plateau. *Arid Land Research and Management*, Vol. 25, No. 2.

Jin, K., S. Sleutel, D. Buchan, et al. 2009. Changes of soil enzyme activities under different tillage practices in the Chinese Loess Plateau. *Soil & Tillage Research*, Vol. 104, No. 1.

Ju, X. T., G. X. Xing, X. P. Chen, et al. 2009. Reducing environmental risk by improving N management in intensive Chinese agricultural systems. *Proceedings of the National Academy of Sciences of the United States of America*, Vol. 106, No. 9.

Kallenbach, C., A. S. Grandy. 2011. Controls over soil microbial biomass responses to carbon amendments in agricultural systems: a meta-analysis. *Agriculture, Ecosystems and Environment*, Vol. 144, No. 1.

Karlen, D. L., C. A. Cambardella, J. L. Kovar, et al. 2013. Soil quality response to long-term tillage and crop rotation practices. *Soil & Tillage Research*, Vol. 133, No. 5.

Karlen, D. L., C. A. Ditzler, S. S. Andrews. 2003. Soil quality: why and how? *Geoderma*, Vol. 114, No. 3.

Karlen, D. L., M. J. Mausbach, J. W. Doran, et al. 1997. Soil quality: a concept, definition, and framework for evaluation. *Soil Science Society of America Journal*, Vol. 61, No. 1.

Karlen, D. L., J. C. Gardner, M. J. Rosek. 1998. A soil quality framework for evaluating the impact of CRP. *Journal of Production Agriculture*, Vol. 11, No. 1.

Khan, S., A. E-L. Hesham, M. Qiao, et al. 2010. Effects of Cd and Pb on soil microbial community structure and activities. *Environmental Science and Pollution Research*, Vol. 17, No. 2.

Kibblewhite, M. G., K. Ritz, M. J. Swift. 2008. Soil health in agricultural systems. *Philosophical Transactions of the*

Royal Society B-Biological Sciences, Vol. 363, No. 1492.

Kirkby, M. J., R. P. C. Morgan. 1980. *Soil Erosion*. John Wiley & Sons, Ltd, Chichester.

Kladivko, E. J. 2001. Tillage systems and soil ecology. *Soil & Tillage Research*, Vol. 61, No. 1.

Kłos, A., M. Czora, M. Rajfur, et al. 2012. Mechanisms for translocation of heavy metals from soil to epigeal mosses. *Water Air& Soil Pollution*, Vol. 223, No. 4.

Kosmas, C., Or. Kairis, Ch. Karavitis, et al. 2014. Evaluation and selection of indicators for land degradation and desertification monitoring: methodological approach. *Environmental Management*, Vol. 54, No. 5.

Kosmas, C., M. Kirkby, N. Geeson. 1999. *Manual on: key indicators of desertification and mapping environmentally sensitive areas to desertification*. European Commission, Energy, Environment and Sustainable Development, EUR 18882.

Kuiper, I., E. L. Lagendijk, G. V. Bloemberg, et al. 2004. Rhizoremediation: a beneficial plant-microbe interaction. *Molecular Plant-Microbe Interactions*, Vol. 17, No. 1.

Lal, R. 2004. Soil carbon sequestration impacts on global climate change and food security. *Science*, Vol. 304, No. 5677.

Lal, R. 2015. Restoring soil quality to mitigate soil degradation. *Sustainability*, Vol. 7, No. 5.

Lal, R., B. A. Steward. 1990. *Soil Degradation*. Springer-Verlag, NewYork Inc.

Larson, W. E., F. J. Pierce. 1991. Conservation and enhancement of soil quality. In Evaluation for sustainable land management in the developing world, Proceedings of the international workshop, Chiang Rai, Thailand, September 15-21.

Lasat, M. M. 2002. Phytoextraction of toxic metals: a review of biological mechanisms. *Journal of Environmental Quality*, Vol. 31, No. 1.

Lehman, R. M., C. A. Cambardella, D. E. Stott, et al. 2015. Understanding and enhancing soil biological health: the solution for reversing soil degradation. *Sustainability*, Vol. 7, No. 1.

Lehman, R. M., W. I. Taheri, S. L. Osborne, et al. 2012. Fall cover cropping can increase arbuscular mycorrhizae in soils supporting intensive agricultural production. *Applied Soil Ecology*, Vol. 61, No. SI.

Leigh, R. A., A. E. Johnston. 1994. *Long-term experiments in agricultural and ecological sciences*. Proceedings of a conference to celebrate the 150th anniversary of Rothamsted Experimental Station, Rothamsted, UK. Wallingford, UK: CAB International.

Li, W. H. 2004. Degradation and restoration of forest ecosystems in China. *Forest Ecology & Management*, Vol. 201, No. 1.

Li., C. F., D. N. Zhou, Z. K. Kou, et al. 2012. Effects of tillage and nitrogen fertilizers on CH_4 and CO_2 emissions and soil organic carbon in paddy fields of central China. *PLoS One*, Vol. 7, No. 5.

Liang, W., Y. Shi, H. Zhang, et al. 2007. Greenhouse gas emissions from northeast China rice fields in fallow season. *Pedosphere*, Vol. 17, No. 5.

Liu, M., K. Ekschmitt, B. Zhang, et al. 2011. Effect of intensive inorganic fertilizer application on microbial properties in a paddy soil of subtropical China. *Agricultural Sciences in China*, Vol. 10, No. 11.

Liu, M. Q., F. Hu, X. Y. Chen, et al. 2009. Organic amendments with reduced chemical fertilizer promote soil microbial development and nutrient availability in a subtropical paddy field: the influence of quantity, type and application time of organic amendments. *Applied Soil Ecology*, Vol. 42, No. 2.

Lu, F., X. K. Wang, B. Han, et al. 2009. Soil carbon sequestrations by nitrogen fertilizer application, straw return and no-tillage in China's cropland. *Global Change Biology*, Vol. 15, No. 2.

Lü, Y. H., B. J. Fu, X. M. Feng, et al. 2012. A policy-driven large scale ecological restoration: quantifying ecosystem services changes in the Loess Plateau of China. *PLoS One*, Vol. 7, No. 2.

McGrath, S. P., P. C. Brooks, K. E. Giller. 1988. Effects of potentially toxic metals in soil derived from past applications of sewage sludge on nitrogen fixation by *Trifolium repens* L.. *Soil Biology & Biochemistry*, Vol. 20. No. 4.

Meagher, R. B. 2000. Phytoremediation of toxic elemental and organic pollutants. *Current Opinion in Plant Biology*, Vol. 3, No. 2.

Melillo, J., P. Steudler, J. Aber, et al. 2002. Soil warming and carbon-cycle feedbacks to the climate system. *Science*, Vol. 298, No. 5601.

Mench, M., J. P. Schwitzguebel, P. Schroeder, et al. 2009. Assessment of successful experiments and limitations of phytotechnologies: contaminant uptake, detoxification and sequestration, and consequences for food safety. *Environmental Science & Pollution Research*, Vol. 16, No. 7.

Mertz, W. 1981. The essential trace elements. *Science*, Vol. 213, No. 4514.

Mukhopadhyay, S., S. K. Maiti, R. E. Masto. 2014. Development of mine soil quality index (MSQI) for evaluation of reclamation success: a chronosequence study. *Ecological Engineering*, Vol. 71.

Nelleman, C., E. Corcoran. 2010. *Dead planet, living planet-biodiversity and ecosystem restoration for sustainable development. a rapid response assessment*. United Nations Environment Program, GRID-Arendal, Norway.

Oldeman, L. R., R. T. A. Hakkeling, W. G. Sombroek. 1991. *World map of the status of human-induced soil degradation: An explanatory note*. In: Wageningen, The Netherlands and Nairobi, Kenya: International Soil Reference and Information Center and United Nations Environment Programmer.

Oldeman, L. R. 2000. GLASOD Classification of soil degradation, ESCAP environment statistics course (draft).

Prasad, M. N. V. 2003. Phytoremediation of metal-polluted ecosystems: hype for commercialization. *Russian Journal of Plant Physiology*, Vol. 50, No. 5.

Parrish, Z. D., M. K. Banks, A. P. Schwab. 2005. Assessment of contaminant liability during phytoremediation of polycyclic aromatic hydrocarbon impacted soil. *Environmental Pollution*, Vol. 137, No. 2.

Paustian, K., J. Six, E. T. Elliott, et al. 2000. Management options for reducing CO_2 emissions from agricultural soils. *Biogeochemistry*, Vol. 48, No. 1.

Perring, M. P., R. J. Standish, J. N. Price, et al. 2015. Advances in restoration ecology: rising to the challenges of the coming decades. *Ecosphere*, Vol. 6, No. 8.

Phale, P. S., A. Basu, P. D. Majhi. 2007. Metabolic diversity in bacterial degradation of aromatic compounds. *Omics a Journal of Integrative Biology*, Vol. 11, No. 3.

Potter, S. R., S. S. Andrews, J. D. Atwood, et al. 2006. *Model simulation of soil loss, nutrient loss, and change in soil organic carbon associated with crop production.* In: USDA-NRCS (ed.), USDA Natural Resources Conservation Service, Washington, DC, USA.

Ritz, K., I. M. Young. 2004. Interactions between soil structure and fungi. *Mycologist*, Vol. 18, No. 4.

Romig, D. E., M. J. Garlynd, R. F. Harris, et al. 1995. How farmers assess soil health and quality. *Journal of Soil and Water Conservation*, Vol. 50, No. 3.

Rubio, J. L., E., Bochet. 1998. Desertification indicators as diagnosis criteria for desertification risk assessment in Europe. *Journal of Arid Environments*, Vol. 39, No. 2.

Salvati, L. 2012. The spatial nexus between population growth and land degradation in a dry Mediterranean region: a rapidly changing pattern? *International Journal of Sustainable Development and World Ecology*, Vol. 19, No. 1.

Salvati, L., M. Zitti, T. Ceccarelli T. 2008. Integrating economic and environmental indicators in the assessment of desertification risk: suggestions from a case study. *Applied Environment and Ecology Research*, Vol. 6, No. 1.

Schipanski, M. E., M. Barbercheck, M. R. Douglas, et al. 2014. A framework for evaluating ecosystem services provided by cover crops in agroecosystems. *Agricultural System*, Vol. 125.

SERI. 2004. *The SER international primer on ecological restoration.* Society for Ecological Restoration International, Tucson, Arizona, USA.

Seybold, C. A., J. E. Herrick, J. J. Brejda, 1999. Soil resilience: a fundamental component of soil quality. *Soil Science*, Vol. 164, No. 4.

Seybold, C. A., M. J. Mausbach, D. L. Karlen, et al., 1998. Quantification of soil quality. In: Lal, R., J. M. Kimble, R. F. Follett, B. A. Stewart (eds.), *Soil Processes and the Carbon Cycle.* CRC Press Inc.: Boca Raton, FL, USA.

Sheoran, V., A. S. Sheoran, P. Poonia, P., 2010. Role of hyperaccumulators in phytoextraction of metals from contaminated mining sites: a review. *Critical Review of Environmental Science and Technology*, Vol. 41, No. 2.

Singh, B. K., A. Walker. 2006. Microbial degradation of organophosphorus compounds. *FEMS Microbiology Review*, Vol. 30, No. 3.

Six, J., E. T. Elliott, K. Paustian. 1999. Aggregate and soil organic matter dynamics under conventional and no-tillage systems. *Soil Science Society of American Journal*, Vol. 63, No. 5.

Smith, S. R. 2009. A critical review of the bioavailability and impacts of heavy metals in municipal solid waste composts compared to sewage sludge. *Environment International*, Vol. 35, No. 1.

Smolders, E., K. Oorts, P. van Sprang, et al. 2004. Toxicity of trace metals in soil as affected by soil type and aging after contamination: using calibrated bioavailability models to set ecological soil standards. *Environment and Toxicological Chemistry*, Vol. 28, No. 8.

Stott, D. E., S. S. Andrews, M. A. Liebig, et al. 2010. Evaluation of β-glucosidase activity as a soil quality indicator for the soil management assessment framework (SMAF). *Soil Science Society of America Journal*, Vol. 74, No. 1.

Su, Y. Z. 2007. Soil carbon and nitrogen sequestration following the conversion of cropland to alfalfa forage land in northwest China. *Soil & Tillage Research*, Vol. 92, No. 1.

Suding, K. N. 2011. Towards an era of restoration in ecology: successes, failures, and opportunities ahead. *Annual Review of Ecology, Evolution and Systematics*, Vol. 42, No. 1.

Suding, K., E. Higgs, M. Palmer, et al. 2015. Committing to ecological restoration. *Science*, Vol. 348, No. 6235.

Sun, G., G. Y. Zhou, Z. Q. Zhang, et al. 2006. Potential water yield reduction due to forestation across China. *Journal of Hydrology*, Vol. 328, No. 3.

Tóth, G., V. Stolbovoy, L. Montanarella, 2007. *Soil quality and sustainability evaluation-an integrated approach to support soil-related policies of the European Union*. EUR 22721 EN. Office for Official Publications of the European Communities, Luxembourg.

Turmel, M. S., A. Speratti, F. Baudron, et al. 2015. Crop residue management and soil health: a systems analysis. *Agricultural Systems*, Vol. 134.

UNEP. 1977. *World Map of Desertification, at a Scale of 1:25,000,000*. FAO/UNEP/WMO, Nairobi.

UNEP. 1990. *Desertification Revisited*. UNEP/DC/PAC, Nairobi, Kenya.

UNEP. 1992. *Status of Desertification and Implementation of the United Nations Plan of Action to Combat Desertification*. United Nations Environment Programme, Nairobi, Kenya.

Vallejo, V. R., A. Smanis, E. Chirino, et al. 2012. Perspectives in dryland restoration: approaches for climate change adaptation. *New Forests*, Vol. 43, No. 5-6.

Vamerali, T., M. Bandiera, G. Mosca. 2010. Field crops for phytoremediation of metal-contaminated land. A review. *Environmental Chemical Letters*, Vol. 8.

Van der Putten, W. H., R. D. Bardgett, J. D. Bever, et al. 2013. Plant-soil feedbacks: the past, the present and future challenges. *Journal of Ecology*, Vol. 101, No. 2.

Vidali, M. 2001. Bioremediation. An overview. *Pure and Applied Chemistry*, Vol. 73, No. 7.

Wardle, D. A., R. D. Bardgett, J. N. Klironomos, et al. 2004. Ecological linkages between aboveground and belowground biota. *Science*, Vol. 304, No. 5677.

Walker, A., D. L. Suett. 1986. Enhanced degradation of pesticide in soils: a potential problem for continued pest, disease and weed control. *Aspects of Applied Biology*, Vol. 12.

Wang, S., B. J. Fu, G. Y. Gao, et al. 2012. Soil moisture and evapotranspiration of different land cover types in the Loess Plateau, China. *Hydrology and Earth System Sciences*, Vo. 16, No. 8.

Wang, X. B., D. X. Cai, W. B. Hoogmoed, et al. 2007. Developments in conservation tillage in rainfed regions of North China. *Soil & Tillage Research*, Vol. 93, No. 2.

Warkentin, B. P., H. F. Fletcher. 1977. Soil quality for intensive agriculture. Proceedings of the international seminar on soil environment and fertilizer management in intensive agriculture. Society for Science of Soil and Manure. National Institute of Agricultural Science, Tokyo, Japan.

White, C. M., P. R. Weil. 2010. Forage radish and cereal rye cover crop effects on mycorrhizal fungus colonization of maize roots. *Plant and Soil*, Vol. 328, No. 1-2.

Wienhold, B. J., D. L. Karlen, S. S. Andrews, et al. 2009. Protocol for indicator scoring in the soil management assessment framework (SMAF). *Renewable. Agriculture and Food Systems*, Vol. 24. No. 4.

Willekens, K., B. Vandecasteele, D. Buchan, et al. 2014. Soil quality is positively affected by reduced tillage and compost in an intensive vegetable cropping system. *Applied Soil Ecology*, Vol. 318, No. 1-2.

Yan, H. M., M. K. Cao, J. Y. Liu, et al., 2007. Potential and sustainability for carbon sequestration with improved soil management in agricultural soils of China. *Agriculture, Ecosystems and Environment*, Vol. 121, No. 4.

Yan, X., H. Zhou, Q. H. Zhu, et al. 2013. Carbon sequestration efficiency in paddy soil and upland soil under long-term fertilization in southern China. *Soil & Tillage Research*, Vol. 130, No. 6.

Yao, S. H., X. L. Teng, B. Zhang. 2015. Effect of rice straw incorporation and tillage depth on puddlability and the dynamics of mechanical properties during rice growth period. *Soil & Tillage Research*, Vol. 146.

Young, I. M., J. W. Crawford. 2004. Interactions and self-organization in the soil-microbe complex. *Science*, Vol. 304, No. 5677.

Zhang, B., H. Deng, H. L. Wang, et al. 2010. Does microbial habitat or community structure drive the functional resilience of microbes to stresses following re-vegetation of a severely degraded soil? *Soil Biology & Biochemistry*, Vol. 42, No. 5.

Zhang, J., H. Zhao, T. Zhang, et al. 2005. Community succession along a chronosequence of vegetation restoration on sand dunes in Horqin Sandy Land. *Journal of Arid Environments*, Vol. 62, No. 4.

Zhang, Z. B., X. Peng, H. Zhou, et al. 2015. Characterizing preferential flow in cracked paddy soils using computed tomography and breakthrough curve. *Soil & Tillage Research*, Vol. 146.

Zhao, F. J., Y. B. Ma, Y. G. Zhu, et al. 2015. Soil contamination in China: current status and mitigation strategies. *Environmental Science & Technology*, Vol. 49, No. 2.

Zhao, G, X. Mu, Z. Wen, et al. 2013. Soil erosion, conservation, and eco-environment changes in the Loess Plateau of China. *Land Degradation and Development*, Vol. 24, No. 5.

Zuo, X. A., X. Y. Zhao, H. L. Zhao, et al. 2009. Spatial heterogeneity of soil properties and vegetation-soil relationships following vegetation restoration of mobile dunes in Horqin Sandy Land, Northern China. *Plant and Soil*, Vol. 318.

敖伊敏、焦燕、徐柱："典型草原不同围封年限植被—土壤系统碳氮储量的变化"，《生态环境学报》，2011年第10期。

白文娟、焦菊英："黄土丘陵沟壑区退耕地主要自然恢复植物群落的多样性分析"，《水土保持研究》，2006年第3期。

曹启民、王华、张黎明等："中国持久性有机污染物污染现状与治理技术进展"，《中国农学通报》，2006年第2期。

曹志洪、周健民：《中国土壤质量》，科学出版社，2008年。

陈洪斌、郎家庆、祝旭东等："1979~1999年辽宁省耕地土壤养分肥力的变化分析"，《沈阳农业大学学报》，2003年第2期。

邓仕坚、张家武、陈楚莹等："不同树种混交林及其纯林对土壤理化性质影响的研究"，《应用生态学报》，1994年第2期。

高爱民、韩正晟、吴劲锋："割草机对苜蓿地土壤压实的试验研究"，《农业工程学报》，2007年第9期。

高明、周保同、魏朝富等："不同耕作方式对稻田土壤动物、微生物及酶活性的影响研究"，《应用生态学报》，2004年第7期。

耿瑞霖、郁红艳、丁维新等："有机无机长期施用对潮土团聚体及其有机碳含量的影响"，《土壤》，2010年第6期。

侯庆春、黄旭："黄土高原地区小老树成因及其改造途径的研究"，《水土保持学报》，1991年第1期。

胡婵娟、郭雷："植被恢复的生态效应研究进展"，《生态环境学报》，2012年第9期。

黄耀、孙文娟："近20年来中国大陆农田表土有机碳含量的变化趋势"，《科学通报》，2006年第7期。

焦菊英、马祥华、白文娟等："黄土丘陵沟壑区退耕地植物群落与土壤环境因子的对应分析"，《土壤学报》，2005年第5期。

焦菊英、张振国、贾燕锋："陕北丘陵沟壑区撂荒地自然恢复植被的组成结构与数量分类"，《生态学报》，2008年第7期。

焦如珍、杨承栋、孙启武等："杉木人工林不同发育阶段土壤微生物数量及其生物量的变化"，《林业科学》，2005年第6期。

巨晓棠、刘学军、张福锁："冬小麦/夏玉米轮作中 NO_3-N 在土壤剖面的累积及移动"，《土壤学报》，2003年第4期。

李辉信、袁颖红、黄欠如等："不同施肥处理对红壤水稻土团聚体有机碳分布的影响"，《土壤学报》，2006年第3期。

李汝莘、林成厚、高焕文等："小四轮拖拉机土壤压实的研究"，《农业机械学报》，2002年第1期。

梁爱珍、杨学明、张晓平等："免耕对东北黑土水稳性团聚体中有机碳分配的短期效应"，《中国农业科学》，2009年第8期。

刘波、吴礼树、鲁剑巍等："不同耕作方式对土壤理化性质影响研究进展"，《耕作与栽培》，2010年第2期。

刘良梧、龚子同："全球土壤退化评价"，《自然资源》，1995年第1期。

刘世梁、傅伯杰、陈利顶等："卧龙自然保护区土地利用变化对土壤性质的影响"，《地理研究》，2002年第6期。

刘世梁、傅伯杰、吕一河等："坡面土地利用方式与景观位置对土壤质量的影响"，《生态学报》，2003年第3期。

刘占锋、刘国华、傅伯杰等："人工油松林（Pinus tabulaeformis）恢复过程中土壤微生物生物量C、N的变化特征"，《生态学报》，2007年第3期。

骆永明、章海波、涂晨等："中国土壤环境与污染修复发展现状与展望"，《中国科学院院刊》，2015年第4期（增刊）。

马祥华、焦菊英、温仲明等："黄土丘陵区退耕地植被恢复中土壤物理特性变化研究"，《水土保持研究》，2005年第1期。

漆良华、彭镇华、张旭东等："退化土地植被恢复群落物种多样性与生物量分配格局"，《生态学杂志》，2007年第11期。

任海、杜卫兵、王俊等："鹤山退化草坡生态系统的自然恢复"，《生态学报》，2007年第9期。

孙波、张桃林、赵其国："我国东南丘陵山区土壤肥力的综合评价"，《土壤学报》，1995年第4期。

同延安、张文孝、韩稳社："不同氮肥种类在嵝土及黄绵土中的转化"，《土壤通报》，1994年第3期。

王发刚、王文颖、陈志等："土地利用变化对高寒草甸植物群路结构及物种多样性的影响"，《兰州大学学报：自然科学版》，2007年第3期。

王宁："黄土丘陵沟壑区植被自然更新的种源限制因素研究"（博士论文），中国科学院教育部水土保持与生态环境研究中心，中国科学院大学，2013年。

吴永红、胡正义、杨林章："农业面源污染控制工程的'减源—拦截—修复'（3R）理论与实践"，《农业工程学报》，2011年第5期。

谢如林、谭宏伟："我国农业生产对磷肥的需求现状及展望"，《磷肥与复肥》，2001年第2期。

信中保、许炯心、郑伟："气候变化和人类活动对黄土高原植被覆盖变化的影响"，《中国科学D辑：地球科学》，2007年第11期。

徐江兵、李成亮、何园球等："不同施肥处理对旱地红壤团聚体中有机碳含量及其组分的影响"，《土壤学报》，2007年第4期。

薛箑、刘国彬、戴全厚等："侵蚀环境生态恢复过程中人工刺槐林（Robinia Pseudoacacia）土壤微生物量演变特征"，《生态学报》，2007年第3期。

杨官品、刘英杰："土壤细菌遗传多样性及其植被类型相关性研究"，《遗传学报》，2000年第3期。

杨林章、孙波、刘健："农田生态系统养分迁移转化与优化管理研究"，《地球科学进展》，2002年第3期。

尹秋龙、焦菊英、寇萌："极端强降雨条件下黄土丘陵沟壑区不同植被类型土壤水分特征"，《自然资源学报》，2015年第3期。

张宝庆、吴普特、赵西宁："近30a黄土高原植被覆盖时空演变监测与分析"，《农业工程学报》，2011年第4期。

张成娥、陈小利："黄土丘陵区不同撂荒年限自然恢复的退化草地土壤养分及酶活性特征"，《草地学报》，1997年第3期。

张福锁、崔振岭、王激清等："中国土壤和植物养分管理现状与改进策略"，《植物学通报》，2007年第6期。

张建、刘国彬："黄土丘陵区不同植被恢复模式对沟谷地植物群落生物量和物种多样性的影响"，《自然资源学报》，2010年第2期。

张桃林：《中国红壤退化机制与防治》，中国农业出版社，1999年。

张桃林："加强土壤和产地环境管理促进农业可持续发展"，《中国科学院院刊》，2015年第4期（增刊）。

张桃林、王兴祥："土壤退化研究的进展与趋向"，《自然资源学报》，2000年。

张维理、武淑霞、冀宏杰等："中国农业面源污染形势估计及控制对策 I. 21世纪初期中国农业面源污染的形势估计"，《中国农业科学》，2004年第7期。

张兴义、隋跃宇、孟凯："农田黑土机械压实及其对作物产量的影响"，《农机化研究》，2002年第4期。

赵其国:"土壤退化及其防治",《土壤》,1991年第2期。

赵其国:"我国红壤的退化问题",《土壤》,1995年第6期。

周国模、姜培昆:"不同植被恢复对侵蚀型红壤活性碳库的影响",《水土保持学报》,2004年第6期。

周虎、吕贻忠、杨志臣等:"保护性耕作对华北平原土壤团聚体的影响",《中国农业科学》,2007年第9期。

周健民:"浅谈我国土壤质量变化与耕地资源可持续利用",《中国科学院院刊》,2015年第4期(增刊)。

第 19 章 城市土壤特征与功能

自工业革命以来，世界城市化水平不断提高，目前全球有超过 30 亿的人口生活在城市。预计到 2050 年，城市人口比重将达到全球人口的 2/3 以上（Brockherhoff，2000：3~4）。快速城市化过程对土壤资源的数量与质量均产生了深刻影响，包括土壤理化性质恶化、土壤污染加剧、生态功能下降甚至丧失等多方面效应。因此，研究城市土壤污染物迁移转化及其健康效应、城市土壤与水气圈层之间的交互作用，对于建立科学的城市土壤污染风险评估体系、实现城市土壤良性管理和生态功能可持续发展均有着重要的现实意义。

19.1 概　　述

本节以城市土壤特征和功能的研究缘起为切入点，阐述了城市土壤研究的内涵及其主要研究内容。随后，以城市土壤概念的发展和研究方法的深入为线索，探讨了城市土壤特征与功能研究的演进阶段及其关注的科学问题的变化。

19.1.1 问题的缘起

城市土壤特征与功能问题的缘起最早可以追溯到 18 世纪中叶的工业革命时期，此时城市化开始规模化发展。直到 20 世纪 50 年代，关于城市化对土壤资源影响效应的报道才开始出现，但主要集中于土地利用方式改变和土壤理化性质监测等方面。1974 年，Bockheim 首次提出了城市土壤的概念（Bockheim，1974）。1982 年，国际土壤学会召开了第一届城市土壤研讨会，明确了城市土壤的分类及主要研究方向（Blume et al.，1982：1~280）。此后，城市土壤研究逐步向规范化、系统化的体系迈进。

19.1.2 问题的内涵及演进

城市土壤并不是一个分类学上的术语，它是指出现在城市和城郊地区，由于受多种人为活动方式的强烈影响，使得原有继承特性得到强烈改变的土壤总称（Bullock et al.，1991）。城市化进程深刻影响着城市及周边土壤的利用方式，改变土壤资源的数量和质量。城市化可导致土壤理化性质恶化、土壤污染加剧、土壤形态学特征及生态过程显著变化（张甘霖等，2007：925~933）。目前，**城市土壤研究主要通过分析污染物的环境容量和临界阈值、污染物质迁移、水土气生交互影响、土壤污染物健康效应特征，建立科学的城市土壤污染风险评估体系**，进而为控

制城市土壤污染、实现城市土壤的良性管理提供科学依据。

相对土壤学其他主题领域而言，城市土壤特征与功能领域的研究显得尤为年轻，其发展历程大体可分为以下 3 个阶段。

第一阶段：城市土壤学概念的起源阶段。经典土壤学主要关注土壤的渐变过程，强调土壤系统的稳定性及其主要变化规律，20 世纪之前关于土壤学的研究基本没有考虑到人为因素的影响。Yaalon 等（1966：272）最早提出土壤学需要考虑到人为成土因素的影响。20 世纪 50~60 年代，欧洲的德国和俄国分别首次对柏林和莫斯科城市土壤的基本理化性质进行了分析（Mückenhausen and Müller，1951：179~202；Zemlyanitskiy，1963：468~475）。随后，有关城市土壤的污染问题开始出现零星的报道（Blume 1975：597~602；Blume et al.，1978：727~740；Fanning et al.，1978）。

第二阶段：城市土壤学概念的提出阶段。20 世纪 70 年代，Bockheim（1974）首次提出城市土壤的概念，即在人为非农业作用下，由于土地混合、填埋或污染而形成的厚度大于 50cm 的城区或郊区土壤。1982 年在柏林举办了第一届关于城市土壤的国际研讨会（Blume et al.，1982）。90 年代之后，城市土壤研究获得快速发展。Bullock 等（1991）系统地总结了城市土壤的各个方面，包括城市土壤分类、土壤理化性质的变化、城市植被与土壤、城市废弃物在土壤中应用等。随后，法国科学家提出了一个新的土壤类型——人为土（anthroposols），城市土壤属于其中的一个亚类（Baize et al.，1998）。1998 年，国际土壤学大会正式成立了"城市、工业、交通和矿区土壤工作组"，标志着城市土壤研究跨入一个新的阶段。

第三阶段：城市土壤学的系统研究阶段。2000 年，城市土壤工作组在德国埃森召开了第一届国际会议，明确了城市土壤的形成、分类、质量特征以及主要环境效应。城市土壤学研究在世界范围内由此不断兴起和发展。城市土壤不仅为植物和土壤动物提供了生长环境，而且还具有提供农产品、改善环境、满足居民文化需求等诸多生态服务功能（Brantley et al.，2006）。近年来，随着城市化的快速发展，有关城市化与土壤资源演变的研究也日益深入和系统化。

19.2　国际"城市土壤特征与功能"研究主要进展

近 15 年来，随着城市土壤特征与功能研究的不断深入，逐渐形成了一些核心领域和研究热点。通过文献计量分析发现，其核心研究领域主要包括：城市土壤污染特征与风险评估、城郊农业土壤、城市土壤健康效应及城市土壤生态服务等方面。城市土壤研究朝着内容系统、机理深入和分析手段不断革新的方向发展。

19.2.1　近 15 年国际该领域研究的核心方向与研究热点

运用 Web of Science 数据库，依据本研究领域核心关键词制定了英文检索式，即："soil*" and ("urbanization" or "urban-rural gradient" or "urbanized" or "suburban" or "periurban" or "suburb" or "urban"),检索到近 15 年本研究领域共发表国际英文文献 8 685 篇。划分为 2000~2002 年、2003~2005 年、2006~2008 年、2009~2011 年和 2012~2014 年 5 个时段,各时段发表的论文数量占总发表论文数量百分比分别为 8.4%、11.7%、19.2%、25.9%和 34.9%,呈逐年上升趋势。图 19-1 为 2000~2014 年城市土壤特征与功能领域 SCI 期刊论文关键词共现关系图。在整个网络图谱中,与土壤污染相关的关键词(如重金属、有机物、微生物污染等)遍布在各个部分,说明城市化过程产生的环境污染物是导致土壤资源演变的关键因子。**根据聚类圈中的高频率关键词,将文献计量图谱聚成 7 个相对独立的聚类圈,它们在一定程度上反映了近 15 年国际城市土壤特征与功能研究的核心领域,主要包括城市土壤重金属污染、城市土壤有机物污染、城郊农业土壤、城市土壤与水体环境、城市土壤健康效应、城市土壤风险评估与管理、城市土壤生态服务 7 个方面。**

(1)城市土壤重金属污染

城市土壤重金属污染是最大的一个聚类圈,其中城市土壤(urban soil)和重金属(heavy metal)两个最大的年轮圈基本重叠在一起,表明重金属污染是城市化与土壤资源演变研究的重点内容。圈内出现重金属污染(heavy metal contamination)、环境污染(environmental pollution)、金属(metal)、微量元素(trace element)、多种重金属元素[铅(Pb)、锌(Zn)、汞(Hg)、铜(Cu)、铬(Cr)、镍(Ni)、锰(Mn)]等关键词。相对而言,铅(Pb)出现的频率远高于其他重金属元素,且与城市化(urbanization)、道路扬尘(road dust)密切相关,反映出城市交通产生的铅污染问题得到广泛关注。同时,图 19-1 表明,有关重金属污染组成与活性、迁移转化方面的关键词,如生物有效性(bioavailability)、生物可利用性(bioaccessibility)、生物积累(bioaccumulation)、毒性(toxicity)、分布提取(sequential extraction)、化学组成(chemical composition)、分级(fraction)、数量分布(size distribution)、空间分布(spatial distribution)、长距离运输(long range transport)、富集因子(enrichment factor)、吸附(sorption)、大气沉降(atmospheric deposition)、淋溶(leaching)、土壤结构相互作用(soil structure interaction)等也出现在该聚类圈中。关键词组合还反映出污染指数(pollution index)、主成分分析(PCA)、地统计学(geostatistics)等方法均应用于评价城市土壤重金属污染。上述关键词的共现关系表明,**伴随着城市化进程,大量重金属元素进入土壤体系,城市土壤重金属的含量、分布规律和迁移转化机制方面的研究普遍受到关注。**

(2)城市土壤有机物污染

城市土壤有机物污染聚类圈中多环芳烃类化合物(PAHs)、多氯联苯(PCBs)是两个出现频率最高的关键词,表明这两类污染物在城市土壤研究中最受关注。同时,聚类圈中出现的高频关键词还包括有机质(organic matter)、草地(turfgrass)、河流(river)、挥发(emission),**说明有机污染物在土壤、植物、大气等介质中的迁移转化行为是近期研究的重要内容。**

(3)城郊农业土壤

城郊农业土壤聚类圈中包括一些与污染源有关的关键词,如污泥(sewage sludge)、垃圾填

第 19 章 城市土壤特征与功能 679

图 19-1 2000～2014 年"城市土壤特征与功能"领域 SCI 期刊论文关键词共现关系

埋场（landfill）、农药（pesticide）、尘土（dust）。关键词镉（Cd）的出现显然与农业肥料带入镉的污染有关。此外，森林砍伐（deforestation）、土地利用（land use）、绿色屋顶（green roof）、农业土壤（agriculture soil）等关键词揭示了城市化导致土地利用方式的改变。关键词组合土壤肥力（soil fertility）、养分（nutrition）、管理（management）、硝态氮（nitrate）则说明城郊农业体系的养分污染和管理问题同样受到关注。因此，**有关城郊农业土壤体系的研究主要集中于城市有机废弃物的资源化和土壤养分管理两个方面。**

（4）城市土壤与水体环境

城市土壤与水体环境密切相关。该聚类圈中包括径流（runoff）、集水处（catchment）、渗透（infiltration）、土壤含水量（soil moisture）、土壤性质（soil property）、水文模型（hydrological modeling）等关键词，表明研究人员重视土壤性质变化，特别是物理性质变化对城市水体环境的影响。环境磁学（environmental magnetism）、磁化率（magnetic susceptibility）等关键词的出现揭示了磁学特征与土壤水分状况联系密切。上述关键词组合可以看出，**该领域的研究热点是通过土壤物理性质揭示土壤与水体环境的关联机制。**

（5）城市土壤健康效应

城市土壤健康效应聚类圈中出现的关键词包括：土壤污染（soil pollution）、生物监测（biomonitoring）、细菌（bacterium）、大肠杆菌（escherichia coli）、儿童（child）、暴露（exposure）、健康风险（health risk）、城市森林（urban forestry）等，**说明通过微生物和人体评价污染物暴露的危害效应是该领域的核心内容。**

（6）城市土壤风险评估与管理

城市土壤风险评估与管理主要包括地理信息系统（GIS）、土壤侵蚀（erosion）、地震（earthquake）等关键词，**说明城市土壤风险评价与管理研究中重视土壤地质灾害方面的内容和地理信息系统方法的应用。**

（7）城市土壤生态服务

从图 19-1 可知，城市土壤生态服务聚类圈中出现城市生态（urban ecology）、生态系统（ecosystem）、敏感边界层（sensitivity boundary layer）、植被（vegetation）、恢复（restoration）、空间变异（spatial variability）及 SWAT 模型等关键词，**表明量化生态系统功能变异、促进城市生态系统功能恢复是该领域的研究热点。**

SCI 期刊论文关键词图谱反映了近 15 年城市化进程与土壤资源演变研究的核心领域（图 19-1），而不同时段 TOP20 高频关键词则可反映其研究热点（表 19-1）。从表 19-1 中可以看出，前 10 位高频关键词为重金属（heavy metal）、健康风险（health risk）、多环芳烃（PAHs）、土地利用（land use）、城市土壤（urban soil）、地理信息系统（GIS）、多元变量分析（multivariate analysis）、颗粒物质（particulate matter）、水体质量（water quality）和空间分布（spatial distribution），表明这些领域是近 15 年研究的热点。不同时段高频关键词组合特征能反映研究热点随时间的变化情况。重金属、多环芳烃、土地利用、地理信息系统等关键词在各时段均占突出地位，**表明**

第19章　城市土壤特征与功能　681

表 19-1　2000～2014 年"城市土壤特征与功能"领域不同时段 TOP20 高频关键词组合特征

2000～2014 年		2000～2002 年 (18 篇/校正系数 3.83)		2003～2005 年 (24 篇/校正系数 2.83)		2006～2008 年 (39 篇/校正系数 1.74)		2009～2011 年 (51 篇/校正系数 1.33)		2012～2014 年 (68 篇/校正系数 1.00)	
关键词	词频	关键词	词频	关键词	词频	关键词	词频	关键词	词频	关键词	词频
heavy metal	63	extraction methods	26.4 (7)	heavy metal	25.5 (9)	particulate matter	17.4 (10)	heavy metal	28.0 (21)	heavy metal	20
health risk	33	PAHs	18.9 (5)	PCBs	14.2 (5)	heavy metal	15.7 (9)	health risk	14.7 (11)	aerosol	10
PAHs	28	water quality	18.9 (5)	nitrogen	14.2 (5)	PAHs	15.7 (9)	urban soil	10.7 (8)	health risk	15
land use	23	heavy metal	15.1 (4)	water quality	14.2 (5)	multivariate analysis	13.9 (8)	land use	9.3 (7)	land use	9
urban soil	23	GIS	15.1 (4)	pollution	8.5 (3)	urban ecology	12.2 (7)	PAHs	9.3 (7)	organic carbon	9
GIS	19	vegetable	15.1 (4)	PAHs	8.5 (3)	spatial distribution	8.7 (5)	carbon storage	8.0 (6)	urban soil	8
multivariate analysis	18	nitrogen	15.1 (4)	plant diversity	5.7 (2)	health risk	8.7 (5)	chemical composition	8.0 (6)	multivariate analysis	8
particulate matter	16	urban soil	11.3 (3)	sewage irrigation	5.7 (2)	roadside dust	8.7 (5)	particulate matter	8.0 (6)	cool roof	6
water quality	15	climate change	7.6 (2)	spatial distribution	5.7 (2)	pollution	7.0 (4)	PCA	8.0 (6)	ecological risk	6
spatial distribution	14	land use	7.6 (2)	spectral mixture analysis	5.7 (2)	carbon budget	5.2 (3)	street dust	8.0 (6)	PAHs	5
pollution	13	particles	7.6 (2)	temporal trends	5.7 (2)	sediment	5.2 (3)	climate change	6.7 (5)	source apportionment	5
aerosol	12	adsorption	7.6 (2)	urban	5.7 (2)	seismic array	5.2 (3)	pollution	6.7 (5)	GIS	4
climate change	11	NDVI	7.6 (2)	urban soil	5.7 (2)	urbanization	5.2 (3)	source apportionment	5.3 (4)	urban canopy model	4
source apportionment	11	spatial distribution	7.6 (2)	aerosol monitoring	5.7 (2)	land use	5.2 (3)	vegetable	5.3 (4)	agricultural soil	3
vegetable	10	soil pollution	7.6 (2)	erosion control	5.7 (2)	phosphorus	5.2 (3)	afforestation	4.0 (3)	energy performance	3
nitrogen	9	urban energy	7.6 (2)	health risks	5.7 (2)	climate change	3.5 (2)	urban ecology	4.0 (3)	evapotranspiration	3
organic carbon	9	urbanization	7.6 (2)	climate change	5.7 (2)	urban soil	3.5 (2)	energy	4.0 (3)	pollution assessment	3
urbanization	8	regional planning	3.8 (1)	soil pollution	5.7 (2)	forest ecosystem	3.5 (2)	fungal community	4.0 (3)	spatial distribution	3
urban ecology	7	ecosystem	3.8 (1)	land use	5.7 (2)	irrigation	3.5 (2)	biochar	4.0 (3)	source identification	3
ecology risk	6	enrichment	3.8 (1)					GIS	4.0 (3)	street dust	2

注：括号中的数字为校正前关键词出现频次。

重金属和有机污染物含量及分布特征、城市土壤风险评估与管理一直是国际城市土壤研究的热点。

不同时段高引论文的关键词组合特征能反映研究方法和研究内容上的时序变化规律，以 3 年为时间段的热点问题变化情况分析如下。

2000~2002 年，研究方法上注重通过对重金属的分级提取（extraction methods）评价其有效性。此阶段研究内容主要侧重于用化学和地理信息系统（GIS）手段分析土壤重金属污染的吸附过程（adsorption）、污染程度（soil pollution）、空间变异（spatial variation）情况。同时，研究污染物对植被（vegetation）和水体质量（water quality）的影响效应也是研究热点之一。2003~2005 年，在污染物的分析手段上，增加了光谱混合物分析（spectral mixture analysis）；在有机污染物的研究对象上，有关多氯联苯（PCBs）污染的研究明显增加。在此阶段，土壤污灌（sewage irrigation）与城市土壤健康风险（health risk）方面的研究得到广泛重视。2006~2008 年，多元变量分析（multivariate analysis）和空间分布（spatial distribution）被大量应用于评价土壤污染（pollution）与城市生态（urban ecology）功能。此阶段有关土壤地质灾害，如地震台阵（seismic array）方面的研究增加较多。城市土壤健康效应方面的内容也进一步得到重视。2009~2011 年，关键词真菌群落（fungal community）和生物炭（biochar）出现在 TOP20 列表中，说明微生物生态方法已被普遍应用于污染物源解析和生态评价；土壤污染修复亦成为此阶段研究热点之一。2012~2014 年，除多变量分析和地理信息系统外，城市冠层模型（urban canopy model）等系统模型被大量应用于城市土壤研究。从前 3 位的高频关键词可以看出，此阶段土壤重金属和悬浮颗粒物（aerosol）的健康效应研究得到极大关注。**根据校正后高频关键词分布情况可知，城市土壤特征与功能过程的分析手段不断丰富和系统，从开始仅注重化学形态分析和地理信息系统应用，发展到后来的物理、化学、微生物学等手段的综合分析以及城市土壤特定模型的综合应用。研究热点内容也呈现时序性变化，最初主要关注土壤污染物的源解析及其在农业和环境上的危害效应，而近年来更重视城市土壤的健康效应研究。**

19.2.2　近 15 年国际该领域研究取得的主要学术成就

图 19-1 表明近 15 年城市土壤特征与功能研究的核心内容包括城市土壤重金属污染、城市土壤有机物污染、城郊农业土壤、城市土壤与水体环境、城市土壤的健康效应、城市土壤风险评估与管理和城市土壤生态服务 7 个方面。高频关键词组合特征反映出其中的城市土壤重金属和有机物污染、城市土壤风险评估与管理是近期的热点问题。本节结合上述文献计量学的相关分析和文献调研，对近 15 年国际城市土壤研究的 7 个方面内容进行了归纳和综述。

（1）城市土壤重金属污染

由于城市化进程中大量重金属元素直接或间接进入城市土壤，造成城市土壤的重金属含量偏高，并导致土壤质量和生态功能下降。迄今，国际上已有大量研究分析了城市土壤重金属含量、分布及污染成因。城市土壤中铅（Pb）、铜（Cu）、镍（Ni）、锌（Zn）、镉（Cd）、铬（Cr）、汞（Hg）、砷（As）是受到普遍关注的元素。地积累指数和污染因子表明，城市土壤重金属污染主要源于工业三废、燃煤、车辆尾气、污水灌溉等因素。通过分析美国纽约州 54 个城市的土壤重金属含量发现，其中 38 个城市均有样品超过污染标准。主成分分析表明，重金属污染与土壤有机质和地质因素无关，而与城市垃圾排放等人为活动联系密切（Mitchell et al.，2014：162～169）。与农业对照土壤相比，哥本哈根老城区土壤中总镉（Cd）、铜（Cu）、铅（Pb）的浓度要高 5～27 倍。镉（Cd）和铅（Pb）的可溶态比例较高，而铜（Cu）主要以结合态形式存在（Li et al.，2014：780～786）。Hu 等人（2013：6150～6159）通过对我国广东省进行土壤网格采集分析发现，镉（Cd）、铜（Cu）、锌（Zn）和砷（As）含量是环境背景值的 2 倍以上，其污染来源主要是城市工业三废的排放。巴基斯坦的研究表明，镉（Cd）、铜（Cu）、镍（Ni）、锌（Zn）等污染主要沿交通要道和河流分布，源解析揭示机动车尾气和工业排放是污染的主要成因（Malik et al.，2010：179～191）。污水灌溉是导致城郊农业土壤重金属污染的重要因素，通过对上海浦东区土壤重金属含量和形态的研究发现，浇灌区土壤中铬（Cr）、锰（Mn）、镍（Ni）、铜（Cu）、锌（Zn）、砷（As）、铅（Pb）、镉（Cd）和汞（Hg）显著高于非浇灌区对照土壤（Chen et al.，2007：517～529）。非洲的城市土壤研究同样表明，伴随污水灌溉和土地利用方式改变，城市和污灌区土壤重金属含量明显高于其他区域土壤（Abdu et al.，2011：2722～2730）。

由于城市土壤重金属不能被生物降解，因此降低土壤重金属的生物有效性是目前普遍采用的修复方法。其中，把铅（Pb）转化为磷氯铅矿是一种经济有效的方法。磷酸处理土壤可以降低铅（Pb）的溶解度和生物有效性。Yang 等（2001：3553～3559）采集冶炼厂附近含铅 4 360mg/kg 的土壤样品，分别用 1 250、2 500、5 000 和 10 000mg/kg 磷酸处理。发现可溶性铅随磷酸浓度增加而降低，高浓度磷酸处理降低了铅（Pb）生物有效性的 60%以上。形态分析表明磷酸处理之后，铅（Pb）颗粒物包含有磷和氯离子，其结构类似于磷氯铅矿。同样，利用有机固废处理高铅（Pb）污染的城市土壤也可以达到相当好的效果。含铁高的污泥堆肥可降低土壤铅（Pb）生物有效性 37%～43%（Brown et al.，2003：1000～1008）。园林有机废物堆肥可作为城市土壤修复的一种重要手段。有资料表明，堆肥施用 4 周后可显著降低城市土壤亚砷酸盐的含量（Hartley et al.，2010：3560～3570）。

（2）城市土壤有机污染物

城市土壤中有机污染物种类繁多，其中最受关注的是两大类：一类是以多环芳烃化合物（PAHs）为代表的烃类化合物；另一类是烃类化合物上的氢原子被氯离子或溴离子取代而成的化合物，其中以多氯联苯（PCBs）和多溴联苯醚（PBDEs）为代表。燃烧源和石油源是城市土壤 PAHs 的两个最重要来源。Wang 等（2009：173～180）分析了大连市街道灰尘和表层土壤样品中的 PAHs 含量，发现灰尘中总 PAHs 含量为 1 890～17 070μg/kg，表层土壤的范围为 650～28 900μg/kg。工业区样品中 PAHs 的浓度远高于居民区和公园。PAHs 以高环化合物（4～6 环）为主，占灰尘和表层土壤的比例分别为 73% 和 72%。北京地区 PAHs 的分析结果同样表明土壤中以 4～6 环的 PAHs 为主，其来源主要为煤燃烧（Li et al.，2006：1152～1156）。PAHs 的化学结构决定它的分布与扩散情况，一般来说，2~4 环的 PAHs 会在土壤—大气之间形成平衡，5~6 环的 PAHs 浓度会在土壤中持续增加（Johnsen et al.，2006：535~545；Wong et al.，2004：387~398）。土壤黑炭可以影响 PAHs 在土壤—大气中的分配。西班牙的研究表明，海拔 0~800m 土壤中菲、芘、荧蒽和蒽的浓度是海拔 800~3 400m 土壤中的 4~10 倍，而低海拔地区土壤黑炭含量也相应为高海拔地区的 3~11 倍（Ribes et al.，2003：2675~2680）。微生物降解是城市土壤 PAHs 修复的关键途径。通过 ^{14}C 标记的 PAHs 及相关微生物功能基因 nah 和 Pdo1 的定量试验，证实了微生物对 2~4 环的 PAHs 具有快速降解作用。

多氯联苯（PCBs）被广泛地用于变压器、电容器、润滑剂、阻燃剂、增塑剂、油漆和无碳复写纸等城市工业。该类有机物可以通过大气传播分布于全球各地，是一类典型的持续性有机污染物。由于传输和积累效应，土壤是 PCBs 重要的源与汇。通过对葡萄牙两个不同发展水平城市（里斯本和维塞乌）土壤中 PCBs 的含量和来源进行分析，发现城市工业化水平与 PCBs 污染密切相关。PCBs 的污染源也明显不同，其中里斯本主要来源于交通、工业和焚烧；而维塞乌主要来自大气传播途径。多溴联苯醚（PBDEs）同样主要来源于工业污染，分析土耳其伊兹密尔土壤 PBDEs 含量表明，城市和郊区的总 PBDEs 沉降通量分别为 128.8ng/m^2/d 和 67.6ng/m^2/d，市区 PBDEs 颗粒物干沉降显著高于郊区（Cetin et al.，2007：4986~4992）。

（3）城郊农业土壤

城市化进程会导致城郊农业土壤体系的深刻转变。一方面，城市化和工业化过程中形成的重金属与有机污染物，可通过大气沉降、污灌等途径直接污染城郊农业土壤；另一方面，城市有机废弃物，如厨余垃圾、畜牧业粪便、污泥和园林有机废物等，可通过资源化处理后应用于城郊农业土壤体系。

堆肥是城市有机废弃物资源化的最重要形式。Dimambro 等（2007：243~252）对英国 12 种城市废弃物堆肥理化性质进行了分析，发现氮含量在含有厨余垃圾或肉类废料的堆肥中为 1.7%~2.2%，而在其他堆肥中为 1.0%~1.6%；废弃物堆肥磷含量为 23~247mg/kg；钾含量为 1 851~6 615mg/kg；总盐分在混合型堆肥中含量较高，其范围为 15~23g/kg；除铜（Cu）、镍（Ni）、铅（Pb）和锌（Zn）含量超过农业使用标准外，其他重金属尚未超标。利用园林有机废弃物亦可显著减缓土壤衰退并提高土壤肥力，增加微生物生物量和活性（Torres et al.，2015：1~9）。Bastida 等（2008：651~661）通过 19 年的长期试验表明，城市固废显著提高了土壤腐殖质含量及与其代谢相关的脲酶、β-糖苷酶、碱性磷酸酶和二酚氧化酶活性。当然，由于城市废弃物来源的广泛性和复杂性，其堆肥应用同样也存在重金属污染等潜在风险。对玉米地施用城市废弃物堆肥和化肥的比较研究中，发现堆肥处理明显增加了土壤铜（Cu）、铅（Pb）、锌（Zn）的污染风险（Carbonell et al.，2011：1614~1623）。

除堆肥外，从城市有机废弃物中提取的生物有效物质也可应用于城郊农业体系。研究发现，从沼渣、园林有机废物和污泥的混合物提取的可溶性生物物质能显著提高西红柿的光合作用，增加其产量和品质，但是对土壤的基本理化性质影响并不显著（Sortino et al.，2014：443~451）。

（4）城市土壤与水体环境

随着城市化发展，大面积土地转变为城市建筑用地，绿地面积不断减少。城市土地利用方式的改变严重影响雨水径流的分布和走向，从而导致城市土壤蓄水功能下降，这也是造成土壤流失和内涝的重要原因。同一尺度下，长时间降雨对土地利用方式的影响要大于短时暴雨，但短时暴雨对径流深度和径流系数的影响则大于长时间降雨（Suribabu et al.，2015：609~626）。土地利用方式的转变还会造成城市土壤压实等退化问题。土壤压实会破坏土壤团聚体结构、降低土壤孔隙度和蓄水能力，并在雨季容易引发内涝和增加城市地表径流（Jim，1998：171~181）。由于建筑区表层土壤的压实，其渗透率显著低于耕作土壤（Dornauf et al.，2000）。城市土壤孔隙度、有效库容、稳定渗水率均显著低于原始土壤，减少幅度为12.3%~33.3%（Peng et al.，2015：241~249）。Yang 等（2011：751~761）比较了不同压实年限城市土壤的渗水特性，发现低渗透性土壤的径流系数通常较高，城市土壤渗透率变异很大，从小于1到679mm/h。

城市土壤与水体中的重金属迁移转化同样受到普遍关注。城市土壤不仅是重金属的汇，同时也可能成为重金属的源，对水体环境存在污染风险。通过分析城市土壤、河流沉积物和雨水径流中的重金属发现，小粒径土壤中重金属含量高而且容易迁移，是水体污染的潜在来源（Zhao et al.，2009：173~183）。城市垃圾是地下水中硫的主要来源。已有研究表明，建筑垃圾可导致城市地下水硫酸盐浓度超标（Schonsky et al.，2013：606~615）。水体环境亦会导致土壤重金属形态和活性发生变化。Li 等（2015：89~95）采集了广州城区公园、居民区、路边带和工业区土壤，通过酸性降水模拟研究发现，酸雨处理的土壤非残渣态重金属含量显著降低，铅（Pb）、镉（Cd）等污染风险明显上升。

（5）城市土壤的健康效应

随着城市化的发展，各种工业或生产生活的有机废物都直接或间接地进入城市土壤环境中，进而给人体健康带来潜在风险。结合多因素分析和地统计学等研究发现，城市土壤内梅罗综合指数与土壤健康效应密切相关。Gamiño-Gutiérrez 等（2013：37~51）研究了矿业活动对墨西哥维拉德拉巴斯城市地区表层土壤重金属的污染效应，发现砷（As）和铅（Pb）的含量显著高于环境质量标准，其生物有效性受自然和人为因素的共同影响。儿童血铅（Pb）和尿砷（As）检测结果表明有20%~30%超标。同时，通过微核脱落细胞分析表明，砷（As）暴露对儿童存在基因毒性。以儿童血铅（Pb）含量≥2μg/dL 为健康风险值，新奥尔良有93.5%的儿童存在重金属污染风险（Mielke et al.，2007：43~53）。城市土壤有机污染物暴露同样对人体、特别是儿童带来危害效应。印度德里城市土壤中PCBs含量显著高于郊区或农村地区，成人和儿童终生平均每日暴露剂量分别为3.02×10^{-8} mg/kg/d 和 1.57×10^{-7} mg/kg/d；成人和儿童致癌概率为1.57×10^{-5}和8.15×10^{-5}（Kumar et al.，2012：3955~3967）。根据毒性当量因子计算，土壤PAHs暴露的致癌风险概率在葡萄牙里斯本和维塞乌分别为 9.0×10^{-6} 和 2.4×10^{-6}，均高于国际风险标准值（Cachada et al.，2012：184~192）。

（6）城市土壤风险评估与管理

快速城市化通常导致土地利用方式转化频繁、土壤污染风险加剧等现实问题，应用地理信息系统和数据模型进行风险评估与管理是近期城市土壤研究的热点领域之一。地理信息系统（GIS）可以直观地表征人为活动，如工厂、道路或交通对土壤重金属含量的影响（Li et al., 2004：113～124；2006：1152～1156）。同时，GIS 图谱还可以反映城市发展过程中地表覆盖物的变化情况，明确城市发展与景观生态及人口增长之间的相互关系（López et al., 2001：271～285），进而监测城市土地利用方式的动态变化，为城市发展决策提供服务（Mundia et al., 2005：2831～2849）。通过土壤质量指数和土地利用转化指数等构建城市土壤的模型，有助于城市发展进程中的土壤风险评价（Vrščaj et al., 2008：81～94），如能监测灾害性事件对土地利用方式和植被的改变，进而为灾后重建提供相关的数据支撑（Aydöner et al., 2009：1677～1697）。城市化进程中土地利用方式的转变还会加剧水土流失问题。Li 等（2014：780～786）利用 Cs-137 与 Pb-210 复合同位素技术研究了深圳的水土流失状况，测得 Cs-137 总量的变化范围是 99～653bq/m^2，土壤平均侵蚀速率为 6 150～40 530 t/km^2/a，其中城市建设和城郊陡坡果园是水土流失的主要来源。

（7）城市土壤生态服务

在城市土壤生态系统中，土壤的基本功能和生态服务属性主要体现在：①供应服务，包括建筑物的物理支撑以及生产木材、食品等材料；②调控服务，主要包括调节水分、养分和气候等功能；③支持服务，包括促进土壤养分循环、水循环及维持生物多样性等；④文化服务功能，即满足人类审美、娱乐和精神需求等服务。城市绿地土壤不仅可以发挥调节城市水循环和固定大气二氧化碳的作用，而且可以减少污染物对人体的危害（Pouyat et al., 2010；Pataki et al., 2011：27～36）。研究表明，城市森林系统可以提供清新空气、降低污染风险并提高居民生活质量（Escobedo et al., 2011：2078～2087）。由于城市土地利用方式变化强度大，城市土壤物理、化学和生物学属性均发生了显著改变，因此，城市土壤生态服务功能的完善更加需要统筹的规划和设计（Pavao-Zuckerman, 2008：642～649）。当前，城市土壤生态服务研究的主要目标是评价和协调生态服务的各方面功能，并对其进行优化和管理，实现城市土壤生态服务的可持续发展（Raudsepp-Hearne et al., 2010：5242～5247；Pataki et al., 2011：27～36；Bennett et al., 2009：1394～1404）。

19.3 中国"城市土壤特征与功能"研究特点及学术贡献

20 世纪 80 年代以前，由于我国城市化水平较低，有关城市土壤特征与功能的研究工作主要局限于大城市（如南京、北京和广州）的土壤污染调查和评价工作。80 年代以来，我国城市化进程明显加快，这对城市及周边地区的土壤产生了深刻的影响。农业土壤资源以空前的速度失去生产力功能而转化为城镇建设用地。城市化过程还导致土壤物理、化学和生物学特征显著改变，土壤环境与健康质量恶化。此时，城市和城郊土壤重金属污染问题得到高度关注（刑克孝等，1982：3）。进入 21 世纪，我国城市化进入了高速发展阶段，频繁的人类活动和密集的工业、交通运输的影响，使城市土壤遭受强烈的人为干扰，土壤污染进一步加剧，并直接或间接影响城市环境生态和人体健康。针对上述问题，我国学者在土壤污染源解析、污染物迁移转化、土壤污染与水气环境之间的联系机制方面开展了广泛而深入的研究（张甘霖等，2007：925~933）。

19.3.1　近 15 年中国该领域研究的国际地位

2000~2014 年，我国在城市土壤特征与功能方面的研究取得了快速发展。如表 19-2 所示，针对科学引文索引 Web of Science 数据库，采用城市土壤相关主题进行检索，共获得 8 685 篇研究论文。统计分析表明，发文量 TOP20 国家（地区）共计发表论文 7 191 篇，占这一时段世界论文总量的 82.8%（表 19-2）。排名前 4 位的分别是美国、中国、意大利和英国，其发文占比分别是 21.8%、13.5%、4.68%、4.50%。近年 SCI 发文量的趋势分析表明，2009 年以前美国城市土壤研究在世界范围内一枝独秀；2009 年以后，我国相关文章量增长迅速，2012~2014 年我国城市土壤研究 SCI 论文数达到 573 篇，已超越美国，排名第 1 位。虽然我国相关 SCI 发文量得到快速提升，但城市土壤整体研究水平与国际前沿仍有一定差距。SCI 论文引用次数常被学术界作为衡量研究水平和影响力的重要指标之一。近 15 年城市土壤特征与功能领域全世界 SCI 论文篇均被引次数为 15.8 次；2000~2002 年、2003~2005 年、2006~2008 年、2009~2011 年和 2012~2014 年全世界 SCI 论文篇均被引次数分别为 36.8 次、32.1 次、22.3 次、13.1 次和 3.7 次。我国 SCI 论文篇均引用次数为 14.5 次，略低于世界平均水平，在发文量 TOP50 国家（地区）中排名第 20 位，大大低于瑞士（24.5 次）、瑞典（23.3 次）、加拿大（22.2 次）和美国（21.8 次）。一个很好的趋势是，我国近年来 SCI 论文篇均引用情况得到快速提升，2006 年以后，已超越美国，在发文较多的 20 个国家中一直排名前 3 位。近 15 年城市土壤研究全球共发表高引论文 434 篇。我国发表高被引论文 55 篇，排名第 2 位。排名前 4 位的国家（地区）分别是美国、中国、英国和加拿大。2012~2014 年，我国城市土壤研究高被引论文数为 42 篇，超过美国，跃居世界第 1 位。**总体来看，我国城市土壤研究无论是数量还是质量上均得到快速发展，目前该领域已处于与国际前沿并行和同步的地位。**

图 19-2 是 2000~2014 年城市土壤特征与功能领域 SCI 期刊中外高频关键词对比及时序变化。从国内学者发表论文关键词总词频来看，随着收录期刊论文数量的明显增加，关键词出现频次也逐渐增加。中国作者的前 15 位关键词词频也与同时期发文量相对应，呈稳定增加趋势。论文关键词的词频在一定程度上反映了研究领域的热点。从图 19-2 可以看出：2000~2014 年中国与全球学者发表 SCI 论文高频关键词总频率最高的均为重金属（heavy metal），多环芳烃（PAHs）和污染（pollution）也均排名前 4 位。前 15 个高频关键词中，其他相同关键词还包括：城市土壤（urban soil）、土壤污染（soil pollution）、城市化（urbanization）、土地利用（land use）、沉积物（sediment），这反映了国内外近 15 年城市化进程与土壤资源的研究热点是城市土壤重金属污染、城市土壤有机物污染以及城市土地利用管理。除上述关键词外，从图 19-2 可以看出，

表 19-2 2000～2014 年"城市土壤特征与功能"领域发表 SCI 论文数及被引频次 TOP20 国家和地区

	SCI 论文数量（篇）							SCI 论文篇均被引次数（次/篇）							高被引 SCI 论文数量（篇）						
	国家（地区）	2000～2014	2000～2002	2003～2005	2006～2008	2009～2011	2012～2014	国家（地区）	2000～2014	2000～2002	2003～2005	2006～2008	2009～2011	2012～2014	国家（地区）	2000～2014	2000～2002	2003～2005	2006～2008	2009～2011	2012～2014
排序[①]	世界	8 685	727	1 012	1 669	2 246	3 031	世界	15.8	36.8	32.1	22.3	13.1	3.7	世界	434	36	50	83	112	151
1	美国	1 895	207	280	407	434	567	瑞士	24.5	27.8	36.1	36.8	29.1	5.3	美国	153	22	23	23	32	35
2	中国	1 175	25	66	197	314	573	瑞典	23.3	20.3	33.8	26.9	24.1	6.6	中国	55	2	5	14	21	42
3	意大利	407	31	51	87	95	143	芬兰	23.2	55.0	35.0	27.7	12.3	5.0	英国	27	0	1	6	13	9
4	英国	391	49	65	69	93	115	加拿大	22.2	39.9	53.0	29.9	11.1	3.4	加拿大	21	3	6	4	2	1
5	西班牙	377	53	44	75	93	112	美国	21.8	51.9	42.5	23.5	15.6	4.2	西班牙	21	0	3	5	5	6
6	法国	346	26	45	66	95	114	爱尔兰	21.1	21.0	32.8	44.1	10.0	5.1	澳大利亚	16	2	1	3	2	10
7	巴西	325	24	30	57	99	115	约旦	20.4	10.0	26.5	25.3	18.0	4.5	法国	16	1	0	5	2	4
8	印度	297	16	31	49	95	106	比利时	19.1	43.6	24.9	40.9	15.6	3.3	意大利	16	2	1	4	3	9
9	德国	277	33	35	61	69	79	英国	19.1	25.8	25.6	27.7	22.7	4.4	德国	14	1	1	2	3	1
10	加拿大	267	40	36	47	70	74	奥地利	18.9	71.0	25.0	12.0	14.3	2.2	日本	13	0	1	3	1	1
11	澳大利亚	263	28	38	44	59	94	西班牙	18.1	31.6	35.0	24.4	14.1	4.1	印度	12	0	2	1	5	5
12	土耳其	180	6	17	40	52	65	丹麦	17.9	47.3	28.8	27.9	14.8	4.6	瑞士	9	0	1	2	4	2
13	日本	179	24	32	52	37	34	澳大利亚	17.8	34.9	32.9	26.8	13.5	5.1	瑞典	8	0	1	2	2	2
14	波兰	148	7	9	28	34	70	日本	17.5	31.6	32.8	17.1	8.6	3.2	希腊	7	0	1	1	3	1
15	俄罗斯	132	19	22	16	31	44	德国	17.4	33.1	35.1	19.6	14.3	4.0	比利时	6	0	0	1	1	0
16	韩国	124	13	11	22	35	43	法国	16.5	45.3	26.3	24.9	13.2	3.9	土耳其	6	0	0	1	0	1
17	墨西哥	112	8	4	18	32	50	挪威	16.1	19.3	9.0	27.6	9.6	9.3	丹麦	4	0	0	2	1	1
18	希腊	107	6	12	25	34	30	意大利	15.8	37.7	31.6	20.8	13.2	4.2	奥地利	3	0	0	0	0	0
19	伊朗	102	0	2	4	38	58	希腊	15.8	30.2	40.3	17.7	13.9	3.6	荷兰	2	0	0	0	1	3
20	瑞典	72	15	18	12	13	14	中国（20）[②]	14.5（20）	48.6（5）	39.7（8）	28.7（6）	16.0（8）	4.4（14）	巴西	2	1	0	0	2	0

注：①按 2000～2014 年 SCI 论文数量、篇均被引次数、高被引论文数量排序；②括号内数字是中国相关时段排名。

全球学者采用的热点关键词还包括地理信息系统（GIS）、模型（model）、大气污染（air pollution）等，说明国外学者研究热点还包括城市土壤与大气环境，也更注重应用系统模型评估城市土壤生态风险。与全球学者所关注的热点领域不同，中国学者发表 SCI 论文采用的高频关键词还包括源解析（source apportionment）、源（source）等，表明我国学者更重视城市土壤污染物的分布规律和源解析工作。农业土壤（agriculture soil）热点关键词的出现显然与我国快速城市化进程导致城郊农业土壤污染有关。从图 19-2 关键词的相对比例变化来看，我国在城市土壤研究方面的论文增长速率明显高于全球增长水平，如含重金属和多环芳烃等关键词的 SCI 论文从 2000~2002 年不到 1/10 急速增长到 2012~2014 年的近 1/3，这说明伴随快速城市化进程，我国有关城市土壤的研究也取得了跨越式发展。因此，从该关键词时序对比图可以看出，国内外对城市土壤研究的主要领域基本一致，但国外更注重应用地统计学和系统模型进行土壤污染评价，我国则更多关注重金属污染的源解析及城郊农业土壤污染问题。

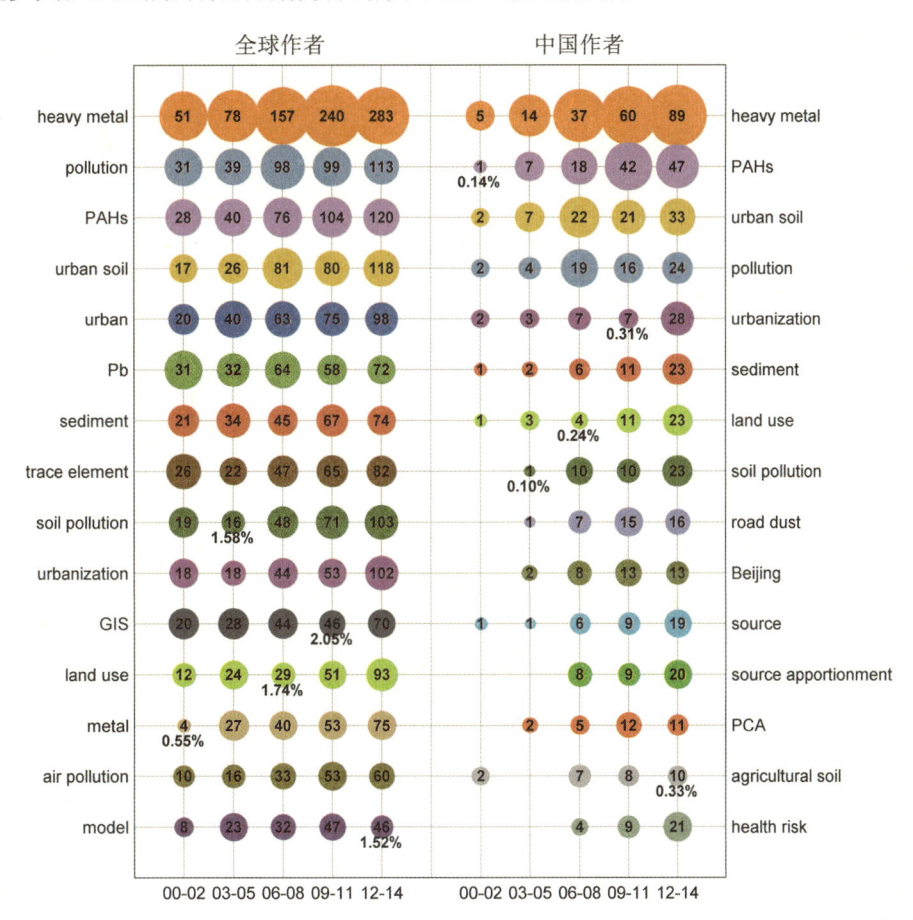

图 19-2　2000~2014 年"城市土壤特征与功能"领域 SCI 期刊全球及中国作者发表论文高频关键词对比

19.3.2　近 15 年中国该领域研究特色及关注热点

利用城市土壤特征与功能领域核心关键词制定中文检索式，即：SU= '土壤' and (SU= '城郊' or

SU='城市化' or SU='城市' or SU='城市化梯度' or SU='城镇' or SU='城镇化'），提取 CSCD 中文核心期刊数据库中 2000～2014 年的文献为数据源进行分析。图 19-3 为 2000～2014 年城市土壤特征与功能领域 CSCD 期刊论文关键词共现关系图，可大致分为 6 个相对独立的聚类圈，这在一定程度上反映了国内近 15 年城市土壤研究的核心领域，主要包括：城市土壤重金属污染、城市土壤有机物污染、城郊农业与土壤污染、城市土壤与水体环境、城市土壤风险评估与管理、城市土壤生态服务 6 个方面。这 6 个聚类圈均与国际相关研究领域相同，其中城市土壤风险评估与管理是最大的聚类圈，说明该领域中文论文比例较高。因此，**城市土壤方面的 CSCD 论文在研究领域上与国际 SCI 论文基本一致，涉及城市土壤健康风险相对较少，而更多关注城市土壤污染风险评价与管理**。从聚类圈中出现的关键词可以看出，近 15 年我国城市土壤特征与功能研究中的主要问题及热点如下。

（1）城市土壤重金属污染

图 19-3 该聚类圈中出现的主要关键词包括重金属污染、微量元素、重金属元素、赋存形态、分布特征、富集因子、时空变化、大气沉降、二重源解析，上述关键词组合反映了重金属的含量、分布及源解析是城市土壤重金属污染的核心内容。荧光光谱法、化学质量平衡受体模型、地积累指数等关键词也包含在该聚类圈内，表明研究人员偏重应用化学手段和经典指数来评价土壤重金属污染效应。

（2）城市土壤有机物污染

图 19-3 该聚类圈中出现的关键词主要包括有机污染物、多环芳烃、有机氯农药、污染特征、形态、生物有效性、因子分析、有机质、植物、凋落物、酶活性等，说明该领域的研究热点是有机污染物的存在形态、迁移转化和生物有效性；主成分分析和因子分析是有机污染物溯源与评估的常用分析方法。黑炭和修复等关键词的出现揭示了有机污染物修复同样是我国学者研究的热点问题。

（3）城郊农业与土壤污染

该聚类圈中出现城市生活垃圾、堆肥、污染、化肥、镉（Cd）、土壤理化性质、养分、季节变化、土壤动物、土壤线虫、微生物、多样性等关键词（图 19-3）。这些关键词组合反映出，城市生物质废弃物资源化、土壤污染物与养分转化是该领域的主要研究热点。

（4）城市土壤与水体环境

从图 19-3 可以看出，城市土壤水的垂直流、暴雨径流、地下水回落、城市污水与人工湿地是城市土壤与水体环境领域的研究重点。同时，土壤灌溉、土壤盐分和氮磷养分等关键词的出现揭示了土壤—植物体系中的土水交互作用也是该领域的重要研究内容之一。

（5）城市土壤风险评估与管理

城市土壤风险评估与管理是最大的聚类圈，该聚类圈内包含园林植物、园林土壤、草地土壤、城郊土壤、城市绿地、城市污泥等多种研究对象。从关键词组合可以看出，形态分析、地理信息系统、地统计学、聚类分析、变组分分析、遥感数据分析是城市土壤风险评估与管理最主要的分析方法。

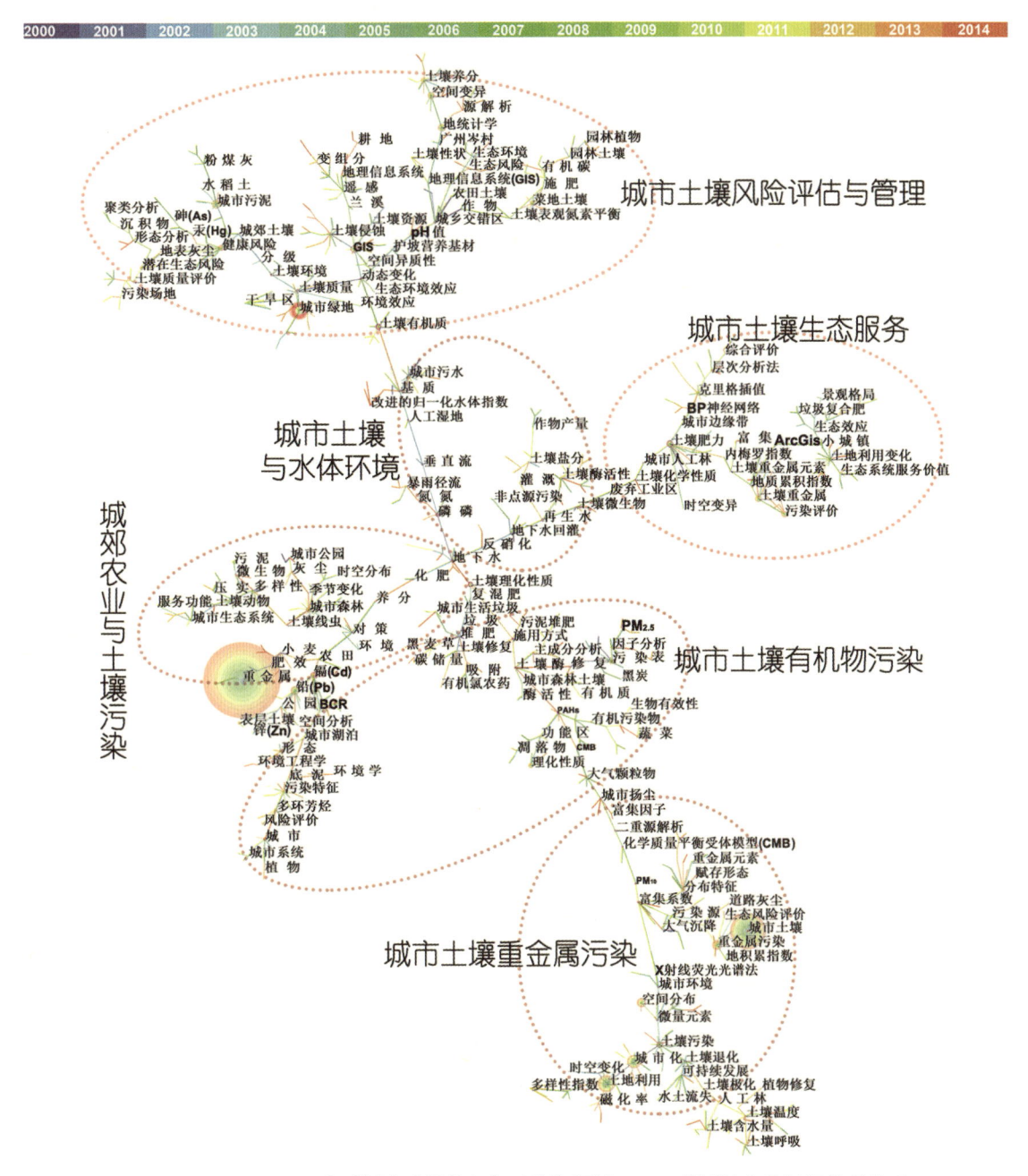

图 19-3　2000~2014 年"城市土壤特征与功能"领域 CSCD 期刊论文关键词共现关系

（6）城市土壤生态服务

该聚类圈中出现的关键词包括：生态效应、景观格局、生态系统服务价值、地积累指数、内梅罗指数、层次分析法、神经网络、克里格插值、土壤肥力、土壤化学性质、土地利用变化等，说明在研究城市土壤生态服务时，不仅结合了多种生态分析，还包括了土壤肥力、环境和生态功能。

分析中国学者 SCI 论文关键词共现关系图，可以看出中国学者在城市化与土壤资源演变领域已与世界前沿的研究领域相并行。2000~2014 年中国学者 SCI 论文关键词共现关系图（图 19-4）

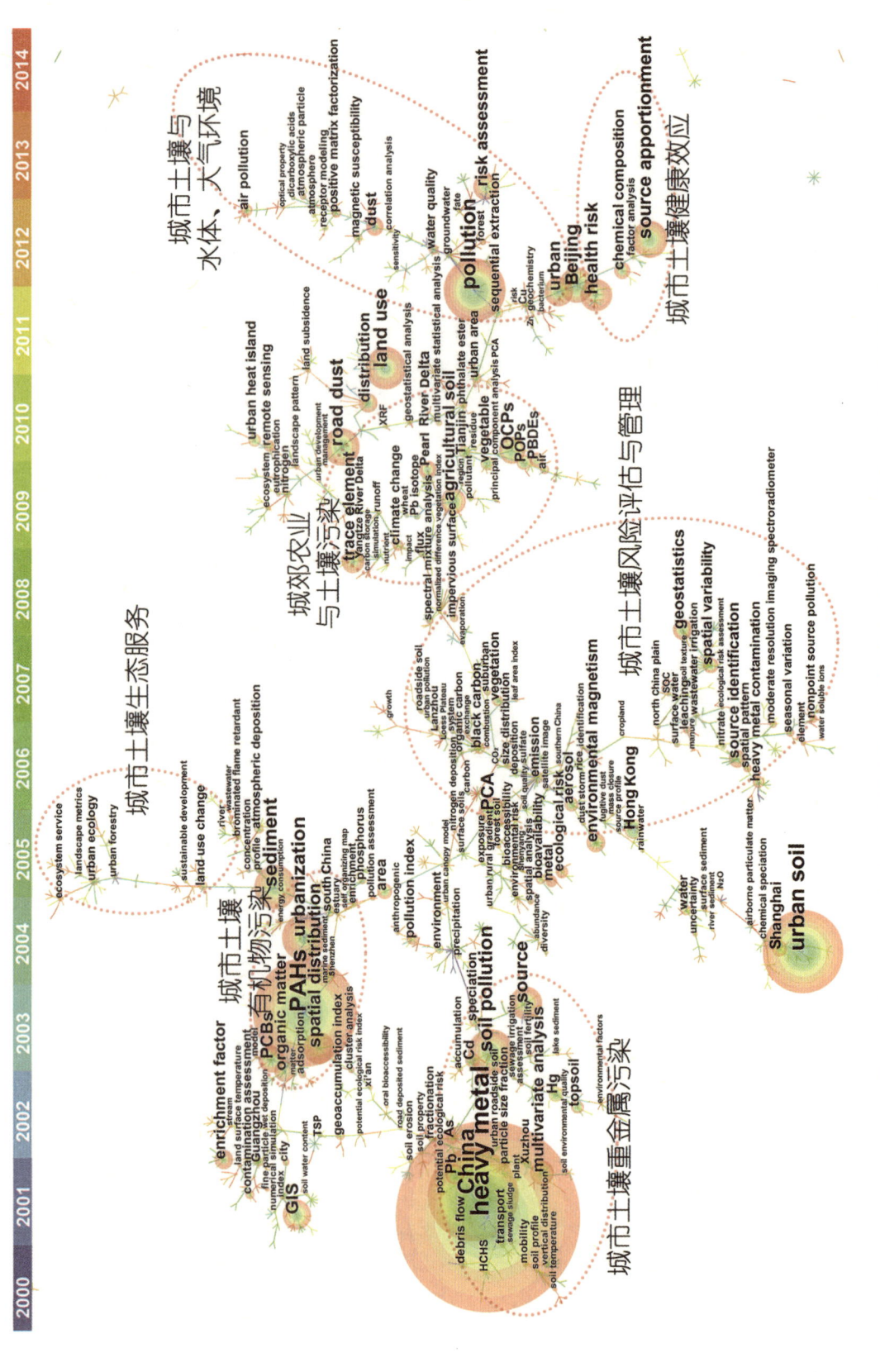

692　土壤学若干前沿领域研究进展

图 19-4　2000~2014 年 "城市土壤特征与功能" 领域中国作者 SCI 期刊论文关键词共现关系

可以分为 7 个研究聚类圈，分别为城市土壤重金属污染、城市土壤有机物污染、城郊农业与土壤污染、城市土壤与水体大气环境、城市土壤健康效应、城市土壤风险评估与管理以及城市土壤生态服务。上述 7 个聚类圈与国际 SCI 论文结果基本一致，说明中国城市土壤研究与国际前沿发展具有同步性和一致性，这也与 2000~2014 年中国相关 SCI 发文量和高被引论文均处于全球第 2 位相对应。根据图 19-4 聚类圈中出现的关键词发现，城市土壤重金属污染、城市土壤有机物污染、城郊农业与土壤污染 3 个聚类圈中包括的主要关键词与国际 SCI 论文基本相同。城市土壤与水体大气环境聚类圈除了水体质量（water quality）、地下水（ground water）等关键词外，还包括空气污染（air pollution）、灰尘（dust）、大气颗粒物（atmospheric particle）、大气（atmosphere）等与大气质量有关的关键词，说明城市土壤与大气质量是该领域的研究热点之一。城市土壤健康效应主要围绕健康效应（health risk）、污染物源解析（source apportionment）及其化学组成（chemical composition）的关联机制展开。城市风险评价与管理是最大的聚类圈，除了生态风险（ecology risk）、环境风险（environment risk）等关键词外，还包含了地统计学（geostatistics）、主成分分析（PCA）、空间变异性（spatial variability）、环境磁学（environmental magnetism）等大量评价方法方面的高频关键词。上述关键词的出现反映了我国快速城市化背景下，土壤污染风险评估与管理相关的研究也得到快速发展。城市土壤生态服务重点研究了城市生态（urban ecology）与城市森林（urban forestry）及景观指数（landscape metrics）之间的关系，同时，土地利用变化（land use change）和可持续发展（sustain development）也是该领域的重要研究内容。通过国内学者 SCI 相关论文分析表明，与高速城市化相对应，我国城市土壤特征及功能研究与国际前沿发展基本同步，并在城市土壤污染风险评估与管理、城市土壤与大气环境质量方面有所侧重和加强。

19.3.3　近 15 年中国学者该领域研究取得的主要学术成就

近 15 年来，我国学者在城市化与土壤资源演变方面的研究紧随国际前沿，围绕污染物来源、迁移转化、风险评价与生态服务等方面展开了富有成效的工作。文献计量分析表明，与国际研究领域类似，土壤重金属和有机污染物、城市土壤与水气环境、土壤风险评估与生态服务同样是我国城市土壤研究的核心领域。国内学者通过城市土壤有机污染物调查和源解析研究，明确了城市交通尾气排放、煤和生物质燃烧、石油污染是城市土壤多环芳烃的主要来源（Wang et al., 2013：80~89）；利用核探针等技术，发现城市土壤扬尘对大气颗粒物 PM2.5 和 PM10 的贡献均在 10%以上（仇志军等，2011：660~663）；水土流失监测数据表明，一些城市化地区水土流失面积比例高达 80%以上（袁仁茂等，2001：400~406）。我国是世界上近期城市化进程最快的国家，伴随经济和工业的快速发展，城市和城郊土壤污染加剧、土壤健康风险增加等问题日益突出，国内学者重点围绕城市土壤重金属污染、城郊农业土壤污染和城市土壤污染物健康风险评价进行了系统研究，本节结合文献调研，对上述 3 个方面进行综述。

（1）城市土壤重金属污染

严重的土壤污染，特别是重金属污染，是城市土壤的重要特征之一。城市土壤重金属来源广泛，包括废弃物处理、交通运输、采矿冶炼、制造业、发电厂、燃料燃烧、家庭生活等方面。我国学者对城市土壤重金属含量、分布、化学形态及其来源进行了系统研究。卢瑛等（2002：156~161；2004：123~126）研究发现，南京城市土壤受到了不同程度的锰（Mn）、铬（Cr）、铜（Cu）、锌（Zn）和铅（Pb）污染，其中铅（Pb）污染非常严重，土壤全铅（Pb）平均含量为107.3mg/kg，变幅为36.3~472.6mg/kg，铅（Pb）主要以残渣态和铁锰氧化物结合态存在。叶荣等（2007：393~399）调查了上海宝山区土壤重金属含量，发现受到不同程度的铅（Pb）、锌（Zn）和镉（Cd）污染，分别是上海土壤背景值的5.6倍、3.0倍、2.8倍，其中绿化带土壤铅（Pb）污染最为严重，平均可达180.2mg/kg。不同地区、不同种类的土壤重金属来源也明显不同。一般认为，汽车尾气和汽车轮胎添加剂是造成城市土壤中铅（Pb）、锌（Zn）污染的重要原因之一（王学锋和姚远鹰，2011：174~178）。倪刘建等（2007：637~642）对两个钢铁厂收集降尘并采集周边表土，分析其中16种元素含量，结果发现降尘中铁（Fe）、锌（Zn）、锰（Mn）、铅（Pb）、铜（Cu）含量要显著高于表土，表明钢铁工业区降尘可导致周边土壤污染元素的积累。

（2）城郊农业土壤污染

城郊农业是我国蔬菜和粮食生产的重要组成部分。然而，当前城郊农业普遍采用高强度、高投入和集约化的生产模式，养分投入一般远高于作物实际需求量，有时甚至高达作物吸收量的几十倍，导致土壤肥料利用率低，过量的氮（N）、磷（P）通过淋溶和迁移作用进入水体，导致地表水的富营养化、地下水硝酸盐浓度超标、温室气体排放增加等问题。Ju等（2006：117~125）调查发现我国北方城郊蔬菜大棚氮肥施用量平均为4 328kg N/ha/yr，导致土壤硝态氮大量积累。城郊农业系统中农药的大量投入亦导致了土壤、水体和农产品中有机物污染问题。南京市城郊蔬菜生产基地有机氯农药残留分析表明，HCHs和DDTs残留总量在6.18~84.72μg/kg，平均含量已明显高于农产品安全标准（张海秀等，2007：76~80）。除了自身养分和农药投入外，城郊农业区又往往和工业生产区、污灌区、交通干线接近，易受到工矿"三废"、交通工具、城市生活废弃物等外源污染源的污染（陈琴苓等，2005：3~5；田秀红，2009：449~453）。席晋峰等（2011：769~775）对京津唐、张家港、长株潭3个地区的露天菜地、设施菜地、水田和旱地进行的调查表明，城郊区大部分农田土壤重金属含量虽低于国家相关的土壤质量二级标准，但重金属含量均超出了当地背景值，说明重金属在城郊土壤中有所积累。对南昌市郊区的表层土壤8种重金属[铅（Pb）、镉（Cd）、铬（Cr）、铜（Cu）、镍（Ni）、锌（Zn）、砷（As）、汞（Hg）]检测发现，工厂周围重金属含量明显高于非工厂区域，城郊土壤重金属元素单项污染指数以及综合内梅罗指数均显著增大（刘绍贵等，2010：463~466）。

（3）城市土壤污染物健康风险评价

城市土壤污染对人体健康产生危害的途径有两条：①城郊农业土壤—农产品系统中污染物

的积累和食物链传递；②人体对土壤灰尘的直接接触和吸入。国内学者对城郊农业土壤—农产品重金属污染风险进行了大量研究，发现小麦和谷类农作物籽实中重金属铅（Pb）、汞（Hg）、镉（Cd）含量均超过国家食品安全标准（陈杰等，2002：70～74）；少数地区的稻米砷（As）超标达 10 倍以上（段桂兰等，2007：430～435）。在城市土壤污染物暴露方面，重金属和多环芳烃是国内学者关注最多的污染物。林啸等（2007：613～618）应用空间插值方法研究了上海城市土壤和地表灰尘中重金属污染的含量及空间分布特征，并采用潜在生态危害指数法对样品中重金属的潜在生态风险进行了评价。结果表明，上海城市土壤和地表灰尘中的重金属均显著超过上海土壤背景值，其中土壤和灰尘中的铅（Pb）分别是背景值的 37 倍和 174 倍。城市土壤和地表灰尘的潜在生态危害指数分别为 244.69 和 1 004.03，分别达到中等生态危害和很强生态危害。冯焕银等（2011：1998～2004）评估了宁波土壤中 16 种多环芳烃对户外劳作者的健康风险，结果表明，土壤中多环芳烃平均致癌风险值为 3.17×10^{-7}，为低风险；多环芳烃中苯并芘对综合致癌风险贡献最大，贡献率高达 65.6%，需防范土壤中该污染物引起的健康危害。为了评价城市土壤污染物的生物有效性，国内开始通过模拟人工胃液作为浸取剂来评价污染物的生物有效性。该方法可以较好地反映人体的实际吸收率，更准确地评价土壤污染物的健康风险（唐翔宇和朱永官，2004：183～185）。

19.4 NSFC 和中国"城市土壤特征与功能"研究

NSFC 资助是我国城市土壤特征与功能研究资金的重要来源，NSFC 的投入是推动中国城市土壤研究的力量与源泉，促进了我国城市土壤研究高水平论文的发表和相关人才的培养。在 NSFC 引导下，我国城市土壤污染特征和土壤污染生物修复等方面取得显著成绩。中国在该领域研究的活力和影响力不断增加，整体研究水平已处国际领先水平。

19.4.1 近 15 年 NSFC 资助该领域研究的学术方向

根据近 15 年获 NSFC 资助项目高频关键词统计，基金在城市土壤特征与功能领域的资助方向集中在**土壤重金属污染、城郊农业、土壤修复、微生物与土壤污染物转化 4 个方面**。与土壤污染相关的关键词，如土壤污染、抗生素、有机污染、残留物分析、污泥农用等均有相关的资助项目，进一步说明了污染物迁移转化及生态效应是城市土壤研究领域的核心内容。资助项目包含微生物、同位素、环境磁学、土壤有机碳组分等关键词，说明该主题领域的研究方法综合了土壤物理、土壤化学、微生物学和同位素示踪等技术。从图 19-5 来看，2003 年以来，关键词"设施菜地"、"重金属污染"在多个时段有相关项目获得资助，表明这些研究内容是 NSFC 资助的重点方向。

基金关键词的时序分析体现了不同年份基金的资助重点。2000～2002 年，基金资助主要集中于城郊农业土壤领域，关键词主要表现为"设施菜地"、"温室气体"和"污泥农用"，如

"污灌土壤中持久性有机污染物行为及其生态毒理效应"（基金批准号：40171050）、"腐殖质、膨润土复合物钝化菜园土壤重金属活性的机理"（基金批准号：40201025）。2003~2005年，"土地利用变化"、"土壤质量"等关键词出现较多。城市化对土地利用方式和土壤质量的改变成为资助项目较集中领域，如"城市周边地区土地利用变化对土被空间结构与土壤多样性的影响"（基金批准号：40411130209）、"城市化过程对土壤质量的影响研究"（基金批准号：40471060）。此阶段有关土壤有机污染物的研究开始增加。2006~2008年，除城郊农业土壤依旧是基金资助的热点领域外，专门针对城市土壤分类与生态的项目开始出现，如"基于时间序列的典型土壤发生过程速率研究"（基金批准号：40625001）、"北京地区河溪自然性评价及近自然恢复机理研究"（基金批准号：40771128）。在此阶段，环境磁学、微生物学等技术已广泛应用于城市土壤污染评价，如"土壤磁性矿物的多元成因及污染土壤的磁学监测研究"（基金批准号：40771093）。2009~2011年，基金资助领域的广度和数量增加幅度均较大，同位素示踪和地理信息系统等方法广泛应用于城郊农业和城市土壤，体现在"城市土壤重金属污染物来源与迁移过程的同位素联合示踪研究"（基金批准号：41001183）、"设施栽培蔬菜地氮素利用效率降低的土壤微生物学机制"（基金批准号：41001146）。土壤修复工作在此阶段亦得到加强。2012~2014年，基金资助分布的领域更加广泛，有关土壤修复和微生物污染物转化方面的项目资助数明显上升，体现在"在土壤电动力修复中柠檬酸工业废水对重金属的原位协同强化去除及机理研究"（基金批准号：41201303）、"微波/过碳酸钠修复邻苯二甲酸酯污染场地的作用机理与调控研究"（基金批准号：41371317）。抗生素等新型污染物的环境行为研

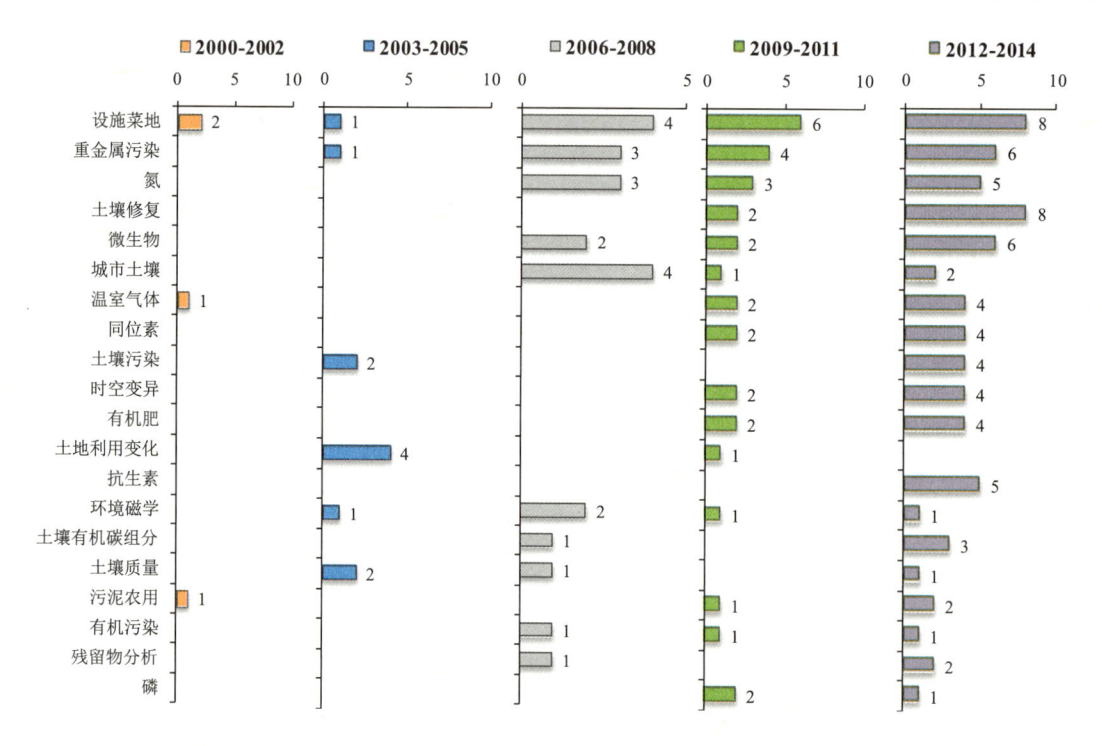

图 19-5 2000~2014 年 "城市土壤特征与功能" 领域 NSFC 资助项目关键词频次变化

究获得较多资助,如"抗生素菌渣堆肥中抗生素残留对氨氧化微生物菌群的生态毒性效应研究——以青霉素菌渣堆肥为例"(基金批准号:41401363)。

19.4.2 近15年NSFC资助该领域研究的成果及影响

为了分析近15年NSFC资助取得的主要成果及影响,结合Web of Science和CSCD数据库,对城市土壤特征与功能的SCI发文量、中国学者SCI发文量、CSCD发文量及论文标注资助情况进行了检索和分析(图19-6)。近15年来,相关CSCD发文量、SCI发文量均呈现稳定上升趋势,2014年分别为186篇和1 113篇。CSCD论文标注资助比例在47.1%~69.7%,近年维持在60%左右。中国学者SCI发文量增长迅速,从2000年的4篇到2014年的231篇。近年来,基金资助的城市土壤研究取得了较好的成果,在 Global Change Biology,Environmental Science & Technology,Agriculture Ecosystems & Environment,Environment International,Environmental Pollution 等国际优秀期刊上有较多标注资助的论文。从2009年Web of Science数据库有标注资助信息以后,受基金资助SCI论文比例均在60%以上,2012年标注资助论文比例达到69.8%。上述发文量和标注统计结果表明,**NSFC资助对城市土壤研究的贡献在日益提升,相对来说,基金资助该领域的研究成果更侧重于相关SCI论文的发表,表明NSFC资助对城市土壤研究领域的国际成果有重要的推动作用**。

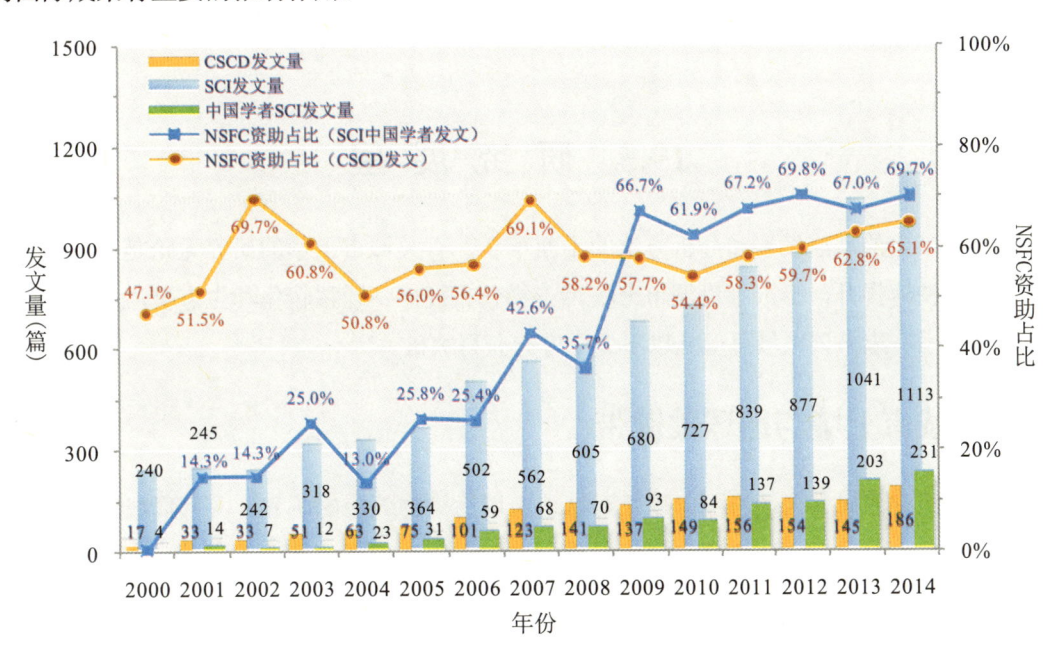

图19-6 2000~2014年"城市土壤特征与功能"领域论文发表与NSFC资助情况

高被引SCI论文是反映领域前沿和学术影响力的重要指标。通过分析不同时段中国学者高被引论文及其获基金资助情况发现(图19-7),国内学者高被引SCI论文发文量从2000~2002年的9篇,增加到2012~2014年的78篇,中国学者高被引论文发文数呈现快速增长趋势。同时，高被引 SCI 论文获基金资助比例也呈迅速增加趋势，2012～2014 年达到了 67.9%。上述结果表明，我国学者在城市土壤研究方面的国际学术影响力逐步扩大，高水平成果与国家自然科学基金资助联系更密切，学科整体研究水平得到极大提升。

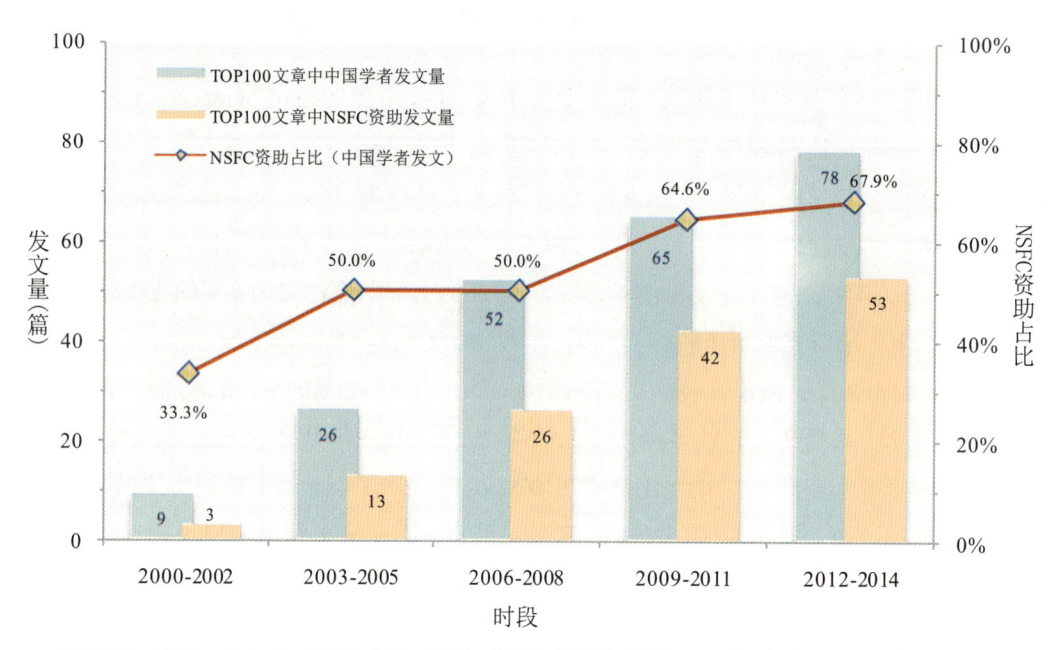

图 19-7　2000～2014 年"城市土壤特征与功能"领域高被引 SCI 论文数与 NSFC 资助情况

19.5　研 究 展 望

随着城市化的高速发展和分析方法的不断革新，有关城市土壤的研究无论是数量还是质量上均得到了快速提升，形成了以城市土壤污染物分布规律、迁移转化和生态健康效应为中心的学科研究体系。未来该领域可望从以下 3 个方向获得突破。

19.5.1　城市土壤与地球关键带

在城市土壤的研究内涵方面，以往对城市土壤污染物效应的研究，大都局限于组成、性质和功能描述，而对土壤物质循环和能量转换方面的作用机理研究甚少。同时，有关污染物效应的研究以单要素、单圈层居多，缺少多方面、多过程的综合研究。最近有人提出地球关键带的概念。它是指地球表层各组分相互作用过程所组成的一个综合系统。鉴于城市土壤是城市生态各要素之间竞争最为激烈的场所之一，未来研究应把城市土壤纳入城市—城郊关键带，系统研究城市化影响下，土壤污染物与水体、大气、生物等各圈层之间的环境过程和演变规律，并构建相应的系统性理论框架。

19.5.2 城市土壤健康效应

在城市土壤的健康效应方面，目前虽有一些针对生物以及人体污染物暴露的健康风险评估研究，但这些研究大都局限于土壤与环境科学领域，与医学、生态学、食品科学和管理等学科结合较少。未来工作需要在充分应用现代生物化学和分子生物学的同时，结合生态学和医学等指标，明确城市土壤的健康效应，并进一步推动研究成果在污染土壤管理和农产品安全方面的实际应用。

19.5.3 城市土壤资源评价与管理

在城市土壤资源评价与管理方面，应强调基础性工作与高端信息技术相结合，在监测城市化过程中土壤资源演变的基础上，建立可以预测、描述和管理的城市土壤资源动态模型。同时，完善相应的土壤资源管理政策，促进城市土壤资源可持续发展。

19.6 小　　结

近 15 年来，城市土壤特征与功能的文献数量快速增加，这与国际特别是我国的快速城市化相对应和一致。文献计量分析结果发现，国内城市土壤研究的核心领域与国际基本相同，主要包括城市土壤重金属和有机污染物特征、城郊农业与土壤污染、城市土壤与水气环境、城市土壤健康效应、城市土壤风险评估与管理以及城市土壤生态服务等方面。近年来，同位素标记、信息技术和综合统计模型等方法在城市土壤研究中得到广泛应用，成为城市土壤特征与功能研究的关键驱动力。NSFC 极大地推动了我国城市土壤的研究水平和国际影响力，目前，我国在该领域的研究水平已处于国际前沿水平。无论是在理论方法方面，还是在管理应用方面，城市土壤研究均不断取得新的进展。未来研究可望从城市—城郊关键带土壤系统理论、土壤健康效应综合评价以及城市土壤资源预测模型等方面取得突破。鉴于我国城市化迅速推动和土壤污染状况日益严重的现实，未来我国应在深入研究城市土壤资源演变科学问题的同时，推动城市土壤规划与管理政策等方面的应用研究。

参考文献

Abdu, N., J. O. Agbenin, A. Buerkert, et al. 2011. Phytoavailability, human risk assessment and transfer characteristics of cadmium and zinc contamination from urban gardens in Kano, Nigeria. *Journal of the Science of Food and Agriculture*, Vol. 91, No. 15.

Aydöner, C., D. Maktav. 2009. The role of the integration of remote sensing and GIS in land use/land cover analysis after an earthquake. *International Journal of Remote Sensing*, Vol. 30, No. 7.

Baize, D., M. C. Girard. 1998. *A Sound Reference Base for Soils*. National Institute for Agricultural Research, Paris.

Bastida, F., E. Kandeler, T. Hernández, et al. 2008. Long-term effect of municipal solid waste amendment on microbial abundance and humus-associated enzyme activities under semiarid conditions. *Microbial Ecology*, Vol. 55, No. 4.

Bennett, E. M., G. D. Peterson, L. J. Gordon. 2009. Understanding relationships among multiple ecosystem services. *Ecology Letters*, Vol. 12, No. 12.

Blume, H. P, E. Schlichting. 1982. Soil problems in urban areas. *Mitteilungen Deutsche Bodenkundliche Gesellschaft*, Vol. 33, No. 1

Blume, H. P. 1975. Zur gliederung anthropogener böden. *Mitteilungen Deutsche Bodenkundliche Gesellschaft*, Vol. 22, No. 1.

Blume, H. P., M. Runge. 1978. Genese und ökologie innerstädtischer böden aus bauschutt. *Zeitschrift für Pflanzenernährung und Bodenkunde*, Vol. 141, No. 1.

Bockheim, J. G. 1974. *Proceedings of Soil Science Society of America*. Chicago.

Brantley, S. L., T. S. White, A. F. White, et al. 2005. Workshop sponsored by the National Science Foundation, October 24-26, 2005, University of Delaware, Newark.

Brockherhoff, M. P. 2000. An urbanizing world. *Population Bulletin*, Vol. 55, No. 3.

Brown, S., R. L. Chaney, J. G. Hallfrisch, et al. 2003. Effect of biosolids processing on lead bioavailability in an urban soil. *Journal of Environmental Quality*, Vol. 32, No. 1.

Bullock, P., P. J. Gregory. 1991. *Soils in Urban Environment*. Blackwell Scientific Publications, London.

Cachada, A., P. Pato, T. Rocha-Santos, et al. 2012. Levels, sources and potential human health risks of organic pollutants in urban soils. *Science of the Total Environment*, Vol. 430, No. 1.

Carbonell, G., R. M. de Imperial, M. Torrijos, et al. 2011. Effects of municipal solid waste compost and mineral fertilizer amendments on soil properties and heavy metals distribution in maize plants (*Zea mays L.*). *Chemosphere*, Vol. 85, No. 10.

Cetin, B., M. Odabasi. 2007. Particle-phase dry deposition and air-soil gas-exchange of polybrominateddiphenyl ethers (PBDEs) in Izmir, Turkey. *Environmental Science & Technology*, Vol. 41, No. 14.

Chen, Z., M. He, K. Sakurai, et al. 2007. Concentrations and chemical forms of heavy metals in urban soils of Shanghai, China. *Soil Science and Plant Nutrition*, Vol. 53, No. 4.

Dimambro, M. E., R. D. Lillywhite, C. R. Rahn. 2007. The physical, chemical and microbial characteristics of biodegradable municipal waste derived composts. *Compost Science & Utilization*, Vol. 15, No. 4.

Dornauf, C., W. Burghardt. 2000. *First International Conference on Soils of Urban, Industrial, Traffic and Mining Areas*. University of Essen, Essen.

Escobedo, F. J., T. Kroeger, J. E. Wagner. 2011. Urban forests and pollution mitigation: Analyzing ecosystem services and disservices. *Environmental Pollution*, Vol. 159, No. 8.

Fanning, D. S., C. E. Stein, J. C. Paterson. 1978. *Congress of the International Society of Soil Science*. Edmonton, Canada.

Gamiño-Gutiérrez, S. P., C. I. González-Pérez, M. E. Gonsebatt, et al. 2013. Arsenic and lead contamination in urban soils of Villa de la Paz (Mexico) affected by historical mine wastes and its effect on children's health studied by micronucleated exfoliated cells assay. *Environmental Geochemistry and Health*, Vol. 35, No. 1.

Hartley, W., N. M. Dickinson, P. Riby, et al. 2010. Arsenic mobility and speciation in a contaminated urban soil are affected by different methods of green waste compost application. *Environmental Pollution*, Vol. 158, No. 12.

Hu, Y., X. Liu, J. Bai, et al. 2013. Assessing heavy metal pollution in the surface soils of a region that had undergone three decades of intense industrialization and urbanization. *Environmental Science and Pollution Research*, Vol. 20, No. 9.

Jim, C. Y. 1998. Physical and chemical properties of a Hong Kong roadside soil in relation to urban tree growth. *Urban Ecosystems*, Vol. 2, No. 2.

Johnsen, A. R., J. R. de Lipthay, S. J. Sørensen, et al. 2006. Microbial degradation of street dust polycyclic aromatic hydrocarbons in microcosms simulating diffuse pollution of urban soil. *Environmental Microbiology*, Vol. 8, No. 3.

Ju, X. T., C. L. Kou, F. S. Zhang, et al. 2006. Nitrogen balance and ground water nitrate contamination: comparison among three intensive cropping systems on the north China plain. *Environmental Pollution*, Vol. 143, No. 1.

Kumar, B., S. Kumar, C. S. Sharma. 2012. Congener specific distribution and health risk assessment of polychlorinated biphenyls in urban soils. *Journal of Xenobiotics*, Vol. 2, No. 1.

Li, J. J., D. Q. Li, M. N. Zhuo. 2014. Characterization and evaluation of soil erosion in Shenzhen: using environmental radionuclides. *Applied Mechanics and Materials*, Vol. 522, No. 1.

Li, J., C. Jia, Y. Lu, et al. 2015. Multivariate analysis of heavy metal leaching from urban soils following simulated acid rain. *Microchemical Journal*, Vol. 122, No. 1.

Li, L., P. E. Holm, H. Marcussen, et al. 2014. Release of cadmium, copper and lead from urban soils of Copenhagen. *Environmental Pollution*, Vol. 187, No. 1.

Li, X. H., X. F. Liu, F. U. Shan, et al. 2006. Polycyclic aromatic hydrocarbon in urban soil from Beijing, China. *Journal of Environmental Sciences*, Vol. 18, No. 5.

Li, X., S. L. Lee, S. C. Wong, et al. 2004. The study of metal contamination in urban soils of Hong Kong using a GIS-based approach. *Environmental Pollution*, Vol. 129, No. 1.

López, E., G. Bocco, M. Mendoza, et al. 2001. Predicting land-cover and land-use change in the urban fringe: a case in Morelia city, Mexico. *Landscape and Urban Planning*, Vol. 55, No. 4.

Malik, R. N., W. A. Jadoon, S. Z. Husain. 2010. Metal contamination of surface soils of industrial city Sialkot, Pakistan: a multivariate and GIS approach. *Environmental Geochemistry and Health*, Vol. 32, No. 3.

Mielke, H. W., C. R. Gonzales, E. Powell, et al. 2007. Nonlinear association between soil lead and blood lead of children in metropolitan New Orleans, Louisiana: 2000-2005. *Science of the Total Environment*, Vol. 388, No. 1.

Mitchell, R. G., H. M. Spliethoff, L. N. Ribaudo, et al. 2014. Lead (Pb) and other metals in New York City community garden soils: factors influencing contaminant distributions. *Environmental Pollution*, Vol. 187, No. 1.

Mückenhausen, E., E. H. Müller. 1951. Geologisch-bodenkundliche kartierung des stadtkreises bottrop für zwecke der stadtplanung. *Geol Jahrbuch*, Vol. 66, No. 1.

Mundia, C. N., M. Aniya. 2005. Analysis of land use/cover changes and urban expansion of Nairobi city using remote sensing and GIS. *International Journal of Remote Sensing*, Vol. 26, No. 13.

Pataki, D. E., M. M. Carreiro, J. Cherrier, et al. 2011. Coupling biogeochemical cycles in urban environments: ecosystem services, green solutions, and misconceptions. *Frontiers in Ecology and the Environment*, Vol. 9, No. 1.

Pavao-Zuckerman, M. A. 2008. The nature of urban soils and their role in ecological restoration in cities. *Restoration Ecology*, Vol. 16, No. 4.

Peng, X., D. Shi, H. Guo, et al. 2015. Effect of urbanisation on the water retention function in the Three Gorges Reservoir Area, China. *CATENA*, Vol. 133, No. 1.

Pouyat, R. V., K. Szlavecz, I. D. Yesilonis, et al. 2010. *Chemical, Physical, and Biological Characteristics of Urban Soils: Urban Ecosystem Ecology.* Agronomy Monograph 55, Madison.

Raudsepp-Hearne, C., G. D. Peterson, E. M. Bennett. 2010. Ecosystem service bundles for analyzing tradeoffs in diverse landscapes. *Proceedings of the National Academy of Sciences*, Vol. 107, No. 11.

Ribes, S., B. van Drooge, J. Dachs, et al. 2003. Influence of soot carbon on the soil-air partitioning of polycyclic aromatic hydrocarbons. *Environmental Science & Technology*, Vol. 37, No. 12.

Schonsky H., A. Peters, F. Lang, et al. 2013. Sulfate transport and release in technogenic soil substrates: experiments and numerical modeling. *Journal of Soils and Sediments*, Vol. 13, No. 3.

Sortino, O., E. Montoneri, C. Patanè, et al. 2014. Benefits for agriculture and the environment from urban waste. *Science of the Total Environment*, Vol. 487, No. 14.

Suribabu, C. R., J. Bhaskar. 2015. Evaluation of urban growth effects on surface runoff using SCS-CN method and Green-Ampt infiltration model. *Earth Science Informatics*, Vol. 8, No. 3.

Torres, I. F., F. Bastida, T. Hernández, et al. 2015. The effects of fresh and stabilized pruning wastes on the biomass, structure and activity of the soil microbial community in a semiarid climate. *Applied Soil Ecology*, Vol. 89, No. 1.

Vrščaj, B., L. Poggio, F. A. Marsan. 2008. A method for soil environmental quality evaluation for management and planning in urban areas. *Landscape and Urban Planning*, Vol. 88, No. 2.

Wang, D. G., M. Yang, H. L. Jia, et al. 2009. Polycyclic aromatic hydrocarbons in urban street dust and surface soil: comparisons of concentration, profile, and source. *Archives of Environmental Contamination and Toxicology*, Vol. 56, No. 2.

Wang, X. T., Y. Miao, Y. Zhang, et al. 2013. Polycyclic aromatic hydrocarbons (PAHs) in urban soils of the megacity Shanghai: occurrence, source apportionment and potential human health risk. *Science of the Total Environment*, Vol. 447, No. 1.

Wong, F., T. Harner, Q. T. Liu, et al. 2004. Using experimental and forest soils to investigate the uptake of polycyclic aromatic hydrocarbons (PAHs) along an urban-rural gradient. *Environmental Pollution*, Vol. 129, No. 3.

Yaalon, D. H., B. Yaron. 1966. Framework for man-made soil changes-an outline of metapedogenesis. *Soil Science*, Vol. 102, No. 4.

Yang, J. L., G. L. Zhang. 2011. Water infiltration in urban soils and its effects on the quantity and quality of runoff. *Journal of Soils and Sediments*, Vol. 11, No. 5.

Yang, J., D. E. Mosby, S. W. Casteel, et al. 2001. Lead immobilization using phosphoric acid in a smelter-contaminated urban soil. *Environmental Science & Technology*, Vol. 35, No. 17.

Zemlyanitskiy, L. T. 1963. Characteristics of the soils in the cities. *Soviet Soil Science*, Vol. 5, No. 1.

Zhao, H., C. Yin, M. Chen, et al. 2009. Risk assessment of heavy metals in street dust particles to a stream network. *Soil & Sediment Contamination*, Vol. 18, No. 2.

陈杰、陈晶中、檀满枝："城市化对周边土壤资源与环境的影响",《中国人口·资源与环境》,2002年第2期。

陈琴苓、梁镜财、黄洁容等："城郊农业发展的优势、挑战和技术需求",《科技管理研究》,2005年第6期。

仇志军、姜达、陆荣荣等："基于核探针研究的大气气溶胶单颗粒指纹数据库的研制",《环境科学学报》,2001年第6期。

段桂兰、王利红、陈玉等："水稻砷污染健康风险与砷代谢机制的研究",《农业环境科学学报》,2007年第2期。

冯焕银、傅晓钦、赵倩等："宁波土壤中多环芳烃的健康风险评价",《农业环境科学学报》,2011年第10期。

林啸、刘敏、侯立军等："上海城市土壤和地表灰尘重金属污染现状及评价",《中国环境科学》,2007年第27期。

刘绍贵、张桃林、王兴祥等："南昌市城郊表层土壤重金属污染特征研究",《土壤通报》,2010年第2期。

卢瑛、龚子同、张甘霖："南京城市土壤Pb的含量及其化学形态",《环境科学学报》,2002年第2期。

卢瑛、龚子同、张甘霖等："南京城市土壤重金属含量及其影响因素",《应用生态学报》,2004年第1期。

倪刘建、张甘霖、杨金玲等："钢铁工业区降尘对周边土壤的影响",《土壤学报》,2007年第4期。

唐翔宇、朱永官："土壤重金属对人体生物有效性的体外试验评估",《环境与健康杂志》,2004年第3期。

田秀红："我国城郊蔬菜重金属污染研究进展",《食品科学》,2009年第21期。

王学锋、姚远鹰："107国道两侧土壤重金属分布及潜在生态危害研究",《土壤通报》,2011年第1期。

席晋峰、俞杏珍、周立祥等："不同地区城郊用地土壤重金属含量特征的比较",《土壤》,2011年第5期。

刑克孝、胡建楠、尚德龙等："土壤重金属污染与沈阳城郊蔬菜作物吸收量相关性研究",《土壤通报》,1982年第4期。

叶荣、胡雪峰、潘赟等："上海宝山区城市表土重金属累积的空间分布规律",《土壤》,2007年第3期。

袁仁茂、杨晓燕、李树德："论城市水土流失及其类型系统",《北京大学学报(自然科学版)》,2001年第3期。

张海秀、蒋新、王芳等："南京市城郊蔬菜生产基地有机氯农药残留特征",《生态与农村环境学报》,2007年第2期。

张甘霖、赵玉国、杨金玲等："城市土壤环境问题及其研究进展",《土壤学报》,2007年第5期。